所有的手工技艺都具有专门的知识，这些专门知识与其手工技艺一起形成并体现在手工技艺的实践中。手工艺制品是知识和实践在手工技艺中相结合的产物。

——柏拉图（约公元前 427 年—前 347 年），
《政治家篇》（*Politicus*，258）

问者曰：人之性恶，则礼义恶生？

应之曰：凡礼义者，是生于圣人之伪，非故生于人之性也。故陶人埏埴而为器，然则器生于陶人之伪，非故生于人之性也。

——荀子，《性恶篇》（约公元前 240 年）

Joseph Needham

SCIENCE AND CIVILISATION IN CHINA

Volume 5

CHEMISTRY AND CHEMICAL TECHNOLOGY

Part 12

CERAMIC TECHNOLOGY

Cambridge University Press, 2004

李 约 瑟

中 国 科 学 技 术 史

第五卷 化学及相关技术

第十二分册 陶瓷技术

柯玫瑰 主编

柯玫瑰
　　　　著
武 德

蔡玫芬
　　　部分贡献
张福康

科 学 出 版 社
上海古籍出版社
北 京

图字：01-2020-6550 号

审图号：GS 京（2024）1152 号

内 容 简 介

著名英国科学史家李约瑟花费近 50 年心血撰著的多卷本《中国科学技术史》，通过丰富的史料、深入的分析和大量的东西方比较研究，全面、系统地论述了中国古代科学技术的辉煌成就及其对世界文明的伟大贡献，内容涉及哲学、历史、科学思想、数、理、化、天、地、生、农、医及工程技术等诸多领域。本书是这部巨著的第五卷第十二分册，内容包括：中国古代陶瓷技术研究的基础及准备，黏土、窑炉、制造方法和工艺、釉、颜料和釉上彩料及饰金，中国陶瓷技术向世界的传播及其在世界陶瓷技术发展进程中的重要作用等。

本书可供科学技术史和相关专业的研究人员、爱好者，以及对中国古代史和东西方文化比较研究感兴趣的读者阅读参考。

图书在版编目（CIP）数据

李约瑟中国科学技术史. 第五卷, 化学及相关技术. 第十二分册, 陶瓷技术 / （英）柯玫瑰 (Rose Kerr), （英）武德 (Nigel Wood) 著；陈铁梅等译. —— 北京：科学出版社，2025.2. —— ISBN 978-7-03-078997-6

Ⅰ. N092

中国国家版本馆 CIP 数据核字第 2024RK2286 号

责任编辑：邹 聪 高雅琪／责任校对：韩 杨
责任印制：师艳茹／封面设计：有道文化

科 学 出 版 社
上 海 古 籍 出 版 社 出版
北京东黄城根北街 16 号
邮政编码：100717
http://www.sciencep.com

北京中科印刷有限公司印刷
科学出版社发行 各地新华书店经销

*

2025 年 2 月第 一 版 开本：787×1092 1/16
2025 年 2 月第一次印刷 印张：53 3/4
字数：1 200 000
定价：498.00 元

（如有印装质量问题，我社负责调换）

中國科學技術史

李約瑟 著

冀朝鼎

李约瑟《中国科学技术史》翻译出版委员会

第五卷　化学及相关技术
第十二分册　陶瓷技术

谨以本书献给

新加坡
李成智
博士

他名副其实地继承着他父亲

已故丹斯里
李光前
博士

担当《中国科学技术史》写作计划的鼓励者和支持者

凡　例

1. 本书悉按原著迻译，一般不加译注。第一卷卷首有本书翻译出版委员会主任卢嘉锡博士所作中译本序言、李约瑟博士为新中译本所作序言和鲁桂珍博士的一篇短文。

2. 本书各页边白处的数字系原著页码，页码以下为该页译文。正文中在援引（或参见）本书其他地方的内容时，使用的都是原著页码。由于中文版的篇幅与原文不一致，中文版中图表的安排不可能与原书一一对应，因此，在少数地方出现图表的边码与正文的边码颠倒的现象，请读者查阅时注意。

3. 为准确反映作者本意，原著中的中国古籍引文，除简短词语外，一律按作者引用的中国古籍西文译文原貌译成语体文。这些西文译文可能与古籍原意不尽一致，本书另附古籍原文，以备读者参阅。所附古籍原文，一般选自通行本，如中华书局出版的校点本二十四史、影印本《十三经注疏》等。原著标明的古籍卷次与通行本不同之处，如出于算法不同，本书一般不加改动；如系讹误，则直接予以更正。作者所使用的中文古籍版本情况，依原著附于本书第四卷第三分册，也有部分在各卷册所附参考文献 A 中说明。

4. 外国人名，一般依原著取舍按通行译法译出，并在第一次出现时括注原文或拉丁字母对音。日本、朝鲜和越南等国人名，复原为汉字原文；个别取译音者，则在文中注明。有汉名的西方人，一般取其汉名。

5. 外国的地名、民族名称、机构名称，外文书刊名称，名词术语等专名；一般按标准译法或通行译法译出，必要时括注原文。根据内容或行文需要，有些专名采用惯称和音译两种译法，如“Tokharestan”译作“吐火罗”或“托克哈里斯坦”，“Bactria”译作“大夏”或“巴克特里亚”。

6. 原著各卷册所附参考文献分 A（一般为公元 1800 年以前的中文书籍），B（一般为公元 1800 年以后的中文和日文书籍和论文），C（西文书籍和论文）三部分。对于参考文献 A 和 B，本书分别按书名和作者姓名的汉语拼音字母顺序重排，其中收录的文献均附有原著列出的英文译名，以供参考。参考文献 C 则按原著排印。文献作者姓名后面圆括号内的数字，是该作者论著的序号，新近出版的分册中则为作者论著的发表年份，在参考文献 B 中为斜体阿拉伯数码，在参考文献 C 中为正体阿拉伯数码。

7. 本书索引系据原著索引译出，按汉语拼音字母顺序重排。条目所列数字为原著页码。如该条目见于脚注，则以页码加 * 号表示。

8. 在本书个别部分中（如某些中国人姓名、中文文献的英文译名和缩略语表等），有些汉字的拉丁拼音，属于原著采用的汉语拼音系统。关于其具体拼写方法，请参阅本册书后所附的拉丁拼音对照表。

9. p. 或 pp. 之后的数字，表示原著或外文文献页码；如再加有 ff.，则表示此页码为原著或外文文献中可供参考部分的起始页码。

目　　录

插 图 目 录

图 表 目 录

列 表 目 录

序　言

　　李约瑟在其权威性系列著作《中国科学技术史》(*Science and Civilisation In China*)第一卷于 1954 年出版时，就对全书的后续进展有一个清晰的构想。在那卷书的正文前面，列有他当时拟定的后续六卷书的目录一览表。这个一览表从详尽讨论中国科学思想史开始，再转到对纯粹科学——数学、天文学、物理学和化学——的考察。与这些纯粹科学学科相连接的是一系列的应用科学——地理学、地质学、矿物学和工程学。李约瑟已经相当详细地列出了将来论述的航海技术和军事技术的提纲，但他也表明，其他门类的科学、准科学和技术仍在考虑中。不过，他对某些学科，比如炼丹术、农学、采矿和冶金等，还是列出了指示性的大纲，而对其他一些论题则只做了更为初步的勾勒。其中所列最为简洁的是专门论述陶瓷技术的第五卷第三十五章之下的文字，它只是表明该部分将论述"陶器、瓷器、长石釉等的历史"。

　　陶瓷在李约瑟的写作纲要中排在长长的构想队列的后面，这一事实既令人却步，也令人鼓舞。令人却步之处在于，无论当初还是之后，陶瓷显然都不是李约瑟本人的主要兴趣所在，尽管他承认陶瓷技术史及陶瓷对全球的影响都具有重要意义；令人鼓舞之处在于，他的与学术宽容精神结合在一起的漫不经意，给致力于该领域的学者们留下了广阔的开放空间。对于有机会完成一册书的撰写，我们深感荣幸，同时，鉴于李约瑟本人的声望及其著述的地位，本册必将在关于中国陶瓷的大量著作中得到广泛关注。

　　所有作者想必都意识到自己的研究领域十分宽阔，随着研究的不断深入，所选择的课题也扩展到似乎无限多的部分。本册的作者也不例外，为在这一册书中将陶瓷研究的方方面面理顺，竭尽了全力。其中最主要的工作，就是对陶器制作和瓷器制作的技术工艺及其所有各个分支和漫长的形成过程进行考察。首先就黏土而言，我们曾参与了有关中国基本地质特征的讨论。坛罐之类的容器是用岩石与黏土制成的，而釉是烧结的表面涂层，黏土往往是其成分之一。黏土是由风化分解的岩石组成的，因此要想说清原材料的选取、加工及随之而来的结果等情况，对区域性地质特征的了解是不可或缺的。黏土在剪压力下的性状、釉料的混配及两者在烧制中的表现，均涉及物理学与化学原理的应用。在窑炉的结构和烧窑方式方面，我们发现工程学、物理学和化学的基础知识是大有帮助的。中国不同地域窑炉设计上的演化和进步，是为更适应当 地原料和燃料而取得的，展现了所有这些领域的成就。各种燃料的特性、燃烧的原理，必须加以探究，而窑炉中的氧化、还原和氢还原反应的特性也必须考察清楚。制品在窑炉内放置时所采用的技巧，与它们成型时所用的类似。长久的学徒年限，保证了花费最小工夫获得最佳结果。实际上，陶瓷制品的成型可能是所有情况中最难准确记录的，因为虽然有着丰富的文字记载，但实际流行的做法可以表明，不同的路径会导致相似的结果。与常识相反，复杂制品的成型过程往往要比简单制品的更易于记述下来。因此，景德镇（中国的"瓷都"）的瓷制器皿的制作过程，自 13 世纪就有详尽而准确的记述，而且现代制瓷业可以证实其工艺方法。相反，经盘条、手工筑形或旋坯，而后用拍砧成形法精制的简单陶制器皿，并无文字记录的历史。此外，现代乡间的制陶工们证明，用众多各不相同的制陶工艺流程都可以做出一模一样的最终产品。与釉有关的文献和实践都十分丰富。釉和玻璃工艺是紧密相连的，这再一次将我们带回到地质学。很多釉的着色依靠添加发色矿物原料，而中国陶工也在陶瓷表面覆盖有色化妆土和彩料。对这些物质的理解同样涉及对陶瓷原材料的矿物学研究。

当然，中国前现代时期的陶瓷技术史，包含了以长时段试验研究为基础的技艺发展。中国新石器时代的制陶工们从简单的篝火烧制进步到直焰窑烧制大约用了3000年，在直焰窑中燃料的燃烧区与被烧的陶瓷是隔开的。陶工依靠因果关系思考，通过调整工艺来适应需要。一旦开发出某种在商业上获得成功的产品，例如高温绿釉炻器，陶工们便不愿意再做大的改进，直到市场要求他们，或如树木过分采伐导致燃料短缺之类的环境因素迫使他们，或其他地方传来的信息提供了可行的改进措施。中国历代皇帝是技术传播和变革的主要推动者。至少早自唐代（公元618—907年）起，朝廷就为礼仪活动和日常使用征集一些陶瓷器皿。这最初的结果是从全国民窑中挑选最精美的器物，但同样也激励了在新颖陶瓷效果上的创新，最突出的就是在釉上。13世纪，一个专门生产御用器物的窑厂在景德镇建立，厂内技师不断被要求进行新产品开发，其中很多都是源自中国境外朝贡艺术品的刺激。新器型的烧出，往往伴随着巨大的困难和高失败率。在以获取一系列釉上彩彩料为导向的多次试验中，釉料的配方得到了改进。在18世纪上半叶，釉上彩的烧制是北京宫中作坊和景德镇御窑厂重点展开 xlvii 的实验项目。中央政府的陶瓷采购确保了对整个中国陶瓷行业获得技术优势的巨大支持。中国向世界输出陶瓷超过了1500年，并且在其中大部分时期内，那种称作瓷器的东西是中国控制的一种垄断产品。直到19世纪，欧洲陶瓷工厂开发的新产品，其中大部分与生产方法改进及市场开拓有关，它们导致了中国在世界陶瓷市场地位的下滑。

我们已经提到了中国与外部世界的朝贡关系以及中国的营利性陶瓷贸易。我们在本册中也讨论了贸易的运行模式，认为最初的古代行业协会出现在东亚和东南亚，随后有了与穿越阿拉伯世界的接触。尽管中国瓷器在西方占有突出的主导地位，但在历史周期上它们到达西方的时间却是晚近的。中世纪时期流入西方的制品仅如涓涓细流，而在17—18世纪，由于西行的海运，这"涓涓细流"壮大成了名副其实的瓷器"潮水"。从公元第1千纪中期到18世纪末，中国陶瓷在世界各地人们的生活中发挥了重要作用，并且为了进行产品竞争，陶工们逐步改进当地原材料能够允许的成型、施釉和烧制方案。可以肯定地说，对世界经济做出重大贡献的，不只是中国的陶瓷器皿，还有中国的陶瓷技术工艺。经历19世纪和20世纪前半叶的多年滑坡之后，中国重返国际陶瓷界。这一次，在艺术陶瓷、批量生产的日用陶瓷和卫浴陶瓷制品等领域，中国只是一位资历尚浅的合作伙伴。当前最有发展前途的领域或许是高科技陶瓷，因为它们在全球的潜力巨大。在本册的末尾，我们将专辟一节来讨论中国在20—21世纪先进陶瓷发展中的作用。

是什么构成了中国陶瓷技术成功的基础？是什么激发了它早期的才智、独创性和创造力？我们试图通过三种不同的路径对这一现象做出解释。首先是根据传统经典文献的文本资料，思考历史都告诉了我们些什么。其次是从官府管理、生产方式、组织形式和市场运作这些方面，对整个陶瓷行业的各部分做出评价。这一路径引导我们仔细思考陶瓷的地位变迁问题，因为一种用品被赋予的价值和关注，通常会影响到技术突破和技术改进上资源投入的强度。景德镇的制陶业是一个令人印象深刻的例子，它丰富的文献和历史文物证据，很值得我们进行深入的阐述和讨论。另外一部分涉及建筑材料。不仅因为它们对当地和全国的生活水准有重大意义，而且因为它们属于受政府管制的首要陶瓷材料。古代遗址的考古发掘和官方监修的文字资料，使我们能窥探到制造业卓越的技术成就。

　　第三种研究路径与试制和科学分析有关。在中国，凭经验和观察进行的试制使许　xlviii
多重要的新配方得以出现，例如战国时期的合成颜料、18 世纪的仿宋细瓷和仿明细瓷。在 18 世纪的欧洲，一项核心任务就是寻找制作瓷器的方法。传教士们详细介绍瓷器原材料和生产工艺的信件，为窑厂主们的探索提供了帮助。经过长时间的探索试验，色泽润白、玻化瓷质的多种陶瓷材料终于被成功开发出来。在 19 世纪，西方的科研人员和陶瓷从业者继续保持着对中国制品的兴趣。研究者来到景德镇，在那里他们设法获得瓷胎样本、釉料和装饰颜料，并将它们带回供欧洲的实验室进行分析。这种对过去陶瓷成果进行科学检测的研究方法，在 1949 年以后开展的结构化研究项目中得到进一步加强。

　　在 19 世纪和 20 世纪早期，对材料的分析通常采用“湿法”，即将材料放到不同的溶剂中逐步溶解。使用这种技术从被研究的材料中一次提取出一种元素，并测出其浓度，是一种费时费力，但大体精确的方法。如今，材料可以用一种加装了扫描电子显微镜的装置直接进行分析（“微探针分析”），或使用 X 射线荧光光谱法分析。这两项技术都是用电子轰击固体材料[①]，然后对最终形成的 X 射线光谱进行解读。这一方式的最新进展就是质子激发 X 射线光谱法（Proton Induced X-ray Emission Spectroscopy，PIXE）。它通过核加速器产生质子束，而非电子束，来产生 X 射线光谱。另一种常用的现代分析方法是将被研究的材料溶解到酸中，再将溶液喷入炽热的火焰。如此，再将所产生的色谱与已知的各种元素标准谱线进行比对。使用这种“火焰光度”操作方法的两种特别技术是，原子吸收光谱法（Atomic Absorption Spectroscopy，AAS），及其更为复杂的变体——电感耦合等离子体光谱法（Inductively Coupled Plasma Spectroscopy，ICPS）。上述这六项技术得出的结果基本上相同，精度水平也相差不大，但提供的只是元素比例列表，而不是氧化物比例列表。我们还需要根据那些已知元素与氧的结合方式进行进一步的计算，以此得出氧化物列表，就像本册中引用的那些列表一样。

　　20 世纪 50 年代，陶瓷技术全方位研究在中国刚刚启动时，有关材料和生产工艺方面的大多数重要问题还没有得到解答。自那以后，中国科学院下属的几个重要研究所发表了数量众多的研究成果，这些成果大大地帮助了我们理解这个研究课题。这激励了英国、美国、日本、韩国、法国、德国、西班牙和瑞典等国家在这方面的研究，如今对中国陶器和瓷器进行研究已是一项国际性的任务。确实，比起任何其他世界性的

———————

①　X 射线荧光光谱分析是用 X 射线对材料进行轰击，不是用电子轰击。——译者

xlix 传统事物，与中国陶瓷相关的工作已开展得更多了。例如，作者在研究 18 世纪英国的瓷窑设计时，居然发现可以获得的有关公元 8 世纪中国窑炉的资料更为丰富！但是，仍然还有大量的问题尚待解决，任何时候都可能有新的发现公布。就某些方面而言，永远也不会有一个像出版本册书这样的"最佳时机"，因为新的补充性结论会不断涌现。不过，我们目前已收集到大量的资料，这些资料使我们的研究要远比二十年前乃至十年前可获得的成果更为深入和全面。

最有力推动陶瓷技术研究的也许是 1982 年 11 月在上海召开的第一届中国古代陶瓷科学技术国际讨论会（International Conference on Ancient Chinese Pottery and Porcelain，ICACPP）。在五天的会议期间，大约有 67 篇来自世界各地——主要是中国——的论文提交给了会议，这令陶瓷研究的面貌大为改观。从 1982 年起，又召集了六次更为深入的会议。研究的范围拓展到包括世界各地的陶瓷，查看一下本册参考文献 B 和参考文献 C 中所列出的论著，即可对目前为止各类课题涉及的范围有所了解。有些论文的指向是如何成功仿制出具有商业价值的历史器物，这与中国在 18 世纪所宣称的那类目标正好一样。另有一些论文属于偏理论的学术研究，但都在为中国陶瓷知识的大厦添砖加瓦。

除了两位主要作者和一些论文提供者外，还有许多人士和机构对本册书的圆满完成给予了诸多协助。苏宁·孙-贝利（音译；Suning Sun-Bailey）在搜寻古文献方面付出了辛勤劳动并翻译了大量资料，她的勤恳工作具有重大价值。路易丝·卡科马（Louise Kakoma）对考古学报告进行了汇总。维多利亚和艾伯特博物馆（Victoria & Albert Museum）以及威斯敏斯特大学（University of Westminster）的上司们慷慨给予了作者研究时间与精神鼓励。麦大维（David McMullen）、林业强（Peter Y. K. Lam）、苏玫瑰（Rosemary Scott）、伊恩·弗里斯通（Ian Freestone）以及已故的戴维·金格里（David Kingery）阅读了草稿并提出了意见。约翰·莫菲特（John Moffet）对草稿进行了编排并提供了非常有用的信息。柯玫瑰（Rose Kerr）的维多利亚和艾伯特博物馆亚洲分部远东组同事们，在涉及中文、日文和朝鲜文的文献问题上为她提供了很多帮助，并对她全力以赴为本册书长期辛苦工作给予了巨大支持。武德（Nigel Wood）要感谢 2000—2001 年度英国学术院和利华休姆信托基金高级研究员职位（British Academy/Leverhulme Trust Senior Research Fellowship），以及 1996—2002 年牛津大学考古学与艺术史研究实验室（Research Laboratory for Archaeology and the History of Art，University of Oxford）的研究奖学金（Research Fellowships）和研究津贴（Research Associateships）所提供的极大帮助。最后，我们衷心感谢蒋经国国际学术交流基金会（Chiang Ching-Kuo Foundation for International Scholarly Exchange），如果没有它的财政支持和重视，本册书是不可能完成的。

柯玫瑰（Rose Kerr）

武德（Nigel Wood）

2002 年 9 月

第一部分 拉 开 帷 幕

（1）陶瓷在古代中国的地位

本册的主题是中国陶瓷技术史，它是与中国科学成就相关的系列研究的组成部分。陶瓷课题本身的内容极为丰富，因为中国有着 11 000 年连续不断的陶瓷生产的证据，并利用丰富的自然资源取得了完美的技术成果。与陶瓷原料和工艺有关的主要问题将在本部分予以介绍。但在论述这些问题之前，我们首先要回顾一下政治和经济的组织是怎样对社会生产施加多方面影响的。因为，虽然陶瓷并非在任何时候都是体现礼仪和社会地位的首要用具，但它在社会生活中一直起着重要的作用。它们同样也被用在医药或烹饪方面，是学者赞颂的审美对象，为出口而大量生产，且因具有随葬、宗教典仪及皇室日用等功能而受官府管控。

查阅历史文献是获得有关知识的一条途径。历史文献提供的只是研究对象的局部图景，并能通过现代学者在文本和考古学两个方面进行注释和研究加以补充。在本册的第一部分中，这些类型的研究材料即被用来勾画中国陶瓷故事的背景，下面将从对陶器在历史开端时期地位的讨论开始我们的论述。

（i）旧石器和新石器时代

经碳 -14 测年确定，在大约公元前 9000—前 4000 年的今河南省裴李岗和新郑遗址、河北省磁山遗址、广西壮族自治区甑皮岩遗址和江西省仙人洞遗址等地，都发现了陶器生产的证据[1]。仅考察其中一个早期的陶器生产遗址，就能为了解它们后来的发展提供一些有意义的线索。名为仙人洞的洞穴遗址地处江西省东北部的万年地区。该洞穴的开口在石灰岩的悬壁之内，其中的堆积物可分为三层，最上层包含人类居住的遗迹。1962 年对仙人洞进行了第一次考察，已有以该遗址作为中心内容的多篇考古报告发表[2]。该遗址最近已作为中美考古学家联合研究计划的一部分，成为进行详尽再研究的对象。中美联合小组确定整个遗址的年代为公元前 9000—前 4000 年，遗址出土的陶片使用了同一来源的黏土。各层位出土的陶罐都是手工制作的，经过泥条盘筑、捏薄和表面磨光等工序，并刻压有绳纹、压纹和刺纹等装饰。陶器类型的序列已初步确定，序列中某些阶段的陶器包括细陶和粗陶两类。两类陶器都随葬于墓中，墓葬均处于居住地北面的公共墓地；值得注意的是，随葬细陶器的墓葬是极少数。例如在大约公元前 9000 年的最早的陶器阶段，被考古学家称为"仙窑"的陶胎中掺入了粉碎的白

---

1 冯先铭等（*1982*），第 1-5 页。
2 Chang Kwang-Chih（1963，1986），p. 100 及注释 89。

图 1 半坡的细陶器

色石英岩，石英岩的矿物颗粒起到羼和料的作用，颗粒从粗大到非常粗大的都有；类型序列中较晚阶段的其他一些陶器中还额外羼入了碎陶片；同时，还有第三类羼入了贝壳的陶器[3]。

令人感兴趣的是，在同一阶段同时存在细陶和粗陶两种陶器。可惜仙人洞最早期的陶片太小，无法完成全部容器类型的复原，洞内的居住遗址也不允许再现社会文化礼仪活动。但是依然可以用两种方法来解释粗细陶器的共存。第一种解释认为，存在等级分化，氏族中的富者或有权势者占有制作比较精细的陶器，而地位较低的成员使用粗陶器。第二种解释则是，细陶器专用于礼仪场合而粗陶器为日常生活使用。这两种解释应该都属于推测，但根据新石器时代晚期的证据，后一种解释似乎更为接近实际情况。

20 世纪的考古学家对"新石器时代"这个概念有不同的定义，或者根据物质技术，或者根据社会组织，或者考虑这两者的不同组合，吉娜·巴恩斯（Gina Barnes）曾对此进行过综述和分析[4]。在中国，新石器时代的概念往往被理解为人们放弃狩猎采集经济转而建立定居的农业社会的时期。这个转变在中国不同的地区发生的时间有先有后，大约始于公元前9000—前7000年[5]。在这片广袤的土地上和这段绵长的时间中，生产的陶器类型是多种多样的，而所用的成形和焙烧工艺也经历了显著的进化过程。

3　Hill（1995），pp. 35-45。

4　Barnes（1993），pp. 16-18。

5　张光直撰写的开创性著作《古代中国考古学》（*The Archaeology of Ancient China*）中的 3 张地图，展示了 4000 年间几个考古学文化中心的活动是怎样发展的、相互间是怎样联系的。见 Chang Kwang-Chih（1963，1986），p. 235。

图 2　半坡的粗陶器

　　但是，上述的中国的新石器时代的定义也带来一些问题。考古学发现了多处遗址群（中文称为"文化"），其年代分别处在公元前 13 000—前 10 000 年，即中国的末次冰期之后[6]。这些文化分属于被张光直称为的"被不适当定义，但又可以清楚辨别的两大类别"，即基本不存在陶器和已生产陶器的两类文化。而且更为复杂的情况是：在最早生产陶器的文化中，已知有一些是从事农业生产的，而另一些却并非如此[7]。

　　中国新石器时代中期的资料更为丰富。该时期著名的遗址是陕西省的半坡遗址，年代暂定为公元前 5000—前 4000 年[8]。著名的半坡村建于浐河东岸二级阶地上被围壕

3

　　6　同上，p. 71。

　　7　同上，p. 81。

　　8　同上，p. 111。

保卫的开阔地之内，在现在的西安以东约 6 公里。该地区现在是极为缺少树木的黄土地，但当时这个新石器时代的聚落及其周围的耕地是被草地、沼泽和茂密的原始森林所包围的。半坡仰韶文化的居民种植粟和大白菜，喂猪，在邻近的河湖使用带倒刺的鱼钩和网捕鱼，狩猎（主要为斑鹿），并采集松果、栗子和蜗牛之类的食物。当时半坡的环境比现代的陕西较为温湿（温度大概高 4℃）。这个坚固的、被壕沟保卫的村落占地约 50 000 平方米，其中约 10 000 平方米已进行了考古发掘。这个遗址是 1953 年被发现的，至今已经过 5 次系统的发掘，现有一座有巨大屋顶的建筑，保护着所发现的许多茅屋房基、贮物窖穴和陶窑。到目前为止发现了 46 座房基（其中有些是半地下建筑）、两个猪圈、200 多个贮物窖穴和约 200 座墓葬。我们的讨论所关心的是出土的大量陶片和已修复的完整的陶器。从这些人工制品中可以明显地看出，陶器分为两类，一类是日常使用的，另一类是宴会和礼仪活动专用的[9]。

村落中为制陶分隔出了专门的区域，产品包括红色或灰色的厚壁双耳细颈尖底瓶，三足的炊具——鼎，大腹窄颈的储物罐和各种碗、杯和注水器等。这些器物均属粗质的或相对精细的陶器，据报道，其中有的器物掺有云母或砂子，也有以贝壳为羼和料[10]的。还有一组相当特殊的制品，其特征为：细质磨光的红胎，泥条盘筑加拍打成形[11]，再用红、白和黑色的颜料装饰（见本册第四部分和第六部分）。两类陶器都随葬于墓中，墓葬集中于居住区北面的公共墓葬区。值得注意的是，很少有墓内随葬工具或武器[12]。一种特殊的葬式是用大的红胎彩绘瓮罐存放夭折的儿童或少年的遗骸，瓮罐则埋放在住房的附近。

中国东北部的红山文化和其他相关的新石器文化为陶器的使用添加了更令人感兴趣的内容。辽宁省牛河梁遗址碳 -14 测定的年代在公元前 3000 年前后[13]。除石冢墓和房子外，还发现了一座 25 米 × 9 米的地下建筑物。它被分划为若干房间，在其地表层出土了很大的陶制人俑和兽俑碎块。人俑是真人大小，但耳朵却是真人耳尺寸的二倍。最出名的是一件完整的人头塑像，眼睛部位镶嵌有蓝绿色的玉片，以达到逼真的效果[14]。

在多个红山遗址发现的这类陶俑被认为是神像，因此中国考古学家把牛河梁的大型建筑物称为女神庙[15]。除陶俑外，还有制成的红胎上带黑绘的细陶器皿，这被认为是东北红山新石器文化与中原仰韶文化之间联系的见证。一个奇怪的但尚没有得到解释的现象是，红山墓葬的陶器是无底部的，这暗示其可能有专门设计的礼仪功能[16]。

9　除了生活中使用的细质器皿外，人们也早已制作出有特色的陶器组合用于随葬，它们的器形较小也不那么精致。这种制作和使用随葬器物（中文术语称为"明器"）的习俗贯穿整个中国历史。

10　半坡博物馆的展品是这样标注的，但至今未见公开发表的分析研究确认羼和料问题。

11　范黛华［Vandiver（1988，1989b）］曾用光学显微镜和静电射线透照术对甘肃省半山类型仰韶文化陶器的结构进行了研究。对她所发现现象的讨论见本册 pp. 382-388。

12　赵文艺和宋澎（*1994*），第 45-46、86 页。

13　Nelson（1995），p. 28。

14　同上，pp. 38-39。

15　Anon.（*1986c*），第 1-17 页。

16　Nelson（1995），p. 21。

图3　牛河梁遗址出土的人头塑像

宴请，包括为生者设宴和对死者供奉，从古至今一直是中国人生活中的重要礼仪。杰西卡·罗森（Jessica Rawson）猜测，可能在新石器时代就已出现了为死者供奉食品的习俗，其证物是公元前 3000 年山东省大汶口文化的墓中随葬的大量精细陶器。在这些随葬品中有 6—20 个一组的精美的磨光高脚杯，它们被安放在棺材上面、里面或者四周。罗森认为，这表示活人用盛放在精致礼仪餐具中的酒和食物供奉其死去的亲属[17]。

对上述三个地点新石器文化极为简要的阐述显示，在新石器时代象征身份的物质是宝石（特别是玉）、贝壳（贝壳也被当作流通的货币）和某些类型的细陶器这一点已被更为详尽的研究所确认。我们尚不能确定布料和衣服享有怎样的地位。大量陶质和骨质纺轮的发现、丝织品残片的出土[18]以及在陶器表面残留的多种多样的织物印痕，都表明新石器时代的纺织技术也是相对先进的[19]。根据我们对后期中国的纺织品和时尚的了解［当然，也可能这是从我们自己的文化体验中推断出的，在我们的文化中纺织品和时尚起着重要的作用］，我们认为服饰可能在古代中国也享有很高的地位。

（ii）青 铜 时 代

"青铜时代"的观念是一个现代的概念，虽然这个概念已被 20 世纪和 21 世纪中国的历史学家和考古学家所接受，但他们非常普遍地将青铜时代与中国古代史中的朝代相联系。很多专家认同下述这三个王朝的存在：夏代（传统上定为公元前 21—前 16 世纪）、商代（约公元前 16 世纪—约前 1050 年）和周代（约公元前 1050—前 221年）[20]。青铜时代的到来，带来了两个新的重要的文化要素：第一个是金属广泛用于制作贵重器物，例如礼仪用器和宴席用器；第二个是文书的颁布，文书中记录了物质文化及其装备的信息。

根据考古资料，迄今为止所发现的最早的青铜器出土于河南省的二里头遗址，其年代约为公元前 2000 年—前 1500 年[21]。有些中国考古学家认为该遗址是属于夏代的，该遗址也出土了一定数量的精美陶器，其器形与青铜器有关联[22]。的确，在二里头遗址，以及在河南省郑州与安阳等地的商代中期和晚期遗址都出土了两种青铜器：鼎和高圈足容器，它们的形制很像早期的陶器。罗伯特·巴格利（Robert Bagley）曾这样表述了这种关系[23]：

不能说这类形制主要源自铸造工的技术，因为它们主要是从更早时期继承而来……这类特有的陶器形制最终可追溯到非常古老的新石器时代东部沿海的传

17　Rawson（1999），p. 41。

18　Wilson（1993），p. 133。

19　见 Kuhn（1988），pp. 61，90-141，157。

20　关于夏代依然有争议，有的学者接受其史实性而另一部分学者不认同。

21　Rawson（1980），p. 42；Barnes（1993），p. 119。

22　见 Anon.（*1974a*），第 234-248 页，图版 2-5。

23　Bagley（1987），pp. 24-25。

统，那里……那些随葬于（同一）墓葬中形制极其不实用的陶器，暗示其具有一种类似于青铜器的礼仪功能。

除了形制，陶器还能按照其胎体材料分类。商代晚期出现了一类精细的白陶器，它是一种王室用器，是在都城生产的。都城在今安阳，大约在公元前 1300 年—前 1050 年时是一座繁华的城市。这类白陶器的胎体材料介于精细白炻器与瓷器之间，分析表明，它是用较低级的次生高岭土制作，烧至 1050—1150℃ 而成的[24]。它们的组成表明，其原材料与后来河南巩县烧制的高温白釉器的原材料具有相近的源区[25]。商代白陶器的形制与装饰都是精制的，与青铜礼器有紧密的关系（另见下文 pp. 102-103，114）。

很多青铜时代的城址的发掘都揭示出有划定的陶瓷生产作坊区[26]。例如在郑州商城，分立的制陶作坊、青铜作坊和骨雕作坊都位于城墙之外，其东南部有 14 座陶窑，而城外西部有制备黏土的场地[27]。这证实了文献中关于陶器制造是由专业工匠承担的，属于被承认的职业的记载。

考古学还指出在青铜时代的巅峰期，即商代与西周早期，作为地位象征的器物有玉器、犀牛角、象牙、宝石、漆器、纺织品和青铜器等。杰西卡·罗森曾指出，礼仪用器是由青铜铸造的，而陶质礼器是仅用于随葬的廉价仿制品[28]。她还注意到西周中期之末（公元前 9 世纪）发生的一次奇怪而全面的变革，当时一项对礼仪规例的修改建议导致旧的礼器类型被废弃，转而采用以陶器为基础的新的形制[29]。这种不寻常的倒退——用昂贵的材料（青铜）仿效廉价的材料（陶土）——的本质值得注意。也许，思考当时消费者可以使用什么类型的陶器，并尝试辨别陶瓷的不同特质，是值得一做的事。但是，首先应该对陶瓷的类型本身作个区分。

（iii）陶瓷的分类与中文的术语

在现代英语中，"ceramics"（陶瓷）根据其胎体的材质可以分成 "earthenware"（陶器，或称土器）、"stoneware"（炻器，或称炻瓷）和 "porcelain"（瓷器）等三类。瓷器是这样被描述的[30]：

一种已玻璃化的和白色半透明的器物……在 1300℃ 以上烧成。"porcelain"（瓷器）这个名称据说是马可·波罗（Marco Polo）于 13 世纪借用 *porcelino* 一词新创的。*porcelino* 则是一种半透明的宝贝（cowrie shell）的名称，这种

24　Sundius（1959），pp. 107-123。

25　Wood（1992），p. 147。

26　Chang Kwang-Chih（1963，1986），pp. 362-363。关于郑州，见安金槐（*1960*），第 70 页。

27　Treistman（1972），p. 77。

28　Rawson（1990），p. 108 及脚注 206。

29　同上，pp. 108-109。

30　Hamer & Hamer（1975），p. 229。

10

图 4　景德镇的瓷土（摄于 1982 年），显示出瓷土颜色的变化范围

贝壳看起来像小猪。马可·波罗将中国的瓷器与这种白色半透明的贝壳联系在了一起。

实际上，中国的瓷器却不一定是白色的，也不一定是半透明的。瓷石和黏土可能含有氧化铁等杂质，因此生料本身就被染成棕，或灰、黄等色泽，并在烧成后呈灰色。此外，如果器壁较厚将是不透光的。焙烧温度一般在1150—1400℃波动（见下文 pp. 55-60）。

炻器被描述为一种质地坚硬、机械强度高并玻璃化的器物，烧成温度高于1200℃，其胎和釉都已烧结并在胎釉间形成结合层[31]。陶器则被描述为有一个多孔的胎体，但胎体可以施釉使之不透水，而区分炻器和陶器最简单的方法是[32]：

> 胎体的气孔率。如果烧成后胎体的气孔率高于5%，那么它就是陶器。除气孔率外很多陶工还考虑釉烧的温度。软化温度低于1100℃……与陶器釉料有关……

如果上述关于陶器、炻器和瓷器的术语被接受，那么中国陶瓷史的总体面目是：陶器始烧于旧石器时代，炻器始烧于青铜时代早期，而瓷器则始烧于公元6世纪晚期。可是上述分类存在两个方面的问题，第一个是技术角度的考虑，第二个是语言学方面的两难选择。

首先，中国（特别是中国北方）的很多炻器处于"陶器"的气孔率范围，这是它们的原料的高耐火性所导致的[33]。对于大部分（并非全部）的中国制品，只能根据其胎体中莫来石晶体的发育程度来判断系属炻器还是陶器（下文 p. 59 有关于莫来石发育的充分讨论）。这是一个只能用显微镜来判断的标准，单凭肉眼是无能为力的。

从语言学方面来说也一样，中国关于瓷器、炻器和陶器的界定标准与上述的三分法系统也是矛盾的。从语源上讲，现代汉语将陶瓷仅分为"陶"与"瓷"两类。较低温度烧制的"陶"与英语中的陶器及某些类型的炻器相当，而高温烧制的"瓷"则包括炻器和瓷器。因此在从中文翻译为西方各种语言时，可能会把我们西方人认为属炻器的物件翻译成"瓷器"。

在中国古籍中"瓦"字是陶瓷的总称，而在现代的术语中则理解为房顶上铺设的瓦。虽然高温烧成的炻器早在商代已有制作，但在早期似乎并不存在与之相对应的专用术语名称。"瓷"这个字虽然在汉与晋的文献中出现过一两次，但在隋代以前并没有得到普遍使用。它最早出现在汉武帝（公元前140—前87年）时邹阳写的一首赋中[34]。东汉的重要字典《说文解字》（公元121年）中并没有收入"瓷"字。公元3世纪的诗人潘岳（公元247—300年）用"缥瓷"这个词描述了一件灰绿色的青瓷酒

11

31　同上，p. 285。

32　同上，p. 111。

33　如果不将开口气孔率和闭口气孔率（也称为显气孔率和真正的气孔率）区别开，气孔率就是一个模糊的概念，而很多中国炻器的吸水率高于5%，例如汝窑器为19.3%，钧窑器为10.7%，临汝窑达8%。对中国陶瓷按工业陶瓷标准所作检验的完整数据，包括其气孔率，详见 Palmgren, Sundius & Steger（1963），pp. 452-475。

34　《汉书》卷十九，第七页。见 Li Chhiao-Phing（1948），p. 69。

具[35]。在"瓷"被定义后,"陶"和"瓦"被看成是声望较低的材质[36]。

　　新石器时代的陶器全部可以归为"陶"类,前面曾提到的一套无釉仿青铜器形制的随葬器物也属陶类。我们还注意到商代制作的高品质无釉白陶器,它们被焙烧到炻器温度的低限。商代中期和晚期出现了第一批高温烧制和施釉的陶瓷器,后来被归入"瓷"类。这种灰色薄胎的陶瓷是精心加工而成的,其特点是有意识地施釉[37]。最初是偶然的窑中飞灰上釉,但是商周很多釉器的平整表面显示施釉过程是有意识的。这类陶瓷碎片在中原的很多遗址中被发现,在北方的个别遗址中也有出土。北京大学考古系的陈铁梅(Chen Tiemei)在提交给 1995 年于上海召开的古陶瓷科学技术国际讨论会的论文中[38],描述了他对采自河南郑州、湖北盘龙城、湖北荆南寺、江西角山和江西吴城等遗址的共 93 片样品的分析结果[39]。中子活化分析显示出五个遗址间每个遗址低温烧制的陶片的化学组成各自不同,表明它们是当地的产品,然而各遗址高温烧制的青釉器的组成却非常接近,对化学组成数据的多元统计揭示这些青釉器有共同的产地——江西吴城[40]。高品质、高温烧制的施釉陶瓷从同一产地运输交易到远至北方的郑州等地,这显示了这类产品所附有的价值。

(iv) 中国陶瓷的早期史料

　　根据古代文献,青铜时代晚期的研究者将中国最早期的历史系统分为三段,每段都有被认可的领袖或代表人物。最早是三皇(伏羲、神农和祝融),接着是五帝,再后面是夏商周三代[41]。参考资料明确记载,陶器制作始于传说中的三皇时期,而且与捕鱼、石质武器的制作和耕作(神农氏的职业)一样,都是重要的职业[42]。五帝时期,黄帝设置了一个官职,称为"陶正"(制陶主管)。少皞强调了陶器制造("抟埴")的重要性[43],而"陶"姓是最早出现的姓氏之一,最早出现于尧时,尧是夏代之前的倒数第二个统治者[44]。尧的继承者舜曾在黄河岸边制陶[45],改进了东方部落("东夷")粗陶的

35　《文选》卷十八,第三十五页。

36　《辞海》(1979),上册,第 1002-1005 页;汪庆正(*1982*),第 188-189 页。

37　这类器物有时被西方学者称为"原始瓷"。

38　该文是其与明尼苏达大学(University of Minnesota)合作项目的成果,见 Chen Tiemei *et al.*(1999a)和 Chen Tiemei *et al.*(1999b)。

39　关于对这方面材料作的比较研究,见 Li Jiazhi *et al.*(1992)。

40　该项研究中未使用任何出自浙江省的样品,因此,虽然釉器源自南方毋庸置疑,但吴城不应该被认为是商代北方出土釉器的唯一产地。

41　Chang Kwang-Chih(1963,1986),p. 305。这种历史划分方式是在《周礼》中提出的,《周礼》成书于西汉,但其中包含一些周代晚期的资料。

42　《逸周书·逸文》《史记·五帝本纪》。

43　《周礼注疏》卷三十九,第十一页。

44　"陶"姓产生于陶唐氏部落,尧娶亲该部落。尧的继承者舜娶亲有虞氏部落,该部落精于制陶。《周礼·冬官考工记第六》(第 77-78 页)。

45　《史记·五帝本纪》(第 32 页)。《孟子·公孙丑章句上》第八章提到舜作为陶工的活动。《周礼注疏》卷三十九,第十一页。舜被描述为在今山西省西南部汾河与黄河交汇处的历山从事农耕。他还在历山以北 20 里远处的唐代城市陶城附近制作陶器。见 Nienhauser(1994),p.11,notes 123 & 126。

质量，因他是该部落的成员，从而也挽救了自己的部落免于衰败[46]。

法家哲学家韩非子（卒于公元前 233 年）追述了从尧到殷商由过度奢侈而导致的败落。他以对宫廷陶质礼器制作的管理作为例证[47]：

> 尧……从黏土容器中取食，用黏土杯子喝水。……舜……接受禅让，并用砍树取得的木材制作容器……他将器物漆为黑色，在宫中使用。……禹使用的礼器外面涂黑，内部涂红……不过有 33 个方国不臣服于他。……殷人……食器上有雕刻，酒器上有镂花……但有 53 个方国不臣服于他。

> 〈尧……饭于土簋，饮于土铏。……舜……作为食器，斩山木而财之……流漆墨其上，输之于宫。……禹作为祭器，墨染其外，而朱画其内，……而国之不服者三十三。……殷人……食器雕琢，觞酌刻镂……而国之不服者五十三。〉

《吕氏春秋》（公元前 239 年）曾提到了大禹（夏朝创建者）时的制陶，黄河沿岸的陶器制作，以及昆吾部落的人从事制陶业[48]。《汉书》（成书于公元 100 年前后）的《地理志》认为昆吾是夏代贵族的后裔，发源于地处今陕西省蓝田东北方的一个小王国[49]。

五经[50]之一的《书经》包含"夏书"篇，历史学家认为其撰写于公元前 4—前 3 世纪[51]。该篇论述了早期中国对农业的开发，以及各地区适宜于农业的条件。其中涉及各种土壤的特性，因与制陶有关而引起我们兴趣的是对中国古代中原地区土质的描述。例如，该书描述冀州一带（相当于河北、山西及河南与陕西的局部地区）的土壤为"色浅、粉状和疏松"，系风积黄土的真实描写；而兖州（相当于山东、河南和河北南部诸地的部分地区）的土壤"色黑而肥沃"，应是反映经流水搬运的冲积黄土和淤泥[52]。

五经的另一部书《诗经》，汇集了学者认为年代远在公元前 1000—前 600 年的诗歌[53]。诗歌中有很多内容是关于宴会和享乐的，其中对食器和饮器有所描述。令人关注的是，陶瓷器很少被提到。于是，譬如用弯角、玉和干葫芦等制成的酒杯就值得注意[54]，而用木头和竹子制作的大的食品篮（"笾豆"）、盘子，以及带双把的圆竹器皿

46　《说苑》卷二十，第二页。该书是众多将陶冶情操的观念与陶器制作方法联系起来的资料文献之一。《孟子·离娄章句下》第一章提到舜的出身。

47　《韩非子·十过》，"十过"之六，见梁启雄（1960）《韩子浅解》上册，第 74 页。张光直［Chang Kwang-Chih（1963，1986），p. 4］的书中有部分引用。

48　《吕氏春秋》卷五（仲夏纪），"古乐"（第 27 页）；卷十四（孝行览），"慎人"（第 78 页）；卷十七（审分览），"君守"（第 101 页）。

49　《汉书》卷二十八下（地理志下），第二十八页。朱琰在《陶说》卷二（第一页）中提到关于昆吾的内容，系引自《吕氏春秋》和《说文》。

50　"五经"是《易经》《书经》《诗经》，关于礼仪的《周礼》、《仪礼》和《礼记》，以及《春秋》。

51　Shaughnessy（1993a），pp. 376-386。

52　《书经·夏书·禹贡第一》（第 7 和 17 页）。Legge（1865），vol. 1，p. 97。Karlgren（1950），pp. 12-15。

53　Loewe（1993b），p. 415。

54　《诗经》中的《小雅·甫田之什·桑扈》《大雅·生民之什·公刘》《大雅·荡之什·江汉》。Legge（1931），pp. 295，373，422。Waley（1937），pp. 245，133。Karlgren（1944），pp. 249-250。

14　（"簋"）同样显得突出[55]。关于礼仪的经书之一《仪礼》，强化了陶瓷在典礼活动中似乎并没有地位的说法。根据大量其来源可能早至公元前 6 世纪的材料编撰的《仪礼》[56]，描写了一系列常用的器皿，如木和竹制作的支架和器皿（又提及"笾豆"）、盛放杯子的篮子、象牙酒杯、动物角制作的高脚杯和青铜容器等[57]。很少有直接与陶瓷有关的引证资料。《燕礼》篇中有一处这样的资料，当时宴会的主人，一位地位很高的诸侯国国君经分配而得到的盛酒器具中包括一对陶尊和承托，并因季节不同而用细布或粗布覆盖[58]。但该篇的注解，说明这些陶质的尊是属于大禹时代的，即传说的古董。这对酒尊的价值不在于它们的陶质材料，而在于它们的古董地位。更多的信息可以从《仪礼》的文字内容中未提及什么来分析获得。例如，在关于各诸侯国统治者之间的礼仪使团的一篇中，官方的礼品包括动物皮毛和皮革、马匹、成匹的丝绸和织锦、成群的牛羊猪等牲畜，满装美食的彩绘漆器和青铜器等。使节们带来礼仪所用的玉圭、玉璋、玉璧和玉琮[59]。陶瓷器没有被提到。

　　在公元前第 1 千纪，虽然陶瓷并没有像贵重物件那样值得在官方文书中提及，但看来它们也并没有理所当然地为平民百姓所使用。我们已经知道，木器、竹器和用葫芦制作的容器被用于礼仪活动，很可能普通民众也使用这些廉价且容易获得的天然材料。当然，最权威的应该是孔子对它们的赞扬。他于公元前 490 年哀悼其爱徒颜回早逝时写道[60]：

　　　　颜回的品质是多么高尚啊！一箪饭，一瓢水，住在破旧的小巷里——别人都忍受不了这样令人忧愁的生活条件，但颜回却保持着乐观不受影响。

　　　〈贤哉，回也！一箪食，一瓢饮，在陋巷，人不堪其忧，回也不改其乐。贤哉，回也！〉

　　虽然，文字记载包含和混杂了口述历史、神话和后来学者的注解，但它终究清晰地勾画出了中国最早期历史的面貌。陶瓷业的官方地位在青铜时代开始时就已经确立了。到了周代，从事陶器制作被认为是重要的正式职业之一，其生产组织情况在撰于

15　约公元前 500—前 450 年的《周礼》的《考工记》篇中有描述。关于其内容的讨论可见本册 pp. 405-406。《考工记》撰于接近周代晚期的战国之初，当时的中国正经历着社会、政治和经济的变革。考古出土的带铭文的陶质印章和礼器证明，各诸侯国有为统治者服务的专业的陶瓷作坊。虽然所用术语不完全统一，但铭文记录了陶官的姓氏，

　　55　《诗经》中的《国风·秦风·权舆》《国风·豳风·伐柯》《小雅·桑扈之什·宾之初筵》《小雅·鹿鸣之什·伐木》《小雅·小旻之什·大东》《大雅·生民之什·生民》《鲁颂·駉之什·閟宫》。Legge（1931），pp. 150，179，295，190-191，268，362，474。Waley（1937），pp. 312，295，205，318，243，271。Karlgren（1944），pp. 251-252，223，242-243，213，221。

　　56　一种可能的推测是，现存的《仪礼》是一大批可以追溯到孔子时代（公元前 551—前 479 年）的资料中的一部分。见 Boltz（1993b），p. 237。

　　57　《仪礼·士冠礼第一》（卷二，第十一、十七页）；《仪礼·士昏礼第二》（卷四，第十二页）；《仪礼·大射第七》（卷十六，第十三、十五页）。Steele（1917），pp. 4，8，21，158，160，189，267。

　　58　《仪礼·燕礼第六》（卷十四，第二页）。Steele（1917），pp. 122，278。

　　59　《仪礼·聘礼第八》（卷十九，第一至三十八页）。Steele（1917），pp. 189-227。

　　60　《论语·雍也第六》第十一章。

其中不乏高级别的人物[61]。在接下来的秦汉两代，对国家制陶业的等级化管理已规范化了，这为建筑用陶上面的款识所证明（见下文及 pp. 410-411，499）。

（v）秦 汉 时 代

就在公元前 3 世纪的西汉王朝之前，贤哲孟子与改革者白圭进行了一场争论。他们的谈话涉及税收，但附带地揭示了壶、罐等陶器在日常生活中的重要性。白圭问道，如果税收定为产出的 1/20 是否合理。孟子的回答是，难道一个陶工能满足一万个家庭的需求？这将白圭置于等同于游牧蛮族的难堪地位。白圭不好意思地承认，这些家庭将得不到足够使用的器皿[62]。

东周时制陶业已经形成体系，因此某些类型的陶器如礼仪用器和建筑材料等已由政府控制的作坊生产。秦朝都城咸阳、秦始皇陵所在地以及河南、河北和陕西一些汉代遗址出土的带铭文的陶制品和玺印等资料，揭示了秦王朝对制陶作坊的管理情况，包括军队的监管、罪犯的奴役劳动等（见本册 pp. 410-414）[63]。《礼记》也确认了由诸侯国控制的陶业生产的规则，陶业管理者被要求亲自监督祭祀用器的生产，而且要确认每件器物上正确地标记制作者的姓名以保证对质量的控制[64]。

尽管陶瓷是社会的必需品（以至要求在官方监督下大规模生产），但它看来好像并不是特别值钱的产品。有两条文献记录了陶瓷在汉代时的低下地位（这类记录是很多的）。第一条与克勤克俭的汉文帝有关。汉文帝公元前 179—前 157 年在位，他开启了皇帝亲耕、皇后亲桑的礼仪，他关怀臣民们的温饱和安居。他保持了帝国井然的秩序，没有公然的腐败、挥霍和战争的威胁，作为一位正直和勤勉的君王而被人们缅怀[65]。他在世时沿袭旧制为自己建造和布置陵墓，即现西安城外的霸陵。但他不建造人工的墓冢，而是利用天然的山丘作为自己的陵寝[66]。霸陵至今尚没有进行考古发掘，但依据汉史我们能对随葬品的情况有些许了解。作为臣民节俭和谦恭的楷模，汉文帝戒用昂贵的服饰。他禁止随葬金银铜锡等制成的工艺品，而命令代之以陶质物件布置坟墓[67]。

另一条记录涉及唐尊，他于公元 20 年被篡位的王莽尊为太傅。与古今伪善的政治家一样，太傅唐尊为获得公众的认同和拥护而作秀，通过穿普通衣服，乘坐母马拉的普通军士规格的车[68]，睡草铺，用瓦器进食，用简陋的瓦器盛装食品馈赠其他官员等方

16

61　李学勤（1992），第 170-173 页。

62　《孟子·告子章句下》第十章："白圭曰：'吾欲二十而取一，何如？'孟子曰：'子之道，貉道也。万室之国，一人陶，则可乎？'曰：'不可，器不足用也。'"

63　袁仲一和程学华（1980），第 83-89 页；俞伟超（1963），第 34-38 页；汪庆正（1982），第 146-147 页。

64　《礼记·月令第六》（卷十七，第八页）。参见闻人军（1987），第 97 页。

65　他的英明政令的一个实例是：公元前 178 年为防止欺诈和背叛，他将青铜虎符授予军团的将军们以证明他们的身份。《汉书》卷四（文帝纪），第十一页。Dubs（1938），vol. 1，p. 245。

66　Thorp（1987），p. 22。

67　《汉书》卷四（文帝纪），第二十一页。Dubs（1938），vol. 1，p. 273。

68　母马被看作禁忌动物，因为在古代人们将它们与大地女神相联系，见 Dubs（1938），vol. 3，p. 402。

式表现他的虔诚[69]。

陶瓷在中国的地位也不是一成不变的。汉代在骚乱和战争中结束，导致很多有学识的北方人离乡南迁。大规模的南迁人口在那里开拓了新的领地，工艺的进步也慢慢地提高了陶瓷的声誉。佛教的传入促成了一套不再让青铜器和漆器高高在上的礼器等级体系，并致使陶瓷逐步获得它在新石器时代曾经享有的地位[70]。一些官府机构建立起来，以调配优质窑场的陶瓷产品供应朝廷。至公元9世纪，高品质的南方青瓷和北方白瓷最终获得了赏识，成为朝廷贡品。

（vi）陶工的地位

中国陶工的地位问题与他们所生产的陶瓷的地位有关联，但又不完全等同。为讨论这个问题，我们应该将为贵族专门制作的产品与城乡各地为平民百姓生产的陶器加以区分。关于前者，新石器时代创造的高品质的陶瓷制品，包括专门为宴会、祭祀和随葬生产的器物，在前面已有提及。在商代早期的二里头，这类陶瓷是在宫殿和主要建筑群外围的专属地区生产的[71]，而且商代已有专门的手工业来确保对上层精英供应特殊产品。西周从各地广泛征集熟练工匠为贵族服务，并用奴隶来扩充熟练工匠的队伍。他们的产品受到官府作坊官员的监管[72]。《周礼》中的《考工记》描述了公元前5世纪时专业化的礼器制作，列出了指明主要工匠和监管官员职责的条例[73]。战国时期的三种级别的生产方式被记录了下来：一种由中央政府管控，一种由地方政府管控，还有一种是作为私人的产业来经营[74]。

在秦代，负责砖瓦制作的政府机构已经稳定设立，它们由掌管宫殿收入的官员（"少府"）和宫殿建筑主管（"大匠"）管理（见 pp. 410-411）[75]。汉代继续实行官府的监管，监管官员有宫殿建筑主管（"将作大匠"）和陶瓷机构的帮办（"甄官丞"）等[76]。

大多数的陶工在不归属于中央政府控制系统的小型家庭作坊中劳作，要试图描述他们的地位，可能需要借助于人类学模型。中国的历史学家认为，妇女在新石器时代早期的制陶业中可能占有主导的地位。他们依据的是对中国大陆西南部和台湾等地区尚处于与原始社会对应发展阶段的少数民族部落的研究（见 pp. 284-287 关于云南制陶技术的讨论）。随着社会的发展，制陶劳动逐步被男子所接管[77]。这种总体上属于马克思主义的关于早期母系社会的理论，与西方人类学家的观点有些相似。例如迪安·阿

69　《汉书》卷九十九下（王莽传下），第十二页。

70　Vainker（1991），p. 49。

71　Anon.（1965），第215-224页；Anon.（1974a），第247-248页。

72　被奴役的熟练劳动力称为百工。冯先铭等（1982），第54-55页。

73　汪庆正（1982），第188-189页；闻人军（1987），第123-138页。

74　冯先铭等（1982），第107页。关于政府管理的工坊的一般讨论，见 Needham & Wang（1965），pp. 18-20；而关于烧制建筑材料的工坊方面的内容，见 Needham et.al.（1971），p. 89。关于与家庭作坊并行出现的官办窑厂的生产情况，见 Underhill（2002），pp. 4-6，231-235。

75　袁仲一和程学华（1980），第83-92页。

76　黄本骥（1965），第82页；Hucker（1985），pp. 140-141，121，125。

77　冯先铭等（1982），第2页。

诺德（Dean Arnold）在调研南美的陶瓷技术时，观察到制陶活动的计划安排是以不影响其他的生计活动为原则的，而大部分家庭内部的初级制作是由妇女所承担的。随着家务劳动发展为专门化的产业活动，男女两性都参与工作，这样，即达到了他所提出的第二发展阶段。第三发展阶段的标志是作坊工业，以及陶器制作作为一种专门职业的出现[78]。虽然在南美与中国之间不可能直接比较，但可以指出大致的相似性。新石器时代中期的聚落中已规划出专门的制陶区域，这就相当于阿诺德提出的第二阶段，而青铜时代则已达到他所指的第三发展阶段[79]。

　　根据记录，周代已存在社会的等级分化，虽然这种分化很可能早在几个千纪以前已经出现。战国时已尝试提出按职业排列的等级制度，这个制度在西汉早期固定了下来[80]。传统的排列是："士、农、工、商"；以"士"为首，等级依次下降。美国汉学家卜德（Derk Bodde）写道，周代时出现了这种差别，即士和农民的地位高于匠人和商人，但是缺乏匠人地位一定高于商人的证据。但到汉代时，"士农工商"这个等级排列次序被最终认定，商人的声望急速降落到匠人之下[81]。有手艺的陶工由此比依靠做买卖生活的商人更受到尊重。但这两种职业都是被知识分子和统治阶层所藐视的。西汉的第四个皇帝汉文帝，于公元前178年安排了象征农耕的典礼，以粟谷供奉于皇家宗庙[82]。公元前167年皇后被鼓励为生产祭祀用的衣服而饲养桑蚕[83]，而这两次活动均被视为传统的皇家活动。这些活动的根本目的在于打击某种令人十分担忧的行为，即民众有可能放弃粮食和布匹生产等基本生业，而转向有利可图但属非生产性的行业。对于陶器来说也存在类似的问题，即是生产日常生活所需的炊具和食器，还是生产奢侈品的问题。汉文帝于公元前163年亲自颁布诏书，表明他对饥荒和食物生产不足的担心，并责问他的臣民，怎么可以让自己从事不重要的活动（即手工业和商业），从而导致非农业人口的成倍增加并使农业受损呢[84]。公元前142年，随后的汉景帝也颁布诏书，指出雕纹装饰品和刻镂艺术品的制作损害了农业，而织锦、绣花和编织丝带则有损于日常的女红[85]。接着在公元前141年，又有一道诏书"批评那些不务正业的人"[86]，随后就位的武帝[87]和成帝（公元前22年）也一再颁发类似的诏令[88]。与对手工业者和商人的担忧和不信任相随的，是一系列控制奢侈的条例。例如早在公元前199年，限制商人的第一个条例就颁布了，内容包括：指定衣着，禁止携带武器、骑乘马

78　Arnold（1989），pp. 99，229。

79　关于中国新石器时代制陶业发展的各阶段和专业化的更详细情况，见文德安［Underhill（2002）］的著作，该著作出版较晚，与本册的写作时间相当。

80　Bodde（1991），pp. 203-210，附录 pp. 369-375。

81　同上，pp. 287，207。

82　《汉书》卷四（文帝纪），第十页。Dubs（1938），vol. 1，p. 242。

83　《汉书》卷四（文帝纪），第十四页。Dubs（1938），vol. 1，p. 254。

84　《汉书》卷四（文帝纪），第十七页。Dubs（1938），vol. 1，p. 262。

85　《汉书》卷五（景帝纪），第九页。Dubs（1938），vol. 1，p. 328。

86　《汉书》卷五（景帝纪），第十页。Dubs（1938），vol. 1，p. 332。

87　《汉书》卷六（武帝纪），第十七页。Dubs（1938），vol. 2，p. 68。

88　《汉书》卷十（成帝纪），第八页。Dubs（1938），vol. 2，p. 392。

匹和使用礼仪车辆等[89]。手工业者和商人的生产需要上税[90]，他们接受教育的权利受到限制，而且禁止就任官职[91]。

中国大部分非官府窑场烧制的陶瓷是没有款识的，因为陶工与大多数普通民众一样是文盲[92]。的确，人们可以将知识分子对中国工匠文化的鄙视与古希腊柏拉图的观点相比较，柏拉图认为匠人不可能创新，他们需要等待上帝为他们的产品创造新思想，或创造新的器物形状[93]。在中国，家庭制作陶器被看作低等的职业，陶工们辛勤劳动只能勉强维持其生存，他们的生活条件是很艰苦的。对汉代陶工日常生活的情况我们掌握的信息很少，但是对 18 世纪、19 世纪和 20 世纪的相关情况却有所了解，因为西方的来访者对此关心，并留下了文字和图像的记录（见下文 pp. 211-212）。对更早的情况只有零星的资料。例如宋代理学家、诗人梅尧臣，他在批评社会的不平与不公的诗中描述了陶工的贫困形象[94]：

> 陶者
> （1036 年）
> 门前遍布陶器，
> 但屋顶上却没有一片瓦。
> 而那些手指不沾土的人所拥有的大厦，
> 却如鱼鳞般层层覆盖着屋瓦。

> 〈　陶者
> 陶尽门前土，
> 屋上无片瓦。
> 十指不沾泥，
> 鳞鳞居大厦。〉

（vii）有关中国陶瓷的晚期文献

20

西汉以后，被保存下来的记录中国历史和中国人民活动的文献逐渐增多。关于陶器的生产情况，有大量的中文书籍和（较晚的）西文书籍可以用来获取信息。但需要指出，本册所引用的 19 世纪以前的文献都不是以研究陶瓷技术为主要内容的，法国耶稣会教士殷弘绪（Père Francois Xavier d'Entrecolles）18 世纪时所写的内容属于例外，那是以研究陶瓷技术作为主要目的的。部分中文著作，特别是在"景德镇专辑"名下

89　《汉书》卷一下（高帝纪下），第十三页。Dubs（1938），vol. 1, p. 120.

90　《汉书》卷二十四上（食货志上），第三页。Swann（1950），p. 122.

91　禁止商人和手工业工人任官职的敕令在汉高帝时已制定，见《盐铁论》卷一，第三页。Gale（1931），p. 9.

92　例外的是，秦汉时期的建筑陶瓷上常有加盖的印章，见下文 pp. 410-411，499。即便如此，用印章而不是签名，这也反映陶工多数为文盲。

93　Farrington（1966），p. 105.

94　Nienhauser（1988），p. 621.

收集的文章，包含了大量关于陶瓷制作的重要资料。其他类别的卷宗，本册中概括为"论文"、"历史"、"年鉴"和"方志"几类，也必须收集参考。这样做也许存在以偏概全的危险。尽管如此，我们认为引用这一系列资料是值得的，其目的是作为基于地质学、考古学和化学组成分析所进行的研究的必要补充。

文献的编排方式是与其作为陶瓷研究权威参考文献的用途相符合的[95]。显然，我们的清单并不是其他领域的学者对原始资料分类设计的拷贝[96]。我们还认为，将对建筑陶瓷文献的讨论放在专门论及建筑陶瓷章节中（本册 pp. 104-115，407-423，489-522）是合适的，而有关景德镇的更详尽的资料则在 pp. 184-213 中作介绍。

（viii）关于农业和手工业的论著

与农村就业方面有关的书籍有时包含陶瓷方面的信息，作为其较为宽泛的论题中的一部分。贾思勰的《齐民要术》是一个比较早的例子，该书成书于公元533—544年。李约瑟《中国科学技术史》系列著作前期的一些卷册对该书的内容进行了充分的讨论[97]。在有关陶瓷的内容中，有一篇以"涂瓮"作为标题的文章，描述了陶器瓮的防水处理，"瓮"是家庭安居所需的一种基本容器。

一千多年后，明代末年的宋应星编撰了《天工开物》（1637年），这一时期有几部论述博物学、农业和技术方面内容的巨作集中问世[98]。《天工开物》写作风格的创新性[99]，和论述主题的选择都是非同寻常的。其创新性也许可以通过宋应星本人在序言中按惯例所表述的歉意来解释，他哀叹自己缺乏资金，还缺少与其他学者对书中内容进行讨论的机会[100]：

> 只好任凭自己一点粗浅见闻，记在心里，写在纸上，这难免有不当之处。

〈随其孤陋见闻，藏诸方寸而写之，岂有当哉。〉

该书全文的内容分为三部分，首先讨论农业生产中的重要事项，然后介绍一系列的产品加工，包括陶瓷、铸造、纸张、武器、珍珠和宝石。陶瓷部分提供了作者深思熟虑后的评论，评论内容首先是建筑陶瓷，其次是日常用的储藏器皿，最后才涉及细白瓷。

宋应星的"粗浅见闻"也是有洞察力的，因为对各类陶瓷制作的简要的散文式描述，是由一位可能多次目睹了生产过程的人作出的。例如对烧砖过程的最后阶段向窑体浇泼冷水的描述，是中国北方流行了两千多年的程式。同样，烧制大型水罐的窑被

21

95　关于陶瓷文献的概述，见汪庆正（*1982*），第185-186页。

96　Needham &Wang（1954），pp. 42-54，73-79；Beasley &Pulleyblank（1961）；Wilkinson（1973）；Bray（1984），pp. 47-85；Daniels（1996），pp. 45-51。

97　Bray（1984），pp. 55-59；H. T. Huang（2000），pp. 123-124，table 12。

98　例如，《本草纲目》（1596年）、《武备志》（1628年）、《农政全书》（1639年）。见 Bodde（1991），p. 269n。

99　Bray（1984），p. 76。

100　《天工开物·序》（第一页）；Sun & Sun（1966），p. xiv。

描述为各窑室相连并逐步攀升的窑炉，这应就是人们熟悉的中国南方和东南部广泛使用的龙窑[101]。讨论高温白瓷的章节集中了大部分注意力在景德镇的产品上，对其制作过程的描述包括从瓷石的采集和加工，到成形、施釉、彩绘和焙烧等过程。宋应星还提到了河北、甘肃、陕西、河南、安徽和福建等省的产品，但没有采用收藏家的评价和文学性质的描述。他的价值观念清楚地反映在他对福建德化"中国白"（Blanc de Chine）瓷的评价上，他认为这是些精巧的人物塑像，但没有实用功能[102]。

陶瓷材料在中国的药物学中也占有一定的地位。药物学文献是很多的，但也许仅引用两本就足够了，即出版于1108年的《证类本草》和1596年的经典文献《本草纲目》。《证类本草》记述"白垩"（瓷土）可入药并有其他用途。书中引用了陶隐居（陶弘景，公元456—536年）的著述，其中记述了瓷土（高岭土）在绘画中的应用，但没有提到陶瓷本身[103]。书中还引了《唐本草》（公元660年），其中提到瓷土（包括定州的瓷土）偶尔入药，介绍了瓷土长期被用于绘画，并指出近期用以制作白瓷[104]。该书提到的白瓷制作的年代与考古证据相符，考古证据已确认中国北方最早生产白瓷是在公元6世纪后期（见下文 pp. 146-163）。

22 　　根据《本草纲目》，我们知道定州白瓷的细末能止鼻血，定州白瓷细末伴水服用还能止疼。对于治疗烧伤和其他伤痛，推荐用青瓷碗碎片的粉末，而景德镇的瓷经专门处理后也可使用。白垩方砖用来洗衣十分有效，也可用来制瓷。有一种类型的钴土矿石（"无名异"）被用来装饰瓷器[105]。另一种富锰含铁的矿石也被作为疗伤的药物。《本草纲目》记录了为此目的在贵州省采集球粒状的"无名异"的情况[106]。

（ix）方　　志

方志（大志、通志、府志和县志等的统称）从很早就开始编纂了，但明代以前的方志保存至今的相对较少[107]。明清的方志数量极多，而且进入20世纪后还在继续编纂[108]。方志由对帝国特定行政区域内地理、历史、经济、宗教以及地方风俗和物产等方方面面信息的百科全书式的纪事综合而成，是自帝国中央逐级向下经由省和各行政辖区依次分别进行编纂的。完善的方志还详细记录有环境景观、在职官员的简历、当地产业、古迹遗存和其他杂项，每一项都可能涉及当地陶瓷生产的信息。方志是经常重编、更新甚至作重大修订的。例如，《江西通志》始修于明代嘉靖年间，但在清代曾

101　《天工开物》卷七，第三、五页。见本册第三部分，pp. 347-359。

102　《天工开物》卷七，第五至八页。

103　《梁书》卷五十一（列传第四十五），第十二页，这里的陶隐居是指陶弘景，瓷土用于绘制壁画和雕塑上色前打底。

104　《证类本草》卷五，第二十二、三十二页。参见 Hirth（1888），pp. 3-4。

105　钴土是钴矿石的一种，关于其在钴蓝釉和釉内及釉下装饰中的应用，本册第五和第六部分有较为详细的讨论。

106　《本草纲目》卷七，第一页；卷九，第五十六页；Anon.（1978a），第36页；Chen et al.（1995a），pp. 291-294。

107　张国淦（1962）列出了从秦到元编著的共2000多部著作的详细资料，可惜它们几乎都不复存在了。

108　现存约有900部明代的方志，5000部清代的方志和650部民国时期的方志。Wilkinson（1973），p. 116。

5 次重修；而《绍兴府志》始修于康熙年间，而后竟然丢失，于乾隆时又需要重修。

各种方志的内容各有不同，质量参差不齐，而且经常包含有从其他文献中擅用的素材。或许更需要注意的是，因为所编纂的中国历史资料的累积性和其来源的间接性，最新版本的方志往往被证明是内容最全面的[109]，之前的各版本也可能有详略程度不同的重复。例证之一是有三类方志都记载了发生在景德镇的活动。景德镇地处浮梁县，该县隶属于江西省的饶州府。因此《浮梁县志》的内容在被删节和归总后会包含于《饶州府志》和《江西通志》中。如果县志的编纂者是一位拥有真才实学的学者，县志就能提供关于该县所在小区域内各产业的丰富信息。殷弘绪（1712 年、1722 年）和卜士礼（Bushell；1896 年）等早期的西方学者就觉察到了这一点，他们两人都是从研究《浮梁县志》来获取关于当地陶瓷工业的详细信息的。

对各版本的方志的分类筛选和确定资料的原始出处可能会有很多问题。第四部江西方志，即 1556 年王宗沐所编纂的《江西省大志》就是这方面的例子，原著七卷，现在仅存三卷。该书于 1597 年增补重刊，现在通常参考的就是这个版本[110]。补入第二版的最重要的内容是卷七《陶书》，其依据是一本题为《陶政录》的专著。《陶政录》是隆庆年间南康府通判陈学乾所著。《陶书》包含了 16 世纪瓷器生产详尽无遗的内容，这些内容分别列于 24 个标题下：

序言（"陶书引"）
制陶作坊的位置和结构（"建置"）
关于御器厂的记录
官府建筑（"廨宇"）
原材料：黏土（"砂土"）
精确的黏土需要量（"坯土实用数"）
劳工（"人夫"）
官府的监管（"设官"）
钴蓝（"回青"）
器皿：数量、质量和成本估算（"器皿估数"）
窑炉建造（"窑制"）
经营报告（"供亿"）
徭役劳工（"匠役"）
劳力需要量（"各作匠数"）
生产过程（"造坯工程"）
燃料（"柴料"）
颜色（"颜色"）
颜料需要量（"色料实用数"）

109　对不同级别、版本的方志间内容的比较不是本册的目的。只举一个例子就足以说明差异的情况。1880—1881 年版的《江西通志》实际上提供了最长、注解最密集的关于元代以前景德镇陶瓷的行文，比 1851 年简缩版的《浮梁陶政志》或 1872 版的《饶州府志》的内容都要丰富。

110　例如：Medley（1966），p. 327；Medley（1993），pp. 71-72；Daniels（1996），p. 50。

器皿需要量及成本（"器用"）

运输（"解运"）

包装（"箱扛料数"）

御用器物的供应（"御供"）

材料的价格（"料价"）

评注（"请改陶疏抄"）

24　　《江西省大志》中的很多内容被先后收入《饶州府志》和《江西通志》18世纪和19世纪的增补内容之中。

到此为止所阐述的编纂内容主要涉及江西省的景德镇。其他省份和地区的方志收录了别处窑场的信息，本册其他章节已有所节选。

（x）专门关于景德镇的文献

与陶瓷制作有关的文献中，有很大一部分论及中国最著名的"瓷都"江西景德镇的生产。鉴赏家和学者们对此专题曾撰写了多部独立的专著。例如王世懋1589年撰写的《窥天外乘》中列有论述陶瓷的一节，那是他于1576—1581年在江西担任官职时写成的[111]。其他的研究成果仅是因收入了方志而得以流传。其中有蒋祈的成书于1214—1234年或1322—1325年（中国学者们对成书年代有争议[112]）的《陶记》，以及郭子章撰于17世纪早期的《豫章大事记》。

对中国的陶瓷研究自古至今始终会引发尖锐的争议。蒋祈在《陶记》中直言其目的之一是引评另一位南宋学者洪迈（1123—1202年）的观点，后者在《容斋随笔》一书中写了一小段论述"浮梁陶器"的文字[113]。洪迈的著作中提到，仅有两位清廉的地方官员没有滥用职权从私营的陶瓷贸易中牟利，蒋祈对此沉思：为什么清廉的官员这么难找？而蒋祈的分析结论也是悲观的，他揭示了景德镇陶瓷生产衰落的详细情况，其原因是官员的腐败、失当的管理、高额的税收以及由于前期对资源过度开发引起的燃料匮乏等，还有当地十之八九的经营者所感到的不安。但该书的其他章节也包含了有用且确切的资料，如窑炉所有权、装窑和焙烧、当地黏土矿的资源和利用情况以及质量控制等[114]。

25

111　Goodrich & Fang（1976），pp. 1406-1408；Watt（1979），p. 70。

112　刘新园（*1981*，*1983a*，*1983b*）、熊寥（*1983*）和冯云龙［Feng Yunlong（1995），p. 295］等对关于《陶记》成书年代的争议作了回顾和评论。简单地说，蒋祈是一位对景德镇诸窑很熟悉的官员，可能任职于1214—1234年这一时期。现在已找不到他撰写的《陶记》的早期版本。最先提到《陶记》的是1682年版的《浮梁县志》，这是中国现存最早的《陶记》版本。但是该版本没有收录"产品"章节，而1742年版的《浮梁县志》却引用了《陶记》中的这部分内容。1742年版的《浮梁县志》还提到了"蒋祈对元代陶瓷生产的总结"，而且因为从1682—1742《浮梁县志》并没有进行重大的修编，由此推测更早就存在《陶记》成书于元代的看法。蓝浦在他编撰的《景德镇陶录》（1815年）中就将《陶记》作为元代的著作加以引用。本册的作者则接受《陶记》成书于南宋的观点。

113　《容斋随笔》卷四，第十三页。

114　白焜（*1981*）和颜石麟（*1981*）对蒋祈的著作进行了整理与注释。卜士礼［Bushell（1896），pp. 99-102］翻译了《陶记》的部分内容。

《豫章大事记》中有关瓷器生产的段落被《江西通志》[115]和《饶州府志》[116]等方志引用。这些引用的材料中包含了各类历史记录中常见的信息，如生产的配额、负责监督的官员的升降和生产中的事故与失败等。在比较令人感兴趣的关于烧制中釉和器形走样的记录中，有一条与万历皇帝时朝廷要求定制的一件瓷质屏风有关。该屏风未能烧制成功，然后于1588—1589年先改为烧制长6尺、高1尺的床，后来又缩小为长3尺（这些务实性的解决方案受到饶州府县官员们的责难），最终不得不将其销毁[117]。

篇幅更长、内容也更丰富的专著是朱琰于1774年编写的《陶说》。朱琰原籍浙江，是一位学者和鉴赏家，他著作丰富，涉及文献学、音乐和诗歌。可惜，他的某些著作未能付印，而另一些则已失传。关于朱琰的著作我们是从其亲戚黄锡蕃那里了解到的，后者于1787年为《陶说》的新增补版增写了推崇性的第四篇跋文。据鲍廷博1774年写的第三篇跋，我们获知朱琰于1767年被江西省的大中丞吴某聘任为幕僚[118]。朱琰似乎在此任职直至《陶说》出版。在职期间他巡游景德镇各处，考察官窑，也考察民窑。亲身的经历赋予了《陶说》权威性并使之大获成功。确实，它是许多世纪以来学者们的重要参考资料[119]。

《陶说》有六卷，每一卷又进一步分解为若干短的章节，表1列出了其内容概要。

表1 《陶说》的目录

卷号	内容	
一	对当时陶瓷器的讨论（饶州器物、对唐英《陶冶图》的讨论）	〈说今（饶州窑、《陶冶图》说）〉
二	对古代陶瓷器的讨论（陶器的起源、对古代窑的考察）	〈说古（原始、古窑考）〉
三	对明代陶瓷器的讨论（饶州器物、制作方法：原料和颜料、御窑厂、画工与花纹、匣钵制作、窑炉焙烧）	〈说明（饶州窑、造法）〉
四	对各式陶瓷器的讨论，第一部分（唐虞时的器物，周、汉、魏、晋、南北朝和隋等朝的器物）	〈说器上（唐虞器、周器、汉器、魏器、晋器、南北朝器、隋器）〉
五	对各式陶瓷器的讨论，第二部分（唐代、五代以及宋元时期的器物）	〈说器中（唐器、宋器、元器）〉
六	对各式陶瓷器的讨论，第三部分（明代的器物）	〈说器下（明器）〉

《陶说》是一本简明易懂的记述性著作，它既引用早期的资料，也包括作者的亲身考察。其内容还增补了由另一位直接介入生产的专家唐英所提供的资料。唐英于1728—1756年先任御窑厂助理，后为督陶官（见下文）[120]。《陶说》第一卷中展示陶瓷

---

115 《江西通志》（1880年版）卷九十三，第七页。

116 《饶州府志》（1872年版）卷三（地舆志三），第六十二页。

117 《饶州府志》（1872年版）卷三（地舆志三），第二页。《江西省通志》（1880年版）卷九十一，第七页。

118 《陶说·序》（第二页）。Hucker（1985），p. 464。

119 见 Bushell（1910），pp. vii-viii。卜士礼1910年的译本虽然有几处翻译不当，但依然能帮助不具备中文阅读能力的读者很好地理解该书的内容。

120 Kerr（1986），p. 19。

26　生产过程的一系列带解说的图例就直接取自《陶冶图编次》,《陶冶图编次》是唐英于1743 年四月为乾隆皇帝编撰的[121]。唐英卒于 1756 年,因此几乎可以肯定朱琰未曾与其见过面。然而,唐英在御窑厂的影响在 18 世纪下半叶一直都可以被强烈地感受到,朱琰将唐英基于亲身经历的(并且差不多是同一时代的)描述收进了《陶说》,这说明两人之间有广泛的共识。

朱琰在论述清代以前器物的章节中,不可避免地需要选择性地摘录历史资料和经典文献中的内容。不过,《陶说》摘录的内容经过了精心选择且信息丰富,并补充有作者本人的观察资料与认识。例如,在关于成化年间(1465—1487 年)的瓷器的章节中,朱琰将《博物要览》的观点与明代和清代早期其他两份资料进行了对比,这两份资料对明代不同时期器物优缺点的评价与《博物要览》相异。他的最终结论是[122]:

> 总之,明代宣德和成化年间的器物是难以超越的,而且每一时期又有其独特的优点。因此《博物要览》的论述是正确的。
>
> 〈总之,明器无能过宣、成者,而一时有一时聚精之物,则《博物要览》之言是也。〉

关于陶器制作,全书通篇对原料和设计都有评述,但卷一以及卷三的"造法"一节的
27　内容是最有参考价值的。对明代时匣钵制作的描述体现了朱琰直率的写作风格[123]:

> 匣钵是用黄色的黏土与砂混合后制作的,用量视匣钵的大小而定。每个窑内,除用于龙缸的大匣钵外,(一次)可放置 70 或 80 件匣钵。每炉窑估算需使用木柴 55 担。有的匣钵只能使用一次,而有的匣钵可重复使用直至损毁。
>
> 〈匣窑,除龙缸大匣外,其余大小匣,可烧七八十件,烧成计薪五十五扛。有一用即损者,有再用方坏者。〉

我们已经提到了景德镇御窑厂的重要人物——督陶官唐英(1682—1756 年)令人瞩目的全部著作。与一般的文人作者不同,唐英是从直接的、商业经验的视角来描写陶瓷生产的。他并非出身于中国汉族的书香门第,因为他的曾祖父是一位包衣旗鼓人,而唐英本人为汉军旗人,在获得景德镇的职位之前,已经在康熙帝内廷服务了二十年以上[124]。在景德镇长期辛勤的任职期间,他抽空写了几本书[125]。其中有许多他对

121　傅振伦和甄励(*1982*),第 38 页,图版 1-5。

122　《陶说》卷三,第三页。

123　同上,第八页。

124　Hummel(1943),p. 442。从 16 岁起,唐英就在养心殿充当侍从,是内务府的一名办事员。内务府由太监和包衣奴才任职,是为皇帝日常生活的需要服务的,参见 Hucker(1985),p. 576。在这里唐英学习了各种技艺,如绘画、产品设计、写诗、游戏和写剧本。1723 年唐英被提升为内务府的副总管,监管宫内的画家。1728 年他遵旨赴景德镇协助年希尧督管御窑厂。1736 年底年希尧因贪污被解职,唐英接任督陶官。他任职此位直到去世(1756 年),中间曾短期离职他任。见 Bushell(1896),pp. 206-210;傅振伦和甄励(*1982*);Kerr(1986),pp. 19-20;张发颖和刁云展(*1991*),主册。林业强[Peter Y. K. Lam(2000)]给出了唐英的详细职业生涯和他亲自主持生产和装饰的器物一览表。

125　唐英的多卷著作已被从中国各地的公立图书馆收集汇总在了一起,并由张发颖和刁云展(*1991*)整理编为主、附两册本。傅振伦和甄励[(*1982*),第 19-54、55-66 页]提供了一份有用的索引。

所关注的多方面问题的内心流露。《陶人心语》（初版完成于 1740 年）汇集了超过 1000
篇诗歌、散文以及对书法、历史、道德教化和个人行为守则等的评论。《古柏堂传奇》
是 17 种有道德教化意义的戏曲合集，而《问奇典注》则是包含 1000 余条词语的词
典。与我们的研究关系最密切的是他的《杂著》，这是一本合集，包括 140 余篇关于唐
英本人在御窑厂日常工作的文章，还有 43 份他于 1736—1756 年写给乾隆皇帝的奏
折。此外，还发现有 4 篇有关陶务管理的随笔：《陶务叙略》（1735 年）、《陶成纪事》
（1735 年）、《瓷务事宜示谕稿序》（1736 年）以及前文已提及的《陶冶图编次》（1743
年）。其中最重要、内容最丰富的有关制陶生产的论述是 1743 年奉旨编制的《陶冶图
编次》，内含 20 条附有示意图的解说词[126]。唐英有关陶瓷的著述为本册 pp. 184-213 论
述景德镇的部分提供了资料。唐英的声名一直存在于民间神话中，也反映在景德镇陶
工创作的劳动号子中。这些有节奏、押韵的歌词在 19 世纪被龚轼采集记录[127]，阅读下
面的四句，也许可感受劳动号子的韵味： 28

　　　骨头一样的山石可以制成黏土
　　　山溪旁水力驱动的水碓反复对其进行击打
　　　如果作坊主对产品不满意
　　　就不会打包装船运走

　　〈在山石骨出山泥
　　水碓舂成自上溪
　　要是高庄称好不
　　不船连载任分携〉

另一本关于"瓷都"的书是《景德镇陶录》，系乾隆年间蓝浦撰写，并由郑廷桂于 1815
年完成。该书有一篇浮梁县知事所撰的序言，序中提到：蓝浦在当地出生和成长，并
记录下了他通过观察获得的对瓷业生产的印象。鉴于蓝浦的原稿仅属草稿，该书是由
另一个人完成的，因此不能肯定这就是蓝浦原来拟定的编撰格式。该书分为十卷，相
当详细地论述了整个陶瓷业务。卷一是郑廷桂增补的，粗略涉及了城镇和御窑厂的历
史，并再次收入了唐英编制的著名的生产流程示意图。卷二至卷四包括当时（即 18 世
纪）的产品和生产情况；卷五涉及以前的产品；卷六论及景德镇对以前产品的仿制；
卷七介绍其他各地陶瓷窑的情况；卷八到卷十则为文献汇总。可见《景德镇陶录》的
编撰体例相当随意，这种编撰体例是中国很多专著的共性。但尽管如此，该书还是包
含了有用的资料，中国和西方的学者在自己的著作中都曾广泛地引用该书[128]。

　　126　这方面的内容已收入朱琰的《陶说》卷一（第二页至第十二页）中。卜士礼［Bushell（1910），pp.7-
30］提供了英文译文。这些绘画原来保存于紫禁城，后来不知何时流出国境。据认为曾被带到日本，且毁于第二
次世界大战中。但是，它们于 1996 年在香港佳士得（Christie's）拍卖会上又露面了，现收藏于台湾，见 Peter Y.
K. Lam（2000），p.78。

　　127　《景德镇陶歌》（1824 年）中"原料"章的第三首，见杨静荣（1994），第 34 页。

　　128　可以找到西文译本，不完整的译本有 Julien（1856），及 Sayer（1951）。

（xi）关于陶瓷鉴赏的文献

唐代以前的文献主要评论器物的礼仪功能和实用功能，自公元 8 世纪起，对器物审美价值的评论开始出现。对陶瓷的鉴赏是与茶文化的兴起，以及高品质青釉器与白釉器的出现相联系的。唐代文献中最常提到的两种陶瓷器物是浙江的越窑青瓷和河北的邢窑白瓷。学者和生产者之间是一种相互影响的关系，因为鉴赏家既能促进所喜爱产品的精致化，又能使销售额增加。通过工艺方面的改进——拉坯和塑模制作更薄的胎体、更精心地调配釉料以及控制窑炉，现有产品的质量得以提升。对于邢窑而言，来自有社会影响集团的保护和赞助促使一种全新的产品——真正的白瓷——得以成功生产。

在宋代，整个中国的窑业飞速扩张，陶瓷器物的种类与数量也因而猛增。这种发展的部分原因是人口增长所导致的对日用器物需求量的增加，部分原因是陶瓷出口的扩张，还有部分原因是陶瓷产品本身高度的专门化。例如，有一类坛罐产品专门满足酿酒与蒸馏的需要，随之就生产了多种储存酒和饮酒用的器皿[129]，那第二类就被选作专供宫廷使用的器具。

第三类宋代的器皿则是适合文人圈子使用和收藏的。对古董、珍稀物品的欣赏以及随之而来的对一定类型器物的需求引发了上层社会中鉴赏和收藏的风气。皇室的参与和示范效应更使艺术品的收藏成为人们社会地位的象征。据说宋徽宗（1101—1125年在位）有上万件藏品。收藏家们为绘画、青铜器和玉器所吸引。从古代遗址中出土（偶然挖到或专门发掘）的古物也被珍藏。印刷技术的进步促进了专题书籍的编撰和发行。这些优雅生活读物的内容包容了所谓"编纂成书"的风气[130]，也就是自由地整段转抄其他书籍的内容来汇集成书。而且被引用的段落被任意地增删和修改，并在其中穿插着著书者自己的讨论[131]。这类书籍最早在宋代流传，而在明代则达到流行的顶峰。

可能会有这样的争议，即这类文献的目的不是提供关于陶瓷技术的信息，因此对我们当前的研究没有什么意义。作为回答，应该考虑的是：第一，这类文献对中国学术界的强烈影响直至今日仍然存在。第二，消费者的需求对陶瓷生产者的导向作用。时尚的变化反映在了陶瓷器物订单的变化上。例如在明代晚期，当时的教养环境形成了一个社会阶层，他们偏爱宋代朴素的单色器物。当时保存的宋代陶瓷制品的数量已

129　参见 Mino（1980），pp. 160-161，188-189，194-195。

130　Bodde（1991），p. 85。

131　最受欢迎的书籍是青铜器目录和青铜器上铭文的目录，有的书籍还附有器物的线图，多数附有铭文的拓片。现存最重要的书籍有《考古图》（1092 年）、《重修宣和博古图录》（1123 年）、《金石录》（1119—1125 年）、《啸堂集古录》（约 1123 年）、《历代钟鼎彝器款识法帖》（1144 年）。这些书于明清时曾多次翻刻重刊。见 Kerr（1990），pp. 13-18。

与陶瓷更相关的是不附插图的专著，这些书是为指引品味高雅的学者而编写的。西方学者中高罗佩［van Gulik（1958）］最早注意到这种类型的书籍。对明代文献的讨论构成了柯律格［Clunas（1991）］开创性著作的核心内容。

不多，这导致了很多窑口仿制宋代的胎和釉，某些仿制品被当作真品流通[132]。18 世纪时，雍正和乾隆皇帝慷慨地向御窑厂投资，以再现宋釉的综合效果[133]。清宫文档中每年的订单则反映了皇室对成功仿制是多么在意（见 pp. 206-207）。

高罗佩（Robert Hans van Gulik）已认定第一部鉴赏手册就是 1230 年左右赵希鹄撰写的《洞天清录集》[134]。赵希鹄（1170—1242 年）是宋朝皇族成员，他撰写的这本书，涉及十类器物，包括古物和当代制品[135]。陶瓷并没有被列作一类，但在讨论书案上常用的水洗时简略地提到了"长沙铜官窑"[136]。另一本更直接描述陶瓷器物的著作是陶宗仪的《南村辍耕录》（1366 年），该书虽然刊行于元代，但也包含了很多关于南宋时代的内容[137]。其中论述陶瓷的"窑器"一节提到了秘色越窑器[138]、口沿无釉的定窑器、汝窑器、龙泉窑器和官窑器等。

还有一本与陶瓷有关的著作是曹昭于明代早期（1388 年）著述的《格古要论》[139]。该书主要讨论"古"器，换句话说，作者主要涉猎的是前朝各代的器物，偶尔也与当代的产品做些比较[140]。论述陶瓷的部分列出了十六类器物，其中十四类来自著名窑区。该书描述的内容和格式成为某种标准格式，影响到后来明代及清代的鉴赏手册。

近些年来，明代末年的文人圈子已被广泛地进行过研究[141]。当时的经济、政治和社会诸因素的结合营造了一种环境，在这种环境中，对艺术和文学的鉴赏可能陷入困境。因经商而暴发的艺术赞助商们与有教养的文人之间存在着鸿沟，前者有钱购买珍品但没有写作能力对古器物进行描述，而文人们集中居住于城镇，主要是在江南地区，他们自定的关于风格和品味的准则限制了自己的社交圈子。他们的审美规则重复地表述于一系列书籍中，书中所涉及的内容反映出整个阶层的品味。这个阶层中的人们既有特定的知识追求，也有自己的收藏范畴。收集的物品依旧称为"古"物，虽然在明代晚期"古"物代表了所有的艺术作品，无论是古旧的还是新制的。艺术品中地位最高的是诗作、书法、绘画和印章篆刻。这些高雅的活动仅属于受过教育的君子。他们也收藏其他人的作品（包括古代的和当代的）。除了绘画和书法，有鉴赏力的收藏

132　Clunas（1989），pp. 51-52；Clunas（1991），pp. 101-103。

133　Watt（1987），p. 8。关于钧釉的讨论和清代对钧釉的仿制，见 Kerr（1993）。

134　Van Gulik（1958），p. 51。

135　它们包括古琴、古砚、古代青铜器、奇石、桌屏、笔架、桌案水洗、古代手稿及书法作品、古代和现代的石刻拓片以及古代绘画等，见 Clunas（1991），p. 9。

136　《洞天清录集》，第十七页。

137　Franke（1961），p. 128。这个批评尤其是针对卷二十九中"窑器"部分的，那几段文字直接引自南宋叶寘的《坦斋笔衡》。另见本册 p. 259。

138　该书认为秘色窑器系越州钱氏所制，为贡品，非为一般民众或官员所用。同样内容但稍有差别的文字也出现于南宋晚期的《负暄杂录》一书中，随后又被《余姚县志》（1899 年）和修正版的《浙江通志》（1899 年）所引用。

139　该书有英译本，译者为戴维［David（1971）］，译本还包含评议、文献目录和影印的中文文本。

140　对《格古要论》全部内容的讨论，见 Clunas（1991），pp. 11-13。读者还应该注意到作者关于反对断章取义的告诫。

141　Li Chu-Tsing & Watt（1987），Clunas（1991）。这些著作中引用的文献资料为进一步的研究提供了大量线索。

家们还对所有经过精细加工的物品怀有兴趣，包括玉器、雕刻品和陶瓷器。杰出的文人兼收藏家李日华（1565—1635 年）曾列出一张经常被人们引用的藏品目录，计 23 项，按他的喜好和评价排序[142]。其中列于第 23 项的是"光亮的细白瓷和秘色陶瓷，不论新旧"。细白瓷的装饰是被看重的，无论装饰反映的是主题还是风格。据说在 17 世纪时，社会精英们开始喜欢五彩瓷器艺术，而平头百姓只是使用不带装饰的便宜制品[143]。

　　李日华这样的学者对陶瓷产品的赞赏基本上不可能为制作它们的卑微匠人所知悉，虽然李日华的日记和著作透露出，他懂得陶瓷，也与几位陶工有私交，但是他的接触交往局限于那些其作品能得到学者型主顾赞赏（并改进）的有文化的陶工。那些时尚人物是不会顾及浙江和江西陶瓷作坊中流着汗的普通陶工的。宫廷显贵对工匠们则更为鄙视，那些保守的官员们曾请求收回赐封杰出工匠官衔的皇命[144]。正如我们已在关于中国早期工匠地位的章节中指出的那样（见上文 pp. 16-19），鄙视工匠的观念在当时的中国是根深蒂固的。

32　　　在明代晚期的文人圈中也曾出现过某些有趣的人物，他们亲手制作陶器。其中一位是有才华的诗人、陶艺家和画家昊十九（又名壶隐老人）。他是浮梁当地人，生活于万历年间（1573—1620 年）。据文献记载，他的身份于 1973 年被确认，当时在都昌发掘出土了一块提到他的名字的题字瓷板[145]。他的名字在稍晚的陶瓷器上曾以别名出现，珀西瓦尔·戴维中国艺术基金会（Percival David Foundation of Chinese Art）收藏有一面精致的黄釉桌屏，上面有"壶隐道人"的仿制印章[146]。

33　　　另一位类似的人物是周丹泉，他是一位令人敬畏的陶工、木雕匠、宝石雕刻师、漆匠，仿制并出售古瓷，是一个自信又工于心计的人。他活跃于隆庆和万历年间（1567—1620 年）。梁庄爱伦（Ellen Johnston Laing）证实他与画家周时臣是同一个人，并收集了关于他的不平常经历的资料[147]。作为一个陶工，使他名声大振的主要是他曾在景德镇仿制宋代的定瓷香炉[148]，然后在异地卖给轻信的顾客。

　　在清代，对陶瓷的鉴赏并没有终止，从我们前面提到的朱琰和蓝浦等的著作可以看出这一点。有一本比他们的这些专著年代更早的著作《南窑笔记》，可能出版于雍正年间，其作者已无法考证[149]。该书篇幅不长，其写作方式是将对各名窑器物（汝窑、官窑等）的轮番评论，与有关景德镇陶瓷生产实际情况的资料奇妙地结合在一起。后面的几节包含关于胎釉制备、陶瓷器成形和焙烧等有用的评论[150]。

142　Li Chu-Tsing & Watt（1987），pp. 15-16；Clunas（1991），pp. 104-105。

143　《浮梁县志》（1682 年版）卷四，第四十六页。

144　Watt（1987），pp. 8-9。

145　《景德镇陶录》卷五，第六页；傅振伦（1993a），第 36 页。

146　其他的陶工也使用"壶隐"这个艺名，包括宜兴陶工陈鸣远，见刘明倩［Ming Wilson（1998）］的论文，她在文中（pp. 112-113，no. 46）发表了这面桌屏的图。

147　梁庄爱伦［Laing（1975）］在论文的脚注中详细总结了已出版的中英文文献中有关周丹泉的资料。提到周丹泉对陶瓷界的影响的论著有：Julien（1856），p. 103；Hetherington（1922），pp. 94-95；Hobson（1923），p. 158；Brankston（1938），p. 65；Honey（1945），p. 92；Jenyns（1953），p. 128。

148　《景德镇陶录》卷五，第六页。

149　参见汪庆正（1982），第 186 页。

150　《南窑笔记》，第七页至第十一页（323-332 页）。

图 5　一面 18 世纪的黄釉桌屏，上面有"壶隐道人"的仿制印章

　　晚清和民国时期，有一批鉴赏家的著作涌现出来，它们继承了传统的学术风格，同时也受到中国大城市中国际古董市场繁荣的影响。其中有两本值得注意的著作是陈浏的《陶雅》（1910 年）和许之衡的《饮流斋说瓷》。陈浏在发表《陶雅》时隐去了真名，而用了"寂园叟"的笔名。陈浏出生于江苏省，但在北京为官长达二十多年，他利用业余时间收集陶瓷和为其收藏品作演讲。陈浏在北京时，正当大量的珍贵物品从清宫流出进入市场，被合法或非法地变卖，来为因支付 1894 年甲午战争失败和 1900

年义和团事件赔款而几近破产的政权筹集资金。他的专集初版于 1906 年，题名为《瓷学》，随后经修订并于 1910 年以《陶雅》为名出版[151]。《陶雅》于 20 世纪 30 年代再版。虽然这是一本业余爱好者的作品，但从那时至今都被中国的学者看作一本有价值的参考书[152]。陈浏以清代作为其研究的起始时间，特别重视康熙、雍正和乾隆三朝。他的著作是一种鉴赏家的论述，并强调 19 世纪时质量水平持续下降。这种关于中国陶瓷的观点——18 世纪早期是其顶峰而 19 世纪则是其低谷——已被 20 世纪诸多中国和西方的论著作者接受。该书的内容显得杂乱无章，论述重复，缺乏器物的年代信息和序列关系。但该书包含了他个人对实存器物的评价，及对仿制和作伪的忠告等内容，这类资料正是收藏家们所渴望得到的。

34

许之衡是一位广东学者兼收藏家，于 1935 年去世。年轻时他就学于日本的明治大学，回国后执教于北京大学中文系。他最初的研究领域是古典文学，并出版了多部该学科的专著。陶瓷研究是许之衡热情追求的业余爱好。他的著作《饮流斋说瓷》受到日本学术研究的影响，但也引用了大量其他参考文献[153]，从唐宋的诗词到明清的手册，还有英国和法国鉴赏家的看法等[154]。这本专著分为十章，论及窑炉、胎釉、颜色、设计、款识、各种器形、次品和赝品等。虽然许之衡的著作经常被嘲笑为肤浅和非第一手资料，但它还是值得关注的，因为它是时代的产物，也反映了一位严肃的业余收藏家深刻与广博的知识。

（xii）官方的编史：正史、实录和法令汇编

自汉代起，各朝代的正史相继编修，以供文职官员、学者和个人作综合参考。这些正史的最终版本通常是在本朝灭亡以后，由后继王朝的统治者编纂的。正史的编纂总是为特定的政治和学术目的服务的，无论是在当朝收集整理资料的阶段，还是在后继朝代的完成阶段。编纂一个朝代的正史是一项巨大的工程，由官员和儒家的学者来完成，他们要收集大量的资料，然后用"剪刀加糨糊"的方法完成编纂[155]。这在一定程度上导致了编史内容多少有些自我矛盾和断断续续，而且不说明所引资料的来源。直到中国王朝时代结束，一共编纂了汉代以来内容较为详细的各朝正史二十六部[156]。

35

我们将上面的说明作为开场白，目的是指出官方的编史，与其他很多的原始参考资料相似，都是为特定的政治目的而撰写的，也反映了知识界的传统观念。因此，人

151　Sayer（1959），pp. vii-viii。萨耶尔（Sayer）完成了一个有用的《陶雅》译本，并撰写了说明性的导言。

152　该书经常被作为《陶说》和《景德镇陶录》的后继书籍引用。叶喆民，当代一位杰出的学者和教师，在他的一篇未曾发表的文章《中国古陶瓷文献略谈》（pp. 84-85）中表达了这种观点。叶喆民于 1998 年曾将上述文章的复印件赠送给本册的作者之一柯玫瑰。陈浏对他那些杰出的前辈们并不是很大度，他称赞了《陶说》，但批评《景德镇陶录》——"完全令人费解并错误连篇"。《陶雅》卷上，第三十四页；Sayer（1959），p. 56。

153　伍跃和赵令雯（*1991*）（初编），第 4 页。

154　《饮流斋说瓷·概说第一》，第 149-150 页。

155　Yang Lien-Sheng（1961），pp. 44-59。

156　关于英文的中国历史编纂情况概述，见 Needham（1954），pp. 42-54，73-79 和 Wilkinson（1973）。关于对唐朝正史修编的详细描述，见 Twitchett（1992）。

们在阐述陶瓷的生产和消费历史而选引正史的内容时，应该注意到其中的偏见和倾向性，因为它们往往会给研究设定一个特定的基调。很多情况下，官方的记录关心的是不大成功的事件、未完成的份额和失败的派烧命令。这可能多少会对事件产生一些负面的看法，例如对景德镇御瓷生产历史的看法。除开上述告诫，正史同时包含有趣的、有意义的信息资料。正史的内容庞大繁杂，我们只能有选择地加以利用。《宋史》《元史》和《明史》的"志"中的素材，特别是《食货志》[157]，我们已经查阅参考。但这些素材所能提供的史实并不太多，其主要的内容是税收、贸易机构、出口情况和有关官员的职位等[158]。

与景德镇窑的管理有关的资料很多，大量的参考资料见于《明史·食货志》的"烧造"部分，其中记述了直至万历年间的景德镇为宫廷烧制瓷器的官窑的生产情况[159]。有关数量、质量、设计和颜色、使用情况、对民窑生产的限制、官职设置和生产中的困难等，被逐条记录。有关的评论往往是引用的和总结性的，多数引自《明实录》和《大明会典》。资料的全面和详细程度有时不及江西省的一些方志（见上文 pp. 22-24），但依然值得参考，因为其记录有历经多位皇帝在位时期的连续性。

另一种历史资料是实录，包括宫廷日记以及专门负责记录大事的官员的日常行政记录。明代以前的实录资料仅有少量篇章幸存，即唐代顺宗在位极短的一小段时间（公元 805 年）的和宋代在公元 938—994 年的实录资料，不过明代与清代实录文档被完整保存[160]。就陶瓷业的生产和管理而言，实录资料能补充比正史更为详细的景德镇的信息。《明实录》可与正史同时被利用，因为它是比正史更为全面的资料源。的确，就其涉及的问题和详尽程度而言，《明实录》已被认为是了解明代历史独一无二的、最为重要的资料来源[161]。可用以与其他来源的资料互校的第三类参考文献是《大明会典》。《大明会典》是明代圣旨和训示等原始法令文件最全面的汇编，而且是皇宫的权威部门编纂和颁布的，其中也给出了关于瓷器的专门需求和配额等重要细节[162]。与工部有关的条例已在本册中有引用，因为宫廷用瓷的生产属于工部的权责。

清代时，关于清廷的瓷器需求和官窑管理方面的资料又增加了新的来源——现保存于北京和台北的朝廷档案和奏折（这些资料的日期可以精确到年、月乃至日）。蔡玫芬从这些原始资料中摘录出了大量关于陶瓷生产的有用信息，她的研究成果已反映在本册中[163]。关于艺术品研究的一组有用的记录是《养心殿造办处各作成做活计清档》[164]，因

36

157　"食货志"的字面意义是"关于食物和货物的专论"。

158　历代的《食货志》已被《中国历代食货志正编》（台北，1970 年）汇集并注解。

159　景德镇的御窑于 1608 年停止烧造，见刘新园（*1993*），第 44 页。

160　Wilkinson（1973），pp. 66，68；Twitchett（1992），pp. 119-159。

161　Farmer *et al.*（1994），p. 81。关于《明实录》的讨论，另见 Franke（1961）。

162　参见 Farmer *et al.*（1994），pp. 89-90。

163　一系列清宫文档记录已在台北和北京公开出版，包括：《清代档案史料丛编》《年羹尧奏折专辑》《宫中档康熙朝奏折》和《宫中档乾隆朝奏折》等。

164　"养心殿"在前面脚注 124 中已提到，对养心殿功能最清楚的英语说明由陶博［Torbert（1977）］给出。内务府造办活计处最早就设立在那里，1759 年这些作坊改名为"养心造办处"，受内务府官员管理。内务府是一个多功能的行政机构，专门服务于皇帝、皇家的直系成员和他们的随从在皇宫内日常生活区中的个人需要，见 Hucker（1985），pp. 354，520。

为其中包含了 18 世纪和 19 世纪关于北京皇家作坊生产的各类手工艺制品相当完整的记录，并已被多位权威人士所引用[165]。

（xiii）西 文 文 献

16 世纪中期后，欧洲的商人和传教士们定期地来到中国[166]。他们传送回去关于东亚的生活和环境的各种报道，其中也有提到陶瓷业的。最早的航海家是葡萄牙人，他们之中值得提及的是天主教会修士加斯帕·达克鲁斯（Gaspar da Cruz），因为他不辞辛苦地记录了有关瓷器的特点和生产制造方面的内容（1569 年）。他的文字很快被翻译成其他西方语言，并导致在 16 世纪和 17 世纪初产生了一系列以介绍中国和瓷器为目的、面向欧洲读者的记叙文章（见本册第七部分）。

对瓷器最全面、详细和专业的描述当属法国传教士殷弘绪在 1712 年和 1722 年写给其法国总部的两封信。殷弘绪 1664 年诞生于里昂（Lyon），1682 年加入耶稣会，1698 年来到中国。他最初在江西省传教，后被指派为 1706—1719 年的法国传教会总会长、1722—1732 年的北京法国神父驻院院长，1741 年在北京去世。他非常好地掌握了中文，曾翻译了多部著作。他善于探究求索，这使得他在通信中能够详细地描述丝蚕饲养、假花和人造珍珠的制作、天花疫苗的口服接种，以及景德镇的瓷器制造等[167]。

两封信中第一封的内容最为丰富全面，而第二封信则补充了多种多样的事实以及对第一封信中某些细节的修正。两封信一起非常详细和准确地记录了瓷石和瓷土的组成和加工过程，釉的配制，黏土的加工和揉泥，器物的拉坯成形、修坯和模制成形，装饰和劳动分工，色釉和颜料的制备，釉上和釉下装饰，吹釉技术，饰金，横焰窑，匣钵和匣钵制作，窑具，以及窑的构造、装窑、高温窑的焙烧等。从殷弘绪这两封信的内容可以明显看出，他查阅了中文的文献，也兼顾了自己亲眼所见的证据。虽然他没有注明出处，多数权威人士认为他读过 1682 年版的《浮梁县志》，其中包含元代的《陶记》的内容（见上文脚注 112）。应该承认，对于了解景德镇的陶瓷工艺来说，这些书信不仅清晰，而且以完整和符合逻辑顺序的方式呈现，强于前面详细介绍过的任何一种中文的描述。

通过对中国文献和示意图的认真仔细研究，并得助于欧洲人的各种报道及译文，

165　例如杨伯达（*1981*，*1987a*，*1987b*）在其关于珐琅和玻璃的著作中有引用。自 2000 年 1 月起，香港中文大学文物馆（the Art Museum, The Chinese University of Hong Kong）与中国第一历史档案馆（北京）合作，出版档案全集，见林业强（*2000*），第 20、46 页。

166　旅行者和商人也曾在更早期的时期访问过亚洲，但不是那么频繁和有规律。他们中的著名人物有雅各布·丹科纳（Jacopo d'Ancona；1270—1273 年）和马可·波罗（Marco Polo；1275—1292 年）。他们两人长途跋涉到达中国。经一连串的短途转运而进行的陶瓷贸易则是经常发生的现象，见 Chaudhuri（1985），p. 50，maps 8 and 9。

167　见 d'Entrecolles（1781）。这些信件的法文版由杜赫德（du Halde）于 1735 年出版，英文版则由沃茨（John Watts）于 1736 年、凯夫（E. Cave）于 1738—1741 年出版（见本册参考文献 C）。全部的信件由蒂查恩［Tichane（1983），pp. 49-128］译成英文，并附了参考书目的说明。蒂查恩的书［Tichane（1983）］是一本很好的参考资料源，因为它汇集了多份有关景德镇的报道英文本；蒂查恩的殷弘绪信件的译文在本册中各处均有引用。殷弘绪信件还有卜士礼［Bushell（1896），pp. 176-189］出版的节略本，殷弘绪信的法文版还被伯顿·比尔东［Burton（1906），pp. 84-122］和斯赫尔莱尔［Scheurleer（1982）］翻译出版。

西方的工厂终于能够在 18 世纪生产自己的瓷器和骨质瓷了[168]。在 18 世纪的最后 30 年，欧洲的工厂获得了巨大的成功，它们的产品质量已超过了进口的中国瓷器。进入 19 世纪后中国的瓷器主要成了收藏品，但这并没有妨碍西方的制造商和学者继续对景德镇的产品保持浓厚兴趣。在这方面，法国人的研究再一次处于领先地位。1844 年，一位天主教的中国籍李（P. J. Ly）神父将原料运往法国的塞夫尔（Sèvres）。这些原料加上从广东增补运来的其他原料，被埃贝尔芒（Jacques Joseph Ebelmen）和萨尔韦塔（Louis Alphonse Salvétat）用来分析胎和釉的原料。分析结果在 1850 年发表[169]。1882 年，法国驻汉口的领事师克勤（Georges Francisque Fernand Scherzer；1849—1886 年）专程去景德镇采集釉样[170]，塞夫尔瓷器厂（Sèvres Porcelain Factory）的技术指导乔治·福格特（Georges Vogt；1843—1909 年）分析了这批样品，进一步了解了中国瓷器的胎釉组分。研究结果于 1900 年 4 月发表于巴黎（见本册 pp. 216-219）[171]。这些开创性的科学研究为中国和西方学者在 20 世纪和 21 世纪对中国陶瓷的进一步研究铺平了道路。

（xiv）20 世纪与 21 世纪的考古学文献

虽然历史文献是重要的，但应该说关于中国陶瓷和窑炉的主要资料来源是考古报告。查阅本册的参考文献 B 和参考文献 C，可以了解到那些考古资料是怎样已被广泛地使用的，因为它们可以从日益增多的期刊和专著中获得。现代中国考古学的发掘报告和记录是与国际接轨的[172]。最近 20 年，一直有来自国外的考古学家和科学家参加遗址发掘的考古队，促进了双方之间信息与技术的交流。

尽管如此，中国的考古学保持着与历史文献的紧密联系，考古学一直在利用历史学和方志提供的信息，以及从大量鉴赏收藏类文献中获得的引证。日本学者小山富士夫在 1941 年发现定窑窑址时就是如此，他通过研究《曲阳县志》（1904 年）的第六卷和第十卷来追溯古代定窑所在的具体位置（见下文 pp. 157-158）[173]。1998 年，在南宋官窑窑址地表的发现为科学检测提供了有关材料时，科学家和考古学家就是部分地依靠宋代学者的著作来核对其位置的（见下文 p. 240）[174]。某些现代的专家，例如考古学家苏秉琦，不赞成这种仍在继续的倾向，他写道[175]：

> 首先，我们应该克服传统文献记录的局限性，考古学的任务不应该仅为古典文献提供证明或者补遗。它的主要目的是依据地下找到的物质证据，为书写国家

168　第一个生产硬质瓷的工厂是 1709 年的迈森瓷厂（Meissen），见 Kingery & Vandiver（1986a），pp. 163-177。另见本册第七部分（pp. 749-754）。

169　见 Tichane（1983），pp. 186-213。

170　师克勤（Scherzer）因在 1884 年法国入侵中国南部后赴中越边境勘界时染病而早逝。

171　Tichane（1983），pp. 430-457；Vogt（1900），pp. 560-612。

172　考古学理论与方法的新发展，特别是 20 世纪 60 年代出现在美国和欧洲的新考古学学派，已在中国被逐步了解，见 Yu Weichao（1999），p. 27。

173　摘自卷一、卷六和卷十的相关内容被冯先铭［（1987），第 210 页］引用。

174　李家治等（1999）。所参考的古籍是叶寊的《坦斋笔衡》，见参考文献 A。

175　Su Bingqi（1999），p. 17。

的历史提供重要证据。考古学是历史科学的一个分支，但需要建立自己本学科的、与历史学不同的学科体系。

虽然考古学必须建立自己的学科体系，但是有些情况可能仍然存在，例如某些遗址会因为在各种文献中受到赞美带来的历史联想，而使之得到高于其他遗址的重视。在陶瓷领域，景德镇元明官窑及其周边的发掘、清凉寺北宋汝窑窑址的发现，以及老虎洞南宋官窑地点的确定等，都曾引起极大的振奋。这些窑址之所以令人震惊，不仅是由于它们的地点和地层情况，而且还因为那里藏有曾被历史文献和鉴赏专著视为神圣的、在整个中国历史上始终为学者和收藏家们交口称赞的陶瓷器。

由于类似的感受，中国考古学家们看来不会放弃将遗址的位置与地方志记录联系起来的做法，也会继续在撰写考古发掘的前言时引用从美学家手册和诗词中精选的段落。中国久长、丰富和形式多样的文字遗产为她那大量且不断增加的考古成就作了衬托。

40

（2）关于原料、焙烧、器物成形和施釉的导言

我们前面所讨论的历史记录和文献记录，构成了本册主题内容的背景。这个主题是关于陶瓷产品的物理性质，以及是怎样经过人为的加工，包括成形、装饰和焙烧以生产种类繁多的陶瓷产品的。陶工们所处的文化环境对陶瓷产品的影响的确是一个重要的话题，但是，一个国家所创制的陶瓷首先取决于它能使用的原材料，取决于使用这些原材料的陶工的技艺和想象力。正是市场需求、制作技艺和原材料之间复杂的相互作用，决定了全球陶瓷历史的进程。

陶瓷器与其他实用艺术品（例如金属制品、玻璃器皿和纺织品等）的不同之处在于，它是非同寻常地直接使用普通的地表地质材料制成的。金属加工者使用已提纯的化学元素（如铁、金和银）或合金（特别是青铜），而玻璃工人则使用他们所能得到的高纯的氧化物的混合物。相比之下，陶工往往直接从地表或地下挖掘原料，经常是这些原料仅经过极初步的混合和预加工即被使用。这种工序看似简单，但黏土和岩石本身的结构和组成可能是非常微妙和复杂的，可能包含至少十多种不同的矿物（例如黏土、云母和长石，以及各种富含铁、钛和锰之类着色元素的矿物）。所有这些不同的矿物对于不同类型黏土的成形、干燥和焙烧过程都起到自己特有的作用。

在中国，对窑址附近的原材料的分析表明，多数岩石和黏土类原料就取自陶瓷生产中心附近的沉积物，至少在窑场的初始发展期是这样的。在西方，情况有所不同，原材料需要从远处运入。例如，早期欧洲生产硬质瓷的工厂，像迈森（Meissen；欧洲硬质瓷工艺起源之地）、维也纳（Vienna）和威尼斯（Venice）的工厂，都使用萨克森（Saxony）地区的同一个黏土来源[176]。同样，供斯塔福德郡（Staffordshire）白瓷生产用的黏土曾经

176　金格里［Kingery（1986），p. 170］指出："洪格尔（C. C. Hunger）于1717年，接着施特尔策尔（S. Stölzel）于1719年，将硬瓷成分和窑炉设计的秘密从迈森工厂带到了维也纳，那里于1720年也开始生产硬瓷。亨格又将秘密带到威尼斯，随后陆续有工人将有关于材料和方法的知识从迈森和维也纳传授到赫希斯特（Höchst）、菲尔斯腾贝格（Fürstenburg）、宁芬堡（Nymphenburg）、斯特拉斯堡（Strasburg）、弗兰肯塔尔（Frankenthal）、柏林（Berlin）和圣彼得堡（St. Petersburg）等地。"施特尔策尔说服维也纳工厂的厂长模仿迈森使用同样的萨克森黏土，Raffo（1982），p. 93，而亨格使用"从萨克森走私的高岭土"生产了第一批威尼斯瓷器。同上，p. 122。

是（现在依然是）从几百英里远的英格兰西南部（West Country）运至英格兰中部地区 41
（Midlands）的，这是英格兰供焙烧用的煤和建窑所用的黏土都很丰富的一个地区[177]。

（i）黏土的本质

制作陶瓷的要素是：干燥的黏土加水混合后具有可塑性，从而可加压成形。当成形的黏土质物体完全干燥后，再经加温焙烧其形状便永久固定。

干燥的黏土本身不具有塑性，加入 10%—25% 的水后，水将包裹原本干燥的黏土片状晶体，从而使得材料产生塑性。在压力的作用下，水的存在允许片状晶体间相互滑动，这是由于黏土的颗粒相互分离和重新排列而产生了剪切的效果。当压力撤除后，因表面张力和静电力的联合作用，黏土制品依然保持它的新形状。对黏土和水的混合物施加压力是所有陶器制作工序的基础，受到剪切压力的黏土颗粒往往在垂直于施压的方向上发生移动。

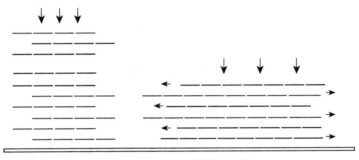

图 6　施压是陶器制作的基础

因为扁平状的晶体粒度很小，黏土有很强的塑性，但其弹性却很弱，因此拉伸会使其断裂，而施加压力却是使黏土成形极为有效的手段。

干燥（脱去产生塑性的水）可以使所塑成的形状进一步固化，但"塑性水"的蒸发也总是伴随着黏土塑造后的形状的收缩（典型的线性收缩率为 2%—10%）。收缩的程度强烈地依赖于黏土中存在的扁平状矿物的精细度和数量。如果晶体很小而且数量很多，收缩就会严重；反之，如果原料中的小晶体很少和/或存在粒度较大的晶体，那么干燥收缩率就低[178]。陶瓷制作的第二个重要的原理是扁平状的矿物晶体在焙烧中受热而相互结合并改性。下面将详细介绍这个过程。 42

实际上，化学成分变化范围很宽的多种材料都能满足塑形和成功烧结这两个缺一不可的要求，而很多适宜于制作陶器的材料中，被地质学家称为"纯黏土矿物"的含

177　Copeland（1972），p. 2。在斯塔福德郡北部已经停止用煤烧制精细陶瓷，但是英国的陶瓷工业依然位于该地区。18 世纪和 19 世纪斯塔福德郡制作白色陶器的另一种重要成分——燧石——来自多处，如格雷夫森德（Gravesend）、布赖顿（Brighton）、怀特岛（The Isle of Wight）和林肯郡（Lincolnshire）海滩、东约克郡（East Yorkshire）和英格兰的诺福克郡［Norfolk（England）］，以及爱尔兰（Ireland）东南海岸。Copeland（1972），p. 15。

178　有关这些原理的简要说明，见 Rosenthal（1949），pp. 62-65。辛格夫妇［Singer & Singer（1963），p. 62］，确认了影响塑性的四个因素：矿物组成，颗粒度和颗粒度分布，阳离子交换、阳离子和 pH 值，以及水的表面张力。

量却是极低的[179]。制胎黏土的塑性依赖于黏土所含矿物晶体的扁平状和纤维状结构。非纯黏土的材料也可以呈现扁平晶体结构，例如云母和滑石等矿物。富含云母和滑石的原材料也能够通过烧制而持久不变形，富含这些"黏土类似物"的岩石在世界的陶瓷史中曾起到重要的作用[180]。所以，可能有一些几乎不含纯黏土矿物但易加工、有塑性的黏土也能成功地烧结成陶瓷。因此，许多历史悠久且多产的中国窑系就是基于那些"真"黏土含量很低，而富含各种黏土类似物的原材料的，其中最突出的是白云母。中国南方的早期瓷器也许是使用这类原材料的最重要实例[181]。

实践表明，如果陶胎中"真黏土"的含量太高会在生产中引起问题，干燥收缩和烧成过程中的收缩过强会导致器物的变形和破裂。拉坯要求最高的塑性，但对于其他的成形技术来说，例如压模成型技术，低塑性却是一种优点。压模方法制作大型的器物时，例如兵马俑，为了降低干燥和烧成过程中的收缩，低塑性是不可或缺的因素[182]。另外一些生产方式，如泥条盘筑技术，也适宜于使用塑性相对较低的陶瓷原材料[183]。

（ii）黏土的来源

黏土主要是火成岩和变质岩的风化产物。火成岩在其地质历史的某个时段曾处于

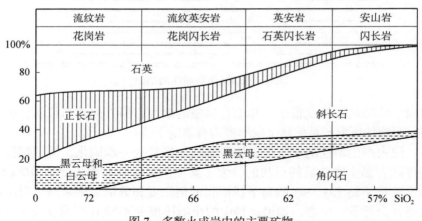

图 7　多数火成岩中的主要矿物

179　Wood（2002c），pp. 21-23。

180　美索不达米亚（Mesopotamia）的施釉滑石质陶器（公元前 5400—前 4000 年）是使用非黏土质的滑石作为陶胎原料的最早实例之一，见 Beck（1934），pp. 19-37；Tite & Bimson（1989），pp. 87-99。关于滑石的质地和应用的说明，见 Tite *et al.*（1998a），p.12。18 世纪和 19 世纪早期这种材料也用于制作西方的"皂石"瓷，Freestone（1999），pp. 5-6。

181　Wood（1986），pp. 261-264。

182　Zhou Maoyuan（1986），pp. 100-106。但是周懋媛［Zhou Maoyuan（1986），p.105］提出的关于兵马俑胎体中的非塑性材料是经过研磨并另外加入到黏土中去的看法，可能是错误的（见本册 p. 113）。

183　很多泥条盘筑或手制的陶罐曾用于炊煮，这一事实证明了使用粗粒掺加物的必要性。关于对所涉及的原理的讨论，见 Cardew（1969），pp. 76-77 和 Woods（1986），pp. 157-172。

熔融状态，而变质岩是岩石在热力和/或压力的作用下变质而成的[184]。熔融的火成岩（岩浆）冷却时并非生成为单一的矿物，而是一系列具有确定的化学组成和晶体结构的矿物。熔融岩浆的原始化学组成决定了冷却后会生成哪些矿物，并且矿物是按照确定的顺序从熔融态的岩石中结晶出来的[185]。在中国，最为重要的生成黏土的岩石是那些"酸性"（高硅）类的岩石。酸性岩往往铁氧化物含量低（铁氧化物会降低黏土的烧成温度），其钙和镁的氧化物含量也低，后两种氧化物是助熔剂，能帮助黏土在窑中较早熔化[186]。

43

　　在典型的"酸性"（高硅）岩浆中，冷却时形成的主要矿物是石英（酸性岩中的主要矿物）和长石，主要是正长石（一种钾长石）以及由钠长石和钙长石混合组成的斜长岩类型。还存在多种云母，如富铁的黑云母和富钾的白云母，以及少量富含镁铁的角闪石。在抛光的花岗岩表面可以见到这些交叉生成的矿物的混杂，其中片状的云母使得抛光后的岩石表面闪闪发光。

44

（iii）机械风化

　　最简单的风化类型（岩石在外力作用下的破碎）称为"机械风化"或"物理风化"。当机械作用使得岩石破碎为石块、砾石和粉末时就会发生这类风化。其中一个例子是冰川在火成岩基底上滑动产生的岩石粉末。当重量巨大的冰川慢慢地向前移动时，陷入冰川下部的漂砾在冰川的压力下将基岩挤压摩擦成细微的粉末。最终冰河中的冰雪融水（也许甚至是冰山本身）将这些石粉移运到几百乃至几千英里以外，沉积为几乎是非塑性的冰川淤泥[187]。

　　另一种重要类型的机械风化发生于水渗透进火成岩的裂缝后，反复地冰冻和化冻。冰冻时的膨胀使各种矿物晶体之间产生楔裂[188]。岩石表面经历一次又一次的粉碎

　　184　"除石英外，火成岩和变质岩中大量的其他矿物在地表条件下都将转化为黏土矿物。因此，在沉积地层的岩心中大约45%（按重量计算）的物质是黏土，使得黏土矿物成为沉积地层中最主要的矿物组成……。"Blatt et al.（1980），p. 265。"大多数火成岩似乎是由硅酸盐岩浆结晶而成的。"Whitten & Brooks（1972），p. 234。在炎热的火山灰层上结晶的岩石属于例外（同上文献，p. 370），但是存在争议的"花岗岩化"理论认为，某些花岗岩是由已经存在的常温岩石通过与"深部上涌的、组分适宜的高能量流体反应而生成"。同上文献，p. 214。对于花岗岩的成因，更多的人愿意接受存在多因素的解释……只有很少的人对大规模花岗岩化的论点保持热情，该论点基本上已被深部的总体熔融观点所取代。Pitcher（1993），p. 16。变质岩也可以风化为黏土，加勒尔斯和麦肯齐[Garrels & Mackenzie（1971），p. 167]曾举出一个页岩的例子，其初始时主要由斜长石和角闪岩组成，随后主要风化为石英、高岭石和水化的针铁矿。

　　185　引人注意的是："除少数例外，矿物风化的次序与矿物从岩浆中结晶的次序是相同的——这被称为鲍恩反应系列（Bowen's Reaction Series）。在地壳深部首先结晶的矿物，在地表也首先风化分解。"Blatt et al.（1980），p. 252。

　　186　在10—11世纪埃及发明熔块瓷胎（stonepaste bodies）以前，近东地区多数的陶瓷是用由更为基性的岩石所生成的黏土制作的。这类黏土富含钙、镁和铁的氧化物，在高温陶器的温度下（1100—1150℃）很容易熔化。关于这类黏土的典型组成，见Tite & Mason（1994），table 3，p. 84和Zhang Fukang（1992），p. 384。

　　187　"北德文（North Devon）的弗雷明顿黏土（Fremington clay）被认为属于这种来源，大量的更新世黏土堆积在石炭纪岩石的顶部。"Cardew（1969），p. 19。

　　188　"冰楔作用的物理机理是在由水转化为冰的相变过程中H_2O的体积增大9.2%。"Blatt et al.（1980），p. 247。

而分解为岩石粉末，粉末与其母岩有本质上相同的化学组分和矿物特征。岩石粉末常常会被风从其寒冷的沙漠产生地带走，搬运几百英里而再沉积为风成黏土，中国的黄土就是这种效应最为壮观的实例[189]。这种变化过程中形成的层状尘粒堆积物往往表现出低的可塑性，因为它们本质上属岩石粉末，而不是真的塑性黏土。在某些情况下，两种机械风化同时起作用，例如被称为冰渍物的由融化的冰川带来的碎粒，可能会被冰冻/解冻交替的过程进一步风化并移走。

（iv）化 学 风 化

机械风化起作用于干冷的环境，而化学风化经常发生于暖湿的环境中，而且风化过程更为迅速。化学风化涉及真正的化学反应过程，并在被风化的岩石中生成多种新的矿物，其中不少属于黏土类矿物。实际上化学风化是沉积物中纯黏土矿物的主要源头，但是纯黏土矿物的起源是极为复杂的，不是很容易建模或说明[190]。通常是与弱酸性水的侵蚀有关，但也涉及其他很多因素，包括：酸、有机物环境、高盐条件、富钙和（或）镁盐的强碱条件等。其中第一个条件，即弱酸性水的侵蚀是至今所知最为常见的[191]。

岩石遭受化学风化最主要是通过水和二氧化碳进行的，而合适的环境温度则加速化学反应的进程[192]。雨水中一般溶解有少量二氧化碳，因而雨水属弱酸性水。当水和二氧化碳与坚硬的火成岩中的矿物反应时，就形成了新的矿物，这是黏土生成的主要过程。在这个风化过程中生物活动也起到了一定的作用，植物和细菌都对此有所贡献[193]。

花岗岩类型的岩石（花岗岩和花岗闪长岩）以及它们在火山岩中的等价物（流纹岩和流纹安山岩）是中国大多数重要制陶黏土的主要来源，特别是制作北方瓷器和炻器的黏土。这些坚硬的岩石主要包含当初岩石冷却时结晶的各种矿物相互交叉的混合体，这些矿物有石英、钾长石、钠钙长石、黑云母和白色的钾云母等。其中只有云母具有扁平结构，但它们的颗粒尺寸往往太大，以至于岩石粉碎后或机械风化后的材料不具有高塑性。然而当酸性岩石受到水和二氧化碳的侵蚀时，在温暖的环境中，会发生许多变化（表2）。

189　"在大部分地表环境中，机械风化相对于化学风化的贡献几乎是微不足道的。" Blatt *et al.*（1980），p. 247。但覆盖面积约为100万平方公里的中国黄土应该属于最为重要的例外。

190　"根据化学家的观点，研究化学风化是极难的，因为这里几乎所有的化学反应都不是充分完成的，参与反应的化学成分在无法预测的时刻进入或离开，温度无规则变化，而且频繁地沉积出热力学上不稳定的化合物。" Blatt *et al.*（1980），p. 246。

191　见马钱利［Chamley（1989），p. 22］的著作，他为极端情况提出了"酸解"（*acidolysis*）、"盐解"（*salinolysis*）和"碱解"（*alcalinolysis*）等名称，而对于较为典型的过程则使用"水解"（*hydrolysis*）这个术语。

192　"温度每升高10℃，化学反应的速率就增快一倍。" Velde（1995），p. 47。

193　这个过程有时是由水解导致的，顾名思义是由水产生的分解，水解的本质是："一种盐和水之间的化学反应，生成一种酸和一种碱基。分布广泛的铝硅酸盐（如长石、辉石、闪石和云母）属于弱酸盐，弱酸盐与水作用生成可溶性硅酸和各种碱基，以及黏土一类的次生矿物。" Chamley（1989），p. 22。

表 2　由花岗岩到黏土

未风化的花岗岩的组成	风化后的花岗岩的组成
原始石英（粗粒，非塑性）	原始石英（粗粒，非塑性） 外加少量溶于水的硅石
黑云母[a]（粗粒，弱塑性）	碳酸钾和碳酸镁（可溶盐）；褐铁矿（黄色的氧化铁）（非塑性） 外加黏土（塑性）和细粒次生硅石（细粒，非塑性）
白云母（粗粒，弱塑性）	鳞片状伊利石、伊利石混合层、蛭石（细粒且塑性） 外加少许残余钾云母（粗粒，弱塑性）
钙长石（粗粒，非塑性）	黏土（细粒且塑性）和次生碳酸钙（弱塑性）
钾长石（粗粒，非塑性）	水云母（细粒且塑性） 次生石英（细粒，非塑性）（"绢云母化"）和/或 黏土（细粒且塑性）； 次生石英（细粒，非塑性）； 碳酸钾（可溶性盐）， （一种称为"高岭土化"的过程） 和/或黏土（细粒且塑性）； 次生钠长石（粗粒，非塑性）
钠长石（粗粒，非塑性）	黏土（细粒且塑性） 次生石英（细粒，非塑性） 碳酸钠（可溶性盐）

a　必须区分原生的云母和次生的云母，前者如黑云母和白云母，它们是岩石冷却过程中结晶形成的；次生云母是前者遭受化学风化的产物，也可能是长石分解的产物。伊利石（illite）这个名词一般意义上常被用于表征沉积物中次生的黏粒云母的组分，特殊情况下则是表征一种与白云母组成相似的云母质矿物的名称，见 Moore & Reynolds，（1997）pp. 150-151。伊利石是于 1937 年参照伊利诺伊州（State of Illinois）的名称命名的，见 Grim *et al.*（1937），pp. 813-829。真伊利石的结构比白云母含水稍高而含钾稍低，参见 Chamley（1989），p. 12。伊利石的性质和准确鉴定一直是一个有很多争议的题目。如穆尔和雷诺兹［Moore & Reynolds（1997，p. 151）］指出的："漂云母、降解的云母、水云母、水白云母、含水伊利石、含水云母、钾云母、云母质黏土、伊利诺伊地质调查石（illinois-geological-surveyite；一种特殊的伊利石——译者）和绢云母等一系列名称，几乎是作为同义词使用的，这反映了云母材料的变异性和多源性……讨论矿物的名称时，特别是伊利石这个名称时，会引起激烈的争论。"今天，"伊利石质材料"一般是作为"黏粒云母"的通用名称，而"伊利石"这个名词则更倾向于为矿物本身所保留，与其他的黏土矿物类似，它应被考虑为系列过程的最终成员，而不是一种纯净的单质。作为伊利石，它很可能与蒙脱石、绿泥石和胶岭石等矿物共存，见 Brindley（1984），pp. 431-432，载于 Brindley & Brown（1984）。在黏土矿物学中，这些物质的交叉成层应该是规律而不是例外。

作为化学风化的结果，粗粒-非塑性和块状的长石晶体将转化为粉末状的次生矿物（黏土、云母和细粒石英），其中很多是高塑性的。大多数次生矿物是如此细微，以至于其结构只能用扫描电镜才能分辨。按重量计算，初始酸性岩石的 15% 会转化为纯黏土矿物（如高岭石和埃洛石）和黏土类似物（如伊利石和水云母），而保存下来的矿物主要是未被风化的石英和一些未蚀变的云母。

虽然只有长石和云母转化为新的黏土矿物，但在化学风化进行中整块岩石破裂粉碎。水分也帮助了岩石的风化过程，因为水通过毛细管作用渗透到新形成的晶体之间，使它们的体积扩大，导致大的晶粒解体。在这个过程中生物也以可见的须根和不可见的细菌活动两种方式参与助力。化学风化和有机物的侵蚀导致了岩石块状结构的解体，坚硬的酸性岩石因此而成了半塑性的沙砾碎块。

47　　　当暴雨降临，已风化的部分将从破裂的岩石表面被冲刷剥离。快速流动的山间溪水将风化物携带下山，而随着水流速度的降低，粗粒的物质（主要是石英和粗云母）作为沙砾物而沉积。较为轻巧的扁平状矿物（黏土和细小的云母），以及细粒次生石英则继续前行，使得流水呈泥泞状。化学风化过程中形成的可溶性物质（主要是钠、镁和钾的碳酸盐，以及一些硅土）溶于水中继续随水下流。

　　　溪水和河流所搬运的细微黏土矿物，往往在水流平缓之处成为泥浆而沉积，这一般发生于湖泊、河流的冲积平原以及河流入海处的港湾。港湾尤其是能有效地导致悬浮于水中的黏土沉积的地方，因为盐水的电化学作用会促使黏土的沉降，而海生植物也不断地阻留更多的黏土。因此古代的港湾和沿海沼泽是丰富的沉积黏土的产源地，而很多中国北方制作炻器和瓷器的黏土就采自河流三角洲地区。

　　　溶解于水的盐（主要是钠盐）最终到达大海，在那里钠离子与氯阴离子结合生成能溶于水的氯化钠（盐）。因此海水中的盐是陆地火成岩中巨量的钠长石经历千百万年化学风化转变成黏土过程中的残留物，而在陆地边缘经常见到的细粒石英砂海滩则是风化过程进一步的产物。

　　　溪流和河水携带的不溶于水的、细粒的并富含黏土的矿物最终将沉淀并形成大范围的泥浆床。这些泥浆会被后期的洪水或沉积地层的折叠所覆盖。然后这些物质在某种程度上脱水干燥，并固结为硬实的蜡状材料，被陶工们称为二次沉积黏土。如果这些黏土的源头是酸性火成岩，那么它们可能主要由高岭石组成，也含较少量的细石英和各种云母，还有少量的含铁和钛的矿物。

（ⅴ）热带风化

　　　在气候温和的环境中，雨水和地下水的风化作用往往是表层的，仅发生在新鲜岩石表面的几厘米范围内。当蚀变的表层被冲刷掉后，新的表面也将被侵蚀，新鲜的岩石面将一层接一层地被移走。热带气候中的情况就不一样了，30—90米深度的岩石整体风化的情况并不少见。坚硬火成岩的露头部分，或者整个的山坡可以转化为蚀变的石质材料，从而能很容易地用鹤嘴镐或铲挖掘，这在中国南方是很常见的现象。如果母体岩浆的冷却很快，岩石结晶的原始晶粒就比较小，那么风化蚀变后的材料可能像带有砾石的黏土沉积物，并显示一定程度的弱塑性。与大多数的沉积黏土不同，这类原始的风化物仍含有相当数量未经蚀变的石英和云母，同时还有半蚀变的长石。因此

48　在化学性质和矿物学性质上，它们处于原始的未风化火成岩材料与真正的沉积黏土之间。陶工们称之为"原生的"或"残留的"黏土，在中国南方这类原材料也常被开采和加工用以制作施有灰釉的炻器。

（vi）水 热 蚀 变

在所有的生成黏土的过程中，最为剧烈的过程或许发生于火成岩受到来自地球深部的侵袭之时。该过程的主角是超热的蒸汽，蒸汽穿透地下几百英尺深的火成岩岩体中的断裂和裂隙，温度达到500℃（暗红热）。这类蒸汽或者处于高压下的热水，可能含有被溶解的二氧化碳和/或无水硅酸，而且可以导致与地表风化过程相似的高岭石化和绢云母化过程的进行。但是遭水热蚀变的岩石的埋藏深度远超过热带风化物，因此很多水热蚀变堆积尚未被发现[194]。

（vii）火山成因岩石的蚀变

黏土生成的最后一种机制与火山灰的蚀变有关，这是一种对中国的陶瓷业很重要的机制。酸性（即高硅的）岩浆趋向于形成由半液态岩石组成的高黏滞状块体。它们会凝结于火山的岩浆通道中，导致随后熔融的岩石和气体的聚积并阻塞通道，由此产生巨大的压力。当压力过大时，猛烈的爆发发生，喷出大量火山灰，火山灰沉降形成明显层状的沉积岩块。由此形成的石英-长石岩在"高温含盐水流"的作用下可能会进一步蚀变，使得钾长石转化为次生的钾云母（水云母）和次生的石英[195]。这样形成的纹理精细的火山成因岩石主要含有石英、水云母和钠长石。在某些情况下钠长石继续风化为黏土矿物，结果这类岩石由石英、水云母和少量原生黏土组成[196]。

因为细粒次生云母的含量高，这类岩石被粉碎和精炼后类似中等塑性的黏土，虽然它们所含真黏土的量仅约10%或更低。如果这类岩石的铁钛矿物含量非常低，则称之为瓷石。中国南方、朝鲜半岛南部和日本九州岛西部都蕴藏有丰富的瓷石。

（viii）中国的主要黏土类型

49

很多重要的、在中国陶瓷史中曾使用过的黏土和岩石可以归属于前面曾讨论过的诸类型中的某一种，特别是下面四种类型：

由沙漠火成岩因冰冻和消融生成的机械风化岩石粉末。这些细微的粉末由风力卷入较高的大气层中，并搬运至离其沙漠源区数百英里之外，沉积为深厚、疏松堆积的岩粉地层。中国的黄土是这类过程最典型的例子。

经化学风化的火成岩，其中含有细黏土和云母碎末，雨水将它们冲刷带走，

194　因水热活动生成的残留黏土的著名例子是康沃尔瓷土（Cornish china clays），其母岩是当地的花岗岩。在康沃尔（Cornwall）因挖取这类黏土［还有伴生的，用作胎体助熔剂的康沃尔石（Cornish stone）］形成了很多巨大的坑，已不允许继续深挖。关于康沃尔瓷土岩形成的详细说明，参见 Exley（1959），pp. 197-225。

195　Tite *et al.*（1984），pp. 147-148。

196　同上。

　　然后这些扁平状的矿物在古河口里沉积成富含黏土的烂泥。现今这类黏土经常深埋于煤层或石灰岩层的底下，是中国北方低温和高温陶瓷的重要原料。

　　化学蚀变后的火成岩，岩石经深度热带风化，蚀变已渗入原岩石几十米。这类深度风化的火成岩在中国南方有很多，过去（及现在）经常用于制作炻器。

　　酸性（高硅）的火山灰沉降堆积形成的深层凝灰岩。这类岩石属石英和次生云母自然混合的结构，需要粉碎和精炼后才具有足够的塑性。这类材料通常在中国南方用于制瓷。

　　前面两类黏土是中国北方所特有的，而后两类则在中国南方蕴藏非常丰富。实际上，就其原料来源而言，中国陶瓷生产最不寻常也最有意义的特点之一就是，几乎不存在背离这个南北分界的例外。

（ix）南山秦岭大分水岭

　　对中国北方和南方所使用的陶瓷原材料能进行如此断然、鲜明地区分，是与南北之间存在一条重要的地理、文化和历史的分界线有因果关系的。这个分界称为秦岭分水岭，它恰好沿淮河和秦岭一线，并向西延伸到青藏高原[197]。该分界线将种植小麦与粟的华北大平原和黄土高原与种植稻米的中国南方相分隔；同时也将两个年平均气温和降雨量有很大差别的地区相分隔。在历史上这条分水岭有时也成为政治版图的界线；在现代中国人的心目中，它仍然是中国南方和北方之间的自然分界线[198]。

　　20 世纪晚期中国陶瓷研究的最重要发现之一是，在该分界线南北生产的陶瓷的化学组成明显不同[199]。陶瓷组分的这种差别的适用范围在北方远达长城，而在南方则延伸到中越边界。因此，这种差别并不仅仅是涉及历史上的"北方"与"南方"，即黄河流域和长江流域。本册作者之一（武德）根据近代的板块构造理论，对于中国南北陶瓷的原材料间存在明显差别的原因提出了一种可以被接受的解释[200]。地质研究认为，中国的北方和南方曾经是分离的地块，在距今约 2.25 亿—1.95 亿年前的三叠纪时期发生了碰撞，当时华北地块撞击到了西伯利亚地块[201]，中国学者曾对该地质事件综述如下[202]：

197　Tregear（1980），p. 5。

198　在布伦登和伊懋可［Blunden & Elvin（1983）］的著作中，很明白地展示了这些文化和地理上的多方面的差别。见 Blunden & Elvin（1983），pp. 22-23，29，98，123，179 的地图。

199　松迪乌斯和斯特格［Sundius & Steger（1963），p. 433］是最早讨论这个现象的。

200　Wood（2000a），pp. 15-24。

201　见 Piper（1987）；Ren Jiashun *et al.*（1987）；关于这一课题的详细研究，见 Xu Guirong & Yang Weiping（1994）。

202　Xu Guirong & Yang Weiping（1994），p. 329。

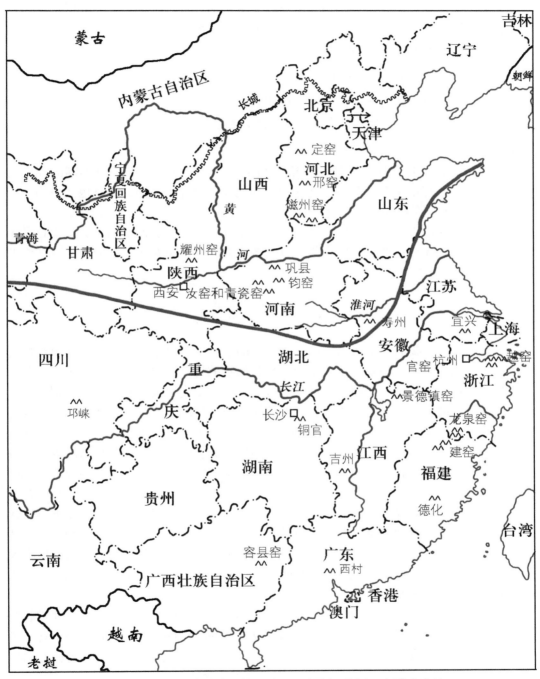

图 8　中国的南山秦岭分界线地图，显示了主要城市、河流和窑址

　　我们所关心的是一系列以不同的速度向北漂移的板块，它们之间的碰撞是经常发生的，因为漂移速度快的板块追上了前面速度慢的……在晚二叠纪时，当华北板块冲击西伯利亚板块之后，华南板块与华北板块也迎面相撞，导致了拉丁期阶段的印支造山运动（Indosinian Orogeny）。

在该章节的前面，所引论文的作者们还提到[203]：

　　强烈的印支造山运动……引起中国东部海洋最终的后退和秦岭的隆起……这似乎表明华南和华北板块最终（从东向西）连为一体。

这些古块体在碰撞前的分布如图9所示。

　　因此，这看来是合理的解释，即华北和华南地块在碰撞前有各自不同的地质历史，这不仅能解释中国北方和南方之间地形和地理环境存在不同，而且也能说明为什么南北方陶瓷的化学组成会出现明显的差异[204]。

　　板块碰撞的后果之一是秦岭的隆起，在这条分界线北部所发现的各类黏土正是本册第二部分将首先讨论的。中国在陶瓷方面的南北差异也将在第二部分中作更详细的讨论。

52

（x）窑炉和焙烧

　　继黏土之后，我们在本册第三部分将讨论的下一个题目是怎样借助于加温焙烧的居间作用将黏土转化为陶瓷。对黏土中扁平状矿物的持续加热，将使得因干燥而获得的暂时稳定转变为焙烧后的陶瓷所具有的持久坚固。焙烧也会引起收缩，特别是在高温段。在升温的低段（600—900℃）黏土矿物间相互黏结，但强度依然很低，而且有很多气孔。较高温时（900—1100℃）在颗粒间生成一些玻璃，而后玻璃黏结黏土导致强度增加。橘红到白色火焰的热度（1200—1350℃）会引发扁平状颗粒物的进一步分解，并生成针状莫来石晶体的黏合块。这些内部生长的莫来石晶体，与高温下胎体中玻璃相含量的增加，共同为炻器和瓷器提供了异常的坚硬度。但是，并非所有的黏土都能经受住这样的高温，多种普通的制陶黏土在烧制炻器和瓷器的窑炉温度下将熔化为黑色的玻璃。烧制陶瓷时温度的控制是至关重要的。烧制最简单类型的陶器（多孔土器）时，必须要加热到亮红热状态。橙红-白热状态对应于中国南方青铜时代以来大量烧制炻器的温度，而烧制最高质量的北方瓷器，例如10世纪河北邢窑的瓷器，则需达到接近蓝色的白热状态[205]。

　　当达到烧制中国瓷器所需的温度时（1250—1400℃），焙烧的场面往往是非常壮观的，在烧制阶段的高潮时，在大型的炻器窑或瓷窑的内部将出现令人敬畏的景观。虽然几英寸厚的窑壁将观察者与窑内火焰的热浪和灼热的器物隔开，但观察者所站的地

203　同上，pp. 325，329。

204　Wood（2000a），p. 16。

205　郭演仪［Guo Yanyi（1987），pp. 3-19］提供了一份关于中国早期高温陶瓷生产的温度和原料的有价值的综述。

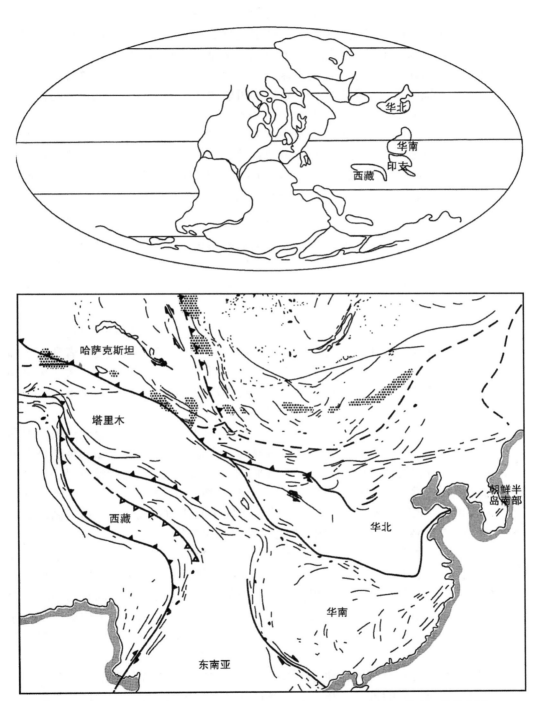

图 9　在三叠纪的缝合发生前，二叠纪时的华北、华南、印支和西藏诸地块分布图

面是灼热的，并与火焰的脉动产生共振，观察者的眼睛需要予以保护以免被瓷器或匣钵在灼热状态所发出的耀眼强光所伤害。瓷器的烧制是一件扣人心弦的大事，几周或几个月的努力将等到一个最终的结果，而且是一个难以预测和可能意想不到的结果，虽然这种期待心理并不局限于瓷器的烧制。历史上所有的陶工一定都有这种共同的感受，尤其是因为烧制既可能创造器物，也同样可能毁坏器物。自然，这也正是许多窑工祈求窑神保佑的众多原因之一（见本册 pp. 166-167，205-206，243-244）。

即使某次烧窑总体是成功的，但窑中部分产品可能由于过烧或生烧、氧化或还原程度不当，或者导致与窑具或托架粘连的流釉等缺陷，只能作为二等品销售。也有些器物，因为在窑中爆裂或出现裂纹，或者因过烧而坍塌，或因在窑内发生移位而损坏，从而不得不被丢弃。正如殷弘绪曾记录的景德镇的情况那样[206]：

> 一次装窑后全部器物都圆满烧成的情况很少，而全窑失败却是常见的。有时打开窑门，发现瓷器和匣钵塌缩成硬石似的一整块，那是火势过猛所致；或者有时质量不好的匣钵会使窑内物品完全毁坏；正确地控制火候不是一项容易的工作，或者是天气的突然变化影响了窑内的火候和正在烧制的器物的质量。木柴的质量也影响烧造。

或许，相对于其他行业，烧制的不可逆性使得陶瓷的烧造成为高风险的过程。玻璃和金属制品可以回炉重烧，但是烧坏的陶瓷却只能丢弃。但这对于陶瓷史学者和陶艺师倒是一件"好事"，他们从古窑址的废物堆中获得了关于器物类型的初创，关于风格和工艺过程的演化等方面极其重要的信息。清除窑中烧毁了的废品也一直是陶瓷行业的艰难任务。

尽管如此，大规模的生产与其预期效果不确定性的结合赋予了陶瓷业充满活力和难以预测的特性。黏土塑造成容器是相对容易的，这意味着多数陶瓷器的生产是大批量的，而不是单件器物的"精工细作"。陶工们对一批器物从一个流程接着另一个流程加工制作，心里蕴藏着一张预期的蓝图：最后出窑时它们应该是怎样的。的确，这是陶艺与园艺的一个相似之处。陶瓷器物的出窑等同于园艺的收成，细心地遵循传统的经验所导致的结果虽然不能完全确定，但也经常是硕果累累。

陶艺与园艺相类似还在于，多数情况下其收获会与期望相符，但也会发生背离理想的情况。因此大多数陶工所预期的是成功制品的比例，而不是绝对的成功，与大多数其他的工艺行业相比，这是一种相当不同的控制标准。陶瓷生产所固有的不确定性和微妙性的一个优点是，烧造经常能够给陶工们带来惊喜。偶尔，会出炉品质令人惊叹的成品，陶工们会猜测这样的效果是怎样获得的，并力图在下一轮生产中再现这类效果。

因此陶瓷业具有自身的进步动力，这种动力经常导致从制作过程的错综复杂中产生改进，也引发陶工们的机灵、好奇心和进取心。1722 年殷弘绪在景德镇观察到了这类过程，并作有记录[207]：

206　Tichane（1983），p. 96。殷弘绪于 1712 年所写信件的译文。

207　Tichane（1983），p. 120。殷弘绪 1712 年信件的译文。

有一次给我拿来了一件称为显现"窑变"的器物……。工人们原本是制作吹釉红色花瓶的，一百多件都烧坏了，但这一件却好似玛瑙制品。虽然这是偶然出现的且仅烧成了一件，但如果舍得花经费和敢于冒险进行多次尝试，那么最终是能够掌握这种技术的。据说像镜面一样黑亮的乌金釉就是这样发明的。那曾是在一个窑炉中意外产生的，而现在已能常规生产。

因此，研究和探索偶然出现的效果是陶工职业反应的一个方面。机遇事件效应一直多方面推进中国陶瓷业发展，这在大多数情况下是因为高温的使用和窑内气氛变化范围的控制。但是，正如殷弘绪的信件中所指出的，陶工们必须考虑的另一个重要问题是限制风险。鉴于陶瓷生产中的困难和风险，中国的陶瓷历史在很大程度上关注着怎样通过制作方法的改进来争取最大的生产安全。这就涉及劳动分工的细化、模具的使用、设计更可靠的窑炉和寻找更经济、更可靠的装窑方案等。 55

当然，上述诸方面的考虑适用于大多数的陶瓷传统，但是，在中国有时候为了烧制少数优质的成品，不得不牺牲生产成果的稳定性，15世纪初景德镇烧制单色铜红器物就是这方面最著名的例子。18世纪很多欧洲大陆的工厂，因为不正确的胎釉配方和追求过于复杂的设计，投资也是非常高昂的。这些工厂往往受皇室或国家补助，生产出成功器物所获得的荣誉使人们认为所冒的风险是值得的。

（xi）焙烧的过程和阶段

焙烧的核心体现于独特的陶瓷"转化"效果，即黏土质的胎体经过大量能量的注入转变为陶器、炻器或瓷器。该过程的每一阶段都涉及某些特定的化学和结构变化，这些变化在允许的烧制温度范围内随温度的增高依次发生，从红热（约650℃）到蓝白热（约1400℃）。中国的陶瓷业在各历史时期为烧制不同的器物，曾经应用了上述全部的温度区间。焙烧温度的提高是经历了几千年而逐步实现的，特别是在从新石器时代到11世纪这段时间内。为了阐明陶瓷制作的完成阶段也是最关键阶段中陶瓷所经受的逐步变化，需要对陶瓷的化学和物理变化略作讨论。这些讨论针对的是典型的高岭质胎体，如北方的炻器或瓷器，而南方的高温材料具有不同的受热行为，将在另外的章节中论述。

如果必须用一句短语来归纳胎体的焙烧，那主要就是黏土的脱水。水在黏土中以三种形态存在：机械结合水、吸附水和化学结合水。只有当这三部分水都从黏土中被彻底赶走后，才能说，真正的陶瓷转化过程完成了。

黏土在其制备过程中通常要加水，加水量差不多为黏土可塑状态时重量的10%—30%。加水量最终取决于材料的矿物学性质和黏土颗粒的粗细，这些往往是陶工根据 56
黏土的可加工性能凭其经验主观决定的，也会因不同的制作方法作出调整。水激活了黏土的塑性，因为水包围了胎体中的扁平状矿物，并起到润滑剂的作用，导致矿物颗粒在压力的作用下能相互间滑动，从而允许进行塑性成形。当一个陶罐制作成形后（本节的后面和本册的第四部分将更为详细地介绍这道工序），"塑性水"就成为多余的了。通常是将新成形的器物放在作坊里面架子的木板上让水分逐渐蒸发。黏土颗粒间细微孔隙的毛细管作用可以帮助将器壁深部的水运移至表层挥发，促进干燥[208]。需要小心以保证均匀地干燥。干燥总是与收缩同时发生的。不均匀的干燥引起不均匀的收缩，并导致因器物各部分间的撕扯而碎裂。有时在干燥过程的最后阶段还会人为地加温，这时收缩过程已完成，接近干燥的器物会被放在阳光下晾晒（南方常用的方法），或被放置在作坊取暖用的热炕上（在北方更为常见）[209]。人为干燥完成后，器物应该装窑了，因为如果器物再次冷却，通过吸收空气中的潮气可能会发生"生坯软塌"[210]。一旦用手摸感到器物已干燥，就可将其装入窑内，将窑门砌砖密封，开始焙烧。

　　焙烧第一阶段的本质是干燥过程的继续和完成。残留于矿物颗粒间的塑性水（即"机械结合水"）占总重量的约百分之几，如果这类"孔隙水"蒸发太快，大量的水蒸气有可能使黏土器物猛烈地爆裂。实际操作中，如果在这个阶段升温过速，器物的自我爆裂会使得窑内像放爆竹那样发出乒乓之声。因此焙烧最初200℃的升温对于器物而言是一个危险的阶段，也是一个必须小心缓慢操作的阶段。对于小或薄的器物可以使用每小时约30℃的升温速率，而对于体大壁厚的器物，如砖瓦等，升温速率则必须为每小时10℃或者更缓慢。

　　虽然当窑温达到150℃左右时，绝大部分机械结合水已被赶走，但这时提高升温速率仍是很危险的，因为黏土中的吸附水可能依然存在，吸附水的汽化同样会引起麻烦。吸附水本是黏土矿物和云母晶体表面吸附的很薄的一层水膜，通常只有几个分子的厚度，与矿物表面的不饱和分子基团结合在一起[211]。从这点来说，它比残存的孔隙水结合得更牢固，排除它需要更多的能量。总之，当整个窑炉达到约200℃（热窑的温度）时，前面两类水都已从干燥的黏土中排除了，从而升温速率可提高到100—150℃/h。焙烧的第一阶段经常称为燃烧窑炉的"水烟"阶段，因为孔隙水和吸附水的排除都会产生水汽，这与燃料低效燃烧时的表现（冒烟）一样，属低窑温的典型情况。由于窑体中有从地表和空气中吸收的水分，在这个阶段中，也会有水汽从窑体中排走。

　　焙烧的下一个阶段（200—350℃）涉及材料中有机物质的碳化（但并非燃烧）。北方用沉积材料制作的炻器和瓷器比基于石质材料的南方陶瓷在入窑前所含的有机物要多很多，这些有机物的碳化常将散发出一种微弱的混合肥料的气味。当温升达573℃时，各种陶瓷材料中或多或少含有的石英砂都将经历2%的体积膨胀，这是因为二氧化硅（SiO_2）分子中原子之间的键被拉直了。这被认为是α石英向β石英的转化，这种转化是可逆的，冷却时从β相又反转为α相。在焙烧的升温过程中，石英的膨胀一般不会给黏土质器物带来什么问题，因为黏土的多孔性能包容这个转化。但是生烧或欠烧的器物在冷却时有可能因此而受损，因为它们可能没有足够的强度以经受住胎体中含沙

208　关于毛细管现象在干燥和焙烧中的重要性，金格里［Kingery（1960），pp. 197-198］及金格里和范黛华［Kingery & Vandiver（1986a），pp. 217-223］的论著作了详细的说明。

209　砖砌的炕是北方住房建筑的特色，用作取暖器和睡觉的平台。炕是底部加热，常用煤饼作为燃料。

210　Cardew（1969），p. 172。

211　"每粒黏土颗粒的表面都有一层水，水层的厚度为1—4个分子，依赖于环境的湿度。" Hamer & Hamer（1997），p. 280。

部位的轻度收缩，而会在冷却时产生通体的裂纹网。类似的道理，致密的高温制品，如炻器和瓷器，如果在釉烧时加温过速，573℃时石英的突然膨胀也可能导致开裂。

石英的 α 相与 β 相之间的相变处于焙烧过程的中间阶段，也就是黏土转化为陶瓷过程的中间阶段。所有的黏土矿物和云母都含有化学结合水，牢牢地结合在分子结构之中。这些水分子是在数百万年以前，当化学风化生成这些矿物时就已经结合进入了，如本册 pp. 44-47 所描述。这类水比吸附水结合得更为牢固，需要更大的能量才能将其移除。脱羟基（即除去羟基）的过程在 350℃ 左右以低速率开始，通常在炉温达 650℃时完成。对于纯的高岭土，这种"结晶水"能占到黏土干重的 14%。因为大多数黏土中纯黏土物质含量往往较低，因此其烧失量在 3%—10%。脱羟基过程一完成，一种全新的矿物（偏高岭石）就形成了，而黏土也就不可逆地转化为陶了。这个转化可以用下面的化学反应方程式表示：

$$Al_2O_3 \cdot 2SiO_2 \cdot 2H_2O（高岭石）+热量 \rightarrow Al_2O_3 \cdot 2SiO_2（偏高岭石）+2H_2O（水）$$
$$\uparrow$$
$$（350—650℃）$$

因此加热到 650℃就能烧成真正的陶器，但是烧窑很少有在这个温度值时就熄火停烧的，因为这种火候的陶器机械性能极弱，冷却时很容易碎裂，特别是在经历石英从 β 相到 α 相转化时。在这个阶段，黏土的强度仅来自固态烧结。固态烧结在胎体中不存在玻璃相的情况下形成的陶瓷的强度，是由矿物颗粒随焙烧导入的能量升高而振动，并使它们自身在接触点"摩擦焊接"在一起而产生的。固态烧结是获得陶瓷强度最简单，但也是最不牢固的方法[212]。

在 800℃ 及更高的温度时，含碳的材料开始充分燃烧，在合适的窑炉氧化气氛下二氧化硫、氯和氟也会开始从黏土中被释放。对于使用富含有机物的沉积黏土的情况，如中国北方的炻器和瓷器，这些让人窒息的气体有时在窑炉周围能被嗅到。此时也会开始在制品中形成少量的胎内玻璃相，主要由胎体中存在的钾钠离子与细小的硅石颗粒结合而成。这提供了胎体颗粒之间的某种玻璃质"胶"，从而使因烧结而产生的微弱强度得到增强。

当窑温进一步升高（例如，980—1100℃）时，胎体中玻璃相的生成速度加快，此时偏高岭石颗粒进一步转化为尖晶石，这一变化促进了胎体中玻璃相的生成：由于输入的能量增加，偏高岭石分解并重组，随之释放出一些细粒次生硅石。

$$2（Al_2O_3 \cdot 2SiO_2）（偏高岭石）+热量 \rightarrow 2Al_2O_3 \cdot 3SiO_2（尖晶石）+SiO_2（硅石）$$
$$\uparrow$$
$$（890—1100℃）$$

212　关于"干"烧结的清晰说明，可以见 Singer & Singer（1963），pp. 171-173。金格里［Kingery（1960），pp. 386-389］对"湿"烧结的过程（有反应液体参与的烧结）作了解释。金格里指出："这里我们所讨论的系统是，在烧结温度下固相物质在液体中有一定限度的溶解度，烧结过程中起重要作用的是溶液，而固相物的再沉积导致晶粒的粒度和密度的增加。"（同上文献，p. 386）

58

这些由偏高岭石分解而生成的超细粒级的硅石（约为12%），易与胎体黏土中存在的各种碱金属离子起反应而形成胎体中的玻璃相。这将胎体中的矿物颗粒结合得更为紧密牢固，并改善器物的烧后强度和进一步烧结增加的效果。1000℃左右是中国常用于器物素烧的温度，因为这个温度已能给予器物足够的强度以经受住冷却时的收缩压力，同时也能方便地施釉，但依然保持有相当多的孔隙以允许在素坯上面所施的釉浆能快速地干燥。1000℃左右也是北方烧制随葬用施釉陶器的常用温度，对于随葬品，器物的强度并不重要[213]。中国新石器时代晚期烧制陶器的典型温度看来也是在1000℃左右，虽然在此情况下常常是还原气氛增加了器物烧制后的强度。还原气氛使得陶器变为灰色，胎体内还产生了亚铁（二价铁）离子。二价铁离子能起到助熔剂的作用，因为它与游离二氧化硅结合，形成胎体内硅酸铁玻璃相而增强了烧后强度。

59　　加热超过1100℃左右后，灼热的黏土材料中因尖晶石转化为莫来石而发生进一步的变化。这个化学反应过程中产生了更多的次生硅石，如果存在足够的助熔剂将其溶解，将使胎体内玻璃相更为增加：

$$3（2Al_2O_3 \cdot 3SiO_2）（尖晶石）+热量 \rightarrow 2（3Al_2O_3 \cdot 2SiO_2）（莫来石）+5SiO_2（硅石）$$

$$\uparrow$$
$$（1100—1400℃）$$

莫来石的生成是高岭石晶体热解裂的最后阶段。它与前面诸阶段的不同之处是针状莫来石晶体从原始黏土颗粒扁平状的残存物向四面八方生长。新生成的纤维状莫来石晶体具有加固被烧黏土的作用，并大幅提高已由烧结和由胎内玻璃相生成结合形成的陶瓷强度。还有，处于1100℃以上焙烧的时间愈长，生成的莫来石晶体也愈长愈大，器物也就愈坚硬。在烧成的胎中是否存在莫来石是陶器与高温烧制的炻器和瓷器间的明显差异之一。正是莫来石的加固作用，加上丰富的胎内玻璃相保证了炻器和瓷器的超高强度。

焙烧高温阶段的最后一个特征物是因加热生成的硅石的一种新形态——β-方石英。虽然由所存在的游离二氧化硅生成的β-方石英量很少，但它对胎釉间的适配有明显的影响，因为在接近冷却的最后阶段，即约226℃时，β-方石英快速收缩而转化为α相，并引起胎体有微小的收缩。在这个温度下釉已固化，因此这种"方石英挤压"往往使得釉层内缩。这一效应能够完全防止开裂，非常有利于增强烧后强度。延长高温焙烧时间也有利于胎釉间反应层的生成，这也能限制和控制龟裂。但在长时间的"保温"过程中，方石英向胎体中玻璃相的回溶会在某种程度上抵消这种防止龟裂的效果，因为处于玻璃态的硅石在冷却时的收缩率要低很多。

（xii）中国北方和南方黏土的焙烧

从前面的讨论中可见，北方的黏土在入窑前是干燥的高岭石、石英和云母颗粒的

213　汉代与唐代的墓葬器物都是这种情况。

机械混合物，在高温烧制中转化为紧密共存并相互绞缠的石英晶粒、玻璃和莫来石的混合体。也可能生成少量的方石英，后者有助于胎釉的适配。上述诸反应过程中大多数是高岭石晶体升温过程中所发生的反应。这与中国北方陶瓷的关系尤为紧密，因为大多数北方制炻器所用黏土含高岭石的重量比达 50%—85%。与此相反，南方制炻器所用的黏土可能仅含 10%—20% 的高岭石，而主要由细粒石英和钾云母组成，其典型比例为 3∶2。钾云母受热后的行为与高岭石很不相同，它在接近 900℃时释放化学结合水，并因其所含的氧化钾（K_2O），转化为莫来石、刚玉（纯的氧化铝）和玻璃，而不是莫来石和硅石的混合物[214]。南方的黏土烧制后往往呈现出"砂糖状"断口，这是由其高的石英含量和高的胎体中玻璃相含量两方面原因所致。虽然南方的陶瓷胎缺少因大量莫来石生成所导致的坚硬化，但这些富石英和由玻璃相凝聚的南方陶瓷胎依然是很坚硬的。鉴于在矿物学方面的基本差异，南方的黏土适宜于快速升温并快速降温至炻器的低温收尾段。高温下保温的时间过长或者温度过高都将使得南方的陶瓷材料在窑中软化并垮塌。

这些观察结果适用于南方的炻器，也同样适用于典型的南方瓷器（例如早期景德镇、龙泉和德化的制品，见下文 pp. 357-359）。但是在景德镇，特别是在 17—20 世纪，人为地往瓷石中添加瓷土（高岭土），从而产生了一种新的富黏土的南方胎体，它们的烧后强度会因更多莫来石的生成而增强。可以认为，景德镇的富高岭土胎体处于典型的南方类型和典型的北方类型之间。它们比一般的南方瓷器更能经受高温，也能经受更长时间的焙烧，但由于在焙烧过程中有大量的胎内玻璃相生成，它们在烧制中的整体收缩往往很大。

（xiii）燃　　料

前面讨论的所有变化都需要大量能量的输入才能发生。高温时生成莫来石的反应最耗费燃料且要求最高的窑炉效率。然而，烧制炻器和瓷器达到的高温（典型值为 1150—1400℃）也必然伴随着热量的大量丢失。热量散漏到空气中，散漏到窑体和窑内的各种窑具，如匣钵、支具、架子和其他杂物中。结果，将间歇窑烧至高温所耗费的燃料中，被烧成器物所有效利用的只是一小部分，这可从下面所作的估算中见到[215]：

　　　　加热器物、匣钵和支撑物的热量=10%—12%
　　　　被窑体结构所吸收的热量=30%—40%
　　　　从窑壁辐射的热量和转导到地面的热量=20%—30%
　　　　被废气带走的热量=20%—30%

匣钵和支具的重量至少是它们所容纳和支撑的器物重量的四倍，这进一步降低了燃烧效率。最终烧制时实际烧掉的燃料中仅有 2%—4% 会被有效利用于器物的烧成，

214　**Sundius & Steger**（1963），p. 385。

215　**Rosenthal**（1949），p. 107。间歇窑是通过升温烧制器物，然后冷却取出成品。在现代的连续型的窑中，器物慢速行进通过通道中心的加热室（炉膛），而加热室则保持恒定温度。

61　而烧制高温陶瓷尤为浪费燃料。显然，如果将消耗在匣钵上的和器物上的燃料分别计算，则有[216]：

> 用以烧制器物的热量＝2%—4%
> 损失于窑砖和辐射的热量＝36%—44%
> 损失于匣钵中的热量（其重量是其内装物品重量的 5 倍左右）＝10%—8%
> 废气带走的热量＝52%—44%

（xiv）陶瓷烧造历史中的能量来源

可以不太夸张地说，历史上所有的陶瓷制品都是用太阳能烧成的，虽然仅有极少情况是直接使用太阳能的[217]。较为常用的办法是通过在空气中燃烧有机燃料，释放其储存的太阳能（主要是稻草、麦秆、芦苇、谷壳、木柴、木炭、泥炭和煤）。这恰好颠倒了第一种情况下创生燃料——通过吸收阳光提供的能量而在植物的叶子中生成复杂的有机分子——的过程。

植物中存在的各种复杂的碳氢化合物和碳水化合物的主要组分是水和二氧化碳，水分由植物的根系自地表吸收，而二氧化碳则由植物叶子的背光面取自大气。合成如纤维素和木质素等长链分子所需要的能量则由叶子上表面吸收的阳光所提供。这种生物合成过程的副产品是过剩的水和氧气。在干净的燃烧过程中，这些复杂的有机分子又分解为水和二氧化碳，而合成它们时所吸收的能量以热与光的形式释放，所有不能燃烧的物质则作为灰烬残留[218]。

（xv）燃烧的各个阶段

灼 热 燃 烧

固态的燃料不能直接燃烧，它们必须先烘烤，并通过"热裂解"释放挥发物。从挥发物燃烧获得的部分能量烘烤了更多的燃料，从而维持并扩展了燃烧反应。对于木柴而言，大约半数的能量系燃料中挥发物的燃烧所提供，另一半能量来自剩下的"炭

62　化物"（木炭）的燃烧（氧化）。炭化物的燃烧称为灼热燃烧，而挥发物的燃烧则称为有焰燃烧。虽然炭化物并非是完全的纯碳（其化学式比较接近 $C_{67}H \cdot 3O$），它的燃烧可以用两个阶段表示，即灼热燃烧和完全燃烧。

当空气进入火膛，无论是从燃料的迎面进入还是从下面进入，空气与正燃烧着的燃料接触就会产生强烈的氧化反应。这是炭化物在含氧 20% 的空气中的灼热燃烧。该

216　Singer & Singer（1963），p. 971，table 223。

217　一个罕见的直接利用太阳能的例子是冯·奇恩豪斯（von Tschirnhau）在萨克森（Saxony）处理陶瓷原材料的实验，见本册 pp. 749-750。

218　半纤维素组分为 $[C_6(H_2O)_5]_n$ 或 $[C_5(H_2O)_4]_n$，且含有化学结合水，木质素含有相近的组分 $C_{10}H_{11}O_2$；关于其燃烧过程的详细解说，见 Shafizadeh（1981），p. 107。草木灰主要是由不能燃烧的物质组成，如硅石以及钙镁钾等元素，它们主要以碳酸盐形式存在。

燃烧反应可用反应式 $C+O_2 \rightarrow CO_2$ 加以表示，在这一反应中每磅碳将释放出 14 000 个单位的巨大热量。当高温的二氧化碳气流通过灼热的炭化物时，部分二氧化碳会被红热的碳还原为一氧化碳（$CO_2+C \rightarrow 2CO$）。在这个反应中，每磅碳将吸收 6000 个单位的热量。但是灼热的一氧化碳在通过红热的燃料的表面时重新在空气中燃烧，每磅一氧化碳又会释放 10 000 个热量单位。这个 $2CO+O_2 \rightarrow 2CO_2$ 的反应发出耀眼的蓝色火焰。燃气中的一氧化碳也可能裂解而产生颗粒状的碳（煤黑），这是一个可逆反应：$2CO \Leftrightarrow CO_2+C$。因此，炭化物的燃烧可以生成二氧化碳、一氧化碳和煤黑。这三种产物之间的平衡在很大程度上依赖于燃烧部位的温度和燃料体上下的空气供给量。

有 焰 燃 烧

当木块经受灼热燃烧而"裂解"时，焦油油滴和挥发气体的混合物被灼热的气流从燃料中带走。这些物质将在燃料的上方、火膛和窑室内猛烈地燃烧，有时在烟囱内和烟囱上方继续燃烧。煤焦油是左旋葡聚糖、酐类物和低聚糖的混合物，而挥发物则往往是各种各样的羰基化合物如乙醛、乙二醛和丙烯醛等[219]。这些化合物多是燃料中的纤维素分解的产物，留下的木质素转化为炭化物。

鉴于这些化合物的复杂性，很难给出"有焰燃烧"的模型。虽然如此，还是可以给出反映简单的碳氢化合物，例如甲烷（CH_4）燃烧的图像。当空气充足时，甲烷燃烧提供能量的反应为：$CH_4+2O_2 \rightarrow CO_2+2H_2O$。如果燃烧时氧气供应在一定程度上受限，则甲烷将生成一氧化碳、二氧化碳和水汽：$3CH_4+5O_2 \rightarrow CO+CO_2+H_2O$。如果氧气更为不足，则在窑室中将生成细碳粒（煤黑）和水汽：$CH_4+O_2 \rightarrow C+2H_2O$[220]。

如果燃烧木柴时空气供应充足（特别是当火膛的燃料上方还另有空气进入时），一氧化碳和碳都将在整个火膛和窑室内燃烧，反应过程将类似于前文描述的炭化物的反应。如果空气供应不足，窑中将在一定程度上受控于还原气氛。如果燃料严重缺乏空气，碳粒（黑烟）将充满窑室，火力开始下降。从中国新石器时代的器物可以清楚地观察到有意识掌握空气供给的效应，氧化气氛下的红色和黄-泛黄色，还原气氛下的灰色和过量黑烟条件下胎土因人为渗碳而呈黑色。大多数固态燃料燃烧时会经历这样一个过程，即在给火膛中添装燃料到燃烧结束，有规律地经过冒烟→还原→中性→氧化各阶段。这种过程总体上往往给出氧化到中性气氛的结果，当制作灰色或黑色的器物时，一般需要人为地控制空气的进入。

63

（xvi）各种固态燃料

燃料通常可以根据它们所含的碳和挥发物的配比分类，可依次分为木柴、泥炭、褐煤、煤和无烟煤等物质。这种分类可帮助说明它们作为窑炉燃料的不同使用价值，其中火焰较长、富含挥发性物质的燃料更为适宜于烧窑。泥炭本身是木柴和其他植物残体堆积于避光和酸性的沼泽条件下，并经历细菌的消化作用而生成的。其上部覆盖

219　Shafizadeh（1981），p. 107.

220　当燃烧天然气的本生灯的阀门渐渐关闭时，将依次出现这些效应。

的淤泥最终演化为页岩、砂岩或石灰岩等沉积岩。这些沉积岩的压力使得泥炭脱水转化为棕色的煤或褐煤，这个过程伴随着某些有机物的分解。含沥青的烟煤就是这种自然过程的终端产品。真正的无烟煤需要进一步的热量和压力才能形成，因此也更为致密结实，其中绝大部分的挥发性物质已被驱尽。

该过程的早期阶段，即褐煤向烟煤的转化，被认为"部分是细菌的生化作用，部分是化学作用"的共同结果，如下面的化学反应方程所描述[221]：

$$C_{57}H_{56}O_{10} \longrightarrow C_{54}H_{42}O_5 + 3H_2O + CO_2 + 2CH_4$$

褐煤　　　　烟煤　　　水　二氧化碳　甲烷

图 10 给出了这些燃料之间的差别。

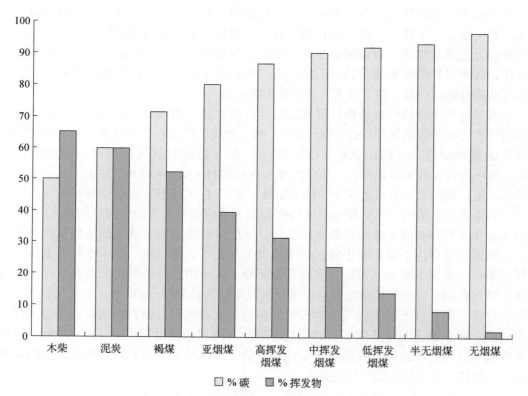

图 10　各类固态燃料中所含的碳与挥发物的配比

随着这个燃料系列由木柴向无烟煤演化，这八种燃料的能量逐级凝聚，即单位体积所能提供的能量逐级增加，但随着挥发成分的降低，燃烧时的火焰长度却逐级缩短，导致有焰燃烧逐渐被灼热燃烧所取代。

221　Tiratsoo（1967），p. 51。

（xvii）中国的燃料

　　读者会注意到，前面讨论的重点是木柴和煤，这是中国陶瓷烧制历史上曾使用的两种主要燃料。现代中国的很多窑炉已趋向于使用煤气，偶尔还使用石油。目前没有证据表明中国早期的窑炉曾使用过煤气或石油作为燃料，指出这一点似乎有些多余，但是有猜测，公元前第 2 千纪时美索不达米亚的某些窑或曾烧过原油[222]。中国于汉代时确实曾钻取天然气，并用管道将其引至巨大的铸铁盘下燃烧以蒸发卤水。但古代中国缺乏用天然气（主要是甲烷）烧制陶瓷的证据，可能是气井无法提供烧成陶瓷所需要的那么大量的气体，也可能是陶瓷地位太低不值得为此作出巨大的投资。中国也几乎没有用过食草动物的粪便烧窑，尽管这类粪便在世界别的地方曾被广泛使用。用动物粪便烧制陶瓷是与缺少树木地区的畜牧文化相联系的。粪便属高效率的燃料，特别是应用于无窑堆烧，即粪便与陶器直接接触燃烧[223]。

64

（xviii）窑　　炉

65

　　有了对燃烧理论，对陶瓷形成的本质和阶段的了解，以及对因水蒸气扩张和石英相变等效应所导致的器物破裂危险的认识，理解中国窑炉的设计就容易得多了。热量引入窑炉结构，开始阶段必须如涓涓细流，随后则逐渐形成滚滚洪流。为了节省燃料需要有效地绝热，为了防止器物破裂，冷却过程一定不能进行得太快。满足这些要求的方法有多种，最不可能的大概就是完全不用窑。关于中国陶窑发展的各个阶段，本册的第三部分将进一步阐述。

（xix）用黏土制作器物

　　黏土必须先加工成形才能烧制成陶瓷器物。本册第四部分将讨论中国丰富的制陶成形方法。本节将介绍黏土加工的一些基本原理。

（xx）塑性黏土的加工

　　出于某种本能，当人们拿到一块黏土时，会将其挤压捏塑成为某种形状。压力能改变黏土的形状，而且改变后的新形状能保持不变。但是黏土不能长时间地捏塑加

222　Van As & Jacobs（1991），p. 541。该文的作者给出了关于伊拉克新石器时代使用原油作为燃料烧制陶瓷的一个详尽的案例，并指出该地区于公元前第 2 千纪已使用燃烧原油的油灯。他们还描述了现代在巴格达东北地区生产传统陶器的方式："原油倒在火膛前面的洞中，然后不断地用碗或长柄的汤勺从洞中取出原油灌进火膛……结果是 3 米多宽的低矮火膛中充满着熊熊烈火。"

223　西勒［Sillar（2000），p. 46］回顾了在印度、巴基斯坦、非洲和南、北美洲使用粪便烧制陶器的情况，并指出："牛、羊和骆驼每年排泄的粪便干燥后的重量是其体重的四倍，它们到处分布，并与干草一起形成紧凑和容易采集的能量和肥料的来源。"

工，由于手的温度和空气的流动会使黏土很快变干燥，如继续捏塑，其边缘部分会开始剥离。随着黏土的干燥，它会变得越来越硬而不能继续加工。黏土一旦完全干燥就会具有一定的机械强度，但是轻度的敲击能很容易将其打碎。

前述的黏土加工性能对于陶器制作而言是基础性的。需要有足够的水与黏土混合以作为扁平状黏土颗粒的润滑剂，才能确保黏土的塑性，使得在压力下颗粒能滑动而重新排列，并由于表面张力而保持不再变形。随着黏土开始干燥，很多矿物晶粒将互相直接接触而活动受限，需要增加外力才能使黏土块继续变形。进一步的干燥则很快使得黏土不再能在压力下变形，只有切割、刮磨或雕刻才能改变其形状[224]。

因此，泥条盘筑方法加工陶罐的基本过程应该是这样的，最初是用相对软的、水含量的重量百分比约为 20%的黏土制作成形。待稍微变硬后（也许是 15%的含水量），再用"拍砧成形"法整修罐的形状并使其更为坚硬[225]。拍打可以一定程度地恢复被拍打处黏土的活动性，是一道类似于轻拍硬湿砂的工序。含 10%水分的黏土已是非常坚硬，但仍能被刮平，而当含水量仅为 5%左右，接近完全干燥时，黏土只允许硬质的平滑工具进行磨光处理。当陶工判断含水量适合下一道工序时，才会去尝试制作和精加工黏土制品的每一步骤：通常是让器物在受控的环境中均匀地干燥。

器物拉坯成型的过程是相似的。处于塑性状态的黏土在轮盘上拉坯成形，再小心干燥达到"半干"状态。然后再倒置安放在轮盘上，用金属的或竹制的切削工具刮削掉多余的黏土——这道工序称为"修坯"或"整修"——此后可以在器物上安装贴花装饰物、手柄或流嘴等[226]。然后等待器物完全干燥了，也可能再做一些最后的清理或涂绘，就可以装窑焙烧了。简而言之，塑性的黏土愈干燥愈难以加压改变其形状，待干燥到一定程度后，刮削取代挤压变形而成为主要的加工手段。

（xxi）拉　坯

拉坯（throwing，北美常称为 turning）工序是很吸引人观看的，即使对于有经验的陶工而言也是如此。为了拉坯操作又快又精确，需要使用柔软且有塑性的黏土，这与吹制玻璃一样是"风险的工艺"（workmanship of risk）的范例，生产过程是高速的，但一个微小的错误操作会使所有努力付诸东流[227]。拉坯技术需要多年的实践才能掌握，高超的技术决定了拉坯的效率。拉坯工序开始时（确定中心位置和开口）要求精确性

224　关于对黏土的本质的极好说明，见 Rosenthal（1949），pp. 62-65。另见 Lawrence & West（1982），pp. 71-81。

225　应用该技术时，陶拍（通常是木制的）在外侧拍打，而容器的里面用砧撑垫（通常是卵石、烧成圆形的黏土，有时就是人的手）。当黏土因拍打变薄和被压紧时，砧起着支顶的作用，这时器形变大变规整。陶拍本身常用纺织物或绳包裹，似乎是为避免陶拍被器物粘住，而且还同时对器物进行了装饰，这样器物表面会形成绳纹等装饰。

226　如果流嘴和手柄位于器物上部，它们也可以在修坯之前而不是之后接附在器物上，因为修坯通常只是去除器底部位的多余黏土。

227　"风险的工艺"这个术语是学者兼家具制作工匠戴维·派伊（David Pye）首先使用的。关于这个概念的讨论，见 Pye（1968），p. 17。

和力量，而在器物已成形的收尾阶段则要求有最轻巧的触摸。

在实际中，陶工将一个黏土泥球放在陶轮顶部表面的正中央，马上泼水，然后将黏土泥块压牢，使其与轮盘同步旋转。确定了泥块的中心后开口，再施加压力使其中心成为井形。然后一只手在外一只手在内，施加压力，这使得器壁上升且器物容积增大，厚厚的器壁就逐步变薄。口沿部位在制作过程中被整齐匀称地加固和压平。要不断地将水或泥浆加到旋转着的黏土块上以减少手与黏土间的摩擦，否则又软又旋转的器物可能弯曲并垮塌。虽然观察者（甚至拉坯者本人）看不清，但器壁中的黏土颗粒可能因与陶工手指的摩擦而在器壁上被拖拽，围绕器壁形成螺旋线，可长达整整三圈之多。[228]

上文对拉坯过程的简要描述中，强调了施加压力的原理和功能，因为在观察者看来，黏土好像是陶工的手拉升上去的，然后又从内向外扩大了器物的容积[229]。这种错误的感觉又被陶工描述拉坯过程的用词"拉""提"所加强，而在实际操作中，拉坯与所有的陶瓷成形方法一样，实质上完全是一个挤压的过程，黏土的上升是陶工们用手挤压黏土的后果。在大多数的陶瓷制作方法中，黏土的运动往往和施加压力的方向呈 90° 角，但是陶坯在轮盘上的旋转使得拉坯时这一角度接近 45°。然而，黏土的表观运动方向是垂直向上的。黏土矿物的粒度小，黏土材料缺乏弹性，这些都使得压力在拉坯过程中起到了根本性的作用。

拉坯的另一个微妙作用是拉坯者手的压力增大了黏土颗粒的活动性。塑性的黏土在无干扰情况下本应是"安定不动"的，扰动激发了它的活动性，这是触变现象，拍打手制的半成品陶坯的过程也利用了触变现象。

（xxii）拉坯器物的移走

在拉坯过程中器物必须牢固地固定在陶轮顶部表面，这是利用黏土的天然黏性来实现的。因此当拉坯完成后，需要用细绳、金属丝或者偶尔用薄刀片将器物从陶轮上切割下来。在中国和其他东亚国家有时也使用另一种方法移走陶轮上加工完成的器

228　在焙烧的过程中，器壁上的螺旋纹可继续发展，因为器物在与当初陶轮旋转相反的方向上会继续承受轻微的扭力，即当初在制作时施加的拖拽力还在起作用。关于这一效应更全面的讨论，见 Cardew（1969），p. 122。

229　在英语中用"throwing"（扔、摔）这个术语表示拉坯，可能是由陶工在拉坯前先要往转盘顶部表面的中央摔黏土块而引申来的，摔的目的是使得黏土块与转盘贴紧粘牢。一位快手拉坯工每 20 秒就能完成一件陶器的拉坯，因此旁观者会看到陶工每分钟向转盘摔三次黏土块。另一种可能是由古英语词汇"thräwan"（扭曲，转动）演化来的，此词源自西日耳曼语 [Thompson（1995），p. 1454]，虽然这里的意思更多是扭动，而不是旋转。还有一种可能的解释是反映旋转的黏土向外"甩"的意思，但是这个解释似乎与认为离心力对拉坯过程起决定性作用的错误认识有联系，即认为陶工在完成这项技术工作中以某种方式利用了离心力。见 Singer et al.（1954），p. 203；Rice（1987），p. 133；Orton et al.（1993），p. 117，以及 Gibson & Woods（1997），p. 279。这个认识是根据如下事实得出的，即拉坯的转盘必须达到一定的转速才能产生足够的"甩力"（离心力），这是使用"快轮"与"慢轮"的区别。拉坯在某种程度上当然可以利用转轮的速度，只是，手必须握得不太紧，拉坯才会进展得较快。黏土固有的僵硬性使得离心力对于拉坯只是第二位的作用，而且即使不存在离心力，拉坯工序依然能完成。虽然离心力确实在拉坯时能使坯体更易外扩而不是内缩，但事实上离心力并不是不可或缺的。另外在拉坯制作大碗等器物时，在收尾阶段如转速过高，有时会发生口沿外翻或开裂的情况。当然，实际上大部分的拉坯工在拉坯将完成阶段会逐渐降低转速，所以坯体损坏的情况极少发生。

物，他们先在陶轮顶部表面临时放一个竹圈，在竹圈内部撒上一层湿的沙子或灰烬，然后将黏土块放在沙子或灰烬上面将其覆盖，使得仅是黏土块的边缘部位与陶轮粘连。拉坯完成后轻轻地切除坯体底部边缘处的黏土使之从陶轮顶部表面剥离，这样很容易取下已完工的坯体[230]。

68　　　　在中国，还有一种很流行的工艺方法，即在一大块丘形黏土的顶部拉坯制作较小的容器如碗等，这种方法特有的优点是增大了陶轮的转动惯量。用这种方法完成拉坯的坯体可以用利器或短线切下，或者在陶轮还在旋转的时候，直接用手指将器物掐下来。当然，在大多数情况下，整修这类坯体底部的工作量要比整修从陶轮顶部表面直接取下的被加工坯体更为复杂费工。

拉坯用的黏土比较软，在制作过程中加了水或泥浆后黏土会变得更软；使用这种工艺还可以加工器壁极薄的器物。因此从陶轮顶部表面取下坯体而不发生变形是有相当难度的，陶工们采取了多种方法来应对这个难题。在中国最常用的方法也许是在坯体的底部保留较多的黏土，然后抓住多留的黏土处，将器物提起。器物底部的形状可能会由于提拉而变成卵形，但将其安放在平整的面板上后，会恢复为它原来的形状。小尺寸的碗可以用双手从陶轮上捧起，而大型器物则要从整个器物的底部小心地提起。

18 世纪时，殷弘绪曾对景德镇拉坯的效率作了很好的描述，白兰士敦（Archibald Brankston）在 20 世纪对此提供了图解，而景德镇陶艺家李建生用影片把拉坯过程记录了下来（另见本册 pp. 445-446）[231]。

（xxiii）修　　坯[232]

修坯（turning）是至少要等到黏土坯体半干后才能开始进行的一道修削工序[233]。最简单的整修是将半干的器物拿在一只手中，或放在膝上，用带锐刃的工具削除多余的黏土。在新石器时代仰韶文化的器物上常能见到随手的对角线方向的刮削，特别是在接近器物底部的部位[234]。如果把需要整修的容器或器盖小心并倒置地放回到陶轮上，然后削去多余的黏土，就可以显著地加快这道工序。这与整修木质器物颇为相似，虽然黏土对刮刀的阻力要比木头小。修坯的重点部位一般在器物的底部，例如整修成圈足，也包括对口沿部位和顶盖的整修。在中国的瓷器制造中，修坯常常应用于

230　Laufer（1917），p. 164。中国的陶工使用与现代泰国所使用的相似方法，见与新加坡陶工彼得·刘（Peter M. Lau）的私人通信。

231　Brankston（1938），pp. 60-68，pls. 36-38；李建生 [Li Chien-Sheng（1996）] 的录像片。

232　在北美，"修坯"（turning）常被称为"修饰"（trimming），因为"修坯"一词在北美曾被用来表示"拉坯"（throwing）。

233　制陶业中常用的英语术语 "leatherhard"（半干的）看起来似乎有点怪，但它可能出自英国乡村制陶业的传统，当地制陶黏土处于半干状态时像皮革似的坚韧，感觉像旧皮囊或皮桶。这个术语被转用于斯塔福德郡北部的制陶工业，虽然在英国特伦特河畔斯托克（Stoke-on-Trent），最终用于制作白陶和骨质瓷粗制胎体的黏土在干燥过程中并没有明显地呈皮革状。

234　Vandiver（1988），p. 157。

图 11　耀州窑的陶工从大块黏土的顶部拉坯成器（1）

图 12　耀州窑的陶工从大块黏土的顶部拉坯成器（2）

70

图 13　耀州窑的陶工从大块黏土的顶部拉坯成器（3）

图 14　耀州窑的陶工从大块黏土的顶部拉坯成器（4）

图 15　耀州窑的陶工从大块黏土的顶部拉坯成器（5）

图 16　耀州窑的陶工从大块黏土的顶部拉坯成器（6）

72

图 17 耀州窑的陶工从大块黏土的顶部拉坯成器（7）

图 18 耀州窑的陶工从大块黏土的顶部拉坯成器（8）

整个瓷器的器形，包括内侧和外表，以保证尽可能最准确地呈现其轮廓和截面。南方的瓷器（不同于北方制炻器用的黏土）经常在其坯体接近干燥时就进行整修，因为其淤泥质的制瓷原料适宜于这样处理[235]。而且在修坯后，也可以趁器物还在陶轮上时打磨，即简单地握住光滑的硬质工具抵向正在旋转的坯体。

《天工开物》（1637年）有对拉坯成型后的器物进行各种修坯方法的历史记录，包括在素面模具上的整修。陶工的陶轮围绕一个木轴旋转，木轴垂直埋在土中，埋深3尺使其稳固，木轴露出地表2尺，转盘水平安装在垂直的木轴上，并可以通过用竹篦抽打其边缘而转动。转盘的中央有一个"头盔"（即半球形的支撑模具）鼓起，制作一般的杯和盘时，就将黏土压在模型的上面。然后陶工随着转盘的转动使黏土成形，用双手拇指（指甲已剪短）扣在黏土的底部缓慢地往上提升。杯子和盘子就是这样制作的，学徒被允许取下制作失败的物件并放上黏土重试。长时间的实践使得陶工们技艺熟练，从转盘上取下的每件成品都是相同的，好似它们是用同一个模子制作的。如果是制作中等尺寸的盘或大碗，就需要在较大的支撑模型上放置较多也较干的黏土。经过第一次整修后，器物被再次放在模具上进行整修，待干燥一小段时间，但还保留一点湿度时再一次放回模型上。当器物完全干燥后，这由其颜色变成灰白来判断，再将器物浸沾一下水后放回模型上，用锐利的刀片作精细的整修。在这个过程中，整修工具会因手的轻微抖动而在胎体上留下细微的刻痕。最后仔细检查产品并修补瑕疵[236]。

（xxiv）模　　制

中国青铜时代晚期已有一些陶瓷器物是整体模制的，它们似乎是将薄黏土片压入空心模具内，或者将湿软的黏土抹在空心模具内而制成的（见本册 pp. 405-407）。汉代的随葬器物中有大量模制容器，而在唐代的铅釉器物中再次出现了相当数量的模制品。此后几百年在中国大多数窑址，模制成为仅次于拉坯的第二种最常用的陶瓷成形技术。黏土片或者塑性黏土压入开口型的模具中以后，因干燥收缩会自然地脱离模具。也经常将处于半干状态的模制成形的部件粘接组装成整体的器物。这种工艺的一个不可避免的后果是模制器物一面光整（与模具接触的面），而其背面，即黏土被压入模具的另一面则比较粗糙。

中国的陶瓷史上很少有制品是用两个模具同时来挤压中间的黏土而使得其内外两面都光滑的。河南禹县钧窑生产的花盆好像是首次使用了这种工艺（见本册 pp. 441-442）。

（xxv）关于釉的思考

与陶瓷材料的物理性质以及它们的成形和焙烧同样重要的，是其表面的装饰处

235　1982年作者在景德镇观察到这一现象并拍了照片。长而窄的铁质弯刀片是整修花瓶内部的。带细齿的刀片用于初步整修，这有利于快速切割并避免拖泥带水，无齿的刀具则是用于最终的整修。

236　《天工开物》卷七，第六、七页。Sun & Sun（1966），pp. 147-148。

理。陶瓷可以在烧成以后再装饰，但这种装饰不能持久保持。本册的第六部分将对冷装饰进行探讨，但是这种方法在中国很少使用。获得器物的持久稳定性和抗渗水性的最好方法是使用表面烧结层，即釉层。中国具有世界上最丰富的陶瓷施釉传统，这里我们先讨论釉的外观和本质以作为引导，第五部分将进行进一步的讨论。

众所周知，我们对物质世界的感觉是非常表观的，主要依赖于物体表面所反射的光线。尽管这些物体实际上可能是实心的，但我们仅能看到其结构表层几微米的形态，并根据由此获得的印象来推测其深部的情况。既然物体的表面对人的感知是如此的重要，那么表面的任何变化也会改变我们对物体本身的认知。

陶瓷为上述的原理提供了有力的例证，改善陶瓷的表面将同时促进它的实用性和欣赏性。例如，中国新石器时代的很多陶器是磨光的，即在黏土处于半干燥状态时就用坚硬平滑的工具去摩擦，使得扁平黏土颗粒更平整地排列。磨光也能帮助阻止裂纹的扩展、使得烧制后的器物更牢固和更容易清洗。除这些实用性的优点以外，磨光还美化了器物的外观，常常使其显得更为精致。陶瓷烧制过程中表面熔融而成的薄层玻璃也起到同样的作用。陶瓷施釉能有效地增强物体的烧成强度（包括结构强度和表层强度），使得物体更为实用。同时，陶瓷釉也总是因能改变所覆盖物体的色彩和触觉质地而被器重。

从感知的角度，瓷釉也显示出不同寻常的作用。我们对施釉陶瓷器物的感觉主要来自它的外表，但也能知觉到釉层下面的材料，即烧结了的胎体本身。这是通过透明的、约 1 毫米的玻璃质釉层，看到瓷的胎体表面，同时利用透射光和反射光来欣赏一件物品的形象，虽然并非在所有的情况下都是如此。

陶瓷的釉可能是透明的，也可能是半透明的，后者是光线在釉层厚度里的散射所引发的效果。这阻止了胎体被充分地看清，但是依然能感觉到釉层下面存在着什么东西。釉的半透明性与经抛光的玉有点相似，光线能穿透物体一定的深度，从而给出某种滑润、奇妙和半明半暗的品质，这种品质与物质世界中大多数物体平淡单调的外表是不一样的。

在世界陶瓷传统中，能显示胎体的普通透明釉也许是最常见的釉类，而中国陶瓷却因为使用了厚层、有复杂微结构的半透明釉而闻名于世。最著名的例子是 11—14 世纪经常施用在灰色制炻器用黏土上的釉。对于这类器物，其厚厚的釉层下面的炻器质材料还是能隐隐地被感觉到的，从而又为釉的品质加分。这种效应的审美潜质被应用于一些著名官窑，如钧窑、官窑、哥窑和汝窑等，生产的器物上。它们都是宋代的产品，这在本册 pp. 574-577，604-606 将进一步讨论。这类陶瓷器物至今依然屹立于中国陶瓷施釉技术的顶峰[237]。

虽然制备如此厚且半透明类型的釉，在中国的釉制备技术没有发展到一定水平前是不可能成功的，但是早在新石器时代，中国的物质文化中已经暗含着对类似的视觉质地的欣赏，最明显的是对玉和其他硬质石料的雕刻和抛光。加工硬质石料所需要的勤劳和努力揭示了这类材料的内在品质，也同时实现了它们在触觉上的潜力。中国的

75

237　Chen Xianqiu *et al.* （1986b），pp. 161-169；Guo Yanyi & Li Guozhen （1986b），pp. 153-160。

釉也是需要通过触觉以及视觉的双重感受来欣赏的。

（xxvi）玻璃和釉的特性

玻璃与釉之间在组成和物理性状方面差别并不太大，差别主要在于，相对于大多数的玻璃，釉的黏滞性高而膨胀系数低。黏滞性高有利于防止最高温时的流釉，而膨胀系数低有助于釉与釉下的陶瓷材料间的胀缩匹配。有时这类保护措施是不必要的，如近东地区的多数釉就是用粉碎的钠钙玻璃为原料的。高膨胀系数的黏土和小心的焙烧相结合，使得西亚陶工可以用普通玻璃作为釉的主要成分，只是添加很少量的黏土和/或树胶。

（xxvii）关于玻璃的理论

世界历史上所有的玻璃和釉都以硅的氧化物（二氧化硅，或称硅石）为基料，这是地壳中含量最丰富的氧化物。在地壳最上部 10 英里范围内，二氧化硅所占的重量约为 59%，常见的材料如砂子、石英石、砂岩和燧石都是近乎纯态的二氧化硅。在典型的火成岩、黏土和瓷石中二氧化硅的重量占 45%—75%，因此这些常见的材料也可以成为硅石实用且丰富的来源。

硅元素属于非金属，它与周期表中另外四个较为丰富的元素的氧化物一起熔化后能够形成玻璃。其他能制作玻璃的元素是磷、锗、硼和砷，它们都能形成氧化物并具有冷却时不结晶的异常特性[238]。但大多数其他的元素和化合物在其凝固温度将生成大量的微晶体，微晶之间的平面称为晶界，往往能够反射光线，致使肉眼看来此材料是不透明的。但是，如果将晶体切割成薄片，很多不透明的材料能表现为透光体，这种现象专门应用于对岩石进行薄片的显微观察[239]。

当材料固结时，形成玻璃的诸氧化物往往不结晶，而是使其原子处于无序的网络结构中。这种状态的无序度，虽不如液体的无序度那么强烈，但是与晶态物质中原子的有序排列相比是有很大差别的。现在借助崭新的技术，如隧道电子显微镜等，能揭示玻璃态的显微结构（关于对该技术的进一步讨论，见 pp. 785-786）[240]。玻璃中晶界面极少，这意味着虽然少量光线会被玻璃体的前后表面所反射，但大量的光能通过玻璃体，因此人们能看见位于玻璃体后面的物体。对于透明釉而言，则可见到玻璃态表层下面的陶瓷胎体。

对于潜在的玻璃质材料，在极缓慢的冷却条件下也有可能最终生成真正的晶体结

238　Anon.（1988b），p. 2。

239　显微镜观察的薄片岩石样品的典型厚度为 0.03 毫米。见 Orton *et al.*（1993），pp. 140-141。

240　关于玻璃特性的清晰介绍，见 Brill（1962）。金格里［Kingery（1960），p. 143］区分了熔融的硅石与真正的过冷液体之间的差别，他指出："像熔融的硅石这样的玻璃具有一个延伸的三维结构，由有固定配位的基元组成，具有确定的第一配位，而缺乏长程周期性。……这种无序的网络结构是非晶态固态中一种最重要的类型，存在于氧化物玻璃、氢键连接的无机固体和含有羟基团的有机类化合物中。"

构。举例来说，火山玻璃（黑曜石）可能与花岗岩具有相同的组成，但是原始岩浆在地表的快速冷却时生成的是玻璃态的物质，而在地下深部缓慢地冷却时，同样的岩浆却形成粗粒晶体和花岗岩。瓷釉对于冷却速度也是很敏感的。快速冷却生成完全透明的釉层，而同样组成的釉料在缓慢冷却中却会生成无光泽的表面和一层微晶粒堆积。

77　　在有些情况下，甚至真正的玻璃在其制成几百年后也会最终结晶（"脱玻化"），特别是如果其初始组分是严重不平衡的。由于严重风化或受到地下水的侵蚀，釉也可能产生同样的效应，风化和侵蚀会使原本的透明釉失透或产生彩虹般的光泽[241]。

据报道，二氧化硅的熔点在 1680—1713℃，这表明二氧化硅是在极高温下相当缓慢地熔融的。这个温度区间属于耀眼的蓝白热温度范围，目前主要用电弧炉来达到这个温度，用于制造先进陶瓷之类的材料，这在本册第七部分再作描述。普通的石英砂在这个温度下也会熔化，但是需要接近 1800℃时才能形成足够的流动性以生成不含"籽种"（细小的气泡）的材料，即液态的石英玻璃。这种条件下生成的纯净硅玻璃的物理性质是非常特殊的，兼有石英的硬度与几乎为零的膨胀系数。这种硅玻璃能在加热到白热状态后被迅速投入冰水中时不发生破裂，它们还表现出不平常的光学性能，比如对紫外线的高透明度[242]。

熔化二氧化硅需要如此高的温度，因此生产纯质的硅玻璃是技术上的某种奇迹，虽然在自然界，当闪电袭击沙漠时可能生成这样的材料。由于制备硅玻璃需耗费大量的能量，生产成本昂贵，因此硅玻璃的应用仅局限于某些专门的领域。多数的普通玻璃使用了助熔剂或者"网络调整剂"的原理。这就是这样的一些材料，当它们加入到硅石中后能将其熔点降低到一般的窑炉或玻璃熔炉所能达到的温度。

（xxviii）助　熔　剂

实际上硅石中加入任何一种氧化物都能降低熔点，能在低于硅石本身熔点的温度下生成玻璃或釉。有的情况下降温效果并不显著，例如添加 5.5%的氧化铝，可以将熔点降到 1545℃[243]。有时则降温甚多，例如 91.7%氧化铅和 8.3%硅石的混合物可以生成一种在 552℃时就开始熔融的玻璃，这对应暗红热温度[244]。硅石中加入助熔剂会降低所生成玻璃的硬度和提高膨胀系数。如此生成的玻璃和釉其技术性能的降低最明显地体现在陶器釉上（那些釉在约 1150℃以下就能烧成）。这就需要加入足够量的助熔剂才能使硅石熔融为玻璃，而这样生产的釉容易被划伤并且非常容易开裂。

78　　在玻璃和陶瓷历史中被确认的最重要的助熔剂是氧化钠（Na_2O）、氧化钾（K_2O）、氧化铅（PbO）和氧化钙（CaO）。钾、钠和铅的氧化物既能用于低温釉，也

241　Wood *et al.* （1992），p. 133。

242　Singer & Singer（1963），p. 309。

243　Singer & Singer（1963），p. 402。金格里［Kingery（1960），p. 277］提出了一个稍有差别的说法："莫来石和方石英间的共熔发生在 1595℃，形成的液相含有约 94%的 SiO_2。"

244　Singer & German（1960），p. 86。劳伦斯和韦斯特［Lawrence & West（1982），p. 10］对该现象总结如下："简而言之，这些氧化物的加入使氧硅比值增加，高出了纯硅玻璃（SiO_2）2∶1 的氧硅比值。其结果是硅氧间的网络不再连续，产生断裂，或在结构中出现薄弱点，从而熔点降低，黏度降低且热膨胀率变大。"

能用于高温釉，虽然在炻器的温度范围它们有一定程度的挥发。氧化钙基本上是高温的网络调整剂，是大多数中国的炻器和瓷器传统中首选的釉助熔剂。

硅酸盐助熔剂的一个奇怪之处是，当在玻璃或釉的配方中添加更多的助熔剂时并不会自动地进一步降低其熔点。往往是对于每种特定的助熔剂都存在一个最佳用量，当超过最佳值时，玻璃或釉的熔点实际上反而会增高。助熔剂的另一个奇怪的现象是，某些助熔剂，如氧化钙和氧化镁，它们的熔点远高于二氧化硅的熔点（CaO 在2572℃熔化，而 MgO 在 2800℃熔化）。但这些高熔点助熔剂以合适的比例加入二氧化硅中以后，制成的玻璃的熔点会既低于助熔剂的熔点，也低于二氧化硅本身的熔点。本册 pp. 750-751 介绍的 1699 年冯·奇恩豪斯用太阳炉（solar furnace）生产硅钙玻璃就是这方面的实例[245]。硅石的熔点高于 1713℃，而氧化钙的熔点是 2572℃，但是 60：40 的硅石和氧化钙的混合物却在 1545℃时就熔化了。还有更值得注意的是，向硅钙玻璃再添加第三种高熔点的成分（氧化铝，熔点为 2050℃）能进一步将熔点降到1170℃。这种特定的玻璃或釉的氧化物配比为：二氧化硅 62%、氧化铝 14.75% 和氧化钙 3.25%。这个混合比例是硅-铝-钙"体系"中熔点最低的组合[246]。另一个与此相近的低熔点氧化物配比组合是：二氧化硅 63%、氧化铝 14%、氧化钙 20.9%、氧化镁2.1%[247]。后面这两种氧化物的混合组成为中国、日本和朝鲜悠久陶瓷史中众多高温釉提供了化学基础[248]。因其适度的黏滞性，硅-铝-钙的混合物也被现代陶瓷工业用以制作某些类型的玻璃纤维[249]。

（xxix）低共熔混合物

所有这些效应都是低共熔混合物的物理现象。低共熔混合物是当两种或多种物质混合后会出现共熔温度特别低的混合物。相关的过程如图 19 所示，图中硅钠混合物的平均熔点用虚线表示，而较粗的实线表示对硅钠混合物实际观察到的熔点。图 19 显示，添加非常少量的氧化钠就会显著降低二氧化硅的熔点，这些混合物的熔点远低于"预期"线，即连接并平均这两种物质熔点温度点而成的线段。虽然对于某些混合材料仅存在一种低共熔混合物，但是出现一系列低共熔混合物的情况也并不少见，例如在 Na_2O-SiO_2 体系中，就可以发现其"液相"线上出现了三次低谷[250]。

79

245　Kingery（1986），p. 162。

246　Pierce & Watts（1952），pp. 220-222。

247　Tauber & Watts（1952），p. 458。

248　Wood（1994），pp. 52-53。

249　Anon.（1988b），p. 50。

250　Kracek *et al.*（1929），p. 1892；Levin *et al.*（1956），p. 39, fig. 19。

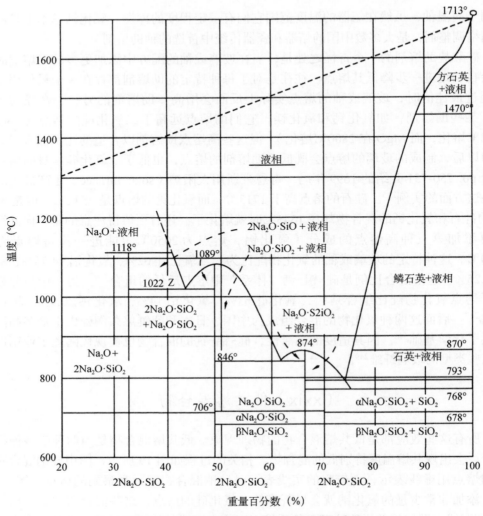

图 19　SiO₂-Na₂O-CaO 体系中的低共熔混合物

（xxx）硅-钠氧化物体系

80

在陶瓷史中，硅-钠体系十分重要，因为世界上最早的釉就是基于这个体系的，最早的实例发现于美索不达米亚，测定的年代为公元前第 6—前第 5 千纪。但是这里的釉并不是施在黏土胎上面的，而是施在人工打制的石质胎体上的[251]。它比最早的人工玻璃（也是起源于美索不达米亚）早了约 2500 年。

这类最早的釉一般是施加在滑石 [Mg₃Si₄O₁₀(OH)₂] 上，然后加热将釉烧成，形成坚固的材料——顽辉石（MgSiO₃）[252]。石英质的卵石也用同样的方法上釉并加热烧

251　Moorey（1999），pp. 168-169。本页这里引自《古代美索不达米亚的材料和产业》（*Ancient Mesopotamian Materials and Industries*）的最新版本（见参考文献 C）。

252　Tite & Bimson（1989），pp. 88-100；Bouquillon *et al.*（1995），pp. 527-538；Tite *et al.*（1998），pp. 112。

成。这类早期釉的助熔剂是盐碱沙漠植物灰烬中的可溶性碱，因为这类植物富含氧化钠[253]。差不多自一开始就用氧化铜作为釉的着色剂，形成了绿松石蓝（即孔雀蓝）或绿松石绿（即孔雀绿）的色泽，也许是为了产生天然绿松石和孔雀石的那种特质。

发明了在天然的石块上施釉后不久，人们又产生了新的想法，即将石块粉碎，然后用石粉模制各种各样形状和尺寸的物件。这种石粉的用法还允许在制作过程中往潮湿的胎体中添加可溶性的助熔剂。当物件干燥时助熔剂会转移到物件的表面，并形成一层碱金属盐的晶体。加热时，盐的晶粒侵袭胎体材料，熔融胎体中的硅石，从而在物件的表面形成真正的釉。还常用铜的化合物对这类"用于献祭的"富钠釉着色，着色剂通常在塑模前就已加进胎体中。

模塑石粉胎体优先选择的材料是石英粉末或硅石砂，因为当以铜的化合物着色时，这种材料显现的釉色比使用滑石做胎更蓝[254]。在彩釉陶器（faience；费昂斯）历史非常早的时期，人们还发明了另一种施釉的方法，那是将需要施釉的物件埋在一堆由石英、碱、石灰、木炭和某些铜的化合物混合的材料中，然后一起加热到制陶所需要的温度[255]。加热过程中物件表面会形成一层薄釉，并且"施釉中的混合物"因收缩而会与已上釉的制品分离。碱性助熔剂与其覆盖的硅质材料间的化学反应往往还会继续进行，直到在碱金属氧化物与二氧化硅间达到平衡，而这经常是氧化钠和二氧化硅体系中某个含硅较高的低共熔混合物。这是个幸运的结果，因为这种高钠和低硅（图19中朝向左侧变化）的玻璃是允许重熔的。

随着技术的进步，彩釉陶器也从简单模制的小型器物发展到大型器物。后者的代表是曾展示于维多利亚和艾伯特博物馆（Victoria & Albert Museum）的著名的绿松石色彩釉陶权杖（uas staff；收藏编号 437-1895）。该器物的高度超过 2 米，直径约 35 厘米，时代为公元前第 2 千纪的中叶，相当于中国最早用釉的时代。

有数千块大型的彩釉陶质砖瓦曾经生产出来用以装饰埃及金字塔中的房间，同时人们还开发出了新的彩釉陶色彩——红、黄、绿、蓝和白等。更为复杂的绘制技术和镶嵌技术也被发明出来，并经常应用于彩釉陶器上[256]。

在石制品上施釉的古老技术中明显存在两种重要的方式，它们也能用于一般的釉面结构。第一种方式是，只使用纯助熔剂制釉，因为在高温时它会侵蚀底下的陶瓷材料，然后与器物表层的硅石（通常还有氧化铝）结合，形成真正的釉。第二种方式是，釉料常常在几种情况下就是近低共熔混合物，包括：通过加热过程逐步取得的平衡；通过纯助熔剂或富含助熔剂的混合物侵蚀陶瓷胎体；乃至通过将某种真正的低共熔混合物专门用于正在施釉的器物。

基于低共熔混合物所配制的釉，曾经具有（而且现在还具有）的优点不仅在于其

81

253　泰特等［Tite et al.（1998），p. 112］写道："早至公元前 7 世纪和前 6 世纪时，碱主要来源于富钠的草木灰，是燃烧生长于含盐的（沙漠）环境中的植物所得。"

254　Tite & Bimson,（1989），p. 88。

255　同上，pp. 93-94。泰特和比姆森（Bimson）描述了奥利弗·沃森（Oliver Watson）从伊朗（Iran）的库姆（Qom）得到的一份现代混合釉料："这个混合物由草木灰、熟石灰、石英粉末、氧化铜和木炭组成。该混合物或者直接使用，或者将一份重量的孔雀石加到二份重量的库姆混合物中后使用。"（同上，p. 94）

256　Nicholson（1993），pp. 32-33；Tite et al.（1998），pp. 111-120。

82

图 20　绿松石色泽的彩釉陶制品，古埃及太阳神何露斯（Horus）的权杖全貌图，
埃及第 18 王朝时期，约公元前 1570—约前 1342 年

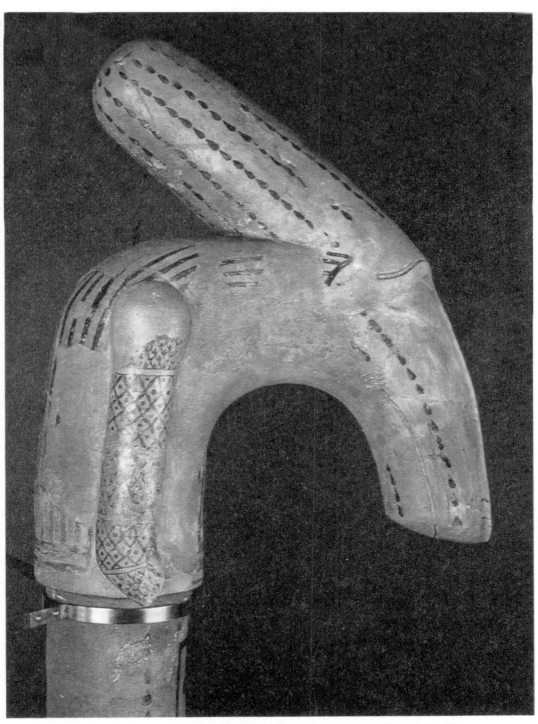

图 21　绿松石色泽的彩釉陶制何露斯权杖的头部视图，埃及第 18 王朝时期，
约公元前 1570—约前 1342 年

比较容易熔化，而且在于它能比非低共熔釉更能适应窑温宽范围的变化[257]。"低共熔釉"更大的优点是其烧成更为节约燃料，因为相对于同类材料的其他组成比例，它们在较低的温度下就熔化了。低共熔条件配制釉的视觉效果也比大多数随机配制的釉好，可能是因为其中的组分全部都整合了。分析表明，全世界有很多古代的釉是基于低共熔混合物的，想必经过几个世纪的经验检验，人们已认识了这些低共熔混合物，并随后加以采用。

（xxxi）从釉到玻璃

在石英卵石、玛瑙、长石、滑石和"费昂斯"（faience；一种合成的富石英的胎体）上面使用富钠的"用于献祭的"釉的技术从美索不达米亚传到埃及（Egypt），而且这种技术在西亚使用了几千年，并向东传到远如巴基斯坦（Pakistan）的俾路支斯坦（Balochistan）地区，特别还结合以 Cu^{2+} 离子着色为绿松石色[258]。但是令人难解的是这种简单的硅酸钠技术几千年以来一直没有用作普通黏土制品的釉料，其应用局限于非黏土质的硅质材料和它们的混合物[259]。看来普通黏土制品最终能成功施釉的先决条件是先要成功掌握制作玻璃的技术。这项重要进步的关键在于，在钠-硅混合物中更系统地使用另一种氧化物——氧化钙，以生成被称作为钠钙玻璃的特别稳定的材料。不可或缺的氧化钙常常存在于灰烬或贝壳碎屑之中，后者是在制作玻璃所用的砂子中混入的。但是在古代玻璃中发现氧化钙的含量非常稳定，这暗示可能是曾在某种程度上进行了人为调节以获得最合理的配比[260]。这种氧化物的配比一旦达到，就能生产出很高技术水平的钠钙玻璃。而且，这种材料也适宜于用作黏土器物的釉。事实上，近东地区对钠钙玻璃组分的配比是如此之成功，因此至今依然是全世界生产日用玻璃容器和窗玻璃的基础。这种组分的实用性和稳定性也可以再次归因于它的近低共熔物的基本成分（表3）。

巴比伦玻璃和釉中的钠、钾和镁可能得自富碱金属的蒸发岩，或者也可能来自富碱的植物灰烬。事实上，这是关于早期的玻璃技术的诸多难题之一，对此问题已有很多研究论著[261]。

---

257 Watts（1955），pp. 343-352。

258 Vandiver *et al.*（1992），pp. 519-525；Bouquillon *et al.*（1995），pp. 527-538。

259 Spencer & Schofield（1997），p. 104。

260 Henderson（2000），p. 28。

261 关于"蒸发岩与草木灰的比例"问题的综述，见 Henderson（1985），pp. 272-276 及 Henderson（2000），pp. 48-51。另见 Shortland & Tite（2000），pp. 141-151。2000 年，亨德森（Henderson）总结当时关于古代玻璃的观点时提出："至少可以分辨出两类不同的玻璃工艺。第一类是低镁的钠钙玻璃（LMG），它的氧化镁含量低于1%，相应其氧化钾含量也低，低于1.5%。这里很可能使用了一种称为泡碱（天然碳酸钠）的矿物作为碱金属的来源。美索不达米亚和米诺斯（Minoans）的玻璃，还有埃及的钴蓝玻璃等属于这一类。其他各种埃及玻璃则属于第二类，系高镁的钠钙玻璃。" Henderson（2000），pp. 58-59。

表 3　SiO₂-Na₂O-CaO 体系的低共熔混合物与巴比伦玻璃和釉、古埃及玻璃以及现代玻璃的比较

	SiO_2	Al_2O_3	Fe_2O_3	CaO	MgO	K_2O	Na_2O	BaO	B_2O_3	总计
三元低共熔体 熔点 725℃[a]	73.1	—	—	5.0	—	—	21.9	—	—	100
巴比伦玻璃 公元前 15—前 14 世纪	63.9	0.7	0.2	5.9	6.3	4.5	18.3	—	—	99.8
巴比伦釉 约公元前 580 年	64.7	1.0	1.0	5.9	4.6	4.6	18.2	—	—	100
古埃及玻璃 约公元前 1550—前 1163 年[b]	66.5	0.6	0.4	5.9	5.1	2.5	19.1	—	—	100.1
现代容器玻璃[c]	72.3	1.0	0.0	8.4	1.95	1.05	15.15	0.25	1.25	101.35

a　Levin *et al.* (1956), p. 39, fig. 19。

b　牛津大学考古学与艺术史研究实验室（Research Laboratory for Archaeology and the History of Art, Oxford）（未发表）。

c　Anon. (1988b), p. 35（现代容器玻璃的平均值）。

（xxxii）使用氧化钙作为稳定剂

　　世界上最早的钠钙玻璃制品发现于美索不达米亚，例如在伊拉克的努济（Nuzi）[262]，接着这种新的技术很快就传播到了埃及。关于钠钙硅体系在陶瓷历史中的故事简述如下：在普通黏土表面施用碱-石灰釉制作成真正的陶器釉，看来最早也是发生在约公元前 1500 年的美索不达米亚，比当地最早在非黏土质的硅质物体上施加硅酸钠釉晚了约三千年[263]。与近东的熔块瓷器（见本册 pp. 735-738）相似，这类新创的碱-石灰釉最常见的颜色是孔雀蓝和孔雀绿，由溶解的氧化铜呈色（2%—4%的 CuO）。西亚地区历来喜爱这种颜色，可能是与喜爱绿松石和孔雀石本身有关，也可能是能引起关于清澈深水的色泽和品质的联想。这类以碱–石灰为基础的釉（它们的烧成温度在1000—1100℃）后来传遍伊斯兰世界。在伊斯兰世界，它们一直延续到了现代，依然使用二价的铜离子呈现孔雀蓝和孔雀绿的颜色。

（xxxiii）中国早期的釉

　　前面介绍了西亚早期的玻璃和施釉技术，也许这与中国早期的釉之间没有直接和明显的关系，之所以介绍西亚的情况有三条理由。第一是要通过考察它们在陶瓷史上的最初出现，简要地概述玻璃和施釉技术的基本原理。第二是要强调低共熔混合物在历史上任何一类釉的创造和发展中的重要作用。第三是要介绍公元前第 2 千纪中叶中国最早出现釉的时候，世界其他地方的玻璃和施釉技术的水平和特点。关于中国对陶瓷釉技术重要和独特的贡献将在本册第五部分作充分讨论。

262　Vandiver（1982），pp. 73-92。

263　Moorey（1999），pp. 159-160。

（xxxiv）第一部分"拉开帷幕"的小结

李约瑟曾告诫，应该重视分析社会人文环境和"关于社会身份的难题"，但他只局限于在本书的机械工程分册中列了一节来阐述工程师和发明家的社会地位[264]。遵循李约瑟的思路，我们简要地探讨了早期中国的陶器使用者、出资者和有文化修养的评论者们对陶瓷的观点。我们感兴趣的不是陶器的货币价值（这在很多情况下也是很难估计的），而是陶瓷相对于其他材料的地位轻重，目的在于揭示陶瓷拥有者的地位或财富，以及陶瓷在礼仪活动中的重要性等[265]。我们也涉及了陶工本身以及管控陶工劳作的官员们的社会地位问题。

第二，我们参考了汉代以来关于陶器和瓷器生产的文字资料。中国资料就陶瓷主题而言是零碎的，往往集中于某些著名的窑系。现在还保存的和比较详细的资料中，多数都是关于较近的明清两代的内容，这种情况当然是意料之中的。在明代末期出现了第一批用欧洲文字记录的关于瓷器生产的文献，而在20世纪和21世纪关于陶瓷各个方面的信息暴增。

第三，本册的主题是介绍中国的陶瓷技术。第一部分对原材料、黏土的性质和形成、器物的成形和焙烧、玻璃和釉的发展进化等所作的初步评述，是本册第二至第六部分将要详细展开的讨论的基础。从新石器时代绵延至今，中国陶瓷器的产额之大令人生畏。但是，尽管生产的品种繁多，数量巨大，却存在一条共同的原则统管着无数的器物。该原则是：中国同一地区生产的器物使用着本质上相同的原材料，往往几千年不变，而且适用于为不同目的生产的不同器物。因此，可以从原材料和产地出发来认识中国陶瓷。具有如此优良的工艺品质和审美价值的器物是直接利用当地的资源制作生产的，这不仅显示了中国陶瓷原材料的无比优良和丰富，而且也揭示了中国陶工杰出的洞察力、高超的手艺和聪敏的想象力。

264　Needham & Wang（1965），pp. 21-42。
265　对这部分内容所准备的研究包含在柯玫瑰 [Kerr（1997）] 的论文中。

第二部分　黏　　土

（1）汉代以前的陶器和炻器

正如本册第一部分所讨论的，尽管中国幅员辽阔，陶瓷历史悠久且具有延续性，但仍可确定一些主要原则，这些原则决定了中国黏土资源的特性。其中最主要的是北方富黏土的原料和南方富石英的原料间的差异。这本身反映了华南地块和华北地块在发生碰撞并沿着秦岭分界线连接之前，曾经经历了不同的地质历史。

（i）南北的分界及其对中国陶瓷业的影响

正如第一部分曾提到并较为详细地讨论的，三叠纪时（距今 2.47 亿—2.09 亿年前）大规模的构造运动将若干分散的地块结合成今天的中国大陆，其中最主要的是华北和华南两大地块。这些漂移的地块在相互碰撞形成现今的中国大陆之前，曾经历各自独立的地质历史，中国陶瓷的化学组成所具有的明显地域性差异佐证了上述古老地块的不同经历。古老地块间最主要的缝合线与现代中国人理解的华北华南分界线大致相符。陶瓷是与区域地质和地形紧密相关的，因此它特别明显地反映了中国南北方的巨大差异。本册的各章节将显示，南北效应在胎体、窑炉、燃料、工艺设计和釉等各个方面都起作用，而中国重要的陶瓷类型，如施釉炻器和瓷器等出现的大体年代顺序也同样反映了南北效应。

（ii）中国陶瓷业的南北区分

秦岭山脉是阻挡黄土向南扩散的屏障。泛起的冲积黄土溢过南北界线流向中国的东部海岸，但主要依赖于黄土的华北制陶业广泛地繁荣于甘肃、陕西、山西、河南和河北诸省。在中国南方见不到类似的多功能制陶原料。不过，南北差异最强烈地体现在高温陶瓷的胎土上。制作炻器和瓷器的原料是展现远古地块构造的最可靠的"投影"，大多数北方黏土在烧结后其氧化铝的重量百分比高于 25%，而南方的则低于 23%，相应地北方黏土含硅低而南方的含硅高。南方烧制炻器的黏土和岩石往往也富含碱性元素的助熔剂，特别是氧化钾含量高，钾来自次生的水云母。富黏土（北方）和富石英（南方）的基本规律也适用于中国的中东部地区，那里曾因郯城—庐江扭捩断层系统引起了华南地块北—东走向的变形，这一地质特点，本册第七部分将更详细地讨论。

89

图 22 河南神垕生产黑釉器的馒头窑，窑挖入地下，1985 年

图 23　顶盖铺草的景德镇窑场，1982 年

中国北方的陶瓷原料适宜于慢火烧结，例如在使用煤的馒头窑中；而南方的原料更适合于略为快速的烧制，例如在燃烧木柴或灌木枝的龙窑中。这些窑炉在本册第三部分将详细介绍，而且我们将会看到，虽然在南方也出现了很多馒头窑，特别是在还原气氛下烧制砖块时，而在北方却基本上未见到典型的龙窑。燃料进一步显示了南北差异，因为尽管在 10 世纪晚期以前中国南北方的炉窑都用树木作为燃料，但是后来，煤逐步成为北方的首选燃料。北方转而用煤看来并没有引起陶瓷业的大规模搬迁，因为能提供烧制炻器和瓷器的黏土的地质条件往往与华北丰富的煤矿资源相关联。中国北方是世界主要产煤地之一[1]。相比之下，在中国南方则延续到相对较晚的时代仍以树木、灌木和芦苇为燃料烧制高温器物。

中国乡土建筑的南北差异也反映在中国的陶瓷工场上。关于"制造方法和工艺"方面的内容将在本册第四部分详细论述。在中国北方，特别是在黄土地区，具有建造地下和半地下房屋的长期传统。考古发掘和现代的田野工作表明，这种建筑原理也被广泛应用于中国北方的陶瓷窑炉和陶瓷工场。

北方的陶工必须应对极为寒冷的冬天的挑战，而传统的被称为"炕"的略高于地面的加热平台是极为重要的，它能防止陶坯冻结。中国南方的气候较为温和，本册的作者曾见过那里传统的陶瓷作坊和窑场，它们使用集束的桁条和几乎触及地面的稻草屋顶建造而成。

1　中国的煤储藏量估计为 1 万亿—1.5 万亿吨，居美国和苏联之后占世界第 3 位。Whitaker & Shinn（1972），p. 450。关于中国用煤历史的详细说明，见 Golas（1999），pp. 186-202。

传统的景德镇陶瓷作坊的规划也是经典的南方类型，并在很大程度上要归功于南方的庭院建筑体系，很多工序是在户外，或是在有一定进深的走廊上完成的[2]。

90

（iii）釉

中国南北方高温釉之间最典型的差别在于釉的配方中是否加入制胎的原料，这是第五部分将讨论的内容。最晚从 7 世纪早期起，北方的制瓷工抛弃了南方的传统习惯，即不再使用制作瓷胎的同种原料作为配制瓷釉的基本原料，这也许是因为高铝质的北方胎料已被证实不适宜于用作制釉的主要原料。这种操作方式从北方的瓷窑扩展到了炻器的制作。

（iv）中国北方与黄土

回顾中国北方最早、延续时间最长的陶瓷传统，我们注意到，它是由黄土孕育的。这并不奇怪，因为覆盖在中国北方原始地貌景观上的黄土沉积物是全球最厚、面积最辽阔的黄土堆积。约 100 万平方公里的区域被大量的风成和水成的黄土沉积物所覆盖。在它的风成地区（中国的西北部）黄土物质占据了 40 万平方公里，在兰州（黄土区的西北远端，并靠近黄土源区的沙漠地带），其黄土堆积的厚度可达 300 米。离源区较远的地方，风成黄土堆积的平均厚度为 40—80 米[3]。在华北的东部地区，次生黄土和水成的黄土质淤泥覆盖有约 60 万平方公里，可能达到 800 米或更厚，此处黄土的堆积得助于载带淤泥的河流经常性的泛滥和下伏岩床一定程度的沉降[4]。

91

英语中表示"黄土"的"losse"一词源自德语"löss"。真正的黄土是风成的尘埃，主要由火成岩机械风化生成，在中国则来自内蒙古沙漠。黄土往往是未经压实的地层，这与由流水搬运的沉积黏土所形成的致密而沉重的地层不同。风成黄土即使经水搬运并再沉积后，其密度依然低于纯黏土，因为黄土中缺乏细小的薄片状矿物，使得其沉积物不那么密实。

中国的黄土源自内蒙古干旱的腾格尔和鄂尔多斯沙漠中火成岩的融冻风化，沿着大戈壁沙漠的南部边界而生成。近 240 万年以来，这些物质不断被盛行的季风吹向东南，覆盖在中国北方由古老的石灰岩、黏土和砂岩组成的地貌景观上[5]。越吹向远处，黄土的粒度越细。靠近沙漠源区的黄土称为砂质黄土，稍远处为粉砂质黄土，更远处则为黏质黄土[6]。当然，这里的术语主要是表征相关物质的粒度（通常在 10—50 微

2　Xiong Liqing & Lu Ruiqing（1985），p. 68，以及该会议上未发表的张贴论文。另见本册 p. 187 的景德镇御窑厂地图。

3　Pye（1987），p. 200。

4　Tregear（1980），p. 216。陶吉亚（Tregear）写道："令人惊异的是已沉积了如此巨量的物质，这个地槽好似能无限量倾入食物的胃，这是因为山体沉降速率与沉积速率的平衡。……黄河的淤泥和沙子至少有 2800 英尺厚。"

5　Ding Zhongli & Liu Dongsheng（1992），pp. 390-406。

6　Burbank & Li Jijun（1985），p. 430，fig. 2。

米），而不是指物质的矿物质地，矿物质地在整个地区是相当一致的。中国的黄土主要由石英、长石和云母的细小粒子所组成，还含有少量的高岭石、伊利石（一种水化的、含云母的黏土矿物）和碳酸钙。氧化铁的含量常在 6% 左右，主要为偏黄色的褐铁矿类矿物，如针铁矿。正是含铁矿物赋予了中国北方黄土那种典型的暗淡的赭褐色[7]。

尽管质地相对疏松，黄土却能形成很高的、几乎垂直的峭壁而不崩塌，这与一般黏土很不一样，后者经剥蚀后会形成斜坡。人们已提出了一些理论来解释这些高大陡峭的黄土堆积依靠怎样的能力来保持其形态（除非被快速的水流所冲蚀），其中包括：超细粒子间的静电相吸、"黏土桥"的存在、较大粒子间的拉伸水膜张力以及次生方解石对矿物晶粒的胶结等[8]。在中国北方，黄土的这种非同寻常的稳定性几千年以来一直被人们所应用，黄土峭壁、堤岸和台地被挖掘、打通以建造房屋、作坊和谷仓。人工建造窑洞时，通常紧贴黄土峭壁建造一堵砖砌前墙，墙上有精心设计的门洞，通过门洞向山体内掘进。挖掘一座典型的黄土窑洞（6 米深、3 米宽和 3 米高），大致需要 40 天，还要等待 3 个月或更长的时间使窑洞干燥[9]。窑洞完工后要用石灰和黄土混合的灰泥涂满洞的内壁并盘好炕[10]。正如戈拉尼（Gideon Golany）指出，这类窑洞[11]：

> 明显是冬暖夏凉，这对于严寒酷暑的大陆性气候地区是至关重要的。

使用上述方法建造的大型制陶作坊至今还在陕西和河南省经营（见图 22），在西安附近的黄堡曾发掘出土了大体类似的工场，唐代时曾在那里生产铅釉器物[12]。黄堡窑的发掘表明该窑址曾被水淹且匆忙撤离，这也揭示了一些北方的窑工曾生活和劳作在同一个挖掘出来的空间里。

在中国北方还常能见到挖入黄土峭壁或挖入黄土质平地而建造的穴居式的村落，挖掘的规模在一定程度上依赖于当地黄土的矿物学性状，高钙含量的黄土允许建造跨度 5 米、不太深的无支撑拱形洞顶。这些洞穴采用的横截面形状一定程度上反映了当地的地质条件，对于黏性较差的黄土，采用的是抛物线状或哥特式的洞穴截面[13]。

92

7　Liu Tung Sheng（1988），p. 88。

8　Pye（1987），p. 220。

9　Golany（1992a），pp. 32-33。

10　米达尔［Myrdal（1951），p. 13］记录了家住陕西的一位毛姓窑洞建筑者的讲述："建造一个土窑洞并不需要很多工人。修建一个标准尺寸的普通窑洞，18—19 尺进深，9—10 尺高和 8—9 尺宽，连带盘炕、砌炉灶和烟囱等约需 40 天。……一开始窑洞有点潮湿，但过 3—5 月后会干燥。如果土质好，又硬又坚实，还可以加建另外的洞室和储藏室，与早先建成的窑洞连在一起。但如果这样建造，它们之间的通道应该很窄，约 2 尺×7 尺（每尺约为 33.5 厘米）。"那仲良［Knapp（2000），p.98］指出，挖窑洞是故意要放慢进度，"不仅是因为农民自己进行建造，而且……要求窑洞缓慢地干燥，这是保持窑洞稳固的必要条件"。

11　Golany（1992b），p. 152。戈拉尼［Golany（1992b），p. 153］给出黄土窑洞内的温度一般是冬季约 10℃ 而夏将近 25℃。

12　杜保仁和褚振西（*1987*），第 16-18 页。

13　戈拉尼［Golany（1992b），p. 151］指出："即使在今天，五省（即山西、河南、陕西、甘肃和宁夏回族自治区）还有约 3000 万—4000 万人口，即五省约 20% 的人口，依然居住在窑洞村落，每个村落的人口在几百至几千之间。"

图 24　西安附近在黄土崖壁上挖建的窑洞，1976 年

其他章节所介绍的将黄土装入临时的木夹板之间，用粗大的木桩夯实，每次增加几厘米，一直是新石器时代晚期以来中国的一种最主要的建筑方法[14]。中国北方青铜时代高大的城墙就是用这种方式，由几千名工人花费多年时间才得以建成的。在河南郑州的商代中期城址至今还保存有当初青铜时代的护城墙残段[15]。

93

14　Needham *et al.*（1971），p. 39。

15　安金槐［(*1961*)，第 77 页］计算出建造河南省郑州商城城墙使用了将近 300 万立方米的黄土，所用人力相当于 1 万名工人辛苦工作 18 年。安金槐［An Chin-Huai（1986），pp.22-28］后来又给出了进一步研究建造郑州城墙的结果，根据墙土中的陶片和其他证据，提出"郑州商城围墙的建成不可能晚于二里岗期早段"。同上，p. 27。

图 25　郑州的商代城墙，2001 年

（ⅴ）古　土　壤

94

　　中国黄土的形成可能是与该地区的构造运动以及全球的气候变冷有某种联系。当印度次大陆与亚洲碰撞时，青藏高原的抬升最终阻挡了季风的环流，导致中国北方的气候变冷变干和植被退化。这些变化发生于上新世晚期和更新世早期，依据地质时代的尺度衡量，中国黄土堆积的形成属于相对较晚的事件[16]。

　　中国北方的黄土似乎是不断地堆积了约 240 万年，实际上还在继续堆积[17]。例如，在西安以东 30 公里，根据保护兵马俑的巨大的棚式房顶上定期清除的尘埃物的重量统计，当地尘埃的平均自然沉降速率为每月每平方公里 26 吨[18]。但是，在黄土堆积的整95
个时期，中国北方的气候并非是长久不变的持续寒冷，在各冰期间交叉出现较温暖和湿润的时段。有一种理论认为这些温暖时段的出现是与约 2.5 万年的地球公转运动的岁差周期关联的。这个理论得到对中国陆相的和黄海中的黄土质沉降物两方面研究的

　　16　派伊总结道："目前尚未完全清楚约 240 万年前中国黄土开始堆积的原因，是因为北半球的冰期开始，还是因为青藏高原的抬升引起的地区性地貌和气候的改变。可能这两个因素都起作用。" Pye（1987），p. 249。

　　17　"240 万年前的黄土/红壤间的分界线标志着黄土堆积的开始。该界限被认为是华北第四纪的起始，当时气候急剧恶化，由湿热转为干冷。" Liu Tung Sheng（1988），p. 55。丁仲礼等［Ding Zhongli et al.（1998），pp. 135-143］还观察了采自 400 公里范围内上新世红壤的粒度性状，与上覆的黄土相似，也属典型的风成沉积。但是颗粒的取向提示红壤是由西风带，而不是冬季季风搬运而成的。看来冬季季风是导致后期褐色黄土分布的动力。

　　18　Cheng Derun & Si Ru（1989），p. 496。

支持[19]。

很多黄土峭壁上都可以见到的一些深色的沉积层，它们可以作为间冰期气候温暖的证据。例如在陕西省宝鸡市北 5 公里处的"宝鸡剖面"上可以数出 37 条深色的古土壤带[20]。这些古土壤（*palaeosol*），或称古代的土壤，比其周围的黄土更富含黏土，因为它们沉积时的气候环境允许进行更为剧烈的化学风化过程[21]。在中国北方的制陶工业中，陶工们既使用普通的黄土，也使用塑性更强的古土壤层的材料，他们合理调配不同质地的原材料，以满足制陶工艺对塑性的要求[22]。

（vi）黄土与肥力

因为黄土本质上属岩石粉末，而不是黏土，所以它富含对植物生命至关重要的痕量元素。痕量元素往往会在深度化学风化的情况下流失，但能保存于轻度风化的黄土中。这些元素能帮助提高黄土的肥力，而且提高了黄土在全球各地的农民中享有的声望，原始的风成黄土覆盖了约全球地表陆地面积的 5%[23]。黄土的松散结构也适宜于耕作，植物根系易于深深扎入粉砂土。黄土又有良好的排水性能，水在黄土与下伏岩石或黏土层之间聚积，又通常能挖井所及。因此，黄土对于农业是理想的选择，普遍挖地表土制砖（系中国北方常见的一种情形）在多数农耕地区是非常愚蠢的行为，但在中国则仅是暴露出未经开发和适宜耕作的新鲜肥沃表土。

但众所周知，中国北方晴雨无常的气候经常使丰收的期望化为泡影，中国历史上有很多次长期干旱引发了可怕的饥荒。同样雨季经常发生的倾盆大雨和冰雹，导致河流溃堤和农田作物被冲毁[24]。大规模的伐木毁林起始于新石器时代晚期和青铜时代早期，并于前工业时期加速，在某种程度上永久性地恶化了华北地区的气候[25]。伐木毁林最严重的后果是使得大部分地区的地下水位自历史时期早段以来下降了 5—15 米[26]。西汉时期该地区依然是树密林深，生长有橡树、竹子和桑树，还种植稻米。湖泊和泉水到处可见，某些地区还是大量鸟类栖息的沼泽地。但现今很多地区已树林被毁并积满尘埃，田野被沟壑深深切割，这导致了地下水位进一步地下降和黄土的侵蚀。这一昔日伟大的中国农业文明的核心地区，在今天"主要因人类活动，部分因气候变化，在植被长期被毁之后，大部分已退化为贫瘠之地"[27]。黄土地区的土地侵蚀速率是其堆积

19　Burbank & Li Jijun（1985），pp. 430-431。派伊［Pye（1987），p. 249］提到了这项研究工作，但又指出，作者们"并没有详细说明其可能的因果联系"。

20　Rutter *et al.*（1991），pp. 1-22。

21　Derbyshire *et al.*（1995），pp. 681-697。

22　Wood *et al.*（1992），p. 137。

23　Pye（1987），p. 200。

24　据河北省定县的灾害记录，公元 106—1926 年，发生水灾 35 次、旱灾 28 次、蝗灾 21 次、雹灾 17 次、地震灾害 14 次和瘟疫 8 次。也有风调雨顺年份的记录，仅 7 次。Gamble（1954），pp. 454-455。

25　Yang Gen *et al.*（1985），p.24。那仲良［Knapp（2000），p. 193］也撰写了关于黄土高原森林被砍伐的内容。另见 Fang Jingqi & Xie Zhiren（1994），pp. 983-999。

26　Fang Jingqi & Xie Zhiren（1994），p. 994。

27　同上，p. 983。虽然黄土的肥沃性依然保持，但很多情况下沟壑切割的地貌使得耕作困难。

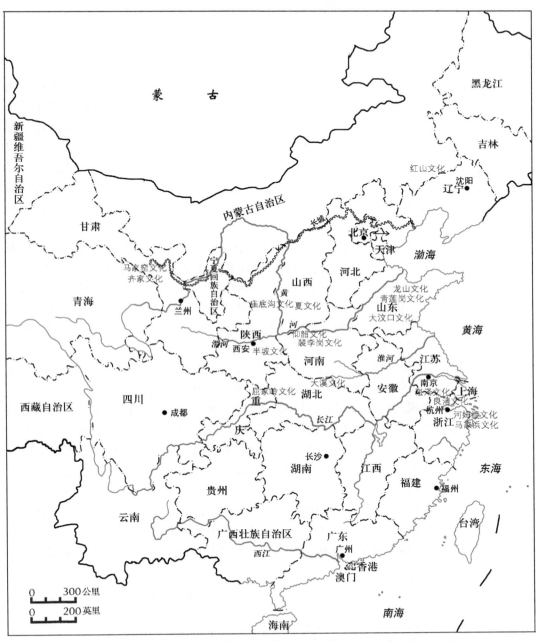

图 26　新石器时代主要文化类型的分布图，约公元前 6000—前 2000 年

速率的 39 倍[28]。但是由于黄土地区大规模地重新植树造林代价太高，为应对该地区极不规则的降雨量，不得不兴修水利以进行人工灌溉。

（vii）黄土在中国陶瓷中的使用：新石器时代

对中国北方多处陶瓷的化学组成和微结构分析表明，黄土曾经被广泛用来制作陶器，尤其是在新石器时代。使用黄土制陶的最有力证据是对北方新石器时代陶胎的分析中检测到极高的氧化钠含量（Na_2O 的典型值为 1.25%—2.5%），以及这类器物的细腻、略显粉砂质地的结构。一般的沉积黏土难得含有如此高的氧化钠，通常为 1% 以下。氧化钠含量差异的主要原因是：很多纯黏土矿物由钠长石化学蚀变生成，化学反应过程中释放的钠离子会被雨水带走，并最终与新沉积的黏土分离。黄土材料的高氧化钠数值表明其中存在未蚀变的钠长石晶体，它们仍大量存在于被风带来的岩石粉末中。

中国北方新石器文化各阶段的发展相当复杂，其内容每年都会随着考古新发现而
98　增加和变化[29]。图 26 中的地图显示了新石器时代各类文化或文化圈所属的众多遗址。

简而言之，自新石器时代早期（约公元前 6000 年）以来被黄土覆盖的广袤土地孕育了多个前后相继、偶有交叉的文化。在包括陕西东部、河南、山西南部和河北南部的中心地区，最早见到的是相对粗糙、红色或灰褐色的砂质陶器，烧制温度为 700—960℃[30]。随后出现了较为复杂的陶器类型。

一系列属新石器时代中期（公元前 5000—前 2500 年）跨越中国北方和中部的遗址被归入仰韶文化。自约公元前 5000 年始，由陕西、山西、河北南部、河南西部、甘肃东部和青海东部组成的仰韶文化核心区域，出现了细陶器和粗陶器的生产。陶器是用泥条在模具中手工盘筑成形，再用拍砧拍打加固，最后用慢轮精心整修成形。精致的礼仪用器则表面磨光和着色。日常使用的粗陶器也颇精心加工，盛水器有意加工成厚壁，并掺入砂子和云母为羼和料，而炊具也制成厚壁器，并烧至陶器所需的温度以使其能经受住随后的烧煮。相反，贮物用的容器则根据其功能有粗陶的也有细陶的。黏土也被用来制成纺轮、刀子、投石和渔网坠等[31]。该时期著名的遗址是半坡，本册 pp. 4-5 已就其陶制器物的状况作过论述。在河南省，独具特色的陶器也有制作，这些陶器最初是红色的，后来也出现了灰色和棕色的器物[32]。白色的化妆土也曾被普遍使用，而且

28　刘东生［Liu Tung Sheng（1988），p. 145］给出中国黄土地区自更新世以来黄土堆积总量的合理数值如下："在中国黄土地区为 $1.89×10^{13}$—$9.47×10^{13}$ 吨，而在黄河中游地区为 $1.19×10^{13}$—$8.30×10^{13}$ 吨……我们计算的侵蚀速率为 363.08 克/厘米^2·千年，相当于平均堆积速率 9.30 克/厘米^2·千年的 39.04 倍。"

29　张光直［Chang Kwang-Chih（1963，1986）］用英文提供了关于总体情况最全面的记录，包括关于单个遗址的丰富信息。按地理位置排列的新石器时代陶器的清晰图片，见 Anon.（1993）。贺利［Li He（1996），pp. 16-25］撰写过一份综述。

30　Chang Kwang-Chih（1963，1986），p. 94。虽然关于这些遗址的分类存在争议，但很多学者将它们一起归入"裴李岗文化"。

31　同上，pp. 109-123。

32　该地区文化的年代为公元前 6000—前 5000 年，经历一个间断后，晚期文化的年代为前 4000—前 3000 年。同上，pp. 123-132。

到这一阶段的末期陶器已是轮制的了。用以命名该文化的仰韶村遗址就处于这一地区。

一般认为仰韶文化从中部地区向北和向西传布，传入甘肃省和青海省。在那里曾制作某些具有明显地区特征的仰韶陶器，现在被称作为马家窑文化（约公元前3800—前2000年）。典型器物有大型瓮棺葬具，细胫、两边各有拉耳，制作于半山（公元前2600—前2300年）等遗址。许多马家窑的器物现收藏于西方的博物馆中，因为这些器物出自西方考古学家最早发掘的一些马家窑遗址[33]。

包括现内蒙古东南部、黑龙江、吉林和辽宁诸省的中国东北地区也见证了自己制陶业的早期发展[34]。到公元前第3千纪时，陶器形状和装饰图案的整体相似已表明其曾与中原仰韶文化存在交流。但在该地区的南面，那里的陶业则显示了明显不同的发展轨迹。早在公元前第4千纪初，山东大汶口文化的陶工已生产了少量白色、灰色和黑色的细质陶器。在公元前第3千纪，（山东）龙山文化的工匠们完善了原来的传统，生产出多种多样的薄壁黑陶和少量令人惊叹的精细白陶，它们具有凸弦纹，经快轮抛光而精致夺目。龙山文化从山东向西传播，在河南、山西和陕西超越了仰韶文化[35]。特有的彩陶被具有不同程度差异的灰陶和黑陶所取代。

表4列出了若干件前述中国北方新石器时代陶器的组成，它们可能是用黄土制成的[36]。

表4　中国北方新石器时代可能用黄土制成的陶器

	SiO_2	Al_2O_3	TiO_2	Fe_2O_3	CaO	MgO	K_2O	Na_2O	MnO	P_2O_5	烧失量	总计
1.	67.1	16.6	0.9	6.2	2.0	2.3	2.8	1.3	0.04	—	1.9	101.1
2.	68.0	14.0	0.8	6.1	2.3	2.4	2.7	1.35	0.05	—	1.5	99.2
3.	66.2	15.5	0.8	5.8	1.85	3.4	3.2	2.45	0.08	—	1.1	100.4
4.	67.7	15.9	0.8	5.7	2.6	2.4	3.0	1.8	—	<0.3	—	99.9
5.	63.5	15.2	0.9	6.0	2.65	2.4	2.8	1.6	0.07	—	5.4	100.5

1. 仰韶村灰陶，河南。
2. 后岗黑陶，安阳附近，河南。
3. 客省庄红陶，西安附近，陕西。
4. 半坡红色彩陶，西安附近，陕西。
5. 城子崖蛋壳黑陶，城子崖，山东。

33　他们中最早的是瑞典考古学家和汉学家安特生（J. G. Andersson；1874—1960年）。他曾于1920—1921年在仰韶村，1922年在辽宁及1921—1923年在甘肃东部进行考古发掘，见 Chang Kwang-Chih（1963，1986），pp.138-139。很多出自甘肃省的精美陶器现保存于斯德哥尔摩（Stockholm）远东古物博物馆（the Museum of Far Eastern Antiquities）。他的研究报告于1929—1947年发表于《远东古物博物馆的馆刊》（*Bulletin of the Museum of Far Eastern Antiquities*；BMFEA）。他的同事汉学家高本汉（Bernhard Karlgren）撰写的关于安特生去世的讣告发表于 BMFEA 33（1961），pp. v-viii, pls. 1-8。

34　关于中国东北地区新石器时代陶器发展更深一层的讨论，见 Chang Kwang-Chih（1963，1986），pp. 169-191；Barnes（1993），pp. 108-118；Nelson（1995）。

35　关于大汶口和龙山文化的讨论，见 Chang Kwang-Chih（1963，1986），pp. 156-169, 242-280。文德安[Underhill（2002）]以黄河流域新石器时代晚期复杂社会的发展作为她著作的主题。

36　根据这些陶器和典型的中国黄土间化学组成的相似性以及有关器物的质地所作出的判断。资料来源为 Yang Gen *et al.*（1985），p.25（1, 2, 3 & 5），及 Freestone *et al.*（1989），p. 261，table 1（4）。

　　表 4 中前 4 例的材料很可能是风成的，而那件山东的陶器，可能是使用经加工的冲积黄土制作的容器。

　　虽然黄土是制作这些陶器的重要原料，但它并不是新石器时代北方陶工使用的唯一胎土来源。在黄土之下发现的更古老的，时代上属白垩纪晚期以来的红黏土也曾被广泛使用，甘肃仰韶文化陶器所用的烧成浅色的钙质黏土很可能就是由这种材料制成的[37]。在中国各博物馆的陶瓷藏品中还偶然能见到极少数白色或浅奶油色质地的北方新石器时代陶器，这是使用了耐火度更高的黏土，对此，本册 pp. 120-123 将作更为详细的讨论[38]。

（viii）新石器时代黄土质器物的特性

　　以黄土为原料的新石器时代陶器质地细腻，可能呈红色、浅黄色、灰色或黑色。不同的颜色是因为焙烧黄土时窑内环境不同所致，但是颜色不能当作判断器物是否以黄土为原料的必要条件，因为其他含铁黏土烧结后也会产生相似的效果。在缺乏化学分析数据的情况下，判断是否使用了黄土的最佳直观依据是：器物的细腻、均匀、光滑和略带砂质的质地，有时表面存在一些小洞，系黄土中有机物质烧失的结果。表 5 列出了中国北方黄土质陶器不同呈色的烧成条件。

表 5　窑内气氛对黄土质陶器烧制后呈色的影响

陶器呈色	窑内气氛
红色	氧化气氛
浅黄色	先还原气氛再氧化气氛
灰色	在还原气氛中烧成并冷却
黑色	在浓厚的黑烟中烧成，使碳颗粒渗入胎体

101　　中国北方某些用黄土烧制的新石器时代陶器呈现颇为暗淡的颜色，这是原料中二氧化碳含量高于平均值所致，而且往往与炉内一定程度的还原气氛有关。烧制过程中一氧化碳与黏土中的氧化铁结合生成黄色的硅酸钙[39]。

　　新石器时代晚期中国北方最常见的是灰陶和黑陶，而且这种生产灰陶的风尚一直保留到青铜时代末期（东汉）。现代的中国北方仍然普遍在还原气氛下烧制以黄土为原料的灰色砖瓦。在中国南方同样也在还原气氛下烧制富铁的黏土，但所用的原材料却是完全不同的。

　　37　Sundius（1959），p. 108。关于甘肃新石器时代陶器的典型化学组成，另见 Freestone *et al.*（1989），p. 261，table 1。

　　38　关于一个实例，见 Anon.（*1992b*），Department of Archaeology at Peking University，pp. 80-81，fig. 27。

　　39　辛普森［Simpson（1997b），p. 54］在谈及美索不达米亚的石灰质黏土时写道："它们富碳酸钙，碳酸钙加热到 750℃以上时，丢失二氧化碳而与器物胎体中的黏土反应生成一系列硅酸钙化合物。……浅粉色、黄色、绿色和白色是石灰质黏土烧成的陶罐的典型色调。"

（ix）从氧化气氛转化为还原气氛的新石器时代陶器

中国北方新石器时代陶器烧制的重要变化是从氧化气氛烧制转化为还原气氛烧制（代表着从仰韶文化过渡到龙山文化），这可能是因为还原气氛烧制的器物可以获得更高的烧成强度。在这类陶质材料中，铁的氧化物是以二价铁（Fe^{2+}）而不是三价铁（Fe^{3+}）的状态存在。当高于900℃时，氧化亚铁（FeO）在胎体中起到助熔剂的作用，它与黏土材料中的细粒二氧化硅反应生成铁-硅酸盐玻璃。由此生成的少量玻璃能更有效地帮助材料间的结合，从而提高陶器的烧结强度。对中国北方陶器的复烧实验表明，低于1050℃前未见有明显的变化，但达1100℃时大多数样品开始熔化。由此推断大多数北方陶器的烧成温度在950—1050℃[40]。

（x）新石器时代陶器所用黄土的性质

当黄土被从戈壁沙漠向东南吹刮时，就进行着粒度分选，从而生成一种均匀的细粒材料，这种材料常常挖出即可使用，无须再作加工。黄土的典型特征是所含的纯黏土量异乎寻常地低，因此其干燥收缩很小。相对于多数塑性黏土10%的收缩率[41]，对某些黄土质样品测量得到的线性收缩率仅为2%左右。黄土比一般的制陶黏土能更迅速地干燥和烧结，这是因为黄土所含纯黏土矿物的量极低，还因为黄土具有相对开放通气的结构。因此黄土是性能非常好的陶瓷原料，它很少会发生干燥开裂或呈现出干燥变形。黄土的主要缺点是耐火性差（即容易在窑炉中熔化），以及在烧制过程中经受温度突变的能力差，这是由于其石英含量高。用作炊具的新石器时代陶器显得比较粗糙，可能是人为地添加了非塑性材料。

黄土特别适用于泥条盘筑→拍打→刮修的陶坯制作流程，因为低塑性的原料更适宜于上述的制坯工艺，而不太适宜于拉坯工艺。当用黄土拉坯时，就像汉代常做的那样，首选塑性更高的材料，例如从更富黏土的古土壤层中选料[42]。这类器物烧成后，其原料显示较高的铝和较低的氧化钠含量（这是纯黏土矿物含量高的标志），显微镜下观察还可见较多的超细矿物晶粒[43]。

新石器时代晚期流行的基于黄土原料配合还原焰的灰陶传统一直继续到商代，那时除容器外还用同样的原料制作水管[44]。人们还首创用黄土制作陶质块范，用于铸造青铜件。这是中国陶瓷史上黄土最重要的应用之一[45]。

102

40　Yang Gen *et al.*（1985），p. 24。

41　本书作者之一（武德）1992年的试验。

42　Wood *et al.*（1992），p. 137。

43　Zhang Zizheng *et al.*（1986），p. 111。

44　同上。

45　Gettens（1969），pp. 107-114；Freestone *et al.*（1989），pp. 270-271。

（xi）商代的陶瓷业和青铜铸造中的黄土

中国青铜器展示了世界所有古代文明中最精致复杂的陶范铸造技术。应用该技术的商代铸铜业在器型规模、精密度、复杂性和艺术表现诸方面都是最优秀的。这种工艺能获得成功的一个重要因素是早期的青铜铸工使用了黄土作为制作陶质块范的原料，黄土烧制的块范作为中国北方青铜铸造工艺的基础曾延续了约两千年。

中国商代精致复杂的青铜铸造技术似乎起源于甘肃新石器时代晚期的一种简易方法，当时（公元前 2700—前 2000 年）曾用敞口范生产青铜刀。稍晚些时候在该地区也用石范铸造青铜制品，铸铜器物还经过锻打加工。夏代时，斧头、镰刀、锥、凿、矛头和箭头都是在甘肃用青铜制造的，多数为铸造，有些还经过了冷加工。商代早期已在使用烧制的泥范制作有空腔的青铜容器，其中一些容器好像是金属锻打成形制品的复制品[46]。

制造这些早期铸范的天然材料应该是黄土，属中国北方制陶业中早已熟悉的主流材料。虽然黄土在约 1100℃ 时开始熔融，远低于液态青铜的典型温度 1150℃[47]，但铜水接触铸范时很快冷却，来不及使铸范材料本身熔融。

烧结黄土作为青铜铸范材料的一个特殊优点是它的细小的粒度范围和多孔结构。后一个优点是因为组成黄土的多数矿物是块粒状的，无论怎样将它们装满压紧，在矿物晶粒间总会留有空间（富含片状黏土矿物的材料烧结后会致密得多）。低温烧结黄土的这种开放性是有益的，因为熔融态青铜中的气体能进入透气的铸范，以免在青铜铸件内部生成空洞和裂隙。黄土的易粉碎性也使得它们能轻易从铸造完成的青铜制品上剥离和擦掉。低温烧制的铸范（可能低于 800℃）能改善材料在浇注过程中抗热冲击的能力，因为铸范内的多孔结构能调节热膨胀。

在最好的商代青铜器上几乎无法观察到分范合铸连接处的痕迹，在一些器物上由黄土范从原模上翻铸的雕刻细节可以像指纹一样清晰和精细。这种精细的表面细节和稳定的形态尺寸的结合是陶瓷材料独特的优点。这些优点再加上烧结后的多孔特性保证了中国北方青铜器杰出的工艺质量。

对商代青铜铸范的详尽分析已显示出典型的黄土结构，因为化学组成提示其所使用的是风化最轻（即黏土含量最低）的材料[48]。迄今为止，通过扫描电子显微镜研究得到的一个特征是烧成的铸范材料中缺乏超细粒级的组分[49]。这可能是因为制范工匠从各类可供选择的黄土中选择了风化最轻的品种，但是另一种解释是在原料的制备过程中工匠有意识地清洗掉了最细粒的组分（简单地用过量的水搅浑泥浆，然后倾倒去除最上层悬浮有最细组分的泥浆水即可）。滤去最细粒组分后，黄土的收缩率比通常更低，而其烧结后的气孔率更高，因为矿物晶粒之间的间隙未被更细的晶粒填充。但是，处理后的黄土粒度依然能够完美地翻铸出器模表面的细节。

46　Muhly（1986），p. 14。

47　Chase（1983），p. 105。

48　Freestone *et al.*（1989），p. 253。

49　同上，pp. 269-270。

（xii）耐 火 性

如果说黄土作为青铜铸范的介质也有一个潜在的缺点，那就是它容易熔毁，而且有迹象表明商代的铸铜工曾使用了多种策略来避免这一隐患。一种方法是在较厚的部位（如把手处）放置黄土的范芯以限制这些部位青铜的厚度，从而使金属很快冷却。在其他的一些例子中，尤其是在一些三足容器上的厚重足部，已发现在浇灌青铜熔液前铸范中预先放置了铜条。这些铜条好似有效的"散热器"，可以使得灼热的铜液在熔化其周围的范体前就已冷却[50]。

对于每个熟悉陶瓷精加工的人而言，商代的青铜铸范在今天看来也是陶瓷设计和工艺的杰作。其所达到的复杂性、精密度和形态尺寸的稳定性等方面，均远远超过了日常或礼仪使用的陶瓷器具标准。它们的生产对于任何一位现代的铸模工来说依然是严重的挑战，而在中国这却曾是铸造青铜礼器的常规技术，这些器物的高度从几厘米到足足超过 1 米，重量从几克到 0.75 吨。商代青铜器的装饰能够达到十分精细的程度，以至于需要使用放大镜才能清楚观察，或者十分粗放，几米以外就能看清。在中国北方找到的一些被遗弃且曾使用过的青铜铸范残片毫无疑问地表明，黄土是中国青铜时代制作铸范的主要材料，黄土的结构及其物理性状使它成为制作铸范的理想材料。因此，中国北方青铜铸造的许多成就依赖于多方面巧妙地应用了黄土的基本性质。

（xiii）黄土应用于早期中国的建筑材料

黄土优良的技术性能（低干燥收缩、低温烧成的稳定性以及允许非常精细的加工和雕刻等）对于青铜铸范是非常宝贵的，这些性能在制作高品质的建筑陶瓷中也是有益的。那些用于建造房屋、堡垒和提供清洁水源的"重黏土制品"虽然不像青铜容器铸造品那样富有魅力，但对于日常生活的健康和舒适是极为重要的。中国从古至今，很多的建筑材料是用陶瓷制作的。现代考古研究揭示，建筑陶瓷的规模性生产需要先进的技术和管理技能。很多建筑材料也是非常美观的，因为它们经过了非常精心的设计和加工。对从商代到清代一系列中国北方建筑陶瓷的分析已显示出其原料选择和烧制过程的高度标准化。只是在西汉末年（公元前 8 年）以后，部分砖瓦才开始在转盘上拉坯制作，而更早的管道、砖和瓦都是双手制造的[51]。

观察力敏锐的宋应星在《天工开物》（1637 年）中对建筑陶瓷的重要作用进行了概括[52]：

> 人们对陶瓷有多种多样的需求，以至 1000 名陶工每天用水和泥制作陶器并加

---

50 Chase（1991），p. 32。蔡斯（Chase）提出，在晚商青铜鼎的圆柱状鼎足中发现的铜芯，是设计来防止冷却时青铜的过分收缩和防止随后在同一物体上厚薄金属连接处发生热断裂。不过，铜芯也可能同时防止范体的熔化和热断裂。

51 Zhang Zizheng *et al.*（1982），pp. 111-116。

52 《天工开物》卷七，第一页。Sun & Sun（1966），p. 135。

以烧结也无法满足一个大国的需要。建造遮风挡雨的住房需要砖瓦。为了保卫国家，统治者要建造防御工程，于是修建了砖砌的城墙和堡垒以阻挡入侵者。

〈万室之国，日勤千人而不足，民用亦繁矣哉。上栋下室以避风雨，而瓴建焉。王公设险以守其国，而城垣雉堞，寇来不可上矣。〉

（xiv）水管与水井

中国有世界上时间最长且不间断的生产各类陶瓷建筑构件的历史，它从新石器时代延绵至今。烧结陶器似乎最早是在新石器时代晚期（约前 2500—前 1500 年）用于制作水管[53]，而且与制造用于边界井的陶制部件有关。新石器时代发明的排水渠和引水管是在 20 世纪初制造出现代瓷质卫生洁具之前，陶瓷对公共卫生事业最为巨大的贡献[54]。

最初，水管和水井是用木头建造的，但木头容易腐烂，大部分都没能留下来。只是在偶尔的一些合适的环境下，这类脆弱的材料才被保存下来。在浙江省发现的一处新石器时代早期的井，其上部曾用木料加固，鉴定的年代为大约公元前 4000—前 3300 年，属于考古学界所称的河姆渡文化。河南的一处约公元前 2000 年的井，其四壁从顶到底衬有交叉隼扣的木头[55]。1982 年 4 月，考古学家在中国中东部的浙江嘉善发掘了一处木筒水井。井深 1.63 米，是用一段中间掏空的树干建造的。井内灰色的灰土中有陶片填充，由陶片确定该井属于良渚文化晚期（约公元前 2000—前 1500 年）[56]。这类简易的木工打造的木构水井形式，成为后来陶制更精细完善的结构的前身。

106　　　饮用未被污染的水是公共卫生必不可少的内容，提供纯净的饮水能防止因水引起的传染病流行。中国人不仅在富人居住的宫殿中，而且在普通的居住区里，都注重清洁水的提供和循环。1972 年在晚商的都城遗址——安阳小屯殷墟，考古发掘了一系列相互连接的陶质水管。存留的管道网络规模宏大，由 28 根管子组成，南北铺设约 8 米，东西铺设约 5 米。这应该只是当时服务于这座王城的规模更大的系统的一部分。水管本身是带棱的，有的还带法兰端以便管道之间的直角连接。水管粗大，平均长 42 厘米，直径 21.3 厘米，管壁厚 1.3 厘米，与现代中国使用的导水管的外观相近[57]。

当时必定有大规模的专业化工场，为整个小屯商城大量生产这些特殊功用的物品。考古资料和历史文献告诉我们，青铜时代已建立了分散的作坊，制作各种各样的
107　用品，如青铜器、骨雕和陶瓷产品等，这些作坊通常建在城墙之外[58]。青铜时代晚期的

53　例如，在河南东部龙山文化遗址古淮阳平粮台南门地下的一段相互连接的管道（公元前 2500—前 1500 年）。Chang Kwang-Chih（1963，1986），p. 267；Vainker（1991），p. 23。

54　1914 年，河北省唐山市的工厂中生产了第一批卫生用瓷，见赵连级（1993），第 1 页。

55　张明华（1990），第 67-73 页。

56　陆耀华和朱瑞明（1984），第 94-95 页。

57　Anon.（1976c），第 61 页。李约瑟和王铃 [Needham & Wang（1965），pp. 127-134] 的书中包含了关于渠道与管道的章节，其中对本节的内容作了详细介绍，并与埃及、美索不达米亚、希腊和欧洲的系统作了比较。

58　例如在郑州，陶窑处于遗址的东南，而在遗址的西面有黏土加工场，见安金槐（1960），第 70 页；Chang Kwang-Chih（1963，1986），pp. 362-363；以及本册 p. 8。

图 27　河南省出土的新石器时代龙山文化的表面带纹饰的排水管（1）

文献《周礼》专述了陶工的作用，有完整的章节介绍陶工的生产，与介绍车轮制造匠、造车工匠、青铜铸工、制剑工匠、军械匠、刺绣工、玉雕工匠、范模制作工、木匠和机械师等的文字放在一起[59]。所描述的陶工的工作，是关于盆、甒和庾等祭祀用器的生产，而没有涉及水池水管制造者的日常产品[60]，这也在意料之中。然而，后述这些工匠的工作对平民百姓的健康和日常生活是至关重要的，远非精细容器制造业可比。也许是意识到了这一点，《周礼》也记载宫殿大厅之间的巨大的导水管"高度达 3尺"[61]。

宫殿遗址和墓葬遗址提供的充分证据，说明青铜时代晚期在继续生产陶质的水管和水缸。在 1973—1975 年对秦都咸阳（秦孝公于公元前 350 年兴建的一座城市）一号宫殿的发掘中发掘出一个地下蓄水池，蓄水池通过漏斗状接头与一个复杂的由互相连锁的陶管组成的网络相连[62]。

秦朝第一个皇帝的陵墓即始皇陵中，还出土了五边形的陶管，它们组成一个巨大的系统，用以排放始皇陵葬坑中的积水[63]。与前述的陶管相似，它们也是用平板组成的

108

59　《周礼正义》卷七十四至卷八十六。

60　《周礼正义》卷八十一（"陶人"），第十二至十三页。Biot（1975），pp. 537-538。

61　《周礼正义》卷八十五（"匠人"），第三十四页。Biot（1975），p. 572。

62　Anon.（*1976b*），第 19 页。

63　卡彭［Capon（1982），p.87］图示了粗大的、用以从地下建筑中排水的五边形陶管。陶质的排水系统常厚重宏大。河北省内战国时期赵国王城的一个排水系统从城墙顶部排水。邯郸博物馆陈列有其巨大的保持连接状态的部件。

图 28 河南省出土的新石器时代龙山文化的表面带纹饰的排水管（2）

模具制作的，管的外表还饰有绳纹。在咸阳北 60 公里处淳化县的另一个秦朝宫殿——林光宫，也发现了地下陶管系统。汉武帝建元年间（公元前 140—前 135 年）将该建筑扩建成周长 45 公里的宫殿组群，并安装了豪华的供排水系统，装配有互嵌的陶管接头和末端带有装饰的管道[64]。

64　Zou Zongxu（1991），p. 84。

20 世纪 90 年代初期，在西安附近的秦汉两代宫殿的皇家浴池（华清池）出土了大量瓦片和管道[65]。水通过五条陶质水道流入和排出浴池。出土的有圆形的管子，由端部对槽连接，还有直角状的连接弯头和五边形的管道等。还发现了带穿洞的过滤器、瓦片，以及一个陶瓷内壁的井。

总体上看，比建造城市的水循环系统和排水系统更为普遍的，对公众日常生活也更为重要的，是建造和维护水井。我们已经见到，中国从建立定居的农业社会起，就建造木构井。后来出现了用石和陶建造的井，它们的建造和维护是有记载的。汲取未被污染的水并不容易，井水经常被污染而需要重建。中国的考古发掘常在水源附近发现一系列的井，它们相互叠压、覆盖或嵌入更早建造的水井的某些部位之中[66]。

中国古典经书中最受推崇的《易经》中包含一个用作"井"的象征的六爻卦象（第四十八卦）。　109

这一卦象最上面的阴爻的"爻辞"[67]是关于怎样识别被污染的水井的一种警示[68]。

　　浑水井—浑〔水〕不能饮用，废旧的井禽鸟也不飞来饮水。

　　　〈井泥不食，旧井无禽〉

在哪里挖井是一个重要的问题，井位的选择需要加以掌控。周代晚期的政论著作《管子》，在评论国家内部行为的一节，批评政府面对平民"饮用山泉和沿村落的小路掘井"（"食谷水，巷凿井"）[69]而无所作为。相反，挖掘新井往往是与庆典或其他重要事件相联系的，而不仅是为了预防疾病。《管子》记载，公元前 7 世纪前半叶，有一次齐国的统治者齐桓公宴请他的宰相管仲。齐桓公命令准备一座专门的宾馆，在那里将为宰相供应酒。中国的酒常掺水饮用，为此齐桓公吩咐挖掘一口新井，并用板覆盖以保持井水的清洁[70]。（"公与管仲父而将饮之。掘新井而柴焉，十日斋戒，召管仲。"）

第四十八卦

图 29　第四十八卦"井"

65　Anon.（*1996b*），第 17-24 页。
66　Anon.（*1972c*），第 39-45 页。
67　Shaughnessy（1993a），pp. 216-228。
68　《易经》，井第四十八（第二十三页）。
69　《管子》卷五，"八观第十三"（第四页）。Rickett（1985），p. 231。
70　《管子》卷八，"中匡第十九"（第二页）。Rickett（1985），p. 315。

110

图 30 北京宣武区出土的陶质井圈，为战国时期

111 　　《后汉书》（公元 450 年）在关于祭祀和礼仪的章节中也谈及了对井的维护，书中写道[71]：

　　　　　当秋天开始时……疏浚井水以保水质不受污染。冬天来临时，钻燧以净化火烟。

　　　　〈至立秋……。浚井改水，日冬至，钻燧改火云〉

　　对北京地区公元前 8—前 1 世纪古代砖井的研究表明，古代文献中关于井的维护的记载能得到考古发掘的证实[72]。

71 　《后汉书》志第五（礼仪中），第二页。关于这一段的注释，见 Anon.（*1972c*），第 44 页。

72 　Anon.（*1972c*），第 39-45 页。

（xv）空心砖、条砖和瓦

在茅草（后来用瓦）盖的屋顶的保护下使用不经烧制的土坯砖是自新石器时代其首次使用直至今天中国建筑的一大特点。不烧砖的使用率远高于烧结砖，在中国，烧结砖差不多一直属于奢侈品[73]。在北方黄土地区最初的墙体也是用生土夯实而成的，这种建造方法传承至现代。安阳小屯商代房屋的复原是基于夯土台基和石柱础的。郑州早商遗址的宫殿复原也显示了同样的特点[74]。商代的建筑呈窄长的长方形，其结构为一个简单的木架构，柱梁结构支撑着一根码放在另一根上面的横梁，越高的横梁越短，以形成斜坡屋顶。屋顶上据推测铺盖了茅草[75]。土墙应该是后来加进这种结构中的，它并不负重。房屋的地位和功用由它的规模和选址来反映。房屋的规模是横向丈量的，取决于房屋的迎面"间"数，这是一种由立柱来定义的空间计量准则[76]。中国北方商代建筑的所有这些特点，设立了随后3000多年直至今天一直都在遵循的模板。

西周时期，为建造统治者的宫殿发展出了新型的建筑制品。周人的政权位于陕西省的中央平原，这一地区被称为"周原"。处于现在的赵家台村一带的工场和窑炉曾生产大块的空心砖（约100厘米长、32厘米宽和21厘米厚）和较小的实心条砖。它们与陶质的容器不在同一个窑中烧制，这说明一种专门制造建筑产品的行业形成了。

112

（xvi）瓦

据推测，西周早期以前（约公元前1050年）的屋顶是用芦苇、编织的竹篾或麦秆覆盖的[77]。经夯实的黄土能持久保存，因此房基明确可辨，能被追寻和识别，据此房屋可以复原。由于缺乏屋顶材料的残存物，多数复原的房屋使用草顶[78]。在西安附近半坡新石器时代遗址复原的圆形、半地下棚屋的茅草屋顶上面抹有厚厚的一层泥。木板和椽木的发现导致考古学家大胆地猜测，较大的房屋具有某种横梁架构以支撑大型建筑的屋顶。商代的房屋依然被推想为用茅草覆盖的。

73　关于阳光晒干和风吹晾干的砖，见 Knapp（2000），pp. 111-116。

74　Needham *et al.*（1971），p. 122。Chang Kwang-Chih（1963，1986），p. 338。

75　Chang Kwang-Chih（1963，1986），pp. 324-325。用来加盖在屋顶上的其他材料应该是编织的竹篾或芦席。现代中国的一些小船和窝棚依然使用这类顶棚。见 Needham *et al.*（1971），p. 134，note b。

76　关于"中国建筑的基本概念"的讨论，见 Needham *et al.*（1971），pp. 58-144，特别是 pp. 61-71。

77　那仲良［Knapp（2000），p. 153］提到关于夏代瓦（约公元前1561年）的文献记录，还有"商代在硬实屋顶的屋脊局部铺瓦"。但本书作者未见到关于如此早的瓦的考古发掘证据。

78　关于半坡的建筑，包括半地下类型的建筑，见 Knapp（1986），pp. 7-8，figs. 1.3，1.4，1.5。关于西安地区，其时代处于仰韶文化之后、青铜时代之前的龙山文化遗址的建筑，见 Zou Zongxu（1991），pp. 63-64。除"黄土"地区以外，在中国其他许多地区也有新石器时代的可复原的建筑遗存。那仲良［Knapp（1986），pp.78-81］指出，直到近几十年，北方的茅草屋顶依旧使用麦秆、高粱秸、谷草和芦苇等，而在南方则使用稻草或其他的野草。

陶瓦屋顶被认为起始于西周早期（见本册 pp. 407-409）[79]。瓦是无釉的，用黄土在还原焰中烧成。这种坚实的材料早先在新石器时代已用来制作容器。无论是防御风雨还是防火，陶瓦都优于茅草。

（xvii）秦代的建筑陶瓷

在陕西西安地区，主要的建筑用陶发现于秦王朝的宫殿和墓葬中。正如我们所知，公元前 350 年秦作为一个封侯国建都于咸阳，公元前 221 年秦始皇统一中国后，咸阳成了秦王朝的都城。咸阳的皇宫旧址横跨渭河，是秦始皇居住之地。后来河流改道破坏了宫殿的南岸部分，但其众多的残存物足以显示当时巨大的财富与权威[80]。

在秦代，黄土有了更引人注目的应用，当时用黄土塑造了 7000 多件实际大小的陶
113　俑和陶马，即"兵马俑"。这些兵马俑列队于地下，保卫着西安东边临潼骊山的始皇帝陵寝。始皇陵建于秦岭的北部，而秦岭则构成了一面阻挡陕西黄土高原的黄土向南扩展的天然屏障。中国对当地原料进行的中子活化分析表明，兵马俑是用与其埋藏地相同的黄土质粉土制作的[81]。陵墓建造成一个地下宫殿，有木质的支撑结构，用烧结砖铺地，地下宫殿被分布在四个巨大的坑中的兵马俑保卫着[82]。

从某种程度上说，制作兵马俑所涉及的大部分技术问题在一千多年前就已经解决了，当年为铸造中国商代已知最大的青铜器——高 133 厘米、重 875 公斤的司母毋方鼎，曾烧制了大型的黄土质铸范[83]。兵马俑的制作也可看作战国时期制砖技术的发展，
114　那时曾烧制了用黄土加工的 1 米或更长的空心砖。这些方形截面的砖很好地利用了工程学的原理，即箱体的空心梁可以达到同样尺寸的实心梁所具有的强度，因此成千上万块空心砖被用以建造北方的地下墓葬，特别是在后来的汉代。某些战国时期的黏土质桁条与兵马俑的分离部件在结构上起到同样重要的作用。兵马俑先是制作一系列部件，烧制以后按设计组合而成，即腿与腰相连，躯干与臂、手和头部相连[84]。为了制作如此大量的陶件，窑址应该就在陵墓的附近。中国历史上常常就在大型建筑项目的附近搭建窑炉，烧制陶瓷。但是至今在临潼尚未发现窑炉。

79　周原出土的瓦的装饰特色已显相当成熟，由此推测商代可能已有装饰瓦的萌芽，我们等待考古研究的证实。

80　在一块东西长 6.5 公里、南北宽 1.5 公里的地区发现了巨大的用夯土建造的防御工事。Zou Zongxu（1991），p. 76。

81　Qin Guangyong *et al.*（1989），pp. 4-5。

82　关于考古发掘报告，见 Anon.（*1975a*），第 334-339 页；Anon.（*1975b*），第 1-18 页，图版 1-10；Anon.（*1978b*），第 1-19 页；Anon.（*1979b*），第 1-12 页。

83　Bagley（1987），p. 47。

84　对该过程的详细描述见 Qu *et al.*（1991），pp. 463-473。

图 31　始皇帝陵的葬坑之一，随葬有兵马俑，1987 年

（xviii）青铜时代陶器中的黄土

为了建造青铜铸范、建筑构件和真人大小空心陶塑的压模，中国成功地发展出了往往只限于这些行业使用的各种制造技术。这些技术似乎对大多数青铜时代陶工的传统生产技术并没有什么影响，陶工们仍主要用泥条盘筑和拉坯技术制作陶器。泥条盘筑和拉坯技术依赖于陶工内心对所预期的成品形状的想象，还要结合高超的手工技能。这与使用规范、具有确定轮廓的或中空的模具等不同，后者在青铜业和随葬用雕塑品的制作中已经得到了发展。但是偶尔也出现例外情况，特别是出土于北京昌平区、年代为战国时期的大型随葬陶器。这些大型的无釉器皿看上去非常像同时期的青铜器，呈现出中国铸造的青铜器皿的复杂轮廓和正方形截面等典型特征[85]。

（xix）汉代黄土的使用：建筑陶瓷和陶瓷容器

汉代（公元前 206 年—公元 220 年）南方诸封国的统治者们采用了北方风格的建筑构件。例如，像 1984—1990 年的发掘所显示的，广东南越王宫殿使用了首尾相接的

85　有一件这种风格的器物可以在中国历史博物馆看到。关于插图，见 Anon.（1988a），National Museum of Chinese History，p. 61，fig. 4-1-4。

瓦和带图案的瓦当[86]。福建北部闽越国的统治者们也使用同样类型的瓦，其中很多瓦上还印有文字[87]。

115　　汉代，除屋瓦外，继续使用更大型的陶制建筑构件。丧葬礼仪的变化反映在相当一些富人（非皇族成员）需要更大的墓室，以容纳在墓中举行丧葬仪式，并留出夫妻合葬的空间[88]。大约公元前 140 年以后，这种变化成为主流，其影响一直延续到东汉末年。在中国北方中原地区，大型墓室是通过挖掘黄土，内壁砌空心的陶质板材而成的[89]。空心板材在西汉时非常普遍，东汉时则减少并最终消失[90]。

西汉早期（公元前 2 世纪）开发出了一种新的建筑材料，即小的实心砖。我们已经看到，早在西周时平板状的条砖就用来砌墙和铺地。汉代的砖体积较小，有长方形的或正方形的，其尺寸很规范：宽度是长度的一半，厚度是长度的 1/4。汉代的小砖被用于建造地下排水系统和墓穴，但并未用于城墙。它们的用法很快从中原传到所有地区，而且其功能也更多样化[91]。

进入汉代后，在中国北方，仿照青铜器的器形，将黄土压入多孔模具而制作陶器的技术相当普及。大多数是生产随葬的明器，其中有些有精美的彩绘装饰。这些器物的原始参照物常常是描画的漆器。在汉代，漆器享有的地位远高于青铜器，这些贵重漆器也借用了青铜铸造中很多传统的器形。

（xx）汉代的釉陶

汉代的彩陶通常在还原气氛中烧成和冷却，以得到浅灰色的表面，适宜于彩绘。然而，汉代也见证了铅釉技术的显著进展。铅釉陶器最早出现在战国晚期的中国北方（公元前 3 世纪后期）[92]。该技术在西汉中期逐步发展，陕西关中地区和河南洛阳地区的一些遗址都曾有铅釉陶制品出土[93]。自公元 1 世纪以后，铅釉随葬器在北方已是相当普遍。

116　　汉代随葬所用铅釉陶器的胎体偏红，不是灰色，因此至少从直观上看，它与冷绘彩陶是用不同的原料烧制的。然而，分析表明这两种类型的陶器都是由黄土制成的，不过铅釉陶器是在氧化气氛中而不是在还原气氛中烧成的。这种区别是必要的，因为釉中的氧化铅在还原条件下很容易还原成金属铅，后者的熔点很低，为 327℃，铅釉会因此变黑和起泡。当用现代的材料仿制汉代的铅釉时，釉往往会在 1000℃左右烧成，

86　Anon.（1991a），第 27-37 页。

87　Anon.（1985b），第 37-47 页。

88　Thorp（1987），pp. 28-29。

89　大的空心陶质墓板似乎始于战国时期的墓葬，例如郑州二里岗的战国墓，见 Needham et al.（1971），p. 40。

90　Wang Zhongshu（1982），pp. 147-148。

91　Wang Zhongshu（1982），p. 148。小型砖块的使用促成了拱状建筑的出现。

92　Wood & Freestone（1995），pp. 16-17。

93　Wang Zhongshu（1982），p. 143。1985 年在陕西宝鸡的一座西汉晚期（公元前 73—公元 8 年）的墓葬中发现一些器物上有罕见的早期铅釉。这些器物上施有浅红褐色的釉，并点缀有铜绿釉的条带和漩涡纹。例如见 Anon.（1988a），National Museum of Chinese History，pp. 38-43。

这很可能就是汉代烧制铅釉制品的典型温度。正如前面已提到的，对汉代陶器的化学分析表明，相对于用压模制作陶器，汉代陶工在用转轮拉坯制作陶器时使用更富含黏土的黄土为原料，以充分利用蚀变较严重的材料的高塑性[94]。

黄土可能也是铅釉本身的重要组分，因为从汉代铅釉总体组成中扣除氧化铅的百分含量后，剩余部分往往显示出黄土中氧化物配比的特征[95]。目前并不清楚，黄土只是胎体表面在烧制中受高铅含量釉料的侵蚀融化而混入釉中，还是在施釉前黄土已被人为地与某种铅的化合物相混合[96]。但无论是哪一种情况，黄土的高硅酸盐质地使它成为釉的理想组分。

（xxi）高温釉中的黄土

黄土虽然因其熔点低而不适宜作为炻器胎体的原料，但正是其易熔性使北方生产炻器的陶工将黄土作为黑瓷釉的主要（经常是唯一的）原料。现在还保存的最早的实例可推到南北朝（公元420—589年）末年，当时在中国北方，早期的高温白瓷和青瓷也正经历着重要的发展过程[97]。这类黑釉在唐、宋和金代达到顶峰，遍及整个北方黄土地区，而且在那里黑釉炻器的生产一直延续至今[98]。某些情况下风化更严重并较易熔类型的黄土被用作制釉的原料。这些釉带来了棕色的而不是黑色的效果，例如著名的河北省的红定釉（约12世纪），它与北宋的棕漆有惊人的相似性。

黄土的易熔性强烈地依赖于其碱元素（钾与钠）和碱土元素（钙与镁）的高百分含量，而黄土中氧化铁的平均含量约为6%。烧制中，氧化铁在高温时溶解于熔融的釉中，形成精美而有光泽的黑釉。黄土材料也能很方便地施加在（未经烧制的）炻器黏土上，它轻微的塑性保证了良好的黏着性。单独使用黄土时，在1250—1300℃烧制出的釉的质量可能最好。低于这个温度区间往往会显现暗绿色的"茶叶末"效应，因为在冷却的早期阶段釉层中会生成辉石类矿物的结晶[99]。

117

（xxii）黄土测温锥

在北方窑业中体现黄土的多功能性的最后一个例子是中国窑工将其作为高温窑炉中的温度指示计。考古学家在陕西和山西的不少北宋窑址发现了烧结的高约5厘米的小黄土锥体。这些锥体应该被放置于烧制炻器和瓷器的窑中，位于器物和匣钵之间的垫圈上。加温过程中窑工们会通过窑壁上的观察孔观察到这些锥体。当这些锥体熔化

94　Wood *et al.*（1992），pp. 137。

95　同上，pp. 132-133。

96　赫斯特和弗里斯通 [Hurst & Freestone（1996），pp. 13-18] 对前一个过程给出了很好的说明。

97　Satō（1981），pp. 48-49。

98　1985年本册作者曾在河南省神垕附近考察了一座乡村的黑瓷窑。关于窑址的一览图，见 Wood（1999），p. 145。

99　Kuang Xuecheng *et al.*（1995），pp. 250-255。

118

表 6 中国北方的黄土、黄土质陶瓷和黄土质釉的化学组成

	SiO_2	Al_2O_3	TiO_2	Fe_2O_3	CaO	MgO	K_2O	Na_2O	MnO	P_2O_5	总计
黄土，汾河流域，山西 [a]	63.9	16.9	0.8	5.3	5.9	2.3	2.9	1.6	—	0.16	99.9
黄土，西安，陕西 [b]	64.9	16.2	0.9	4.6	7.1	2.2	2.4	1.5	—	0.2	100.0
新石器时代陶器，西阴，山西 [c]	64.0	17.7	0.8	6.3	0.6	2.2	2.5	1.2	0.14	—	99.0
新石器时代陶器，半坡 [d]	67.7	15.9	0.8	5.7	2.6	2.4	3.0	1.8	—	0.2	100.1
商代陶管 [e]	66.5	17.0	0.8	6.5	2.8	2.0	3.0	1.3	0.1	—	100.0
汉代三足器 [f]	66.2	17.9	0.7	5.9	1.6	2.3	3.2	1.8	—	0.3	99.9
汉代无釉的墓磔 [g]	68.1	17.2	0.5	4.6	1.2	1.8	2.7	1.5	—	0.1	97.7
秦代兵马俑 [h]	66.4	16.6	0.7	6.1	2.1	2.3	3.3	1.5	—	—	99.7
宋代天目釉 [i]	65.85	16.3	0.95	5.7	5.6	2.4	2.3	1.0	0.07	—	100.2
宋代天目釉 [j]	65.6	15.3	0.75	6.7	6.9	2.6	1.8	1.4	0.1	—	101.2

a Vandiver (1989), p. 14, table 2。

b 同上。

c Ssu Yung Liang (1930), appendix 2, p. 77。

d Freestone et al. (1989), p. 261。

e Zhang Zizheng et al. (1986), p. 112。

f Wood et al. (1992), p. 138。

g 同上。

h Zhou Maoyuan (1986), p. 100。

i Luo Hongjie (1996), 数据库。

j Yang Gen et al. (1985), p. 25。

时，观察者就会知悉窑内已达到某一温度，并会对窑炉进行相应的控制[100]。这类黄土测温锥比起伟大的陶瓷化学家赫尔曼·塞格（Hermann Seger）的类似发明，要领先大约 800 年[101]。

（xxiii）黄土应用对中国的意义

黄土对于中国北方新石器时代和青铜时代居民的重要性无论怎样讲都不算是夸大。肥沃和易于耕作的黄土地促进了伟大的中国农业文明的发展，也为几千年以来的千百万北方农民提供了家园[102]。黄土质的铸范帮助中国的青铜铸工实现了他们雄心勃勃的设计，而在公元前 3 世纪将黄土压进中空的范体中，使得快速和成功地塑造出真实大小的兵马俑成为可能。绵延万里的中国长城是用黄土烧制的砖块建造的，这些砖块通常砌在夯实的黄土基底上。黄土材料还被成功地用作北方高温釉和低温釉的基础原料。本质上是同种质地的材料竟有如此多种多样的用途，而且其中很多用途表面上看来是不相关的，这其中的原因，当我们对各种各样的陶瓷产品和天然黄土的烧结样本两者的化学分析结果进行比较时就可以明白了（表 6）。

与中国使用瓷器的情况不同（瓷在世界陶瓷史上是一种全新的材料），黄土在中国的应用是巧妙、高效和广泛的，但不是什么特别的新举。例如，目前已知最早使用黄土于制陶的，要追溯到约 26 000 年前的捷克共和国的下维斯托尼采（Dolni Vestonice）[103]。在该地的布尔诺城（Brno）南约 25 公里处的克罗马农人（Cro-Magnon）的旧石器时代遗址，发现了几千件由烧结黄土制成的小陶件，它们与被遗弃的年轻猛犸象的尸骨在一起。关于建筑上的陶制品，在公元前第 6 千纪的美索不达米亚，原始砖和夯土墙也是常见的。至于早期旧大陆的铜合金铸造传统，在两河流域加兹温（Qazvin）南约 60 公里处加布里斯坦土丘（Tepe Ghabristan）的工场发现了用于铸铜的已烧结的泥范，鉴定的年代属于乌鲁克（Uruk）文化早期（约公元前 4000—前 3500 年）[104]。

黄土对中国的特殊意义在于它，无论是在青铜器铸造、建筑方面，还是在随葬雕塑品方面，都成了一种用以反映统治阶级更为宏伟和炫耀的视觉需求的理想媒介。从这个意义上讲，这是黄土所能提供的与其被要求提供的之间的一次令人愉快的吻合。

119

100　Shui Jisheng（1986），p. 312，fig. 24。黄土锥可以用来指示窑内的气流控制，即何时需要从上升气流模式改变为横贯气流模式（见本册 pp. 324–325）。

101　Seger（1902b），pp. 1010-1027。该原理的雏形是乔赛亚·韦奇伍德（Josiah Wedgwood）提出的，他在1782 年提交给伦敦英国皇家学会（the Royal Society）的一篇文章中对此作了描述。Wedgwood（1782），pp. 305-326。韦奇伍德使用的是由专控调配的陶瓷混合物制成的 2.5 厘米长的棱柱形小棒。该棒可以从窑中取出，冷却后粉碎并进行测量。其收缩率代表不同的温度和不同的受热时间的组合效应，并用"韦奇伍德度"（degrees Wedgwood）表征。这种"试样"曾被从事工业生产的陶工和炼钢工人所使用，直到 19 世纪晚期塞格测温锥（Seger cone）成为工业中的标准。威廉·罗斯托克（William Rostoker）和戴维·罗斯托克（David Rostoker）曾对"韦奇伍德度"进行刻度，转化为摄氏度。Rostoker & Rostoker（1989），pp. 169-172。

102　Golany（1992b），p. 151。

103　Vandiver *et al.*（1989），p. 1004。

104　Moorey（1999），p. 257。

后来当皇室偏爱陶瓷中的瓷器时，情况就不完全是这样了。在焙烧尚未达到最高温度前，瓷器就可能发生高达 10% 的线性收缩，当重力作用于软的"高温塑性"材料上时，还可能发生卷曲和变形。景德镇的史志中充满着陶工因无法完成北京所要求制作的器物而作出的辩解，因为器物的体积愈大，烧制中产生的问题和困难也愈多（见下文 pp. 197-213）。

黄土之所以能成为烧制陶瓷的优良原料，在于它的低黏土含量和低烧结温度，两者均导致其在干燥和烧成过程中的低收缩。这些优良的品质保证了中国物质文化中我们所熟悉的一些方面，例如半坡陶工手工制作的陶罐其清新生动的形状、商代青铜礼器的精准程度和精美细节、应用广泛和实用可靠的建筑陶瓷，以及兵马俑之间的无与伦比的一致性等。当中国北方的陶工们从依靠黄土，转向依靠塑性更高和耐火性更强的黏土时，加工的精确性就会降低。然而，尽管后一类原料的烧成收缩严重，却能经受高得多的窑温。这反过来又提高了产品的强度，并最终开辟了北方高温陶瓷的发展之路。经过了一段漫长的早期发展，各类耐火黏土取代了黄土成为中国北方陶瓷业发展的基本原材料，对它们的适应和使用也就反映了中国北方陶瓷历史中接下来的一个重要阶段。

（xxiv）北方的白陶

黄土曾是中国北方在整个新石器时代和青铜时代最主要的陶瓷原料，而且至少到公元 6 世纪中叶，还保持着这一地位。然而，即便是早在新石器时代，在北方也偶尔使用另外一类在陶瓷性能上与黄土非常不同，甚至完全相反的黏土类原料。这种不寻常的材料烧成后呈白色或淡黄色，而黄土质的陶瓷呈微灰色、红色或褐色。这种材料偶尔用来制作称为鬶的带把手和流嘴的三足注水用容器。这种三袋足器是中国新石器时代陶瓷设计中值得称颂的设计之一，特别是山东的陶工曾广泛地实验，以使得这类形态如此复杂的器物的足、主体、颈部、把手和鸟啄状的流嘴之间的空间关系尽可能地协调美观。某些三袋足器是整体手工制作的，有些是分体拉坯后合成的。一件出自新石器时代的白陶样品（山东城子崖出土的鬶）曾在中国作过化学组成分析，结果显示了一种对于器物所属时代来说完全新颖的胎体组成（表 7）。

表 7 山东城子崖出土的新石器时代晚期白陶器和黑陶高脚杯

	SiO$_2$	Al$_2$O$_3$	TiO$_2$	Fe$_2$O$_3$	CaO	MgO	K$_2$O	Na$_2$O	MnO	P$_2$O$_5$	烧失量	总计
新石器时代的白陶器 [a]	63.0	29.5	1.5	1.6	0.7	0.8	1.5	0.2	0.03	0.0	1.45	100.3
新石器时代的黑陶杯 [b]	63.6	15.2	0.9	6.0	2.65	2.4	2.8	1.6	0.07	0.0	5.4	100.6

a Luo Hongjie（1996），数据库。
b Yang Gen *et al.*（1985），p. 25。

表 7 中对该白陶的分析结果与同是出自城子崖的典型黄土质的"蛋壳"黑陶高脚杯作了比较。黑陶拉坯制作的高脚杯与白陶鬶都出现于大汶口文化中期，它们很可能被同时使用。使用白色黏土烧制这类大口水罐，可能多少是因为高岭石黏土在加热和倾注饮品的过程中具有良好的抗热冲击的性能。

从技术层面考察，这两类材料间最明显的差别在于白陶用黏土中的氧化铁含量低，含氧化铁为 1.6%，而黑陶杯中约含 6%。另一个至关重要的特点是，烧结后白色黏土的助熔剂总含量（$CaO+MgO+K_2O+Na_2O+MuO$）甚低，稍高于 3%而已，而黄土质陶器的总熔剂值在 10%左右。这样低的助熔剂含量意味着白色黏土至少能安全烧制到 1300℃，在如此高的温度下一般的黄土将熔化成黑色的玻璃。不过，尽管具有潜在的耐火性能，上面所描述的那个白陶鬶实际烧成温度依然可能处于新石器时代中国北方焙烧陶器通常的温度范围，即 950—1050℃。

（xxv）黏土和釉的氧化物分析

表 6 和表 7 用常规的方式表征岩石和黏土的组成，即采用岩相学文献中习惯的按氧化物含量表征的方法。氧化物组成分析有助于反映所讨论的陶瓷的总体面貌，因此在后面的论述中会经常使用这种表征方法来说明中国在黏土配方方面的进步和发展。这种表征方法的局限性在本册序言的 p. xlviii 中已提到，主要是氧化物组成的分析结果并不能提供关于所讨论材料粒度粗细方面的信息，也不能说明未经烧制的生料中原先含有哪些矿物。对于第二方面的缺点，如果有关原料的总体矿相组成已用其他方法确定，例如对未经烧制但与原料相关的物质已用适当的矿物学方法检测，就有可能通过氧化物组成的分析结果计算出原始矿物可能的配比。获得上述知识以后，就可以将烧制后材料的氧化物百分数值分解，然后重建推测性的生料"配方"。

在这类工作中所使用的矿物氧化物分析方法中，氧化物是根据矿物的分子结构和化学分子式计算的。例如在高岭石中，硅原子和氧原子组成一层，铝和氧的原子组成另一层。氢–氧（羟基）层则处于前述二层的上部。因原子有序排列所形成的片状晶体是黏土塑性的基础，

当自由水进入这类微晶状小片周围时，高岭石材料将具有塑性和可滑移性。

高岭石单晶的化学式可写为：$Al_2O_3·2SiO_2·2H_2O$ 或 $Al_2Si_2O_5（OH）_4$。后面的那种表示方法在现代更为流行，而且能更好地给出原子是怎样排列的图像，而前面那种表示方法则更方便于转换为氧化物混合物的百分组成。这只需要将矿物分子中某氧化物的配比数与其分子量相乘。这样 $Al_2O_3×102$ 给出 102，$2SiO_2×60.1$ 给出 120.2，而 $2H_2O×18$ 给出 36。这些数值（分别）被它们的总质量（258.2）去除，再乘以 100，得到的结果就代表未曾烧过的纯高岭石的氧化物混合物组成。当未经加工的高岭石晶体被加热到 650℃以上时，化学键合的羟基层（即分子式中的 $2H_2O$）被驱赶释放，被烧后的高岭石现在被称为"偏高岭石"或"陶"，其分子式是 $Al_2O_3·2SiO_2$（表 8）。

表 8　烧结前后的高岭石

分子式	SiO_2	Al_2O_3	H_2O	其他
未加热的高岭石 $Al_2O_3 \cdot 2SiO_2 \cdot 2H_2O$	47.0	39.0	14.0	
烧结后的高岭石（"偏高岭石"）$Al_2O_3 \cdot 2SiO_2$	54.6	45.4		
山东的鬶	63.0	29.5		7.5

122　　　　将山东出土的鬶与烧结后的高岭石比较，可见到它们的氧化物组成间大致的相似性，特别是它们的铝含量都很高。实际上，矿物学的计算（基于对该地区现代材料的矿物学知识）表明，该器物属新石器时代，其胎体可能是高岭石、石英、高钾云母和钠长石的混合物。高岭石和石英应该是其中最主要的矿物，各占约 60% 和 24%，可能还含 14% 的伊利石材料[105]。但仍然很难确定该器物中的大部分石英是属黏土中的天然杂质，还是作为羼和料的细砂而人为加入的。城子崖遗址的发掘者李济确信砂是另外加入到白色黏土中的，他提出了该遗址居民利用原材料的详尽模式[106]。该陶器中的石英砂明显可见，这一事实可以支持石英是人为掺杂的意见，因为黏土本身携带的"天然"砂子应该属粉砂粒级，视觉上很难从黏土的基质中予以分辨。

（xxvi）中国北方的高岭石黏土

　　　　根据前面的论述，现在我们可以推测，山东的白陶是用某种黏土制作的，而且这种黏土后来取代了黄土成为北方陶瓷业的基础材料。这种耐火的北方黏土通常处于黄土覆盖层的下面，其沉积的时代远早于黄土，主要始于大约 2.6 亿年以前的石炭—二叠纪。当这类黏土沉积时，华北地块因靠近赤道而享有温暖湿润的气候。当时的地貌景观是浅海、河口、陆地和沼泽的交替混杂。石炭纪时这里连续几百万年树高林密，死亡的大树倒在淡盐水中，最初成为泥炭被保留下来，又经历水淹而演化为煤层。当时
123　这些森林生长的泥土属高岭石沉积，是由流水从远处多山的高地冲刷带来的。茂密的植被和树木使得泥土中的熔剂类物质和氧化铁贫化，从而这些植物所赖以生长的耐火黏土沉积以层状的泥岩、页岩和黏土被保存于煤层之下。

　　　　相当多的中国北方的博物馆（例如在郑州、西安和北京的）收藏有新石器时代的白陶，多数是鬶，偶尔也有令人惊叹的大件器物。从直观上看，这些器物似乎是用高岭石黏土制作的，但是除了前面所引用的数据外，这方面的分析数据尚显单薄。这些浅色器物中也可能有少数是使用非常少见的钙质黄土制作的。对于商代青铜铸造业使

　　105　北方的高岭石黏土在总体矿物学结构上往往是相对简单的，但它与中国的黄土有很大的差别。多数的黄土样品除含大量的石英、钠长石、钾云母、方解石、针铁矿外，还可能含黏土矿物、高岭石、伊利石、蒙脱石系列、绿泥石和蛭石等。多数黄土样品中的较重矿物有：紫苏辉石、斜辉石、角闪石、直闪石、黑云母、透闪石、阳起石、绿帘石、黝帘石、斜黝帘石、褐帘石、钙硅石、磷灰石、石榴石、磁铁矿、褐铁矿、赤铁矿、楣石、锆石、金红石、电气石和锐钛矿等。Liu Tung Sheng（1988），pp. 88-90，99。

　　106　Li Chi *et al.* （1956），pp. 77-78。

用的耐火材料，同样缺乏过硬的数据，在这方面人们也期待更多地见到使用高熔点黏土的实例。商代的青铜铸造是突出的、成功的工艺，铸造了很多非常小和非常大的物件。这两种极端尺寸物件的铸造都需要超高温度的熔融合金（某些情况下要求达1230℃），因此必须要使用能耐高温的熔炉内壁和坩埚[107]。同样，制造商代青铜铸范的黏土应该是细腻、光滑和富有塑性的。这对于能显现商代青铜礼器上常见的精美细节是必要的。高岭石黏土是满足这两个目的的理想原料。

高岭石黏土对商代青铜业成就的作用（如果有的话）尚待研究，但有意义的是，这些黏土随后在中国北方陶瓷业中的重要应用是与安阳的晚商都城有联系的（这方面的研究已很成熟）。这处都城是商代铸铜业的重要遗址，而城市建造在商代贵族狩猎之地太行山山麓附近。太行山的古老岩石在薄薄的黄土层露头之处是在中国最容易获得高温黏土之处，很多后来中国北方生产白瓷的窑址都沿太行山东麓延绵分布，沿太行山从河南向北，经河北，直达长城[108]。同样值得注意的是，在这些有众多古代重要窑址的地区，已建立起很多现代的工业：炼钢、采煤、水泥和耐火材料制作等。它们从同一些沉积资源中采掘煤、石灰石、铁矿石和黏土[109]。

（xxvii）商代的白陶

在安阳以北三公里名为侯家庄的小村庄出土了几千件陶器，其中包括一些模仿当时青铜器和骨雕制品形状的无釉陶器[110]。它们的胎体是白色或浅奶油色，但饰有类同商代青铜器上人们熟悉的精细雕刻。多数样品出土于重要的墓葬中，因为就像我们在上文 p. 8 曾提及的，白陶是高身份使用的陶器。杰出的考古学家李济甚至将白陶的重要性放在青铜器之上[111]。它们的风格无疑要比同时代的陶器精细得多。该遗址出土的陶器通常是灰色的，除部分带绳纹外，大多数是无装饰的。李济将该遗址的白陶器分为若干类，如"软质的、半软质的、硬质的和抛光的等"[112]，并指出白陶在数量上仅占出土陶器总数的0.27%[113]。表9列出了安阳出土的一些白陶的组成。

这一组样品中的第1号样品属高耐火黏土，充分烧结以获得最大强度需要1400℃的窑温，第3、第4和第5号样品的黏土所要求的烧成温度稍低些，大概低于1300℃。但是根据1949年约翰·波普（John Pope）和1959年瑞典地质学家尼尔斯·松迪乌斯（Nils Sundius）对烧制情况的估测，安阳地区当时实际使用的温度远低于这些数值，松

124

107　Chase（1983），p. 105。蔡斯给出的典型中国铅青铜（Cu 80%，Sn 10%，Pb 10%）的铸造温度为1010—1232℃。

108　Richards（1986），pp. 67-68。

109　Wood（1996），p. 54。

110　其中的一件白陶坞是另一件骨坞的精确复制品。Li Chi（1977），p. 219。

111　同上，p. 212。

112　同上，p. 210。

113　同上，p. 202。其他是：灰陶"接近90%"、红陶"约6.86%"、硬陶"1.73%"，以及黑陶"约1.07%"。

125

表 9　安阳出土的商代晚期白陶

	SiO_2	Al_2O_3	TiO_2	Fe_2O_3	CaO	MgO	K_2O	Na_2O	MnO	P_2O_5	烧失量	总计
商代白陶 1 [a]	49.1	41.2	3.3	1.7	0.6	0.8	0.7	0.2	0.03	0.0	1.9	99.5
商代白陶 2 [b]	51.3	40.8	2.2	1.1	1.6	0.5	0.5	0.7	—	—	1.25	100.0
商代白陶 3 [c]	57.2	35.5	0.9	1.2	0.8	0.5	2.3	1.3	—	—	0.4	100.1
商代白陶 4 [d]	57.7	35.1	1.0	1.6	0.8	0.6	2.2	1.0	—	—	—	100.0
商代白陶 5 [e]	59.9	34.7	1.0	1.6	0.8	0.5	2.1	1.0	—	—	—	101.6
烧结的高岭石	55.0	45.0										100.0

a　Luo Hongjie（1996），数据库。

b　Yang Gen *et al.*（1985），pp. 30-31。

c　同上，p. 30。

d　Sundius（1959），p. 108-109。

e　Unehare（1932），pp. 41-42, 引自 Pope（1949），p. 61。

迪乌斯是在他研究中国陶瓷的项目中对两块安阳的陶片进行了检测[114]。

波普委托艾尔弗雷德大学（Alfred University）的查尔斯·哈德（Charles Harder）对他 1945 年在北京买到的三块商代白陶片进行了测试，哈德估计它们的烧成温度在 950—1100℃[115]。松迪乌斯发现他所研究的那两块陶片"几乎不能用刀子在上面划出痕迹"，而且黏土材料"几乎都转化成了莫来石"。根据这种转化程度，他认为他所研究的这两块白陶片曾经历了相当于 10 小时 1125℃ 的焙烧，并认为炉温应达到 1125℃ "或者稍高"。在窑温达到最高温度后延长保温时间，等效于将炉温再提升 50℃ 左右，因此前述的陶片有可能相当于在现代的窑炉中焙烧至接近 1175℃[116]。这已接近了烧制真正的炻器的温度，远高于当时和更早时期北方陶瓷的焙烧温度，后者的加温极限（约 1050℃）受制于黄土的低熔点。商代晚期的北方白陶不施釉，但有的器物焙烧前在半干状态时用光滑的硬质工具打磨过。打磨的目的是使器物表面的片状颗粒平整化和排列整齐，从而使得其表面在一定程度上能反光。这导致烧结后黏土表面光滑并显露出大理石般的光泽。

上述对 4 个样品的分析除表明商代白陶所用的黏土富含高岭石和高耐火性外，还可以分为高钛和低钛两类。二氧化钛具有很强的使氧化铁呈现黄色的作用，因此那一对高钛样品烧成后更显乳黄色。

在迄今已研究的大多数商代白陶器中，二氧化硅的含量都接近烧结的高岭石，这说明其原初生料中游离二氧化硅很少，由此可知纯黏土的比例非常高。所有这些情况都提示，安阳的白陶大体上使用了与城子崖出土的那件新石器时代白陶鬶相同类型的生料，但使用的砂的含量要低很多。白陶在安阳的出现究竟是龙山文化晚期技术传统的延续，还是受青铜铸造技术的影响，目前尚难说清[117]。或许商代白陶最为奇特之处在于未能后继发展成为任何一类真正的北方白釉器传统，只是在经过了将近 18 个世纪以后，这种黏土才又重新成为中国北方陶瓷制造中的重要原料。在这么长的时间间隔中，黄土一直是北方陶工的主要原料，而耐高温高岭石黏土的潜质却几乎完全被忽视了。

（xxviii）安阳的施釉炻器

安阳出土的绝大部分陶瓷器物是红色或灰色的黄土质的陶器，间或在某些重要的墓葬中出现了个别的白陶。但在安阳，也许比白陶更为重要的是发现了少量真正的带高温釉的炻器。施釉的炻器也曾见于一些比安阳更早的北方遗址中，包括二里岗上部

114　Sundius（1959），p. 109。

115　Pope（1949），p. 52。波普为每一块陶片支付了 1000 墨西哥元。

116　陶瓷的焙烧是一个与时间及温度相关的过程，稍低温度下较长的焙烧时间与稍高温度下快速焙烧能达到同样的效果（详细的讨论，见下文 pp. 525-527）。

117　沃森［Watson（1991），p. 175］指出："白色陶器未见于河南的早商地层中。"

127

表 10 北方和南方遗址出土的施釉陶器胎体的化学组成

出土遗址	年代	SiO$_2$	Al$_2$O$_3$	Fe$_2$O$_3$	TiO$_2$	CaO	MgO	K$_2$O	Na$_2$O	MnO	P$_2$O$_5$	烧失量	总计
中国北方													
山西垣曲 [a]	商代中期	77.8	15.5	1.9	0.8	0.14	0.7	2.85	0.3	0.02	0.1	None [b]	100.0
山西垣曲 [c]	商代中期	79.2	14.45	1.8	0.9	0.1	0.65	2.6	0.2	0.02	0.1	None	100.0
河南郑州 [d]	商代中期	77.6	15.7	1.55	1.0	0.25	0.65	1.8	0.4	0.03	0.06	0.85	99.9
河南新郑 [e]	商代	75.7	16.0	3.5	1.1	0.3	0.9	1.5	0.7	0.06	0.1	0.04	99.9
中国南方													
江西吴城、角山 [f]	商代早期	79.4	14.2	1.95	1.1	0.2	0.6	0.9	0.3	0.02	0.25	1.15	100.1
浙江江山 [g]	商代	76.6	17.2	1.9	0.9	0.2	0.55	2.3	0.1	0.01	0.2	0.6	100.6
安徽肥西	商代	76.9	14.5	2.7	1.05	0.7	0.9	2.3	0.8	0.03	—	—	99.9

a Deng Zequn & Li Jiazhi (1992), p. 58, table 2。
b 这两个垣曲样品的数据已归一到100%。
c Deng Zequn & Li Jiazhi (1992), p. 58, table 2。
d Li Jiazhi et al. (1992), p. 7, table 1。
e 同上, p. 7。
f 同上, p. 8。
g Li Jiazhi et al. (1986), p. 57, table 1。

128

表 11　河南和浙江出土炻器的比较[a]

出土遗址	年代	SiO$_2$	Al$_2$O$_3$	Fe$_2$O$_3$	TiO$_2$	CaO	MgO	K$_2$O	Na$_2$O	MnO	烧失量	总计
河南洛阳	西周	75.15	16.25	1.35	0.9	0.4	0.3	4.3	0.65	0.03	0.95	100.3
河南洛阳	西周	72.8	18.65	1.7	0.7	0.3	0.6	3.4	0.8	0.03	1.27	100.3
浙江上虞	东周	76.75	16.3	2.0	1.2	0.4	0.25	2.85	0.35	0.07	—	100.2

a　Cheng Zhuhai & Sheng Houxing（1986），pp. 35-39。

地层和郑州的商代中期的地层[118]。

  几乎从 20 世纪 20 年代晚期和 20 世纪 30 年代早期发现这类器物以后，中国北方一些商代城市废墟中所发现的时代非常早的施釉炻器，实际上是由秦岭分水岭以南的炻器窑烧制的这种可能性，就在中国被提了出来[119]。这种看法最初基于对器物风格的观察和比较，后来化学分析又增加了这种意见的权重，因为观察到这些在北方所发现器物的组成与同时代南方的施釉炻器非常相似（表 10）。

129
  南方生产早期施釉炻器的主要窑址，目前已在江西省的赣江与鄱阳湖之间以及浙江省的西部有发现。随后，施釉炻器的生产地点扩展开来，遍及中国的东南地区，以后还出现在了福建省和广东省[120]。

  化学分析还提示，南北方之间的陶瓷贸易一直延续到西周时期，如河南省洛阳出土的西周时期的施釉炻器，无论是化学组成还是微结构都与青铜时代浙江省北部的施釉炻器高度相似[121]（表 11）。

（xxix）北方和南方炻器黏土间的组分差异

  表 10 与表 11 所引用的商代施釉炻器与安阳白陶的分析数据之间的最明显的差异是：南方材料的二氧化硅（SiO_2）含量很高。这些二氧化硅中有部分是与黏土和云母结合的，黏土和云母增加了南方胎体的塑性，但是将这部分二氧化硅扣除后，材料中依然保留有 30%—40% 的游离石英。正是这些高比例的细砂粒级二氧化硅使得南方的炻器区别于其北方的对应物，因为这些极细粒的二氧化硅是南方黏土中天然存在的，并非人为加入的。

  当然，可以取典型的北方炻器黏土，再人为地加入大量细砂作为羼和料。这是一种制作炻器胎体的可行配方，在北方使用这样的配方有可能产生与前述南方炻器类似的分析结果，但既然这样的话，就有可能完全用北方原料。虽然现在没有证据表明北方后来曾这样做过，但也不能完全排除在青铜时代早期存在这种可能性。

  对商代施釉炻器产地溯源的一个研究项目表明，上述的这种配方实际上不太可能实行过。该项目是对中子活化分析数据的多元判别分析，是北京的物理学家陈铁梅及其合作者的一项重要研究。他们在五个商代遗址采集了 93 片陶片和瓷片进行中子活化分析（见本册 pp. 11-12）[122]。这五个遗址中唯一的北方遗址是郑州，南方遗址有湖北盘龙城、湖北荆南寺、江西角山和江西吴城。其中组分最相近的是在郑州和吴城样品

---

118 Deng Zequn & Li Jiazhi（1992），pp. 55-63。

119 弓场纪知 [Tadanori Yuba（2001），p. 52] 曾对中国北方最早发现的施釉炻器归纳如下："最早的实例是从河南省郑州市二里岗的商代墓葬中出土的……"

120 蒋赞初和张彬 [Jiang Zanchu & Zhang Bin（1995），p.18] 写道："在西周时，原始瓷已扩展到整个江西省和浙江省，以及江苏省南部和安徽省南部，但原始瓷在福建省和广东省的出现较晚一些。"

121 Cheng Zhuhai & Sheng Houxing（1986），pp. 35-39。

122 Chen Tiemei *et al.*（1999a），pp. 1003-1015；Chen Tiemei *et al.*（1999b），pp. 20-22。

之间，因此项目报告作者认为：

> 中子活化分析结果看来是支持中国最早的原始瓷的南方起源假设的，而吴城
> 地区则是原始瓷的生产中心。

130

但是应更谨慎地对待上述结论，因为上述的研究项目没有测量浙江和安徽的样品，而
我们知道，商代中期"原始瓷"的生产在这两地也很发达。

虽然至今积累的证据表明，大多数的商和西周时期的北方施釉炻器产自南方，但
是认为商代（或青铜时代的大部分时间内）中国北方极少或完全不生产施釉炻器的想
法依然难以被接受，正如蓑丰（Yutaka Mino）所解释的[123]：

> 在商代，长距离运输施釉炻器似乎是不太可能的，所以这类工场甚至在早期
> 可能就处于商代的都城和各主要城市附近。

这个观点看似合理，却难以找到证据来支持。例如安阳出土的一块商代的施釉炻器
片，其分析结果使人联想到隋代（约公元6世纪晚期）的安阳施釉炻器，这似乎可作
为施釉炻器在当地生产的证据。但这个指证是不肯定的，因为这块商代的施釉炻器片
与产自浙江的一类异常的商代施釉炻器同样具有相似性（表12）。

张光直注意到，安阳出土的一些黑胎施釉炻器肉眼看上去就与商代其他北方遗址
发掘的施釉炻器不同[124]。尽管表中的数据初一看也似乎使人想到，相对于大多数商代
其他的施釉炻器，安阳的施釉炻器有独自的来源，但是这种独特的窑炉在哪里依然是
未知的。

西周的陕西扶风遗址也曾发现青铜时代的施釉炻器，而且其中某些带釉炻器片被
认为是"废弃品"，这又使人联想到当地烧制[125]，但是扶风样品的分析数据显示其氧化
物组成属典型的"南方类型"（表13）[126]。

中国北方另外一个曾可能在本地生产施釉炻器的地点是咸阳，不过是在青铜时代
很晚的时期，这是贺利（Li He）提到的一种可能，她还描述了咸阳为秦皇宫殿生产的
带题款的施釉炻器[127]，可惜缺乏相应的化学组成数据。贺利还提到另一个例子，是现
在陈列于旧金山（San Francisco）亚洲艺术博物馆（Asian Art Museum）的一件其下部
短粗的细高颈瓶，贺利认为该瓶属西汉中期到晚期，产于山东。她进行溯源的根据是
在山东五莲曾发掘出土一个非常相似的瓶子[128]。但是佐藤雅彦（Satō Masahiko）认为
这类特殊形状的瓶是中国南方安徽和湖北的窑烧制的[129]。

132

123　Mino & Tsiang（1986），p. 17。
124　Chang Kwang-Chih（1980a），p. 151。
125　Mino & Tsiang（1986），p. 15。
126　Luo Hongjie（1996），数据库。
127　Li He（1996），p. 37。
128　同上，pp. 77，114。
129　Satō（1981），pp. 23-24。

131

表 12 安阳出土商代和隋代施釉炻器及江山出土施釉炻器胎体的化学组成

出土遗址	年代	SiO₂	Al₂O₃	Fe₂O₃	TiO₂	CaO	MgO	K₂O	Na₂O	MnO	P₂O₅	烧失量	总计
河南安阳	商代 [a]	65.3	25.0	3.6	0.5	0.4	0.4	4.3	0.4	痕量	—	—	99.9
河南安阳	隋代 [b]	68.5	25.3	1.3	1.1	0.2	0.4	2.2	0.2	—	—	1.05	100.3
浙江江山	商代 [c]	61.6	28.0	4.4	1.4	0.3	0.6	3.4	0.4	0.03	0.2	0.5	100.8

a Luo Hongjie (1996), 数据库。
b 同上。
c 同上。

表 13 陕西扶风出土西周时期施釉炻器胎体的化学组成

出土遗址	年代	SiO₂	Al₂O₃	Fe₂O₃	TiO₂	CaO	MgO	K₂O	Na₂O	MnO	P₂O₅	总计
陕西扶风	西周	78.5	14.4	1.5	0.9	0.12	0.3	3.6	0.2	0.01	0.06	99.6

可能有人会继续提出中国北方在青铜时代也生产施釉炻器的论据，但考虑到前面提到的这类证据难以确认，根据现在已掌握的资料给人的感觉依然是：青铜时代的中国北方极少生产，或者未曾生产过真正的施釉炻器。更引人注意的是，持续到公元5世纪末之前，北方一直缺乏曾生产过施釉炻器的迹象[130]。在此以前，是中国的南方为施釉炻器工艺做出了贡献，是南方向北方供应施釉炻器以满足其需求。这样就提出一个问题：南方的施釉炻器是怎样出现的。中国陶瓷产区的地质背景又一次为此提供了思路。

（xxx）南方炻器黏土的本质

本册第一部分曾指出，中国的南方和北方曾经是分离的构造板块，直到三叠纪晚期时发生碰撞才沿着秦岭分界线"缝合"。这两个地区早期的地质历史是各自独立并截然不同的。今天，华南很多地方的地貌呈现暴露的火成岩，有大量远古火山活动的证据，很多火山活动的年代可确定在大约1.4亿年前的侏罗—白垩纪[131]。

作为大部分高温陶瓷生产地的中国南方，火成岩地貌的一个最为常见的景观是，整个山坡因深度的化学风化而转变为碎裂的砾石，蚀变物质的结构和组成均处于岩石与黏土之间。现今"残留"的黏土常被直接开采以烧砖，因为这些风化了的物质是略带塑性的，而其中非塑性的成分则能起到制砖用土中天然羼和料的作用。大量的颗粒状矿物（主要是石英、粗云母和未风化的长石）则能帮助砖块快速干燥和减轻收缩，还能促进快速并安全地烧成。

除这类原生的材料外，南方的河谷、稻田和河滩富含硅酸质的泥浆，它们是从风化的高坡上冲刷下来的物质。在流水的搬运过程中粗粒成分被筛选掉，存留的是细粒和塑性的成分，形成较为细腻平滑和塑性更高的沉积物。

很多中国南方表土的一个特点是其实用的高耐火性，至少能安全地烧到1200℃，反映了其母岩的"酸性"（高硅）质地。这类由岩石生成的黏土中偏碱性的氧化钙和氧化镁的含量低，在较高炉温下这两种氧化物属高效的助熔剂，正是这两种氧化物在很大程度上导致了黄土类物质的低耐火性能。温热地区的风化过程在一定程度上也能提高黏土的熔点，因为某些碱金属离子在风化过程中被水从岩石中带走，从而进一步提高了原料的耐火性。

目前考古学和自然科学的证据都表明，南方最早的陶器至少要比北方的早1000年。我们在本册前面（pp. 1-2）已介绍了在江西仙人洞遗址出土的约公元前9000年的粗质陶罐是怎样制作的，此外在中国西南的广西、贵州和广东北部的一些遗址中也发现了公元前9000—前5000年的陶制品。中国南方制作这些粗糙绳纹陶器的古老的

133

130　沃森［Watson（1991），p. 61］写道："至今未发现早于第6世纪的烧制高温施釉炻器的窑炉，自6世纪起在北方的东部地区也只在山东中部的淄博有一座这类窑被发掘。"但是自公元6世纪晚期以后，某些生产邢窑器和巩窑器的窑炉却已被发掘。另见 Chen Yaochen et al.（1989a）和 Li Jiazi et al.（1986b）。

131　Tregear（1980），p. 10。

人群，居住在由地下水形成的石灰岩洞穴中。他们在这些不受青铜时代晚期商周政权所管辖的地区的生活方式，是后续要研究的课题。中国南方和东南亚之间在文化上的连续性是显而易见的。关于中国本土南方和北方的新石器时代文化间的相互关系也是引人关注的，因为虽然已经观察到了文化上的某些相似性，但也存在很多相异之处[132]。

长江以南新石器时代中期的诸文化（约公元前 5000—前 3000 年）生产不同颜色、不同质地的陶器，但主要的共同特征是几何印纹的装饰。例如，江苏和浙江的马家浜文化、崧泽文化和河姆渡文化制作红色、褐色和黑色的陶罐，后者掺有木炭。河姆渡的陶罐很有特点，壁厚、往往多孔洞、手工制作、带有绳纹和刻痕。长江中游的大溪文化和屈家岭文化部分使用快轮制陶，生产平整、抛光良好的红陶、灰陶和黑陶。福建、广东、广西、云南和贵州各遗址制作具有地区特征的陶器，中国考古学家对此已有详细的描述。它们的共同特征是手制、使用当地的原料、表面抛光或以几何图案装饰[133]。

南方新石器时代的部分器物属生烧的炻器，它们是用当地丰富的地表沉积物制作的，这类黏土原料的耐火性相对偏高。陶工们经历了长期（超过 7000 年）的实践才使得他们的窑炉技术发展到能烧制真正的高温炻器的水平。到达这一水平时，即公元前 1500 年前后，浙江开始生产考古学家所称的"原始瓷"。这些是用泥条盘筑的，有些口沿部位还曾在慢轮上修整。湖州的黄梅山窑址是这类生产"原始瓷"的窑址之一[134]。

在青铜时代早期，用这类高温黏土制作的器物可分为两类：还原气氛下烧成的无釉灰陶，其表面常有印纹装饰，以及早期的施釉炻器。灰色的印纹陶器的含铁量（约 4%）高于施釉炻器的含铁量（约 2%），两类器物其他方面的化学组成是相近的。也有违背这种规律的少数实例，但绝大多数情况是符合上述规律的[135]。灰色、手制、还原气氛烧造的印纹陶早于商代的施釉炻器，但并没有被后者所取代。中国南方青铜时代的大部分时间内，一直不断地生产灰色的印纹陶，它与稍晚出现的施釉炻器并行发展，灰色印纹陶的产量很大，而且其组成不变。

中国南方最早的施釉炻器看来像是由南方的灰陶器发展而来的，最大的可能是因为后者天然的耐火性允许窑温的不断升高，到新石器时代后期，逐渐升到了 1150—1200℃。在此温度下，窑中气流载带的炽热草木灰会与器物胎体的黏土起反应而生成自然的炻器釉层。根据自然成釉的效果，中国陶工们似乎很快地转向有意地使用草木灰施釉[136]。根据垣曲出土的材料来判断，烧制出世界上第一个施釉炻器的关键一步看

132 Chang Kwang-Chih（1963，1986），pp. 65-68，95-106。

133 同上，pp. 192–233。

134 Anon.（*1994a*），第 54 页。

135 关于说明这种趋势的一个大型数据库，见 Li Jiazhi *et al.*（1992），pp. 4-18。

136 Zhang Fukang（1986b），pp. 40-45。

来是于商代中期某个时候在中国的南方迈出的[137]。

当南方的窑工从自然生成的"窑光"（kiln gloss）进步到人为地涂抹灰釉时，他们一定已经意识到了使用低氧化铁含量的黏土可以获得更好的结果。低铁黏土不仅比烧制普通灰陶的黏土耐火性更好，而且与新创的灰釉结合后，能产生更为悦目的颜色（在还原气氛下主要呈绿黄色）。我们可以因此推测，在南方的施釉炻器生产中，形成了使用低铁炻器黏土的传统。

我们从浙江北部河姆渡这类新石器时代遗址知道，铁含量较高和含铁量较低的耐火黏土是共存的，因为早自公元前第 8 千纪至前第 1 千纪，这两种黏土都曾用来制作新石器时代的陶器[138]。同样，江西仙人洞的一些中国最早的陶器（公元前 9000—前 4000 年），也是既用高铁也用低铁的炻器黏土在严重欠温的情况下烧制的（740—840℃）[139]。在福建（泉州），高铁和低铁的耐火黏土都用来烧制新石器时代晚期的陶器，很可能其他遗址对耐火材料的选择是类似的[140]。也许正是这一现象，才使得中国南方的许多区域都出现了从无釉灰陶传统向施釉炻器的进化，因为无釉陶器中的低铁类型与商代灰釉炻器的胎体组成非常之相近（表 14）。

这个论题一个有趣的方面是，虽然中国看来是全世界最早生产施釉炻器的，但当时在美索不达米亚北部（即今天叙利亚的东北部及与其相邻的伊拉克和土耳其的部分地区）的陶工已经开发出了无釉炻器。这些用转轮拉坯制作的炻器的年代确定为约公元前 2800—前 2300 年，它们的组成与中国南方新石器时代晚期陶工用以制作印纹陶的高耐火黏土非常相近。美索不达米亚北部用以制作这类深色烧结炻器的黏土，与大多数其他近东地区早期陶器中典型的易熔石灰质陶土是完全不同的。它们通常在受控的还原气氛中被烧至约 1100℃，这使得这类炻器呈现出颇似金属状的外表（表 15）[141]。

看来，叙利亚东北部及其邻近地区缺乏低铁、低助熔剂的中国类型硅质黏土。回顾前述的内容，我们可以看到，正是这类黏土将中国初创期的炻器工艺推向更高的温度范围，在这个温度下真正的炻器釉的产生就变得顺理成章了。

（xxxi）南方施釉炻器的发展

我们已经提及（本册 pp. 11-12，129-130），对 5 个遗址（1 个在长江以北、4 个在长江以南）出土样品的最新分析结果显示，这些高温青釉器样品可能都是南方窑炉的产品。考古学家还曾论述，浙江以及江西可能是最早的青釉器的生产地。随后的考古

135

137　Deng Zequn & Li Jiazhi（1992），pp. 55-63。

138　李家治等（*1979*），第 106 页，表 1。

139　吴瑞等（*2002*），第 2-3 页，表 1。

140　Li Jiazhi *et al.*（1992），p. 4，table 1。

141　Schneider（1988），pp. 17-21（24 个样品的平均值）。

表 14　新石器时代陶器与中国南方商代 "原始瓷" 胎体组成的比较

出土遗址	年代	SiO$_2$	Al$_2$O$_3$	Fe$_2$O$_3$	TiO$_2$	CaO	MgO	K$_2$O	Na$_2$O	MnO	P$_2$O$_5$	烧失量	总计
新石器时代陶器													
福建泉州 [a]	新石器时代晚期	66.3	21.4	5.9	0.9	0.25	0.7	2.9	0.7	0.04	0.05	0.8	99.9
福建泉州 [b]	新石器时代晚期	75.2	16.5	1.5	0.6	0.2	0.5	3.0	0.35	0.04	0.06	1.5	99.5
浙江河姆渡 [c]	新石器时代	68.0	17.9	4.3	0.8	1.7	1.0	2.6	1.1	0.1	2.5	已归一化	100.0
浙江河姆渡 [d]	新石器时代	70.3	19.85	1.7	0.8	1.7	1.2	2.5	1.6	0.07	0.3	已归一化	100.0
原始瓷 [e]													
江西清江	商代早期	79.4	14.2	1.95	1.1	0.2	0.6	0.9	0.3	0.02	0.25	1.15	100.1
浙江江山	商代	76.7	17.2	1.9	0.9	0.2	0.5	2.3	0.1	0.01	0.2	—	100.0
安徽肥西	商代	76.9	14.5	2.7	1.05	0.7	0.9	2.3	0.8	0.03	—	—	99.9

a　Li Jiazhi et al. (1992), p. 4, table 1。
b　同上。
c　李家治等 (1979), 第 106 页, 表 1。
d　同上。
e　Li Jiazhi et al. (1992), p. 8, table 1。

表 15　公元前第 3 千纪美索不达米亚北部的炻器与中国新石器时代印纹陶的比较

出土遗址	年代	SiO$_2$	Al$_2$O$_3$	Fe$_2$O$_3$	TiO$_2$	CaO	MgO	K$_2$O	Na$_2$O	MnO	P$_2$O$_5$	烧失量	总计
美索不达米亚北部 [a]	公元前第 3 千纪	67.0	21.5	5.2	1.3	1.6	0.9	2.3	0.1	0.009	0.09	—	—
福建昙石山 [b]	新石器时代晚期	65.1	22.7	5.4	0.9	0.48	0.7	2.5	0.5	0.06	0.2	2.1	100.5
福建南安 [c]	新石器时代晚期	66.3	21.4	5.9	0.9	0.25	0.7	2.9	0.7	0.04	0.05	0.79	99.9

a　Schneider (1988), p. 20, table1, 54 个样品的平均值。
b　Li Jiazhi et al. (1992), p. 4, table 1。
c　同上。

学研究和科学检测对此给出了毋庸置疑的确认。当然西周时，这类硅酸盐质地的施釉炻器分布非常广泛，从北京直到广州，这意味着曾有多个地区积极生产施釉炻器。根据商和西周时期已知的窑业活动，江西中部和浙江北部诸窑是其中最重要的。除此以外，在安徽的 4 个商代遗址也发现了带青釉的浅色或灰色胎体的高温陶瓷，这些高温陶瓷被认为是当地生产的[142]。西周晚期时，安徽屯溪除生产粗胎质、胎釉结合不很牢固的产品外，还生产精细的偏白色胎的青釉器。在江苏、福建和广东出土的墓葬中也出土了施釉制品[143]。

西周中期（公元前 9 世纪）以后，随着对高质量的祭祀器和随葬明器的需求的增加，施釉炻器的制作工艺逐步改进。这是由对礼仪惯例提出改革而导致采用新的器物类型所推动的[144]。仿照多种青铜器的形状生产陶瓷器，包括祭祀用的盛食器和饮器，钟、铃和权等。中国的中东部地区，特别是浙江的北部和东部，是施釉炻器发展最重要的地区。

在西周晚期和春秋时期（公元前 8—前 5 世纪），南方生产的高温釉陶瓷制品向北方的输出似乎大为减少，但是这也并不说明南方生产施釉炻器的规模也相应地缩减[145]。

战国时期（公元前 5—前 3 世纪），越国控制了中东部地区青釉器的生产中心，但是在更为偏南的地方还在继续生产带原始釉的陶瓷制品[146]。当楚国在公元前 3 世纪打败越国时，大规模的破坏接着发生。也就是在这个时候，这种工艺传入楚国的传统领地湖南，也传播到更靠南的广东。从此开始，一种统一的南方青釉器传统得以发展起来，虽然地方风格仍然占据主导地位。两个主要的区域是可以辨别出来的：中东部地区，包括浙江、江西、湖北、安徽和江苏；南部地区，包括广西、广东、福建和湖南[147]。总的来说，前面一个地区的陶瓷制品，特别是浙江的产品，具有较高的质量。对青铜器形的仿制减少了，很多新的器形和新的装饰方法开始出现。到西汉时，在器胎上半部分和器口内部施用一种优质青釉的容器开发了出来。根据釉在手柄部位和其他凸起部位的汇积情况，可以设想釉料是粉末状的，从上方筛撒在了器胎的上半身。

西安和洛阳的西汉墓中出土的这类器物表明，这些容器可能是其中装有食物被运到北方的，后来随葬于它们主人的墓中。同类容器的碎片在浙江宁波、温州和上虞等地的窑址中均有发现[148]。

142　Hu Yueqian（1994），p. 129。

143　殷涤非（*1959*），第 81-82 页；Mino & Tsiang（1986），p. 32。

144　Rawson（1990），pp. 108-109。

145　Yuba（2001），pp. 58-60。

146　Yeh Wen-Chheng（1994），p. 120。

147　Mino & Tsiang（1986），p. 16。

148　Vainker（1991），pp. 47-48。

137

138

图32 陶瓷编钟的模型，有灰釉痕迹的炻器；浙江镇海出土，春秋时期

图33　西汉仿青铜器形的炻器壶，灰釉集中于肩部

140 　　到东汉时，浙江东北部青釉器的生产已发展到这样一个水平，这里生产的陶瓷器已具有可被辨认的风格，称为"越窑"。"越窑"这个名词是对自汉代到 11 世纪在浙江生产的、釉面精致的高品质陶瓷器的总称[149]。地处中东部的这个重要的陶瓷产区，在公元 220—280 年为三国时期吴国所控制。上虞作为一个地处浙江东北部的制造中心处于领先地位，在这里已确认有 61 座属公元 3 世纪的窑炉。已修复的最早带款识的器物所提供的迹象表明，高品质陶瓷器在祭祀和墓葬中正在取代漆器和青铜器的地位。从南京赵士冈墓出土的一件青瓷尿壶（"虎子"）带有款识，上面记有制作年代（公元 251年）、制作陶工的姓氏和对该器物质量的评介。款识的形式与汉代官制漆器上的款识相似，并且陶工被尊称为"师"，这一现象反映窑业体系内部存在着包括监管官员在内的等级制度[150]。公元 317 年当东晋王朝从中国北方被驱赶南下而建都南京时，上虞已衰落，而浙江、江西和湖南等地其他的陶业中心则互相争雄[151]。

　　在战国晚期和两汉，施釉炻器经常只有其上半部施有釉，一般更反映釉的实用性。这一时期，无釉的灰色炻器，经常饰以印纹，在南方也很流行。到六朝时，即施釉炻器在中国出现约 2000 年后，灰釉炻器最终成为南方炻器的主流品种，并在很多应用领域取代了青铜器和漆器。

（xxxii）是岩石，还是黏土？

　　关于南方陶工怎样选备炻器原料，依然存在争议，但在中国的著述中有一种认为是使用"瓷石"而不是普通黏土作为主要南方炻器原料的倾向[152]。然而，"瓷"指的应是陶瓷的品种之一，其主要特征是烧结后的高致密度与敲击声脆，而不仅是色白和半透明。"石"不一定意味着坚硬的岩石[153]。因此，这个术语在一定程度上也可直接应用于已风化的岩石，南方多数的黏土正是由这种岩石生成的。这类疏松的岩石极易粉

142 碎，其中较细碎的组分可用水淘洗和分离保存。通过让这些较细的组分沉淀，再固结成具有塑性的块团，风化的岩石就能很快速地被加工成为制作陶瓷的原料——黏土，这是在模拟自然状态下需要数千年才能完成的过程。

　　在中国南方，使用这种方法是很有利的，因为次生黏土往往沉积在离其高地原生源区数英里以外，而且在南方某些多山的地区可用的次生黏土十分稀少。但是，将当地的风化岩石就地精炼，就能直接从本地的初级原材料加工成制作炻器的黏土，这种精炼黏土的技术还能产生大量副产品——粗粒的材料。这种粗粒材料可用于窑内铺地，垫放和支撑匣钵和器物，还可以充当各种耐火砖中的填充物等。虽然将风化的岩石制备成黏土极大地加速了自然的过程，然而其最终结果与天然的次生黏土却是十分

149　关于对"越窑"这一术语不同解释的讨论，见 Tregear（1976），p. 1；Ho Chui-Mei（1994b），p. 104。关于浙江自汉到宋的八个窑址发掘出的瓷片的情况，见 Hughes-Stanton & Kerr（1980），nos. 1-92。

150　此处的款识为"赤乌十四年会稽上虞师袁宜作"。"赤乌十四年"是公元 251 年。Anon.（1955），第 97页。

151　Mino & Tsiang（1986），p. 18。

152　Guo Yanyi（1987），p. 5。

153　中文术语中的"瓷"，本册 p. 11 作过讨论。

141

表 16 杭州乌龟山黏土在加工过程中的成分变化

状态	SiO₂	Al₂O₃	Fe₂O₃	TiO₂	CaO	MgO	K₂O	Na₂O	MnO	烧失量	总计
未烧的生料	73.6	17.0	1.0	0.9	0.15	0.25	1.8	0.2	<0.01	5.5	100.4
生料烧成后	77.5	17.9	1.1	1.0	0.16	0.26	1.9	0.2	<0.01	无	100.02
淘洗后未烧的材料	68.9	20.9	1.6	1.3	0.25	0.5	3.05	0.5	<0.02	10.1	107.1
淘洗后又经烧成的材料	77.1	21.5	1.6	1.3	0.3	0.5	3.1	0.5	<0.02	无	105.9

表 17 新石器时代至宋代中国南方的硅质陶器和炻器

年代	窑址	SiO₂	Al₂O₃	TiO₂	Fe₂O₃	CaO	MgO	K₂O	Na₂O	省份
新石器时代晚期 [a]	泉州	75.2	16.5	0.6	1.5	0.2	0.5	3.0	0.35	福建
商代中期 [b]	吴城	73.9	18.1	1.2	2.6	0.2	0.65	1.7	0.3	江西
西周 [c]	石门大麦山	76.1	17.4	1.0	1.9	0.25	0.3	2.9	0.5	浙江
东周 [d]	宜兴	75.7	16.2	1.0	2.2	0.3	0.5	2.1	0.7	江苏
唐代 [e]	长沙	72.9	19.7	0.8	1.6	0.1	0.6	3.05	0.15	湖南
唐代 [f]	邛崃	75.4	16.1	1.0	3.2	0.25	0.9	2.1	0.4	四川
北宋 [g]	永福	73.9	19.2	1.1	1.9	0.5	0.8	2.1	0.3	广西
北宋 [h]	惠州	72.4	21.8	1.1	1.9	0.5	0.8	2.1	0.3	广东

a Li Jiazhih *et al.* (1992), p. 4, table 1。
b 同上, p.7, table 1。
c Li Jiazhi *et al.* (1986), p. 57, table 1。
d Luo Hongjie (1996), 数据库。
e Zhang Fukang (1987), p. 90, table 1。
f Zhang Fukang (1989), p. 63, table 1。
g Luo Hongjie (1996), 数据库。
h 同上。

相近的，这就使得对于某一种特定的南方炻器的胎体而言，很难判断其使用的黏土是原生的还是次生的，虽然检测胎体中是否存在淡水贝壳的碎屑有时能提供判断线索[154]。不过在中国南方，原生的和次生的材料可能都曾被用作制作早期和晚期施釉炻器的原料。

周少华和陈全庆在 1992 年曾对怎样加工可以改变这类黏土的性状作了一个很好的描述。他们的数据表明，加工过程会导致粗粒石英一定程度的减少（反映为硅石的减少）和黏土中塑性的云母质成分的增加（反映为钾和铁的氧化物以及烧失量的增加）（表 16）[155]。

化学分析还能清楚地显示从商代到公元 10 世纪中国南方施釉炻器组成值得关注的连续性。这种不寻常的化学组成的一致性存在于如此广泛的地理区域，涉及几千座窑址，并延续了约 3000 年的生产时间。这种组分非常相近的南方硅质炻器原料在地理上的广泛分布，使得这种原料（即瓷石）成为中国四大类黏土原料之一，并成为支持中国早期施釉炻器工艺的脊梁（表 17）。

143

（2）瓷器在中国北方的发展

公元 5 世纪，高温施釉炻器出现于中国的北方，并于 6 世纪迅速发展。这种材料于公元 6 世纪末至 7 世纪初被真正的白瓷所继承。因为北方的瓷器似乎是北方炻器演化发展的产物，这样，我们就首先讨论炻器这种材料。

（i）施釉炻器在中国北方的成长

公元 5 世纪以前，中国北方已大量生产施釉的器物，但这些都属于施于低温黄土质黏土器物上面的铅釉。汉代，铅釉陶器的主要功用是作为随葬器物，很少用作日用陶瓷。从公元 4 世纪到 5 世纪前半叶，铅釉器生产在中国北方处于低谷，但是在一座公元 484 年的墓葬中出土了大量的铅釉器物（容器、俑和釉瓦等），这标志着铅釉器生产于 5 世纪下半叶又在中国北方复苏。该墓位于山西省大同市东南的石家寨村，墓主人是一位名为司马金龙的贵族[156]。除了这些铅釉器外，该墓和司马金龙第三个儿子司马悦（卒于公元 508 年）的墓中还出土了若干件高温釉的器物，但是尚难确认这些高温釉器物是否为当地所烧制。然而，从另外几座稍晚一些，属公元 6 世纪早期的墓葬中也出土有高温釉器物，这些器物看来应属当地所生产。北魏的墓葬提供了北方高温釉器最早的见证，然而至今尚未发现相应的窑址[157]。

154　Chen Xianqiu *et al.*（1992a），pp. 34-37。虽然该文所讨论的是新石器时代的陶器（约公元前 4000 年），但其中一些样本有可能属低温炻器材料。

155　Zhou Shaohua & Chen Quanqing（1992），p. 370，table 2。

156　Anon.（*1972d*），第 20-33 页。

157　Mino & Tsiang（1986），p. 18。山西省的一座公元 520 年的北魏墓出土了大量的施釉炻器，见同上文献，p. 102。

图 34　淄博出土的两件精心制作的高温器物，虽然在埋藏中被磨蚀，依然保存有部分青釉

　　这些高温釉器物的形状通常是借用和移植南方的，包括高体的鸡首壶，以及高颈敞口、带方耳的矮罐等。也能见到施黄色和暗棕色釉的执壶，而公元 6 世纪中叶以后则出现了青瓷。在河南，在安阳发现了被定为公元 6 世纪中叶的窑[158]，而北齐（公元550—577 年）时期巩县的窑生产了浅色的炻器以及棕色、黑色和浅绿色带细小开片的陶瓷器[159]。一种非常华丽的莲瓣风格的釉器从这时起一直流行到隋代[160]。至今仅在山东淄博发现了能生产类似器物的窑，那里于公元 6 世纪时开始生产青釉器[161]。

　　北方制炻器用的黏土色浅、多孔而且颗粒粗，不像中国南方的那种平滑细腻、灰色和玻璃质的质地。北方的釉往往烧成浅绿色或稻草色，而且通常有密集的开片。不过，北方的早期炻质容器系某种权力的象征，特别是大型的仿青铜尊形的瓶类，瓶外表为模制的贴花和深度的雕刻所装饰。这类高大、精心制作的容器多数属于北齐时期，经常施橄榄绿炻器釉，釉面一直延伸到器物的足部。

　　为了讨论北方高温釉炻器的出现和发展，首先要了解为什么北方长期缺乏这种器物。关于这个话题尚有很多不明之处，但在此重温中国南方炻器制造业成功的原因应该是有益的，因为那些在中国南方起作用的因素在北方或者完全缺失，或者作用相异。

（ii）促进南方施釉炻器繁荣发展的可能因素

　　南方的施釉炻器似乎是新石器时代晚期印纹硬陶自然进化的产物。印纹硬陶大多

144

145

158　河南考古学家杨爱玲认为，安阳的相州窑从北朝晚期到隋代一直很活跃，杨爱玲（2002），第 70-71 页。
159　Watson（1991），pp. 63-64，37。
160　Mino & Tsiang（1986），p. 19。
161　Watson（1991），p. 61。

是用天然的炻器黏土烧制的，虽然略为欠火。烧结这类大半因烧制而色泽变深的黏土所要求的温度处于低温炻器的范围，譬如说，1150—1220℃。根据南方早期陶窑的设计，当高效操控时，达到这个温度范围是不太困难的。南方的黏土或者是地表的沉积黏土，或者是由暴露久远的风化火山岩加工而成，这些都是陶工们容易获得的材料。还有，这类制作南方陶器的典型的硅质黏土与草木灰掺和后就能制作优质的釉料，对于陶工们开采利用而言，这成为一种直接简单的工艺。

在中国北方，情况则正好相反，常见的地表黏土是黄土质且易熔的，不适宜作为炻器的基础原料。北方真正的炻器黏土，因其沉积年代久远，往往埋藏较深，只有在黄土层很薄的地方才能开采，例如在山脚地带或深度切割的河流沿岸。即使能识别并开采这类古老的黏土，由于它们的高耐火性，也要求相当高的窑温才能烧成。除上述困难外，还要考虑北方黏土的高铝和低助熔剂特性。这类铝质黏土与草木灰掺和后制得的釉料质量很差，而这正是南方制备釉料的标准方法。地质和技术因素的结合阻碍了真正的施釉炻器在北方的发展。当然，与南方窑工的交流应该能加速这个过程，但是如蓑丰和蒋人和所写[162]：

> 公元386年以后到隋朝重新统一的两百年间，中国北方的大部分地区为非汉族的各部族所统治，北方与南方之间，与中东部之间，经济与文化的接触与交流甚少。

由于上述的全部或部分原因，北方很晚才开始制作施釉炻器，但一旦启动后，北方陶工则再次转向耐火黏土，耐火黏土最早在新石器时代晚期曾被用于制作一些白陶鬶，并在晚商时用于烧制无釉、表面有雕刻的炻器。看来，河北南部和河南北部以安阳为中心、半径200英里的这一地区，是一个能够为发展中的北方炻器制造业提供合适原料的区域，那里使用了与古代白陶相似的耐火黏土，不过这时已用真正的炻器釉来提高质量（表18）。

表 18　中国北方新石器时代、商代和隋代耐火黏土的比较

出土遗址	省份	年代	SiO_2	Al_2O_3	Fe_2O_3	TiO_2	CaO	MgO	K_2O	Na_2O	MnO	烧失量	总计
城子崖 [a]	山东	新石器时代晚期	63.0	29.5	1.5	1.6	0.7	0.8	1.5	0.2	0.03	1.45	100.3
安阳 [b]	河南	商代	57.2	35.5	1.2	0.9	0.8	0.5	2.3	1.3	—	0.4	100.1
安阳 [c]	河南	商代	57.7	35.1	1.6	1.0	0.8	0.6	2.2	1.05	—	—	100.1
安阳 [d]	河南	隋代	68.5	25.3	1.3	1.1	0.2	0.4	2.2	0.2	—	1.05	100.3

a　Luo Hongjie（1996），数据库。
b　Yang Gen *et al.*（1985），p. 30。
c　同上。
d　Luo Hongjie（1996），数据库。

162　Mino & Tsiang（1986），p. 18。

146

（iii）中国的瓷器

中国北方在炻器再度流行的背景下出现了真正的瓷器。瓷器是中国对世界陶瓷业最重要的贡献，以致在使用英语的国家，"porcelain"（瓷器）与"china"（瓷器）是同义词，而在阿拉伯语中表示瓷器的词"faghfuri"也指瓷器的发源国家[163]。众所周知，世界陶瓷史的进程很大程度上是由中国以外的陶工为弄懂瓷这种材料，或者至少是为利用当地的资源从表面上仿制瓷器，而不断进行尝试来推动的。

有时候说，瓷器是中国"发明"的，这使人们想象出一幅在找到理想的材料前，用各种适宜的或不甚适宜的配料进行无数次试验的图景，好似17世纪末至18世纪初欧洲开始生产瓷器时的情况（见本册第七部分）。也许更准确地表述这个过程应该说是"发现"，因为有关的原料在中国北方似乎是早已自然存在的，大部分情况是陶工们无须进行更多加工就能现成地使用这种原料。事实上，"出现"也许是一个更为合适的术语，因为瓷器在中国是随着陶工们使用越来越白的陶瓷材料和不断升高窑温以达到能烧结的温度而逐步出现的。北齐的陶工们在最可能蕴藏这种黏土的石炭—二叠纪地层中，特别是在太行山的东麓找到了此类黏土。

中国北方的瓷土是白色耐火的次生高岭土，与烧制北方炻器的暗淡色原料为近亲。确实，这些原料之间似乎存在着连续性，因此有时难以准确判断炻器在何处结束而瓷器从何处开始。然而，相对于炻器原料，多数用以烧瓷的白色黏土要求更高的窑温，以求获得合适的烧结强度，有时还要求一定的半透明度。最早期的北方白瓷往往带釉（通常是氧化气氛下的石灰釉），稍有过烧，而釉下的胎土却还没有完全达到最佳的烧结温度。这导致了隋末唐初时期的一系列产品，在白色的白垩土状的胎体上面覆盖着玻璃态、有点呈胶状的开片釉，经常还能见到添加在胎中的砂粒。也有的样品是胎已基本成瓷，而釉相对于其下面所覆盖的胎体却似欠火。

147

（iv）化　妆　土

白色化妆土的使用可能是一条通往北方瓷器之路。白色化妆土是黏土的水悬浮液，器物浸入其中后能改善烧成后的颜色。白色的化妆土往往是用可以找到的最细的黏土制作的，并可能在公元6世纪中叶被用来提高某些北方炻器的质量[164]，而从这种装饰性的工艺到使用化妆土原料本身拉坯或模制陶瓷可能只是一小步。当然，公元575年安阳范粹墓封墓时，真正的烧成后呈白色的胎土在用于制作整器，因为自该墓中出土了七件施高温釉的白瓷器[165]。沃森（Watson）相信这些器物产自安阳附近的窑

163　阿拉伯语"faghfuri"一词源自"faghfur"（中国皇帝），而"faghfur"则是根据中古波斯语词汇"baghpur"（上帝之子）改写的，并在波斯（Persia）和奥斯曼帝国（Ottoman）的文献中用来指称瓷器；与蒂姆·斯坦利（Tim Stanley）的私人通信。

164　沃森［Watson（1991），p. 36］在讨论一处北齐墓出土的器物时写道："在河南的另一些遗址，可以见到清澈的釉施于纯白的胎上，或者在上釉前在颜色较差的胎上先涂上白色的化妆土……可能这些方法已用在［这］其中的一些器物上。"

165　Anon.（1972b），第47-57页；杨爱玲（2002），第70-71页。

图 35　白釉绿彩长颈瓶，安阳范粹墓（公元 575 年）出土

场[166]，而杨爱玲认为它们是当地相州窑的产品[167]。安阳附近的窑场生产非常细的白瓷，这些窑炉比范粹墓西南约 320 公里处更著名的巩县窑要近许多[168]。

　　同样在河南省，在安阳以东约 100 英里处的濮阳，有一个与范粹墓同时代的墓葬[169]。这个墓葬的年代为公元 576 年，其随葬品非常丰富，尤为令人感兴趣的是该墓出土了白瓷胎体上施铅釉的容器。这些白色铅釉瓷标志着对以黄土为标准胎料的中国北方铅釉陶器的重要改变。这类新的白色黏土虽然在烧制陶器的温度下相当软，但为透明的铅釉提供了白而洁净的背景，釉通常是稻草色，还配有铜绿色[170]。

148　　生烧的高岭石黏土与上面彩色铅釉的结合比唐代的"三彩"技术可能早了约 100 年[171]。这也在中国兴起了一种潮流，即用高温黏土作为施陶器釉的胎，这种方法最终

　　166　Watson（1984），p. 58。

　　167　杨爱玲（2002），第 72-73 页。

　　168　本册的作者 1997 年曾参观了安阳博物馆，那里陈列着从当地墓葬出土的多组公元 6 世纪的细白瓷器，并可与当地窑址出土的瓷片相比较。

　　169　Satō（1978），p. 57。

　　170　见 Yang Gen et al.（1985），p. 82，说明文字见 p. 176。

　　171　"三彩"的中文意思是"三种颜色"，这个术语常用于描述用多色铅釉装饰的器物。最常见的颜色有稻草色（即几乎无色）、琥珀黄和绿色，但也使用蓝、红、白和黑色。"三彩"是一个近代的术语，20 世纪 20 年代因中国北方建造铁路，数以千计的唐代铅釉器被发现时才出现这个名称。当时被发现的器物的釉色主要为稻草色、琥珀黄和绿色，而现在这个名词在文献中已普遍使用。当时的一位铁路工程师名叫奥瓦尔·卡尔贝克（Orvar Karlbeck），他于 1907—1927 年在天津—南京线路上工作，当时他收集了很多唐代的陶瓷。卡尔贝克于 1930—1935 年又多次有机会返回中国，主要是执行收集任务。他曾描述了洛阳附近的一个地下作坊于 30 年代是怎样仿制唐代"三彩"的，见 Karlbeck（1957），pp. 106-107。

在全国流行。对于明器，这类黏土往往是低温烧制的，因为明器并不需要日常用器那样的强度，但是制作出口的或日常用器时，则需高温素烧使其坚硬，然后再低温（约1000℃）釉烧[172]。但是这种高温素烧胎配合低温釉烧的技术是后来唐代的改进，作为先驱的安阳和濮阳的白色铅釉瓷仅烧至釉所需要的温度。

（v）巩　县

149

高温白瓷与为随葬明器及后来为出口产品而生产的铅釉陶器之间的这种早期联系，在河南北部的巩县得到了高度发展。巩县也是最早生产瓷器的窑址之一，巩县窑的火膛中采集的木炭经碳-14测年给出的年代是公元575年[173]。该地区的生产大致是从这个年代开始的，而到唐代则有了很大的发展，特别是在开元年间（公元713—741年）曾为皇室烧制白色的贡瓷。1957年，在中国陶瓷研究中很有名望的冯先铭和李辉柄两位先生对巩县进行了考察，发现了三处窑址。这三处窑址（小黄冶、白河乡和铁匠炉村，最大的在铁匠炉村）都出土了其主要产品白瓷的瓷片。两个较小的窑也生产"三彩"器物[174]。

巩县的"三彩"窑，除进行正常的白瓷生产外，还为晚唐的都城洛阳提供了大量的铅釉明器。化学分析表明，巩县烧制"三彩"的黏土料与当地生产高温白瓷的黏土实际上属相同的原料（表19）。

铁和钛氧化物是瓷土的主要着色剂，这些氧化物在巩县白瓷中所含的量生成了半透明的乳白色材料，而这些材料的制品可以归于真正的瓷器中"白炻器"一侧。这些材料的组分与山东新石器时代制作白陶的黏土相似（见上文），虽然在公元6世纪时烧制温度已升高了200—300℃。在同一时期使用类似的黏土烧制不同类型的陶瓷表明北方次生高岭土的多功能性，虽然这种材料的潜在功能还比不上黄土那样变化多端。

除了这种典型的北方白瓷材料，在巩县的白瓷中还存在一种引人注意的亚类型，这种亚类型含更高的铝、较低的着色氧化物杂质和异常高的碱金属。这类器物比典型的巩县白瓷更白、更硬和更接近半透明（表20）。

从矿物学分析，巩县器物中这一小类产品的与众不同之处在于，它们似乎是高岭石和云母（可能是称为伊利石的水云母）的自然混合物，其中游离石英的含量极低。高岭石和云母都是塑性矿物，因此这类富云母的黏土生料很易于加工，但焙烧时因钾云母潜在的助熔作用，器物将发生严重收缩和玻璃化。虽然如此，它们可能依然是天然的黏土，而不是人为配制的，因为相似的高岭石和云母的混合物在其他地方，如新南威尔士和匈牙利也有发现[175]。

172　Rawson *et al.*（1989），p. 49。

173　Li Jiazhi *et al.*（1986b），p. 129。

174　冯先铭（*1959*），第56-58页；Hughes-Stanton & Kerr（1980），pp. 80-81。

175　Anderson（1982），p. 47 & p. 48，table 2。Mattyasovszky-Zsolnay（1946），pp. 254-260。

150

表 19 唐代巩县 "三彩" 和白瓷胎体分析

出土遗址	年代	类型	SiO$_2$	Al$_2$O$_3$	Fe$_2$O$_3$	TiO$_2$	CaO	MgO	K$_2$O	Na$_2$O	P$_2$O$_5$	烧失量	总计
巩县	隋唐	白瓷 [a]	67.7	26.8	0.6	1.3	0.4	0.4	2.1	0.5	0.04	0.8	100.6
巩县	隋唐	白瓷 [b]	63.1	30.3	1.3	1.2	0.5	0.5	2.0	0.5	0.06	0.9	100.4
巩县	隋唐	白瓷 [c]	66.3	28.0	1.0	1.3	0.3	0.45	2.3	0.45	0.04	0.3	100.4
巩县	唐	"三彩" [d]	66.9	26.6	0.7	1.2	0.2	0.4	2.1	0.4	—	—	98.6
巩县	唐	"三彩" [e]	64.5	27.1	1.2	1.5	0.9	0.4	2.1	0.4	—	—	98.1
城子崖，山东	新石器时代晚期	无釉白陶 [f]	63.0	29.5	1.5	1.6	0.7	0.8	1.5	0.2	0.03	1.45	100.3

a Li Jiazhi *et al.* (1986b), p. 130。
b 同上, p. 130。
c 同上。
d Li Zhiyan & Zhang Fukang (1986), p. 69。
e 同上。
f Luo Hongjie (1996), 数据库。

表 20 唐代碱金属含量较高的巩县白瓷胎体分析

出土遗址	年代	类型	SiO$_2$	Al$_2$O$_3$	Fe$_2$O$_3$	TiO$_2$	CaO	MgO	K$_2$O	Na$_2$O	P$_2$O$_5$	烧失量	总计
巩县	隋唐	白瓷 [a]	53.4	37.2	0.7	0.8	0.6	0.4	5.1	2.1	0.04	0.3	100.6
巩县	隋唐	白瓷 [b]	52.8	37.5	0.7	0.9	0.6	0.4	5.1	2.2	0.04	0.2	100.4

a Li Jiazhi *et al.* (1986b), p. 130。
b 同上。

考虑到一般常见的巩县白瓷与云母质巩县白瓷之间在矿物学方面与技术性能方面　151
的明显差别，可以认为这种云母质的白瓷比一般的巩县白瓷更贴近"瓷器"（西方将白
度、耐火度和半透明性结合在一起意义上的）这个名称。尽管如此，就中国北方瓷器
的整体而言，富云母的胎体似乎仅见于巩县，而且即使在巩县，目前也仅看到有限的
几件碎片。

大量属唐代早期，主要在河南和河北生产的白瓷，其质地似乎更接近于巩县的非
云母质白瓷。但是它们的氧化铁和氧化钛含量均很低，因此显得更白，偶尔还呈半透
明状。这些很小的差异就足以将它们归类为瓷器，而不是白色炻器。

（vi）邢　　窑

全世界最早的真正瓷器实际上是在河北的窑炉中生产的，那些窑炉生产的瓷器被
称为邢窑器物。邢窑的产品被各地广泛模仿，水平不一。两个较早制作细白瓷的窑址
分别在安阳和内丘。前者生产相州窑的陶瓷器，并于公元6世纪达到顶峰[176]。后者自　152
北魏至唐代一直十分活跃，20世纪80年代曾在那里发掘了28个分散的窑址[177]。

公元8世纪关于茶的文献中提到了邢窑，认为其明亮的白瓷产品特别适宜于饮红

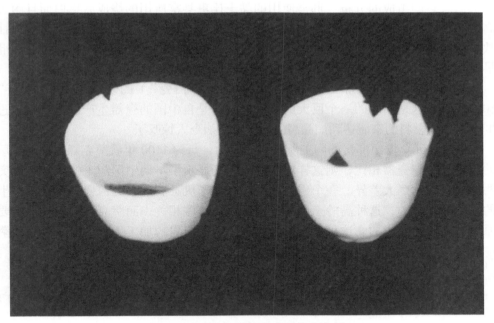

图36　内丘出土的两件薄壁的白瓷杯

176　安阳的精细瓷器可以分为两个等级。最薄的白杯在烧制时被分隔放置以防止支具引起的瑕疵，而相同款
式的稍厚、浅色青瓷杯内部可见到三个支钉的痕迹。作为随葬品时，两类杯子都是五个成一组，安放在一个相配
的托盘中，周围还有四个罐。1997年作者在安阳博物馆见到了发掘出土的器物。

177　Anon.（*1987b*）。

色的茶[178]。在另一篇公元 9 世纪晚期的文献中，邢窑的瓷杯被推崇为皇家的首选产品，同时被推崇的还有丝绸的衣服、制作甲胄用的麻布、毡帽和毡披、草编的束带以及产自广东的砚台等——"内丘的白瓷杯被广泛使用，包括富人和穷人"[179]。

　　邢窑位于临城县与内丘县的交界处，虽然它们在古代的文献中曾受到赞美，但其窑址的实际发现是在 1980—1982 年以后。在中国，考古学研究往往是为了验证历史文献记载的可靠性[180]。隋代和唐代的窑址分布于该地区一块长约 20 公里的狭长区域中，其中最早的窑（稍偏晚于公元 6 世纪中叶）出现于陈刘庄。邢窑器物的生产是从粗糙的青瓷器开始的，后来也包括少量的"三彩"器物，当然高温白瓷是该地区最重要的产品。

　　隋代时邢窑的产品是在典型北方馒头窑的还原气氛下烧成的。隋代末期窑工们发明了圆筒状的匣钵，这样最精细的瓷器将不再有垫具痕迹和受到窑内杂物的污染和损伤[181]。粗瓷器则互相叠装或套装，并用三瓣状的垫饼支撑[182]。唐代的窑也是馒头形的（见第三部分），至于是烧柴还是烧煤尚有争议[183]。陶瓷器的质量从细到粗分为三级。最上等的瓷器是在三种匣钵中烧制的。三种匣钵即漏斗状的、浅盆状的和深盆状的匣钵，每件匣钵烧制时只放一件器物，而匣钵的设计是相互间能互锁码垛的[184]。唐代时，除邢窑外，白色的瓷质器物还在河北、河南、山西和陕西的广阔区域内烧制[185]。

153　　　　根据对它们组成的分析，邢窑使用的黏土比巩县窑所用的烧成后更白而且耐火度更高。邢瓷的白度取决于其原料中罕见的低氧化铁和低氧化钛含量，而其高耐火性则反映了当地黏土中天然的矿物助熔剂含量极低，特别是白云母和长石的含量低。邢瓷是早期北方瓷器中色泽最白的，偶尔还呈半透明状（表 21）。

　　表 21 最前面的两件邢瓷胎（报告中称为"细白瓷"）的烧成温度被认为"约 1360℃"[186]。这是当时的一个巨大的技术成就，是自中国的瓷器生产以来难以超过的温度。以柴为燃料的窑能达到如此高的温度就更加令人惊叹了。

　　如果将公元 7 世纪邢窑的陶工所获得的成功，与约 1100 年后萨克森的迈森工厂烧制的第一批欧洲瓷器相比，则这样的工艺过程既显示了早期中国陶工的技能，也突出了两地原料间的巨大差异。一个重要的不同处在于巩县和邢窑的白瓷主要是用次生沉积的高岭土制作的，这种高岭土与华北地区煤的蕴藏相关，而萨克森的瓷器却主要是用原生的高岭土制作的，这种高岭土来自对风化花岗岩的加工[187]。中国的瓷胎与萨克

178 《茶经》第九页，"碗"。

179 《国史补·货贿通用物》（第五页）。引文见冯先铭（1987），第 187 页。

180 1982 年考察了隋代的窑，而对唐代窑的考察更早两年，参见杨文山（1984），以及杨文山和林玉山（1981）。更贴切的总结，见叶喆民（1997）。

181 Bi Nanhai & Zhang Zhizhong（1989），pp. 466，468，fig. Ⅱ. 2，3。

182 Richards（1986），pp. 61-62。

183 叶喆民［Ye Zhemin（1996），pp. 63，67］讨论了邻近的定窑的问题，认为很可能两个中心使用同样的燃料，有同一批高水平的技工和有共同的输出路线和市场。

184 Richards（1986），pp. 64-66。

185 同上，p. 58。

186 Chen Yaocheng et al.（1989），p. 227。

187 Seger（1902a），pp. 48-49。

表 21 唐代邢瓷与萨克森早期迈森瓷的分析比较[a]

出土遗址	年代	SiO$_2$	Al$_2$O$_3$	Fe$_2$O$_3$	TiO$_2$	CaO	MgO	K$_2$O	Na$_2$O	MnO	P$_2$O$_5$	总计
临城	唐代	69.9	25.1	0.6	0.2	0.9	1.6	0.9	0.9	0.01	0.07	100.2
内丘	唐代	68.0	27.0	0.6	0.3	0.8	1.5	0.9	0.9	0.02	0.07	100.1
临城	唐代	67.6	28.5	0.75	0.4	0.6	0.7	0.75	0.2	—	0.05	99.6
临城	唐代	60.0	35.1	0.7	0.7	1.0	0.4	1.5	0.5	0.04	0.11	100.1
伯特格尔瓷（Böttger porcelain）	1712 年[b]	61.0	30.0			4.8			0.2	"其余"	0.9	99.1
迈森瓷（Meissen porcelain）	1731 年[c]	59.0	35.0			0.3		4.0	0.8	"其余"	0.9	99.1

a 邢瓷分析数据采自 Chen Yaocheng *et al.* (1989a), p. 224, table 2, 和 Li Jiazhi *et al.* (1986), p. 130, table 1。

b Schulle & Ullrich (1982), p. 45, table 2。

c 同上, p. 45。

森的瓷胎之间的另一个不同之处是助熔剂含量的差别。通常早期的中国北方瓷器中钙、镁、钾和钠的含量均很低，相反，18 世纪早期的两件萨克森瓷器却显示了高钙和高钾的含量，反映出人为地在这两个胎中添加了雪花石膏和钾长石。

（vii）邢瓷原材料的特性

目前尚难确认邢窑的窑工们是否在胎中添加了助熔剂，或者添加了什么样的助熔物质，因为对表 21 列出的邢瓷的组成可以作多种解释。

有一种解释认为单一的邢瓷原材料已几乎可充当烧瓷的原料，但尚需添加少量的细石英和矿物类胎体助熔剂，才能到达最好的烧结效果。如果真的添加了，那么添加量也是少量、适度的，达到略高于北方大部分炻器黏土的水平。

另一种观点是邢窑器物使用了单一的、开采后仅经过筛选和研磨的黏土，在烧结材料中所观察到的石英和矿物助熔剂是黏土本身天然携带的。该地区的工艺发展仅局限于改进黏土的制备工序、窑炉的设计和掌控。改进窑炉的监控对提高窑温将是特别重要的，窑温需提高到能使当地黏土的内在特性得到充分的体现。

除了上面两种可能性，还存在第三种可能性，那就是邢窑的陶工使用了两种黏土的混合，而不是黏土与岩石的混合。该方法是在高耐火的低硅黏土中掺加另外的富硅和富矿物助熔剂的黏土以改进其性能。这类制备黏土的工艺（互补黏土的混合）在世界各地是很普遍的，而且往往会使混合黏土陶瓷胎体在技术性能上优于任何单一黏土烧制的胎体。

当然，对于这样一个具有相当规模和久长经营历史的窑业体系，很可能在不同的窑炉，不同的时间段曾采用上述几种不同的技术[188]，这就将问题转化为哪种技术使用得更为普遍。回答这个问题的主要困难在于缺乏对当地黏土的分析数据。如果掌握了更多的数据，就可以推测邢窑的窑工究竟是"随采随用"地使用单一的黏土，抑或是通过添加少量的岩石粉末或互补黏土来对主原料的组分作微小的调整。

（viii）长石质的邢瓷

内丘县西北部隋唐邢窑遗址的某些值得注意的考古发现，使邢窑早期的窑工在多大程度上曾使用粉碎岩石的问题成为焦点。发掘的结果是 1989 年在上海召开的国际陶瓷讨论会上报告的，这些结果对正在形成的关于世界最早瓷器本质的观念提出了严肃的挑战[189]。

13 件年代定为隋唐时期（公元 7 世纪早期）的邢瓷级别的样品在上海会议上被作了介绍：三件为当地典型的早期粗青瓷器，两件为粗瓷器，有七件为细白瓷器。其中 11 件样品的化学组成由已发表的论述北方陶瓷的著作而为大家所熟知，但有两件"细白瓷"属于完全新的类型，它们有引人注目的白度、纯度和半透明度。这两件半透明

188　至少从北齐到北宋，即从公元 6 世纪晚期到 12 世纪。

189　Chen Yaocheng *et al.*（1989a），pp. 221-228。

的瓷片都是施釉的，是小碗的残片，碗的圈足保存完好。其中之一没有装饰，另一个却在侧面有狮头的模印浮雕装饰[190]。表 22 列出了这两件半透明隋唐邢瓷的化学组成。

表 22　隋唐时期的半透明邢瓷的分析

出土遗址	年代	SiO$_2$	Al$_2$O$_3$	Fe$_2$O$_3$TiO$_2$	TiO$_2$	CaO	MgO	K$_2$O	Na$_2$O	MnO	P$_2$O$_5$	总计
内丘	隋唐[a]	65.8	26.8	0.3	0.2	0.4	0.2	5.2	1.0	0.01	0.06	100.0
内丘	隋唐[b]	62.9	26.9	0.4	0.2	0.5	0.3	7.3	1.6	—	0.01	100.1

a　Chen Yaocheng *et al.*（1989a），p. 224。
b　同上。

表 22 的分析数据清晰地呈现了两个明显的特点。第一个特点是氧化铁和氧化钛等呈土色的着色剂含量极低。钛与铁共存时具有使胎体变黄的强烈作用[191]。这两块瓷片的含钛量是中国北方早期陶瓷胎中最低的，这解释了为什么瓷片异乎寻常地白净。这里所见钛的百分含量在原生高岭土中是较为典型的，但在次生高岭土中却是少见的，这意味着这两块瓷片可能是用经精炼后的风化岩石制作的，属真正的原生材料。

第二个特点是这两块瓷片的黏土中异常高的氧化钾（K$_2$O）和较高的氧化钠（Na$_2$O）水平。钾和钠的氧化物在高温时都是很强的助熔剂，正是这种高含量的钾和钠的联合作用导致了瓷片显而易见的透明度。1989 年的报告的作者对分析结果解释如下[192]：

> 今天在北方很难找到含钾量如此高的黏土与这类胎相匹配。唯一的解释是使用了钾长石，虽然中国古代的陶工们极少使用钾长石作为陶瓷的主要原料。……在胎体中存在着相当数量的长石残留……这对上述论点给出了有利的证据。为找到可能存在的使用当地陶瓷原料的胎体配方，还曾进行了计算。结果为：……60%的赞皇白家窑黏土和40%的内丘神头钾长石的配方能相当好地与 YN6 样品（表 22 中的第一个样品）相吻合。

上述分析结果的特殊意义在于，它们的成分配比具有明显的人为特征，因为在自然界虽然可见到云母与高岭石的混杂，但是高比例的长石与高岭石的混合物是极少见的。如果这两块瓷片是用经加工的原生材料制成的，那么隋唐时期的长石质邢瓷代表了一种与至今所讨论的隋唐宋时期（公元 7—12 世纪）所有北方瓷器都不相同的工艺。它们实质上更接近晚近西方的中国瓷器仿制品，也许最接近的是 19 世纪英国帕罗斯瓷器（Parian wares）的那种超透明的白瓷[193]。

这两块出土瓷片代表了全世界最早的真正长石质瓷器。它们比欧洲对瓷器配方做出的重要贡献（萨克森长石质硬瓷）领先约 1100 年，也是最早以原生高岭土作为瓷胎主要原料的例子。这些瓷片的釉也因富含长石而异乎寻常，这使得它们成为世界最早

190　本册作者之一（柯玫瑰）2002 年在上海博物馆的一次会议上观察了这两块细白瓷片。
191　Lawrence & West（1982），p. 39。
192　Chen Yaocheng *et al.*（1989a），p. 223。
193　帕罗斯无釉瓷是因为它与细白的大理石相似而命名的。它是科普兰（Copeland）于 1845 年制作的，Honey（1962），p. 235。哈默夫妇 [Hamer & Hamer（1997），p. 238] 给出的配方是瓷土 33%和康沃尔石（Cornish stone；一种石英-长石质岩石）66%，烧成温度是 1200℃。

的长石质釉。对很多典型的邢瓷瓷釉的分析表明，邢窑通常将含钛量极低的高岭土作为釉的配料，大概是为了增强釉下的胎所呈现的白度。虽然低钛高钾的邢窑长石质瓷器，其质地更接近南方而非北方的瓷器，但它们的高铝组分显然不属于南方，在至今已发表的中国南方的瓷器品种中没有找到同类产品。

看起来很奇怪的是，如此成功的工艺竟只存在这么短暂的时间。再也没有关于长石质邢瓷的进一步文献报道。上面所引用的报告的作者也提到，这种工艺在唐代不久就失传了："[唐代] 细白瓷胎的低 K_2O 含量表明了已不再使用钾长石。" [194]

（ix）定　窑

引人注意的是，从唐代至北宋，定窑也生产了不少又白又透明的瓷器，虽然这些瓷器尚待进行分析[195]。伴随着邢窑的产量和名望的衰落，定窑逐步地超过邢窑成为中国最重要的瓷器生产地，这个过程始于唐代末期。定窑也位于河北，地处邢窑窑群以北约 100 公里，也同样取材于太行山东麓石炭—二叠纪的黏土层。更早的巩县窑和临城窑也曾使用那里的原料[196]。

到五代时（10 世纪）邢窑的生产顶峰已过，定窑和耀州窑成了生产中心。但是在北宋早期，邢窑、定窑和耀州窑，还有越窑都还必须为宫廷供应贡瓷[197]。由此看来，在北宋和金代时，定窑达到了顶峰期，而于元代衰落。关于定窑的位置，曾有过很多的争论，现已根据文献资料将其找到。迟至 20 世纪 30 年代，一位美国的社会学家在他的关于定县的论文中还只能这样写[198]：

158

　　据说在凶悍的金人将宋王朝赶到杭州前，定县曾是繁荣的陶瓷交易地点……虽然据说定县也是生产这些器物的地点，但是至今未能在那里找到任何窑场或黏土采集地的遗迹。

实际上定窑诸窑址并不在定县，而是在河北省曲阳县的涧磁村和燕川村，曲阳县宋代时归定州管辖，由此导致"定瓷"这个名称和后来关于定窑窑址上的混乱认识。一位日本学者，小山富士夫，于 1941 年最先考察了这些窑址。当时采集的大量瓷片和其他材料现保存于日本的出光美术馆（Idemitsu Museum of Arts）、静冈县热海市的私立美术馆（MOA Museum）和根津美术馆（Nezu Institute of Fine Arts），而且已被进行了一定深度的研究[199]。20 世纪 50 年代，陈万里和冯先铭作了进一步的探索研究工作。对丰富的

194　Chen Yaocheng *et al.*（1989a），p. 227。

195　Ye Zhemin（1996），p. 65。关于 10 世纪早期的一个例子，见 Ye Zhemin（1996），p. 65, fig. 3。

196　Richards（1986），pp. 67-68。

197　《太平寰宇记》卷五十九，第五页；卷六十二，第四页；卷九十六，第五页。《宋史》卷八十五（地理一），第二十页；卷八十六（地理二），第六页；卷八十七（地理三），第四页。《元丰九域志》卷二，第十三页；卷五，第十三页。《宋会要辑稿》食货四一之四一。

198　甘博 [Gamble（1954），p. 442] 根据 1926—1933 年收集的材料。

199　小山富士夫在涧磁村采集了 1167 块瓷片，在燕川村采集了 97 块瓷片，还有 132 片采集于去曲阳县的路上。见长谷部乐尔（*1983*）、关口广次（*1983*）、西田宏子（*1983*），第 88-96、144-149、160-162、165-167 页。

废弃物堆的发掘和考察是在 1961—1962 年，此后就一直在做完善对瓷器产品和对窑址
分期认识的工作[200]。中国考古发掘获得的材料保存于曲阳县文物处和定州市博物馆[201]。

日本学者对两个窑址瓷片的检测揭示，涧磁村窑址的瓷片质地非常均一，主要是
白瓷，而燕川村的瓷片则有细瓷到灰色粗瓷之间的多个品种。主要的制作方法是用转
轮拉坯，伴有雕刻或模印的图案。模印图案技术最早始于 11 世纪中叶，而且只使用内
模[202]。中国随后的发掘进一步揭示了这方面的细节。涧磁村东面的早期窑炉建于唐和
五代，生产青瓷、褐釉瓷和白瓷，有些晚期的白色瓷胎曾经过精炼，有些较粗糙的胎
体则施有化妆土。村子北面的窑是宋代的，生产白瓷，而村子东面也有窑生产北宋的
定白瓷，其中有些器物底部有"尚食局"款，揭示是供应皇室的贡品。燕川村周围的
窑在唐、宋、金和元各代始终都在烧制瓷器，但随时间其质地逐渐变粗糙。燕川村产
品的种类比涧磁村更广泛。器物是放置在匣钵中烧成的。叶喆民曾对焙烧方法分成期
段：早期为"正烧"，中期为"覆烧"，而晚期为"叠烧"。覆烧的结果是器物的口沿粗
糙无釉，烧前需用锐器将釉刮去，避免熔融的釉粘在支具上。覆烧的方法也导致用
铜、银或金圈将容器无釉的口沿包裹起来以改善口沿的品相。

最近，另一种焙烧技术也得到了确认，这种技术称为"挂烧"，即将敞口的容器正
位码放在支圈上。釉向下施到容器的底部，口沿下留有无釉的部位。生产过程是标准
化的，成形、装饰、施釉和焙烧由不同组的陶工完成。与其他窑址的情况相似，一些
家族似乎占据了制造中的特定分工，这也由刻在模子上的家族姓氏显示出来（例如
"刘家模子"）[203]。

定窑属馒头窑类型，并从 10 世纪起使用煤作为燃料，能提供 1300—1340℃范围的
高温和氧化气氛。这使定瓷呈其特有的象牙暖色。除了有较厚滴状斑（收藏家称为
"泪痕"）的透明釉的定白瓷外，也偶见黑色、棕色和绿色釉的器物，或者涂棕色和带
刻纹的器物。高质量的象牙色、白色、紫棕色和黑色的定瓷器偶尔饰金。与唐代的邢
瓷相仿，宋代的定瓷也曾在许多其他窑址被模仿[204]。

定瓷在五代、北宋和金代都享有很高的地位，得到皇室和富裕寺院的青睐。五代
时在当地建立了收取陶瓷税的政府机构，称为"瓷窑商税务使"，简称"瓷窑务使"或
"窑务使"。公元 957 年的一座石碑上对此有记录[205]。有的定窑器物有"官"或"新
官"的款识，这样的款识也见于越窑和耀州窑的瓷器。整个北宋时期宫廷一直征用定

159

200　西田宏子（1983）对 1983 年以前的研究工作做了最中肯的总结。

201　Ye Zhemin（1996），p. 63。

202　关口広次（1983），第 93-95，161-162 页。

203　Ye Zhemin（1996），p. 66；Harrison-Hall（1997），pp. 184-185。

204　其中之一是河北正定附近的井陉窑，该窑是 1989—1996 年发掘的。窑中出土了一系列从隋至元的材
料，它们与涧磁村和燕川村的陶瓷很相似，非专业人员用肉眼简直难以将两者区分。见孟繁峰和杜桃洛（1997），
第 133-139 页，图版 6；孟繁峰（1997），第 140-145 页。模仿定瓷风格的窑场还有江西景德镇、安徽萧县、四川
彭县以及山西的平定、孟县、阳城、介休和霍州等地。Hughes-Stanton & Kerr（1980），pp. 102-103；冯先铭等
（1982），第 237-239 页；Vainker（1991），pp. 97-99。某些磁州窑系的窑口也生产次等的定瓷风格产品。

205　《重修曲阳县志》（1904 版）卷十一，第一三五页；卷十二，第一二五页。Ts'ai Mei-Fen（1996），pp.
110-111。

瓷[206]。1127 年宋皇室南逃杭州，战争一时中断了北方的瓷业生产，但很快就恢复了。金属矿开采全面的萎缩导致铜料匮乏，随之而来的是禁止使用青铜礼器。代用的陶瓷礼器成了急需品，而定窑则继续生产贡品瓷器[207]。北宋灭亡 12 年后，定窑已全面投产，为新朝廷生产瓷器[208]。

自宋代起，定窑已被收藏家列为宋代"五大名窑"之首，其名望使得明清时期定瓷在景德镇和其他地方被仿制[209]。很多这种仿品，包括某些称为"土定"类的瓷器现被完好无损地保存于博物馆的藏品库。大部分的仿制品是在工场中匿名生产的，但也有一些出自名家之手。在 16—17 世纪的明代晚期，文人圈产生并扶持了一些有趣的人物，他们开始动手制作陶器（见本册 pp. 31-33）。

与定瓷高贵的地位相当，它们也引起了宋代学者如陆游、叶寘和周密等人的兴趣，但是，详细描述定瓷的品质及收藏价值的是明代早期的曹昭[210]：

> 在古代的定瓷中，有价值的是细胎、白色、釉呈光泽的器物，而那些较粗糙和偏黄色的就差些。真品的外表有"泪痕"。高档器皿中，最高级的器物剔有图案，表面平整的次之，有锦缎花纹［可能是模印的图案］的属于第三等。最好的定瓷制作于宣和与政和年间……也能见到紫色和墨色的定瓷，后者如漆一般黑，虽然它们的胎体都是白色的。它们与定窑白瓷同样是定州生产的，但价格更高……定窑白瓷，如果破损、有裂纹或者暗淡无光，就不怎么值钱了。

> 〈古定器，土脉细，色白而滋润者贵，质粗而色黄者价低，外有泪痕者是真，划花者最佳，素者亦好，绣花者次之。宣和、政和间窑最好……有紫定，色紫。有墨定，色黑如漆。土俱白。其价高如白定，俱出定州。……凡窑器茅蔑骨出者价轻。〉

曹昭还写道：在他那个时候定瓷已经比景德镇烧制的细质御瓷更值钱了[211]。

（x）定瓷的化学组成

在宋代至金代定瓷的顶峰时期，悦目的乳白色定窑瓷器已用煤并通常在氧化气氛下烧制。北宋时定窑的烧成温度范围据估计大约为 $1320\,℃\pm20\,℃$[212]，烧成的材料有时呈现半透明的淡橘色。不过，定窑制作的器物可以分成若干个级别，其中不少的器物应归为炻器的范畴。因为它们完全不透明并呈现出乳白色（表 23）[213]。

206　关于定瓷器物在宫廷和佛寺的应用，见 Harrison-Hall（1997），pp. 186-187。关于款识意义的讨论，见 Ts'ai Mei-Fen（1996），p. 114。

207　《金史》卷四十六（食货一），第二页；卷二十五（地理中），第十页；Kerr（1990），p. 57。

208　《大金集礼》（卷九，第九页）提到，一份官方为一位皇室公主订购货物的清单中包括 1000 件定瓷。

209　例如，根据清朝宫廷档案，雍正七年（1729 年）春曾命令年希尧生产仿定白瓷，见傅振伦和甄励（1982），第 21-22，55-56 页。

210　《格古要论》卷下，第三十九页。David（1971），pp. 141，306。

211　《格古要论》卷下，第四十页。David（1971），pp. 143，305。

212　Li Guozhen & Guo Yanyi（1986），p. 138。

213　关于定瓷工艺特征的全面说明，见张进等（1983），第 14-35 页。

表 23　定瓷胎体的分析 [a]

		SiO$_2$	Al$_2$O$_3$	TiO$_2$	Fe$_2$O$_3$	CaO	MgO	K$_2$O	Na$_2$O	MnO	总计
定瓷胎 1	唐	59.8	34.5	0.4	0.7	1.1	0.9	1.25	0.7	0.03	99.4
定瓷胎 2	五代	61.2	32.9	0.6	0.6	3.4	0.9	1.25	0.1	0.02	101.0
定瓷胎 3	北宋	62.0	31.0	0.5	0.9	2.2	1.1	1.0	0.75	0.04	99.5
定瓷胎 4	金	59.2	32.7	0.75	0.7	0.8	1.1	1.7	0.3	0.01	97.3
伯特格尔瓷 1715 [b]		61.0	33.0	—	—	4.8	—	0.1	0.2	"其余" 0.9	99.1
维也纳瓷	18 世纪晚期 [c]	61.5	31.6	—	0.8	1.8	1.4	2.2	—	—	99.3

　　a　所有定瓷样品的分析：Li Guozhen & Guo Yanyi（1986），p. 138。
　　b　Schulle & Ullrich（1982），p. 45，table 4。
　　c　Brongniart（1844），vol. 2，p. 386。

表 24　灵山紫木节土的分析 [a]

	SiO$_2$	Al$_2$O$_3$	TiO$_2$	Fe$_2$O$_3$	CaO	MgO	K$_2$O	Na$_2$O	MnO	P$_2$O$_5$	总计
灵山紫木节土，烧结后	55.6	40.0	2.0	0.7	2.0	1.0	0.2	0.5	—	—	102

　　a　根据 Li Guozhen & Guo Yanyi（1986），p. 138，table 3。（本表已将生料的组成经计算转换为烧结后的数据。）

　　定瓷胎的一个重要的，也是被讨论很多的工艺特征是：分析数据中出现个别样品，其钙和镁的含量超过平均值，这特别反映在瓷器初始生产的北宋及金代初期。一些定瓷的碱土金属含量虽达不到伯特格尔瓷的水平，但非常接近 1718 年后制作的维也纳瓷（Vienna porcelain），后者最初使用了萨克森地区的原料和迈森的专门技术[214]。这是世界陶瓷史中一个难以理解的现象：欧洲第一批硬质瓷是模仿了同时代中国南方的瓷器（当时中国的主流瓷器），但实际上欧洲硬瓷配方在工艺上却更接近早已被废弃的中国北方的富黏土质瓷器。在迈森瓷和维也纳瓷中，钙和镁的含量均表明其是人为添加的。从而产生一个问题，定瓷中碱土金属的含量是否也是人为添加的结果，还是河北当地的黏土就是这样的？

　　对采自靠近定窑的灵山地区的黏土样品的分析结果支持后面一种可能，尤其是黏土经高温烧结后给出的 CaO-MgO 含量与很多北宋和金的定瓷样品接近（表 24）。

　　"紫色"黏土在地质上是不寻常的，因为一般黏土中如果钙和镁的水平略高于平均值，那么氧化铁也会同时偏高，但是灵山的紫木节土却没有显示出氧化铁高的特点。多数黏土中钙、镁与铁的关联性往往反映了它们属中性或基性岩石的风化产物，这类岩石富含上述诸元素。确实就像中东和欧洲生产锡釉陶器的长期历史中使用的多数黏土那样，用于制作伊拉克早期锡釉陶器（是进口的中国北方瓷器的仿品）的那些易熔黏土也很好地反映了这个规律[215]。

　　再回到紫木节土的话题，其高含钛量似乎不适宜于制作瓷器，但是它的存在确实

214　Kingery（1986），p. 170。
215　Tite *et al.*（1998），p. 255；Zhang Fukang（1992），p. 384，table 1。

是在提示，在定窑窑址附近应该存在低铁的耐火黏土，这种黏土相对富含钙和镁，并曾被当地的窑工们所使用。

另一种可能性是，定窑的陶工简单地在普通的耐火黏土中加入了白云石、石英，甚至少量的长石，以增强玻璃化和降低烧结温度。这是中国科学院上海硅酸盐研究所郭演仪的观点，他写道[216]：

> 为了使得胎体中有足够量的氧化物，在使用一种当地黏土，例如灵山耐火黏土作为胎的主要成分时，还必须加入 10%—20% 的长石和石英，以及少量的白云石和方解石。

（xi）其他的北方瓷窑

163

虽然太行山东麓的黏土从唐代到元代（公元 7—14 世纪）为中国北方大部分的瓷业生产提供了黏土资源，太行山西面的山西和陕西也同样生产白瓷。令人感兴趣的是，陕西的耀州窑白瓷比邢瓷的耐火度更高，烧制温度需接近 1370℃（蓝白热）时才能烧成。当北宋的耀州窑改为烧煤时，这么高的温度才变得比较容易达到，但在此之前，当地的白瓷则稍显欠火。需要加热到如此高的温度必然导致烧制的成本极高，并且相应要求窑炉本身和炉内窑具的高耐火度，这些都表明当时的耀州瓷业并不了解往胎中添加助熔剂的原理，而是直接使用了当地的瓷土（表 25）。

表 25　耀州窑白瓷胎体的分析 [a]

朝代	SiO_2	Al_2O_3	Fe_2O_3	TiO_2	CaO	MgO	K_2O	Na_2O	（其余）	总计
唐	63.65	29.8	1.1	1.0	0.7	0.5	1.5	0.6	（0.6）	98.25
唐	67.4	27.0	0.6	1.0	0.4	0.5	1.6	0.4	（0.9）	98.9
北宋	58.6	34.7	0.6	0.1	2.0	0.8	1.2	0.7	（0.7）	98

a　Zhang Zizheng *et al.*（1985），pp. 23-24（数据采自会议张贴论文）。

所有北方白瓷原料中耐火度最高的也许是元代山西霍州窑白瓷所用的原料[217]。其氧化铝含量高达 39%，而且助熔剂含量相对很低，这使得霍州窑白瓷的烧结温度必定要高于 1350℃。霍州窑白瓷的化学组成也说明了它们只是直接使用当地的低铁耐火黏土而未添加任何助熔剂或富硅的材料（表 26）[218]。

表 26　霍州窑白瓷胎体的分析 [a]

朝代	SiO_2	Al_2O_3	Fe_2O_3	TiO_2	CaO	MgO	K_2O	Na_2O	MnO	P_2O_5	总计
元	57.4	39.4	0.5	0.7	0.4	0.2	0.9	0.5	0.01	0.04	100.1
元	57.9	38.6	0.9	—	0.4	0.3	1.0	0.5	0.004	0.05	99.7

a　郭演仪等（1999），第 216 页，表 2。

216　Guo Yanyi（1987），p. 15。

217　Zhang Zizheng *et al.*（1985），pp. 23-24。（全文未发表；数据采自会议张贴论文。）

218　休斯-斯坦顿和柯玫瑰［Hughes-Stanton & Kerr（1980），pp. 102-103，162］的书中有霍州窑瓷片的插图。

（3）10 世纪以后的中国北方炻器

164

（ⅰ）北方的炻器

　　北方瓷器主要的引人之处在于它们的胎体材料，而近乎无色的透明釉的发明，则是要让这些胎土发挥出最大的优势。对于最精致的北方炻器却与此相反（特别是北宋时期的炻器），最引人注目的特点是其高温釉的特性，胎体黏土的品质倒是其次的。

　　但是，这里暂且不讨论晚期北方炻器的骄人成就，北方炻器的釉层是从公元 6 世纪时的原始状态经历了若干世纪后才逐步成熟的。公元 6 世纪时，暗淡色的高岭石黏土被所施加的偏绿色单色石灰釉，或者是氧化状态下的黄色釉美化。这种 6 世纪时的釉往往呈玻璃态，流动性强，且有细小的开片，但有时候也因欠火或冷却过慢而显得呆板和缺乏光泽，或者因液相分离而呈强烈的乳光（见本册 pp. 534-535）。

　　随着唐代北方很多地方白瓷的发展，青瓷釉不再流行，从而出现了描述唐代陶瓷业的归纳性名言——"南青北白"。这个时期黑釉炻器在北方也有了新的发展，这类黑釉器往往就用当地的沉积黄土制作釉料。唐代炻器的烧制温度一般低于同时代北方瓷器的烧制温度，常在 1260—1300℃ 的范围内，多数情况为氧化气氛。

　　典型的唐代北方施釉炻器往往是在氧化气氛中烧成的（呈黑、米白或黄颜色），施釉往往未及器物的底部，因此可以显露釉下灰暗色的胎体。非通体施釉是公元 6 世纪工艺的遗风，因为当时石灰釉的不稳定性，焙烧时易流淌，施釉适当留有余地能最大程度地减少器物被粘住的危险。非通体施釉的工艺也应用于很多"三彩"器物，也是为了防止易流动的铅釉在器物基底部位的过度堆积。相反，唐代瓷器经常是通体施釉的（除圈足部位外），富含黏土的釉的高黏滞性允许采用这种工艺。

（ⅱ）耀　　州

　　10 世纪早期的唐末，还原焰烧制的青瓷在北方欣然复苏。耀州窑就属于这种情况，那里烧制的石灰碱釉先是浅蓝色的，然后出现青绿和橄榄绿色的。这些窑场所在的陕西省铜川县曾一度称为耀州，因此这里生产的陶瓷制品在中国归属于耀州窑。

165

　　耀州青瓷釉是高温烧制的，比南方的青瓷釉更稳定，因此釉层也能施得更厚。这种釉被证明适用于在胎上进行刻花、篦划，以及后期的胎面模印等美化装饰。耀州炻器黏土含氧化铁的量比早期北方炻器的略高，在高温下和冷却过程的早期趋于被重新氧化而呈现铁的暖色调。地方志记录了黏土是当地的，石灰石采自铜官，而细黏土出自陈炉镇[219]。这类细腻、灰白色的材料称为"坩泥"或"坩土"，是一种瓷土，省志上记载了它的用途[220]：

219　《陕西通志》（明嘉靖）卷三十五（民物三·物产），第十二页。
220　《陕西通志》（清雍正）卷四十三，第一一六页。

陈炉镇的"坩泥"白而细，能用以制作"瓷器"。明月山产白色黏土，色如银，也出"坩泥"，是制作官瓷的原料。

〈甘泥白且细，可为瓷器，出陈炉村，明月山出白土如银，又出坩泥，同官瓷器以此为之。〉

中国北方的白釉器与青釉器之间的关系不仅可以通过其材料特性，也可以通过它们的生产和消费模式来建立联系。制作青釉器最重要的地点是耀州，相当于现在的铜川市。耀州境内两个最重要的窑区是黄堡和陈炉。该地区同时蕴藏着瓷土和煤矿资源，煤矿资源促进了从烧柴到烧煤的转化，这大概发生在10世纪晚期。北宋时期这里的经济得到显著的发展，矿业和其他经济领域受到政府的支持。煤矿开采的进步反过来也促进了陶瓷业的快速增长。煤的火焰短，以煤为燃料导致了有特色的馒头窑结构设计的相应变化，馒头窑最初是为烧柴而设计的。

耀州窑的成功随后导致河南多个窑场的仿制，包括临汝、宜阳、宝丰、新安、内乡和禹县等地[221]。临汝严和店的发掘材料现保存于北京大学赛克勒考古与艺术博物馆。虽然临汝的器物忠实地仿烧了耀州的器物，但光学仪器的观察可以分辨出一些差异，这些差异反映出临汝器物往往含更高的助熔剂且焙烧的时间较短。耀州窑瓷器的名声使得其在广西都有仿烧，那里有特色的青绿釉器的生产或者常规地使用了氧化铁，也可能是以其独特的方式使用了铜的化合物[222]。

166

（iii）记录炻器生产的历史碑刻

各地竖立的众多碑刻见证了陶瓷在中国物质文化中的重要地位，纪念碑是为向窑神表示敬意或祈求对窑工的保佑而建造的。很多窑场都拜祭窑神，窑神被赋予多种名称（见 pp. 206，243-244）。北方炻器制作地区现在还保存的若干碑刻上记录有关于一位陶窑保护神的信息。很多的石碑还被保存着，它们也能告诉我们关于陶瓷业的大量情况。

一个早期的例子是山西洪山镇一座建于1008年的窑神庙，庙中发现了超过10块碑[223]。碑上题名中有当地陶瓷税务机构两位官员的名字，75年后景德镇也建立了这类机构[224]。这揭示了当时陶瓷制造业和陶瓷贸易的兴隆，以及当地陶瓷制品的高质量和好名声。有意思的是，石碑上用"陶"字表示陶器，用"翠"（翠绿色）和"稀"（稀少）来描述具体的器物。庙和碑是敬奉给窑神的，窑神的封号为"源神"，后来在11世纪后期，这一封号又改为"德应侯"（见脚注225）。

221　冯先铭等（1982），第251-252页。

222　英文文献中有关这些重要发现的报道，见 Scott & Kerr（1993）和 Scott（1995）。

223　吴连城（1958），第36-37页；冯先铭等（1982），第250页。

224　全中国都逐级建立了管理陶瓷贸易和税收的政府机构。1083年的八月在饶州建立了管理陶瓷贸易的行政机构，而1084年在兰州还增设了一个机构以促进穿越中亚地区的贸易。《宋史》卷一八六（食货八下），"市易务"。

在这个供奉窑神的庙中还发现了另外两块宋代的和三块清代的牌匾[225]。在黄堡窑址立有一块纪年为 1084 年的石碑[226]。它对耀州窑的生产作了信息丰富而又简明的描述：

> 像加工金子那样灵巧，像雕玉那样精细。调和黏土，转轮拉坯，得到可方可圆、可大可小、协调规整的［容器］。［它们被］装入窑中，猛火焙烧，有青色的烟雾飞散。劳累数日，它们被烧成。其清晰的、如敲钟般的声音表明其强度，而其妙处在于它们的色泽。……

> 〈巧如范金，精比琢玉。始合土为坯，转轮就制，方圆大小，皆中规矩。然后纳诸窑，灼以火，烈焰中发，青烟外飞，锻炼累日，赫然乃成。击其声，铿铿如也；视其色，温温如也。……〉

接着碑文对燃烧过程作了富有想象力的描述："往窑内观察，在熊熊烈火中经常可看到昆虫，它们一定是神灵的化身，在微微发光的清水中运动。"（"启其窑而观之，往往清水盈掬，昆虫活动，皆莫究其所自来，必曰神之化也。"）

在邻近的山西省，有一位生活在晋代（公元 4 世纪）的陶工名叫柏林，其姓被遗忘，黄堡的石碑上记有对他的赞誉。他的成就被记录于牌匾上，而牌匾隐藏在庙的横梁上。黄堡作为陶窑业中心的重要性随时间而增长直至宋代，后世地方志记录了宋代众多的陶瓷工厂以及那座发现了石碑的庙宇[227]。

耀州显然以其陶瓷业而骄傲，那里安置了纪念匾，其年份为 1727 年、1817 年和 1882 年[228]。三块匾都是回忆宋金时期耀州窑顶峰时期的光辉历史。考古工作表明，耀州在元代生产的器物质量较差，但是发现了一个刻有弘治（1488—1505 年）年号的匣钵，这表明其在明代还维持着一定规模的生产活动[229]。

在相邻的河南省修武县的小村当阳峪发现了一块 1105 年的宋代石碑。该碑已损坏碎裂，它是供奉给一位名为柏林的德应侯的。该庙 1100 年奠基，而此碑是 1105 年竖立的。碑文还提供了这样的信息，即为纪念陶瓷生产而建庙的想法起源于耀州，当地有超过 100 个家庭从事陶瓷生产，以此维持了超过万人的生计。在那个碑的反面刻有一位江南程公撰写的韵文风格的叙述文。这些题字的年代不清，它可能与立碑是同时的，也可能是后来添加的。文中提到了当阳峪的细陶工艺，并奉承性地与程公家乡——南方的鄱城（即景德镇）的器物进行了比较[230]。

167

225　"德应侯"是册封给山神和土地神的官称。铜川碑上的刻文说明在熙宁年间（1068—1077 年）册封"窑神"为"德应侯"。

226　陈万里（1972, 1976），第 35 页；冯先铭等（1982），第 252 页；薛东星［(1992)，第 14-15 页］拓录了碑文，蓑丰［Mino Yutaka（1980）］转载了石碑拓本。

227　《耀州志》卷二（地理志·铜官古迹），第七十六页。

228　冯先铭等（1982），第 251-252 页。

229　同上。

230　陈万里（1954），第 44-45 页；Mino Yutaka（1980），p. 12。

（iv）北方的其他重要炻器

北宋时期中国北方的青瓷，特别是在河南的，演化为几个重要的陶瓷新品种，如钧窑器与汝窑器。这些青色和青绿色的厚层釉往往施加在简单但富有表现力的器形上，产生单色风格的美。与此同时，级别较低的炻器则在浸沾了高岭质的白色化妆土后，再在胎上刻花，然后用深色的化妆土描绘，最后以不怎么透明的釉层覆盖。这就是中国北方的磁州窑系的产品，它们在多个北方省份产量巨大。

（v）汝　　窑

168　　汝窑是收藏家所称的"五大名窑"之一，汝器几乎从开始制作时就在有关文献中得到褒扬。至少早在明代，汝窑器物就已成为皇宫的珍藏品[231]。现存的汝官瓷完整器不足40件（大部分藏于中国大陆和台北以及英国伦敦），直到不久以前人们还认为这已囊括了全部仅存的汝器。但是情况在1987年发生了变化，由一系列偶然的事件发现了类似汝器的碎片，随后在河南宝丰清凉寺村边进行了发掘[232]。当时虽然还没有发现窑炉或工场，但大量残存的汝器碎片、匣钵和窑具仍可认定该处为汝窑的生产场所。2000年在清凉寺村中心的新考古发掘证实了这个平凡、偏远的地点是北宋晚期为皇室生产汝器的中心。超过15座"馒头"窑、两个工场区以及成堆的窑炉残留物和瓷片，勾画出短短的20年间（1086—1106年）这里经历的生产盛况[233]。

大部分汝器是通体施釉的，并在匣钵中置于带有3个或5个小支钉的支具上正位烧造，在器物的底部会留下汝器特有的细小芝麻形支钉痕。汝器只生产了很短一段时间，该处的考古材料显示当地同时还烧制其他类型的器物。在那里也烧制较低质量的民用汝器和钧釉器，还有黑釉器和带装饰的磁州窑系陶瓷器物[234]。很清楚，汝器与作为贡品的越窑器物一样，是商业性窑场受宫廷的专门委派制作和烧造的，而不是在官府专设的窑场烧制的。徐兢（1123年）曾著文讨论汝器与越窑器物间的关系，他在关于高质量香炉的论述中写道，越窑的"秘色"器物是最好的旧式标本，而出自汝州的新器物是最好的新式标本[235]。

汝器显然受到北宋朝廷的高度重视，它相对于其他珍稀贵重物品的价值可借由一份保存下来的皇家礼单来确定。这份礼物是一位渴望升官的名叫张俊的官员趁高宗皇帝于1151年访问他的官邸时赠送的。礼单包含42件玉器、黄金、珍珠、翠鸟羽毛、玻璃、玛瑙、古青铜器、珍贵纺织品、兽皮、字画和16件汝器。汝器包含两个长颈酒瓶、一个盆、一个香炉、一个熏香盒、一个熏香球、两个熏香台、四个杯子、二个痰

231　《宣德鼎彝谱》（第一页）记录，宫廷库房中与汝器一起还收藏有珍贵的柴、官、哥、钧、定等器物。该书被收入《四库全书》，并附有一篇撰于1428年的序言；关于该书的真实性和年代的讨论，见Kerr（1990），p. 105，note 12。

232　Wang Qingzheng（1991a），p. 27；Wang Qingzheng（1991b），p. 85。

233　Chhen Hung-Yen *et al.*（2001）；Anon.（*2001c*），全文，特别是第28页。

234　见Wang Qingzheng（1991a）和（1991b）；Vainker（1991），pp. 99-101。

235　《宣和奉使高丽图经》卷三十二（器皿三），第二页。关于该书的版本源流，见David（1938），pp. 20-22。

图 37　发掘出土的莲台残片，可能是一座大香炉的一部分。现存的汝窑整器中未见此种类型

盂和一大一小两件柱状香薰[236]。很多大型器物的形状在现存汝窑器物中是未见的，现代各博物馆保存为数不多的汝窑器物多是小型的。现在，幸亏持续不断的考古发掘，很多仅在文献中提到的器物类型才得以证实（见图 37）。

（vi）钧　　窑

169

　　清凉寺汝窑遗址钧窑类型器物的发现，仅是河南各地钧釉器的众多发现之一。大多数的钧器出土于河南中部临汝和禹县的至少 10 处窑址。这些窑址除生产钧器外也生产其他类型的陶瓷器，主要是青瓷，也生产带装饰的器物。钧器的器形众多，一般是大众使用的日用器皿。钧器最美之处在于釉，其颜色范围从乳光蓝色到灿烂的紫色，且经常因高温铜红色料的斑点而显得生动。

　　粗大的钧器质量参差不齐，最优的是细胎和支钉支烧。器形一般大而实用，如球形罐和壶，还有花盆等，但是精细器物的优美在于其奇妙美丽的釉。到明代晚期，钧器已经赢得赞誉，而钧窑被视为"五大名窑"之一。有的学者，如高濂和张应文等，虽模糊却精心地划分出了颜色和器型的层次等级，上至最优的红色和青绿色器物，下至那些其色彩因窑中混融而成泥浆状的棕粉色，即称为"猪肝"色的器物（另见 p. 570）[237]。

236　《武林旧事》卷九，第十三页。关于该书的版本源流，见 David（1938），pp. 22-25。
237　《遵生八笺·燕闲清赏笺上》（第二十四至二十八页）。《清秘藏》卷上，第六页。

170

（vii）磁 州 窑

磁州窑器是民用器物，得名于河北省磁县生产该类型器物的窑址。然而，从宋、金、元一直延续到明代，河北、河南、陕西、山西和山东的大量窑址都在烧制磁州窑系的器物。磁州窑风格的农村民用器物一直到 20 世纪都没有停止生产。磁州窑系从未受命于官府为皇家服务，所以其产品实用并充满生活气息。在宋金时期，创新的设计和工艺都有发展。北方的黑釉器物在 10 世纪和 11 世纪曾有长足的进步，而在磁州窑又添加了多种多样的装饰：直接在器物釉面上雕刻，在釉面上溅泼具有相同烧成温度的铁锈色釉点，或用富铁的材料进行较为精细的绘画，在烧制后则会产生与黑色釉面有一定反差的铁锈色浅隐图案（semi-figurative patterns）[238]。西方学者称为"sgraffito"的釉面镂雕工艺是不可思议的创新。有一些是通过对釉面剔刻图案以暴露釉和化妆土下具有强烈反差色调的胎体，而另外一些是剔掉上层的釉面以显露下面白色的化妆土[239]。磁州的陶工于 10 世纪还率先发明了剔填装饰工艺，即先在釉面上剔出图案，再用反差色彩的化妆土或釉料填补被剔去的部位。剔填技术后来在朝鲜的高丽时代和日本的江户时代得到了改进。除了白色和黑色的器物外，那里还生产在单色绿釉或单色黄釉上彩绘的器物。

图 38 镶嵌化妆土的枕头，北宋早期，10 世纪

有的图画是釉下铁绘，但自 1200 年左右开始采用釉上彩绘工艺。这种工艺后来于 14 世纪被使用在景德镇的瓷器上（见本册第六部分）[240]。

最早的磁州窑系陶瓷发现于北朝的墓葬中，虽然目前尚未发现那个时代的窑址[241]。然而，可靠的磁州窑器物出现于五代末与北宋之初，即公元 925 年以后。宋元

---

238 关于对磁州黑釉器的概述，见 Mowry（1996），pp. 31-36。

239 休斯-斯坦顿和柯玫瑰［Hughes-Stanton & Kerr（1980）pp. 154，157，161，163-164］对该技术的典型出土样例给出了插图。

240 参见 Scott et al.（1995）；Kerr et al.（1995）；Vandiver et al.（1997）。

241 东魏和北齐时期的器物在河北邯郸博物馆有展出，邯郸是磁州窑系的生产中心。

时期，河北有两个生产磁州窑陶瓷的主要中心，每个中心聚集有很多分立的窑址。这两个中心就是邯郸的彭城地区和磁县的观台地区。两者都合宜地坐落于有丰富原材料蕴藏的水系两岸，而水系又是陶瓷产品出窑后的输出通道[242]。除了河北的主要生产中心，河南、陕西、山西、山东甚至远及更北的宁夏的很多窑场都生产磁州窑风格的器物[243]。

171

在众多窑址中，下文将选择观台窑作简要的评述。在收藏品中观台的陶瓷是很常见的，例如北京故宫博物院收藏的磁州风格的壶罐中，观台的产品占40%。近年来，对观台窑址已进行了认真细致的考古发掘[244]。考古学家将当地的发展过程分划为四个阶段，这个分期方案可以用作其他窑址研究的一个样板。

第一阶段（约公元 925—1048 年）

观台窑场最初的生产规模很小，仅生产日用器皿，主要是白釉器物和黑釉器物，但其中有些器物带有高温铁褐色或低温绿色的装饰，其使用的装饰技术种类有限，包括泼色、图绘、刻花、压印，还使用了珍珠地刻花和彩地刻花。大部分器物为无保护地叠烧，但使用了粗厚的三瓣状的垫饼，另一些是口沿与口沿相对放置，但是也有一些较精细的器物使用了匣钵。

172

第二阶段（约 1068—1148 年）

在第一阶段之后有约20年的空缺，未曾发现其间的器物，接着是第二个阶段——发展期，相当于北宋中期到金代早期。大型的器物出现，如罐、花瓶和枕头等，而装饰也拓展到包括使用低温的绿色和黄色釉。该期段所有器物均使用匣钵烧成，使用三瓣形或五瓣形的垫饼。大约于1100年后，采用了器物在匣钵内的叠烧，也使用了口沿向下的覆烧技术和用漏斗形的匣钵专烧单件大型容器。由于使用了匣钵，釉的质量提高了。

第三阶段（约 1148—1219 年）

第三阶段相当于金代中、晚期，是观台磁州窑的繁荣期。器形和装饰方式呈现多样化，市场也扩大了，除日用陶瓷之外，还包括装饰陶瓷、庙宇用器和建筑陶瓷等。器胎开始变薄，黑釉器极少，但黄色和绿色产品增加。在白色的化妆土上用红、绿和黄色绘制的图案首次出现。烧成方法包括在匣钵中用三瓣形或五瓣形的垫饼叠烧，口沿向下的覆烧和一匣一器烧制等。此时已基本没有器物采用口沿对口沿的叠烧，而是采用在匣钵中的叠烧，并兼用正位烧和覆烧。

第四阶段（约 1219—1350 年）

蒙古军队入侵磁州宣告了衰落期的开始。观台磁州窑再一次衰落到仅生产家用器

242　见 Anon.（1997d）；秦大树（1997），第81页。据记载，明代时安阳宝山和磁州白土山为彭城生产陶瓷器供应了白石和白土，参见《彰德府志》卷一，第十二页；卷二，第三十页。看来在这两个原料产地很早就对其进行了开采。

243　关于不同省份生产的各种类型，见 Hughes-Stanton & Kerr（1980），pp. 80-84，86-90，100-101，104-108，154-158，161，163-164。

244　发掘报告见秦大树（1997），第81-92页。这里所举实例均引自该报告和 Anon.（1997d）。

173

图 39　使用剔填工艺的磁州窑花瓶，白色化妆土上面装饰有红、黄和绿色的彩料，
12 世纪至 13 世纪早期

图 40　观台窑址深厚的地层，1997 年

物，包括大型的器物，如大盘、大瓶和大缸等。在大约公元 1300 年前，黑白色继续是装饰的主要色调，间或也用黄色和绿色。青绿色的釉首次出现，这种情况与钧釉的生产相仿。在 13 世纪时白色的器物是主流，极少有黑釉的器物，但进入 14 世纪后，突然又回归到对单色黑釉器的兴趣，不少高质量的黑釉器物为一匣一器烧成。

元末明初，观台及其邻近窑场均停止了生产。这是因为当地的原料耗尽，漳河改道，以及其他地区窑业生产的发展。

明代及稍后，北方的窑场继续生产磁州窑类型的器物。在明代有一个时段某些窑场甚至为宫廷提供日常家用器物。山西曾一次运出多达 15 000 件的陶质炊具[245]。《大明会典》曾记录，宣德年间专事皇室膳食的光禄寺曾向磁州和钧州订购 51 850 件酒坛、酒壶和酒瓶[246]。1459 年，高品质的大型水缸在制瓦的琉璃窑烧成，为此曾专门指定要求使用河北真定府的黏土，河南开封的细质白色化妆土料和釉料。1522 年，一批外表施碱釉（即施有孔雀绿、茄皮紫和紫色釉）的大型水缸被供给皇宫起居使用[247]。在较晚的 1637 年，《天工开物》记录有曲阳制作的宫廷用特大型龙凤缸，因其器壁极厚，以致壁上能够刻出高浮雕图案[248]。但是，北方的磁州窑系最终还是输给了景德镇，到了清代，其仅为当地生产一些日常使用的器物。同一时期，南方的一些窑，例如安徽的窑，也一直在为宫廷提供粗质酒瓶。对"官瓶"的需求是大量的，因为光禄寺要举办无数的官方宴会和礼仪活动。为此要求安徽宣城的窑每年都要不定额地供应酒瓶，起初瓶中装酒，后来，瓶与酒分装运输。订货量巨大，典型情况为一次订货达 12 万件[249]。

（viii）北方黏土的化学组成

总体而言，北宋时期中国北方的各类炻器显示了它们的华美、多样性和艺术品质，并很快就在这些方面超越了有悠久历史的南方灰釉炻器。北方窑场生产品种的多样性也是令人惊叹的。无论是观台窑还是宝丰窑，都同时生产钧窑瓷器、黑瓷器和青瓷器，并带有品种变化无穷无尽的北方磁州风格，而且这些瓷器都是在同一个窑群内生产的[250]。

总之，北宋与金两代代表了中国北方炻器和瓷器的一个黄金时期，而且该时期现在仍作为最富于创造力的一段而彰显于世界陶瓷史。但是，1127 年金人的入侵使最精细瓷器的生产遭受损失，1234 年蒙古人的再次入侵更使中原瓷业雪上加霜。这些打击使得北方的精细陶瓷业已难以恢复。此后中国北方陶瓷业仅有的实质性创新，是引人注目的"珐华"器，这类器物是在白色的化妆土上施孔雀蓝、墨黑、茄皮紫和紫色低

245　《山西通志》（1734 年版）卷四十七，第十六页。

246　《大明会典》卷一九四，第一页/2631。光禄寺是宫廷中专门负责皇室成员和朝廷命官膳食的一个部门，也负责组织宫廷招待外国使节和其他权贵的宴会。

247　《大明会典》卷一九四，第一页/2631。

248　《天工开物》卷七，第四页。

249　《宁国府志》（1536 年版）卷六，第十二页；《宁国府志》（1815 年版）卷十八，第十页。

250　关于宝丰器物实例，见 Hughes-Stanton & Kerr（1980），pp. 89-90；关于观台窑陶瓷器主要类型的总结，见 Anon.（1997d），第 587-599 页。

表 27　商代至金代北方高温黏土胎体的组成

	SiO_2	Al_2O_3	TiO_2	Fe_2O_3	CaO	MgO	K_2O	Na_2O	总计
早期的北方白陶									
山东的鬶，新时期时代 [a]	63.0	29.5	1.5	1.6	0.7	0.8	1.5	0.2	98.8
商代白陶 [b]	51.3	40.8	2.2	1.1	1.6	0.5	0.5	0.7	98.7
商代白陶 [c]	57.2	35.5	0.9	1.2	0.8	0.5	2.3	1.3	99.7
北方瓷器 [d]									
临城邢瓷的胎，唐代	69.9	25.1	0.6	0.2	0.9	1.6	0.9	0.9	100.1
内丘邢瓷的胎，唐代	68.0	27.0	0.6	0.3	0.8	1.5	0.9	0.9	100.0
临城邢瓷的胎，唐代	67.6	28.5	0.75	0.4	0.6	0.7	0.75	0.2	99.5
定瓷的胎，五代	61.2	32.9	0.6	0.6	3.4	0.9	1.25	0.1	101.0
定瓷的胎，北宋	62.0	31.0	0.5	0.9	2.2	1.1	1.0	0.75	99.5
定瓷的胎，金代	59.2	32.7	0.75	0.7	0.8	1.1	1.7	0.3	97.3
唐"三彩"胎									
巩县"三彩"胎 [e]	63.8	29.8	0.9	1.4	1.6	0.6	0.7	1.2	100
耀州"三彩"胎 [f]	65.9	27.85	1.2	1.15	1.5	0.5	1.3	0.5	99.9
北方炻器 [g]									
汝器胎，北宋	65.3	27.7	1.2	2.2	0.6	0.4	1.9	0.2	99.5
临汝器胎，金代	64.1	29.4	1.1	2.0	0.5	0.4	1.6	0.3	99.4
耀州器胎，北宋	64.5	29.8	1.4	1.8	0.5	0.7	2.2	0.3	101.2
钧器胎，北宋 [h]	64.4	27.4	1.2	2.5	0.8	0.7	2.7	0.3	100
磁州器胎，北宋 [i]	64.8	30.0	1.2	1.7	0.4	0.3	1.6	0.5	100

a　Luo Hongjie（1996），数据库。

b　采自 Yang Gen *et al.*（1985），pp. 30-31。

c　同上。

d　邢瓷的数据采自 Chen Yaocheng *et al.*（1989a），p. 224；定瓷胎体的数据采自 Li Guozhen & Guo Yanyi（1986），p. 136，table 1。

e　Li Guozhen *et al.*（1986），p. 77，table 1。

f　同上。

g　Guo Yanyi & Li Guozhen（1986b），p. 154，table 1（汝、临汝和耀州）。

h　Yang Wenxian & Wang Yuxi（1986），p. 209，table 5。

i　Chen Yaocheng *et al.*（1988），p. 36，table 2。

温釉，而所有这些都是施涂在欠烧的炻器胎上的[251]。

11—13 世纪的北方炻器，其形状、装饰和釉的质量都是值得称道的，但制作这些炻器的黏土却几乎没有令人惊讶之处。从其组分来看，这类黏土与北方的白瓷极为相似，只是其着色氧化物，特别是氧化铁与氧化钛含量较高。与瓷器相似，高铝和低钾是整个北方制作炻器的黏土的共性，这就使人认为，大多数炻器与瓷器所使用的黏土来源于相似的体系。的确，一系列烧制白瓷器的窑（如邢窑和定窑）也生产炻器，而很多烧制炻器的窑（如耀州窑和观台窑）也同样制作白瓷。磁州制品所用的白色化妆土与低级别的瓷土相当，实际上磁州的某些窑场也用这种材料烧制低档瓷器[252]。表 27 列出了对北方主要种类的白器和炻器的分析结果，它们之间的一些微小差异也有助于解释器物的一些更为明显的视觉特性。

说得再细一些，北方炻器是可以从它们的主要生产窑口的角度来分析考虑的，因为它们的胎体之间一些小的差异可帮助说明器物类型间的一些比较明显的视觉特性。

汝器所用黏土最著名的工艺特性是它的高耐火性，主要因为其碱金属（钾钠之和）的含量低（表 28）。在汝器的典型烧制温度（约 1220—1240℃）下，使用这种黏土制作的炻器是没有完全烧结的，在高温下很容易再次氧化，有时在低温还原气氛烧成的冷色铁青釉下能够感觉到这种再次氧化的暖色调胎的存在。在汝器胎上未施釉的地方，黏土常被烧成吸引人的灰褐色调，这种色调传统上被称为香灰色。但是，大部分的汝器是通体施釉的，当地制胎材料的高耐火性允许釉烧时将器物放置在多个黏土支钉上，而胎体并不发生高温塑性变形。通体施釉在焙烧的最后阶段防止了在釉下发生的二次氧化从足圈部位向胎体扩散。支钉在器物的底部留下的细小"芝麻钉"痕，已被鉴赏家们作为鉴别汝器的某种特征。

表 28　汝窑胎体的组成

	SiO₂	Al₂O₃	TiO₂	Fe₂O₃	CaO	MgO	K₂O	Na₂O	MnO	P₂O₅	总计
汝窑胎体 1	65.0	28.1	1.4	1.96	1.35	0.6	1.4	0.15	—	—	100.0
汝窑胎体 2ª	65.3	27.7	1.2	2.3	0.6	0.4	1.9	0.2	—	0.1	99.6
"亚历山大碗"，不列颠博物馆藏ᵇ	62.5	31.4	1.3	1.5	0.9	0.5	1.5	0.5	—	—	100.1

a　Guo Yanyi & Li Guozhen（1986b），p. 154，table 1。

b　与不列颠博物馆弗里斯通（Ian Freestone）的私人通信。康蕊君［Krahl（1993），pp. 72-75］的文章详细讨论了该碗对于北方汝窑传统的意义。

磁州黏土与制作汝器胎的黏土在组成方面没有太大差别，但磁州窑的焙烧温度要高些（约 1250—1300℃），为中性或氧化的气氛，生成灰白色至奶白的胎，外观上与汝器的胎有所差别。它们的总体耐火度应该是相近的，两地陶工对其耐火度的利用方式也相似，具体的例子就是许多磁州窑器采用在窑中一个器物码放在另一器物上面的叠烧。烧窑时也常使用黏土支钉来支撑，但磁州的支钉比汝窑所用的粗大些。

251　Wood *et al.*（1989），pp. 172-182。

252　Chen Yaocheng *et al.*（1988），pp. 5-41。

磁州窑使用白色的化妆土来"改善"对胎的视觉感受，同时也将其作为绘画和剔花的基底。这种更白的黏土是商代制作白陶所用黏土的近亲（见表 29）。的确，磁州窑系重要的窑址彭城和观台仅处于安阳北面约 30 公里处。

表 29　磁州窑胎体和化妆土的组成（河北省）[a]

	SiO$_2$	Al$_2$O$_3$	TiO$_2$	Fe$_2$O$_3$	CaO	MgO	K$_2$O	Na$_2$O	MnO	总计
胎体										
北宋，观台和彭城	64.3	30.0	1.2	1.7	0.4	0.3	1.6	0.5	0.01	100.0
北宋，磁州	64.2	29.0	1.3	2.2	0.3	0.4	2.15	0.3	—	99.9
清代，磁州	65.1	28.1	1.5	2.2	0.6	0.4	2.3	0.3	0.04	100.5
化妆土										
北宋，磁州，化妆土	54.2	37.3	0.9	1.0	2.7	0.2	1.8	0.8	—	98.9
清代，磁州，化妆土	53.0	36.4	1.4	1.1	1.0	0.3	2.5	0.1	—	95.8
商代，白陶[b]	57.2	35.5	0.9	1.2	0.8	0.5	2.3	1.3	—	99.7
商代，白陶	57.7	35.1	1.0	1.6	0.8	0.6	2.2	1.05	—	100.1

　　a　所有磁州的数据采自 Chen Yaocheng *et al.*（1988），table 2，p. 36。
　　b　Yang Gen *et al.*（1985），p. 30。

唐代时黄堡窑烧制青瓷用的炻器黏土相当粗糙，且烧后呈黑色，其氧化铁含量达3%—4%。这些原料混合得不够均匀，在高倍放大镜下可分辨出至少是两种黏土的混合，其中的一种是高铁高钙的。唐代的黄堡窑器物上经常使用浅色的化妆土来改善胎土的外观，但化妆土本身的含钛量产生了偏黄而不是白色的效果[253]。唐代和五代耀州窑器物上所使用的白色化妆土的组分与同时代耀州窑白瓷非常相近，该时期很多施白色化妆土的氧化气氛的炻器看来是真正的耀州白瓷的"经济型"版本[254]。在 10 世纪早期耀州窑器物的胎中，可观察到相似的斑驳状微结构。这些器物也是相对富铁并施有化妆土层的，但因为使用还原气氛烧成，这类器物却常能显示出细腻偏蓝的青瓷釉，釉的质地也因有化妆土背景而被优化。

　　进入北宋后，黏土的制备工艺有了很大的改进，使用了圆环形的浅水槽，水槽直径约 7 米，宽 40—45 厘米，深 7 厘米，用长石质砂岩砌成，而粉碎干黏土用的碾子就安置在水槽旁边[255]。彻底的粉碎或许是必要的，因为该窑场使用的是类似制作窑砖用的黏土材料，属于硬质页岩，习惯上称其为泥池黏土（见表 30）。粉碎后的黏土在马蹄铁形的大缸中用水调和制作化妆土，这样就可在除水晾干前进行湿态下的筛选[256]。宋代黄堡窑精细器物的质地反映了这个精心制备的效果，制胎配方中的各种黏土原料在烧成后即成为浑然一体。

　　253　Rastelli *et al.*（2002），p. 187。
　　254　同上，p. 192。
　　255　1984—1986 年在铜川第四中学发掘出土。见杜葆仁和禚振西（*1987*），第 15-25 页；Zhuo Zhenxi（1998），p. 3。
　　256　Zhuo Zhenxi（1998），p. 3。

179

表30　耀州窑炻器胎体和泥池黏土 [a]

	SiO$_2$	Al$_2$O$_3$	TiO$_2$	Fe$_2$O$_3$	CaO	MgO	K$_2$O	Na$_2$O	MnO	P$_2$O$_5$	总计
唐代，黄堡窑胎体	63.65	28.4	1.3	2.8	0.9	0.8	1.8	0.15	0.03	0.25	100.1
唐代，胎体上化妆土	63.1	31.0	1.35	1.2	0.7	0.7	1.8	0.15	0.01	0.1	100.1
五代，胎体	64.6	29.0	1.5	2.4	0.9	0.45	1.9	0.06	0.0	0.05	100.9
五代，胎体上化妆土	64.7	30.2	1.5	0.9	0.8	0.3	1.4	0.05	0.01	0.1	100.0
北宋，胎体	66.0	27.6	0.9	1.7	0.55	0.4	2.5	0.2	0.0	0.1	100.0
泥池黏土（烧结）	67.7	26.8	0.9	1.2		0.3	2.3	0.1	0.01		99.3

　　a　Rastelli *et al.*（2002），pp. 181-185，tables 2-6。

180　　　北宋时期，耀州窑使用煤作为燃料并采用高温燃烧，这促进了当地石灰碱釉的成熟，但是耀州窑的釉必须在高温下长时间保温。因此11—14世纪的耀州青瓷胎与釉之间存在一层含气泡和钙长石析晶的白色层。这有利于增强胎体表面上的刻花和印花图案的效果，从而无须再使用化妆土。

181　　　　　　　　　　**（4）南方瓷器的发展与成长**

（i）南方白色陶瓷的发展

　　10世纪，当以刻花和模压印花为特征的青瓷在黄堡窑形成时，作为另一种主要陶瓷传统的南方白瓷也同时出现。但其发展模式与前面已介绍的白色陶瓷在北方的发展模式（使用了与新石器时代和青铜时代白陶同样的原料）是很不相同的。

　　在中国的北方，新石器时代的白陶曾使用了两种不同的原料：一种是浅色、易熔的陶质类材料，它烧成后呈乳黄色而不是白色；另一种是较白的耐火黏土。前者含钙量高，在高温下易熔融。后者与此相反，是高岭质的白色器物，属生烧的浅色炻器，正是这种器物的原材料奠定了北方高温陶瓷，包括瓷器的发展基础。在中国南方也能区分出两种不同的制作白色陶瓷的黏土。一种是异常的高镁质材料，另一种是低铁的硅质炻器原料。这两种黏土制作的器物在湖北的枝江遗址都有发现，此外，略为不同（高钙）类型的高镁质白陶还在浙江的桐乡新石器时代遗址出土。

　　南方高镁质的白陶原料是一种奇异的材料，它实质上是水合硅酸镁，而不是真正的黏土。这是以非黏土质的板片状材料作为黏土有效替代品的很好例证。在新石器时代以后再没有发现这类实例，这种材料的应用看来是仅限于新石器时代。不过，湖北出土的高镁质白陶是能耐火的，与18世纪后期英国生产的"皂石"伍斯特瓷器（Worcester porcelain）有某些相似性（见表31），但是在中国从来也没有使用过这种原料制作瓷胎。用低铁的硅质黏土生产的南方新石器时代白陶是大家更为熟悉的。它们基本上就是

表 31 南方新石器时代白陶的组成[a]

（A）高镁类型

	SiO$_2$	Al$_2$O$_3$	TiO$_2$	Fe$_2$O$_3$	CaO	MgO	K$_2$O	Na$_2$O	MnO	P$_2$O$_5$	烧失量	总计
枝江，湖北，新石器时代	66.5	3.7	0.01	1.6	0.4	24.0	0.15	0.04	0.03	0.2	3.45	100.1
桐乡，浙江，新石器时代	52.1	5.5	0.4	2.0	9.5	20.0	0.2	0.1	0.1	3.8	6.4	100.1
桐乡，浙江，新石器时代	54.3	6.5	0.3	3.8	7.75	17.0	0.8	0.1	0.1	3.4	6.2	100.3
伍斯特瓷器，约 1760 年 [b]	72.3	3.4	<0.2	0.4	1.9	11.0	3.3	1.4（+PbO 5.7）				98

（B）白色硅质炻器类型，与一例湖北的北宋影青瓷样品对比

	SiO$_2$	Al$_2$O$_3$	TiO$_2$	Fe$_2$O$_3$	CaO	MgO	K$_2$O	Na$_2$O	MnO	P$_2$O$_5$	总计
枝江，湖北，新石器时代	69.7	22.1	1.0	1.5	0.2	0.8	3.1	0.1	0.01	0.06	98.6
影青，湖北，北宋	71.8	22.0	0.2	0.7	0.8	0.3	3.8	0.1	0.04	0.2	99.9

a 所有中国新石器时代白陶的分析数据均采自 Luo Hongjie（1996），数据库。
b Freestone（2000），p. 20, table 1。

欠火的南方炻器，其在湖北的出现比中国南方通常意义上的炻器生产早了几千年。

上述湖北新石器时代的白陶与很久以后出现的湖北瓷器之间钛含量的不同（1.0% 和 0.2%的 TiO_2）可能看起来是微不足道的，特别是它们之间其他氧化物的含量是如此接近。但是，钛含量的差别确实是低铁南方炻器与真正的瓷器之间的主要差别。对于真正的南方瓷器其含 TiO_2 的最高值仅约为 0.2%，因此，有理由将上述湖北新石器时代白陶归于生烧的炻器一类。因为同样具有高钛含量，一些更晚出现的南方白器也被排除于瓷器之外，例如广东省南部和越南北部的汉代时的施釉白器就不能认为是南方瓷器的先期产品。这些中国最南部的东汉器物是低铁的，但它们的钛可能高达 2%，而且钾氧化物含量很低，表明它们的原料是热带条件下重度风化的产物（表 32）。

183

表 32　越南出土的东汉施釉白器

	SiO_2	Al_2O_3	TiO_2	Fe_2O_3	CaO	MgO	K_2O	Na_2O	MnO	总计
东汉三足花瓶， 出土于越南清化 （Thanh-hoá）[a]	78.9	14.85	2.5	1.6	0.1	0.1	1.15	0.6	0.03	99.83

a　Desroches（1989），pp. 36-37。

（5）中国的瓷器与景德镇

184

现在能够推断，瓷器在中国南方真正出现是在 10 世纪早期，比北方的瓷器要晚好几百年。这里特别重要的是江西省北部的景德镇地区，这一地区后来成了中国乃至全世界的"瓷都"。鉴于景德镇在世界陶瓷历史中超凡的地位，在此我们将详细审视其经济与社会的发展。

（i）景德镇的陶瓷工业

相对于中国其他的陶瓷生产中心，有关景德镇的文献是最完整的。根据原始文献资料，以及由此派生的大量二手文献，有可能收集到关于景德镇陶瓷业的运行、产品、劳力组织等相当可观的信息（参见本册第一部分）。但是，完全了解景德镇的经济历史是不可能的，其原因正如迈克尔·狄龙（Michael Dillon）曾经指出的："虽然能获得有关皇室订货和税务收入足够的数字……但是缺少涉及产品总量、成本、价格和工资方面的数据。"[257]

现已有学者编写了多本着重从经济方面描述景德镇陶瓷生产的著作[258]。本册的这一节将综合这方面的研究内容，同时也基于所能得到的、有价值的第一手和第二手的

257　Dillon（1976），p. 8。

258　Anon.（*1959a*）；Dillon（1976）；Dillon（1978）；Yuan Tsing（1978）；梁森泰（*1991*）。这些论文中的参考文献目录又提供了大量拓展研究的文献。

历史文献资料。因此本节的内容将偏重于研究御窑，以及与其有关的人和事，而不是对经济或历史内容的广泛的、一般性的总结。景德镇陶瓷工业形成的生动图景有助于正确地了解景德镇陶瓷工艺所取得的伟大成果。

（ii）对陶瓷工业的官方控制与景德镇御窑

在唐代以前，中国政府对陶瓷生产的直接掌控主要涉及建筑材料、礼器和随葬用品（见本册 pp. 1-19）。管控制陶工业的官方机构名称的变化反映了机构功能的变化。例如南北朝时，政府管控陶业的官署称为"陶官瓦署"和"甄官署"，它们从属于主管皇家税收的官员（"少府"）。北齐时陶务机构的任务是调剂建筑材料和监造巨大的储水缸，而北周任命一位低级的官员，称为中士，负责祭祀用器的制作[259]。隋代的陶务机构又归属于宫廷的财税部门（"大府寺"），而唐代陶务的顶头上司则是宫廷的建筑总管"将作监"。在唐代的文献中关于陶务部门的活动记录是很清楚的。例如，唐代的行政法典《唐六典》（公元 738 年）中记有："对于砖和瓦的尺寸和质量要求是有规定标准的，对于大瓶、水缸和明器也是同样的情况。"[260]（"凡砖瓦之作，瓶缶之器，大小高下，各有程准。"）《旧唐书》写道："陶务部门负责石器和陶瓷制作，保证石制的乐器、列队的人俑和兽俑、大瓶、大水缸和明器等的供应。"[261]（"甄官令掌供琢石陶土之事。凡石磬碑碣、石人兽马、碾硙砖瓦、瓶缶之器、丧葬明器，皆供之。"）

宋代陶务机构的标准名称是"窑务"，而金代却又重新使用"甄官署"这个名词。元代将设在其都城"大都"的相应机构称为"窑厂"[262]。

中国有据可查的、最早以服务于朝廷为主要任务的陶窑中心建立于南方的景德镇。更早的时候，也曾建立过官方的机构，在南方和北方的窑址挑选优质的器物以满足宫廷的需要。例如唐代的陶务机构曾在浙江征集越窑贡品（见本册 pp. 272，530）。有证据表明，五代时的政府允许以陶瓷产品代替税款，与以茶叶充税一样[263]。宋代时很多窑场为宫廷输送贡瓷，其中包括饶州（景德镇所在的地区）。在数个地方建立有"瓷器库"，专门储存将运往宫廷的成套贡品[264]。

景德镇原名昌南[265]，于北宋景德年间（1004—1008 年）成为一个商贸城镇并向朝廷进贡瓷器[266]。宋代时，作为行政单位的镇比县小，但也足以容纳大量的居民，从而

185

259　黄本骥（*1965*），第 82 页。Hucker（1985），p. 192。

260　《唐六典》卷二十三，第十三页。Hucker（1985），pp. 140，477。

261　《旧唐书》卷四十四（第 1896 页）。相近的参考材料也可见《新唐书》卷四十八（第 1274 页）。

262　黄本骥（*1965*），第 82 页。关于更详细的机构名称和组织，见 Hucker（1985），pp. 121，489，576-577。

263　《宋史》卷一八三（食货下五）（第 4477 页）。宋伯胤等（*1995*），第 10 页。Ts'ai Mei-Fen（1996），pp. 112，114，125。

264　《宋会要辑稿》食货五二之三七。

265　景德镇在昌江南岸。

266　《景德镇陶录》卷五，第一页。

186　能征收到可观的税额[267]。朝廷向景德镇派遣了一个官员，他负责保证法律和宫廷命令的执行，控制窑炉燃料的用量（"烟火"），将征收的瓷器送到"瓷器库"和收税[268]。元丰五年（1082 年）又设立了一个政府机构（"博易务"）以处理商贸事宜[269]。然而，从那时起直至近代，景德镇的官员和管理者始终命运多舛。13 世纪早期该机构被撤除，窑务监督官员"窑巡"的职务也被撤销。不过严格的官方质量监管一直在坚持，产品被分为上、中、下三等。在质量监管问题上的欺骗行为将受到重罚。上至贸易官员，下至产品供应者，如有不端行为，都将被罚[270]。

　　元朝的宫廷为了直接干预官瓷生产，专门设立了"瓷局"这一新机构[271]。当时，只是当有来自京城的订货时才供应御用器具[272]。库房建立在城市最南端边缘处的"珠山"，这个地方后来被明朝接管并得到了很大的发展[273]。1278 年在一位正职官员（正九品）和一位副职官员的主持下建立瓷局，任务是管理瓷器的制作和烧造，也兼管漆器、马尾织品、棕和藤的编织品以及笠帽等。瓷局经手的物品数量、设计、颜色、产品的使用，对私人生产的限制，官员的职位和生产中遇到的困难等内容，在元朝正史中都有记载[274]。元王朝还从西伊斯兰世界（the Islamic West）雇用了不少官员，瓷局的第一任监管官是一位尼泊尔人，而他的继承者中有些是波斯人或蒙古人[275]。1295 年瓷局扩大，瓷局主管的官职也得到了提升[276]。1324 年，瓷局并入当地的税务局并有督陶官被任命，屠济亨在《浮梁州志》的序言中郑重地记录了这个任命[277]：

187　　　　我于三月到达任职，接受了段公（饶州路总管段廷圭）的任命。我开始在该地区管理陶务。

　　　〈余出守是州之三月，郡刺史清泉段公蒙旨董陶至州。〉

1328 年后，由省级官员兼任督陶官[278]。

267　《事物纪原》卷七，第九页。《宋会要辑稿》职官四八之九二。

268　《宋会要辑稿》职官四八之九二；方域一二之一八至二一。

269　《中国历代食货志正编》（1970）第一册，p. 462。

270　《陶记》，收录于 1682 年版和 1742 年版的《浮梁县志》内；本册所引用的内容是根据白焜（1981）整理的全文，此处引自第 41 页。

271　施静菲［Shih Ching-fei（2001），p. 32］强调指出，浮梁瓷局只是宫廷体系中另一个部门的下属机构，委任一个正九品的小官主管。由此她推断元代的宫廷并不十分重视瓷器，她的论文试图说明，蒙古人对贵金属、青铜器和玉器的重视，超过对景德镇瓷器的重视。

272　《景德镇陶录》卷五，第二页。

273　刘新园（1993），第 36 页。刘新园于 1980—1990 年领导一个小组对景德镇御窑遗址进行了发掘，从元代地层出土了不少极为奢侈和不寻常的瓷器，但是没有发现窑炉或窑具遗存。因此不能断定当时的瓷局是否建有自己的窑炉，或者仅是从民窑挑选征集器物。

274　《元史》卷八十八（志第三十八）（第 843 页）。《大元圣政国朝典章》典章七，第三十六页（第 114 页）。参见曹建文（1993），第 28 页和注 4。

275　刘新园（1993），第 36 页。

276　Harrison-Hall（2001），p. 22。

277　《浮梁州志·序》。Hucker（1985），p. 531。

278　《景德镇陶录》卷五，第二页。

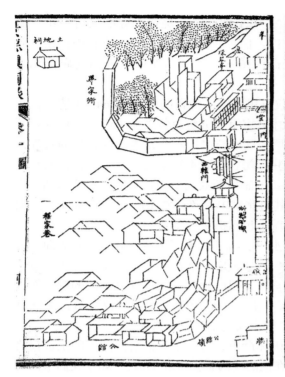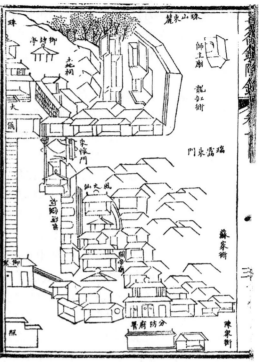

图41　景德镇与珠山的御窑厂，采自《景德镇陶录》（1815 年）

1352—1354 年，元军的残余从城中被赶走，城市被洗劫，陶业也遭到破坏[279]。在 1369 年明王朝建立之初，一座皇家瓷厂就在珠山建了起来[280]。我们不知道这座 14 世纪的瓷厂的规模和布局，但是到 16 世纪时其中央大厅已备有 3 个接待室，后面是督陶官的工作室和住房，大厅的东西两侧共有 23 个大型仓库，58 座窑炉，包括专门烧造大型龙缸的窑炉、高温窑和烧造釉上彩装饰器物的隔焰窑，厂区内建有三座庙，厂外还有一座庙、两口井和八个供窑工休息的房间[281]。

　　1369 年以后，一位督陶官便长驻皇家瓷厂，监管生产并将预定的成品解送京城。1384 年曾做出规定，如果朝廷订单巨大，则京城派员并建新窑，如果订单的量不大，则安排景德镇周边地区的窑炉烧造[282]。正德（1506—1521 年）初年，该厂重建，并第一次被正式称为"御器厂"[283]。御器厂的税务机构也重新设立，以管控烧造

188

279　梁淼泰（*1991*），第 13 页。

280　关于这座官窑的建立时间存在争议。《景德镇陶录》（卷一，第一页；卷五，第三页）给出的时间为洪武二年（1369 年）开始建造。梅德利［Medley（1966）］是支持另一个年份（1402 年）的众多作者之一。但是随后对洪武器物的考古发掘支持较早的那个年份，即 1369 年。其证据是出土了刻有 1369 年任命的浮梁县县丞名字的屋瓦，见刘新园（*1993*），第 38 页。最近王光尧（*2001*）又提出了该窑建于 1426 年的意见。

281　《江西省大志》（1597 年版）卷七，第三页、第四页。另一稍简略的记述见于《江西通志》（1880 年版）卷九十三，第三页、第四页。

282　《大明会典》卷一九四，第一页（第 2631 页）。

283　《江西省大志》（1597 版）卷七，第二页。《景德镇陶录》卷五，第三页。

御器的进款[284]。万历三十六年（1608 年）是明王朝在饶州烧造御瓷的最后一年。御器厂关闭，其技术工匠被遣散，并为私人工厂工作。景德镇出土的一座石碑记录了此事，碑文系一位宦官于 1637 年撰写，记录了 1608 年后原御窑陶工转而受雇于私人窑厂[285]。

在明王朝被清王朝取代的动乱年间，仅有民窑继续陶瓷的生产。1645 年清兵抵达饶州[286]，但直到 1654 年残破的明代御器厂才被重组并重新命名[287]。1680 年，康熙帝开始调研陶瓷工业的状况，而且设立了御窑厂。这座新窑厂在北京委派的官员的管理下经历了百年的兴隆繁荣。1787 年以后，常驻督陶官一职不再由北京派员担任，而是九江海关的"关长"、饶州府的佐贰官和景德镇的副镇长共同承担御窑的人事任命和生产责任。这必然导致了产品质量的下降以及其与北京中央政权联系的削弱。1854 年，太平军的反叛引起了城市的骚乱，1855 年，城市包括御窑厂都遭到严重破坏[288]。更大的破坏发生于 1861 年，当时太平军与清军在那里交战。太平军虽然获胜，但不久即在乐平被打败，并最终于 1864 年被赶出该地区。这使得陶瓷工业遭受严重的破坏，虽然 1866 年一位新任的督陶官蔡锦青重建了御窑厂，但已永远无法再恢复以往的辉煌[289]。1864 年，蔡锦青在回复朝廷关于为皇室宗庙生产礼器的紧急要求时曾写道：工匠逃离，盗贼横行，无法征募新的劳力。而且，很多技术已被遗忘丢失[290]。

1882 年，师克勤报道，御窑厂的建筑破坏严重，付给士气低落的陶工的工资仅略高于景德镇的一般收入[291]。1910 年，陈浏在他的《陶雅》中哀叹道："如今我们中国的瓷业可悲地衰落，技能不佳，材料也粗糙。"[292]在清王朝灭亡的前一年，由国家与私人资本合作成立了一家新工厂——"江西瓷业公司"。这家公司的成立标志着官窑制度的结束，虽然这仅是 20 世纪景德镇陶业发展的开始。长期的衰落并没有立即停止。对陶瓷业的正规统计于 1928 年才开始，当时的景德镇拥有 114 座在运行的大型窑炉、雇用着 2226 位人员。日军的入侵再次引起衰退，到 1936 年仅 72 座大型窑炉在运行，1512 名工人仍在工作[293]。20 世纪 30 年代后期日军的占领几乎完全摧毁了窑群，重复了 17 世纪中叶明朝灭亡和 19 世纪中叶太平天国运动时的情况。1949 年新中国成立后，情况才有了明显的改善，当时国家恢复控制并着手恢复生产。那时仅不足 1/3 的大型高温窑炉还可以工作[294]。20 世纪 50 年代中期，据苏联科学家报告，有 70 座大型窑炉已重新

284　《饶州府志》（1872 年版）卷三（地舆志三），第五十一页。

285　刘新园（1993），第 44 页。

286　梁森泰（1991），第 118 页。

287　该瓷厂的名称由"御器厂"改为"御窑厂"。宋伯胤等（1995），第 11 页。

288　《江西通志》（1880 年版）卷九十三，第八页。

289　卜士礼［Bushell（1896），pp. 152-153］和关善明（1983），第 5-6、20-21 页］两位都描述了 1866 年工厂改建的设计方案。另见 Wright（1920），p. 21。

290　同治三年八月二十六日的《内务府奏销档》。同治十三年江西巡抚的奏报。

291　Scherzer（1882）；引文见 Tichane（1983），p. 191。

292　《陶雅》卷上，第十三页；Sayer（1959），p. 25。

293　Anon.（1959a），第 270，287-288 页。

294　Mei Chien-Ying（1955），pp. 14-15。

工作，每月烧窑 5—6 次[295]。

（iii）御窑厂的官方控制：税收、征用和问题

官方对陶瓷生产的控制有两方面的好处：保证产品最上乘的质量和税收。目前并不清楚对陶瓷业的税收是何时开始的。至少有两位权威人士认为，陶瓷业是唐代时因对青铜器物的生产和使用的限制而受到推动和发展的[296]。但当时陶瓷并没有包括在标明要征税的商品之中。

在景德镇，当皇室 1004 年干预陶瓷业时，陶瓷税也就开始征收了。但在 1077 年以前，税收是很轻的，税收交给景德镇所在的浮梁县。浮梁县进行核算后，再付给浮梁县所属的饶州府。1077 年以后瓷业繁荣，以致景德镇所辖地区上缴的税款与一个县所上缴的税额等同，总数达 3337 贯[297]，税费直接上缴州郡。南宋时，税额增加了 10 倍，这表明瓷业在急速发展[298]。

偶尔也施行免税优惠。例如，在 1108 年，瓷器与瓦、木炭、木柴、水果、蔬菜、鱼、鸡、谷物、鞋和普通粗衣等一起都免税。这是很不平常的豁免，因为陶窑及其产品占税收的很大部分[299]。《陶记》告诉我们，税额是根据窑的装载量来核定的，官方记录有各窑的装载量。窑中不适宜于坯体烧造的部位是不征税的，这些部位是"火塘""火栈""火尾"以及称为"火眼"的观察孔（"火眼"这一名称也用来称呼专门监察火候的人）[300]。元代时，景德镇设立了税务机构，对瓷业执行定期的税收[301]。明代初年为重新活跃陶业、促进生产，税收有所降低[302]。

明代时，能提供大量税收的陶瓷业所需的经费由省级主管部门负担，支付银两或实物，如谷物等[303]。清代早期，瓷生产经费依然由省级财政支付，但是 1671 年以后经费成为（中央）政府的责任，并不再动用地方税款[304]。陶瓷业能带来税收，但陶瓷业需要投资，然后才能获得税收；而投资问题通过调拨国内关税收入可以部分地得到解决。1727 年以后由关税支付成本[305]，御窑厂的督陶官兼管江南大运河上的税务关口。1415 年时，沿大运河从北京到九江设立了 8 个征收贸易税的关口[306]。这些关口的收入必定是相当可观的。例如，建立于 1429 年的九江关不是根据具体的货物，而是根

295　Efremov（1956），p. 492。

296　Anon.（*1959a*）；陈万里（*1972，1976*）。

297　一"贯"是指一串 1000 枚的铜钱。

298　刘新园（*1991*），第 8-15 页。

299　《中国历代食货志正编》第二册，第 457 页。北宋时期国内的税务系统有了很多改进。

300　白焜（*1981*），第 38 页。见刘新园（*1991*），第 6 页。

301　《中国历代食货志正编》第二册，第 593-597，739-740 页。

302　冯先铭等（*1982*），第 357 页。

303　例如，嘉靖三十三年（1554 年）时，由省级的布政司提供陶瓷材料所需要的资金，《江西大志》（1597 年版）卷七，第四十四页，见 Hucker（1985），p. 391。

304　《江西通志》（1732 年版）卷二十七，第三十三页。

305　《大清会典》卷一一九〇，第一页。

306　Ray Huang（1969），pp. 99，107。

据船只的吨位课税。1563 年在鄱阳湖入口处设立了税务关署的分支，后因疏浚不良淤泥堆积又于 1724 年需要迁移[307]。1727 年从淮安关署的税收中拨出 8000 银两留作瓷器生产专用[308]。1739 年支付责任转移到九江关署[309]，九江在长江沿岸，离景德镇也近得多。但是这个体系依然存在问题，当年的生产成本需 20 000 斤银子，而当地的税务关署只能提供 10 000 斤，不足的部分需要由北京的朝廷提供[310]。由同一个人同时担任御窑厂督陶官和关署领导的双重职责的确是负担太重，督陶官曾向朝廷请求免除他们监管关署的责任。

御窑厂除有税金收入外，还为庞大的皇室家族提供顶级瓷器。很多部门争相督管瓷器的订货和生产，这有时会引起不良后果。元代时，瓷器的订货量和图案设计由皇宫的将作院决定[311]。将作院还监管大量工匠，他们为宫廷显贵制作金器、银器、玉器和其他奢侈品[312]。

明朝初建之时，宫廷订货的责任归属于庞大的工部，但是其他的利益集团经常插手干预，人们可以观察到在监管皇室用瓷生产中相互矛盾的指派。一方面从北京派遣工部内各部门的官员作为督陶官，后期北京也任命地方官员负责督陶；另一方面宫廷不同部门的宦官也被派遣以监督和保证专项订货的完成。明代宦官的势力是值得研究的[313]。"宫内"（皇宫内的太监）和"宫外"（中央政府中的文官）之间的紧张关系导致了一种古怪的、不稳定的管理体系[314]。景德镇的官窑瓷器是专为宫廷烧制的，享有最高权力的明朝皇帝经常利用宦官作为与文官体系对抗的一种势力，以求加大订货数量和加速完成生产任务。皇帝的要求经常受到其文官臣僚们的劝阻，因此要绕过他们派遣宦官去景德镇执行征集瓷器的使命。当宫内用品（包括瓷器）不足时，曾发生多次的争斗。工部不得不为宦官下达的额外订单支付资金，这些订单中的瓷器经常数量巨大，另加器形复杂、硕大，因此都非常费钱。

我们应当承认，由文官编纂的正史对事件有其自身持有的观点。正史往往将宦官写为无可救药的腐败势力，是引发众多窑务问题的根源。因此，景德镇的史志中随处都能见到一些人的名字，他们欺压工人和敛集私财，还包含不少民事机构对宦官管理的抱怨[315]。尽管这方面存在偏见，我们还是应该在一定程度上相信这种看法，如北京上层曾多次袒护宦官滥用职权。此处将从历史记录中挑选一些事例来加以说明。

307　Wright（1920），pp. 120-121。

308　Anon.（*1959a*），第 111 页，引《浮梁县志》。

309　《景德镇陶歌》（1824 年），第九页。

310　傅振伦和甄励（*1982*），第 31-32 页。

311　将作院建于 1293 年，《元史》卷八十八（第 2225-2226 页）。

312　《大元圣政朝国典章》典章七，第三十六页（114 页）。参见曹建文（*1993*），第 28 页和注 4。Hucker（1985），p. 141。

313　Hucker（1958）；Crawford（1961）；Ray Huang（1969）；Yang Lien-Sheng（1969）；Shih-San Henry Tsai（1996）。

314　Hucker（1958），p. 21。

315　参见 Ray Huang（1974），pp. 8-11。黄仁宇（Ray Huang）认为，虽然宦官们偶尔滥用权力，但在明代晚期以前，他们并没有严重地干涉政府的工作。关于宦官的权力和景德镇，另见 Shih-San Henry Tsai（1996），pp. 182-183，185。

1398 年，在营膳所的一位宦官的监督下御窑重新生产，营膳所是 1392 年为取代皇宫建筑机构而成立的工部中的一个小部门[316]。洪熙时（1425 年），一位地位不高的宦官张善被派往饶州，监督烧造为宫廷宴会用的带龙凤装饰的白色瓷器[317]。张善通过修建一座庙宇，增添库房，并向窑神祷告和供奉祭品，有了一个吉利的开头[318]。但是 1427 年，他因犯罪而被解职[319]。在另外一份记录中，张善的命运更惨，因残暴和贪污而被斩首[320]。1427 年后，营膳所又派遣了一位官员，监管最富技术含量的工作。但这个职位在正统年间被撤销了[321]。天顺元年（1457 年），又一位宦官成为御窑的督陶官[322]，而在成化年间（1465—1487 年）有多名宦官被派至景德镇[323]。成化十八年（1482 年），一位高级官员以开支过高为由奏请朝廷撤回从北京派遣的督陶官，却因此受到充军的处罚。1485 年，地方官员也发出同样的呼声，并要求暂停订货[324]。终于在成化帝的继承者弘治统治的第一年（1488 年），负责陶务的官员全部奉命撤回京城[325]。

弘治初年，又有一位宦官被任命[326]。1507 年以后，一位梁姓官员负责报告陶务生产事项，但留住宫内。正德末年，即在正德十五年（1520 年），一位名叫尹辅的宦官又被派往饶州协助管理[327]。1530—1571 年和 1573—1582 年，督陶官的职务由江西省 14 个州府的副职轮流担任，每人一年。最终于 1582 年，饶州的副职常任此职[328]。

1597 年，沈榜接任饶州通判。沈榜的特殊措施是安排私人工厂烧造宫廷需要的瓷器（见下文的"官搭民烧"）[329]，并迅速地利用这一肥缺中饱私囊。到 1599 年，他已在全国臭名远扬，并被审查，罪名有：贪污（对经手的经费瞒扣 20%）、违制（在私人的商店中出售官瓷）和奸淫（乱伦和谋杀）。沈榜受到一名宫廷宦官的庇护，被缓刑处理，但最终因官员们的抗议于 1600 年被解职[330]。机构的腐败影响了皇家瓷器的解运并导致省库支付的工资被偷窃[331]。

193

316　它的成员组成和专门职责并不清楚，见 Hucker（1985），p. 583。

317　《中国历代食货志正编》第二册，第 942 页。《明实录》[卷九，第四页（第 0231 页）] 记载，工部派烧的白瓷是祭台上盛放供品用的容器。

318　《浮梁县志》（1682 年版）卷八，第三十二页。

319　《中国历代食货志正编》第二册，第 942 页。

320　《明宣宗实录》卷三十四，第四页（第 0863 页）。

321　《饶州府志》（1872 年版）卷三（地舆志三），第五十一页，引《江西省大志》（1597 年版）卷七，第三页。

322　《江西省大志》（1597 年版）卷七，第三页。

323　《大明会典》卷一九四，第四页（第 2632 页）。

324　《明史》卷十四（本纪第十四"宪宗二"）（第 100 页）。该节内容表明朝廷派遣的宦官与地方官员间的紧张关系，宦官带来了巨大的瓷器派烧单。另见刘新园（1993），第 30、70 页。

325　《大明会典》卷一九四，第四页（第 2632 页）。

326　《中国历代食货志正编》第二册，第 942 页。《大明会典》卷一九四，第四页（第 2632 页）。

327　《江西省大志》（1597 年版）卷七，第二页。《明武宗实录》卷一九四，第七页（第 3639 页）。

328　《饶州府志》（1872 年版）卷三（地舆志三），第五十六页，此处引自《浮梁县志》。

329　《中国历代食货志正编》第二册，第 942 页。

330　Goodrich & Fang（1976），vol. 2，pp. 1186-1187。

331　《浮梁县志》（1682 年版）卷四，第四十五页。

　　皇家窑场的麻烦并未就此结束。沈榜被饶州的新任通判陈奇可取代，但陈奇可于1601 年被捕。一名名为潘相的宦官，也是矿务税监，接替了陈奇可的职位[332]。1602 年潘相受舍人王四的挑唆和帮助，对陶工提出了过分的要求，导致陶工的反叛和对窑场的破坏。通判陈奇可只能无可奈何地旁观[333]。1604 年潘相扩大了他的控制范围，他利用他在矿务部门的关系在传统的耕地上挖掘高岭土，引起公众的不满[334]。1606 年因矿务撤销，潘相又请求回景德镇管理窑务。尽管他有不良的履历，他的请求却被接受了[335]，直到 1620 年，当矿务税收又提高后，他才被召回[336]。

　　清代早期，御窑厂督陶官的职务并没有引起像明代那样多的问题[337]。裘曰修在他为《陶说》写的序言中（1774 年）表达了多少有些过分乐观的观点[338]：

　　　　明代的很多太监督陶官经常要求生产超过官方额定的数量，克扣工人应得的
　　　　工资，引起百姓的极大不满。与此相反，今朝挑选政府官员得当，他们按现行工
　　　　资额兑付，甚至超额支付，因此工人们很满意，每天几千名工人上班工作。

　　　　〈在明代以中官莅其事，往往例外苛索，赴役者多不得直，民以为病。我国家则慎简朝官，
　　　　给缗与市肆等，且加厚焉，民乐趋之。仰给于窑者，日数千人。〉

御窑厂的主持人中也曾出现少数出色的个人。刘源[339]是清代早期的技术监管，他原先是刑部主事，供奉内廷，也是一位有才能的画家、制墨的设计师和雕刻师。他曾为御窑厂设计了数百种式样[340]。他还曾主管芜湖和九江两关。1680 年后，广储司[341]（郎中）徐廷弼和主事李廷禧也曾长驻御窑厂监管。1683—1688 年，虞衡司[342]的臧应选被派任为督陶官，同时还派了一位书法家车尔德[343]，后者负责书写年号款识。1705—1712 年，郎廷极主管御窑，他的姓氏被用来命名一类陶瓷产品，称为郎窑，包括仿永乐白瓷、宣德的青花和成化斗彩等宫廷瓷器。其中最著名的是郎廷极烧制的铜红釉器物，其质量自 15 世纪以来无可匹敌（见本册 p. 568）[344]。

　　1712—1726 年，宫廷的内务府派遣了多位官员监督官瓷的生产[345]。1726 年，年希

　　332　《饶州府志》（1872 年版）卷三（地舆志三），第六十二页。

　　333　《明神宗实录》卷三六八，第六页（第 6886 页）；卷三六九，第十二页（第 6919 页）。

　　334　《浮梁陶政志》，载于《浮梁县志》（1851 年版）卷四，第二页。

　　335　《明神宗实录》卷四一九，第二页（第 7927-7928 页）。

　　336　《浮梁县志》（1682 年版）卷四，第四十页。

　　337　冯先铭等（1982），第 416 页。

　　338　《陶说·序》（第一页）。

　　339　Kerr（1986），pp. 16-17。

　　340　宋伯胤等（1995），第 11-12，41 页。

　　341　这是皇宫内务府的七个主要部门之一，管理宫中的六个库房，包括瓷器库，见 Hucker（1985），p. 287。

　　342　工部下属的一个部门，主管狩猎和采办食品，为政府供应山货和森林出产的食品，见 Hucker（1985），p. 591。

　　343　《景德镇陶录》卷二，第一页。车尔德是一位满人，见 Sawyer（1951），p. 11。《江西通志》（1880 年版）卷九十三，第六页。

　　344　《在园杂志》卷四，第十七页；《茶语客话》卷十，第一页。

　　345　《大清会典》卷一一九〇，第三页。

195

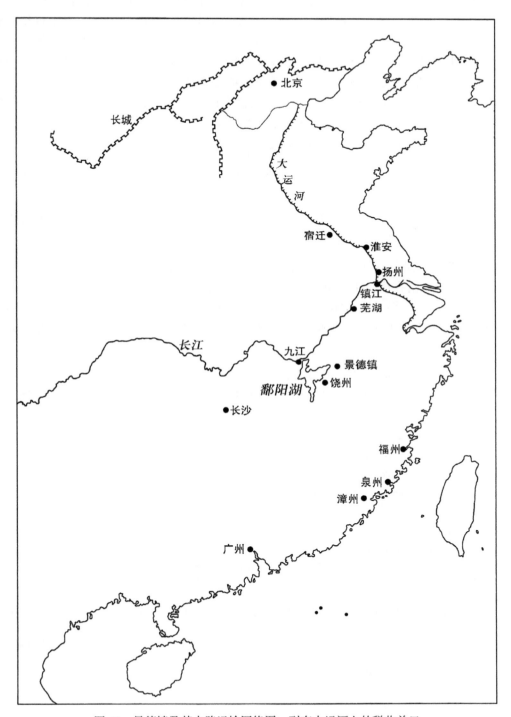

图 42　景德镇及其水路运输网络图，列有大运河上的税收关口

196　尧，一位汉军镶黄旗人，被朝廷派去任职督陶官。他同时主管所有的江南关署。1728
年，唐英被任命为年希尧的助手，当时年希尧大部分时间驻淮安关署，仅于每年的春
季与秋季视察瓷厂。唐英监管窑务，每月的初二和十六两日将成品送淮安经年希尧查
验后运送朝廷[346]。1735 年末，年希尧因贪污指控被免职，唐英继任督陶官。他一直
（中间有短期间断）服务到 1756 年[347]（关于唐英更详尽的成就见本册第一部分）。

　　唐英为北京的庙宇督造的一系列供奉用器上面有很长的铭文，其中记录了当时督
陶官的品级和责任[348]。铭文大同小异，下面是其中之一：

　　　　主督陶官为养心殿烧制[349]。钦命江南淮（安）、宿（迁）、（粤）海三关主管，
　　　江西督陶官和九江关主事，内务府员外郎、旗人佐领、官加五级，沈阳唐英恭谦
　　　监制。

　　　　〈养心殿总监造，钦差督理江南淮、宿、海三关，兼管江西陶政、九江关税务、内务府员外
　　　郎，仍管佐领加五级，沈阳唐英敬制。〉

1741 年，唐英得到了一位协理陶务的助手，名叫老格，后者的职务任命属三年期的滚
动合同制[350]。老格在唐英退休和随后去世前担当着他的左右手，之后他接管了唐英的
许多职责。在 1768 年老格退休后，产品的质量明显衰退[351]。在唐英暂时离开景德镇期
间和去世后曾任督陶官的人员中缺乏杰出的人物，并且他们也都是短期任职。他们是：

　　　　惠色（1750—1752 年在任）；
　　　　尤拔世（1756—1759 年在任）；
　　　　舒善（1759—1762 年和 1767—1768 年在任；一个贪污的官员，偷窃样模，见
　　　p. 208）[352]；
　　　　海福（1762—1767 年在任）[353]；
　　　　瑭琦（在 1768 年任职一个月）[354]；
197　　　伊龄阿（1768—1772 年在任）[355]；
　　　　李瀚（在 1773—1774 年任临时代理）[356]；

346　《景德镇陶录》卷五，第七页；傅振伦和甄励（1982），第 21-22 页。

347　Kerr（1986），pp. 19-20。

348　参见 Kerr（1986），pp. 19-20, 66-67, pl. 45；宋伯胤（1997），图 8。唐英于 1734 年、1740 年和 1741
年为北京城内和城东的庙宇监制了至少 6 套供奉用器具，见傅振伦和甄励（1982），第 32, 59 页；Peter Y. K. Lam
（2000），pp. 74-75。

349　养心殿造办处是宫廷内务府的一个机构，由宦官任职，安排生产皇帝生活用的日常用具，见 Hucker
（1985），p. 576。

350　老格可能姓赵，这根据的是《宫中档乾隆朝奏折》1768 年的十月七日的内容。别处还有说他姓催，见
下文 p. 646。

351　蔡和璧（1992），第 8-9, 19 页。

352　《宫中档乾隆朝奏折》第 31 辑，第 187 页。

353　同上，第 30 辑，第 153 页。

354　同上，第 31 辑，第 493, 626, 674 页。

355　同上，第 31 辑，第 673 页；第 33 辑，第 224 页。

356　同上，第 33 辑，第 366 页；第 34 辑，第 608, 610 页。

全德（1773—1778 年在任）[357]；

苏凌阿（1778 年在任）[358]；

万钟杰和穆克登（准确的任职日期不清楚）；

虔礼宝（任职至 1786 年）；

海绍（1786—1789 年在任）[359]；

善泰（1789 年—? ）[360]。

18 世纪下半叶，贪污腐败导致御窑厂管理的变化。1787 年以后，督陶官（督陶官同时
负责窑务的收入与税收）不再由朝廷内务府委派，而是从地方官员和军队中遴选[361]，
但朝廷对官员的挑选依然施加影响[362]，并每年规定选送官器的数额。到 19 世纪中叶，
督陶官需花费更多的时间于追捕地方的盗贼，而不是窑务。

　　实际上，御窑厂督陶官只需要春天开窑前规划和安排生产，秋天时查验供应朝廷
的年度定额[363]。日常的生产事务是由督陶官的助手来负责和执行的。例如唐英本人就
曾是年希尧的助手，而 1768 年老格离开后，北京也曾派遣了几位助手来学习业务。
1777 年以后还曾雇用了两位助理，但是到 18 世纪末期，整个管理体系崩溃了[364]。1786
年两位助理相继去世，从此窑务的管理完全移交给了地方官员[365]。

（iv）生产的定额

　　明代时，官府对瓷器的需求经常超出御器厂的生产能力，民窑补足了其缺额，并
最终形成了后面将介绍的"官搭民烧"体系。1402 年时，（在御器厂以外）已有 20 座
官办窑炉为宫廷烧制器物[366]，而到宣德年间则增加到了 58 座，"其中大多数在御器厂
范围以外，分散在民窑中间"[367]（"明……洪武二年设厂……共二十座至宣德中……官
窑遂增至五十八座，多散建厂外民间"）。御器厂的窑炉与烧制御瓷的民窑耗费同等数
量的木柴，但后者要求并不那么严苛，因而生产效率更高，每烧一窑的产出率是前者
的两倍[368]。因此，到 1436 年时，浮梁的居民每年已能为朝廷提供超过 50 000 件瓷器并

198

357　同上，第 35 辑，第 699 页。

358　同上，第 43 辑，第 525 页。

359　同上，第 60 辑，第 651 页；第 73 辑，第 95 页。

360　同上，第 73 辑，第 532 页。

361　同上，第 43 辑，第 525，776 页。《江西通志》（1880 年版）卷九十四，第四页。Peter Y. K. Lam
（2000），p. 79。

362　《宫中档乾隆朝奏折》第 67 辑，第 847 页。

363　同上，第 32 辑，第 635 页。

364　同上，第 32 辑，第 638 页；第 40 辑，第 670 页；第 43 辑，第 775 页。

365　同上，第 62 辑，第 422 页。

366　《江西省大志》（1597 年版）卷七，第三页；《饶州府志》（1872 年版）卷三（地舆志三），第五十一
页。冯先铭等（1982），第 364-369 页。

367　《景德镇陶录》卷五，第三页。

368　《江西省大志》卷七，第十七页。

获得酬金[369]。

　　如此规模的巨额订单不可能长期维持，因而常有请求降低订额的记录。景泰五年（1454 年）饶州的年产量减少了 1/3[370]。1459 年，负责朝廷娱乐活动的光禄寺要求饶州提供 133 000 件瓷器。工部了解饶州人民面对的困苦和艰难，将订额减少了 80 000 件。在这次的争论中文官们获得了胜利，皇帝接受了工部的意见[371]。成化初年（1465—1468 年），皇帝下旨暂停了瓷器的生产，而 1468 年以后，光禄寺的瓷器订额也减少了 1/4[372]。但在成化后期，瓷器的生产量又增加了。1476 年烧制了 10 000 件容器，其中 7000 件供应北京的朝廷，3000 件供应南京[373]。

　　1502 年光禄寺将尚未完工的器物的订量减少了 1/3，但命令将已完工的器物解运交付朝廷[374]。弘治十八年（1505 年）以后，除每年的出口份额外，饶州的瓷器生产派额暂停三年（即 1505—1507 年）[375]。这是因为在正德初年，其前任皇帝弘治时期的 300 000 件订货尚未完成[376]。

　　1546 年的二月，光禄寺的一位官员孙桧传达命令停止当年的生产[377]。但是生产已经启动，而且陶工也不能整年无所事事。其结果是简单地将两年的订货合并，以致第二年生产了数量特别多的器物（表 33）。表 33 给出了嘉靖年间每年的生产总量，可见年产量的巨大变化。关于更早时期生产情况的档案记录于 1529 年被毁[378]。

199
　　隆庆年间，江西共为宫廷生产超过十万件瓷器[379]。但是在隆庆五年（1571 年）因瓷器短缺，官员徐拭疏和崔敏命令额外生产一定数量的瓷器，约 105 770 件，包括内部红色的碗、罐、杯、花瓶、盒子以及大小龙缸等[380]。尽管 1572 年南康府通判陈学乾被任命为督陶官[381]，御器厂有新的变化，但是这个烧制命令在隆庆年间未能完成。因为当时江西发生了灾荒，很多陶工停止烧窑而从事其他职业[382]。

　　1591 年，瓷器的订单达到 159 000 件，后又追加 80 000 件，这是当时的窑炉烧造若干年都无法完成的任务[383]。1607 年工部的一位官员查验了第一批订货的 159 000 件

369　《中国历代食货志正编》第二册，第 942 页。

370　《大明会典》卷一九四，第四页（第 2632 页）。

371　《明英宗实录》卷三〇九，第三页（第 6498 页）。

372　《大明会典》卷一九四，第四页（第 2632 页）。见刘新园（*1993*），第 28，68 页；刘新园参考了《明神宗实录》。

373　《大明会典》卷二〇一，第二十六页（第 2715 页）。

374　《中国历代食货志正编》第二册，第 942 页。《大明会典》卷一九四，第四页（第 2632 页）。

375　《大明会典》卷一九四，第四页（第 263 页）。

376　《中国历代食货志正编》第二册，第 942 页。

377　《豫章大事记》，转引自《饶州府志》（1872 年版）卷三（地舆志三），第六十二页。

378　数据采自《江西省大志》（1597 年版）卷七，第三十三页至四十四页。另见冯先铭等（*1982*），第 364-369 页。

379　《中国历代食货志正编》第二册，第 942 页。

380　《江西省大志》（1597 年版）卷七，第四十五页。《饶州府志》（1872 年版）卷三（地舆志三），第五十九页，此处引自《浮梁县志》。

381　《江西省大志》（1597 年版）卷七，第十页。《饶州府志》（1872 年版）卷三（地舆志三），第五十五页。

382　《江西省大志》（1597 年版）卷七，第四十五页。

383　《中国历代食货志正编》第二册，第 942 页。

表 33　嘉靖年间御器厂每年生产的瓷器数量

嘉靖年份	公元年份	瓷器件数
八	1529	2 570
十	1531	12 300
十三	1534	6 160
十六	1537	948
十七	1538	1 510
二十	1541	27 300
二十一	1542	2 830
二十二	1543	16 410
二十三	1544	70 950
二十四	1545	1 920
二十六	1547	120 260
二十七	1548	9 200
二十九	1550	1 000
三十	1551	10 830
三十一	1552	44 750
三十三	1554	100 030
三十四	1555	1 470
三十五	1556	34 891
三十六	1557	31 580
三十八	1559	29 260

已发送，余下的 80 000 件将分 8 次解运。当第 7 批发货后，官员们放弃了要求，最后的 10 000 件瓷器就此作罢[384]。这项任务实际上是雇用了大量的临时工完成的。据说 1606 年时，日常工作需要 10 000 名工人[385]，导致陶业系统充满了半熟练的劳力。

　　显然，16 世纪是一个多事的时期，正是自那时开始建立"官搭民烧"的方式。其实际的内容是官家与民窑合作，系扩大宫廷用瓷来源的一种途径。皇家的日常用瓷可以由民窑烧造，而特殊的瓷器，如贡品，依然仅由御器厂烧造[386]。刚开始时仅少数民窑具有足够的技术水平参与，例如万历年间，只有约 20 家具有资质。但是这种制度对于私营窑主是有风险的，因为如果私营窑主未能生产合格的产品，将受到经济上的惩罚。这种制度原本是为了保证产品的质量，但实际上成了间接收取税金的手段。如果

200

384　《明神宗实录》卷四三四，第十页（第 8217-8218 页）。
385　同上，卷四一九，第二页。《江西通志》（1880 年版）卷四十九，第十二页。
386　《浮梁县志》（1682 年版）卷四，第四十六页。

某个民窑的产品未能达到质量要求，厂主必须自己掏钱向御窑厂购买同等的产品[387]。否则官员会去购买替代产品而向民窑业主索要极高的价钱，价格竟是由官员单方面与当地的经销商确定的[388]！

1682 年，清代重新恢复了"官搭民烧"的制度[389]，清代时这个制度的实行更为有效。当时御窑厂为完成宫廷订单承受着很重的压力，因此乐于接受民窑的帮助。1743 年时督陶官唐英很高兴地看到，当时景德镇地区有 200—300 家民窑，雇用 10 万陶工[390]。很多民窑就在附近，在紧靠皇家仓库东面的一条称为龙缸同的死胡同中。17 世纪 80 年代至 18 世纪 40 年代是"官搭民烧"的全盛期，大家都渴望签订有利可图的合同。1743 年以后，民窑的发展和技术方面的进步使得它们已能与中央政府控制的官方生产相竞争[391]。这种情况成为整个 18 世纪后半叶御窑厂能接连降低经费支出的众多因素之一。到 19 世纪晚期，御窑厂已十分衰落，以至根本没有一座高温窑处于工作状态，高温瓷器都在私营工场生产，在御窑厂仅有低温隔焰窑还在开工[392]。

201 清代时，当官窑的生产向民窑开放时，有些人发现可以利用其在市场上非法获利，然后就出现了对御瓷的大规模仿冒[393]。更多瓷器被合法地赋以次品的身份，与上交的御瓷一起运往北京，而在市场上出售[394]。1742 年 6 月唐英记录，他得到了皇帝的允许，可以出售不能送交宫廷的次品[395]。次品以 70% 的价格出售，唐英认为这是经销商能够接受的价格[396]。但是，如果次品的数量超过了一定限度，就会引起麻烦，唐英在其任上多次因此而受到申斥。1741 年有一次因次品多和损坏严重，唐英被命令赔偿[397]。这是因为出窑的废品率达到了 20%，而未达标的次品占 50%，条例的规定是废品率 20% 和次品率 30%。以后，标准逐步下降。在 1870—1908 年平均的正品率仅为 25%，次品和废品率分别达到 57% 和 18%[398]。

（v）瓷器的装饰和禁止奢侈的规定

从考古资料获悉，10 世纪时当地的小窑场都建于景德镇北部的小山上[399]。它们原来的目的似乎是模仿沿海邻省，即浙江的很受欢迎的越窑产品。越窑的产品是灰胎青

---

387 Yuan Tsing（1978），pp. 47-48。

388 《浮梁县志》（1682 年版）卷四，第四十六页。

389 同上，卷三，第六十二页。

390 傅振伦和甄励（1982），第 40，61 页。

391 梁淼泰（1991），第 146-147 页。

392 Scherzer（1882），被引用于 Tichane（1983），p. 189。

393 梁淼泰（1991），第 138 页。

394 《景德镇陶录》卷二，第一至二页。

395 傅振伦和甄励（1982），第 35，60 页。

396 梁淼泰（1991），第 137 页。

397 傅振伦和甄励（1982），第 27-43，61-62 页；Peter Y. K. Lam（2000），p. 76。

398 梁淼泰（1991），第 136 页。

399 关于对景德镇地理环境的描述，见 Bushell（1896），pp. 148-150；Dillon（1976），pp. 15-17；梁淼泰（1991），第 239-259 页。

釉。除青瓷外也生产素白瓷。到了宋代，还原焰焙烧的、略呈青色的釉成为规范。这种具有自然美的产品（称为"青白"瓷，关于该名称的讨论见本册 pp. 556-557）使得景德镇很快享有了名气，原来的青瓷反而不那么流行了。《陶记》告诉我们，湖田[400]生产的黄色和黑色的瓷器受到浙江民众的喜爱，而"青白"瓷器则被江西、湖南、四川和广东的消费者所青睐[401]。北宋晚期到南宋早期（约 1075—1150 年）是"青白"瓷器生产的盛期[402]。

元代时在皇室瓷器上涌现出新的装饰和风格，其中很多是高度创新的，包括五爪龙图案的釉下蓝彩（青花）装饰器物、饰金的瓷器和施孔雀绿釉的器物等[403]。这些装饰图案可能是皇家画局的宫廷画家所设计的，画局受将作院管辖[404]。关于瓷器装饰禁止奢侈的规定也开始执行，特别是对饰金的限制。1271 年禁止用黄金装饰民用瓷器和铭文饰金。五爪龙和凤凰图案也被禁用[405]。关于元代瓷器饰金的问题将在第六部分 p. 704 进一步介绍。

并非每个人都欣赏新的风格，明初曹昭的著作中就称赞老式、保守和单色的风格而贬低新的、带装饰的器物[406]：

> 精细并有光泽胎体的器物属最好的御瓷，细腰、口沿不施釉的朴素器物也属优良品质，虽然其器壁较厚，但色白而光滑。……元代带"枢府"款的、足部较小、有模压图案的器物也属上品[407]。相反，那些新烧造的足部很大，普通器物缺乏油质感，青花和彩瓷则品味低俗。

> 〈御上窑者，体薄而润，最好。有素折腰样，毛口者体虽厚，色白且润尤佳，其价低于定。元朝烧小足印花者，内有枢府字者高。新烧者足大，素者欠润。有青花及五色者，且俗甚矣。〉

永乐皇帝持有类似的看法，他于 1406 年对外国进贡的玉碗有感而发："宫廷应该使用熟悉、明亮、干净和无装饰的中国瓷器，这能深刻地满足个人的精神需求。"[408]（"朕朝夕所用中国磁器，洁素莹然，甚适于心。"）

明代时，典仪活动和日常生活均需订制官瓷。明太祖洪武帝出身于草根农民，他的简朴本性倾向于在典仪活动中使用瓷器，而不使用青铜器，而且礼仪活动和日常生活要使用同类的瓷器[409]。1369 年，他颁布了一份关于典仪用瓷器的法令[410]。自 1368 年

202

400　主要的窑区之一，处于城市东南 4 公里处，窑址位于一现代中学运动场的边上。

401　白焜（*1981*），第 39 页。

402　Chen Baiquan（1993），p. 23。

403　刘新园（*1993*），第 33-36 页。

404　刘新园（*1982*），p. 16；Hucker（1985），pp. 140，260。但是施静菲 [Shih Ching-fei（2001），pp. 97-98] 提出质疑，她认为在宫廷画局与瓷局间不可能存在直接的联系。

405　《大元圣政国朝典章》典章五十八，第十二至十三页（第 790-791 页）。

406　《格古要论》卷下，第四十页。David（1971），pp. 142-143，305。

407　"枢府"器是元代制作的青白瓷的一种风格，厚胎，施不透明、乳浊状的青白釉。"枢府"的字面意义是"处理机密事务的机构"，因此认为"枢府"器物是为主管军事的"枢密院"烧造的。Hucker（1985），p. 436；Scott（1992），p. 46。尽管"枢府"器本应属于官器，但很多"枢府"器物输往整个东南亚以及更远的地方。

408　《明太宗实录》卷六十，第八页。

409　《明太祖实录》卷二十九，第四页。1368 年时洪武已经使用瓷"爵"，《明太祖实录》卷三十一，第五页。

410　《明太祖实录》卷四十四，第八页。

起禁止奢侈的限制令也包括御瓷。例如，无封号的人员禁止使用以龙凤图案装饰或饰金的器具[411]。于 1384 年又下令，所有御用瓷器必须遵循特定的设计，原料耗费的劳务开支必须严格控制[412]。洪武二十六年时，禁令被更严厉地重申，禁令中规定：禁止木质器具用红色或金色装饰，禁止绘制或雕刻龙凤图像[413]。可以看出，这些特定的装饰和形制象征皇家的地位属宫廷专用。这些图案能赋予瓷器以附加值，不断发布禁令说明常有违例的事件发生。正统三年（1438 年）宫廷再次下令，一般官员家庭不得制造、买卖和赠授御用风格的青花瓷器。民窑禁止烧造黄色、紫色、红色、蓝色器物以及青色器物。违例者被斩处，没收全部家产，整个家族的男子充军边疆[414]。

宫内不同部门的订货式样也不同，例如所有黄色和绿色并绘有成对的龙凤图案的器物是为专事皇帝饮食和宫廷筵席的尚膳监[415]烧造的，而带龙凤图案的白色瓷器则供应光禄寺[416]。很多为特殊目的单独订货的订单被记录了下来。宣德初年，官员被委派监督生产宫廷筵席用的龙凤图案白瓷[417]。1427 年的九月，工部为宫廷典仪定制了白瓷礼器[418]。1433 年，工部派遣一名官员监制已订货的 443 500 件有龙凤图案和其他图案装饰的器具[419]。1441 年，光禄寺定制带金色龙凤图案的白瓷罐[420]。此外，还定制了有蓝色龙饰的白瓷水缸，计划安放在宫内新建的三座大殿前面。这些由宦官王振监制的瓷缸带有裂纹。又一位宦官被派去监督重新烧制，为此他被赐锦衣和指挥杖[421]。可惜没有一件龙缸被运送到北京。27 件烧坏的缸被砸碎后埋于御器厂的西墙下，它们在 20 世纪 80 年代的考古发掘中被发现（图 43）[422]。

在嘉靖年间（1522—1566 年），许多典礼用瓷器的定货情况也被记录了下来。1528 年，饶州被指派为文庙的秋祭额外生产 189 件砵表锡里的冰盘[423]。1530 年，朝廷为北京四郊纪念性皇家建筑定制瓷器：用于天坛的青釉瓷器、用于地坛的黄釉瓷器、用于日坛的红釉瓷器，及用于月坛的白釉瓷器[424]。1537 年，朝廷为七座皇陵征用新的礼

411 《皇明制书》卷一（大明令），第二十一页。

412 《大明会典》卷一九四，第一页（第 2631 页）。

413 《明史》卷六十八（志四十四）（第 714 页）。

414 《明英宗实录》卷四十九，第四页（第 0946 页）；卷一六一，第四页（第 3132 页）。

415 尚膳监是明代宫廷的十二个太监官署之一，由一位大太监主持，负责供应宫廷膳食，见 Hucker（1985），p. 410。

416 《大明会典》卷一九四，第三页（第 2632 页）。

417 《中国历代食货志正编》第二册，第 942 页。

418 《明宣宗实录》卷九，第四页（第 0231 页）。

419 《大明会典》卷一九四，第三页（第 2632 页）。

420 《明英宗实录》卷七十九，第二页（第 1557-1558 页）。在《明史》中记有类似的条文写道，皇宫建成后，曾定制瓷质食器，用九龙九凤装饰。

421 《中国历代食货志正编》第二册，第 942 页。

422 刘新园（1993），第 40-41 页。

423 《大明会典》卷二〇一，第二十六页（第 2715 页）。

424 《大明会典》卷二〇一，第二十五页（第 2715 页）。另见 Christine Lau（1993），pp. 94-96。明清时，一直无间断地为北京的庙宇神殿烧造器皿。乾隆十五年（1750 年）一月，御器厂为天坛和地坛运送了 150 多件礼器，见傅振伦和甄励（1982），第 50-64 页。

图 43　从正统时期的地层中出土的大型水缸（已经修复）

器[425]；1538 年，饶州为永乐皇帝的陵墓（长陵）发送了 1510 件完工的白瓷，包括盘和爵，还有 159 件备用器皿[426]。1555 年，江西省的副主管（当时兼任御器厂的督陶官）因窑产瓷器质量问题被追责。为此宫廷于 1558 年专派一名官员来到江西，为诸宫殿内部的庙堂佛殿监制了 30 000 件瓷器[427]。

　　16 世纪时，特殊订货在增加，管理也变得更严格。万历十二年（1584 年），工部报告了瓷器生产的困难，特别是烧造特型和精巧的器物。因此瓷质棋盘和瓷屏的生产量减少了一半[428]。1585 年，宫廷官员疏至阁指令：对于已开始制作的瓷屏、烛台、棋盘和花瓶等仍需继续生产，但尚未开工的项目则应撤销。据说因烧制大型、时尚的龙缸十分困难，其生产也被停止了[429]。205

　　某些大缸的制作是出大力流大汗的硕果，它们被供奉于工厂内的窑神庙中。1730年的五月，御窑厂的督陶官唐英将一个历尽艰难而制成的巨大的绿色万历龙缸，从较206旧的庙中移位到佑陶灵祠[430]。唐英在其编纂的《陶冶图编次》（1743 年；见本册第一部

　　425　《中国历代食货志正编》第二册，第 942 页。
　　426　《大明会典》卷二〇一，第二十六页（第 2715 页）。
　　427　《中国历代食货志正编》第二册，第 942 页。
　　428　《江西省大志》（1597 年版）卷七，第四十八页。《明神宗实录》卷一四七，第六页（第 2746 页）。
　　429　《江西省大志》（1597 年版）卷七，第四十八页。《明神宗实录》卷一四七，第六页。
　　430　他为该庙宇题字，并在他的《陶人新语》（卷六）书中对使用情况作了说明，见傅振伦和甄励（1982），第 22-23，56 页。

图 44　制作大型水缸，采自《天工开物》（1637 年）

分）的第 20 图中记述了这位神灵[431]。唐英说，该神原姓童，曾是一位窑工，万历年间他为了他的同事们而牺牲了自己。大型龙缸的烧造屡屡失败，监工的宦官残酷地惩罚童姓窑工及其同事。于是童姓窑工跳入窑中自焚，随后该窑烧成了完好的龙缸。童姓窑工的同事们为他在御器厂围墙内建了一座庙，并尊称他为"风火仙"，每年拜祭[432]。

这个动人的故事可能更多是反映唐英本人对失败的担忧，更甚于对窑神崇拜起因的叙述。类似的记录更早也见于公元 4 世纪中叶干宝撰写的传奇故事中。干宝写道，在传说中的黄帝时代，一位陶官（"陶正"）自焚于窑中，但是他的骨架却完整无缺地保存了下来，为纪念这位自焚的陶官，他的骨架被埋葬于宁山以示敬意[433]。明代初年，洪武帝已鼓励对古代窑神的膜拜，因为窑神始终保佑着熟练陶工们的艰难工作[434]。我们也曾介绍了宋代时若干敬崇窑神的碑刻，它们树立在耀州窑和其他窑址所在地区，如德化等地（见本册 pp. 166-167，243-244 和 566-567）。

清代时，订单继续从宫廷的造办处下达景德镇。清代初期工作的开始就不是很顺利，1654—1659 年的皇家订货没有完成。1660 年，江西省总督张朝璘奏请停止生产[435]。1680—1683 年重建御窑厂后，生产逐步正常化，1689 年广储司修复了瓷器库，储存经过挑选并准备运送北方的瓷器[436]。唐英记录了 1728 年后每年的秋季和冬季约有 20 000 件瓷器解运北京[437]。

多年的清代运单记录还保存着，其中 1724 年的八月的运单和 1864 年的运单已译成英语，可供方便地参考[438]。它们显示了订货内容有趣的变化。雍正年间，人们的偏好是对古代陶瓷的仿制，例如仿造宋代的"青白"瓷，哥、汝、定、钧和龙泉的器物，以及明代永乐、宣德、成化、嘉靖和万历年间的瓷器。19 世纪时，人们的兴趣转向了有明亮装饰和彩色的器物。 207

发送到景德镇的御瓷的设计样式，包括平面的装饰样板、立体的木制模型、蜡模或者宫廷实际藏品样本。部分的瓷器设计者任职于内务府，有些则是宫廷的画师。样品模本经制作、查验和批准，然后投入批量生产。制作特殊的珐琅彩器物需要有特别手艺的工匠，这类情况下还有珐琅画师参与大型宫廷画作或如意馆的工作（另见本册 208 pp. 641-642）[439]。接近 18 世纪末期时，对设计工作的监控减弱了。据 1768 年的报告，御窑厂的督陶官舒善侵吞景德镇的瓷器样模，原有的 8400 个样模仅剩 4568 个。按规

431　《陶说》卷一，第十二页。Bushell（1910），pp. 28-29。

432　《浮梁县志》（1682 年版）卷七，附注。《江西通志》（1880 年版）卷九十三，第九至十页。Bushell（1910），pp. 28-29。

433　《搜神记》卷一，第二页。参见 DeWoskin & Crump（1996），p. 2。

434　《明太祖御制文集》卷二十（第 575-576 页）。

435　《景德镇陶录》卷二，第一页。

436　《大清会典》卷一一九〇，第三页。广储司是内务府的七个主要部门之一，管理皇宫内的各类仓库，参见 Hucker（1985），p. 287。

437　冯先铭等（1982），第 416 页。

438　Bushell（1896），pp. 194-205，242-247；关善明（1983），第 6-7，22-23 页。运单内容摘引自《江西通志》（1880 年版）卷九十三，第十至十六页。

439　杨伯达（1993），第 41-42 页。如意馆建于乾隆年间，为宫廷中画家们集中工作的场所；Hucker（1985），p. 273。

图 45 清代的《皇朝礼器图式》中的 "先农坛豆图"，表现了为地坛制作的仿青铜器形的黄釉瓷豆

定样模应保存于御窑厂，即使不够完美的样模也应同样保存以备不时之用[440]。这是很多 19 世纪的御瓷与 18 世纪制品的器形和花式相似的原因之一。在 1855 年的太平天国运动期间，景德镇被夷为平地，绝大多数的瓷器样模也被摧毁[441]。

为保证皇室用特殊类型瓷器订货的完成，节约费用的条例被一再重申。典礼用的器具是严格规范化的，其细节由《皇朝礼器图式》（1759 年）规定[442]。

与供奉用器具的情况相似，宫内日常使用的器物也有一定的规制，皇室每个成员按其地位高低使用不同的颜色和样式[443]。节俭的皇帝会禁止使用豪华的样式来显示自己的节俭，如道光皇帝曾下令停止生产乾隆年间的较为豪华精细的用具[444]。

440 《宫中档乾隆朝奏折》第 31 辑，第 49 页；第 32 辑，第 35 页。

441 同治三年八月二十六日的《内务府奏销档》。

442 《皇朝礼器图式》共十八卷，完成于 1759 年，1766 年又作修订，见 Medley（1960）和关善明（1983），第 8-9，26-27 页。

443 《国朝宫史》卷十七至十八（第 613-746 页）。参见关善明（1983），第 9-10，27-28 页。

444 《江西通志》（1880 年版）卷一，第三页。

图46　为天坛制作的仿青铜豆和仿青铜簋器形的蓝釉瓷器

（vi）劳务关系

当元代建立了浮梁瓷局后，宫廷用品是由被征召工人的强迫劳动制作的。从明代初年开始，有两类不同的工人在御器厂劳作。第一类是相对不熟练、低技能的劳力，他们来自饶州府的7个县，不定期地在御器厂"轮班"工作，临时居住在拥挤的景德镇城中。第二类是有技术的匠人，他们必须花费部分时间在御器厂服役，当不在岗时，可以为自己工作。他们实行轮换制度，有的人每月需要在御器厂工作10天，也有的人签署3年的合同，每年服役3个月。理论上这类工人仅需在御器厂服役一段时间，也可以付钱以代替劳役。但实际情况是宫廷的要求太多，御器厂的实际工作进展经常落后于计划，技术工人们被一再召唤[445]。在宣德年间，御器厂轮流征用590名工人，同时工作的还有367名技师级的工匠，总共约1000人一年有四个月在厂劳动生产[446]。

在御器厂生产官瓷的同时，在景德镇城内城外一些私人经营的窑炉也逐步繁荣。《江西省大志》（1597年）描述了在皇家工厂与在私人工厂劳动的不同感受："私业与官业是不同的，在官家劳动是尽责和享受，而在私人工厂工作的工人则勉强维持生计。"[447]（"官民业已不同，官作趣辨塞责，私家竭作保佣。"）

自1507年至1590年前后，中国的经济加速发展，特别是其东南地区，瓷业也同样高速扩张[448]。景德镇在其兴盛时期时超过10 000人从事瓷业生产[449]。在御器厂服役

445　冯先铭等（*1982*），第357，361-362页。关于怎样执行服役制度的详细情况，见Ray Huang（1974），pp. 32-38。

446　Anon.（*1959a*），第103-104页。

447　《江西省大志》卷七，第十七页。

448　Ray Huang（1969），p. 110。

449　《明世宗实录》卷二四〇，第五页。

的人数达几百人。1560 年实行税改后，又补充了服役的工人，但服役制度逐渐被支付工资的雇佣制度所替代。明代的后半期见证了对瓷业监控的衰落和劳动力生活条件的恶化。从 16 世纪中叶一直到明末，写给宫廷的请愿书大量增加。嘉靖年间（1522—1566 年）早期，一位叫陈皋谟的宦官被派去当督陶官，陈皋谟向上报告这里人民的生活甚为困苦，请求停止生产，但皇帝没有接受他的意见[450]。1586 年，一位江西的官员陈有年，请求在继续供应基本的祭祀和典礼用器的同时，减少烧造新奇的器具。1587 年，他再次请求停止烧造那些特别难以烧成的瓷器类型，如棋盘、大罐、瓷屏、水洗、箱子、大花瓶和香炉等。1594 年的二月，工部的官员也呼吁减少瓷器的生产，以改善江西居民正在遭受的艰难情况，但是官员们的呼吁都被拒绝了[451]。

饥荒加剧了困境，经常导致不同县的流民间的流血冲突。1541 年夏天发生的事变就是一个例子。当年春季河流泛滥，淹没了不少窑炉，很多窑主解雇工人。来自乐平县的失业陶工指责城市的商店只把食品卖给当地的居民。事态发展成暴乱，当地有限的兵士无力控制局势，暴乱导致多人死亡[452]。官方的判决书反映了冲突的情况[453]：

> 江西乐平县的人来到浮梁工作，在食物短缺的年代，浮梁当地人掌有大部分的财力，无视乐平人并驱逐他们。乐平人就破坏财产和抢劫百姓。两个地区的犯罪分子组成了超过 1000 人的团伙，他们相互争斗和残杀。

> 〈辛酉，初江西乐平县民尝佣工于浮梁，岁饥艰食，浮梁民负其佣直，尽遭逐之，遂行劫夺。二县凶民，遂各禁党千余，互相仇杀。〉

实际上，早在 1537 年和 1563 年，浮梁和乐平的两个团伙间已曾发生过暴力冲突。1563 年时，事态发展到如此严重的地步，以致饶州府通判方叔猷建议，授予景德镇本镇权力来处理当地 10 个县的事务，因为景德镇的陶工主要来自这 10 个县[454]。在 13 里为半径的范围内，每里设立一警所以控制人口的流动和处理因抢劫所引发的问题。饶州府通判除担任御器厂的督陶官外，有权监督和防止犯罪活动[455]。

经历了伴随明清交替过程中的破坏以后，零星的陶工们又陆续地回到景德镇，而官员们也设法恢复生产。在康熙帝的介入下，以前执行的服役性劳务改为付酬性雇用劳动[456]，一批熟练的工人被征募进入御器厂，并成为景德镇的常住居民。其他需要的人手也从周围地区迁移进镇，因为 17 世纪 70 年代初的内战期间景德镇遭受洗劫后，原先镇中的居住人口已大量流失分散。据地方志记载，早先的暴乱将作坊和居所夷为平地，每 10 个陶工中仅有 2—3 人还留在景德镇，商店和居所都卖给了外地新来

---

450 《中国历代食货志正编》第二册，第 942 页。

451 《江西省大志》（1597 年版）卷七，第五十页。《明神宗实录》卷二七〇，第三页（第 5013 页）。

452 《浮梁县志》（1682 年版）卷八，第二十七页。《江西通志》（1880 年版）卷九十六，第三十三页。

453 《明实录》，被引用于 Anon.（1959a），第 239 页。

454 这 10 个县是：里仁、怅香、鄱阳、余干、德兴、乐平、安仁、万年、南昌和都昌。

455 《饶州府志》（1872 年版）卷三（地舆志三），第五十六页，此处引自《浮梁县志》。

456 《景德镇陶录》卷二，第一页。

的人[457]。

从明到清，景德镇是向南扩展的，因为其西部和北部被高地所围。明代时民窑大多建于丘陵的边缘，并延伸到珠山地区。也有很多窑和住房地处码头旁的半边街，狭窄的半边街与正街相交，它们的名称让人联想起陶业，如"火烧同""铁匠同""龙缸同"等。1682 年后景德镇的人口迅速增长，居住地侵占了南部低海拔的冲积地带。富裕的投机者则购买了城市中心的住房和商铺，并以此盈利。1730 年江西省的巡抚为此而哀叹："大多数的商人可鄙地经营住房出租，又总是将老人和病人等失去劳动能力的人赶走。"[458]窄而拥挤的街道隐藏着火灾的危险，一份 16 世纪早期的材料记录了 1429 年、1473 年、1476 年、1493 年和 1494 年的火灾，随后仍火灾不断[459]。耶稣会教士殷弘绪于 1712 年写道[460]：

> 街道是直的，一定距离相互交叉。所有的空间都被占用，住房拥挤，街道狭窄……现在有 3000 座窑开工。因此经常发生火灾是不奇怪的，前不久的一次火灾烧毁了 800 所住房。

清代中期，当景德镇处于鼎盛期时，有几百座大型的窑和大量小的隔焰窑在工作。这些窑炉塞满了城市的街道，充满着火灾的危险。

景德镇是一个喧嚣的城市，容易发生骚乱。这是可以理解的，因为所创造的大量财富集中在少数人的手中，而大量的民众居住在极度拥挤的环境下，还有一批生活悲惨的离家独身的被雇用者。殷弘绪于 1712 年曾叙述了景德镇是怎样救助外来的贫困家庭和老弱病残的[461]。更晚于 1923 年，美国记者哈里·弗兰克（Harry Franck）对该城市的情况也作了描述[462]：

> 与我在中国其他地方见到的情况相类似，暴饮暴食，没有任何一个人或一件东西可以说是真正清洁的。人粪的臭气，居住在猪圈一样棚中从来不洗澡的人身上散发的恶臭，很多人头上和皮肤上溃烂……到处都是……他们居住在闷热的棚屋中，棚屋在狭窄的街道上一个接连着一个。

由于气候的原因，瓷器生产总是季节性的。18 世纪时，唐英曾抱怨冬季难以完成任务，因为在未取暖的作坊中黏土会受冻（见本册 p. 646）。一般说来，4—11 月是适宜于烧造的时节，而夏季是一年中最忙碌的季节。唐英认为春秋两季是最重要的季节，二月和三月进行造样、制备颜料和釉料，八月和九月是点火烧窑的好时机，气候干燥并经常有风[463]。

陶瓷工厂中的工人，和陶瓷贸易业中的辅助性人员都有自己的劳动组织，明代初

212

457　《浮梁县志》（1682 年版）卷九，第七页。《江西通志》（1880 年版）卷九十七，第九页。

458　《江西通志》（1880 年版）卷九十四，第十九页。

459　《江西通志》（1525 年版）卷八，第九页（第 1354 页）。

460　Tichane（1983），pp. 56-57，对殷弘绪 1712 年信的译文。

461　同上，p. 57。

462　Franck（1925），转引自 Tichane（1983），p. 371。

463　《宫中档乾隆朝奏折》第 12 辑，第 4 页。

期瓷器生产已受控于行会的规则，虽然文献没有详细记录行会系统的发展。行会的目的是建立和维护标准，组织和分配贸易，还执行着社会的、礼仪的和宗教的功能[464]。即使工人们来到景德镇的时间已很长久，亲属之间和同乡之间的联系仍影响着劳务关系。卜德曾观察到了中国行会的基础与西北欧的行会间的差异。欧洲的商业行会不是建立在亲属关系基础上的，而中国的行会却是基于亲属和同乡关系[465]。例如，1674 年康熙平定了将景德镇夷为平地的三藩之乱后，魏氏家族承担了重建御窑厂瓷窑的任务[466]。政府公布了法令，赋予魏氏家族与 12 个烧造官瓷的民窑签署砌砖和修窑合同的世袭权力[467]。据说，魏氏家族是元代时来到景德镇的，他们的砌砖和抹灰技术是一流的[468]。19 世纪早期某些窑主模仿了魏氏的砌窑技术，但他们烧造的瓷器或者变形或者开裂。当时流传一种说法，只有魏氏家族砌的窑才能使窑主放心[469]。尽管魏氏家族的名声无疑是实至名归，但他们可能为了维护其垄断地位也鼓励着这种说法。

在专业的窑和作坊间存在着劳动的分工。当 18 世纪蓝浦撰写《景德镇陶录》时，分工已是非常细的了。他较详细地列出了工种，包括辅助性的行业如黏土和燃料的供应[470]。例如由"白土行"（黏土行会）负责黏土的供应，它们垄断了对窑主的黏土供应，但白土行本身又依赖于商人和掮客[471]。燃料行会（包括"柴行"——供应松枝束的行会，"槎行"——供应灌木的行会）联合水运行会（"水业行"）从山上采集灌木，将松枝锯断和劈开，再沿河下漂运输。供应隔烟窑木炭的行业也有自己的行会（"炭行"），虽然其供应量要少于木柴。燃料的总体需求造成大规模的森林砍伐。早在南宋时，蒋祈就曾对自然资源的浪费和破坏发出告诫[472]。清代时，木柴已需要从 100 里外的远处运来。燃料的消耗和花费是巨额的，例如在 17 世纪御窑厂用于燃料的花费占总额的 1/3[473]。

对工人的控制是很严厉的，管理的责任由每个作坊的工头负责。有些民间的诗歌记录日常业务中这种管理和控制[474]：

工作上的不明之处，要请教管事的陶工，

464　Anon.（*1959a*），第 120-123 页。

465　卜德［Bodde（1991），p. 221］指出，西欧（特别是西北欧）的印欧人较少见到血缘关系的抱团，而是以非亲族关系的、宣誓结盟的兄弟会形成伙伴关系并互相支持。这些伙伴社团最终蜕变为欧洲中世纪的商业行会。在中国，亲族联系一直占有重要的地位，直至今天的中国，虽然也存在有商业行会，但它们从来没有像在欧洲那样享有独立和有权势的地位。当然中国的行会在某些地方也起到明显的作用，包括要求行业内部的成员遵守纪律，和对外（特别是在对付官府时）维护行业成员的利益等。

466　《浮梁县志》（1682 年版）卷三，第六十二页。

467　《饶州府志》（1872 年版）卷三，第六十三页。

468　《景德镇陶录》卷四，第五至六页。

469　《景德镇市地名志》记录有明代与陶瓷工业不同领域有关的 28 个家族的姓氏，其中马、方和杨三个家族在明代末年最有名气，见梁森泰（*1991*），第 17 页。

470　《景德镇陶录》卷三，第一至四页。

471　《浮梁县志》（1682 年版）卷二，第五页。

472　白焜（*1981*），第 42 页。

473　《浮梁县志》（1682 年版）卷四，第四十五页。

474　这首歌词是窑务章中的第 12 首，引自龚轼采集景德镇民歌后所编撰的《景德镇陶歌》（1824 年）。见杨静荣（*1994*），第 34-35 页。

工头要查点人数，确认每个人的出工情形。

第三个月如果有钱到手，说明达到了市场份额，

年终时如果货栈中还是堆满了货物，懒惰的工人们就会满面愁容。

〈坯工多事问坯头，

首领稽查口类周。

三月有钱称发市，

年终栈满惰工愁。〉

清代末年，陶瓷行业的主人必须是行会的成员，或者与行会成员有合作关系（见本册 pp. 771-772）。

（vii）景德镇瓷器的技术发展

214

在回顾了景德镇的经济和社会历史后，我们将转而讨论其技术发展。导致景德镇成名的具有特色的白瓷是在五代时开始发展的。正如前面 p. 201 提到的，在景德镇附近的考古发掘表明，该地区是在五代时开始烧制高温器物的，主要是越窑类型施灰釉的硅质的典型南方炻器[475]。早期的景德镇炻器呈现为深灰色的胎和偏蓝的灰绿色釉，主要器物种类有碗、大口水罐和盘子。它们在龙窑中烧成，不用匣钵，从龙窑地面向上码放，放在低矮的拉制而成的圆柱上，器物间用小型的石英质或砂质的泥块隔开。

正是在生产炻器的基础上，首先在南方出现了白瓷，四处五代时生产白釉器的重要窑址现已被进行了调查研究。它们主要位于湖田的南河地区，多数选址在城镇周围的石质低山农村地区，如黄泥头、杨梅亭和白虎湾等地，其中黄泥头窑址的规模最大，也保存得最好[476]。在这些窑址采集到了最早的中国南方白瓷样品，有时在地表可见到白瓷片与同时期的灰绿釉炻器残片互相混杂。在窑址的废物堆积中瓷器与炻器的共存，可以说明它们很可能是同一窑炉烧制的，烧成温度大概在 1230—1260℃，远低于同时代北方瓷器的温度。碗和大口水罐是主要的产品，而且某些瓷碗显示了北方白瓷的影响。南方的白瓷几乎从一开始生产就被出口海外，在中东地区曾发现有 10 世纪的南方白瓷，它们与更大量的北方产品共存。

在景德镇附近发现的五代窑址，标志着中国南方从灰釉炻器向真正瓷器的实际过渡。随着白瓷的出现，景德镇的越窑类炻器快速地衰退，白瓷成为景德镇的主要陶瓷产品。

景德镇五代白瓷给人最深的印象是其质地极高的白度、高纯度和半透明度。这些特点使其与南方的炻器明显不同，即两者间不存在那种北方的高温炻器与瓷器间不易区分的模糊界限（表 34）。

475　刘新园［（1992），第 43-44 页］不赞成景德镇有汉代和唐代窑炉的传言，他强调，支持该观点的资料来源是不可靠的。他声明："最近 30 年来，中国的学者，特别是陶瓷考古专家调查了景德镇市和浮梁县的每一个乡村，没有见到任何一片唐代的陶瓷片或者有关的制陶工具，更不要说唐代窑址的遗存了。"

476　刘新园（1992），第 35 页。

215

表34 五代时期的景德镇青釉器和白釉器的组成

	SiO$_2$	Al$_2$O$_3$	TiO$_2$	Fe$_2$O$_3$	CaO	MgO	K$_2$O	Na$_2$O	MnO	P$_2$O$_5$	总计
五代炻器 [a]	75.2	16.9	1.2	3.6	0.4	0.6	2.4	0.1	0.02	0.05	100.5
五代瓷器 [b]	77.5	16.9	痕量	0.8	0.8	0.5	2.6	0.35	0.14	未检出	99.6
五代瓷器 [c]	75.8	18.3	0.2	1.0	0.7	0.8	2.4	0.4	未检出	未检出	99.6

a 郭演仪等（1980），第235页，表2。
b 周仁和李家治（1960a），第53页，表1。（被认为属唐代，但是可能是公元10世纪）。
c 同上。

图47 白釉盘子，仿制中国瓷器，伊拉克造（公元9世纪）

与上文 pp. 181-183 所讨论的湖北材料相似，景德镇炻器和瓷器的氧化物含量总体上惊人地相似，但是氧化铁和氧化钛的水平有很大的差别。这是瓷器洁白而且半透明的原因，这里二氧化钛的含量低起到了关键的作用。10 世纪早期，中国的瓷业在景德镇开始使用一种全新的原材料，这类岩石也成为世界最先进的制瓷传统的基础。但是最近的研究认为，这种类型的瓷石很有可能于公元 9 世纪早期在朝鲜就已经在使用了，特别是在朝鲜半岛南部的重要遗址广州（Kwangju；首尔附近）地区的芳山洞（Pangsan-dong）和西里（Sŏri）[477]。类似的原料后来于 16 世纪末 17 世纪初在日本也被发现了，因此这些早期的高丽白瓷不仅是景德镇白瓷，而且也是东亚地区应用高硅云母质材料制瓷悠久传统的先驱。

（viii）景德镇五代白色陶瓷的质地

了解景德镇五代白色陶瓷质地的最好方法是对其烧成过程进行分析，并与景德镇的现代原材料作对比，后者已被作过矿物学分析。有三篇论文对这个问题的分析特别精辟，它们都是西方的学者为了解景德镇瓷器的本质而撰写的。第一篇发表于 1900 年，是乔治·福格特根据法国驻汉口的领事师克勤采集的样品进行的研究，该论文的详细内容已在本册 p. 38 作了介绍[478]。另外两篇论文是俄罗斯科学家叶夫列莫夫（G. L. Efremov）以及尼库利娜（L. N. Nikulina）和塔拉耶娃（T. I. Taraeva）在中苏保持友好关系的年代发表的[479]。叶夫列莫夫的论文发表于 1956 年，尼库利娜和塔拉耶娃合作的论文发表于 1959 年。

（ix）福格特的论文

事实证明，乔治·福格特的工作对理解中国南方瓷器至关重要。他的代理人师克勤在 1882 年 11 月对景德镇进行三个星期的"田野考察"时碰到了一些困难。当地的工人讨厌他，而地方官员也合理地怀疑他的动机，因而设置障碍[480]。但他坚持他的任务，并最终将景德镇制胎与釉的原材料、当时的配方，以及已知原材料的景德镇瓷器运回了巴黎。福格特根据师克勤的样品所作的全面分析报告和评论，至今仍然是同类论文中对景德镇瓷器技术的最完整的科学描述。

福格特的主要发现是：19 世纪景德镇瓷器是云母质而不是长石质的，中国瓷器的烧成温度为 1250—1310℃。相对于欧洲的硬瓷标准，这不算是太高的温度。作为迈森工厂的传统，福格特时代法国和德国烧瓷的典型温度是 1350—1410℃，它们今天依然使用这样的高温。

477　参见 Koh Choo *et al.*（1999），pp. 52-53；Koh Kyong-Shin（2001）。

478　Vogt（1900），pp. 560-612。

479　Efremov（1956），pp. 28-30；Nikulina & Taraeva（1959），pp. 455-460。

480　鉴于景德镇传统上对于外来者的不信任，地方官员建议师克勤最好于夜间参观作坊，但官员因公外出，使得师克勤有更多的自由在现场考察瓷器生产并采集样品。Vogt（1900），pp. 533-534。师克勤在给他的朋友卜士礼博士的信中写道，他仅能从他乘坐的封闭的轿子中冒险向外观察，以免遭瓷片的投掷袭击，Bushell（1899），p. 291。

216

217

218

表 35　白云母和伊利石（原生的与次生的白色云母）的比较

	SiO$_2$	Al$_2$O$_3$	TiO$_2$	Fe$_2$O$_3$	CaO	MgO	K$_2$O	Na$_2$O	烧失量	总计
理论上的白云母 [a]	45.2	38.4	—				11.8		4.5	99.9
典型的白云母 [b]	45.6	36.7	—	2.3	0.2	0.4	8.8	0.6	5.0	99.6
典型的伊利石（水云母）[c]	50.4	33.8	0.07	0.15	0.7	1.3	6.7	0.5	6.5	100.1
景德镇瓷石中的云母 [d]	46.7	35.8	—	2.1	0.3	0.5	7.3	0.5	6.8	100.0

a　Vogt（1900），p. 548。
b　Johnstone & Johnstone（1961），p. 377，table 121［一种产自孟加拉（Bengal）的白云母］。
c　Mattyasovszky-Zsolnay（1946），p. 255，table 1。
d　Vogt（1900），p. 560。

表 36　1882 年景德镇"一元配方"瓷器与 10 世纪早期景德镇白瓷的比较

	SiO$_2$	Al$_2$O$_3$	TiO$_2$	Fe$_2$O$_3$	CaO	MgO	K$_2$O	Na$_2$O	总计
1882 年的景德镇瓷器 [a]	76.0	18.0	—	1.0	0.2	0.2	4.1	0.4	100
五代的白瓷 [b]	75.8	18.3	0.2	1.0	0.7	0.7	2.4	0.4	99.5

a　Vogt（1900），p. 560。
b　周仁和李家治（1960b），第 53 页，表 1。

表 37　1959 年采集的景德镇南康瓷石与景德镇宋代"青白"瓷的比较

	SiO$_2$	Al$_2$O$_3$	TiO$_2$	Fe$_2$O$_3$	CaO	MgO	K$_2$O	Na$_2$O	（K$_2$O+Na$_2$O）	总计
南康瓷石（焙烧后）[a]	77.5	16.6	0.07	0.6	0.8	0.4	3.2	0.85	（4.05）	100
宋代青白瓷 [b]	77.9	16.2	0.07	0.6	0.8	0.2	3.1	1.0	（4.1）	99.9

a　Nikulina & Taraeva（1959），p. 457。
b　Wood（1986），p. 262。

景德镇瓷器的云母质地曾使福格特感到惊奇，因为景德镇的原材料早在19世纪时就在法国塞夫尔被作过分析，并被认为是长石质的。错误的分析结果看来是由中国瓷石的细晶结构引起的，这使得它的矿物组成难以判别[481]。这个"长石误判"很难纠正，很多现代的论著依然坚持认为中国的瓷器靠长石助熔（另见本册第七部分 pp. 711-712，773-774）[482]。福格特是这样论证他发现中国的瓷石属云母质材料的[483]：

> 在我所研究的中国岩石中，绝大部分的白云母是如此的细微，用肉眼，乃至一般的放大镜是无法观察到的，因此埃贝尔芒和萨尔韦塔未能观察到它们的存在，从而把中国岩石鉴定为火成的硅质岩或者是致密的长石质岩。

我们现在知道，中国瓷石中的大部分云母是以绢云母（因其形态像丝绸而得名）的形式存在的，这种矿物也称为水云母或伊利石（见 p. 46 注释 a 中关于"伊利石问题"的讨论）。它比原生的钾云母（白云母）含钾量低而含水量高，在抛光的花岗岩上所见银色光亮的斑片就是这种片状的矿物（表35）。

表35 中的最后一个样品是极细的云母，系福格特于1882年从一个经过加工的景德镇瓷石样品中分离出来的。分析结果显示它的组分更接近水云母，而不是白云母，福格特确定这个经过预处理的瓷石样品的组分是：石英 47.7；高岭石 14.00；白云母 32.5；以及钠长石 5.8[484]。这种特殊的瓷石被用来制作19世纪的孔雀绿釉瓷器的胎，不需要添加或混合任何其他的材料。虽然该瓷石所含的真正的黏土的量很低（14%的高岭石），扁平状的水云母的塑性一定程度上弥补了真正黏土含量的不足。这类"一元配方的瓷器"烧成后的组成可以与10世纪的景德镇白釉器样本相比较（表36）。

这两种材料组成的高度一致性表明，景德镇五代的白瓷很可能是在经过对天然岩石适当的粉碎和淘洗后，由单一的高岭土化的瓷石烧制的。其他文献也提到了早期景德镇瓷器与景德镇现代原料之间的类似性。例如，1959年苏联人曾详细报道，南康的瓷石与宋元时期景德镇的"青白"瓷在组成上具有高度一致性。这种高度半透明、浅蓝釉的器物于10世纪的五代时已在景德镇开始烧制，随后它成为景德镇瓷器的主流产品，并一直延续到14世纪早期（表37）[485]。

俄罗斯学者的论文从地质学、矿物学和陶瓷工艺学的角度对南康瓷石的细致分析，为上述的一致性提供了特别令人满意的专题论述。南康瓷石的矿物百分比组成是：石英 58；绢云母 28；高岭石 10；碳酸盐（碳酸钙+碳酸镁）4（不含长石）。需要

219

481　埃贝尔芒和萨尔韦塔［Ebelman & Salvetat（1851），p. 285］写道："这种白墩子土的化学成分非常接近利穆赞地区（Limousin）的伟晶岩的平均成分，但其矿物学特征与硅质岩上细粒长石相一致。"（"Les petuntsé ont une composition chimique très-voisine de la composition moyenne de la pegmatite du Limousin, mais leurs caractères minéralogiques les identifient avec le feldspath compacte on pétrosiliex."）

482　Sundius & Steger（1963），pp. 414，502-503；Medley（1976），p. 14；Satō（1981），p. 124。

483　Tichane（1983），pp. 223-224，译自 Vogt（1900）。福格特［Vogt（1900），p. 549］的原文是："La plus grande partie du mica blanc …. En général dans les roches chinoises que j'ai étudiées, est d'une telle finesse que ni à l'oeil nu, ni à la loupe on ne peut lapercevoir; ce qui explique que sa présence d'Ebelman et Salvétat … ils identifiérent les roches chinoises avec les petro-silex ou feldspaths compact."

484　Vogt（1900），p. 561。

485　Wood（1986），p. 262。关于五代到元的青白瓷的讨论，另见本册 pp. 556-560。

加入 25% 的水分使其具有塑性。线性干燥收缩系数为 4%，加热到 1250℃后的线性烧成收缩为 10%。预处理以后的耐火度（熔融温度）是 1250℃，在 1280℃时开始发生变形。1950 年时，南康瓷石是景德镇瓷器一种有用的添加剂，但是尼库利娜和塔拉耶娃对南康瓷石的陶瓷性能研究表明，单一的南康瓷石经预处理后就能烧成半透明的白瓷。

（x）景德镇瓷石的地质学研究

俄罗斯科学家对景德镇瓷石的岩石学研究也值得详细介绍，因为它是这方面最完整的资料[486]：

220
> 中国的瓷石是由次生石英类型的酸性岩浆岩变质而成的⋯⋯其原始岩石可能是熔浆岩、凝灰岩或者火山碎屑岩。人们知道，熔浆岩，或称熔岩，含有斑状结晶的斑晶玻璃，凝灰岩由火山灰形成，而第三种岩石则是熔岩的碎块与火山灰胶结而成。这些原生材料发生次生转换的特点是去玻璃化——玻璃与凝灰的去晶化，这个过程伴随着硅化和新生成矿物（绢云母、碳酸盐和氢氧化铁）的偏析。最终的结果是原生岩石的初始特征被完全破坏。它们的二次硅化却赋予了密度和强度。更进一步的深度变化则是其主要矿物组成的高岭土化并转化成黏土。

上面论述中的最后结论对于了解景德镇的早期瓷器是特别重要的，因为无论是南康瓷石或者是福格特所研究的"绿松石色釉的胎体"，都是不寻常地高度高岭土化的。大部分其他的瓷石，即 19 世纪晚期和 20 世纪中期景德镇制瓷用的瓷石，其高岭石和水云母含量却是很低的，从而其塑性也很低。但是它们的非塑性可以通过与一种被称为高岭土的富黏土原生材料的混合而得到改善。英语中的"kaolin"（高岭土）一词，源自开采瓷石的一个称为"高岭"（Kao-ling；高的山岭）的小山岭的名字，该山岭地处景德镇东北 50 公里处。中国在清代以前，当高岭这个山岭中的瓷石尚未成为主要的瓷石矿源前，并没有使用"高岭土"这个词作为制瓷的原料名（见 p. 236）[487]。因此从词源学的角度来说，这个西方术语的含义源自中国陶瓷史的晚期阶段。

非高岭土化的瓷石因为钠长石含量高而比高岭土化的瓷石更易熔，但是这个性质被添加的较难熔的高岭土所抵消。两种材料间焙烧行为的不同，导致景德镇的陶工们趋向于使用更耐火的富含黏土的高岭土材料作为瓷器的"骨架"，而将较易熔的瓷石作为长于骨上的"肌肉"。

在景德镇，瓷器制作的这类二元配方看来起始于元代，人们认为在当时已实践将非高岭土化的瓷石与富黏土的材料相混合。我们将在适当的章节讨论黏土和岩石的混合问题，但在此之前，"单一岩石"的瓷器制作方案在中国的南方曾持续了相当长的时期。看来，10—11 世纪中国南方白瓷产量的巨大增长是基于在整个地区发现和开采了高岭土化瓷石的矿藏。一旦这些矿藏的潜力被认识到了，对这种原料的利用方式很快

486　Nikulina & Taraeva（1959），p. 458。

487　刘新园和白焜（1982），第 152-156 页。

图 48　刘家坞开采出的瓷石，1982 年

222

表38 被认为是用石英-云母岩烧制的东亚瓷器

国别/省份	窑址	SiO₂	Al₂O₃	TiO₂	Fe₂O₃	CaO	MgO	K₂O	Na₂O	MnO	时代	总计
中国												
	景德镇											
江西	湖田 [a]	77.0	18.0	—	0.8	0.6	0.35	3.0	0.25	0.1	五代	100.1
江西	湖田 [b]	76.2	17.6	0.06	0.6	1.4	0.1	2.8	1.0	0.03	宋	99.8
江西	南市街 [c]	80.6	15.3	0.03	0.5	0.5	0.2	2.6	0.2	0.08	南宋	100.0
	德化 [d]											
福建	盖德	81.6	14.9	0.09	0.9	0.14	0.1	2.87	0.08	—	南宋	100.7
福建	盖德	77.8	18.5	0.03	0.4	0.17	0.2	4.45	0.10	0.03	南宋	101.7
福建	屈斗宫	76.4	17.4	0.08	0.3	0.04	0.06	5.71	0.10	0.03	元	100.1
福建	祖龙宫	76.7	16.8	0.10	0.35	0.15	0.08	5.94	0.13	0.03	明	100.3
	建德 [e]											
福建	建德	79.95	14.5	0.04	1.1	0.4	0.1	3.6	0.6	0.2	南宋	100.5
福建	建德	73.9	20.0	0.05	1.3	0.2	0.2	4.7	0.03	0.02	南宋	100.4
	龙泉											
浙江	龙泉 [f]	74.1	18.2	0.01	1.6	0.3	0.1	4.9	0.7	—	北宋	99.9
浙江	大窑 [g]	71.6	20.9	0.2	2.1	0.2	0.2	4.5	0.2	0.02	南宋	99.9
浙江	大窑 [h]	70.4	22.1	0.2	1.8	0.04	0.15	4.9	0.3	0.06	元	100.0
	容县 [i]											
广西	容县	70.1	22.2	0.03	1.2	0.5	0.7	5.0	0.1	0.07	北宋	99.9
广西	容县	70.0	23.7	0.02	1.1	0.1	0.6	4.9	0.1	0.05	北宋	100.6

223

续表

国别/省份	窑址	SiO_2	Al_2O_3	TiO_2	Fe_2O_3	CaO	MgO	K_2O	Na_2O	MnO	时代	总计
	潮州											
广东	潮州 [j]	70.8	22.2	0.2	0.9	0.3	0.3	4.38	0.1	—	宋	99.2
	吴城 [k]											
湖北	吴城	74.1	19.6	0.2	0.8	1.0	0.2	4.0	0.1	0.1	五代	100.1
湖北	吴城	72.6	21.6	0.2	0.7	0.6	0.1	3.7	0.1	0.1	五代	99.7
朝鲜	牛山里 [l]	72.2	19.6	0.06	0.8	0.5	0.4	3.9	1.7	0.05	朝鲜时期	99.2
日本	有田 [m]	74.7	18.7	0.07	1.0	0.2	0.15	4.2	0.95	—	17世纪	100.0

a　周仁和李家治（1960b），第53页。
b　同上，第53页，表1。
c　牛津大学考古学与艺术史研究实验室。
d　四个德化胎体样品的分析数据采自 Guo Yanyi & Li Guozhen（1986a），p. 143，table1。
e　张志刚等（1999），第148页，表3。
f　陈尧成等（1980），第544-548页，表3（样品取自塔的基底部位，塔建于公元977年）。
g　牛津大学考古学与艺术史研究实验室。
h　同上。
i　Zhang Fukang et al.（1992a），p. 376，table 1。
j　广东省博物馆（1982），第92页。
k　Luo Hongjie（1996），数据库。
l　Koh Choo et al.（2002），p. 200，table 1。
m　Pollard（1983），p. 158，table 3（85个数据的平均值，17世纪的有田瓷器）。

就在很多省份被采纳，如安徽、湖北、福建、浙江、广东和广西[488]。不同地区高岭土化岩石之间所存在的微小的组成上的差别，导致了各地区所生产器物的地区性特征。

既然这种材料无处不在，那么似乎难以理解为什么南方白瓷的出现如此之晚。类似材料中的富铁类型却在几千年以前的中国南方就被开采使用了。有一种强烈的保守主义思想贯穿着中国陶瓷史，正是在这一背景下，人们必须审视许多更为重要的陶瓷制作中的发明创新。

中国南方早期瓷器在组成方面不寻常的一致性是引人注目的，而且还可以与南方硅质炻器的组成相类比（见表38），看来它们之间存在着紧密的关系，这是引人注目的。同样令人感兴趣的是能够看到中国的胎体与朝鲜和日本的早期典型瓷器也是如此相似，朝鲜和日本分别于公元9世纪和17世纪早期开始生产瓷器[489]。朝鲜和日本的白瓷主要是石英–高岭石–云母的混合物，它们的地质背景也与景德镇的材料相类似。朝鲜的材料源自凝灰岩（压实凝结的火山灰）[490]，而日本北九州（邻近有田）的"泉山陶石"（Izumiyama stone）也属于火山起源的变质火成岩[491]。由于自17世纪以来对泉山的不断开发，原来的一座低山现在竟成了台地上的一个大坑。看来泉山陶石的蚀变是从长石转化为绢云母的，由山体深部中心从里往外的热水作用形成了同心圆分布的变质区。山体的中心部位富绢云母，而愈趋向外部，变质愈浅的陶石含长石愈多[492]。相似的分区蚀变过程也被用来解释为什么景德镇会存在不同类型的瓷石，正如泰特等所作的解释[493]：

> 变化之所以发生是因为原材料系初始的石英长石岩在高温盐水作用下的变质产物……在一定的带状地带中典型的绢云母化岩石与高岭土化的岩石相互为邻，中间是逐步的过渡（即高岭土化瓷石）。

这些南方早期瓷器最明显的共同特征是它们的高硅质地，它们的低钛水平，它们的高氧化钾含量，以及它们很低的氧化钠百分比。所用的原生岩石应该主要由石英、水云母和黏土组成，长石，特别是钠长石的含量很低。岩石的高石英含量（约50%—60%）赋予了南方早期瓷器典型的"砂糖状"断口，而它们的氧化钾含量决定了其半透明度。原材料的氧化钾含量高，瓷器的半透明度就可以非常高。烧成温度可能在1220—1270℃范围，如果铁含量较高，则需要使用还原焰，以免胎体偏黄。

很可能，这些南方的早期瓷器不如北方同时代生产的高温富黏土瓷器那么坚实。19世纪晚期，赫尔曼·塞格在对他新生产的"塞格瓷器"（Seger Porcelain；基于对日本瓷器的分析，及类似于中国南方的早期瓷器）与当时的德国硬瓷做比较时，也曾中

488　Luo Hongjie（1996），数据库。

489　Koh Kyong-Shin（2001）；Impey（1998），p. 2。

490　Koh Choo（1992），pp. 637-638。该文作者对现代的朝鲜瓷石描述如下："这种原始材料可以单独使用制作瓷器。使用单一材料制瓷称为一元配方制瓷方法。这种原始材料与中国的瓷石很相似，因存在绢云母而能提供塑性和助熔剂。"

491　吉田道次郎和福永二郎（1962），第36页。

492　同上，p. 36。

493　Tite *et al.*（1984），pp. 147-148。

肯地指出中国南北方瓷器的异同[494]：

> 与我们的普通富铝瓷器相比，所有亚洲的半透明瓷器对温度的突变和机械撞击更为敏感。

（xi）采　　矿

瓷石在很多文献中称为"thou-un-tzu"（现在当地方言读"白墩子"的发音），由此派生出英语中的单词"petuntse"（白墩子土）。《南窑笔记》（1730—1740年）曾提到安徽祁门县有四处出产最高质量瓷石的地方，和另两处出产第二等石头的地方。我们知道安徽的细白黏土在制造建筑陶瓷中的重要作用（p. 514）。当然，江西省曾从多个很深的矿井中开采瓷石供应景德镇[495]。《天工开物》（1637年）指出，瓷器是由高粱山[496]的瓷石和开化山的瓷土混合后烧制的[497]。现代的学者们根据有关资料认为，江西省主要的瓷石产地为余干和高岭，此外湖田的石粉也曾被使用[498]。

现在还能看到宋代时在景德镇附近开采瓷石所形成的地表坑洞遗迹，但已无法分辨是当时的露天矿场还是崩塌的地下矿井[499]。这两种采矿方法在今天的景德镇都依旧被使用，高岭土化的南康瓷石采自大面积的阶地状的矿区[500]。景德镇周围20—50公里范围内的一些地下矿可以深达240米，并能容纳宽度在100—200米的已开采矿洞，开采的瓷石矿层可达30—40米。1980年，其中的三个地下矿提供了36 000吨瓷石，而且至少还能供应100年的需求[501]。

（xii）原料的制备

226

中国各种瓷石的生料状态是不一样的，从坚硬、浅绿色调的玻璃质状态到风化易碎的形态，但原料总是需要经过充分制备才能实现其塑性。在景德镇和德化，传统的对瓷石的加工制炼通常按下面介绍的方法进行。

首先，用手锤将大块瓷石砸碎成小于5厘米的小块。再用水力驱动的木质杵锤将这些小块进一步粉碎，将粉碎后的粉末倒入水缸中，用木棒充分搅动。另一种办法是使用畜力帮助粉碎，在南方是使用强壮且性情温和的水牛。牲畜会被牵着在漕坑中转圈，其中的碎石在牲畜的蹄下被踩踏成细粉[502]。使用畜力于陶瓷生产似乎是中国所特有的，而很有意义的是获知另一个国家也使用畜力于陶器制作，这个国家具有与中国

494　Seger（1902d），p. 725。

495　《南窑笔记·高岭》，第七页（第324页）。

496　今称高岭山。

497　《天工开物》卷七，第六页。Sun & Sun（1966），p. 147。

498　傅振伦（1993b），第12页。

499　根据作者于1982年在景德镇的观察。

500　Efremov（1956），p. 490。

501　瓦赫特曼（John B. Wachtman Jr）的脚注，见Murray（1980），p. 921。

502　1982年作者在景德镇郊外所观察到的过程。

相似的古代历史、地质环境。在埃及的巴拉斯（Ballas），它靠近上尼罗河（upper Nile）流域埃及前王朝时期的古代城市涅伽达（Nagada），20 世纪时还使用富黏土的页岩制陶，人们将小的页岩块放入石砌的坑中，用水浸泡一天后，让水牛将石块踩碎[503]。

在景德镇，岩石块一经初步粉碎就被浸入水缸中，其细粒组分形成泡沫层悬浮于水表面。泡沫层被撇出并倒入另一个缸中，这个过程被多次重复。撇出的物质沉降缸底而将上面的清水倒出。之后沉降物因水分蒸发而变稠。再将这种白色泥泞的粉状瓷石倾倒在新砖砌成的基面上，进一步干燥硬化。当它们硬化到一定程度后，用模具制作成标准的砖块状，有时还压印上矿源的名称[504]。

这些砖块状原料被运到制瓷作坊，在这里原料还需进一步加工才能被陶工所使用；因为有时需要将在撇取泡沫层时所带入的大量粒度较粗的物质再次粉碎，或者将其去除，而粗粒物质有时也被用作窑体的填充物，或者作为粗质器物的砂质羼和料。

《景德镇陶录》（1815 年）给出了关于黏土来源和制作陶瓷过程的详细信息，重述了早期资料所记录的内容。该书指出，制作陶瓷所用的黏土都必须用岩石制得，岩石是当地人采集的，人们在山溪旁建立棚子，利用山溪的水力驱动水轮，水轮带动杵锤

227

图 49 景德镇的白色砖状瓷泥，1986 年

503 巴拉斯的制陶业属于古埃及前王朝时期（公元前 4500—前 3100 年），当时制陶工艺处于其鼎盛期。陶工们于春季和早夏的非农忙时节制陶，收获季以前不适宜于制陶，因为气温过高和过于干燥。村中最富的人是那些拥有水牛的人。Romer（1982），pp. 44-47。

504 1995 年作者在德化观察到了这些过程。

锤击石块使之成为石粉。当岩石裂开时显示出像鹿角菜似的斑痕。很多地点的瓷石矿被开采，包括高岭镇，常以开采地的地名命名当地的瓷石。人们往往在春天粉碎瓷石，因为春天时山溪的水流湍急，能带动水轮满负荷的工作。每年的晚些时候，水流变弱，部分驱动杵锤的水轮停止运行。当水的动力均匀有力时，瓷石块被锤杵砸击成致密、精细的石粉，而当水流缓慢时，被粉碎的岩石中夹杂较粗的石屑。因此春天生产的瓷石粉团，以及所塑造成的器物的质量最好[505]。黏土还要放置于盛水的水盆中作进一步的纯化，用木棒搅动，用毛发织物制作的细筛除去漂浮的沉积物。再下一步是用双层的细纱布滤水，这时将潮湿的黏土用细布包裹后挤压成砖块状。用这种方法脱水后，黏土再用铁铲捣碎和搅动混匀成精细的聚块[506]。如此加工后的黏土和岩石被分成不同的等级，其色泽可从白经红到黄色[507]。红色和白色的材料用以制作细瓷器，而黄色则是制作粗瓷器的材料。最粗的陶瓷器是用加工过程中的残渣制作的，这是将水缸水盆底部的沉积物取出碾碎后来使用的。有一种极细的高岭土称为滑石，用以制作小型、复杂、带装饰和雕刻的器物，例如像颜色纯白、胎体极薄的脱胎瓷。脱胎瓷最初生产于永乐年间，成名于成化、万历年间。18 世纪时还生产一种更薄的品种，像中国的纸一样薄[508]。

　　《江西省大志》（1597 年）记录，60%的"官用黏土"和 40%产自高岭的瓷石一起被用以制作细瓷器。对大型水缸的烧制，则是将余干的碎瓷片加入到湖田的石粉中，这会生成非常坚固的材料。相对于高岭的原料，余干的原料较为柔韧和耐火，适宜于烧制水缸等大型的器物[509]。经过处理的瓷石加工成砖块状后用小船运到景德镇，倾倒于槽缸中并再次用一整天的时间予以捣烂，然后移入水缸中进行分选。粗粒物质沉至缸底，而存留在上部水体中的细粒组成倾倒进第二只缸中再次被分选，悬浮于水中的超细粒组成倒入第三只缸中，再转移到窑炉旁用砖砌建的矩形槽中，借用窑的热量使黏土混合物脱水。当此混合物干燥后，须重新加水调和成浆状以制作瓷坯[510]。这种双重乃至三次浮选的方法在龙泉也同样使用（见本册 pp. 439-440）。

（xiii）纯化瓷石的效果

　　原始的瓷石与经过处理的瓷石很明显应该是两种不同的材料，已发表的数据应能显示粉碎和淘洗过程对其组分变化可能产生的影响。对景德镇和龙泉的瓷石都进行了这方面的研究（表 39）。

　　505　《景德镇陶录》卷四，第二页。

　　506　根据《景德镇陶录》卷一，第二至六页的图一、二、三、四、六、七和八。Sayer（1951），pp. 4-7。

　　507　红色和黄色都是由含铁杂质引起的，实际上天然的瓷石和黏土也呈现有多种颜色：偏红、棕色、灰色、偏黄和白色。

　　508　《景德镇陶录》卷四，第二至四页。关于"滑石"的参考资料，参见《南窑笔记》，第七至八页（第324-325 页）。

　　509　《江西省大志》（1597 年版）卷七，第五至六页。傅振伦（1993b），第 14 页。

　　510　《天工开物》卷七，第六页。Sun & Sun（1966），p. 147。

表 39 江西省与浙江省的瓷石在加工前后的组分

	SiO₂	Al₂O₃	TiO₂	Fe₂O₃	CaO	MgO	K₂O	Na₂O	MnO	烧失量	总计
江西景德镇地区 [a]											
三宝蓬石，原石	75.1	15.8	0.14	0.6	0.04	0.4	4.1	2.5	—	1.3	100.0
三宝蓬石，坯料	75.0	15.45	0.02	0.6	0.5	0.3	3.0	3.5	—	1.5	99.9
南康石，原石	74.3	16.9	0.1	0.6	0.9	0.35	3.15	0.3	—	3.7	100.3
南康石，坯料	76.0	15.3	痕量	0.6	1.1	0.1	2.95	0.2	—	3.35	99.6
浙江龙泉地区											
大窑石，原矿 [b]	76.2	19.1	0.3	1.75	0.01	0.23	2.3	0.2	0.02	0.0	100.1
大窑石，精泥	73.6	20.7	—	1.9	0.4	0.5	2.5	0.5	0.03	0.0	100.1

a Nikulina & Taraeva（1959），p. 457。
b 周仁等（*1973*），第 137 页。

表 39 的数据显示，虽然纯化过程中大量的粗粒物质被清除，但并未改变景德镇瓷石的组成。这看起来有点奇怪，因为岩石的剩余矿物组成比例可能会随着粒度的变化而发生根本变化。以南康的石料为例，粗粒（>0.05 毫米）组分大致为 75% 石英、5% 钠长石和 15% 绢云母，而细粒（0.005—0.001 毫米）组分为 40% 石英和 60% 绢云母[511]。加工纯化不改变组分的现象说明，加工过程的主要作用是将粗粒物质有效地粉碎，而不是单纯地在泡沫浮选过程中提取细粒组分[512]。

（xiv）高岭土在景德镇的使用

当景德镇开始将富黏土的材料加进瓷胎时，该地区成功地使用高岭土化的瓷石作为制瓷的主要原料已经大约有 3 个世纪了。虽然在这段时间中，各种高岭土化的瓷石可能相互混合使用，但添加黏土质的材料是非常少见的，也可能根本就没有发生过。在景德镇瓷胎中添加黏土的主要证据出现在元代，那时在某些景德镇器物的胎体和釉中可观察到氧化钠含量的增高。这是反映胎釉配方中高岭土化瓷石用量减少的一个标志。这种变化在晚期的一些青白瓷中已能被感觉到，而这在景德镇以南几公里处的湖田生产的一批元代枢府瓷器中尤为明显（表 40）。

表 40 中氧化钠的数据显示，湖田"枢府"瓷的胎和釉都使用了含高钠长石的瓷石作为原料。因为景德镇大多数釉的配方是将石灰石加入釉石或瓷石制作的，从（表 40 中的）釉的分析数据中减去 CaO 的含量后，应该能显示"枢府"釉使用了哪种类型的瓷石。如果按这种方法进行分析，可以发现"枢府"瓷所用的釉石和大家熟知的景德镇"三宝蓬"瓷石间存在良好的匹配关系，三宝蓬瓷石采自湖田以南 14 公里处（表 41）。

229

230

---

511 Efremov（1959），p. 491。
512 斯坦纳德［Stannard（1986），p. 251］指出，在南康瓷石的全岩中约 50 微米粒度的云母占很高的百分比，而在坯料中粉碎到小于 10 微米的粒度。

表 40　元代湖田"枢府"瓷的胎釉组成 [a]

	SiO₂	Al₂O₃	TiO₂	Fe₂O₃	CaO	MgO	K₂O	Na₂O	MnO	总计
"枢府"胎	73.7	19.5	0.2	1.4	0.2	0.2	3.2	2.0	0.1	100.5
"枢府"胎	72.7	20.7	0.2	1.2	0.1	0.2	2.7	2.4	0.1	100.3
"枢府"胎	72.15	21.6	0.2	1.2	0.1	0.2	2.8	2.1	0.1	100.5
"枢府"釉	73.4	14.6	—	0.8	5.3	0.2	2.9	3.3	0.1	100.6
"枢府"釉	72.7	15.2	—	0.8	4.8	0.2	3.0	3.7	0.1	100.5
"枢府"釉	72.0	15.6	—	0.85	5.6	0.2	3.1	3.5	0.1	101.0

a　Chen Xianqiu *et al.*（1985b），第 16 页。（数据引自会议的张贴论文。）

表 41　"枢府"釉石与三宝蓬瓷石的比较

	SiO₂	Al₂O₃	TiO₂	Fe₂O₃	CaO	MgO	K₂O	Na₂O	MnO	总计
"枢府"釉石的平均值 [a]	76.25	16.0	—	0.9	—	0.2	3.15	3.4	0.1	100.0
加工和烧结后的三宝蓬瓷石 [b]	76.2	15.7	0.02	0.6	0.5	0.3	3.1	3.6	—	100.0

a　本册作者（武德）的数据。

b　Nikulina & Taraeva（1959），p. 457。

　　按不同的配比混合三宝蓬瓷石与低钠长石高岭土进行计算，两者的百分比从瓷石 90/高岭土 10 到瓷石 80/高岭土 20，所得结果与已知的元代湖田"枢府"器的胎体组成大致相似，但是计算值的氧化钠过高，而氧化铁和二氧化钛过低（表 42）。

表 42　"枢府"瓷胎体的平均组成与（三宝蓬瓷石+高岭土）混合物的对比 [a]

	SiO₂	Al₂O₃	TiO₂	Fe₂O₃	CaO	MgO	K₂O	Na₂O	MnO	总计
5 个"枢府"胎体组成的平均值（牛津大学考古学与艺术史研究实验室）	72.9	20.2	0.07	1.1	0.3	0.15	2.8	2.4	0.1	100.4
三宝蓬瓷石 90 / 低钠高岭土 10	74.0	19.75	0.01	0.9	0.05	0.2	3.1	3.1	0.1	101.2
三宝蓬瓷石 85 / 低钠高岭土 15	72.8	20.4	0.01	0.8	0.075	0.2	3.1	3.0	0.1	100.5
三宝蓬瓷石 80 / 低钠高岭土 20	71.7	21.0	0.01	0.7	0.1	0.2	3.1	2.9	0.1	99.8

a　武德的计算。

　　上面的计算结果可能意味着，为制作元代湖田"枢府"器而添加到钠长石瓷石中的材料并不完全是我们现在所理解的景德镇高岭土，而是一种比我们已进行过分析的大多数高岭土纯度低些的材料（表 43）[513]。

　　这些数据可以与景德镇较近时期制备后的高岭土相比，埃贝尔芒、萨尔韦塔、福格特和叶夫列莫夫等作者对此均有所描述。

231

513　Wood（2000b），p. 30。

表 43　根据元代湖田"枢府"瓷胎体中使用的湖田釉石推算的湖田釉石中的黏土组分

	SiO₂	Al₂O₃	TiO₂	Fe₂O₃	CaO	MgO	K₂O	Na₂O	MnO	总计
"40%的枢府黏土" 烧结后的重量 %	66.9	27.7	0.44	1.67	0.34	0.19	2.56	0.04	0.02	99.9
"50%的枢府黏土" 烧结后的重量 %	69.5	25.6	0.36	1.54	0.28	0.04	2.72	0.72	0.04	100.8

从表 44 可见，景德镇于 19 世纪所用的某些高岭土富 Na₂O（如福格特所示富钠长石），而另一些高岭土则因含原生的和次生的钾云母而富 K₂O。所用的另外一些高岭土，则显示两种矿物的含量均偏高。氧化铁的含量则在从低端的（0.6%）到不寻常的高端值（2.7%）之间波动。因此，景德镇制瓷用的高岭土的矿物组成和纯度是有相当大的变化的，这与所用的瓷石的情况相似。

表 44　19 世纪和 20 世纪中叶景德镇使用的高岭土的分析

	SiO₂	Al₂O₃	TiO₂	Fe₂O₃	CaO	MgO	K₂O	Na₂O	烧失量	总计
埃贝尔芒和萨尔韦塔 [a]										
西港高岭土	55.3	30.3	—	2.0	—	0.4	1.1	2.7	8.2	100.0
东港高岭土	50.5	33.7	—	1.8	—	0.8	1.9		11.2	99.9
福格特 [b]										
明砂高岭土	54.5	30.3		0.9	0.3	0.1	2.1	3.8	7.7	99.7
东港高岭土	49.0	33.7	—	2.7	0.1	0.45	2.5	0.6	11.3	100.4
叶夫列莫夫 [c]										
星子高岭土	50.0	36.2	0.12	0.7	0.5	0.15	（KNaO 1.15）		11.3	99.0
明砂高岭土	51.0	34.9	0.08	0.6	痕量	0.2	1.2	3.2	9.23	100.5

a　Ebelman & Salvetat（1851），pp. 262-263。
b　Vogt（1900），p. 538。
c　Efremov（1956），p. 489。

在湖田，这些新的"枢府"类型的胎体后来也用以生产大型的青花瓷器，特别是在 14 世纪的下半叶，很多这类器物是为出口中东而制作的（表 45）。

表 45　元代青花瓷的胎体分析 [a]

	SiO₂	Al₂O₃	TiO₂	Fe₂O₃	CaO	MgO	K₂O	Na₂O	MnO	总计
元青花瓷胎体	74.9	19.5	0.07	0.2	0.9	0.2	3.0	2.4	—	101.2
元青花瓷胎体	74.6	18.7	0.2	1.2	0.3	0.2	2.8	2.4	0.06	100.5
元青花瓷胎体	75.0	19.5	—	0.8	0.04	0.2	2.7	2.3	0.02	100.6

a　Chen Yaocheng *et al.*（1986），p. 123。

高钠含量与偏高的铁含量结合，使得 14 世纪景德镇的瓷器因二次氧化而导致未被　232
釉覆盖部位的胎体呈现为暖锈色，这特别反映在 14 世纪的大型青花盘的背面。再氧化
的暖色与青白的釉色相互映衬，但二次氧化过程仅发生于器物的表层，往往经磨损后
便不复存在。

虽然通过化学分析可以找到景德镇曾使用富黏土的高岭土类材料的踪迹，但使用
这类材料的原因尚不清楚。一种设想是，湖田在元代时最初使用了未高岭土化的钠长
石质岩石生产"青白"瓷釉，这种材料的易熔性可能是一个优点[514]。但所有单独使用
这类岩石作为胎体材料的试验有可能都没有成功，因为它们的塑性和耐火性都太低。
添加富黏土的材料可以克服这类岩石的上述缺点，或许因此而开创了景德镇胎体配方　233
的新思路。

还可以作进一步的猜测，即添加富黏土的材料也许曾影响了"枢府"釉本身的产
生。这种像糖一样的、相当不透明的白色釉，可能是为了掩饰由黏土加瓷石混合的新
配方所制成的、纯度较差的胎体才开发出来的，"枢府"胎的氧化钛和氧化铁含量明显
高于早期"青白"瓷的胎[515]。这样的猜测是认为在景德镇陶瓷史的这个重要阶段中有
创新和改进的结合，当然这也仅是能够解释所观测现象的诸猜想之一。但无论如何，
人们设计出并发展了这一技术，湖田的高钠长石胎体的确是一种非常成功的材料，特
别是对于后来 14 世纪湖田窑生产的有代表性的大型器物来说。尤其是在元代晚期和明
代早期，直径和高度为半米，甚至更大的盘和罐成为湖田的常规产品。

在这个富钠的时段以后，景德镇的瓷器组分似乎又返回到接近于元代以前的情
况。但是这种与早期器物组分上的相近只是一种假象，看来明代中期的器物还是含有适
量的黏土，可能是真正的高岭土，也可能是某些类似的材料，含量大约在 10%—30%。

对于怎样解释 15 世纪和 16 世纪景德镇的器物，困难就更大了。云母质瓷石、钠
长石质瓷石、高岭土化的瓷石、钠长石质的高岭土和云母质的高岭土等全部材料，似
乎很有可能在胎体中均以某种方式混合使用（表 46）。所有的 5 种材料实质上含有相同
的矿物，只是所含比例的不同，因此试图根据分析的数据推断原始配方是一种统计学
意义上的挑战。对此，多数的解决方式中使用了图解方法：周仁和李家治以助熔剂总
量相对于二氧化硅作图[516]；波拉德（Pollard）和武德使用三元图，以高岭石、云母和
钠长石作为三个顶点[517]；而叶俊德和华佑南使用了统计学中的主成分分析方法[518]。这
种方法是将典型的景德镇原材料标注在最终的图上，在代表原材料的标注点间画出连
接线，这些连接线经常与代表实际瓷片的点的汇集区域有交叉。如果某条连线与代表
实际瓷片的点的汇集区不交叉，则意味着该连线代表的是不可能出现的或尚未开发出
的配方，反之，如果出现了交叉，那么连线两端所代表的原材料的混合是实际实施的
配方。必须指出，上述对于瓷器实际配方的推断结果不应被认为是结论性的。在认识　234

514　Wood（1999），p. 58。

515　同上，p. 61。

516　周仁和李家治（*1960b*），第 51 页。

517　Pollard & Wood（1986），p. 111。

518　Yap Choon-Teck & Hua Younan（1992），pp. 1490-1492。

到推断方法的局限性的基础上，根据"最佳拟合"得到的结论是：大多数明代中期的瓷器以高岭石化的瓷石为主要原料，并掺和了少量的非高岭土化的石料和（或）低钠长石的高岭土[519]。但也有少部分的明代瓷器是使用单一的高岭石化瓷石烧造的。

表 46　15 世纪晚期和 16 世纪的景德镇瓷器[a]

	年代	SiO_2	Al_2O_3	TiO_2	Fe_2O_3	CaO	MgO	K_2O	Na_2O	MnO	总计
青花瓷	15 世纪	75.1	19.5	0.05	0.7	0.2	0.2	3.3	0.8	0.02	99.9
青花瓷	16 世纪	76.4	17.5	0.06	0.7	0.1	0.2	3.5	1.45	0.02	99.9
青花瓷	16 世纪	73.4	20.3	0.05	0.7	0.3	0.2	3.4	1.6	0.03	100.0

　　a　牛津大学考古学和艺术史研究实验室分析。

到了明代末年，景德镇的高岭土在混合原料中的比例突然升高到 50%左右，这点在 17 世纪 30—50 年代天启年间的外销瓷器中反映特别明显[520]。清代早期的很多瓷器也有如此量级的高岭土含量。19 世纪晚期和 20 世纪景德镇瓷器的高岭土含量回落到 30%—40%的水平，并一直保持到今天。

整个的发展过程可以用表 47 来表示，胎体组分的变化已反映在表中分隔出的几个组中。

简要总结如下：

- 第一组可以认为是单独使用高岭土化瓷石一元配方的器物。
- 第二组反映景德镇开始使用高钠长石的瓷石，并混合一定量（不超过 30%）的黏土以弥补该类瓷石的低黏土含量。
- 第三组样品看来是混合使用了云母质和钠长石质瓷石，并掺入很少量的白色黏土或高岭土。也有使用单一的高岭土化瓷石制作瓷胎的器物。
- 第四组的时代起始于明代晚期，其特点是铝含量的猛烈增高，因为当时的窑址普遍添加约 50%的高岭土。这种高含量高岭土的现象一直延续到清代的早期和中期。
- 第五组（19 世纪中叶到 20 世纪晚期）因样品少而不具有代表性，但仍显示瓷石与高岭土的混合比有较大的范围，十分常见的是含 30%—40%高岭土的配方。

235

（xv）高岭土的本质及其制备

中国南方真正的高岭土是一种"原生的"或"残留的"黏土，它们是由黏土挖掘

519　Pollard & Wood（1986），p. 111。

520　Wood（1983），pp. 132-134。使用"天启"年号的熹宗皇帝的在位时间很短（1621—1627 年），但英庇［Impey（1996）］相信，这种风格一直延续到 1649 年。他写道："这些器物之所以称为天启器物应该是因为其风格起源于天启年代，还因为有这么多的器物刻有'天启'这两个字的款识。当然这并不一定代表它们的烧造年代。"同上文献，p. 62。

表47　10—20 世纪的景德镇瓷器[a]

	世纪	SiO_2	Al_2O_3	TiO_2	Fe_2O_3	CaO	MgO	K_2O	Na_2O	MnO	总计
五代白瓷	10	79.1	15.9	0.06	0.8	0.6	0.3	2.7	0.4	0.12	100.0
五代白瓷	10	78.8	16.0	0.03	0.6	0.6	0.2	3.0	0.6	0.13	100.0
青白瓷	12	72.9	21.4	0.1	1.2	0.1	0.1	4.0	0.1	0.01	99.9
青白瓷，南市街	12	80.6	15.3	0.03	0.5	0.5	0.2	2.6	0.2	0.08	100.0
青白瓷，南市街	12	79.0	16.1	0.03	0.6	0.6	0.2	2.8	0.6	0.05	100.0
白瓷，湖田	13	77.0	18.3	0.06	0.75	0.4	0.3	3.0	1.0	0.04	100.1
枢府瓷，湖田	14	72.7	20.7	0.2	1.2	0.1	0.2	2.7	2.4	0.07	100.3
枢府瓷，湖田	14	73.75	19.5	0.2	1.4	0.2	0.2	3.2	2.0	0.08	100.5
青花瓷	14	73.8	19.8	0.1	0.9	0.2	0.1	2.7	2.45	0.04	100.1
青花瓷	14	76.7	17.7	0.1	1.0	0.15	0.15	2.05	2.2	0.06	100.1
釉里红	14	76.8	17.0	0.05	0.7	0.5	0.2	3.2	1.6	0.03	100.1
青花瓷	15	75.1	19.6	0.05	0.7	0.2	0.2	3.4	0.8	0.02	100.1
嘉靖青花瓷	16	76.4	17.5	0.06	0.7	0.1	0.2	3.5	1.45	0.02	99.9
青花瓷	16	73.4	20.3		0.7	0.2	0.2	3.4	1.6	0.03	100.1
康熙单色黄釉瓷	17	67.2	26.5	0.05	0.9	0.35	0.1	3.25	1.6	0.07	100.0
康熙硬彩	17	64.7	28.35	0.10	0.95	0.5	0.1	2.8	2.4	0.09	100.0
康熙釉里红	18	69.9	24.05	0.05	0.7	0.25	0.11	2.8	2.1	0.06	100.0
红彩描金，约1800 年	19	66.6	25.5	0.06	1.25	0.8	0.15	3.4	2.0	0.09	100.0
单色黄釉瓷，19 世纪	19	67.0	26.2	0.10	1.0	0.4	0.15	3.8	1.3	0.05	100.0
青花瓷	20	73.5	20.0	0.05	0.8	0.23	0.15	3.6	1.7	0.05	100.0
黄釉瓷，宣统时期，20 世纪	20	68.9	24.6	0.1	0.95	0.4	0.1	2.7	2.1	0.08	100.1

a　牛津大学考古学和艺术史研究实验室的分析数据。

者或黏土加工者从其所依附的风化岩石上刷洗下来的，当元代于1278 年建立皇家瓷局时，第一次提到这种专门用于烧造皇家器物的原材料。这种"御土"（宫廷用土）用后即封存，待再次取用，并禁止私用。孔齐于1363 年提到了"御土"产于饶州，系白色粉末状，仅供皇家使用。他回忆道[521]：

> 现有的器物不够精细。……当我在家乡时，我的表兄沈子成从江西余干带回来两只盛肉的盘子，介绍说是30 年前由御土窑生产的。

　　〈今货者，皆别土也。

―――――――――
521　《至正直记》卷二，第四十一页；卷四，第三十五页。

236

在家时，表兄沈子成自余干州归，携至旧御土窑器径尺肉碟二个，云是三十年前所造者。〉

文献研究确定，孔齐所指的时代是 1322 年以前，并考证"御土"产自麻仓的矿山[522]。

《陶记》指出，原材料都出自临近地区，制作精细瓷器的黏土产自进坑，二等的材料来自湖坑、岭背和界田[523]。产自壬坑（可能即今银坑）、高砂和磁石堂的黏土和红色的岩石仅适宜于制作匣钵和范模[524]。

"御土"在明代文献中称为"官土"，文献中还经常提到麻仓矿山。《江西省大志》（1597 年）是这样确定"砂土"的产地的[525]：

> 制作官器的陶土取自新正都的麻仓山……这种土带有蓝-黑色的痕线（即碳酸盐类物质）、糖粒似的斑点（即石英）和像玉一样半透明和星星般的金色散点（即云母）。

〈陶土出浮梁新正都麻仓山……有青黑缝糖点白玉金星色。〉

对新正都（地处高岭山东北，景德镇东北 45 公里[526]）的考古调查，发现了古代采矿的遗迹和残留的黏土样品堆。对遗址黏土样本的分析表明麻仓的黏土与高岭土有一致性，现代的景德镇学者刘新园据此推断，麻仓自宋代起到明代万历年间一直是瓷土的产地。1583 年后，麻仓的矿土枯竭，高岭山则成为瓷土的主要产地，"高岭"一名用来形容瓷用黏土只是清代才出现的[527]。

艾惕思（John Addis）于 20 世纪 70 年代晚期访问了高岭山，他将从高岭土化岩石中冲刷出来的白色石英砂和云母堆积的大片地区，比拟为"非常昂贵的地中海海滩"[528]。原来的高岭土矿区，即那些相互交叉的一系列地下坑道，开采活动最繁忙的时期是明末清初，但于 1969 年被关闭了[529]。不过依然可以在景德镇北面约 40 公里处的安徽省境内，考察使用半传统方法加工制备高岭土的过程，这个地区也是因出产高品质的瓷石而闻名的（见本册 p. 514）。今天，高岭土是在沿着从景德镇到黄山（和屯溪）的公路干线两旁的地方加工制备的。在安徽省南部这个多山的地区，重度高岭土化的花岗岩用杵锤粉碎，在水缸中搅拌，而后用泡沫状浮选法分离岩石中的富黏土组分。今天是由小型柴油机驱动杵锤的沉重拉杆，而黏土的水悬浮液则在里面有衬布的

237

522　刘新园和白焜（1982），第 153-154 页。

523　最近的研究证明，一种被称为界田土的粗粒高岭土与后期文献中提到的麻仓土属同一种材料，见 Feng Yunlong（1995），pp. 295-301。

524　《陶记》，白焜 [（1981），第 40-41 页] 校注本。

525　《江西省大志》卷七，第四页。

526　关于地图，见刘新园和白焜（1982），第 156 页。

527　同上，第 152-156 页。

528　Addis（1983），p. 63。

529　同上，p. 64，艾惕思写道："因某种没有说明的理由，品质最好的高岭土被称为猴油。据说这个地下坑道沿着山体约有 20 个出入口。我们曾跟随路标穿越了几条坑道，坑道的直径约 3 英尺。……在 8 月份一个闷热的下午，可以感受到从洞口喷出的凉风。"

大型压榨机中除水固化[530]。在这些地点，加工后的高岭土略呈黄色，看上去并不太好。福格特曾指出，景德镇的高岭土"远不如欧洲最优质的高岭土那么白和具有那样高的塑性"，叶夫列莫夫也注意到另外一些加工后的瓷石，例如南康瓷石比高岭土的塑性要强很多，他也曾指出中国材料的塑性差。化学分析显示景德镇的高岭土含铁量比欧洲的材料高，偶尔还因残存的云母和长石而导致其碱性物（K_2O+Na_2O）的含量偏高。

对现代景德镇高岭土的矿相分析显示，制备后的材料系高岭石、埃洛石和伊利石的混合物，以埃洛石为主[531]。埃洛石的组分与高岭石相似，但含有更多的结晶水，其晶体结构中纤维状多于扁平状，经常呈现为空心的卷筒形[532]。奇特的是，在中国南方高岭土的使用主要局限于景德镇，而在德化以及福建和广东的其他中国南方瓷窑很少或完全不使用高岭土。在日本，通常情况下也是使用单一的高岭土化的瓷石，并不掺入精制高岭土，朝鲜陶瓷史中的情况也是如此。

（xvi）为什么使用高岭土

既然已经知道东亚很多制瓷传统的繁荣都与高岭土无关，那么景德镇的陶工在使用高岭土中获得了什么好处呢？这个问题导致了很多的研究者来研究景德镇的工艺历史，提出了不少理论来解释掺用高岭土的原因，例如郭演仪曾写道[533]：

> 添加高岭土扩大了烧制瓷器的温度范围，能降低器物变形的概率和提高器物胎釉的强度和质量。

郭演仪对陶瓷的硬度、抗变形能力和质量的评论对于景德镇晚期器物（明代晚期到清代早期）无疑是正确的，当时添加高岭土的比例很高，使得瓷器较为光滑（石英量较低）和坚硬（高莫来石化）。我们有来自殷弘绪的第一手报道，其记录了高含量高岭土（高岭土和瓷石对半配比）的坯体是如何被放置在单窑室的大型鸡蛋形窑（本书第三部分将对此类窑作讨论）中温度最高的位置上的。高岭土含量较低的器物放置在窑内温度偏低的部位。对景德镇一个相似结构的烧柴窑进行的现代测量显示，温度变化范围大体在 11 号与 1 号塞格测温锥之间（1340—1125℃）。所测试的是一个大型的鸡蛋形窑，从火塘附近的最高温处，经过内长 18 米的窑体依降温顺序逐步测量到达烟囱处的

238

530　本书作者之一（武德）1995 年的观察结果。安徽的这种挤压方法和西方的过滤挤压方法是不完全相同的。在西方，泥浆被水泵压进厚的帆布袋，袋子处于两片坚实的铸铁板间，水被挤压透过帆布外流，袋中留下塑性的泥土。在中国，泥浆已装入一连串的厚布袋中，而后用螺旋压力机将多余的水压出。除水的效果相似，但中国没有使用泥水泵。

531　见 Keller et al.（1980），pp. 97-103；Murray（1980），p. 921。

532　Singer & Singer（1963），p. 24，table 2。事实上，高岭石的名词是由高岭土衍生的，但是高岭土并不一定含有很多的高岭石，这导致矿物分类学家的某种疑惑。详细的讨论，见 Keller et al.（1980），pp. 101-103。

533　Guo Yanyi（1987），p. 8。

最低温度部位，测量是在烧窑达到最高温时进行的[534]。为了适应窑内温度的差别，景德镇曾使用了不同的高岭土-瓷石配比，釉的配方也与不同的温度区域相匹配。抗弯强度测量表明，与高岭土含量较低的胎体相比，高岭土含量高的瓷器具有更强的烧成强度，这可能是高含量的黏土烧成时转化为纤维状的莫来石矿物所致。莫来石还能提高抗高温变形的能力，因为它能使瓷器在窑中产生"高温塑性"[535]。添加高岭土所能获得的好处在元代可能还表现得不太明显，当时即便添加了高岭土，似乎也仅是为了稍微提高胎体中的黏土量[536]。在这一时期，高岭土中额外的黏土量仅能补偿大多数以未高岭土化、高钠长石类型瓷石为主要原料的胎体中黏土量的不足。

郭演仪曾列举了以单一瓷石为原料的早期景德镇"青白"瓷在焙烧时易变形的例子。但是他认为容易发生变形的原因可能应更多归于石灰釉（曾施涂于青白瓷上）渗透进薄的瓷胎，并在高温下使胎体软化，而不在于"青白"胎体本身的内在性质不佳[537]。后期的施加于由瓷石和高岭土混合制作的厚壁坯体上的石灰量较低的"枢府"釉，并没有多少侵入胎体以导致高温时器物的变形。泰特等确认，相对于宋代器物，景德镇元代的钠长石瓷器中助熔剂的实际含量较高（因此耐火性差），胎体组分的这种变化带来的主要优点是提高了其塑性和"毛坯"（焙烧前的）强度[538]。这种评价是基于与元代以前瓷器中高岭石和绢云母综合含量的计算结果的比较，元代器物中高岭石和绢云母的平均含量要高出 9%。

然而，从燃烧化学的角度考虑，塑性是黏土性质中众所周知的难题。除了扁平状矿物的含量外，还存在其他因素会对材料的加工性能和生坯强度产生微妙的影响。这些因素包括扁平状晶体的平均粒度，是否存在蒙脱石类超塑性的黏土矿物以及制备好的黏土糊的 pH 值等。所有这些因素都会导致生料的实质性不同[539]。叶夫列莫夫的发现十分重要，他发现干燥的南康瓷石的断裂强度是在同样条件下进行干燥的高岭土断裂强度的 6—7 倍[540]，而尼库利娜和塔拉耶娃发现干燥的南康瓷石的强度是三宝蓬瓷石的 3 倍[541]。生坯强度是与塑性紧密相关的。如果这种材料曾经添加到低塑性的钠长石质瓷石中，那么应该认为，14 世纪湖田瓷器的塑性要明显低于被它们所取代的单一高岭土化瓷石胎体的塑性[542]。

534　Efremov（1956），p. 31，p. 492。塞格测温锥是为烧窑最后阶段升温速率 150℃/小时的情况设计的，快于鸡蛋形窑的实际升温速率，由于对于陶瓷的烧成而言，恒温时间的长短在一定程度上等效于温度的高低，因此较低的等效温度区间（1320—1100℃）可能更为准确。

535　周仁和李家治（*1960b*），第 56 页。

536　Wood（1983），pp. 132-133。

537　Wood（1999），p.61。帕米利［Parmelee（1948），p. 152］写道："含有碱金属和氧化钙的釉，主要是后一种，其更为透明且黏滞性降低，因此能更深地渗透进胎体并与胎体的作用更完全。"

538　Tite *et al.*（1984），pp. 149-150。

539　Singer & Singer（1963），p. 62。

540　Efremov（1956），p. 30。

541　Nikulina & Taraeva（1959），p. 459。

542　湖田的某些"枢府"器物和很多青花器物的器形明显增大，可能说明制瓷材料已经具有更高的塑性。但是制作大的盘子并不需要高塑性的原料，而且有证据表明，景德镇的元代大罐是由四部分分体加工后，用泥浆粘接，晾干到一定程度后再磨平整修的。这意味着，湖田在元代制作的这类大型器物的整体尺度也不一定说明当地瓷土浆料的塑性已经提高。有关讨论，见 Wood（2000a），pp. 28-29。

　　无论真实情况是怎样的，元代时，因瓷业生产的猛烈发展，蕴藏量巨大的未高岭土化（塑性很低）的瓷石能够被使用，胎体组分变化是其一个重要的实际后果。很可能是当地高岭土化瓷石的临时短缺促使人们去尝试使用其他材料。泰特、弗里斯通和比姆森曾指出，原料的耗尽和不足是景德镇开始使用高岭土的可能原因[543]。在景德镇的较晚的时期（明代晚期以后一直至今），高岭土被证明对于控制烧成温度和多种瓷器的烧成质量是不可或缺的。但是对于景德镇使用高岭土的最初几个世纪，高岭土（或早期与其高度类似的黏土）的用途和作用仍然很难解释。

（6）南方的其他名窑瓷器

240

（i）德 化 瓷 器

　　当我们考察中国南方另一个成功的瓷业中心，即福建省德化窑的技术发展史时，对高岭土作用的疑问尤为突出。德化窑群地处福建南部的山区，在景德镇东南约 600 公里处。众多的窑炉运作在德化县城内及其周边地区，从 10 世纪以来这里的窑群就不间断地生产着，其主要的原材料似乎始终是瓷石。

　　德化地区的原材料往往比景德镇的更为优良，但其交通却不如景德镇方便发达。景德镇通过昌江经鄱阳湖与长江相连，向南有赣江通向广东。因此，德化在一定程度上是一个孤立、隔绝的生产中心，虽然在中国南方德化白瓷的名声仅次于景德镇。

　　人们早已知道，德化及其邻近地区自北宋以来一直生产"青白"类瓷器[544]。近期的发掘已查明了烧制"青白"瓷的窑的地点和先后顺序，并且出土了一件引人注意的白色瓷器，它是处于"青白"和后期著名的"中国白"之间的中间产品。明代中期后因使用纯化的胎料和釉料，烧制成明亮光泽的白瓷，使德化窑产品成为陶瓷名品，后来在欧洲被称为"中国白"（Blanc de Chine），而在中国被称为"猪油白"或"象牙白"。

　　"中国白"生产的鼎盛时期被判断为 16—17 世纪。宋应星的技术著作《天工开物》（1637 年）记载，细腻的黏土来自永定地区[545]。德化瓷的原材料系就地取材，使用单一瓷石制作，或者添加极少量的黏土。与景德镇颇为相似，瓷石先用水碓粉碎，然后在水缸中淘洗和磨细。《泉南杂志》（1604 年）记录，黏土从山边的井坑中开采，然后经过水磨和过滤[546]。器物在沿山体建造的、分窑室的阶梯状窑中焙烧。高温窑的焙烧成本昂贵，一份 20 世纪的文献告诉我们，高温窑一般由几个家庭共同经营。这似与早期的经营规则相同。富裕家族的器物会占满两三个窑室，而较贫穷的陶工仅能使用

241

　　543　Tite *et al.*（1984），p. 153。

　　544　见 Kerr（2002）。

　　545　《天工开物》卷七，第五页。永定在德化西南约 175 公里处。

　　546　《泉南杂志》第三页。唐纳利［Donnelly（1969），pp. 20-21］收录了该书 1620 年前的一个版本中的这段文字（p. 287）。他在自己著作的附录一（pp. 293-301）中还探讨了中文原著的各种版本。

图 50 在德化开采黏土，1936 年

一个窑室[547]。德化的作坊生产多种多样的器物，很多是供庙宇和墓葬使用的。最出名的商品是瓷质塑像，主要是佛教菩萨塑像，后来很多精品出口到海外。

242　　　　德化是产品上有陶工署名的少数几个陶瓷生产中心之一。另一个这样的生产中心是宜兴。收藏家们搜寻名匠署名的宜兴紫红色炻器（紫砂），因为署名产品能够增值。德化的情况则有所不同。茶壶、茶杯、花瓶和塑像主要为国内的地方市场生产，用于

547　王调馨（1936），第 7 页。

居家、本地庙宇、家庭的佛龛和随葬等。德化的产品并没有得到收藏家们的青睐，也没有在明代大量的文字中被专门描述。《天工开物》的作者甚至认为德化"专业于生产无明显实用价值的瓷质佛像和精细塑像"[548]。清代涌现出的广泛收藏兴趣仅导致一位评论家有限度的赞扬，认为大多数德化器的胎体太厚，虽然某些佛教雕像特别精细[549]。

德化瓷器曾经出口，很多出口产品上署有烧制者的姓氏。某些家族的姓氏在瓷业界是享有盛名的，以何、陈、颜和苏等姓最为常见。1936 年的一本工业手册指出，德化地区有八个村从事陶瓷业，每个村由不同的家族经营（表 48）[550]。

表 48　20 世纪初德化积极从事窑业的家族

村庄	家族姓氏	窑的数量
宝美乡	苏姓为多数	10
东头村	郑	7
高阳村	陈	10
南岭村	颜	6
黄祠村	何	4
乐陶村	孙、陈	7
后所村	陈、林	7
丁墘村	陈	1

传说中该地区最早的陶工之一是颜化彩（公元 864—933 年），他在叔父的指导下成为一位陶工，其叔父曾是泗滨一个工厂的工头。在泗滨发现了大量烧窑残留物的堆积，见证了该地区古代的窑务活动。不过，多数德化陶工的名字是与明末清初所呈现众多巨大的技术进步和成就相联系的。德化最为出名的陶工是何朝宗，在世界各地的收藏品中能够找到他的作品。他的家族据说是洪武年间从江西迁至福建的，其祖先曾服役于为抵御海盗袭击的军队。1384 年，何氏家族定居于隆泰村，该村是明代晚期陶业中心地区的一个小村落[551]。最早提到他的名字是《泉州府志》。虽然对他的职业生涯知之甚少，但某些中国学者相信他活跃于 1522—1612 年[552]。起初他为一些庙宇建造泥质塑像，随后逐步转为烧制白瓷。他的一位本家，也是他的徒弟何朝春追随着师傅的脚步创作供奉用的佛像，很多作品于 17 世纪出口欧洲[553]。

据说曾茂笃和曾达衢也来自隆泰村。他们活跃于嘉靖年间（1522—1566 年），专长是用釉上彩装饰"中国白"。颜邦佐（1675—1735 年）自幼就在陶瓷业学徒，后来成为成功的陶工兼商人。他擅长于修建庙堂和为庙宇配置陶瓷制品。苏明裕（1704—1757 年）和苏重光（1708—1758 年）兄弟建立了尾库窑，生产标有他们名款的产品，在德

243

548　《天工开物》卷七，第五页。

549　《景德镇陶录》卷七，第六页。

550　王调馨（1936），第 2 页。

551　徐本章（1993），第 1-8 页。

552　Zeng Fan（1997a），p. 26。另见 Donnelly（1969），pp. 270-276，309。艾尔斯［Ayers（2002），p. 28］对这个观点以及对关于何朝宗生涯的文件的实际内容提出疑问，他认为"何朝宗活跃于 17 世纪 20 年代"。

553　徐本章（1993），第 1-8 页。另见 Donnelly（1969），pp. 276-277。

化和泉州的市场上他们二人的产品畅销国内外。颜嘉猷（1777—1844 年）是另一位泗滨当地人，终身为陶瓷商人兼旅行家，随着装运茶叶和瓷器的船只访问过中国广东和台湾，以及越南。颜中山（1849—1908 年）曾去台湾出售德化陶瓷，并在那里建立了第二个家庭，他还帮助将移民的尸体运回大陆安葬。直到 19 世纪晚期和 20 世纪，德化与台湾间保持着紧密的商业和亲族联系，并经历了陶瓷工业的繁荣和衰落的交替。还有更多的为人所知的与德化有关的陶工与文人的名字，比较著名的有苏学金（1869—1919 年）、颜晴川（1874—1920 年）、许友义（1887—1940 年）、徐其中（1904—1973 年）、苏勤明（1910—1969 年）和陈其章（1914—1983 年）等[554]。在 20 世纪，很多德化的塑像是专为海外客户制作的。购买量巨大的客户来自中国台湾和香港，以及日本、马来西亚和新加坡。许友义的后裔现居住在香港并经营着一座陶瓷工厂[555]。

　　与其他窑场的窑工类似，德化的陶工也有自己的保护神（见本册 pp. 166-167, 566-567）。德化窑神的名字是林炳，与大多数窑神相同，他本人也曾经是一位陶工。他做陶工是在北宋早期，当时他的方形窑容积太小，不能满足市场的需求。有一次他梦见一位名叫金夫人的女神，女神教授他仿照妇女的体型建造新型窑炉，中部是鼓起的庞大肚子，偏上则是左右各一个较小的圆拱形乳房。第一座这样的新窑雏形建成于 1094 年，后来德化地区全都仿造这种类型的窑[556]。

244

（ii）德化的生产

　　德化的陶瓷生产历史中似乎大部分时间都是以瓷石为基本原料的，很少添加高岭土，如果曾经发生过某些变化，那么也仅是很不显著的，而且主要是随时间的变化，几个世纪过后，德化瓷变得更白、更半透明[557]。德化瓷器的这种烧成性能的改善或许是以降低其塑性为代价的，因为德化的陶工们逐渐使用高岭土化程度更弱的瓷石（表 49）。

　　在整个德化陶瓷史上，白和半透明这两个工艺特征都反映出了德化原材料的特点，即非同寻常的低铁与非同寻常的高钾。第一个特点保证了瓷胎独有的白度，第二个特点则保证了其半透明度。这些特征在早期的德化器物上是明显的，但在 15 世纪以后它们变得越来越重要了。到了晚明和清代，德化瓷器接近乳白玻璃或半透明白色大理石的水平，胎与釉的美妙融合使得瓷器看上去好似胎釉一体的半透明整体，看不清胎与釉的区别。

　　导致德化瓷器异常高半透明度的是其极高的氧化钾含量（可达 6.8%），以至于这无法用单一的钾云母来解释，而是反映在原始瓷石中含有另外的钾来源，例如钾长石。但是从严格的意义上讲，德化瓷不属于长石质的瓷器，因为相对于所含的水云母而言，其长石含量是第二位的。在焙烧时，水云母是主要的胎助熔剂，也是为制坯时提供塑性的主要组分[558]。

554　同上，第 13, 25, 28-30, 32, 37-53 页。关于苏学金和许友义的资料，另见 Zeng Fan（1997a）, p. 26。
555　同上，第 26-27 页。
556　关于该故事的详细情节，见 Yuan Bingling（2002）, p. 44。
557　Guo Yanyi & Li Guozhen（1986a）, pp. 141-147；李家治（1998），第 350-363 页。
558　Guo Yanyi & Li Guozhen（1986）, p. 145。

表 49　宋代到清代的德化瓷胎 [a]

窑址	SiO$_2$	Al$_2$O$_3$	TiO$_2$	Fe$_2$O$_3$	CaO	MgO	K$_2$O	Na$_2$O	P$_2$O$_5$	总计
德化瓷胎，北宋　盖德	71.7	21.8	—	0.6	0.3	0.2	5.2	0.08	0.03	99.9
德化瓷胎，北宋　盖德	77.5	17.7	0.04	0.55	0.09	0.06	4.6	0.1	0.02	100.7
德化瓷胎，南宋　盖德	81.6	14.9	0.09	0.9	0.1	0.1	2.9	0.08	—	100.7
德化瓷胎，元　屈斗宫	77.8	18.5	0.03	0.4	0.2	0.2	4.45	0.10	0.03	101.7
德化瓷胎，明　祖龙宫	76.4	17.4	0.08	0.3	0.04	0.06	5.7	0.10	0.03	100.1
德化瓷胎，明　祖龙宫	76.7	16.7	0.10	0.35	0.15	0.08	5.9	0.1	0.03	100.2
德化瓷胎，清　屈斗宫	75.6	17.3	0.1	0.2	0.04	0.10	6.5	0.1	0.02	100.0

a　Guo Yanyi & Li Guozhen（1986），p. 143；李家治（1998），第 355 页。

图 51 装框挑担运输黏土，德化，1936 年

（iii）德化的瓷土

　　德化蕴藏的两类瓷土已被进行过研究，一类是众所周知的高岭土化的黏土，另一类是未严重蚀变的材料[559]。"四班瓷土"属于第一类，主要由石英和水云母组成，也含有一些原生的高岭石。在德化瓷业的早期，当时以拉坯和模压制作的"青白"类器物为主要产品，典型情况是使用四班黏土类的材料。拉坯器物的形态，特别明显的是高

246

559　同上。李家治（1998），第353页。

大的锯齿状喇叭口花瓶，显示出其使用了塑性相对较高的材料。这种花瓶是在德化镇附近的屈斗宫窑烧造的[560]。

第二类材料称为"褒美瓷土"，其氧化钾含量要高得多，还含有未蚀变的长石。褒美瓷土似乎更接近于自明代至今德化使用的瓷石类型，其黏土含量极低，或者根本就不含有黏土。因此这类材料的塑性极低，更适宜于模制而难以拉坯。将制瓷原料压进空心的块范以制作坯体自然就成为这个时段在德化备受青睐的成形工艺。

表 50 列出了德化两类瓷石的组成，这是对原矿而不是经粉碎加工的材料的测量数据。表中的数据与诸多已发表的单个德化瓷器的分析数据并不精确符合，可能是因为在瓷石的加工制备过程中铝的含量会增高，也可能是表中所分析的瓷石不是很典型。

表 50　德化的瓷石[a]

	SiO$_2$	Al$_2$O$_3$	TiO$_2$	Fe$_2$O$_3$	CaO	MgO	K$_2$O	Na$_2$O	P$_2$O$_5$	烧失量	总计
四班瓷石（原矿）	75.9	15.3	0.1	0.6	0.04	0.05	2.5	0.05	痕量	4.85	99.4
四班瓷石（烧结后）	80.2	16.2	0.1	0.7	0.04	0.05	2.65	0.05	痕量		100.0
褒美瓷石（原矿）	78.6	12.95	0.09	0.3	0.1	0.1	5.9	0.2	痕量	2.3	100.5
褒美瓷石（烧结后）	80.0	13.2	0.1	0.3	0.1	0.1	6.0	0.2	痕量		100.0

a　Guo Yanyi & Li Guozhen（1986），p. 145，table 3。

（iv）德 化 的 釉

早期的（宋元时期）德化瓷器被看作"青白"瓷类型，因为它被泛蓝的透明釉所覆盖，还有雕刻装饰以及后来的模印装饰。但是早期的德化釉比景德镇釉的石灰量低，因此其釉面的质地更具"油性"，而不是那么平淡。德化的陶工早在北宋时就试制低石灰、半透明的"枢府"类型"雪白"釉，这比景德镇的"枢府"釉要早约 200年。德化"青白"瓷的体形往往比同时代的景德镇瓷器大，特别是在南宋时，烧制约

表 51　北宋和南宋时期德化与景德镇青白瓷胎体的比较

		SiO$_2$	Al$_2$O$_3$	TiO$_2$	Fe$_2$O$_3$	CaO	MgO	K$_2$O	Na$_2$O	P$_2$O$_5$	总计
五代	景德镇[a]	75.8	18.3	0.2	1.0	0.7	0.8	2.4	0.4	—	100
北宋	景德镇[b]	75.6	19.35	0.06	0.5	0.4	0.2	3.7	0.15	—	100
北宋	德化，盖德[c]	77.5	17.7	0.12	0.6	0.09	0.06	4.58	0.12	0.02	101
南宋	德化，盖德[d]	77.8	18.5	0.03	0.4	0.17	0.17	4.45	0.10	0.03	102

a　周仁和李家治（1960a），第 53 页，表 1。
b　牛津大学考古学与艺术史研究实验室分析数据。
c　Guo Yanyi & Li Guozhen（1986），p. 143，table 1。
d　同上。

560　Anon.（1990c），第 92 页。

30 厘米直径的盘子已很普通。德化之所以能够成功烧制大型的盘，部分得益于使用了低石灰釉，因为当处于最高炉温时低石灰釉对瓷胎的侵蚀性低。除了含铁量稍低外，德化早期"青白"瓷的胎体与同时代的景德镇"青白"瓷是完全可比的，因此看来胎体材质的差异并不能解释为什么德化的器物在窑中的抗变形能力更强（表51）。

248

（v）氧化和半透明度

德化瓷石低氧化铁含量的一个优点是使得很多器物（即使不是大多数器物）允许在氧化的气氛下烧成。烧成的瓷器呈浅象牙色，而不是像氧化气氛下烧成的景德镇器物那种典型的深稻草色。《陶记》曾记载，意外遭遇氧化的景德镇"青白"瓷器被当地归为次等货，并降价卖到江西省省外市场[561]。在景德镇只是偶尔使用氧化气氛，而在德化氧化气氛则是常规而不是例外。在明显的富氧气氛下烧成的某些德化瓷器外表上颇像定瓷，但分析表明它们的材质正好属于两个极端（见表23和表49），分别属于异常的富石英质和富黏土质类型。

德化瓷器最引人注意的技术特征之一是很多明清器物显著的半透明性。这种效果特别反映在某些特殊的器物上，例如雕刻成犀牛角形状的杯子和小型的高足碗，两者均可通过半透明的器壁观察到器内液面的位置。瓷器的半透明度是烧制过程中生成大量的玻璃相和伴随的气孔率的降低而实现的，但是胎体内玻璃态成分高也有可能在窑烧的最终阶段使器物发生突然崩塌。

在德化，看来是一系列因素的共同作用防止了器物于焙烧时的崩塌。首先是当地瓷石的高钾低钠组分。钾来自生料中水云母和钾长石的天然混合，在高于1200℃时，这两种组分都熔融为极高黏滞度的玻璃。在焙烧过程中云母转化为莫来石、刚玉和玻璃相等不互熔的混合物[562]，而钾长石转化为白榴石和玻璃的混合物，它们呈现出不寻

249

常的黏滞性[563]。当温度不断升高时，胎体中更多的石英受到侵蚀并被已生成的钾玻璃所溶解，这进一步提高了玻璃的黏滞度从而延缓了高温下的器物崩塌。第二个因素是德化在明清时习惯使用低石灰的釉，这类低灰釉对胎体的侵蚀轻，这也有利于防止崩塌。当然这些因素对延迟过烧的作用也有一定限度，当超过该限度时，瓷器也会软化、塌落并最终在窑中形成一堆熔融物质。

因此窑温的控制是至关重要的，当窑温接近极限时，需要均匀和平稳地加温燃烧，当地设计的改进型的龙窑结构有助于达到此目的。早在南宋时期沿山坡建造的屈斗宫窑就显示了这种结构。屈斗宫窑位于现代的德化县管辖范围内[564]。目前还保存的屈斗宫窑的窑基显示，该龙窑不是一条常规的直通窑道，而是分隔为17个依次排列的窑室。这有助于强迫窑内的气体沿窑道弯曲上行，以降低火焰的速度，达到防止燃烧不均匀的目的。当缓慢移动的气体充满窑室时，通过热传导和热辐射达到更为均匀的

---

561 《陶记》，见白焜（*1981*），第40页。

562 Sundius & Steger（1963），p. 385。

563 Cardew（1969），pp. 49-50。

564 该窑长超过57米，见 Anon.（*1979d*），第51-61页。

温度。还可以依次在单个窑室中进行燃烧，以实现单窑室的温度控制。早期"鸡笼式"的结构设计后来进步为德化的"阶梯式"窑，这也许是中国南方最微妙的传统窑炉的设计方案[565]。

（vi）龙泉青釉器

景德镇的考古发掘表明，在烧制偏绿色灰釉炻器的窑附近就能找到烧制白瓷的材料（见本册 p. 201）[566]。当可烧制白瓷的新材料被开采和利用后，老式的灰胎炻器的生产或者减少或者停止，窑炉转而生产白瓷。同一地点的炻器传统被白瓷所取代在中国南方属普遍现象，但这一规律对于位于浙江南部的龙泉却是一个重要的例外。在这里新发现的制瓷原料很少用于制作白瓷，而主要用于改善当地青瓷器的品质，有时还故意在当地的白色瓷石中添加富铁黏土[567]。这种做法明显地提高了青釉器的质地，其平滑、浅灰色胎体的技术特性非常接近景德镇新开发的白瓷，而不同于南方已有的各种越窑类炻器。在浙江 10 世纪晚期的文化层中就鉴别出有白色制瓷材料（见本册第六部分 pp. 674-675），但于 13 世纪早期，这种材料对于青瓷制作才显示出重要意义，这时这种材料与富铁黏土的混合成为常规操作。

龙泉拥有比越窑更优质的黏土、繁茂的柴林、丰富的水源以及建造龙窑的山坡。这里早在公元 3 世纪时就开始生产陶瓷，10 世纪以前其产品主要供应本地的市场，北宋末年后得到迅速发展，在南宋和元代时达到顶峰。一个关键的因素是，通过疏通 165 条当地的河流，到浙江南部偏远山区的运输在 1091—1092 年得到了改善[568]。

在技术方面，龙泉延续和改进了浙江较早的青釉器产业。在龙泉釉中使用了制胎原料，从而降低了铁和钛的含量和提高了氧化钾组分，改善了质量。新开发的石灰-碱釉烧成后呈现油腻的玉质感，着色元素含量的降低可给出从蛋青到海洋蓝的色泽变化[569]。这类釉的高黏滞度允许釉层增厚，其厚度可达到原来越窑的黏土-石灰釉厚度的3—8 倍，通常采用多层施釉的技术[570]。这类逐步施釉的技术有时是先通过连续几次施釉后低温焙烧，最后再高温釉烧而成的，典型的高温釉烧温度是 1220—1280℃[571]。北宋到南宋中期，器物仅施一层薄釉，釉的含钙量很高，属于典型的高石灰釉类型。约在 1200 年前后，朝廷的官员受到杭州官窑产品（见 pp. 264-265）的吸引，在龙泉的大窑和溪口也建立了官办窑场。大约从 1200—1260 年起，这些官办窑场和其他一些窑场模仿官窑产品开发出了高质量的龙泉器具，有一些是白胎厚釉器物，其余的则是在极

250

565　Ye Wencheng（1986），pp. 325-328，特别是 p. 327。

566　Liu Xinyuan（1992），p. 35。

567　周仁等（1973），第 141 页。

568　《龙泉县志》卷十二（艺文志），第七页，转引自朱伯谦（1998），第 14，35 页。

569　Wood（1999），pp. 75-77。

570　Vandiver & Kingery（1986a），p. 219。

571　在一片宋代大窑瓷片放大的断面上可以清楚地看到四层釉，图见 Sundius & Steger（1963），p.430，fig. 30。关于对龙泉青瓷烧成温度的推测，见周仁等（1973），第 154 页。

薄的黑胎上施有多层釉的器物。前者为低铝、高硅，且含铁量极低，而后者则基于富铁的紫金土，胎体可薄至 1 毫米，含硅量较低，但铝和铁的含量却较高。釉层为 0.5—2 毫米厚，为 3—4 层组成，使用了蘸釉、刷釉或细管吹釉等技术。每件器物都经历多次施釉和多次素烧，以获得玉一般半透明的色泽和纹理。这类釉属于石灰-碱釉系列，是龙泉生产的质量最好的釉（表 52）。

表 52　南宋白胎器与黑胎器及其胎、釉层厚度的比较[a]

	厚度	SiO$_2$	Al$_2$O$_3$	Fe$_2$O$_3$	CaO
白胎胎体	3—8 毫米	67%—33%	19%—23%	2%—2.4%	
黑胎胎体	1—5 毫米	58%—65%	24%—32%	3.36%—4.5%	
白胎器的釉	0.5—2 毫米				0.23%—0.29%
黑胎器的釉	<1 毫米				6.23%—16.83%

　　a　Li Dejin（1994），pp. 90-92；朱伯谦（*1998*），第 17-18，23，37-38，43 页。

251　　　在元代，又返回到偏爱在厚胎上施单层釉的制作习惯，但最精细的器物依然施多层釉[572]。烧制的硕大器物尺寸惊人，有的花瓶和盘子的高度或直径达到了 1 米。或拉坯或模塑的器物都能具有硕大的横断面，且常在巨大的龙窑中烧成，这类龙窑一次可以装入成千上万件坯体。这一高产阶段是受巨大的出口产业的刺激而产生的[573]。如此硕大的器物是为了满足蒙古贵族的需求而制作的，也是为了向西亚的伊斯兰客户出口。明代，龙泉的陶瓷变得粗笨，装饰也显简陋，但继续出口西亚和非洲[574]。龙泉的生产活动在明清时虽然没有中断，但在 14 世纪中叶后，因景德镇成功地仿制了浙江的青瓷而受到日益剧烈的挑战。在成化初年（1465—1468 年），一道圣旨命令龙泉暂停生产以示对先帝的哀悼，但在后继的弘治年间，不再见到关于龙泉的皇家文书[575]。15 世纪末景德镇青花瓷的兴起，使得龙泉丢失了大量的重要市场份额，龙泉窑业逐渐衰落。

　　到了清代，仅大窑和孙坑等少数窑炉为当地的顾客提供次等的陶瓷产品。孙坑窑位于龙泉西南 7 公里处，于清代乾隆年间才开始生产[576]。龙泉地区的窑业只是到了近代才重新繁荣[577]。

252　　　　　　　　　**（vii）龙泉青釉器的技术发展**

　　我们对龙泉窑系成长发展的了解，很大部分得益于 1959 年国家轻工业部委托组织的对龙泉青瓷进行分析研究的重要项目。周仁、张福康和郑永圃，以及后来的中国科

　　572　例如，为日本市场生产的并在日本被称为"飞青磁"的优雅器物，因不止一次施釉，釉层很厚，表面点缀有铁褐色的斑点。

　　573　Krahl（1986），p. 44。

　　574　Li Dejin（1994），pp. 90-92；朱伯谦（*1998*），第 23-24，26-28，44-45，47-48 页。

　　575　刘新园（*1993*），第 40-41，82 页。

　　576　朱伯谦（*1998*），第 28，48 页。

　　577　周仁等（*1973*），第 131-156 页。

学院上海硅酸盐化学与工学研究所[578]，对龙泉历史和龙泉原材料进行的详细研究均系该项目的组成部分。周仁等的研究涉及胎和釉的工艺、制作和烧成技术以及龙泉窑炉的设计等。他们对从五代到现代的器物都进行了分析，并根据当地的原材料探讨了这些器物的化学组成。最重要的原材料是龙泉地区的瓷石，他们曾分别分析了粉碎前后和淘洗前后的样品（表 53 ）。

表 53　龙泉地区的制瓷原料（一）：瓷石[a]

	SiO_2	Al_2O_3	TiO_2	Fe_2O_3	CaO	MgO	K_2O	Na_2O	MnO	总计
低铁瓷石										
大窑（原矿）	76.2	19.1	0.3	1.75	0.01	0.2	2.3	0.2	0.02	100.1
大窑（精泥）	73.6	20.7	—	1.9	0.4	0.5	2.5	0.5	0.03	100.1
源底（原矿）	79.6	15.6	—	1.1	0.7	0.3	1.9	0.7	0.04	99.9
源底（精泥）	74.2	18.2	—	1.3	0.8	0.3	4.8	0.2	0.05	99.9
毛家山（原矿）	75.3	19.2	—	0.6	—	0.2	4.4	0.2	0.05	100.0
毛家山（精泥）	68.9	22.8	—	0.9	1.2	0.8	5.0	0.4	0.07	100.1

　　a　周仁等（*1973*），第 137 页。

　　龙泉材料显示了东亚高岭土化瓷石典型的氧化物配比，即高硅、低钛、钾从中等至高含量及低钠的百分组成。总体来说，龙泉瓷石的含铁量略高于景德镇，但远高于德化。含铁量的不同是怎样影响龙泉发展为青瓷的生产中心而不是白瓷的中心是一个有趣的研究课题。仅仅是因为所能获得的原材料中含铁量存在千分之几的差异，就改变了中国一个巨大的陶瓷生产中心的命运，这并非没有可能。

　　根据表 53 中的分析数据，龙泉地区的瓷石制备后似乎是因石英被淘洗掉而导致云母含量的相对增加，这与在景德镇所观察到的结果很是不同（见表 39 ）。由此斯坦纳德（Stannard）推测，也许是[579]：

　　　　在龙泉地区，对原材料进行粉碎后产生大量的黏土粒级的云母，它们能用浮选方法与在母岩中占到 20%—30% 的粒度较粗的物质相分离。

上面的分析数据中还值得注意的是制备后石料中氧化铁含量的增高。这也反映了云母一定程度的富集，因为瓷石中很多的铁是与水云母相关联的，这是铁部分取代了矿物晶体中铝的结果[580]。正如郭演仪在讨论龙泉瓷石时所指出的[581]：

　　　　浙江省所产的某些瓷石含铁量较高，大部分的铁是以离子状态存在于绢云母的晶体结构中的。技术上很难将这类铁洗出以降低含铁量，有时淘洗所起的作用

253

578　即现在的中国科学院上海硅酸盐研究所，见本册第七部分，pp. 794-797。

579　Stannard（1986），p. 251。

580　Wood（1978），p. 105。

581　Guo Yanyi（1987），p. 5。

正好相反，即实际上增加了含铁量。

实际上，龙泉原材料中超量的铁，对于器物的外观是有利的。铁含量并没有高到能损伤青瓷釉的质量，但却足以使器物的无釉露胎部位经二次氧化为偏红的暖色。由于黏土中的铁处于弥散状态并与碱金属离子紧密关联，上述效应得到了加强。与元代青花瓷相仿，二次氧化后黏土的暖色成了还原气氛下冷色釉的绝妙衬托。确实，元代时景德镇的湖田窑成功地仿制了龙泉的器物，正是利用了两地材料间潜在的相似性能[582]。

（viii）龙泉瓷石的物理性质

未经加工的龙泉瓷石与景德镇瓷石间存在明显的差异。景德镇的瓷石硬且致密，类似的瓷石在俄国用以制作石磨[583]。相比之下，龙泉的瓷石多孔且脆，因而易于粉碎[584]。龙泉生产大量的大型厚胎青瓷器，因此这种偏软的材料应该是对龙泉陶工的恩赐。景德镇和德化的观察资料表明，将非常坚硬的当地岩石制备成瓷石粉的传统方法是一种有效但并不特别快的加工工序，而对龙泉的易碎瓷石肯定会有更为高效的原材料加工方法。尽管如此，碎石操作在浙江南部必定曾是规模巨大的辅助行业，这样才能不间断地为龙泉的窑场供应成百吨的制胎和制釉原料。

（ix）龙泉的紫金土

周仁、张福康和郑永圃还研究了在龙泉瓷石制备前后与之混合的紫金土[585]。

龙泉紫金土组分的分析数据（表 54）表明，龙泉紫金土是一种易变的材料，有时制备过程能严重改变其组成。这说明至少部分紫金土是原生的，粉碎和淘洗过程中被排除的主要是其中的原生粗粒石英。将提纯和制备后的紫金土添加进烧成后呈灰色的瓷石中，其目的是将胎体的含铁量从天然瓷石的约 1%提高到精制黏土的 2%—2.4%。因为紫金土的含铁量是 3.2%—15.2%（见表 54），根据其含铁量高低，瓷石中添加 10%—30%的紫金土将能满足上述需要。

虽然大多数龙泉青瓷的胎体是由瓷石和紫金土混合烧制的，但也有少数几个窑址似乎仅用单一瓷石烧造过一些器物，特别是在南宋时期最重要的大窑窑群。大窑生产一些品质突出的浅色泛蓝的青瓷器，它们在中国被称为"弟窑"，在日本则被称为"砧窑"。大窑 10—15 世纪生产的青瓷器胎体组分的变化总结于表 55 中。

北宋时龙泉大窑的器物相当于浙江北部越窑器物中胎色较浅的类型，很可能是用天然的炻器黏土烧制的（见表 55 的第一行数据）。南宋时大窑开发了新的烧瓷原料（表 55 中的其他数据），并在此后一直是其主流原料。

582　Krahl（1986），p. 42。

583　Efremov（1956），p. 489。

584　这个观点是根据 1982 年在上海举办的第一届中国古代陶瓷科学技术国际讨论会上展示的材料提出的。

585　周仁等（1973），第 137 页。

表54 龙泉地区的制瓷原料（二）：紫金土[a]

紫金土产地	SiO$_2$	Al$_2$O$_3$	TiO$_2$	Fe$_2$O$_3$	CaO	MgO	K$_2$O	Na$_2$O	MnO	总计
高际头紫金土（原矿）	69.7	18.8	0.5	3.2	1.3	0.5	5.45	0.5	0.1	100.0
高际头紫金土（精泥）	62.2	21.5	0.5	4.3	0.7	0.9	4.7	1.1	0.1	96.0
宝溪紫金土（原矿）	63.7	22.1	1.1	6.4	—	1.0	5.3	0.3	0.1	100.0
宝溪紫金土（精泥）	50.5	30.75	1.8	10.4	1.2	1.4	3.7	0.2	0.15	100.1
黄连坑紫金土（原矿）	51.0	27.5	2.2	15.4	0.5	1.0	1.7	0.6	0.2	100.1
黄连坑紫金土（精泥）	50.0	28.6	2.0	15.2	0.2	1.1	2.4	0.5	0.1	100.1
木岱口紫金土（原矿）	73.7	17.1	0.7	3.8	0.15	0.9	3.2	0.4	—	99.95
木岱口紫金土（精泥）	63.1	26.6	0.85	5.2	0.2	0.35	3.2	0.4	—	99.9

a 周仁等（1973），第137页。

256

表 55　北宋到明初龙泉大窑青瓷器的胎体组成

年代	窑址	SiO$_2$	Al$_2$O$_3$	TiO$_2$	Fe$_2$O$_3$	CaO	MgO	K$_2$O	Na$_2$O	MnO	总计
北宋[a]	大窑	74.2	18.7	0.4	2.3	0.5	0.6	2.8	0.5	0.02	100.0
南宋	大窑	67.8	23.9	0.2	2.1	—	0.3	5.3	0.3	0.03	99.9
南宋	大窑	70.95	21.5	—	2.4	—	0.06	4.5	0.4	0.04	99.9
元	大窑	70.8	20.1	0.16	1.6	0.2	0.7	5.5	0.8	0.07	99.9
明	大窑	70.2	20.5	0.2	1.7	0.2	0.3	6.0	1.0	0.1	100.2
精炼的大窑瓷石（精泥）[b]		73.6	20.7	—	1.9	0.4	0.5	2.5	0.5	0.03	100.1

a　五个胎体样品的分析数据均引自同仁等（*1973*），第 135 页。
b　同上，第 137 页。

表 56　帕尔姆格伦采集的龙泉大窑青瓷器的胎体组成 [a]

窑址	年代	SiO$_2$	Al$_2$O$_3$	TiO$_2$	Fe$_2$O$_3$	CaO	MgO	K$_2$O	Na$_2$O	MnO	总计
大窑	宋	72.7	20.03	0.23	2.75	0.06	0.25	3.80	0.11	0.039	100.0
大窑	宋	70.3	20.41	0.05	2.82	0.04	0.17	5.84	0.28	0.054	100.0
大窑	宋	70.8	21.17	0.17	2.53	0.04	0.25	4.88	0.11	0.045	100.0
大窑	宋	77.1	15.82	0.17	2.53	0.02	0.22	3.98	0.09	0.031	100.0

a　牛津大学考古学与艺术史研究实验室分析。

大窑当地瓷石与 12—14 世纪大窑产品相比，铁含量总体上有一致性，这导致周仁等提出，当时大窑的胎体中应该没有掺加紫金土。周仁等还将现代瓷石和早期胎体间碱元素（K_2O+Na_2O）水平的明显差异解释为风化过程所导致[586]：

> 从大窑同一个采料坑的上部和较低层面采集的瓷石组成间也存在差异。上部的瓷石因严重风化，其钾钠的含量较低，仅为 3.1% 左右，而低层风化浅的瓷石的钾钠含量可高达 5.2%。

虽然如此，某些大窑器物的胎中也可能添加了紫金土，20 世纪 30 年代尼尔斯·帕尔姆格伦（Nils Palmgren）采集的某些南宋时期的器物样品好像就属于这种情况，牛津大学的实验室曾于 1984—1985 年分析测量过这些样品（表 56）。

看似难以理解的是，为什么龙泉的窑工要将紫金土掺进瓷石中，而并非使用当地如此丰富的炻器黏土。两种不同的配方烧成的陶瓷是截然不同的。这里的关键是某些高品质的龙泉胎体的钛含量是很低的。这使得龙泉的胎体不再呈现南方炻器典型的深灰色调，还促使其青瓷釉的色泽纯正。这里还有重要的技术因素，施于北宋龙泉胎体材料上的非常厚的石灰碱釉，很可能会导致当地典型的高硅低熔剂炻器在冷却过程中破裂[587]。这类早期硅质炻器的代表是龙泉下游 20 公里处保定生产的器物。牛津大学的实验室曾在 1984 年分析测量了这类样品（表 57），它们也是帕尔姆格伦于 20 世纪 30 年代采集的。

表 57　10 世纪的浙江南部保定硅质炻器与浙江北部上林湖器物的比较[a]

窑址	年代	SiO_2	Al_2O_3	TiO_2	Fe_2O_3	CaO	MgO	K_2O	Na_2O	MnO	总计
保定	10 世纪	79.8	13.6	0.5	2.1	0.2	0.4	3.01	0.35	0.03	100.0
保定	10 世纪	78.7	15.1	0.4	2.3	0.05	0.4	2.8	0.2	0.045	100.0
保定	10 世纪	79.4	13.2	0.5	2.6	0.1	0.4	3.4	0.4	0.05	100.1
上林湖	10 世纪	75.7	17.2	0.7	1.7	0.4	0.5	2.8	0.9	0.013	99.9
上林湖	10 世纪	77.9	14.7	0.7	2.0	0.3	0.4	3.1	0.9	0.02	100.0
上林湖	10 世纪	75.9	17.0	0.7	1.7	0.4	0.4	2.9	0.9	0.01	100.0

　　a　全部数据为牛津大学考古学与艺术史研究实验室的分析结果。

保定器物的钛含量低于同时代浙江北部的越窑器物，例如上林湖的器物。因此相对于浙江北部的器物，10 世纪的保定器物往往烧成后胎体的色泽更浅，釉色也不那么灰。较为浅淡的色泽可以说是浙江南部器物的特征[588]。

（x）龙泉的瓷质产品

龙泉窑系这一令人瞩目的对制瓷工艺改进的成果是产生了一类坚硬、有魅力且多

586　同上，第 143 页。

587　这是本书作者之一（武德）于 20 世纪 80 年代早期以陶工的身份使用与浙江越窑器物相似的胎体材料的亲身经历。

588　Vainker（1993b），pp. 34-37。

用途的青瓷器，这些青瓷器特别适宜于出口贸易。龙泉的窑工单纯地通过适当提高胎和釉中的铁含量，仅略高于当地的制瓷原料，就创造了一种完全新颖的瓷器品位。难以理解的是，瓷器生产中这种可能性并没有在西方国家引起注意[589]。相反，17世纪时日本有田的某些早期瓷窑却成功地生产了浙江青瓷类型的瓷器[590]。

尽管龙泉产品具有无可置疑的品质，但它终究未能对抗景德镇青花瓷的竞争。难以理解的是，正当景德镇生产带宣德款的官窑品质青瓷器，以表示对13世纪精细龙泉青瓷的赞赏之时，龙泉青瓷业却开始衰落[591]。除了仿造龙泉青瓷，自15世纪开始景德镇也仿造黑胎、开片釉的官窑类型器物。在明清两代，仿制一直在继续，有些仿品是当时对青瓷风格最贴切的重新诠释，另外一些则是不折不扣的赝品。在这后一类的赝品中，1712年殷弘绪曾描述了仿制早期龙泉产品的过程：用一种"微黄色的黏土"，即含铁量较高的黏土，制成胎和釉。烧成后的器物被放置在浓肉汤中做旧，再次焙烧后，又被放在下水道中一个月或更久。这样看起来就像是"三四百年前的，至晚是明代的产品了"[592]。

（xi）南 宋 官 窑

259　　极薄的黑胎、开片厚青釉的杭州官窑器物代表了南宋陶瓷的审美取向。最初的官窑器物似乎是北宋汝官器在南方的演变。汝器的生产时间很短，1127年因金人入侵中国北方，迫使朝廷南迁而停烧。经过诸多周折，朝廷最终安顿在杭州并试图恢复正常的宫廷生活。皇家的生活要求之一便是有皇室用的精致陶瓷器物，为此在杭州附近兴建窑炉。

根据古籍记载，南宋早期为供应朝廷的新窑建于杭州[593]。记录中写道，曾经建立过两座窑，其中一座邻近于皇宫，由负责宫廷生活的部门（"修内司"）[594]管辖，另一座则在城郊祭天圣台附近（"郊坛下"）。

官窑很快就出名了，而且很早就有文献提到。最早的文献之一的作者是南宋后期的顾文荐，他写道[595]：

589　即使是著名的"迈森"青瓷大象，以前也曾被认为是18世纪中期的作品，现在重新鉴定属19世纪晚期。见 Tait（1989），pp. 50-53。关于迈森的青瓷釉，霍尼（W. B. Honey）曾写道："在现代的艺术陶瓷家之前，没有任何一个欧洲的工厂曾尝试生产过这种类型的釉。"见 Honey（1954），p. 57。

590　Impey（1996），见 figs. 9b，15（图版未标明页码）中给出的例子。

591　上海博物馆收藏的一件带釉下蓝彩款识的宣德器物，见 Anon.（*1996b*，上海博物馆），图版 50。

592　Tichane（1983），pp. 104-105，殷弘绪 1712 年书信的译文。

593　蔡和璧［*1989*，第 123-126 页］据理说明：因为在 1149 年以前的文献中并没有提及杭州这两座窑，而且南宋早期都城曾三次搬迁，因此官窑也同样可能于 1149 年前建于越州、苏州或别的什么地点。

594　详见 Hucker（1985），p. 248。自北宋晚期起这个机构临时负责陶瓷生产，参见 Li He（1998），p. 12。

595　《负暄杂录》，译文见蔡和璧（*1989*），第 26 页。蔡和璧［（*1989*），第 9-13，27-29 页］讨论了不同文献的差异。顾文荐的原文已佚失，仅保存于《南村辍耕录》（1366 年）。现代的学者揭示，虽然太监邵成章曾伺候徽宗（1101—1125 年在位），但后被解职和充军，没有再回宫廷，因此在朝廷南迁后他不可能再监督陶务。但其他文献中曾记录有另一位邵姓（名字不同）的人曾任职督陶官。蔡和璧（*1989*），第 110 页，注 2。Li He（1998），p. 13。贺利［Li He（1998），p. 16］也罗列了关于官窑的文献。

现任政府认为定州白瓷不适用，因此下令汝州生产青瓷。从那时以后河北唐州、邓州和耀州的诸窑口均依照此令而行。汝器是所有之中最好的，而江南处州龙泉地区窑厂的器物较为粗糙厚重。宣（和）政（和）年间（1111—1125年），在京都自建一窑烧瓷，称为"官窑"。迁都江南以后（即南宋），邵成章特定负责后苑的生产，称为"邵局"，采用旧都的体制。一窑建于修内司，生产青瓷，称为"内窑"。使用精炼黏土所制成的范具，产品极为精致。色泽清澈透明，被现代人视为珍宝。稍后在郊坛下建一新窑，但其产品与旧窑不属同一档次。其他器物……与官窑无法相比，而像过去的越窑，则已不复存在了。

〈本朝以定州白磁器有芒，不堪用，遂命汝州造青窑器，故河北唐、邓、耀州悉有之，汝窑为魁。江南则处州龙泉县窑，质颇粗厚。宣政间，京师自置烧造，名曰"官窑"。中兴渡江，有邵成章提举后苑，号"邵局"，袭徽宗遗制，置窑于修内司，造青器，名"内窑"。澄泥为范，极其精致，油色莹澈，为世所珍。后郊坛下别立新窑，亦曰"官窑"，比旧窑大不侔矣！余如乌泥窑、余姚窑、续窑，皆非官窑比。若谓旧越窑，不复见矣！〉

明代初年曹昭曾指出，官窑器物一直为收藏家们所珍视，官窑也被收藏家们归于"五大名窑"之一。清代也非常欣赏官窑器物，以至于宫廷曾多次命令景德镇御窑厂以与仿制钧窑器相似的方式仿制官窑器物。1729年下达的谕旨要求仿制一件从京城运来的大型官窑葫芦瓶，并要求询问陶工们能否区分旧器与仿制的新器以作为一种检测。当时大部分的仿品都标有仿制时皇帝的年号，但1745年接到的旨令是，制作官窑和哥窑仿品时不要题款[596]。在这一时间前后，景德镇民营工厂也开始仿制和生产官窑型和哥窑型的瓷器，以供应日益扩张的市场。

260

（xii）杭州的两个官窑窑场：修内司和郊坛下

大约自20世纪30年代开始，杭州两个官窑中较晚的郊坛下窑址已被发现[597]。1956年进行了试掘，但直到1984—1986年才完成了全面的勘查和发掘。目前在窑址上建立了一座大型博物馆，专门展示官窑的生产历史，已被发掘的部分工场区域和三座龙窑中最大的一座得到了保护。这三座龙窑中的两座属通常的规模，但第三座为特大型，窑长80米，宽3米。窑的长度几乎为公元9—10世纪一般越窑长度的三倍。这意味着当时应该掌握有丰富的经验与实践，对劳动力和原料有完善的组织管理，当然其燃料的耗费也是惊人的[598]。发掘者还揭示了一个大的作坊、三座房基、一个炼泥池、两个釉缸、一个存放原料的坑、一座素烧窑、三万多片瓷片[599]以及几千件工具和窑

596　傅振伦和甄励（1982），第21-22，43-44，55-56，62页。

597　朱鸿达于1937年出版了《修内司官窑图解》，其成果概括了到当时为止的研究情况，见杨静荣（1987b），第42，96页。

598　Vandiver（1992），p. 134。

599　各种形状的、带有开片青瓷釉的碎片与在龙泉烧造的、称为"龙泉官窑"的细开片陶瓷十分相似，见本册pp. 582-584。

具[600]。观察到早期的官窑继承了汝窑的烧制方法，也是使用三至九个小的支钉。大的花瓶和其他大型厚壁器物则置放在垫板上焙烧，底部未施釉。某些窑具（例如三瓣形垫饼、圆筒形垫饼和圆形垫圈等）与河南清凉寺汝窑遗址出土的窑具十分相似。因为某些晚期的官窑制品釉层甚厚，小的支钉容易被黏住，因此将器物圈足上的釉刮除后放置在垫板上焙烧。

直到不久前，两窑址中之偏早者，即修内司窑还一直未能被认定，有多处窑址曾被指认为修内司窑遗址。在修内司窑被实际发现以前，某些学者认为"修内司"只不过是一个宫廷机构的名称，修内司窑实际上并不存在，而另一些学者则认为修内司窑是存在的，正如郊坛下窑的存在一样[601]。

1996 年，终于对如今已得到公认的修内司窑进行了考古发掘。该窑地处现在杭州市南面的山坡上，紧靠南宋皇城城墙的外侧[602]。在地表发现物给文物管理部门提示了窑的位置后，该窑得到了发掘，考古学家现在称其为老虎洞窑。经过五个季度的发掘，考古学家完成了对元代地层的清理，这一地层留下了该窑最后活动时期的痕迹。这一地层出土的器物胎厚釉薄，器物的总体质量表明它不属于宫廷用器，尽管在一件瓷片的底部见有"官窑"字款，但字体粗劣。元代地层的下部可见到南宋的遗存，质量要精细得多。此外还发现了两个坑，其中整齐地堆埋着南宋的次品碎片，这说明被皇家抛弃的器物也受到严格的控制。胎体材质的颜色从灰色到黑色，其中有不少呈现"紫口铁足"（见下文 p. 581）的特征。釉的质地变化较大，其中最为优质的样品是施在薄胎上的厚层鸽子蓝釉，釉是多层的，多有细碎开片。除了瓷片，发掘者还发现了一座长约 15 米的龙窑，三个素烧窑和一块作坊区域，那里还见到保存良好的釉缸[603]。

本册的作者有幸于 1999 年 11 月参观了正在进行发掘的老虎洞窑，后来在 2001 年 11 月又一次去了那里，那时发掘已经结束。关于窑址发掘情况的几次学术研讨会上都展示了许多出土的瓷片。参加老虎洞发掘的考古学家认为，曾是烧造越窑器物的传统龙窑也是老虎洞烧造官窑器物的主窑，在老虎洞窑址也发现了一系列小型的馒头窑（典型的北方类型）。这些较小的窑是对官窑器物进行素烧用的（非常类似于北方的烧造技术）。

（xiii）老虎洞的瓷片

表 58 所列数据都是采自老虎洞地表的瓷片的测量结果，科学家和考古学家都相信瓷片应属于修内司官窑[604]：

600　关于窑的图示和描述，参见 Anon.（1996a），第 15-18 页。

601　目前中国学者对修内司窑各种观点的概要，见蔡和璧（1989），第 124-126 页，及 Li He（1998），pp. 12-13。随后李辉柄（1998）也发表了有关论文。

602　修内司窑（老虎洞）地处郊坛下窑的北方，两者的直线距离仅 2.5 公里，但被一山丘所隔。由此看来修内司窑先建，并与南宋都城靠得很近。郊坛下窑后建，距离都城较远，且有山丘阻挡烧窑的尘烟和噪声。

603　见杜正贤（1999）。

604　李家治等（1999）。（关于老虎洞发现物的扩展英文本，系中文的"会议论文集"的附录。）

图 52　老虎洞窑址的狭长龙窑（照片右侧），该窑 15 米长，2 米宽，2001 年

图 53　老虎洞窑址用于器物素烧的馒头窑，2001 年

263

表 58　老虎洞官窑器物胎体的组成 [a]

杭州老虎洞官窑器胎体	SiO$_2$	Al$_2$O$_3$	TiO$_2$	Fe$_2$O$_3$	CaO	MgO	K$_2$O	Na$_2$O	MnO	P$_2$O$_5$	总计
官窑器，老虎洞	68.2	25.0	1.05	2.4	0.07	0.1	2.3	0.4	0.01	0.06	99.6
官窑器，老虎洞	68.5	25.0	1.1	2.25	0.08	0.1	2.3	0.3	0.002	0.002	99.7
官窑器，老虎洞	67.0	25.0	1.15	2.0	0.2	0.2	3.4	0.4	0.012	0.03	99.7
官窑器，老虎洞	68.2	23.0	1.0	2.6	0.1	0.3	3.5	0.4	0.01	0.25	99.4
官窑器，老虎洞 HX14	67.3	21.9	1.1	3.9	0.3	0.4	3.6	0.7	0.02	0.1	99.3
官窑器，老虎洞 HX15	68.5	23.1	1.0	3.3	0.1	0.3	2.4	0.5	0.02	0.1	99.3

a 李家治等（1999），第 177 页，表 1。

表 59　浙江北部和南部官窑型器物胎体的组分比较 [a]

	SiO$_2$	Al$_2$O$_3$	TiO$_2$	Fe$_2$O$_3$	CaO	MgO	K$_2$O	Na$_2$O	MnO	P$_2$O$_5$	总计
胎体：杭州官窑器											
郊坛下官窑	61.3	28.0	0.7	4.1	0.2	0.6	4.2	0.2	—	0.08	99.4
郊坛下官窑	66.5	23.1	1.2	3.0	0.3	0.2	3.7	0.3	—	—	98.3
郊坛下官窑	69.8	20.6	0.7	3.1	0.3	0.7	3.7	0.4	—	0.08	99.4
郊坛下官窑	70.1	21.2	1.0	3.2	0.1	0.4	2.6	0.2	—	0.09	98.9
胎体：龙泉官窑器											
官窑型 [b]	61.4	28.0	0.7	4.5	0.9	0.7	3.7	0.4	0.2	—	100.5
官窑型	64.2	25.2	0.8	4.5	0.2	0.6	4.0	0.1	—	0.13	99.7
官窑型	62.7	28.7	—	3.7	0.5	0.5	4.1	0.1	—	—	100.3
官窑型	64.9	24.2	—	3.6	0.5	0.2	4.7	0.2	0.04	—	98.3
官窑型	63.3	26.1	—	4.6	0.5	0.3	3.7	0.2	—	—	98.7
紫金土：龙泉											
高际头紫金土（精泥）	62.2	21.5	0.5	4.3	0.7	0.9	4.7	1.1	0.1	—	96.0
木岱口紫金土（精泥）	63.1	26.6	0.85	5.2	0.2	0.35	3.2	0.4	—	—	99.9

a　Chen Xianqiu *et al.*（1986），p. 164, tables 3 & 4。
b　周仁等（1973），第 135 页。

> 老虎洞南宋地层窑址应该就是叶寘的《坦斋笔衡》中所记载的"内窑"（官窑），即修内司窑……

264 表 59 给出了若干郊坛下瓷片的胎体组成。其含铁量相对较高，为 3%—4.5%，与龙泉仿官窑器碎片的含铁量相近。与之相比，表 58 中前 4 片老虎洞样品的平均含铁量（Fe_2O_3）才 2.3%，接近于汝窑胎体的数据（见表 28）。但表 58 的后两组分析显示了较高的含铁量，平均值达 3.5%，烧成后胎体颜色也更暗。李家治等指出，这两个样品具有[605]：

> 灰黑色胎体，开片的灰绿色釉和紫色的口沿。这些瓷片与故宫博物院（北京）收藏的传世哥窑器物非常相似。

关于杭州的陶工们是怎样想到生产黑色炻器质胎体，并施加开片厚青瓷釉的器物的，是一个复杂的问题。北方汝窑器物的黏土是浅色的材料（平均 Fe_2O_3 含量 2%），杭州最初仿制汝窑器制品的胎体色泽也较浅，与南宋早期"杭州越器"的胎体相类似[606]。

目前尚难以判断，深色胎体的器物系属杭州官窑早期的试烧产品，还是内窑晚期，即恢复期的产品，因为这些瓷片是地表采集的，不是从可靠的地层中发掘出土的。不过它们的釉组成符合低石灰釉的标准，即典型的较浅色的胎上的瓷釉，因此两者应该是同时代的。由此看来很可能的情况是，深色黏土所产生的效应逐步地被修内司窑的主管们所喜爱，这样官窑的风格就偏离了汝窑，确立了深色胎体陶瓷的风格。正是这种深色胎体的器物，演变成了郊坛下和龙泉官窑的典型产品。

（xiv）杭州和龙泉的官窑器物

浙江北部杭州生产的官窑器物曾被浙江南部龙泉的多个窑场所仿制。周仁及其同事的研究内容中包括一例龙泉黑胎器物，对此他们写道[607]：

> 显然胎体中添加了大量的紫金土。釉的化学组成与一般龙泉青瓷釉比较相似……，而且有开片。从各方面看来，它是由南宋官窑直接派生而来的，与龙泉的传统青瓷完全不同。该器物的形状、釉色、开片情况以及器足的修整等方面都与南宋官窑器物相似。两者之间在外观上很难区分。

265 周仁确认，许多龙泉窑场（例如龙泉大窑的 12、31、36 和 50 号窑，溪口的瓦窑垟窑）生产了杭州南宋官窑的仿品[608]。周仁等对龙泉黑胎瓷片的描述如下：

> 对出土于大窑和溪口的许多的黑胎碎片也进行了分析。由于碎片的烧成温度不同，外观上差别很大。较高温度烧成的碎片呈现为深灰黑色，其断面好似煤矿

---

605 李家治等（1999），第 1 页。

606 在老虎洞窑址出土官窑早期器物的同一地层中也曾出土了越窑类型的瓷片。苏玫瑰［Scott（1993b），p. 18］显示了一幅由戴维基金会收藏的浅色胎香炉的插图，并认为该香炉可能是修内司窑的产品。

607 周仁等（1973），第 153 页。

608 同上，第 153 页。

中的煤层。烧成温度越低，胎体的颜色也相应越淡。

龙泉的类官窑器物与龙泉地区典型的紫金土之间高度的相关性暗示，"龙泉官窑器"是用单一的精制原料（当地的紫金土）烧制的，并不一定需要人为地掺入严重蚀变的瓷石来配制。

　　龙泉仿制官窑器最令人深刻的印象是极高的仿真程度，尽管两地相距约 300 公里。在中国的陶瓷历史中，用本地的材料仿制名器是常见的，但仿制品一般会带有地方色彩的烙印，很难完全相同。但是杭州官窑的釉、胎、器形和焙烧工艺却都在龙泉准确地再现。这使人想到，也许杭州官窑的熟练陶工曾被派往龙泉地区帮助烧制。

　　如表 59 所示，杭州官窑和龙泉类官窑的胎都是高氧化铁和高氧化钾的。还原气氛下生成的黑色铁氧化物，即氧化亚铁（FeO），是胎的强助熔剂。黏土中的助熔剂过量会形成具有像煤炭一样断面的过烧炻器，这些炻器只适宜于在低温炻器的温度范围内烧制。幸运的是官窑的灰釉参照了汝窑灰釉的配方，釉的烧成温度与其胎体的烧成温度相近，约 1220℃。因此，无论是杭州官窑还是龙泉类官窑器物的胎体都没有加热到它们的烧结极限温度。尽管如此，在很多官窑器物上胎釉间依旧存在很强的相互作用，最明显的是形成"紫口"：官窑器物口沿处较薄的釉层未能阻挡住釉下高铁黏土一定程度地再次氧化而呈现为紫棕色。

（xv）至今依然神秘的哥窑

　　对另一种与官窑有紧密关联的开片釉陶瓷的鉴定，更是充满争议。传统的观点认为，哥窑是官窑的变种，仅是其组分和烧成条件有所不同。理论上讲，开片釉陶瓷器物多变的、相差很大的颜色和纹理可能仅是烧成气氛、温度和冷却过程的不同所致[609]。

　　古籍的记载往往认同哥窑器与官窑器间的联系，例如，孔齐于 1363 年写道[610]：

　　　　乙未年（1355 年）冬于杭州购买了一件哥哥洞窑的香炉，虽然其质地细腻似新作，但其色泽清晰透明似古物，因此人们可能无法识别……最新的哥哥窑产品远超古官窑器，不可不仔细辨认。

　　　　〈乙未冬，在杭州时，市哥哥洞窑器者一香鼎，质细虽新，其色莹润如旧造，识者犹疑之……近日哥哥窑绝类古官窑，不可不细辨也。〉

其他的权威人士也关注官窑、哥窑两者间在组成、制作、烧成温度和釉的层数等诸方面的差异。哥窑系多层釉，且有复杂的细开片。它的开片呈现为细的金色线配合粗的深色线，称为"金丝铁线"。这里首先开裂的是"T"形的、粗而黑的"铁线"，然后是颜色较浅的"金丝"在铁线之间形成。实现这种效果最简单的办法是首先在低温区快

266

　　609　Scott（1993a），p. 23，参见 pls. 14 & 15。
　　610　《至正直记》卷四，第三十五页。蔡和璧 [（1989），第 29 页] 提供了英译文，她（第 11，29 页）对这种联系作了注解。

速冷却，然后人为地将釉面上的裂痕涂黑。釉面的开裂将在器物烧成后持续相当长的一段时间（见本册 p. 585）[611]。

一些不同意见则认为，杭州、龙泉和中国北方都可能是哥窑器物的产地，烧制的时代可能从南宋晚期到元末[612]。例如，杭州的考古学家提出，老虎洞窑于元代时重新点火，烧造哥窑器，但那时的老虎洞窑已成为有商业风险的民窑，而不再是国家掌控的官窑。但令人不解的是在一件元代的开片器物底部题有"官窑"款识。考古学家相信，这是窑业衰退时试图冒用官窑的名声谋利而为。

不管哪种观点最后被更普遍认同，哥窑器总归是自古以来最受珍爱的陶瓷器类型之一。曹昭（1388 年）将哥窑器列于诸名器之首[613]，大多数收藏家也同意这个观点[614]。

267
（7）中国南方的炻器和茶具

（i）中国南方的黑胎炻器

看似难以理解的是，某些含铁量近两倍于官窑器的炻器黏土被烧至了甚高的温度，接近中国南方炻器烧成温度的高端（约 1300 ± 20℃）。之所以能这样操作，是因为在氧化气氛下焙烧，黏土中的氧化铁主要呈三价铁而不是二价铁状态，此时黏土中的氧化铁只是作为中等强度的助熔剂。这类高铁炻器黏土最重要的应用实例是天目器的烧造，烧造天目器的窑群主要在福建北部的山区，地处龙泉以南约 200 公里。

福建最早在新石器时代就使用这种黏土烧制低温无釉的炻器[615]，但再次使用这种黏土烧制高温的釉器似乎已是晚唐时期，当时这种黏土用来制作一些黑胎黑釉小型茶碗的胎体[616]。

这种新的胎釉组合看来可能就是南方已详熟的、效果良好的操作方式，即将草木灰与制胎黏土混合以制作炻器的釉。当此种方法应用于福建北部的含铁黏土时，就产生了一种附着于深色胎体上的棕黑色釉，其中最著名的品种是称为"建窑器"的器物[617]。

（ii）建　　窑

建窑器是晚唐至元末在福建省北部的建阳县烧造的。建窑窑址曾在 1935 年由任职

611　即张福康，被引用于 Vainker（1993a），p. 11。延迟生成的细开片是胎体的吸水膨胀引起的，这种开片与窑中快速冷却所导致的快速开片在微结构上很难区分。这两种开片都是当釉的收缩高于胎，并超过破裂强度时发生的。

612　Vainker（1993a），pp. 7-11。

613　《格古要论》卷下，第三十八页。David（1971），pp. 140，307。

614　陆明华编辑了元代以来哥窑器的名录，参见 Vainker（1993a），pp. 10-11。

615　Luo Hongjie（1996），数据库。

616　Chen Xianqiu *et al.*（1986c），p. 236，table 2。

617　Wood（1999），pp. 146-147。

图 54　"紧挨窑址的大炉村，一头阿拉贝拉母种猪正在从真正的天目瓷匣钵中享用它丰盛的午餐"，
1935 年摄

图 55　"日常使用的建窑茶碗；出自附近的宋代废品堆；一户居家生活的普通农民家庭"，1935 年摄

于中国海关的美国学者詹姆斯·马歇尔·普卢默（James Marshall Plumer）做过考察[618]，后来在 1960 年、1977 年和 1988—1992 年中国的考古学家对其进行了更认真详细的考察，并在最近一次的考察和发掘中发现了十处窑址[619]。其中包括一座晚唐的、一座五代的、七座宋代的和一座元代的窑。所见的陶瓷碎片不仅有黑胎黑釉的，也有青瓷和"青白"瓷的碎片。这些类型的器物在福建省北部诸窑址是常见的。

269　　　所有被发掘的窑全都是依山而建的"龙窑"，未见阶梯状、分窑室的窑炉。唐和五代窑的窑壁是泥筑的，而宋元的窑壁为砖砌。平均而言窑长在 50—80 米，两座北宋窑特别长，超过 100 米。其中最长的一座为 135.6 米，沿一个 60° 的山坡建筑，其宽度为 0.95—2.3 米。据估计，该窑每次点火能生产 10 万件器物[620]。

　　在 10 世纪和 11 世纪，建盏的容积变大，釉层趋厚，并在釉面上出现了引人瞩目的、像动物皮毛的棕黑色条纹。这种外观上的变化应该是釉层加厚、釉配方中草木灰量减少和烧成温度比唐代的常规温度提高的结果（表 60）。

表 60　宋元时期建窑炻器胎体的组成 [a]

	SiO_2	Al_2O_3	TiO_2	Fe_2O_3	CaO	MgO	K_2O	Na_2O	MnO	P_2O_5	烧失量	总计
宋建窑胎	64.8	22.25	1.6	8.8	0.04	0.5	2.2	0.07	0.08	—	0.4	100.7
宋建窑胎	63.3	23.1	1.1	9.65	0.2	0.4	2.5	0.06	0.09	—	0.6	101.1
宋建窑胎	63.1	23.2	1.6	8.2	0.1	0.5	2.7	0.06	0.12	—	0.6	100.2
福建新石器时代黏土 [b]	57.5	29.0	0.8	8.5	0.4	0.7	2.6	0.4	0.04	0.13		100.1

　　a　采自 Chen Xianqiu *et al.*（1986c），p. 236，table 2。
　　b　Luo Hongjie（1996），数据库。

　　建窑以生产茶具为专业，烧制时每个匣钵只装一件器物并使用了黏土质垫饼。武佩圣（Marshall Wu）曾谈到怎样用潮湿的黏土加工隔离物垫饼，茶盏安放其中以保证安全烧制。如果垫饼未能保持茶盏处于准确的垂直位置，将不能保证茶盏的釉层厚薄均匀，在很多碗上能观察到这种情况[621]。

　　建窑器中最受珍视、在文献中备受称赞的釉纹被称为"油滴"、"兔毫"和"鹧鸪斑"。这大部分情况是有意利用分相效应的结果，但是鹧鸪斑釉上的白点是用白釉增点上去的[622]。陶毂专门讨论了鹧鸪斑釉，他大约在公元 965—970 年写道[623]：

　　　　带有鹧鸪斑的茶盏为福建所造，为品茶者所珍爱。因此，我在我的书斋中［向他们］展示了一幅来自四川的鹧鸪图。

　　618　Plumer（1935）；Marshall Wu（1998），pp. 22-24。
　　619　叶文程和林中干（*1993*），第 184 页，注 1。
　　620　Zeng Fan（1997b），pp. 30-31。
　　621　Marshall Wu（1998），pp. 23-24。
　　622　Chen Xianqiu *et al.*（1992a）。一系列不同胎和釉的建窑器的图片载于 Anon.（*1994c*）；著名的带"鹧鸪斑"并有"供御"款的出土碎片收在第 61 页；张福康［（*2000*），第 86-89 页］讨论了生成油滴和兔毫釉的工艺。
　　623　《清异录》卷下，第十四至十五页。

〈闽中造盏，花纹鹧鸪斑，点试茶家珍之，因展蜀画鹧鸪于书馆。〉

建窑与饮茶的联系引发我们去思考整个饮茶文化及其与陶瓷的关系。

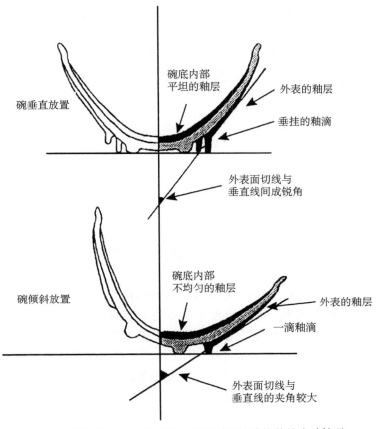

图56　建窑碗烧制时因放置角度不同所导致的釉的流动情况

（iii）饮茶与茶具

270

　　世界上很多国家都享受过饮茶令人兴奋的好处，但普遍认为饮茶的习俗最早起源于中国。饮茶习俗的起源传说与神农有关，神农是主管农业的神，他教导古代的人民种植各种谷物[624]。他试尝了100种野生药草，但其中70种有毒，神农饮茶解毒[625]。这个传说传递了一个信息，即茶最早可能是药用植物。

　　野生茶树与山茶属的一种开花灌木植物有亲缘关系，并源自一种无人照管就能长 271 大成树的植物，名为"茶树"（*Camellia sinensis*）[626]。野生茶树曾生长于四川及湖北有

　　624　白馥兰［Bray（1984），pp. 36（a），99，144，159，481］对神农作了介绍。黄兴宗［H. T. Huang（2000），pp. 503-505］提到有关这位神的传说。

　　625　宋伯胤（*1984*），第14，20页。

　　626　Daniels（1996），pp. 28-30。

山有水的地区[627]。早在西汉的文献中已间接提到茶是市场公开交易的商品[628]。公元 3 世纪时，茶和关于茶的性质的知识已常在文献中被提及，正如下列某些引文所示：

（茶树）树体矮小……，叶子长于冬季，可煮沸后饮用。现在将早采者称为"茶"（即现代的"茶"）；而晚采者称为"茗"，别名为"荈"[629]。

〈（檟）树小似栀子，冬生，叶可煮作羹饮。今呼早采者为荼，晚取者为茗，一名荈。〉

在湖北与四川的交界地区，采摘茶叶，干燥后制成茶饼[630]。

〈荆、巴间采茶作饼。〉

饮茶可引起失眠[631]。

〈饮羹茶，令人少眠。〉

有人悄悄地给［韦昭］茶，用以代酒[632]。

〈曜……或密赐茶荈以当酒〉

（iv）邢窑和越窑的茶具

饮茶的习俗大约在公元 300—700 年这个时期传播开来，并在江南地区变得非常普及。但到了唐代，饮茶风靡一时，出现了众多关于茶的杂记和与茶有关的诗赋集（见本册参考文献 A 和注释 628）。顾况撰写《茶赋》时（约公元 757 年）贴切地将越窑器和玉相比。陆羽在《茶经》（约公元 757 年）中认为越窑器优于邢窑器，他将后者比喻为冰。《茶经》中还阐述了陶瓷碗和杯子是怎样与茶的种类相互适配的：白色的邢瓷较好地衬托出红茶的色泽而绿蓝色的越窑器使绿茶增色[633]。也有历史资料与陆羽的观点相悖，认为河北省的邢窑白瓷是被珍视和广泛使用的[634]。

然而，越窑器受到诗人们更多的赞美，经常间接地出现在他们的诗文中。在《钦定全唐诗》中涉及瓷器的有 35 处，而其中 8 处是单独关于越窑的，时间在公元 881 年

272

627　宋伯胤（1984），第 8，14 页。

628　公元前 59 年一位宫廷的官员王褒，在他的作品《僮约》中列有"武阳买茶"（武阳在四川）。《僮约》收录于《汉魏名文乘》书十一，卷十二，转引自宋伯胤（1984），第 14，17，20 页。黄兴宗［H. T. Huang（2000），p. 508，note 19］对这段引文作了讨论，他的书中（pp. 507-519）包含了大量关于茶的早期文献的讨论。

629　郭璞（公元 276—324 年）《尔雅注疏》，译文见 Bodde（1942），pp. 74-76。黄兴宗［H. T. Huang（2000），p. 508］引用了此材料。

630　《广雅》，转引自《太平御览》卷八六七（饮食部二十五），第 3761 页。

631　引自《博物志》（约公元 265—289 年）卷四，第二页。Bodde（1942），pp. 74-76。

632　《三国志》卷六十五（吴书二十），第 1462 页。历史学家韦昭受邀赴吴国放荡的国君孙皓的酒宴。韦昭健康欠佳，不能豪饮，有好心者助他以茶代酒。这段引文记录的应该是公元 264—273 年的事情。Bodde（1942），pp. 74-76；H. T. Huang（2000），p. 509，note 22。

633　《茶经》第九页，"碗"。

634　《国史补·蜀中记》（第五页）。

前[635]。例如孟郊（公元 751—814 年）写道[636]：

> 覆盖在嫩茶叶上的玉色的花沉在碗底，莲花越盏空了。

> 〈蒙茗玉花尽，越瓯荷叶空。〉

皮日休（约公元 834—约 883 年）写得更为直率：[637]

> 邢窑与越窑的陶工，都知道怎样制作细瓷，像正在下沉的月亮的魂魄那样圆，像正在升起的云朵的灵魂那样轻。

> 〈邢客与越人，皆能造兹器，圆似月魂堕，轻如云魄起。〉

最早提到高品质的越窑"秘色"瓷[638]的是在陆龟蒙（卒于公元 881 年）一首名为《秘色越器》的诗中，诗人将其神秘的色泽比喻作层叠的翠绿色山峰："九秋风露越窑开，夺得千峰翠色来。"[639]

公元 8 世纪时，在宫廷中越窑的碗也被用作酒器[640]：

> 宫廷内库保存着绿瓷酒杯，杯薄如纸，杯壁上显有细丝般的纹饰。用它们可以倒出暖酒，故又称暖杯。

> 〈内库有一酒杯，青色而有纹如乱丝，其薄如纸，于杯足上有缕金字，名曰"自暖杯"。〉

瓷酒杯甚至被用作乐器，因为敲击时能发出清澈的共鸣声。将一组十多个越窑和邢窑的碗灌注不同体积的水，再用筷子敲击会产生不同的音调，唐武宗皇帝（公元 841—846 年在位）十分欣赏这种悦耳的曲调[641]。

唐代的文人最经常提到的器物是茶盏，当然他们也谈及与茶文化有关的其他器具。小型的大口执壶也可替代地被用来饮茶或饮酒，而且为方便热容器的提拿，还加上了托或碟。12 世纪的宋代学者程大昌解释说，茶盏托是由在中国西南的崔宁之女（公元 779 年）创始后引入唐朝宫廷的，她曾用熔融的蜡将茶盏固定在盘碟中[642]，尽管从已有的物证看，碟子可能在更早就已经使用了。无论是唐代的越窑器，还是宋代的官窑器、定窑器、青瓷器、黑釉器和"青白"瓷器，都常常可以看到与托碟连成一体的杯或盏，或者是分体烧制的盘和碟。

273

635　宋伯胤（1995），第 2-5 页。

636　《凭周况先辈于朝贤乞茶》，载于《钦定全唐诗》（第六册）卷三八〇，第 4266 页。

637　《茶瓯诗》，载于《钦定全唐诗》（第七册）卷六一一，第 7055 页。

638　"秘色"一词的含义在学者间存在不同的意见。有人认为是"秘"与"碧"字相混淆，也有人认为"秘"字来源于一种绿色草药"秘"，还有人认为是"秘密"、"禁止"和"稀少"的意思，表示为官方的贡品，不允许平民百姓使用。如果接受最后那种看法，肯定就会存在一个疑问：为什么有这么多高质量的越窑器物出口国外？这是已由中国境外多个国家的考古发掘证实了的，见本册 pp. 728-732。

639　《秘色越器》，载于《钦定全唐诗》（第十册）卷六二九，第 7219 页。

640　《开元天宝遗事》第四页，"自暖杯"。

641　《乐府杂录》第三十三页。

642　《演繁露》卷十五，第七页，"托子"。

（v）宋代的茶具

宋代时，最受赞美的是黑釉茶盏，这是一种能呈现流纹和斑点纹饰的、含过饱和铁的分相釉，特别是那些能呈现金色、银色和彩虹效应的黑釉碗价格最高。这类盏主要是福建的建盏，也有江西吉州窑的产品和中国北方的黑胎器。使用这类样式奇特的盏饮茶的体验激发出了一系列的诗文[643]。其中有代表性的是苏东坡的诗[644]：

> 道士从南屏山边的小路下了山，为的是试制三把深色的茶。正午，他无忧无虑地在"春杯"中调制出了合欢酒，茶托上带有"兔毫"斑纹。

> 〈道人绕出南屏山，来试点茶三昧手。勿惊午盏兔毛斑，打出春瓮鹅儿酒。〉

饮茶习俗于元代时似乎并未发生明显的变化，但是到了明代，茶叶的加工和对茶具的偏爱都发生了明显的变化[645]。厚壁、带斑纹的建窑黑釉茶具不再受到宠爱，人们转而追求白色的细瓷，以宋代的定瓷最受追捧，并生产了很多仿品。明初（公元 1388 年）曹昭记录了古定窑瓷碗的声望，甚至原为它用的定窑瓷碗也用于饮茶[646]。宣德时期的白瓷被追捧的程度仅次于定瓷，再其次是成化和嘉靖的器物和精细的青花瓷器。屠隆、高濂和许次纾等作家曾对明代收藏家的评价次序进行了概括[647]。

（vi）宜兴的茶具

明代中期后，用壶沏茶开始流行，即将茶叶放在茶壶中用开水冲沏，宜兴的紫砂茶壶成为人们最渴望拥有的茶具。事实上，明清时中国人对宜兴紫砂茶壶的宠爱类似于建盏于宋元时的地位。宜兴茶壶表达了中国某些最具创新性的陶瓷设计，宜兴茶壶的设计和生产中的这种创造精神至今依旧长盛不衰。

宜兴茶壶经常标明有制作者姓氏的款识，这赋予了最著名陶工制作的茶壶额外的声望。文震亨于 1645 年曾评论说[648]：

> 供春制作的茶壶价值最高，因为其器形不过分花俏，而容量又不太小；而时大彬的作品则过小。

> 〈供春最贵，第形不雅，亦无差小者。时大彬所制又太小。〉

这里文震亨提到了早期宜兴陶工中最有名的两位，供春（活跃于 16 世纪早期至中期）和时大彬（活跃于 16 世纪晚期）。

---

643 冯先铭（*1987*），第 8 页，图版 2-6。
644 《送南屏谦师》，载于《天门文字禅》卷八，第十一页，转引自冯先铭（*1987*），第 8 页。
645 关于茶叶加工的历史和演化，见 Anon.（*1984b*）；赵锦诚（*1990*）。
646 《格古要论》卷下，第四十一页；David（1971），pp. 144，304。
647 冯先铭（*1987*），第 9 页。
648 《长物志·香茗·茶壶茶盏》（第二页）。

图 57　烧制于 1513 年的带款识的茶壶，其制作者为"供春"

　　宜兴地区最晚于唐代时已是著名的茶叶产地。它地处南京、苏州和上海等大城市之间，因此在明清时自然成为学者、商人和鉴赏家聚居之处。在这里自北宋中期就生产"紫砂"茶具，但 16 世纪后紫砂茶具的生产才达到兴旺时期。引人注目的是，自明代起一直传承的宜兴茶具制作工艺近年来又得到了恢复和改进。

　　宜兴紫砂的烧成温度范围很宽，为 1190—1270℃。其原料特性、成形和焙烧工艺保证了宜兴紫砂的质地特别适宜用于茶饮。高达 10% 的气孔率有助于保持茶的色泽、清香和味感[649]。闭气孔和断断续续的链状开气孔的结合使得器物具有极好的绝热性能。可能部分是其良好的保温性，使得紫砂器特别适宜于沏茶。高含量的茶酚、咖啡因和维生素 C 都能被宜兴紫砂壶所保留，紫砂壶沏茶的色、香、味都胜于使用瓷质或玻璃质的器皿[650]。虽然景德镇和其他陶瓷产地的瓷质茶具也始终深受饮茶者好评，但实际上，就上述特点而言，紫砂壶优于不透气的瓷质茶壶。

　　北宋时，江苏宜兴已使用了与建窑胎体组分相似的黏土生产无釉的炻器，包括茶壶，但是流行的还原气氛焙烧导致其胎表面形成小的鼓包且器色紫黑[651]。然而，到了明代早期，宜兴的红色黏土胎体是在严格控制的氧化气氛下焙烧的。这类黏土也找到了专门的用途，即用于烧造小型的、手工制作或模塑的无釉茶具。烧造这种有特色的紫红色器物的黏土（以高达 9.11% 的 Fe_2O_3 着色）是从附近的黄龙山挖掘的[652]。这类黏土深埋地下，夹在其他富含石英的岩石层之间，含水云母、石英、高岭土、赤铁矿和

275

649　Li Zhuangda（1989），pp. 427-428。

650　唐伯年等（1992），第 389-405 页。

651　Sun Jing *et al.*（1986），p. 87。Li Zhuangda（1989），pp. 424-429。

652　宋伯胤（1984），第 9，12，17，21 页。

276

表 61 北宋到现代的宜兴紫砂器的组成[a]

年代	SiO$_2$	Al$_2$O$_3$	TiO$_2$	(FeO)	Fe$_2$O$_3$ (总量)	CaO	MgO	K$_2$O	Na$_2$O	MnO	总计
宜兴炻器	北宋	62.5	25.9	1.3	(1.4)	7.75	0.4	1.36	1.4	0.07	0.1	99.4
宜兴炻器	北宋	65.3	23.9	1.2	(3.1)	7.1	0.3	0.4	1.7	0.07	0.02	96.9
宜兴炻器	北宋	64.9	24.1	1.2	(5.4)	8.2	0.3	0.3	1.3	0.07	0.01	95.0
宜兴紫砂器	清代早期	64.6	20.7	1.3	(0.4)	8.6	0.5	0.55	2.5	0.13	0.02	98.5
宜兴紫砂器	清代早期	71.0	17.3	1.3	(0.1)	7.2	0.3	0.4	1.7	0.1	0.02	99.2
宜兴紫砂器	清代中期	62.7	23.85	1.3	(0.3)	8.7	0.3	0.5	2.0	0.1	0.01	99.2
宜兴紫砂器	现代	60.7	23.4	1.15	(0.5)	9.95	0.2	0.6	2.85	0.07	0.02	98.4

a Sun Jing et al. (1986), p. 87。

少量的其他物质[653]。尽管这类黏土天然就是细粒的，但使用前仍经过了细心挑选和研磨[654]。这种黏土被认为是宝贵的自然资源，当地的业主为获取有限的最优质原材料而争斗[655]。他们中的多数不是陶工，而是企图通过宜兴的细质黏土致富的个人。

在早期的宜兴紫砂器中检测到了高含量的氧化亚铁（FeO），这表明窑中为较强的还原气氛，但在晚期的器物中 FeO 含量很低，这是有效氧化的标志，使得器物的红色色泽鲜明（表61）。现今这类黏土矿在宜兴附近仍有蕴藏，存在于两层石英岩之间，厚达 4—5 米。它们系沉积成因，为黏土–石英–水云母–赤铁矿的混合物，常与砂质浅色黏土和富铁的深色黏土共生。因为其不寻常的沉积方式，被当地称为"黏土中的黏土和岩石中的岩石"。今天烧制宜兴紫砂的平均温度为 1200℃，这使得烧成物的气孔率在 10%左右。所有的器物依然都是用经过锤打的黏土板料或片料手工模制或压制，最终完工的云母质紫金土呈现有经打磨的光亮表面，打磨的工具常用水牛角。无釉的紫砂器随着不断的使用往往会光泽更亮。

（vii）吉　州　窑

本节继续饮茶文化的讨论，最后涉及的一类黏土是制作江西吉州窑器物的材料。吉州是中国南方制作茶盏的另一个重要窑址，但茶盏远不是这个不断进取的窑系的唯一产品。吉州窑系（中文出版物中也称为"永和窑"）是江西境内的一个大型的民窑窑系。这里看来曾生产过所有能找到市场的陶瓷产品，自由随意地借鉴中国其他窑系的风格。该窑系于北宋开始运营，在南宋时达到鼎盛期，但元代以后因吉州地区遭遇灾难而衰落。

吉州窑是以生产青瓷和"青白"瓷开始的，但后来专注生产用较浅色、富草木灰釉装饰的黑釉器。这里也生产磁州窑系带装饰的陶瓷、低质量的白瓷（有些也保留着装饰）、少量铅釉器物，甚至某些南方早期的釉上彩器物[656]。吉州窑胎体的质量和颜色变化甚大，依赖于黏土的精炼程度和窑炉的气氛；微结构检测显示，某些器物为还原环境下烧成，而另一些器物却烧成于弱氧化环境，这依赖于器物在窑中的位置。焙烧温度甚低（约 1200—1240℃），温度区间也较窄，因为超出此范围时，预期的器物色泽与样式将难以达到。器物一般有化妆土层并两次烧成[657]。

彩绘器物与北方的磁州窑器物颇为类似。黑釉器有时模仿建窑施有分相釉，或施有两层色调反差的釉，或在白色的化妆土上描有汉字。收藏家们给那些带斑纹斑点的分相釉赋予与建窑器同样的华美名称，如"玳瑁"、"兔毫"和"油滴"等。其生动的形象依赖于含有不同组分的釉层，如底层釉是黑色的，而表层釉却呈黄色。吉州窑的一大特色是使用了带遮色物的装饰方式，既利用洒釉工艺中因釉的流动形成的好似扎

277

653　Li Zhuangda（1989），p. 427。

654　宋伯胤（*1984*），第9，12，17，21 页。

655　《宜兴荆溪县新志》卷一，第六十七页，"物产"。

656　Hughes-Stanton & Kerr（1980），pp. 51-54，141-143。

657　Au Jingqiu & Xu Zuolong（1985）。

染纺织品的模糊花纹，也利用剪纸或树叶贴花。木叶纹可能是先将树叶贴在釉面上，树叶焙烧时可能就地灰化。剪纸贴花是为了阻挡第二层釉的施加，焙烧前撕下，最终将留下贴纸轮廓的痕迹。遮色物的轮廓因为表层富草木灰浅色釉的不均匀分布和局部聚集而突显，系两种釉在烧成过程中相互作用的结果[658]。

吉州窑生产民用器具，常刻或写有"吉""福"等祈祷好运的铭款。曾发现有的匣钵上刻有当地陶工家族的姓氏（曾、朱和尹），有一个匣钵刻有制作年份，对应于公元1273年[659]。后期的收藏家们很欣赏吉州的壶，并提到某位舒姓陶工的事迹。《格古要论》（1388年）评论说：

> 胎体厚，质地粗……宋代时庐陵县永和有五座窑，其中以舒公烧制的白色和褐色的器具最佳。大型花瓶值银数两，小的花瓶装饰华美，还制作呈美丽开片的器物……后来这些窑停止了生产。但窑址遗迹依然可见，虽然窑址上已建有房屋[660]。

朱琰在其所撰写的《陶说》（1774年）中也曾论及：

> 宋代江西……有位舒翁善于制作装饰件，其女舒娇手艺更高，他们制作的香炉和花瓶的色泽和设计能与哥窑器相媲美……当前很多景德镇的陶工原籍永和[661]。
>
> 〈宋时江西窑器……有舒翁工为玩具，翁之女，尤善，号曰舒娇。其炉瓮诸色，几与哥窑等价。……今景德镇陶工，故多永和人。〉

（viii）吉州窑的黏土

吉州窑所用的黏土提供了坚硬、略生烧的胎体，但是不属于任何一种特定的中国黏土类型。它属于富含助熔剂、不很纯的瓷石，与很多的南方炻器相似。但它的含铝量又较高，这点又颇似制作大多数北方炻器和瓷器的原料（表62）。

表 62　吉州窑胎体与邢窑长石质器物的比较

	年代	SiO_2	Al_2O_3	TiO_2	Fe_2O_3	CaO	MgO	K_2O	Na_2O	MnO	P_2O_5	总计
吉州胎体 [a]	南宋	61.85	27.8	1.15	0.9	0.1	0.3	5.8	0.4	0.01	0.2	98.5
吉州胎体	南宋	62.0	27.4	1.1	1.6	0.01	0.3	6.4	0.3	—	0.2	99.3
长石质邢窑器 [b]	隋唐	65.8	26.8	0.2	0.3	0.4	0.2	5.2	1.0	0.01	0.06	100.0
长石质邢窑器	隋唐	62.9	26.9	0.2	0.4	0.5	0.2	7.3	1.6		0.01	100.1

　　a　见 Zhang Fukang（1985b），p. 59，也引用了未发表的会议张贴论文中的数据。
　　b　Chen Yaocheng *et al.*（1989），p. 224，table 2。

658　Au Jingqiu & Xu Zuolong（1985）；Zhang Fukang（1985b）；张福康（*1986*）；Hu Xiaoli（1992）。
659　冯先铭等（*1982*），第 270 页。
660　《格古要论》卷下，第三十九页；David（1971），pp. 143，306。
661　《陶说》卷二，第九页。

实际上，能与这种不寻常的、同时高铝高钾的吉州窑器物相类比的只有隋唐时期的长石质的邢窑器物。但是，如果用钛的含量作为"判别标准"，这两种器物事实上是可以区分开来的，这就能解释为什么邢窑器物的质地白且半透光，而吉州窑器物呈不透明的油灰色。高助熔剂含量使得烧成的吉州窑器物异常致密，使茶盏看似很沉重。吉州窑对黏土原料的精炼似乎较草率，因为不少成品中杂有相当粗的石英颗粒。吉州所用典型南方龙窑的焙烧温度大约平均为 1220±20℃，属弱还原气氛[662]。

（xiv）第二部分"黏土"的小结

第二部分讨论了若干重要的问题。首先，我们强调指出，中国的陶瓷史见证了很多情况下用一些非常相似的黏土却制作了甚为不同的器物。中国的某些窑场（例如景德镇）因当地的黏土和岩石资源逐渐耗尽，陶工们不得不到更远的地方寻找他们的陶瓷原料。但是，中国早期的窑址往往是在黏土资源产地附近发展和繁荣的，当然燃料的供应和产品的水路外运也影响窑址的选择。

其次，我们注意到中国陶工异乎寻常地直接应用当地材料加工成器，原料仅稍加提炼，其组分并未发生显著改变，也不添加和混合另外的材料。他们非常善于使用单一的原料生产种类迥异的陶瓷，这往往是通过掌控燃烧过程中的气氛和温度来实现的。只是到了最近，通过对陶瓷的化学分析和微结构观察，才揭示了这种现象的内在原因，因为不同的制作过程能导致成品外观的明显差异[663]。例如用同样的黄土质黏土加工的器物包括：甘肃省新石器时代的瓮棺；出自山东省的经拉坯、修坯、打磨和渗碳的新石器时代的黑陶；陕西省西安附近的秦始皇陵的兵马俑以及河南省汉墓随葬的铅釉器等。

宋代的经典炻器和稍晚景德镇的瓷器帮助我们构建了关于中国陶瓷的图景，但是陶瓷课题远远超出炻器和瓷器的范畴。例如，中国青铜铸造过程中使用的多部件的分体陶质块范，就是最令人瞩目和最复杂的陶瓷质构件之一。在中国北方的侯马和安阳等青铜时代的铸造遗址，能捡到成千废弃的范块和模块，它们代表了历史上精细陶瓷质构件中最令人惊叹的范例[664]。陶瓷对金属冶炼也是极为重要的，耐火的炉砖和坩埚都是陶瓷制品。陶瓷作坊本身也使用大量的陶瓷质工具和窑具，如炉砖、匣钵、垫饼、支钉、架子和转盘的轴承等，它们都是由陶器、炻器或瓷器制作的，都是陶瓷业成功运转所不可或缺的。

中国炼丹术中用的蒸馏装置也都是用陶瓷制作的，而陶瓷在军事方面的用途包括制作各种炸弹和子母弹[665]，还有大缸状的陶瓷质侦听仪，它可以在被围困的城市中侦

662　Au Jingqiu & Xu Zuolong（1985），p. 58。

663　Wood（2000a），pp. 15-16。

664　关于侯马的详细研究，见 Anon.（1996a），Institute of Archaeology of Shanxi Province（山西省考古研究所）；关于安阳，见 Watson（1971），pp. 70-81；Chang Kwang-Chih（1980a），pp. 98-99，126。

665　关于中国不同时期使用碎瓷弹片的记述，见 Needham *et al.*（1986）：11 世纪，见 p. 163；14 世纪，见 p. 232；17 世纪，见 p. 180。

听敌人是否在挖地道攻城[666]。在中国，在平静安谧的艺术领域，陶瓷对于中国乐器制造始终是重要的，其种类从新石器时代的陶埙和陶鼓，到宋代的施釉炻质琵琶，明清两代的细瓷质地的笛子和琴等[667]。

在中国，陶塑一直是很盛行的，从新石器时代牛河梁遗址令人惊叹的真人大小、镶绿松石眼睛的新石器时代的陶塑（见本册 pp. 5-6），到陕西省西安近郊 7000 多个守卫秦始皇陵的兵马俑。又经过了 13 个世纪，辽代的中国陶工塑造了拟人尺寸的表情含蓄的施釉罗汉塑像，它们无论从艺术的角度还是从结构的角度看都是伟大的作品。建筑陶瓷也是中国陶瓷工业的一个重要领域，其产品从普通的下水道到精致、规范的琉璃瓦等屋顶装饰构件。即使是建造绵延万里的中国长城的大型灰砖，也是用黏土烧制的[668]。

281　　　鉴于瓷器在世界陶瓷史中的地位，对瓷和瓷器的准确认识具有重要的意义。虽然瓷器最早出现在中国的北方，但对中国北方瓷器正确认识的形成，无论在中国内部或在国际上，都经历了一个漫长的过程。对于南方瓷器的本质属性在 1900 年已有恰当的了解，但是关于北方瓷器的课题，直到第一届中国古代陶瓷科学技术国际讨论会 1982 年在上海召开时，才终于成了学术焦点，并最终确认了巩县窑、邢窑和定窑间的承袭关系[669]。这个课题中引起兴趣的内容之一是人们愈益清楚地意识到，在最优质的北方瓷器与欧洲大陆最早的硬质瓷之间存在紧密的（但完全是巧合的）关系。北方的瓷器因其胎体材料而显得不平凡，相反，北方的炻器却仰仗其釉层而被赞美，种类包括耀州窑、汝窑和钧窑等生产的一系列引人瞩目的青瓷器，以及多种精致的黑釉器。北方的炻器起步相对较晚，从公元 6 世纪才开始发展，到宋代时绽放出绚丽的花朵。

虽然中国南方瓷器的出现比北方瓷器晚了约 300 年，但是它已成为最能代表中国瓷器的瓷器类型。南方瓷器生产和输出的著名中心是江西景德镇，这个城市多彩的经济与政治历史是与皇家宫廷紧密相连的，它的地理位置是由丰富的制瓷原料储量，以及便利的燃料进口和其产品出口的运输线路决定的。我们曾提到从 10 世纪开始以高岭土化的瓷石作为单一的制胎原料，然后发展为与富黏土材料和高岭土的混合，而且后者的比例随时间不断地提高。龙泉是另一个重要的窑系中心，当地高岭土化的瓷石含铁量本已颇高，却仍经常掺加富铁的黏土以进一步提高铁的含量。南方官窑类型的器物和南方一系列茶具的制作中使用了色泽更为深黑的胎体。

666　被推断为元代和明代的所谓"陶瓷炮弹"，是外表面布满短刺的空心物体，有几件现陈列于北京的中国历史博物馆。Anon.（1988a），National Museum of Chinese History，p. 147，fig. 8-3-7。但是李约瑟等［Needham *et al.*（1986），p. 46，fig 4］将这些物件描述为"石脑油即希腊火容器"（naphtha or Greek Fire containers）。

667　在年代约公元前 6000 年的裴李岗文化的贾湖遗址发现了 6 件用鹤的腿骨制成的笛子。Zhang Juzhong *et al.*（1999），pp. 336-368 & Hua Lianlun（1988），p. 42。另见 Anon.（1988a），National Museum of Chinese History，p. 19，fig. 2-2-6。一件属于相同类型的陶埙发现于半坡遗址。赵文艺和宋澎（*1994*），p. 78。北京故宫博物院曾收藏过一件可能出自广东省的宋代紫褐色炻胎琵琶。Kuo Shi-Wu（1929），pp. 218-221。关于 17 世纪德化制作的一件瓷琴（器形较小，因此可能是一件模型）和另一件也属 17 世纪的德化瓷笛，见 Ayers（2002），pp. 71 & 72，pls. 22 & 23。

668　Zhang Zizheng *et al.*（1986），pp. 113-116。

669　特别见 Li Jiazhi *et al.*（1986b），pp. 129-133，以及 Li Guozhen & Guo Yanyi（1986），pp. 134-140。

第三部分　窑　　炉

（1）新石器时代的篝火窑、直焰窑与还原烧成

（i）篝火烧成

在本册的第一部分，我们曾描述了在预筑的壁围结构即窑炉中烧成陶器的基本原理。然而，最简单的方法是在明焰中烧成陶器，且这种方法无论是古代还是现代社会均被广泛使用。"篝火"或"明焰"烧成，是把待烧制品放置在平铺的柴草堆上，再用柴草塞在制品之间并厚厚围住制品形成一个堆体，引燃燃料后经过大火焚烧，当燃料燃尽陶器即可烧成。整个烧成过程可在不到 1 小时有时甚至 20 分钟内完成[1]。

篝火烧成工艺看似很不安全，似乎并没有经历"脱水"阶段，其冷却过程也缺乏必要的保护措施。篝火烧成的温度常常没能达到黏土的烧结温度，因而烧成制品的强度较低。但该方法除了快速和经济以外，最大的优点即是可以生产高耐火性的陶瓷。换言之，该工艺生产的器皿可以直接放在明火上烹煮而不破裂，其主要原因是这种低温烧成的器物为高气孔率、低密度结构材料，能够很好地适应急热膨胀[2]。

实际上，这种明焰烧成技术的危险性并非那么高。因为坯品在放进"篝火"之前一般需要充分预热，因此，当点燃燃料、温度突然升高时，对制品并无伤害。此外，一般在坯泥中掺入了相当数量的碎陶片、贝壳或矿砂来调节泥性，这样在"明焰"烧成中既有利于水汽从坯体中排除，也能够减少坯体中黏土的用量。烧成制品所需要的燃料量能被恰当地估计，被烧的制品往往以碎陶片覆盖来阻挡冷气流的进入。在很多古代文化中，人们在篝火烧成的高火阶段，还将柴草或芦苇投进燃烧的火堆，这样，大量的硅质柴灰不仅能起到冷却保护作用，而且，其筛落而下到坯体中间的过程还能够促进烧成。器件下部圆润的造型比硬折的轮廓更能降低因石英裂解导致的破损，因此，器底部位的造型要避免尖锐转角。烧成强度较低的制品（其强度仅缘于烧结），常趁其烧成后还较热时，泼洒胶状混合物，以模仿玻璃体在高温烧结陶瓷中的作用，这样既可以增强制品的使用强度也可以提高其耐水性能；酿造用的器皿常用液体密封剂进行烧成后的处理。

1　Rice（1987），p. 157。托伯特［Tobert（1982），p. 236，pl. 3b］发表了 20 世纪末苏丹（Sudan）的资料，显示篝火烧成在有风天有可能在 20 分钟内达到烧成温度，而在无风天则需要 60 分钟。

2　Cardew（1969），p. 77。

（ii）早期中国的"篝火"烧成制品

在考古学领域众所周知，尽管发掘出土的陶瓷本身能够提供是否为篝火烧陶遗迹的信息，但区分古代篝火烧陶遗迹与日常生活炉灶遗迹仍是一个难题[3]。篝火烧成常常采用贝壳、熟料和矿砂掺杂进泥料，并充分调和混匀，器物的底部圆润化处理；器壁发黑或斑驳——也称为黑色夹心，以及烧成后黏土结构中填隙玻璃相的缺乏（尽管尚无证据），这些都可能是篝火烧成法的特征标志。推测中国江西仙人洞（对其地层的测年为约公元前 8820 年）和广西甑皮岩（对地层的测年为约公元前 7500—前 5650 年）这些旧石器遗址出土的陶器为明焰烧成[4]。

在中国，即使已在使用常规窑炉的今天，具有快速、经济、简单等优点的篝火烧成工艺及其制品依然受到人们的青睐，这还因为篝火烧成的制品适合直接放在灶火上烧煮。直到 1977 年，云南省佤族科莱寨仍旧使用篝火烧成的方法，尽管真正的直焰窑已在当地使用[5]。在该地，普遍都要对素坯进行预热，并且为了提高强度和抗渗性，烧成后的制品被涂刷胶液。相对而言，篝火烧成较为快速，在一例烧成测试中，观察到 2 小时就可升温到 900℃，另一次测试显示 1 小时可升到 850℃。不过，如果考虑烧成过程中的保温时间与温度的关系时（尤其在这种低温式烧成中），则应当减去 100—150℃才能与常规窑炉的温度数值相对应。鉴于上述方法与中国其他地方早期烧成方法的相似性，有必要对这种烧成方法的细节加以引述[6]：

285

　　科莱寨村佤族使用木柴为燃料，人们将素坯放置在场地的木柴上，然后燃火干燥素坯；干燥后即用更多木柴围包灼热的素坯并形成圆锥形后，再次烧成，整个过程仅需 2 小时。热电偶测试显示，最高烧成温度达到 900℃。一次烧成需要150 千克木柴，能够烧成总数 30 件普通尺码的陶器……对于盛酒器皿，里外均涂以虫漆，以防渗漏并能经久耐用。曼贺、曼各和曼乍的傣族，主要采用稻草和碎木块作为燃料。人们将稻草铺于地面作为第一层，剁碎木柴铺其上为第二层，再放生坯于木柴上，然后其顶部和周围以 30 厘米厚的稻草包围……在烧成过程中，需要在素坯裸露出来的地方添加更多的稻草。焙烧 1 小时后，温度快速升高至850℃，随后冷却。一次烧成消耗 100 千克稻草和碎木，能够烧成 150 件普通尺码的制品。

在早期中国日用陶器中，也有采用虫漆涂刷产品来提高抗渗性的方法。例如，《齐民要术》（公元 533—544 年）描述了出窑后的储存罐的防水技术，容器被倒放在燃烧着木炭的浅坑里，然后翻转使热猪油在里面旋转流动。最好使用牛油、羊油，也可用猪

3　篝火烧成遗迹经若干年后可能变得与普通炉灶遗迹无法区别。有关的例子，见吉布森和伍兹［Gibson & Woods（1997），pp. 27-30］报告的实验。

4　李家治等综述，见 Li Jiazhi *et al.*（1995），pp. 1-2。

5　Cheng Zhuhai *et al.*（1986），pp. 27-34。普尔［Pool（2000），p. 61］描写中美洲窑炉时，观察到一种类似的情况："不过有时候，窑炉烧成与无窑烧成同时存在，这像在提示人们，窑炉的优势并不是绝对的。"

6　Cheng Zhuhai *et al.*（1986），pp. 31-32。

油，而棕榈油则黏性不够[7]。

　　在云南省的另一个村寨，傣族人 1977 年在使用一种改进的篝火烧成方法，即将木柴和玉米芯放在坯品底部，上面覆围稻草。该装坯方法的一个重要特点是，在覆盖坯品的稻草上面，再覆盖一层 1 厘米厚的泥层，形成壳状包覆整个坯堆的顶部。点火时在泥层上面穿刺一些 3 厘米大小的孔洞形成排烟道。烧成中通过"改变孔洞的数量和位置，或抬高部分覆盖物使空气进入"的方法来控制烧成过程[8]。该方法需要 9 小时才能达到最高温度 800℃，比较接近于真正窑炉的烧成周期。使用这种技术需要初始升温速度很缓慢，以 3 个热电偶记录了烧成温度，其烧成曲线见于图 58。

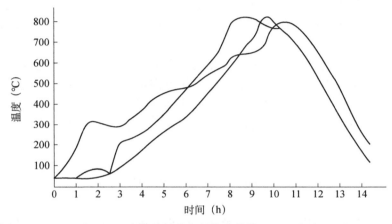

图 58　云南傣族村寨窑的烧成曲线，1977 年底

　　也许这种"改进型"篝火烧成设计最具特色之处，在于其升温控制可与许多简易的直焰窑相类比。由于这些单薄的黏土圆顶窑炉的底部非常平坦，古遗迹中几乎不见它们幸存的踪迹。

　　同样是在云南省的这一地区，1977 年还有一种简陋的固定式窑炉在使用着。其中有一个窑炉（在另一个傣族寨子里），看似横焰设计，基本上是地面上一个凹陷的浅坑（直径 1.1 米），坑里面设有两个水平通道。坯品放置在坑里，燃料在通道里燃烧[9]：

　　　　当温度达到 600—700℃时，陶工用稻草覆盖所有坯品并封盖窑顶，草灰有保温作用。温度达到 800℃即住火，整个烧成过程历时约 2 小时。

尽管这是真正的固定式窑炉烧成的制品，其胎体却带有篝火烧成的典型特征。这再次说明，依据古陶瓷微观结构判断时应当非常谨慎。此外，就装坯及火道水平找齐而言，该窑炉是非直焰式设计。其设计优点在于当窑炉燃烧时允许添加燃料，从而具有两方面的优势，即既能更好地控制升温速度亦能控制加热时间，因此，这个设计展现出一定的生命力。相比之下，篝火烧成是"程式化"的，坯品底部和周围放置燃料的

286

7　《齐民要术》卷六十三（涂瓮）；石声汉（1981），第 446-447 页。

8　Cheng Zhuhai *et al.*（1986），p. 32。

9　同上，pp. 32-33。

数量需要事先准确估算。顶部覆加的稻草主要用于隔绝冷空气以保护坯品，而不是促进烧成。

总之，1977 年在云南省的调研，为解读古代窑址遗存提供了有益的借鉴。不仅揭示了焰火或篝火烧成技术的种种变化，而且通过研究顶部薄泥层的使用，显示了篝火烧成过程能被控制的程度。这次调研也揭示了带有能够添加燃料的、隔开火膛的固定式窑炉（常被认为是篝火烧成法的发展），在实现低温烧成中，能够达到篝火法那样的烧成速率。在云南的调研还提出了一种可能性——火膛和窑室处于同一水平面的横焰窑炉结构出现的年代可能早于真正的直焰窑，这种直焰窑的火焰是在多孔的火床下面燃烧。引人注意的还有，在本册所述窑炉中，没有一种结构可以被称为坑窑。在坑窑中，制品被放置在浅坑内，在某种程度上，浅坑可以阻隔冷风冲击坯品，并能在冷却过程中保护制品。

通常认为，坑窑烧成是从篝火烧成发展而来的，但加藤瑛二对此说法是否适用于中国持有怀疑，他认为当地的地理条件和文化习俗可能对采用篝火烧成还是坑窑烧成有很大影响[10]。他引用了云南北部、四川西部与西藏交界地区的例子以支持这个观点，在此地区，依然是明焰烧成与坑窑烧成同时存在，至于采用哪种烧成方法主要取决于当地的地形。

（iii）真正的窑炉

关于中国早期真正的固定型窑炉遗迹，在北方黄土堆积地区的考古发掘，已提供了很丰富的资料，既有关于窑炉的结构，也有关于窑炉遗物的信息。虽然如此，关于北方新石器时代最早的窑炉报道仍然存在一些疑问。例如，在河南省新石器时代早期的裴李岗文化遗址（公元前 6000—前 5700 年），据称是已发掘出土的中国最早的窑炉，其结构仍然不甚清楚（图 59）[11]。

在此结构中，底部圆形的横断面内径约 0.8 米，并有约 10 厘米厚的烧土层。该结构一个奇怪的现象是，在"烟道"对面低矮的墙基下，可见到五个直径为 6—8 厘米的半圆形凹坑（见图 59）。此地区出土的典型器物是器底制作很工整的圆底碗和粗短三足的罐。从其淡红色彩来看，氧化程度较高。裴李岗遗址坐落在今郑州南约 75 公里处，那里发现的器物中还有一些制作精细的、带有小锯齿的石镰等。

不过，"烟道"对面墙基下的五个奇怪的凹坑，也许说明此遗迹有别的用途，即其为灶坑而非窑炉。类似的矮墙上的"锁孔"结构也曾在半坡仰韶文化遗址发现，其位置处于大棚屋的中心[12]。在一个房址内，矮墙里面紧邻烧火区长期放置一件陶罐，显然

10　加藤瑛二（*1999*），第 508-513 页。

11　Anon.（*1979c*），第 197-205 页；另见 Anon.（1993），Institute of Archaeology，Chinese Academy of Social Sciences，pp. 5-6。不过李友谋和陈旭［(*1979*），第 349 页］介绍："放射性碳分析对裴李岗遗址三件木炭样品的测试结果为：公元前 5935±480 年、公元前 5195±300 年和公元前 7350±1000 年。考虑到小试样与测试本身的误差，距今 7500 年（即公元前 5550 年）的数字也许是比较可信的。"

12　Watson（1960），plate 7。窑床直径约 0.8 米。

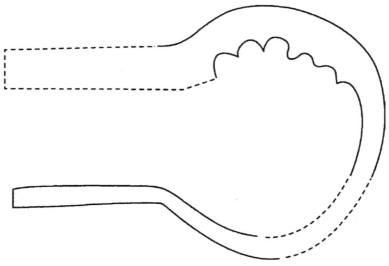

图 59　河南省裴李岗文化窑炉结构平面图

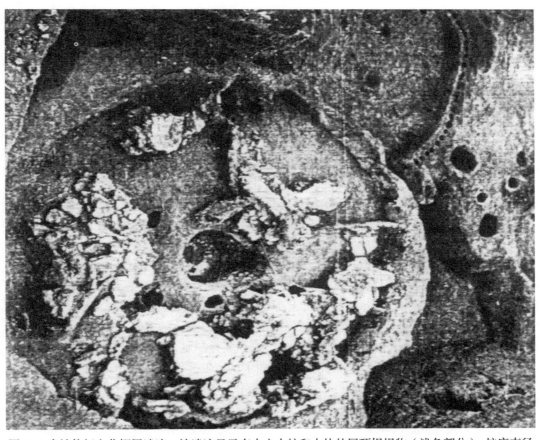

图 60　半坡仰韶文化棚屋遗迹，该遗迹显示有中央火炉和大块的屋顶坍塌物（浅色部分），炉床直径约 0.8 米

289　是用来存放火种的。如果移开这个陶罐，便会留下一个类似裴李岗结构中的半圆形凹坑。对这些凹坑的另一种解释是：它们可能是灶炕石的压痕，这在北方一些新石器时代遗址也有发现。因此，还不能确切地说裴李岗结构一定是陶窑遗迹。当然也可以反过来问，为什么早期窑炉就不可能采取灶炕式结构或式样呢？

（iv）中国新石器时代最早的陶器

裴李岗陶器尽管非常古老，但并不是中国发现最早的陶瓷。在河北省南庄头（约公元前 8550—前 7750 年）、江西省仙人洞（约公元前 7050—前 5650 年，即该遗址整个延续期的中段）以及广西壮族自治区甑皮岩（也是约公元前 7050—前 5650 年）[13]，发现了更早的器物。李家治等指出，截至目前，还没有发现烧制这些器物的窑炉[14]：

> 尽管没有发现陶窑，但也不能肯定当时没有陶窑……因为角闪石和白云母的晶体微观结构保存完好，可知其烧成温度在 600—700℃……这比裴李岗陶片的实际烧成温度（820—920℃）低很多。

如果裴李岗结构的确是陶窑，则燃烧区与装坯区的分离应该是其设计的重要特征，这对控制烧成很有帮助。然而，另一种可能是：这是一个"改进的篝火烧成"窑型，类似于前述云南省的现代窑。如果真是这样，那么该窑不可能是直焰窑，除非器皿是装放在某种现已缺失的窑床上面的。

（v）北方的早期直焰窑

改进上述类型窑炉的一种方法，是在窑床面铺设通道，引导火焰从器皿的下面向上传播，在河南省邻近裴李岗的一个仰韶文化遗址可以看到这种设计。该地区曾延续地有人口居住，是一个新石器时代和商代早期社会非常重要的遗址。林山寨窑的火膛比窑室低，并且窑床面上有深挖的分支通道，帮助火焰流向装在床面上的坯品[15]。

290　对于直焰窑，一种更好的设计是燃料在低于坯品放置水平面的洞穴中燃烧，并且火焰通过穿孔的窑床上升到码放坯品的窑室。在半坡遗址，可以看到保存完好的这类直焰窑。半坡村落，不仅窑炉多，而且展现了一幅最为生动的中国新石器时代的生活景象（见本册 pp. 3-5）。这里已发掘出土有 6 座窑炉和上百件陶质器皿及黏土烧制物。在宽大的半坡博物馆里，保存着发掘过程中出土的数以万计的文物。

半坡出土的陶器非同一般，有陶环、纺纶和支撑屋柱的大型陶座等。甚至出土的陶埙能够吹奏出"非常像秦腔（陕西地方戏曲）的音韵"[16]。很多器皿外观精细，显示出抛光材料的使用。陶器均为手工制作而非快轮拉坯成型，但技艺精准，其成形可能

13　引自 Li Jiazhi *et al.*（1995），p. 1。
14　同上，p. 4。
15　冯先铭等（1982），第 8 页。
16　赵文艺和宋澎（1994），第 78 页。

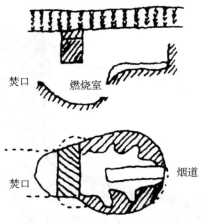

图 61　河南省仰韶文化林山寨窑

使用了陶质慢轮（见本册 pp. 388-390）。有些陶器上以煅烧过的铁和铁锰色料绘彩，图案为风格独特的鹿纹、渔网纹、鱼纹及人面纹，也有浓重粗犷的 V 形和三角形抽象图案。一些器皿上通过刮刻化妆土形成抽象的刻花纹饰，被认为属原始文字的雏形；而由三部分组成的陶质蒸锅，则提供了先进的蒸烹方法的实证。

半坡遗址的窑炉集中于村落的东区，这也许有利于让当地盛行的季风把烟雾向东吹离村子[17]。半坡窑是真正的直焰窑类型，建造有火膛、烟道、窑室，相互隔离，分区清楚；窑室的内径大约 0.75—1 米，烧成温度估计大约在 800—1000℃。所有窑炉的上部结构都已缺失[18]。

半坡窑有两种类型，早期的类型挖掘有约 2 米长的倾斜隧道，为燃料燃烧之处。隧道从窑工站的浅坑位置往黄土中掘进，或者是"通体挖开后上面再覆盖"。隧道的高端与地面等高，并通过带有垂直凿孔的实心窑床与圆形窑室相通，窑室内径约 1 米。

在烧成开始的危险阶段，长而几近水平的火膛使火焰很弱且远离坯体，但仍有足够的空间进行随后的充分燃烧，为坯体的烧成提供大量的热能。窑内温度的均衡需要利用两条重要准则：第一，窑床面的槽孔（开通于火膛和坯件之间）应位于窑床面边缘及窑后部，且槽孔要较大或数量较多；第二，槽孔截面的总面积要小（一般为窑床总面积的 1/10）。

第一条准则的作用是阻挠火焰的"中心气流"趋势，即能使置放在周边的坯品也得到中心位置那样的火力（所谓"中心气流"现象，即指火焰过分集中在中心部位，大火燃烧的篝火中常有此类现象）。窑床的孔洞迫使大部分火焰向外扩展，在窑内建立了一个"火环"，很像家用煤气的环式火焰。这样，窑内远离中心的坯品，可以通过直接加热得到较好的烧成，而处于中心的坯品则既有直接加热，同时也通过热传导加热，亦能良好烧成。窑炉自身起到烟囱的作用（热空气较冷空气密度小），燃烧的气流通过坯品垂直上升。

291

292

17　一般中国北方地区的黄土是由季风从西北沙漠地带吹向东南，季风的方向支持上述观点。
18　赵文艺和宋澎（1994），第 24 页。

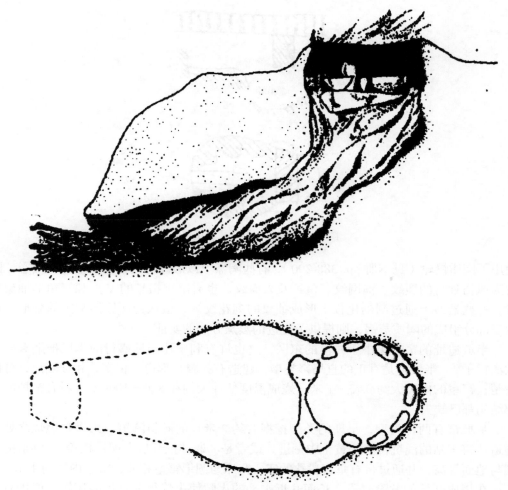

图 62 半坡窑（较早类型）

　　第二条准则是减缓了火焰速度（通向窑室的火焰通道总面积小），节约了能量和燃料，为坯体提供了更均匀的加热。半埋式窑炉既产生了良好的隔热性，还可能当烧窑结束后通过遮盖炉膛口帮助实现缓慢冷却。半坡的这种窑型是一种经典的直焰窑，公元前第 6—前第 5 千纪前后，世界各地有许多相似的窑型，半坡窑为其代表[19]。

　　对第二种类型的半坡窑的描述如下[20]：

　　　　竖窑在半坡后期开始出现，比其前期窑炉结构更为先进。竖窑的一个明显的特点是火的通道更靠近窑室，大袋形的窑室位于火膛的正上方。炉栅下面为两个孔洞，起到火道的作用。总体来说，此窑的尺寸比以前所有的窑都大。

　　19　在伊拉克也发现与半坡窑相似筑有凿孔窑床的直焰窑（直径 1—2 米），其年代比半坡窑早。见 Simpson（1997），p. 39，fig. 2。
　　20　赵文艺和宋澎（1994），第 68 页。

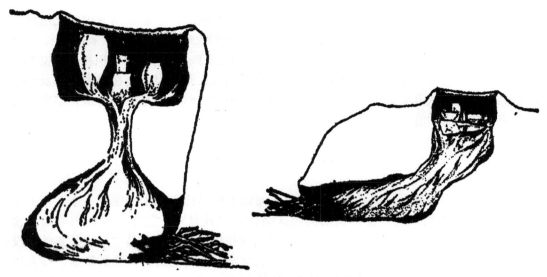

图 63　半坡遗址两种类型的直焰窑

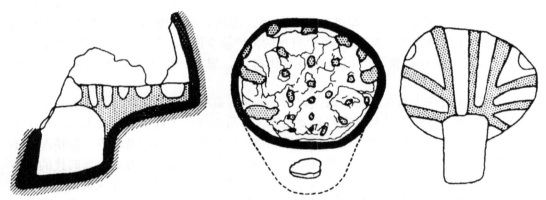

图 64　庙底沟龙山文化窑炉，可以看到窑床下的支烟道被选择性地遮盖，以将火焰导向坯堆的后部及外围

两种窑型都能使用良好，但第二种类型需要在点火初期更加小心谨慎，因其主燃烧区更靠近正待烧成的坯品[21]。

（vi）火膛的尺寸

中国新石器时代的窑炉火膛很小，通常容积为 1 立方米或更小。半坡陶窑的发掘显示，窑床下面燃烧燃料的空间与窑床上面放置坯体的空间大致相等，这种火膛和窑

21　半坡窑炉在结构方面的这些改变可能与该遗址不同时段的居民有关。例如张光直认为，半坡长期有人群居住，但并非是连续不间断的。这个意见部分是基于孢粉分析的结果，因为观察到不同时段不同的孢粉谱。"两次居住于此的人群应属于同一文化类型，这点是不应有怀疑的，但是住房构造和器物类型方面微小的改变还是能被感觉到的。"Chang Kwang-Chih（1963，1986），p.96。

室的容积比例，是标准的小型柴窑的容积比。在较晚的河南省庙底沟龙山文化遗址，也观察到类似比例的窑炉[22]。庙底沟窑有一个长方形的火膛（0.9米×0.9米×0.6米），窑室大体近似半球形（窑床尺寸0.9米×0.8米）[23]，也属于火膛与窑室容积相等的窑型。庙底沟窑卓越地显示了如何设置吸火孔，以将火焰从火膛导引至装在窑室后部及外围的坯品。这些吸火孔截面的总和，大约占窑床面积的10%，这是世界各地直焰窑设计中普遍标准的比例值。

（vii）窑炉的结构

已发现的中国新石器时代窑炉，其窑床面以上的结构大都未能保存下来。考古学家常将其想象为拱顶或其他形状的围包式结构，尤其是对于窑室残壁向内弯曲的窑炉。这些想象可能是合理的，但也有许多早期的和传统的直焰窑是"敞顶"式的，没有永久的或封闭的圆顶。在这些结构中，每次烧窑时临时建造一次性的顶盖，或者以碎瓷片层简单地覆盖坯摞的顶部。两种方法均行之有效，既能很好地控制气流防止火焰速度过快而浪费燃料，又可以起到良好的隔热效果，以防止顶部坯品在烧成或冷却过程中损坏。如果烧成结束即将炉膛口封闭，则热烫的陶瓷不会因遭遇冷气流而损坏，能够安全地冷却[24]。总之，尽管已发掘的窑炉缺少顶部，但不能证明其当初就缺少窑顶，人们也没有必要为中国新石器时代窑炉，想象一个永久性的圆顶来完整其结构。

如果窑炉有一个永久性圆顶或任何形状的顶，那么窑炉的结构就必须有一个用于装窑和卸窑的出入口，并且这个门口要足够大才可以烧成大件制品。这大大增加了窑炉结构的复杂性，并且窑的门道（"便门"）也往往是窑炉结构的薄弱点。但情况也不完全是这样，1997年，在山西省发现了两个不同于以往所知的北方新石器时代的完整窑炉，即它们有圆顶和窑门[25]。该窑似乎是从黄土堤直接挖出的，这会大大简化建造工程。由于计划在窑址处建造水库，这两座窑炉被完整搬移，以便移地后组装复原。

这两座窑炉的尺寸与结构如图65所示。与图64龙山文化遗址的窑相比，此窑似乎室内火道上面凿有更多的火孔，正是这些火孔控制着火焰的进入，但现在大部分已缺失了。经测量Y501窑烟道的出口直径约0.3米，与直径1.5米的窑床相比，面积比率为1∶25。

Y502窑炉的烟道出口直径较小，有0.25米，窑床直径2米，两者的面积比是1∶64。根据发掘的窑炉平面图很难估计其火膛与窑室的体积比，因为两个窑炉都失去了

22　如迈克尔·卡迪尤［Michael Cardew（1969），pp. 184-185］所解释的："块状的木柴燃料，在大火中比在小火中燃烧得更好……在窑炉非常小的情况下，（木柴的）使用因火膛的尺度（小）很受限制。"

23　Yang Gen *et al.*（1985），pp. 16-17。

24　20世纪50年代，这种敞顶直焰窑在英国多塞特（Dorset）郡的弗伍德（Verwood）陶瓷区仍有使用，见Brears（1971），p. 148。2000年7月，本册作者之一（柯玫瑰）参观了奥尔德堡（Aldeburgh）的里德（Reade）砖厂，那里有一座敞顶的燃油砖窑。1964年时，这座砖窑取代了旧式的燃煤窑炉。

25　Anon.（*1998d*），第28-32页。2000年7月24日《人民日报》报道，这些窑炉被搬迁到距水库工地约100公里的地方。搬迁花费了一年时间和30万元人民币，其中一部分工作由复旦大学承担。

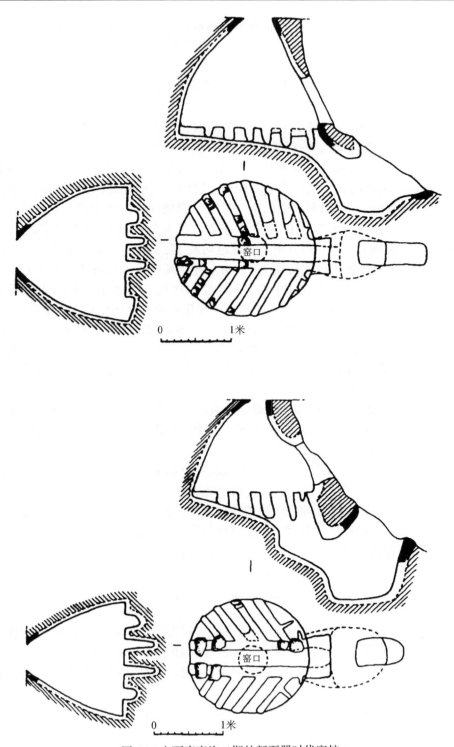

图 65　山西庙底沟二期的新石器时代窑炉

部分火膛结构。尽管如此，其火膛显然小于窑室，这是窑炉设计中惯用的"规模经济学"原则之一[26]。

296

<h1 style="text-align:center">（viii）氧化、还原和渗碳</h1>

　　新石器时代，当中国刚开始生产陶器的时候，很看重各类器物的颜色。许多礼仪用品都是红色的，系氧化焰烧成的结果。另一重要的类型是灰陶和黑陶，其色彩分别通过还原和渗碳烧成而获得。本质上，氧化和还原是化学反应过程，在烧成过程中，经常是特意通过调整助燃空气的流量来控制。窑内空气量充足即为氧化焰，燃烧产物主要是二氧化碳和水。当限制助燃的空气量时，燃烧气体中将出现一氧化碳（CO），这种不稳定的化合物从金属氧化物中"夺取"部分氧而转变为更稳定的二氧化碳（CO_2）；金属氧化物失去氧使得其价态和颜色均发生了改变。因此，随着还原强度的提高，Fe_2O_3（红色氧化铁）可能转变为 Fe_3O_4（磁性氧化铁）后再转变为 FeO（黑色氧化铁）。转变过程中，这些化合物中铁与氧的摩尔比从 1∶1.5 变为 1∶1.3 再到 1∶1。尽管早在公元前 8 世纪，中国的冶铁业实现了氧化铁的充分还原转变为单质铁（Fe），但在陶瓷窑炉中这种转变过程终止于 FeO[27]。在大多数陶窑中，一氧化碳是主要的还原气体，但在中国一些传统生产中，可能已有氢气（一种非常强的还原性气体）的产生，这是在烧成将结束时，通过把水引入火膛或窑室而生成的。氢气很活泼，易转变为水，因此是一种强还原剂。

　　新石器时代晚期的中国陶器大多是灰色或黑色。灰色是有意还原烧成和还原冷却造成的，而黑色则是通过向制品渗碳形成的。渗碳是黑烟浸渍的结果，既可以在窑内进行也可以在后期过程中实现。

　　新石器时代采用还原焰将红色耐火土烧成灰色制品的方法，似乎早至商代就已从黏土器皿扩展到建筑陶瓷[28]，从那时起，还原烧成的青色砖瓦在中国就一统天下了。仅仅在近年（近 20 年左右），还原烧成的建筑陶瓷才不再那么流行，传统的青砖逐渐被氧化烧成（强度较低）的红砖所替代。鉴于青砖制作的历史悠久和延续使用，依然有可能从南北方依旧存在的乡村砖厂中，获得关于新石器时代生产灰色陶器的某些线索[29]。

297

<h1 style="text-align:center">（ix）青　　砖</h1>

　　中国现代制砖厂，用两种明显不同的方法实现窑炉的还原气氛，即传统的"缺氧燃烧"还原和产生水蒸气的还原方法。1995 年，作者在福建省由福州通往德化的路上，在一瓦厂看到了前一种方法。我们到达瓦厂时，正好直焰瓦窑达到烧成的还原阶

26　由于窑炉体积增加，窑室与火膛体积比则显著增大。见 Cardew（1969），p. 185。

27　Wagner（1999），p. 7。

28　Zhang Zizheng *et al.*（1986），pp. 111-112。其中对一件年代为商代的灰陶管作了描述并引用了对其的测试分析。分析表明其为典型的黄土组成。

29　Levine *et al.*（1995），pp. 170-171。

段。为了实现还原焰，用厚木板盖住窑顶的部分烟道出口，造成灰色烟雾从烟道涌出。这明显减少了火膛的通风量，即燃料燃烧所需的空气量，导致不完全燃烧，产生了人们熟知的因不完全燃烧生成的一氧化碳和二氧化碳混合物，并伴随着灰色烟雾。这样，燃烧气体中部分一氧化碳，将从黏土中的三价铁的氧化物（Fe_2O_3）中夺得氧转化为二氧化碳，将红色氧化铁还原成黑色的二价铁状态（FeO），使得砖瓦烧成后呈灰色。因为氧化亚铁很容易再次氧化，所以还原过程必须持续经过冷却初期。然而，此窑似乎没有引水入窑的设施。

第二种方法——水煤气的产生。早在 17 世纪，中国已将这种方法用于制砖业[30]。《天工开物》（1637 年）记载[31]：

> 生坯……放置在窑炉中，3000 斤砖焙烧整个一天一夜。当烧成结束熄火时，用泥浆封住窑顶烟孔，之后用水急冷砖块……即向窑顶四周凸壁围起的水平部位浇注水，水渗入泥质窑顶遇热反应。当窑温与水量控制适当时，就会得到质量好、经久耐用的砖。

> 〈凡砖成坯之后，装入窑中，所装百钧则火力一昼夜……火足止薪之候，泥固塞其孔，然后使水转釉……凡转釉之法，窑巅作一平田样，四围稍弦起，灌水其上……水神透入土膜之下，与火意相感而成。水火既济，其质千秋矣。〉

实际上，水煤气的产生涉及注入的水与炽热的碳的相遇[32]，水迅速变成蒸汽后与白热的碳反应产生氢气、二氧化碳和一氧化碳。反应有两种可能方式，均为强吸热过程：

$$C（固）+2H_2O（气）\longrightarrow CO_2（气）+2H_2（气）$$
$$C（固）+H_2O（气）\longrightarrow CO（气）+H_2（气）[33]$$

第一个反应在 600℃（暗红热）时开始进行，而温度高于 1000℃（橙红热）时，第一个反应被第二个反应取代。在 600—1000℃，两种反应都在进行，然而，当温度接近 1000℃时，第一个反应就逐步消失了。在氧化铁还原为氧化亚铁的过程中，一氧化碳和氢气都有高效作用[34]。但是，处理此过程要十分谨慎，因为氢气与空气混合易引起爆炸。在"水煤气的转换反应"中，有可能进一步产生氢气，这一可逆过程来源于高温下一氧化碳和水蒸气的反应：

$$CO（气）+H_2O（气）\longleftrightarrow O_2（气）+H_2（气）$$

（x）中国砖窑中的水煤气还原反应

在中国，一个依然相当常见的景象是，路边的青砖和青瓦窑顶部常常配装大型的

30　Levine *et al.*（1995），pp. 167-171。
31　《天工开物》卷七，第三页；Sun & Sun（1996），p. 138。
32　Singer & Singer（1963），p. 915。
33　引自 McMeekin（1984），p. 43。
34　如莱文等［Levine *et al.*（1995），pp. 169-170］所说明的："使用氢气通常是现代获得强还原气氛的方法。参考埃林厄姆图（Ellingham diagram）或简单计算表明，相对于碳气氛，氢气氛具有更强的还原性。"

水罐或矩形水池。青砖青瓦与中国有着不同寻常的紧密关系，如是[35]：

　　　　在中国西部边界地区，考古学家和古建研究专家往往根据中国建筑使用青
　　砖，而西南亚的居民使用红砖的特点来区分居住的人群属于哪个民族。

1992 年，范黛华在上海一家砖瓦公司亲身调研了这种青瓦窑的烧成工艺[36]：

　　　　烧成的特别之处为：达到最高温度后用泥土封住火膛和烟道入口，后从窑顶
　　的蓄水箱引水到窑体……通过本次访问、参观废弃的古窑并与北方复制秦始皇陶
　　俑的工程师进行讨论，得出的结论是：至少部分汉代无釉陶、砖和瓦制品，或许
　　还有更早的新石器时代的陶器，例如龙山文化的陶器，氢还原是必要的。

为了证实陶瓷中氢还原的某些机制，在美国洛斯阿拉莫斯国家实验室（Los Alamos National Laboratory，USA）的离子束材料实验室（Ion Beam Materials Laboratory），采用前冲能量谱测量法（Forward Recoil Energy Spectrometry；FRES），对来自上海工厂的青瓦进行了分析。这种方法能够[37]：

　　　　识别砖块是带有结合在结构内部的氢，还是仅有以吸附水的形式处于表面
　　的氢。

对于前冲能量谱测量法能否判断中国早期陶瓷，包括龙山新石器时代灰陶中氢的还原
问题，答案还不很清楚。这种技术也许不能区分窑炉加水与偶然或故意使用湿燃料产
生的结果[38]。简而言之，无法从分析中证明新石器时代器物或历史时期的陶瓷器物，其
氢还原是否为有意使用自由状态的水的结果。

（xi）砖瓦窑渗水的其他可能原因

　　尽管前面进行了探讨，但应当谨慎做出只要在烧成结束期加水一定是为了实现水
煤气还原之目的的推断，快速降温可能是加水的另一动机。因为水的蒸发会导致窑内
坯品快速冷却、快速通过发生二次氧化导致浅红色的温度区间，即快速从住火温度降
温到约 600℃。事实上，快速冷却有时很可能被误认为水煤气还原，反过来，水煤气的
还原反应也可能被误认为是为了加快冷却。

　　赫尔曼·塞格 1872 年写的一封信里，在描述下莱茵河（Lower Rhine）地区和比利
时砖窑住火阶段注水的作用时，就出现了后一种（以快速冷却为目的的）错误观点[39]。
塞格描述道，其到达最高烧成温度后，窑炉火膛塞满了湿桤木，出火孔和烟道被快速
堵塞，使得窑炉中充满了还原气体和黑烟。塞格之后描述了向窑拱顶注水过程，他认
为其目的是阻止二次氧化，并能使窑炉快速冷却。为了避免水直接进入窑室（这可能

35　Levine *et al.*（1995），p. 169。

36　同上，p. 171。

37　同上，p. 177。

38　与范黛华的私人通信，1995 年。

39　Seger（1900e），pp. 767-769。

299

会引起爆炸），窑炉拱顶用 18 厘米夯实的砂土覆盖。塞格写道[40]：

> 拱顶注水数厘米深，足以维持窑内蒸汽稳定释放并防止空气进入。

现在看来，塞格实际上可能在描述水煤气的产生过程，特别是湿桤木柴产生的黑烟（碳微粒），可能是为水煤气反应提供所需的炽热的碳和一氧化碳，而不是直接产生还原性的气体；而水导致的快速冷却也可能有利于稳定和维持这一过程。由此使人想到，这种奇特的工艺可能已在中国出现，即用水对还原焰窑炉快速冷却从而避免再次氧化。水或蒸汽引入之际，炽热的窑炉中是否存在黑烟和/或一氧化碳，似乎显示了到底是产生一些水煤气反应，还是导致窑炉温度的快速下降。后者可以防止还原烧成制品的再次氧化，保持其灰色色调，而前者会导致或加强还原。灰色陶器的生产可能同时受到两个方面的影响，但也有可能其主要（作用）是快速冷却而非氢还原，《天工开物》中已有这样的记载。

（xii）缺氧燃烧还原和渗碳

以水帮助还原在某种程度上是一种异乎寻常的工艺过程，在很多地方，还原烧成似乎只涉及缺氧燃烧这种更简易的方法。缺氧燃烧导致窑内产生一些还原性气体（主要是一氧化碳与少量的氢气），还原气体取代一些通常的燃烧产物像二氧化碳和水，并将坯品黏土中一些氧化铁还原为氧化亚铁的状态，这可能是大多数中国新石器时代烧制灰陶所采用的工艺。

如果火膛中的燃料进一步缺氧，颗粒状碳（即 C，黑色烟雾）将取代一氧化碳。黑烟还原能力很弱或根本无能，但可以通过深度渗入黏土孔隙从而生成黑色的，而不是青色的制品，这一工艺即称为渗碳，渗碳并不依赖于富铁的黏土，但富含铁质的黏土对于生产青色陶瓷是必需的。任何黏土，包括洁白的高岭土，都会因渗碳而变成黑色。渗碳效果是清新和永久性的，不因洗涤或干燥而褪色，渗碳也能使制品的孔隙率降低。

按意图渗碳作为一种装饰工艺，常见于古埃及前王朝时期的"黑顶"陶器。这些"黑顶"陶器可能是通过后烧成的方法生产，即把氧化烧成的红色器物倒置埋进能焖烧的材料（如谷壳）中，器物顶部局部渗碳而其余部分仍保持红色。这些是出自埃及南部胡（Hu）和马哈斯纳（Mahasna）的前王朝时期涅伽达文化 I（Naqada I；公元前4000—前3600年）遗址的典型制品[41]。相比而言，中国渗碳形成的则是通体黑色，这种风格可能是从新石器时代早期的灰陶发展而来的。中国新石器时代北方黑陶，典型的山东省大汶口文化遗址器物，据分析其组成既有高岭土的，也有黄土成分的，时代约为公元前2800—前2000年；其特点是拉制和修整得非常薄，造型复杂又奇特，有镂

40　塞格［Seger（1900e），p. 768］记载了这种还原烧成砖瓦较高的强度："屋顶的烟熏蓝瓦比红瓦耐风化性更强，因此聪明的根特城委员会会颁令，所有面向街道的屋顶必须用蓝瓦，红瓦只允许用于房顶背面和侧面指向庭院的部位。"

41　Arnold & Bourriau（1993），p. 95。

301　空高足凸纹盘、柄部镂空的高足杯。尽管中国南方太湖和杭州湾良渚文化的黑陶的时代更早些，但大汶口黑陶为中国新石器时代最具特色的一类器皿[42]。

（xiii）中国南方良渚文化的黑陶

迄今为止，在南方几乎没有发掘出新石器时代窑址，因此关于其制品的论述也很少。然而碳-14 测年表明，南方的新石器时代与中国北方的是并行发展的，种植水稻的长江下游、太湖沿岸和杭州湾地区是其发展的重要地区[43]。良渚文化的黑陶出土于杭州湾地区并以距杭州西北 25 公里的小镇命名。良渚黑陶的优点在于其高碳含量，尽管黑色在很大程度上是烧成前由黏土中添加的有机物或木炭而获得的，烧成后也能够看到它们的残余物。1992 年，对两个良渚黑陶样品的研究显示，热释光测年结果在公元前 3550—前 2150 年，烧成温度大约为 700—800℃。通过对近 150 个制品和标本的研究，得出如下结论[44]：

> 由此可以清楚地了解到，含有大量木炭或植物残存的黏土器皿是拉坯轮制和还原烧成的，以致陶胎中保留有木炭，且其中的铁被还原。但在住火前的一刻或冷却阶段，空气进入窑内，使外表薄层氧化。然后，为装饰之目的，表面被重度烟熏和/或表面的含铁薄层被烟还原或磨光。

渗碳之前短暂的氧化，使得良渚黑陶外表层下的胎色较浅，而在部分外表被磨损后，浅色的胎层显露而出。

302　　　　　　　　　# （2）横　焰　窑

（i）窑　　炉

北方青铜时代早期的窑炉与新石器时代晚期相比，除了一些窑炉火膛截面为方形而不是圆形外，几乎没有什么进步[45]。与一些新石器时代窑炉布局相同，青铜时代早期北方的窑也常常群建在聚落的边缘（见上文 pp. 8，106-107）。在大约公元前 9 世纪，北方窑炉设计有了最为重大的进步，即产生了真正的横焰窑。这种窑最有代表性的样

42　Anon.（1992b），Department of Archaeology at Peking University。见特刊 pp. 80-81，山东大汶口文化晚期（公元前 2800—前 2000 年）的一件高脚杯，高 19.2 厘米；pp. 82-83，山东龙山文化（公元前 2500—前 2000 年）的另一件更精致的高脚杯，高 17.3 厘米。Anon.（1993），Institute of Archaeology, Chinese Academy of Social Sciences，pp. 90-91，98-99，介绍了长江中部流域新石器时代的黑陶。这些器物被认为受到了北部大汶口文化的影响。

43　关于南方新石器时代陶器的概述，见 Li He（1996），pp. 24-25。

44　Dajnowski *et al.*（1992），p. 618。Anon.（1993），Institute of Archaeology, Chinese Academy of Social Sciences，其中引述了湖北省黄梅县一处墓地（pp. 98-99）和另一个湖北京山屈家岭文化遗址（pp. 90-91）。黄梅的陶器被认为是"受到淮河以北大汶口文化的影响"。同上，pp. 98。

45　徐元邦等（1982），第 9，14 页。

本是发现于河南洛阳的一座窑，窑是在地面上用夯土墙筑成的[46]。该窑的特点是窑室相对较小（约 1.3 米见方），但火膛、窑室与排烟道合理排列，处于同一水平面，排烟道位于窑炉后墙中央的地面。相对于直焰窑结构，这种设计是一种改进。火焰被迫沿水平方向以较慢速度传播，使更多的热能传递到了制品，从而节约了燃料。

青铜时代末期尤其是自战国起，横焰窑在中国北方广为流行，这似乎是因为修建陵墓对建筑陶瓷的需求增加，如管道、地砖和大型空心砖等。有的大砖长度达一米（见 pp. 407-423）[47]。常规砖（按 $2 \times 1 \times 0.25$ 的倍数关系）也在汉代成为重要制品。这些重质黏土制品太厚、太大、太沉重，已不适宜用传统的烧制器皿的直焰窑来烧成。黄土是一种易熔黏土，在高温下荷重强度低，北方窑炉建造中广泛使用这种材料，从而必须限制窑床的尺寸。因此，普通的直焰陶窑烧制大型砖瓦就可能既冒险又昂贵，除非对窑床完全重新设计。

值得注意的是，许多早期文化实行码堆烧制砖瓦属明焰或直焰烧成方法的延伸。即将燃料和砖坯一起码放在坚实的地面上，通常是巨大的矩形结构，堆垛外部以黏土涂敷。点火后需要好几天缓慢烧成，冷却后则被完全拆卸。有时（但并不总是）将易燃材料与黏土混合制坯，有助于砖瓦的烧制。堆烧的砖通常烧制良好，只有堆体外边部位的砖瓦欠烧，欠烧的砖瓦往往在下一次焙烧时，再放置在坯堆的外部重新烧成。

中国建筑陶瓷的烧成方法，似乎尽量避开码堆烧制，更喜欢使用固定式窑炉，把砖或瓦坯装在坚实平坦的窑床上。巨大的火膛设置在窑室的一端，其水平位置低于窑床面，而排烟道则设置在窑室的另一端，这使得火焰的路径在很大程度上为水平式流程。实际上，这是把传统的直焰窑横卧筑建。有时，这些窑炉是挖黄土堤崖而建的，与北方黄土窑洞极其相似。横焰窑的设计，很可能是自觉或不自觉地吸取了北方窑洞传统火炕的水平烟道的方法。另一种可能性是，这种设计是从南方传播而来，在商代中后期，南方已建造有多种大小不等的横焰窑[48]。

中国建造固定式窑炉烧制砖瓦的倾向，可能归因于已掌握了使用相当独特的还原气氛烧成灰色器皿。这类重度的还原烧成需要更严格地控制气氛，这是堆烧难以实现的。事实上在现代中国，尽管生产砖瓦的数量巨大，但堆烧窑极为罕见。

1956 年在河北午汲古城发掘的窑炉，也许是青铜时代晚期中国北方最典型的窑型。这里发现了 20 余座战国时期、西汉和东汉时期的窑炉，汉代窑炉与战国相比，火膛更大，烟道更长，烟囱也更高效[49]。

一份 1959 年的报告展示了该遗址 3 座汉代的窑炉，其分辨率不高的黑白照片还算清楚（图 66）[50]，均为横焰窑。其中一个窑室近似立方体，另一个近似梨形，而第三个的形状则介于前两者之间。窑室近似立方形的窑炉由砖筑而成，而接近梨形的窑室则是直接从黄土地层挖掘而成。

46 Liu Kedong（1982）。

47 Wang Zhongshu（1982），p. 148。

48 Anon.（2001, *People's Daily*）。

49 Anon.（*1959b*），第 339-342 页。

50 同上，图版 8。

304

图 66　河北午汲古城发现的汉代窑炉

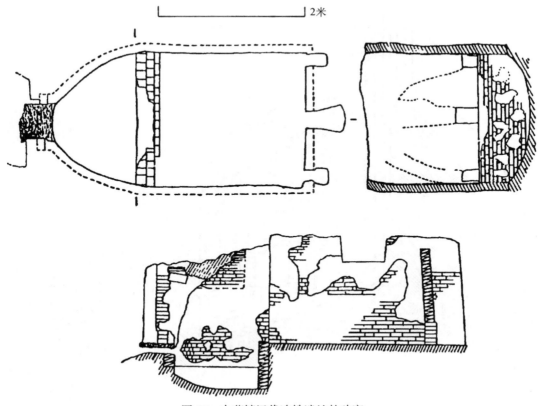

图 67　古荥镇汉代冶铁遗址的砖窑

　　尽管从几何形状的角度考虑，砖砌窑显得比"洞穴"窑筑建更"专业"，但火焰在死角处的行为与水相似，挖掘黄土地层建成的窑炉其曲线状形态更显流畅，烧成效果可能更好。的确，中国最晚期最成熟的砖窑样式（如南方烧制瓷器的"蛋形窑"和"阶梯窑"），成功地实现了用砖建造近乎渐进式流线型的窑炉。

　　午汲古城汉代砖砌窑的窑床面是平坦、坚实和水平的。排烟道设置在窑背墙的底部，其走向先水平后垂直。窑室靠近火膛处逐渐狭窄，火膛比窑床低至少 0.5 米。尽管这些窑炉与河南省郑州古荥镇冶铁遗址出土的汉代窑群很相似，而该窑被报道为"陶窑"。古荥镇窑主要用来烧制"砖、瓦以及鼓风管"[51]。依据遗址出土的钱币分析，古荥镇冶铁作坊的年代在公元前 1 世纪[52]。 305

　　古荥镇发现的 13 座窑炉均为横焰窑，窑底深深掘进，低于地面，窑室以砖规范筑砌；火膛平面基本为方形，内壁尺寸约为 2 米；窑顶已缺失，但窑室内墙看起来似乎高约 1.8 米，窑室内装坯空间大体为立方体。窑内气体由窑后墙的三个矩形小孔排出。排烟道设在窑床平面，中心设置一个，每个角落各设置一个。在窑后墙的背面，两个边缘端的排烟道弯曲连接到中心排烟道，再进入垂直烟筒，其形状类似三叉戟。在古 306

51　Anon.（*1978c*），第 28-43 页。

52　钱币属于西汉晚期，同上，第 37 页。

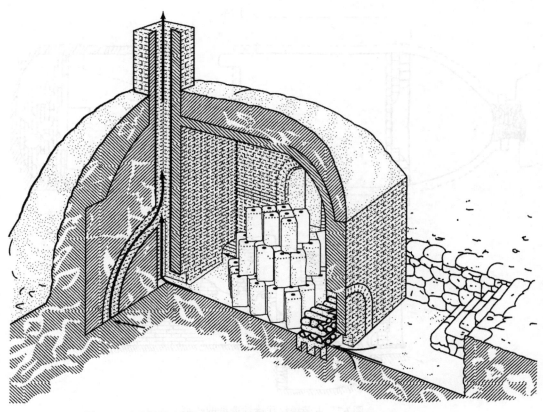

图 68　温县的烧制和预热铸铁模具的东汉窑炉，该窑炉容积为 3 立方米

荥镇出土的陶瓷（主要是器皿和瓦）大部分是灰陶，所有的窑室内部已被烧成蓝灰色，其烧成无疑为还原焰，但在报告中并没有见到与氢还原技术相关的结构。关于所使用的燃料，发掘报告的作者说明如下[53]：

> 从火坑中发现的植物灰堆积来看，主要燃料为碎木。然而，在 65 号窑的火坑中发现大量直径为 18—19 厘米，厚度为 7—8 厘米的模制饼形燃料……这些燃料饼为黏土混合物，未燃烧的部分含有的黑色物质可能是煤。

在 65 号窑发现的模制饼形燃料是放置在正规的砖算上燃烧的，砖算呈扇形，砖算上的孔隙可引导空气至燃料下面。这是中国第一例火膛装备有真正砖炉栅的窑炉，大概在早期的柴窑中，燃料只是简单地堆放在火膛地面直接燃烧。合理放置燃料有利于空气的供给，这对于炻器和瓷器烧成应该是非常实用的设计。

古荥镇遗址的窑炉，是迄今中国发现最早使用煤为燃料烧成陶瓷的窑炉，而煤的使用可能源于冶铁业。例如，河南省巩县出土的另一西汉中期铸铁遗址，其中使用了三种燃料，即木柴、煤和煤饼，煤饼是"煤与黏土和石英砂的混合体"[54]。在某些情况

53　同上，第 33-34 页。

54　Hua Jue-ming（1983），p. 114。这里的"黏土和石英"可能指黄土——一种天然的黏土和石英混合物。

下，郑州附近的古荥镇窑可能有烧制陶瓷和冶金两种用途。正如作者指出[55]：

> 我们因此认为，这些窑炉除用于烧制砖、瓦和鼓风管外，还可能有其他的功用，诸如烧制模具、铁器退火、烧制陶质器皿等等。

上述的烧制模具，指的是汉代铸铁工匠发明的陶质叠范，属规模生产小型铸件的高效技术。陶范是从铸铁母模复制而来的，撒以麸粉作为脱模剂。在铸造过程中，经加热的陶范从正在冷却、温度约300℃的窑中取出并注入熔化的铁水[56]。

1983年，华觉明详细介绍了河南省温县出土的一座东汉时期烧造铸铁用陶范的大型横焰窑。温县铸铁作坊主要制造车马具，铸件有16种类型36个规格。温县砖筑的烘烤铸范用窑与古荥镇窑形式相同，但窑室较大，体积接近3立方米，以木柴为燃料[57]。

307

（ii）北方陶瓷和铸铁

在工艺技术历史中，某种技术的未出现可能与出现同样有意义，西汉古荥镇窑遗址的陶瓷和铁铸件的密切联系即是一例。这再次使人想到一个问题，尽管陶瓷和金属制品经常在同一地点生产，为什么高温陶瓷在北方发展得那么缓慢？这与古荥镇尤其相关，因为商代的无釉白炻器就是在郑州附近生产的。西汉时，古荥镇已具备一切条件实现将某些实用技术从冶铁业向陶瓷业的借鉴转移。

308

例如，古荥镇窑址炼铁炉使用了一系列耐火砖，烧制耐火砖用的原料也可用来制成炻器坯体。汉代横焰砖窑的设计与其后隋唐时期北方生产炻器和瓷器的窑炉本质上相同。因此，炻器窑除了用更优异的耐火材料建窑外不需要在设计上有根本性的变化。该地铸造铁器的温度适宜烧制炻器，甚至存留的大量炼铁炉渣，其组成基本上与低共熔石灰釉相近[58]。可惜，尽管所有这些有用元素在一些西汉窑遗址都有所涉猎但并没有发生相关的技术转化。公元6世纪，当炻器最终在北方出现之前，黄土质黏土烧成的灰色和红色的陶质器物，一直是中国北方主流的陶瓷类型。

（iii）较后期的北方砖窑

汉代北方砖瓦窑窑室相对较小（长宽高各在2—3米），这在一定程度上可能是由横焰窑布局上从火膛到达排烟道的热量逐步下降的情况决定的。对于更大、更长的窑炉，其后部可能会严重欠烧。温度下降出现于柴烧窑炉中，而煤烧窑炉则因其火焰短，窑温下降更为严重。早期中国的制砖工，似乎并没有尝试建造相同长度但更宽的窑炉，这可能是因为从黄土中挖掘宽度更大的窑炉，其顶部往往容易坍塌，而较宽的

55　Anon.（*1978c*），第33页。

56　据认为，需要预热陶范是因为范中的"通道"太窄，冷范可能使铁水在注满范之前凝固。见 Hua Jue-Ming（1983），p. 107。

57　Hua Jue-ming（1983），p. 114。

58　见 Anon.（*1978c*），第38页，表3。

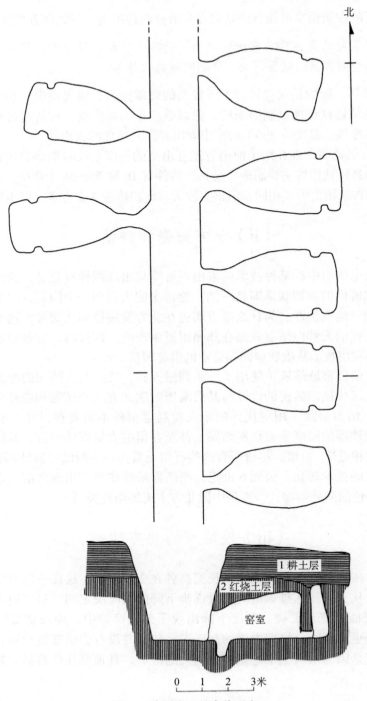

图 69　洛阳出土的唐代瓦窑

拱顶砖窑，筑建难度又较大。也许因为这些原因，直到明代以前中国的砖窑通常倾向多窑结构，而不是单体的巨型结构。

　　这种"多窑"结构，可从晚至隋唐时期洛阳出土的、烧制屋面瓦的窑群观察到[59]。洛阳窑炉构造是先开挖一条上宽 4 米、底宽 2 米的深沟，再在垂直沟墙方向掏洞成窑室。这些出土的窑室沿沟墙的两侧分列，正如发掘报告作者所写的[60]：

　　　　该窑群以南北向排布成两行，窑门交错相对。此次发掘中清理出七座窑。

　　洛阳的唐代横焰瓦窑具有汉代风格传统，窑室大体上 3 米见方，窑室的高度与宽度均向火膛口方向逐渐收缩。窑体内部挂上的釉说明其采用木柴为燃料，这些窑炉生产的瓦似乎仅用于宫殿建筑。作者根据遗址中出土的可确定年代的证据，认为"窑炉最早从公元 605 年使用，而最晚至 731 年"[61]。这似乎反映了测年数据本身的不确定性，并非该窑炉可以持续使用 100 多年。

309

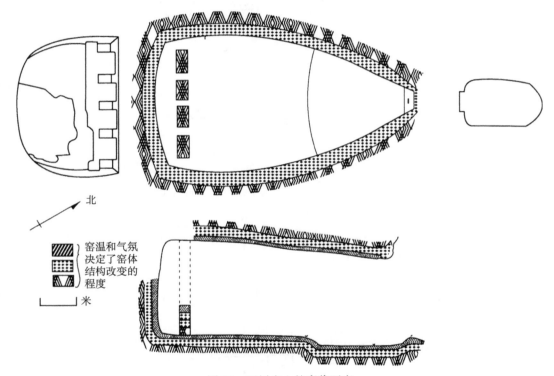

图 70　四川出土的唐代瓦窑

　　与洛阳窑相似的唐代窑炉也在四川省西昌市以东 3 公里的地方发掘出土[62]，这也是在土层掏洞成窑的形式之一。通过仔细测量，窑炉火膛大约 2 立方米，窑室后墙地面高度上有 5 个排烟道。与大多数此类窑炉的设置相似，窑工需要通过火膛口装卸窑。

310

　　59　这些窑炉的主要产品是灰色"板瓦"（更确切的描述应为"呈微弱弧线型的板瓦"）。窑内还出土了少量方形装饰砖和圆形瓦当。

　　60　Anon.（*1974b*），第 262 页。

　　61　同上。

　　62　Anon.（*1977b*），第 57-59 页。

311

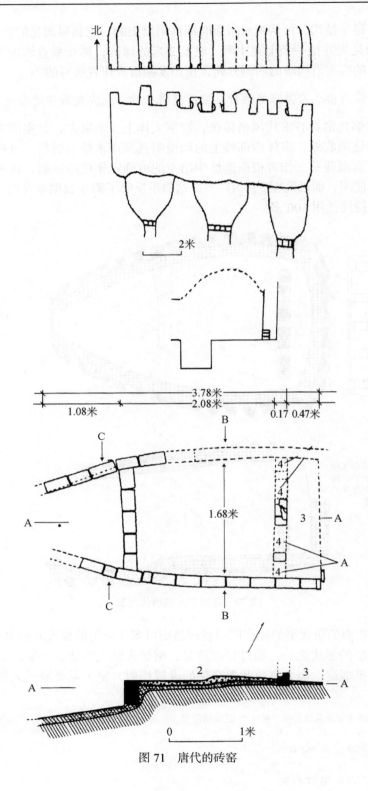

图 71 唐代的砖窑

一旦满窑就会以砖墙堵上大半窑门进行正常烧成，窑门只留有火膛的加料口。在火膛前窑工操作的位置发现了 0.6 米厚的木炭灰，因此推测其使用木柴为燃料。如同洛阳窑，四川窑生产的主要产品为板瓦及一些檐口瓦和瓦当。

深挖沟堤建立成排的小窑似乎是唐代提高砖产量的主要方法，偶尔也将一些小窑合并成宽大结构的窑炉。这些大窑的原型是使用一排三个独立的火膛，以及后墙处分设三个呈三叉形的排烟道[63]。根据发掘的资料还不能确定该窑的顶部是如何构建的，因上部结构已损缺，但有种说法是，三个火膛一起点火，这样窑就被看作是单一结构的。

到了明代，中国北方出现了更为经济节约的烧造方法，即结合还原烧成和大窑室的双重优势，构建大型的横焰窑。窑的平面图为马蹄形，直径约达 8 米，顶部呈开放式。一旦窑内装满砖坯，即在坯垛上部直接筑建临时性的黏土顶盖。这就巧妙地避开了建筑大跨度窑顶的难题，同时还能有效地密封窑顶和很好地控制窑炉气氛。这些大型燃煤窑以惯常方式烧成，拥有一个大型火膛和两个烟囱。临近住火时，用水浸透黏土"窑顶"。然而，需再次说明的是，很难确定水浸的主要目的是促使快速冷却，还是实现氢气还原。1998 年，奥利弗·穆尔（Oliver Moore）观察和拍摄了一例现代烧成的工艺，焙烧七天升温至最高烧成温度，约为 1150℃[64]。显然在明代，这种窑已采用还原气氛，用黄土烧制了数百万块用于重修长城的大型砖。

（iv）横焰窑结构：小结

中国北方的横焰窑，显然最早出现在西周晚期，属结构简单而又高效的体系。由于燃烧气体被迫以接近水平的方向流动，它们的火焰速度减慢，这就使得有更多的热能从燃烧着的燃料传送至坯品。低的火焰传播速度使窑温更容易达到烧成温度，一般情况下，能够提高燃料的经济效率。横焰窑另一个优势是产品的重量直接压在实心的窑床上面，而不是压在火膛上面带凿孔的窑床上。因此，既不会因装坯过重而导致窑床塌陷，也不会使装在底部的坯品严重过烧，这样可大大提高窑内热量。设置在窑背墙紧底部的排烟道，阻挠了火焰在窑室较高位置滞留过久，在气流从火膛向烟道出口传播的过程中，也引导了火焰的下行。

所有上述因素均有助于提高烧成的均匀性，但是，横焰窑在窑室底部和后部的温度分布总是偏低的。这使陶工面临的抉择只能是，或者接受并开发利用这种状况[65]，或者通过各种烧成及装坯策略来降低这种影响。横焰窑温度不均匀的状态，可以通过缩短火膛至烟囱口的距离来改善，但不能完全消除。在住火温度下延长保温时间，从而利用热传导促使全窑内部的热平衡，也有助于改进烧成效果。

312

313

63　见赵青云（1993），第 10-11 页，图版 5.2-5.5。

64　与奥利弗·穆尔（Oliver Moore）的私人通信。

65　对同一窑室内烧成温度差异的利用，是明代晚期以来景德镇"蛋形"窑的一大特色（见本册 pp. 366-375）。

314

（3）"馒头"窑

（i）中国北方高温窑

显然，在公元 6 世纪中叶，中国北方再次开始烧制高温釉陶瓷，而北方传统的烧瓦窑，似乎可以作为高温窑结构设计的起始点。在河南省巩县地区发掘出的最早期的炻器和瓷器窑，显示出对北方传统砖瓦窑结构有益的改良和改变。河南巩县窑是中国北方最早制作施釉炻器的作坊之一，通过对李疙瘩村窑址木炭的碳-14 测年，将该窑址出土器物的年代定为北齐时期[66]。

文献指出，河南巩县早期的炻器窑有以下三种类型[67]：

直焰"馒头"窑、窑底台柱式直焰"馒头"窑和热底式原始型倒焰窑。

第一种窑炉结构，坯体似乎是直接放置在窑床上烧成，这必然导致装于底部的坯品欠烧。这种现象好像在第二种结构中得到了一定的改进，即将坯置于已烧结的黏土台柱上，提高了坯品的位置，窑室前部靠近火膛处的台柱较低，而靠近窑后壁排烟口处的台柱较高。第三种窑炉结构，试图通过将火膛放置在窑室内更深的位置，在火膛两侧装坯，来提高烧成的均匀性。尽管该文献认为这种窑炉为原始倒焰窑，但其本质上属横焰窑结构，火焰主要以水平方向流动、气流从火膛对面的窑墙底部离开窑室[68]。

将巩县的高温窑和近现代洛阳的砖瓦窑进行对比可以发现，这两种窑炉间存在很多差异：高温窑的火膛较大，并且其位置比装坯位置低。带有炉条的常规炉箅也出现了，这是高效燃烧所需要的。所有这些早期的巩县窑均以木柴为燃料。

315

最全面地揭示出中国北方早期炻器和陶器烧造场景的，或许是 1984 年秋至 1990年春对黄堡的耀州窑遗址持续的考古发掘。黄堡的发掘出土了唐、五代、宋和金多个朝代的 17 个作坊，包括 3 个唐"三彩"窑、12 个高温窑、1 个石灰窑、18 个灰坑、1个洞穴仓库和 1 个原料储存室，还有数以百计的陶瓷器皿、窑具和制陶工具。这些内容在 1992 年出版的两部发掘报告中均有报道，在本册 pp. 428-434 亦有介绍[69]。

黄堡窑址具有重要的研究价值，它不仅提供了唐代"三彩"窑和炻器窑进行比较的基础，而且涉及中国北方窑炉 700 年发展进步的历程，同时它还揭示了北宋时期中国北方窑炉燃料由木柴向煤转化的过程。另一方面，黄堡的长期连续的烧造史，也提出了一些有待解决的问题，正如考古学家指出[70]：

66 　Yang Wenxian & Zhang Xiangsheng（1986），p. 302。

67 　同上，pp. 302-303。"馒头"一名是指窑的圆形顶像蒸熟的圆馒头，馒头在中国北方非常流行。"马蹄形"一词指北方的横焰窑，因其窑炉的平面图像马蹄。

68 　真正的倒焰窑结构，火焰由火膛上升至窑顶，再被烟筒抽吸折转向下穿过坯件进入中央烟道。因此，真正的倒焰窑火焰的主要流向是径直向下的。倒焰窑是欧洲的而不是中国的炉窑类型，而且倒焰窑直至 19 世纪才成熟。见 Kingery & Vandiver（1985），p. 175 和 Green（1999），pp. 58-59。

69 　Anon.（*1992a*），上册，第 15-25 页；杜葆仁（*1987*），第 32-37 页。

70 　Anon.（*1992a*），上册，第 16 页。

时间越早的遗存损坏越严重，甚至同一区域不同时代的作坊和窑炉之间也出现了相互叠压的情况，这使得人们很难辨认每个时期的特点。

虽然如此，唐代至元代的 7 座窑炉的平面图还是测绘出来了，已发现的所有窑炉均位于耀州窑十里窑场区域。

耀州唐代的"三彩"窑和炻器窑均为砖砌横焰窑类型，砖面涂有粗砂泥，以木柴为燃料。其结构与典型的汉代砖瓦窑有惊人的相似性。唐代高、低温窑炉的最大不同之处在于窑室与窑炉的整体尺寸和比例。具体来说，唐"三彩"窑炉长度比其宽度大，而炻器窑（虽然较大）的宽度要超过其长度。"三彩"窑的窑床面长 2.08 米、宽 1.68 米（面积 3.5 平方米），而炻器窑的窑床面长约 2.86 米、宽近 3.4 米（面积 9.7 平方米）。

从发表的窑炉图形来看，两种窑的砖墙都很薄，约 16 厘米厚，为单砖筑砌。砖墙必须以厚实的石头和／或黏土层作为支撑体，既能起到支撑窑炉结构和拱顶压力的作用，也能提高窑室的隔热性能。毫无疑问，旧窑废弃后的砖材曾被用以重建新窑炉。

由于两种窑的窑室均缺失了可能设置有旁门的北墙，从而很难从遗迹判断陶工是怎样进出窑室的。很可能两种窑的窑门都设置在火膛末端，这是中国北方早期砖窑的通用方法，也仍然是目前南北方"馒头"窑的常规做法。

也许，耀州（系列）窑群最重要的意义在于，遗址区内由烧柴到烧煤转变的迹象保存完好。这种转变应该同时发生于北宋时北方很多其他的炻器和瓷器窑址[71]。正如本册 p. 500 所提到的，在一个被洪水淹没的、陶工仓促放弃的唐"三彩"作坊的窑炉里发现了煤。这说明在唐代耀州已懂得用煤作为日常生活的燃料，这种家用功能也影响到了煤作为陶瓷窑炉燃料的选择。耀州的用煤取自陕西省渭水沿岸中部称为"黑腰带"的地区[72]。

316

（ii）煤 的 优 点

就重量而言，同等重量的煤炭相对于木柴具有更高的热值（通常煤为 12 000 英热单位/磅，木柴为 8000—9000 英热单位/磅，折合国际单位制为 4440—4995 千卡/千克。因为煤为块状，煤的堆积密度较高。松散的煤堆的比重为 50.5 磅/英尺³（即 817.8 千克/米³），而劈柴约为 25 磅/英尺³（即 404.85 千克/米³）[73]。这样，1 立方英尺松散的煤具有 600 000 英热单位（150 000 千卡）的热量，而 1 立方英尺的劈柴为 300 000

71　关于柴烧转煤烧的窑炉已有若干报道：观台窑，见 Anon.（*1997d*），第 578 页；定窑，见张进、刘木镇和刘可栋（*1983*），第 27 页；一些四川的窑，见 Chen Liqiong（1989），pp. 476-478。汉至三国时期的文献中首次出现了煤作为燃料的记载，见 Anon.（*1997a*），第 50-51 页。较晚些的报道摘引自《太平御览》，其中提到曹公（卒于公元 220 年）因无烟煤或焦炭极好的燃烧性能而对其围积，还有《水经注》卷十，记载了魏太武帝（公元 424—452 年在位）把焦炭作为极其宝贵的物品储存在他的封地（今河北省）。

72　薛东星（*1992*），第 25 页。

73　资料采自 Marks（1924），pp. 633，646。松散的煤的比重系依据"中国北方三个样品的平均值"，柴的干重为每"考得"（cord）2300 磅（1043 千克）（柳木）到 4600 磅（2086.5 千克）（山胡桃木）之间变化。1 考得木柴是 1"堆"8 英尺×4 英尺×4 英尺体积，即 128 立方英尺（3.62 立方米）的木柴。

图 72 位于涧磁村的宋代定窑遗址和遗址前面的煤堆，1997 年

英热单位（75 000 千卡）热量[74]。这意味着燃煤炉算仅需燃柴炉算约一半大小的面积，或者说只需添加一半重量的燃料。而且烧煤较容易达到烧成温度。煤在中国北方储藏丰富，因而价廉。煤与烧制炻器和瓷器用的黏土，往往出现在同一地质构造体中。这意味着许多原本以柴为燃料的窑场，一旦知道了如何用煤烧成陶窑后，很快就能将当地的煤资源用于陶瓷业。煤层下发现的黏土常常具有较好的耐火性，适宜于制作匣钵和窑砖。

煤作为燃料的缺点是其火焰长度较短（因为挥发性成分含量较低）以及燃烧产生大量煤渣与煤灰（通常占煤自重的 6%—7%，对于柴而言，灰烬仅占 0.2%—0.6%）。煤灰部分来自生成煤的古老树木，另一部分则来自原始泥煤沉积物中的淤泥，以及与煤共存的岩体中的矿物[75]。其较短的火焰严重制约了横焰窑的长度；煤灰多沙质，司炉时扰起的煤灰使得暴露于明火的器物的釉面易被污损。与柴烧相比，煤烧时还原气氛较难控制和维持，故耀州窑以煤代替柴并非纯有益而无害。尽管如此，丰富的煤资源也许决定了煤在此地的应用。另外，以煤为燃料烧成炻器和瓷器，涉及窑炉结构的较大改造，尤其是窑炉的火膛，即燃料燃烧的部位。

318

（iii）高温窑的柴烧与煤烧

很多北方窑炉建于近煤矿的地方，或直接建造在煤矿矿山顶部，这在定州和耀州

---

74 同上，pp. 633-647。
75 同上，pp. 535-638，table 2，及 p. 647，table 8。

的地方志中也有记载[76]。南宋时期，洪迈曾提到，安徽省萧县白土镇的煤炭储藏吸引了陶工就地烧制白瓷，当时那里有 30 多座窑炉，从业陶工达到数百人[77]。

　　燃烧充分时，木柴仅产生极少量的灰分，而且灰分很轻，易被火焰气流带离窑室。这两种原因使得火膛中几乎无木灰堆积。虽然如此，燃柴窑炉仍然需要较大的火膛以装纳大量木柴的燃烧，并提供空间用于木炭的堆积和燃烧成灰。木炭燃烧能提供木柴燃烧总热量的一半，因此无论木炭在炉条上部还是下部燃烧，都需要合理布局并保持良好的通风[78]。不过，燃烧中，一旦木炭余烬堆积到一定程度其体积将不再继续增加，且当烧成结束时，余烬所剩无几。

　　与木柴不同的是，燃烧煤会产生大量的灰渣，有时还有炉渣，而且随着燃烧的进行灰渣将持续增加。因此，以煤为燃料的窑炉，既需要在燃烧的过程中不断清除过多的灰渣，也需要在炉条下，设置纵深的落灰坑以容纳如此大量的堆渣。虽然后一种方法是处理灰渣的常用方法，但由于某些原因（例如长时间燃烧，尤其燃烧灰分高的煤）煤渣填满灰坑，则会导致炉火通风不畅。

　　燃煤火膛另一重要特点是使空气能进入灰坑，以使余烬燃烧充分，也能预热助燃空气以提高燃烧效率。但是过量的空气进入灰坑也会减缓燃烧速率，因此，控制空气的供给量是至关重要的。中国北方出土的一些窑炉上，已能见到控制空气供给量的结构。

　　燃煤窑的另一个问题是，煤的燃烧需要有炉条支撑，而木柴可以直接堆在火膛的地面上燃烧。但是，火膛底面有时需要设置为阶梯形，以利于更多空气进入燃料下方（见图 77）。由于煤的燃烧温度非常高，因此，燃煤窑炉条需要有极高的耐火度，而铸铁（其时已是中国常用的材料）似乎是一种选择。然而，燃煤窑的温度非常高，可能会高于相对较低的铸铁熔点，即 1090—1260℃。在一些北方窑炉遗址，譬如河北省观台窑，煤是其主要的燃料，使用了直径为 8—10 厘米的实心黏土圆棒为炉条[79]。在耀州发掘的燃煤窑炉条为多种材质，有石质的，有耐火黏土的。岩石的类型虽然在报告中未被确认，但是在耀州观察到的用作环形碾槽底石的砂岩，可能就是一种备选，而耐火页岩是另一种[80]。

319

　　76　《重修曲阳县志》（1904 年版）卷六，第十三页；卷十下，第一页。《耀州志》（1557 年版）卷四，第七页。

　　77　《夷坚志》卷二十七，第五页。

　　78　McMeekin（1984），p. 42。

　　79　在观台的一座 14 世纪用于烧制磁州窑系陶瓷的大型"馒头"窑（窑炉编号为 Y8）中，发现了很先进、专门定制的耐火黏土质炉条。在一个近乎完整的炉栅上发现了 84 根粗炉条，炉条长 0.4—0.8 米，直径 0.1 米，以旧匣钵支撑。燃煤火膛为 5.6 米宽、2.73 米长，炉栅顶部高 2.15 米。见 Anon.（1997d），第 579 页和彩色版图 111。

　　80　尽管石英的耐火性能很好，但鉴于石英在 573℃会发生 α—β 相变引起的体积变化，以及在高温下生成方石英和磷石英，因此砂岩作为窑炉材料是很不稳定的。不过陈岱和胡盛恩［Chen Tai & Hu Sheng-en（1946），pp. 193-197］发现重庆的某些含砂岩的黏土用作耐火材料时非常稳定："没有检测到岩石中的石英颗粒发生向磷石英或方石英转变的情况，高温下填充在石英颗粒间的黏土物质先熔融，随后石英颗粒熔解在玻璃相基体中……高温烧成后，不发生物相和结构上的变化，非常低的热膨胀性和气孔率，有很好的抗龟裂性，这表明，砂岩如果使用适当的话，可成为非常良好的耐火材料。"同上，p. 193。

耀州柴窑与燃煤窑之间，其炉窑平面布局的根本区别在于它们的火膛的部位，燃柴窑炉的火膛与整个窑室宽度相当，而燃煤窑的火膛仅占该区域中部的1/3，而在炉栅周围空余的地方，还可以增装部分匣钵柱。

在耀州，所有的窑炉在装满窑后主门道以砖砌封，但留有烧窑孔。煤从此孔投入到窑内的扇形炉栅上。在更低的水平位置，即炉栅的下面，也设有孔口，用于调节燃煤所需要的空气量。耀州所有的烧煤窑炉都有较深的垂直灰坑（深达2米），有的窑炉还筑有从灰坑底部通向外面的通道，用于耙渣掏灰并将残余的渣灰运送出去。

在黄堡的部分宋元窑炉中，其掏灰坑道有3米多长，且在其敞开的末端配备有可滑动的门以控制抽力。在黄堡遗址发现的长柄铁耙子，很可能就是用于从炉坑中掏出灼热的灰渣。在早期的耀州煤烧窑炉中，堆积的灰渣一般是经过通往炉栅底部的深深的隧道运出的，这是一个在陕西一些现代"馒头"窑中也能见到的特色[81]。晚期耀州窑的掏渣坑道却是靠近灰坑的上端的，如图73所示[82]。

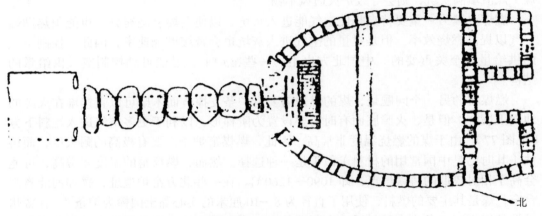

图 73 北宋黄堡烧煤窑炉，窑中有掏煤灰渣通道

在中国其他的早期烧煤窑址，稍晚才出现深的灰坑，例如四川省彭县和河北省观台的北宋窑炉。它们的火膛宽而浅，类似于柴烧窑炉，煤炭燃烧的火床很简易，是由倒置的匣钵和窑柱搭起的，且炉栅用后便拆除，下次烧窑再重新搭建。火膛的宽度可补偿其深度的不足。即便如此，看起来这仅是一种过渡的形式，这两处遗址随后也使用深灰坑和专门定制的炉栅[83]。

81　Shui Jisheng（1989），pp. 472，fig. 2。

82　薛东星（*1992*），第22-25页。

83　关于一座北宋"馒头"窑的示意图，见 Chen Liqiong（1989），fig. 1，p. 278。观台的 Y3 "馒头"窑的年代定为 1101—1148 年："这是一种早期形式的炉栅，并不完全成熟，只是以废料［即回收利用匣钵和窑柱］搭建。每次烧成结束清除炉灰时同时搬走炉栅，因此，没有发现专门制造的炉栅和炉条等遗物。"Anon.（*1997d*），第 577 页。

在页边空白处标注：320、321、322

图 74　典型的宋代中国北方"馒头"窑示意图，局部被切割移去是为了显示其内部结构。窑体下部
厚厚的墙壁，部分是为了隔热，但主要是为承载窑顶的压力

（iv）北方高温窑的烟囱

　　中国北方"馒头"窑，其最具特色之处是设计有两个烟囱，并肩建造在窑的后部。这类烟囱常常具有较大的内径而高度较低，某些窑的烟囱仅略高出窑顶。烟囱顶部直径往往只有下部直径的 1/4 左右，使其看起来有些像瓶形。当北方窑的建造者改建传统的北方砖窑用以烧制高温陶瓷时，其窑炉结构最为显著的变化是烟囱的宽度（及相对低的高度）。

　　实际上，建造两个并肩烟囱避免了将多个支烟道出口联结到中心主烟道然后再通向单一的中央烟囱的麻烦。例如，在火膛后墙的窑床面水平有一排六个垂直出口烟道，可以使其中三个直接通向一个烟囱，其余三个通向另一个烟囱（见图 74）。双烟囱也能实现对窑内左右两边烧成的更好地控制。通过阻滞一个烟囱的气流，从而将热流

323

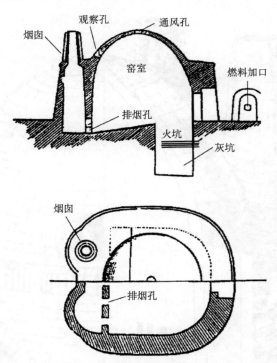

图 75　宋代煤烧窑炉的平面与正面剖视图

主要导向另一烟囱和该侧的坯件。同样，也可以用两个烟囱均衡窑内的还原气氛[84]。

烟囱起到两方面的重要作用，即从窑内带走烟气和调控窑内通风。随着热能不断输入窑内，气体分子的活动性增强，密度低的热气体往往会从烟道逸出[85]。较轻的热气流在周围冷空气的推动下上升冲向烟囱，随着热空气进入烟囱，窑炉内部将产生持续的抽吸作用使空气进入窑中。通过封盖窑炉的其他风口，窑外的空气只能从火膛（或多个火膛）进入窑内，充足的氧气供应使火膛中的燃料猛烈地燃烧。随着炉内气体温度的升高（使得气体密度更小），烟囱的"抽力"增强，从而更快速地供给燃料所需的氧气使得燃烧更旺[86]。因此，可以快速不断地添加更多的燃料，使窑温持续升高并从排出的烟气中获得更强的抽力。然而，这个过程会达到一个极限，随着烟囱内气体温度的升高，气体在烟囱中膨胀，达到极限时，烟囱内巨大的热气流将转而阻碍气体的流通，烟囱抽力开始下降。

84　最简单的"抑制"烟囱气流的方法是，抽掉烟囱底部墙体上的砖块，让冷空气进入烟囱。进入的冷空气对气流的阻滞作用类似于水平"闸板"，却不会导致使正被焙烧的制品受损害的风险。北方窑炉烟囱常带有这种闸板。参见杜葆仁 [（1987），第 37 页] 介绍的一例第二类北方宋代窑炉。本册作者之一（武德）于 1995 年在河北省彭城也见到过这种类型的传统"馒头"窑。

85　雅克·查理（Jacques Charles；1746—1823 年）在其"载人"热气球工作中，于 1787 年发现，常压下随着温度的提高气体体积线性上升，其表达式为 $V=bT$，这里 V 代表体积，T 代表开尔文温度，b 为比例系数。这样，20℃（293K）时 1 立方米的空气，在 1000℃（1273K）时可以拥有 4.35 立方米的体积。关于这种实例，见 Zumdahl（1995），pp. 143-144。

86　"在适当的条件下，自然抽力可产生强大的气流，导致燃烧产生高温，完全无须外力或机器鼓风，所以该方式从古到今始终被广泛应用。"Rehder（1987），p. 48。

图 76　河南省的双烟囱"馒头"窑，1985 年

具体来说，当温度在 150℃ 的低温时，烟囱的抽气效能很好，而当烟囱内烟气温度超过 250℃ 后，其效力有所下降，但在温度接近 500℃ 以前，这种下降并不是很显著[87]。当温度达到 500℃ 及以上时，烟囱的效力将快速下降，这使窑工很伤脑筋。因为，接近烧成温度时，烟囱"抽力"逐步丧失，大量的热能损失于窑体结构中，而窑温也就趋向其极限。

从窑炉设计来说，解决此问题的最佳方法是增加烟囱的宽度，这样可以降低烟囱过热，使更多空气向燃料供应，由此使燃火更烈。因此，"馒头"窑烟囱的宽度有助于烟囱保持较低温度，同时也不致使火焰速度太高而产生不均匀烧成的缺陷。

如果将烟囱的"抽力"比作热气球的"升力"，那就可以认为烟囱中空气的体积比烟囱的高度更为重要。同时烟囱顶部的直径直接影响到烟囱的抽力，因为它控制窑炉中排出气体的最大速度。由于北方"馒头"窑炉烟囱的顶部很窄，所以当烟囱中充满热气体时，其作用就像"推力存储器"。效果是将热气通过窑室后墙底部的一组与烟囱垂直的排烟孔，从宽大的窑室中均匀平稳地排出。如此，减弱了窑室中最通畅路径上

324

87　Bourry（1911），p. 217。

的火势，降低了这些部位的器物被过烧的危险。此原理也解释了为什么后期"馒头"窑的烟囱延伸至窑炉地面以下半米，而不是增加其在窑外的高度来提高烟囱的效能[88]。

（v）"馒头"窑的初期烧成阶段

能使烟囱产生抽力所要求的最低温度虽不高，但也需要一段时间才能达到。此阶段烟囱的抽力是非常低的。在西方，焙烧前先在烟囱底部预烧来克服这种初期的惰性。这种通过预热烟囱而产生抽力的方法是非常有用和必要的，特别是对于烟囱与窑炉相距一定距离的情况。对于倒焰窑，西方采用了另一种方法，在烧成周期的初期，只是简单地以直焰烧成式预热，即让热气体通过窑炉顶部孔排出[89]。一旦窑炉中较高温区出现适当火色时，顶部孔口就可封盖，窑炉就转为倒焰方式运行。此后，烟囱的抽力使得窑内烟气逆向下行，流向窑床面的火孔，再从地下通道进入可能距离窑炉几米外的烟囱中。

这种以直焰方式启动烧成的方法，在当今中国随处可见，也在传统"馒头"窑中使用。窑炉顶部的孔（通常是外圈四个，中间一个），在烧成初期是敞开的，使窑内气体上升排入大气。一旦离火膛最近的匣钵红热，顶部气孔被"覆盖"，迫使气体通过烟道和烟囱离开窑炉，这样窑炉就转向横焰式烧成[90]。在初期直焰烧成阶段，通过窑后壁的热传导烟囱已受热升温，这样一旦转为横焰烧成烟囱已具有相当的抽力。初期的直焰烧成除了加热烟囱的作用外，还有助于减缓窑炉的升温，在此阶段由于坯体中的孔隙水突然蒸发易发生坯品的开裂，因此需要缓慢加热。

由于考古发掘出土的从隋代至明代的"馒头"窑遗迹总是缺失其上部结构，所以北方窑炉这种"直焰转横焰"方式难以得到考古资料的证实[91]。然而可以对其方式作些推测，特别是在一些北宋窑炉遗址中发现了黄土测温锥。它们类似于现今的测温锥，可以指示何时应当从直焰转为横焰烧成[92]。

（vi）横焰窑与倒焰窑的比较

提及西方的倒焰窑，可以引申出中国窑炉设计的基本情况，即从战国时期到 20 世纪早期，横焰烧成一直是龙窑和"馒头"窑两者的主导。真正的单窑室的倒焰窑在中国古代即使出现过，也很少见到，在西方这种窑炉也是直到 19 世纪才出现[93]。横焰窑

88　1995 年，武德在河北彭城遗址观察到这种结构的传统"馒头"窑。

89　1964 年，武德在英国雷丁（Reading）地区泰尔赫斯特（Tilehurst）的科利尔有限公司（S. & E. Collier Ltd）砖厂见到过。

90　Shui Jisheng（1989），pp. 471-472。

91　耀州窑发掘出土的残留窑床面遗迹的示图，见薛东星（1992），第 38 页。

92　Shui Jisheng（1986），pp. 312。在宋代，除了测温锥外，也用"检测器"或"抽出-检测"方法测试窑炉的温度，这些检测器（字面意思是"火光反射器"——"火照"）为方形，且中间有一圆孔，可用长杆通过火孔钩出，见薛东星（1992），第 39-40 页。

93　Green（1999），pp. 58-59。

325

结构固有的温度分布不均匀现象，一直是中国陶工努力试图克服的问题。从图 77 可以看出这种温度不均匀分布的原因。

图 77　典型的横焰窑与倒焰窑中的温度分布对比（深色部分是温度较高的部位）

这让人有些困惑，中国曾经引领了世界高温陶瓷技术，其很多成就是基于"馒头"窑和龙窑设计中的高温优势。然而，论及温度的均匀性，则这两种窑炉均显不足，煤烧"馒头"窑尤其如此，靠近火焰出口处，温度显著降低。这种现象曾以山西现代的应用情况为例被做了详细的探讨，论文发表于 1989 年[94]：

> ［对于煤烧"馒头"窑而言，］很难制订出合适的烧成制度，如果基于窑炉前上部的坯件烧成情况制订，则码在后部的大部分坯件会生烧。相反，若以后下部的坯件为基准，将会导致前上部的器物过烧甚至坍塌。古代陶工通过毕生的实践，实现了避免过烧和生烧的强烈愿望。他们注意到高温下不同保温时间的反应规律，认识到坯品在较低温度阶段长时间的保温，会产生在高温阶段短时间保温同样的热效应。基于丰富的实践经验，最终制订出了适合"馒头"窑的独特的烧成制度。

前面提到的长时间保温，在山西省的"馒头"窑烧成中很有代表性，但对于现代陶工来说则有些陌生，他们所熟知的是中型尺寸的燃油窑炉烧成时间只用 24—48 小时[95]：

> 烧成中小件制品的整个过程大约为 100 小时，其中最初的 24 小时是烘烤阶段，接下来的 40 小时稳步升温，当位于第二排（匣钵柱）的测温锥倒伏之后，窑炉顶部的出气孔被关闭（即转换到倒焰式）……当最后一排的测温锥弯倒之后，将在这个温度保温 10 小时左右，而大型陶瓷器物的烧成时间可能会持续长达 10—11 天，在这个烧成过程中，保温时间将持续 50 小时。

在直径为 2—3 米的小型窑炉烧成小型坯体，10 小时是基本的保温时间，但这些做法显然仅是有所改善而非完全解决了问题，温度不均匀现象在煤烧"馒头"窑中仍普遍

94　Shui Jisheng（1989），pp. 471-472。文中介绍的小件制品的烧成时间是 100 小时，但实际加起来只有 74 小时。这个差异可能是未计入"脱水"阶段或冷却阶段。

95　同上，第 473 页。

存在[96]：

327 　　　　尽管采用了长时间的保温，温度梯度仍很显著。30 年前，人们在"馒头"窑中做过一个实验：测量了烧成最后阶段的温度，发现窑炉前上部与后下部间的温差在 100℃以上。

即使在现代欧洲燃煤的倒焰窑中，仍然存在窑炉内部温度不均匀的问题。按照厄恩斯特·罗森塔尔（Ernst Rosenthal）的解释，煤的种类在其中起着至关重要的作用[97]：

　　　　在烧成的最后阶段，用长焰煤作为燃料是必要的。长焰能使热量达到窑炉的中部，而仅通过辐射和传导热量则很难达到。无论是倒焰窑或直焰窑，如果能够像加热窑室的边缘部位一样快速地加热窑内中央部位，烧成时间就能大大缩短。事实上，由于在烧成的最后阶段必须使窑炉中央部位达到其所需温度，部分坯体的受热就远远超过了其本身所需的时间。

至于在宋代至明代的北方燃煤"馒头"窑中，还难以说清在多大程度上曾应用了现代烧成技术，但古代和现代窑炉平面结构的相似性让我们设想，在烧成技术方面古今之间也有可比性。另外，宋代和金代单色釉炻器的微观结构显示，"馒头"窑在烧成高温阶段应该采用了长时间保温措施。例如，钧窑器测试显示胎体已高度莫来石化，胎釉中间形成非常明显的结合层，釉中残余石英颗粒周围形成"犬牙"形的方石英晶体[98]。耀州窑器物的釉中尽管氧化钙含量较低，但在胎釉中间层生成明显的钙长石[99]。这些现象均可以说明，坯体在窑炉高温阶段曾进行了较长时间的保温。

（vii）冷 却 过 程

长时间保温产生的一个问题是，由于釉中生成过多的微结晶，可导致釉层失透和亚光。在许多北方窑炉中，有可能曾经采取快速冷却来降低这种影响。一般是在烧成结束时拆掉窑门上的砖块，让冷空气进入，使得匣钵中炽热的坯体冷却。后来的景德镇窑采用这种快冷技术防止亚光并获得光亮的釉层。至 20 世纪中期，英国北斯塔福德郡（North Staffordshire）以大型直焰窑煤烧白陶和骨质瓷，在烧成结束后已普遍采用了
328 取下窑门的冷却方法。根据最近牛津大学对部分北宋和金代耀州窑器物的显微结构分析也可以推断出，那些大型的窑炉的冷却速度比预想的要快得多[100]。

（viii）长 时 间 保 温

高温下长达 10 小时以上保温的副作用是燃料消耗过高。相对来说，初始升温阶段

96　同上，第 473 页。
97　Rosenthal（1949），p. 105。
98　例如，见金格里和范黛华［Kingery & Vandiver（1986a），p97］对钧釉的描述。
99　Rastelli *et al.*（2002），p. 188。
100　同上。

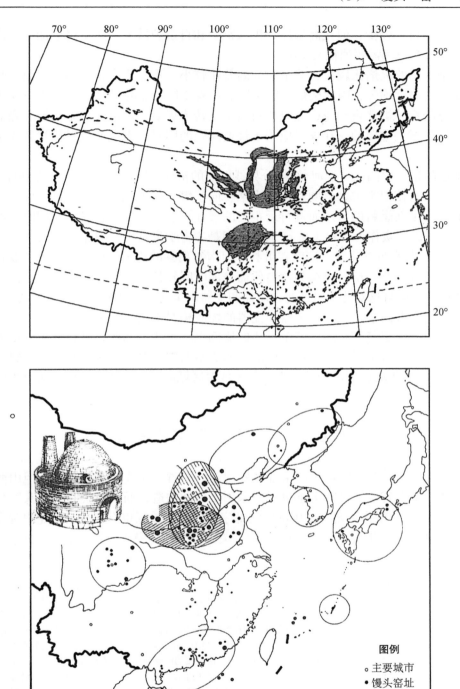

图 78　中国"馒头"窑分布与煤矿分布间的关系

所耗费的燃料量较少，但在高温段，进入窑炉和自窑炉散失的热量将会加速，使得窑炉的保温或升温都需要消耗大量的燃料。

　　由于木柴的火焰比较长，柴窑中的温差比较小，不需要太长时间的保温，热传导就能使窑内温度均匀，因此柴烧"馒头"窑只需要比较短的保温时间。10—11世纪，中国北方的森林被严重砍伐，此时燃料由木柴转为煤炭，这对于北方炻器和瓷器能够持续发展是至关重要的。在煤炭应用于烧造陶瓷的同时，钢铁业也以焦炭替代了木炭为燃料[101]。

　　幸运的是，中国北方淮河-秦岭分界线以北的窑区，既蕴藏有制造炻器用的黏土也富藏煤炭，这使得窑炉燃料顺利地由木柴转向了煤炭。因此北方的炻器和瓷器窑炉，没有必要为了新燃料的采用而进行远距离的搬迁[102]。尽管最早在汉至三国时期的文献中已提到了以煤炭作为燃料（见 p. 316），但是考古学家发现，陶瓷业的烧煤始于10—11世纪，是在陕西省黄堡、河南省巩县、河南省禹县的钧窑，以及河北省的观台窑、邢窑和定窑等处[103]。虽然以煤为燃料所需烧成时间较长，但由于其储量丰富而有良好的应用前景。而且这对北宋时期北方炻器和瓷器产量的大幅度增长有重要贡献。

　　考虑到所有因素，北方的炻器和瓷器的烧成相对于南方似乎代价更高。因为北方窑炉比较小，窑室装坯空间占整个窑体的比例也要小些。如此，燃料产生的很大一部分热量用来加热窑炉了，这使得烧成的燃料成本增加。对于采用煤炭作为燃料的传统"馒头"窑，这些缺点更显严重，为了避免低温区域的装坯生烧，需要延长窑炉的保温时间。

（ix）中国"馒头"窑的分布

　　中国高温"馒头"窑最早的窑址多发现于河南省，年代为北朝时期，但山西、陕西、河北、山东省所发现的窑址也很快采用了该种构造，而于唐代时"馒头"窑在北方已很普遍了。"馒头"窑在中国的西北部宁夏回族自治区也有发现，最先出现在西夏时期（1038—1227年），而后是明清时期。灵武地区的陶瓷业曾很繁荣。在这个邻近沙

　　101　华道安 ［Wagner（2002），待出版］写道："中国11世纪的'商业革命'伴随着大量的技术发展，在冶铁业方面，鼓风炉结构有了重大发展，水动力用于鼓风，煤和焦炭代替木炭用作燃料"……华道安在以前的一篇论文 ［Wagner（1985），p. 37］中主张，这种设定，即在当时的中国中部及北方地区煤总是比木炭便宜，并非在任何情况下始终都是正确的。不过，他提了附加条件："当然，当消耗增长超越了生态平衡所能承受的水平时，木炭的经济优势就消失了。"孟泽思 ［Menzies（1996），p. 666］认为煤的广泛使用也使森林发生衰退："在中国用煤炼铁技术的出现远早于欧洲，煤的早期发现和取代木炭，意味着几乎没有通过植树造林来促进工业的增长。不过，到12世纪后期，经济发展加强了对铁的需求，木炭与煤的相对价格促使了煤在陶瓷业的广泛采用。当时农业技术的发展，土地用于农业或林业的相对价值的变化也对此有影响。"

　　102　17世纪初期，在英国，当皇室颁布法令由煤替代木炭后，工业布局发生了变化。玻璃制造业就从南方的林区转到了近布里斯托尔（Bristol）的西部煤炭区。皇室法令是由詹姆斯一世（James 1st）1615年5月23日颁布的（皇室公告，第42号）。见 Weedon（1984），pp. 15-16。

　　103　例如，见 Anon.（1997d），第578页；张进、刘木镇和刘可栋（1983），第27页；及陈丽琼（1989），第476-478页。

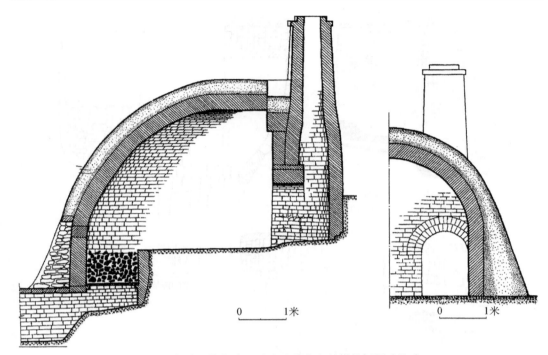

图 79　宁夏回族自治区灵武遗址出土的煤烧"馒头"窑

漠的地区，煤和黏土资源都非常丰富，附近的河流系统也使得运输很便利[104]。关于灵武窑的窑炉构造，其排烟道似乎要粗大一些，也许是因为该地区的海拔高，在 1287—1321 米，这就意味着烟囱的高度和内径必须足够大，以适应于稀薄、低氧的空气环境[105]。艾黎（Rewi Alley）和加恩西（Wanda Garnsey）报道，在辽宁海城发现了远及中国东北地区的"馒头"窑[106]：

> 这里窑场的标志是它们的方形窑炉，这些窑炉历经了唐、辽、金时期。测量尺寸为 3 米×3 米，中国北方常用此类窑炉，北方的陶工是在平地上建造以煤为燃料的窑炉……

在中国南方一些煤藏资源丰富的地区，也有用"馒头"窑的习惯（见上文图 78），四川省就发现了这类窑群。"馒头"窑好像是唐代时引进的，之前当地是龙窑窑型。在成都发掘出了唐代窑炉，在邛崃发现了五代窑炉。在彭县发现有仿烧唐代器物的宋代窑炉，其匣钵和器物标本的年代相当于 1224 年。在涂山发现了另一座烧造黑釉器的宋代窑炉。该地区唐代的"馒头"窑是用砖砌造的，而北宋时期则是用石头建造。唐和五代时期的窑炉以木柴和竹子为燃料。因此唐代的窑炉较深，而宋代转为以煤为燃料，窑炉就矮很多。宋代的火膛位于地平面，而窑室则在其后面的台阶上，在窑炉侧墙有

331

104　Anon.（*1995*），第 15 页。

105　在海拔 4000 英尺以上的地区，烟囱的高度需要提高 35.6% 和宽度扩大 6.3%。见 Marks（1924），p. 978，table 20，"烟囱抽力，对海拔的修正因素"。

106　Garnsey & Alley（1983），p. 64。

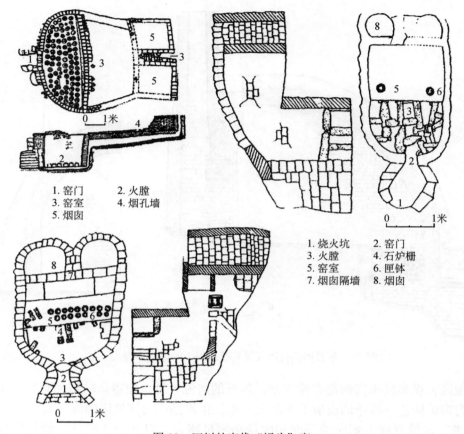

1. 窑门　　2. 火膛
3. 窑室　　4. 烟孔墙
5. 烟囱

1. 烧火坑　　2. 窑门
3. 火膛　　　4. 石炉栅
5. 窑室　　　6. 匣钵
7. 烟囱隔墙　8. 烟囱

图 80　四川的宋代"馒头"窑

壁龛，以装置尽可能多的坯品来充分利用窑炉的热量[107]。像前面 p. 322 提到的例子，较早时期四川在烧制炻器的窑炉中，用倒置的匣钵充当炉栅，后期的窑炉则配备有石料制作的规范的炉栅，如在重庆附近的涂山出土的南宋晚期的煤烧窑炉。

332　　　中国南方，虽然以木柴为燃料，以隧道般长窑体的龙窑烧制大宗高温器物，但以煤作为燃料的"馒头"窑仍是烧制砖瓦的首选类型[108]。这也许是因为龙窑不适合强烈还原气氛的烧成和还原气氛下的降温，而这正是低温窑炉烧制建筑陶器所需要的。

（x）北方"馒头"窑发展史小结

　　从考古资料来看，北方"馒头"窑是从传统的横焰砖窑发展而来的，其大多是在
333　黄土堤岸直接挖成。早期的砖瓦窑的基本构造有火膛、窑室和出烟道，且为水平排列建造，而不是像早期的直焰窑那样层层垒叠。自新石器时代以来，中国偏爱灰色的建筑陶器，砖瓦窑大多在最高烧成温度阶段和冷却初期采用了强还原气氛。绝大多数北

107　陈丽琼（*1992*），第 453-461 页。
108　本册的作者已在中国南方的江苏、安徽、浙江和福建等省，观察研究了烧成灰砖的"馒头"窑。

方瓦窑以木柴作为燃料，但也有少数用煤或木炭饼。在汉代批量铸铁生产中，类似的横焰窑用于焙烧陶范和浇铸前的陶范预热。

公元 5 世纪时，随着炻器在中国北方的复苏，在河南的安阳和巩县，内径约 1 米的小窑发展了起来。这些窑炉往往建于地面以上，但依然遵循广为接受的横焰窑的原理。这类窑炉的火膛相对于窑室的容积比较高，部分原因是窑体的容积小，也有烧制炻器和随后烧制瓷器所需的热量较高之因素。北方早期的炻器窑，往往避免早期砖窑的"三叉"式设计，即将三个出烟道连接通向单个垂直烟囱的结构特征。直到 10 世纪后期，北方在其窑群转为煤烧前仍然以柴烧为主。

随着煤作为燃料的使用，火膛变小了，而炉栅下面的灰坑却更深了。现在大多数窑炉都使用两个并肩的烟囱，而槽状烟道将窑室与烟囱底部垂直连接。煤烧"馒头"窑的烟囱通常较为粗而矮并向顶部收缩。采用双烟囱可能是为了简化构造，并且提高沿窑炉宽度方向温度的均匀性。烟囱较大的宽度及其向上收缩的瓶形结构限制了窑内火焰的流速；较宽的烟囱还可以防止接近烧成结束时的过烧现象，从而提高了烧成效率。"馒头"窑在烧成的初期阶段，很可能通过揭开窑顶孔洞采用直焰烧成。

大约从 11 世纪至 20 世纪中期，粗矮的并肩双烟囱、燃煤、方形火膛与小型圆顶，是中国北方大多数烧制施釉制品的高温窑特征。中国北方采用真正的倒焰窑（横焰方式合情合理的发展）是新近才出现的，也许是从西方引进的[109]。在北方，横焰窑固有的高温温度不均匀、烧成时间长等缺点，一定程度上是通过提高坯体间的热传导来克服的。因为在陶瓷烧成的过程中，保温时间与最高烧成温度间存在互补关系，所以，此类窑炉的实际烧成温度，可能明显低于其坯釉本应需要的烧成温度。尽管这些窑炉的热效率低，但绝大多数北方黏土为高铝低熔剂含量，因此长时间的高温保温是有益的，能促进莫来石的生成，提高制品的刚性和烧成强度。

334

（xi）北方窑的装窑技术及窑具

装窑技术追求的主要目标是制品烧结程度高、温差尽可能小且燃料消耗少。这是今天全球陶工的共识，而在中国北方新石器时代早期，陶工们肯定已注意到了。数千件烧成良好并幸存至今的中国新石器时代的陶器表明，当时窑工已能较好地控制烧成温度及气氛。尽管还没有发现有关这些陶器如何装窑的详细原始资料，但是，从以直焰窑装烧无釉坯体的方法中，就会发现一些简单的装窑规则：小器件可以套入大器件装烧；器盖可以直接盖着烧；而以什么方式装窑（正装或倒装）则不那么重要。如果大坯体靠近中心位置装烧，而且周围放置一些小坯件，大坯体则会焙烧得更好。这种围装大坯件的方式可以避免其因不均匀受热而产生的开裂。而且一般情况下，密集装坯比稀疏装坯往往效果更好，因为密集装烧能降低火焰传播的速度，且因火焰受到器物阻挠和器物间的热传导而能改善热量的分布。从窑炉的产量方面考虑，密集的装窑也更为经济。新石器时代中后期，中国以烧制灰陶和黑陶为主，密集装窑还可以防止

109　加恩西和艾黎 ［Garnsey & Alley（1983），pp. 29-30］ 的书中有山西省现代典型西式倒焰窑的插图。

二次氧化，促进还原烧成。

直焰窑装窑时，坯品能够安全地一件叠一件地放至约一米的高度。用楔子间隔使得堆起的坯垛更稳固且相互隔开是很有帮助的，通常采用烧过的碎陶片作间隔。如果是不施釉的坯品，相互接触不会有问题。必要的装坯常识能提高制品的烧成率，例如避免在又小又薄的坯件上放置过重的坯品。在中国北方新石器时代窑址中没有发现专门制造的窑具，也许在当时，小型窑炉没有必要使用窑具。

（xii）商代的装窑方法

在炻器和商代北方白陶的烧制过程中，也许已较好地采用了上述的装坯方式。所用白色黏土具有很好的耐火性，而且在低于其产生烧成收缩和塑性变形的温度下烧成。坯品无釉，使装坯过程比较简单。

以陶瓷材料制作青铜铸造范模是商代北方陶瓷业的一项重大创新，其首先要考虑的是防止干燥与烧成过程的变形。从现存的商代青铜器上，可以看出陶范的制作公差很微小，很难看出这些分体块范是怎么组合的。这表明多块的分体铸范是组合在一起烧成的，使得烧成中块范接口间不出现任何差异，以确保块范在铸造工场合范组装时的精确性。也许在中国北方整个青铜时代一直运用着这种方法。即使是铁器叠范铸造模具的制作，也同样需要精确制作的陶质块范。

（xiii）汉代釉陶

在中国北方，随着釉陶的产生，装窑中出现了新问题，其主要的是如何防止烧成过程中因釉料熔化而使制品粘连在一起。在这方面，制品本身可提供关于装窑方法的一些线索。例如，从釉面上显示的釉的流动方向可以看出，汉代大多数铅釉器皿，是倒置装烧的，彼此间用小粒红黏土分隔。常见这些用作分隔器皿的黏土小粒，有时粘在了器皿口沿，有时则粘在了器底。

大型的铅釉容器采用倒置法装窑，可能是为了保护其里面的坯品（一般是较小的施釉坯）免受爆裂碎片的损坏。生坯的烧制过程中，常常会发生蒸汽引起的爆裂，爆裂碎片会弹射到裸露的容器上，粘附在坯器表面的碎片会毁坏釉面。可能大多数汉代铅釉器的釉直接施在生坯上，而唐代的铅釉常常施在素烧过的坯体上。汉代铅釉器为一次烧成，因为大量汉代出土的釉陶制品，其釉下显示有还原烧成的黑斑块，这是生坯施釉烧成的典型特点。在这种工艺下，裸露的釉面易被器皿爆炸的碎片所损坏。

（xiv）唐代的"三彩"器

从唐"三彩"大件罐、瓶、长颈瓶的铅釉流垂情况来看，这些器物都是正装烧成的，大多数塑像制品亦如此。唐"三彩"制品由于素烧后再釉烧，少有爆裂现象，这

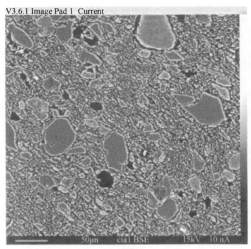 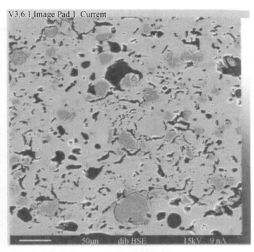

图 81　唐代北方炻器（左）及唐代透明釉瓷（可能是邢窑器）（右）的微观结构图。样品来自印度尼西亚勿里洞岛（Belitung）附近公元 9 世纪中期的沉船。尽管两者的烧成温度相近，但低熔剂含量白色器物的胎中几乎没有产生玻璃相；右图中的瓷器样品则显示，胎中既有大量玻璃相存在，也有软化与熔解的黏土与石英颗粒团

是比汉代更安全的操作工艺[110]。"三彩"盘子常常带有三个点状小疤痕或细弧状疤痕，是三角形垫饼或环形支圈所遗留。这说明装坯法是一件件的叠装式，中间仅以可重复使用的黏土支具分隔[111]。唐"三彩"可能是所有的中国釉烧窑中最容易装烧的，因为素烧后的坯体较为坚硬，釉烧温度下不再产生收缩。相比，北方的炻器或瓷器，尽管是用相同的黏土制成的，但其装烧过程更具挑战性。这主要是因为在烧成过程中，炻器和瓷器制品会产生较大的烧成收缩和变形。

336

（xv）高温窑炉的早期装窑方法

在唐"三彩"的烧成温度下（950—1050℃），黏土坯体的烧成收缩很小。相比之下，相同的黏土当加热到炻器和瓷器的烧成温度时，在升温的最后 300℃时会产生很大程度的烧成收缩。尤其是瓷器，其最终烧成阶段的线性收缩率高达 10%（体积收缩率会达到 30%）。一种与中国北方所用黏土相近的黏土的烧结行为（实际上是英国高铝球土 Anglo No. 4）展示于图 82。

这些图片清晰地显示了这类黏土的如下特征：

337

> 随着窑炉温度升高，黏土的孔隙率降低且致密度提高，典型特征是孔隙率在 1050℃时为 30%而于 1250℃时仅为 4%。

110　"唐'三彩'为二次烧成。器皿素烧温度为 1050℃，墓葬品温度稍低一些……釉烧采用中等大小窑炉，氧化焰烧成，温度低于 900℃。" Li Zhiyan & Zhang Fukang（1986），p. 76。

111　杜葆仁和禚振西（*1987*），第 21 页："许多三角形支垫上粘有烧成过程滴落的'三彩'釉迹。"另见 Li Zhiyan & Zhang Fukang（1986），p. 75，fig. 13。

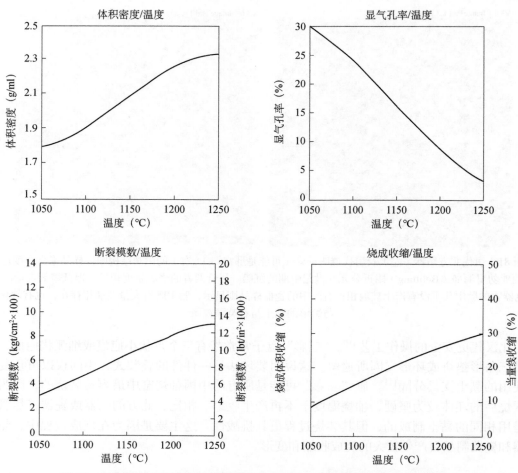

图82　与中国北方炻器黏土相近的英国高铝球土在烧制中的表现和烧成性质

　　　　窑温升高使黏土收缩。从大约20℃到1050℃，黏土的收缩率仅有2%—4%。然而在烧成的最后阶段（1050—1250℃），黏土的收缩又增加了7%，烧结强度几乎与收缩率同步提高。

　　烧结过程中的收缩率主要取决于坯体中玻璃相的形成，玻璃相熔融了坯中部分细小矿物颗粒，熔蚀了大颗粒边缘部位。这使得黏土质的坯体更加坚固、更加致密（图81）。随着铝硅酸盐晶体的重构，尖晶石向莫来石的转化也会导致坯体的收缩。该过程还有一特征是，坯体中的玻璃相在瓷器高温烧结中起着类似于水在塑性黏土中的作用。玻璃相使黏土受压变形，如果器件的强度不够，仅自身重力就能导致变形。这意味着中国低玻璃相釉陶允许堆叠焙烧而很少受损，只需简单的垫片防止釉面粘接。而对于叠装的炻器和瓷器，如果窑内坯体间没有适当的分隔和支撑，烧成中它们不仅会变形，而且也会粘连或坍塌。

　　在烧成的最后100℃，如果炻器和瓷器碗的底足收缩不均匀，那么其口沿很可能也会歪曲变形。这是因为高温下坯体变软，底部的变形会传递到整个制品。由于碗是中国古窑场的主要产品，所以采用了多种方法来解决这一问题，这些方法都考虑了高温下制品间的接触会因黏土中大量玻璃相的生成而粘连。在柴烧窑中，粘连问题因飞灰而更为严重，飞灰会使整窑的坯品生成极薄的釉层。

对河北邢窑隋代从青釉器发展到白瓷的研究，可形象地了解中国北方是怎样处理高温烧成中的装烧方法的。北方最早的高温瓷是在原先的"馒头"窑中明火柴烧烧成的，采用制作精巧的"饼架"支撑，"饼架"有厚厚的圆形底部，并放置在高竖的空心支柱上。以扁平的三角形垫饼分隔堆叠的碗坯，碗坯的外底部不施釉。尽管碗内底釉面会因三角形垫饼支撑装坯留下三个接触疤痕，但这些接触疤痕可以在烧成后凿掉。

这种装坯方式，除了装坯密度适当外，也可以将大罐放在坯垛的最高处烧成。该方法的另一个优点是，喇叭形坯架的使用，可使装坯位置较高，避开窑炉低温区，尤其是避开窑后墙底部靠近出口烟道的区域[112]。这些不甚稳固的高装架，以厚实的耐火黏土楔子稳固在地面上（见图83）。在烧制过程中，很可能需要预防坯架向火膛倾斜的问题，因为坯架及支柱在其温度较高的一面会发生较大的收缩。令人意想不到的报道是，在南方远达1500公里外的广西壮族自治区，隋代小杯的装坯也采用了类似方法，坯品装在桶形匣钵的顶部（图84）[113]。

图83　隋唐时期巩县横焰窑示意图，显示其装坯高度愈接近后壁愈高。这种装窑方法是为了补偿烟道出口区温度的下降

112　Bi Nanhai & Zhang Zhizhong（1989），p. 466。
113　见李铧（1991），第86页，图12。

图 84 隋代广西炻器的装窑方法

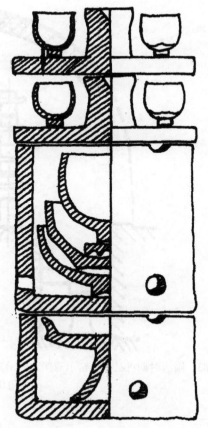

图 85 隋末唐初邢窑的装窑方法

早期邢窑白瓷很可能是一次烧成，而放置在碗杯和盘之间的三角形垫饼仅使用一 340
次。保持器底与边缘周正的理想方法是使用一次性的分隔垫片以支撑碗坯，因为在高
温下生料垫片将与碗坯同步收缩。邢窑也用一次性支柱支撑碗坯垛，坯垛有时正放，
有时倒置。后者可以更好地防止柴灰、窑顶落渣与器物炸落的碎片对器皿的破坏。此
类支柱与分隔垫饼也早已在中国南方使用，但是垫饼系圆形而不是三角形。三角形支
垫的使用是以河北省中心窑场向外辐射的，这类垫饼也反映了我们所熟知的中国南北
分界，也许四川省属于例外。存在两类三角形垫饼，如图86左上角所示，一类是只在
一侧有支点，另一类是两侧都有支点。考古学家对北宋时期山西介休窑的第二类三角 341
形垫饼描述如下[114]：

> 器物烧成后，只有三个针点疤痕留在器物内外底面。这是三角形垫饼发展的
> 顶峰。

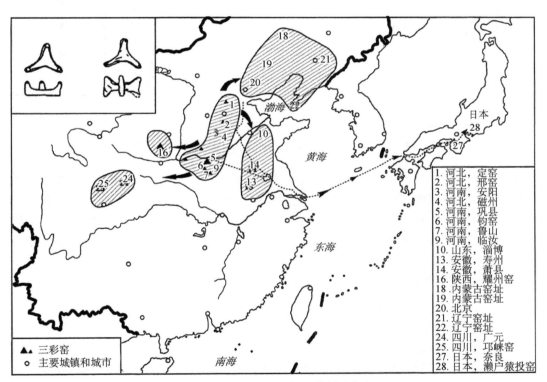

图86　中国三角形垫饼的传播及分布

（xvi）匣　　钵

双面三角形垫饼曾在中国北方及四川省广泛使用，至今在世界各地这类垫饼对烧
制工艺陶瓷和工业陶瓷仍然是很有帮助的。匣钵与此相似是装窑工艺方面又一个非常

114　Shui Jisheng（1989），pp. 307。

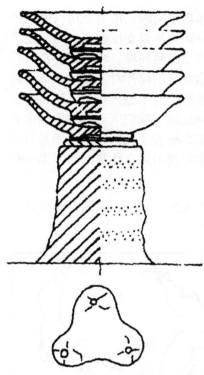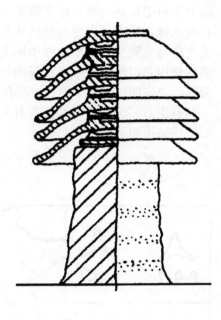

图 87　中国北方隋和唐初烧成炻器和瓷器的装坯方法

卓越的创新。匣钵是耐火黏土盒子（通常是圆柱形），内部装进生坯或素坯，再于窑内叠装成高高的钵柱或"桶柱"。匣钵的使用解决了许多问题，为陶瓷生产带来了极大便利。在陶瓷史上匣钵的使用极早，至晚可推及公元前第 3 千纪后期，当时印度北部的印度河文明曾用拉坯制成的"桶"钵装烧手镯[115]。而在中国，能够辨识的最早使用的匣钵，大概要晚 2500 年[116]。

342

匣钵的优点详陈如下：

- 保护制品不被煤或柴灰污染；
- 防止制品炸裂；
- 阻挡冷气流冲击坯体；
- 凭借它们的质量及它们一致的装坯方式，促进热量在整个窑炉中均匀分布；
- 避免不稳定的堆叠装坯，充分利用窑炉空间；
- 允许建造和利用更高的窑室空间。

343

在中国，与世界其他国家一样，使用匣钵即便费力费神，但有经济效益。窑工可以匆匆进入尚处在冷却过程的窑中，一次次抢出匣钵。用这种方法，窑室会很快被清

115　Vidale（1990），pp. 240-246。
116　虽然有报道称，在中国山东新石器时代龙山文化的"蛋壳"陶生产中发现有匣钵，但仍需证实。最早的、有发掘资料引证的匣钵为公元 4 世纪早期，见 p. 343 和 p. 524。

空，随后在窑体尚留有余热时重新装窑，这就为下一次烧成节省了时间和燃料。

匣钵可以多次反复使用，还可适应不同制品做成不同的形状和尺寸。在 10 世纪时，中国北方窑炉逐渐燃煤后，已无法明火烧成精细陶瓷，耐火的煤灰比富含熔剂的柴灰对裸露的釉面更具破坏性，因此匣钵的使用就更为重要。

尽管中国从新石器时代，已曾采用将小坯套装在坚固的大型坯体里面装烧的方法，但可反复使用并依器定制的装坯匣钵，为北方早期的高温窑陶瓷生产带来了巨大的好处。隋代晚期北方邢窑似乎已经使用了简单的"桶形"匣钵[117]，但在当时，广西已在使用真正的圆柱形匣钵[118]。对于中国南方窑系是否更早使用了匣钵，意见尚不一致。据说，在东晋时期江西省的洪州窑及湖南省的湘阴窑已使用匣钵了（见本册 p. 342，脚注 116）。但是南方的圆筒状碗垛支柱很像匣钵，或被认为是南方窑场匣钵的起源[119]。考虑到很多早期的南方窑，无釉大器皿常与施釉炻器一同生产，无釉容器可临时用来装烧更精细的釉制品，这种观念自然而然地导致了可反复使用的专门制作的匣钵的出现。隋代晚期的邢窑，"柱台加垫饼"方法与"桶形"匣钵同时使用，后者主要用于支撑并保护高大的瓶罐坯品[120]。

据介绍，内丘县出土的隋代晚期的邢窑匣钵"具有白色瓷器的特征"[121]，所以起初匣钵和器物可能采用了相同的黏土。然而，由于匣钵在高温烧成中多次使用，其玻璃相的含量会逐渐增加，而且也会遭受外部飞灰的侵蚀。这两个原因将使其荷重强度变差而不得不被淘汰，当然，有的匣钵会因为裂缝而早早被废弃。

由于对匣钵的技术要求，匣钵原料不久就采用了比所装坯体更为耐火的黏土。当

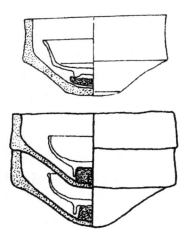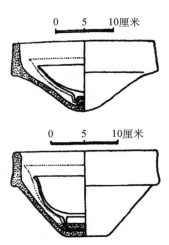

图 88　装有碗或碗垛的漏斗形匣钵

117　"隋末，邢窑匠人为了烧制白瓷发明了'桶钵'。" Bi Nanhai & Zhang Zhizhong（1989），p. 466。

118　李铧（1991），第 86 页。

119　劳法盛、叶宏明和程朱海［Lao Fasheng，Ye Hongming & Cheng Zhuhai（1986），p. 319］关于浙江的古窑具，写道："唐代，……圆筒形支柱演变为匣钵，相应地，瓷器从明火烧成改变为匣钵装烧。"

120　Bi Nanhai & Zhang Zhizhong（1989），p. 467。

121　同上。

需要使用强还原焰釉烧时，这点尤为重要。如果匣钵原料玻化太强，将阻碍还原气体如一氧化碳和氢气的进入，从而使呈色不良。匣体使用不久后如受损不能再用，废旧匣钵常常可用于建造窑炉、炉栅或者房屋和作坊的墙体。

最早专门用于装烧单个碗坯的匣钵曾于内丘的邢窑见到，其年代定为早唐。匣钵底部为中凹形而非平底，这恰好与碗的轮廓相匹配。放在上面的匣钵下垂的底部与其下方的碗形相适配（但不接触），这样一层垒叠一层，使得装窑密度远大于圆柱形匣钵所能达到的程度，而且，碗的内底不再留有装烧疤痕。但在碗坯与匣钵底之间仍需放垫片，以促使器物在烧成中的均匀收缩，同时烧成后的碗与匣钵也更易分离。

上述漏斗形匣钵的缺点是制作匣钵需消耗大量的原料（与其所装的碗坯用料相比），通常匣钵与碗坯的质量比是 5∶1，从而使得烧成中匣钵吸收大量的热量。即便如此，这并没有阻碍漏斗形匣钵在中国的大范围使用，从唐代一直沿用至今。

相似类型的漏斗形匣钵在欧洲大陆的一些瓷厂，如法国的利摩日（Limoges），仍然用于生产盘和碗。然而，现在这些匣钵是用高导热和高耐火的材料制成的，如碳化硅（SiC）[122]。漏斗形匣钵的一种变体其截面呈"M"形，这种较为轻便的匣钵被广泛使用，如陕西耀州窑和浙江上林湖窑[123]。

（xvii）阶台状支具

更高效、经济地使用漏斗形匣钵或筒状匣钵的方法是在每个匣钵内叠装三到四个碗，但这会使部分制品留下装烧疤痕。北宋定窑出现了中国北方发明的，更为新颖和经济的碗盘装烧方法，即阶台状支具。阶台状支具其实是较厚的支具，其内表面有一系列精致的脊状突起的台阶。一组多个直径渐次变化的碗坯，以口沿向下的方式装在脊台上，然后支具和碗坯一同被放入沉重的耐火黏土质匣钵中。覆烧用支圈仅使用一次，并使用与所支垫的坯品相同的原料制作而成。烧成中支具与坯件收缩一致，保证了产品的口沿圆正。此种方法烧制的碗盘口沿都是无釉的，烧成后常在口沿部位镶以金属，以包金来掩饰缺陷（见本册 p. 696）。

这种覆烧方法可能起源于邢窑，其早期发明了截面呈"L"形的匣钵，以口沿向下的装坯方法烧成碗类器皿。这种厚重的"L"形截面支具，兼具匣钵和支具的双重作用[124]。定窑还发明了以瓷土制作的更精细，但仅供使用一次的圈形支具，放置于更大的可反复使用的匣钵内。该法采用垒叠并倒置的装坯方式，单次装坯可多达 20 多件（图 89）。定窑最精练的覆烧方法似乎是，采用台阶式碗形托架配合环形支圈垒叠装坯。当碗坯在台阶式支垫上组装好后，另在垛柱的外面轻刷泥浆临时固结，再放入耐火黏土质匣钵内，这种装坯方式使装窑密度非常高。金代，定窑的这种匣钵内覆烧装

---

122 这是 20—21 世纪合理使用新材料的一个范例，本册第七部分 pp. 782-792 将对此进一步讨论。

123 本册作者在黄堡及上林湖均看到了这种匣钵。

124 Bi Nanhai & Zhang Zhizhong（1989），p. 470，fig. 10。

坯方法流传到磁州窑系的一些窑场，如河北省观台[125]和河南省扒村[126]。这种方法也流传到了南方的景德镇以及福建省南宋时期的窑口[127]。

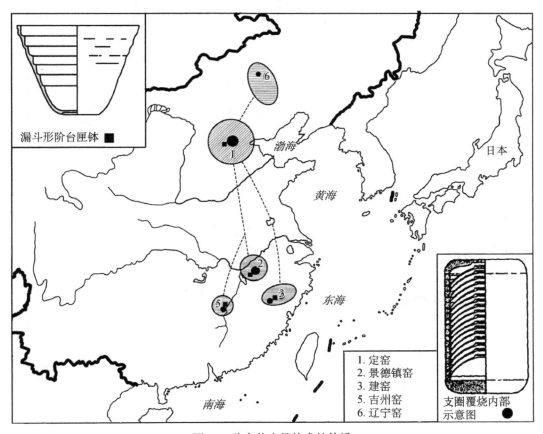

图89　阶台状支具技术的传播

（4）龙　　窑

347

"馒头"窑为传统的北方窑炉构造，而"龙"窑则成为同时期定形的南方窑炉类型。龙窑倚斜坡而建，呈狭窄隧道形。燃料置于窑的低端加热燃烧，坯体则在隧道形窑室中或码放在地面上，或安放在浅台阶上，或支垫在铺有石英砂粒的窑床上。倾斜的窑体本身起到烟囱的作用，长焰的木柴是龙窑的主要燃料。在中国，龙窑分布于南北分界线以南地区，尤其集中于东南沿海（见图90）。

125　Anon.（*1997d*），第 478 页。

126　武德于 1995 年在扒村看到的。

127　刘新园（*1980*），第 53-55 页，英译文见 Tichane（1983），pp. 394-416。

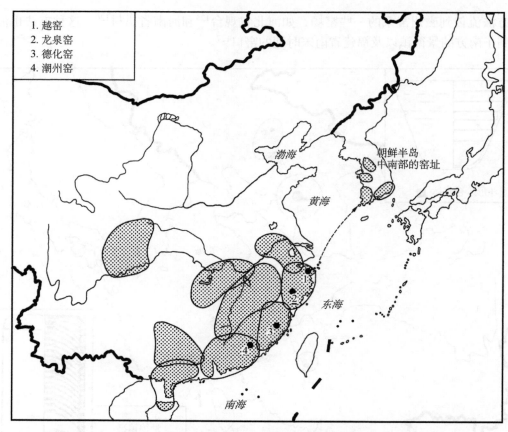

图 90　近两千年来中国南方和朝鲜半岛的龙窑分布

348　　　尽管龙窑采用了与"馒头"窑相似的横焰方式，但两者在很多方面却大相径庭。譬如，北宋晚期结构先进的南方龙窑窑体巨大，长度可达 135.6 米[128]。这种龙窑一次可烧成数万件产品，而典型的"馒头"窑仅能装烧数百件器物。除尺寸外，龙窑的烧成时间可以很短，如某些 30 米长的小型龙窑，可以在 24 小时内烧成[129]。龙窑以木柴而不是煤炭为燃料，对于窑室内被分隔的区域而言，其处于最高火候的保温时间很短，可以以分钟计，而不是以小时计。龙窑与"馒头"窑均存在窑温不均匀的问题，这亦是炉窑发展中需要改善的问题。

（i）南方龙窑的起源

　　龙窑的起源似乎与南方施釉炻器的出现有着紧密关系。在江西省南昌偏南 120 公里的吴城——青铜时代一个重要的陶瓷产地，以及浙江省的上虞——后来以烧造越窑青瓷而著名的窑区，发掘出土了迄今所知最早烧成这些施釉炻器的窑炉。据推测，北

128　Zeng Fan（1997b），pp. 30-32。

129　Anon.（1933），*China Industrial Handbooks*，*Kiangsu*（《中国工业手册：江苏》），p. 805。

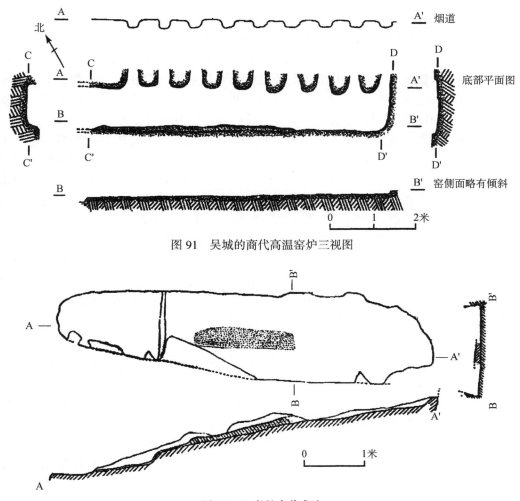

图 91　吴城的商代高温窑炉三视图

图 92　上虞的商代龙窑

方出土的早期施釉炻器主要来源于吴城，推测的依据是在郑州商代中期地层的青铜祭器窖藏中出土有施釉炻器[130]，而在吴城出土了与郑州炻器相类似的炻器，并且高温烧成的施釉炻器在吴城商代地层出土的陶瓷中占到 17%。考古学家指出，上虞作为另一个早期高温施釉器物的烧造地，那里曾持续生产此类陶瓷长达两千多年[131]。

　　考古学家曾在吴城发掘出 4 座长条形的窑炉，其中一个保存最好的窑炉长 7.15米、宽 1.02 米，残存的窑床近水平状，最高端比底端仅高 0.25 米。沿窑体一侧有 9 个"入口"，估计为投柴口。很难从其平面图说明这种窑炉的使用情况，窑炉坡度很小，难以推测其火焰流动方向。另外，几个投柴口（如果确实是投柴口）位置非常紧密。高温施釉器物和印纹硬陶在此窑址均有出土，疑为商代中期中国南方重要的施釉炻器

130　Yuba（2001），pp. 52-53。另见本册 pp. 11-12，129-130。

131　李玉林（*1989*），第 79-81，58 页。

生产中心。据遗存的陶瓷标本显示，窑内烧成温度超过1200℃。

349　　　上虞窑炉的结构很容易辨认出其为龙窑。整个窑体倚16°坡面而建，遗存的窑床清晰显示有窑室与火膛的分区。窑炉全长5.1米，最宽处的宽度为1.22米，窑室比燃料室高0.2米。尽管此类窑炉一般侧壁上部应该都有投柴口，但在残留的遗存中未能见到，因为窑炉的上部结构已经缺失。显然，这种窑炉主要是烧造印纹硬陶的窑，器物的釉面呈现1200℃甚至更高温度的窑炉中自然"起泡"生成的特征[132]。

350　　　无论从中国陶瓷发展史还是世界科学技术的角度来讲，上虞的商代窑都具有重大意义。在中国南方，与上虞窑结构相似的窑炉使用时间长达3000年，中国商代中期的施釉炻器开创了中国施釉高温陶瓷的伟大传统。直至13—14世纪，这种细长、倾斜窑体的设计理念才在西方被接受，用于烧造莱茵炻器（Rhenish stoneware）[133]，而东亚其他地区的各式龙窑亦源自中国，常为移居国外的中国陶工所建造。

　　　正当本书写作时，据报道在江西省角山发现了10座商代中、晚期高温窑炉，该新闻似乎改变了我们对中国早期窑炉布局的认识。这10座商代窑炉既有龙窑也有"原始'馒头'窑"[134]。这似乎表明横焰窑可能是由南方传播到北方的，但当时北方的这类窑炉烧造陶器而不是施釉炻瓷。该遗址也出土了许多制陶工具，某些支具还带有铭文。该遗址是由江西省考古研究所勘查的，遗址的调查工作者希望在今后3—5年内，扩展对这一重要遗址的发掘。

　　　龙窑窑型的起源，在某些方面与中国早期建筑的风格相类似。新石器时代，北方的房屋通常是半地穴式，在松软的黄土中掘坑形成房屋地面。北方最早的新石器时代的窑炉亦为半地穴式，稍晚则完全是从黄土堤埂挖掘而成的。相比，南方新石器时代的房屋的居住面往往是离地搭高而建，这在一定程度上可以防御那些四足、多足害虫的侵害，也能防止蛇害和防潮。南方新石器时代陶器常直接堆放于地面烧成，可能是由于其坚硬、多岩石的地表不大适合掘地成窑，南方的龙窑可能就是从那些建造在地面上的窑炉演化而形成的。

　　　南方釉陶，兴盛于西周和东周时期，其生产范围从江西南部-浙江西部的中心地区扩展到安徽、江苏、浙江东部、福建和广东[135]。在富饶多山的浙江北部的一处古陶瓷遗址发现了一座战国时期的窑炉，该窑炉建在富盛以南300米的缓坡上，与商代上虞的窑炉形状相似。1979年，绍兴县文物管理委员会报道了他们的发现[136]：

351　　　　发现了两个穿越现代的稻田、相隔3.5米的窑炉遗迹。每个窑炉发掘出五层窑床，系新的窑炉建造在旧窑址上。在各窑床间出土了原始青瓷残片、高温几何印纹硬陶碎片、支柱以及窑顶碎片……遗址的试掘显示原始青瓷和高温陶器是在一起烧成的。

132　熊海堂（1995），第82-84页。
133　例如，约1400年的莱茵炻器窑窑床的发掘照片，见Gaimster（1997），p. 126, fig. 5。
134　Anon.（2001, *People's Daily*）。
135　蒋赞初（1998），第325页。
136　Anon.（1979e），第231页。

富盛窑窑床的坡度为16°，长近6米、宽2.4米，比前述商代的窑较宽。但是，报告的作者指出，这种战国时期的龙窑也有其缺点[137]：

> 窑炉规划欠完善，其结构比后期的龙窑简单。比如，窑长不足6米，如不计火箱和排烟孔，窑床本身仅约4米，窑室的容积很小。另外，火膛的宽度约2.4米，这样，火焰传播迅速且很难集中，会使窑内温度分布不均匀……同时因窑室及其拱顶过宽、过大，窑内的高温将导致窑顶的使用不会太久就会倒塌。

富盛窑4米长的窑室，大概是未设置侧部投柴口窑体的最大允许长度了，该窑也显出小型窑炉中火膛与窑室的比例失当。东汉时期，浙江省龙窑的典型长度大约13米，这一定是能侧部投柴烧成的。侧部投柴烧成具有很高的热效率，其原理值得详细讨论。

（ii）侧　　烧

中国早期的龙窑，后来发展为程式化的结构，与日本的穴窑颇类似：单体、倾斜又些许膨隆的窑室，仅几米长。热量全部来自窑炉低端的硕大火箱，窑室顶端有一小开口。这种窑炉的严重缺点在于，从火膛到窑炉烟囱端口，温度落差很大，通常从1250℃可降到1000℃。此后大概在西汉，南方陶工认识到，将燃料直接投放于窑室内的坯品中间，能增加窑室较深部位的热量，最终能使窑内全部坯品都基本达到设定温度。

一种对上述工艺改进的方法是，引导侧投燃料燃烧的空气沿窑炉进深到达坯品已达烧成的区域，燃烧空气与此处冷却中的坯品进行热交换而得到预热，从而提高燃料燃烧的效率。这在一定程度上是因为燃烧区域温度的提高能大幅促进化学反应的速度。正如罗森塔尔指出的，通过预热助燃空气可显著提高燃烧效率[138]：

> ……在2300℉（1260℃）时，使用预热到820℃的空气，可使燃料释放的热量增加160%。

对于使用预热空气，澳大利亚柴烧方面的专家伊凡·麦克米金（Ivan McMeekin）论述如下[139]：

> 当在一个多窑室窑炉的第二或第三窑室侧向投入少量柴枝，并引入从第一窑室已充分预热的空气时，你就可以轻易地在一两小时内将窑温从1100℃提高到1280℃，这充分显示了使用预热空气助燃的高效性。令人惊叹的是，投入少量的柴枝就能产生如此白热炫目的长焰。

麦克米金解释道，这种非常明显的燃烧差异应该也是由于木柴在高温下产生了"裂解"，例如，木柴投入到白热的窑中，产生的各种挥发性可燃气体相对于焦炭的比率显

137　同上，第232页。
138　Rosenthal（1949），p. 111。
139　McMeekin（1984），p. 44。

著增加，相同数量的木柴产生的可燃气体可以提高 4 倍（见图表 1）[140]。而已预热可燃
气体产生的"白热炫目的长焰"，正是为狭长的窑室高温烧成所需要的。通过多个相继
的投柴口的使用，高温可以沿整个窑炉迅速地向其后部传播。

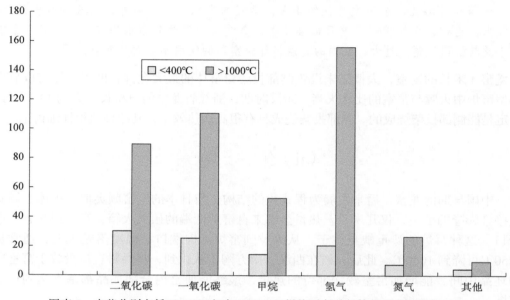

图表 1 木柴分别在低于 400℃ 与高于 1000℃ 燃烧时各种气体相对产出量的对比

随着侧烧技术的改进，龙窑的建造长度不再受限制。例如，在中国南方建造长度
超过 50 米的龙窑已是司空见惯，尤其是用以烧造高温陶瓷，如龙泉青瓷和"青白"瓷
以及福建建窑的黑釉器。

图 93 典型的南方龙窑及其横截面图

140 Speight（1993），p. 57。

此类窑炉的烧成操作工序最终已程式化如下：

首先点燃主火膛，很缓慢地加热窑炉最低端的几米区域，直到其达到最高温度后，用砖封闭主火膛，仅留下小小的风口；随后开始在侧部第一个投柴口投柴加热，当此处达到最高温度后，继而转至烧成下一个火口，其位置沿窑体离第一个投柴口大约一米或稍远。随后完全封闭火膛，并让空气从上一个用过的投柴口进入窑室，以此类推直至全窑烧成，此时，封闭所有的火口，冷却窑炉。

按照这种流程，可快速实现相继各火口部位的烧成，有时每个火口部位的烧成时间甚至不到半小时。一个典型的小型龙窑（约30米长）可能需要烧成24小时，冷却24小时，而较长的龙窑（约42米）烧成就需要36小时，再需要72小时的冷却才能出窑[141]。

（iii）温度的均匀性

尽管侧烧对龙窑沿长度方向温度的均匀性有很大帮助，但依然存在窑床面至窑顶的上下温差问题。热气流上升的自然趋势，以及窑炉中装坯堆垛太高的难度（堆垛近窑顶的部位往往留有相当大的空间，以使燃烧火焰能够在此畅通流动），导致装在窑室下部的坯品常常严重生烧。战国时期尤其如此，坯品似乎是直接装坯于铺有石英砂的窑床上的。在几个世纪后的东汉时期，用炻质的托盘及短柱抬高了装坯位置，同时也避免了铺垫的石英砂对釉面的黏附。东汉后，采用带钉的炻质托盘，盘钉向下以防止盘体滑动。发展到西晋，使用了更高的缩腰支柱以提高坯品位置，使其高离窑床面，由此促使部分火焰流向窑内的最低部位，从而改善热量的分布[142]。同时期，另一种较为普遍的方法是，采用拉制的、顶部切成钉形齿口的矮筒支柱。尽管设计粗放，但其比带支钉的托盘制作快捷。进一步促进窑炉温度均匀的装坯方法是，在窑内的较热端（火膛端），坯柱密置，远离火膛靠近烟囱的位置，窑温较低，坯柱疏置。所有上述装窑方法均为无匣钵明火烧成。一些学者指出，唐以前，南方没有使用过真正意义上的匣钵[143]，但此说法尚存争议（见本册 p. 343）。

关于制作窑具的原料，往往采用与坯品相近的黏土，另一些窑具则富含劣质石英细砂。在南方，坯品间的隔离经常是将富含石英的砂浆，用刷子涂成点状或长、短条形来实现，而北方的隔离物则由耐火黏土制成。这一特点与中国陶瓷器的南北方区分特征非常吻合，即南方基于石英而北方基于黏土。

354

141　至今仍运行的新加坡庄氏家庭陶瓷作坊，提供了最新资料（私人通信）。在42米长的龙窑中，装烧3500件器皿，其中主要为大中型的器皿，用6吨的木柴，可以烧成平均温度为1280℃。

142　Lao Fasheng *et al.*（1986），p. 316。

143　同上，p. 319。

（iv）地理与黏土类型

除了卓越的烧成效率，龙窑也尤其适合中国南方的地质与地理环境，以及南方炻器黏土独特的工艺性能。就地理环境而言，南方烧制炻器与瓷器的窑炉建造在原生火成岩的多山地区，呈现为多斜坡的自然地貌，龙窑可以依坡而建。这些坡地通常不适合农耕，并覆盖有灌木丛和蕨类植物，这些灌木丛和蕨类植物可方便地作为窑炉的燃料。因此，现成的可再生能源就处于窑群附近，至少建窑初期是这种情况。

对于龙窑来说，更微妙的优势在于南方炻器黏土的性质。该类黏土不仅二氧化硅含量高，而且熔剂含量亦高，在烧成中，坯体可快速形成玻璃相而使强度也快速提高。当烧成时间持续过长时，可能会引起塌陷（软化变形）。因此，能快速升温到烧成温度无疑是个优点。这类黏土的另一个优点是允许快速降温，因为其 SiO_2 含量高，有生成大量方石英的倾向。快速降温，是龙窑烧成制度所特有的，可以抑制或阻碍方石英的发育，因而防止冷却过程中的开裂。龙窑烧制的早期炻器，多采用高氧化钙含量的灰釉。冷却过慢或保温过长，釉面会因钙长石微晶的形成而不光亮。因此，快速烧成和冷却，对于克服高石灰釉光泽黯淡的缺陷也是有利的策略。

灰釉是当时的常规釉料，使用柴窑的炉灰制备灰釉，曾被认为也是龙窑的一个优势。然而，由于大部分的炉灰被火焰气流带走，或者沉降在窑壁、支柱、匣钵或制品表面，熄火后火膛中几乎就没有留下多少灰烬。侧烧的情况更是如此，因为燃料是在窑室内部猛烈燃烧形成火焰。因此，南方制釉使用的木灰，是单独、专门烧制的，其制备过程与烧窑是不相关的（见本册 pp. 528-529）。

（v）结 构 特 点

龙窑坡度的设计似乎考虑了两方面因素。第一：窑体低端较短的、靠近庞大的主火膛的部位，其坡度大于窑室主体侧烧部位的坡度。这可能是因为，烧成初期当炉体尚凉的时候，燃烧的效率不高，较陡的坡度有利于初期的升温。一旦窑炉已充分受热，这样的坡度就显得太陡。侧烧部位的窑室则更适宜设计较缓的坡度。西晋时期，从使用大量不同坡度的窑炉的经验中获知，低端部位采用20°的坡度，主体段采用10°的坡度比较合适[144]。

第二：窑体长度对坡度的设计也有影响。非常长的窑炉可以产生很大的抽力，这类窑炉的整体坡度应当低缓一些。龙泉大型的窑炉为了减缓坡度，是斜建而不是直建在山坡上的。另有一些则是在长窑室的中部其走向发生变化。尚不完全清楚的是，这种建造形式是为了适应地形，还是为了防止抽力过大。

龙窑一般并不需要烟囱，而是窑炉尾墙凿有孔洞。不过，多数情况是面对带孔洞的尾墙再另筑一墙，以保护排烟不受风吹的影响。有时在两墙之间横跨窑宽建造一座

144　见 Lao Fasheng *et al.*（1986），p. 316。很多晚期的窑炉似乎没有采取改变坡度的构建方式，而是在其整个长度上采用了同一坡度。

图 94　景德镇龙窑外观，1982 年

短烟囱，其截面为长方形。如果建有烟囱，其高度通常为 3—4 米。一般短的龙窑建有烟囱以补偿窑炉的自然抽力，烟囱还能防止烟气吹向窑炉周围的作坊[145]。

　　早期的龙窑是从其火膛端口装窑、出窑的，而且是从窑炉的尾端开始，反向后退式装窑。后期的窑炉则在窑长的 1/3 处设置了侧门，这可以使装窑既能从火膛端也能从烟囱端开始。装窑结束后，以砖封门并抹挂砂土。烧成后的出窑也可同时从两端进行。

　　汉代时，简单的侧烧隧道形龙窑传播到整个中国南方、朝鲜，后又传至日本。在中国，用此类窑成功地烧造了越窑、铜官窑、邛崃窑、早期景德镇窑、龙泉窑、建窑、吉州窑、官窑、哥窑，宜兴窑、石湾窑的炻器和瓷器[146]。在中国南方，大部分窑炉衡量成本的标准，是统计其消耗了多少"扛"（衡量木柴量的单位）木柴。所以烧成效率和窑炉构造对于降低成本是至关重要的，不论是民窑还是官窑均如此。比如，1074 年的一份检查报告说明木柴的年用配额是 60 万"束"，但没有关于煤使用量的信息。由此得出，只是木柴是配额供应而煤需要从市场购买[147]。

（vi）龙　泉　窑

　　位于浙江省龙泉的龙窑曾是中国最高产的窑口之一，对其已有详细的研究。龙泉

357

　　145　传统的新加坡龙窑建有这样的烟囱。

　　146　见 Lao Fasheng *et al.*（1986），pp. 314-320；Zhang Fukang（1985a），p. 31；Chen Liqiong（1986），p. 321。

　　147　《宋会要辑稿》食货五五之二一。

市郊仍在使用的现代龙窑对了解已发掘出土的古代窑炉是怎样操作的提供了有益参考。在古窑址，所有的作坊场地都集中在窑炉周围，均与烧成环节相关联。在山坡上挖出浅沟作为窑体的基底。北宋时期的窑炉特别大，长度在 70—80 米范围，使用废匣钵、泥灰或直接采自山上的泥土来建造。窑体微微弯曲，略微呈"S"形而非笔直状。南宋时期的龙窑变得直而短，大约有 30—50 米长，并且用砖和废匣钵砌筑。考古研究发现投柴口设在近窑门处且略高于窑门，而不是设在窑顶。考古工作者在窑炉周围还发现了一些窑具或辅助设施，例如：火膛前面的工作场地，支撑窑壁的垅墙；在窑基或窑侧有暴露的或覆盖着的排水沟，用以防止雨水过度导致滑坡；窑体上部搭建有顶棚，以减少雨水对炉温的影响。在窑尾建有高高的烟囱，也有低矮的方形烟囱，在后者的顶部堆有废匣钵，用以遮盖烟囱口，以便更好地控制窑炉气氛。

北宋时期，龙泉龙窑基本上不使用匣钵（除了烧制一些碗和盘子），但用柱状支具与黏土垫片，这是浙江早期窑炉使用的传统方法。北宋晚期，这种垫片演变为一完整圆盘，这种支垫较为干净，在器皿上仅留下很浅的痕迹。南宋晚期，出现了很多大小、形状不同的匣钵和垫片，一钵一器，垫片采用了与坯体相同的材料。坯体与垫片接触处的釉层被刮除，以防止发生粘连[148]。

358

（vii）改　进

能进行侧烧的隧道形龙窑，即使其最简单的形式也是非常高效的，在中国连续使用已达 3000 多年。这种基本形式的龙窑，在气氛与温度方面是很不均匀的，各地采取了各种措施应对这些问题。在福建省，尤其是德化，出现了一些早期的改进方法，在德化城内，一些南宋晚期的"改良"型龙窑保存至今。

位于现德化县中心的屈斗宫窑，长度超过 57 米，平均坡度在 12°—22°，宽度变化范围为 1.4—2.95 米。这座大而坚实的窑炉似乎在 1307 年之后的某个时候停止了使用，许多匣钵和支具还保持着原样[149]。该窑最大的特点是，利用隔墙把常规的连续式隧道形窑分隔成 17 个独立焙烧的窑室，且窑室的内宽与长度相同（约 2.2 米 × 2.2 米）。窑室彼此之间通过在隔墙地面位置开凿的成排狭小排烟孔道连通（每面隔墙有 5—8 个分设的洞孔）。因此，窑内燃气不再是沿着窑炉长度方向烈焰升腾，而是变为"过山车式"的火焰路径。随着每个炉室依次侧烧，火焰通过多重相连的窑室。该窑的地面与传统龙窑相似，系斜坡状，在倾斜的窑床面铺有约 10 厘米厚的粗石英砂，即所谓的"软床"方式。

屈斗宫窑构造的先进之处，在于迫使窑内气体沿大部分是反向向下的路径通过窑室。这产生了进一步降低火焰流速的作用，进而提高了烧成效率。通过将每个烟气出口置于床面水平位置，以确保火焰在进入下一个窑室前，能够到达每个窑室的底部。

148　Li Dejin（1994），pp. 88-89。

149　一个匣钵上标有干支纪年，对应为 1307 年或 1367 年。屈斗宫窑报告的作者们认为此器物并无明代特征，所以推测应取偏早的那个年代值，而且这个年代差不多就是窑炉被废弃的时间。见 Anon.（1979d），第 57 页。李辉柄（1979），第 66-68 页，意见相同。

这种结构比老式的斜坡隧道式龙窑有着更为均匀的温度分布。建造屈斗宫窑时，窑具主要是匣钵柱，以及匣钵内部的不同样式的支具，目的是使装坯空间的最大化。窑炉整体上的这种改进，似乎既为温度的均匀，也为更精确地控制窑内各个独立区域。屈斗宫窑烧成瓷器所用时间很短，因此，传统龙窑烧窑中的热损失可能是巨大的。

研究屈斗宫窑的考古学家们明确地界定这种窑型为"鸡笼"窑，以与明代以后在德化出现的真正的"阶梯"窑相区别，后者每个窑室的床面都呈水平状态[150]。

也许传统龙窑坡度的陡或缓，远没有将贯通的窑体分隔的作用更为重要。大多数南宋晚期德化阶梯窑可能先行一步，具有了这种优点。

359

（viii）南北方窑炉的比较

根据《天工开物》（1637 年）的记载，在浙江省，对不同大小的器物采取分窑烧制，而在其他地区，则是大小器件一起装入同一窑内烧成，考古工作并没有完全证实这一点。该书又描述了建在山坡上的多节分窑室的窑炉，长度在 100—300 尺。多节窑室节节攀高、连续地建造在坡地上，这样既能充分利用坡状地面的良好排水能力，又利于热量在窑体内的上行。窑室间以 3 寸厚的细泥土墙隔离[151]，并每隔 5 尺建有"烟孔"（即投柴口）。窑炉低端装小件坯品，大型的水缸则装在窑的最高端。烧成过程从窑炉的最低端开始，由两名窑工严密监控温度。当到达合适的温度时，这个低端位置的火膛便被封闭，继而开始第二个窑室的燃烧，以此循序操作，直到最高位的窑室烧成结束。经营如此大型的窑炉是很昂贵的，通常都是由数位陶工共同出工出力和承担费用[152]。

《天工开物》中将屈斗宫窑经营最繁忙的时期描述得较晚，为 13 世纪晚期。在同一时期，正如考古发掘所揭示，耀州煤烧的"馒头"窑正在烧制青釉器、黑釉器和磁州窑系的炻器。根据火焰路径和窑室尺寸来分析，屈斗宫窑可看作在低坡度上将 17 个"馒头"窑相互连接建在一起。其烧成过程的时间安排为，火膛需加热约 24 小时，随后，这 17 个窑室每个需要焙烧 2—3 小时，如此共需 66 小时左右。与水既生描写的、专门烧制小型器件的北方燃煤"馒头"窑需要 100 小时的烧成时间相比，屈斗宫窑很有可能仅耗费单个中等"馒头"窑 2/3 的烧成时间，却生产了其 17 倍的制品[153]。

关于屈斗宫窑的性质，参与发掘德化遗址的考古学家们给出的结论[154]，支持了一些历史文献如《天工开物》中的有关记述：

150　Ye Wencheng（1986），pp. 326-327。"鸡笼"这个用语可能与各分窑室的顶端为圆形有关，与福建省运鸡到市场用的粗孔编织笼子相类似。

151　实际上，隔墙可能比较厚。

152　《天工开物》卷七，第五页；Sun & Sun（1966），pp. 145-146。

153　这些数据对于 20 世纪初的日本"登窑"（*noborigama*）是典型的数据，登窑与屈斗宫窑基本结构相似。见 Cort（1979），p. 401，Appendix B，note 1。

154　Ye Wencheng（1986），pp. 326-327。

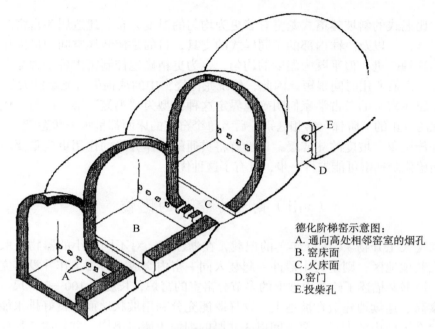

德化阶梯窑示意图：
A. 通向高处相邻窑室的烟孔
B. 窑床面
C. 火床面
D.窑门
E.投柴孔

图 95　阶梯窑的结构示意图

360　　　　我们认为，屈斗宫窑既非官办，也不属于个人，而是一座由集体经营的民间窑。其产品并非宫廷用器，但一个家庭也不可能掌控如此大的生产规模。因此，它应该由多个家庭的联盟经营，各户在自己的家庭作坊中制造坯体，然后再拿到这座窑中统一烧成。

在这座窑的使用时期，当地的氏族为郑姓。参考文献 154 的作者认为，这座窑由张、郑两家人联合管理使用，主要生产出口陶瓷，从附近的泉州港运往海外[155]。在以后的几个世纪，德化地区既生产氧化焰的高光泽象牙白瓷，也生产还原焰的青花瓷器。总体而言，为氧化气氛设计的窑炉具有较长的窑室，较少强制"干扰"火焰的路径；而在还原焰窑炉中，要迫使火焰沿垂直方向通过窑室，以使其行程较长，因为较慢的火焰速度更易实现还原气氛。

（ix）阶　梯　窑

361　　　　明代时，福建省带坡度的、窑床面铺满砂粒的"软床"式屈斗宫窑，被新式的阶梯窑所取代，后者的窑床为坚固且水平的阶梯形。较之于屈斗宫窑型，阶梯窑第二方面的改进是在保留各分隔窑室长度的同时，增加了窑室的宽度。扩大窑室的同时将窑室总数减少到 7 个左右，使得窑炉的结构更加紧凑，但窑炉的容积却不输前者。有些窑炉其窑室的内宽可达 8 米，这加大了侧烧的难度，因为要把木柴均匀地投放到每个窑室前端那狭小的空间进行燃烧。

155　Anon.（*1979d*），第 58-59 页。本册 pp. 240-242 也论及德化窑的联合使用。

图 96　使用中的德化阶梯窑，1936 年

　　日本许多传统的"登窑"（*noborigama*）似乎是上述结构的直接后代，且日本窑通常都是从宽窑室的两边同时侧烧。为了撒开木柴使窑内形成均匀的火势，窑工们通过喊劳动号子："*hana*"（近）、"*tsunake*"（中）和"*donake*"（远）实现协同操作[156]。

　　阶梯窑不仅与德化瓷相关联，而且与中国东南沿海一带独具特色的一种出口器物有密切的关系，西方收藏家将这类器物命名为"汕头器"（Swatow）。关于"汕头器"的产地争论已久，但几乎无人认为它们确系广东省东北沿海的汕头所生产。正如日本出口的一类瓷器，即是用伊万里港口来命名的。约在 1575—1650 年，即这类器物短暂的生产时期，汕头曾是陶瓷器物的出口港口之一，这个年代范围已得到日本有明确纪年的瓷器样本的证实。

　　1994—1995 年，由日本出资、福建省博物馆与日方联合，对位于福建省南部的漳州市平和县开展考古调研，发现了多座生产汕头风格器物的窑炉。平和县靠近海边，位于漳州港西南[157]。在 3 处遗址发现了至少 5 座 16 世纪晚期到 17 世纪早期的阶梯窑，其中南胜窑址比其他两处出土了更多种类型的陶瓷，包括青花、釉上彩绘、酱釉化妆土装饰、青釉刻花、钴蓝釉和青瓷釉刻花，以及少量黄、绿或有紫色的素"三彩"类低温铅釉器[158]。

362

156　Olsen（1973），p. 50。依据鲁珀特·福克纳（Rupert Faulkner）的说法，这些劳动号子应该是当地的方言，不是标准日语。

157　柯玫瑰在 2002 年 4 月参观了该窑址。

158　"素三彩"，指直接在陶瓷素胎上涂彩料的技术，中间没有釉层。

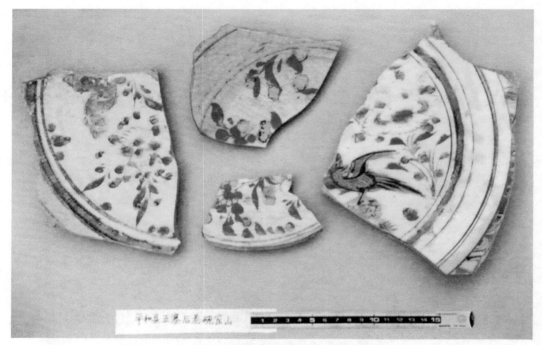

图 97 平和县出土的典型汕头器风格的釉上彩碎片

363　　　匣钵已被使用，采用一钵装一大器的方式，如大盘和大盆，也有一钵装多件小型器物，如小盘和小碗的情况。以石英砂作为隔离支撑，从而使汕头器带有"砂足"特征[159]。汕头器窑的窑室数量相当少，多为1—3个，其具体数量"依据地形与生产规模来确定"[160]。当然，单窑室的阶梯窑颇像北方的"馒头"窑，但其窑室比后者宽而长度短，且为柴烧。

　　　南胜的单室窑也烧制铅釉制品，1997年9月，考古工作者在东古洋地区，发掘出土了一座专门烧制"素三彩"的古窑。该窑位于陡峭的河堤上，炉室很小。在其附近有作坊和制泥场地。这里必定曾有座隔焰窑，但还未见到这样的报道。在东古洋，制品全为模制而非拉坯轮制。陶场为纵向整合生产方式，每道工序从制泥到第二次铅釉低温烧成，均在同一场地完成[161]。

364　　　明代时在广东、福建沿海省份使用的很宽的阶梯窑，也偶见于江西省。在江西省东南部与广东省、福建省交汇处的广昌，发现了烧造青花瓷的阶梯窑群遗存，这一大型的窑群以当地的中寺河命名，称为"中寺窑"。该窑址从14世纪中期开始生产青花瓷，一直延续到20世纪60年代中期[162]。

159　Anon.（*1997c*），第41，62页，图版23.1，68.1，68.5。

160　Li Jian'an（1999），p. 518。

161　Ho Chui-Mei（1997），pp. 1-3。

162　姚澄清和姚连红（*1999*），第429-436页。

图 98　平和县出土的明代晚期三窑室的阶梯窑，2002 年

（5）景德镇窑

365

尽管阶梯窑结构对江西省也有一定影响，但景德镇的主要产瓷区似乎很少使用这种窑炉结构。然而，景德镇比中国其他产瓷区开发了更多类型的陶瓷窑炉，包括传统的龙窑、"馒头"窑、"葫芦"窑和"蛋形"窑。景德镇也有多种类型的小型釉烧窑和烧制特殊制品的中型高温窑。龙窑、葫芦窑和"馒头"窑是较早期使用的窑炉，1989年，刘新园在其研究永乐和宣德年间遗存的考古发掘报告中，对这些窑炉有过描述[163]。

（i）景德镇窑炉的发展

虽然在刘家坞和龙头山遗址发掘出土了五代时的窑具，推测该地区曾使用过龙窑，但是到目前为止，并没有在景德镇发现五代时期的窑炉。在刘家坞和龙头山遗址的主要发现是拉坯支柱，用于支撑碗垛，碗坯间以细石英砂粒刷线或点圆点隔离，属典型的南方风格，但未见匣钵。在五代地层的下部只发现了灰胎青釉制品，但在偏上的地层中则见到一些白瓷及炻器，灰胎和白胎制品的形制及制作方法相似。豪猪岭的发掘主要出土了"青白"瓷，但并没有发现窑炉。在最早的第 6 地层出土了五代风格

163　刘新园（1989）。

的陶片，且发现了匣钵和支垫。在 1—5 地层中发现了属北宋中后期典型的"青白"瓷[164]。

乌泥岭出土了一座南宋至元代时期的窑。这是一座龙窑，窑宽 2.9 米、长 13 米，沿 14.5° 的斜坡修建。该窑烧制粗糙的青白瓷以及少量的黑釉器，一些出土的支具显示其采用覆烧法烧成。

在景德镇的印刷机械厂内发现了一座更长更大的窑炉，其规格为长 19.8 米，坡度 12°。不同寻常的是，其宽度从前部的 4.56 米缩小至后部的 2.74 米。该窑的某些特点被景德镇随后的葫芦窑所吸收。该窑曾以南宋至元代早期的废弃窑具进行加固，正是这些废弃窑具，帮助考证了此窑的使用年代[165]。

《陶记》（约 1214—1234 年）中记载了陶瓷窑炉的型式及使用方法。其中写道，窑炉尺寸有严格规定并且要由官员记录下来。税收由窑炉的装烧容量决定，所以窑炉尺寸是很重要的。未经许可改变已登记的窑炉尺寸是要被监禁的。尽管窑炉主人是独立的技术工作者，并非被雇用的陶工，但朝廷要求窑主必须租赁自己的窑炉给陶工，并可收取相应的租金。碗和盘子或者倒置或者正放在匣钵里烧成，烧成前，匣钵被仔细码放于窑内。烧成持续一天两夜，并且由技术娴熟的匠师（"窑牌"和"火历"）掌控，并轮流值班，相互商讨烧成情况。依据长铁钩从窑内拉出的"火照"来确定结束烧成的时刻[166]。

也是在宋代，从北方的"馒头"窑演化和改进而来的葫芦窑发展起来[167]。在乌泥岭东约 90 米处，发现了一个相对较小的明代早期或中期的葫芦窑，这是景德镇特有的一种改进型葫芦窑[168]。该窑长 8.4 米，分为两个窑室，第一个窑室 3.7 米宽，但第二个仅 1.8 米宽。第一个窑室比第二个短。窑床面坡度在 4—10° 之间。通过阅读《天工开物》，发掘报告的作者推测，在窑的两侧可能都筑有投柴孔，"但这些我们无法确认，因为残留的窑墙太少"。景德镇的葫芦窑似乎是一个混合型窑炉，融合了龙窑、阶梯窑和"馒头"窑各自的特点。相对于其较长的长度，该窑的坡度似乎偏小，这也意味着该窑炉需要烟囱的帮助来提升窑炉的抽力，但报告中并未提及是否如此。

对景德镇葫芦窑的完整设计和操作的认识仍属于推测，因为与篝火烧成、直焰窑、龙窑、"馒头"窑、阶梯窑和蛋形窑不同的是，中国没有还在使用的葫芦窑实例。

（ii）景德镇鸡蛋形窑

前面介绍了已发现的景德镇早期高温窑炉的主要类型，并非每种窑型都能被后来者完全取代。已发掘的窑炉数量少，而风格各异的窑炉又可能用于烧制不同的器物，同一类型但不同品质的器物（例如青花瓷）可能使用了不同类型的窑炉。乡村民窑可

164　见刘新园和白焜（1980）。英译文见 Tichane,（1983），pp. 394-416。

165　刘新园和白焜（1980）。

166　《陶记》，见白焜（1981），第 38-41 页。

167　Hu Youzhi（1995），p. 287。

168　刘新园（1980），第 50-60 页。

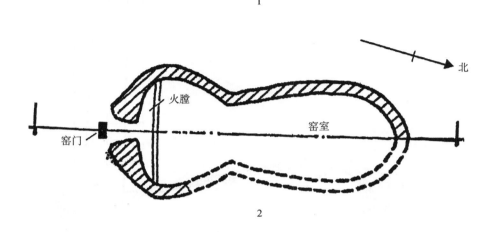

图 99　明代早期或中期的葫芦形窑示意图

图 100　景德镇蛋形窑

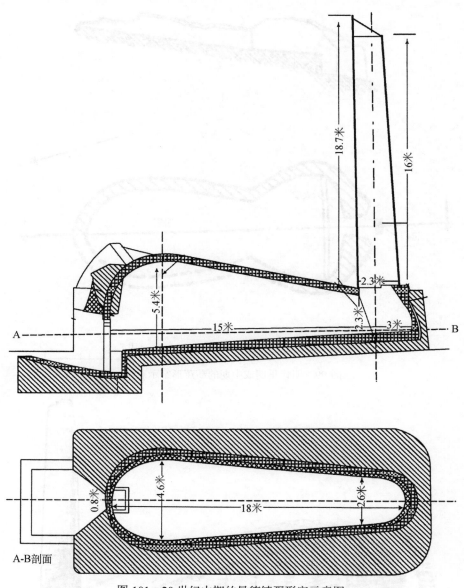

图 101　20 世纪中期的景德镇蛋形窑示意图

368　能还沿袭旧的窑型，即使新型的窑炉不断发展和改进。例如，至 1982 年时，在景德镇南 60 公里处，人们仍采用龙窑烧制农村居民使用的炻器[169]。

　　至明末，当已建造鸡蛋形窑或称"蛋形窑"时，景德镇烧制瓷器的窑炉形式还没有最终固定下来。蛋形窑的设计相当成功，其使用延续了几个世纪。据研究景德镇陶瓷生产的俄罗斯专家报道，20 世纪 50 年代中期，在景德镇还有 70 座这种大型单室柴烧瓷窑仍在使用，如今，仅有两座蛋形窑还在使用，主要是用于烧制仿制品。20 世纪

169　本册作者在 1982 年 11 月访问了景德镇，当时景德镇有超过 400 座龙窑在运行。

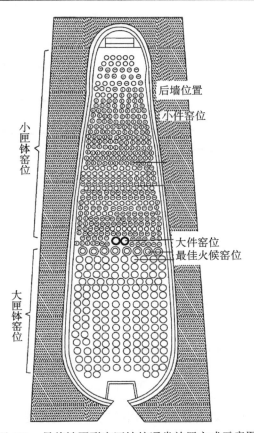

后墙位置

小件窑位

大件窑位
最佳火候窑位

小匣钵窑位

大匣钵窑位

图 102 景德镇蛋形窑匣钵柱通常放置方式示意图

后半叶，景德镇与西方国家一样也使用煤、油和煤气烧窑来满足规模依旧庞大的陶 369
瓷业。

蛋形窑沿用了景德镇陶工喜好的单窑室窑型，但其构造原理更为精细成熟。这种
窑炉非常复杂，必须雇用专业商家来建造，如著名的魏氏家族（见本册 pp. 212-
213）。从蛋形窑的截面图可以看出，这种窑的形状像平放的半个鸡蛋，燃柴火膛位于 370
头端内部，而在较窄的尾端，则由地面建立一个高高的、顶端部较细的烟囱。烟囱的
高度与窑身内长相等，典型的烟囱高 10—15 米，采用易熔黏土制成的砂浆，以盘旋
砌砖技术筑建。"流线型"的烟囱截面对主导气流的阻力很小，盘旋形的砖砌方式赋
予薄墙（约 10 厘米厚）超大的强度，并使得窑炉末端的拱形窑顶能够承受烟囱的
重量。

同样，蛋形窑主壳体部分相对较薄，以鲱鱼骨架式排列砌砖，这允许维修时采用
简单的支撑即可进行操作。窑床平面的坡度很小（约 4°），以石英细砂铺垫。窑的主体
侧墙以松动的砖块加固，由此形成的大量不流动的空气也可以起到隔热作用。窑门
（通常是窑体最薄弱的部分）要特别加固并深深凹陷进去。装窑完成后以砖砌起窑门，
并在窑门中部设置一个方形的投放木柴的孔洞，同时在窑门较高处另设置两个孔，以 371

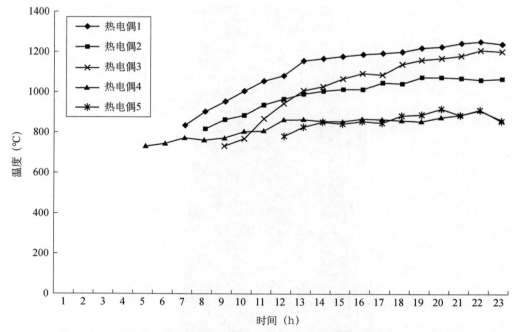

图表 2　传统的景德镇蛋形窑各部位在烧成的最后 17 小时过程中的升温曲线，其烧成最后阶段的升温速率更接近北方"馒头"窑，而非南方龙窑的情况，很适合明代晚期与清代早期景德镇高铝质瓷胎的烧制

便于二次空气的进入（即助燃窑内烟气的空气）[170]。蛋形窑最突出的两个特点是烧成速度快（从点火到结束仅 24—36 小时）和火膛到烟囱端的巨大温差（典型情况为从 1320℃降至 1000℃）[171]。然而，正是对横焰窑中不可避免的温度梯度的认识和娴熟掌握，使得蛋形窑具有了如此多功能的结构。

　　种类繁多的窑炉类型，完美适应了几个世纪以来景德镇陶瓷品种的复杂性。这些窑炉既可以烧制用于随后施珐琅彩的高温素面瓷，也可烧造青花和釉里红、青瓷仿品以及一系列单色釉器物。所有这些品种可以在窑炉的高温、中温和低温区域同时烧制。1956 年左右，俄罗斯的工艺专家叶夫列莫夫描述了在同一个窑中，同时烧制不同制品时的操作方法[172]：

　　　　窑炉前半部分即近入口处，放置大约 170 柱烧成温度范围在 10—11 号塞格测

170　短松木段是烧制最优质瓷器的燃料，但有一种蛋形窑是烧树枝的。"烧树枝的窑比烧短木的窑小，烧成温度也低。烧木段的窑窑温能达到 1350℃。" Hu Jing Qiong & Li Hao Ting（1997），p. 74。

171　特普斯特拉（Karen Terpstra）和祝桂洪对中国景德镇最后的蛋形窑之一进行了报道，该窑建于 1898 年左右，现已被破坏："整个烧制过程需要 18—24 小时，消耗 25 000—30 000 千克的木柴，可烧制 10—15 吨的瓷器——不包括匣钵。"见 Terpstra & Zhu（2001），p. 29。该窑装烧的瓷器与燃料的重量比为 0.5∶1，与辛格夫妇［Singer & Singer（1963），p. 914，table 212］所述的斯塔福德郡烧煤的窑其瓷器与燃料的比 0.74∶1 至 2.91∶1 有较好的可比性，尤其是考虑到煤的热值比柴较高（几乎比同重量的木柴高 50%）。20 世纪中期典型的斯塔福德郡烧煤的窑素烧骨灰质瓷，达到其烧成温度 1250℃需要 55 小时。Singer & Singer（1963），p. 879，table 200。

172　Efremov（1956），p. 492。

温锥的产品；每柱可装 30—40 个装有白釉坯的耐火匣钵。在第二个区间烧制一些稍小的、烧成温度在塞格测温锥 8—9 号范围的颜色釉瓷，在接近烟道区的匣钵中，则装烧对应的是塞格测温锥 1—5 号范围的制品[173]。

也许更为神奇的是蛋形窑内的气氛变化。其主体部位为还原气氛，中部大约 2/3 窑长部位为中性气氛，靠近烟囱的部位则是完全的氧化气氛。这意味着即使是需要低温氧化烧成的高铅釉器，例如单色暖黄釉，也可以与需高温还原烧成的釉下青花瓷在同一窑内烧成。通过冷空气从窑顶的孔洞进入窑内，则可以使窑内烟囱端部位保持氧化和低温状态[174]。与"馒头"窑的烧成情况相同，避免最高温度下长时间的保温，可减少燃料的消耗。例如，对于容积 250 立方米的蛋形窑，一般用柴量是 30—50 吨[175]。

在 18 世纪时，这类长而圆的大型高温窑被描述为一个横置的巨型瓮，这与其他文献对蛋形窑形状的描述是相同的。最大的窑长 18 米、宽 4.6 米、高 6 米。整个窑体像房子一样砌成一个有瓦顶的窑棚，窑棚的后部矗立一个高约 20 尺的烟囱[176]。景德镇所有的活计中，在窑炉上工作是最辛苦的。一个窑工小组通常有 4—5 名领班，含 2 名匠工和 2 名助手。当完成装窑开始慢火烧成前，他们已经筋疲力尽，在大火（高温保温）阶段，他们一天一夜不能睡觉休息，需要不停地观察燃料、炉火和匣钵的状态。最终，工匠们的体能损耗都到了极限程度[177]。

（iii）关于蛋形窑装烧方法的历史记载

《江西省大志》（1597 年）、《天工开物》（1637 年）、《陶说》（1774 年）和《景德镇陶录》（1815 年）中，记载了关于窑炉装烧的大量信息[178]。不同器皿在这类大型横焰窑中的排装是至关重要的，窑工们将装有瓷器的匣钵成列地码装，匣钵柱间留有狭窄的间隙作为火焰通道[179]。根据烧成的需要安排放置窑内的待烧器皿。文献证实，窑室的前端处火焰最为强烈，中央为中火，而后端为温火。因此，将粗制的产品放在入口处前两排的匣钵里，作为屏障遮挡烈焰。民窑有时将空的匣钵放在前面遮挡火苗，而在

173　测温锥是平底的细小锥状物，由陶瓷原料压制而成，大约 2 厘米长。测温锥的设计是考虑组分的不同，对应于其发生软化弯曲时受热的程度不同。测温锥被放置在器物中间，窑工从窑墙上或者窑门上的观测孔来观察温锥的形态变化。达到烧成温度时，相应的测温锥发生弯曲，因此当设计的烧成温度较高时，需要使用标号较高的测温锥。34 号测温锥用纯高岭土制备，在 1700℃左右软化。见 Seger（1902b），pp. 224-249。

174　Vogt（1900），p. 582。蒂查恩［Tichane（1983），p. 269］翻译为："孔雀绿色是所有高温釉在氧化气氛下烧制才能得到的漂亮颜色，为此，该类器物应该放置在烟囱附近，因为通过仔细控制拱顶上最后几个进气孔，能方便地调节空气的进入量，从而在这个部位容易实现氧化气氛。"

175　Hu Youzhi（1995），p. 286。

176　《陶说》，第九至第十页；Hu Youzhi（1995），p. 286。

177　《江西省大志》卷七，第二十四页。

178　《江西省大志》卷七，第十七页；《天工开物》卷七，第八页；Sun & Sun（1966），p.154；唐英陶冶图说第 15 则和第 16 则，见《陶说》卷一，第九至十页；《景德镇陶录》卷一，第五至六页；卷四，第四至五页、第六页。

179　匣柱间的火焰通道要用 2—4 块约 4 厘米×6 厘米的匣钵碎片以耐火泥黏接以实现仔细恰当的放置。某些通道是直的，而有些则有意设置为弯曲的，以对火焰产生一些阻力。Hu Youzhi（1995），p. 288。

372

明代官窑中前 3 排的匣钵全部空置，接下来的 6—7 排匣钵则装粗陶，此后的 3 排混合装有粗、精器物，最精细的瓷器则被放置在其后的 4 排中，而最后的 3—4 排再次放置粗质器物。民窑与官窑装窑的认真讲究程度不同，这可以根据下列情况判断，即官窑和民窑使用相同量的木柴，但一次烧成时，后者的产量是前者的两倍。民窑也是粗、精器物混装烧成。

当窑炉装满了匣钵后就可以点火了，此时窑门需用砖密封，仅留下一方形的孔（投柴口），小块的杉木段通过这个投柴孔不断地添加进窑炉内。在窑炉的近顶部则有 12 个圆形的火孔。七天七夜的慢烧使得陶瓷坯体内的水分充分排除（"溜火"），而使匣钵从红热到白热状态则需要两天两夜的紧烧（"紧火"）。紧烧阶段需要 48 小时，前 24 小时中，木柴从炉门添加进窑内，因而该阶段热量是从窑前部升至后部。后 24 小时中，木柴则是从顶部的各个投柴口塞入的，使得热量与气氛能够全窑均衡。人们形容此时的陶瓷"软得像棉毛一样"[180]。为了控制烧成，将中间扎有孔洞的黏土试样用钩具放入窑内，根据拽出来的试样进行判断，如果窑内坯件已良好烧成，则烧制过程结束。烧成过程的控制，即控制火候在适当的温度并且热量流通正常，完全依靠肉眼通过观测孔或"火眼"的观察作出判断。在烧成的最后阶段，氧化作用净化了炉内的气氛，因此观察者可以从窑的前部一直看到其后部。歇火后，窑门被密封 10 天，冷却后窑门方可打开。

一旦开窑，即可断定烧成的成败了。此时，一些匣钵仍然是红热的，稍待一段时间，窑工即可进入窑室作业，其双手至少用十层冷水浸泡的布包裹保护，其头、肩膀和后背则用湿衣湿布保护。卸窑一旦结束，马上就会是又一次新的装窑，这既是为了利用余热对坯体进行初步干燥，也是为了节省重新加热窑炉所需的燃料，还可避免烧成初期器皿的破裂或出现裂缝。

搬运匣钵与装窑的工人分住在不同的地方，并按照预先约定的条款工作。在不同时期，景德镇及周边曾有专门的地区提供劳动力。18 世纪从浮梁的都昌和鄱阳来的窑工分为两组，他们分别以松木柴和灌木条烧窑，其中松木柴是专用来烧细瓷的，而灌木条则是用来烧日用陶瓷的[181]。典型的窑炉每一次烧成大概需要 120 扛的木柴[182]，如果阴天或是雨天还要多用 10 扛[183]。用作燃料的大量木柴需要用船运载，运送木柴的工作是由专业的行会完成的（见本册 p. 213）。因为木柴需要干燥至恰到好处，而且需要仔细检查并控制质量。晚清以前木柴一直是主要的燃料，其时，煤烧窑炉的操作还不是很成功，因为含硫气体污染瓷器，这些窑炉还没有改造到适应以煤为燃料[184]。

另有一些烧窑过程是在接近烧成温度时，向窑的前部喷洒水，同时向火膛中投入湿木柴。其后果是生成黑色的烟与蒸汽的混合物，这能促进一些窑室内的氢还原作用

180　这是一种热塑性，促使瓷器在高温下柔软得像在陶工的转盘上那样。

181　《景德镇陶录》卷四，第四至五页。

182　大约 6 吨，见 Sayer（1951），p. 46。胡由之 [Hu Youzhi（1995），p. 286] 写道，每次烧成容积 250 立方米的大型窑，用 30—50 吨木柴。

183　《江西省大志》卷七，第十七页。

184　《江西省大志》卷七，第二十四至二十五页；Anon.（*1959a*），第 285-286 页。

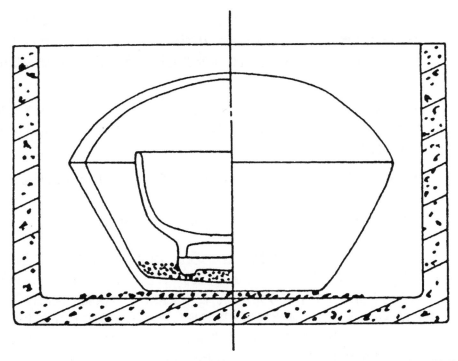

图 103　一件正准备烧制的宣德御碗，装放在盖盒内的圆形支垫上，再整体放进匣钵里，使其在烧成中具有双重保护

和在一定程度上均化窑内温度。在烧成结束前这种烟雾弥漫的阶段可持续 1—2 小时，因此窑内过剩的碳也能够燃烧殆尽[185]。

考古发掘资料阐明了匣钵内装放坯体的方式。在民窑，坯品装得很紧密，并且以圆形黏土垫饼支撑，每个匣钵底部的空隙部位填充以沙子。大型器皿放置在单独的匣钵内，而小的器皿却近十个，甚至更多地堆放在同一个匣钵里。质量好的匣钵可以经历十多次的烧成过程，而质量差的匣钵烧制一两次后就会裂开[186]。对于官窑，匣钵内的装坯工序就更专业化了，永乐和宣德年间不再使用漏斗形的匣钵和以匣钵泥制成的盘形支垫，而这些方法在宋代和元代曾被普遍使用。取而代之的是平底的匣钵，而且里面装有一个经过轮修的白瓷质支垫。窑内的温度升降时，这类支垫和器皿之间具有一致的膨胀和收缩率，而且，这类支垫使其与器皿间的接触点降到最小，以确保器皿底部的釉和铭文不出现瑕疵。这里还使用了一种用白色瓷土特制的盖盒，将器物立装其中进行烧成，这在其他窑址未曾见到。

盖盒的底部被铺上了一层混合了糠壳的高岭土作为隔垫，在该混合层上放上圆形支垫，再将盘子或碗放在支垫上，然后盖上盖子。最后将已装有器物的盖盒放在匣钵里，盖盒和匣钵之间也放有高岭土和糠壳的混合物。双重保护是为了在还原气氛下烧

375

185　Terpstra & Zhu（2001），p. 28。

186　《天工开物》卷七，第八页；Sun & Sun（1966），p. 154。

制细瓷时，防止匣钵材料中的铁释放出来而污染器物。这种盖盒是比较昂贵的，因为只能使用一次。烧成使得瓷质盖盒玻化过重，从而失去透气性，阻碍空气流通。因此只有最上等的瓷才使用这种装坯法[187]。近代研究者的描述[188]，证实了历史文献中记录的烧成过程：

> 当匣钵白亮耀眼、窑内空气变得清亮时，"火眼"师吐口唾液进入观察孔，如果唾液蒸发成白色蒸汽并迅速上升进入烟囱，表明已达到结束烧成的时间了。否则，还要继续焙烧。

当确定烧成已完成后，即可熄火。窑门需密封十天，当窑炉冷却后才可以开窑[189]。

（iv）"龙缸窑"、"青窑"与珐琅窑

在御器厂，也有一些专门用来烧制大型"龙缸"的窑。在明代，龙缸窑的前部 6 尺宽，尾部 6 尺 5 寸宽、6 尺深，有一拱形顶，类似"馒头"窑。这种窑一次只能烧制一件头号或二号的龙缸，而对于三号大龙缸，使用支架后，每次能够烧两件。这种窑需慢烧七天七夜，火焰要"恰似滴水般地忽隐忽现"，使得厚厚的缸体完全干燥。接下来紧火烧两天两夜，与其他大型窑一样，当烧制结束后，要封住窑门，待十天后再开启。每一次烧成大概消耗 130 扛木柴，如果雨天或阴天则用柴更多一些[190]。

御窑厂里也筑有青窑，青窑比缸窑略小，用于烧制较小的器物。常规装烧量是 200 多件中型尺寸的盘碟；或 156 件略大的器皿；或 24 个大碗、30 个碗和 16—17 个大罐；或 500—600 个小酒杯。需要慢烧两天，紧烧一天一夜，冷却后第五天开启窑门。如果烧制大型器物或者天气比较潮湿时，需要耗费 60 扛的木柴[191]。

用釉上彩装饰的瓷器在高温窑中第一次烧成之后，需要在隔焰窑中二次烧成。隔焰窑使用的唯一燃料是木炭，因为木炭燃烧的火焰洁净，适合于这类低火候、氧化气氛的铅釉烧成[192]。御窑厂曾使用两种类型的珐琅窑，一种为明窑（敞开的），另一种是暗窑（隔焰窑）。明窑用来烧制小型器皿，该窑具有一个向外开的窑门。烧窑时，窑内的四周都要点燃，器皿被放置在铁轮上，铁轮连接在一个铁叉上，铁叉用来升降器物使之放进窑内。铁轮可以用铁钩来旋转，使得瓷器的烧成更为均匀。暗窑用来烧制较大的器皿，高 3 尺、宽 2.5 尺，双层墙建在扎有通气孔的窑底面上。木炭在窑内燃烧，窑工们手戴防护套以免被烫伤，并将瓷器放入热的隔焰窑内，后用黄色黏土泥浆将窑

376

377

187　刘新园（*1989*），第 48-50，77-79 页。

188　Hu Jing Qiong & Li Hao Ting（1997），p. 82。

189　《陶说》卷一写道：开窑前仅等待一天一夜的时间，整个过程需要三天，第四天早晨打开窑门，这个时序记录与现代烧成过程相吻合。胡由之［Hu Youzhi（1995），p. 289］指出，烧成过程由窑内火道的布局、烧成器物的种类和数量，以及天气情况所决定。

190　《江西省大志》卷七，第十八页；《景德镇陶录》卷五，第五页。

191　《江西省大志》卷七，第十八页。

192　Anon.（*1959a*），第 287 页。

图 104　御窑厂小型隔焰窑遗迹

完全密封，经过一天一夜烧成后再开启[193]。

在明代御器厂遗址宣德地层中发现了一座非常小的残存的隔焰窑，尽管此窑的主窑室被后期的建筑所破坏，但窑门、窑床、后墙和 6 个烟道还能够分辨出来。

1988 年，在御器厂的前院又发现了 5 座相对更小的马蹄形半隔焰窑[194]。

乾隆初年，用隔焰窑烧造釉上彩装饰器物的小型手工作坊数量不断增多，比较有名气的如"红店"，这里的作坊主不再使用"开窑""封窑"的方法，这些与窑炉相关的术语也不再使用。实际做法是依据需要建造简单的圆形砖砌窑，并在点火后密封窑顶[195]。

（v）匣　钵　窑

匣钵的制作和烧成是一个独立但却与陶瓷生产紧密关联的行业，并有自己的行会运作管理。匣钵制造者将烧过或者未烧过的匣钵卖给窑厂包括御窑厂[196]。匣钵首先需空烧，即里面不装器皿焙烧，只有焙烧后的匣钵才能装坯烧成，空烧也称作"镀匣"。制作匣钵的黏土采自景德镇东北部的里淳村，或马鞍山、官庄等地。此类黏土有黑色、红色和白色三种颜色。黏土与宝石山黑黄色的砂子混合，采用与制作陶瓷器皿相

193　唐英陶冶图说第 18 则，见《陶说》卷一，第十一页；另见《景德镇陶录》卷一，第六页。

194　其平均长度为 10 米。冯先铭等（1982），第 361 页；刘新园（1989），第 48-50、77-79 页。

195　《景德镇陶录》卷四，第三页。

196　Anon.（1959a），第 296 页。

同的方法将混合后的泥团在转轮上成型。不过，匣钵的制作较为粗放，成型后待其半干时，再用刀具简单地修削即可[197]。

用以烧制匣钵的窑炉尽管在尺寸和燃料要求上有所不同，但总体仍与"青窑"相似。这种窑每次平均可以烧制 70—80 个大号和小号的匣钵，使用 55 扛柴。即使是损坏的匣钵也能售出。装放大型龙缸的巨大的匣钵，是在专用的窑内烧制的，需要燃烧大量的木柴（每窑 60 扛）。慢烧三天三夜，紧烧一天一夜，停火后密封窑三天。相对于烧制瓷器的窑炉，匣钵窑需要更高的烧成温度，但气氛的控制则不是那么十分重要[198]。

378

（vi）第三部分"窑炉"的小结

陶瓷和大多数实用艺术品最根本的区别，也许在于陶瓷在其加工的最后阶段即烧成中，黏土发生了内在和外观上的本质性转变。这是一个不可逆的过程，它生成了一种坚硬耐久且能承载熔融的玻璃态涂层的新物质。生坯施釉烧成时，这种转变尤其神奇。放入窑炉时，它们是由黏土制成的、施覆有白色釉粉、易碎薄壳般的坯品，而出窑时却已成为坚硬、光亮、半透明、其外表介于陶瓷和玻璃之间的洁白器皿，而且体积收缩约 40%[199]。半透明瓷器的烧成是传统陶瓷的终极转化，只要没有达到熔融并崩塌的程度，它就是陶瓷材料。

如第三部分所述，中国的高温窑炉是以秦岭为分界线，沿着两条截然不同的路线发展的。"馒头"窑型主导着北方的陶瓷产业，而龙窑则遍布南方各地。造成这种不同发展的原因主要有如下四个方面：

- 南北方新石器时代的窑型不同；
- 10—11 世纪北方煤烧窑的普及；
- 南方龙窑的巨大成功；
- 南北方黏土截然不同的性质。

"馒头"窑在中国南方曾广泛用于烧制灰砖（现在仍然在使用），而龙窑在北方几乎未曾见到。但是，还存在一些过渡区域，例如在四川省"馒头"窑和龙窑都有使用，显然是由于分别受到了南北方的影响。景德镇陶工在明代早期也曾使用"馒头"窑烧制某些瓷器，而且看上去是在明清两代的御器厂和御窑厂烧制的，尽管他们以柴而不是煤为燃料。就效率而言，南方侧烧龙窑的设计更胜一筹，南方兴起的庞大的陶瓷业和其所取得的众多成就，主要依靠使用和不断改进这种简单的结构。龙窑在福建省和广东省的阶梯窑中，发展到最先进的结构形式。景德镇明代晚期完美的蛋形窑，是古窑炉发展史上最近一次的巨大进步。蛋形窑被视为景德镇窑炉的典型代表，自它产生以来，一直使用到今天。

197　唐英陶冶图说第 4 则，见《陶说》卷一，第四页；另见《景德镇陶录》卷一，第三页。

198　《江西省大志》卷七，第十八页；刘新园（1989），第 49，78-79 页。

199　体积收缩是线收缩的 3 次方倍，大多数中国瓷（从塑性状态到烧结）的总收缩为 10%—15%。

第四部分　制造方法和工艺

（1）新石器时代的工艺方法

（i）旧石器时代的泥塑

旧石器时代，当早期的人们从河堤、海滩、峭壁、河床发现潮湿黏土能够成形，或者在泥土里能够留下清晰脚印的时候，不难想象各种黏土及类黏土材料会有多大的魅力。一些不起眼的、未经烧制的固体造型可能就是人们最早制作的黏土物件[1]，尽管把这种材料和火结合的初衷也许并不是使其形状长久保留，而是与看着塑成物品爆炸时的兴奋有关[2]。

在许多文化里，制作这些黏土小雕塑（不管烧结与否）或许要早于制作真正的陶瓷器皿，然而在中国，这个特殊进程是否也是这样发展的依然缺乏证据。到目前为止，已知的中国最早真正意义上成形与烧成的陶瓷器皿是一个小罐，大约18厘米高，1962年出土于江西省仙人洞，测定年代为公元前8870±240年[3]。仙人洞的发现物在年代上可以与日本福井（Fukui）洞穴进行对比，在福井洞穴第二地层当中发现的陶瓷碎片，测定年代为公元前10 700±500年[4]。非洲苏丹陶瓷的测定年代为大约公元前7370±110年[5]；底格里斯河（Tigris）上游盆地的陶瓷可以追溯到大约公元前6000年[6]。最近在亚马孙河流域的发现表明，新大陆陶器的制作最少可以追溯到公元前3000年[7]。基于这些事实，中国理所当然属于早期的制陶地，但不是最早的地方。然而，这种大致的年代推算，因为是基于有限的发掘，所以只是暂时性的。

就材质而言，仙人洞中发现的陶罐是用沙质陶土做成的，在分析和质感上都与当　380

1　"尽管最早创造的陶瓷器——最早的纯手工制品——可归功于距今约26 000年前下维斯托尼采的格拉韦特文化（Gravettian）中小雕像的制作者，但到现在为止，还不了解陶质器皿的使用是不是在全新世来临的全球变化之后出现的。" Hoopes & Barnett（1995），p. 2。

2　范黛华等［Vandiver *et al.*（1989），p. 1007］写道："我们需要接受这样一种可能性，即陶工并不是试图制造经久耐用的陶质塑像。早期使用陶器也许与其独特的耐火性相关，而与视觉外观上的作用无关。"

3　以极小的碎片精确重建古代器皿已是考古学家讨论的课题之一，见本册第一部分 p. 2 和 Hill（1995）。

4　"福井洞穴，距日本南方九州岛上的长崎市不远，在那里发现的陶器放射性碳测年结果为大约距今12 700年，与其文化和地层的年代背景相符合。迄今为止仍是全世界最早的陶器。"艾肯斯［Aikens（1995），p. 11］在提到陶器时有这样的观点。

5　关于迄今非洲发现的最早的陶器及其年代综述，见 Close（1995），pp. 23-37。

6　Moore（1995），p. 40。

7　Roosevelt（1995），p. 115。

地的泥土相同[8]。该陶罐的外表面有细细的竖条纹，虽然能起到装饰作用，但可能是制作时无意中遗留下来的痕迹[9]。该陶罐精细的口沿大约有 5 毫米高，并略微加厚。在制作中经常会加厚器皿的口沿来获得光滑度和强度，因为这样能有效防止在干燥过程中由于收缩不均匀而产生纵向的细小裂纹。口沿部分也往往是烧成的陶器在使用过程中最薄弱的部位，在制作时的这种增强处理有益于其使用。

（ii）仙人洞陶器的制作方法

判定古代手工制陶的流程是一个众所周知的难题，因为不同的制作方法能得到相同的烧结效果。现代人类学研究表明，即使是相邻的村庄也可能用不同的方法生产相似的器皿，甚至在同一作坊内，相同形状的器皿也会用完全不同的工艺生产[10]。这些可能的制作方法往往随着生产规模的增大而成倍增加。如一手能握住的小橙子大小的泥团，能被容易地压实拍打成长和宽达 20 厘米左右的器形，而不需再添加泥料。接下来再用什么方法制作就可能不同了。另一个事实是，在传统作坊中实地考察看到的工艺绝对需要谨慎分析，有时这些技术也是近来引进或新创的。对此，科特（Cort）和莱弗茨（Lefferts）甚至这样说[11]：

> 基于陶瓷材料的现状分析，我们确信不可能根据当代生产确定地推测出过去的制作方式。

布赖恩·莫伦（Brian Moeran）在 1987 年的一篇文章中，详细介绍了在偏远地区看上去为旧式的作坊中，推测究竟有多少是"传统工艺"时应引以为戒的各种问题[12]。

应当考虑到这些重要的可能性，一些乡村地区的传统制作工艺，对探索古代陶器制作方法也可以提供较好的出发点。比如，在云南地区对传统手工制陶的田野考察中，除前面已提到过与窑炉相关的内容外，也涉及手工制作的各种方法，其中那些最简单的方法或许与仙人洞器皿的制作方法有关联。

（iii）云南现今的"石器时代"制陶方式

1977 年，一个由陶瓷科学家和艺术史学家组成的调查组在云南省景洪、勐海和西盟县的围寨，对有釉和无釉陶器的传统制作工艺进行了为期两个月的研究[13]。调查人员

381

8　方府报［Fang Fubao（1992），p. 542］写道："这些原材料取材于本地。黏土的组织疏松而粗糙。土色发红并伴有大小不同粒径的石英颗粒。"分析表明，这些原材料是另一种南方表层黏土，是做炻器的潜在原材料，只是当时只烧到陶器的温度（约 740—840℃）。

9　这绝不是一个例外，大多古代文化领域中最早的陶器都带有压印或者刻划装饰。

10　新加坡陶艺家彼得·刘（Peter M. Lau）致武德的私人通信。他在信中描述道，在马来西亚南方，在同一传统作坊里，用完全泥条盘筑法和纯手工拉坯法都可以做出看上去完全一样的炻器质龙坛。

11　Cort & Lefferts（2000），p. 50。

12　Moeran（1987），pp. 27-33。

13　Cheng Zhuhai *et al.*（1986），pp. 27-34。

对该地区（科莱寨佤族）所用的最简朴的工艺进行了描述[14]：

> "软垫辅助手塑"……该软垫由浅竹筐做成，里面铺满草，上盖麻布，泥团置于软垫上，手塑粗制器皿形状，然后用上面提到的辅助工具，将毛坯进一步修整，同时在其外表面印上纹饰。

报告的插图中给出的"辅助工具"是一个石球、几个有图案的木拍和一块布片或者皮片，全部都是全世界手工制陶最经典的工具。或许，用这种方法做成的器皿最显著的特点是其表面有重复的图案，该图案是由刻有图案的拍子在将器物拍打成形、加固和使器壁变薄的过程中留下来的。巧妙地利用潮湿的皮革在器物的边缘上操作，可加厚边缘并匀称地完成造型。给人的主观印象是仙人洞中的罐是由一整块泥土做成的，该泥块粗略地捏制成形，然后用拍砧成形法形成最终形状。边缘可能是用薄皮革（或者湿树叶）擦光完成的。

从仙人洞中发现的器皿始于中国旧石器时代晚期到新石器时代早期，即大约公元前9000—前4000年，产地为华南地区。在中国陶瓷历史上比此稍晚的是某些精细的北方器皿，如那些在河南省裴李岗遗址发现的器皿。这些素面但制作精细的器皿鉴定年代为公元前6000—前5700年。其形状基本是球状、圆筒状以及半球形，并有细部结构，如三条锥形短圆足和制作精良的小手柄等，给裴李岗新石器时代陶器风格赋予了几分包豪斯（Bauhaus）建筑学派的灵魂。相似的抽象几何意识亦渗入关中地区新石器时代早期的陶器之中，尤其是陕西省北首岭遗址底层发现的器皿。然而，临潼县东北约26公里处发现的陶器却与裴李岗器皿不同，无论是拍打还是压印，其纹理都很精细，而且经常在同一件器皿上利用抛光进行对比装饰。一些考古学家推断新石器时代早期的裴李岗文化与白家文化的陶器[15]：

> 不仅比农业的出现早1000年以上，而且揭示了仰韶文化的本地根源。

裴李岗陶器没有拍打痕迹，但表面看上去有刮光或者磨光。马熙乐（Shelagh Vainker）对其结构描述如下[16]：

> 最早的器皿看来是由泥板制成的，泥板不大于6厘米×4厘米，将几块泥板拼接在一起捏制成罐形。该工艺似乎也曾在华北中部所谓的裴李岗文化中（约公元前6500—前5000年）应用过。

在中国新石器时代，随着硬质原料的应用，一些精细的修整掩盖了单纯器物成形所采用的方法，因此，需要采用更先进的技术来探求这些过去可能使用过的成形方法。

14　同上，p. 29。

15　Anon.（1993），Institute of Archaeology，Chinese Academy of Social Sciences，pp. 5-11。

16　见 Rawson（1992），p. 220；关于器皿来源的论述，另见 p. 253。

（iv）静电射线透照术

采用静电射线透照术或许是最实用的揭示陶瓷当初成型方法的手段，无论其对象是碎片还是完整器皿。静电射线透照术是一种 X 射线过程，该技术用涂硒铝板替代了照相底片。在进行 X 射线曝光之前铝板表面带有正静电电荷（1000—1600 伏）。静电荷损耗的部分即对应 X 射线所成的像，通过对该铝板喷涂带电色素，通常是蓝色，图像可被"显示出来"。随后（通过其他过程）使其直接印在纸上或者塑料上[17]。这种方法相对通常的 X 射线照相技术来说，散射（模糊）较小，同时具有良好的边缘强化效果[18]；能清晰地显示黏土组织变化，即使制作方法留下的肉眼可以看出的痕迹在制品修整过程中被完全消除，也能显示出规律的拍打和盘绕制作的迹象[19]。

范黛华利用静电射线透照术对公元前第 4 千纪的甘肃半山文化陶罐进行了研究，其目的是和公元前第 6 千纪的近东伊朗西北部的哈吉菲鲁兹（Hajji Firuz）器皿从构造上进行比较和对照。研究结果确认中国器皿（半山 D2669）为盘筑成形，泥条大约 7—8 毫米粗（见图 105 和图 106）[20]。论文作者指出，尽管在器皿的一个颈部能清晰地看到一些泥条的续接点，但在该器皿球状部位却很难辨别出其续接点[21]。能够看出拍砧成形式样为有层次的菱形，手柄下部没有得到很好加固，因为在器皿已经收缩开始干燥的情况下，这一部位又添加了比罐体湿得多的泥。

半山文化陶罐的制作工艺描述如下：

> 器皿分段盘筑。在盘筑成形后，以拍和砧的方式用力拍制器身，因此在器物表面留有一些拍印。……那些经过精心修光的器物表面，则见不到拍打成型的拍印。……在盘筑成形和修整后……较低部位斜向刮擦。……表面经过擦光，局部修饰光滑并进行挂浆和彩绘。

这种基于盘筑的成形方法明显不同于所研究的近东样品显示的方法。后者通常使用一些小泥片互搭，更像是用不规则的大鳞片而不是泥条成型。伊朗采用黏土和稻壳混合的方法，来调控泥料中高塑性的蒙脱石类黏土矿物产生的黏性和高收缩性。采用稻壳来调和泥料也能提高近东陶器在成形过程中的强度和稳定性。相比，半山文化陶器看上去使用了细腻匀和的天然硅质黄土质黏土，因而不需要另外添加纤维质或者其他调和剂。

左侧页边数字：383　384　385

17　最早提出将此技术应用于考古器物研究是海涅曼 [Heinemann（1976），pp. 106-111]。关于对这种技术较为详细的说明，见 Heinemann（1976），pp. 106，110。

18　Alexander & Johnston（1982），p. 147。

19　所有的塑性泥料里面都含有相当量的空气，这些空气在制作过程中被排出了一部分。同时，黏土的片状颗粒因制作过程中施力而形成了较为定向的排列，从而通过静电射线透照术显示颜色较暗的区域。但静电射线透照术不能反映致密度，因为"这样得到的图形代表的不是成像物体的致密度，而是 X 射线穿过的一条线上总密度的梯度变化，它导致了 X 射线强度在成像干版上的变化梯度"。Vandiver *et al.*（1991），pp. 187-188。关于各种 X 射线成像方法在考古中应用的定性比较，另见 Vandiver *et al.*（1991），p. 187，table 1。

20　Vandiver（1988），p. 156。静电射线照片由范黛华监管，她经张光直许可将新石器时代的器皿带至剑桥城医院（Cambridge City Hospital，Massachusett）进行成像并过夜。

21　同上，p. 157。

图 105　半山文化器皿（约公元前 3900—前 3600 年，甘肃省出土）的静电射线照片

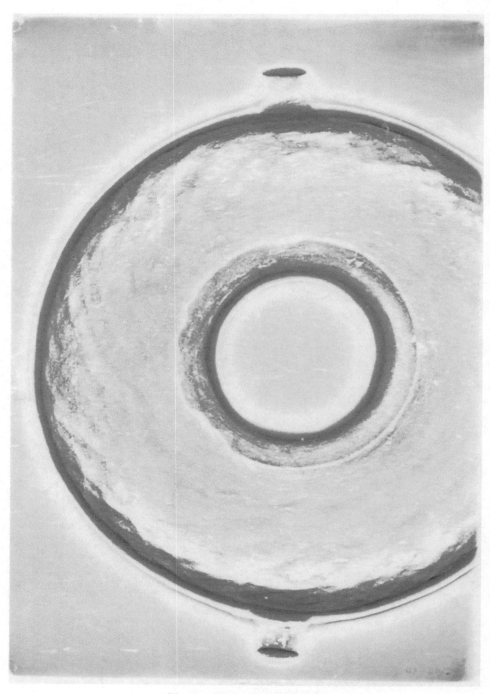

图 106　图 105 器皿的俯视图

（v）手工成形方法

范黛华提出的"经典"盘筑法，是她所研究的那件新石器时代仰韶文化陶器的制作方法，其中包括：逐步地添加泥条，一次施加一圈，一根泥条的直径约为1厘米或更细。在盘筑过程中，不断在器皿的上沿施压泥条，压紧并抹光，以便能准确地盘筑器皿的主体并控制其造型。接着拍打、刮擦及抹光，完成这例样品的盘筑成形。

然而，仅凭这些研究结果推测中国仰韶文化陶瓷，可能是靠不住的，因为泥条盘筑通常可以用不同的方式进行。比如，很多陶瓷成形通常用相当柔软并调和过的泥料，泥条直径3—4厘米（或者更粗）。泥条要粘进正在成型器皿的内边缘，并抹压平整。用一只手在外支撑器壁，另一只手在里面用手指向上抹压泥料使器皿尺寸增大。这样使得上边缘变得较薄，以便下一根泥条粘入内表面。

对于这后一种方法来说，一个大尺寸器皿可能只需要6根左右的泥条，而对于细泥条盘筑法来说，或许需要50根泥条。但相对细泥条盘筑法来说，该方法开始做成的器型不够精细。熟练的拍打能够很快弥补这种差异，而且，该方法相对细泥条盘筑法来说成形过程要快得多。尽管利用拍砧对器壁进行了很好的修整，但利用静电射线透照术，还是能发现一些这种"粗"泥条成型方法的模糊证据。拍砧修整的技艺能够使器物看上去很像用细泥条盘筑的。本册两位作者曾于1982年在江西省一个乡村制陶场，仔细考察过用此方法制作屋瓦以及大大小小的炻器瓶罐的过程[22]。

完全不用盘筑法也是可能的。世界范围内许多陶器，是由在一个较浅的模具中拍打一块粗制泥团的方法做成的，通常利用小圆石、木杵，或者干燥或烧结的圆泥块，有规律地边转动器物边拍打，使器壁变薄。利用娴熟的技术，这种方法能制作薄壁的近似球形的器皿。对于大尺寸的陶器来说，底部或跨接部位可以用单独的泥片以同样的方式做成。浅模具中放入织纹布或者席子能够降低泥土的黏附作用，同时使器皿整个表面带有纹饰。实际上，这与在用泥条盘筑成形的那些陶器表面所见到的纹饰非常类似，那是在制作的最后阶段用硬质弧形物体在器内支撑，以有饰纹的拍板在外拍打而形成的。通常这种模拍制作的器皿口沿部位会采用一下盘筑法，而技术娴熟的陶工能用湿布或者薄皮革对其进行拭光，致使其匀称程度和总体感觉，在一定程度上和转轮完成的制品很容易混淆。因此，尽管在实际操作中没有采用泥条盘筑和转轮修理，但这些组合的工艺方法给人的直观感觉或许是泥条盘筑，并用慢轮修理完成。虽然人们认为对显示盘筑痕迹的半山陶器没有采用这些方法，但也不能完全排除中国其他地方的新石器时代陶器采用过这些制作方法[23]。

386

22　关于这个制作过程的图解以及一些瓶罐作品，见 Wood（1999），p. 20。

23　卡迪尤［Cardew（1969），pp. 91-92］描述了尼日利亚（Nigeria）北部豪萨人（Hausa）利用这种工艺的过程。用半边葫芦来做模具，同时撒上草木灰以防止黏土与模具粘胶。相似的用大泥块拍打的工艺也被蒂雷利（Tireli）马里（Mali）村落中的多贡人（Dogon）使用。在其工艺中，一个带浅凹坑的石头作为"模具"，一根后来用鹅卵石替代的木杵充作砧子。单根的泥条再次用来制作口沿，最后的拍打阶段，将猴狲面包树皮纤维编织物置于罐体和中空石头之间，制作的罐子整体带有编织物纹理。［戴尔德丽·伍德（Deirdre Wood）的私人通信，来自1996年在蒂雷利的考察。］然而，相对拉坯来说，常认为手工制作是一种低效率的方法，但并不是所有情况都这样。比如，西蒙兹［Simmonds（1984），p. 57］描述了在尼日利亚（Nigeria）古镇耶卢瓦（Yelwa），一种相似的泥块拍打成型方法："这种方法出乎意料的是除了口沿部分，一个陶罐只用大约4分钟就可以做好。器壁厚约为2.5—3毫米，而且具有令人惊奇的均匀性。"

　　另一种方法也能达到相似的成器外观，但要首先制作器型的上部，底部则留在最后完成。在许多文化中，陶工经常先采用粗泥条制作较厚的无底圆筒，然后借用湿布或皮革制成漂亮的口沿，而留着基本未成形的器皿下半部[24]。当粗制的筒形罐体有点变硬的时候将其倒置过来，进而将其拍打成为球形。谨慎地渐渐拍打可使器皿底部封闭，再进一步拍打坚实，以防开裂。

387　　如此，至少有三种相当不同的方法，都能使制成的器物与"经典的"泥条盘筑和拍打成型器皿视觉效果相同。加上以慢轮完成边缘制作，这四种方法对于手工制作的相同器型来说，绝非已是手工制陶者可能掌握的全部方法，如人类学资料中，就可以找到这些主流方法的多种变化形式[25]。

（vi）慢　　轮

　　公元前第 4 千纪的仰韶文化半山时期的陶器上，非常规则的拍打纹可能得益于一些轻松的旋转方法对这种有规律挤压的帮助。操作过程中，这种旋转可以通过把器皿放在一片树叶、一块布或者席子上，或者放入带垫子的浅篮子里进行[26]，这可以轻易地将器皿稍作旋转，方便下一次拍打。不过，即使这种简单的旋转设施，也并非必不可少。在许多文化中，器皿是不动的，而陶工绕器皿缓慢行走，进行有规律的拍打完成器形制作[27]。然而，将器物放在转盘上，除了背面更加容易操作之外，用泥条盘筑制作时，还能提高均匀性和便利性，也常常确能提高产量。同时，由于在制作过程中，可直观地保持器形轮廓的同一性，从而能实现精确造型。将器皿放置在有固定旋转轴的转盘上，还有一个更为先进之处，即能更加容易使口沿部位变得圆滑。常是用一只手旋转转盘，用另一只手平滑口沿。

　　有声称在仰韶文化晚期的陶器上，尤其是半坡阶段后期的器皿口沿部位，找到了

　　24　对于这种方法来说，制作成最初的圆筒并不总是使用泥条。例如泰国南部［在斯丁莫（Sting Mor）］的传统工艺，取一块固态圆柱体泥土，将一根木棍穿入其中，先穿透一端再穿透另一端。当木棍还在陶泥中的时候，将泥与木棍整个在平面上滚动，这会使圆柱体同时变宽变致密。接着先完成口沿，再"自上而下"完成制作。在此半成品有点变硬时将其倒置，进行最后的拍打、修整及底部合拢，所有这一切没有用任何慢轮。见 Solheim（1986），pp. 151-161。泰国的另一地区［塔利（Tha Li）地区西部的班纳格拉森（Ban Na Kraseng）］使用一种相似的方法。在这里，最初的圆筒是由一大块长板状陶泥制成的，陶泥被弯成环形做成一个厚圆筒，再用手指从两端将厚圆筒拉高。还是先制作口沿再完成底部。见 Bayard（1986），pp. 262-263。两种工艺（即可以用泥板也可以用固态圆柱制成圆筒，然后拍打成形），都在现代柬埔寨有记载。Cort & Lefferts（2000），pp. 48-69。另外，同时期还有一种不同的方法是：在印度中南部，使用真正意义上的拉坯成型开始制作圆筒，并且修器物上部口沿。西诺波利［Sinopoli（1999），p. 123］写道，这种无底厚圆筒是拉坯成型，接着完成口沿部分的。第二天，用拍砧成形法将圆筒下部整成近似的球形，再拍打合拢底部。

　　25　赖斯［Rice（1987），pp. 124-144］的著作对世界范围内传统手工制陶方法作了很好的分析和评述。

　　26　陕西省半坡大量的器皿底部显示了清晰的编织席纹，见本册 p. 7 以及 Kuhn（1988），pp. 61，90-141，157。

　　27　例如，见卡迪尤［Cardew（1969），p. 88］关于在尼日利亚夸利（Kwali）所见制作水壶情形的记述："她有节奏地后退绕水壶移动，有时候沿顺时针方向，有时（像在跳舞）沿逆时针方向以避免头晕。"赖斯［Rice（1986），p. 142］描述了在危地马拉（Guatemala）的一个相似的制作方法，被称为"绕转制坯"过程。器皿静止而陶工移动的另一例子来自泰国，见 Bayard（1986），pp. 261-268，文后未标页码的照片 3a-5b。

某些轮制方法的佐证。这些特征在庙底沟文化时期数量增多，并从口沿逐渐向器皿上腹部延续。在黄河流域的中心区域内，仰韶文化晚期（约公元前4800—前3600年），是这种变化的主要时期[28]。

20世纪60年代，古陶瓷技术和历史研究先行者周仁进行了经过设计的实验，探索仰韶文化时期陶器上的制作痕迹是怎样形成的。在专业陶艺家的帮助下，周仁肯定地认为，这些痕迹是采用"自由转动装置"，即快轮在生坯修制时留下的痕迹。然而考古学家襟振西对这种观点持有怀疑，因为周仁是采用现代拉坯轮模仿的这种效果[29]。襟女士自己对这些制作痕迹的观点是以一些重要的轮状器物为基础的，这些器物由耐火黏土做成，并已在中国北方许多仰韶文化窑址出土[30]。

388

（vii）新石器时代的中国陶轮

在北方仰韶文化晚期遗址，发现了一系列的轮盘状陶器，在半坡和陕西省其他仰韶文化遗址发掘出了这样的器物。类似的轮盘曾在甘肃、河南以及山西被发现。襟振西对这些发现物没有进行详细论述，但她写道[31]：

> 应该指出的是，上面提到的轮盘与带有同心圆轮印的陶器均在同一文化层出土，这种普遍性绝非偶然。

这些"轮盘"的形状如图107所示。大部分的直径约为30厘米，且又重又厚，每个重6—8千克。通过襟振西的实验可以发现，这些轮盘具有可"平衡旋转与转动慢速的造型适应性"[32]。

随着陶工从轮盘边沿转动轮盘，器皿在轮盘"凹心"中修成，襟振西观察到这些轮盘的使用方式与剖面图中的完全相同。粗制的罐或碗坯给轮盘添加了额外的重量，这意味着如果需要，就能够使得轮盘自由旋转起来。在襟振西的实验中，一个工作人员（为陶瓷修复工作者）转动一次轮盘，可使放置在轮盘上的器物在轮速减慢并停止之前自转33圈，但最典型的是轮盘以大约60转/分的转速转动10圈。襟振西写道[33]：

> 我认为这就是仰韶文化时期的慢速拉坯轮（也称为"慢轮"），也是我国发现的最早的拉坯轮。

当然，关于这一议题还有许多合乎情理的疑问，如：这些轮盘确实是用来制作陶器的吗？而且，如果是，它最开始是怎样使用的？对于第一个问题，针对这些物体的形

28　襟振西的私人通信。

29　襟振西写道："这种推测和系列模拟实验，明显是基于今天可看到的传统的陶轮（快速拉坯轮）而完成的。……结论很难令人满意。"

30　襟振西提交给1985年在北京举办的中国古代陶瓷科学技术第二届国际讨论会的论文。此次会议论文集没有出版，因此，引用来自原作者会后给本书作者的打印稿。

31　引自于襟振西的手稿。

32　同上。

33　同上。这里襟振西采用"拉坯轮"一词可能有些混乱，用"转盘"可能更合适一些。

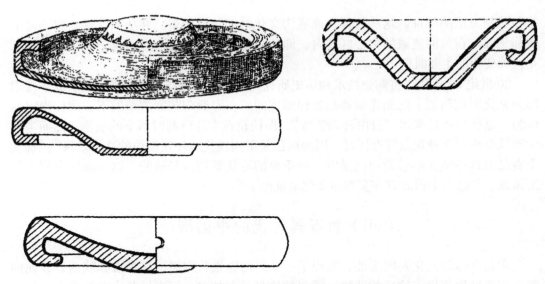

图 107 被认作是制陶转盘的仰韶文化时期黏土烧制品，图左上方的转盘出自半坡

389 状，还难以解释它的其他用途，除非是可能用作小屋立柱的基座，如果是这样的话，它们厚重的结构或许很适用。但事实是，它们是磨光的且时有装饰，作为一种建筑材料的可能性很小。仰韶文化出土的陶质立柱支撑物，比如半坡出土的那些，往往是粗糙的、环形的，而且十分厚重[34]。

轮盘的自由旋转能力对于完成器型口沿和装饰线来说，当然是一个很大的优点，但对于通常的盘筑和拍打来说，其以固定的方式不费力地慢速转动的能力也会是有用的。重要的是，禚振西并没有说这些轮盘是用来快速拉坯成型的，而是说它们是被用来辅助泥条盘筑、拍打，以及器皿口沿部位的修整的，或许就像程朱海和他的同事于1977 年在云南实地考察中所展现的那样[35]：

> 在一个转盘上盘筑成形。这种方法是曼乍和曼斗村寨傣族人所用的方法……用木板做成的转盘固定在一个支柱上面，用脚尖使其转动，成形速率和器型的圆度得到很大的提高。考古学家研究表明这种转盘非常类似于仰韶文化时期普遍采用的"慢轮"。

（viii）装　饰

禚振西意识到了这些轮盘的又一用途，即辅助彩绘装饰，这种装饰是仰韶文化手工制陶最引人注目的特征。值得注意的是仰韶文化的西北边缘地区，即现在的甘肃省和青海省出土的器皿。自由旋转的轮盘对于甘肃省出土的仰韶文化晚期陶器上非常规

390

---

34 关于一例陶质屋柱图，见 Anon.（1987b），图 15。作者注意到，小圆石与碎陶片被压进了柱子基座的洞中。

35 Cheng Zhuhai et al.（1986），pp. 30-31。

则的线条装饰来说当然是必不可少的。有些器物上，这些线条装饰是主要的图案，但更常见的是，它们将整个器皿分成若干个完全是由徒手绘成的区域。

仰韶文化装饰的一个显著特点是，往往在器物上留有大面积的素面及近底未装饰部分。有时这种特点被认为是一种标记，这些器物系从上方观看，因为它们是放置在棚屋地面或者墓坑里的[36]。但是，应该考虑到器物是放在陶轮较深的凹坑中进行装饰的可能性，因为这会使得器物下半部分无法画线。仰韶陶器中的另一类型也很有代表性，它们没有绘制这种规则的横带纹，装饰完全由徒手完成，常常布满器物全身。

从这些轮盘的形状可以看出，或许最令人好奇的可能性是轮盘也可用作模具，使罐或者碗初始成型，并在开始的制作中起到支撑作用。仰韶文化器型有时相当夸张，其下半部常是凸出而不是平直或微凹形。这些形状对于常规的泥条盘筑来说，在开始阶段是相当困难的，同时在开始阶段，要承担大量筑泥重量的能力也是很脆弱的[37]。那么这些形状的成功制作，当然是得益于在制作开始阶段的某种支撑[38]。

（ix）从慢轮到快轮

大量规则的条带装饰，可能比其他任何东西都能说明，在当时，某些能自由旋转的工具曾用来支撑中国新石器时代的仰韶陶器[39]。即使礜振西描述的所谓"轮盘"不是用来制作陶器的，而是用来做其他用途的（这看来不太可能），但肯定开发了一些可自由转动的设施，用来绘制这些陶器上烧后呈棕色或褐色的规则带纹。这种转盘对于修整仍处于塑性状态的器皿的口沿及上半部分的作用，很可能导致设计出更大、更重的轮子，以适合更为连续的操作。这些较重的轮子能用来修光泥条制作的、还处在较软阶段的小件陶器。其实这种"过渡性"轮的假设，来自1977年云南的实地研究。这些虽不是真正意义上的拉坯轮，但是已经与之非常接近[40]：

391

> "重轮上的泥条盘筑和拉坯"。曼朗村寨的傣族人使用该方法……平盘厚而重，并靠其自身重量能够自由且连续转动，尽管还不能靠其惯性完全拉坯成型。轮子的转动靠脚尖或者手来控制，用该方法做成的陶器一般在口沿或者表面留有轮印。这种轮子和仰韶文化时期的"快轮"非常相似。

36　Huber（1983），pp. 177-216；Barnes（1993），p. 103。

37　这种器形在手工制作的器皿中很普遍，采用的是"自上而下"的制作方法，器物下半部经向内逐渐拍打而形成封闭的底部。

38　三足蒸煮器皿或者大口水罐上的三个中空乳房状袋足，通常都会采用模制成型，在中国整个新石器时代普遍制作这种器物。常认为这些形状是中国式的，但增田精一［Masuda Seiichi（1969），pp. 3213-3219］指出，这些器皿："不是中国史前文化所特有，而是分布于广大的范围内，从蒙古、中国到伊朗北部……"他提出，中国古代器皿上的中空乳房状袋足有些是某种模型制成的。这或许是事实，但一个相应的问题是大多情况下，中空足是曲线形的而不是圆锥形的，这将使得袋足成型后的脱模操作十分困难。即使是模制，也不能排除起始是采用模制，接着通过拍打使器形向外扩展成型可能性。

39　在康蕊君［Krahl（2000），p. 65］著作的插图中，有一只甘肃或青海省（马家窑半山文化）出土的手工制作并经过抛光的陶罐，鉴定年代为公元前第3千纪中期，有22条平行的装饰带。

40　Cheng Zhuhai et al.（1986），p. 31。

该论文中的插图显示，轮子直径大约为 60 厘米，厚度超过 5 厘米。陶工正在用左手旋转该轮，右手单手在进行拉制、压挤手指间的陶泥。这清楚地显示了开始时用盘筑法制作的陶罐接下来是如何利用拉坯快速成型的，该方法在日本农村仍然非常普遍，那里黏土的塑性较低而且轮子较轻，这些在一定程度上促进了该方法的使用[41]。在这种拉坯成型过程中，不再用惯常的、通过反复收压的方法使坯泥变得薄而坚实，取而代之的是使坯泥穿过手指间的空隙，同时往坯泥上洒水以防止其沾手。这才是真正的拉坯成型，因为在这种方法中泥料的压缩、变薄、升高器壁，都是一气呵成的。

还需要补充一点，开始时拉坯成型的陶器，在稍微硬化后，能够再添加泥条，接着以拉坯成型的方式再挤压泥条，以此，泥筑的特征消失不再，甚至用静电射线透照术也看不出来。最后，整个器型通过拍打完成。本册的两位作者曾于 1985 年在河南省神垕镇，观察了这种工艺的整个过程[42]。不过，这类混合方法更常用来做大件产品。最简单最"纯正"的拉坯成型方式，通常是以一团陶泥开始，泥团被干净利落地扔到转轮上面使其粘住，接着将其润湿，通过施压加工而成型。拉坯和修坯工序在本册第一部分 pp. 66-73 中进行了描述。

（x）中国拉坯的起源

392　　　　1962 年及 1963 年，在山东省曲阜附近发掘了 32 座大汶口文化中晚期墓葬。其中出土有号称中国最早的快轮制陶器，鉴定年代约为公元前 3000 年[43]。其中一只非常精美的牛皮黄三足壶，明显为分部拉坯组合而构成，这显示出拉坯成型技术已完全成熟[44]。这种观点认为早期中国拉坯成型技术的出现，稍晚于已知的最早拉坯成型技术——在近东地区，现今的伊拉克乌尔（Ur）地区曾发现一陶轮，重约 20 公斤，直径约为 75 厘米，厚度约为 5 厘米，年代约为公元前 3000 年[45]。在同一地区发现的一些轮制陶器，年代为公元前第 4 千纪。

（xi）龙山文化陶器的拉坯与修坯技术

在技术发展历史中，经常是在一项新技术发明后不久，当其可行性还处在探索之中、由此引起的兴奋还没有过去时，就已经出现了一些用这种新技术制成的极为精致

41　莫伦［Moeran（1987），p. 32］关于日本小鹿田（Onta）附近的皿山（Sarayama）陶艺镇，写道："甚至自 1705 年的皿山创建以来，陶工们就一直使用泥条加拉坯的方法。自从那时候起，陶工们就使用当地的黏土做陶，该黏土最适合这种成型方法。"

42　在武德［Wood（1999），pp. 132, 145］的著作中有河南省这种现代黑釉器生产作坊的插图。

43　Anon.（1993），Institute of Archaeology, Chinese Academy of Social Sciences, p. 54。该遗址的骷髅显示"有个特殊的习俗：取出上边的门齿，人为变形枕骨，存留一个或者两个石头或者陶瓷球在嘴里面，结果导致下颚骨变形"。同上文献，p. 54。这些惯例在山东地区大汶口文化的人群中广为流传。见 Anon.（1992b），Archaeology Department of Peking University，p. 40。

44　Anon.（1993），Institute of Archaeology, Chinese Academy of Social Sciences, p. 54。

45　Simpson（1997b），p. 50。

的产品。在中国，这也是不争的事实，其中最好的例证就是世界陶瓷历史上拉坯和器物通体的车修技术，出现在了公元前第 2 千纪和前第 3 千纪的龙山文化类型的新石器时代陶器上。特别值得一提的是，山东省出土的新石器时代的渗碳黑陶，是中国最早直接用拉坯成型的陶器中的一部分，有时也称之为"蛋壳"陶。这些器物肯定是快轮拉坯制成的并常常是整体修坯至壁厚仅 1—2 毫米。其结构复杂而且夸张，但重量极轻，最近发现的一只 17 厘米高的高足杯只有 80 克重[46]。龙山文化的黑陶一般尺寸较小（通常高度小于 25 厘米），因此用来制作的轮子无须太厚重。尚未在龙山文化遗存中发现陶轮，这一事实可能意味着陶轮为木制，而不是像仰韶文化时期那样，陶轮是用耐火黏土做成的[47]。

　　除了精细的拉坯和修坯外，龙山文化时期，陶工们在制作黑陶方面也采用了两种更先进的方法，即能够成功地将两个或者多个拉坯和修整过的部分粘接起来，以及应用了精细的钻孔技术，特别是一些高脚杯的足径，有时达到了毫米尺度。这种多样化的技术，在公元前第 3 千纪后半期山东省日照出土的陶器上，显示得淋漓尽致。许多样品经渗碳而获得整体黑色效果，通常以磨光（显然是修坯以后仍然在轮子上进行的）得到黑色发亮的表面效果。少数样品只是选择性地磨光，从而在同一器皿外表面上，同时存在亚光的和发亮的部位[48]。巴格利描述其"奇妙无比"，而且显示"礼仪用途的迹象"[49]。这些东北方的黑陶是新石器时代世界陶器中最完美的，它们浓烈的金属器物风格一直被许多论著作者关注，但它们的那些形态常常显得很奇特的锻制金属品原型仍有待于发现[50]。

　　与这些精细的黑陶同时期、同地域出现的，是一些淡色胎的大水壶（但同样制作很好），某些器物看来是原料中使用了高岭石黏土（见本册 pp. 120-121）[51]。一些三足壶是通过分部拉坯后再粘接制作而成的，而且在那些早期手工制作的、风格相似的样品中属于特别轻巧的一类。山东省出土的新石器时代陶器在中国来说，属于风格最为多变、富有创造性且制作精细的类型，包括一系列带把的大水壶和杯子，这些器物在造型上显示出令人惊叹的现代性。

（xii）手　　柄

　　在中国新石器时代陶器上，条带状手柄很普遍，通常有三种可行的制作方法。一

393

　　46　Krahl（2000），p. 79。这件山东出土的龙山文化器皿，测定年代为公元前第 3 千纪后半期。

　　47　就像鲨鱼的牙齿一样，所有在中国考古遗址中认为是陶轮残部的，均为大规格木制陶轮转盘的中空瓷质或炻器质顶端轴承。然而，这是用于后来的陶轮。新石器时代的黏土或许太软以致无法做成有用的轴承，因此轴承或许是由石头制成的，且因此有可能在出土过程中并没有认出是陶轮轴承。

　　48　Krahl（2000），p. 82。

　　49　Bagley（1987），p. 25。

　　50　Medley（1976），p. 25；Vainker（1991）p. 25。

　　51　Luo Hongjie（1996），数据库。有一个精美的样本收藏在北京大学赛克勒考古与艺术博物馆（the Arthur M. Sackler Museum of Art and Archaeology, Peking University）。见 Anon.（1992b），Archaeology Department of Peking University, pp. 80-81, fig. 27。

种方法是将一条泥先搓好或者切好，然后压平，再用诸如潮湿皮革等材料对其进一步抹光。在此修整阶段，陶工们可以对手柄截面形状进行细节精细处理，如做成中心凸起，或边沿变薄。当手柄的硬度达到一定程度时，就可以将其架在有点硬的器身上并用泥浆或者黏性泥将两者粘接起来。

另一制作手柄的方法即是陶工们称为"拉手柄"的方法。制作中，陶工一手握住粗短泥条的一端，另一只手从该泥条上端向下推捏使其变成长舌状。对于旁观者来说，这看上去好像是把泥条拉扯成了均匀光滑的长条。其实如同大多数黏土加工方法一样，该技术是挤压而不是弹性拉制，因为黏土是不能够拉长到适用的程度的[52]。拉扯能够制成两面平行的手柄，更容易制作端部较细的手柄。中央的凸起和边缘的细加工可以在"拉扯"的动作中，通过改变拇指的位置而实现。这两种方法都能制作出外观相似的手柄，新石器时代陶器上那外观相当规则的手柄，很难说是采用哪种方法制作的。不过新石器时代一般的手柄和器身粘接点，明显是采用了少量外加泥料粘接并加固的。对于粘接的手柄来说，这既增强了实用性，又显得更加好看。

这种"是拉扯而制成还是刮光制成"的问题，对于很多中国新石器时代三足器物的实心足来说也同样存在。这些实心支腿一般为锥形，这一点使人想到是"拉扯"成型，但其带有的轻度不规则性也暗示可能是搓制（和/或压平）后刮光。或许这里的问题并不在于特定的一件器物到底是用哪种方法制作的，而是"拉扯"方法是否曾用于中国新石器时代的陶器手柄或者足部的制作。很难发现肯定是使用了这种技术的实例，同样也很难得出从未使用过这种方法的结论。

中国新石器时代器物手柄的第三种制作方法是，先用拉坯法制成无底的器型，然后把这些制好的环形物切割成若干适合做把手的部分。在介绍山东省东南部两城镇龙山文化中期的陶器时，描述过这种方法[53]：

> 先拉坯制作一个圆筒，然后用一个针状工具将其分割成环形……接着将每个环分割成两块或三块，每块用作一个手柄。

相似的方法也用来制作大规格半圆柱形容器上较高的 C 形支足，制作时，先拉坯成型一个圆筒，再切除其底部，后将其竖直切成两半，接着用黏性泥将其粘接到容器底部。这两种工艺均体现了山东龙山文化陶工较高的创造力和娴熟的制作技艺，特别是这些巨大的成功和漂亮的拉制手柄，事实上在后来的中国陶瓷中并不多见。

（xiii）中国南方良渚文化黑陶

拉坯制作的良渚文化精细黑陶，粗看和龙山文化黑陶非常相似，但现在被认为是属于独立而重要的南方文化传统。良渚文化是以 1937 年在浙江省杭州附近首次发掘的一个遗址而命名的[54]。如今，在浙江省，尤其在杭州海湾一带已发现了接近 20 个良渚

52　关于该方法的照片，见 Cardew（1969），fig. 37；关于操作说明，见 Cardew（1969），pp. 112-113。

53　Vandiver *et al.*（2002），p. 579。

54　报告引自 Li He（1996），pp. 25，339。

文化遗址。这些遗址制作相似的陶器，包括一些拉坯较薄并修坯成型的盖罐。这些陶器很像山东龙山文化的黑陶，足部和盖子上常常带有细小的穿孔。

现在认为良渚文化黑陶是较早的河姆渡文化的发展。河姆渡文化拥有大量柱子搭建的村落以及发达的新石器时代生活方式，包括水稻种植，猪、狗、水牛养殖，以及某些先进的物质文化，如漆的使用等[55]。浙江省余姚河姆渡大型新石器时代村落于1973年夏天被发现，在同年冬季得到发掘，并于1977年再次进行了发掘。如同陕西省半坡村遗址成为理解新石器时代北方生活方式的依据，河姆渡文化2800亩的遗址已成为理解南方新石器时代生活方式的重要依据。河姆渡文化早期阶段大体上和半坡文化属于同一时期[56]。

良渚文化和龙山文化黑陶的工艺差异在于，良渚文化的黏土在制作之前其中加入了木炭，这种"内在的"而不是"外表的"渗碳方式，明显地是由较早的河姆渡文化陶器继承而来的[57]。良渚文化陶器的静电射线照片显示了清晰的拉坯成形的证据，尤其是高脚杯的高脚部位，其内部"螺旋状纹"特征表明制作时使用了陶轮，同时表明了陶轮是沿逆时针方向旋转的[58]。

（2）青铜时代的技术工艺

（i）商代青铜浇铸中的黏土作业

中国新石器时代精陶的烧造规模，随着青铜时代的到来而缩减。无论是陶器的纹样、加工还是装饰都因青铜器的出现而下滑。新的青铜浇铸技术，尤其借由礼器的制造，似乎掩没了人们对陶器的兴趣。看似矛盾的是，由于中国青铜铸造的特点是基于黏土的，那时掌握最精湛的泥料构成和处理技术的，是商代青铜铸工而不是陶工。先进的黏土作业技术被开发用来制作青铜浇铸器皿的原始实心模，也用来制作由模翻制的陶质块范。泥芯的制作是上述技术的一部分，至少是与制模和制范同样专业化和同等重要的工序。

虽然商代青铜业对黏土作业的精确度、加工规划和技能要求，均超越了当时的制陶作业要求，但是铸造所需的陶模、陶范和泥芯仅仅是用来浇铸器皿过程中的中间物。铜液的浇注（只需要几秒钟）是制作的高潮，一旦器皿浇铸完成，这些模、范和芯也就被废弃了。不仅商代青铜铸造遗址出土的碎陶片，还有青铜器本身的器型、复

55　Chang Kwang-Chih（1963，1986），p. 212。新石器时代的漆器陈列在杭州浙江省博物馆。

56　河姆渡文化第四文化层，碳-14测年距今7000年（约公元前4950年），直到公元前3400年。李家治等（*1979*），第112页。半坡文化的历史年代为约公元前5000—公元前4000年，见Anon.（1993），Institute of Archaeology，Chinese Academy of Social Sciences，p. 12。

57　李家治等［（*1979*），第112页］关于河姆渡黑陶，写道："出土的大量混合炭黑器皿由一种含有绢云母的黏土，与预先燃烧过碳化后的稻壳、稻草及叶子灰有目的地混合制成。"另见Dajnowski *et al.*（1992），p. 618。

58　见Dajnowski *et al.*（1992），p. 612，fig. 3。这种螺旋波状痕迹被称为"螺旋状纹"，经常出现在拉坯成型器皿的内壁上，即挤压泥料外表面时内部没有支撑，随即在内表面形成。因此，在所有拉坯成型器皿上形成明显的迹象。拉坯过程中向上拉动的环节形成了螺纹状，黏土中的空气泡会加深这种螺纹效果。

杂而精美的装饰，都是商代青铜铸造中精妙的黏土加工技术的一手证据。在青铜浇铸中，似乎陶范已取代了石范，而在史前，石范主要用于浇铸工具和武器[59]。虽然在近东地区（美索不达米亚）的金属铸造中已先行采用了陶质块范，但是范铸方法在中国发展到了前所未有的繁复程度。

（ii）制　　模

中国最初浇铸成型的青铜器器形，很多是受到新石器时代晚期陶器样式的启发，同样也有金属板锻打并接合成型的器皿的贡献。但是，这两项技术中究竟是哪个影响了哪个，很难做出确切的判断，因为某种程度上，锤锻金属的式样可能影响过陶器，反之亦然[60]。

最终结果是，中国最早的浇铸青铜器皿，如二里头时期（约公元前2000—前1500年）的爵，造型相当精美和复杂，壁薄沿厚，带有明显金属薄板锻造特点[61]。至二里岗时期（约公元前1800—前1400年），河南省青铜铸工仿造了倒酒水用的盉，这是最难实现浇铸制造的器型之一。商代铸工选择整体浇铸制造这些青铜器，其面临的巨大挑战是陶模和陶范的制作。这不仅要精心仿制器物的造型，而且薄薄的器壁，要求范芯与外范的整个布局必须套合精确，通常两者之间只有1—3毫米的型腔。二里头和二里岗遗存的青铜器表明，虽然当时的表面装饰技术还处于起步阶段，但陶模和陶范制造的技术已经很娴熟了。

青铜薄器浇铸中，外范与范芯匹配不良会产生孔洞，也许为了避免这一问题，使得尺寸精准成为商代制模和制范技术的核心。当然，熔融的青铜本身是没有形状的，只是紧紧沿着范具形制而行的液体。达到必要的制作精度，需要能够很好完成浇铸制作器型的制模和制范工艺。从模型中制取范，再用范精确地生产这些"构想的"器形，以此，消除锤锻金属器物或手工制陶自身特性所带来的那些与生俱来的偏差。有效解决这个问题的关键因素之一，是通过采用一种简单的机械夹刀，以塑性泥料运算建造精确的实心原模。反观分析，我们可以看到这种简单结构对于商代青铜铸造技术成功的重要性堪比陶轮之于龙山文化陶器的重要性。

（iii）夹具辅助加工

陶工用的陶轮是一种机械夹具，陶轮有一固定轴，泥块在陶轮上旋转，通过对旋转的块泥施加压力，推挤上拉泥块形成空心造型[62]。所有的拉坯制品的横截面因此而为

59　Muhly（1986），pp. 14-15。

60　"从齐家陶器器型总表中可以看出锤煅金属器皿无处不在的影响，假如碳放射性同位素测试无误，这些金属器皿出现于中国的时间不迟于公元前第2千纪之初。"Bagley（1987），p. 16。

61　张光直写道："这些器皿小而薄（约1毫米），素面平底，但接缝显示其至少用了四块范具浇铸。"Chang Kwang-Chih（1980b），p. 37。

62　机械夹具可以定义为："一种抓持工件的装置，并引导工具对工件进行加工。"简明牛津词典（*Concise Oxford Dictionary*，1995），第730页。关于机械夹具的总体论述，另见 Pye（1964），pp. 53-55。

圆形，但拉制后，在其塑性状态和半干状态下均可能产生一些变形。商代青铜器的显 398
著特色之一，是其丰富的形制，其横截面不仅有圆形，也有正方形、椭圆形、长方形
甚至三角形，同样也使用介于两类之间的形状（如圆角方形或菱形）。这些复杂的横截
面与典型商代青铜器设计的精美外形相辅相成，形成了复杂的立体结构，取得了非凡
的成果，成就了极具特色的商代铸造青铜风格。商代青铜工匠经过初期借用其他器物
的形制之后，利用机械精度结合复杂的型体，设计开发了一系列雄伟壮观且极具表现
力的器皿造型，具有非常独特的商代铸造青铜器特色，尤其是在其成熟时期——安阳
时期。

（iv）转动型卡刀

　　虽然有关商代青铜铸造技术的文献很多，尤其是有关装饰、合金的成分和浇铸中
所用陶质模具的组合细节，而模具制作部分的研究却很少[63]。1989 年，受不列颠博物
馆委托用正宗的浇铸法仿制商代青铜壶，本册的一位作者亲历了这一实际操作过程[64]。
器皿截面为椭圆形，空心高足，侧面有壶柄。

　　把壶放在转盘上缓慢旋转，其轮廓显得相当连续一致，这说明，制作模型时采用
了一种刚硬的剖面型卡刀，其刚硬的椭圆形的整个断面由顶到底夹住型体。还有证据
表明，型卡是在动态方式下使用的，而不是简单地在分段制成的情况下为测量几何形
状所使用。能说明这一点的是绕壶颈有三条平行的凸线，壶身也有三条平行的细阴
线，用于划分装饰。这说明模型材料是直接由型卡成型的，当其沿固定的型卡刀面扫
过时，型卡刀上有刻痕，便在模型上留下凸线，而型卡刀上几个小小的凸点，则会在
模型上留下浅的平行阴线。

　　这样，由顶至底用刚硬的型卡夹住泥柱，沿竖直的泥柱周围塞进塑性的泥料，转
动型卡进行刮扫（始终保持与椭圆形截面式型卡的接触），可很快制得一个实心的立体
模型。完成后器型上有平行"弦"线和细阴线，在后期的徒手雕刻装饰中可作为基
准线[65]。

　　商代为制作青铜礼器所用的黏土实心模而开发的这些简单工具，使得青铜工匠们 399
走进了新的器形领域；也使得商代青铜器具有规范的、明显不同于陶器的特点，尽管
其原模是用黏土制作的。正如罗伯特·巴格利所说[66]：

　　　　商代青铜器在造型上发生了引人注目的变化，但在工艺方法上，却没有什么

<hr>

63　一些描写商代青铜铸造技术的重要文献是：Fairbank（1962），pp. 9-15；Gettens（1969），pp. 205-217；
Smith（1981），pp. 127-173；Chase（1983），pp. 100-123；Meyers & Holmes（1983），pp. 124-136；Bagley
（1987），pp. 38-143；Meyers（1988），pp. 283-295；Muhly（1988），pp. 2-20；Bagley（1990），pp. 6-20；Holmes
& Harbottle（1991），pp. 165-184；Chase（1991）；Chase（1994），pp. 23-37；苏荣誉等（*1995*），第 17-20 页；华
觉明（*1999*），第 81-135 页；谭德睿（*1999*），第 211-250 页。其中根本没有提到陶模的制作，另有一些仅说制造
了陶模，随后继而论述陶范的翻制。

64　武德［Wood（1989），pp. 50-53］描写了这件器物的仿制过程。

65　关于该操作的照片，见 Wood（1999），p. 15。

66　Bagley（1987），p. 25。

实质性的变化。

图 108　武德正在使用"转动剖面型卡"

（v）翻　制　范　具

　　虽然还不知道商代制作模型所用黏土的种类，但已知其陶范是烧结的黄土所制[67]。对一些样品的扫描电子显微镜研究表明，原料经过淘洗后去除了较细的及塑性较高的组分，可能是为了尽量减少范具在干燥和烧成中的收缩，并最大限度地提高其孔隙率，以利于浇铸中熔融态合金中气体的排出[68]。但是，即使未经淘洗，黄土可能也是不适合做陶模的。很多商代青铜器上的纹饰精细如指纹，这些饰纹必须在半干的原模上进行刻饰。虽然进行范压时，黄土能够很好翻印出如此精细的纹饰，但是由于其硅质和砂粉质特性，却不适合直接刻饰[69]。而且，黄土的强度，也许并不足以抵抗制作中"型卡"的拖拽力从而产生剥落，中国北方柔韧的沉积岩质瓷土应该更适合这种用途。

400

67　Freestone *et al.*（1989），p. 265。

68　Wood（1999），p. 14。

69　"在陶范表面刻图案的工匠，自然希望采用精细的黏土以刻画精美的细节，然而另一方面，青铜铸工却希望范具是土质较粗的、煅烧过的黏土，这能够制作出透气的陶范，使浇铸中产生的气体逸出……换言之，煅烧黏土制作的范具能够压印而不是刻饰出更好的纹样。"Bagley（1987），p. 39。

（vi）商 代 陶 范

如本册 pp. 102-104 所述，商代青铜器皿铸造采用分块的陶范包围某种陶质范芯，各块陶范的边缘有简单的连接榫卯，以方便外范块的再次组装和对接。此陶范与范芯的间隙中放置有青铜的隔离物，以便在浇铸中保持器皿的厚度，对二里岗时代以后制作的商代青铜器的 X 射线分析中，常显示有这些隔离物[70]。模型组合好之后，青铜液注入范芯与外范的间隙中。范、间隔装置和芯可能会紧紧地束缚在一起，而且（或有时）几近完全埋入黄土或砂子中。因而大多数商代青铜器皿是从底部颠倒浇铸的，这样既利于支撑主要的范芯，又可将铸造毛刺留在足底。范和芯仅能使用一次，因为浇铸后，芯既可能脱开器皿破损，也可能留在原位不能取出，如留在鼎的足内或手柄内。浇铸中，外范上的某些细部，可能在铸造中黏附在青铜器的装饰部位上，需要修整清除，这使得外范难以再次使用[71]。陶模是否曾被再次使用过还无定论。例如，巴格利即认为从来没有[72]，尽管很有可能多次使用相同的夹具和刮型器以制作同一形状的未加装饰的陶模，但其徒手完成的装饰细节却不尽相同[73]。

一旦用型卡将实心模"扫成"后，再经些许硬化，就可以进行雕刻装饰以及附属细部的处理，如柄部或饕餮头部的制作、粘接和修补等。至此，虽然模型还略有点大，但已经是一个与浇铸后的器物外观相同的实心原模了。现在可用此原模来制作外范了，然而这一工作如何完成仍需要细究。很多人认为，一般明智的做法是用黄土泥覆埋整个原模，黄土泥适当硬化后被切割成适当的分块，再经硬化、移出、重新组装和干燥。不过这样描述这种工艺过程也许太简单了。描述中忽略了这样一个事实，即分割后的各范块的侧接榫卯[74]，这些部件看似与范块是一个整体，而非后来接入，而且用刀具凿穿范具则会损坏范的表面，结果在完成的铸件上留下可见的毛刺。至为重要的是，这种方式无法透过施加的厚黄土层"盲"切泥范为精准的分块，但这种精准程度在某些制成的器皿以及残存的范具碎块上是显而易见的。

上述所有内容表明，外范极可能是分块制作的，在此过程中，范块的定位极为精确，各范块之间的侧接榫卯也同时制成。制作中也许是先使用精细而坚硬的黏土制成的两个直"壁"来界定范具边楞，再在两"壁"间压入黄土质的范具原料。这些直壁带有与壁成为一体的凹坑和凸起，在制成的范块上就会形成侧接的榫头和榫眼。范块硬化到能够拿起时，就可以移开另行干燥。干燥后在足够低的温度下焙烧，以避免范具烧缩，而又要使其能够吸收熔融青铜中的气体，同时也要有足够强度，以使组装后的模具在浇铸中不被损坏。一般在 800—900℃烧成即能满足这些要求。

401

70　Gettens（1969），pp. 98-107；Bagley（1987），p. 42。

71　即使仅一块损坏，也会导致其余的不能使用。

72　"没有证据显示……商代青铜器皿中有完全相同的铸件，铭文相同的成对器皿，装饰细节却不同，这说明采用的陶模是单独制作的。"Bagley（1987），p. 40。

73　"刮型器"是铸造业对模型制作中采用的一种型器的称谓。

74　例如，见河南省洛阳博物馆保存完好的西周鼎陶范，图载于 Anon.（*1990b*），第 43 页，图 16。

（vii）范　芯

许多权威人士认为，器皿的原始模刮掉装饰纹样，适当减小尺寸，就可以用作浇铸的范芯[75]。这似乎不大可能，原因如下：

- 韧塑性黏土，很适合制作模具，但不是好的范芯材料。这类芯会缺少应有的孔隙率，也会阻碍青铜液在冷却中收缩，甚至导致器皿开裂。
- 将起支撑作用的柱体从原始模中心取出是很困难的，因为收缩并变硬的泥料会将其紧紧裹住。
- 范芯并不是简单地缩小模型，它们常常与大量的外范块上面的"配件"有关。这就表示如果原始模被缩减尺寸制范芯，那是很不切实际的。

看来有可能主范芯（也许带有一些附着的衬套以使青铜器厚度与设想中一致）是通过煅烧过的外范本身印制的[76]，或者是通过特制的一套素面范具压制的。在后一种技术中，所用的素面模型稍小于有纹饰的一款，可能是纹饰已被"清扫"，而素面的外范正是由此翻制的。中空的范芯一经组装好，就可以在其内部压入软质多孔的制范材料，这些材料在青铜冷时很容易挤压碎裂[77]。也许并没必要煅烧这种临时性的"范芯"，甚至也不用煅烧制作范芯的模[78]。

值得注意的是，商代青铜器上出现浮雕装饰之处，器皿的内表面往往也有和其相应的轮廓。这可能表明这些范芯是用煅烧过的外范翻制的，也可能只是范芯制造者花费了很大精力使青铜器断面保持一致的厚度而已。

事实上，我们今天已难以准确解释商代模型-铸范和范芯的制作是怎样进行的，所能做的只是强调有关的制造业思维与计划的精细性和复杂性。这完全不同于对已设计好的方案所进行的工艺操作，当然解决工艺问题也需要非同一般的技艺。商代社会高度的礼仪性也许对此是有益的，因为复杂的工艺过程类似于宗教仪式，所有的阶段都订立了严格的要求并依此而行，以希望并相信最后的结果会是成功的。

75　例如，见 Smith（1981），p. 130；Chase（1991），p. 115；及 Meyers & Holmes（1983），p. 125。迈耶斯和霍姆斯［Meyers & Holmes（1983），p. 125］在论文中描述了一个安阳时期以前的斝，此斝"内壁面的一些部分带有差不多是陶模的印迹"，并断言，"这个斝提供了首例刮小的模的直接证据"。不过，这看起来没有考虑另一种可能性，即从浇铸外范制取的范芯，在适当缩减尺寸制作成浇铸范芯前也有此类饰纹。

76　反对这里第一种观念的意见是，在压制范芯的操作中，会损坏使用的浇铸范具。陶范内表面上的刻纹看上去精细如线，这在压制过程中很容易损坏。在翻制范芯过程中，对陶范的组装与拆解，也有损坏范具边棱的风险。不过，如果有"第二"套从原始模翻制的范具可供随意使用，则这些反对理由不再适用。这些用来"制芯"的范，并非必须是焙烧过的。

77　为数不多中的一个对中国北方青铜时代早期范芯原料的描述，来自 Barnard & Cheung（1983），p. 370。他们研究的范芯原料是"一种黏土-麦草样的纤维性材料"，并含有"木炭斑块。烘烤使芯有多处破裂，并形成多孔质"。这样的材料已不适宜制作模型。

78　如果浇铸的范具组装前把芯加热到200℃一段时间，就可以避免蒸汽爆炸的危险。

402

（viii）装　饰

很多非常早的商代青铜器是素面的，但也有少量是以在范块内表面直接刻饰的纹样装饰的，这些图案很简单（主要为点和线），现在看来像是器皿外面的"阳线"。中国南方商代晚期的一些青铜器皿上，应用了与"刻绘模具"相同的装饰方法，许多早期日本青铜钟也有相似的装饰，有阳线和阴线两种形式。

在中国北方，这种方法不久被更为简便的方法所替代，即直接在范面上刻饰，也用模制法在范表面添加一些复杂精细的装饰。在这种情况下，刻饰可以正面完成，而且出现在青铜上的纹样与模型上的完全相同。对于应用这种技术可以完成的内容并没有多少限制，主要约束是咬边使得范具的组件施工过度复杂，所以往往要尽可能避免这种情况[79]。

这种方法的极大便利性肯定促使商代晚期及西周时期青铜器上的精细纹饰硕果累累。在东周晋国侯马铸造作坊，多层面的、高度错综复杂的装饰在青铜器皿上开始经常应用，青铜装饰的复杂性达到顶峰。这个时期也代表了中国青铜时代黏土质范具制造技术的复杂精妙达到极致。其时的图样不再直接在实心模上加工，而是移至范具本体的面上，有些像框架内的活字排版，不同的是，较大的范块是用这些各种各样的范具部件由泥浆粘成的，而不是用夹具夹住的。为什么能够开发这么艰难的工艺？答案并非一目了然，但可能这是一个潜移默化的过程，青铜器皿发展出更复杂精细的装饰也许经历了很长时间。

（ix）东周青铜铸造中的黏土加工技术

一般认为有装饰的商代青铜器都是独一无二的，没有与之完全相同的成对器皿。而且，每件制品都有自己专用的母模、外范和范芯。青铜制品的器形可能非常相似，然而，每件制品的模型都需进行单独的装饰。事实上母模的表面装饰可能是整个工艺过程中耗时最长的，包括表面雕刻和粘加浮雕装饰细节[80]。

采用一种巧妙但技术要求很高的方法，可加速上述东周范具制造中的装饰过程。通过用能容纳压制而成的小块组件的特制外范部件，可以排列这些小块组件组成大得多的交织图案。以这种方法，交织图案的复杂微小细节可以用能够重复使用的主范中印制出来，并逐块边对边地排列在较大范具的内面上。这样，由高度精细的、彼此联结的小块组成的镶嵌式图案可以组装在外范的内表面上，而不需要在范具上进行任何装饰[81]。

[79] 出现咬边的装饰并不是完全不可用，因为这可以通过将最后的浇铸范块与先前浇铸好的青铜块进行细节对合而实现。像巴格利记录的湖南省出土的公元前12世纪的著名四羊方尊，其高约为58厘米，"尊的制造涉及21块独立的浇铸部分，在浇铸第21块时，其他的预浇铸的20块被固定在恰当的位置"。Bagley（1990），pp. 11-12。

[80] 我个人（武德）的经验是母模的制作和铸范的翻制只需几个小时即可完成，而精细的装饰可耗时数天。

[81] 关于对此过程较为详细的分析，见 Jay Xu in Anon.（1996），Institute of Archaeology of Shaanxi Province, pp. 78-79。

404　　　　这种先进的黏土质范具制作方法的实现过程必定是困难重重的。不仅制作较大幅的图案时每个组件的位置要求非常精确，所有分立组件间的连接处也都需要进行修饰和掩盖，而且所有这些工作都是针对一个本身就十分精细的图案进行的。外范块之间的衔接处也必须完美无缺，并在最终浇铸时无法分辨出来。这样的方法比直接在模型表面工作更为可取，由此我们可以估量出青铜时代青铜器的表面装饰是多么的精细和耗时。重要的是，侯马铸造厂制造的大部分青铜器皿的截面是圆形的，这有可能是对器皿的结构进行过某种程度的简化。

　　　　商代青铜制造业，除了黏土制作工艺的高精确度之外，范具的尺寸规格也必须考虑。最大的北方青铜器制作于晚商的安阳时期，即众所周知的司母毋方鼎，现收藏于北京的中国历史博物馆[82]。司母毋方鼎重 832.84 公斤，高 133 厘米。制作该鼎的范具需要至少比鼎本身高 30 厘米，范块（不论是整体的还是组合的）的高度约为 1.5 米。青铜时代晚期从大型青铜器铸造所取得的经验肯定非常珍贵，因为当时陶瓷塑像、建筑材料和陶器器皿也需要制作大型压模。

（x）生铁浇铸用陶范

　　　　中国北方铸造工业的进一步发展在北方铸铁行业中得到体现。在此行业中，小型的铁制品，如马具，是通过堆砌铸范的方法批量生产的。生产时层层排列相同的且咬合在一起的陶瓷范具，一个叠压在另一个上面形成高高的一摞，通过垂直于模型中心的浇注管道彼此连通。铁水倒入中心浇注管道很快充满整个铸范。很短时间后就可以将陶瓷铸范敲掉而得到铸件。就"黏土加工"而言，该方法特别引人注意的是制作过程中用到的上千范块经常是以黄土通过铸铁母模压印成型的，且采用谷皮或麦麸作为脱模剂[83]。成型好的黏土质铸范要在柴烧的横焰窑中焙烧到至少 700℃。河南温县汉代铸铁作坊遗址出土了成千上万的铸范，对其中几例的实验表明，这些铸范可能在红热状态下热处理数小时后，冷却到大约 300℃时即趁热使用。十分类似的陶范叠铸方法曾

405　用于铸造铜钱币，而且从汉代开始一直沿用至清代[84]。其间，工艺的改进体现在将传统一次性使用的陶瓷铸范替换为可以重复使用的铸铁范片，该方法早在战国时期就用于铸造铁的或者铜的镰刀刀头[85]。

82　见 Anon. (1988a)，National Museum of Chinese History，p. 37。

83　"对窑址中的植物残骸的分析表明，曾先在金属母模内表面涂上一层麦麸，再将黏土泥团压入其内，连续敲打，以印出阴纹。麦麸有助于黏土质范具和金属母模彻底分离。"华觉明（1983），第 108 页。

84　Bowman *et al.*（1989），p. 25。

85　1973 年在伦敦举办的"中国古代发明"展览，其中有出土于河北省、鉴定年代为公元前 5—前 4 世纪的铸造镰刀和带孔斧头用的铸铁范具（展品 119 和 120）。沃森［Watson（1973），p. 90］对上述模具用于哪种金属铸造进行了推测，认为从其表观来看很可能是用于铸造铜器而不是铁器，因为铜比铁的熔点低。然而，他补充道，用于铸造铁器更为贴切，因为青铜器中至今仍未发现这种器物类型。关于中国早期利用铁器的新综述，见 Wagner（1999），pp. 1-9。

（xi）青铜制作工艺中黏土的使用及青铜时代的陶瓷

由商代青铜铸工制作的精细又复杂的黏土范具，无论是器形还是成器修整，都明显优于由同时期陶工制作的陶瓷器皿。这一事实看来很奇怪，因为在像安阳这样的地方，青铜铸工和陶器制作工匠的工作是紧密相关的。这种差别的原因可以部分地由青铜器较高的地位及与其地位相关的气派来解释。即便如此，考虑到两者共同的陶瓷技术起源，人们对那些在安阳出土的少数商代白瓷在成型和装饰上与当时青铜器相似程度的期望值要高于实际情况。上述的差距可能是由于青铜器行业使用的主要模型制作工具——转动剖面型卡刀——只适用于实心黏土模型的成型，而不适合成型强度低或者半干的陶质器皿，型卡边缘的拉力会使这样的陶质器皿起皱或者坍塌。然而，为什么中国很晚才采用内凹的陶瓷范具来制作陶瓷器皿尚不是很清楚。收藏于陕西省考古研究院的冷绘陶器可以作为一个例子，说明直到公元6世纪，中国才开始采用内凹的陶瓷模具[86]。这个出自陕西的带盖器皿高31厘米，其他方形压模成型的陶质器皿或者铸造青铜器的尺寸均大于或者等于31厘米，如北京附近发现的盖壶和一个相似的、收藏在维多利亚和艾伯特博物馆的器皿（新编号为C.628-1925）[87]。

最早关于陶瓷制作的文字之一，是《周礼》中的《考工记》，这篇文献约于公元前500—前450年编成。虽然《考工记》并不是专门描述陶瓷制作过程的手册，但是它确实反映了公元前5世纪东周时期山东地区官办手工业的状况，相当详尽地讨论了当时的陶器（"抟埴"）工艺[88]。除了讨论对当时陶工中各工种的专门区分外，还列出了陶器尺寸大小、厚度和容积等方面的规章制度，包括禁止销售损坏的制品。后来的陶瓷研究者经常引用《考工记》中的相关论述。例如，朱琰（1774年）在他自己书中有关陶器发明的一节就对其有所引用[89]。

制作陶器中，一些陶工（"陶人"）采用转轮制陶，有些用模具制陶（"瓬人"）。轮制法制作"甗""鬲""盆""甑""庾"等器皿。用模制法制作"簋"和"豆"等的陶工……。当采用轮制时，用一个模型靠住泥坯，以保证制品形状的准确度，同时采用铅垂线法以保证"豆"的直立部分的竖直度[90]。

〈抟埴之工陶、瓬。又陶人为甗、盆，甑、鬲、庾，瓬人为簋、豆。……《注》又云，敦膊

406

86　图见 Fahr-Becker（1999），p. 57。
87　关于一例有红色彩绘图案的花瓶，见 Anon.（1988a），National Museum of Chinese History，p. 61，fig. 4-1-4。维多利亚和艾伯特博物馆收藏的花瓶（编号 C.628-1925），高为37厘米。
88　闻人军（1987），第123-138页。
89　《陶说》卷二，第二页。
90　卜士礼的译文 [Bushell（1910），p. 33] 采用类似的方法对该段文字进行了解释。关于"器中膊，豆中悬"的解释一直存在争议。郑玄（东汉时期，公元127—200年）认为"膊"是一个矩形的板条用于测量轮子上器皿"豆"的角度，悬挂有一根绳子可当作铅垂线以保证手柄等附加部件的竖直度："悬挂一根垂直线，使得豆垂直向上。"（"县，县绳正豆之柄。"）器皿的尺寸也非常重要，如果器皿的壁比要求的厚度厚的话，器皿烧成的均匀性就会比较差并影响到最终制品的质量。这种解释似乎是准确的，也可能反映的是东汉时期的而不是东周时期的实践经验。参见《周礼注疏》卷四十一，第十八页；闻人军（1987），第96-99页。宋代学者认为"膊"是一种特别的轮子，参见《献斋考工记解》，第二十六页。

其侧，以拟度端，其器县绳，正豆之柄。〉

这种界定器皿参数而维持器皿等级的方法，引发了青铜器生产中制作实心黏土模时，刚性"转动型卡"的使用，这在前面已经做了描述。东周晚期，偶然有文献资料中也提到了这种测量技术。例如，《庄子》中提到一位陶工讲述如何用圆规来测量圆形器皿、用木匠的直角尺来测量方形器皿以制作精良的陶瓷[91]。当时，人们对器皿形状准确度的要求之高，可以从周代许多陶瓷器皿的规则外观中得以体现。

朱琰认为，采用拉坯轮制作的器物除度量用的"庾"以外全部为蒸煮器皿，而模制的器物一般为祭祀用。当代研究表明，根据考古资料，陶工有两种不同的群体，"陶人"制作粗陶，"瓬人"制作精陶；而不是像朱琰所说的那样有些陶工采用轮制法拉坯，其余陶工则用模制方法。然而，礼仪用器皿与日用器物的差别也就是精陶与粗陶的差别，所以朱琰的说法也有一定道理[92]。

秦汉时期，大量与《庄子》中所描述的器皿相近的方形陶瓷器皿用于陪葬，这些器皿常用绘彩装饰，且明显是模仿漆器。已知在南方炻器中有类似于"方彝"的方形器物，有些肩部带有绿色灰釉[93]。上述方形器皿，是自13—14世纪一直到近代龙泉、景德镇和杭州地区，一些主要窑场采用模制法大量制作素面炻器和瓷器的先驱。南宋和元代，一股复古潮流似乎推动了模型和翻模制作技术的应用，尤其是用于生产一些官窑器物、龙泉青瓷及景德镇青花瓷。

407

（xii）建筑陶瓷：砖和瓦

在中国采用模制法制作的陶瓷器皿出现较晚，但在此之前模制法用于制作建筑用管道、砖和瓦等已有数世纪之久（见本册 pp. 104-105）。位于河南东部的新石器时代晚期龙山文化遗址，出土了烧成后的排水管道，这可以看作是这种所谓"重黏土"工业的开始。同期在河南北部可以见到建筑营造中已有"标准化组件"的概念，当时有未经烧制的规则黏土板块用于房屋建造[94]。然而，这些早期的建筑陶瓷是由手工而非模型制作的。

西周手工制作建筑陶瓷继续发展，为当时的统治者生产建筑用品。周朝的根基位于陕西省关中平原，在西安以西100余公里，是其朝代建立之前、在周太王为首领时开始在此定居的。大的空心砖和小的实心砖是在现在的赵家台村一带制作的。这些砖体属粗糙的黄土质黏土，经精心制作而成，具有一定的强度。砖为手工制作，而且与后来汉代用泥板制的砖不同，周朝空心砖是泥条盘筑的。

大型空心砖用于铺设台阶，而条状砖则用于砌墙和铺地。考古学者认为这些砖在西周早期属于新奇制品，只能有节制地用于一些非常重要的建筑。西周晚期，第三种

91　《庄子·外篇·马蹄第九》。参见闻人军（*1987*），第97页。

92　汪庆正（*1982*），第188-189页。

93　一例日本私人藏品，见 Satō（1981），p. 22，fig. 26。

94　Vainker（1991），p. 23。位于河南省淮阳平粮台的龙山文化遗址也被称为中国第一个由夯实的黄土墙围成的古城。

图 109　周原博物馆陈列的周代瓦（1）

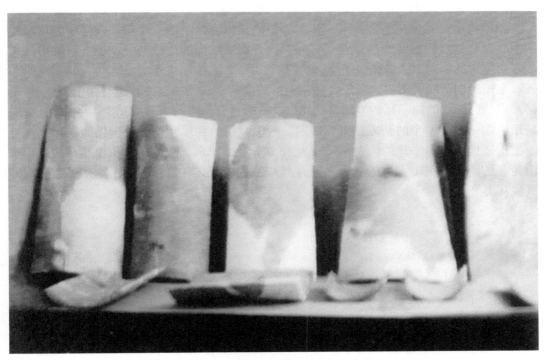

图 110　周原博物馆陈列的周代瓦（2）

烧成的砖问世，被称为"四钉砖"，主要用于覆盖泥墙的顶部而不是地面。上述三种砖在战国时期就都变得很常见了，在很多遗址中均有出土[95]。

（xiii）瓦

用焙烧黏土瓦覆盖屋顶的这项开创性技术似乎是在西周时期开始的（约公元前 9—前 7 世纪，见本册 p. 112）。1961—1962 年，在汉代长安的昆明湖附近发现了一些大瓦的碎片。因为早期的文献已有相关报道，所以考古人员曾集中精力在西周都城丰镐地区进行寻找[96]。除了大量印纹和绳纹陶碎片外，在一口古井中还发掘出了约 1500 千克的陶瓦碎片。由于一个巨大半圆柱状完整的陶瓦的重量为 4.75 千克，据此，考古人员估计已发掘出土的陶瓦碎片相当于 300 片完整的陶瓦片，足以覆盖一座非常大的房屋或数座房屋[97]。一个完整的瓦片顶端有一环状物，该特征在周原地区出土的大量瓦片中也都有发现。陈列于周原博物馆中的陶瓦和长安发掘报告中描述的瓦片极其相似：大、沉重且横截面为半圆。

陶瓦的半圆柱状应该是从竹子沿着长度方向一分为二得到的半个竹竿的形状演化而来的，或许在此之前竹子就被用于屋顶覆盖和导水管槽[98]。瓦是由模制而成的粗质灰色陶器，且外表面具有明显的粗条纹。同时，在外表面靠近瓦的两端或者中部都有陶质圈，与之对应的瓦上具有突起的凸钉，这两个特色结构（圆圈和凸钉）可以形成有效的机制将众多瓦片一起固定地铺在有斜度的屋顶上。

周原的半圆筒管瓦更为精细，其实心屋檐瓦当饰纹采用了青铜器式样中的精细模印图案。有这些图案装饰的屋脊瓦与同时代青铜器纹饰的比较结果，也支持放射性碳测年所测定的年代，即遗址属于西周早期。

东周时期瓦的类型得到发展，包括有圆筒状的管瓦（中空的管道有助于烧成）、略带一点凸起弧线的扁平瓦、半圆筒状瓦以及一端具有凸边的半圆筒瓦[99]。后一种瓦可以采用末端一个套一个的新方法进行固定。战国时期的瓦尺寸趋小，但仍为素瓦。在一个战国遗址中，扁平瓦的代表性尺寸为 46 厘米×23 厘米。战国遗址（也是在扶风和岐山两县的周原地区）大量的瓦中，除脊瓦外还有表面具有源自青铜器复杂图案装饰的其他瓦类[100]。

95　刘军社（*1993*），第 84-89 页。

96　线索来源于：《史记》（西汉，约公元前 90 年）中关于周朝和秦始皇的两卷；《后汉书》（东汉，约公元 100 年）地理志；《水经注》（公元 5 世纪末/公元 6 世纪初）关于渭河的部分；以及《太平寰宇记》（宋，约公元 980 年）卷二十五。见 Anon.（*1963a*），第 412 页。昆明湖（在汉武帝时代开始在此动工时取的名字）原是西周丰镐的一部分，周围建有皇家祖庙和休闲公园。该湖在汉代和唐代是著名的度假胜地。见 Zou Zongxu（1987），pp. 68，73，285。

97　Anon.（*1963a*），第 408 页。

98　Hommel（1937），pp. 257-258；Needham & Wang（1965），p. 134。

99　见 Anon.（*1960b*），第 12 页，图版 11。

100　Anon.（*1963b*），第 655 页。

铅釉陶器最早出现在战国时期[101]。不过，周代晚期到汉代期间，铅釉似乎只用在了器皿和塑像上，即使不是全部，它们大多数也是为随葬而制作的。屋瓦和其他带装饰的砖瓦制品仍无釉[102]。目前考古和文献研究显示，最早的铅釉砖瓦出现在北魏时期（公元386—534年）[103]。值得注意的是，北魏王朝版图包括了山西的一部分和河南的一部分，这两个北方省份直至今日始终是重要的砖瓦生产中心[104]。

（xiv）秦代建筑陶瓷

在秦代权力中心陕西省境内，尤其是咸阳的宫殿遗址，发现了许多陶质砖瓦和陶板。这些制品均由灰色黄土质黏土制作，通过板坯成型法成型，表面具有模制或雕刻的装饰。最引人瞩目的构件是一些巨大的、扁平中空陶板，上面有精心雕刻的龙凤图案，在宫殿或是墓葬墙体上排列成行。这些陶板有1—1.5米长，约40厘米宽，总厚度达18厘米，其制作方法显示了当时陶工精湛的手工技艺。瓷板的中空特性有助于制作、干燥以及在窑炉内的烧成，也有利于建筑物隔音、防潮以及防止热量散失[105]。

在咸阳皇宫几个大殿及秦始皇陵建筑遗址，均发现了其他类型的陶瓷建筑材料，其尺寸普遍要更小一些，且是实心的陶质板，具有几种不同的装饰样式。还出现了饰有太阳和花朵图案的块砖（44厘米×37.5厘米×4厘米和38厘米×38厘米×3厘米），同时还有完全无装饰的块砖或具有织物纹理和凸棱图案的板砖。

这些建筑用陶还具有一个与后来的砖瓦（见下文pp. 498-499）相同的特点，即应用了戳印字符。目前人们已能识别出来的戳印款识有80多种，其中有的是陶工的姓氏，有的显示了该砖可使用的环境或者是监管制造者的等级[106]。

秦汉管理砖瓦制作的政府机构均被称为"都司空"、"左司空"、"右司空"和"大匠"[107]，不过针对秦朝的工艺品另外还命名过几个没有确定分工的机构。显然这些新机构的设定是因为建筑需求量的增加，而技术工人的短缺则需要对军队的囚犯及征召的苦役进行培训[108]。

101　Wood & Freestone（1995），pp. 12-17。1960年的一份考古报告，Anon.（*1960c*），提出山西省侯马发现了春秋时期一件施釉的陶器，但作者并没有发现能确定样品年代的依据。

102　例如，20世纪70年代在赵国的都城遗址发掘出了大量的瓦片。这个战国时期的城市，位于现在河北省邯郸市市郊，是当时重要的经济中心，大量的考古发掘显示了其曾经的繁荣。发掘出的瓦是未施釉的灰色陶瓦，带有模印图案。参见张俊英（*1995*），第79-91页。

103　《太平御览》（公元983年）曾提到在北魏后期施釉砖瓦的应用，见冯先铭等（*1982*），第175-176页。

104　Krahl（1991），p. 48。

105　大型中空陶瓷板的早期使用可以在河南郑州二里岗的战国时期墓葬中见到，平均尺寸为107厘米×30.5厘米×15厘米。另见Needham *et al.*（1971），pp. 38-57，尤其是p. 40，注释i。

106　Anon.（*1976a*），第23-24页；赵康民（*1979*），第16页；Vainker（1991），p. 44。

107　所有的这些机构监管着砖瓦类的制造。"都司空狱"是汉代关押皇族的监狱，设置在王朝京城，由"都司空令"管辖。这个官员监管罪犯（初时为皇族的成员），这些罪犯被指派在京城里从事体力劳动。"左/右司空"从属皇家税务部门（"少府"），这在中央政府是一个重要的部门。"大匠"在西汉时期称为"将作大匠"，负责建造和维修宫殿。Hucker（1985），pp. 140-141，414-415，540，542。袁仲一和程学华（*1980*），第83页。

108　袁仲一和程学华（*1980*），第83-92页；Wang Zhongshu（1982），pp. 149-150。

图 111　咸阳宫雕刻凤凰纹中空陶板残片

秦代屋瓦包括有圆筒形管瓦、略带弧度的平板瓦及一系列饰有图案的瓦当。中国现存的最大的瓦当发现于始皇帝墓附近。尺寸为 48.5 厘米×61 厘米，饰有特定风格的复杂龙形图案。

较小的圆形瓦当具有一些非同一般的图案，包括豹（有人认为灵感来自皇家狩猎场里的外来动物）、鹿、虎、公鸡和品藻铭文等。在阿房宫遗址的一片瓦当上曾发现过最长的铭文[109]。这一遗址出土的建筑构件，包括大块的灰色密铺瓦、砖、排水管和陶瓷储水池，在咸阳博物馆均有展出。有一片瓦的铭文有 12 个汉字，意思是：

神灵从天而降，因此皇权会延续万年，尘世间会持续和平和安宁。

〈维天降灵，延元万年，天下康宁。〉

109　咸阳庞大的阿房宫的建造始于公元前 212 年。《史记》[卷六（秦始皇本纪第六），第十七页] 这样描写到："从东到西有五百步，从南到北五十尺，楼上可以坐万人，而楼下可以竖起五十尺高的旗帜……劳工七十余万人，都是被阉割或者判刑罚做苦役的，被驱赶来建造阿房宫，或建骊山皇陵。石料从北山挖运，木料从蜀地、荆地输送而来。关中共计宫殿三百座，关外四百多座。"（"东西五百步，南北五十丈，上可以坐万人，下可以建五丈旗。……隐宫徒刑者七十余万人，乃分作阿房宫，或作丽山。发北山石椁，乃写蜀、荆地材皆至。关中计宫三百，关外四百余。"）见 Yang Hsien-Yi & Gladys Yang（1974），pp. 178-179。

图 112　咸阳宫带有花纹图案的实心地砖

不幸的是，短暂而又血腥的秦王朝（公元前 221—前 207 年）并没有实现这个虔诚的愿望[110]。

　　与此相应的是，陶瓦和其他建筑陶器中的很多最早的产品出自中原北部，即河南省、陕西省中部和山西省南部等中原文化的核心地带。但从东周时期开始，其他区域也制作大量的建筑材料。山东省临淄市旧时为齐国的都城，20 世纪 90 年代初进行了发掘，发现了 100 多个完整或破碎的砖瓦片，鉴定年代为战国时期[111]，包括有圆筒形或半圆筒形的屋檐瓦，上面装饰以各种活泼生动的图案，大多为动物、鸟类、爬虫以及特定风格的树纹。尽管考古报告没有描述这些砖瓦的主体材料及制作方法，但是这些砖瓦看上去是模制的，并是用黄土质黏土在还原气氛烧成的。

414

110　关于发掘出土的秦代建筑陶瓷，见 Anon.（*1976a*），第 18-21 页，图版 1-3；Anon.（*1976b*），第 42-44 页；Zou Zongxu（1987），pp. 68-69，76-79，169，243。

111　张龙海（*1992*），第 55-59 页，图版 7。

413

图 113　始皇帝墓的长方形砖，上面戳有"安未"名字（1）

图 114　始皇帝墓的长方形砖，上面戳有"安未"名字（2）

图 115　始皇帝陵墓的巨大屋檐用瓦

图 116　阿房宫的文字瓦当

416

图 117　山东省出土的秦代瓦当

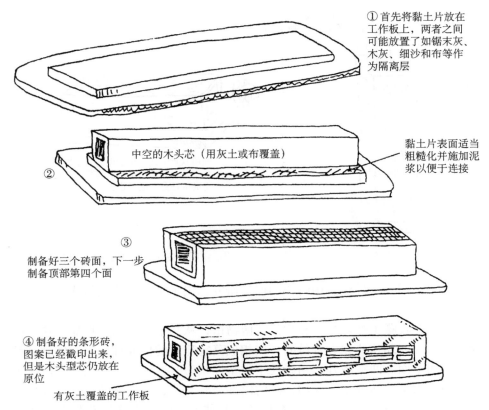

① 首先将黏土片放在工作板上，两者之间可能放置了如锯末灰、木灰、细沙和布等作为隔离层

中空的木头芯（用灰土或布覆盖）

② 黏土片表面适当粗糙化并施加泥浆以便于连接

③ 制备好三个砖面，下一步制备顶部第四个面

④ 制备好的条形砖，图案已经戳印出来，但是木头型芯仍放在原位

有灰土覆盖的工作板

图 118　汉代中空砖构造及制作方法一的示意图，安妮·布罗德里克（Anne Brodrick）绘制

在辽宁省长城外不远处，有一系列建筑遗址，名为多年代姜女坟[112]。此处曾于1984 年、1985 年期间进行了考古发掘。这里可能原为始皇帝的行宫，在其遗址处的一片区域内紧密堆积着大量砖瓦，其中包括管瓦和有装饰的瓦当以及一个巨大的半圆形砖。砖尺寸为 52 厘米×37 厘米，具有类似青铜器的装饰，与始皇陵附近发现的相似。在姜女坟还发现有一种巨大的扁平中空板，其上有棱形图案装饰，尺寸为 60 厘米×47厘米，另有多种戳印文字瓦[113]。

415

（xv）汉代的建筑陶瓷

西汉至东汉早期墓室的典型特征，是使用了中空陶瓷板进行装饰（见本册 p.114）。最大的陶瓷板之间首尾相接在墙壁上连成一排，也有的用作门楣围绕门廊。这些经久耐用材料的使用，保证了建造的墓穴在死者后世得以稳固存在[114]。陶瓷建筑构件的尺寸意味着必须是中空的才有利于烧成，并且要求致密、精细且均质化。对汉代

112　意指"姜氏女子的坟"，在此之前，当地人曾这样称呼近海里形成的两座礁石。

113　Anon.（1986d），第 25-40 页。

114　Thorp（1987），p. 29。

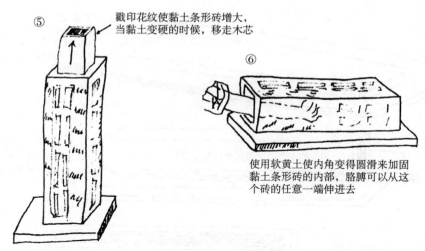

⑤

戳印花纹使黏土条形砖增大，
当黏土变硬的时候，移走木芯

⑥

使用软黄土使内角变得圆滑来加固
黏土条形砖的内部，胳膊可以从这
个砖的任意一端伸进去

图 119　汉代中空砖构造及制作方法一的示意图，安妮·布罗德里克绘制

417　两个门框和一个门楣三件建筑用陶瓷的保护研究，揭示了其结构及组成上的一些引人关注的特点[115]。

　　这些陶瓷砖收藏于维多利亚和艾伯特博物馆，从其中获得的信息显示这些砖可能是山西、河南和河北这些北方省份的一些相似墓室建筑的标准件。每一件制品都比较长、中空、四个面、两端敞开。当砖处于硬塑性状态时，可在其外表面上戳印图案。印制时施加的力量要适度才能成功，砖的内部需要支撑，这样避免在受到外加压力时砖坯变形或开裂。印制图案的模具离开坚硬的黏土表面时不能沾有黏土，加一些细
418　沙、木头灰或锯屑有利于此步骤的完成。考虑到通过观察和显微结构分析得到的这些陶瓷砖的所有特征，研究者提出了两种最可能的制作这种砖的方法（当然也可能存在其他的建造方法）。

　　在方法一中，通过敲打和（或）滚压放置在板上的泥料，使其铺展成厚度一致的黏土薄片，然后切割成一定的尺寸，或者是将黏土片放置在平行排列的木质导板内制作。为了防止黏土片与下边的垫板粘连，需要在两者之间放置布或者一些合适的灰作为分隔物。然后将一个截面为方形的木头芯放在黏土片上。这个木芯可能是一个简单的长中空木匣，由锯开的木板制成。将预制的黏土片边缘粗糙化，加贴到木芯上，然后用泥浆互相粘连，即可制作出陶瓷横梁剩下的三个面。当这个中空的横梁组装好后，就可对其印制装饰了，此时木芯仍在原位起支撑作用，以防变形。木芯必须在横梁开始收缩之前取出。将横梁一端向上立起，使用长木板维持其形状，很容易就可以将木芯搋出。当木芯被移走后，在砖的内角处加泥加固内壁，结果形成了这类砖所特有的截面形状。这可以提高制品强度，也可以防止制品沿着连接处开裂。从此砖的一
419　端或另一端伸入的手臂就可以到达砖内的每一个角落，这说明两个手臂的长度恰恰是

　　115　这三件砖瓦于 1990—1991 年在维多利亚和艾伯特博物馆保管部和帝国理工学院皇家矿业学院（The Royal School of Mines at Imperial College）被作了保护和分析，这是在维多利亚和艾伯特博物馆徐展堂中国艺术馆展出项目准备工作的一部分。见 Kerr *et al.*（1991），pp. 399-414，及 Brodrick *et al.*（1992），pp. 118-128。

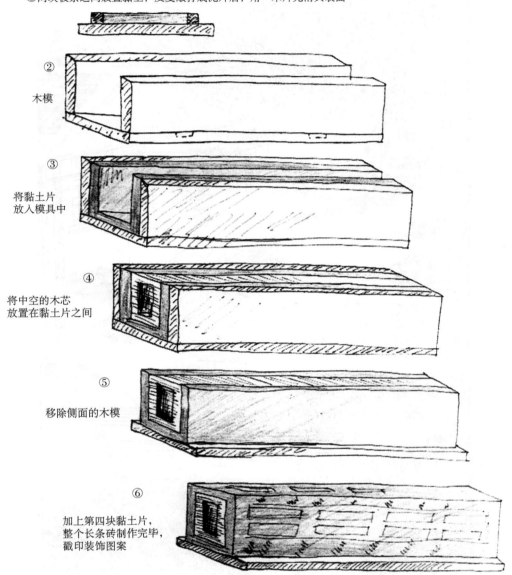

①两块板条之间放置黏土，反复敲打成泥片后，用一木片光滑其表面

② 木模

③ 将黏土片放入模具中

④ 将中空的木芯放置在黏土片之间

⑤ 移除侧面的木模

⑥ 加上第四块黏土片，整个长条砖制作完毕，戳印装饰图案

图 120　汉代中空砖构造及制作方法二的示意图，安妮·布罗德里克绘制

这种构件的长度标准。内部得到加固后，即可将尾端的构件（先前根据尺寸粗略做好的）加到横梁上去，然后进行修整。

与方法一不同的是，方法二将先成型的黏土片在 U 形木制模具的内壁组合。当 U 形模装完泥土时，将一个木质的盒状成型器放入其内，这个盒子等同于方法一中的木芯。接下来将顶部的黏土片放置好。为了使黏土片边缘粘接到一起，通常需要将边缘弄得粗糙一些并加泥。U 形成型器的两个侧板移走后，内部的木质盒子仍留在原位，

图 121　《天工开物》（1637 年）的插图，表示制砖方法

420　此时可对此横梁印制图案。经过短时间干燥后，当这个横梁可以竖立起来的时候，内
部的盒子就可以抽出来了。图案看来是印制在成型后的砖上，因为在黏土片上预先印
制图案，再进行拼接过程中，做到不严重破坏印纹是极为困难的。横梁内角另用胶黏
土加固以及端部构件的添加与方法一相同。

图 122　《天工开物》（1637 年）的插图，表示用水实现还原气氛烧成

墓葬的门柱和门楣由黄土质黏土制作，1000℃左右烧成，然后降温或者在还原气　421
氛下冷却。

西汉早期出现了另一种重要产品，即小型实心砖，其制作方法历经几个世纪几乎
没有变化。《天工开物》（1637 年）描述了一种制作工序，后来该描述方式分别被霍梅

图 123 《天工开物》（1637 年）的插图，表示煤饼堆烧的砖窑

422 尔（Rudolf Hommel；20 世纪 30 年代）和罗纳德·纳普（20 世纪 80 年代）加以细化[116]。三者的论述均包括说明，其内容应该是汉代制砖工匠所熟悉的制作方法。黏土

116 《天工开物》卷七，第二、第三页。Sun & Sun（1966），pp. 137-144；Hommel（1937），pp. 259-270；Knapp（1986），pp. 60-62。

图 124　长江沿岸宜昌的制砖，1935 年

选自河或者沟渠岸边，或取自那些需要降低高度的灌溉农田。从这些地方取来的黏土由于水的长期作用，已经达到一定的细度，以粒度和质地对颗粒进行分类。黏土用水润湿后，放在一个深坑里用脚踩揉[117]，然后在木质模具内放置一层灰作为分隔层进行模制。用一个切割弓线将多余的黏土剔除出模具。这些砖在空气中干燥一个星期左右，然后根据周围可利用的资源，采用柴烧或煤烧窑炉烧制。为了绝热，窑炉挖掘至地面以下，在其顶部中间有一个开口。当窑内装满砖后，这个洞即被封上，只留下侧面的观察孔和通风孔。

　　在河南省洛阳市的汉魏城市遗址废墟上发掘出了残存的东汉时期的砖瓦窑，对其结构可以勾画出一个相当清晰的图形[118]。这个窑挖掘至地面以下，6.7 米长、2.7 米宽，背部有一烟囱，采用煤烧。

（xvi）兵　马　俑

　　如前所述，青铜时代的中国北方，在两种相互独立的手工业领域取得了黄土处理和烧成方面大量的技术经验积累。一是在院落制作砖瓦，二是在青铜和铁器铸造业中制作范具。在制作砖瓦过程中，黄土的烧成强度及在干燥和烧成过程中的优良性能得

423

424

　　117　既可以是人足，也可以是牛或水牛踩。
　　118　Anon.（*1997a*），第 47-51 页。在很大范围内发现了诸多星罗棋布的此类窑炉，由此证实了哪里进行大规模建筑，哪里就有建筑陶瓷窑炉的观点。另见本册 Figs. 66，67，69。

到了彻底地开发。金属铸造工匠则是利用了黄土的低收缩性、精细加工性能，以及可吸收熔融金属中气体的多孔性。

公元 3 世纪初期，此两种黄土制作技术——大型砖烧制和高级范具制作技术结合在一起，创造了世界上最为卓越的陶瓷作品之一，即中国第一个皇帝秦始皇陵墓附近的地下兵马俑。这支与真人同样尺寸的陶制军队，拥有超过 7000 名的武士以及数百辆马拉战车，阵列在始皇陵墓东区（位于陕西省西安市东约 30 公里的临潼县）地下护卫始皇陵[119]。

兵马俑的制作结合了规模制造与手工制作工艺。武士俑是以黄土为原料，以多孔模具压印成型。这些绘彩逼真的武士俑，握持真实武器，以完整的战斗序列阵列于原地深挖的黄土战壕内灰色砖砌巷道上。战壕搭建有木柱支撑的厚厚木顶，顶部覆以由编席与泥灰组合而成的保护层。整个结构最后以厚层黄土覆盖。1974 年，两个农民打井时发现了这个俑坑。第一个大型俑坑（1 号坑）发掘出时，可以看出大多数陶俑遭遇过毁坏，其绘彩被烧毁。显然，在秦王朝被推翻时，坑的整体结构遭遇过火灾（公元前 206 年）[120]。

展品目录及遗址解说词往往强调兵马俑的写实性，强调其为秦始皇精武之师阵容的翻版。然而，也有一些学者强调指出，兵马俑不是秦始皇军队的写照，其逼真程度是出于实际的宗教原因，为的是让这些军队在阴间护卫他们的主人[121]。

（xvii）武士俑的制作

在实际制作方面，兵马俑的武士俑是由多部分组成的，即腿、腰、躯干、手臂和头，先设计好，烧成后再组装。手和头部附有"多出来的"的空心部分，以适合插入空心的躯干之中。头仅搁置于其位置即可，而手则需用钉销固定。

425　　对临潼兵马俑破损的及拆解的陶俑的研究表明，其制作是将精细的黄土（泥）挤压和涂抹进空心多孔的模具中。较大块的部件里面用黄土粗泥条加厚，后对模中的粗坯进行按压拍打形成厚 5—10 厘米的壁层[122]。通过干燥，黄土（坯）产生微小收缩，这足以使压坯与模具完全分开。取出的压制坯品部件再经手工修整并粘接模制的小件，如身体部分的盔甲以及头部的鼻子和耳朵。

在英国，这种软压制坯技术仍被用来在多孔模具中制作大件建筑陶器部件[123]。黏土、水混合料加入比通常用量稍多一些的水，就能够很容易地被按压入模具中。在这种柔软状态下使用的泥料在压坯过程中几乎不产生抗形变力，这能降低泥料干燥过程

119　"从风水角度看，陵墓处于莲瓣围绕的莲心区域。"王学理（*1994*），第 7 页。最近又报道遗址有新发现，尤其是有一群袒胸的杂技演员，其中一个脸涂绿色。

120　Capon（1983），pp. 42-43。

121　Clunas（1997），pp. 30-32；Rawson（1998），p. 34；Ledderose（2000），pp. 52-55。

122　H. J. Qu *et al.*（1991），p. 4。这种起加固作用的泥条使得一些作者认为这些陶俑是全部手工做成的，例见 Wiedemann *et al.*（1988），p. 129。

123　作者（武德）于 1997 年在英国伊布斯托克哈瑟恩陶瓷有限公司（Ibstock Hathernware Ltd.）的观察结果。

由"塑性记忆"现象而产生裂纹的趋势，"塑性记忆"即变形的黏土团有部分恢复其初始形状的能力。高非塑性成分含量的黏土如黄土，也需要加入极少量的水分使其具有柔软塑性（其他黏土需要加入重量比为20%以上的水，黄土只需加入约14%即可）[124]，这样，泥料从塑性状态脱水收缩不致出现缺陷。在一些陶俑碎片内表面，可以看到这种软模压成型的痕迹。近期对陶俑的研究注意到，这些陶俑"……几乎没有变形或开裂缺陷……"，对于如此大型的陶瓷器件，这是其最引人注目的特色[125]。

尽管立俑制作得很是真人化，但缺少稳定性，因此，要通过将腿部制作成实心，将每个陶俑置立在一个长34厘米、宽34厘米、厚3.5—4厘米的正方形实心陶板上面，并通过在躯体前部压上较厚的黏土等方法来提高其平衡程度[126]。在大多数情况下，脚踏板与腿是在制作和烧制过程中固定的，但是也有少部分俑是在烧制以后，与踏板用黄土和漆制成的黏合剂接合在一起的[127]。

带有个性化细节的规模生产方式是切实而有效率的。例如，脚只需制作两种类型，一种是穿方头鞋的，另一种是穿中心系结长筒靴的，左右脚可使用相同的模具制作。同样地，手也仅仅制作两种类型，一种手掌伸开，另一种是半握式，似手握长矛，尽管这种情况需要有左右手两种款式[128]。头部是分成两个竖向的部分（面部和后脑）用开口模具压制后粘接在一起的，没有耳朵和鼻子。耳朵和鼻子分别用模压制作后用泥浆粘接上。结合模制与手工模制技艺，特别精心地修制单个陶俑的容貌和毛发等细节[129]。俑头可以互换使用，像手一样，头和躯体也是分开烧成的。俑的盔甲另用泥片制作，粘贴在未经装饰的模制躯干上，上面的某些细节如联甲带之类也是模压而成，而其他一些（如单个使用的甲片等）则以手工切割而成，每一片上有四个甲钉，为单个粘贴。

426

（xviii）陶　　马

与真马一般大小的陶马（1.5米高、2米长，完成后每个重约225公斤）制作具有特殊的挑战性[130]。马头（没有耳朵和眼睛，但有上颚和牙齿）为合模制作，后粘贴模制的眼睛和耳朵，再粘下颚。马颈也是合模压制，马的躯体由两个厚重的敞开模型制作。将陶泥拍压入两个分开的半模并用布条扎杆支撑。将两个半躯体粘接后，在马的腹部下面留一个直径为10—11厘米的圆形孔，以便工匠的手臂能够进去修整和压实里面的粘接点。实心的模制马腿被嵌入躯体预留的洞里，然后再从马腹部的圆孔由里面

124　作者（武德）于1992年用黄土进行实验的结果。

125　Qin Guangyong *et al.*（1989），p. 4。

126　跪姿弩手立于34厘米×16厘米的薄砖上面，砖可能是将一块正方形平板一分为二而成。H. J. Qu *et al.*（1991），p. 463。

127　同上，pp. 463-467。

128　有少数手是单独模制的，如那些将军的手。

129　例如，共发现24类小胡子和络腮胡子。

130　这对于一匹马来说，或许看似比较小，但在同一地点发现的同时代马的骨骼一般也就是这样大小。Elisseeff & Elisseeff（1983），pp. 113-114。

进行封接。马腹压制得厚很多（约7厘米），马背较薄（约3厘米）。马腿嵌接以后再粘接模制的马尾。在马的各个部件安装完成后，对陶马外表的一些细部要作进一步的修饰。这样，"很多结构上的小部件在处理和连接过程中边角磨损或丢失"[131]，马的整个躯干外部要再涂一层大约0.3—1.5厘米厚的细泥。经过打磨使表面光滑平整，再进行雕刻以强化效果，刻饰重点为马头、棕毛与腿部的肌肉。中国研究者因而这样概括这种工艺[132]：

> 兵马俑的制作工艺过程非常复杂，先是分为多块成型，后慢慢进行粘接，有非常专门化的顺序。先以模具制作大块件，后进行装饰件制作。因此，俑的制作既有模制也有手工制作。不同类型的武士俑有特定制作程序和庞大复杂的制作工匠团队，这些制作人员不仅要有娴熟的专项技艺，而且熟知在后续各个工序中，可能造成陶俑开裂、变形或破碎等问题的一些细节。

427　　制作好的士兵俑经干燥后在800—1000℃的范围烧成[133]。烧制初期是在氧化条件下，但在烧成后期及冷却初期要转为还原条件[134]。每个装配完整并着色的士兵俑重约110千克（包括基板）、马俑重约225千克。超过7250个士兵俑和40匹马俑以及他们站立其上的铺砖，总体相当于模制和烧造大约11 000吨塑性黄土[135]。虽然迄今还没有发现烧制兵马俑的窑炉，但秦代烧制砖瓦的大型地穴式半倒焰窑可能正适合这一用途[136]。随着更多研究工作的进行，将可能不断揭开兵马俑在考古和科学技术方面涌现出的谜团。

428　　　　　　　　（3）秦汉后的陶瓷制作技术

（i）秦汉之后中国陶瓷制造工艺及流程

中国陶瓷采用过的一些最先进的生产技术，在其生产时代却几乎没有展露，这是一个令人好奇的事实。例如，商代铸铜模型在使用后就被损坏和丢弃了，与真人一样大的骊山秦兵马俑全部被特意掩埋了起来。即便如此，这些新石器时代晚期以及青铜和铁器时代制造史上的辉煌，仍然代表着中国黏土艺术最有意义的成功典范。在青铜

131　H. J. Qu *et al.*（1991），p. 475。

132　同上，p. 473。

133　同上，p. 460。测试显示一出土士兵俑的烧成温度约为940℃，而一马俑的烧成温度约为805℃。

134　Qin Guangyong *et al.*（1989），p. 6。

135　统计情况如下：1号坑有6000个士兵俑，24个马俑；2号坑有1117个士兵俑和"一些马俑"；3号坑有68个士兵俑和4个马俑；见H. J. Qu *et al.*（1991）。不过卡彭［Capon（1983），pp. 33-43］报道：1号坑有6000个士兵俑，120个马俑；2号坑有1400个士兵俑，256个马俑；3号坑有68个士兵俑和4个马俑。陕西省文物局［Anon.（1994），Shaanxi Historical Relics Bureau, p. 4］报道，士兵俑下站的长方形铺地砖有230 350块，砖的标准长42厘米、宽18.2厘米、厚9.5厘米。不过，使用黄土约11 000吨这个数量，应该是与原高达116米、周长2087米的秦始皇陵墓堆使用有5000万吨经捣压的黄土相比后得出的。

136　王学理［（1994），第1-2页］写道："陵墓的东区为兵马俑及马厩坑区域，陪陵西区为砖瓦制作、建墓用料加工及陵墓建筑工的墓区。"

时代晚期之后，相对来说引入的新制陶技术就很少了。这些技术大部分源自 10 世纪和 11 世纪，尤其是来自银器对陶瓷的影响。其中一些新技术将拉坯过程与模具联合起来，主要的进步出现在中国北方的耀州和定窑作坊。

（ii）耀 州 窑

黄堡窑址紧邻陕西省铜川市区，以其高质量的青瓷器而闻名，尤其是制作于 10—12 世纪的青瓷器，当时它们在中国被称作"耀州窑"器（亦见本册 p. 165）。这一地区的施釉炻器始于唐代中期，一直持续生产到明代早期。它们最初是用柴烧成的，大约从 11 世纪开始采用煤烧。此处也曾生产受仰韶文化影响的新石器时代器皿，在盛唐时期，黄堡窑是铅釉"三彩"陶的重要产地，这些器皿可能是为长安丧葬品市场生产的。元代耀州随着青瓷业不断衰落，转向大面积生产黑釉及白色化妆土炻器，这种制品在公元 8—9 世纪黄堡窑的成形期已经开始生产。

历经数次的发掘，已使得耀州窑群成为可与观台、景德镇、老虎洞和龙泉窑场媲美的中国较好的陶瓷研究中心之一。窑炉、作坊、釉、胎和制造方法等都已被做了详细的考察，关于黄堡窑的模具发展也已有特别好的研究文献。

（iii）唐 代 的 生 产

429

1984—1990 年，禚振西和杜葆仁对铜川黄堡唐代遗址进行了发掘，发掘出了多处窑炉，包括"三彩"作坊一个、窑炉三座，高温器皿作坊八个、窑炉五座，还有七个灰坑。制作"三彩"的作坊由七个窑洞组成，窑洞掘进河沿的黄土峭壁之中。一个是工匠和看炉子的人的住处；另一个用来干燥素烧坯和施釉；第三个用来放置一个轮子、几个模具和工作台；第四个是进行模制专用的；第五个放有一个转轮和一个黏土大缸，只制作灯具；第六个和最后一个窑洞里面有陶轮，集中制作瓶类和执壶。烧制高温器皿的作坊（一些为窑洞，另一些为露天作坊），根据制造过程不同，规划方式也有所不同。如有的作坊用来进行拉坯和模制，有的用来施釉，其中放满了装釉料的大缸，而其他地方则用来存储黏土和燃料。从制作不同的器皿的两种类型的作坊取得的证物表明，"三彩"器皿的作坊，是根据产品类别的不同来组织劳动力的；烧制高温陶瓷的作坊，则是根据工种而分配的[137]。后一种分工方式在中国的窑中更为普遍。

唐"三彩"在唐代常常被制作成实用形式的器皿，但是它们因施以彩色铅釉而不是素色的炻器和瓷器高温釉提高了声誉。不过"三彩"陶器的制作还包含了重要的调和元素，它从青铜器、金银器、石器、玻璃器皿、骨制品和象牙制品等汲取了各种各样的器形。某些唐"三彩"的原型是中国的奢侈品，但其他样式则是来源于印度、近东、中亚，或者源自长城以北的一些文化。除了这些各色各样的器皿，唐"三彩"也有诸多小型雕塑品种，如马、骡子、骆驼、牛和猪，还有一些杂耍艺人、跳舞女孩、音乐

430

---

137 Anon.（*1992a*），上册，第 10-19、24-34、530-533 页；下册，图版 1-22。

家、马球球员、朝臣、神兽和陵墓卫士。这些雕像高度从几厘米到一米以上。在选择了这么多非陶瓷的器物来仿制的过程中，"三彩"陶工改进了陶瓷构形技术，使之更灵活更具有创造力。模压、泥片构筑、戳印和拉坯这几种方法，都分别或者同时采用到不同的制品制作过程中。然而详细的研究表明，所有这些制作方法所具有的特点，都曾以某种方式存在于西汉和东汉的雕像和随葬品的生产之中。黄堡窑的主要不同之处是采用素烧炻器黏土制作模具，而不是用传统的煅烧黄土。分析表明，黄堡唐代和10世纪的模具都是仅用当地的耐火黏土（泥池黏土）制作的，但北宋晚期、金和元的模具组成显示配方为泥池黏土大约80%、石英20%[138]。

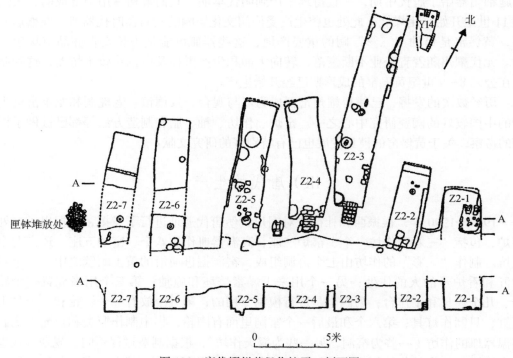

图 125 唐代耀州黄堡作坊平、剖面图

（iv）五代时期的黄堡窑模制工艺

黄堡发现的五代范具中，有许多是高温烧制的厚模且其内表面底心有纹饰。这些未施釉的炻器范具直径大概有73毫米，可用来制造直径约为50毫米的杯坯。范具的厚度和重量都比较特别，但当放在陶工的轮子上时，这样大的质量就会起良好的作用。王芬和王兰芳描写道，这些模具"……断面呈黄色，好像涂过某种脱模剂"，并提出这些模具最初是由内凹形母模批量制作的，因为其形制完全相同[139]。

这些独特的出土陶范为制作杯子所用，表面看上去像细致的编织篮。在黄堡发现

138　Guo Yanyi *et al.*（1995），p. 322。

139　Wang Fen & Wang Lanfang（1995），p. 314。

了 16 个几乎一样的模具，或许制作第 16 个杯子后，已有足够的时间可以腾空第一个模具并再次使用。这有可能是将泥料放入模具通过拉坯旋转使其在模具内展开的[140]。

　　如果真是如此，这在世界陶瓷史上则肯定不是一个新颖的方法。在希腊，早在公元前 5 世纪时，泥料置于模具中拉坯就是一种很普遍的方法；在公元前 3 世纪，此方法成为雅典人的无釉器皿的主要制作方法[141]。古罗马帝国巨大的红土陶、精致的日用陶，尤其是公元前 1 世纪至公元 2 世纪的制品，采用了非常相似的制作方法[142]。

　　五代耀州另一种方法是用贴花模制作凸起的贴花纹样来丰富素面器皿的装饰效果，这种方法可能源自唐代黄堡"三彩"器皿的制作。早在春秋时期（公元前 6 世纪或前 5 世纪），精小的浮雕式贴花装饰出现在南方高温陶瓷上。随后此技术用于浙江省和江苏省出土的青釉器上仿制铸造青铜器的纹样[143]。浅浮雕的方式，更像一种印花的方法，也用于五代耀州窑的器皿装饰，尤其是在器物上压印小而清晰的连续纹样。这种技术也可以追溯到公元前 6—前 5 世纪南方施釉炻器上[144]。

（v）宋代的生产

　　1984 年对黄堡北宋遗址的发掘，揭示了其时陶瓷作坊的布局[145]。相比浙江省的南宋龙泉青瓷作坊，黄堡北宋作坊的规模一般要小一些（见下文）。遗址分为两个长方形的作业区，地面下凹并经过夯实。作坊为半地穴式，挖至地面以下 3 米，石头地基，地基上的墙体用碎瓦片和砖块堆砌而成。在一个工作区域，临近新鲜水源的地方放置有一个水罐，一个直径约为 60 厘米的釉用研钵，两个用于加工黏土的浅坑。在后部有一个石头平台，用于进行拉坯及加工其他模具等。另一工作区域放置有釉缸，并有一个加热平台，用来干燥未施釉的器皿。

　　关于这些作坊使用的原料，地方志显示这些原料来源于本地，石灰来自铜官周围的山谷，细白的黏土来自陈炉村周围的山区[146]。

　　一些五代耀州青瓷器品种尤其是壶类，常带有精美的雕刻装饰，刻工深而精细。北宋早期，一种相似的刻花风格成为耀州窑青釉器物装饰手法的主流，尤其是在半干的碗和盘子上，徒手刻花、剔花和篦纹。耀州装饰工匠使用锋利的尖刀和拐角刀减地式刻出线条，刻线一侧垂直，另一侧倾斜。由于耀州青瓷釉薄则呈色亮、厚则呈色深，这样，釉层会使刻花图案提升到精美的效果。耀州青瓷器看来多在施釉前进行过

　　140　这种式样的杯子，施有典型的五代黄堡窑略带蓝色的青瓷釉，图见 Anon.（1992c）。图中的杯子配有一个精致的杯托，托心有模制荷叶形状的浮雕纹。在河北省清河县邢窑发现一例可能年代更早的类似白瓷，直径有 53 毫米。见 Watson（1984），pl. 100，p. 126。这种式样在唐"三彩"器物中也出现过。

　　141　Williams（1997），p. 91（另见该页 fig. 6）。

　　142　关于对这种器物的发展和后来历史状况的全面阐述，见 Roberts（1997），pp. 189-193。

　　143　关于一例三足浅盆，见 Krahl（2000），object 60，p. 122。

　　144　同上，p. 122。

　　145　薛东星（1992），第 37-42 页。

　　146　《陕西通志》卷三十五（民物三·物产），第十二页。

低温素烧，这种二次烧成的方法大概来源于黄堡唐"三彩"的制作工艺[147]。

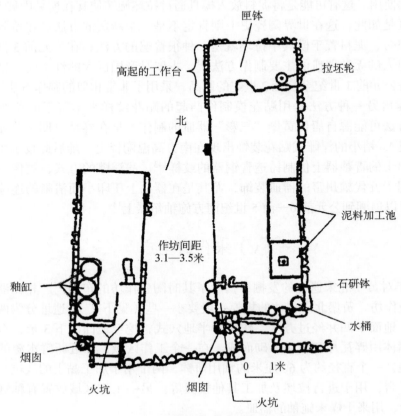

图 126　宋代黄堡耀州窑作坊平面图

在精致的耀州器物上徒手刻花逐渐变得更为精细，有时碗的整个内面布满密集而细致的纹样。不过，这样的通体刻花需要耗费大量的时间，刻饰一件器皿需要相当大量的劳作和实实在在的技能，而且这样的作业，器物很容易因自手中滑落而损坏。这些原因可能促使黄堡陶工发明了以模具来批量生产看似"刻花"纹样的独创性新技术。这项技术被证明效果相当良好，用其制作的器皿和原来的刻花实际上几乎难以分辨出来。

433

（vi）耀州窑"刻花"装饰的模印

为了仿制达到刻花一般的精美效果，耀州陶工将通常刻饰的纹样刻进较厚碗坯的适当位置，但较平常刻得稍深一些，同时添加细节式的篦纹，再将这些无釉"母模"以低温焙器的烧成温度焙烧。凸形的工作模通过这些内凹的母模印制出来，并在

147　作者于 1995 年在黄堡见到了考古工作站和耀州窑博物馆研究收集的许多唐"三彩"器皿和 10—12 世纪的青瓷素烧碎片。

1100—1200℃烧成，吸水率达到10%—15%[148]。然后将凸模放在陶轮上，将半干的素面碗坯拍紧或压紧在这些有装饰的"阳模"上，经修坯达到碗的成坯厚度后将其取下[149]。取下后，花纹如刻饰般出现在器皿上，也就是说，花纹以阴纹而不是浅阳纹的方式出现。在对碗内表面进行模印装饰的同时，也可以进行修足加工。

因为黏土不能拉伸，只能通过挤压和塑性来变形，所以这种印花技术需要制坯工匠具有精湛的技艺。每件碗坯与凸形工作模的初始拟合必须十分完美，同时，坯体半干柔软的硬度必须恰到好处，而且整体均匀一致；坯体太干会开裂，太湿会粘在一起。在黄堡的出土器物中还有素面且未装饰的"修形"模。这些模具可能会在中间过程中适当使用，即校准碗的内部形状以便印花准确。在拉坯后期，在碗的内部采用型卡，可以帮助进一步校准器皿形状[150]。

使用这些素面拉坯碗可能是比以模旋坯成型更实用的一种方法。以模旋坯成型是把薄的塑性泥饼放在凸模上，旋转施压使泥料得到模具的形状，这是现代西方陶瓷生产常用的方法，在当地称作"旋坯成型"[151]。在制作素面碗以备下一步印花的过程中，定心拉坯工序促使泥料同心圆排列，这种有秩序的排列有助于防止器皿在干燥和烧制过程中变形。对硬塑性的拉坯碗印制（而不是将可塑性泥料在模具上展开）的另一个优势在于，将拉制的半干碗坯的底部一翻转过来，这些半干碗坯就可以取下来了，这样工作模可以快速得以再次使用[152]。北宋时期，这种类型的模具很结实，而且不是明显多孔的。相对的高温烧制使得模制的纹饰非常清晰，也降低了其损坏的可能性。

在黄堡发现了如此之多用于生产"刻花"纹样的模具，这表明许多原以为是刻饰的北宋耀州青瓷器或许是模制的。这使得很难估评黄堡当时刻花与模印器皿的比例。如果刻花是在器皿（如罐、瓶和壶等）的外部，那么这些花纹肯定是雕刻出来的。边沿内收的碗盘花纹可以肯定也是刻上去的，因为这些形状的器皿是不可能从印模里取出来的。对于其他情况则怀疑为模制，模制方法方便、速度快、可靠性强，因此被采用的可能性更大。

与耀州的模制方法同时期出现的还有邢窑较为晚期的器皿和崭露头角的定窑制品。北方白瓷重要的一点是对银器的仿制，似乎正是由于这一原因而产生了一些细节上的重大差别。

434

148　Wang Fen & Wang Lanfeng（1995），p. 314。另见 Anon.（1985），p. 54。

149　梅德利［Medley（1979），p. 5］写道，敲打的微痕出现在一些耀州和临汝青瓷碗的背面，尤其是临近边缘的地方，但在定窑器上很少见这种敲打的痕迹。这可能是耀州模具上的装饰比定窑的装饰深很多的缘故。定窑模具采用深度适当的模"印"花纹，可能仅仅是将碗或盘放在陶轮上修整时，在其背面施加压力而已。

150　"修形模：作用是矫正潮湿的坯体的形状或者是使得器皿的底部变得光滑，目的是减小潮湿坯体的变形量。"Wang Fen & Wang Lanfang（1995），p. 313。将坯体在有图案的模具上压制之前，将其在未雕刻的模具上进行初始的"矫正"是必要的，这是清代景德镇使用的一种方法［见殷弘绪 1712 年的信，英译文见 Tichane（1983），p. 72］，而且现今仍在景德镇一些数量不多的拉坯制作青花瓷的地方使用。景德镇也在碗的内部使用型卡（本册作者在 1982 年和 1995 年所见）。

151　Rosenthal（1949），p. 208。

152　如同压制泥片所用的软泥，在将其从模具中取出之前，需要在模具中原位干燥一些时间。

（vii）银器对中国陶瓷的影响

如杰西卡·罗森所述[153]：

> 早期的白陶相对比较厚，许多仿制的并不是银器，而是玉器和青铜器。只是
> 从唐代开始，陶瓷才不断仿制银器的形状，大概是由于自唐代开始才广泛使用银
> 器。从晚唐开始，人们就有系统地尝试降低瓷器的厚度，使之接近银器的平均
> 厚度。

在 10 世纪陶瓷用模具准确仿制银器造型之前，中国的白瓷和青瓷碗，在拉坯成型后坯体仍是软的时候，它们的侧壁通常被做出浅浅的垂直凹槽。由此看出，陶工有仿叶片状银器的迹象，但不是完全照搬银器的形状。另外一种方法（或者两种方法兼用）是当坯体处于半干状态时，将碗的口边切割成叶状，这是典型的银器式样。这两种处理方法是唐代晚期和五代早期制作的白瓷和青瓷特有的。但是，在 10 世纪某个时期，精确仿制银器造型的制品在北方白瓷窑址开始生产，方法是将经拉制的碗坯在完全依照银器原型制作的模具上整体重新压制和切边制成。这样的碗能够将叶片形状与模制的内表面放射状脊纹结合起来，精确地复制同时期银器的造型[154]，早期产品只是素面或手工浅划雕刻图样。顺理成章，下一步则是开发模制复杂表面装饰的潜力。

至 12 世纪，邢窑和定窑普遍采用精致的模制表面图案。这些器物是在烧制之前，利用半干燥的凸面刻饰陶瓷印花模生产的，具有丰富而精细的表面装饰，一如银器的压花，或浮花织锦丝绸纹样。《格古要论》（1388 年）描述了不同品质的定窑器是如何区分的："最好的器皿具有雕刻的花纹图样，其次是素面的，具有浮花织锦丝绸纹样的属于第三等。"[155]（"划花者最佳，素者亦好，绣花者次之。"）尽管这种技术也存在一些缺陷，但对于制作繁密的浅浮雕装饰，还是一种非常有效的方法。为了开始这项工作，制模工必须作反向思维，使这些刻入模具表面的图案，在制作出的碗、碟和盘上能够以镜像方式呈现出浮雕般的装饰。另外，每个模具都是唯一的，且反映出其制作过程需要非凡的技能和大量时间的投入。在此方面，定窑印模与耀州窑方式不同。没有证据能够表明定窑曾用过具有独创性的"母模制作工作模"工序，该方法曾用来批量制作耀州窑阳模。在耀州青瓷生产晚期，凸模工艺的开发利用曾收到很好的效果。定窑制模方式，一定程度上是为了定窑器物在北宋中期出现的覆烧工艺中保持制品的精确形状[156]，但是看来黄堡窑并没有使用覆烧工艺。定窑在模具半干燥状态下对

153　Rawson（1989），pp. 287-288。

154　罗森［Rawson（1989），p. 286，fig. 11］引用了伦敦珀西瓦尔·戴维中国艺术基金会的一个白瓷碗（PDF 173）以作为最早采用这种方法的例证。苏玫瑰［Scott（1989），p.24］通过与确切纪年的墓葬中发掘出的相似的物件比较，确定此碗年代为 10 世纪。在公元 9 世纪中国北方白釉器窑口发现了一些较平的碗，内部有四个简单的辐射状脊，是将拉坯成形的碗在简单模具上压印形成的。这种类型的器皿通常用于出口。此种风格也在公元 9 世纪被伊拉克陶工所借鉴，在一些陶瓷区如巴士拉（Basra）和巴格达（Baghdad）制作锡釉器物。

155　《格古要论》卷下，第三十九页。David（1971），pp. 141，306。转引自 Medley（1979），p. 7。

156　Cao Jianwen & Zhu Changhe（1995），p. 279。曹建文和朱长河指出：严格来说，覆烧工艺应该追溯到江西丰城县的南朝洪州窑。不过，其采用的是碗口对口的装烧法，而不是定窑开发的那种层台状支座。

435

其进行雕刻，这种方法是为了最终器皿上有凸线装饰而不是凹线，这也出现在很多辽代白瓷中，但哪个窑区首先使用这种方法制造白瓷还不清楚。

（viii）模仿耀州窑

耀州窑对制陶业的影响，尤其体现在北方青瓷中心产区，如河南的临汝县、宝丰县，都采用了耀州窑的风格，包括精妙的两步模具法。早在北宋时期，耀州的影响已远及中国南端，如广西的容县和广东的西村和惠州[157]。两处南方窑场均采用当地原料仿制耀州青瓷，大部分为低档瓷。广西容县尤其热衷于用氧化焰石灰釉来仿制耀州窑的铁青釉，而石灰釉是用溶解的氧化铜着色的[158]。

（ix）广西容县窑模具

容县窑的工作模与耀州原创的模具尽管在风格上有些关联，但存在两方面的差异：容县模是蘑菇状的而不是简单的圆顶状的，而且它们通常是直接雕刻而成并不是用母模压制的。容县模具制有实心的长茎的原因还不清楚，但也许是放置在转轮上时，长茎升高了模具工作面，使陶工具有舒适的工作高度，和（或者）有助于与轮头接触。与此相近，"从蘑菇顶拉坯"使泥料与拉坯者比在中国传统的固定轮上更为靠近。

容县模具是直接雕刻出来的，说明它们受到了输入的耀州器皿的影响，而不是真正地理解了耀州窑陶工的制作方法。在容县窑址曾发现了耀州青瓷碎片，也发现了当地采用相同式样制作的仿品，但使用的是铜绿瓷釉。尽管容县器物花纹样式与耀州原件非常相似，但直接雕刻出来的容县模具意味着其陶瓷制品装饰看上去更像是浮雕（像定窑的装饰），而耀州印花原件则像是"刻成的"凹进去的纹样。但是，广西后来（13世纪）的模具，尤其是从藤县窑发现的那些，确实看上去是耀州窑式的二次印花，因为模具表面上显现的复杂浮雕装饰，似乎不可能是简单的直接雕刻形成的[159]。

另一个具有耀州窑风格的南方边远地点是广东省的西村窑和惠州窑，此处最为普遍使用的也是直接雕刻的模具。同样，这里一些精致的器皿上有丰富的仿耀州窑风格的模制花样，但是这些图案装饰看上去有些像浮雕花纹。在西村窑，人们采用徒手雕刻的方式装饰器皿，有时用戳印细小的圆圈或弧线来加以补充纹样，这能巧妙地组合进刻花和篦纹中，粗看不易发觉[160]。

157　关于容县窑，见 Scott & Kerr（1993），Scott（1995）。关于宋代广东各窑产品的全面讨论，见 Peter Y. K. Lam（1985），pp.1-29.

158　Zhang Fukang *et al.*（1992），p. 374。

159　Feng Shaozhu *et al.*（1995），pp. 327-328。

160　林业强［Peter Y. K. Lam（1985），p. 4］讨论了这些联系并提出了一个观点：西村和惠州制作"耀州样式"青瓷器的模具起初从耀州引入，当这些模具破损后，即由当地制造。但是，在林业强［（1983），第117页］著作的插图中，西村和惠州模具看上去均是"刻入模具"的形式。

图 127　容县出土的蘑菇状长柄模具，制作年代为 1092 年

（ⅹ）壶嘴和把手

437

　　银质碗盘对陶瓷制品的影响使中国陶瓷制作方法发生了深刻的变化，尤其明显的是 10 世纪在北方白釉器窑口的变化。银器本身对瓷器的结构也有一定的影响，特别是对晚唐以来酒壶、水壶的手柄和壶嘴的影响。仿制金属水壶的陶器的壶嘴看上去像是由泥土薄片制作出来的，围绕锥形芯褶曲、粘接，然后修整平滑。壶嘴还要像金属原件那样稍稍的弯曲一下，在此之前要将芯取出。制作壶的把手时，先将磨平的块状泥土切条，再弯曲成把手的形状。这种把手取代了早些时候的又粗又圆、显然是用泥土滚制的把手[161]。

　　这两道工序都更接近于金属器物的制作技术而不像制作陶器所特有的，陶器通常采用拉坯制作壶嘴，通过"拉拽"制作手柄。在 10 世纪，这些精致的、细尖端的"卷

438　筒"壶嘴代替了此前拉坯制作的注器壶嘴。短筒形壶嘴是唐代炻器的典型特征，如黄堡窑黑釉器，长沙窑和邛崃窑水壶，以及一些早期北方白釉器。在一些南方的窑口，像长沙窑和某些越窑，这些短而粗的壶嘴会偶尔通过刻面雕琢来改进。

　　能够看到，五代黄堡窑曾尝试通过拉坯制作很精致的青瓷器壶嘴，但是该方法没有获得完全成功，而 10 世纪晚期的耀州青瓷则采用了较好的"卷制"壶嘴[162]。后来的

　　161　这样从金属借鉴而来的经过切割和光滑处理的黏土手柄并不总是成功的，因为其常常是或者太粗，或者太细，或者形状不够规整。

　　162　这种转变可以在《耀州窑》[Anon.（*1992c*）]的"精巧雅致的五代青釉器"和"纯朴、清新、精美的宋代陶瓷"这两章中找到。

这种泥板卷制壶嘴工艺显著的优点在于烧制中不会扭曲，而拉坯过程产生张力，从而使得拉坯壶嘴烧成后扭曲的角度不可预料[163]。用薄板制作"卷筒"壶嘴的工艺，可能源自公元4—6世纪南方青釉器和黑釉器窑场"鸡首壶"中使用的那种与众不同的空心手柄技术。这些空心手柄同样是一端渐细，然后弯成像褶曲的壶嘴那样，但是其两端都贴在器皿上，制作出握持舒服和实用的手柄。这些陶瓷器比金属制品更早地使用了弯形壶嘴，采用了像小鸡或是公鸡头样子的细致样式替代了短壶嘴来增强美感。另一种相似的构造法（即围绕一端较细的芯体卷曲薄泥板）有时用于制作随葬罐器上的多个壶嘴，这是10—11世纪南方青釉器窑上典型的制作方法。

（xi）琢　　面

金属器皿的形制对陶瓷的影响可能也是导致中国高温陶瓷采用雕刻装饰的原因。在这种工序中，当胎接近干燥的时候，器皿或碗的厚壁外面被刻或刮成竖直的小平面。在这些小平面上常常加刻弧线，产生一种重叠花瓣效果。复瓣莲纹是唐代煅打而成的银碗或金碗外部的一种流行装饰手法，而正是这样的形式促使陶瓷制作中融入了这种工艺。有一件早期的北方雕刻装饰瓷器（河北省定县博物馆中的白瓷碗）出自定县佛塔地基中，年代为公元977年。这件器皿上的莲瓣看上去很拙劣，但是在定县的另一个佛塔的地基中发掘出的白瓷净瓶，琢面装饰手法很娴熟，具有四层莲花瓣，年代为公元995年[164]。一些早期中国南方的琢面装饰实例可见于浙江省出土的五代时期越窑碗，如宁波出土的碗。这些碗有从琢面装饰演变而来的外部莲瓣纹，说明南方应用这种工艺的时间可能略早于北方[165]。从10—14世纪，这种装饰手法在耀州和龙泉青瓷窑中得以广泛应用，以提高碗和盖罐的外部装饰效果。以此方法装饰的中国青瓷碗后来被朝鲜、越南、泰国和埃及的窑模仿制作。

439

（xii）龙泉制造

中国南方主要陶瓷生产中心的窑炉和作坊规模往往都比较大，浙江省龙泉窑考古遗址发现的堆积物中有陶瓷碎片、废品、半成品、窑炉结构和窑具。黏土原料堆和制备好的泥料堆中包括那些最好的品种：富铁紫金土类的黏土。还有用来粉碎瓷石的水碓、石杵、石研钵和各种池子如淘洗池、排水池、浮选池、练泥池、干燥池和黏土储存池。北宋时期是否应用水轮还不清楚，但是在南宋期间，水轮却得到了广泛应用。水轮利用水的能量转动轮子，轮子再带动锤子将硬岩石敲击成粉末。这种方法在南方

163　卡迪尤［Cardew（1969），pp. 122-123］详细论述了这种现象。

164　有关这些重要白瓷器皿的论述，见Satō（1981），pp. 92-94。

165　Hughes-Stanton & Kerr（1980），pp. 121，123。在南方将莲花瓣图案尝试用于高温陶瓷的时间比这还要早，但是该技术却与直接在小平面上刻花大不一样。例如，公元5世纪晚期至6世纪早期的杯子和茶托，见Mino & Tsiang（1986），pp. 94-95，展品32。这种装饰的主要处理方法看上去是采用一个缺口刀直刻，刻面狭窄且中心有棱，再刻出弧线强化效果，来表现重叠的花瓣。蒉丰和蒋仁和提到江西省丰城县的南朝洪州窑，这些窑上曾采用与插图中那件类似的方法制作器物。

图 128 德化的工作中的水轮，1995 年

的几个陶瓷产区都得到了应用，包括龙泉、景德镇和德化。这种技术含量低但高效的方法在 20 世纪 90 年代中国的乡村窑场中仍在使用。

440 宋代龙泉，黏土淘洗池为长方形，石块衬砌侧墙，底面铺以天然石料。搅洗的泥水通过一个开口从洗池内流到浮选池内。淘洗池相对较小且浅，浮选池则大而深，其边墙和底部以废匣钵筑砌。多余的水池的遗迹说明泥土要浮选两次。截至元代，淘洗池和浮选池趋向更小的长方形，通常各只有一个，说明黏土制备工艺简化，生产大规模化。还有一些池子用来干燥、练泥和存储黏土，大部分都是圆形的，用石板或使用过的匣钵作为内衬。南宋后的一个新特点是将黏土储存在罐状的大容器里，使黏土熟化或陈腐化，以此来保证黏土内部水分均匀，使黏土内部的有机物腐化，变成有机氧化物，这样可以排除杂质、提高可塑性、制备高质量的黏土[166]。

陶瓷制作区包括排水系统、建筑物地基以及划分为制坯、预烧、器皿干燥等区域的遗迹。也有一些基台用于放置拉坯轮、修坯工具、素烧窑炉、釉料盆坑、混合釉料的研钵和研磨器等，还有装饰模具。一些刀状工具是用陶瓷碎片制作的。轮盘为木制，放在周长 50—60 厘米的圆坑内，坑缘以石头镶嵌，转盘轴用匣钵或烧土加固，轴径约 10 厘米。从北宋到南宋晚期，放置转盘的凹坑数量大增，显示了产量的增长。凹坑的建造也更加巧妙，初始的制坯与最后修型可能在不同的转盘上完成，显示了分工的专门化[167]。

166　Li Dejin（1994），pp. 86-88。
167　同上。

北宋至南宋中期，作坊的建筑式样没有改变，墙和地基以旧匣钵和不规则石块筑砌。没有发现屋顶用瓦，因此顶部可能是木头和茅草结构。一些建筑并没有铺砌或者以其他方式整理地面，这可能是作坊，但是陶工的住处却是夯平或铺砌的地面。已发现的南宋晚期至元代早期的作坊地基为石头或砖块筑成，地面用烧土夯实。门外有砖铺的小路，一些建筑物也铺了瓦。这些出土物证显示了从小规模家庭手工业向商业化生产的转变[168]。

（xiii）对　　模

早期中国模制带盖酒器陶瓷，仿制了青铜造型[169]。战国或秦代非常罕见的经渗碳和抛光的方形"双耳罐"与此风格截然不同，但显然也是用模具制造的。该罐两侧带有巨大的圆形铺首，衔两个大大的手柄。这些器皿源自四川省，被认为是与"西南地区非汉族风格器皿"一模一样的仿制品[170]。这类器物看来是通过分为两半的印模制作的，即在将器型沿方形截面对角切分的两片空心模中模压出两半，后将两半粘接起来。这些器皿的年代确定始终是个谜团，有"新石器时代晚期"至"秦代"的各种不同版本。

对模制法，即将黏土片挤进内模与外模之间，起初好像是用于批量生产钧器花盆。这些硕大但制作精细的器皿表面上先施一层淡青色厚釉，釉上面有的再覆盖一层稀稀的富铜色料。在烧制过程中两者发生反应，在蓝色乳光钧釉衬底上产生了复合的红色、紫红和紫色色调。

这类钧瓷的年代确定还存在争议，西方及中国台湾的许多学者将拉坯制品（通常以"鼓钉"作为饰钉装饰和以模制"云形"足提高魅力），以及模制的正方形、长方形和六边形制品的年代鉴定为金、元甚至明代。但中国大陆的学者则倾向于认为这些模制的钧窑花盆（通常底部铭刻有尺寸数字）是"官钧"，年代为北宋时期[171]。

就"数字底款钧器"花盆的实际构造来说，还有一些问题有待解释，因为器壁向内弯曲的器物，一旦成型后，就可能不能完全从内模模型中取出。有可能采用的是常

168　同上。

169　一个很大的青铜容器的图片载于 Anon.（1988a），National Museum of Chinese History，p. 61 fig. 4-1-4。

170　康蕊君［Krahl（2000），p. 101］的书中有一个漂亮的、高33.5厘米的样品的插图。图对面的页面（p. 100）中有对其风格的论述。在巴黎亚洲艺术博物馆（Cernuschi Museum in Paris）有一个同类型的青铜器皿，但有人猜测那是宋代的器皿。见 Beurdeley & Beurdeley（1974），p. 45，fig. 26。

171　例如，李辉柄认为："考古发掘证实了河南禹县的钧台窑是第二个官窑，时间上为汝窑后不久……钧窑可能从1118年开始，在北宋王朝瓦解时弃用。在这里发现的钧瓷样品与宫廷收藏的钧官窑器皿一样。"Li Huibing（1994），pp. 30-32。李辉柄［Li Huibing（1994），p. 29，fig. 6］论文插图中的禹县的出土物，既有拉坯也有模制样品。但是，柯玫瑰［Kerr（1993），p. 151］写道："许多西方作者认为考古记录的细节还有待证实，且相信那种造型、风格和模具制作技术所显示的年代应该是金、元和明代。"柯玫瑰提到梅德利［Medley（1974），pp. 90-96］、艾尔斯［Ayers（1980），nos. 102，103］及摩根［Morgan（1982）］均取后一种观点，中国台湾学者罗慧琪在仔细研究后也认同这一观点。钧台遗址年代不确定的一个因素可能是20世纪早期的时候，为了满足外国收藏家的需要，在寻找可以出售的、仍在匣钵内的古代次品时，堆积的废弃物被翻得上下颠倒了。范黛华的私人通信，2002年。

规的中空印模制作主体外部形状，后对内面进行精细处理，即当器皿仍在外模内时，用只有一个面的内面模压紧器皿处理内面。另有，对于一些具有明显的模制型体和圆弧边沿的异常精美的元代景德镇瓷盘，也有人猜想它们是用对模挤压成型的方式制作的。但是，尽管这些器皿的内面明显是模印成型，但对背面则不能明确给出相应的论断，这意味着在压印成型后，还经过了仔细的"修补"，而不是直接用外模或者模具制作盘子的背面。

（xiv）五代至元代景德镇的陶瓷生产

我们已经用了一定的篇幅论述了景德镇烧成过程的具体情况（见本册 pp. 365-378），在这里将进一步集中讲述来源于考古学的和文献中的关于陶瓷成型过程的资料。正如第一部分所述，关于景德镇的资料比其他产区更为丰富。景德镇窑群的一个典型特征是其开创了明细的分工原则和规模化大生产。此外，因为生坯施釉在景德镇应用得十分广泛，其生产方式巧妙地将施釉与修坯、装饰等制作的最后步骤结合在一起。不过，如罗伯特·蒂查恩（Robert Tichane）所述，景德镇几乎没有什么实质上的发明。这里的作坊只是更擅长采用和改进从中国其他地方发展而来的陶瓷技术而已[172]。

《陶记》描述了工作区域的划分方法，根据专业技术、器物制造、匣钵制作和黏土制备等进行划分。拉坯、修整、施釉、印花、刻花和雕饰均需要进行不同的训练，换句话说，对于成功的生产，明确的分工是极其重要的。由于冬季黏土容易冻结，为了适时制造并进行干燥，还修建有"暖房"[173]。景德镇瓷区最早的制品是五代灰色炻器胎青釉器。在刘家坞的东坡和龙头山东南的地层下部发现有窑炉残骸[174]。两处遗址均处于环绕湖田古村落几百英亩的窑群中。在这些五代遗址较上部的地层发现了白瓷和青釉炻器，这些制品在样式和生产方式上显示出很强的相似性，休斯-斯坦顿和柯玫瑰对上述情况做了论述[175]：

> 从五代开始，坐落于景德镇的诸如石虎湾、胜梅亭和黄泥头等窑场开始生产青釉器和白釉器。

本册的两位作者在 1982 年参观了紧邻景德镇（主要是杨梅亭和湖田本地）一些类似的遗址，可以看到五代青釉器和白釉器混在相同的废品堆里。炻器和瓷器都显示了典型的 10 世纪早期越窑器皿的器形和制造方法。这些器物中包括素面和浅雕刻的壶，同时也有唐代风格的厚沿碗。

南宋早期景德镇白瓷变得稍薄了一些，釉色则更加透明。这使得驰名的"青白"釉器物不仅在 14 世纪初期以前一直主导了景德镇的生产，而且使得模仿生产这种器物

172　Tichane（1983），p. 421。

173　《陶记》，白焜［（1981），第 40-41 页］校注本。

174　刘新园和白焜（1980），转引自 Tichane（1983），p. 395。另见白焜（1981），第 39 页。

175　Hughes-Stanton & Kerr（1980），p. 46。

的瓷窑横跨整个中国南方。此阶段景德镇"青白"瓷"相当素净"，造型"简朴结实"，碗为正烧法烧制[176]。宋中期，刻花装饰广泛应用，刻刀类似耀州窑开发的拐角刀，但较粗的原料以及较薄的釉层使其产品质量较耀州窑略差，却也是充满活力的。北宋景德镇瓷装饰的一个特点是采用了"散蓖纹"方法，以蓖状工具在泥坯表面划刻层叠式或"散落式"的蓖纹。这种处理方法提供了一种能与刻纹有效对比的装饰[177]。

　　景德镇引入模具的时间晚于北方，为定窑式的模具而非耀州窑式，即景德镇模具是直接雕刻的，器皿上的装饰呈现浅浮雕状。景德镇模制碗的出现与其采用覆烧（颠倒装坯）方法（时间上）相符合，因为在使用覆烧时，模制是使产品尺寸精确的理想方法[178]。北宋晚期以后，景德镇采用了以压模技术制作各式的盖盒[179]。

　　模印浅浮雕也是"枢府"器物的一个特点，这种器物最初在元代早期出现于景德镇。"枢府"器物常常在碗盘内壁模印花纹，而较平的中心部位则通过轻雕的方法加以强化。景德镇早期单色铜红釉器也采用过此方法。拉坯压入模具的方式（通常也同样制作浅浮雕图样）在此期间始终在用，因而这是在延续耀州窑五代时期已相当成功的一种方法。

（xv）明清两代景德镇的陶瓷生产

　　14世纪30年代，随着釉下青花与釉里红的出现，景德镇的陶瓷成型技术更加多样化。当时，最先生产的是大型的盘、罐和瓶类，其中大部分是在湖田窑制作的，而且是专门为了出口到西亚。生产技术大部分采用的是龙泉已有的技术，即直接拉坯或采用巨大的凸模压印拉制的厚盘坯。《陶说》（1774年）对陶土在轮子上成形并干燥后如何加工进行了描述，即将拉好的粗坯放入修整模中，以手轻压直到形状规整、厚度均匀。然后取出坯体并阴凉干燥，再用修刀进行完工修制[180]。大型的罐、花瓶和瓶类采用的是将坯体分段拉坯并修整后，再逐段粘接的制作方法。压模制作侧面为四个、六个和八个平面组成的大型器皿是一项难度更高，或许也更费工的技术。如本册pp. 440-442所述，对于14世纪更为复杂且边界清晰的大瓷盘，人们猜想它们是用对模印制方法制作的，但很难确定是否实际使用过这种方法。到17世纪，《天工开物》明确记载了黄色黏土模具的使用，此种模具或为整体或为分块形式。将软泥压入模具中，接缝处用釉浆涂上，烧成后，即制得一套模具的各个分块[181]。在制模的干燥阶段，模具会产生收缩，为了预先掌控模具的收缩，必须雇用一些有经验的工匠[182]。传统的方法或

444

　　176　Chen Baiquan（1993），p. 20。

　　177　梅德利［Medley（1979），p. 8］写道，这种方法也用在浙江省同时期的青瓷上，看上去是"一种特殊的东南方和南方的处理方法"。在广东省西村的器物上也能看到"散布蓖纹"装饰。

　　178　陈柏泉［Chen Baiquan（1993），p.21］将景德镇采用"覆烧"方式的时间定为北宋中期，与定窑所采用这种方式的时间很接近。

　　179　同上，p.24。

　　180　《陶说》卷一，第七页。

　　181　《天工开物》卷七，第六页。Sun & Sun（1966），p. 147。

　　182　《景德镇陶录》卷一，第三页。

是使用未经烧制的黏土模具，或使用素烧过的瓷质模具制作非常精致的器物。直到清代末年，现在广泛使用的新型巴黎石膏模才开始试用[183]。当所有的成型过程结束后，开始在坯体上绘画和制款，洒少许水，然后准备施釉[184]。

巨大的广口水罐是先制作出上下两个部分，然后将其对接，并且将连接部位临时用木桩在外面支撑加固。小口罐也是分部制作，但无法在模具内部使用木桩，而是在模具的内部放置一个烧好的瓷圆环来加固接缝处，在外面通过木桩吊住圆环。多面方形、有棱有角的器皿是采用泥板成型法制作的，将事先制备好的软泥以木板制成泥片，泥片中间用棉布分隔；然后用小刀将其切割成形，各个分片之间再用泥浆封接。如《事物绀珠》（1591 年）中记载，从耗费的时间和陶工技艺两方面来说，泥板成型法都比拉坯方法复杂很多[185]。在 16 世纪，方形的器皿，如盒子、瓶类和盘子很流行，但制作时却要凭运气，产品成功的概率不到 1/5，导致制品损坏的一个特殊原因是厚壁器皿的干燥速度问题[186]。那些摆阔气的大型委托制作物品，常常在制作过程中遭受巨大的损失，这在很大程度上是由于景德镇陶瓷在烧制过程中的收缩率高，使得大件制品特别易于变形并在最高烧成温度时开裂。

445 以上即是景德镇采用的基本成型方法，但正如中国其他窑址一样，贯穿景德镇历史的主要产品是在陶轮上拉坯制作的碗，尤其是那些比较小的茶碗、饭碗及盛放零星食物所用的碗。据文字记载，明清时期所制作的器皿中的 9/10 被称为所谓的"圆器"，即像碗和盘子那样的敞口式样的、在陶轮上成型的器物。

李建生的影片（1996 年，见本册 p. 68）显示了窑工如何在作坊角落低小斜放的条凳上揉练 25 千克的瓷土。这里使用的是"牛鼻子"搓揉法，陶工将泥料用掌跟压揉，使得黏土团正中呈现"牛鼻子"的样式。揉捻过程中压力越来越小，直到泥团慢慢变成削了尖的圆锥形，此时再将较宽的一端在长凳上轻轻滚动形成一个半球形。然后，将泥团放到转轮的中心部位，一个个的"圆形器皿"就被从"半球泥团顶部"拉制出来了。拉坯工将一根小棍插入转轮外沿旁边的小坑内来产生转动力，使转轮逆时针旋转，直到转轮转数稳定在每分钟 100 转左右。这时陶工把棍子放在旁边，然后在泥土圆锥体的顶部喷洒一些水，使泥处于右手拇指和其他手指之间，施加压力将黏土展开形成一个碗。碗内部的形状使用一个弯曲的未施釉的陶瓷工具来精修，修整时工具放在碗内壁左手一侧，与泥土转动方向反向施力，同时碗的外部也要用手支撑。拉坯过程要从容不迫，但是也要迅速，完成一个碗大概需要 30 秒。使用劈开的竹条将碗从旋转的泥土上切割下来，而原来在成型后的碗的下面还有一凸出的泥土"茎"，留在了转轮上，当泥坯还在旋转时，合拢手指就可以将其掐断。

新制作好的碗坯以约为 45° 的倾角放置在窄长木板上，这样的方式可以使得板上放置的碗数量达到最大。当板子被放满后，就被移走放入作坊内在窑工头顶上的坯架上。

---

183 Anon.（*1959a*），第 285 页。

184 《天工开物》卷七，第六至七页。Sun & Sun（1966），pp. 147-148。

185 转引自《陶说》卷一，第五至六页。

186 《窥天外乘》，第二十二页。《江西省大志》（1597 年版）卷七，第十九页。

通过自然干燥，碗坯有一定硬度后，再放回到转轮上进行精修。精修轮一般较拉坯轮轻。精修过程中，半干燥的碗坯翻转放置在转轮中心半球形的模具上，中心相接触。对于旁观者来说，这个行为有点冒险，因为看上去生坯碗在加工过程中很容易开裂，然而并非如此。在制作过程中，碗的内底面较最终完工时的形状平坦一些。拱顶的修整模的作用力正是压在这个平整的内面上，而不是向碗的侧面施加拉伸力[187]。碗在修整模上转动时，通过娴熟快速的掌击，能使碗的形状恢复圆形。这个过程使黏土恢复了一定的活动性，使坯体得到修正而不至于损坏。在此阶段，通过快速的压拖使碗底粗糙的"茎"（后变成碗足）变圆，然后在其顶部轻敲使其在一个水平面内。对于每个碗，所有这些过程只需要花费几秒钟即可，之后将放碗的木板放回坯架进行进一步的干燥。

当接近干燥时，将碗坯再放回转轮上进行修坯，同整形过程类似，将碗放在半圆形的轮盘上[188]。经过轻轻拍打使倒置的碗正确旋转，随后陶工用一个巨大的羊毛刷子将碗边润湿，用一个大号方头的金属整形刀，将碗的底部切平，然后再垂直深切，削修出碗足外圈。后用此切削工具修刮碗的外部，会有差不多已干燥的瓷土屑像下雨一样地从金属刀片的边缘飞出来。碗的足底被修成略微凹下但仍实心的平底，《陶说》曾记载修足是一个很专门化的工序[189]。

文字资料确认"圆器"的制作过程由两组工匠来完成。一组制作直径在1—3尺的大件，另一组则制作直径小于一尺的小件。泥土另由一组工人揉搓至一定的均匀程度，然后将揉好的泥放在转轮上送给制陶工，制陶工用一个竹棒使轮子旋转起来。当轮子尚在旋转中时，工人快速地从黏土的隆起处拉制出一个坯体。拉坯的转轮是非常重要的设备，以至于木匠要留守在转轮的旁边，必要时迅速对转轮进行修理[190]。为了使坯体达到一定的薄度，需在器皿处于半干燥状态时对其进行修削。此过程在一个转轮上完成，转轮的中间有一个木桩，将器皿支撑起来，木桩上还要缠上丝棉，防止器皿的内部损坏[191]。

像花瓶一样向内收口形式的器皿也是在转轮上分段制作的，制作后将毛坯干燥，用修刀修削，器皿表面用大羊毛刷沾水润湿磨光至非常平滑的程度[192]。据说一些御用器皿在不施釉的情况下放置一年多，坯体变得极为干燥。这样就可以使得坯体较为容易地修削至纸样的厚薄[193]。

187　这个细节形成的原因定是"从泥柱顶端拉坯"使得对碗内部充分施压非常困难，这导致在干燥或者烧制过程中制品出现螺旋形的开裂。在制作过程中，通过刻意将碗中心弄平，然后在修整模上对其进行压制，这个开裂问题就可以事先避免。如卡迪尤［Cardew（1969），p. 110］解释："S型开裂……经常直到修整后才发生，有时甚至发生在素烧之后。原因是，根据这项工艺的特点，器皿的底部无法同器壁一样被强化和紧压。"

188　中国南方富含石英的瓷器在接近干燥时最容易进行修整，而北方富含黏土的炻器却不宜在此时进行，因为到这一阶段，坯体已变得又硬又脆了。

189　唐英陶冶图说第14则，见《陶说》卷一，第九页。

190　唐英陶冶图说第6则，见《陶说》卷一，第五页。另见《景德镇陶录》卷一，第四页。

191　《景德镇陶录》卷一，第四页。

192　唐英陶冶图说第7则，见《陶说》卷一，第五至六页。

193　《帝京景物略》卷四，第十七页。

图129　上图：用羊毛刷修整。下图：在转轮上拉坯。采自《天工开物》（1637年）

　　景德镇陶工的劳动记载于歌曲之中。《景德镇陶歌》（1824年）中就包括有赞美纯熟的手工艺人工作的小曲，例如记述毛坯制作和模制的第五首[194]：

447

　　　　　　在旋转的转轮上拉制圆器，
　　　　　　转眼间坯在陶工手中成碗形，

194　杨静荣（*1994*），第34页。

　　杯或碟随陶工的两指转动，
　　均留有长柄而没雕修。

〈几家圆器上车盘，到手坯成宛转看。
　杯碟循环随两指，都留长柄不雕镘。〉

图 130　浸釉。采自《天工开物》（1637 年）

448

（xvi）装饰、施釉和完成修整

《景德镇陶歌》在第十二咏唱挖足工艺的歌后注释中提到"柄"[195]：

449
　　　　　白素坯上有三寸长的把，以便画涂彩料，吹釉施坯完成后，修去引线，而挖修坯足与书写底款，则另由一人来完成。

　　　　〈坯先有柄，长三寸，便于画料。吹釉工毕，旋去盖线，挖足落款，另归一工。〉

唐英在其描述陶瓷制作的图解中也提到了手柄或者叫作柄的棒状物。由专门的工匠在研钵中磨细着色原料，研钵一排排放在低长凳上，工匠用手研磨。为了保持稳定，用垂直木杆固定在长凳上，支撑住水平横板，板上穿孔以控制杆柄[196]。

　　景德镇瓷器多于烧制前采用生坯施釉，将修坯、施釉、装饰等工序在修整过程中非常周密地结合起来。例如，需要在碗的生坯内部描画釉下青花图案时，成型后的碗外部要经过修整，但碗足仍要保持实心。当碗内所绘颜料干燥后，向里倒入釉浆，然后迅速倒出来，同时旋转碗确保内部均匀覆盖釉料[197]。碗外部任何一点点的釉滴都要小心地去掉。一旦碗的边沿上干干净净地施上釉料后，碗的外部就可以用釉下蓝彩进行装饰了，勾线通常是将碗放在轻型的转轮上进行的[198]。

　　外釉通常是通过将碗放正浸入釉中，恰好浸到碗的边缘，直到内外釉相接。此过程需借助一个形状像背挠的竹质工具从碗下勾撑住实心的碗底。现在就可以明白为什么在此之前不能将碗足先掏空了：如果碗足经过细致修削，那么在后续的装饰和施釉过程中就很容易开裂或破损。

　　唐英《陶冶图编次》（见上文 pp. 25，27-28）中"蘸釉吹釉"的插图被收录到了《景德镇陶录》（1815 年）中[199]。此图证实了 18 世纪小型的碗盘采用蘸釉的方式施釉。

　　用毛笔涂刷釉的传统方法也在使用，同时还用较新式的即带细纱滤布的竹管吹釉。

　　至此，碗已差不多做好了。一经干燥后，再次放回转轮上挖足，此时亦可用釉下
450　蓝彩描写年代款、环线及赞语标记，常常还要采用柔软的毛笔刷釉将其覆盖。在倒角削去碗足边缘的粘釉后，碗就基本上完工了，但是，碗经常被再一次放回到转轮上，对釉面进行轻微的摩擦，消除由于釉层中的气泡而在釉面形成的针孔。经过这些处理后，碗可以进行彻底干燥，等待焙烧了。

　　以上为数众多又相互独立的工序步骤，对工人技术档次的要求完全不同，其中拉坯和装饰是难度最高的，而整型、修削、施釉则是普通的日常工作。这正是景德镇最

　　195　同上。

　　196　陶冶图说第 10 则，见《陶说》卷一，第七页。

　　197　景德镇采用的另一种器内施釉法，即离心荡釉法，在蒂查恩的著作中［Tichane（1983），p. 157］有图示。该方法是通过将需要的釉料量精确地注入高速旋转的碗内，釉料即可在碗内均匀的分布。

　　198　在李建生 1996 年制作的影片中，令人震惊的画面之一是，一个年轻女子在碗的外部徒手精确地绘制线条，仅仅简单地用左手握住碗，碗底朝上，用右手绘制。

　　199　《景德镇陶录》卷一，第五页。Sayer（1951），p. 8。唐英也提到了吹釉（清代的方法）和拓釉（古代的方法）两种用于器皿外部施釉的方法，如上所述的蘸釉，也是唐英的时代使用的方法，用来给小型器皿施釉。

优势之处（从组织和效率方面来说），即将各个制作工序在众多的专业陶工中进行分工。这在殷弘绪18世纪从景德镇寄出的信中有所记载[200]：

> 看到这些器皿如此快地在那么多手中传递，令人惊叹不已。据说一件烧制好的瓷器要经过70个工人的双手。当亲眼看到后，我对此深信不疑，如此了不起的工场对于我来说有些像阿瑞斯山（Areopagus），在那里我曾经宣讲过创造世上第一个人的神，从他的手中我们走出来，变为或是杰出或是卑微的人。

（xvii）宜兴炻器的生产方法

当殷弘绪在景德镇居住和传教，并在记录景德镇的生活以及生产方法之时，为与西方进行茶叶贸易，大量的瓷器正被制作出来，这些瓷器经常从中国启运，装在茶叶箱内以保护器皿不被损伤。同一船中除此之外还有源自完全不同地方的货物，即有数千个从江苏宜兴运来的、未施釉的炻器紫砂壶。使人好奇的是，宜兴紫砂器的制造方法与景德镇瓷器的制造方法截然不同，尤其是在其制作过程中很少用或者完全不用陶轮。

在中国陶瓷所有的制造方法中，生产宜兴紫砂采用的方法与加工金属薄片使用的方法最为相近。很奇怪的是，实际上这只是中国陶瓷生产中的一个方面，煅打金属器物似乎与其并没有多大联系。

在宜兴，大量的器皿采用"泥片法"制作，种类从栩栩如生的自然形态到抽象几何体的运用。后者可称为"现代简约风格"，直到17—18世纪以后才出现。宜兴紫砂中最有名、最富于创造力的设计是茶壶。这些茶壶将生动活泼的设计与宜兴炻器黏土的著名特性结合在一起，如愿以偿地泡制出了更醇厚的茶（见本册 pp. 233-237）。然而，托盘、花瓶和未施釉的红色蒸煮器也利用这种多功能的材料，但很少采用在转盘上拉坯的方法制作。

宜兴的陶瓷作坊开发了多种制作方法，但是制作紫砂茶壶的传统方法可能是最具有代表性的[201]。最好的宜兴壶整体都是用黏土薄片手工制作的，此过程要求泥料非常均匀，调和充分，泥中气体含量低。为了达到这个目的，传统的陶工可能要花费两天的时间用很大很重的棒槌敲打黏土，直到黏土团发出微弱的光彩，这才意味着达到了足够的泥性，尽管今天排气型搅泥机完全代替了这种烦琐无趣的工作，但是那些最为珍贵的品种类型仍然使用传统方法制作。

泥料制备好后分成小块，然后在厚厚的硬木工作台上敲打成薄片，敲打时使用小木槌，木槌前端为略微凸起的球面，后面是圆形的[202]。将敲打好的塑性黏土薄片精确地切割成一定的尺寸，可以使用像两脚规等简单的工具，就像裁缝裁剪布匹制衣一般。然后将一个圆片和一个长矩形的薄片构建成简单的圆柱体，圆片作为圆柱体的底

451

200　Tichane（1983），p. 73，殷弘绪1712年信件的译文。

201　对这些方法的描述来自本册作者1982年和1985年在宜兴的观察。另见 DeBoos（1997），pp. 90-93；及 Silverman（1997），pp. 10-12。

202　作者之一（武德）于1985年在宜兴买的一个样品，重530克，有轻微凸起的敲打面，宽8厘米、长14厘米。木槌由一块整木雕刻而成。

452

图 131　宜兴的制壶过程（1），1985 年

图 132　宜兴的制壶过程（2），1985 年

面，长方形构成其侧面，连接平整之后，即在圆柱体的上部轻轻向内敲打，利用手指在里面作为"砧座"，以轻质木拍在外作为"拍子"拍。再用另一黏土圆片封住已经变窄的顶部，然后将其轻轻敲打至合适。随后将整个密封了的结构外表光滑处理，用一个由水牛角制成的薄而灵活的工具修整，这一工具不使用时要保存在水罐中。

将整个壶体翻转过来，使顶部变成新的底部，并移去原底部的泥圆片，这样可以使手指进入内部，再次用木拍轻轻向内拍打上部的壶壁，使其形成一个接近球体的形状。

这时制造过程变得更为复杂，制作人取不少于两个的圆泥片叠放在工作台上，从最上端的泥片上切取一个小圆片并保存好，因为它最终会用来作为壶盖。将另外的圆泥片叠置在壶体顶端的洞口上面，小心地将其与壶体连接在一起。然后，用牛角工具将这个密封的、接近球形的壶体修整平滑。壶内封有空气，所以在修整过程中有保持器形的回弹力。壶体足够硬的时候，就要在顶部开个洞，比壶盖小一些，还要留出平窄的台架，使得盖子最后能够被放在上面。这个洞临时要用一个木头圆盘塞住，以防干燥初期壶体变形。此时，注意力转向制作把手和壶嘴。

宜兴壶的壶嘴通常先由黏土制成实心的，当变得硬一些的时候，从两端用端头为环状的工具和精致的小刀将其挖空。实心的把手也在一定程度上挖空，为的是增加隔热效果，降低壶体重量以及作为一种使其干燥的辅助手段。当这些步骤完成后即可进行最后组装：在盖子上粘接球形或者环形盖顶，壶嘴和把手用黏接泥进行粘接。完工阶段用扁平的牛角工具反复光滑处理，使得泥料表面呈现出细微的花样，这在器物烧成后，经使用和把玩而得到改观。 453

人们认为至迟自明代中期以来，宜兴紫砂壶在中国曾受到类似对"天目"茶碗一般的喜爱。但尽管如此，宜兴炻器的生产在 20 世纪 40 年代晚期几乎消失殆尽，当时情况如加恩西和艾黎所记载[203]：

> 生活条件朝不保夕，陶工分散到其他地方躲避，寻求生存，做煤矿工人、搬运工或者作任何能够给他们提供生计的工作。

1950 年在政府的介入下，挽救了这项濒临灭绝的产业。年老的窑工返回宜兴，培养年轻人继承传统的制作技术，这项工业才得以复苏。宜兴手工制作的茶壶现在在中国大陆和台湾，以及在日本和西方地区均享有很高的声望。

上述基本的制造工艺流程可能在今天又有了一些增补，即将接近成型的壶体放进空心模具内，进一步使其形制规范和周正。大批量徒手塑造，以及使用模制的细节装饰，也是宜兴紫砂一贯的特点，尤其以仿生器皿造型为著。但是宜兴最核心的加工方式是其新颖的敲打薄泥片的工艺，在中国其他陶瓷生产中心几乎没有与其相近的方法[204]。

203　Garnsey & Alley（1983），p. 82。

204　从明代开始，在广东省南部的石湾和佛山窑区，曾出现了一种不同的泥板成型技术。这里的窑区以制作大型的塑像而闻名，通常是手工制作的：用手掌击打，将大片的泥板拍得很平整，然后将其竖起，熟练地折叠起来，通过压制和模印使黏土片形成穿长袍的高大人物形象。在这种南方的传统制作方法中，塑像的头、手和脚通常是分别加上去的，有时是用比较黑的黏土制作的。20 世纪 80 年代，来访的石湾陶艺工人在伦敦展示了该项技术。关于石湾制作技术的描述，见陶人（1979），第 289-292 页。

（xviii）第四部分"制造方法和工艺"的小结

尽管在过去的两千年内，中国陶瓷制造中有许多先进之处，尤其是高温胎和釉的发展。但是，客观研究表明，大部分重要的制造方法都是由新石器时代晚期和青铜时代的陶工和模具工所开发的。泥条盘筑法制作的器物有令人难以忘怀的准确程度和样式，是中国北方仰韶文化的典型代表；而在新石器时代后期，尤其是在山东省和浙江省，则使用了快轮来制作非常复杂、新颖的器形。这些器皿经常是分成多个部分，均通过拉坯制作，而且在某些情况下，是在修坯后而不是修坯前粘接在一起的。几千年之后，中国南方重新启用了这种技术来制造瓷器[205]。新石器时代中国东北部的器皿通常是空心高足，且经过细致的修整及精确地打孔。盖子的制作能达到与器皿精确地配合，还有新石器时代的手柄也是分开精修的，结构上很结实。一些新石器时代注壶壶嘴要单独制作；还有许多三袋足器则是将拉坯制作的五六个部分黏合在一起，制作出复杂且流畅的器形。简而言之，中国拉坯技术的基础创建于新石器时代晚期，接下来的四千年中，其基本方法只有很小的进步。

在商代，设计制作黄土陶范用于铸造青铜礼器和武器，在尺寸精确与结构复杂方面所达到的水平，直到20世纪晚期也没能与之匹敌或超越。陶瓷建筑材料的结构形成于新石器时代，发展于西周与汉代时期，其中包括一系列令人称奇的复杂的和多样化的制品。秦汉时期，相同类型的黄土原料被用来制作数十万的模制陶瓷塑像，用作重要墓葬品，其中一些尺寸如真人般大小，且进行了逼真的彩绘。

新石器时代晚期和青铜时代在陶瓷成型方法上取得了辉煌成就，此后在中国相对来说很少有什么新的陶瓷制作方法产生。10—12世纪耀州窑和定窑窑场出现的最重要的创新，是将拉坯与模具结合的方法。由金属加工衍生的黏土制备方法，如琢面制作碗或罐，卷制壶嘴以及切制手把也出现在这个时期。

景德镇对于中国陶瓷生产的贡献，是以组织方式而不是技术创新为特征的；但宜兴陶器的制作方法（在20世纪40年代后期近乎失传），则作为中国无数巧妙利用塑性泥料方式中的一个有趣的变种而幸存下来。

205　这种方法异乎寻常的一个例子见于15世纪（景泰年间）的景德镇，碗底和杯的高足是通过分开拉坯、修整的，直到施底釉前才粘接到一起，且是用釉料而不是用泥浆进行粘接。见刘新园和白焜（*1980*），转引自 Tichane（1983），pp. 412-413。

第五部分　釉

（1）灰　　釉

（i）中国釉的起源

本册第一部分中关于玻璃理论及釉的历史的讨论，使我们知道了中国釉在商代早期首次出现时世界范围内相应的工艺水平。

中国最早有意施加的釉，是较为原始的，却又比古代西亚的釉先进。我们说它们比较原始，是由于其起源具有较大的偶然性。还有，中国釉并未先制成玻璃态原料（未预熔），而其色彩直接来自原料中所含的各种杂质（主要是铁、钛和锰的氧化物）。但是它们又远比近东地区的釉先进，因为其组分属高温釉而非低温釉。这一至关重要的区别使得典型的高钙炻器釉层具有十分坚硬的表面。商代早期的施釉炻器也显示了人为控制窑内气氛的证据，这种对窑内气氛的人为控制或许源自新石器时代以来一直流行的、还原气氛下烧制陶器的传统方法。

如本册第二部分中所述，很多中国南方地表的黏土天然难熔，这意味着新石器时代南方陶工经常会在升高窑炉温度时烧成硬陶。在同时代的中国北方，类似的加温会引起器物的塌毁，随后会熔化为暗绿色的玻璃态物质。在中国南方，较为难熔的原料在窑内因焙烧时胎体中适量玻璃的形成而变得足够坚固，而且由于黏土质胎体中生成了一些莫来石而具有良好的烧结强度。南方早期器物的强韧性亦得益于新石器时代所广泛使用的还原气氛烧制习惯，因为氧化亚铁（FeO）在大约 900℃以上的温度时往往会起到胎体助熔剂的作用。中国南方用这种方式生产的硬质灰陶曾于一段很长的历史之中享有较高的声誉。这类器物首次出现于新石器时代晚期，而其制作方法则在南方的砖瓦制造中长久流传，直至今日。

早期中国陶瓷使用木柴烧制，当烧制温度开始超过大约 1150℃时，器物表面往往呈现自然的"窑光"（kiln gloss）。当草木灰中的氧化钙和氧化钾与胎体陶土中硅和铝的氧化物发生反应时，就会生成"偶然出现的"釉（从而产生上述窑光），而南方陶瓷的高硅酸盐质地则助推了这一过程的实现。因此，最早的中国釉一定是自然的结果，原因是炙热的草木灰被气流裹入窑内，碰到炻器黏土中含有硅酸盐的表面而转化为玻璃态。

456

（ii）中国最早的釉的年代

在南方湖北、江西两省及北方河南省的诸遗址中都发现了商代早期的施釉炻器[1]。由此可将中国和西亚最早对普通黏土施釉的时间确定于差不多同一时期，两者之间的区别在于中国的釉带有很大的偶然性，而近东地区的釉则代表了已有约 2500 年之久的施釉传统中的一个更高阶段。

关于中国早期的釉罕有工艺记录，但曾有两片取自商代 4 个重要都城遗址之一——山西省南部垣曲遗址的施釉炻器碎片被分析研究过[2]。器物碎片是在遗址的二里岗上部地层发现的，遗址内还有仰韶文化晚期及二里头文化的陶器出土。较早期的地层中不含施釉炻器，但有大量不施釉的、成分上属典型北方类型的红、灰及黑色多孔陶器。由于商代二里岗期随着迁都安阳而结束，年代稍早于公元前 1300 年，因此取自垣曲遗址二里岗上层时代的施釉炻器碎片的年代似应不迟于公元前 14 世纪早期。

在垣曲发现的炻器碎片结构中显示了高浓度的莫来石和方晶石，二者均为硅酸盐黏土经高温烧制转化而来的典型产物。在低于 1100℃时只能生成很少量的方晶石，因此烧制此器物所用的温度必定较 1100℃超过很多[3]。据邓泽群与李家治看来，这两个釉下呈现印纹的原始瓷碎片具有南方特征，他们相信："根据它们的化学组成、装饰风格及发掘报告，应该是中国南方制造的。"[4]

这些发掘物的成分在表 63 中给出，一同给出的还有两片从二里岗遗址本地（今郑州）出土的、商代更早的原始瓷釉的成分。

表 63　采自山西省垣曲二里岗晚期地层的釉与胎及两例二里岗遗址本地出土的更早的商代釉[a]

	SiO$_2$	Al$_2$O$_3$	TiO$_2$	Fe$_2$O$_3$	CaO	MgO	K$_2$O	Na$_2$O	P$_2$O$_5$	MnO	总计
炻器胎（垣曲）	79.7	14.5	0.9	1.8	0.1	0.65	2.7	0.2	0.1	0.02	100.7
炻器釉（垣曲）	68.0	7.9	1.0	5.4	12.9	1.3	3.1	0.4	—	—	100.0
炻器釉（二里岗）	54.6	14.7	1.4	2.6	19.3	2.7	3.5	0.8	1.8	0.3	101.7
炻器釉（二里岗）	57.7	14.0	0.7	2.9	15.4	2.55	3.9	0.8	1.5	0.3	99.8
1185℃熔点的硅-铝-钙-镁低共熔混合物[b]	63	14			20.9	2.1					100

    a　Deng Zequn & Li Jiazhi（1992），p. 58，table 2，及 Zhang Fukang（1986b），p. 41，table 2。
    b　Singer & Singer（1963），p. 220，table 54。

    1　Anon.（*1965*）；Anon.（*1975c*）；Anon.（*1976d*）。
    2　Deng Zequn & Li Jiazhi（1992），pp. 55-63。
    3　哈默夫妇［Hamer & Hamer（1998）］写道："对于制陶工人来说，石英转化为方晶石的最低实际温度为 1100℃（2012°F）。在此温度下需要一个很长的转化时间。在 1100℃烧透 3 或 4 小时只能将一小部分石英转化为方晶石。在较高的温度下所需要的时间则适当缩短。"
    4　Deng Zequn & Li Jiazhi（1992），p. 63。

可以认为，硅石-氧化铝-氧化钙-氧化镁的低共熔混合物提供了这类釉的内在架构。因此，从最开始时，中国釉与近东釉在化学方面就在沿着不同的途径发展。氧化钙因而是早期中国釉的主要助熔剂，张福康在一篇 1982 年提交、1986 年发表的论文中对"商代釉中氧化钙主要来自草木灰"这一普遍认同的猜想进行了检验。在此工作中，张福康考虑了其他各种可能的氧化钙来源，如碳酸盐岩石、贝壳、易熔的石灰质黏土，还有玻璃态的窑炉渣等，并且确认了在这些五花八门的材料中，氧化磷的含量对确定究竟使用了哪种材料是至关重要的[5]。

> 易熔黏土含有少量或不含 P_2O_5……。贝壳与石灰石则完全不含 P_2O_5[6]。至于窑炉渣，虽然含磷，但在一些样品中其含量仅为 0.3%—0.4%。……其 CaO 含量也很低。……基于以上原因，似乎有理由做出以下结论，即商周釉的主要成分最可能为草木灰或草木灰混加黏土，而窑炉渣、贝壳与石灰石并没有用作釉的主要成分，尽管在以后它们也广泛地用于制釉。

（iii）施　　用

只凭带有薄釉的小瓷片，如来自垣曲遗址的那种，很难说出釉是偶尔自然生成的还是有意施加的。目前尚无已被确认的、完整的或在很大程度上被修复的商代施釉炻器样例。在早期器物上的薄釉能够显示出"飞灰釉"所特有的不匀称性，但这也可能是人为施釉时的草率而造成的。对于新石器时代晚期或商早期带有自然而成的灰釉的器皿，至今尚难以找到令人信服的实例，不过这似乎表示从意外的成釉到人为施加灰釉的转变发生得十分迅速。

（iv）草　　木　　灰

一种天然的有机物的材料能够为适用于制釉的无机氧化物提供有效来源，这可能看似奇特。但是木柴的燃烧只能产生非常少量的灰。例如，普通的木柴在燃烧后只留下大约 0.2%—0.4% 的真正意义上的灰烬，而其余的主要以碳微粒、水蒸气及二氧化碳的形式消散于火烟之中[7]。这些简单化合物最初来自树根吸收的地下水和树叶背面吸收的空气中的二氧化碳。在树叶正面获得的太阳能的作用下，经光合作用，二氧化碳和水组合到树木构成与生长所需的长链有机分子之中，氧作为反应的副产品而被释放。当木柴燃烧时，全部过程逆向进行：消耗的是氧气，产生的是能量、二氧化碳和水

5　窑炉渣是从柴窑内壁及火膛壁刮得的，但材料的组织结构与精制的木灰有相当的区别。作为对照，见 Zhang Fukang（1986b），p. 42，tables 3，4。

6　磷酸盐石灰石的确存在，其中一些含有与木灰相近的 P_2O_5 量。然而它们大多以薄层形式嵌入更为坚硬的石灰石基岩中。即使设想能用眼睛将它们分辨出来，也仍需陶工用手工挑选来达到在早期中国炻器釉中所需用的 P_2O_5 的标准。克里斯·多尔蒂（Chris Doherty）的私人通信，牛津。

7　Tichane（1987），pp. 30-31。茎与叶往往是较为充足的草木灰源，在茎、稻草、芦苇和草的情况下产灰率为 2.8%—7.2%。但在所有的情况下，经"淘洗"后，实际能应用于制釉的灰量会进一步减少。

蒸气。

木柴燃烧后留下的少量不溶物质最初是地下水中的金属离子，它们经树根吸收，通过多种方式存留于树木的细胞与生物化学结构之中。当木柴燃烧时，这些元素会与燃烧过程中的不稳定物（挥发物）结合而生成钙、镁、钾、钠的碳酸盐、硫酸盐、硝酸盐及磷酸盐等，在这些成分与植物中的硅酸类物质结合时，还会生成一些普通的玻璃态物质。就目前所知，草木灰中最大量的组分是碳酸盐，但与对碳酸盐岩石一样，人们也习惯于以氧化物混合物的形式给出草木灰的成分，所使用的氧化物顺序表与表征岩石和黏土时相同。

（v）草木灰成分的变化

草木灰成分主要随物种而变化，但灰烬是来自枝、叶还是根，对其成分也是有重要影响的。影响灰烬成分的其他因素可能是燃烧的季节、植物或树木生长地的岩石和土壤类型，甚至树木或植物自身的年龄等[8]。植物灰烬成分的覆盖范围几乎与沉积岩系一样宽。但在此范围内部，还是可以根据其在玻璃与釉历史中的不同功效特征而分为几组。

459 （vi）玻璃与陶瓷史中草木灰的类型

西方与东亚的陶工和玻璃工匠专门开发应用的草木灰有四类：高硅灰，高钠灰，富含钾、钙氧化物的硅酸盐灰和高钙灰。对此四类样品的具有代表性的分析结果在表64中给出。

460 高硅灰在中国釉中偶尔用作二氧化硅的来源，在后来的陶瓷制造中也作为难熔材料使用，例如用来使器物与托架间不相粘连[9]。高钠灰主要通过燃烧干热及盐碱地区生长的、富含蒸发盐矿物的植物获得。这种灰在近东地区玻璃与釉的发展史中起核心作用，通常由它们提供玻璃与釉中主要的碱助熔剂[10]。但是中国大多数产陶瓷的地区处于温带或亚热带，那里富含钠的植物很稀有，所以中国陶瓷史上很少使用这种类型的灰。在中国有时会用富含硅酸盐的助熔灰[11]，但只是偶尔作为主要的釉助熔剂使用。这里植物叶子的灰烬富含氧化钙，且有很有力的证据显示，从青铜时代早期到10世纪中期或更晚，在大多数中国南方的高温釉中高钙灰一直是主要的助熔剂[12]。从大约公元6世纪早期以来制作的中国北方瓷釉中，含钙草木灰的重要性也开始显现。由此看出，那些为适应差异很大的西方和东亚气候地理条件而产生的众多植物种属在世界陶瓷史的进程中也都有值得寻味的作用。

8　同上，pp. 23-27。

9　Cheng Zhuhai *et al.*（1986），p. 33。

10　Rye & Evans（1976），pp. 180-185；Henderson（1985），pp. 274-275。

11　Wood（1999），p. 191；Wood *et al.*（1999），pp. 32-33。

12　Zhang Fukang（1986b），pp. 40-45；Guo Yanyi（1987），pp. 11-13。

表 64　历史上陶瓷与玻璃中所用的植物灰烬的主要类型

	SiO$_2$	Al$_2$O$_3$	TiO$_2$	Fe$_2$O$_3$	CaO	MgO	K$_2$O	Na$_2$O	P$_2$O$_5$	MnO	总计
高硅灰											
稻壳灰（日本）[a]	96.0	1.0	0.2	0.04	0.5	0.2	0.9	0.3	0.02	0.2	99.4
稻壳灰（中国）[b]	94.4	1.8	—	0.6	1.0	—	1.3 （KNaO）	—	—	—	97.8
高钠灰[c]											
乌兹别克斯坦	—	0.06	—	0.04	1.1	2.6	12.3	40.3	0.3	—	56.7
巴基斯坦	—	0.2	0.01	0.2	1.6	0.4	9.4	37.3	1.3	0.01	50.4
伊拉克	0.5	0.45	0.02	0.3	4.7	12.2	7.0	42.5	—	0.02	67.7
富硅助熔灰											
稻草灰（中国）[d]	80.1	3.25	—	1.4	4.9	1.5	5.0	0.6	2.3	0.6	99.7
蕨类植物灰（景德镇）[e]	74.6	2.9	—	1.0	8.5	4.0	5.2	0.1	1.2	1.8	99.3
高粱秆灰（中国）[f]	70.8	5.5	—	2.5	7.6	3.8	5.9	0.6	1.6	0.3	98.6
高钙灰											
窑址灰烬，河南巩县[g]	38.7	7.8	0.5	2.0	21.3	1.6	1.7	0.9	—	0.1	74.7
草木灰，河南神垕[h]	20.8	4.1	0.3	1.35	34.1	3.0	3.9	0.3	1.9	0.3	70.1
普通灰（日本）[i]	31.0	8.9	—	3.0	22.4	3.3	3.9	2.3	1.9	1.2	78.0

a　Sanders（1967），pp. 232-233。
b　Zhang Fukang（1986b），p. 43，table 4。
c　Brill（1999），pp. 482-484，table XXIV C。
d　Zhang Fukang（1986b），p. 43，table 4。
e　同上。
f　同上。
g　同上。
h　Guo Yanyi（1987），p. 16。
i　Sanders（1967），pp. 232-233。

（vii）草木灰的制备

　　草木灰中钙和镁的碳酸盐基本不溶于水，而灰中同时存在的钾盐和钠盐则易溶于水。尽管这些碱金属盐类会对釉起助熔作用，但它们的易溶性会在实际应用中引发问题。例如可溶的化合物会使瓷釉浆料具有腐蚀性，而且会在釉液变干的过程中，在釉表面分离出晶态的碱金属盐类。可溶性物质还可能通过某种途径进入黏土质胎体，在烧制过程中使黏土强度减弱。当大量釉助熔剂存在于釉浆的水中时，要不影响釉的成分而调控其均匀性（例如通过倾倒出多余的水的方式）可能也是有难度的。由于这些原因，陶工（与玻璃工匠不同）通常将草木灰加工处理，以除去其中的易溶成分[13]。

"淘洗"工艺可以这样进行：将草木灰浸入水中放置一天左右，然后再小心地在不扰动含灰沉渣的情况下将上层的水移除。除去被污染的水以后，在整个混合体中再加入净水，然后搅拌并使其再次沉淀。一般四至五次即可除去大部分可溶物质，此后可将液态的灰（"灰浆"）投入使用，也可以将其晾干以便于存储和准确称重[14]。首次"淘洗"的水由于大部分碱金属盐的溶入而具有一定的腐蚀性，但重复浸泡后水的腐蚀性减弱。罗伯特·蒂查恩通过实验发现，经此过程后，灰的重量大约损失 10%，大多是以可溶性钾盐的形式流失的[15]。在中国，经常作为首选的另一种方法是将草木灰放入一个致密的布袋中，再将此装了灰的袋子浸入水中以使灰中的碱金属慢慢流掉[16]。

陶瓷工匠关心的是留下的未溶部分，但流走的碱溶液自身也是有用的材料，尤其是对于纺织品染色来说，如使靛蓝悬浮于温热的碱溶液中可激活染色过程[17]。在日本，传统上供应陶工洗好的草木灰的商人也为纺织工人供应从灰中提取的苛性钾[18]。

陈显求等对福建省产的混合草木灰分别进行了洗前和洗后的分析，给出了在淘洗中损失的苛性钾的量（表65）[19]。

表 65　洗前和洗后的福建省产草木灰

	SiO₂	Al₂O₃	TiO₂	Fe₂O₃	CaO	MgO	K₂O	Na₂O	P₂O₅	MnO	缺失	总计
草木灰（洗前）	11.95	6.1	痕量	0.9	33.6	5.8	10.9	0.2	1.85	2.85	24.4	98.6
洗后的同一份灰	11.0	2.9	痕量	0.8	40.5	5.75	2.1	0.1	1.9	2.8	32.2	100.0

作者写道[20]：

> 经由 X 射线分析确定，无论是在洗前还是在洗后，草木灰的主要成分是方解石。……含有 P_2O_5 的物相可能是磷酸钙。

实际上草木灰是相当有价值的材料，但可惜的是在陶瓷的烧窑过程中产生的数量不足以应用，正如殷弘绪所写道[21]：

> 当获悉窑炉每天要烧掉 180 担木柴，而第二天在炉膛内却找不到草木灰时，

13　玻璃工匠往往使用未经淘洗的干燥植物灰，这是一种最大限度地保留其助熔成分的方法，尤其是保留了碱金属氧化物 Na_2O 和 K_2O。

14　利奇［Leach（1940），p. 160］基于对 20 世纪早期日本人实际操作的研究，对此过程给出了一个很好的描述。伯纳德·利奇（Bernard Leach）是首批指出草木灰在东亚陶瓷釉工艺中的重要性的西方作者之一。

15　Tichane（1987），p. 62。

16　《天工开物》卷七，第四页。Sun & Sun（1966），pp. 144-145。

17　Balfour-Paul（1998），p. 116。

18　Cort（1979），Appendix B（Shigaraki in 1872），p. 319。英语单词"potash"（苛性钾）来自通过蒸发在陶罐或铁罐中的草木灰浸液来制取粗碳酸钾的操作，这在斯堪的纳维亚和俄罗斯曾经是一项重要的工业。见 Anon.（1877b），pp. 676-677。单词"alkali"（碱）有相似的来源，即来自阿拉伯语 *al kali* 一词，意思是草木灰。

19　Chen Xianqiu *et al.*（1986c），p. 237。

20　同上，p. 237。

21　Tichane（1983），p. 96，殷弘绪 1712 年信件的译文。

我感到震惊。

殷弘绪在景德镇时，一个瓷窑典型的消耗量是30—50吨的短松木段[22]。这种木柴 462
产灰量少，飞起的灰会在窑壁和匣钵上熔化[23]，而且很多细灰会从窑炉的烟囱飞走，这
几点合在一起便可以解释上面所说的现象，当代使用柴窑的陶工也熟知这一点。在以
草木灰作为釉主要成分的传统中，是把草木灰作为一种单独的原料，由陶工自己或别
人代为专门精心制备的（关于此问题更加完备的讨论，亦见本册 pp. 528-529）。中国南
方的大多数瓷器出产在丘陵地区或山区，很多无法耕作的山坡上长有厚厚的灌木丛
林，很容易将其采集来烧灰。

（viii）中国灰釉的发展

青铜时代中国南方的炻器灰釉似乎有一个从飞灰釉到纯灰釉，然后再到黏土与草
木灰混合釉的进化过程。在前两种情况下多数釉料是由器物表面提供的，这是由于在
高温时草木灰中的助熔剂侵蚀了炻器胎体。当草木灰与黏土混合为乳状土–灰釉浆被使
用时，釉料的配制更为完满，因此在烧制时会更少侵伤器物。第一种情况下的草木灰
因为直接来自炉膛，所以显然是没有漂洗过的。在纯灰釉的情况下，使用未经漂洗的
草木灰可能会有些有利之处，因为它往往比洗过的灰更为易熔。然而，在使用黏土与
草木灰的混合物时，由于前面所指出的原因，漂洗过的草木灰则更为可取。

由于上述这些多种多样的施釉方式所导致的最终效果往往是相互关联的，所以对
于一个特定的样例，无论是肉眼观察还是化学方法，都不能很容易地判别所使用的是
哪一种工艺，也难以据此而建立起大致的工艺发展顺序。虽然如此，最早的釉（主要
在商代）往往很薄且不规则，而且显然是刷上去的。商代晚期使用浸釉或泼釉工艺施
液体釉，釉面上便经常呈现出明显的"垂釉"现象。

很多西周灰釉釉层较厚，常常为半透明的，且经常是器物内外施釉、平坦均匀，
从而显示了通过浸、泼和刷的方法施用液体釉浆的迹象。春秋时期的陶瓷往往也是类
型相似，但在战国时期，中国灰釉变得较薄且较为透明。在汉代灰釉经常是仅仅施加
于器物的肩部及口沿的内边缘处；在器物腹部之下的则会流失，因而往往会有一个斑
驳的外观（见图33）。

（ix）局部施釉的汉代器物　　463

汉代，炻器的局部施釉利用了炻器釉的两种潜在的功能，即能够增加器物强度与
突显器形特征。这些器形主要借鉴了当时的青铜器与漆器，且常常带有类似青铜器的
条形手柄，或不完全的环形手柄。平行的水平凸弦纹也是汉代炻器上常见的特征，在

22　Hu Youzhi（1995），p. 286。

23　这一现象即中国陶工所熟知的"窑汗"。在后期的中国釉中有一些关于使用"窑汗"，即从窑壁上铲下的
玻璃态草木灰炉渣的证据。如 Anon.（1933），pp. 802-803，和 Efremov（1956），p. 494。使用"窑汗"往往为产
生较为奇异的釉面效果，不过大多数中国灰釉使用的是普通的草木灰。

此它们起双重作用：模仿青铜器的常见特征，还可以查验在窑炉最高温度时，通常是1250℃上下，灰釉是否有所流动。

从战国后期到东汉后期的制品中十分普遍的"褪色"釉，可能是器物烧制之前在上面筛撒了草木灰所致。器物内部敞口下紧靠边沿处常出现的圆形釉斑也支持了这一推测[24]。也可能是为使草木灰能够粘住，首先在器物上施用一些有机的"胶"，在中世纪英国的铅釉器物上，使用粉化的铅黄（PbO）或方铅矿（PbS）施釉，而且为此目的确实曾使用了面粉和水制成的糨糊[25]。

汉代灰釉陶瓷的一个稀有但偶尔可见的特征是在器物肩部或盖的顶端，有均匀分布的、由较厚的釉形成的圆形散斑。由于在烧到最高温时，柴窑内壁熔融的草木灰液化，所以富含草木灰的玻璃液滴往往会从窑的内顶偶尔落至正在高温烧造的器物上，可能因此而产生了这种装饰风格。为有意仿制这种"散斑"（"窑汗"），可在烧制之前将研制成粉的草木灰炉渣斑点施加于主釉层之上[26]。

（x）分　类

在 20 世纪的著述中偶尔将青铜时代的中国灰釉描述为"长石质釉"，现今对这种早期釉的许多化学分析证明这一名称是错误的[27]。今天较多使用的是"石灰釉"这一表述方式，但这也有些不足之处，因为这似乎暗指釉内使用了氢氧化钙。无论如何，在广义上"石灰"是用来表示氧化钙的常用术语，且也已被此领域内大多数东西方著述所采用。"石灰釉"的一个优点是它并不断定釉料配方中有草木灰，这是有益的，因为很多晚期的中国高钙釉含有石灰石，而不是以草木灰为主要助熔剂。"石灰釉"这个名词对于区分早期的高钙釉与较晚的"石灰碱"釉也是有益的，在"石灰碱"釉中大量的氧化钙被氧化钾和氧化钠所替代。"石灰釉"与"石灰碱釉"这两个名词都将在本书中使用。

（xi）中国早期炻器釉的本质

中国青铜时代的高温釉是由新石器时代土陶的烧制温度逐渐升高而自然发展成的，这可能是用来制陶的很多南方地表黏土具有难熔特性的结果。这些在釉中大量使用草木灰的方式在西亚的玻璃与制釉工艺中早已被使用，但中国钙质灰的使用是一种创新，这种使用方式在该区域产生了硅-铝-钙-镁的低共熔混合物。这就使得中国最早的釉与近东地区陶器上富含钠的玻璃态物质以及釉之间有着很大的区别，后者还曾通

24　见 Ayers *et al.*（1988），p. 31。

25　Newell（1995），pp.77-88。

26　武德［Wood（1999），p. 23］书中有插图显示了中国历史博物馆的一个样例；另一个样例见于佐藤雅彦［Satō（1981），p. 24，pl. 29］的著作。

27　罗宏杰的中国釉数据库［Luo Hongjie（1996）］中包含了大约 200 个宋代以前青釉器上面釉的数据，其成分中全部含钙。

表66　中国南方出土的玻璃与阿里卡梅杜玻璃及中国南方高钾器皿釉的比较[a]

	SiO$_2$	Al$_2$O$_3$	Fe$_2$O$_3$	CaO	MgO	K$_2$O	Na$_2$O	MnO	CoO	PbO	CuO	SnO$_2$	总计
蓝珠，广东出土，西汉	72.0	3.4	1.65	1.4	1.3	15.3	1.5	1.5	0.05	—	0.1	—	98.2
蓝珠，广东出土，西汉	71.7	4.8	1.6	0.7	0.4	16.4	0.35	1.4	0.03	—	—	—	97.4
蓝珠，广西出土，西汉	74.7	3.0	1.35	0.6	0.3	15.5	0.2	1.7	0.06	—	—	—	97.4
汉代中温釉，长沙出土[b]	75.8	6.9	1.9	1.6	0.4	9.7	2.1	—	—	—	0.7	—	99.1
蓝色拉制玻璃管，阿里卡梅杜出土[c]	77.0	2.1	1.9	2.2	0.4	13.3	0.6	1.7	0.15	0.06	0.04	0.01	99.5
蓝色平板碎玻璃片，阿里卡梅杜[d]	73.8	1.8	2.3	1.15	0.3	16.5	0.34	1.9	0.07	0.02	0.03	0.006	99.3

a　采集自 Zhang Fukang（1986b），pp.93-94，tables 2 and 3；Shi Meiguang *et al.*（1987），p. 18，table 2；Brill（1999），pp. 141，337，table XIII E（Arikamedu）；以及 Wood *et al.*（1989），p. 174，table 1。

b　Newton（1958），p.14。

c　Brill（1999），pp. 141，337，table XIII E（Arikamedu）。

d　同上，这两块蓝玻璃是"公元1世纪或之后"的。

过人为添加的稀有元素来使色彩浓重，这也是区分两者的一个方法。早期的中国灰釉色彩单调，但作为补偿的是其表面的坚固性，而炻器胎体的高强度则增强了这种补偿效果。因此很多中国青铜时代早期的施釉器物能够得以完好地存留下来且未被风化，在许多部分还保持了其刚出窑时的状态。与此相对照的是，近东地区保存良好、尚处原貌的早期施釉陶瓷则相当稀少。

（xii）南方的高钾玻璃和釉

绝大多数早期中国高温釉看来是由钙质草木灰混合硅质黏土制成的，其工艺的形成过程与任何已知的玻璃制造传统有相当的差异，只存在一个令人迷惑不解的特例，即在一件西汉时期的湖南器皿上的高钾釉[28]。此高钾釉与同时代的中国南方出土的高钾玻璃及印度南方重要的阿里卡梅杜（Arikamedu）遗址的玻璃有某些密切的关系（表66）。

这一稀有的南方碱釉似乎是中国陶瓷史上第一例被确认的高碱釉，而且比与其成分相近、但晚得多的中国"珐华"釉要早一千年以上[29]。由此而提出的问题是，它与同在中国南部发现的高钾玻璃会有什么关系，这些内容在本册 pp. 625-627 有更为详细的讨论。

466

就基本工艺而言，现代的玻璃科学家提出这些异乎寻常的高钾玻璃最可能的助熔剂是硝石（硝酸钾，KNO_3），或从草木灰中再次结晶的碳酸钾。之所以做出这一判断，是因为它们中钠和镁的氧化物的含量低，这看来可以排除直接使用草木灰的可能性；而在西方玻璃中则常以草木灰，尤其是往往同样富含氧化钾的北欧"森林草"灰作为碳酸钾的来源[30]。

谈到在长沙西汉器皿上发现的，并由艾萨克·牛顿（Isaac Newton）在1958年所报告的高钾"釉"，这里的证据是不明确的。它的成分确与一些在中国南部发现的玻璃类似，但显然添加有黏土，可能是为了提高烧制温度并有助于器物的加工。然而还有一种可能，即这种釉与玻璃毫无关系，而原本是一种烧制前施加的高钾草木灰炉渣，或含硅酸盐原料的灰，诸如稻草或蕨类植物等。表面看来，这一类型的器物上所见的玻璃态斑点代表了窑内在高温时自发生成的飞灰。但是在很多样例中，玻璃态的区域往往位于相似的部位上，例如在仿当地青铜器风格的三足鼎状容器上靠近把手处[31]。这似乎暗示着这不是一个偶然发生的炉内效应，而是烧制前有意施加的釉。另一要点是在这种特别的釉中存在氧化铜。铜是早期玻璃的典型着色剂，但在天然草木灰中却不存在（表67）。

28　Newton（1958），pp. 13-14。

29　Wood *et al.*（1989），pp. 171-182。"珐华"是一个用来描述某种颜色釉的名词，这种釉施于由突起的釉浆所形成的轮廓线之内。其工艺类似景泰蓝，景泰蓝置于金属胎体上的彩色珐琅料也是被其专用的金属细线所包围。另见本册 pp. 501，502，628-631。

30　Shi Meiguang *et al.*（1987），p.19。Henderson（1985）。

31　Mino & Tsiang（1986），pp. 62-63。

467

表 67　湖南器皿上的高钾釉与中国高钾玻璃及中国窑炉中天然草木灰炉渣的比较

	SiO₂	Al₂O₃	Fe₂O₃	CaO	MgO	K₂O	Na₂O	MnO	P₂O₅	CuO	总计
汉代中温釉，湖南长沙 [a]	75.8	6.9	1.9	1.6	0.4	9.7	2.1	—	—	0.7	99.1
汉代玻璃，中国南部 [b]	78.1	3.3	1.25	—	0.7	13.8	1.6	1.5	—	—	100.3
低钙草木灰炉渣，江西湖田窑 [c]	78.7	10.8	3.9	1.1	0.9	3.5	0.4	0.2	0.3	0.01	99.8
稻草灰 [d]	75.8	2.1	0.5	5.8	2.6	6.7	1.45	0.6	4.7	—	100.3
蕨类植物灰 [e]	74.6	2.9	1.0	8.55	4.0	5.2	0.1	1.8	1.2	—	99.4
高粱灰 [f]	70.8	5.5	2.5	7.6	3.85	6.0	0.6	0.3	1.6	—	98.8

a　Newton（1958），p. 14。
b　Shi Meiguang *et al.*（1987），p.18，table 2。
c　Zhang Fukang（1986），p.48，table 4。
d　同上。
e　同上。
f　同上。

（xiii）越南的施釉陶瓷

在越南为东汉帝国的一部分时，中国南方的这种独特类型的陶瓷曾被越南北方所仿制。其中也可能存在与玻璃的一些关联，而且这一层关系或许是必须考虑的。某些样例釉色发白，偶尔带有玻璃态的厚绿斑，这些斑块表面看来像是"窑汗"，但实际上是有意施加的[32]。目前所分析过的一个样例是胎色颇浅的三足型容器，没有绿斑。此物有半透明釉，其组分与同时代的中国南方灰釉以及上面所描述的那件罕见的高钾釉样例均有区别[33]。

越南的釉富含碱金属，尤其是氧化钠，而且这种釉也可能是由火成岩石与草木灰相结合而制成的，与后来的日本长石质釉的制作工艺不同[34]。然而，同样的氧化物配比也可解释为是代表了胎体黏土与玻璃粉末的混合物。某些产自印度与越南的无钾玻璃往往含有丰富的钠和铝的氧化物，且石灰含量也很低[35]。这种玻璃中有一些与制作那个三足容器的硅质炻器黏土的等组分混合物所给出的釉，可能与那件东汉时期器物上所发现的釉相类似（见表 68）。当然如果要确切地揭示这种釉的实质，还需要先在这方面获取更多的数据。

最后，为了对中国南方青铜时代普遍使用的、草木灰加黏土的钙质釉以外的其他类型釉进行完整的综述，还应该提及长沙出土的、被断定为公元前 1200—前 800 年的某些不寻常的高铁釉。

表 68　（1）清化出土、高 15 厘米的东汉鸡首三足容器的釉和胎，（2）同时期的一块印度低钾玻璃和（3）两种原料 50：50 的混合物的元素组成 [a]

	SiO_2	Al_2O_3	TiO_2	Fe_2O_3	CaO	MgO	K_2O	Na_2O	MnO	总计
东汉釉，越南	71.2	10.8	1.2	2.0	3.8	0.9	3.75	6.2	0.2	100.1
东汉胎，越南	78.9	14.85	2.5	1.6	0.1	0.1	1.15	0.6	0.03	99.8
印度低钾玻璃	67.0	6.1	0.25	2.2	3.2	2.0	3.8	13.4	0.6	98.6
玻璃与容器胎 50：50 混合	72.9	10.5	1.4	1.9	1.65	1.05	2.5	7.0	0.5	99.4

　　a　Desroches（1989），pp. 36-38；Brill（1999），p. 333，table XIII。

（xiv）青铜时代的黑釉

中国迄今发现的最早的一些黑釉是在江西省鹰潭和清江（鄱阳湖的东南和西南）发现的。这些黑釉的年代从商代晚期到西周时期，且因其低钙含量而与中国青铜时代釉的总体发展途径不同。经证实，这些釉的钾含量惊人地高，且釉中的氧化铁浓度在 5%—10%的范围内，足以使其完全呈现为黑色（表 69）。可能这些釉是通过将富铁黏

32　Stevenson & Guy（1997），pp. 172-175，pls. 7-14。

33　Desroches（1989），pp. 36-38。

34　Faulkner and Impey（1981），p. 2，Vandiver（1992），pp. 224-225，table 1。

35　Brill（1999），p. 333，table XIII。

土与富钾草木灰混合而制成的，但对它们的高钾含量也可以有另一种解释，即在原始配方中使用了研磨成粉的火成岩岩石。

表 69　对青铜时代江西黑釉（约公元前 10 世纪）的分析 [a]

	SiO$_2$	Al$_2$O$_3$	TiO$_2$	Fe$_2$O$_3$	CaO	MgO	K$_2$O	Na$_2$O	MnO	P$_2$O$_5$	总计
釉，清江	68.5	12.2	1.25	9.0	0.9	1.8	5.1	0.8	0.5	0	100.1
釉，清江	61.0	17.7	1.3	6.9	4.6	2.2	4.3	0.5	0.9	0.6	100.0
釉，鹰潭	61.5	16.8	1.25	10.1	1.7	1.9	5.7	0.6	0.2	0.2	100.0
釉，鹰潭	61.7	18.0	1.0	5.0	4.5	1.7	7.4	0.5	0.05	0.2	100.1

a　Luo Hongjie（1996），数据库。

撇开这些异常情况不谈，以黏土与灰的混合物制成的炻器釉主宰了中国釉的制造历史达几个以至十几个世纪之久。中国南方这一基本的工艺模式可以被认为是整个中国陶瓷史中、在釉料构成问题上最为成功的解决方法之一，它奠定了当地两千多年炻器制作的基础。

（2）颜色釉、玻璃和铅釉

470

（i）早期中国与近东地区釉的颜色及纹理

灰绿、褐色、琥珀色和橄榄色，这些中国早期灰釉传统的代表颜色主要源自溶液中的氧化铁（Fe^{2+}与Fe^{3+}离子），并因钛和镁离子而有少许改变。这些颜色源自釉原料中的"杂质"，因此，其工艺水平与近东地区的玻璃制作相比尚不够先进，后者已经达到了适当控制使用基础颜料的水平。甚至在中国开始发展施釉工艺以前，埃及的玻璃工匠已经通过将不同量的（0.5%—8.0%）氧化铜加入透明玻璃基料之中而发明了孔雀蓝和火漆红色的玻璃态颜料[36]。不久，近东地区也使用了这两种颜色，同时还有由锑酸钙产生的白色，由锑酸铅产生的黄色及由氧化钴产生的品蓝色[37]。微晶态的（且因此而失透）铜红色与锑黄色玻璃是一个复杂微妙的成果，因为前者需要小心保持还原气氛以生长红色的赤铜矿（Cu$_2$O）微晶，而锑酸铅（Pb$_2$SbO$_7$）则是一种化合物，可能是需要铅与锑的矿石经热合反应而生成[38]。着色方法上的这种重要差异（即有意地利用稀有金属氧化物对釉着色）能够将公元前第 2 千纪的近东釉与东亚釉区分开来，这在表 70 中可以更清楚地看到。

36　Barag（1985），p. 122；Henderson（1985），pp. 281-282。

37　Rooksby（1962），p. 26。鲁克斯比（Rooksby）写道：在早期玻璃中锑酸钙乳浊剂通常取 Ca$_2$Sb$_2$O$_7$ 形态，但有时也会以 CaSb$_2$O$_4$ 的形态出现。锑酸钙与氧化钴的混合产生不透明而非透明的蓝色。

38　鲁克斯比［Rooksby（1962），p. 23］在论及早期埃及（约公元前 1450 年）至罗马时代锑黄玻璃时写道："可能会得到这样的结论，即这种玻璃是在其他成分中添加氧化锑（可能以辉锑矿的形式）而制成的，这些'其他成分'在熔融时起提供铅-碱-硅的作用。在加热过程中氧化锑与氧化铅组分发生反应生成 Pb$_2$Sb$_2$O$_7$，它不能完全融入玻璃基体并因此而使玻璃具有不透明的黄色。"

表 70 公元前第 2 千纪的玻璃与釉中用作着色剂的火成岩中的元素含量[a]

中国釉中的着色剂 （在生釉料中自然存在）（%wt.）			近东釉与玻璃中的着色剂 （人为地加入釉或玻璃中）（%wt.）		
铁	Fe	5.0	铜	Cu	0.007
钛	Ti	0.44	锑	Sb	0.01
锰	Mn	0.1	钴	Co	0.004

a Kaye & Laby（1957），p. 111.

　　近东的铜青釉往往是透明的，如同西亚的钴蓝釉那样。可是锑黄釉却差不多总是不透明的，或者说至少是浑浊的，而铜红玻璃则可以有不透明与半透明的不同情况。极早期的中国炻器釉在某些情况下是透明的，但更多的是无光泽的且为微晶态。如此巨大的透明度差异及其与釉色的关联值得去阐明原因，因为在很多情况下这是由着色氧化物的天然特性所导致的。

471　　最简单的两种釉色类型是透明的和不透明的。透明颜色釉的着色氧化物在最高温度时完全溶入液态釉中，且能在经历冷却过程后在玻璃或釉中仍保持完全溶入的状态。在此情况下，构成着色材料的原子（一些金属元素和氧）分散在玻璃态基质之中，通过静电力与基质相连。这样，当铁原子以 Fe^{3+} 的形式存在时呈透明黄色或琥珀色，而在 Fe^{2+} 离子充裕，Fe^{3+} 离子仍然存在的情况下往往会呈现偏蓝的颜色（仅存在 Fe^{2+} 时，则认为釉是无色的）。这些颜色通过透射的光线而为人所感知，即光线先是穿过釉层，然后被胎-釉界面反射回来再次穿过整个釉层。与此相类似，以溶入的 Cu^+ 离子的形式存在的含铜氧化物也会产生透明釉。在高钠釉中呈现孔雀蓝色，在高铅釉中为祖母绿色——也还是以光线穿过釉层然后被自身胎面反射回来的途径来呈现的。显然，对于透明颜色釉，胎需要具有浅色调，以便最大限度地提高溶体颜色的呈色质量，因此制作尽可能白的基底一直是使用透明颜色釉的制瓷传统中的一个重要问题。

　　与此相反，完全失透的釉色并非一定需要使用浅色胎作为背底，因为入射光往往并不能到达胎的表面，而是被悬浮在釉中的有色晶体所反射，也就是说颜色是"悬浮物"而不是"溶体"的产物。这类现象的两个例子是由锑酸铅（$Pb_2Sb_2O_7$）晶体产生的精美的不透明黄釉，以及由氧化亚铜（赤铜矿，Cu_2O）产生的火漆红玻璃，两种情况均会使釉料失透，但仍会具有鲜亮的颜色。在某些情况下这些微晶在釉料中始终保持着初始的未溶状态，而更多的时候它们会在较高温时溶解，然后在冷却过程中重新结晶，因为液体中物质的溶解度在高温时较低温时要高，由于溶解度的这种差异，液体冷却时会有晶体析出。

　　介于透明与不透明两个极端之间也有半透明的色釉。这类釉既不是显而易见地透明也不是完全地不透明，往往能够感受到釉下的胎体。半透明釉含有悬浮的物质，而
472　且可能是由胶体状的精细颗粒构成，介于固溶体与悬浮液之间。某些近东地区早期的铜红玻璃就属于这种类型，其中微小的纯铜金属晶粒是冷却过程中在玻璃内生长而成

的。每一颗铜晶粒仅含约数十个原子，单个晶粒尺寸在纳米尺度以内[39]，从而具有胶体的特征[40]。与这种效果相关联的是独特的乳浊玻璃釉。其中存在的小球体不是细小的矿物或金属夹杂物，而是悬浮态的微小玻璃球体，因而有时被称为"液-液分相釉"。它们中含有在冷却过程中从基质釉中析出来的细微玻璃态球体。这种类型的乳浊玻璃釉常常由于与瑞利散射相关的光干扰效应而呈半透明的乳光蓝色或乳白色[41]。

在上述情况中，釉内的物质对玻璃态基体提供确定的颜色，但是这样的事也常有发生，即在冷却过程中釉内析出的晶态矿物是无色的，且仅起到使釉成为不透明、半透明或具有某种表面纹理的作用。钙长石（石灰长石，$CaAl_2Si_2O_8$）与硅灰石（偏硅酸钙，$CaSiO_3$）就是这种现象在早期东亚型高温釉中很好的实例。这两种钙硅酸盐往往会使釉面呈丝状、石状或蜡状的纹理，因为它们在釉层内的微小晶粒对光线有散射和反射作用。釉配料中未溶解的物质和气泡则是能产生基本上无色的釉质与纹理的另外一些原因。这些未溶解的物质可以在烧制的最高温度或刚刚开始冷却时真正的矿物结晶中，起到"籽晶"的作用。通常由碳酸盐和磷酸盐分解产生的大大小小的气泡在较高温度烧制的釉中也很常见，它们能产生云雾效果，带有一定的玉质感。气泡也可能通过高温时收缩并玻化的胎中的气孔被挤压至熔融的釉中，这些均有助于形成云状或纱状的、有透明感的釉面。

上面的罗列远非全面，但突出了产生陶瓷釉内颜色与纹理的一些主要机理。然而在实际中，当若干种前面所述的现象同时发生时，总体效果变得大为复杂，正如在中国的釉中经常观察到的情况那样。正因为如此，由亚铁离子（Fe^{2+}）着色的釉可能会由于二氧化钛离子而呈现较黄的颜色，而其质地会因钙长石微晶而改变，生出糖浆状绿色纹理。同样，因液-液分相而乳浊和失透的氧化釉，还可能被溶体中的 Cu^{2+} 离子染为绿色，而呈现出乳光绿的效果。着色氧化物过量有时也还会在同一釉层内给出溶体与悬浮物两者的颜色。所以磁州窑红彩料的颜色中可能包含来自氧化铁的红与黄两种组分：黄色来自溶体中的 Fe^{3+} 离子，而红色则来自分散的赤铁矿（Fe_2O_3）晶粒，后者可能是在釉中始终保持未溶状态，也可能是冷却过程中的重新结晶。这样，中国釉中往往会有多种因素同时影响其色泽和纹理的性质，而这些多彩缤纷的现象则需要复杂完善的微结构分析与成分分析来鉴别、区分并阐明其各方面的原因。

（ii）氧化与还原

如果没有对氧化与还原进行讨论，对颜色釉的讨论就不可能完善（见本册 p. 296）。对于中国釉而言，氧化与还原的效果尤为重要，因为相对于世界上任何可与之

39　1 纳米是 1 毫米的百万分之一。

40　弗里斯通和巴伯［Freestone & Barber（1993），p. 58］写道：玻璃中铜、金和银的胶体效应通常依靠直径小于 50 纳米、典型的粒度在 20—40 纳米的金属颗粒。如同弗里斯通和巴伯在一件清代铜红釉制品中所见到的那样：釉很薄，能够包容在 200—300 纳米范围内的铜晶粒而仍未失透。他们补充道："含有较高浓度这样粒度的金属颗粒的釉，或很厚的釉，不可能生出如此令人悦目的红色。"

41　更为详细的讨论在本册 pp. 534-535，596-597。

相比较的陶瓷传统工艺，中国陶瓷工艺更为有效地控制和利用了窑炉内气氛的变化。还原过程的产物是戏剧性的。例如，含铁的釉在氧化气氛中可能烧成象牙黄色，在还原气氛中则为冷蓝色；而含铜的釉在氧化气氛中可能烧成明亮的绿色，在还原气氛中则为纯正的红色。胎体也能随着被氧化或还原而显示出明显的区别。人们最为熟悉的是富铁黏土（通常含 5%—10%的氧化铁）的效果：在氧化气氛中烧为橘红色，而在还原气氛中则为冷灰色。

由于熔融的玻璃具有相当的密闭性，（其内部的）气体无法减少，所以釉的还原反应发生在熔融之前。不过，对于黏土而言，在约 600℃以上的任何烧制阶段，氧化状态随时可能发生变化。由于这一原因，新石器时代的灰陶和兵马俑等器物在烧制过程中及冷却的初始阶段均需保持还原气氛。这一实际操作工艺在中国灰色砖瓦的生产烧制中沿用至今。

（iii）中国釉中的二氧化钛

对釉（尤其是中国及其他远东地区的陶瓷传统的釉）色有贡献的最后一个，但至关重要的因素是二氧化钛，在地表岩石中二氧化钛约占其重量的 1.05%[42]，是一种普遍存在的物质。

本册第二部分曾提到，二氧化钛的存在与否被经常作为区分普通高温黏土（炻器原料）与那种白得多的原料（瓷土）的重要因素，白瓷中的二氧化钛含量往往显著为低。对于釉的品质，二氧化钛常常也有类似的决定性作用，多数普通高温釉富含此种物质，而最精细的、炻器与瓷器均使用的中国釉中往往含有很低的二氧化钛组分。

由于二氧化钛有很强的使溶体中铁颜色（即 Fe^{2+} 与 Fe^{3+} 的复合色）变黄的作用，所以对釉十分重要。日本陶瓷化学家石井（Ishii Tsuneshi）曾在 20 世纪 20 年代后期研究过二氧化钛的作用，当时他将 0.05%—0.7%的金红石（一种富含二氧化钛的材料）加入标准的中国型微蓝色青瓷釉中，并记下了釉色从"靛蓝到黄褐色"的相应变化。石井给出的排列顺序为[43]：

474

0.05%—0.1%TiO_2 仍为蓝色；0.2%—0.3%TiO_2 为草绿色；0.3%—0.4%TiO_2 为黄绿色；而 0.5%—0.7%TiO_2 为深黄褐色。

（iv）中国的低温釉、玻璃和"仿玉玻璃"

虽然中国炻器釉像是完全不依赖任何西方影响而独立发展起来的，但低温釉最初在中国的出现却好像是从进口的西方费昂斯器物与玻璃而获得的灵感。到目前为止，中国发掘出土年代最早的类似近东费昂斯的器物，是在西安以西 120—150 公里的陕西

42　Gilluly *et al.*（1960），p. 512, table 3。

43　Ishii Tsuneshi（1930a），p. 357。范黛华和金格里［Vandiver & Kingery（1986a），p. 221］也写道："如果存在少量二氧化钛，由氧化铁产生的绿色显示为橄榄色……铁与钛发生联系，因此铁周围的结构是不对称的，这改变了它与光线的相互作用，对可见光中红色波段吸收较多而黄色波段较少。"

省宝鸡与扶风县发现的多枚绿色石英胎小珠，年代确定为西周早期（公元前 11—前 10 世纪）。由于这些珠子的填隙玻璃中钾含量奇高，所以推测它们的原产地可能是中亚，或者就是中国[44]。然而提出这一看法的主要作者［罗伯特·布里尔（Robert Brill）］于 1991 年修正了他自己的意见，当时他用铅同位素分析方法对其中一个费昂斯珠的铅进行溯源，结果圈定的矿源区域邻近埃及某铅矿的矿区[45]。这些珠子的原产地至今仍悬而未决，而且与上述情况类似，发现于河南省且年代为春秋时期的高钾费昂斯珠的原产地也仍为未知[46]。

接下来的一种中国发现的、显现西方影响的重要物品是大量的中国蜻蜓眼，它们是由施釉陶瓷和玻璃两种原料制造的，其年代通常确定为战国时期[47]（另见本册 pp. 478-480，614-615 的讨论）。这些物件像是模仿了早在公元前第 2 千纪中期就产生于近东的玻璃珠样式。近东产品曾逐渐传播到东地中海，然后进一步向东而传至中亚[48]。在近东彩饰蜻蜓眼上有连续的彩色玻璃点与迹线，这是经由火焰与滚料处理后在珠子的表面产生的，原来的目的是要产生多色的同心圆环[49]。

西亚制作珠子所用的各种颜色的玻璃仍为钠钙硅酸盐，虽然在对锑着色的不透明黄色珠子的检测中发现了少量的氧化铅[50]。这些近东及中亚彩色玻璃工艺品的引入似乎引发了中国对玻璃技术的最初尝试，以及对低温釉的最初实验。

中国首批真正意义上的玻璃一般被定为战国早期，而且它们的成分与西亚典型的钠钙硅酸盐及陕西与河南所发现的神秘的高钾费昂斯珠均不相同[51]。虽然如此，近东古代的高铅玻璃中有一种罕见的类型，那是一种亮红色的、由赤铜矿（Cu_2O）晶体着色的玻璃，中国早期玻璃与这种近东玻璃之间看上去存在全面的成分关联。这些亮红玻璃早在公元前 8—前 4 世纪就出现在诸如美索不达米亚的尼姆鲁德（Nimrud）和托普拉卡莱（Toprak Kale）等地，且它们的含铅量远高于任何钠-钙类型玻璃（表 71）。

这些相当特殊的近东玻璃利用其中的高铅含量在冷却和/或显色过程中促进大的赤铜矿晶体生长，以产生亮丽柔滑的铜红色[52]。玻璃中的锑可能不是作为一种独立的着色剂而引入的，或许同样是为了在冷却或显色阶段，通过固态玻璃中的氧化还原反应来

475

44　Brill *et al.*（1989），p. 13；Brill（1991），pp. 116-118。

45　对于这些珠子与 12—18 世纪的埃及样品的铅同位素组成的关联程度，布里尔等［Brill *et al.*（1991），p.118］认为是："……接近，却并非真正接近到十分相符的程度……。"

46　Zhang Fukang *et al.*（1986），pp. 91-99。

47　由水常雄（*1989*），第 52-54 页。

48　同上，第 19-51 页。

49　同上，特别见图片序列的第 55 页。滚料是玻璃工匠的专用名词，（通常是）指在一块金属板上滚动热玻璃。就珠子而言，是将填加的玻璃色彩嵌入玻璃基体内并使其平整。通过火焰处理也可以达到同样的效果，即把玻璃局部用火焰熔化，将要使用的（彩色）玻璃植入基体。分辨究竟使用了哪一种方法并不总是一件容易的事，且有时两种方法都能在同一粒珠子上使用。

50　Rooksby（1962），p. 26。

51　Gan Fuxi（1991），p. 2；An Jiayao（1996），pp. 127-130。

52　"显色"是重新将玻璃加热以促使着色物相结晶核形成的过程，着色物相可能是以赤铜矿或金属铜、银或金微晶的形式存在。弗里斯通［Freestone（1987），p. 188］写道："氧化铅具有增大赤铜矿晶粒尺寸并减弱玻璃脱玻化趋势的作用。"

476

表71 公元前第1千纪美索不达米亚高铅铜红玻璃与战国时期中国早期玻璃的比较[a]

产地	年代	SiO₂	Al₂O₃	FeO	Cu₂O	CaO	MgO	K₂O	Na₂O	Sb₂O₃	PbO	BaO	总计
近东铜红玻璃													
尼姆鲁德	公元前4世纪	42.3	0.7	0.4	8.6	3.8	2.8	1.4	9.5	4.2	25.0	—	98.7
托普拉卡莱	公元前8—前6世纪	41.1	0.6	0.5	11.0	3.0	2.2	2.15	9.1	3.9	23.5	—	97.1
中国早期玻璃													
蓝绿玻璃珠	公元前5—前1世纪	41.4	0.9	0.3	2.1	1.4	0.6	0.2	5.9	0.05	37.4	9.7	100.0
无色玻璃珠	公元前4—前1世纪	51.3	0.5	0.1	—	0.4	1.5	0.1	6.1	0.05	28.3	11.4	99.8

a Freestone (1987), p. 176。Brill *et al.* (1991), pp. 49-52, table 1。

促进大的赤铜矿晶体生长[53]。

除去上述大致的成分相似以外，中国最早的玻璃与美索不达米亚红玻璃之间在一些重要方面也有不同之处。最重要的是中国原料中氧化钡（BaO）含量高，玻璃基体内的 BaO 通常大约在 5%—15% 的水平，这作为中国玻璃的特点达数百年之久。

对氧化还原效果的巧妙处理也是很多西亚玻璃的特征，但显然不属于中国玻璃，中国玻璃呈现的颜色种类要少很多。中国早期玻璃的代表色是白色（由许多小气泡和二硅酸钡微晶产生）、青白色、由铜产生的孔雀蓝色、由钴产生的紫蓝色，以及由铁产生的深琥珀色与黑色。

在战国时期和汉代曾利用玻璃与玉的相似外观，以玻璃替代玉制的一些重要器物——如"璧"和金缕玉衣[54]。曾经在中国发现一件春秋时期的含氧化钴玻璃的稀有样例（一件玻璃蜻蜓眼珠），但玻璃的钠-钙类型和在珠子的白色花纹中存在的砷与锑均显示出该样例可能是西方舶来品[55]。

从近东或中亚到中国是否曾有过技术传递，因而激发了早期的中国玻璃制造技术，这仍是个悬而未决的问题。在持肯定答案的一方看来，两种传统中都大量使用了氧化铅，同时还有中国玻璃工匠模仿西亚玻璃艺术品的证据存在，因此中国的工匠很有可能试图了解玻璃是怎样制作的。在持否定答案的一方看来，带有铅的近东红色玻璃，只是其以钠-钙成分为主的传统中的一种次要产品。美索不达米亚红玻璃自身属钠-钙玻璃，只是添加了氧化铅加以改良，还添加了一些含铜和锑的原料。中国玻璃本质上更多地属于铅-钡硅酸盐，一般含有较低量的辅助助熔剂（Na_2O、K_2O、CaO 和 MgO）。但也许，两种传统间最大的区别在于中国早期玻璃中氧化钡的大量存在。这一组分上的特征曾引发了在中国玻璃制造之中是如何有意或无意地利用这种重金属氧化物的许多推断。

（v）中国早期玻璃中的钡

中国早期玻璃中作为特色存在的 5%—15%BaO 似乎可能是为玻璃配料中提供氧化铅的铅矿石带入的，因为多例硫化铅矿石都含有钡的化合物作为共生矿物[56]。然而这些玻璃中的 Pb∶Ba 配比无法使人联想到任何特定的铅-钡矿石，也不意味着氧化铅与氧化钡间存在这样的替代使用方式，即用氧化铅来代替氧化钡或相反。罗伯特·布里尔及其同事在对 18 个公元前 5—前 1 世纪的中国玻璃样品进行研究后确立了这些

---

53 "锑和/或铁的氧化物常常存在（于近东铜红玻璃中）并在玻璃显色过程中促使赤铜矿形成。"Freestone（1987），p. 188。

54 Fenn *et al.*（1991），pp. 59-60。

55 Zhang Fukang *et al.*（1986），p. 97（另见同一论文集中的 Plate Ⅱ，b4-1）。

56 铅与钡矿石共生是常见的事。例如，在英格兰与威尔士的战时钡矿普查中，发现半数铅矿之中出现有钡。凯西克（Keswick）西南 11.5 公里处的福斯克拉格矿（The Force Crag Mine）为其中典型："此矿曾经历某种程度上盛衰交错的历史，部分是由于矿脉中包含方铅矿、闪锌矿和重晶石这一实际情况，而且后两种矿物无法分离，除非用手捡或浮选法。"Dunham（1945），p. 94。

观点[57]：

> 研究过整个一组 18 个样品后，PbO 与 BaO 间既没有出现正相关，也没有负
> 相关。这意味着这两种氧化物相互间没有关联，既非来自某种均匀组分的单一矿
> 源，也不是两种均匀组分的矿源相互取代。如果是后一种情况，那么当一种氧化
> 物的百分比增加时，另一个会自动减少。

478　布里尔还曾试着仿制了典型的中国早期玻璃，其成分为：45%PbO、14%BaO、
38%SiO$_2$ 和 3%Na$_2$O[58]，在仿制之后，他对使用最常见的天然钡矿源——重晶石（硫酸
钡），作为中国玻璃原料的可能性也半信半疑：

> 用硫酸钡作为一种组分，即使保持 1200℃达 6 小时，结果仍得到熔化得很糟
> 糕的玻璃，其中充斥了很多尚未起反应的硫酸钡。另一方面，使用碳酸钡则制成
> 了彻底熔化的透明均匀玻璃。因此我们相信中国玻璃工匠更可能是使用了碳酸钡
> 矿，即碳酸钡的矿物形式，而不是以重晶石作为原料。

然而，这些观测结果并不能证明战国时期的中国玻璃工匠已熟知作为单独矿物的钡化
合物，因为他们可能是使用了含有不同量碳酸钡的铅矿石。

（vi）中国的"熔块胎"珠

多种具有复杂历史的元素［包括舶来的蜻蜓眼、中国玻璃和铜-钡-硅酸盐颜料等
（见本册 pp. 474-477）］，都结合在了一组非同寻常的中国造蜻蜓眼之中，这些中国造蜻
蜓眼早在战国时期就出现了。蜻蜓眼是中国陶瓷技术史中的重要物件，因为它们具有
一套施加于浅淡色石质材料之上的颜色釉或玻璃态物质，而且是与当时单独用玻璃制
造的中国珠子截然不同的独立产品。蜻蜓眼出土于一些墓葬中，包括如年代为公元前 5
世纪的曾侯墓[59]。最近不列颠博物馆科学研究部（British Museum's Department of
Scientific Research）对一例这种类型的珠子进行了仔细的研究[60]。哈迪（Peter Hardie）
对这颗珠子的制作风格专门作出了如下的叙述[61]：

> 在益阳楚墓发现的，年代为公元前 399—前 350 年的精细玻璃珠……其花纹是
> 一种只在不透明玻璃（初始为青绿色、红色、黄色和白色）中见到过的花纹，这
> 些不透明玻璃态物质裹在未完全熔化的玻璃质料形成的内核上。

不列颠博物馆对这枚施釉珠子的检测方法是微量取样，然后作扫描电子显微镜研究与
微探针分析，同时用了 X 射线衍射来确认某些矿物的存在。这一研究给出了一些很不
一般的结果：

57　Brill *et al.*（1991），p. 35。

58　同上，p. 34。

59　由水常雄（*1989*），第 53-54 页。Rawson（1992），p. 260，pl. 190。

60　Wood *et al.*（1999），p. 32，table 3。

61　Anon.（*1981b*），图版 12，第 6 个，展示了一个管状玻璃蜻蜓眼；转引自 Hardie（1993），p. 67。

表72　东周珠胎与富含助熔剂的硅酸盐质草木灰的比较

	SiO₂	Al₂O₃	TiO₂	FeO	MnO	MgO	CaO	Na₂O	K₂O	BaO	PbO	P₂O₅	总计
周代珠胎体 [a]	66.2	3.4	<0.1	1.4	0.3	5.4	7.5	1.7	4.8	0.3	4.3	4.7	100.0
基本不含 PbO 和 BaO 的珠胎体	66.20	3.4		1.4	0.3	5.4	7.5	1.7	4.8		—	4.7	100.1
以上数据的归一化*	69.40	3.5		1.4	0.3	5.7	7.8	1.8	5.00				99.8
稻草灰 [b]	75.8	2.1		0.5	0.6	2.6	5.8	1.45	6.7	4.8	—		100.4
高粱灰（中国）[c]	70.8	5.5		2.5	0.3	3.85	7.6	0.6	6.0	1.6	—		98.8
蕨类植物灰（景德镇）[d]	74.6	2.9		1.0	1.8	4.0	8.55	0.1	5.2	1.2			99.4

* 假设氧化钡与氧化铅是从釉扩散进入珠胎的。
a　Wood et al. (1999), p. 32, table 3.
b　Zhang Fukang (1986b), p. 43.
c　同上。
d　同上。

表73　东周珠釉

	SiO₂	Al₂O₃	TiO₂	FeO	MnO	MgO	CaO	Na₂O	K₂O	BaO	PbO	P₂O₅	CuO	总计
红釉	42.3	2.0	<0.1	17.8	<0.1	0.4	2.2	1.1	0.7	8.9	24.2	<0.1	<0.1	99.6
白釉	58.4	4.8	0.2	0.5	<0.1	0.4	0.7	2.6	1.0	11.2	19.1	0.1	<0.1	99.0
黄釉	27.0	8.6	0.4	4.7	<0.1	0.7	1.5	0.8	0.7	20.1	35.0	<0.1	<0.1	99.5
蓝色玻璃基体*	49.9	4.4	0.9	0.5	0.1	0.4	0.85	2.2	1.2	14.8	21.9	<0.1	2.4	99.6
东周玻璃	37.3	0.9	—	0.3	—	0.6	1.4	5.9	0.2	9.7	37.5	—	—	93.8
公元前 3 世纪的璧	36.8	0.3	0.0	0.1	0.003	0.15	0.5	1.9	0.2	17.4	42.6	—	—	100.0

* 蓝色釉风化太重不能做有代表性的全量分析。

珠胎　釉下的浅灰色玻璃胎给出的成分与到目前为止所检测过的任何中国陶瓷或玻璃物质均不相同。唯一一种能够找到的与此类似的原材料是某类植物茎部的灰烬，这类植物生长迅速、茎部粗糙、含硅酸类物质，如稻类、蕨类或高粱类植物。所以这粒战国珠可能是一个稀有的实例，其陶瓷质的胎心完全由熔化的草木灰制成，是一种富含助熔剂的硅酸盐质地的植物灰（表 72）。

480　　　　**珠釉**　珠表面的颜色釉为带细点的网格图案且常相互覆盖，其颜色为红棕、冷蓝、浊黄及不干净的白色。它们的成分检测结果如表 73 所示[62]。

虽然这些珠釉与同时代的中国玻璃相像，但它们却似乎并非以这种玻璃为原料而制成。在它们的组成中存有大量残余原料（主要为白釉和蓝釉中的石英与钠长石，还有红釉中的石英），这些原料并未完全熔化。这表明它们是生烧而未充分熔融的釉，而且更像是熔化较差的玻璃粉末。这可能是一种有意设计的方案，为的是防止在烧制时各层色釉的混融和流釉。还有，釉中相对较高的铝含量反映出某些釉配料中使用了粉碎的钠长石，而另一些则使用了黏土。由这种配料方法而产生的高铝含量并不具有至今已公布的大多数中国铅-钡玻璃成分的典型特征，这可由表 74 中的分析结果看出[63]。

尽管如此，中国玻璃态物质中还是存在着似乎与众不同的一类，它显示出一些与釉砂珠上的釉的相似之处。这就是 3 个河南辉县出土的蜻蜓眼。对它们的分析结果由安家瑶给出，她将其年代定为战国中晚期。这些玻璃态物质不仅与这里所讨论的珠釉相像，具有高铝含量，而且钡∶铅的比率也与珠釉相似（表 75）[64]。

上述的关联提供了一种可能性，即制造这些玻璃所用的原料与配方和釉砂珠所用的原料与配方有关系，它们甚至可能来自同一地区。它们的主要区别在于钠含量，釉中钠含量是玻璃中的双倍，而且钠不可能单独来自钠长石。

（vii）早期陶瓷容器的铅-钡釉

除去这些相对盛产的中国蜻蜓眼，还有 4 件小型的中国容器（直径 9—11 厘米），它们有暗淡的熔块胎，与"釉砂"珠具有相似的釉和饰纹[65]。但它们不是釉砂器物，而是由含砂的红色黏土拉坯制作的，容器内部未施釉。一般将它们的年代定在"战国后半期"[66]，现在分别保存于堪萨斯城纳尔逊·阿特金斯艺术博物馆（Nelson Atkins Museum of Art, Kansas City）、波士顿美术馆（Boston Museum of Fine Arts）、不列颠博物馆和东京国立博物馆（Tokyo National Museum）。人们认为这 4 个罐子都是在 20 世

62　所有数据采自 Wood *et al.*（1999），p. 31，table 2。

63　同上。

64　An Jiayao（1996），p. 136。

65　Wood & Freestone（1995），pp. 12-17；Wood（1999），pp. 189-191. 它们的高度范围为 90—110 毫米，宽度为 130—150 毫米。

66　Hardie（1993），p. 67。

表 74　战国时期的中国玻璃珠[a]

	SiO$_2$	TiO$_2$	Al$_2$O$_3$	Fe$_2$O$_3$	CuO	CaO	MgO	K$_2$O	Na$_2$O	BaO	PbO	总计
蓝绿珠	41.4	0.01	0.9	0.3	2.1	1.4	0.2	0.2	5.9	9.7	37.4	99.5
黑珠	37.3	0.05	1.2	7.35	0.4	1.9	0.6	0.4	3.75	9.4	37.5	99.9
无色珠	51.3	0.01	0.5	0.1	0.01	0.4	1.5	0.08	6.1	11.4	28.3	99.7
蓝珠	52.4	0.03	1.2	0.3	1.3	1.5	2.6	0.2	10.1	11.1	19.2	99.9

a　Shi Meiguang *et al.* (1991), pp. 27-30。

表 75　河南辉县出土的战国中晚期的玻璃蜻蜓眼[a]

	SiO$_2$	TiO$_2$	Al$_2$O$_3$	Fe$_2$O$_3$	CuO	CaO	MgO	K$_2$O	Na$_2$O	BaO	PbO	总计
玻璃蜻蜓眼	43.4	—	4.8	0.1	—	0.7	—	0.3	7.3	14.4	26.9	97.9
玻璃蜻蜓眼	37.6	—	4.95	0.5	—	1.75	1.4	—	4.5	16.1	32.0	98.8
玻璃蜻蜓眼	36.5	—	7.4	0.25	—	1.7	0.4	—	4.7	15.5	31.8	98.3

a　An Jiayao (1996), p.136。

482　纪 30 年代由日本考古学家所发掘出土的[67]，而且据报告不列颠博物馆的那一件出自河南浚县。其他 3 个罐子（两件在美国，一件在东京）有盖，罐盖和罐体的饰纹相同。

　　然而，中国玻璃、中国铜-钡彩绘颜料、釉砂珠以及 4 件彩釉陶器尽管有相似之处，但它们之间的确切关系仍是模糊不清的，原因是测年有困难，难以为上述诸材料建立一个合适的年代框架。堪萨斯城纳尔逊·阿特金斯艺术博物馆收藏的一件釉面平整的器物为这一难题又增加了一个难点。这是一件战国时期仿青铜瓿形状的有盖陶罐，通体被看上去浑然一体的光滑绿色铅釉所覆盖。这种绿色是由铜产生，还是由铁产生，抑或二者兼而有之，并不能一眼看穿。对于这个罐子来说，难以理解之处在于似乎其年代比中国北方相似的施釉陶器早约两个世纪[68]。无论怎样，某些战国时期中国的施釉珠子上确实有过绿色透明釉点，因此与此罐上的釉相近的工艺在当时可能已经存在并有了一定的水平。

　　在中国，这种用于熔块胎珠子和少数稀有陶器的并与玻璃相关的复杂彩釉工艺，在汉代被一种远为简单的陶器施釉方法所取代，即利用分别由铁和铜着色的简单褐色和绿色铅釉。这一变化似乎是提供了一个不一般的范例，说明中国陶瓷技术随时间变得较为简便，而不是更加复杂，而且引发了例如这两种传统是如何紧密连接的等问题。在西汉后期（公元前 1 世纪）真正的铅釉技术完全确立以前，北方陶器已经以多种方式得到了改进，包括简单涂漆与使用未经烧制的彩料进行复杂绘画（见本册 pp. 610-614）。不过，陶质器物用铅釉来提高其价值时，必须要使用氧化气氛烧制以避免还原气氛造成的伤釉，而氧化气氛的烧制会使黄土质陶胎的未施釉部位呈现暗淡的红色。

　　曾对两例汉代绿铅釉（最普通的类型）进行了定量分析，与更早时期的彩绘器物相比较，这类釉体现出了相当不同的施釉设计方案（表 76）。

表 76　东汉绿铅釉 [a]

	SiO_2	Al_2O_3	TiO_2	Fe_2O_3	MgO	CaO	Na_2O	K_2O	BaO	PbO	CuO	SnO_2	总计
取自一东汉罐	29.5	3.7	0.2	1.3	0.5	1.9	0.2	0.9	0.2	59.7	1.2	0.2	99.5
取自一东汉鼎	33.4	3.9	0.6	2.0	0.7	2.0	0.4	0.5	7.7	43.5	3.0	1.2	98.9
PbO-SiO_2-Al_2O_3 低共熔混合物	31.7	7.1								61.2			100.0

　　a　Wood *et al.*（1992），pp. 131-134。

　　第一种釉可以认为是一种简单的铝硅酸铅，其氧化物配比接近某种低共熔混合物。它由溶入的铜（Cu^{2+} 离子）着色，但也还含有一些溶解的锡。贯穿整个历史，很多的中国铜青釉中都存在氧化锡，这或许反映出曾使用了氧化的青铜作为釉着色剂，因为天然的铜-锡共生矿石是稀有的[69]。两份釉中所存在的其他氧化物（Fe、Ti、Ca、

67　汪庆正的私人通信。

68　沃森（Watson）曾提出这个罐子的设计是故意仿古的，继而又摒弃了这个观点，他用有"与汉代仿古品截然不同的一种特色"来描述罐子的风格。见 Watson（1984），p. 28。

69　Wood（1993b），pp. 51-52。1992 年在维多利亚和艾伯特博物馆研究了 7 例汉代绿色铅釉，全部被证实含有大量锡。见 Wood *et. al.*（1992），pp. 139-140。

Mg、K 和 Na）的配比使人想到釉料中配有黄土，但是尚未完全搞清这些黄土是在烧制 483
时从胎表面融入的，抑或它就是原始釉配料中的主要成分[70]。然而，明显的铅和钡矿石
与易熔黏土的混合，曾被认为是费昂斯珠上黄釉的配釉方式，可能或多或少地为后来
的工艺开立了先例。

第二种釉中证实有异常高量的氧化钡（7.7%），这确实是给出了与早期中国铅钡玻
璃和釉的某种连续性[71]。在此项专门研究中还用 X 射线荧光分析鉴别了另一组汉代铅
钡釉，从所研究的 8 例样品中给出的结果是 2 例为铅钡釉，6 例为单纯的铅釉[72]。从这
少数几个样本看来，铅钡釉在汉代时虽然不是特别稀有，但也还是属于少数。然而在
汉代以后，如此高的钡含量似乎不复存在，后来的中国铅釉趋向于无钡，并接近于低
共熔混合物的组分，与表中第一种釉的分析数据相近。

铅釉的悠久历史受到世界制陶业的普遍关注，尤其是因为高铅釉（其中氧化铅含
量常常超过釉总重量的 50%）曾是历史上最为成功的陶器釉类型。可以见到，这类高
铅釉至迟从公元前 1 世纪以来直到今天始终在埃及、南地中海及北欧都有广泛的应
用[73]。这种釉给出的表面质量光亮平滑，在烧制中熔化均衡，对着色氧化物有极好的响
应，对悬浮态与溶解态的着色剂均可给出饱满温润的颜色。铅釉的低膨胀系数和良好
的弹性也有助于防止开片，开片是釉表层的网状裂纹，如果在冷却的最后阶段釉表层
比下面的陶瓷收缩得多就会生成。最后，铅矿石在水中不溶解，这意味着铅釉在烧制
前不需要预熔，而上等铅釉往往由粉碎的铅矿石混合黏土，和/或一些相当纯净的硅石 484
质原料而制成[74]。

（viii）铅　中　毒

然而，在铅釉不容置疑的优点后面藏有一个严重的潜在危险，即铅对于人体系统
具有严重毒性。在制备时，在烧制时（通过吸入挥发的铅蒸汽），尤其是在将铅釉容器
作为饮食器具时，都可能因铅釉而中毒。已经证实，铅釉的烧结是防止陶工在混料、
施釉和烧制时中毒的最有效方法，但烧结并不能阻止铅从烧成的釉中释放到食物或饮
料中去[75]。

铅釉本身并无毒性，实际上至少直到 20 世纪 70 年代，它们一直是英国商业骨质
瓷和白陶餐具所使用的主要釉类。铅釉的化学稳定性极好，而且通过适当的配方可以
容易地控制住铅释放入食品酸中的量。但当为使釉成为绿色而加入氧化铜（CuO）
时，这种稳定性就会被破坏，因而产生出问题。对两件汉代铅釉的一些复制品进行的

70　关于对这种"胎釉界面互熔"效应的说明，见 Hurst & Freestone（1996），pp. 13-18。

71　Wood *et al.*（1992），pp. 134-135。

72　同上，p. 139。

73　Tite *et al.*（1988），p. 242。

74　关于对历史上铅釉的本质与使用的讨论，见 Tite *et al.*（1998）。

75　Lawrence & West（1982）。关于对赞成与反对铅釉的说明，见其中的第 16 章："铅釉的用途与错用"
（Lead glazes their use and misuse），pp. 248-259。

铅释放测试证明了铜对稳定性的破坏作用，如表 77 所示[76]。

表 77　对表 76 中釉 1 和釉 2 的仿样的铅释放测验结果（以百万分之一为单位）

	铅	钡
釉 1　无 CuO，但含 1.0%Fe$_2$O	—	—
釉 1　含 1.0%Fe$_2$O$_3$、1.5%CuO，及 0.2%SnO$_2$	42	—
釉 2　无 CuO，但含 2%Fe$_2$O	1.5	<1.0
釉 2　含 2%Fe$_2$O$_3$、3%CuO 及 1.0%SnO$_2$	120	15

对不含氧化铜的釉 1 复制品，探测不到铅的释放量，但 1.5% 的氧化铜与 0.2% 的氧化锡的添加，使铅的释放量提高为英国法定限度的 10 倍左右。不含铜和锡的釉 2（含钡釉）复制品，铅的释放量在安全限度以内，但加入 3% 的氧化铜与 1.0% 的氧化锡却使得铅的释放量达到英国法定限度的 40 倍左右。铜的加入还引发了釉中钡的释放，这是一种与铅的毒性几乎相当的重金属。

铜对汉代铅釉稳定性的破坏作用还有一种效应，即会使得青釉易于风化而变为浑浊或表面呈现彩虹色。汉代铅釉上的银色光泽与层状风化是博物馆展品中所常见的，它能够使人联想起青铜器的铜绿锈斑。这是有光泽的绿色铅釉经历了埋于地下的长久岁月后所发生的变化，在器物制作时并不是明确地知道这一点，也不可能是要故意利用这种变化。

（ix）世界陶瓷史中的高铅釉

在中国创立铅釉之前，世界上主要的陶器釉类型是钠-石灰-硅酸盐釉，后者于公元前第 2 千纪中期起源于伊拉克。这种类型的碱釉常用铜着色，呈孔雀绿色，而不是典型的铅釉绿色。近东的釉中出现的铅元素往往是与锑酸铅黄色着色剂相关联的，且其含量一般低于 5%[77]。公元前第 1 千纪，在埃及和近东铜红玻璃的发展过程中，这种工艺也特别使用了铅，但是如上所述，即使在此处氧化铅的含量也鲜有超过 25% 的[78]。

罗马时代以前西方的铅釉尚有待于发现。学者卡奇马尔奇克（Alexander Kaczmarczyk）报告[79]：

> 作者之一（卡奇马尔奇克）进行了广泛的搜索，他检验了取自多个美洲、欧洲博物馆和 3 个埃及博物馆［开罗（Cairo）、亚历山大和科普特（Coptic）］的超

76　Wood（1999），p. 195。

77　对于近东釉，如那些用于波斯苏萨砖上的釉（公元前 6 世纪），关于其为高铅成分的断言好像是以对锑黄釉和锑-铜青釉分析数据的归一化为依据的，其中大部分碱由于侵蚀而浸出。见 Fukai Shinji（1981），p. 11。由此导致的结果使得所报告的铅含量为原始实际含量的很多倍。

78　弗里斯通［Freestone（1987），p. 186］写道："公元前第 2 千纪不透明的红色实质上不含铅。在第 1 千纪的某一时间发现了铅的优点，并且生产出了两种类型的（铜红）玻璃，即高铅高铜型和低铅低铜型。两者很好区分，大概它们代表了有意识地生产的两种类型，而不是同一种类型的延伸。"

79　Kaczmarczyk in Hatcher *et al.*（1994），p. 431。

485

过 2000 个罗马时代前的施釉样本，没能找到一例施铅釉的黏土器物。

然而，在罗马帝国的疆域内却曾使用过高铅釉，在那里透明的铜青釉也是很受欢迎的颜色。罗马铅釉技术似乎在帝国时代早期（公元前 2—1 世纪）始于小亚细亚的西部和南部，而这些地区的铅釉器物被进口到意大利[80]。沃尔顿（Walton）和泰特对西方铅釉的早期传播做了如下总结[81]：

> 在公元前 1 世纪，铅釉陶器突然出现在曾受希腊文化影响的小亚细亚。虽然这类陶器只是少量生产，但具有精细的、与凸纹饰银器形态相近的贴花式妆饰……。铅釉通过军队的行进传遍了罗马帝国，最终导致了高卢（Gaul）中心区、上默西亚（Mesia Superior；现今的南斯拉夫）或许还有意大利的各个窑场的建立。

佩雷斯-阿伦特吉（Pérez-Arentegui）等还检测了在西班牙发现的，应属于公元 1—3 世纪的罗马铅釉器物。他们认为这些器物主要是从奥古斯丁时期的高卢（Augustean Gaul）和另外一个"可能原属意大利"的地方传输到"希斯帕尼亚"（Hispania；即西班牙）东北部的[82]。前面一组器物的铅釉施于略带红色的非石灰质胎上，而第二组可能来自意大利的器物则主要是石灰质的，其氧化钙含量一般在 10%—21%的范围。同一器物上通常施以有特色的青釉和黄釉。

虽然如此，铅釉器物在罗马陶瓷中始终是稀少的，如同之前的希腊器物一样，其表面一般装饰为光泽的、玻璃态的伊利石质泥釉。在这些泥釉的富含黏土的组分中，主要釉助熔剂是氧化钾，釉的光泽主要不是来自真正的玻璃，而是由器物表面烘平的精细片状材料所产生的[83]。大多数的罗马铅釉器物的年代被定为公元前 1 世纪中期至公元 1 世纪。哈彻（Helen Hatcher）等写道[84]：

> 目前没有证据可表明，在公元前 1 世纪之前已实际使用了在黏土胎上附着良好、表面涂层令人满意的铅釉技术。

不过应该指出，较之于中国，这一判断更适用于西方。

西班牙的作者与牛津大学团队的分析结果相近，他们的结果都表明，与中国的同类产品相比较，罗马铅釉一般有较高的氧化铅（68%—86%PbO）和氧化钙（1%—10%CaO）含量，罗马样品中典型的氧化钙含量大约为 3%—4%（表 78）。

这些样品的氧化钙含量升高似乎既是在釉的配方中使用了制胎黏土的结果，也有在烧制时部分氧化钙从胎中扩散至釉中这一原因。对于意大利铅釉来说，其成分可能反映了将地表的硅酸盐砂子与未加工的铅矿石联合用来制成混合釉料的这一操作方

80　Roberts（1997），p. 190。

81　Walton & Tite（即将发表；采自提交给 2002 年在阿姆斯特丹举办的第 33 届国际考古学会议的论文摘要）。

82　Pérez-Arantegui *et al.*（1995），p. 216。

83　Tite *et al.*（1982）。哈彻等［Hatcher *et al.*（1994），p. 432］注意到，自 1971 年以来，在英格兰科尔切斯特（Colchester）出土了不止 15 吨罗马陶器，其中"施釉容器仅占 700 克"。

84　Hatcher *et al.*（1994），p. 444。

487

表 78 公元 2—3 世纪双色罗马铅釉的分析[a]

釉	SiO$_2$	Al$_2$O$_3$	TiO$_2$	Fe$_2$O$_3$	CaO	MgO	Na$_2$O	K$_2$O	BaO	PbO	CuO	SnO$_2$	总计
V-59 绿色	18.4	2.3	—	1.7	4.1	—	—	0.5	—	70.4	2.5	—	100.4
V-59 黄色	19.9	2.1	—	3.8	4.2	—	—	0.4	—	69.7	0.0	—	100.5
V-69 绿色	17.0	2.3	—	1.8	3.3	—	—	—	—	73.6	1.9	—	99.9
V-69 黄色	18.0	1.8	—	4.5	2.5	—	—	—	—	73.3	0.0	—	100.1
V-83 绿色	20.4	2.1	—	2.4	3.4	—	—	0.65	—	68.3	2.8	—	100.7
V-83 黄色	21.3	2.5	—	4.9	4.7	—	—	0.8	—	65.8	0.0	—	100.8

a Walton & Tite（即将发表）。Pérez-Arantegui et al.（1995），p. 214，table 2。

式[85]。事实上，与汉代铅釉所实施的铅矿石+硅酸盐黏土混合物的方式相比，铅矿石+砂子的方式似乎是更为典型的罗马铅釉工艺。

罗马铅釉中少量氧化钙的存在必然会使釉的稳定性得到改善，并在一定程度上防止铅析出而溶入食物之中。不过，哈彻和她的同事们检测了 93 件罗马铅釉器，其中 49 件使用了氧化铜作为着色剂，氧化铜抵消了氧化钙阻止铅析出的作用，这使得烧成的绿色铅釉具有毒性。

至于时间先后的问题，罗马与中国的铅釉应该大致于同一时期产生（公元前 1 世纪），但是有很少几例中国制造的珠釉能够说明中国早在公元前 4 世纪就使用了高铅工艺[86]。此后不久，在中国可能还有少数陶制容器也使用了这种工艺。本册 pp. 480-482 曾提到过的，在纳尔逊·阿特金斯艺术博物馆收藏的仿青铜瓿型的战国盖罐则可能代表了陶瓷史中这一新施釉工艺中尚存的最早范例[87]。这些实例，还有对铅釉在西方的起始年代修订后的看法观点，相当程度上修正了以往的传统观念，即误认为在公元前 2 世纪中国铅釉的起源受到了安息（帕提亚；Parthia）影响[88]。但是却不能完全排除在稍迟一些时间后，在汉朝与罗马帝国间曾发生过工艺的传播，从东向西或从西向东。

从上面引用的研究成果中开始浮现出这样的结论，即可能最初的使用高铅组分的釉早在战国时期就在中国，而不是在罗马帝国出现了。在中国，这种釉开始时可能是用于陶瓷珠子，而不是用于容器。然而，铅助熔硅酸盐的基本操作工艺则属于美索不达米亚，而且似乎最早是为了制作铜红玻璃才得以发展的。也许罗马铅釉就是由此进化而来的，但也有人提出了其他一些推测，包括由从铅-银矿石中提炼银的灰吹法而来，以及由用锑酸铅玻璃进行的实验演化而来[89]。

（3）唐代以来的铅釉：器皿、瓦及相关器物

公元 4 世纪、5 世纪、6 世纪是器皿制造的休眠期，然而对于中国北方将铅釉用于砖瓦和建筑陶瓷这一新发展来说，却正是一个重要的时期。至于器皿，却并非如此，直至唐代因将那些带散斑的、带条纹的、带纹线的、露花的、带有色滴与斑点的彩色铅釉使用在殡葬陶瓷上，才出现了明显的器皿的复兴。

（i）中国建筑物中瓦的应用

李约瑟《中国科学技术史》系列著作中有一个较早出版的分册，曾对建筑技术这

85　Hatcher *et al.*（1994），p. 444。

86　Wood *et al.*（1999），p. 31，table 2。

87　有关报告和图片，见 Wood & Freestone（1995）。

88　安息（帕提亚）对中国初始铅釉有影响的观点得到了利奇［Leach（1940），p. 136］和伍尔夫［Wulff（1966），pp. 140-141］的支持。

89　马斯等［Mass *et al.*（1997），pp. 193-204］的著作充分探究了此课题中有关的玻璃内容。

一主题详尽地分细目作了论述[90]。它包括了中国建筑学的理论、规划和构造等诸方面的资料，同时还有对中国建筑学文献的回顾。对建筑体系中的分立构件，如地基、梁柱和屋顶也进行了讨论。我们从该册书所评述的基本原则出发，将讨论范围缩小，集中于采用了陶瓷的单个建筑构件上。在本册前面的章节中（pp. 104-115）描述了早期中国的建筑材料。在那些章节中主要评议的是用未施釉的黄土质陶器和炻器制作的材料。在本节中我们将继续讨论施釉的建筑陶瓷。

施釉瓦在建筑上有实用与装饰两方面的功能。通体施玻璃态釉的高温瓦，常称琉璃瓦，早期罕见，在 20 世纪前其应用并不普遍。中国大多数的施釉瓦是低温至中温烧造的陶胎或炻器胎，而且釉往往会在经受长期风化后剥落。因此它们并不能被称为真正的耐用建筑材料。不过它们比木头和茅草耐腐蚀能力强，比金属廉价。

就实用性来说，陶瓦有助于阻止火势蔓延。早年间，用瓦屋顶替代传统的茅草屋顶的做法曾受到大力鼓励。例如，在唐代岭南（广州），官方曾教导百姓屋顶用瓦以防止因火灾而产生的悲剧[91]，而在宋代，扬州曾接到过一道行政命令：使用瓦以防止旧式茅草屋群中常见的特大火灾[92]。

490 从装饰的角度考虑，琉璃瓦有很多优点。从远处看，它能够像贵重的金属一样明亮而且反光。13 世纪后期旅行家马可波罗感受到元朝大都（今北京）的魅力，因而写道[93]：

> 屋顶全部有鲜红色还有绿色、蓝色、黄色以及所有的颜色闪烁着，这些颜色的修饰是如此灿烂，因此像水晶一样地闪光，而且在很远处就能见到它们的光芒。

491 砖瓦类容许使用的颜色范围很宽，可以为强调而整块使用单一色调，或者为形成对比而同时使用几种色调。甚至还可能在瓦面上绘制花样，并因此而为这种形式的建筑装饰品更增加了一层复杂与华美。

世界上很多地区都使用釉面砖瓦。虽然在进行概括总结时必须要小心处理，但是，施釉瓦类在较热的地区比在气候温和地区使用更为广泛，这一点在大体上是正确的。这给出了砖瓦的另一个为人喜爱的特性，即在建筑物内部贴釉面砖会使人感到凉爽。例如，西亚伊斯兰文化圈的工匠们是在建筑中使用釉面砖瓦的最引人注目的拥护者。他们为使建筑物显得壮丽而将釉面砖用于其外部，为了舒适而用于其内部。此外，他们能够在釉面砖上模压和釉绘图案，这用在世俗的建筑上令人悦目，而在宗教的建筑上则得体地奉上了对上帝的敬意。釉面砖构成了墙壁装饰的古美索不达米亚形式，这种形式曾流行于亚述（Assyria）时期，公元 9 世纪伊斯兰制瓦工匠又将其复兴。这一时期的纪念性建筑物，如凯鲁万（Kairouan）的大清真寺（公元 836 年、862 年及 875 年），都具有令人眼花缭乱的釉面砖排列。不过，某些最早的伊斯兰建筑，如

90　参见 Needham *et al.*（1971），pp. 58-144。有关这里提到的一些材料的综述，见 Kerr（1999）。

91　《新唐书》卷一六三，第 5032 页。

92　《宋史》卷四六五，第 13594-13595 页。

93　Latham（1958），p. 126。转引自 Krahl（1991），p. 47。

图 133　马俑，唐代，公元 8 世纪早期，施多色普通铅釉且有圆形露花图案

耶路撒冷（Jerusalem）岩石圆顶清真寺（公元 691 年完工），最初都用马赛克和大理石修饰。但是在奥斯曼帝国时期（Ottoman times）这些装饰被华丽的土耳其釉面砖所取代[94]。

　　最近 150 年间，作为欧美建筑的一个特色，釉面砖瓦已愈益普遍。但是没有哪里像中国这样始终如一地在使用，釉面砖瓦的使用在中国至少可回溯到 1500 年以前，而且至今仍继续在建筑中使用。虽然釉面砖瓦也可以覆盖在内墙和外墙之上，但对于建筑装饰，它们主要是与屋顶有关。屋顶是建筑物的一个部分，我们将通过对东方和西

94　参见 Ettinghausen & Grabar（1987），pp. 30，98，116；Insoll（1999），pp. 49-51.

方建筑中屋顶功能的探讨来进行详细讨论。

（ii）西方与东方的屋顶

在西方建筑中，屋顶结构中一些设计特点的变化和发展是与象征性的功能相联系的。宗教的与世俗的屋顶结构通常有显著区别。宗教的建筑物，无论是神殿、清真寺还是教堂的屋顶都暗含着潜在的精神信息：弯如苍穹的圆屋顶、伸向天国的尖塔与尖顶。有时，为使俗世统治者的居所更显威严和壮丽而采用宗教建筑物中常见的屋顶形状[95]。在世俗建筑物中，通常是重视屋顶的直接意义，如意味着建筑物的完工且使其可防风挡雨。伟大的意大利建筑师安德烈亚·帕拉第奥（Andrea Palladio；1508—1580年）的著述为这种直接的意义提供了例证。在此我们将引用译自其 1570 年威尼斯原版的 1735 年英译本中的段落[96]：

> 关于屋顶：当我们已把墙建到设计的高度时，当我们已制成了拱顶、放置好了地板搁栅、安装好了楼梯，简而言之，完成了我们计划中的所有事情时，下一步我们必须建造屋顶；屋顶，由于其覆盖了建筑物的所有部分，且以其重量对墙体均匀施压，因此而成为整个建筑的一种箍带，不仅对房子内的居住者起遮蔽雨、雪、强烈阳光的作用和夜间防潮的作用，而且对整个建筑物起重要的养护作用，因为它使墙壁免受雨水冲刷……

屋顶如同一个将恶劣天气隔离在外的保护壳，它作为建筑物的顶部或盖子的外观也同样使人感到很舒服；"封顶"是一个建筑行业在庆祝铺顶工作成功完成时仍在使用的名词。

在东亚也是一样，屋顶具有实用与精神两方面的作用。新石器时代晚期以来，中国房屋依赖于简单的木构架柱-梁结构[97]。直立的木柱支撑着横梁，横梁一根位于另一根的上面，尺寸依次缩小，以形成一个多级的斜坡状屋顶。伸出的屋檐置于横梁之上的沿檩支撑面上，起挡雨的作用。整个屋顶结构上面铺瓦。这种形式的建筑依赖于横梁结构单元的支撑。墙壁是后加的，并不承重，且通常是朴素的，不加装饰[98]。建筑上的装饰限于屋顶，门窗也稍加装饰。大宫殿和寺庙建筑内部的柱、梁和抹灰的墙壁主要是以绘图装饰。

通过房屋的大小、选址及特定的装饰特征，如屋瓦的选择，可以传达出关于房主身份和房屋本身功能的信息。房屋的规模，取决于房屋的迎面"间"数，这是一种由立柱来定义的空间计量准则。大多数大型房屋向侧翼扩展，中间有个庭院。中国的房

95　此类建筑的一个例证是带有霸气穹顶的罗马尼禄黄金屋（Nero's Golden House in Rome；公元 64—68年）。参见 Boëthius & Ward-Perkins（1970），pp. 248-250，fig. 98，pl. 130。

96　Hoppus（1735），p. 69。帕拉第奥对欧洲建筑哲学的影响一直是巨大的，尤其是在英格兰。他的"五项原则"流行于 18 世纪，至今仍为建筑行业中的一个学派所使用。

97　关于对河姆渡木构架房屋的描述，见 Knapp（2000），pp. 72-73，88-89。

98　Needham *et al.*（1971），pp. 90-104。

屋，无论是宗教的、皇家的还是民间的，其尺度衡量都以此简单的计算方式为基础[99]。所有建筑物都遵循相似的、基本的样板，只有少数例外，比如有特色的宝塔[100]。

493

　　然而，从象征的意义上来说，东亚建筑物的各个不同部分都被赋予了很强大的精神价值。屋顶，由于其是房屋的顶端且位于最高点，而被认为是天与地之间信息交流之处。因此它承担的作用是通往精神世界的桥梁，是承接灵魂下降至尘世和灵魂从尘世升腾的平台[101]。这种象征性的功能对于宗教建筑物与礼仪所用的建筑物是十分重要的，此外在对日常民用建筑的描述中也能见到。例如，一些汉代墓室壁画描绘了墓主人生前情况，显示出他和他的家人在享受尘世间的乐趣：狩猎、宴会或听音乐，被财富与成就所包围。在他富丽堂皇的家的屋顶上，凤、龙或双头鸟在跳舞。这些瑞兽或许表示了非尘世的、精神层面的人类体验[102]。

　　装饰建筑物的一个潜在理由是有助于与天上世界的交流并获得更多的保佑与赐福。屋顶的装饰表达了精神上的需要。出于这一理由，也由于中国建筑方式的特性，建筑物中屋顶这一部分的装饰是丰富多彩的。这些细节特点均使得中国与再往西的地区的建筑传统有了更大的反差。例如，印度及东南亚部分地区的印度教与佛教建筑中，石和砖均为重要的建筑材料，用来建造坚固的墙壁，墙壁上可以有足够的面积用来装饰。当然，公元前 1 世纪印度早期的佛教圣殿所常常是凿入岩面而成的，这一观念被带入了中国，通过中国的大型石窟寺遗址就可以看出这一点[103]。然而，在印度，与中国的主要趋向不同，当建筑结构已变为不再需要依附岩石而自力支撑时，其雕刻质量仍得以延续。墙壁由带有神像的中楣和壁龛加以装饰[104]。

　　在南亚的某些纪念性建筑物上，这一传统被强化到雕刻装饰遍布整个墙面的程度[105]。

99　参见 Paludan（1981），pp. 38-40.

100　"佛塔"与佛教一起于公元 1 世纪自印度传入，李约瑟还讨论了其与汉塔建筑的融合，Needham & Wang（1965），pp. 61，69，128-129，137-141。中国的宝塔设计与建筑和印度相应的设计与建筑一样，供存放佛教的遗物遗骨所用。很多早期的宝塔由木料制造，因此未能得以保留。中国最早建成的塔是洛阳白马寺僧院中央的那一座，建于公元 68 年，现已不复存在。见罗哲文（*1990*），第 11，19 页；罗哲文引用了《三国志·魏书·释老志》中的一份早期资料。

101　此观念的明确表述见 Legeza（1982），p. 106。

102　毕梅雪（Michèle Pirazzoli-t'Serstevens）（私人通信）确认了在江苏北部和山东南部普遍发现汉代有这种表现事物的传统，但在河南、陕西或四川却没有发现。专家之间对屋顶上瑞兽所表述的准确含义也有不同意见。迄今为止尚无关于汉代图像学之地域性的研究发表。詹姆斯［James（1996），p. 13，61，94］确定长尾"凤凰"是表示对墓主人的赞誉，反映其高尚的道德人品。

103　最著名的石窟有：甘肃的掘入黄土内的敦煌窟（公元 366—约 1000 年）；山西的云冈石窟，在武州河岸边的砂岩峭壁上凿空而成（公元 453—约公元 525 年）；河南的龙门石窟，雕凿在伊水石灰岩峭壁面（约始于公元 500 年）。甘肃麦积山和四川大足的石窟寺也是值得注意的。

104　很多纪念性建筑物都能够被选来作为墙面建筑装饰的实例。罗兰［Rowland（1967）］描写了笈多时期（Gupta period；公元 320—600 年）的塔庙（chaitya-hall），作为第一个用永久性材料建造的单独寺庙，其精巧装饰的正面满是容纳宗教塑像的壁龛。其他几例有位于菩提伽耶（Bodh Gaya）的摩诃菩提寺（Mahabodhi temple；正面雕刻于公元 8—12 世纪）以及公元 8—13 世纪的克什米尔（Kashmir）的婆罗门建筑。Rowland（1967），pp. 68，98，119，130-133。

105　罗兰［Rowland（1967），pp. 215-254）］讨论了斯里兰卡、柬埔寨和泰国的建筑。一个典型（同上，p. 239）是柬埔寨吴哥城的吴哥寺（Angkor Wat），该寺建于 1113—1150 年，其中奢华的雕塑遍布整个表面，就像一条延绵不断的石质挂毯。另见 Rooney（1994），pp. 84-108。

图 134　维多利亚和艾伯特博物馆雕刻的正面外墙之细节，1900—1908 年

图 135　自午门看屋顶装饰有龙形瓦的太和殿，1997 年

在欧洲，重要的建筑结构也常用坚固的墙体支撑，更多的雕刻装饰集中在墙、门 494
和窗户上，而不是在屋顶上。此外，宗教与世俗的纪念碑上的修饰经常与当时所赞美
的内容有关。伦敦维多利亚和艾伯特博物馆的正面外墙提供了一个极好的 20 世纪的范
例，其雕刻装饰包括维多利亚女王（Queen Victoria）和艾伯特亲王（Prince Albert）的
肖像，以及赞美真理、美丽、灵感、知识和艺术的象征性雕塑。

（iii）中国的屋顶装饰

中国建筑师以使用具有象征意义装饰的方式来寻求趋吉辟邪。在屋顶上，最常用
的装饰方式是铺瓦。源自道教哲学的宇宙观与民间传说元素的变换是常见的。这可以
由屋脊上的主题形象给出示例，这种主题形象为隆起的翼状瓦质构件，置于屋脊每一
端、在中文中称为"鸱尾"（字面意义为"枭尾"）。已发现的有这种装饰的帝王陵墓与 495
宫殿遗址，其年代早至公元 6 世纪[106]。到宋代时（12—13 世纪），其构形发展成为一条
尾部蜿蜒的龙。在后来的建筑物上，龙的尾部经常看上去与一条跃起的鱼的尾部相
似，这种组合将鱼和龙联系在了一起，而两者均与水和为防止泛滥、干旱和火灾而对
水进行的调控相联系[107]。

这种与水相关的保护性作用需要求助于龙，而龙是一种与水相联系且有集云布雨
能力的动物，因此可防止火灾[108]。龙在易燃的中国木构建筑上是常见的形象，被用在
屋瓦上，和作为装饰被用在其他部位上。由于皇帝被认为是真龙天子，所以龙的形象
在皇室建筑上尤其多。但它们防止火灾的效能则纯属无稽之谈，有许多饰龙的建筑物
在建成后不久即烧毁的报道。北京紫禁城前部三大殿之一的太和殿就是一个例子。它
的正脊两端置有龙吻瓦件，龙吻高 11 英尺，由 13 部分组成，龙吻各重 4.3 吨。然而在 496
1420 年建成后不到一年，大殿被火烧毁。大殿重建，之后又被火烧毁过 3 次[109]。

衡量建筑物重要性的一个标准是其屋顶上琉璃瓦装饰的类型。屋瓦上可以添加很
多立体塑形，每一个都坐在与其合为一体的瓦片之上。所刻画的动物的大小与数目都
很重要。如紫禁城的南入口午门，其屋脊（戗脊）上有 9 个塑形（小兽），外加最前面
的一个骑凤仙人，而太和殿则总共有 11 个塑形。塑形系列的长短依建筑物的重要性而
变化，但总数应该是奇数而且绝不会超过 11 个。奇数更深一层地表示出了与宇宙理论
的联系，因为奇数属"阳"，或雄性、占支配地位的元素，因此而代表力量与好运[110]。
明代对塑形规定了等级标准。就人们所知，在此之前建筑物上放置的动物更为多样，
放置的方式也较为随意[111]。

106　这类屋脊装饰见于六朝时期且在唐代变得成熟，参见祁英涛（1978），第 67-68 页，图 3-4。在北京的中
国历史博物馆中可以见到来自黑龙江宁安渤海国上京遗址的唐代瓦，参见 Krahl（1991），p. 50。

107　在"鲤鱼跳龙门"的神话中有关于鱼变化为龙的完整解说，见 Birrell（1993），p. 242。

108　倭讷［Werner（1961），pp. 285-297］讨论了龙的神话。

109　Weng Wan-Go & Yang Boda（1982），p. 41。

110　李约瑟和王铃［Needham & Wang（1959），p.55］曾提及广为传播的奇数吉祥而偶数不吉的中国迷信。

111　Paludan（1981），p. 62。

图 136　承德一座庙的屋脊，显示出有坐姿骑者的一排塑形，1982 年

　　屋顶上小兽的种类和排序方式随地域而有所变化。在中国北方，常见的是沿屋脊从上向下放置一排动物，按顺序从以下序列中选择：天马、麒麟（有魔力的、像独角兽的动物）、狮子、凤和龙。在最下面，位于屋顶最边沿处，是一个坐姿骑者。其最初是代表四个方位的神灵中的一个，后来根据民间神话改变了其面相以代表无道的齐湣王。这个残忍的暴君被俘于公元前 283 年，被挂在屋顶的一角待毙，此故事解释了这一联系[112]。有些时候将他的形象塑为骑在母鸡上，这是一种象征防护作用的组合，因为人们相信他的体重太大以至于不能让母鸡飞至地面；另一方面，他不能反向爬上屋顶，因为屋脊被最上面的龙吻脊瓦守护着。

　　中国北方重要建筑物的大殿上有时饰有十二生肖中的其他动物，但是整套使用的情况即使有，也很稀少。在狮和象等动物以及麒麟和狻猊之类虚构动物的旁边，有十二生肖动物如牛、虎、兔、马、羊和狗出现。这些瑞兽的组合不只出现在屋顶上，而且在大门口和龙壁这样的建筑物上也可以见到[113]。瓦的其他流行设计图像还包括了令人恐怖的鬼神形象，这些鬼神形象被赋予了威力，这与在墓地放置的可怕的陶瓷守墓人塑像，或寺庙大殿入口处的石雕或木雕相类似。某些鬼神有特定的功能，比如雷公及其配偶电母。对于中国的木结构建筑来说，雷雨代表了真正的凶险。天上的文官武将，有的坐着，有的骑在马背上，都是常见的样式。15 世纪的著作《鲁班经》提到了

497

112　同上，p. 62。这位令人恐怖但军事上成功的诸侯的生平详情可在《中国人名大辞典》第 1427 页中找到。

113　独立的龙壁似乎源于山西省。最著名的是大同九龙壁（1392 年）。然而，正德和天启年间，在山西另外有两座九龙壁、三座五龙壁、三座三龙壁、四座二龙壁和一座单龙壁，参见柴泽俊（1991），第 17 页。所有这些建筑都早于知名的清代北京九龙壁，清代北京九龙壁一座在紫禁城内，另一座在紫禁城附近的北海公园。

图 137　山西洪洞上广胜寺的屋脊，1452 年

一个叫做瓦将军的人物，并插有一幅身穿盔甲的坐像图。该著作解释了这一人物形象所具有的威力和安放时所需的礼仪，对不同的瓦件造型所能发挥的影响给了我们一些提示[114]：

> 如果置放瓦将军，那是因为房屋对面有恶兽的头、屋脊、墙头或牌坊脊。如果中间有另一房屋，则也应置放瓦将军。……选择当月神（瓦将军）在的那一天。如果选择晴天放置，那是吉利的；如果下雨，此日则不可置放。如果仍然安放，结果会有害。……在将军被安放入位以前，必须先以三牲、酒、水果、纸钱、香和蜡烛供奉。

> 〈凡置瓦将军者，皆因对面或有兽头、屋脊、墙头、牌坊脊，如隔屋见者，宜用瓦将军。……每月择神在日安位，日出天晴安位者，吉。如雨，不宜，若安位反凶。……安位，必先祭之，用三牲、酒果、金钱、香烛之类。〉

中国北方大殿的屋脊上有更多的塑形。这常常与寺庙属于佛教或道教的哪一个门派有关。例如，山西洪洞上广胜寺（1452 年）的屋脊上展示了一个位于中央的立姿佛像，其上有"飞天"和一头狮子，及两只佩带有神圣珠宝的白象，其侧翼围有龙、凤和一对鸱尾。

　　在中国南方，屋顶装饰在清代后期达到顶峰。那时在屋脊上更喜欢设置福禄寿三星装饰。屋顶较低的区域可能以天庭的场景取代十二生肖动物，在南方福建和广东两

498

114　《鲁班经》附录《灵驱解法洞明真言秘书》，第二页。引文的译文见 Ruitenbeek（1993），pp. 291-292]。

省这种天庭的场景尤为常见。吉祥鱼金鲤，在那里也很流行。例如，广东佛山祖庙的屋脊上展示了一对巨大的跃鱼，同时屋顶上下均环绕有神话中长命百岁的兽类、造型和古典文学中的场景[115]。

（iv）制　瓦　业

有颜色的琉璃瓦自公元4世纪后期开始首批制作，是为北魏皇帝在其都城平城（今大同）建造宫殿所用。如柴泽俊所记，其制作过程及视觉冲击力在《魏书》（公元554年）和《太平御览》（公元983年）中有所评论[116]。对平城遗址的考古发掘中出土的绿铅釉瓦片证实了这一历史记录[117]。从洛阳的另一处北魏遗址我们得知，瓦的生产有严格的规则。后一遗址所出土的瓦上记有关于日期（月和年）和各工匠等级划分的资料，包括两个工场的工头（"颊主"）、熟练陶工（"匠"）、制瓦筒的陶工（"轮"）、将筒切削为瓦的陶工（"削人"），以及最后对瓦表面进行加工的陶工（"昆人"）的姓名[118]。烧制这种瓦的窑已在使用煤来烧窑（参见本册 p. 316 的注释 71 和 p. 423）。对洛阳东汉瓦窑的发掘显露出一个将近7米长、半地下的、有厚承重墙的建筑物。这是一个长方形截面、后面有烟囱的横焰窑，虽然窑顶结构未能保存，但在布局上酷似一个经典的中国北方"馒头"窑[119]。另一个公元605年和公元731年之间十分活跃的洛阳的横焰瓦窑，在设计上仅与此窑有很小的差别。该窑后部横断面较前部为宽，这种样式中文称为"马蹄形"。它比汉代窑尺寸稍大，同样是深深掘入绝热的黄土之中[120]。

隋代遗址中出土的带有装饰的青釉瓦残片表明隋代在继续生产瓦[121]。文字记载证实，有一位天才的陶工名叫何稠。何稠原籍是隋代湖北江陵，在隋朝和北朝的正史中均备受称赞[122]。他是玉雕匠何通之子，十几岁时在江陵沦陷后去都城长安居住。他游走各地，精于青釉瓦生产，同时还擅长织物图案设计和玻璃制作。如其他一些工匠传记中所表明的，这样多才多艺的人并不罕见（见本册 pp. 31-33）。

（v）唐代的器皿和砖瓦

在唐代，颜色铅釉被施于罐、盘、瓶和瓮上，也直接施于大型模制的马、骆驼和瑞兽之上。很多图案样式取自于中亚的扎染和蜡染纺织品（见图133），而中国金属制

115　参见 Anon.（1982a），第 211-213 页，图版 30-33。庙的年代被定为光绪年间（1875—1908 年）。

116　柴泽俊（1991），第 4 页。

117　蒋玄怡（1959），第 8-10 页。

118　此遗址为北魏洛阳宗庙，出土有 865 块碎瓦片，其中 43 块碎片上记有 230 个以上不同的人名。此遗址的瓦未施釉。见 Anon.（1973），第 209-217 页，图版 1。由洛阳有款瓦推测出的制瓦操作顺序被后来宋代和明代的文献所证实；《营造法式》卷十五，第 105-111 页，及《天工开物》卷七，第一至二页。

119　Anon.（1997a），第 47-51 页。

120　Anon.（1999c），第 16-19，22 页，图版 3。

121　柴泽俊（1991），第 4 页。

122　《隋书》卷六十八（列传第三十三）。《北史》卷九十（列传第七十八）。另见 Anon.（1959a），第 19-20 页。

品上的镶嵌图案，还有唐代建筑模制构件中带叶小枝条的图案，也被陶工借用来提升器物的质量[123]。

　　显然唐代是施铅釉和碱釉的陶器与炻器生产欣欣向荣的时代。物品主要用作明器，但也有少量的"三彩"出口（见本册 p. 716 和 pp. 730-733）。可以认为，这一陶瓷传统与铅釉建筑陶瓷属同一体系，与铅釉建筑陶瓷于同一时期兴盛繁荣，尤其是在中国北方。情况也正是如此：发掘工作揭示出了多处制瓦中心，其中有山西介休、陕西长安和中国东北的渤海国[124]。陕西黄堡详尽细致的发掘记录涉及瓦的为数不多，其中包括一个华丽的"三彩"龙头瓦，24 厘米长，为精细的白胎[125]。辽代诸窑延续了北方的"三彩"传统，1983 年在北京城外的门头沟区发掘出一个制造白瓷和铅釉器物的窑场[126]。

　　唐代生产铅釉器物的主要窑群已确认是在陕西黄堡（供应长安城）[127]和河南巩县（供应洛阳）[128]，还有河北内丘县[129]。

　　黄堡的考古发掘为这一行业提供了一个很好的写照，由于用来生产铅釉陶器的一些窑洞作坊在公元 8 世纪中期因漆水河泛滥而被急速抛弃，所以留下了处于各个生产阶段的瓶瓶罐罐。在此窑址，一起被发现的还有从河岸向黄土峭壁内掏挖的住所和作坊，其中有一个特殊的窑洞，用作住所兼仓库。除了已制成的施釉器物以外，发掘出的作坊内有数百件尚未烧制的器物，还有陶瓷模具和素烧过的物件。在一个作坊内发现了玄宗皇帝时期（公元 713—741 年）的铜钱，而窑炉的残体为烧柴的"馒头"窑类型。煤好像是用于作坊取暖的[130]。

（vi）唐代的铅釉器物

　　在东汉时期的明器中已经可以见到三种用于铅釉器物的颜色——铜绿色、铁褐色和透明釉，而唐代陶工在已有的彩料种类中添加了钴蓝釉和两种黑色。通过在富铅的底釉中分别添加过量的氧化铜和氧化铁，可以制得亚光与微晶黑釉。明器上的陶釉也会偶尔出现小斑块状的、由铜产生的孔雀蓝色釉，这使得可能用于陶器的釉色达到了六种[131]。因此，唐代铅釉器物的俗称——"三彩"（意为"三种颜色的"器物，见本册

501

　　123　关于唐代墓葬陶器器型和装饰的说明，见 Watson（1984），pp. 50-57。

　　124　柴泽俊（1991），第 5 页。

　　125　Anon.（1992a），上册，第 67-69 页；下册，图版 2。

　　126　Zhao Guanglin（1985），p. 91。

　　127　Anon.（1992a），上册，第 15-25 页。

　　128　Li Zhiyan & Zhang Fukang（1986），pp. 69-76；Li Jiazhi et al.（1986b），pp. 129-133；Rawson et al.（1989），pp. 39-61。

　　129　作者之一（柯玫瑰）在 1998 年参观过河北省博物馆的河北诸窑出土陶瓷展，展会上展出了内丘各窑的一系列"三彩"器物。

　　130　杜葆仁和禚振西（1987）。

　　131　有一个带有小面积青绿色釉的样本（一个有翼有角、脚爪分叉的狮子）现陈列在香港徐氏艺术馆（Tsui Museum of Art）。图见 Wood（1999），p. 214。

502

表79 唐"三彩"釉的分析

颜色	出土地址	PbO	SiO₂	Al₂O₃	Fe₂O₃	CaO	MgO	K₂O	Na₂O	CuO	CoO	总计
桔黄 [a]	陕西	50.5	30.5	6.9	4.9	1.2	2.1	0.2	—	—	—	96.3
桔黄 [b]	陕西	54.6	28.6	8.0	4.1	1.6	0.4	0.7	0.4	—	—	98.4
桔黄	佛富斯塔特（Fustat）[c]	59.6	29.3	5.7	2.3	1.6	0.5	1.0	0.5	—	—	100.5
绿	萨迈拉（Samarra）[d]	55.6	33.6	5.8	—	1.0	0.5	—	0.3	2.0	—	98.8
绿	河南巩县 [e]	49.8	30.7	6.6	0.5	0.9	0.25	0.8	0.4	3.8	—	93.75
绿	斯里兰卡曼泰（Mantai）[f]	55.4	32.6	6.7	—	0.8	0.6	0.3	0.5	3.2	—	100.1
白	陕西 [g]	52.7	32.0	5.8	2.1	2.2	1.4	0.2	0.1	—	—	96.5
蓝	巩县 [h]	42.1	34.4	—	1.1	2.3	0.5	0.3	0.1	—	1.2	82
蓝	巩县 [i]	45.0	—	—	1.0	0.8	0.4	0.9	0.2	0.4	1.0	49.7
低共熔混合物		61.2	31.7	7.1 [j]								100.0

a Li Guozhen *et al.* (1986), p. 78, table 2。
b Rawson *et al.* (1989), p. 44, table 1。
c 同上。
d 同上。
e 同上。
f Rawson *et al.* (1989), p. 44, table 1。
g Li Guozhen *et al.* (1986), p. 78。
h 同上。
i Li Zhiyan & Zhang Fukang (1986), p. 69, table 1。
j Maynard (1980), p. 81, appendix。

p. 148），是低估了施于这些器物上颜色的全部种类，虽然它确实描述了最为常见的唐代铅釉颜色，即稻草色、琥珀色和绿色。

唐代铅釉施加于生烧的炻器和瓷器上，而不是像典型的汉代铅釉陶器那样施加于微红色黄土胎上。这些白色、浅黄色或粉色的基底改进了较透明的颜色釉的效果，而且基底上常常覆盖有相关材料制成的化妆土以求得最佳效果。使用烧后呈浅色的高岭石黏土作为铅釉的基底似乎是北齐时期的创新，在河南北部的窑址中可以寻找到这一工艺的早期范例[132]。

对"三彩"窑址的发掘结果显示，铅釉通常施于素烧器物之上，绝大部分是为了放于墓内而制作的。墓葬陶瓷的典型素烧温度大约为 850—1000℃，但有迹象显示，在晚期的出口至美索不达米亚的唐"三彩"器物中，某些器物的素烧温度要高很多（大约 1200℃），为的是使其足够坚固以适于长途商旅及以后的家庭日用[133]。这一"硬素坯和软釉"的概念以公元 9—10 世纪的"三彩"器物为先导，后来被中国北方和南方的珐华器所采用[134]。中国南方也采用高温素烧，尤其是景德镇自元代起，将低温孔雀绿釉首次施于正烧素瓷坯上，以后一直如此[135]。

分析给出，唐代"三彩"釉是简单的铅的铝硅酸盐，不含钡（表79）。从组分上说，它们与表76中最初的汉代釉，以及表79中的氧化铅-二氧化硅-氧化铝低共熔混合物（熔点 650℃）均有关联。它们可能与汉代釉在大致相同的温度烧成，即接近 1000℃。

似乎黄土与富集的铅矿石组合能生产出琥珀色釉，因为从琥珀色釉中减去氧化铅后剩下的氧化物配比与黄土相近。在唐代青釉中寻找过锡，但未发现锡的存在，这表示在检测的样品中铜颜料的来源并非青铜。有少数几个钴蓝铅釉样本被做过全面分析。一例来自河南巩县窑的样本显示的氧化物含量表明，巩县陶工可以获得一种非同寻常的纯净钴源，配出的混合物由近乎等量的铁和钴化合物组成（见本册 pp. 670-674）[136]。这是一份非常纯净的原料，因为氧化钴在釉中有大约十倍于氧化铁的着色能力。含有大量氧化钴的高温釉能够轻松地应对铁和锰的氧化物的影响，且仍旧能够给出上好的蓝釉。与此不同，铅釉对钴矿石中的杂质非常敏感。因此巩县原料中钴的浓度只是在这种高铅釉中成功获得钴蓝颜色的一个基本条件。

"三彩"蓝釉中存在的低氧化钙和低氧化钠含量表明，钴并非由进口钴蓝玻璃所提供，而应该是来自近处的某个原生矿源。可能与巩县在某些非常稀有的晚唐白炻器上

503

132　Satō（1981），p. 57。

133　Rawson *et al.*（1989），p. 49。高温素烧后施加低温釉的用法曾在文艺复兴时期用于锡釉陶器，且自 18 世纪以来，对于大部分英国和美国陶瓷来说这是一种常见的操作方式。

134　Wood *et al.*（1989），p. 179。"珐华"可被译为"有外边界线的图案"。因为"珐华"工艺是在隆起于胎上的细线所围绕的区域内施用颜色釉，很多资料将其与金属胎珐琅（景泰蓝）相比较。在景泰蓝情况下，铜或青铜器物上的珐琅色料施于隆起的金属细线所构成的区域中。推测是珐华陶瓷模仿景泰蓝，而两种器物的装饰方式和颜色构图确实都支持这一假设。

135　Liu Xinyuan（1993），pp. 34-35。对这种类型，刘新园写道（p. 35）："已发掘出多件，包括一个砚台，已明显地确定为二次烧制的青绿色釉。"

136　Li Guozhen *et al.*（1986），p.78。

504

表 80　辽代铅釉的分析结果[a]

	PbO	SiO$_2$	Al$_2$O$_3$	Fe$_2$O$_3$	TiO$_2$	CaO	MgO	K$_2$O	Na$_2$O	MnO	NiO	CuO	CoO	总计
蓝色	43.3	42.6	10.3	0.4	0.1	1.0	0.1	0.01	0.5	0.01	0.41	0.06	0.1	98.9
绿色	57.2	33.3	3.4	1.5	0.05	0.9	0.1	0.5	0.2	0.01	0.14	2.1	—	99.4
琥珀色	53.7	33.0	6.6	3.5	0.05	1.0	0.1	0.7	0.4	0.01	0.1	0.06	—	99.2
绿色	45.95	35.9	7.4	0.7	0.01	0.5	0.1	0.5	0.2	0.01	0.02	1.4	—	92.7
琥珀色	52.7	33.6	7.1	4.0	0.04	1.1	0.1	0.4	0.3	0.02	0.07	0.2	—	99.6
绿色	50.2	34.6	8.2	1.3	—	1.0	0.2	1.1	1.1	0.03	—	1.8	—	99.5
绿色	56.7	33.2	4.1	0.5	—	0.9	0.3	1.0	0.8	0.03	—	1.9	—	99.4
低共熔混合物	61.2	31.7	7.1											100

a　Anon. (1988b), p. 127, table 7-5; Chen Yaocheng et al. (1984), p. 322, table 2。

进行釉下蓝绘时所使用的矿石相同。后面这一种原料最近被确认为是硫化钴，或许是方硫钴矿或硫钴矿[137]。现今在中国境内的河北和甘肃省存在硫化钴矿源，但近东也有硫化钴矿存在，地处 12 世纪波斯制作青花器物的遗址附近。制作唐"三彩"蓝釉的钴矿石来源至今仍然未能查明[138]。

（vii）辽代铅釉

辽帝国，其南部边境接近长城，且其过去的大部分领土在现今的内蒙古和辽宁。辽从古老的唐"三彩"传统借用了多种器型和制釉技术。辽代的陶工还创造了一些他们自己的非常著名的"三彩"器物，富有想象力地使用了未上色的奶白色区域，以及用模具加工的仿银器风格的"凸纹"装饰。铅釉下面使用的白色的化妆土显示出其矿物组成为叶蜡石和高岭土，还有少量云母[139]。这些器物中的一部分看来是日用品。

在组分方面，分析过的辽代铅釉似乎与唐代"三彩"器物所用铅釉十分接近。与唐代的原件一样，辽代釉也大体落于 650℃氧化铅-二氧化硅-氧化铝低共熔混合物的范围内（表 80）。

有少数几个微小的差异可以区分唐代和辽代铅釉，主要是在着色氧化物的使用方式上。表 80 中的第一个釉样很不寻常，是镍-钴矿物着色，而不是唐"三彩"产品所特有的铁和铁-铜-钴着色（另见本册 pp. 668-674）。辽代青釉与唐代相比，往往氧化铁含量较高，而氧化铜较低，致使其更偏向于黄绿色调。然而，辽代琥珀色釉与唐代的情况相当接近。推测辽代"三彩"陶器要高温素烧至 1120℃左右，而且和唐代器物一样，其胎料实质上是生烧的炻器。辽代釉可能在 1000℃左右烧成[140]。

（viii）辽代氧化硼釉

到此为止，本册中描述过的全部中国低温釉都属于高铅或铅-钡类型，而且这些釉显示出的组分大体相近。然而，在位于北京西部的龙泉务村窑区却发现有一个重要的例外情况。1989 年对两片取自龙泉务的、带有不寻常的暗绿陶器釉的辽代碎片进行了分析，结果显示其含有氧化硼，且为主要助熔剂。它们的氧化铅含量可以忽略，这使其成为迄今为止世界上所发现的最早的氧化硼助熔釉[141]。

氧化硼（B_2O_3）是多功能的釉原料，能够以不同的操作方式用作助熔剂、制玻璃的材料和釉稳定剂。在量大时它会引发裂纹，但少量的氧化硼却能减少裂纹产生，即所谓的"氧化硼异常"[142]。它的折射率低于氧化铅，因此氧化硼釉往往不如同档次的

505

137　Chen Yaocheng *et al.*（1995b），p. 208。

138　Kleinmann（1991），p. 334。

139　Kuan Baozhong *et al.*（1985），p. 38。

140　Kuan Baozhong *et al.*（1985），p. 38。

141　Chen Yaocheng *et al.*（1989c），pp. 317-321。

142　Singer & Singer（1963），pp. 208-211。当氧化硼键从三重配位转变为四重时会发生异常。

表81　龙泉务出土辽代含硼陶器的胎与釉[a]

	SiO_2	Al_2O_3	Fe_2O_3	CaO	MgO	K_2O	Na_2O	PbO	B_2O_3	CuO	MnO	P_2O_5	总计
辽代含硼釉1	58.1	9.3	0.8	4.6	0.6	3.1	5.1	1.3	10.3	6.4	0.04	—	99.6
辽代含硼釉2	54.7	5.5	0.6	6.2	2.0	1.5	10.5	0.4	12.8	6.3	—	0.2	100.7
含硼釉胎1	57.1	32.9	1.6	0.6	0.2	1.7	4.0	—	—	—	0.01	0.1	98.2
含硼釉胎2	58.6	32.2	1.6	0.5	0.2	1.9	3.1	—	—	—	—	0.2	98.2

a　Chen Yaocheng *et al.*（1989），pp. 317-321。

铅釉华美。其对着色氧化物的响应位于碱釉和铅釉中间。例如，当在氧化硼釉中使用氧化铜时，呈现出绿蓝色，而不是高碱釉特有的孔雀蓝色或者富铅釉典型的祖母绿色。

就其化学组成和原始配方来说，对龙泉务釉的分析结果（表81）很难给出解释。釉中未见明显的基本低共熔混合物，而且也很难确认出任何一种可能用来制釉的天然原料。现今在辽宁省发现的最丰富的富硼矿是纤维硼酸镁石，这是一种镁的硼酸盐，但纤维硼酸镁石中镁含量太高，因此不可能是配方中所使用的原料[143]。

硼钠钙石（$Na_2O \cdot 2CaO \cdot 5B_2O_3 \cdot 16H_2O$）可能是这些釉中氧化硼来源的一个考虑对象，这是富含氧化硼、碱和氧化钙的一种材料，在上面的分析中（表81）这是三种主要的助熔剂。釉1可能由混合物制成，其中含28.5份典型硼钠钙石、46.5份长石、18.5份石英和5.5份氧化铜。很遗憾，这些原料的组合不"适合"釉2，因为釉2含有的氧化钠过于丰富而氧化铝又过低，不会是只单独使用了硼钠钙石。但是用硼钠钙石32份、苏打灰14份、石英37份、瓷土11份及氧化铜5份的混合物有可能"复制"釉2，如用粗硼砂35份、苏打灰9.5份、石英31份、黏土9份及氧化铜6份的混合物也一样可能"重建"釉2。简而言之，釉2只可能由可溶性原料制成，这暗示某些最初的辽代氧化硼釉可能烧结过。这些釉的另一个怪异之处在于其含有高百分比的二价铜氧化物（平均6%CuO）。这大约是典型辽代绿铅釉中所测到的铜含量的三倍[144]。

尽管这些釉在世界陶瓷历史中十分重要，且在中国本身极为稀有，但它们的外观其实相当普通，而且氧化硼釉在这一时段似乎并未得到进一步的发展。中国研究过这些釉的科研人员提出，寺庙及北京宫殿对琉璃瓦的巨大需求可能刺激了新的陶器组分的实验，而且他们提出氧化硼最有可能的来源是硼砂[145]。

（ix）宋代和金代的"三彩"

辽代期间对中国匠人在陶瓷工艺上最有明显的实际影响力的事件之一，是日用铅釉器物的重现。钴蓝釉此时已近乎从色系中消失，但稻草色、琥珀色和绿色三种基本"三彩"颜色得以幸存。宋金王朝没有再采用传统唐"三彩"精心制作的露花与"镶嵌"工艺。取而代之的是一种辽代晚期流行的工艺，即在轻烧的胎或化妆土上用彩釉填入"釉雕"图案。这一工艺导致了某些精致物件的产生，尤其值得一提的是中国北方磁州窑所制的瓷枕。对宋金磁州铅釉的分析数据极少见到，但有一个测量过的样品，所给出的结果与辽代釉十分相近（表82）。

507

143　Travis & Cocks（1984），p. 113。

144　Wood（1999），pp. 207-209。

145　Chen Yaocheng *et al.*（1989c），p. 317。

表82　宋代和辽代三彩青釉的分析结果

	PbO	SiO$_2$	Al$_2$O$_3$	Fe$_2$O$_3$	CaO	MgO	K$_2$O	Na$_2$O	CuO	总计
宋代"三彩"青釉[a]	54.8	32.3	4.8	1.1	2.2	0.5	0.65	0.3	2.8	99.45
辽代"三彩"青釉[b]	57.2	33.3	3.4	1.5	0.9	0.1	0.5	0.2	2.1	99.2

a　Anon.（1988b），p. 126，table 7-4。
b　同上，p. 127，table 7-5。

像唐代和辽代"三彩"那样，宋金磁州窑釉是施加于浅色、生烧的炻器胎上，然后釉烧至1000℃的。在黄、绿和琥珀色等标准颜色之外，宋"三彩"器物偶尔还能显示出孔雀蓝色、深铁红色和可能是铁-锰紫褐的一种颜色。对后面这三种颜色的全面分析还有待进行。

508

（x）南　方　铅　釉

大多数低温釉产于中国北方，在北方经历了最早的和最快的发展。然而自唐代以后，中国南方也有少量铅釉生产，尤其是在江西吉州和四川邛崃。绿铅釉是最为流行的颜色，对少数南方"三彩"釉的样例已经进行了分析，结果也已经发表。它们的组分与中国北方的相近，而且，像北方釉那样施于生烧的炻器胎上，而不是施于真正的陶胎上，胎上经常覆盖有白色化妆土（表83）。

表83　中国南方铅釉的分析结果（n.d.=未能判定）

	PbO	SiO$_2$	TiO$_2$	Al$_2$O$_3$	Fe$_2$O$_3$	CaO	MgO	K$_2$O	Na$_2$O	CuO	P$_2$O$_5$	SnO$_2$	总计
邛崃青釉[a]	58.8	29.5	0.4	5.6	0.7	0.6	0.3	0.6	0.25	1.5	0.1	n.d.	98.4
邛崃黄釉[b]	50.2	36.2	0.6	10.1	1.1	0.4	0.6	0.6	0.3	n.d.	0.04	n.d	100.0
吉州青釉[c]	47.0	36.6	0.3	5.4	0.8	2.8	0.6	1.4	0.2	2.3	n.d.	2.45	99.9

a　Zhang Fukang（1989），p. 64，table 2。
b　同上。
c　Zhang Fukang（1985b），p. 59，及引自张贴论文的数据。另见Hughes-Stanton & Kerr（1980）p. 52以及编号265和267的残片。

吉州釉的氧化锡含量特别高。这可能表示釉配方中使用了高锡青铜的边角料，或一种硫化铜-锡矿石（铜-锡黄铁矿）——这仅仅是一种可能性。

509

（xi）宋代和金代的铅釉与建筑陶瓷

在宋代，官办窑场生产的建筑陶瓷产品都有完备的文档记载。将作监管辖之下的东西八作司监督都城城墙内外的建筑物营造[146]。然而，这一时期官办窑场的生产并非持续不断。只在有需求时，窑炉才是生气勃勃的，例如在1009年的二至十月建造承宗

146　《宋史》卷一八五，第二十二页。《宋会要辑稿》职官三〇之七。Hucker（1985），p. 140。

皇帝昭应宫的这 8 个月期间[147]。

上述机构可能还奉徽宗皇帝（1101—1125 年在位）的旨意，安排完成了为建造建明堂的青釉瓦生产[148]。考古发掘的材料，如从北宋"西京"洛阳城唐宫中路的重要宫殿遗址中所发现的那些物品，揭示了皇室建筑的规模。这里发掘出大批的素砖瓦，其中包括了有款识的瓦，标志着它们是由附近不同的窑场所烧造的[149]。

对于宋和金两代来说，还有大量现存的铺瓦建筑物可用来展示当时建筑陶瓷制造业的实力。例如，山西省是北魏时期以来的重要琉璃瓦制造中心，在考古工作和寺庙修复工作中证实了省内有几个重要的标志性建筑存留。在太原芳林寺，确认有 1029 年的瓦，瓦上施有青釉和黄釉，胎为灰黑色。太原圣母殿中最早一部分的建造年代为1102 年，在那里发现了一块带有工人名字的瓦。山西介休三清楼的上层大殿上，装饰有 1087 年的筒瓦[150]。

清代以来存留下来的瓦就更多了，其中很多保存完整而且还位于原处。朔县弥陀殿是一个精美的实例，始建于 1143 年，殿上面的瓦据其款识定为 1146 年。其屋顶仍带有鸱尾顶饰以及武士与瑞兽的塑像，胎微红而釉则呈明亮的绿色和黄色[151]。

重要的物件上会刻有出资人与陶工两者的姓名。1982 年山西西部离石城出土了一座"三彩"香炉，其尺寸与质量均超乎寻常。上有陶工朱成的名记和干支纪年，年代对应于公元 989 年或 1049 年，而且两个手柄之间刻有姓氏"呼延"。凭此确定，此香炉与宋代一名将有关，后来的戏曲与演出曾使用过他的名字。作为一名军人，呼延将军以他的勇敢和忠诚获得过很多荣誉，但其子使之蒙羞。家族荣耀由其孙加以恢复，他重新祭典了祖坟。因此香炉可能是在呼延将军的荣盛时期（公元 989 年）为其制造，或者为其孙进行祭典仪式所用（1049 年）[152]。

北宋晚期的一部专著《营造法式》描述了砖瓦制造的工艺流程。该书由李诚编纂于 1097 年，刊行于 1103 年，且不久后于 1145 年重印[153]。其中卷十五描述了瓦的制成过程，这似乎与公元 5 世纪专门工匠的操作过程相近（见本册 p. 499）。首先要准备精细无沙粒的黏土，供普通瓦和带有塑形装饰的瓦使用。第二天将楔形（中空的）黏土放于慢轮上，且围绕一直径可调的圆柱形木制成型器以成型，以草木灰或石灰粉末作为隔离物以防粘连。用在泥釉中浸泡过的布将胎覆盖。在圆柱形瓦外皮变硬以后，用刀划上分为四份的标记，且在进一步晾干以前，用水使标记线变得明显，随后分割开来[154]。四方形的砖和长条瓦也用木制成型器制作。

510

147　《宋会要辑稿》食货五五之二〇。

148　《宋史》卷一〇一（礼志四），第十一页。

149　印记读作"南窑""北窑""西窑"等，见 Anon.（1999d），第 40-42 页，图版 4，7。

150　柴泽俊（1991），第 7-8 页。

151　同上，第 10-11 页。

152　同上，第 6-7 页。《宋史》卷二七九（列传第三十八），第 9488-9489 页。

153　李约瑟等的［Needham et al.（1971），pp. 107-110］著作讨论了《营造法式》，其中列有卷目表。

154　《天工开物》（1637 年）（卷七，第一页）给出了几乎同样的制瓦描述，只是增加了当圆筒形胎稍干时，将胎从模具上移走且自然地分解为四片这一内容。

图 138 造瓦，采自《天工开物》（1637 年）

已干的瓦坯用瓦石打磨平滑并用湿布除去织物的印记，然后进行水熏烧制。首先将瓦坯表面盖以石英砂与软土或滑石的混合物。然后用干草完成水熏阶段，依次用蒿草、松杉木柴、羊粪和麻类植物的油[155]。瓦因此而得到了充分的还原烧制，全部过程需用七天：第一天装窑，第二天生火，第三天将水滴入，窑冷却三天，第七天出窑[156]。窑为有承重墙的穹顶结构（"垒造窑"），烟囱在窑顶中央[157]。

铅釉的制备使用氧化铅，备料时将其与黑锡和硝酸钾（KNO_3；盆硝）混合一起在铁锅内加热一日[158]。所得之物碾为粉末并置于一用砖加盖的封闭容器内重新加热两日。将此原料研磨成粉并与石英、铜粉（着色用）和水（冬季用热水）混合且施于瓦上[159]。釉烧窑（"琉璃窑"）装好后，第二日生火，待冷却后第五日出窑[160]。

在中国，自最早制成瓦时开始，一些最好的产品就指定为统治者使用。元朝的皇帝曾下令建造了令人难忘的地标性建筑物。在大都（北京）的宫殿建筑已被发掘出土[161]。《元史》（1370年）中曾提及在大都的隶属于"少府监"的四个制作素白建筑陶瓷窑址。这些是在政府官员及其副手统管下的重要窑炉，每窑雇用工匠300人以上。还有建于1267年的琉璃局，监管彩色陶瓷[162]。1983年在北京西北海淀区发掘出一个制作白琉璃砖和琉璃建筑构件的元代窑址。有人提出这就是正史中列举的诸窑之一[163]。

幸存的元代瓦顶寺庙建筑中，有几座位于山西[164]。当时，山西上交给中央政府的陶瓷税收相当可观。例如，《元史》记载，在1328年仅太原收税额即58锭银[165]。窑炉呈现一片繁荣景象，且引入了有所创新的工艺和制作风格。元代砖瓦的一个重要特点是使用了更多种类的颜色，以孔雀绿色为代表。这种颜色最早曾于唐代期间使用，但鲜有成功（见本册 pp. 622-631）。

炻器胎上和瓷器上均使用过这种孔雀蓝色。最值得注意的是这种孔雀蓝釉瓷器是景德镇御窑窑址元代地层出土的器物残片[166]。另外，名为"珐华"的装饰方式在元代初见端倪（见上文 p. 501）。中国最近的研究指出，"珐华"陶瓷最早是在元代，作为制瓦业的副产品制作于山西[167]，但很难将其归为元代的知名制品。到明代永乐年间（1403—1424年），在山西南部平阳（今临汾）郊外制作"珐华"器皿。稍后在15世

155　《营造法式》卷十五，第105-111页。李全庆和刘建业（1987），第13-14页。另见陈明达（1981）。

156　《营造法式》卷十五，第111页。李全庆和刘建业 [（1987），第21-23页] 将这一段的意思解读为烧制仅持续五天，这与我们对文本的解释不一致。

157　《营造法式》卷十五，第111-112页。李全庆和刘建业 [（1987），第10页] 将这一描述解读为是针对釉烧窑的。

158　类似的过程在福格特 [Vogt（1900），pp. 587-588] 著作中有所叙述。

159　《营造法式》卷十五，第110页；李全庆和刘建业（1987），第17页。

160　《营造法式》卷十五，第111页。

161　Anon.（1972a），第19-28页，图版8，9。

162　《元史》卷九十（百官志六），第2881页。Hucker（1985），pp. 318，415。正如文献和出土制品所揭示的，早在辽金时期北京就已建立了铅釉瓦厂。参见 Chao Kuang-Lin & Liu Shu-Lin（1997），pp. 151-153。

163　Zhao Guanglin（1985），pp. 91-92。

164　见柴泽俊（1991），第12-17页。

165　《元史》卷九十四（食货志二），第三十一页。参见爱宕松男（1987），第342-345页。

166　Liu Xinyuan（1993），pp. 33-34。

167　柴泽俊（1991），第19页。

511
512

513

图 139 山西永乐宫孔雀绿釉屋脊瓦塑，元代

纪，山西的东南隅有数个窑炉制作上等"珐华"物件。山西西南隅的永济和新绛周围诸窑专门制作塑像产品。所有这些产品均使用炻器胎。中国南方的瓷窑，或许是景德镇的，于 15 世纪某一时间开始制作"珐华"瓷器。像北方器物那样，其器形种类不多，而且偏爱复杂的装饰设计。对"珐华"釉工艺的讨论见本册 pp. 628-631 和 pp. 681-682。

明清两代，在社会相对稳定的长时期内，有数量巨大的砖瓦受命制作出来，以供宫廷建筑、寺庙和陵墓使用。由于制瓦不需要高温大窑，陶瓦场能够建立在建筑或修缮工地附近。例如，我们知道明清两代有很多御用工场建立在山东临清、河北武清、江苏苏州、河南蔡州、北京附近的西山[168]、沈阳附近的山区、北京琉璃厂以及南京中华门外的聚宝山等地[169]。南京的窑群建于 1393 年，有报告说，14 世纪为在彼处建立明代都城，需要的窑不下 72 座[170]。这些窑都使用安徽当涂县白云山（又名白土山）的细白土[171]。

整个明代，都有产自安徽的细土被长途运送至都城。在安徽当涂县砖瓦窑发现了修筑洪武帝的祖陵所用的原料[172]。1406 年北京烧制砖瓦使用的黏土是从大约 3000 里外的当涂用船运来的。晚至 17 世纪，皇家用的砖瓦和湖北皇家陵墓的建造还使用安徽白土[173]。直到清代，黏土才从北京附近的门头沟区采集[174]。

明代早期的瓦主要是上部施有低温铅釉的炻器。到目前为止只发现了四组重要的例外，年代分别定为洪武、永乐和宣德年间。第一组是洪武时期南京宫殿遗址和安徽皇帝祖居的高温釉里红瓷瓦。第二组是 1990 年景德镇出土的洪武黑釉瓦。第三组是报恩寺的素白瓷瓦，而第四组则是景德镇御窑窑址的釉下蓝饰瓦。

在洪武宫殿的发现包含 5 片不完整的圆形瓦当，带有龙形图案的模压浮雕，还有 11 片带有凤形图案、形状不完整的瓦当。所有图案使用釉下铜红（釉里红）描绘，且在景德镇高温窑炉内烧成。安徽凤阳县的明中都皇城太庙建于 1378 年，同样也使用了带釉里红龙形装饰的瓦当[175]。

景德镇珠山御窑址出土了两片由专人监造制作的瓦，部分施黑釉。考古学家推测它们可能是此窑为 1377 年建造的社稷坛所提供的材料。这些瓦上记录了监造者、领班、总领班、上釉工人和烧火工人的名字以及批号等[176]。

已有 2250 多块白色 L 形釉面砖从景德镇御窑窑址的永乐时期地层出土。世界各地的博物馆藏品中有许多从南京附近拾得的类似的砖瓦。研究确认，这些砖与报恩寺——

---

168 《冬官纪事》，第三至四页、第二十三页。

169 《大明会典》卷一九〇，第一页。

170 Zhang Pusheng（1991），p. 62。

171 《天工开物》卷七，第二页。《太平府志》（1531 年版）卷十三（物产），转引自《当涂县志》（1571 年版）卷八，第 156 页。关于安徽白土矿开采的讨论见本册 p. 237。

172 Harrison-Hall（2001），p. 516。不列颠博物馆收藏的报恩寺的瓦可能是在安徽当涂烧制的，图见 Harrison-Hall（2001），pp. 524-528, pls. 18.11-18.17。

173 《大明会典》卷一八一，第一页。《天工开物》卷七，第二页。

174 至少早在辽代，门头沟就一直在制陶瓷，见本册 p. 500。

175 Zhang Pusheng（1991），pp. 62-63。

176 Harrison-Hall（2000），p. 516。

图 140　明代宫殿遗址出土的带有釉下铜红龙形图案的瓦当残片

516　西方人称为"南京瓷塔"（Nanking pagoda）——塔面所用的一致。这一寺庙是奉永乐皇帝之命，为纪念其已过世的父母而修建的，主体建于 1412—1431 年[177]。

在御窑厂遗址，曾两次发现宣德时期的釉下钴蓝彩绘（青花）釉面砖。这些砖有些是实心的，有些是空心的，从外形看来是装饰中楣用的，但是其用途并未在任何文字记载中得以确认[178]。

另一种重要的未施釉砖瓦是苏州制造的所谓"金砖"。它们在几种明代文献中被提到过[179]，它们因加工烧制得非常之精细，致使敲击时有坚硬金属之声而得名。实际上，由于外层碳化，这种砖是黑色的（见本册 p. 296）。它们供建于 1407—1420 年的北京皇宫三大殿铺地所用。明代的一位在苏州负责制砖的工部官员张问之，在后来的一篇名为《造砖图说》的文字中描述了他们谨慎小心的备料和制作过程。张问之负责 63 户陶工，他们使用从城东北陆墓取得的淡金黄色黏土制作 2.2 尺×1.7 尺的长方形砖。黏土分七个阶段进行制备：挖掘、运输、晒干、粉碎、碾压、研磨和过筛。然后分六步淘洗和精炼。首先放入有三个间隔的水池中，然后经有三层网的筛子过滤，摊到地上晾干，干后放入布袋，用铁丝扎紧袋口并踩踏。而后再将黏土用手揉捏，在石臼中捶碎，后用木槌捣烂并再次晾干。此后八个月中每天用手轻轻揉捏此料，至可以成型为止。在烧窑的最初阶段要避免急火。第一个月先要用谷壳和稻草加热砖胎并用烟

177　报恩寺及其内部的琉璃塔据说耗费了朝廷两千五百万盎司白银，而且有十余万施工人员和护卫参与。宝塔塔楼高 80 米，于 1419 年完工。塔由 9 层构成且有 72 个拱形琉璃瓦门洞；除与众不同的白瓷砖以外，其装饰特征还有覆盖了炻器胎上施常见色彩铅釉的瓦。这一建筑在 1854 年太平天国运动期间被夷为平地，但关于其存在的可靠档案得以保留。有制作于其毁坏前不久的西方雕版图被保存下来，而且博物馆藏品中有未毁的砖。见 Hobson（1915），pp. 202-205；刘新园（*1989*），第 20-21，61 页；Kerr（1992），pp. 56-57；Grace Wong（1994），pp. 28-31。

178　刘新园等（*1998*），第 122，173 页。

179　例如，《姑苏志》卷十四，第三十三页；《冬官纪事》，第一页；《天工开物》卷七，第四页。

熏，第二个月用木柴烧制，第三个月用圆木段，最终的 40 天用松木。在烧制 130 天以后，通过窑顶将水引入，使砖逐渐冷却。对成品砖的质量检验十分苛刻，产品的配额又是如此巨大，以至于当一炉砖报废时，陶工中会有自杀事件发生[180]。

前面所描述的是对特殊黏土原料费时费力的精加工以及非常缓慢、仔细的烧制工作。这使得这些砖具有非同寻常的密度和强度。制作"金砖"的配方已在清末失传，而近期模仿其制作过程的努力集中在五个要点上：原料、精炼、成型、干燥和烧结。现存"金砖"的显微结构已经过了分析研究，并且选到了化学组分、颗粒大小、收缩性和可塑性均不相上下的黏土原料。这样的黏土有精细的颗粒、很少的杂质、良好的可塑性、较高的熔点以及很宽的烧制范围。它们需经极为精细的处理（如瓷土一样）以确保细小的颗粒尺度、纯度、水分分布均匀且气孔量要极少。小心仔细的成型过程可以保证致密的结构以及漂亮的外观。仔细的干燥和烧制过程意味着变形和开裂的危险较小，而且发现 1100—1210℃ 这一相对较高的烧制温度范围会给出最好的结果。烧制过程很长，但并未长达 130 天[181]！

皇家建筑项目使用的砖瓦来自各省官府所拥有的窑炉。那里雇用的熟练工人包括那些专门淘洗精炼黏土的、和泥的、改建窑炉的、装窑的和其他各个工序的专业工人。建筑陶瓷烧制两次，先是毛坯素烧，施釉后再在隔焰窑内二次烧成。烧掉的木柴数量巨大，其中重达 60 斤（约 35 公斤）的大型单件瓦所耗费掉的最多[182]。明代中期和晚期，对大型建筑构件的需求增加，而形状复杂、透空的大型多色构件对陶工的技术是极大的考验[183]。皇家建筑的规模是如此之巨大，以至于窑上经常人手不够，而要派遣士兵前去帮忙[184]。《明史》（1739 年）记载，嘉靖年间中期是营造宫殿建筑的繁荣时期[185]。沉重的砖瓦被用尽各种手段强制征用来的船只运回京城：客船、运粮船、私人船只等[186]。万历二年（1574 年）景德镇建立专门的窑炉为京城制造 30 万块砖，京城中每个人都捐献了一小笔款项[187]。

16 世纪的建筑业兴旺部分地反映出这一时期全面的繁荣与扩张[188]，在此期间建造了多处新的宫殿。这也是一个对古旧的或损坏的建筑进行大修的时代。《冬官纪事》（1616 年）即是一本对一位官员在这类项目的管理中所做的努力表示敬意的专著[189]。这

517

518

180　《造砖图说》，见《钦定四库全书总目提要》卷八十四。参见 Needham *et al.*（1971），p. 42。

181　Yang Wuhua *et al.*（1989）；Yang Wuhua *et al.*（1995）。

182　《工部场库须知》卷五，第二十三页，参见《天工开物》卷七，第二页。

183　《大明会典》卷一八七，第五十六页。

184　例如，在 1427 年，5000 名军人被派至山东和河南诸窑烧砖，同行 15 名官员监督管理，《大明会典》卷一九〇，第一页。

185　《中国历代食货志正编》第二册，第 942 页。《天工开物》（卷七，第三页）也详细描述了山东临清的一个大御砖厂，还描述了苏州上方砖的制作。两段文字均提及黑窑，即由工部管理的官办无釉素砖瓦制造厂，如《大明会典》（卷一九〇，第一至六页）所述，这一段文字还提到了在 1530 年大量大型建筑对砖的紧急需求。

186　《大明会典》卷一九〇，第二页。

187　同上，卷一九〇，第三页。

188　Ray Huang（1969），p. 110。

189　名称"冬官"——"冬季的办公室"是工部非正式的旧时别称，Hucker（1985），p. 552。

一民间著述记载了一位人物的功绩，此人名为贺盛瑞[190]，在 1596 年和 1597 年的紫禁城大火之后，他监造了那里的两座新宫殿并修复了三个大殿[191]。

这部专著详细记载了建筑所需的原材料及各项成本，贺盛瑞的重大功绩在于他节省了约 37 万两的白银，在拨付此工程的 100 万两中，只花费了刚刚超过 63 万两[192]。硬木自四川、湖南和贵州各省运来，还有来自苏州的特制"金砖"。对苏州还分派了生产方砖的任务，但在工厂内检验了 1 万多块，发现都是次品。生产出的砖颜色发红且由粗粒黏土制成，据说不如以前那里制造的砖好[193]。为两座宫殿烧制的砖瓦总数为 170 万块，其中使用了 9.7 万块，这些砖瓦由北京城一带的三个分立的窑炉制造[194]。窑在临清、武清和通州，且由朝廷官员监管。这种规模的工作需要巨大的投入，包括劳工和官方监管两个方面，还派驻有 1000 名御林军，300 名监视青砖窑，700 名监视琉璃瓦窑[195]。一如既往，腐败是一个严重的问题。陶工多有虚报冒领，而官员则吃空额[196]。琉璃砖瓦窑的管理者是一个叫做刘成的太监，他要求报销为检查制成的砖瓦颜色所花费的巨额款项。督工主事贺盛瑞拒绝支付[197]。质量控制十分严格，每一种类型的瓦烧好后都有两份样品送至皇家检查。一份留在皇帝处，另一份给督工主事作为检测标样。随后交付的产品要与此标样进行比较，如果质量稍差则拒收[198]。督工主事贺盛瑞为缩减开支进行了艰苦斗争。他最值得称道的胜利之一与平板"官瓦"的制造有关。即使能够得到价钱便宜很多而且使用了更好的、较白的原料制造的"民瓦"，宫廷太监们也还是依仗着神圣不可改变的陈规陋习，并以保持官窑运转为托词，从垄断生产中获取暴利。督工主事贺盛瑞秘密地为即将生产的每一类产品订购了 1000 份样品并送至官方检查。由此达成折中方案：对每一类瓦，官窑、民窑各供应总数的一半，因而省下了一大笔款项[199]。

明代中叶可认为是民营砖瓦行业的最高峰。例如，砖瓦窑为山西省带来了滚滚财源和重要地位，通过砖瓦上的款识而记录在案的省内窑址已有 93 个[200]。很多重要的寺庙沿河谷成群而立，重要的发现包括有佛像、香炉、花瓶和庙内的狮形雕塑等，还有墙上和屋顶上的砖瓦。砖瓦制造这一行业被少数家族所控制，业务父子相传。在山西

519

---

190 这一编年纪事为其子所作，他在开头的序言（第一页）中写道，他尊敬的父亲的长期职业生涯和忠心服务在有生之年并未受到赏识，所受的考验和磨难也未记于官方档案。

191 这两个宫殿是乾清宫和坤宁宫——构成皇帝起居处的后三宫建筑中主要的两个。乾清宫在明朝时也含皇帝的寝宫，清朝期间变为正式的起居与办公地点。它还是皇帝刚刚去世时停放灵柩的宫殿。坤宁宫明朝用作皇后的寝宫，但清朝期间用来进行满族本族日常的宗教仪式。其东翼是升至帝位以后才结婚的几个清代皇帝（康熙、同治和光绪）的洞房。见 Weng Wan-Go & Yang Boda（1982），pp. 50-57。关于对《冬官纪事》中条目的另一个解释，见 Ruitenbeek（1998），pp. 202-208。

192 《冬官纪事》，第二十二页。

193 同上，第七页。

194 同上，第三至四页。

195 同上，第十一页。

196 同上，第十四页。

197 同上，第十六页。

198 同上，第十一页。

199 同上，第二十页。

200 柴泽俊（1991），第 18，34-38 页。

图 141　20世纪中国台湾台北附近使用剪贴装饰的屋顶细部图

中部介休和南部阳城的业务，雇有工人的数目最多，且在家族中一脉相承，延续时间最为长久。阳城乔氏是最著名的家族砖瓦业商号。其他重要的砖瓦制造中心是太原、文水和寿阳，后两个小城生产的产品以质量而著称。瓦上的款识证明，来自河南修武、陕西朝邑和河北正定的工人也在山西干活。这是由于中国北方主要的砖瓦制造业倾向于群集，而前面所提到的三个地点分别是在山西的南面、西面和东面省界外不远的地方[201]。

　　山西砖瓦制造业的衰退始于天启年间，且延续至约1680年，贯穿整个内乱时期和明朝至清朝政权转换时期。然而，在这些不平静的年代中有些业务仍在继续进行，标

201　同上，第39页。

图 142　越南西贡中国寺庙屋顶装饰细部图，1997 年

有年代的砖瓦证明了这一事实。1680—1800 年的恢复导致了这一行业的进一步扩张，在广阔的范围内，兴建了多处砖瓦结构的精美地标性建筑并修建了多处古迹，已找到的距今最近的判定为 1907 年。很多老商号仍在经营，同时少数新名号也兴隆昌盛，如太原苏氏[202]。另一个不景气的时期始于 19 世纪早期，随之而来的是制瓦工匠水平的下降。尽管如此，在 19 世纪中期至末期，为数不多的几座寺庙屋顶铺瓦的重任还是取得了赏心悦目的效果。甚至在清代末年，砖瓦厂还在仿制明代风格的物品，其形状、花式和颜色都为顾客所完全认同[203]。

520　　　在中国南方，情况则稍有不同。在本册 p. 114 曾提到汉代广东和福建北部为满足当权者对建筑物的需求而建立的早期砖瓦窑。建筑物的高贵风格往往沿袭遥远北方的传统，同时又有地域性的变动。五代时期曾在福建北部建立的第二个割据王国——闽国，就是这种情况。来自河南的显贵王氏兄弟将其都城建在了福州，并开始了大兴土木的计划。在福州北郊建窑炉数座，制作各式素瓦、砖和其他建筑构件。10 世纪的建
521　筑物几乎未能保存，但那一激动人心的时期在诸如《十国春秋》（1669 年）和《三山志》（1182 年）等文献中都有历史记录[204]。

　　　对砖瓦的需求随经济和建筑的活跃程度而涨落。在 17 世纪，需求大于供给，因而产生了以灰泥塑形，外裹彩色马赛克片（剪贴）来替代瓦塑的情况。剪贴装饰使用陶

202　同上，第 51 页。
203　关于山西省，见同上文献，第 40-51 页。
204　叶文程和林忠干（1993），第 166-169 页。

瓷和玻璃碎片插入一灰泥基底，以比瓦塑低廉的价格产生栩栩如生的效果，同时还比较易于修补。因此在福建，它在建筑装饰中曾占优势地位，而且随着华人社区的迁移而从福建传播至台湾以及东南亚地区，在那里使用至今。流动的中国工人从一个社区移至另一个社区，遍及整个东南亚，进行修复工作并建造新的地标性建筑[205]。

广东也具有类似的强大影响力，体现在本省内所建的雄伟壮丽的标志性建筑物和已传播至中国香港、东南亚、欧洲和新大陆的建筑风格上。广州和佛山附近的石湾是一个著名的制作砖瓦和陶瓷的窑区，那里的制造业至今仍在延续。早在唐代，那一区域已在烧制陶瓷，但直至明代晚期才开始塑像生产[206]。在明代，佛山是一个非常活跃的工业区且是中国第四大城市。小型塑像使用手捏成型，而大件则用模制。模具依据雕刻的模型制作，且仅能使用约 30 次。制成的模型背面粗糙，因为它们是为厅堂和寺庙装饰定制的。大部分现存的佛山和石湾瓦塑及其他小型塑像年代属 19 世纪和 20 世纪。它们以造型细致生动、使用多变的亮釉及露体部位不施釉的做法为典型特征。头部、手部和其他无釉的身体部位使用石湾山区的高铁黏土与少量极精细高岭土和东莞土混合来制作成型。施釉部位属较为粗劣的混合材料，由东莞土和砂制成[207]。精致的造型由手工完成，在手部和脸部再加绘细节。表演艺术，尤其是戏曲对广东人物塑像风格的表达方式影响很大[208]。

砖瓦业在石湾是专门化的行业，业务保持在少数家族内部传承[209]。很多物件上标有品牌名称或者是个体或公司的名称。这一做法起始于明代，为的是宣扬其产品，也标示了在这一竞争性行业中的质量品牌。在清代，标识变得更为普遍，那时标识还起到了区分真货伪货的作用[210]。大约自 1810 年起，许多广东陶工移居台湾，在那里他们建立了业务，常常还是雇用福建的移民。因此塑像和瓦（其中许多带有制作者名字）显示出了福建和广东两个南方省份影响的微妙组合。在曼谷（Bangkok）、马来西亚、雅加达（Jakarta）和越南也能够找到使用了石湾陶瓷的街区，这成了 19 世纪和 20 世纪华人移民区的标记[211]。

（4）高温石灰釉

（i）唐代高温器物

铅釉器物在 20 世纪 20—30 年代的出土数量极大，因此它们成为世界各博物馆中

205　Legeza（1982），p. 111。

206　庄稼（1979），第 271，275 页。

207　陶人（1979），第 285，291-292 页。

208　佛山是粤剧的一个大中心，那里每年两次在琼花会馆举办演唱会，见施丽姬［Scollard（1979b）］，第 317，325 页。

209　关于石湾陶工的一些有代表性的家谱，见施丽姬［Scollard（1979a）］，第 293-307 页。

210　见吴曾楼（1979），第 331-425 页。

211　Ho Chui-Mei（1995），pp. 122-123。

最受关注的唐代陶瓷样品。然而，在唐代的中国，这种引人注目的铅釉器物与塑像属于明器，只是在葬礼举行期间，以及在它们被安放在墓内专用壁龛中之前，暂时置于墓外台阶上时，才会被短暂地瞥见。大多数人最熟悉的是那些施有绿色、白色、琥珀色和黑色釉的炻器，在北方和南方它们均作为日用陶瓷供应给大量用户。因而，这可能是回到中国高温釉这一话题的一个很好的切入点，高温釉是汉代留传下来的，在讨论曾被称为原始瓷的半施釉南方炻器时已有所涉及。

（ii）南方炻器釉的发展

汉代施釉工艺大体上是筛洒或"喷洒"，此后中国南方炻器釉的工艺似转回到使用釉浆，常常通过泼、蘸或刷等方法通体施釉，而且可能大多数是施于未加烧制的生坯之上的。

从公元 3 世纪直至 10 世纪，这一高度成功的工艺成了制作中国南方炻器釉的主要方法，在这一时期可以见到在南方大多数省份随着较大的窑群的兴起，南方炻器生产极大地增长。很多这一时期制作的炻器属于还原烧制的青釉器类型。这种器物可能是传统南方灰色火烧陶与无釉灰色器物生产的自然进展，其本质介于陶器与炻器之间，常常与较新的施釉陶瓷并行继续生产。

公元 3—6 世纪对于南方青釉器来说是一段特别充满活力与创新的时期。新颖且有特色的器型不断涌现：鸡首壶，蛙形小壶，肩部有五个流管或小罐的明器瓶[212]，虎形夜壶，顶部带有人物、动物及建筑物造型的大型明器堆塑罐，还有精细制作的陪葬用家具微缩模型。在浙江有很多窑炉在运转，其中北部有杭州、德清、浦西、吴兴与余杭；东北部有上虞、上林湖、绍兴、宁波和奉化；东南部有临海与温州；还有西南部的处州和金华[213]。江苏以均山和宜兴窑为主[214]，而自公元 5 世纪至唐代，在安徽寿州经营活跃的窑口就在十个以上。在陆羽的《茶经》（约公元 761 年）中曾提及寿州器物的知名度，作者评论道：

> 寿州瓷为黄色，茶［因在其映衬之下而］为紫色[215]。

〈寿州瓷黄，茶色紫。〉

江西洪州窑址曾出土一东晋匣钵碎片，一些考古学者认为，此即中国最早的匣钵[216]。洪州窑活跃于公元 2—10 世纪，在《茶经》中与寿州窑在同一段文字内被提及：

> 洪州瓷为浅褐色，茶［因在其映衬之下而］为黑色[217]。

524

212　对官职地位的一个双关暗示（"五官" / "五管"）。

213　Lovell（1967），pp. 1-3。Watson（1991），p. 125。

214　Lovell（1967），pp. 3-4。

215　《茶经》第九页，"碗"。在休斯-斯坦顿和柯玫瑰［Hughes-Stanton & Kerr（1980），nos. 306-315］的著作中有寿州黄釉陶瓷碎片的图和说明。

216　权奎山（1995），第 153 页，图 9，图版 121-144。

217　《茶经》第九页，"碗"。这里的洪州瓷在《景德镇陶录》（卷七，第一页）中被重复提到。

〈洪州瓷褐，茶色黑。〉

文献中提到的另一个与江西窑口有关的是一位名叫陶玉的陶工，他于公元 619 年[218]或
621 年[219]给皇家呈献了仿玉制品（即青釉陶瓷）。仿玉制品的成功导致了在景德镇东边
设立新平官署，还因此要提到那里的一位名为霍仲初的著名陶工。在《景德镇陶录》
中将陶艺师"陶"与"霍"转而变为窑的两个分支——"陶窑"与"霍窑"[220]。准确
确定早期窑工身份的固有困难由此可见一斑。

南方其他各省的窑口也十分繁忙。在湖南，长沙是从公元 4 世纪开始制作陶瓷器
物的，而到公元 5 世纪末长沙与湘阴两地所产的青釉器均已被普遍接受。在湘阴已出
土超过 20 吨的碎片与两座完好的龙窑。在碎片中有一东晋匣钵，当地考古学者提出不
同意见，认为此物才是中国已知最早的匣钵[221]。

早在公元前 5 世纪，福建已经生产原始的釉陶，但直到西晋时期（公元 265—317
年）其釉质、器形和装饰才达到与浙江出产的青釉器相差不大的水平。浙江陶瓷产地
就在（浙江与福建的）省界附近，福建北部的窑口明显受到了浙江的影响[222]。六朝时
期广东与四川的窑口也都成效卓著[223]。

上面所述的众多青釉器窑炉似乎在共用着非常相近的釉构成方式，这在下面对一
系列南方器物的分析结果中明显可见（表 84）。

中国南方五省制作的这一系列炻器釉中，年代较晚的是公元 2—10 世纪，而在表
63 中已定为商代中期的那三份样品釉较此为先。这三份釉样虽然发现于北方，但被认
为是南方生产的，而且比表内列出的其余样品早制成大约 1600—2300 年。它们显示出
中国南方釉结构久远的历史性和值得注意的连续性，其化学基础位于硅-铝-钙-镁系统
的低熔谷底。然而，分析中的微小细节提示我们，自商代以来，陶工的制釉方式发生
了一些变化，尤其是碱 R_2O（K_2O+Na_2O）含量的变化。商代釉中 R_2O 的含量比后来的
要高，这意味着南方陶工对草木灰的淘洗可能随时间进展而更为彻底。

若将上面的样品釉设想为实际配方，对大多数情况而言，约三份干硅质炻器黏土
兑差不多两份经充分淘洗的干草木灰，这样的配比可给出最佳的符合[224]。这里假设了
使用的是干燥原料，再加水以制成适宜的釉浆。然而在很多制陶传统中，常见的是使
用湿的原料如泥和/或草木灰+水的混合物，而且可能中国南方的陶工一直在这样用。
使用体积为测量单位可能会提出不同的原始配方，但仍会给出相同的干料配比[225]。

218　《浮梁县志》（1682 年版）卷四，第三十九页，及《饶州府志》（1872 年版）卷四，第七十八页，两者
均简单地将献玉人称为"陶人"。这可能是一个例子，说明在抄写和重刊的版本中会有不可避免的错误，可能造成
中国历史编纂的混乱。

219　《江西通志》（1880 年版）卷九十三，第五页。

220　《景德镇陶录》卷五，见冯先铭等（1982），第 265 页。

221　1997 年 10 月在石家庄举办的古陶瓷研究会年会期间碎瓷片研讨会上所报告的证据和展示的残片及窑
具。关于隋代湘阴碎片，见 Hughes-Stanton & Kerr，nos. 280-283。Watson（1991），pp. 111-112。

222　叶文程（1994），第 120-121 页。

223　Lovell（1967），p. 4。

224　作者之一（武德）在不列颠博物馆科学研究部进行的未发表的实验。

225　对釉料制备中使用液量单位的描述，见《天工开物》卷七，第四页。Sun & Sun（1966），pp. 144-145。

526

表 84　公元前 13—公元 10 世纪的南方炻器釉的分析

朝代	窑	省份	SiO$_2$	Al$_2$O$_3$	TiO$_2$	Fe$_2$O$_3$	CaO	MgO	K$_2$O	Na$_2$O	MnO	P$_2$O$_5$	总计
商中期	垣曲 [a]		68.0	7.9	1.0	5.4	13.0	1.3	3.1	0.4	—	—	100.1
商中期	二里岗 [b]		54.6	14.5	1.4	2.6	19.3	2.7	3.5	0.8	0.3	1.8	101.5
商中期	二里岗 [c]		57.7	14.0	0.7	2.9	15.4	2.5	3.9	0.8	0.3	1.5	99.7
东汉	上虞 [d]	浙江	57.9	13.7	0.6	1.7	19.7	2.4	2.05	0.7	0.9	0.9	100.5
东汉	上虞	浙江	58.95	12.75	0.7	2.4	19.6	1.9	2.2	0.8	0.2	0.8	99.9
三国时期	上虞	浙江	60.9	13.8	0.5	2.0	16.9	2.2	1.9	0.8	0.3	0.8	100.1
唐	温州	浙江	63.7	11.7	0.6	1.9	15.1	2.7	1.6	0.8	0.4	1.6	100.1
唐	余姚	浙江	61.3	13.1	0.5	1.5	16.6	1.6	2.6	0.4	0.6	1.0	99.2
唐	宜兴	江苏	62.8	11.7	0.7	2.0	15.5	2.8	1.6	0.8	0.4	1.7	100
唐	宜兴	江苏	59.8	12.6	0.35	2.3	17.5	2.6	1.6	0.9	0.45	1.7	99.6
唐	玉堂	四川	56.9	12.1	0.7	1.9	20.3	3.8	2.0	0.2	0.3	2.3	100.4
五代	景德镇	江西	62.2	14.8	0.3	2.0	17.2	1.3	1.9	0.3	0.2	0.7	100.3
北宋		广西	56.8	14.0	0.8	1.7	20.6	3.0	1.3	0.3	0.1	1.2	99.6
1185℃的硅-铝-钙-镁低共熔混合物 [e]			63.0	14.0			20.9	2.1					100

a　Deng Zequn & Li Jiazhi（1992），p. 58，table 2。
b　Zhang Fukang（1986b），p. 41。
c　同上。
d　郭演仪等（1980），第 237 页，表 3。
e　Singer & Singer（1963），p. 221，table 54。

现今用硅质黏土与含钙草木灰以 3：2 配比进行试验时，所得到的釉往往会在第六号测温三角锥弯曲并触及其支撑点的那一刻烧成[226]。这种测温的类比方法引出一个与所报出的烧成温度有关的问题，这对于任何关于陶瓷的讨论都属于中心问题，即在陶瓷反应中时间与温度的关系问题。

这一问题的本质是在较低的温度烧制较长的时间与在较高温度下快烧可能会得到非常相近的烧制结果。这意味着在某种程度上，陶瓷反应中时间和温度存在替换关系。由此可知，对于胎或釉仅简单给出一个烧制温度，而不提及在最后几个小时的烧制中炉内达到这一温度要用多长时间，就是一种不完备的记述。在讨论古陶瓷时，这是一个重要的需要关注的事，因为在烧窑的最终阶段温度上升的快慢极少为人所知。然而通过用现代原料，在现代窑炉中烧制来复制古釉以确定烧成温度并不是太困难；对于特定的组分配比，这经常可以用测温锥的编号来确定。

由黏土与草木灰混合物制成的南方青釉是一个很能说明问题的例证，因为它们的烧成温度接近六号测温锥，准确终温能够定在 1185 ℃（在烧制的最后两小时中以 15℃/小时的速率升温）至 1255 ℃（仍是在两小时烧制时间中，以 300℃/小时升温）范围以内。不过，低共熔混合物需要一些时间来达到平衡，因为其未熔组分间的相互作用与熔合需要时间。由于南方龙窑中各个隔室往往会通过侧烧而迅速且依次地升至其终温，所以对于这些器物来说似乎很可能在最后至关重要的 200℃始终快速地升温。考虑到所有这些因素，对于很多南方灰釉器物来说，1222 ℃左右似乎是个现实的数字。

（iii）石灰釉的性质

表 84 中描述的石灰釉优点与缺点兼而有之。优点主要是易于操作，石灰釉可以用窑炉附近的原料制成，即用硅质黏土和草木灰制成。碾釉，这可以说是陶瓷工场中的主要操作，对于这种混合物来说可能是多余的，因为黏土与草木灰浆两者都很容易通过水磨而实现精加工。釉配方中的高黏土含量防止了它们在使用中产生沉淀，也使得它们可以流畅且不费力地施于生坯之上。石灰釉的烧成温度往往处于炻器烧成温度范围的低端，且主要成分的低熔特性使其对窑炉温度的变化有一定的宽容度。除此之外，石灰釉烧成的表面比陶器釉坚硬很多，它与下面的炻器胎料相结合，生成的器物强度极高。石灰釉还有利于强化胎上所有刻或压的饰纹的效果，因为石灰釉在速冷中变为透明，但在表面上有饰纹之处会因釉的汇集和变厚之处而变得很暗。很多越窑器物采用的清淡流畅的纹饰就是利用这一现象而达到了很好的效果。

如此诸多的优点有助于解释为什么石灰釉在中国南方长期享有成功的经历。实质上在两千年以上的时间内石灰釉均为主要的釉类型，这段时间内有几千个遍及中国南方的窑口都在使用这种工艺。然而石灰釉也确实有一些缺点，其中主要是高温时黏滞度低，导致施釉过厚时会产生流釉。早期器物中凸起的平行脊纹抑制了这种流动，但汉代以后对釉厚度可以进行更有效的控制，致使可不必为此改造器物表面轮廓。对于

226　对烧制温度与测温锥的讨论见本册 p. 117，注释 101。

表 84 中后青铜时期的器物，烧成后釉厚度的变化范围大约在 0.1—0.3 毫米[227]。

528

（iv）草木灰的来源

中国南方炻器制釉时大量使用草木灰，与此相关的另一个潜在问题就是为制备釉灰而进行的燃料焚烧对环境的影响。正如在本册 p. 355 所提到的，大部分来自火匣，或龙窑侧火口的草木灰会被带入窑室，熔化在墙壁上或匣钵上，或被火焰热流卷至窑外[228]。还有一个问题，即龙窑的运行效率相当高，这意味着需要烧掉的木柴重量可能仅与被烧制的整窑器物重量相等[229]。由于最初的燃料中仅有约 1/250（0.4%）作为草木灰而留下，这可能远远达不到给整窑器物施釉的需要。此处假设了所有燃烧产生的草木灰都能重新获得使用，这也与实际情况相去甚远。因此，窑灰之外的其他来源必须被用来满足南方炻器釉对大量的植物灰烬的需求。

对于日本陶瓷业，有文献说到过另外的两种草木灰来源，即家庭的炉灰[230]，还有纺织工人从草木灰中提取了染色所用的可溶性碱后的剩余物[231]。然而，类似的来源似乎不太可能满足公元 9—11 世纪中国南方炻器工业对草木灰的巨大需求。此时南方炻器工业正处于生产高峰期，产品供应庞大的国内市场，甚至庞大的出口市场。我们可以推断在这一时期大量的草木灰是通过燃烧树木、灌木、树叶或秸秆而取得的——在很多情况下仅仅是为了制釉而有意为之。

（v）中国南方烧制一只炻器碗需要供应多少草木灰

对典型的南方炻器釉中存在的草木灰份额是有可能作一个估计的，因为已存在有大量的关于越窑器物胎、釉厚度比的数据[232]。越窑碗往往为通体施釉，整个釉层（器物内部与外部）厚度的典型测量结果为 0.25 毫米，胎厚为 4.5 毫米。由于烧成的炻器釉与胎的比重不相上下[233]，一只烧成的碗的胎、釉重量比可以由这些数字计算得出[234]。釉

529

227　郭演仪等（1980），第 234 页，表 1。

228　殷弘绪，见 Du Halde（1737），p. 347。

229　有关中国、朝鲜或日本龙窑的，提供了烧造温度、窑的尺寸、所烧器物的重量以及烧制这些器物所用燃料重量等完整信息的数据，是很难找到的，因为通常总会有一些关于这些规制的关键内容遗失。尽管如此，1995年新加坡对制造炻器花盆的龙窑（大多数未用匣钵）给出了以下数据：窑长 42 米；终温 1200—1250℃；烧制时长 36 小时；总冷却时间 72 小时；窑内盆的数目为 3500 个；烧制一炉所用燃料重量为 6 吨。花盆的平均重量看上去大约有 2 千克，而且烧制中未用匣钵。私人通信，于新加坡蔡氏家族运营的三美光陶艺（Sam Mui Kuang Pottery），1995 年。另一个有用的资料是特普斯特拉［Terpstra（2001），p. 29］所描述的一个典型的景德镇横焰瓷窑。此窑将 10—15 吨瓷器——不含匣钵重量，烧至 1300℃以上需 20—35 吨木柴。

230　Sanders（1967），p. 99。

231　Cort（1979），appendix B（Shigaraki in 1872），p. 319。

232　Vandiver & Kingery（1985），p. 218-219；郭演仪等（1980），第 243 页，表 1。

233　釉一般为 2.6 克/厘米³，而胎为 2.5 克/厘米³。

234　松迪乌斯和斯特格［Sundius & Steger（1963），p. 467］写道，真实的炻器比重（即不考虑气孔时的比重）在 2.5—2.6 范围内。很少有关于釉比重的资料发表，但可从釉的氧化物组分和这些氧化物的比容进行一般估算［这一"加法原理"，见 Scholes（1946），pp. 224-226］。对于典型的中国灰釉给出的结果约为 2.6。

中约 40% 的重量来自草木灰，其余来自黏土，釉重量需乘以 0.4 来得出所用草木灰的原始重量。这类计算的结果表明，在典型的越窑碗成品重量中，草木灰约占 1.5%—2.0%。于是，以一只重 200 克的施釉越窑小碗为例，在其釉中含草木灰约 3.5 克。燃烧及淘洗后草木灰的产出率为 0.36%，产生这些草木灰所需的植物原材料的重量为 277.7×3.5 克，即大约 972 克。

当从"为制备釉而生产草木灰"这一角度去考虑所需要的燃料数量时，在很多情况下似乎是制釉所需要的植物燃料量必定远远超过烧制同一器物所需的燃料植物。这可能与中国南方窑炉在 10—11 世纪转而采用石灰石作重要的釉助熔剂有些关系（见本册 pp. 553-555），而且还可能在同一时期迫使施灰釉的浙江越窑传统走向衰落。

（vi）越　　窑

越窑器物是最早的中国南方陶瓷，在公元 8 世纪末、9 世纪和 10 世纪大量生产，后期是在位于现今浙江省的小国吴越国的管辖之下。公元 907 年在杭州，钱氏被封为吴越国王并统治至公元 978 年[235]。宋代早期，吴越曾向开封新朝廷呈送贡品，但钱氏于公元 978 年降宋，于是大量的纪念性物件在制作时就有"戊寅"和"太平兴国"的款识。在南宋时期，越窑继续经营了数十年且仍提供宫廷礼器。一些钱氏家族墓内有令人惊叹的大器，包括第一任统治者母亲墓中年代为公元 901 年的容器，在这个容器中发现有釉下褐彩装饰。彩绘装饰似乎一直持续至 10 世纪中期，而后废止。

越窑制作过的最高品质器物被认为是"秘色瓷"（见本册 p. 272），它具有光泽明亮的绿蓝色釉。这一类型的器物备受鉴赏家们推崇，而且有诗人写下了相关的作品，如唐代乾宁年间（公元 894—898 年）的使臣徐寅。他写了一首诗，名为《贡余秘色茶盏》，内容与给李氏皇帝的贡品有关[236]。越窑挑选的贡品有三种用途：依当地级别完成派给的任务；交给朝廷派来的专员；以及由行政部门和地方官员向朝廷进贡[237]。这些陶瓷是如此之贵重，以至于常常用贵金属镶边。五代及宋代早期的很多文献记载了来自吴越的"贡秘色瓷"，如：

> 公元 935 年，贡品中有 200 个金边"秘色瓷"器皿；
> 公元 966 年，多于 10 000 个带有金口沿的器皿；
> 公元 973 年，50 件饰金"秘色瓷"；
> 公元 975 年，10 000 件带有金口沿的器物；
> 公元 980 年，140 000 件贡器，还包括一些邢窑器物；
> 公元 983 年，7 件银边器皿[238]。

530

235　Bushell（1910），p. 35。
236　《钦定全唐诗》卷七一〇，第 8174 页。
237　《新唐书》卷一八〇，第一至六页。
238　在《十国春秋》卷七十八、七十九、八十、八十一、八十二、八十三中做了十三次引用。另见《吴越备史》卷四；《宋史》卷四八〇（世家三），第一页；及《宋会要辑稿》第一九九册，卷四二五八。

　　宋代早期越窑与北方的邢窑、定窑还有耀州窑场均向朝廷送交指派的贡瓷。宁波地区的窑口也曾被专门提及[239]。主要需求之一为礼器，用陶瓷代替青铜制造的礼器越来越多。例如，在 1083 年曾下过一道圣旨规定了用陶瓷制作礼器，同时严格规范了器形与风格[240]。1131 年越州制造了传统的竹木风格陶瓷容器，为一年一度的明堂大礼中皇家祭祀所用[241]。1134 年要求提供 60 件青铜器形的豆，同时还有 12 件陶瓷簠、12 个簋、50 个尊和 50 件罍，所有都是按照事先规定好的寺庙风格制作。它们由绍兴地区的窑口提供[242]。

　　高质量越窑贡品并不像后来景德镇御瓷那样（见本册 p. 185 与 p. 272），由官方所营建的窑炉生产。虽然到 10 世纪，陶瓷征集已统一由中央政府掌管，但在唐代、五代与宋代尚未建立单独的、用以维护皇室至高无上地位的官办窑场与行政机构。虽然很多传统文献强调贡瓷不是为平民所烧造[243]，但事实上很多质量上乘的越瓷是出口的，而且已在全球各地的多个遗址被发掘出土（见本册 pp. 716，730 与 p. 732）。越窑贡瓷
531　是该地区几个商业窑场最高质量的产品，一些窑场由技艺纯熟的工匠家族经营，也为普通市场制作日用产品。曾发现带有用釉料密封痕迹的匣钵，这使人想到在窑炉的大批量产品中间存在着少量在烧制中受到特别关照的单件。一些物件有制作者的印记，如"巧手王"，或"徐庆记烧"，标志着此器物为有名的能工巧匠制作，虽然几个家族曾联合参与烧窑。自南宋以来，浙江北部的越窑在龙泉窑的竞争压力下衰落。1899 年上林湖的地方志——《余姚县志》——曾记录下其末期的厄运[244]：

　　　　上林湖窑烧制"秘色瓷"且有官员来过此窑，但现已成废墟。今日本地陶工只制作粗瓦陋盆等。宋代"秘色瓷"制于余姚，该类器物虽然朴实无华，但一直耐用，且如今被看作官瓷。

　　　　〈秘色瓷，初出上林湖，唐宋时置官监窑，寻废。……南宋时，余姚有秘色瓷，粗朴而耐久。今人率以官窑目之。〉

（vii）饰彩石灰釉

　　南方陶工，包括生产越器的陶工，制釉时大量地使用炻器黏土，这一癖好意味着南方炻器釉组分中不可避免地存在高含量的二氧化钛（如 0.4%—0.9%TiO_2）。将这样的釉用于炻器胎上，实际效果是使大多数南方石灰釉在还原气氛中烧为灰绿色，而在

　　239　《太平寰宇记》卷五十九，第五页；卷六十二，第四页；卷九十六，第五页。《宋史》卷八十五（地理志一），第二十页；卷八十六（地理志二），第六页；卷八十七（地理志三），第四页。《元丰九域志》卷二，第十三页；卷五，第十三页。《宋会要辑稿》食货一之四一；食货五二之三七。

　　240　《古今图书集成》第 716 册，第 77 页。

　　241　Hucker（1985），p. 334。Ts'ai Mei-Fen（1996），p. 123。

　　242　《宋会要辑稿》礼二四之八六。

　　243　《浙江通志》（1899 年版）卷一〇四（物产），第二十六页。《绍兴府志》（1792 年版）卷十八（物产二），第三十四、三十五页。后来的学者采取了较为现实的观点，如蓝浦写道，唐代越窑实际上是钱氏"秘色"器物的原始窑口，后来才被称为御用瓷，而忘记了其起源。参见《陶说》卷二，第三页。

　　244　《余姚县志》（1899 年版）卷六（物产），第三页。

氧化气氛中则烧为琥珀色，因为二氧化钛对于溶液中铁的颜色有很强的泛黄效果。由于南方各种炻器胎料在氧化物组成上十分接近，这种胎土中加入草木灰便在整个中国南方产生了组分明显一致的釉，这使得对此区域内运作在公元6—10世纪间的数千个窑址的产品进行分辨，即便还有可能，也会是具有挑战性的工作。

但是也存在一种使南方窑口偏离这种一致性的操作工艺，就是在传统的、原本由大体一致的成分构成的青釉上面添加着色氧化物，然后以主要是氧化的气氛烧制。有两个窑群专门沿此路而行，一个在湖南，位于铜官镇与长沙近郊之间，还有一个在长沙以西300多英里的四川邛崃。

（viii）邛　崃　窑

邛崃器物一般被认为质量较差，褐色的胎需要施用化妆土。四川窑的陶瓷兼备釉上与釉下两种装饰。大多数釉为浅绿、黄或褐色，且有粗略绘花，一般绘为褐色。四川的制陶黏土中铁和钛氧化物含量高，因此产品质量比湖南长沙窑低。当地曾采用过三种方法来覆盖暗色胎体：用白色化妆土、不透明的釉和深色透明釉。已知邛崃有少量白胎器物，但即使这些器物也并非精品[245]。

尽管质量粗糙，这些器物还是被一些有鉴赏能力的人物所欣赏，如唐代大诗人杜甫。他曾在公元759年赴成都生活，在城西为自己建了一所"茅屋"，而且安于简朴的生活。他的一首诗赞扬了运至"锦城"（成都）的大邑县窑所制作的碗。他将这些碗描述为具有轻但坚固的胎质，白如雪且声如玉[246]。

> 大邑窑的器物又轻又坚固，
> 翻转过来，敲击声音如玉且风行锦城。
> 贵族家中的可爱的碗如雪霜一样白，
> 甚至急等绽放的春芽也相形见绌。

〈大邑烧瓷轻且坚，扣如哀玉锦城传。君家白碗胜霜雪，急送茅斋也可怜。〉

这一首令人愉悦的诗或许包含了许多诗所特有的表达方式，因为到目前为止还没有一件四川出土器物具有这样的质量。不过，大邑县尚未发现一个白瓷窑，因此未来的发掘可能会给人以惊喜。

四川在东汉时期开始生产陶瓷，在南朝至隋朝开发出带有印花与刻花装饰的青釉器。四川西部诸窑如成都、牧马山、金马、玉堂等等，在唐代以前十分活跃。四川北部的青莲和方水窑在稍迟一些时候制作盆罐，而四川最著名的邛崃窑在南朝时期开始生产，在唐代和北宋时期达到生产高峰，在元代末期衰落。

在宋代，四川诸窑改进了其白釉、黑釉和青釉器物的制作方法，同时还制造了少量"青白"器物。不同的窑口都各有专门的特产：邛崃与玉堂造青釉器；广元窑与彭

532

245　Vainker（1991），pp. 84-85。

246　见冯先铭等（1982），第203页。

图 143 深褐胎邛崃碗, 釉下有厚的白色化妆土且绘有绿色图案, 唐代

县磁峰窑造仿定窑白瓷; 乐山西坝窑、蒲江东北窑、重庆涂山窑和巴县清溪窑器物则全都以黑釉为主, 其中一些器物具有分相的 "兔丝纹" 与 "鹧鸪斑" 釉。

533   自五代时期开始使用模具, 但在当时模具非常坚实而沉重。在宋代设计改进, 有意识地将匣钵中心挖空且因此而变轻。釉下装饰则继续使用[247]。

（ix）长 沙 窑

    湘江在自湖南首府长沙向北流向小城铜官时, 流过一处重要的窑炉活跃区域。那里有三个主要窑群, 可以区分为: 距离长沙最近的石渚湖南岸的窑群、瓦渣坪周围的窑群, 以及铜官附近的窑群[248]。整体上, 它们被归为长沙窑, 且生产了多种多样的器物。其中一些为单一色调的青釉和褐釉器物, 但自公元 7—10 世纪, 全部三个窑群都同时专门制作釉下彩绘的器物。像四川一样, 湖南自唐代之前就生产陶瓷, 而在长沙窑停产后其他窑口在很长时间内仍旧活跃。

534   对这一区域的首次勘察是在 1953 年进行的, 1957 年冯先铭和李辉柄在瓦渣坪（意

---

247 Chen Liqiong（1986）, pp. 321-324; Chen Liqiong（1992）, pp. 564-569。

248 窑址详表及所附窑址地图, 见 Timothy See-Yiu Lam（1990）, pp. 32-36。

为“陶瓷碎片堆”）周围窑区挖了两个探孔[249]。在1958年的另一次勘察以后，于1964—1965年又有多次因大洪灾导致的抢救性发掘，那次洪水损毁了许多已废弃的窑炉，也暴露了不少以前所不知道的窑炉。在20世纪70年代中期，为期四年的大规模考古工作使得该窑区的面貌更为清晰[250]，而零星的发掘则一直延续至今。

这一时期北方与南方含铜釉的一个重要区别是：“白色”和绿色的北方釉实质上是透明的，而南方釉经常是不透明的，其视觉特性与近东锡釉有些相像。乳浊锡釉的一个特点是可以既具有不透明性，又有光泽而平滑的表面，这是由于悬浮氧化锡晶粒的近胶体特性使釉成为了白色[251]。然而，长沙窑与邛崃窑的白色和绿色釉中的锡含量远远低于产生乳浊状态所需。在中国釉中，产生这种乳浊效果另有原因——由低铝与高磷氧化物含量所致。当将长沙和邛崃窑不透明釉与同窑址的透明釉，以及典型南方青釉（如表84中所列）进行比较时，这一成分上的区别显而易见。

在冷却的早期阶段，低铝与高磷含量在不透明的长沙釉中引发了一种奇特的物理效应，即将釉分为两种不混溶的玻璃相[252]。这一分离使得釉变为不透明的乳浊状。事实上，此效应与牛奶十分类似，牛奶中细微的脂肪小球悬浮在水中，从而形成了由乳液引发的散射白光。

（x）液–液分相

当釉中出现这种乳浊现象时，它常常被称为“液–液分相”，“相”是物质的存在状态，如固态、液态和气态都可以称为“相”。由于玻璃在冷却中无结晶倾向，釉熔融时产生的两种分离液相在烧成的釉中往往会以一种主体玻璃态中存在玻璃小液滴的形式存留。然而，这种分离相的尺度过于细小，以至于用光学显微镜无法看到，因而需要扫描电子显微镜在放大10 000—20 000倍的量级时来加以分辨。

冷却中出现的玻璃小球会通过名为瑞利散射的过程与光发生作用，在烧成的釉中给出乳光黄色、乳光白色或看上去很强的蓝色[253]。这样产生的釉色在很大程度上依赖于所形成的液滴的大小，由此推知这似乎与所用的烧制温度有关。在烧成温度范围高端烧造的釉以蓝色调为典型，在温度范围中部会出现“月白”色，而在釉为轻度生烧时比较常见的为淡黄色[254]。在古陶器釉中很少见到这种玻璃分相现象，但

249　冯先铭（1960），第71页。

250　Timothy See-Yiu Lam（1990），p. 34。

251　对于陶器釉中氧化锡的作用及不透明性的一般讨论，见Tite et al.（1998），pp. 256-257；另见Kingery & Vandiver（1986a），pp. 212-213。

252　Sun Hongwei et al.（1992），pp. 242-243。

253　布里尔［Brill（1965），p. 223］写道："在真正的胶体中分散粒子的直径落在1—500纳米。……光被不同的粒子沿不同方向散射而出，因而总体效果是一个，即胶体散射使光散开。因此很多胶体显著浑浊。……对所有的悬浮物质，波长较短的光（蓝色和紫色）比较长的光（红色）被散射得更多。"

254　陈显求等［Chen Xianqiu et al.（1989），p. 313］写道："长沙釉中小液滴的平均尺寸为1850埃、2370埃、3170埃和4050埃，远比钧釉的1000埃粗，因此（长沙）釉显乳白色。在它们被烧到更高的温度时，其外观会与钧釉相近，显现出浓烈的蓝色乳光和兔毫。"注释：1微米=1000纳米=10 000埃。

其在中国陶瓷中极为重要，尤其是对于在 10 世纪后期至 14 世纪中国北方制作的蓝色钧釉[255]。

在长沙和邛崃，此现象被利用来产生不透明的白色、浅黄色和绿色釉，其中绿色样本在不透明的白底上加用了铜-锡颜料。在适度的过烧下这些不透明青釉会产生出接近孔雀绿色调，这是玻璃乳液产生的视觉上的蓝色与溶解的氧化铜所产生的鲜绿溶液颜色相结合的结果。这类釉的一种代表是在稻草色的基底上用刷或拖拽的方式加施孔雀绿和紫褐色釉。在长沙窑，孔雀绿釉也作为单色釉使用，可能是对近东这种颜色釉陶的仿制[256]。

（xi）低　钛　釉

晚唐时期长沙与邛崃的陶工非常有效地利用了着色氧化物添加剂及液-液分相效果。但除这些先进之处以外，其釉仍为当时中国南方普遍使用的高钙、高钛类型。中国高温釉更深一层的进步有赖于降低氧化钛与氧化钙二者的含量。降低氧化钛含量是为了颜色，而降低氧化钙含量则是为了提高釉的质量且获得更好的烧造稳定性。然而，在南方釉中降低钛含量是有麻烦的，因为事实上钛氧化物主要来自釉的基本原料——硅质炻器黏土，因此不可能轻易地通过精炼而将其移除。唯一切实可行的降低二氧化钛含量（有了它们就会由二氧化钛引入强烈的黄色）的方法，是找到某些低钛原料替代炻器胎土，以用作釉配方中的主要成分。

10—14 世纪的高丽青瓷是一个很好的范例，从中可看到用这种方法所收到的效果。虽然高丽陶瓷的制造地点距浙江北部重要的越窑窑址东北方约 800 公里，但越窑与高丽青瓷实际上用着同样的制胎原料[257]。这反映出了区域地质学中强大的东北/西南偏移作用。中国东南地区地表的岩石消失于中国东部和黄海下面，而在东北方数百英里朝鲜半岛南部的地貌中重现[258]。这是由于通过郯城-庐江扭捩断层系统，此区域的华南地块朝东北方向移动了大约 700 公里（见本册 p. 713）[259]。化学分析清楚地表明了这一过程（表 85）。

中子活化分析（用来测量痕量元素，而不是主要元素）可以满意地区分高丽青瓷的胎与浙江越窑的胎，但即使是痕量元素的含量，朝鲜与中国的胎看来也相当地接

536

255　"长沙器物中的小液滴尺寸为 190—400 纳米，与可见光波长范围相近且均匀散射白光。……河南钧瓷小液滴的尺寸约为 100 纳米……对紫到蓝光的散射使釉显美丽的蓝色乳光。" Sun Hongwei *et al.*（1992），pp. 242-243。

256　江苏扬州考古发掘的唐代地层中曾出土过近东风格与成分的孔雀绿釉陶质容器。有些长沙窑器物可能是仿这种颜色的。有关情况的概要，见 Zhang Fukang（1985d），p. 111。张福康的详尽描述见于未发表的 1985 年会议张贴论文，此张贴论文中的一些数据被武德［Wood（1999），p. 214］转载引用。

257　Wood（1994），p. 47。

258　同上，pp. 48-50。

259　Xu Jiawei（1993）。

表 85　中国越窑与朝鲜高丽青瓷胎体的比较[a]

胎	SiO₂	Al₂O₃	TiO₂	Fe₂O₃	CaO	MgO	K₂O	Na₂O	MnO	总计
越窑	75.4	17.7	0.9	2.4	0.3	0.6	3.0	0.5	0.03	100.8
越窑	77.0	15.8	1.0	3.2	0.3	0.6	2.6	1.0	0.03	101.5
越窑	76.6	16.1	0.9	3.3	0.3	0.6	3.0	0.9	0.02	101.7
高丽青瓷 （康津，12 世纪）	74.8	17.3	1.0	2.4	0.3	0.3	3.4	0.7	—	100.2
高丽青瓷 （康津，13 世纪）	73.5	17.6	1.1	2.3	0.4	0.5	3.5	0.9	—	99.8
高丽青瓷 （康津，11 世纪）	74.3	18.5	1.0	2.0	0.5	0.4	2.3	0.9	—	99.9

　　a　制表数据来源：Koh Choo et al.（1993），p. 2，table 1；郭演仪等（*1980*），第 235-236 页，表 2；以及不列颠博物馆未发表的数据，约 1994 年。

近[260]。高丽青瓷与中国越窑瓷也显示出成分上普遍的相似性，分析结果均落在 1185 ℃　537
的硅–铝–钙–镁低共熔混合物附近。然而，在釉的氧化钛含量上有明显的、至关重要的
区别，在越窑釉中钛含量甚高，但在高丽器物中却低了很多（见表 86）。高丽青瓷的低
钛含量使得釉以 $Fe^{2+}+Fe^{3+}$ 的浅蓝色为主，因而呈现出精美蓝绿色，中国北宋鉴赏家对
此极为欣赏。对高丽青瓷，描写得最好的是中国派往高丽的特使徐兢，徐兢在 1123 年
是这样写的[261]：

表 86　中国越窑与朝鲜高丽青瓷釉的比较[a]

釉	SiO₂	Al₂O₃	TiO₂	Fe₂O₃	CaO	MgO	K₂O	Na₂O	MnO	P₂O₅	总计
越窑	60.9	12.1	0.7	3.0	16.5	3.0	1.4	0.8	0.4	1.6	100.4
越窑	57.9	13.7	0.6	1.7	19.7	2.4	2.0	0.7	0.9	0.9	100.5
越窑	57.4	12.5	0.8	1.8	20.3	3.0	1.3	0.9	0.4	1.5	99.9
高丽青瓷 （康津，12 世纪）	59.1	13.0	0.3	1.8	19.5	1.4	2.7	0.3	0.6	0.8	99.5
高丽青瓷 （康津，13 世纪）	58.1	13.9	0.2	1.4	19.9	1.8	2.9	0.5	0.4	0.9	100
高丽青瓷 （康津，11 世纪）	64.5	14.0	0.2	1.6	13.2	1.6	2.7	0.7	0.3	0.9	99.7
硅–铝–钙–镁 低共熔混合物	63.0	14.0			20.9	2.1					100

　　a　制表数据来源：Koh Choo et al.（1993）；郭演仪等（*1980*）；以及不列颠博物馆未发表的数据，约 1994 年。

　　260　休斯等［Hughes et al.（1999），p. 307］写道："在知道了中国大陆（越窑）与朝鲜半岛（青瓷）制胎原
料产地相隔遥远后，其原料可通过它们的痕量元素的组分构成来区分，这并不令人吃惊。或许更令人吃惊的是，
它们其实并没有多大的差别。"
　　261　《宣和奉使高丽图经》卷三十二，第三页。

在茶具中，有深的翡翠鸟绿带金饰的小碗。他们从中国产品中盗得这一创意……陶瓷酒具（"尊"）中，高丽人提到青瓷如翠鸟绿色。近年来他们已制成具有高级工艺技术与良好色泽的（这种容器）……陶瓷香炉中，有狮子形的，仍为翠绿色……它们是最精细的一类。

〈益治茶具，金花鸟盏、翡色小瓯……皆窃效中国制度。……陶器色之青者，丽人谓之翡色。近年以来制作工巧，色泽尤佳。……狻猊出香，亦翡色也。……诸器唯此物最精绝。〉

对这种釉色差别最好的解释似乎是高丽陶工制釉时使用了低钛原料——瓷石，而不是炻器黏土，虽然高丽釉的磷含量显示，他们还是使用了草木灰作为氧化钙的主要来源[262]。在那个时代，高丽青瓷可与中国"秘色"越窑器媲美。少量"秘色"越器颜色上也有某种"高丽"色调，因此可能是唐代某些最精细的越器也使用瓷石，但是即便使用过这种操作工艺，也必定是偶尔为之，未成主流[263]。

538

（xii）早期耀州窑

值得注意的是，在 10 世纪早期的某些耀州青瓷中，似乎可以看出中国人对高丽风格蓝绿青瓷的期待，尤其是在黄堡窑址，那里在五代时期即制出了质量上乘的蓝绿色青瓷釉[264]。经常有人提到这些五代耀州釉与高丽青瓷表面上的相似性，且黄堡釉比最早的带蓝色的高丽釉还要提前数十年。大多数五代耀州釉含 0.1%—0.2%二氧化钛，相比之下同一时期典型越窑器平均约含 0.6%二氧化钛。耀州胎与越窑胎二氧化钛含量相同（如果不是更高），这代表其釉的构建方式与中国南方当时所流行的十分不同，而且意味着耀州陶工即便在其釉配方中使用了胎土，量也极少。10 世纪早期的耀州陶工在使用较为古老的石灰釉类型的同时，还使用了石灰–碱组分[265]。早期耀州釉这两种配方设计（低钛含量和石灰–碱组分）都显示出了其先进的实质。它们还反映出高温釉在中国北方曾以相当不同的方式发展变化，或许这是北方白瓷生产发展而导致的结果。本册 pp. 586-595 将对耀州釉作更为详细的讨论，在了解北方与南方瓷器釉和中国南方青瓷的基础上，它们得到了最好的理解，因此下面将要考虑这三种主要的器物类型。

262　Wood（1994），pp. 52-53。
263　北京故宫博物院有一例近东玻璃瓶形状的唐代越窑器，施浅蓝釉，图见 Wood（1999），p. 36。
264　Wang Fen *et al.*（1999），pp. 55-62。
265　同上，p. 57，table 2。

（5）北方高温炻器釉与瓷器釉

（i）北方高温釉

因为缺乏公元6世纪早期以前的样品，中国北方高温釉的问题变得复杂起来，这也使得人们认为北方施釉炻器的产生远晚于南方。因此，在北方釉的历史中缺失了一个漫长的"孕育阶段"，而且看来北方炻器釉似有可能一出现即显得相当成熟，其组分在某种程度上可能是以南方釉的操作实践为基础的。

从公元6世纪直至9世纪后期，中国北方对白釉器的喜好胜于青釉器，这也阻碍了对这一时期北方与南方陶瓷的直接比较，因为到10世纪早期为止，南方的真正意义上的白瓷尚未形成固定模式。在北方则与此相反，唐代青釉器物的釉似乎得益于隋唐期间白瓷釉制造工艺所产生的新成就。

早期北方炻器（主要在公元6世纪）带有绿色或琥珀色石灰釉，釉施于欠烧的高岭石黏土胎上。釉中钙含量很高，且磷含量显示其为典型的草木灰釉，而釉的二氧化钛含量则表示在原始的釉配方中使用了一些炻器黏土。这些釉往往会在最高温度时流动，这显然是因为釉通常施得太厚。在很多公元6世纪的北方炻器中，会通过只给容器的上半部或上面2/3施釉来遏制这种流釉的后果，也可以环绕这些北方制作的瓶罐使用普通或花式水平弦纹来阻挡流釉。在这些弦纹上，绿色石灰釉积存之处往往会显示出由液-液分相效果而产生的乳白或浅蓝色调。

早期的北方釉似乎是以釉浆的形式而不是以筛粉或撒粉的方式施用的，而且已分析过的少数几例公元6世纪的釉似与南方灰釉相近。然而，在中国北方使用高钙灰釉会存在一个问题，即与南方的同类物质相比较，北方"胎土"的耐火性要高出很多。这意味着这一时期的很多北方炻器的胎均属生烧，而其釉则已完全烧成。在很多窑口，北方釉的发展与对高温釉组分的探究和开发联系在一起，这样可以使得胎与釉的烧成温度更接近一致。

或许，对北方高温釉是如何发展出来的最好说明就呈现在河北内丘县的邢窑。以公元6—7世纪浅色胎绿色灰釉的炻器作为起点（表87），公元6—10世纪的一系列邢窑绿釉与白釉器物均已得到了研究[266]。

表面上，这些早期北方石灰釉看上去与表84中的南方高石灰釉十分相似，其氧化磷含量（0.9%—1.7%）暗示在原始釉配方中大量使用了草木灰。然而，胎中氧化铝的含量却有些过高，而二氧化硅含量过低，以至于胎土不可能在釉配方中也同样起主要作用，而这在当时南方炻器中却是一种显而易见的操作方式。钙-铝-硅-镁系统的热等高线在指向铝拐角的地方急剧变陡，使得铝质黏土与钙质草木灰的混合物熔化温度高且外观不够润泽，这在很大程度上是由于二氧化硅的含量不足。这一效应可以通过使用含硅较多的原料替代铝质黏土来加以遏制。这就使得釉组分向低熔区域移动，因而

540

266　Chen Yaocheng *et al.*（1989a），pp. 221-228。

有助于开发具有更适于操作且更为易熔的釉。

表 87 北朝与隋代邢窑早期青釉器的釉-胎对分析[a]

朝代	窑口	省份	SiO$_2$	Al$_2$O$_3$	TiO$_2$	Fe$_2$O$_3$	CaO	MgO	K$_2$O	Na$_2$O	MnO	P$_2$O$_5$	总计
北朝	内丘（釉）	河北	56.3	14.8	0.7	1.8	17.5	1.3	2.2	3.2	0.1	1.7	99.6
北朝	内丘（胎）	河北	65.8	26.6	1.0	1.5	1.7	0.6	1.8	0.3	0.01	0.06	99.4
隋	内丘（釉）	河北	57.1	15.4	0.5	1.8	16.8	2.0	1.6	3.6	0.1	0.9	99.8
隋	内丘（胎）	河北	67.5	26.7	1.1	1.5	0.4	0.5	1.9	0.3	0.01	0.1	100.0

a Chen Yaocheng *et al.*（1989a），p.225，table 2。

显然，邢窑青釉组分中的钠含量在平均水平之上，这在当时南方釉中是一种不曾见过的特点。钠不可能来自胎土，因为胎土的钠含量低，而高钠含量在石灰质草木灰中也十分少见。因此，这些高氧化钠数值表示早期邢窑釉中多少使用了含钠长石的岩石碎块，这是高温釉中不溶性钠最为常见的来源。这种类型的硅质原料会改变钙质灰与铝质黏土混合物的耐火性能，而将釉推向较为易熔的区域。北方灰釉在这方面已显示出组分配置上的某些先进且新颖的特性，虽然这只是出于实际需要而导致的发展。

（ii）邢窑白炻器与瓷器

早期邢窑白釉器也是非同一般，像青釉器一样施有石灰釉，但其中极低的二氧化钛含量清楚地显示出其配方中即便有胎土，也只是起很小的作用（表88）。

表 88 隋代邢窑白釉器的釉-胎对分析[a]

朝代	窑口	省份	SiO$_2$	Al$_2$O$_3$	TiO$_2$	Fe$_2$O$_3$	CaO	MgO	K$_2$O	Na$_2$O	MnO	P$_2$O$_5$	总计
隋	临城（釉）	河北	63.0	13.5	0.2	0.8	16.6	3.4	1.3	0.4	0.1	0.7	100.0
隋	临城（胎）	河北	66.0	27.3	1.1	1.8	0.7	0.5	1.8	—	0.01	0.1	99.3
隋	内丘（釉）	河北	64.2	14.2	0.1	0.7	14.6	2.9	1.6	0.8	0.06	0.6	99.8
隋	内丘（胎）	河北	68.2	25.9	1.0	1.7	0.4	0.5	1.9	0.3	0.01	0.1	100.0

a Chen Yaocheng *et al.*（1989a），p.225，table 2。

541　　　用于早期邢窑白釉器的这些黏土可能是低钛次生高岭土，但是也不能够排除使用了一些精炼过的原生高岭土的可能性。这些较纯黏土的采用似乎是理所当然的，是为防止由于釉配方中使用高钛胎土而引发的黄色，从而改进白釉器烧成后的颜色。隋代富含石灰的白釉烧成温度低于釉下的极耐火的瓷土，而这一不当搭配或许说明了为什么会在未烧结的白垩色胎上，有玻璃态、带裂纹，而且多少有些呈胶状的釉，这是很多隋、唐过渡时期北方白釉器的特征。在此期间还有一种常见的方法是在塑性的黏土中使用砂子作为调和剂，这使得隋代邢窑器物与唐代同类等产品比起来显得相当粗糙。

在唐代，邢窑的几个窑场制成了一种十分高档的瓷器，胎与釉均与隋代（见本册pp. 115-117）明显不同。唐代邢窑器物代表了工艺上的一个大发展，生产的成功与在某些情况下窑炉温度从大约1260℃提升到接近1350℃有关。其实，在将表89中釉与胎的数据与表87和表88中的数据比较时，我们就可以看到世界陶瓷史上的一个至关重要的进步。

表 89　唐代邢窑瓷器的釉–胎对分析 ᵃ

朝代	窑口	省份	SiO$_2$	Al$_2$O$_3$	TiO$_2$	Fe$_2$O$_3$	CaO	MgO	K$_2$O	Na$_2$O	MnO	P$_2$O$_5$	总计
唐	临城（釉）	河北	69.5	19.5	0.1	0.5	5.4	2.4	0.9	1.3	0.05	0.4	100.1
唐	临城（胎）	河北	69.9	25.1	0.2	0.6	0.9	1.6	0.9	0.9	0.01	0.1	100.2
唐	内丘（釉）	河北	67.5	19.5	0.1	1.0	6.8	2.9	0.6	1.5	0.06	0.5	100.5
唐	内丘（胎）	河北	68.0	27.0	0.3	0.6	0.8	1.5	0.9	0.9	0.02	0.1	100.1

　　a　Chen Yaocheng *et al.*（1989a），p. 225，table 2。

首要的不同之处是唐代的胎土比表88中隋代白釉器的要纯净很多，如其低铁与低钛含量所示。有可能是原来在隋代制作化妆土（或釉）所用的黏土，在唐代被用来作了制胎的原料。唐代邢窑釉还使用非常纯净的黏土，这种黏土可能是由高质量高岭土，钠长石类的石英-长石岩所构成，以草木灰和/或白云石助熔。这些釉中助熔剂的总含量为隋代典型样例中的一半，这是由硅和铝的"硬"氧化物而产生的差异。这使得唐代邢窑釉与釉下的高耐火瓷土在同一温度烧成，结果制成了很白、很硬、有足够强度且一体化的器物。

唐代瓷釉的氧化钙含量平均为6%CaO，而在隋代白釉中则为15%CaO，严格地说，这一事实并不意味着较晚的唐代瓷釉是低钙类型的。釉中所需的助熔剂量随其与硅石熔点的接近而降低，因此决定釉的类型的是一类助熔剂与另一类之间的比例，而不是其在釉中的绝对含量。真正的石灰-碱釉含有的RO（CaO+MgO）大约为R$_2$O（K$_2$O+Na$_2$O）的两倍，而邢窑釉所含RO为R$_2$O的四倍左右。

唐代邢窑釉事实上为钙-镁类型，因为釉的RO部分约1/3以氧化镁的形式存在，氧化镁是一种在特性上与石灰相近，但有其自身工艺优点的原料。

（iii）作为釉助熔剂的氧化镁

在高温炻器与瓷器的温度范围内氧化镁是一种强有力的陶瓷助熔剂，但在差不多1260℃以下它不能有效地起助熔作用，而往往表现得更像抗熔剂和去光剂[267]。它的特殊优点在于膨胀系数低，这带来了良好的抗裂性。它还有提高石灰釉质量的能力，而且能使其看上去很不一般。通常釉中氧化镁的来源是水合硅酸镁，即滑石（3MgO·4SiO$_2$·H$_2$O）和二碳酸钙镁，即白云石［CaMg（CO$_3$）$_2$］。唐代邢窑釉中钙与镁的比例，与在中国北方典型的白云石类岩石中测到的比例相近，由此可以推测出

542

267　Wood（1999），p. 153。

釉中这种原料的用量会是 15%—20%。然而，釉中磷（P_2O_5）的含量也表明其使用了一些草木灰，草木灰往往是氧化钙的主要来源，但只是氧化镁的次要来源。在此情况下，额外的氧化镁可能是由滑石提供的。因为可以配出很多种满足已发表数字的原料组合，所以很难从分析数据中推断出釉中这些氧化镁的实际来源。

543

（ iv ）定　　窑

随着 10 世纪晚期邢窑生产与声誉的滑坡，其地位由位于邢窑以北约 160 公里，在曲阳县涧磁村和燕川村等地的定窑所取代[268]。定窑以唐代瓷器开启了自己的历史，当时如邢窑器一样，定窑器也经常被出口到近东地区。定窑在北宋和金代达到鼎盛时期。那时不仅可以见到定窑的生产在大规模扩张，还可以见到为皇室制作的上等定窑器物。

宋代定窑与唐代邢窑外观上最明显的差别在于，后者的色调较冷，而前者为暖色调。原因是与邢窑最常采用的木柴还原烧制相比，定窑使用燃煤氧化烧制。

定窑釉含有大量的镁，与前面提到的最好的邢窑釉相同。早在唐代，定窑的釉就显示出了这样的特色（表 90 ）。

可以看出，与所覆盖的胎相比，定窑釉中钛含量很低，而且具有明显的耐火特性，这些特点与邢窑一致。在分析结果中明显可以见到额外的大量掺杂，在釉的高硅含量中表现得最为明显，这增强了由氧化镁对釉裂的调控作用。定窑釉的另一个先进特征是其总体 RO：R_2O 比值接近 2：1。尽管定窑器物施釉相对较薄，这一碱土对碱的配比还是赋予了定窑釉一种特殊的华美。

当我们试图解释定窑釉的原始配方时，遇到了与邢窑相似的问题。白云石与滑石均为氧化钙与氧化镁来源的候选对象，且釉必定还包含有一些细硅石，同时还有纯净的（即低钛的）黏土。不过在两例定窑釉中所发现的磷的含量是不能被忽略的。虽然这些磷含量看上去较低，只有 0.2%—0.3%，但釉中的总助熔剂含量也低，因此其助熔剂对磷的比值仍是草木灰类型釉所特有的。

对于这些独到的分析结果来说，更深一步的问题在于釉的高度耐火性。这是北方瓷器的特点，但人们怀疑的是，在这种情况下，是否有一些胎的原料在烧制时溶入了釉中，从而使分析工作比前面所做的更为"艰难"。这一现象可能会是定窑使用长时间高温保温方式引出的一个副作用。

关于上面分析的那些器物的烧成温度，可以推出是自北宋时期的 1320±20℃ 变化至金代的 1250±20℃[269]，但是也不要忘记还应考虑在本册 pp. 525-527 提及的、关于在烧制的最后两小时中升温速率的那些附加条件。在南方龙窑的连续隔室中，器物往往是迅速烧成收尾，而在单室的北方"馒头"窑中最终的升温会极其缓慢。这部分是由于北方所用的窑炉温度高，使得热量损失加快；但也是由于北方窑炉主结构的厚度所致——由于必须扛住圆顶内部（高温气体）向外的推力，窑炉结构须有一定的厚度。

545

268　Richards（ 1986 ），p. 60。

269　数据引自 Li Guozhen & Guo Yanyi（ 1986 ），p.138，table 2。

表 90　唐代至金代定窑瓷器的釉 - 胎对分析[a]

朝代	窑口	胎/釉	SiO_2	Al_2O_3	TiO_2	Fe_2O_3	CaO	MgO	K_2O	Na_2O	MnO	P_2O_5	总计
唐	涧磁村	胎	59.8	34.5	0.4	0.7	1.1	0.9	1.2	0.7	0.03	—	99.3
		釉	73.8	17.3	0.1	0.5	2.9	2.1	1.6	1.3	0.04	—	99.6
五代	涧磁村	胎	61.2	32.9	0.6	0.6	3.4	0.9	1.2	0.1	0.02	—	100.9
		釉	74.6	17.5	0.2	0.5	2.7	2.3	2.0	0.6	0.02	0.2	100.6
北宋	涧磁村	胎	62.0	31.0	0.5	0.9	2.2	1.1	1.0	0.7	0.04	—	99.4
		釉	72.1	17.5	0.2	0.7	3.9	2.3	2.0	0.5	0.03	0.3	99.5
金	涧磁村	胎	59.2	32.7	0.7	0.7	0.8	1.1	1.7	0.3	0.01	—	97.2
		釉	71.2	19.7	0.4	0.6	4.4	1.6	1.6	0.3	—	—	99.8

a　李国桢和郭演仪（1983），第 308 页，表 1；及 Li Guozhen & Guo Yanyi（1986），p. 136，table 1。（后一篇论文是 1983 年发表的中文原文的英文简版）。张进等（1983），第 20 页，表 3。

巨大的窑炉质量吸收了不少原本供烧制器物所用的热量。

从山西现代的烧制方式中得到的证据也表明，对烧煤的"馒头"窑，为试图使窑内温度达到均匀一致，常常在最高温度时使用极长的保温时间。由此引出当地的一个格言，即陶工应该做到"快制坯、慢装窑、慢烧制"。这是因为放缓装窑速度可以避免由匣钵和器物码垛不当而导致的在烧制后期坍塌崩溃。最终阶段的长时间保温被称为"黑火"，因为对于黑釉器的釉尤其要使用此方法。除了要确保釉的烧成适度，长时间的保温有助于使窑内各处终温趋于一致，但是对于烧煤的"馒头"窑来说，约100℃的温差仍是很普遍的，尽管采取了防御措施[270]。

在定窑情况下，还有一个额外的使烧制速度变慢的因素，这是由装窑的高密度而导致的，是定窑陶工所设计的、带有一些独创性的码排方式的结果。这种码排方式是使将要烧制的瓷器口沿向下扣在相邻的瓷器支圈上，通常码放好的各个碗或盘间仅相距一毫米。一旦码好，器物垛与其支圈即被放入大而重的匣钵内，匣钵又被排成一列一列，在窑室内形成密集、充实的布局（见本册 p. 345）。在烧制的最后阶段，升温可能慢如10℃/小时，使得在定窑中的1280℃与现代的快烧窑中约1340℃等效。对于如此之长的烧制时间，人们可以认为：一定量的胎体原料会溶入釉中。

（v）长石质邢窑釉

上面所分析的邢窑与定窑器物对于北方两大陶瓷传统给出了一个合乎逻辑而且可以理解的发展过程。然而，还存在一类北方瓷器材料，它严重挑战了由这些分析所建立的、干净利落的"进化模型"。它们就是内丘长石质邢窑瓷器，有两块这种瓷器的碎片是与表88—90中所描述的器物一起发现的。邢窑瓷的这两块碎片非常之白且半透明，有长石质胎与长石质釉，发现者将其定为隋代，但它与中国过去或现在的陶瓷间并无简单的组分共同点。陈尧成等的文章中所描述的其他邢窑类型可在相关的研究中得到认同，而内丘所发现的长石质器物则自成一类。在本册 pp. 115-117 曾对这些器物的瓷质胎体有充分的讨论，但在此还要将这些器物胎、釉的分析结果放在一起再次给出，以展示两种瓷器类型间的关系（表91）。

表 91 隋代长石质邢窑瓷器的釉-胎对分析 [a]

朝代及窑口		SiO$_2$	Al$_2$O$_3$	TiO$_2$	Fe$_2$O$_3$	CaO	MgO	K$_2$O	Na$_2$O	MnO	P$_2$O$_5$	总计
隋 内丘 （YN6）	胎	65.8	26.8	0.2	0.3	0.4	0.2	5.2	1.0	0.01	0.06	100.0
	釉	71.0	16.9	0.2	0.4	2.7	0.1	6.4	1.4	0.04	0.3	99.4
隋 内丘 （YN7）	胎	62.9	26.9	0.2	0.4	0.5	0.3	7.3	1.6	—	0.01	100.1
	釉	69.4	13.3	—	0.6	8.4	1.3	4.7	1.4	0.1	0.3	99.5

a Chen Yaocheng *et al.* （1989a），pp. 224-225，tables 2 and 3。

270 Shui Jisheng（1989），pp. 471-475。

第一例样品（论文中的 YN6）的釉更值得注意，因为其 R_2O 含量近于 RO 的两倍半。它可能是一例真正的长石质釉，只有在其原始配方中有大量（50%以上）碎成粉末的钾长石才能制成。或许这种工艺最为神秘之处并不只是在于它曾经出现过（从对当时常规邢窑器物的分析中可以推出，它们使用了很少量的纯净黏土和粉碎的石英-长石岩），而是在于它所显示出的毋庸置疑的陶瓷品质当时并未得到进一步的开发。真正的长石质釉直到 19 世纪在中国陶瓷中才再次出现[271]，不过它们与自 16 世纪晚期以来一直存在的日本陶瓷却属同一组分类型[272]。

第二例样品（NY7）的釉的组成不是那么极端，但由其低钛与低铁氧化物含量而导致的高纯度还是十分突出的。它是经典类型的石灰-碱釉，这后来成为大多数耀州和龙泉的青瓷，以及 14 世纪景德镇瓷釉的组分基础。

（vi）巩 县 釉

由上面给出的结果判断，高纯度石灰-碱釉与碱-石灰釉是内丘邢窑的陶工在公元 6 世纪晚期开发的。碱-石灰釉类型（YN6）在中国考古记录中直到 15 世纪在景德镇才再次出现[273]，但石灰-碱釉的使用确实曾在另一个北方白釉器窑址中见到过，该窑址位于邢窑西南约 500 公里，在河南巩县境内。与邢窑和定窑所用的黏土相比，巩县黏土纯度相当差，在这一窑场制作的白釉器质量较低，且烧制温度一般也较河北制作的器物为低。然而，其釉却显示出北方瓷器典型的低钛含量，而且某些实例还显示出使用了石灰-碱釉的配方（表 92）。

547

表 92　隋唐时期巩县胎体与釉的分析[a]

		SiO_2	Al_2O_3	TiO_2	Fe_2O_3	CaO	MgO	K_2O	Na_2O	MnO	P_2O_5	总计
巩县（低钾）												
巩县 1	胎	67.7	26.8	1.3	0.6	0.4	0.4	2.1	0.5	0.04	—	99.8
巩县 1	釉	64.65	13.9	0.2	0.8	12.3	1.9	3.0	2.2	—	—	99.0
巩县 2	胎	63.1	30.3	1.2	1.3	0.5	0.5	0.5	0.5	0.06	—	99.5
巩县 2	釉	67.7	15.9	0.4	0.9	10.8	1.5	2.4	0.8	—	—	100.4
巩县（高钾）												
巩县 4	胎	53.4	37.15	0.8	0.6	0.5	0.4	5.0	2.1	0.04	—	100.0
巩县 4	釉	62.5	17.0	—	0.7	10.4	1.1	4.1	2.1	—	—	97.9
巩县 5	胎	52.7	37.5	0.8	0.7	0.6	0.4	5.1	2.2	0.04	—	100.0
巩县 5	釉	66.8	14.5	—	0.9	9.3	1.1	4.3	1.75	—	—	98.7

a　Li Jiazhi *et al.*（1986），pp. 130-131，tables 1 and 2。

271　Vogt（1900），p. 584。

272　Sanders（1967），p. 195；Faulkner & Impey（1981），p. 28。

273　Li Jiazhi & Chen Shiping（1989b），p. 348。

由此可见，巩县白瓷制作者在隋唐时期似乎是石灰釉与石灰碱釉两者都用。石灰碱釉出现在本身含碱量异常高的胎体上。此外，巩县黏土可能为天然伊利石（见本册pp. 149-151），而且看来其配制中的"人为因素"比长石质邢瓷胎的要少，长石质邢瓷胎可能由研磨成粉的多种初级原料混合而成。

（vii）北方瓷釉综述

对以上讨论小结如下：随着瓷器生产在中国北方的发展，当地白瓷沉积黏土非同一般的自然特性将一系列有关釉配方设计方面的问题摆在了陶工们的面前。首先，北方瓷土氧化钛含量相对较高，因而需要无色的釉去抵消氧化钛产生的泛黄与泛灰效果。其次，胎常为极高温烧制而成，因而需要有新的釉的配成方式来与胎的高耐火性相匹配。最后，北方白釉器胎土不寻常的低收缩性预示了在冷却的最后阶段釉会开裂，这种结果对于隋代使用的石灰釉配方特别明显。第一个问题通过在釉配方中使用低钛原料而得到了解决，第二个问题可以通过充分降低釉中助熔剂总含量来解决，而且经常是通过使用高温釉的助熔剂氧化镁来解决的。第三个釉裂的问题，还是由使用氧化镁来补救。氧化镁有极低的热膨胀率，而对于定窑釉，高硅含量对于抗裂作用也有贡献。

548 这些瓷釉设计工艺上的进步中有许多也被北方炻器工匠所使用，最明显的是在河北南部磁州窑，如在观台和彭城，在这些窑上，本地的炻器胎上施加的是低流动性的、低钛的石灰-碱釉（表93）。

表 93 定窑、观台窑及彭城窑釉的分析比较 [a]

窑名/类别	SiO_2	Al_2O_3	TiO_2	Fe_2O_3	CaO	MgO	K_2O	Na_2O	MnO
定窑 11—12 世纪 [b]									
d1	73.4	15.2	0.03	0.8	3.9	1.8	3.1	0.7	0.04
d2	70.1	15.8	0.08	1.0	5.4	2.8	3.2	0.5	0.06
d3	74.4	15.5	0.00	0.6	3.4	1.8	2.5	0.7	0.03
d4	73.3	15.5	0.00	0.8	4.3	2.1	2.2	0.7	0.04
d5	72.7	14.6	0.00	1.1	4.2	1.9	3.6	0.8	0.05
观台窑 11—14 世纪									
g-b1	74.72	14.34	0.15	0.33	2.61	0.94	5.06	0.79	0.02
g-b5	73.88	14.92	0.30	0.50	2.87	0.87	4.43	1.13	0.01
g-c2	72.46	16.55	0.24	0.51	3.28	0.58	4.52	0.80	0.02
g-d2	72.49	16.75	0.31	0.70	3.33	0.64	4.00	0.71	0.02
彭城窑 11—14 世纪									
	71.65	14.40	0.32	0.89	4.86	0.32	5.77	0.72	0.02
PS	73.34	16.50	0.25	0.89	1.59	0.32	5.25	0.76	0.02

a Leung *et al.*（2000），p. 135，table 3。
b 最近梁宝鎏等［Leung *et al.*（2000）］对定窑釉进行的分析给出其耐火性较表90中给出的定窑釉差，它们的成分中可能溶入了一定量的胎土。

　　磁州窑釉与定窑釉间存在的强相似性暗示了某些制瓷经验是自河北北部传递到南部的，可能是在11世纪。然而，定窑釉往往有光泽，而磁州窑釉光泽较少但仍保持透明，可能是由观台和彭城窑烧制速度较快与/或烧制温度较低所致。无论如何，在磁州器物上使用略为生烧的瓷器类型的釉是值得称道的，它适应了当地的工艺需求：有光泽且能够反光的釉会减损黑白绘制的化妆土图案的效果，也会使"釉雕"装饰效果减弱，而（现在）这种装饰非常成功地用在了刻花与画花的乡土器物上。

549

　　已经证实，河北南部用于制备白色化妆土的白黏土与商代用于制作白陶胎的黏土非常相近。这是可以理解的，因为安阳位于观台和彭城窑址以南仅约40公里（表94）。

表94　磁州器物白色化妆土的分析——河北观台与彭城窑，以及与河南安阳商代白陶的比较[a]

分类	SiO_2	Al_2O_3	TiO_2	Fe_2O_3	CaO	MgO	K_2O	Na_2O	MnO	P_2O_5	总计
磁州化妆土											
北宋，磁州	54.2	37.3	0.9	1.0	2.7	0.2	1.8	0.8	—	—	98.9
清代，磁州	53.0	36.4	1.4	1.1	1.0	0.3	2.5	0.1	—	—	95.8
商代，白陶	51.3	40.8	2.2	1.1	1.6	0.5	0.5	0.7	—	—	98.7
商代，白陶	57.2	35.5	0.9	1.2	0.8	0.5	2.3	1.3	—	—	99.7
商代，白陶	57.7	35.1	1.0	1.6	0.8	0.6	2.2	1.0	—	—	100.0

　　a　Chen Yaocheng *et al.*（1988），p. 36，table 2；Luo Hongjie（1996），数据库；Yang Gen *et al.*（1985），p. 30；及 Sundius（1959），pp. 108-109。

　　在北方诸窑随着1127年强悍的金国人及1219年和1234年蒙古人在北方的入侵而衰落之后的一段时间，磁州器物在一定程度上起到了北方瓷器工艺宝库和博物馆的作用。在最精细的北方瓷釉中所见到的奇工异巧在中国南方很少有相应的使用，虽然在北方诸白瓷窑衰落以后几个世纪内，南方制瓷业也出现了惊人的成绩。这一成绩主要是由于南方制瓷原料本身适合一些非常简单、普适且成功的成分配制方法，而这些方法又是由早些时候配制炻器釉的经验衍生而来的。

（6）中国南方瓷釉

550

（i）景德镇白瓷与瓷釉

　　迄今所发现的最早的景德镇白瓷样本的年代是五代时期。它们出现在诸如湖田和杨梅亭等窑址，是在这些地方的窑炉弃物堆中与当地越窑风格的灰青釉炻器一起发现的。

　　五代白瓷主要是口沿加厚的碗与带把和嘴的执壶[274]。这些早期的瓷器烧制时有的

274　经作者于1982年检验并拍照。

551

图 144　湖田出土的五代时期的白瓷碎片

图 145　湖田出土的五代时期的青釉炻器碎片

使用了匣钵，有的没有使用，而且通常从窑底向上码放在拉制而成的粗实圆柱体上。这些南方瓷器中有很多制作成了北方白瓷的风格。这提醒人们：尽管南方施釉炻器年代十分悠久，但中国南方白"瓷"生产历史的起始时间比起北方同类产品要晚约 300 年。

如在本册 pp. 214-216 所讨论过的，10 世纪早期景德镇青釉器物与白釉器物胎体组分上大体的一致性并不能反映真实情况。它们所含的微量元素氧化物有重要差异——最值得注意的是铁与钛的氧化物，而且正是这些差异解释了为什么青釉器胎烧成后为深灰色而瓷胎为纯白色。在 10 世纪早期一段不长的时期内，可以见到景德镇地区在同时制作青釉器与白瓷，但新型制瓷原料的优点和取得的成绩，很快就确立半透明的白瓷为景德镇的主要产品，并导致了青釉器物生产的衰落。

表 95 中，10 世纪早期景德镇绿炻器釉显示出一个有意思的特征，这可能与南方制瓷技术的提高有关。釉中磷含量表示配方中可能依南方传统习惯以草木灰为主要釉助熔剂，而其低钛含量则可能意味着使用了一些瓷石。低钛含量还可以对此期间景德镇绿炻器所特有的非同寻常的微蓝色调作出解释：在还原气氛中对低铁釉的泛黄起决定性作用的是二氧化钛。

有可能，瓷石在景德镇被用来制胎之前，最先是用来作为釉的组分的，部分或全部取代釉中的胎土。如果上一段中所说的情况是真的，这种可能性会加大。但是，与其相反的意见也还会存在，即低钛釉原料的使用是由制瓷（胎）开始的，然后才扩展到在炻器釉中使用。

关于景德镇白釉本身，对它的分析显示出了某些重要且先进的特征，尤其是它所含的 MnO 与 P_2O_5 量是可以忽略的这一点，这暗示了石灰石而非草木灰，是主要的釉助熔剂。白釉器釉的氧化钙含量也较绿炻器釉为低，其石灰-碱本质与当时的北方瓷釉相近，这使它因此而更为平滑，更有油质感，且更为稳定。这两个先进的特点（以石灰石替代草木灰和改变高钙配方设计）将会在随后的若干世纪中成为中国南方制瓷技术明确的特色。

可以对白釉器釉设计这样一种情况，使其简单地由胎土与烧过或粉碎的石灰石以 82∶18 的份额混合构成（表 96）[275]。这里假定在釉配方中使用的是典型的景德镇石灰石（关于分析结果，见表 97）。

同时在某种意义上，这一配方也可以认为是古时南方以制胎原料作为釉主要成分的操作方式的一种延续。石灰石作为主要的釉助熔剂，完全取代草木灰也体现了一个重要的技术进步。在此情况下采用石灰石可能是为避免出现轻度的灰斑与气泡的细雾化。这两种现象与釉配方中使用草木灰有关，因为它们似乎分别是由锰离子的着色效应与五氧化二磷分解所引发的，而锰和磷氧化物在草木灰中的含量远较在石灰石中丰富。

因此可以说，分析结果显示出五代景德镇白釉器的胎由单一原料制成（一种高岭

552

275　Wood（1999），p. 49，table 13。

表 95　五代时期的景德镇胎和釉 [a]

	SiO$_2$	Al$_2$O$_3$	TiO$_2$	Fe$_2$O$_3$	CaO	MgO	K$_2$O	Na$_2$O	P$_2$O$_5$	MnO	总计
五代绿炻器胎	75.2	16.9	1.2	2.3	0.4	0.6	2.4	0.1	0.05	0.02	99.2
五代绿炻器釉	62.2	14.8	0.3	1.4	17.2	1.3	1.9	0.3	0.7	0.2	100.3
五代白瓷胎	77.5	16.9	—	0.8	0.8	0.5	2.6	0.35	—		99.5
五代白瓷釉	68.8	15.5	0.04	0.7	10.9	1.2	2.6	0.2	—	0.2	100.1

a　郭演仪等（1980），第 234-235 页，表 2 和表 3。Li Jiazhi *et al.*（1986），pp. 130-131，tables 1 and 2；及牛津大学考古学与艺术史研究实验室。

表 96　景德镇白釉可能的配方

	SiO$_2$	Al$_2$O$_3$	TiO$_2$	Fe$_2$O$_3$	CaO	MgO	K$_2$O	Na$_2$O	P$_2$O$_5$	总计
10 世纪的实际釉	68.8	15.5	0.04	0.7	10.9	1.2	2.6	0.2	—	100.1
胎料 82/石灰石 18	69.0	15.5	—	0.8	10.1	0.7	2.4	0.3	—	98.8

553　土化的石英-云母岩）[276]，而其釉则可能是使用了同种岩石，研磨成粉后由石灰石助熔。烧制温度以北方瓷器标准来说为适中，在 1240—1260℃的范围，且窑炉气氛为中性到还原。收尾过程可能是快速的，因为通常是在南方龙窑中烧制。生产出的器物质地为引人注目的半透明白色，其效果很大程度上归功于原料的低钛与高助熔的自然属性。

总而言之，与同时期最精致的北方陶瓷所采用的高炉温、长时间烧制以及较为复杂的釉配方（见本册 pp. 539-549）相比较，南方的这些技术代表了一种极为方便且直接的制瓷工艺。这种简单的制瓷方式在 10 世纪传遍中国南方，南方瓷器制作的巨大潜力定会随之而日益显现。

（ii）作为中国釉助熔剂的石灰石

使用廉价而丰富的原料，是上述中国南方制瓷新工艺最重要且易于操作的特点之一：石灰石（碳酸钙）成了氧化钙的主要原料，取代了在此前多个世纪中，曾支撑南方制釉工艺的经淘洗的含钙草木灰。

然而，纯的氧化钙（生石灰）可能没有人会使用，因为它是一种具有腐蚀性且不实用的原料，它会与水剧烈反应，在转化为氢氧化钙（熟石灰）时大量放热。熟石灰也有些不足之处，因为它具有轻微的腐蚀性，而且甚至可能在水下因水压作用而结块。碳酸钙则与此相反，是一种廉价的惰性化合物，易于加工处理，在水中能够很好地悬浮，有轻度可塑性，且一般来说具有釉的理想组分的特性。在大约 800℃ 以上，碳酸钙分解为氧化钙，同时放出大量二氧化碳。当炉温高于 1170℃ 时，在烧制中形成的氧化钙就会起釉助熔剂的作用[277]。

276　见本册 pp. 214-219。

277　Liu Zheng & Xu Chuixu（1988），pp. 532-535。

　　除草木灰外，对于陶工来说主要的碳酸钙原料有白垩土、石灰石、大理石和软体动物的壳——淡水的与海水的软体动物均可[278]。所有这些非植物的灰含磷量都很低，因此釉中很低的 P_2O_5 含量暗指釉的主要氧化钙来源并不是草木灰。白瓷在中国南方的发展，似乎标志着很多窑址逐步放弃以草木灰作为釉的主要成分，转而偏爱纯净且廉价的原料——石灰石。

　　石灰石是一种易于压碎为粉末的材料，尤其是在较软的状态下，如白垩与大理石，现今在西方就用粉碎与研磨来制备陶瓷所用的石灰石。在英国，白垩（英国陶工称为白粉）是常用的碳酸钙原料，而在欧洲大陆工厂中较为流行的是大理石[279]。然而，在景德镇遵循着一种相当不同的石灰石制备方式。在那里，石灰石与木柴或蕨类植物一起燃烧，然后彻底淘洗以去掉草木灰的痕迹。

554

　　烧过的石灰石被中国陶工称作"釉灰"，而令西方与俄罗斯研究中国陶瓷工艺的科学家惊异的是，这一物质经分析证明是碳酸钙（$CaCO_3$），而不是原来所认为的熟石灰［$Ca(OH)_2$］。这一过程的关键似乎在于使用了两个燃烧温度：第一次，温度较高，由木炭而获得；第二次，较低的温度，使用蕨类。如乔治·福格特所解释的[280]：

> 人们得出结论，在第一阶段，当用木炭烧石灰石时，温度应高到足以制成生石灰的程度，而第二次仅使用蕨类的叶子加热，应该会重新生成大量的碳酸钙。总之，这一操作仅起到将硬的石灰石转换为易于悬浮于水中的粉末的作用，这有利于制作高品质的釉。

　　"重新碳化"是通常在石灰煅烧中会产生的一种效应，但往往需要尽可能地加以避免。它最常发生于温度接近650℃时，而且在气流不足，因而引发二氧化碳产生局部聚集的地方[281]。在福格特的描述中，"釉灰"第二次煅烧时这些条件似乎是有意制造的。在塞夫尔，福格特及其前任们，埃贝尔芒及萨尔韦塔都曾作过对景德镇原料的分析研究，1956年俄罗斯科学家叶夫列莫夫也作过类似研究（表97）。

　　这些分析结果全部与景德镇用来制作釉灰的石灰石岩石相近，这暗示了在经过处理的原料中植物灰烬含量是相当少的；这与预期结果相同，因为大多数植物与树木草木灰出产量很低（一般为0.2%—1.0%）。制备好的釉灰在煅烧后还要彻底淘洗，而这会将由蕨类植物灰烬所带来的大部分钾成分清除。

278　关于陶瓷所用氧化钙来源的讨论，见 Cardew（1969），pp. 51-53。

279　例如，塞格［Seger（1920d），pp. 729-732］给出的瓷釉配方中有很多包含有粉碎后的大理石。

280　Vogt（1900），p. 566：'on est autorisé à conclure que dans la première phase，l'on chauffe le calcaire avec du charbon de bois，la température atteinte doit suffire pour faire de la chaux vive et dans la seconde où l'on ne chauffe plus qu'avec des feuilles de fougères，on doit reformer une quantité très notable de carbonate de chaux. En résumé，cette opération ne ferait que transformer le calcaire compact en une poudre fine facile à mettre en suspension dans l'eau，condition favorable pour préparer une couverte d'une bonne qualité.'　关于对这一过程的准确说明，另见 Liu Zheng & Xu Chuixu（1988），pp. 532-535，文中还提到："用尿液处理导致灰中残留氢氧化钙的碳化。"

281　斯托厄尔［Stowell（1963），pp. 13-14］解释道："…… $CaCO_3 \rightarrow CaO+CO_2$ 的反应在所需的温度下可完全进行。然而如果局部二氧化碳的压力过大，会发生逆向反应，而且在温度为650℃附近时速率最大。"

表 97　景德镇"釉灰"和乐平石灰石的分析

分析人	SiO₂	Al₂O₃	Fe₂O₃	CaO	MgO	KNaO	损失	总计
叶夫列莫夫[a]	6.35	2.3	0.6	49.8	1.36	0.3	38.1	98.8
乔治·福格特[b]	3.9	1.5	0.5	52.4	0.73	0.25	40.9	10.2*
福格特对乐平石灰石的分析[c]	1.3	0.6	—	53.7	0.75	痕量	42.7	99.1

a　Efremov（1956），p. 494，table 3。
b　Vogt（1900），p. 567。
c　同上。
*实为 100.2。

很难说这种煅烧石灰石的制备工艺在景德镇已运行了多长时间，不过在《陶记》中曾提出南宋时在此地区这种对釉用石灰石的煅烧工艺就已经比较成熟了[282]：

555

攸山的山地灌木被收集来生产制釉用的灰。所采用的方法是将石灰石和混有柿树木柴的灌木层层交叠堆放，而后将其全部烧成灰烬。灰烬中还必须加入取自岭背的"釉泥"，然后就能够使用了。

〈攸山、山槎灰之制釉者取之，而制之之法，则石垩炼灰，杂以襏叶木柿火而毁之，必剂以岭背"釉泥"而后可用。〉

这一段的内容似乎还是暗示在浮梁地区沿袭这种两阶段制作"釉灰"的方式，大概是为了生产精细的二次碳酸钙，这是理想的制作陶瓷用料。虽然如此，"釉灰"与普通的粉状石灰石两者的成分与焙烧特性都有很多相同之处，因此也可能景德镇在使用煅烧方式之前，曾使用了一些粉状石灰石，而且取得了十分相同的烧制结果。

有关实际操作的另外一些参考资料显示了自南宋直至今的操作工艺的连续性。如《南窑笔记》（约 1730—1740 年）记录了对煅烧过的石灰石的使用：利用当地山上的岩石，以蕨类作为燃料煅烧三昼夜，然后用水速冷，细细粉碎[283]。唐英的陶冶图说第 3 则"烧灰与制釉"又一次确认了景德镇釉所用的石灰来自乐平，并通过用蕨类煅烧石灰石而制得[284]。最近，艾惕思将此过程描述为重复烧 7 次，并写道[285]：

为此目的而使用的蕨类是高岭山上野生的，而我带回的一份样品后经在丘园的皇家植物园判定为铁芒萁（Dicranopteris linearis；别名芒萁骨，Gleichenia linearis），其被描述为"古代广泛分布的灌木型植物"。

282　《陶记》第四段，据白焜［（1981），第 40 页］校注本。这一段也被卜士礼［Bushell（1896），p. 220］所引用。

283　《南窑笔记》第八页（第 326 页）。

284　《陶说》卷一，第三页。另见《景德镇陶录》卷一，第三页。

285　Addis（1983），p. 63。然而，郭演仪［（1987），第 13 页］对所涉及的植物有些不认同："这很清楚，在明代以前甚至在南宋时期，已经通过用木柴和树叶煅烧石灰石来制釉灰。在景德镇制备釉灰的方法与在浙江龙泉所用相同。主要使用两种植物：'狼鸡草'或'凤尾草'（Pteris multifada Poir；一种蕨类植物）与石灰石一起堆积起来且燃烧数次；然后在其被风化以后就可以了。"

（iii）青白釉器物

随着时间的推移，在 10 世纪，景德镇附近诸窑生产的带有显著北方影响的五代白瓷逐渐被更具典型性的南方产品——"青白"或"影青"瓷所取代[286]。这种器物最明显的特点是其透明或半透明的冰蓝色釉，有时它会在冷却过程中逐步显示出一种雾状或糖浆一样的外观特色。这些还原气氛下烧制的釉为冷色调，再次氧化的釉下瓷胎为微弱橘色或锈色，两者形成的对照通常会令人赏心悦目。"青白"瓷往往制作得比五代的要薄，可能部分是为了增强其与银箔的相似性，部分是为了开发其良好的半透明性潜质，这种效果或许会由于钙釉与其下面硅质瓷胎的某种相互作用而被强化[287]。

景德镇"青白"釉的钙含量较被其所取代的五代器物为高，这是通过将釉中石灰石含量从大约 20% 提高到接近 30% 的结果。这使其组分向传统的石灰釉方向回移，但是制瓷原料中二氧化钛的含量极低，这确保了釉由于其天然的铁含量而呈现为水样的蓝色，而不是以前越窑型釉的铁-钛灰绿色。对成对的胎-釉进行分析的结果指出，制瓷（胎）的原料就是"青白"釉的主要成分（表 98）。

表 98　景德镇（北宋）"青白"瓷胎与釉的分析

	SiO_2	Al_2O_3	TiO_2	Fe_2O_3	CaO	MgO	K_2O	Na_2O	MnO	P_2O_5	总计
胎											
景德镇"青白"瓷 1[a]	76.2	17.6	0.06	0.6	1.4	0.1	2.8	1.0	0.03	—	99.8
景德镇"青白"瓷 2[b]	75.5	18.4	0.1	0.9	0.6	0.03	2.6	1.2	0.03	0.02	99.4
景德镇"青白"瓷 3[c]	74.7	18.4	0.08	0.8	0.6	0.2	2.9	1.0	0.06	0.03	98.8
釉											
景德镇"青白"瓷 1[d]	66.7	14.3	—	1.0	14.9	0.3	2.1	1.2	0.1	—	100.6
景德镇"青白"瓷 2[e]	66.7	15.2	0.07	1.1	13.9	0.4	1.5	0.6	0.06	0.08	99.6
景德镇"青白"瓷 3[f]	65.4	14.0	0.05	1.1	15.4	0.6	2.0	1.0	0.1	—	99.7

a　周仁和李家治（*1960a*），第 89-104 页（未标页数的表 1 与表 2）。
b　Luo Hongjie（1996），数据库。
c　Li Jiazhi *et al.*（1986b），p. 130，table 1。
d　周仁和李家治（*1960a*），第 89-104 页（来自未标页的表格）。
e　Luo Hongjie（1996），数据库。
f　Li Jiazhi *et al.*（1986b），p. 131，table 2。

286　"青白"的名称在南宋时即被采用。名词"影青"直至 20 世纪早期才被内行作者所采用，见冯先铭（*1987*），第 46 页。器物的其他同音或近似同音的名称有"映青""阴青""印青"等等。

287　帕米利［Parmelee（1948），p. 152］写道："含有碱与钙的釉，后者占主导地位的，会更为透明且黏度较低，因此对胎的渗透及与胎的反应较为完全。这些钙质釉应施得较薄以避免有融结的倾向，而融结会产生人们不喜欢的绿色。"后面的观点立足于西方的制瓷实践，在西方，烧后的白度是首要问题。当然，蓝绿色调是钙质"青白"釉的基本特点。

　　就产量丰富而论，中国陶瓷史中几乎没有哪种器物比景德镇"青白"瓷被仿制的频繁程度更高，覆盖的地域范围更为广阔，仅在景德镇当地就至少有 30 个窑址制作"青白"瓷。"青白"瓷在当地的名字是"饶玉"，这暗示促成生产油质、淡蓝绿色釉白瓷的一个因素是模仿同色玉石[288]。如果确实是这样大规模的生产，"青白"瓷自然会进入寻常百姓之家。"青白"瓷始终是一种民众的器物，并未受到过上命或产品配额的约束[289]。

557　　自宋代开始江西其他民窑仿制景德镇"青白"瓷，后被福建、广东、广西、浙江、安徽、湖南及湖北诸窑所追随。在南宋时期生产繁荣兴旺并一直延续至元代。某些"青白"瓷仿品非常之精致，例如广西容县、北流和藤县的制品[290]。其他地区的仿制品，如产自湖北诸窑的器物，则没有那样成功。南宋时期东南沿海诸窑，尤其是广东和福建，产量大幅度增加。然而，这一制造业的大繁荣并非由本土的消费所促成，因为中国国内的考古发掘得到的这类南方器物相对较少。促成因素来自在广州、泉州和厦门等口岸进行的海上出口贸易（关于对亚洲出口贸易的讨论，见本册 pp. 715-717）。林业强曾对北宋时期广东各窑的资料进行了综合，主要是其中的西村、潮州和惠州窑。他指出它们主要的出口时段与广州作为海港的全盛时期相一致[291]。在宋、元

558两代大批量生产的整个阶段，广东"青白"瓷也在不断变化，但通常都是胎略显灰色，带有糖浆一样的纹理，而釉施于器物外部，且釉不及底[292]。

　　从 13 世纪泉州成为重要港口以来，福建各窑变得更为显要。在福建，南宋及元代有几千个窑炉生产巨额的普通品级器物。这些窑炉可以分为两组：受到景德镇严重影响的福建北半部的那些窑炉，以及南半部的另外一些窑炉，其中主要是德化窑。在德化屈斗宫曾发掘出一容积巨大的南宋窑炉（见本册 p. 358）[293]。器物种类繁多，不易归纳总结，但其中最好的福建"青白"瓷有玻璃状的白胎，釉相当薄，为品质优良的蓝灰色[294]。

　　在很大程度上，各省这些多种多样的"青白"窑的成功与否依赖于当地原料的质量，还要靠陶工打通适宜的销售系统。最纯的瓷石产于福建南部，而那些纯度最差的在湖北和湖南。釉助熔剂也会对这些器物的外观起到某种作用。例如，在广西容县窑，"青白"釉的首选助熔剂似乎是草木灰，而不是石灰石，这使得当地的景德镇仿品具有灰色和雾状的品相。

288　冯先铭（*1987*），第 46 页。

289　不过，苏玫瑰［Scott（2001），p. 21］曾引用过刘新园的观点并表示同意，即可能在元代曾为皇宫制造过"青白"瓷。

290　关于这些窑的报告，见 Scott & Kerr（1993）；Scott（1995）。广西釉含有较高的锰，结果造成釉呈轻度灰色，釉中还含有较多的磷，磷激励了气泡的产生，因而往往使得釉不能像玻璃般透明。这些较高的杂质含量暗示了广西釉中含有大量的植物灰烬，见 Zhang *et al.*（1992）。

291　Peter Y. K. Lam（1985），pp. 1, 9。

292　见 Hughes-Stanton & Kerr（1980），pp. 39-42, 134-135。

293　与龙泉的龙窑相似，此窑长 57.10 米、宽 1.40—2.95 米，且有 17 个相连接的窑室。热流顺窑室间的斜坡穿过每一内墙上的 5—8 个通火孔上传。唐文基（*1995*），pp. 265-266。

294　器物的范围，见 Hughes-Stanton & Kerr（1980），pp. 21-38, 126-133。

（iv）釉　　石

很多省份的"青白"窑制瓷工匠似乎依靠制胎石料作为其釉的基础材料，与较早的景德镇器物所采用的方式相同。然而，有一些证据表明在景德镇本地，早在13世纪就开始将专门的"釉石"用于"青白"釉，如《陶记》（13世纪）中提及的"岭背釉泥"（见本册 p. 555）。对13世纪和14世纪后期的景德镇"青白"瓷的分析确认了这种釉石一直在延续使用（表99）。

表99　另用釉石制釉的后期的景德镇"青白"瓷[a]

	SiO$_2$	Al$_2$O$_3$	TiO$_2$	Fe$_2$O$_3$	CaO	MgO	K$_2$O	Na$_2$O	总计
"青白"胎	75.9	17.2	0.08	0.85	0.55	0.1	2.5	2.15	99.3
"青白"釉	65.8	13.8	0.06	0.8	14.15	0.6	1.55	2.7	99.5

a　Chen Xianqiu *et al.*（1985b），pp. 16-17（摘要）。数据采自其张贴论文。

这些釉的氧化钠含量高于其所包裹的瓷胎，这就说明制胎原料并没有用来作为釉的主要成分，而且表示另外的高钠长石岩曾被用于制釉。使用专门的釉石，而不是胎土作为釉基础原料的准则一经建立，就成了景德镇瓷釉建构的特征，且至少保持到了20世纪中期。

这一变化产生的原因从表面无法看出，但它可能与对当地制瓷石料资源的开发有关，这种制瓷石料导致了13世纪和14世纪景德镇瓷胎原料的发展，在本册 pp. 232-233 有所记述。胎的这一变革的主要特征是，与某些富含黏土的原料相混合而使用的是高钠长石瓷石，而不是高绢云母瓷石。这些钠长石类石块的良好熔性似乎也证实了其在釉构成中是令人满意的。

表100　"枢府"釉石与三宝蓬石及19世纪后期釉石的比较

	SiO$_2$	Al$_2$O$_3$	TiO$_2$	Fe$_2$O$_3$	CaO	MgO	K$_2$O	Na$_2$O	MnO	总计
"枢府"釉石平均值[a]	76.25	16.0	—	0.9	—	0.2	3.15	3.4	0.1	100.0
制备好的三宝蓬石（烧过）[b]	76.2	15.7	0.02	0.6	0.5	0.3	3.1	3.6	—	100.0
19世纪晚期的三宝蓬石[c]	74.5	16.0	—	（混有 Al$_2$O$_3$）	0.35	0.01	3.2	4.7		98.8
"釉果"御窑厂[d]	78.1	13.1	—	0.9	1.1	痕量	2.9	1.2	—	97.3
"釉果"私人窑厂A	77.8	12.9	—	0.65	1.7	0.2	2.9	1.5	—	97.7
"釉果"私人窑厂B	76.3	13.9	—	0.5	1.1	—	3.05	1.95	—	97.8

a　作者（武德）的数据。
b　Nikulina & Taraeva（1959），p. 457。
c　Vogt（1900），pp. 543-544。
d　同上，p. 545（以及表100中下面两行的分析数据）。

559

如上文（第 190 页）表 41 所描述的，从 14 世纪景德镇含钠较高的釉中扣除氧化钙后，剩下的物质与高钠长石类瓷石——三宝蓬石十分相近。1882 年，"三宝蓬石"在景德镇作为釉料使用，据师克勤描述，当时仅仅用来制作开片釉[295]。无论如何，在这一时期（19 世纪后期）景德镇所用大多数釉石的钠长石含量都远较三宝蓬石为低，但是由于其天然碳酸钙的含量，仍具有相当的易熔性。这些釉石被景德镇陶工称为"釉果"（表 100）。

师克勤的报告显示，在很多 1882 年景德镇瓷胎配方中也加入了这种制备好的"釉果"原料，在配方中又补充增加了较为普通的瓷石。虽然如此，在景德镇瓷胎配料中560 釉果的量极少高于 20%，胎的配料主要取自各种类型的名为"白墩"的瓷石，还有大约 20%—30%的是高岭土[296]。福格特指出，"白墩"是可塑的，而且中度易熔，而"釉果"易熔并中度可塑，因此，如果胎体中加入过多的釉果将使材料塑性过低，并且往往会在最高温度时发生变形和坍塌。

（v）景德镇瓷釉

贯穿千年历史，景德镇低铁瓷釉工艺总体的要点是，主要成分始终是研磨成粉的、含有多种不同量高岭土和/或钠长石的石英-云母岩。在所有的时间内，最主要的釉助熔剂始终是石灰石，通常经由设计独特的两阶段燃烧过程回归其碳酸盐状态。在此期间普通景德镇瓷釉间的主要区别在于釉中石料/石灰石比的变化，具有高石灰石含量的釉看起来透明似水，而石灰石含量低的釉往往为白色且半失透。在 15 世纪的发展进步中，精细、光滑且色白的低石灰釉不再那么经常地使用在不加装饰的素白器物上，而转而作为釉上彩的半失透基底使用。

自 10 世纪早期至 15 世纪早期，景德镇地区烧造的主要器物类型呈现出一个变化系列，可总结于表 101 中。

表 101　10—15 世纪景德镇瓷釉的演化 [a]

时代	器物类型	釉的类型	"釉灰"的典型百分比/%	外观
10 世纪早期	白瓷	石灰-碱	20	平滑，半透明，白色
10 世纪晚期至 14 世纪	"青白"瓷	石灰釉	30	冷蓝色且半透明
14 世纪	"枢府"瓷	碱-石灰	10	白色，不透明，略显粗糙无光
14 世纪中期至晚期	釉下蓝彩	石灰-碱	15	平滑且半透明
15 世纪早期	"甜白"瓷	碱-石灰	0—5	极白，略显半透明

　　a　本表由下列文献拓展而来：周仁和李家治（1960a），表 2；Chen Xianqiu et al.（1985b），pp. 16-17（摘要）。数据采自张贴论文；Chen Yaocheng et al.（1986），p. 124，table 2；以及 Li Jiazhi & Chen Shiping（1989），p. 349，table 1。

295　Vogt（1900），p. 543。

296　同上，pp. 553-560。关于原料的近期记录，见张福康（2000），第 12-14 页。

表 101 给出了釉中钙与碱的相对含量，而表 102 则显示了它们在釉中的总量。后一表格对其相对的易熔性给出了更为清晰的图像，釉中含有的助熔剂总量越高代表烧成温度越低。对早期景德镇釉料配方的五个阶段中典型样品的分析给出了这些不断变化的氧化钙数值。

表 102　景德镇低铁类型釉的连续变化

	SiO$_2$	Al$_2$O$_3$	TiO$_2$	Fe$_2$O$_3$	CaO	MgO	K$_2$O	Na$_2$O	MnO	总计
五代白瓷 [a]	68.7	15.5	0.04	0.7	10.9	1.2	2.6	0.2	0.2	100.0
宋代"青白" [b]	66.7	14.3	—	1.0	14.9	0.3	2.1	1.2	0.1	100.6
元代"枢府" [c]	73.4	14.6	痕量	0.8	5.3	0.2	2.9	3.3	0.1	100.6
元代青花 [d]	69.5	14.9	0.004	0.8	9.0	0.3	2.7	3.1	0.1	100.4
永乐"甜白" [e]	72.25	16.0	0.05	0.8	2.65	0.4	5.3	2.0	—	99.5

a　Li Jiazhi *et al.*（1986b），p. 131，table 2。
b　同上。
c　Chen Xianqiu *et al.*（1985b），pp. 16-17，以及张贴论文。
d　Chen Yaocheng *et al.*（1986），p. 124，table 2。
e　Li Jiazhi & Chen Shiping（1989），p. 349，table 1。

虽然这些器物原本应该使用的烧制温度很大程度上依赖于总助熔剂含量，但蓄意的生烧或过烧等额外因素的引入对实际烧制温度也有影响。例如"枢府"釉往往略为生烧，因而与正烧可能达到的品质相比显得有些粗糙无光，而"甜白"釉尽管助熔剂含量较"枢府"瓷为低，但为正烧，或轻度过烧，于是有了光滑的表面，但仍有少许失透。在记住这些额外条件的前提下，表 102 中所列器物的最终温度可能为：

五代白瓷，1230—1250℃；

宋代"青白"，1220—1250℃；

元代"枢府"，1250—1280℃；

元代青花，1250—1280℃；

明永乐"甜白"，1290—1310℃。

计算这些温度时，假设标准的炉内最终升温速率为大约 50℃/小时。

釉石与釉灰的不同混合方式导致其烧成温度不同，在景德镇后期历史中可以大量见到对这一有益性能的妙用。从晚明到 20 世纪中期，"鸡蛋形窑"或"蛋形"窑成为首选类型。沿着窑的长度方向实际运行的最终温度差异很大——从火膛处的约 1320℃至最后烟囱附近的约 1100℃，这意味着它们可以适应的瓷釉配料范围很宽[297]。陶工所用的釉配方中所备入的石灰石含量需要加以调节以适应这种温差，很多关于景德镇制釉的报告中描述了这一实际操作方式。

例如唐英写道，乾隆早期石泥对石灰石-草木灰的比率对细瓷为 10∶1，中等瓷器

562 为 7（或 8）：2（或 3），而对粗瓷则为 5 ：5[298]。殷弘绪记录了康熙时期的瓷釉配方，其中说到[299]：

> 对于所能制作的最好产品是十份石泥兑一份白垩和蕨类植物灰制成的泥。那些经济型的也从不少于三份石料。

在较后期，釉灰的范围似乎是 9%—25%，虽然使用液体度量很难建立准确、真实的等效重量比，但是常常可以根据对烧成釉的分析进行推断。在殷弘绪的书信中所提及的"经济"不一定意味着在景德镇釉石是比釉灰更贵的原料。它可能指的是釉灰含量较高的混合物易熔性较强，导致烧制成本较为低廉，因为对于景德镇各窑来说燃料是主要的花费（见本册 p. 213）。任何从含石灰较高的釉而得到的经济实惠均以质量的某些损失作为代价，因为这些釉往往看上去较蓝，不如低钙类釉那样白。含石灰较高的釉在最高温度时黏性较差，使其釉下的蓝彩流动的倾向性较大。由于这些理由，那些有能力支付共用的蛋形窑中较热部分租金的陶工喜欢使用较贵且较白的低石灰釉。

563
（7）高温颜色瓷釉：红色、蓝色和青绿色

（i）景德镇高温颜色瓷釉

景德镇在 14 世纪和 15 世纪早期开发了数种颜色瓷釉，与其主流产品"白"釉同期使用。使用这些颜色釉的器物中有一些属皇家礼器，因此而使得颜色釉在中国的国务与宗教生活中起到了至关重要的作用。

在这些单一的颜色中较为重要的是铜红、钴蓝和铁黄。前两种实质上是在传统瓷釉中分别加入了少量铜和钴的着色氧化物而产生的。由于氧化铁在高温釉中只呈现相当微弱的黄色，但在铅釉中会产生精美的黄色，所以单色黄釉是一种由大约 3% 的三价氧化铁着色的富铅低温色料。这种透明暖色黄釉通体施于先期烧好的——有时是已上釉的，有时是未上釉的——瓷器之上。两种高温釉的基础成分与釉下蓝彩器物中质量较好的相近，即含有 10%—20% 的釉灰且属于石灰-碱类型。这种成分的釉显现出光滑、稳定及半透明性，这些特性都有助于展示出单色釉的最佳效果。

（ii）景德镇铜红釉

单色铜红釉至今仍可作为景德镇最伟大的工艺与美学成就之一，虽然在严格意义上这并非景德镇的发明，因为晚唐时期的长沙窑（见本册 pp. 653-656）[300]及北宋时期

---

298 《陶冶图说》，收录于《江西通志》（1880 年版）卷九十三，第十九至二十三页。
299 Tichane（1983），p. 63，殷弘绪 1712 年书信的译文。
300 Zhou Shirong（1985），p. 96，及张贴论文。

的钧窑（见本册 p. 657）[301]已对铜红操作方法有所探究。这种红颜色本身可能就是公元前第 2 千纪中期美索不达米亚玻璃发明中的一项[302]。但是无论怎样，铜红的色彩质量在 15 世纪早期和中期景德镇制作的精细礼器瓷上，达到了其在陶瓷史中的巅峰[303]。

景德镇铜红单色釉似乎源自陶工在釉下铜红彩绘方面的经验。在景德镇地区，此装饰过程可能开始于 14 世纪第二个十年晚期或 14 世纪 20 年代早期，并且可能比当地使用釉下钴蓝彩绘稍早（见本册 pp. 658-692）[304]。到目前为止所发现的景德镇最早的单色铜红釉被归为元代晚期，虽然这种样例保存下来的仅有碎片而已[305]。具有最早期景德镇风格的单色铜红完整器皿以洪武时期的最为常见[306]。景德镇 14 世纪的铜红往往看上去多少有些实验性质，其颜色为肝色或略显橙色，而釉常常显示出一种蜡状的样子，这使得釉下的刻花和模压浮雕图案变得朦胧。最好的明代"鲜红"单色产品中，有代表性的是纯净、有光泽的樱桃红色，这种产品直至 15 世纪早期才获得成功。

非真空无损 X 射线荧光分析（或 EDXRF）[307]揭示，在年代为永乐年间的最好的样本中，可以明显地见到景德镇铜红单色釉工艺的进步，那是通过釉配方中三个完全不相干的改进而得以实现的。第一个改进是使基础釉变得更易熔些，即加入较多的釉灰。这使基础釉的组分从"枢府"类型转向釉下蓝彩。第二个改进是将铜着色剂从洪武时期铜红单色釉所用的氧化的铜金属，改变成为一种相当复杂的青铜合金的氧化物，它含有铅、锡、锑和砷，还有通常的铜和锡。第三个（而且可能是最重要的）改进是充分降低了釉中的用铜量，或许只达到其 14 世纪用量的 1/3[308]。更易熔的基础釉，铅、锡和锑在釉内部的还原效果，以及配方中较低的铜含量三者相结合，共同成就了 15 世纪早期景德镇铜红无与伦比的品相。

分析结果还显示，永乐与宣德时期的"鲜红"釉可能使用了与御用品质的"甜白"釉相同类型的釉石，这是一种氧化钾含量异常高的岩石，可能是由于其天然的高绢云母含量所致。景德镇御器厂废弃物堆中永乐地层出土的、朴素但极具声望的景德镇"甜白"器物，可以认为是"单纯白色"，这告诉我们，御器厂可能在 15 世纪早期使用了一种特殊的单色釉石。宣德单色铜红继续使用了这种石料，它显示出的组分和质量与最好的永乐样例相比不相上下，有时还要略胜一筹（表 103）。

301　关于钧釉，见 Zhang Fukang *et al.*（1992a），p. 379；另见 Scott & Kerr（1993）；Scott（1995）。关于早期出土的带有釉下铜红装饰碎片的讨论，见 Harrison-Hall（2001），p. 66。

302　Freestone（1987），p. 175。

303　一般性涉及中国铜红釉，以及专门涉及明代"鲜红"釉的一系列论文，发表于苏玫瑰［Scott（1993a）］主编的论文集中。

304　在 1323 年沉没于韩国海岸的一艘中国小船上发现了一个早期的釉下铜红装饰瓷器样本。在这只"新安沉船"（Sinan wreck）上没有发现青花器物。见 Munhwa Kongbobu Munhwajae Kwalliguk（1985），pl. 73，no. 94 a and b。施静菲［Shih Ching-fei（2001），pp. 49-51］讨论了釉下褐色、红色和蓝色的早期发展。

305　Scott（1992），pp. 46-55.

306　一个典型的样本，见 Wood（1992a），p. 24，pl. 7。另见冯先铭（*1985*），第 44-48 页。

307　EDXRF 意为能量色散 X 射线荧光光谱分析（energy dispersive X-ray fluorescence spectroscopy）。此分析技术的"非真空"（airpath）类型为无损分析，但对于轻于钾的元素为"盲区"。然而，此方法对于重元素，如金和锡，则非常灵敏。

308　Wood（1993），pp. 50-52。

表 103　15 世纪景德镇永乐"甜白"釉与永乐和宣德"鲜红"釉的分析

	SiO$_2$	Al$_2$O$_3$	TiO$_2$	Fe$_2$O$_3$	CaO	MgO	K$_2$O	Na$_2$O	MnO	CuO	P$_2$O$_5$	总计
永乐"甜白"釉 [a]	71.2	15.2	0.1	1.2	2.4	0.6	5.3	2.7	0.1	—	0.16	99.0
永乐"鲜红"釉 [b]	70.9	14.0	0.05	1.0	6.4	0.4	4.5	2.6	0.07	0.3	0.1	100.3
宣德"鲜红"釉 [c]	69.7	13.9	0.08	0.7	7.7	0.2	4.85	2.4	0.1	0.3	0.08	100.0

a　Li Jiazhi & Chen Shiping（1989），p. 349，table 1。
b　Zhang Fukang *et al.*（1992），p. 38，table 1。
c　Zhang Fukang & Zhang Pushen（1989），p. 270，table 1。

565　　　　宣德年间还可以见到"填"铜红器物，即在白色底釉之上画有简单的铜红构图，如鱼或桃，或许会借助于镂花贴纸或纸质镂空模板来绘制[309]。这些器物也是真正的"釉中彩"装饰陶瓷的珍贵范例，其二遍釉在烧制之前就已进入头遍釉的表面之内[310]。然而，这一技术似乎很难，于是由这种产品而产生了一些传说[311]：

　　　　宣德年间制作了一批有红鱼图案的高足杯，其红色得自"西红宝石"（即红宝石）。在烧制时鱼形从瓷器中鼓现出来了，像闪光的宝石浮雕一样凸于外面。

　　　〈宣德年造红鱼靶杯，以西红宝石为末，鱼形自骨内烧出，凸起宝光。〉

晚明时期曾普遍相信在一些中国铜红的单色釉和釉下彩配方中均使用的红宝石粉末（或相关的红色宝石，见 P.566 脚注 319）是个奇妙的东西。永乐早期，红宝石作为来自印度和斯里兰卡的贡品而被接受[312]。在 1433 年斯里兰卡的贡品中有红宝石和叫做"碗石"的石头，其确切的本质现在仍未能知晓[313]。泰国也曾提供过红宝石和"碗石"[314]。真正的红宝石是刚玉（氧化铝）的大块晶体，天然地"掺有"痕量的铬。将

566　它们用于铜红釉时，其唯一的作用只是使釉在烧制时更具黏性，不过很难想象，使用一种更加昂贵的方式却只为取得通过加入黏土就可以轻易得到的结果。红宝石还属于已知的最坚硬的材料之一，因此将其碾为适用于作釉料添加物的粉尘，本身就是一种技艺[315]。虽然这些反面理由中没有一个能够证明红宝石未曾用于中国铜红釉，但在铜红釉的成功中，真正的红宝石似乎不像是曾起过很大的作用[316]。这些保留意见可能并

309　见 Wood（1993），p. 26。然而，张福康等［Zhang Fukang *et al.*（1995），pp. 191-192］对景德镇此时使用镂花贴纸或纸质镂空模板提出怀疑："在古代中国，纸模嵌花方法在吉州窑使用很多，而明代和清代在景德镇却没有在'填红'或'填白'图案中使用。"作此判断的原因没有给出。

310　术语"釉中彩"或许最好限制在这一情况下使用：在上釉过程中将一种釉引入另一种釉的表面之内。若使用术语"釉中彩"来描述在烧制过程中融入主釉的、釉上或釉下的釉或彩料，则会引起混乱。

311　《陶说》卷三，第二页。《景德镇陶录》卷五，第三页。

312　《瀛涯胜览》，第三十七页；《星槎胜览》，第二十九页。

313　《明史》卷三二六，第七页。《大明会典》卷一〇六，第六至七页。

314　《明史》卷三二四，第二十页。《大明会典》卷一〇五，第十至十一页。《海语》卷上，第二页。

315　与金刚石硬度为 10 相比，红宝石的硬度为 9［莫氏等级（Moh's Scale）］。莫氏等级为对数关系，但尽管如此，刚玉也是一种非常坚硬的材料。

316　师克勤报告，1882 年景德镇使用"玛瑙"，即研磨成粉的红玉髓（一种红色形态的硅石），制备一种景德镇釉下红色颜料。福格特［Vogt（1900），p. 595］怀疑师克勤所遇为"sincère dans sa communication"，但是在制备更为柔软的片状氧化铜时，实际操作中可能使用玛瑙作为一种助磨剂。

不适用于玫瑰红尖晶石（MgO·Al$_2$O$_3$），玫瑰红尖晶石也是一种经雕琢的宝石，常常与真正的红宝石相混淆[317]。尖晶石是始终在使用的陶瓷着色剂，是构成很多现代商业陶瓷"染色剂"的基础。虽然在宋代磁州泥釉彩绘中已确认有黑色尖晶石（Fe$_3$O$_4$）[318]，但是，在中国早期的釉中还没有发现红色尖晶石类型的着色剂[319]。

在16世纪，景德镇铜红釉的质量变差，其时这种颜色已很少使用。这被归咎于铜红釉所使用的主要釉石已经用尽[320]，尽管前面所描述的制釉用高绢云母岩石似乎并不是什么特别不寻常的原料。这种颜色本身是极难烧制成功的，正如珠山窑址大量废弃的铜红器物所显示的那样。虽然方斯·弗兰克（Fance Franck）关于15世纪"鲜红"器物1%成功率的报告可能是悲观了一些[321]，但优质铜红色之难以掌控则是众所周知的，而制作上的困难可能在这种釉的衰亡中起到了某些作用。无论是由于哪一种原因，正德年间御窑已不能再生产这种釉了。《天工开物》（1637年）在关于窑神的故事中涉及了这一时期的变化，故事中一名陶工跳入窑内自尽，而后在另一陶工的梦中现身，讲出了已经失传的红釉的秘诀。活着的陶工因此而能够再一次制成想象中的红色器物[322]。嘉靖二年（1523年），景德镇诸窑奉命制作"鲜红"釉瓷器，但在颜色问题上接二连三的麻烦使得陶工们不得不使用比较易于掌控的"深矾红"（即Fe$_2$O$_3$），这原本是一种富铁的釉上彩料。

在16世纪，制作铜红单色釉时仍存在着持续不断的问题。在1523年、1530年、1547年和1571年等年份的几份资料中都曾建议以较易生产且更为鲜亮的釉上红彩取代釉中彩[323]。低温铁红所使用的纯氧化铁容易从煅烧的绿矾（FeSO$_4$）中获得，但两种类型的红釉在质量和耐久性上有明显的区别。嘉靖皇帝经常提出要铜红釉，但均无所获。在1547年甚至对陶工宣示悬赏制作"鲜红"釉器物，但所有努力均以失败告终[324]。

虽然如此，在清代早期，景德镇还是对复苏铜红单色釉进行了坚定的努力，在使

567

317　英王亨利五世（Henry V）在阿让库尔战役（the battie of Agincourt）中曾佩戴的所谓黑王子红宝石（Black Prince's Ruby），现镶嵌在不列颠帝国王冠（the British Imperial State Crown）的显要位置上，实际上是一颗"玫红尖晶石"。见 Kirkcaldy & Bates（1988），pp. 126-127。

318　Chen Yaocheng et al.（1988），p. 39。

319　名词"尖晶石"是指矿物中一种（或几种）金属对氧3∶4的比例，而不是指某一种特定的矿物。具有这种原子排列形式的晶体可以（天然地或人为地）"掺入"其他元素，而且有很多尖晶石实例可用作与玻璃不相溶且稳定的陶瓷颜料。见 Singer & Singer（1963），pp. 229-234。然而，吴赉熙［Wu Lai-hsi（1936），p. 253］提出："红宝石"在文献中所指可能实际上是"红色贵榴石，它在清代曾被满族王公贵族大量使用来装饰礼帽与便帽。卜士礼博士……将其译为他的读者所熟悉的名称——红宝石；但是当中国人使用'宝石红'这一名词时，一般就是指红色贵榴石，而几乎不知红宝石为何物"。石榴石是一组相当普遍的二等宝石类矿物的族名，它是钙、镁、铁、锰、钙+铁或钙+铬的铝硅酸盐，总分子式为 RO·Al$_2$O$_3$·2SiO$_2$ 或 RO·R$_2$O$_3$·3SiO$_2$（或 5 SiO$_2$）。石榴石的硬度为6.5—7.5——在缺少具有超级硬度的刚玉（红宝石）的情况下，将它们用作研磨剂已是足够硬了。Kircaldy & Bates（1988），p. 138。从工艺上讲，这些矿物中（红宝石、玛瑙、尖晶石或石榴石）没有一种像是对单色铜红釉特别有用的添加物，但它们与铜红颜色的相似性可能会促使人们去使用这些材料。

320　《景德镇陶录》卷五，第四页。

321　Franck（1993），p. 87。

322　《天工开物》卷七，第八页。Sun & Sun（1966），p. 155。

323　《大明会典》卷二〇一，第二十九页（第2717页）。另见《江西省大志》（1597年版）卷七，第四十五至四十七页。

324　《江西省大志》（1597年版）卷七，第二十六、四十七页。

用了钙含量更高的基料制釉后，获得了极大的成功（表 104）。

表 104　　17 世纪和 18 世纪景德镇铜红单色釉 [a]

	SiO$_2$	Al$_2$O$_3$	TiO$_2$	Fe$_2$O$_3$	CaO	MgO	K$_2$O	Na$_2$O	MnO	CuO	P$_2$O$_5$	总计
万历铜红	68.5	13.9	0.04	0.8	10.3	0.2	3.5	2.7	0.05	0.2	0.07	100.3
康熙铜红	63.3	16.1	0.05	1.2	13.2	0.2	2.6	3.2	0.1	0.6	0.09	100.6
乾隆铜红	63.1	16.4	0.01	1.2	13.4	0.9	2.9	2.2	0.1	0.1	—	100.3

a　Zhang Fukang *et al.*（1992），p. 38。

一些康熙和乾隆时期的单色红釉具有明早期朴素与精致的风格，而且有宣德年款。这样做可能更多的是由于对早年器物的欣赏，也是作为景德镇鉴赏能力的展示，而不完全是试图欺骗。从技术上说清代釉比明代早期的样例要薄，且颜色纯度较差[325]。着色剂似乎也不同：经用非真空能量色散 X 射线荧光光谱分析（airpath EXDRF）方法对两件样本（分别出自康熙和乾隆年间）进行半定量分析，在康熙样本中，其着色剂显示为纯铜；而在乾隆釉中为带有痕量锌的铜[326]。在烧制铜红釉的过程中，釉中有复杂的氧化还原作用运行，与铜-铁-铅-锡-锑着色剂相比，上述两种着色剂对氧化还原作用的运行不太有利；铜-铁-铅-锡是在一对永乐"鲜红"高脚杯中鉴定出的颜料，在本页脚注 326 所指的文章中对此也曾有所描述。虽然如此，但似乎清代单色铜红器物的胎与釉中均人为地增加了氧化铁的含量，人们认为在缺少如锡和锑等元素时，铁有助于显示出优质良好的铜红颜色[327]。

表 104 中康熙和乾隆时期铜红单色釉内钙含量明显较高，但依然很难确定这是清代的首创，还是在某一时间段内这种釉一直沿着增加钙含量的方向变动。张福康及其合作者曾给出过一个罕见的万历时期景德镇铜红单色釉的样例（见表 104）。这一份釉样确实很像是介于明早期与清早期两种类型中间。但是，要说明存在这样一个转型时期，数据尚不足。

尽管有以上保留之处，但景德镇清代铜红技术是在明晚期的成就之上的伟大进步，而且众所周知，此期间在郎廷极（1705—1712 年间御窑厂主管）的主持之下，釉下铜红彩与单色铜红釉均得到了多方面的改进[328]。在雍正和乾隆年间，官窑曾收到指令去模仿当初在明代早期所获得的最好效果。例如，1729 年，有一道谕旨下达，要求制作成化红龙碗仿品。同年的八月，有五块霁红瓷盘碎片被交给了年希尧，用来显示其釉的厚度，并询问新物件相对较薄的原因。年希尧奉旨制作了与碎片相近的器物。1732 年的二月，有谕旨下达，要求烧造红色、绿色、黄色和白色高足碗，其中包括送给蒙古王子的厚碗。1738 年，内廷传来了不满的意见（见本册 p. 35），其中包括要求试制更好的红色龙纹"梅瓶"。1739 年唐英在去往京城的路上，又收到直接来自宫廷的

325　张福康等［Zhang Fukang *et al.*（1993），p. 43，fig. 4］发现，10 件清代铜红釉测试品釉厚 0.2—0.6 毫米，与此相比的 7 件明代早期样本为 0.5—0.9 毫米。

326　Wood（1993），pp. 54-56。

327　同上，p. 56。

328　《在园杂志》卷四，第十七页；《茶余客话》卷十，第一页。

制作铜红（"釉里红"）花瓶的命令[329]。

清代早期，在景德镇还可以见到一种新型铜红釉的引入，现今在西方称其为"桃花片"釉。这种釉施用于小巧精致的"文房"系列，有一整套由大约九个特定的器形组成[330]。

桃花片釉似乎是将吹洒的铜-石灰颜料层夹在两层清澈透明的瓷釉之间而制成的，这种工艺得到的结果令人愉悦、变化多端，从温暖的铜红斑点到朦胧的灰粉色，偶尔甚至还会有苹果绿色[331]。这种迷人的釉在中国有多种名称，如"美人醉"、"豆青"（或"豆绿"）和"苹果红"釉。20 世纪早期景德镇的"桃花片"器物价格昂贵，而且为外国收藏家所渴求，尤其是美国人[332]。《陶雅》（1910 年）记录道[333]：

> 在美国圣路易斯展览会上，苹果绿釉小花瓶获得了 5000 美元的售价，而现在达到了那时的两倍……。虽然西方人深深推崇我们中国古瓷，但我们中国人对将其送至展览会的想法是嗤之以鼻的。
>
> 〈苹果绿小瓶……在美洲之圣鲁易斯会场，则值美金五千，今且倍之。……西人虽甚重吾华旧瓷。然以之赴赛，则嗤之以鼻。〉

这在部分程度上是作者自我安慰。在 1906 年的此书序言中，作者满怀沉思地悲叹[334]：

> 近来我们中国的制瓷工业跌落下滑。……中国人不能利用坚船长枪使其国家强大，也不能利用其劳力与资源在世界市场中竞争。
>
> 〈吾华之瓷业，近益凋瘵矣……居中国之人，不能使其国以坚船利炮称雄于海上，其次又不能以其工业物品竞争于商场。〉

景德镇铜红的最后一次发展，出现在陶工奉北京之命仿制宋代河南钧窑器物的时候。最终，多种高温釉通过加铅得到了改良，且用了铜的化合物进行着色。成果中包括了一些颇为瑰丽的充满红蓝两色、具有流动感、带斑点和条纹的釉[335]。这一效果在西方称为"*flambé*"，而中文称为"窑变"，准确地说是由釉中的分相结构而引发的，但在有目的地去制作这些效果以前，人们对此现象有很多可怕的猜测。例如，在 1107—1110 年间，当在天空中观测到一些反常现象时，有多例"窑变"釉器物呈现"色红如朱砂"。窑工将它们大部分捣毁。窑变器物虽然早期被视作不祥之物，后来却为收藏家所珍藏[336]。

在景德镇，对窑变方法进一步的实验，产生了非同寻常的、浓艳且有流动感的铜红单色釉，这种单色釉后来在当地被称为"钧红"。

329　博振伦和甄劢（*1982*），第 21-22, 55-56 页。

330　关于对这些器物进行的讨论，参见 Chait（1957）；关于八个典型器形的图样，参见 Beurdeley & Beurdeley（1974），p. 245, fig. 161。艾尔斯［Ayers（2001）］继其后又将重要的第九个器形加入了这一套器物。

331　Wood（1993），pp. 28-29。

332　参见 Kerr（1991）。

333　《陶雅》卷上，第九页。Sayer（1959），pp. 18-19。

334　《陶雅·原序》（第一页）。Sayer（1959），p. 3。

335　见 Kerr（1993），pp. 150-164。

336　《清波杂志》卷五，第九页。

570　　　　使用非真空能量色散 X 射线荧光光谱分析方法对有限范围内 18 世纪瓷器的测试显示，当时为仿制宋代钧窑使用了一系列惊人的解决方案。与宋代器物不同，仿制品在器皿的不同部位使用了组分不同的釉，很多都含有铅。这种强化的实验状态在中国制釉工艺史上是少见的，而且它显示出了一种探索性的加铅方式，最初或许是在御用需求的激励下开始的[337]。清宫御用作坊档案指出，首例钧窑仿制品仿于雍正七年（1729年）[338]。光鲜的红色流纹釉的烧制自御窑向外传播，因此到乾隆年间，景德镇很多私人的"民"窑都在制造"钧红"器物。《景德镇陶录》（1815 年）讨论了钧窑器物的仿制，使用了常见的习惯方式来描述其栩栩如生的外观且将颜色排列分等[339]：

　　　　其釉颜色繁多且有"兔丝纹"。最好的是像化妆胭脂般的红色，其次是像小葱或翠鸟羽毛一样的蓝绿色，还有像墨水一样的紫黑色。在第三等之中朴素的、无杂色的器物为最好，而那些底部有数字一或二的物件（即模仿了钧窑原物的尺寸标记）是很受欢迎的。那些蓝绿色与黑色混杂在一起、像吐沫一样的，实际上全部是上述烧制未完全成功的"三色物件"，而非单独自为一类。俗名为"梅子青""茄皮紫""海棠红""猪肝""骡肺""鼻涕""天蓝"……。现今镇上制作的钧器仿品，胎土极好，花瓶与酒瓶大都确实非常美丽。

　　　　〈……釉具五色，有兔丝纹。红若胭脂、朱砂为最，青若葱翠、紫若墨者次之。三者色纯无少变杂者为上，底有一二数目字号为记者佳。若青黑错杂如垂涎，皆三色之烧不足者。非别有此样。俗取梅子青、茄皮紫、海棠红、猪肝、骡肺、鼻涕、天蓝等名。……若今镇陶所仿均器，土质既佳，瓶、缸尤多美者。〉

　　　　在景德镇，这些含铅铜红釉至今仍在继续生产，迟至 1982 年，在镇上运行的最后一批烧柴蛋形窑中还有一座在烧制这类产品[340]。

（iii）景德镇单色蓝釉

　　　　在景德镇，釉下红色彩绘似乎是单色红釉的先期产品，与此相同，釉下钴蓝颜料彩绘在元代被引入景德镇以后不久，当地出现了一种平滑而有光泽的深蓝色瓷釉。这种精致的元代单色釉经常与无釉浮雕装饰（常为三爪龙）结合使用，一些浮雕稍后要描金，而在另一些样本上，浮雕则施以白釉。苏玫瑰提出，此种效果可能经由如下方

571　式完成：先通体施钴蓝釉，釉上置有白色瓷土制的龙形精致装饰物；然后整体覆盖一薄层透明瓷釉并烧制[341]。这一构思可能与 14 世纪前后某些龙泉青瓷盘所使用的类似工

337　见 Kerr（1993）。

338　冯先铭等（1982），第 20 页。

339　《景德镇陶录》卷六，第四页。Sayer（1951），p. 55。

340　Yang Wenxian & Wang Yuxi（1986），p. 206，table 2。作者曾参观过工厂，在作者参观的那一年，厂内还有烧木柴的窑。

341　Scott（1989），p. 53。在釉的上面施加黏土可能是一种有一定难度的技艺，但瓷器釉及青瓷釉与其下的胎之间成分上的密切相似性证明，这是一个切实存在的事情。苏玫瑰对珀西瓦尔·戴维中国艺术基金会藏品中的一件样本（PDF A562）作了描述，另外一件这样的样本收藏于北京故宫博物院。

艺有关联[342]。在其他的样本中，蓝釉往往单独使用，没有釉上的透明釉或化妆土，但有时有描金装饰[343]。尽管这些物件的质量较好，但在14世纪后期，这一非常成功的华丽的蓝色效果似乎既没有发展，也没有改进。

　　已知有一些稀有的钴蓝瓷釉是洪武年间的，其质地薄且有些褪色，而且大部分与高温铁褐釉或与铜红釉一起使用。这类风格的器物内部为一种颜色，而外部为另一种颜色，可能是模仿了当时的双色漆器[344]。

　　到目前为止，考古记录中缺少永乐年间的单色蓝器，但是这并不意味着当时没有生产过。而在宣德年间，对之前一些元代单色蓝釉特点的恢复颇有成效，表现形式为光泽平滑的深蓝色釉[345]。一些宣德年间的单色蓝釉瓷属御用质量，而器物的碎片显示其蓝釉常常施为4—5层以获得适宜的厚度[346]。也有为数不多的低温宣德单色蓝釉得以保存，其中一些表面有令人称奇的织纹，会使人联想到清代后期含铜的"知更鸟蛋蓝色"釉[347]。主观感觉是这些低温蓝釉以氧化铅助熔，不过目前仍未能得知其不同寻常的织纹产生的机理。一种可能的工艺技术是使用硬直短笔，并使用黏稠的油质溶剂，"点画"上釉[348]。在嘉靖年间，制有低温与高温两种单色钴蓝釉器物，某些具有特殊的尺寸，而且低温一类看似釉上彩色料[349]。钴蓝单色器物中，主要是在其高温类型中，偶尔可以见到清代景德镇的产品，福格特在其1900年的论文中曾对一件19世纪晚期的样品进行了分析（表105）。

572

表 105　1882 年的景德镇单色蓝瓷釉 [a]

	SiO$_2$	Al$_2$O$_3$	TiO$_2$	Fe$_2$O$_3$	CaO	MgO	K$_2$O	Na$_2$O	MnO	CoO	损失	总计
1882 年的单色蓝瓷釉	63.7	13.0	—	0.9	6.5	痕量	2.95	2.3	1.8	0.4	8.0	99.5

　　a　Vogt（1900），p. 575。

　　342　梅德利［Medley（1979），pp. 11，19，plate 4b］描述了这种被她称为"漂浮的浮雕"的方法，与伦敦戴维基金会藏品中一个大的14世纪龙泉青瓷盘（PDF 255，直径43厘米）上所用的方法相同，虽然在这一事例中并未通体施加青釉。这一青瓷盘同样是以三爪龙图案来装饰的。

　　343　1982年安徽出土一个小蓝釉瓷"爵"，带有描金的痕迹，高9厘米且被定为元代；还有河北保定出土的一个直径8厘米的描金蓝碗，定为元代；两者的图片及说明文字，见汪庆正（2000），图版243，244，及第265-266页。

　　344　关于对这种不寻常的瓷器类型的讨论，见 Rogers（1992），pp. 72-73。

　　345　有两件以前的皇室收藏品的图片和说明文字见于台北故宫博物院藏品目录。关于一个内部为白色的盘子，见廖宝秀（1998），编号166，第386-387页；关于一个内外均为雾蓝釉的盘子，见廖宝秀（1998），编号167，第388-389页。

　　346　克里斯蒂娜·刘［Christine Lau（1994）］所报告的结果。

　　347　例如，北京首都博物馆馆藏的一个宣德时期的样本。见 Anon.（1991b），第118页，图版104。

　　348　作者之一（武德）1992年在塞夫尔国家制瓷厂（Sèvres National Factory）观察到的一种技术。

　　349　在旧金山亚洲艺术博物馆中有两件器物属嘉靖钴蓝单色釉（一高温釉和一低温釉）。见 Li He（1996），pp. 242-243，p. 261。贺利写道（p. 261）："嘉靖时期美丽的蓝色吸引了宫廷装饰人员的注意，他们下令制作了多种这类颜色的器物，包括盘、碗、三足鼎、茶壶和花瓶。"目前在伦敦不列颠博物馆有一个优质釉上钴蓝色料的嘉靖小磁盘，图片及说明见 Harrison-Hall（2001），p. 251。有人提出，嘉靖时期釉上钴蓝色料的成功使用要归功于嘉靖钴颜料相对较高的纯度——铅釉对制备好的钴矿石中的额外杂质（主要是 Fe 和 Mn）尤为敏感。见 Wood（1999），pp. 236-238。

师克勤的记录显示，这种釉料实质上是77.7：12.5的釉石：釉灰混合物，再加上8份低等级的（富含锰的）中国钴类颜料以呈蓝色。福格特估计其烧制温度大约为1280—1300℃[350]。

清代钴蓝成果中还包括了一种引人关注的高温类型，即将钴颜料吹洒在透明釉上以产生一种魅力十足的"吹青"品种。这可以看作是与清代"桃花片"釉相关的一种工艺，虽然"吹青"釉并没有像"桃花片"釉那样施加到那些特殊的器形之上。

（iv）宋元釉的明代仿品

在明代，红釉、黄釉和蓝釉瓷器被宫廷专门选为礼仪用品[351]。这些礼器是专门定制的。但15世纪，尤其是在宣德和成化年间，御窑陶工们还制作宋、元经典釉的仿品，如龙泉青瓷，以及官窑、哥窑类型的开片釉等。这些15世纪的单色青瓷显示出高声望的景德镇瓷器流畅和优雅的特征，而且同样令人关注的是，由此可以证明当时鉴赏和崇尚古物十分盛行。这种以"五大名窑"（定窑、汝窑、钧窑、官窑和哥窑）较后期的产品为主要模板重新诠释宋代和元代经典器物的做法，一经尝试并获得成功之后，便在随后的几个世纪中成了景德镇瓷器制造业的一种成功的特色。重新诠释的精致上等龙泉青瓷类型的制品也是这种精妙的单色传统的一部分（表106）。

表 106 景德镇 15 世纪的浙江经典釉仿品

	SiO$_2$	Al$_2$O$_3$	TiO$_2$	Fe$_2$O$_3$	CaO	MgO	K$_2$O	Na$_2$O	MnO	P$_2$O$_5$	总计
成化仿官（釉）[a]	71.3	14.25	—	1.0	3.8	0.2	5.5	3.0	—	—	99.1
成化仿官（胎）	72.9	19.3	0.5	2.3	0.05	0.2	2.7	1.8	—	0.07	99.8
宣德仿龙泉青瓷（釉）[b]	69.3	14.4	—	1.3	7.5	1.1	3.9	1.9	—	—	99.4
宣德仿龙泉青瓷（胎）	71.9	20.8	0.2	1.2	0.8	0.3	2.9	1.7	—	—	99.8

a Chen Xianqiu *et al.*（1986b），p. 164，table 3。
b Li Guozhen *et al.*（1989），p. 341，tables 1 and 2。

成化时期的仿官制品极似15世纪景德镇御窑单色釉的风格，且分析给出的组分接近永乐"甜白"釉（见表103）。景德镇仿官器物可能适度地使用了与"甜白"和"鲜红"器物相同类型的"单色"瓷石，石中碱含量高，因此在冷却的最后阶段引发了釉裂。虽然这种器物与南宋时期官窑烧成后表观上相似，但高碱釉石的使用意味着景德镇官釉与浙江原物的基础组分间有相当的差异。早期原物的釉为高铝、低碱、石灰釉类型，而其著名的釉裂（开片）是由于胎与釉中硅含量都低，而不是由于釉中含碱过量而产生的。上面所描述的成化仿官的胎似乎是由瓷土与当地的精细炻器黏土混合而成的，而这种含铁原料提供了在真正的官窑与哥窑产品中著名的"紫口铁足"的

---

350 同上。
351 克里斯蒂娜·刘［Christine Lau（1993），p. 99］写道："……关于颜色的选择有严格的规定。……祭天用蓝色，祭地用黄色，红色用于日坛，而白色用于月坛及明代皇陵。"

效果。

　　与此相反，宣德时期龙泉青瓷的仿品似乎是含有超量铁的简单石灰-碱瓷釉，但施于与普通瓷胎相近的材料上。在此情况下，颜色源自釉内额外的氧化铁。而到了清代，胎和釉中均使用更加富含铁的瓷石和釉石去生产"假冒的"龙泉器物，如殷弘绪所记录[352]：

> 　　这些……假古董的原料，是一种微黄色的黏土，从景德镇附近叫做马鞍山（saddleback hill）的地方采掘而得。……制作这类瓷器没有什么特别之处，只是人们对其施加的釉是一种黄色石料与普通釉混合在一起而制成的，所以后者是过量的。

574

乔治·福格特在师克勤 1882 年提供的样品中还发现景德镇青瓷中使用了含铁黏土（一种硅酸赭石）。福格特计算出 19 世纪晚期的景德镇青瓷釉由 71.4% "釉果"，15% 含铁黏土和 13.6% 釉灰配制而成。他在 19 世纪晚期于塞夫尔使用法国原料成功地仿制了这种釉，使用的是欧洲类型的配方：红色黏土 12%、石英 32%、瓷土 12%、长石 30% 以及石灰石 14%[353]。

（v）龙泉窑、官窑和哥窑

　　明代早期，景德镇重新诠释了以前的浙江官窑和龙泉青瓷。但是，青瓷的全盛期出现于 12 世纪晚期和 13 世纪，当时 "青白" 瓷为景德镇主打产品。特别是龙泉窑成了景德镇主要的市场竞争者，龙泉的厚胎青釉器物是在体大高效的窑群中生产的。它们的魅力依赖于其如玉一般华丽的釉及瓷一样坚固的胎。龙泉窑区域包含浙江南部丽水、云和、龙泉及庆元诸县，延伸约 300 平方公里。自 20 世纪 50 年代以来，考古学家朱伯谦及其同事已在那里发现了 400 多个窑址[354]。最大的窑群在大窑和金村；仅在大窑，窑炉数目在南宋时期就增长了一倍多。在元代，龙泉窑继续活跃，对外贸有极为重要的作用，甚至在景德镇建立御窑之后，龙泉窑仍需向宫廷提供贡品[355]。

　　尽管外观上有所区别，浙江青瓷与景德镇瓷器自大约 12 世纪以来就有内在的近亲关系，这是化学分析所阐明的事实[356]。如本册第二部分所提到的，两个陶瓷制作区域均使用以石英-云母质瓷石为制胎的基础原料，虽然在龙泉，瓷石中经常有意掺入紫金土[357]。从石灰釉到石灰-碱釉的普遍演化顺序也同样出现在龙泉，一起发生的变化还有从青铜时代使用的灰色硅质炻器胎到新的、以瓷石为基础的胎之间的转换[358]。和在景德镇所发生情况的一样，在龙泉，大约在新制胎原料引入的同一时间，使用石灰石作

575

352　Tichane（1983），p. 104，殷弘绪 1712 年书信的译文。

353　Vogt（1900），pp. 606-607。

354　Vainker（1993b），p. 36。

355　Mino & Tsiang（1986），pp. 22-23；Liu Hsin-Yüan（1993），pp. 40，82。

356　关于景德镇和龙泉物的工艺比较，见 Wood（1999），pp. 75-76。

357　周仁等（*1973*），第 154 页。另见本册 pp. 249-258。

358　同上，p. 154。

为主要釉助熔剂也变得重要起来。但这一转变在龙泉出现得较迟，显然是在 12 世纪晚期至 13 世纪，而不是 10 世纪。

　　或许从龙泉青瓷釉所达到的相当可观的厚度中，可以看出两种传统间最大的差异，这种厚釉产生在龙泉釉质量最好的时候，即南宋晚期和元代早期。这也是由于石灰-碱组分的开发才使其成为可能，正如周仁及其合作者所解释的那样[359]：

> 南宋时期（在龙泉）从使用石灰釉到石灰-碱釉的变化无疑是具有创造性的一步。它使得釉能够保持一定的厚度而不流动，且能防止气泡变大。结果是釉具有富丽的古典高雅和独特的、玉一样的外观。

很多龙泉青瓷器的釉有大约 1 毫米厚，而某些样例有 1.5 毫米或更厚[360]。某些南宋龙泉样本上面施有的能够区分的釉层多至四个，烧制之后，这些釉层可以在碎片的断面上清晰地观察到[361]。在釉断面上的这些肉眼可见的层次并不只局限于龙泉釉，在官窑釉中也是常见的，在一些施厚釉的景德镇单色釉中也存在，如在宣德高温蓝色釉中[362]。

　　陶瓷胎上施釉可以用泼、刷或甚至吹等方式。最为实用且直接的方式是将未加工的或素烧过的器物浸入经充分搅拌的釉浆中，这样会形成均匀一致的乳酪状浆层。器物多孔的胎体随后吸收掉了水分，使得浆状的釉微粒变干，像是器物表面上平滑的外壳。如果为了增加釉的厚度，而在器物干燥后再次浸入釉中，则往往两层釉壳都会剥落，因为内层釉会重新吸水膨胀，因而对器物附着不牢。行之有效的方法是在第一层尚轻微潮湿时进行二次挂釉，但再次蘸釉的时间必须判断准确，这对大规模生产很难实施。釉浆制得较为浓稠（即少加一些水），那么一次蘸釉即可施得厚釉，这也不能解决问题，因为厚的釉壳往往在其变干时因收缩而开裂，而且釉可能无法进入器形的所有细部，如把手连接处[363]。干燥过程中的缩釉还可能引发在中国南部被称为"苍蝇脚"的现象，这是涟漪般的裂纹，常常在其中心区有细折线。在初始时已存在干裂的地方，烧成后的釉面就往往会出现这些裂纹[364]。

　　在龙泉，人们巧妙地利用有较大可塑性的釉，解决了获得适宜厚度的问题，方法是用重复施加薄釉以构成厚得多的釉层，可多达四个分离的层面。最后，在所有釉层上好之后，再对整个器皿进行釉烧，对南宋时期的细瓷，典型的烧制温度大约为1230℃（±20℃）[365]。这样给出的釉会是厚实的、平滑无瑕的，釉层间的界面呈现出

576

　　359　同上，pp. 142-143。

　　360　Kingery & Vandiver（1986a），p. 22，table 1。

　　361　松迪乌斯与斯特格［Sundius & Steger（1963），p. 430，fig. 39］发表了一幅很漂亮的大窑釉的光学显微照片。这张照片清晰地显示出每一釉面上的四个分离的釉层。

　　362　关于类似的一幅也有四层的官窑釉的光学显微照片，见 Tichane（1978），p. 93，fig. 9.8。克里斯蒂娜·刘［Christine Lau（1994）］在 1992 年研究宣德单色蓝釉后写道："通过使用 20 倍放大的手持透镜，可以看到釉为多层——至少可以确认出有 4—5 层蓝釉。"

　　363　武德，个人经验。

　　364　周仁等（1973），第 143-145 页。

　　365　同上，第 154 页。

可以看到的复杂结构，尽管并不清晰[366]。

上述这种现象，即釉的多层结构在烧制后能被存留，是不容易被完全理解的。因为人们预期的是，所有的釉层会具有相同的组分，会在最高温时熔为均匀的整体，在烧制以后就不会留有多次施釉的痕迹。然而，分析表明，釉中存在实在的成分差别，而且是与分开的釉层相对应的，很多样本在对断面进行低倍放大后，这些分开的釉层都清晰可见[367]。从胎釉分界面至釉表面逐点仔细地扫描，氧化钙与二氧化硅含量往往会给出一系列的峰值，在器物没有过烧的条件下，峰值的数目可以清楚地标志出曾施加的釉层数目[368]。

这些氧化钙+二氧化硅的峰是与每一釉层的表面相对应的，而且在烧制后通常以硅灰石晶体薄层（硅灰石是偏硅酸钙，分子式 $CaSiO_3$）为代表，这些晶体是烧制期间和冷却早期在釉内发育成的。每一釉层内越深的地方钙长石晶体的发育越多，它反映出在这些区域中，硅、钙含量较低而铝含量较高。

对这种效果已经提出过多种解释。例如，施釉中低石灰釉与高石灰釉交替使用[369]，或在两次施釉之间，窑厂的土灰会在未经烧制的釉表面沉积[370]。还有一个种解释意见是，在干燥过程中，釉内可溶解的成分迁移到了表面，局部性地改变了釉的成分[371]。可能，更接近真相的一种解释是，湿釉中不可溶解的成分在其即将变干时已经不是完全均匀混合的了：碳酸钙与石英微粒集中留在表面，云母则留在釉层内较深处[372]。在烧制时，最富含石英与氧化钙的地带对硅灰石晶体的发育有促进作用，而云母与黏土（均为含铝原料）促使了高铝矿物钙长石的发育。在这样的过程中，自里到外可以是使用相同组分的釉。

无论多层釉是怎样获得的，它的实际效果与釉内部几百万细小气泡及俘获的未熔配合料相得益彰，使得龙泉（多层）厚釉的微结构比单层厚釉所能产生的微结构更为复杂。这会使釉在外观上有明显玉质感。确实，正烧的龙泉釉微结构与玉的两种主要类型——软玉和硬玉的微结构都相当接近。前者微结构为纤维状（相当于钠长石），而硬玉的纹理为粒状，与晶态的赝硅灰石更为接近[373]。

说多层龙泉釉颜色与玉相近，这或许有欠准确。18世纪以前的大多数中国玉为软玉（$NaAlSi_2O_6$），且为半透明凝脂般的白色，常常微染奶油色或淡绿色。在中国，18世纪80

577

366 由一些在郊坛下发现的带有烧结釉的素烧官窑碎片可以推断，南宋期间浙江发展出了对器物连续素烧的方式。见 Chen Quanqing & Zhou Shaohua（1992），p. 367。

367 Sundius & Steger（1963），p. 430，fig. 39。

368 松迪乌斯描述了他所检测的一份宋代龙泉大窑釉："它含有不同量的石英与石灰残留物，后者常有针状钠长石环绕。这些残留物在薄带中集中为细带状，而釉因此被分为两层或更多的层，这是重复施加生釉浆的标记。" Sundius & Steger（1963），p. 432。范黛华与金格里［Vandiver & Kingery（1986b），p. 190，p. 192，fig. 6］定量研究了贯穿龙泉釉厚度的 CaO 含量变化，而且观察到氧化钙含量的显著涨落，在一件样品中于 5.2%—12%CaO 的变化。

369 Tichane（1978），pp. 164-165。

370 Vandiver & Kingery（1986b），p. 191。

371 Kingery & Vandiver（1986a），p. 85。

372 Wood（1999），p. 86。

373 Walker（1991），p. 31。

年代以后才有比较多的很绿的玉［硬玉、翡翠，或"翠鸟"玉；$Ca_2Mg_5Si_8O_{22}(OH)_2$］[374]。由于这个原因，早期的中国人将陶瓷釉与玉进行类比，往往是既针对白瓷，也针对南方青瓷[375]。但是，后来的中国玉颜色更绿，对这种玉的新体验拓展了我们对玉的颜色的认识，因而认为将这种绿玉与龙泉釉相比较似乎更为适合。

（vi）龙泉釉的颜色、原料和配方

周仁及其同事注意到龙泉釉的碱含量（4.8%—7.6%KNaO）经常比根据当地釉石所作的预测要高很多。对此结果他们提出了两个并不一定相互排斥的解释。第一个是可能选用了风化程度较小的瓷石制釉[376]：

> 从坑的上层所取的大窑瓷石与自同一坑的下层所取的有所不同。前者已深度风化，因此钾和钠的含量较低，仅为约 3.1%，而后者风化程度较浅，因此含钾和钠达 5.2%之多。

578　第二个原因与釉助熔剂自身有关。陆容的《菽园杂记》（约 1475 年）内有关于瓷胎选料、成形、石灰-碱釉及烧制程序的说明[377]：

> 青瓷最初产自刘田［也许是今龙泉附近的刘田］……从其他地方挖取的土质量都不如从窑附近挖取的好。釉是由草木灰与极细的山上产的石灰石粉末混合而构成的。……工匠首先将器物在转轮上或模具中成形，然后使胎泥干燥，随后上釉，将其置于匣钵之内，再将匣钵小心地码放在窑中。木柴日夜燃烧，火焰红热无烟时将火门关闭封好。当火完全熄灭时烧制即结束。

> 〈青瓷，初出于刘田……泥则取于窑之近地，其他处皆不及。油则取诸山中，蓄木叶烧炼成灰，并白石末澄取细者，合而为油。……匠作先以钧运成器，或模范成形，俟泥干则蘸油涂饰，用泥筒盛之，置诸窑内，端正排定，以柴篠日夜烧变，候火色红焰，无烟，即以泥封闭火门，火气绝而后启。〉

以《菽园杂记》为据，周仁等提出"树叶"曾被用来煅烧釉用石灰石。由于树叶往往会比植物的其他部位产生的灰含碱更为丰富，这就可能有助于提高釉中的碱含量。至于龙泉青瓷中含有的铁，周仁等对在釉的混料中加入了紫金土这一说法提出异议[378]：

> 古代青瓷釉配方中是否加入了紫金土？如果这一问题简单地从铁含量的角度进行分析，不易得到满意的答案，因为古代青瓷釉的铁含量都相当的低……大多数情况下在 1.0 与 1.6%之间。……如果使用低铁瓷土……类似于毛家山或岭根瓷

374　同上，p. 22。

375　Chen Baiquan（1993），pp. 13-14。

376　周仁等（1973），第 143 页。

377　《浙江通志》卷一〇七（物产七），第二十八页。转引自陈万里（1972, 1976），第 23 页。《菽园杂记》，中华书局点校本（1997 年），第 176 页。

378　周仁等（1973），第 142 页。

土……那么可以确定是加了紫金土。但是如果使用铁含量比较高的瓷土，如大窑瓷土，那么添加紫金土看来就是不必要的了。

　　本册作者也有自己的观点：使用包含当地紫金土配方的龙泉青瓷釉仿制品，呈现出与组分相近，但添加少量纯氧化铁来提供必要的铁的仿制品不同（并比之更接近真品）的青瓷颜色。福格特也是沿用了这一方式（即利用了紫金土中所含的铁）在塞夫尔成功地仿制了青瓷[379]。紫金土含有痕量的二氧化钛，或许这使得其作为偏绿青瓷中铁的来源时具有优越性：二氧化钛在含量高于约 0.2% 时，会严重地影响青瓷颜色，使其从自然的铁青色移向更为典型的中国青绿色调[380]。

　　周仁的观点，即可能宋代大窑釉的制作配方中没有使用紫金土，而是简单地依赖于已存在于瓷石与釉灰中的铁，就可以解释大窑非同寻常的、精美的青釉颜色。这样一种配釉方式会给出低钛釉，它在烧制中会产生精美的铁青色调，而对大窑器物中精品的分析似乎确认了这种低钛的操作方式（表 107）。它们在日本被称为"砧青瓷"，具有精美的器形、淡灰色的胎，还有厚的青色釉[381]。

表 107　南宋大窑龙泉青釉器物的分析：釉与胎

	SiO_2	Al_2O_3	TiO_2	Fe_2O_3	CaO	MgO	K_2O	Na_2O	MnO	P_2O_5	总计
釉											
大窑 [a]	67.2	14.3	0.07	1.2	10.0	0.6	4.2	0.1	—	0.2	97.9
大窑 [b]	68.1	15.5	0.02	0.9	10.4	0.7	3.8	0.15	—	0.2	99.8
胎											
大窑	67.7	23.2	痕量	2.4	痕量	痕量	5.6	1.4	—	—	100.3
大窑	67.1	23.4	痕量	2.0	痕量	痕量	5.9	1.5	—	—	99.9

　　a　Vandiver & Kingery（1986b），p. 188，table 1。
　　b　周仁等（*1973*），第 136 页，表 3。

　　在化学本质上，大窑蓝色青釉是经典的石灰-碱成分，而且它们与后来景德镇（在 14 世纪）发展的、釉下蓝色彩绘所用的釉的类型紧密相关[382]。它们的低磷含量倾向于支持其主要氧化钙来源为石灰石，而不是草木灰的观点，虽然这些釉中仍存在痕量的 P_2O_5，但如周仁所提出的，这可能表示使用了少量的植物灰烬。大窑的制胎原料与石灰石简单混合而制造出的釉应是硅含量极低，同时铝含量又极高的，因此而不够理想，所以可能在釉的配方中使用了与此相近的、含有更多硅质的石料。如果是这样，那么这种变化与前面所提出的、景德镇在同一时期内所采用的制釉程序的变化是并行的。

　　二氧化钛对龙泉青釉器颜色所起的作用当然是至关重要的，但全面考虑，氧化铁

379　Vogt（1900），pp. 606-607。
380　Ishii Tsuneshi（1930a），p. 357。
381　关于这些最高品质龙泉器物的图示和讨论，见 Mino & Tsiang（1986），pp. 192-197。
382　Chen Yaocheng *et al.*（1986），p. 124，table 2。

的含量、烧制过程中釉所经受的还原程度，以及熔化程度等也都是重要的影响因素。除上述这些熟知的影响之外，周仁等还提到了来自铁-硫发色团的影响可能使后期的（明代）龙泉釉变黄，使得现代啤酒瓶呈褐色的也是同一种铁-硫发色团，但是他们没有给出支持这一观点的分析数据[383]。范黛华和金格里在某些龙泉釉表面发现了微黄色薄层，在讨论这一问题时他们也提出了同样的可能性（但仍是没有测试数据）[384]。表层的再次氧化可能也会对这一效果起一些作用，因为这种氧化在龙窑中会较为剧烈：

580　在通过沿坡向上的龙窑侧火孔投入窑中的增温燃料燃烧之前，经常要鼓风，使助燃空气穿越刚刚烧制的、处于白热状态的器物（见本册 pp. 351-354）。

　　龙泉地区其他窑址制作的青釉器物颜色更为偏绿。在元代和明代早期的样例中海水绿和豆绿色调变得尤为常见，这些样本的二氧化钛含量一般高于宋代器物。这些较晚的器物中，胎和釉还都显示出了较高的碱含量，这使得釉的油性更大且更像玻璃[385]。表 108 对龙泉青釉生产自五代至明代早期的各个阶段进行了汇总。

表 108　龙泉青釉：五代至明代 [a]

	SiO$_2$	Al$_2$O$_3$	TiO$_2$	Fe$_2$O$_3$	CaO	MgO	K$_2$O	Na$_2$O	MnO	P$_2$O$_5$	总计
五代	59.4	16.0	0.4	1.8	16.0	2.0	3.4	0.3	0.6	—	99.9
北宋	63.2	16.8	0.2	1.4	13.0	1.1	3.3	0.6	0.4	—	100.0
南宋	68.6	14.3	0.1	1.0	10.0	0.4	4.3	1.1	0.1	0.14	100.0
元	67.4	16.7	0.2	1.5	6.8	0.6	5.5	1.1	0.45	—	100.3
明	67.6	15.0	痕量	1.4	6.3	1.7	6.5	1.1	0.1	—	99.7

　　a　Chou Jen *et al.* (1973), p. 136, table 3。

　　除颜色变化以外，元代龙泉窑器物变得大了很多，更多地使用模具制作；在明代，器物变得大而重，装饰相当粗糙[386]。

　　尽管龙泉陶瓷极具美感，但龙泉窑从来没有被认为是"五大名窑"之一，也没有像宋代其他陶瓷那样被鉴赏家们频繁提及。曹昭褒贬兼备的说明很具代表性[387]：

> 古代的青绿色器物胎薄而精细。蓝绿色（"翠青"）为贵重，绿蓝色（"粉青"）次之。有一类非常厚的、底部有双鱼图案，且口沿有环形手柄的盆，价格相对低廉。

> 〈古青器，土脉细且薄，翠青色者贵，粉青色者低，有一等盆底双鱼，盆口有铜掇环，体厚者不甚佳。〉

尽管如此，龙泉陶瓷在国内及海外均获有极为广大的市场。多个窑厂竞相建立，以生

383　周仁等（*1973*），第 140 页。关于古代玻璃中这一作用的说明，见 Schreurs & Brill（1984），pp. 199-209。
384　Kingery & Vandiver（1986a），p. 85。
385　周仁等（*1973*），第 136 页，表 3。
386　Li Dejin（1994），pp. 90-92。
387　《格古要论》卷下，第四十页；David（1971），pp. 142, 305。

产龙泉风格器物。例如在宋元时期湖南益阳窑十分活跃，同期的湖北梁子湖窑区是一个重要的生产中心，有数百个制造龙泉风格青釉器的窑炉生产点。福建与广东的窑场自宋代以后生产大量供出口的青釉器（见本册 pp. 716-717）[388]。在南宋时期，福建泉州对白色黏土征税，这标志着当地制造绿瓷所用原料质量上乘[389]。广东各窑成绩斐然，以至于直到明代这些窑仍在生产龙泉仿品[390]。

在浙江本省，明代中期时曾有人试图恢复那里的官办窑厂的生产，正统年间，曾于距龙泉约 320 公里的清源建窑。由于所产陶瓷无法与宋代器物相媲美，试验失败[391]。成化帝 1464 年一即位就召回了督陶官[392]，而到明代晚期，龙泉窑已无法对其器物进行改进，更是陷入了默默无闻的状态[393]。到了清代早期，则仅能对当地顾客提供低质陶瓷而已。清代还可见到陶工自福建而入重兴龙泉产业，如周仁等研究并报告的[394]：

> 在咸丰时期，据说许多人自福建德化到达龙泉西乡木岱地区，建窑烧制粗瓷并传授技艺。

来自福建的陶工引入了用稻壳烧制石灰来制作釉灰的操作工艺，这一方法 1973 年在龙泉青釉器作坊中仍在使用[395]。

（vii）官　　窑

南宋和元代，在大规模生产和享用厚胎、品质接近瓷器的龙泉青釉器的同时，浙江也正在制造另一种重要的青釉器物。这就是官窑。它的品质更为纯正，而且地位要高得多。到 12 世纪中期，它的多层釉厚度达到 1—2.5 毫米，采用分次烧制而成（见本册 pp. 259-266）。由于后期官窑釉层甚厚，小的突出部位可能会粘连，所以有时会将圈足的釉擦去并将器物放在垫饼上烧制。烧成以后，未施釉的足部会因某种程度的再次氧化而成为紫褐色，而且口沿处因釉薄而呈赭褐色，由此产生了"紫口铁足"这一对官窑的著名描述。

发展完备的官窑器物展示了一种相当特殊的胎与釉的组合，即本质上为石灰或石灰-碱性的厚瓷器釉，施于薄而且铁含量相对较高的炻器胎上。在薄的深色胎上使用厚的淡色釉，这象征着浙江青釉器物制造的一个新的开端。

对浙江省资源进行检测时，发现有三种黏土与该省内高温釉器物有特殊的关联。第一种是传统南方风格的低铁硅质炻器黏土，自青铜时代以来一直在浙江地区用于制造灰釉炻器，而后越窑的生产中也曾大批量使用。第二种是含铝较多的、烧制后呈现

581

582

388　Ho Chui-Mei（1994b），pp. 109-110。

389　《宋史》卷四一三（列传第一七二·赵必愿传），第十六页。

390　Ho Chui-Mei（1994b），pp. 109-110。

391　《龙泉县志》卷三，第八页。

392　《明宪宗实录》卷一，第九页。

393　《广志绎》卷四，第七十页。

394　周仁等（*1973*），第 143 页。

395　同上。

为深色的富铁炻器黏土，而第三种是烧制后呈淡色的云母质瓷石，与景德镇附近所发现的相近。如本册 pp. 249-258 所述，后两种原料常常组合起来制作龙泉青釉器的胎。

表 109 官窑的釉与胎 [a]

	SiO_2	Al_2O_3	TiO_2	Fe_2O_3	CaO	MgO	K_2O	Na_2O	MnO	P_2O_5	总计
釉：杭州											
官窑 1	65.4	14.6	0.08	0.7	13.4	0.7	4.0	0.2	—	0.4	99.5
官窑 2	64.8	14.5	—	0.8	13.9	0.7	4.5	0.2	—	0.3	99.7
官窑 3	65.0	16.1	—	1.0	12.5	0.7	3.5	0.3	—	—	99.1
官窑 4	65.6	16.2	—	0.8	12.1	0.9	4.5	0.3	0.2	—	100.6
釉：龙泉官											
官窑 1	64.3	12.2	—	1.3	16.4	0.7	4.3	0.3	—	—	99.5
官窑 2	63.1	16.1	0.08	1.0	14.0	0.7	4.0	0.2	—	0.4	99.6
官窑 3	65.8	14.7	痕量	0.8	13.4	0.2	4.85	0.3	0.01	—	100.1
官窑 4	63.3	15.7	0.2	0.9	14.2	0.6	4.2	0.2	—	—	99.3
胎：杭州											
官窑 1	61.3	28.8	0.7	4.1	0.2	0.6	4.2	0.2	—	0.08	100.2
官窑 2	66.55	23.1	1.2	3.0	0.3	0.2	3.7	0.3	—	—	98.4
官窑 3	69.8	20.6	0.7	3.1	0.3	0.7	3.75	0.4	—	0.08	99.4
官窑 4	70.0	21.2	1.0	3.2	0.1	0.4	2.6	0.2	—	0.09	98.8
胎：龙泉											
官窑 1	64.2	25.2	0.8	4.5	0.2	0.6	4.0	0.1	—	0.13	99.7
官窑 2	62.7	28.7	—	3.7	0.5	0.5	4.1	0.1	—	—	100.3
官窑 3	64.9	24.2	—	3.6	0.5	0.2	4.7	0.2	0.04	—	98.3
官窑 4	63.3	26.1	—	4.6	0.5	0.3	3.7	0.2	—	—	98.7
釉：汝窑 （中国北方）											
汝窑	58.3 15.4	15.8	2.1	14.2	2.3	4.5	0.8	0.3	0.7	0.1	99.1
汝窑	58.8	17.0	0.2	2.3	15.2	1.7	3.2	1.7	—	0.6	100.7
汝窑	58.4	15.6	0.16	2.1	16.3	1.9	3.8	0.8	0.1	0.6	99.8
汝窑类型 亚历山大碗， 不列颠博物馆藏	63.6	15.6	0.1	2.3	12.4	1.9	3.1	0.9	—	—	99.9

a Chen Xianqiu *et al.* (1986b), pp. 163-164，tables 2-4。

　　南宋官窑在杭州生产的最初阶段，似乎是使用了当地越窑类型的、相对低铁的硅质炻器原料[396]。确实，官窑中有很小一部分为白胎[397]。然而，大多数样本使用了富铁炻器黏土，这在强还原气氛中可以烧成近乎黑色，而在氧化气氛中成为暖褐色。如本册 pp. 264-265 所讨论的，这种杭州官窑所用的烧制后呈现为深色的原料，似乎有可能与龙泉地区的和瓷石混用的紫金土是近亲。

　　在某些方面，这种烧制后呈现为深色的原料与淡色的青釉一类的釉配在一起，代表了一个重要的背离南方传统的陶瓷技艺，因为这种釉似乎既不含有制胎的原料，也不含有与胎料关系密切的原料。从大量已发表的对官窑釉的分析判断，它们是用含铝相当高的、烧制中呈现为白色的瓷石与草木灰混合制成，而紫金土含量则极低或不存在。化学分析还证实了杭州和龙泉官窑风格的器物中存在无可辩驳的成分相似性。对浙江南北两处官窑釉的分析，还显示出它们与河南汝窑所用的釉成分相近（见第 480页，表 109，及第 499 页，表 121），汝窑是官窑的原型（表 109）。

　　对釉的这些分析较为详尽地显示出官窑使用的是石灰釉，其氧化钙组分位于越窑与南宋龙泉两种类型中间。然而，官窑釉的氧化铝含量却常在平均值之上，这使得官窑釉比越窑釉具有更高的烧制稳定性，同时还由于在冷却中往往有高铝钙长石（石灰长石）矿物的微晶析出而形成石头一样平滑的无光釉面。这两种效果（稳定性和类似石头的无光釉面）均要求将釉的烧成温度保持为适度的低温，可能是在 1220—1240℃ 范围之内。烧制到这一温度时往往还会遗留一些未被溶解的釉配合料，这在最高温度与冷却初期均会促成釉中钙长石晶核的形成。这些针状钙长石晶体与软玉结构相仿，因而使得官窑器物看上去有玉质感。如果能获取更多的热量，上述未能结合的氧化钙就会完全溶解入釉，在釉中起助熔剂的作用，使得釉变为玻璃态并出现细裂纹。在众多官窑藏品中，石质般平滑的和玻璃态的两类样本均有存留。

　　已经证实，这些釉中的钛含量极低，这对于釉色是至关重要的。这一点与相应的低氧化铁含量结合在一起，就可以解释官窑釉典型的微蓝或淡奶油色调。这类颜色的釉仅能由纯净原料制得，如瓷石；而且计算结果表明，所使用的可能是高铝类型的经过制备的龙泉瓷石（如取自大窑及附近其他窑址的瓷石）[398]与典型的含钙草木灰的混合物，比例大约为 7∶3。由这一类型的配方所给出的氧化物配比属于表 109 中所给出的"龙泉官"组分范围。在烧成特色方面，官窑可能是南宋时期最为精妙的陶瓷，因此，上面所设想的工艺过程只代表了一个非常简单、易于理解而且直接的釉构建方式。

583

584

（viii）分　层　釉

　　在所有中国经典器物中，制作官窑器物的陶工使用的多层施釉工艺似乎是最有创

396　Scott（1993b），p. 16-17。

397　Gompertz（1958），p. 41。位于杭州郊坛下窑址的现代风格的博物馆中展出了白胎与黑胎两种类型的碎片。

398　周仁等（1973），第 48-50 页。

造性的，很多样例显示出其总釉量比釉所包裹的胎量更多。松迪乌斯[399]、蒂查恩[400]、陈显求等[401]，金格里与范黛华[402]，以及陈全庆和周少华[403]都描述过这一现象。官窑窑址的出土文物也已证实了这种在施釉各阶段间多次对上釉后晾干的器物重复烧制的方法[404]。关于龙泉釉的争论，如这些连续的釉层是否有同样的，或是不同的组分，同样适用于官窑，虽然，就总体而言，釉层有相同组分的判断似乎更为可信。

深色薄胎与浅色厚釉是官窑和哥窑的两个特征，而第三个特征则是官窑釉的龟裂。龟裂是由在冷却的最后阶段，釉的收缩大于釉下黏土胎的收缩而引起的。由于玻璃的拉伸强度很差，这使得釉层开裂为细线构成的网格，收缩差异增加时网格也会更为细密[405]。官窑釉的网纹主要是由于胎与釉两者中二氧化硅的含量均较低，因为对于官窑的烧制温度来说，一般会需要胎与釉中含有70%或更多的二氧化硅以避免开裂。表109显示，烧制后的官窑胎与釉中二氧化硅均接近65%，因此其中的二氧化硅明显偏少。当然，从纯工艺的角度评价，官窑陶工在12世纪所开发的釉与胎的配合，到现在仍作为中国陶瓷史上最伟大的成就之一而屹立不倒。

龟裂网纹因其美学品质而受到赞誉，如官窑与哥窑经常见到的情况，在西方往往将此称为"开片"。龟裂与开片实质上是同一现象，虽然"开片"往往意味着此效果是人为的。开片虽然具有吸引力，但它会使器物的牢固性减弱，有裂纹陶瓷的强度往往会远低于无裂纹的同档次产品。当开裂的厚釉出现在薄胎上时，像官窑上常见的那样，器物本身甚至会有整体开裂的危险。然而蒂查恩的光学显微观察结果显示，官窑中的釉裂很快会散失于炻器胎体的细颗粒和气泡中间。蒂查恩表示，将这类釉与厚釉层的特殊组合使用于炻器，比使用于瓷器要安全得多[406]：

> 如果这个胎是玻璃质的，那么裂纹就会贯穿传入整个器物而导致破裂。对于较软的、有微裂的胎，大的裂纹能够沿几个方向消散，而不会导致直接的破裂。自然这种情况不会有玻璃态胎的强度，但至少它能够得以存留。

在非常厚的官窑釉中，在不同深度的釉层内甚至能够出现不同的裂纹系统，这可以充分增加其表面视觉效果的复杂性，从而更有玉质感。某些官窑釉还显示出了"鱼鳞纹"开片，其中一些水平开裂沿器物表面进行，而不是垂直进入器物之中。这必定与经常在官窑釉中观察到的组分分层有关，所以这些层面有充分理由可以在冷却的后期以不同的比率收缩，而促使釉沿水平和竖直两个方向都有开裂。在一些北方汝窑上也可以见到鱼鳞纹，展示出这两种著名的御瓷的又一个相似性。

585

399　Sundius & Steger（1963），p. 438。

400　Tichane（1978），p. 175。

401　Chen Xianqiu *et al.*（1986b），p. 161。

402　Kingery & Vandiver（1987），p. 221。

403　Chen Quanqing & Zhou Shaohua（1992），p. 363。陈全庆和周少华不仅宣称各个釉层是"不一样的"，而且认为某些官窑容器内部使用了比外部更易熔的釉组分。同上，pp. 363-367。

404　经由作者之一（武德）于1989年检测。

405　关于对裂纹简要的讨论，见 Singer & German（1974），pp. 47-54（Chapter 11 'Glaze Fit'）。

406　Tichane（1978），p. 89。

有时使用极黑的颜料涂染主要的釉裂纹，以便在平滑淡色的背景上显示出细黑线的网格，这或许是当时对官窑和哥窑中裂纹之欣赏的最有力证据。染色必须在烧制之后不久即进行，而且大多数情况可能是在器物出窑后还热的时候；此时裂纹相对敞开。在烧制以后，陶瓷会持续数天继续开裂，甚至可能会持续数年；而在官窑器物上，这种次级的裂纹体系常表现为处于主要裂纹线之间的、更细的网格。第二次的开裂常被染为较浅的颜色，这也许是人为的，也许仅仅是在使用中形成的。这两个裂纹体系显示出了著名的"金丝铁线"效果，这也是官窑和哥窑经常得到的赞美之词。不知道开片染色的风气是如何开始的，但可能最初这是作为一种"补救"措施而使用的，是为改善被意外氧化的物件的外观而设计出来的（见上文 p. 266）[407]。

（8）北方名釉：耀州窑、钧窑、汝窑及它们的仿制品 586

（i）北方青釉类器物

官窑可以看作是陶瓷制造方法在中国南方取得的最高成果，而陶瓷制造方法是在中国北方历经晚唐至女真人入侵（1127 年）的整个时期开创并发展起来的。精美的北方青釉首先是五代时期在陕西耀州窑烧制的，这种先进的青釉技术随后传播至很多北方窑口，尤其是在河南及河北南部。这些技术于南宋时被带往南方杭州。在此之前，河南汝官窑标志着北方青釉器发展的顶峰。北方钧窑也可以认为是这一历程中的一部分，不过对乳光蓝的钧器，南方陶工认为难以仿制到同样水平，而超越则是根本不可能的。

唐代后期（公元 8 世纪以后）陕西黄堡窑制作了一种颇具乡野风格的青釉器物，主要器形为普通的大口水罐、瓶和碗。不过黄堡窑的胎含铁量相对较高，比起当时北方各省如河北、河南和山东制造的绿釉器物的淡色胎和鲜绿色草木灰釉，这是一个进步。黄堡窑还生产风格活泼的黑釉器，上有烧制后颜色变深的炻器釉，可能釉的基料主要是当地黄土[408]。

黄堡也制造少量白釉器，而这一地区的"三彩"铅釉陶器则在本册 p. 500 有所叙述。

生产耀州陶瓷的窑址已确定在沿漆水约 5 英里范围内，其中以黄堡窑最为高产且最富于创造性。虽然如此，在唐代，这一区域早期的青釉器远不如当时中国南方的越窑精致。两者的质量差别显而易见，这从公元 874 年封闭的陕西法门寺地宫自浙江省挑选 14 件"秘色"越窑器物作为珍藏品这件事就可以看出。法门寺与耀州窑的距离不过约 100 公里（表 111）。

尽管早期耀州窑的风格相当乡土化，但一些唐代耀州窑青釉器的化学分析结果还

407　Wood（1999），pp. 86-87。

408　Wood（1999），p. 140。

是显示了其发展的潜力。像此前很多北方瓷釉一样，这些釉使用的原料通常较其下面的胎土更为纯净。一些样本显示其中二氧化钛含量是很低的，这样当釉足够厚且在良好的还原气氛中烧制后，就能够显现精美的微蓝青釉颜色。事实上一些唐代黄堡窑釉（如表 111 中 TQ2 和 TQ3）显示出其组分位于经典的石灰釉（如杭州官窑釉）与朝鲜高丽青釉之间。实际上，有几个因素阻碍了对此类釉的充分开发利用。这些因素包括：使用了纯度相当差的炻器黏土，唐代耀州窑青釉器施釉过薄的习惯，由二氧化钛含量很高的白色化妆土所引起的泛黄效果（这种化妆土通常是用来使当地胎色看上去变浅的），以及柴窑中的还原效果不佳等等。

与施石灰釉的青釉器物同期，耀州窑工在唐代还制作少量的白瓷。耀州白瓷使用较为先进的石灰-碱釉，较高的炉温，而且炉内气氛氧化强于还原。耀州白瓷的胎料是如此之难熔，以至于到北宋时期以煤取代木柴作为当地主要窑炉燃料之前，白瓷胎一直未能完全烧熟瓷化·（表 112）[409]。

五代时期，随着黄堡窑制造工艺的发展，石灰釉开始被石灰-碱釉所取代，或许这是从当地白瓷生产中获取的经验。陕西陶工还将釉层加厚，改进了黏土的制备，并更为成功地掌控了还原焰。由于这些进步，五代黄堡窑器物与比其晚很多的高丽青瓷观感上的相似之处便十分明显了。一些 10 世纪早期的黄堡釉在颜色上还会使人联想到在 11 世纪后期至 12 世纪早期汝窑所使用的偏蓝色釉，虽然耀州青釉一般玻璃质感更强一些。

五代时期有一些耀州青釉还属旧的石灰釉类型，而另外一些釉中的钙含量则更像北宋时期景德镇的"青白"釉。第三类像是龙泉石灰-碱釉的先期产物，甚至还有少数几例低钙耀州青釉，其构成与清代景德镇瓷釉相似（表 113）。现在仍然很难确定这些五代时期的不同组分是代表了连续的过渡，还是大多是同时制作的。如果是后一种情况，那么它们可能是被放在馒头窑的不同部位，使得其钙含量与窑炉内各部位温度的差异相匹配。这样一种匹配方式（如果使用过的话）比景德镇为适应蛋形窑内不同的温度区域而调节釉中"釉灰"含量的工艺方法先行了一步（对窑炉的描述见本册 pp. 314-378）。

表 110　唐代"茶叶末"釉和黑釉的分析

	SiO_2	Al_2O_3	TiO_2	Fe_2O_3	CaO	MgO	K_2O	Na_2O	MnO	P_2O_5	总计
耀州窑茶叶末釉 [a]	63.85	13.6	0.7	5.1	9.1	2.6	3.0	1.2	0.1	0.2	99.45
耀州窑黑釉 [b]	67.0	13.4	0.5	6.7	4.7	1.5	3.3	1.2	0.1	—	98.4
西安黄土 [c]	65.6	14.6	0.6	5.4	6.8	2.3	3.3	1.4	—	0.3	100.3

　a　Huang Ruifu *et al.*（1992），p. 188，table 1。
　b　Yang Zhongtang *et al.*（1995），p. 76，table 3。
　c　Freestone *et al.*（1989），p. 261，table 1。

409　Zhang Zizheng *et al.*（1985），p. 24。

表 111　唐代黄堡窑的釉和胎 [a]

						青瓷						
编号	朝代	SiO$_2$	Al$_2$O$_3$	Fe$_2$O$_3$	TiO$_2$	CaO	MgO	K$_2$O	Na$_2$O	MnO	P$_2$O$_5$	总计
釉												
89	唐	61.4	16.3	1.9	0.4	16.0	1.5	1.75	0.2	0.07	0.8	100.3
TQ1	唐	61.7	15.6	1.8	0.3	16.2	2.35	1.6	0.4	0.1	—	100.1
TQ2	唐	61.6	14.45	1.7	0.07	17.6	2.3	1.8	0.3	0.05	—	99.9
TQ3	唐	59.7	17.3	1.3	0.04	16.9	2.3	2.0	0.4	0.01	—	100.0
朝鲜	高丽青瓷	59.6	14.1	1.4	0.1	16.0	2.7	3.8	0.8	0.4	0.7	99.6
胎												
89	唐	66.5	26.2	2.2	1.55	0.4	0.8	1.6	0.1	0.01		99.4
TQ1	唐	64.75	28.8	1.8	1.6	0.3	1.1	1.4	0.2	—		100.0
TQ2	唐	63.4	29.8	2.15	1.7	0.4	0.9	1.5	0.3	—		100.2

a　Luo Hongjie（1996），数据库。

表 112　唐代耀州白瓷的釉和胎 [a]

编号	朝代	SiO$_2$	Al$_2$O$_3$	Fe$_2$O$_3$	TiO$_2$	CaO	MgO	K$_2$O	Na$_2$O	MnO	P$_2$O$_5$	总计
釉												
TBG2	唐	62.1	20.2	0.8	0.5	9.7	0.9	2.3	0.6	—	—	97.1
TBG4	唐	61.6	18.5	0.7	0.4	10.2	1.7	3.3	1.3	—	—	97.7
胎												
TBS2	唐	63.65	29.8	1.1	1.0	0.7	0.5	1.5	0.6	（0.6）	—	98.25
TBS3	唐	67.4	27.0	0.6	1.0	0.4	0.5	1.6	0.4	（0.9）	—	98.9

a　Zhang Zhigang, Guo Yanyi, Chen Yaocheng, Zhang Pusheng & Zhu Jie（1985），1985 年北京中国古代陶瓷科学技术第二届国际讨论会张贴论文。另见 Zhang Zizheng *et al.*（1985），p. 24。

　　某些素面未加装饰的器形上使用了五代时期精美的微蓝耀州青釉，如葵花碟和造型简单的杯子，还有一些颇为醒目的、表面有精美的深度刻花装饰的大口水罐。这些较后期出现的刻花风格非常成功，以至于以后（10 世纪）被一些浙江越窑器物所采用，同时被采用的还有许多北方器形[410]。这标志着耀州窑与越窑间存在某些"双方向的"交流传播。

　　中国陶瓷史中有一个重复出现的问题，就是一些特别成功的材料或工艺创出后，又消失不见，不再使用了。这一规律就出现在公元 9 世纪的越窑"秘色"器物上："秘

589

410　关于 10 世纪越窑深刻花风格的大口水罐，见 Wood（1999），p. 44。

表 113 五代时期黄堡的釉和胎 [a]

编号	朝代	釉										
		SiO$_2$	Al$_2$O$_3$	Fe$_2$O$_3$	TiO$_2$	CaO	MgO	K$_2$O	Na$_2$O	MnO	P$_2$O$_5$	总计
高钙												
FD09	五代	60.3	15.9	1.4	0.06	18.35	1.8	1.7	0.35	0.01	—	99.9
FD07	五代	59.6	14.9	1.4	0.2	19.6	1.5	1.8	0.3	0.09	—	99.4
FD05	五代	60.3	14.1	1.4	0.2	20.1	1.6	1.8	0.4	0.09	—	100.0
钙												
FD01	五代	64.2	14.9	2.2	0.2	14.0	1.5	2.4	0.3	0.18	—	99.9
FD03	五代	65.6	13.9	1.8	0.2	13.8	1.9	2.45	0.35	0.06	—	100.1
FD04	五代	64.2	14.9	2.2	0.2	14.2	1.5	2.4	0.3	0.15	—	100.1
石灰-碱												
FD06	五代	69.7	14.3	1.8	0.2	9.9	1.4	2.3	0.35	0.13	—	100.1
FD08	五代	75.5	12.8	1.5	0.2	6.4	0.9	2.3	0.3	0.20	—	100.1
FD10	五代	69.8	14.9	1.45	0.2	9.8	1.2	2.3	0.5	0.05	—	100.2
以上样品的胎												
FD09	五代	64.7	27.5	2.3	1.7	0.6	1.05	1.9	0.2	—	—	100.0
FD07	五代	63.1	28.6	3.0	1.6	0.7	1.1	1.8	0.2	0.01	—	100.1
FD05	五代	64.0	27.65	3.0	1.8	0.7	0.8	1.8	0.2	—	—	100.0
FD01	五代	65.4	26.4	2.9	1.9	0.4	0.8	1.7	0.2	0.2	—	99.9
FD03	五代	68.2	25.9	1.65	1.4	0.06	0.65	1.9	0.2	—	—	100.0
FD04	五代	65.4	26.4	2.9	1.9	0.4	0.8	1.7	0.2	0.2	—	99.9
FD06	五代	66.0	26.2	2.9	1.6	0.4	0.8	1.7	0.25	0.1	—	100.0
FD08	五代	65.5	26.8	2.7	1.9	0.5	5.8	1.5	0.3	0.1	—	105.1
FD10	五代	64.6	27.4	2.2	1.5	1.65	0.7	1.7	0.2	0.03	—	100.0
WDHQ2	五代	53.0	36.4	2.9	2.3	0.4	1.9	2.6	0.4	—	—	99.9
FD02	五代	68.75	26.4	1.5	1.3	0.1	0.8	1.4	0.2	—	—	100.1
WDHQ3	五代	59.3	30.3	4.4	2.2	0.4	1.2	1.8	0.2	0.15	—	100.0

a Luo Hongjie（1996），数据库。

色"器物胎与釉的质量常常可与 12 世纪精致的龙泉窑相媲美，但随后却停止了生产。晚唐巩县釉下钴蓝彩绘的出现与随后的消失是另外一例；而在北宋，耀州窑因为喜好更为平常的橄榄绿物品而放弃微蓝色青釉器，则提供了又一个这类实例。

590　　　10 世纪后期，黄堡烧窑所用的木柴被煤所取代，这是耀州青釉从偏蓝转变到偏绿

591

表 114　北宋与金代黄堡的釉和胎 ^a

编号	朝代	SiO$_2$	Al$_2$O$_3$	Fe$_2$O$_3$	TiO$_2$	CaO	MgO	K$_2$O	Na$_2$O	MnO	P$_2$O$_5$	总计
石灰-碱釉												
Y-3	宋	67.0	15.3	1.8	0.3	9.6	1.4	2.6	0.4	0.07	0.8	99.3
SP-1	宋	67.9	14.4	2.2	0.2	9.4	2.1	2.8	0.7	—	—	99.7
247	宋	69.1	13.95	2.1	0.3	8.6	1.1	3.1	0.4	0.1	0.7	99.5
Y-4	宋	70.0	13.6	1.4	0.1	9.5	1.3	2.7	0.3	0.05	0.6	99.6
SQ1	宋	70.6	14.0	2.2	0.1	7.9	1.75	2.95	0.4	0.09	—	100.0
SQ2	宋	72.5	13.9	1.8	0.08	7.3	1.4	2.7	0.3	0.04	—	100.0
SQ4	宋	68.5	15.6	2.8	0.3	7.2	1.5	3.5	0.5	0.1	—	100.0
SQ6	宋	62.8	18.3	3.8	0.1	9.0	2.15	3.4	0.6	0.1	—	100.3
SQ7	宋	67.7	21.4	2.7	0.06	7.0	2.25	4.1	0.7	0.07	—	106.0
钙含量较低的釉												
Y-1	宋	71.6	14.4	1.9	0.4	5.6	1.55	3.05	0.6	0.05	0.5	99.7
S7-2	宋	73.1	15.65	2.4	0.2	3.9	1.3	2.75	0.4	0.03	—	99.7
SQ3	宋	72.7	13.7	2.5	0.03	5.9	1.5	3.1	0.6	—	—	100.0
胎												
SQ5	宋	56.6	34.6	1.9	1.8	0.6	1.6	2.0	0.4	—	—	99.5
SP-1	宋	71.5	22.4	1.3	1.2	1.25	0.8	2.1	0.3	—	—	100.9
Y-4	宋	72.2	20.3	1.7	1.2	0.4	0.8	2.6	0.35	—	0.1	99.7
SQ1	宋	70.3	22.3	2.1	1.0	0.4	1.1	2.5	0.4	0.02	—	100.1
SQ2	宋	68.9	24.2	1.8	1.1	0.6	0.9	2.2	0.3	0.03	—	100.0
SQ4	宋	65.3	24.6	2.7	1.9	0.5	1.2	3.2	0.5	0.07	—	98.1
SQ6	宋	58.2	29.9	4.3	2.2	0.6	1.4	3.0	0.4	0.2	—	100.2
SQ7	宋	66.6	22.35	3.7	1.4	0.8	1.6	2.8	0.5	0.03	—	99.8
Y-1	宋	70.2	24.6	1.4	1.3	0.2	0.6	2.4	0.3	—	0.04	101.0
S7-2	宋	69.0	22.4	2.3	1.2	1.95	0.6	2.1	0.5	0.02	—	100.1
SQ3	宋	71.6	21.9	1.4	1.0	0.1	0.9	2.75	0.3	—	—	100.0

a　Luo Hongjie（1996），数据库。

的一个原因，颜色的变化可能是因为烧煤的窑还原效能较差而引起的[411]。另一个原因可能是北宋耀州釉中有硫化铁发色团形成，因为与木柴相比，煤是含硫更多的燃料[412]。

对釉成分所作的某些调节，如从较低钛到较高钛釉，可能是青瓷从蓝色转为绿色的又一个原因，但这方面的证据尚不甚明确（见表114和表115）。在五代时期，耀州的确是对一些精致且微蓝的青釉使用了含钛极低的构成方式，而且分析还显示出在许多北宋样品中，与此不相上下的低钛含量一直持续存在。

表 115　北宋耀州白瓷的釉和胎[a]

	SiO_2	Al_2O_3	Fe_2O_3	TiO_2	CaO	MgO	K_2O	Na_2O	MnO	P_2O_5	（其他）	总计
SB（釉）北宋	65.0	19.0	0.5	0.02	8.4	2.2	1.25	0.4	—	—	—	96.8
SB（胎）北宋	58.6	34.7	0.6	0.1	2.0	0.8	1.2	0.7	—	—	0.7	99.4

a　Zhang Zizheng *et al.*（1985）。1985年北京中国古代陶瓷科学技术第二届国际讨论会张贴论文。另见 Zhang Zizheng *et al.*（1985），pp. 23-24。

所以在10世纪后期，上述这些不同因素中的每一个对耀州窑釉色有什么影响仍是未解决的问题。如果原因是釉的成分，那么釉色的变化更像是人为的。但如果是由于木柴来源逐渐减少，或是因为当地煤矿业效益提高，窑工不得不改变窑用燃料，那么釉色的变化就可能是不可避免的了。

从其化学本质看，北宋至元代的绝大多数耀州青瓷属于石灰-碱成分。在此期间同样值得注意的是耀州青瓷胎的硅含量变得高了很多，这可能是为了抑制釉的开裂，而因此，器物的外观与强度两方面均得到了改进。这两项改进均导致产品更加成熟。

少量北宋耀州青瓷釉（Y-1，S7-2和SQ3）的钙组分较低，对于处在"馒头"窑内较热部分的器物，这样的组分是有利的；不过耀州白瓷可能在某种程度上也是利用了这种情况（表115）。表115中的数据展示出了北方白瓷中具有迄今为止所确定的最低助熔组成（从而烧造温度最高）的一些样例，从其中一个样例确定（SB釉）的烧成温度高达1370℃[413]。虽然窑的终温依赖于最后的升温速率，但这些分析结果显示了耀州白瓷原料本质上的耐火程度，以及由此导致的承受窑炉内最高温度（即燃煤火膛附近）的能力。

592

411　Li Guozhen *et al.*（1989），p. 285。但是，从对历代耀州釉中 FeO/Fe_2O_3 比值的研究中得到的结果没有能给出确切的证明。极低的 FeO/Fe_2O_3 比值（如0.02—0.04）暗示着近乎氧化的环境，产生出了所预期的氧化青瓷的典型奶白色和灰黄色。然而，不少微蓝色五代釉的 FeO/Fe_2O_3 比值为0.1—0.5，而相近的比值在北宋耀州釉中呈现的却是绿与绿黄的釉色。钛含量可能会对这些无规律的表现起一些作用，但未在此研究中报道。见 Zhang Zhigang *et al.*（1995），pp. 60-65，特别见 table 6。

412　关于对龙泉釉相似着色效果的各种推测，见周仁等（*1973*），第140页，以及 Kingery & Vandiver（1986b），p. 85。关于对硫化铁在玻璃中泛黄效果的讨论，另见 Schreurs & Brill（1984）。亨德森［Henderson（2000），p. 176］专门写到过耀州窑，他同样提出："使用煤作为燃料可能会由于含硫黄的浓烟进入而影响窑炉气氛，这会导致在一些釉中产生微黄的硫化铁发色团并因而使用匣钵。"

413　Zhang Zizheng *et al.*（1985）。1985年北京中国古代陶瓷科学技术第二届国际讨论会张贴论文。

（ii）耀州青瓷釉的原料

耀州青瓷的基本成分传统上是当地产的长石质砂岩，名为"富平"釉石。这种砂石是天然石英、长石、黏土和碳酸钙的混合物，都是对炻器釉有用的矿物[414]。对"富平"石的分析显示出这种岩石实质上就是釉，而且只需添加少量硅石、黏土和富钙助熔剂（如草木灰或石灰石），就可将此石粉变成为正常配比的青釉组分（表116）。

表116　耀州"富平"石的分析[a]

	SiO_2	Al_2O_3	Fe_2O_3	TiO_2	CaO	MgO	K_2O	Na_2O	MnO	P_2O_5	总计
"富平"石	65.3	12.1	1.2	0.2	6.6	3.3	2.5	1.4	—	—	92.6

a　Guo Yanyi（1987），p. 17，table 6。

但是，表116中的这一例"富平"石的氧化钠含量似乎有些过高，以至于不能准确代表唐代至元代耀州釉可能使用的那一类矿石；而低钠含量则似乎正是这一时期耀州青釉贯穿始终的特点。

在分析中发现有些耀州青釉中含氧化磷，这些磷的含量往往是典型的草木灰水平，这使人想到在贯穿其历史的大部分时间中，耀州青釉可能是使用草木灰助熔。鉴于铜川地区丰富的石灰石储量以及今日中国此处木柴的严重短缺，这似乎是个令人意外的看法。较之南方器物，北方釉中磷的存在涉及的问题要更复杂一些，因此，短暂的离题可能会将此问题澄清。

（iii）南方和北方釉中的磷

关于中国南方早期青釉的发展过程，目前认为可能性最大的似乎是从飞灰釉到草木灰釉，再到"黏土加草木灰"釉。除了由器物自身提供的强有力的间接证据外，迄今为止所有的分析得到的南方炻器黏土、釉果和石灰石所含有的 P_2O_5，均为零至可以忽略不计的量级。由于这一理由，在南方高温釉中高于约0.3%的 P_2O_5 往往被认为是釉配方中使用了植物灰烬的标记。但是人们还知道世界上存在含磷酸盐的石灰石，而且某些火成岩也含有百分之零点几的 P_2O_5。中国北方和南方由于曾为不连续的结构板块而分属不同的地质区域，所以为了提供草木灰以外的其他含磷原料存在的证据，有必要对北方的原料进行检测。不要忘记，已发表的分析结果中存在一个共同的难解之处，即缺少关于某种特殊氧化物的数据可能仅仅意味着分析者未能检测到，在非草木灰类的北方陶瓷原料中检测到的 P_2O_5 含量，似乎都与南方的相应原料一样的低[415]。

耀州釉中氧化磷的含量似与釉中氧化钙含量正相关，因此这在某种程度上暗示了氧化钙的主要来源也同样是磷酸盐的主要提供者。考虑到这些因素，有几种可能性可

593

414　Guo Yanyi（1987），p. 18。李国祯和关培英（*1979*），第362页。

415　例如，在对黄堡地区本地石灰石进行的详尽矿物学检测中没有提到磷酸盐矿物，检测结果见李国祯和关培英（*1979*），第362页和第361页，表1。

以用来解释耀州青釉中的 P_2O_5 含量，即：

- 氧化磷来自作为主要釉助熔剂的植物灰烬；
- 氧化磷来自一种至今仍未得到确认的含磷酸盐的石灰石；
- 氧化磷来自焚烧当地石灰石制釉时所用的高磷酸盐木柴或植物。

就总体而言，第一个判断仍是最为合理的，但若有进一步的证据也可能会修正此看法。

无论其来源如何，在相对较黏的石灰-碱釉中存在氧化磷，结合轻微的过烧，会有利于较大的"籽种"（气泡）的产生，在玻璃质感较强的耀州青釉器物样例中可以见到这类气泡的出现。这种肉眼可见的气泡是轻微过烧的耀州青釉中典型的包涵物，在高窑温下 P_2O_5 分裂为 P_2O_3 时就能够生成[416]。至于施釉的工艺，在黄堡窑发现了许多北宋与金代未施釉的器物素烧坯碎片，这暗示至少有一些器物是先经素烧再施釉的。这种工艺在唐代"三彩"器物上已被使用[417]。

（iv）宋代耀州青釉器的釉和胎

594

耀州炻器胎的氧化铁含量比许多北方炻器黏土都高，且耀州青釉器在视觉上获得成功的原因之一正是所用的含铁适度的黏土与青釉间的某种相互作用。宋金时期耀州釉通过表面所含氧化铁的重新氧化，在施釉极薄之处，或在烧制中变薄之处，釉中能够呈现出差不多可称为金色的颜色。耀州釉经常为双层施釉，单层釉会产生金褐色效果，而双层则会产生精美的青绿色[418]。单层釉在高大容器内部和碗足底部较常见到，在这些部位使用单层釉有可能是为了节约。耀州器物的露胎部位在窑内高温时和冷却过程中都常常会产生暖褐色。

稍厚一些的耀州釉往往不会再重新氧化：它们呈现出淡绿色，而不是金褐色，而胎釉界面上产生的显眼的白色薄层增强了这一效果。在耀州青釉器物的断面上这一薄层可为肉眼所见，看上去像是薄薄的一层白色化妆土。分析结果给出，这一薄层是"馒头"窑特有的长时间烧制的产物，而不是蘸了一薄层白色黏土；它主要由钙长石、细小气泡和玻璃所组成[419]。它的实际功效是使青釉较薄处（但还不至于薄到发生重新氧化并变为金褐色的程度）的釉色变浅，从而增强了与釉层较厚区域的反差，釉层较厚的区域是釉汇集在了雕刻、蓖划和模压的图案上而形成的。

在"馒头"窑内长时间烧制还能引起许多耀州青釉中的钙长石晶体晕散，这会在釉面产生一种令人喜爱的泼蜡效果。栩栩如生的刻花与波纹装饰、釉对厚度的敏感

416　金格里和范黛华［Kingery & Vandiver（1983），p. 1273］在仿制钧釉的过程中发现："……磷酸盐在这些釉中的作用既与乳光无关，也与铁着色无关，但与其对气泡形成的影响有关。……与釉整体的组分相比较，在格里巴尼尔（Grebanier）的复原品的气泡表面发现磷含量增加。"他们还确认，真正中国钧釉气孔的主要起源为"磷酸盐分解"。

417　1995 年本册作者在铜川曾观看过唐"三彩"及宋金青釉器素胎碎片。

418　Fan Dongqing（1996），pp. 24-26。

419　Li Wenchao et al.（1992），p. 285。

性、白色钙长石夹层的强化作用，还有精美清新的青釉颜色、常见的弥散气泡，所有
这些因素汇集起来使得耀州青釉器物的视觉质量十分突出。宋代早期，耀州器物与邢
窑、定窑和越窑一样，都必须选送贡品上交宫廷[420]，而在北宋晚些时候，最好的耀州
窑器物与定窑和汝窑器物一起被朝廷定为官方所用的器物，如一种南宋晚期的文献所
记述的那样[421]：

> 现任政府认为定州白瓷不适用，因此下令汝州生产青瓷。从那时以后河北唐
> 州、邓州和耀州的诸窑口均依照此令而行。
>
> 〈本朝以定州白磁器有芒，不堪用，遂命汝州造青窑器，故河北唐、邓、耀州悉有
> 之，……〉

（v）临　汝　窑

河南有多个窑口仿制耀州瓷，临汝为其中之佼佼者（见本册 p. 165）。临汝的出土
物（收藏于北京大学赛克勒考古与艺术博物馆）展示了耀州釉与临汝釉在视觉上的差
别，这些差别标志着临汝器往往助熔剂含量更高，烧制时间更短。例如，在釉因进入
较深的纹饰而变厚之处，临汝器显得很绿而且发亮，而耀州器物在厚釉处则为黄绿色
且较少光泽[422]。临汝釉比耀州釉容易开裂，后者包含了更多的气泡。一些典型临汝釉
的组分已经测定（表 117）。

表 117　临汝青釉的分析结果[a]

釉	SiO_2	Al_2O_3	TiO_2	Fe_2O_3	CaO	MgO	K_2O	Na_2O	MnO	P_2O_5	总计
临汝	67.0	14.7	0.3	1.6	9.2	0.8	3.6	1.5	—	0.4	99.1
临汝	66.7	15.3	0.3	2.5	8.6	0.7	3.8	1.7	—	0.4	100
临汝	67.5	15.3	0.3	2.5	7.6	1.1	3.7	1.4		0.7	100.1
临汝	67.7	14.5	0.2	2.4	8.55	0.8	4.2	1.6	—	0.45	100.4

　　a　Guo Yanyi & Li Guozhen（1986b），p. 154，table 1。

临汝青釉原料应该最有可能是一种酸性火成岩与草木灰的混合物，或者还添加了
少量的黏土和/或石英以增加釉中二氧化硅和氧化铝的含量。

（vi）钧　　窑

临汝县的一些窑既制作本地风格的优质耀州青瓷，也制作钧窑风格的瓷器。钧窑

420　《太平寰宇记》卷五十九，第五页；卷六十二，第四页；卷九十六，第五页。《宋史》卷八十五（地理
一），第二十页；卷八十六（地理二），第六页；卷八十七（地理三），第四页。《元丰九域志》卷二，第十三页；
卷五，第十三页。《宋会要辑稿》食货四一之四一。

421　《负暄杂录》，译文见蔡和璧（*1989*），第 26 页；对原书所用参考资料变化情况的讨论，见蔡和璧
（1989），第 9-13 页，第 27-29 页。

422　作者之一（柯玫瑰）曾在赛克勒考古与艺术博物馆检视过该窑址的出土物。

的一个主要特征是其乳光蓝厚釉，而临汝仿钧釉则显示出独特的精美淡蓝色调。从北宋至明代早期，河南与河北南部有许多地点生产钧器，其中最好的产品来自河南窑场，如钧台和野猪沟。前者位于现在的禹县县城中心附近，靠近原北宋窑场处有一个现代的钧器工厂正在生产[423]。

钧窑所用的制胎黏土与耀州窑和临汝窑的相近，但与大部分北方青釉器相比较，其石灰-碱釉给出的硅的数值较高而铝的数值较低，钧釉中硅的平均百分值约为71%，而铝约为9.5%。正是由于这个与青釉的标准配比之间微小的但始终存在的差别，钧釉往往会在冷却过程初期产生液-液分相效应，因而显示出迷人的乳光蓝色。在器物上涂富铜颜料常常会使这些效应更加突出且更具艺术性[424]。铜以宽条形状或薄层形式涂绘在干釉面上，在最高温度时就会溶入蓝色钧釉之中[425]。钧器上的铜绘显示出紫色、绿色或红色的（有时全部三种颜色一起）云状晕斑，与下面的乳光蓝厚釉形成鲜明的反差。

北方青釉器的器形常与板金器和漆器的器形有密切关系，因此制作往往十分精细。钧窑却与此相反，器物的拉坯和修坯都较粗放，且完全不使用刻花与印花装饰。为了最大限度地展现其分相釉的效应，钧器施釉的厚度亦相当可观。厚釉明显增加了器物的重量与庄重感。尽管钧器成分上与青釉器物有很强的关联，且钧窑分布广泛，但现在似乎没有证据证明耀州窑系曾生产过钧器。

（vii）液-液分相

使中国的釉产生液-液分相的看来是两种完全互不相关的原因，即高氧化磷含量（一般重量百分比大于1.5%）和特别高的硅铝比值，通常后者实际重量比至少为7.1 : 1。在某些窑口，两种原因同时起作用，如本册 pp. 534-535 所讨论的长沙和邛崃分相釉。然而，如果这些南方窑址所用的石灰釉为产生完美的"钧蓝"而烧到足够高的温度，则会严重流釉，恰当地生成完美的"钧蓝"效果需要石灰-碱基釉的稳定性[426]。大多数长沙和邛崃的玻璃状乳浊釉为米色或白色，同时混有一些因加入氧化铜而产生的乳光绿色。仅有少数过烧的例子呈微蓝色，虽然呈现出孔雀蓝-孔雀绿颜色的含铜釉（一种 Cu^{2+}-玻璃乳液的混合效果）是相当普遍的。微蓝色的玻璃乳浊效果还曾出现在某些早期中国灰釉器物上（南方和北方都有），但仅在局部出现，即在釉的化学成分适合之处出现，还会出现在裂缝处或出筋部位，流动的灰釉因重力作用会在这些部位厚积[427]。

北方钧釉与较早的南方实例不同，釉中的乳光蓝色更多的是由其中二氧化硅与氧化铝的高比值所致，而釉中氧化磷的含量往往适中，大约为0.3%—0.9%。在1982年

423 Wood（1996），p. 56。

424 关于首次对"钧瓷效果"的完满解释，见 Kingery & Vandiver（1983），及 Kingery & Vandiver（1986b）。

425 "带云雾纹的蓝色上突出的紫红色区域，是通过将含铜溶液刷在未上釉但已烧过的盆上而形成的。" Kingery & Vandiver（1986b），p. 105。在实际生产中，可能是釉浆而非溶液。

426 Chen Xianqiu et al.（1989），p. 313。

427 同上，pp. 31-37，文中提供了对中国玻璃乳液类型的釉的全面概述。

上海召开的第一届中国古代陶瓷科学技术国际讨论会上，金格里和范黛华令人信服地
对此做出了论证，当时他们证明了如果钙碱釉中氧化物配比落在某一范围以内，就能 597
够自发地产生液-液分相。而且，即使系统中没有磷，这一过程也能很好地进行[428]。

（viii）钧釉的由来

在唐代，中国北方也常有乳光蓝釉效果出现，往往是出现在后来与钧窑制造相关
的地区。特别是在北方黑釉上可以见到此效果，就像是在黑釉的背底上面有意刷上的
较浅颜色的宽厚釉层。如果在烧制时受热充分，可能至少会达到1250—1280℃，而且
窑内气氛为氧化至中性，那么这些厚刷的浅色釉会与黑釉相融合而产生纯正的浅蓝或
微黄的乳光。似有可能是唐代陶工在柴窑中烧制无遮盖的黑釉器时，经常意外地观察
到在富灰釉上出现"斑点"，因而萌发出了这种艺术化的、黑地浅斑效果的创意。那些
"斑点"或是产生于窑内顶滴下的窑汗，或是由器物与热气流接触最多的一侧有炉灰堆
积而导致的[429]。

这样意外出现的效果看来是被制作黑釉器的陶工转变为了有目的的施釉程序，他
们使用粗大的、饱蘸釉浆的刷子涂抹浅色釉。在最先进的方式中，浅色釉被露花涂层
所替代。涂抹露花涂层后将整个施黑釉的容器浸于可形成乳光的外层釉之中。这就产
生出通体的乳光蓝釉，只在露花区域带有一些黑色擦痕。

这些露花装饰器物中有些与后来10世纪真正的钧釉非常相像，因此它们可能代表
了晚唐"彩斑"黑釉器与北宋钧器间的过渡。唐代"彩斑"黑釉器（唐钧）看来像是
在其浅色釉中使用了大量草木灰，迄今为止已有一例分析结果支持这一观点（表118）。

表 118　唐代"散斑"釉或"斑点钧"釉的分析[a]

	SiO$_2$	Al$_2$O$_3$	TiO$_2$	Fe$_2$O$_3$	CaO	MgO	K$_2$O	Na$_2$O	MnO	P$_2$O$_5$	总计
浅色"彩斑"釉 TJ5	67.4	11.3	0.4	2.2	11.4	1.0	4.2	0.3	0.1	1.85	100.2
黑瓷釉 TJ1	70.1	13.6	0.7	5.1	5.4	1.7	2.5	0.75	0.1	0.01	100.0

a　陈显求等（*1985a*），第29页（摘要），及采自张贴论文的数据。

虽然釉样 TJ5 中 SiO$_2$ 对 Al$_2$O$_3$ 的比值相对较高，但它的乳光可能是由其高磷含量
所引起的，而磷最大的可能是由大量的草木灰提供的。

后来的真正钧釉中没有使用黑色底釉，呈现出乳光的釉只是简单地施加到合适的 599
厚度而已。在真正的钧釉中氧化磷的含量往往相对较低，且其硅含量高于样本 TJ5。这
表示釉的液-液分相，以及与此相关的乳光蓝现象，更多的是依赖于釉中 SiO$_2$：Al$_2$O$_3$
的比值，而不是它们所含的氧化磷水平（表119）。

从表119可以看出，钧釉成分随窑址的变化很小。最大可能是因为它们视觉上的
蓝色非常强地依赖于釉中二氧化硅对氧化铝高度精确的配比。釉中的石灰-碱主要成分

428　Kingery & Vandiver（1986b）。
429　Wood（1999），p. 141。

598

表 119　北宋至元代北方钧釉的分析[a]

	SiO₂	Al₂O₃	TiO₂	Fe₂O₃	CaO	MgO	K₂O	Na₂O	MnO	CuO	CoO	P₂O₅	总计
河北观台窑址													
蓝钧釉，宋代	70.7	10.1	0.4	2.0	10.3	0.9	4.7	0.3	0.07	0.01	0.05	0.4	100.0
蓝钧釉，宋代	72.0	9.5	0.3	1.85	9.4	0.8	3.7	0.03	0.05	0.01	0.05	—	97.7
蓝钧釉，宋代	72.4	10.5	0.3	2.0	10.0	1.1	3.8	0.4	—	0.06	—	0.65	101.3
河南禹县窑址													
蓝钧釉，宋代	70.7	9.5	0.4	1.75	10.5	0.8	3.8	0.55	0.07	0.02	—	0.3	98.5
蓝钧釉，宋代	70.5	9.9	0.3	2.1	11.0	1.2	3.85	0.5	—	0.01	—	0.7	100.1
蓝钧釉，宋代	69.1	11.0	0.2	1.8	9.8	2.4	3.3	1.1	—	0.03	—	0.9	99.6
河南临汝窑址													
蓝钧釉，宋代	68.7	9.5	0.3	1.6	13.2	1.6	2.6	0.1	0.05	0.01	0.04	0.8	98.5
蓝钧釉，宋代	70.1	10.95	0.5	2.4	9.6	1.0	4.0	0.4	—	0.01	0.01	0.3	99.3
蓝钧釉，宋代	72.7	9.9	0.3	1.2	8.8	1.6	3.6	0.9	0.1	—	—	0.9	100.0

a　Guo Yanyi & Li Guozhen (1989), pp. 70–71, table 1。

由于在高温下良好的稳定性，也很适用于钧釉工艺。钧器的烧成温度范围可能在
1280—1300℃，且大多数是在还原条件下烧制而成的[430]。

（ⅸ）"绿钧"器物

"绿钧"釉的出现使得上文所述的成分一致性有了一个引人注意的例外。"绿钧"
与普通钧器一样，器形粗壮且拉坯坚实，但具备稍有些浑浊的厚层绿色青釉。"绿钧"
被认为与某些蓝钧产自相同的地区，一个可能的来源是临汝；它还偶尔会具有铜红彩
斑的装饰[431]。石灰-碱组分的"绿钧"釉中铝较钧釉为高，因此而无乳光。它们呈现的
颜色应该属于由氧化铁与二氧化钛提供的那一类，在钧釉中这种溶体的颜色并未被玻
璃乳液产生的视觉上的蓝色效果所掩盖。由于其与常规钧器成分上的明显区别，绿钧
像是一个单独的、刻意制造的陶瓷品种，而不仅仅是没有烧制成功的钧蓝（表120）。

表 120　绿钧釉的分析结果

	SiO$_2$	Al$_2$O$_3$	TiO$_2$	Fe$_2$O$_3$	CaO	MgO	K$_2$O	Na$_2$O	MnO	CuO	CoO	P$_2$O$_5$	总计
绿钧釉 a	67.0	15.7	0.3	0.6	11.7	痕量	2.6	1.0	—	—	—	0.6	99.5
绿钧釉 b	64.4	14.0	0.2	1.9	10.1	1.5	3.8	2.0	—	—	—	0.7	98.6

　a　Sundius & Steger（1963），p. 416。
　b　Vandiver & Kingery（1985），p. 191，table 3。

光学检测表明，钧釉往往见不到在龙泉窑与官窑釉的样本中所见到的内部分
层[432]，从胎釉分界面逐点进行扫描分析至釉的表面，可以确认这一观察结果[433]。因此
钧釉看来比同等厚度的南方釉在成分上更为均匀，并可能是以单层厚釉完好地施于器
物素坯之上。有人提到，这种施釉方法与龙泉釉有关联，有一定的冒险性，成功要凭
运气，但钧釉中的低铝含量表示生釉料中可塑性矿物，如黏土和云母的含量低，这就
相应地意味着湿釉在干燥过程中收缩较少。虽然如此，某些器物上面的钧釉在干燥时
还是会偶然开裂。这些裂纹经常存在于烧好的釉面上，被称为"蚯蚓走泥纹"——这
一"缺陷"已成为这种器物许多为人称道的特征之一[434]。

600

（ⅹ）钧窑的其他性质

在冷却前期（大约1100℃）产生的液-液分相，使钧釉表面映射出乳光蓝色，其分

430　用与中国古钧瓷相同的组分制作的现代仿品的确烧到了这一温度，但传统"馒头"窑缓慢的最终升温速
率可能会使中国窑内的终结温度较文中提出的范围低大约50℃。

431　上海博物馆内的一件样本就是标示出自临汝的，本册作者在博物馆的陈列室中看到过。

432　Sundius & Steger（1963），p. 410，figs. 30 & 31。

433　Vandiver & Kingery（1985），p. 196，fig. 8。

434　周方（Fong Chow）在1950年对这一效果首次给出了准确的解释："'蚯蚓走泥纹'实际上是素坯蘸釉
后，生釉的泥裂所产生的。"Fong Chow（1950），p. 92。这一观点在1960年被上海的研究工作证实。周仁和李家
治（1960a），第104页。

图146 带有雍正年款的仿宋钧花盆（1）

立的玻璃小球内所含的钙、铁和铜比釉的玻璃态母体内更多[435]。速烧快冷的钧釉呈微蓝色，但多少有些玻璃光泽。而在高温下保温足够长的时间后，这些富钙的小球会成为硅灰石晶体生长的"种子"，这些硅灰石晶体往往会发育为一长链，在微蓝色的釉内产生出灰白色竖直的条状流纹。

钧釉在烧制中变薄之处（例如口沿，手柄边缘，或模铸图形的上边）见不到微蓝色的乳光，这些地方的釉显得更像青釉。通常将此现象解释为是由于釉中溶解了一些这些部位的胎土，来自胎的超量氧化铝阻碍了玻璃乳光效应的产生。许多钧窑容器下部的釉呈褐绿色，这一特点也可以用同样的方式来解释[436]。这些薄釉都常常刷得草率，其厚度不足以产生真正的钧蓝。

（xi）中国南北方其他窑口的仿钧器

像耀州窑一样，钧窑曾经变得非常流行，以至于在南宋和元代，中国南方有多个窑口进行仿造。在浙江的杭州、宁波和金华[437]，广西的柳城和严关[438]，都有"类钧"器物被发现。到元代，钧窑风格的器物已广为流传并在传统的河北磁州窑出现（见本册 p. 172）[439]。在同一窑中烧造许多类器物的做法颇为常见，同时继续有专职人员进行

435　Kingery & Vandiver（1983），p. 1272。

436　Wood（1999），p. 123。

437　见贡昌（1984）。

438　广西钧器样品曾被带到1997年10月在石家庄召开的中国古陶瓷研究会年会上展示，经作者之一（柯玫瑰）仔细观察。其胎色浅灰，釉蓝有斑，某些碎片洒有釉下铁褐，而不是铜红。它们并非在匣钵中烧制，而是采用了大的黏土块分隔叠烧。

439　《中州杂俎》（二十一卷，第二页）特别提到了至元年间制作的非常漂亮的钧器，只是提及此事时，鉴赏力提高了，而相关窑口却早已"沦为了废墟"。

图 147 带有雍正年款的仿宋钧花盆（2）

严格控制并对陶瓷课税[440]。

在宋元两代钧器是粗笨的"大众物件"，因此那时不在宫廷中使用，也不曾在鉴赏家的文章中被提及。然而到明代后期，钧器的内在之美获得了赞赏，钧窑则被视为"五大名窑"之一。至迟在万历年间，钧器已获准进入皇宫，而到了清代，在钧类器物上标记宫殿名称的做法已是常事。尤其是在大型模制的、培植植物所用的一类钧器上面标有这类印记，如在花盆上、盆托上和球茎植物用的盆槽上。

602

有多位皇帝曾对钧釉加以赞赏并令景德镇御窑厂尝试仿造。1729 年，雍正皇帝有旨意下达，唐英即派吴尧圃向窑工查询传统钧釉的制作规程，并为吴尧圃钧州之行而赠告别诗一首。至 1730 年，景德镇成功仿制了钧窑器物，因此年希尧能够选出大小香炉 12 件供皇帝查验。结果得到了皇帝的赞许，皇帝表彰了其质量之精细并令年希尧烧制更多的类似器具；接下来在 1731 年又要求制作小花盆。乾隆皇帝对仿钧器与有"窑变"釉的器物都很喜爱。

"窑变"的英文名称曾被译为"flambé glaze"（火焰产生的釉），这是对总体上为蓝色，且带有紫色和红色流纹或斑块的分相釉的一种描述（见本册 p. 569）。很多这类物件被送至宫廷。1743 年，唐英呈送了 26 件，随后在 1744 年被告知不再需要"窑变"器物。然而，到 1747 年时，唐英又接到要烧制一尊"窑变"观音像的谕旨，旨意于1748 年被再次传达。尔后唐英被斥责为因不至"诚"而未能成功制造观音像，或许这可以解释为什么现在存留下来的器物中没有这座非凡的造像。1754 年，皇帝又曾要求为北京圆明园夏宫烧制巨型钧釉水缸[441]。

---

440 《元史》卷九十四（食货二），第三十一页。《元典章》（卷二十二，"洞治"）记录了 1268 年窑工的数目及钧州官府权限范围内征收到的税款所占的百分比。参见 Otagi（1987），pp. 342-345。

441 傅振伦和甄励（1982），第 37-47，61-65 页。

603   在雍正和乾隆时期对少量钧器的试制，显示出存在一个很强的实验体系在再现钧釉的效果，这表明在景德镇御窑厂中包含了釉的研制作坊（见本册 p. 570）。确实，对晚清窑厂布局的描述中包括有一个特定的作坊，专门致力于研磨仿古钧窑所用的颜料[442]。人们在器皿的内部、外部和足部施加三种完全不同的釉，通过与真正钧窑的烧成效果去模仿对比而获得了成效。清代釉是高温烧造的，但与钧釉不同的是，添加了少量的铅来加以调节[443]。

其他省份的窑口，如江苏宜兴及广东石湾受宋钧窑的启发，在 18 世纪生产了有分相釉的陶瓷。在本册 pp. 556-557 曾提到过广东早期的青釉器与青白釉器，并在 pp. 521-522 提到专门制瓦与制塑像的行业。陶瓷塑像使用石湾山高铁黏土、高岭土，及取自当地的其他炻器黏土。石湾窑烧制建筑陶瓷，同时也制作器皿，这都是在晚明起始且延续至今。它们的特点即分相釉可能是从试图仿造宋钧而开始的（与宜兴产的，因而被称为“宜钧”的施釉陶瓷一样）。分析证明，“广钧”胎体制造粗糙且为生烧。与早期的钧窑不同，“广钧”具有双层釉，一层薄的褐色底釉和一层厚的以铜和铁着色的表层釉。这种釉是低温铅釉，在 1020—1150℃范围内烧制，且以大量草木灰助熔，因而得到高 CaO 含量的石灰釉。这些非晶态玻璃状的釉主要由铜和铁的化合物着色[444]。其余的“广钧”陶瓷为高温烧造，且以深红褐色的硬胎为特征。“广钧”的微妙效果导致其釉面更显光泽，其乳白色的条纹与斑点可能是借助于釉面上额外添加的矿物而产生的。

自 19 世纪以来，广东窑器物一直被人们欣赏和收藏。《景德镇陶录》（1815 年）对广东窑器物是这样评论的[445]：

> 尽管它们的色彩优雅美丽，釉面精致光润，但它们仍比不上瓷器，因为其上面不可避免地有刀刻的痕迹与未施釉的点片。

〈广窑……甚绚彩华丽。惟精细雅润不及瓷器，未免有刻眉露骨相，可厌。〉

20 世纪早期的学者许之衡写道[446]：

604   宋朝皇室南迁后，广窑建在广东阳江和肇庆。用褐色粗黏土制造天蓝色器物，其表面与颜色都不均匀。釉厚部位会是靛蓝色，较薄部位为灰蓝色，而未施釉部分为黄褐色。一般意义上说他们是仿钧器，但区别在于没有像钧窑那样的红斑或蟹爪纹……。广窑也称石湾，这是在明代就已经移至南海县佛山的一个村庄。

〈广窑。宋南渡后所建，在广东肇庆阳江，胎质粗而色褐（即灰色），所制器多作天蓝色，惟不甚匀耳。釉厚之处或作靛蓝，釉薄之处或作灰蓝，无釉处所呈之色，或如黄酱，或如麻

---

442 Bushell（1896），p. 153。

443 关于清代钧瓷与“窑变”釉制作的创新方案的报道，见 Kerr（1993）。

444 Yang *et al.*（1989），（1995）。

445 《景德镇陶録》卷七，第十页。

446 《饮流斋说瓷·说窑第二》，第 159-160 页。

酱，大致仿均，而无红斑与蟹爪文，则与均异也。……广窑在粤名曰石湾，盖南海县佛山镇之一村名也，自明时已迁于此，……〉

尽管许之衡是广东当地人，他的记述也并不完全准确，因为直至明末石湾并未制造仿钧器物，而且尚无证据可以证明在任何时候石湾与阳江间有什么联系[447]。无论怎样，他对广窑器由于分相而获得的令人惊叹的釉面效果之描述是正确的[448]。

《陶雅》（1910 年）记录了一个听来的无稽之谈，即日本收藏家会为广窑器付比真正的钧窑器更高的价钱。该书作者的解释是，他们相信那些器物是来华的日本陶工所创造的，这是该书作者的一种典型的歧视外国人的观念。很多有关广窑器的参考资料已清楚地表明，20 世纪早期在北京古玩店中到处都可以买到广窑器[449]。

（xii）汝 窑 与 釉

现在我们回到中国北方并回到宋代名瓷这一课题上来，下面将考虑中国最重要的御用器物的釉。钧器最重要的制造窑场之一是在河南临汝县。名为汝窑的著名青釉炻器的发源地也被确认为在这一地区（亦见本册 p. 169）。

汝器是精工制作的施加青釉的炻器，具有相对较厚、异常美丽的以铁为呈色剂的偏蓝色釉。其胎色相当淡，且为北方炻器中轻微生烧的范例，虽然大多数汝器是支架在细小的黏土支钉上烧成，且因此几乎是满釉，但还是往往在其露胎之处显出一种灰褐的"香灰"颜色。在与较晚的官窑相比较时曾提到过，汝釉通常会开裂且少数显示出奇妙的"鱼鳞"裂纹。大多数汝器是未加装饰的，其风采依赖于简单但精妙的器形，其中很多器形都与高品质的北宋漆器有关。然而，仍有一组引人注意的器物具有优雅的、通体雕刻的花卉或龙形图案[450]。

若是不考虑其极度的稀有和御用陶瓷的身份，汝窑的工艺似乎相当简单。汝窑采用典型的北方高铝胎土和含铝较高的低钛石灰釉。釉配方中即便使用了胎土，其用量看来也极小，可能主要是基于某些低钛火成岩——如花岗岩。在这种意义上来说，汝釉与五代耀州青釉器的石灰釉类型有所关联，同样还与（虽然可能是出于巧合而不是受到影响）当时的某些高丽青瓷有关联（表 121）。

汝器制作精良，但最引人赞叹与注目的两个性质是其滋润的青绿色釉和其稀有性。鉴赏家经常议论收集汝窑实物的困难，以及汝釉正统的颜色与纹理。周辉写道，汝器即使就在其烧好后不久也难以得到，因为只有宫内选剩之物才可出售[451]。曹昭赞

605

447　北宋时期阳江曾制造陶瓷，而在唐与北宋时期石湾也曾制造陶瓷。它们仅为自新石器时代以来广东百余个制造陶瓷的窑址中的两个而已。见曾广亿等（1979）。

448　曾广亿等（1979），第 132，185 页。

449　《陶雅》卷上，第二十一、四十六页；卷下，第九、十六、二十、四十五页。Sayer（1959），pp. 37，73，88，98，103，140-141。

450　Scott（1998），p. 50。

451　《清波杂志》卷五，第三页。

表 121　汝釉成分与耀州及高丽青瓷之比较

	SiO$_2$	Al$_2$O$_3$	TiO$_2$	Fe$_2$O$_3$	CaO	MgO	K$_2$O	Na$_2$O	MnO	P$_2$O$_5$	总计
汝釉 [a]	58.4	15.6	0.2	2.15	16.3	1.9	3.85	0.8	0.1	0.6	99.8
汝釉 [b]	58.8	17.0	0.2	2.3	15.2	1.7	3.2	0.6	—	0.6	99.6
不列颠博物馆藏"亚历山大碗" [c]	63.6	15.6	0.1	2.3	12.4	1.9	3.1	0.9	—	—	99.9
五代耀州窑	60.3	15.9	0.06	1.4	18.35	1.8	1.7	0.35	0.01	—	99.9
五代耀州窑	59.6	14.9	0.2	1.4	19.6	1.5	1.8	0.3	0.1	—	99.4
五代耀州窑	60.3	14.1	0.2	1.4	20.1	1.57	1.8	0.40	0.1	—	100.0
朝鲜高丽青瓷	58.1	13.9	0.2	1.4	19.9	1.8	2.9	0.5	0.4	0.9	100.0
朝鲜高丽青瓷	59.6	14.1	0.1	1.4	16.0	2.7	3.8	0.8	0.4	0.7	99.6

a　Wang Qingzheng（1991b），p. 89。

b　Guo Yanyi & Li Guozhen（1986），p. 154，table 1。

c　与伊恩·弗里斯通（不列颠博物馆科学研究部）的私人通信。亚历山大碗的重要性见本册 p. 178。

赏过其精细的薄胎，其极度的稀缺和天青色釉中"蟹爪纹"的自然状态[452]。高廉描写道，其釉像蛋清，厚且有凝脂般的外观，并有包括蟹爪纹的内部模糊纹路[453]。后来的学者们曾将这些充满魅力的优点错误地报道为属元代汝窑，清代的大百科全书《古今图书集成》（1726 年）甚至说，真正最好的器物是至元年间烧造的[454]。

606　　　汝釉自早期以来经常被提及的一个特点是玛瑙入釉[455]。虽然第一感觉是这似乎不太可能，但实际上玛瑙的主要成分是含铁二氧化硅，两者对还原烧制的青釉的构成与着色都是有用的成分。因此玛瑙并未带来实际的工艺优势，但也无害，且可能在当地窑工的意识中掺入玛瑙有辟邪的作用[456]。几种宋代资料都详细记述了在汝窑窑区高质高产的玛瑙矿业。《宋史》（1345 年）曾记录了政和年间（1111—1118 年），在距汝窑窑址仅 5 英里的青岭镇对玛瑙的开采[457]。

（xiii）第五部分"釉"的小结

某些宋代器物，如汝窑代表了中国对高温釉组分 2500 年的经验与试验的最高成就。然而，中国制釉工艺的真正起始应该是在青铜时代，那时中国南方的某些柴烧炻

452　《格古要论》卷下，第三十八页；David（1971），pp. 139，307。

453　《遵生八笺》卷十四，第四十一页。类似的评议也包括在其他文章中，例如《清秘藏·论窑器第六》（约 1595 年）（第九页）。卜士礼［Bushell（1910），p. 41］总结了明代对钧窑的描述。

454　《正德汝州志》卷二（古迹），第九页。《古今图书集成》卷四八一。参见李民举（1996），第 205-213 页。

455　例如，《清波杂志》卷五，第三页；《新增格古要论》卷六，第六页；卷八，第六页；《紫桃轩杂缀》卷一，第三十四页。这些参考文献无疑是互相抄录的，而且在清代参考资料中也是如此。

456　参见 Zhang Zhongming & Zhu Changhe（1995），pp. 307-308。蔡玫芬［Ts'ai Mei-Fen（1996），pp. 115-120］提出玻璃与汝器之间存在关联，并列举玛瑙的使用以进一步证明此联系。

457　叶喆民和叶佩兰（2002），第 20，40 页。

器上开始出现有斑驳的黄绿色薄灰釉[458]。这些是真实的高温釉，而且构成了重要的灰釉传统的基础，这一传统在青铜时代传播至整个中国南方，后来于公元6世纪早期也为中国北方所采用。在公元4—11世纪，灰釉技术在南方浙江省北部的越窑达到顶峰，此后石灰逐渐取代了草木灰成为中国南方主要的釉助熔剂。

中国以高温釉而不是以低温釉开始其釉的历史，这一点与其他地区不同；而且至少在战国时期以前，中国没有开发以铅和钡的氧化物为助熔剂的低温釉。这比起西亚任何一种同类的陶器都要晚约5000年，比中国最早的灰釉要迟约1000年。高铅釉后来广泛使用于汉唐两代的中国明器中。在唐以后的时期，颜色亮丽的铅釉继续用于明器，同样也用于建筑陶瓷。至明代早期，颜色铅釉还曾施于已经烧好的带釉瓷器之上以产生纯净光亮的单色釉，其中的一些被用作皇家礼器。这一釉上彩工艺似乎采纳自中国北方，北方早在12世纪晚期就已对有白色化妆土和釉的炻器使用了这一工艺。

自公元前第5千纪直至当今，以钠或钾（"碱"）的氧化物作为主要釉助熔剂的操作方式是近东制釉工艺的精髓。但在中国，直到东汉才使用了这种工艺，当时在某些罕见的长沙窑釉中出现有高钾含量（见本册 pp. 464-466）[459]。但是，直到唐代中国北方陶工试制了低温孔雀绿色碱釉时，才真正实现了与近东碱釉视觉上的等同。这些孔雀绿釉与经由阿拉伯商人进口到中国的近东样例表观相近。金代在中国北方磁州风格的器物上也使用了这种釉。在中国南方，14世纪时有一些高温瓷器上施低温孔雀绿色碱釉，然后用冷饰金来增强效果，目的是创建一种风格，使人能够联想到14世纪近东的彩釉制品。不久，在中国南方和北方两地，茄皮紫、紫色和墨蓝色的碱釉与孔雀绿釉一起进入了碱釉色系之中[460]。它们在中国"珐华"器中的应用引人注目，在"珐华"器中，各色碱釉被用于泥釉走线生成的图案中"填色"，以创制貌似金属珐琅器的陶瓷。

但中国所有釉中最著名的可能是宋代炻器与瓷器均使用的高温单色釉。这类釉经常施加至异常的厚度，且将非同寻常的工艺质量（如极大的表面硬度）与精妙非凡的颜色和纹理结合在一起。通过采用石灰-碱釉和轻度生烧的铝质石灰釉，可能产生出具有一定深度的观感与优良的手感。这些釉黏度过大，在烧制达到高温时不会流动，因此能够施至相当的厚度。这种高黏度也助长了在烧制和冷却中釉内复杂微结构的生长。对那些高温效应的中文描述常与许多自然现象相呼应而示赞美：如月白（某些钧窑）、雪面（某些邢窑和早期德化窑），还有玉质感等。在论及釉的中国著述中，最常见的是将釉与玉作类比。

宋代单色釉代表了中国品味的一个方面，而对有特色且纯净的颜色之喜好也是中国人一个持续不变的特点。这一喜好激发了中国特有的釉传统，还使用经常形容浓烈美味食品的词汇来形容这类釉。这些釉的中国传统名称包括用于描述铜红器物的"鸡血红"和"石榴红"、用于汉代铅釉的"黄瓜绿"、形容石湾炻器用的"葱青"、形容某种北方黑陶的"鳝皮黄"以及用来形容被氧化的官窑器物的"米色"。在形容釉色的这

458　Zhang Fukang（1986b），pp. 40-45。

459　Newton（1958），pp.13-14。

460　Wood *et al.*（1989），pp. 172-182。

608 一清单中还可以加入对质量和纹理的各种遐想性表述，如"油"字描写景德镇白釉，"羊脂"描写龙泉青釉，"猪油白"用于德化釉，而"卵白"和"甜白"则用来描述 14 世纪和 15 世纪景德镇特定类型的瓷釉。

用金、银、青铜、漆和象牙对各种中国釉的比喻也大量出现于文献之中，在某些情况下，一种釉就已经激发出了一部真正的名称词典，如在本册 pp. 568-569 所提到的，形容 18 世纪在西方称为"桃花片"釉的铜红单色釉的那许多名字。

这些釉的品质经过了数百年的发展，很多情况下，这些生动且具有诗意的形容代表了要将釉的品质与日常所见事物相类比的尝试。其实回想起来，在大多数情况下，中国陶工并非主动寻求这些"天然的"效果：它们在很大程度上是自然产生的，而且是通过直接使用当地原料在高温烧制中产生的。当然，某种效果一旦被注意到并得到欣赏，这样的相似性比喻有助于对器物品质的确认和市场交易，并在可能的情况下会被陶工发挥到极致。然而，这些釉本身只是从使用中国某些制定完好的釉构建方式中突现出来的，而这些方式原本是实际在用的，而不是有意地模仿什么。

虽然如此，在中国 18 世纪的制釉史上还是有过一个时期，人们通过有准备且有组织的研究程序和试验程序，使用熟悉的和不熟悉的制釉原料，积极寻求并也经常获得了具有异国情调的效果。雍正年间曾在景德镇建立了一个真正的制釉实验室，在那里以漆雕、抛光青铜器以及稀有硬石制作的器物为原型，制作出了十分令人叹服的陶瓷仿品，在那里还对一些早期器物，尤其是对早期经典类型高温单色釉进行了给人印象深刻的重新诠释[461]。

由此可见，通过大约 3500 年的制作历史形成了中国釉的特色：使用低温和高温两种烧制釉的方式，颜色多种多样，质量和纹理的变化范围很大，还可以在很多方面使用。后者包括典仪、殡葬、御用、装饰性的和日常的实际用途等。在很多情况下中国釉远近闻名的品质是釉料间高温反应侥幸获得的副产品，但中国也同样兼备以创新和试验的传统来获取新的效果和汲取外来影响。

461　见 Kerr（1993），pp. 150-164。

第六部分 颜料、釉上彩料和饰金

（1）冷涂颜料：玻璃体类

在很多社会中，人们有过对装饰重要礼器与随葬陶瓷的迫切需求。较晚期的比较有经验的陶工能够制作色泽明亮的彩釉、釉中彩或釉下彩等装饰。然而在早期阶段和较为简易的窑上，较为直接的一个方法是将烧好的陶器表面磨光，并且（或者）用有颜色的泥釉彩绘来装饰。天然存在的泥土和矿物颜料经处理后制成了深浅不同的黑色、白色、棕红色、赭黄色和绿色[1]，而这类色彩随着更为复杂的颜料生产工艺的开发得以扩展。

在新石器时代的中国，北方的黄土地就是一些陶器生产者的家乡，他们用生动的彩绘图案来装饰其烧好的陶器。这样的器物一般用红色、栗色、褐色和黑色彩绘，这些颜色得自富含铁和（或）锰化合物的矿物颜料（见本册 p. 5），同时在某些器物上也使用了白色。这些粗线条的图案可能仅是简单的装饰，也可能是代表了信仰和观念，或者可能是暗含了带来吉兆和保佑的神力。由于画出这种图案的画工生活在史前时期，当时没有产生文字记录以记载他们的信仰，对此类问题必定永远只能是推测。

在此我们要谈到的仅是新石器时代文化的一种——仰韶文化彩陶，因为对其颜料成分已进行了一些为数不多的分析。陕西省半坡仰韶遗址的精美制品具有磨光的红色胎并用铁红（由氧化铁产生）、白色（可能得自非晶态的矾土[2]）和黑色二氧化锰颜料进行装饰。

新石器时代中国的彩绘器物包含有一类享有很高地位的奢侈品（见本册 pp. 3-7）。随着青铜时代的到来，陶质器物逐步退出礼器之列，礼器在很大程度上被其他材料的制品所取代，如青铜器。此时颜料与陶瓷的联系实质上已经终止，直到青铜时代晚期，才有两种新的传统一起缓慢地形成。第一种是增加随葬器皿装饰和塑像表面颜色的种类；第二种是将颜料用于玻璃着色，这是一种与烧结的珐琅料的发展具有密切联系的工艺。

战国时期，在中国北方有两种新的人工合成的彩绘颜料被广为使用，它们均以熔合的铜-钡-硅石混合物为基础制成，被称为"中国蓝"和"中国紫"，分别为钡和铜的

1　山西陶寺的新石器时代晚期龙山文化（约公元前 2500—前 2000 年）已有用这一色系装饰的陶质和木质容器，其中的绿色很不一般。见 Yang Xiaoneng（1999），pp. 106-114。

2　对班村仰韶文化遗址陶瓷的研究显示，白色源自非晶态的矾土，而不是石膏、高岭土或其他以前所提出的来源。见 Wang Changsui *et al.*（1995）。

四硅酸盐和二硅酸盐[3]。中国蓝的分子式为 $BaCuSi_4O_{10}(BaO \cdot CuO \cdot 4SiO_2)$，而中国紫是 $BaCuSi_2O_6(BaO \cdot CuO \cdot 2SiO_2)$[4]。这样的名称可以使它们与一个十分类似的名为"埃及蓝"的人工合成有色化合物相区别。埃及蓝是在公元前第 3 千纪的埃及开发出来的，是铜和氧化钙的四硅酸盐，分子式为 $CaCuSi_4O_{10}(CaO \cdot CuO \cdot 4SiO_2)$。埃及蓝既可作彩绘颜料使用，也能够作为亮蓝色材料，经模制嵌入物件之中，其中一些表面看来与埃及费昂斯釉（faience）相似，有时埃及蓝与埃及费昂斯釉也很难分辨[5]。

许多年代为战国和汉代的中国蓝和中国紫的颜料样品已经被作过定性分析。样品的来源之一是一组横截面为八边形的小棒（6—8 厘米长），可能是在砚台上用的彩墨。分析表明，它们含有一些作为添加元素的氧化铅，但其余成分则代表了几种相对纯净的化合物的混合。它们似乎经过长时间的热处理（>900℃），为的是能够生长发育出两种合成的铜钡硅酸盐，一些墨棒中以中国蓝为主，另外的则以中国紫为主[6]。四硅酸盐较为稳定，而它所产生的那种相当冷的蓝色常常用作很多中国北方西汉时期随葬陶器上不经彩烧的颜料。甚至在进入唐代之后的一段时期，仍有类似的颜料（虽然现在尚未经分析确认）出现在中国随葬器物上面。

紫色是两种化合物中较为易溶的，而且现在一般呈现的已是发白的淡紫色，甚至可能就是白色。用来装饰陕西临潼兵马俑的彩绘颜料中已确定存在中国紫，颜料颗粒由薄层的胶粘在陶俑上[7]。这种独特的淡紫发白颜色，以前因为其出现在汉代彩陶上而以"汉紫"著称，而由此看来它至少早在秦代就已被使用过。

611　　近期对这些颜料的一些详细研究证明，实际上在 $BaO\text{-}CuO\text{-}SiO_2$ 系统中可能存在四种化学成分适合的三元相：中国蓝（$BaCuSi_4O_{10}$）、中国紫（$BaCuSi_2O_6$）、淡蓝颜色（$Ba_2CuSi_2O_7$）和 $BaCu_2Si_2O_7$（亦为蓝色）。制备好的颜料棒通常很可能含有这些化合物的混合物[8]。

贝尔克和维德曼（Berke & Wiedemann）指出，这些颜料的制备即使在今天[9]：

　　……哪怕是对于当代技艺纯熟的化学家也是相当复杂的技术。……很明显这样的造诣需要广博的、坚实的经验基础和水平非常高的工艺技巧。

制备这些颜料所用钡的来源看来最可能是硫酸钡[10]。这与中国玻璃不同，中国玻璃中氧化钡的基本来源被认为是碳酸钡[11]，而检测过的一例中国蓝样品中确实含有碳酸钡的残

3　罗伯特·布里尔似乎属于首次使用这些术语的人，而且在论及其与埃及蓝的关系时提到了"中国蓝"和"中国紫"。见 Brill, Tong & Dohrenwend（1991），p. 36。

4　天然状态的"中国蓝"曾于南非卡拉哈里锰矿区（Kalahari Manganese Field）得到确认，而且取名为"Effenbergerite"。见 Giester & Rieck（1994），p. 664。但是，有很好的理由相信中国蓝和中国紫颜料是人工制备的。

5　Tite et al.（1987），pp. 39-41。

6　FitzHugh & Zycherman（1983），pp. 15-23；及 FitzHugh & Zycherman（1992），pp. 145-154。

7　Thieme et al.（1995），p. 596。作者指出，漆往往会损坏中国蓝和中国紫的颜色，因此由这两种颜料所制的彩绘可能会用漆以外的黏合剂；武士俑上面的其他颜料是用漆黏结的。

8　Berke & Wiedemann（2000），p. 102。

9　同上，p. 97。

10　同上，p. 99。

11　Brill（1991），p. 35。

留物。贝尔克和维德曼还发现如果使用重晶石生产中国蓝和中国紫，那么铅盐（铅的碳酸盐或氧化物）也是必不可少的，它可促使重晶石分解，而且在烧制中还能与普通助熔剂一样，能够起到黏合颜料颗粒的作用。

为了从最初的原料（石英、重晶石还有铅和铜的化合物）中生成这些颜料，窑炉温度需要保持在 1000℃的上下 50℃以内达大约 20 小时。在火势控制方面，中国紫的要求尤为苛刻，因为如果太热而开始熔化，该矿物将会不复存在；中国蓝则不同，它即使在完全熔化后也会保留其颜色[12]。两种颜料均在研磨成粉的状态下显现出其最浓烈的颜色[13]。

关于这种复杂火候技术的起源和具体要求，贝尔克和维德曼推测，可能是通过"后来被称为丝绸之路"的路线将埃及蓝的制作知识传入了中国，或者当时埃及蓝的贸易已经激起了在中国制作本地替代品的兴趣[14]。然而两种意见都没有解释在颜色制备中以钡化合物代替钙化合物这根本的一步是怎样迈出的。

对于这些颜料的制作技术，还可能由另外一个途径获得，即来自玻璃或釉的制作经验，但这接下来会引发一个关键问题，即钡基颜料、含钡玻璃和含钡釉在中国的出现哪一个相对更早。将这些原料中的任何一个简单地变换一下其特有的建构成分，都可能导致其他两个的制成。但即使可以令人信服地确定哪一个占先，而后仍必须考虑此系列中第一种材料（无论是玻璃、釉或颜料）的起源问题。

612

图 148　秦始皇陵武士俑，其脸部显示出褪色并受损的颜料痕迹

12　Berke & Wiedemann（2000），p. 114。

13　同上，p. 111。

14　同上，p. 117。

表 122 兵马俑所用涂料中确认的矿物颜料 [a]

样品编号		颜色	磷灰石（骨灰） Ca₅(PO₄)₃OH （白）	蓝铜矿 Cu₃(CO₃)₂(OH)₂ （蓝）	白铅矿 PbCO₃ （白）	辰砂 HgS （红）	孔雀石 Cu₂CO₃(OH)₂ （绿）	中国紫 BaCuSi₂O₆ （紫）	铅丹 Pb₃O₄ （橙）
	1号坑								
3		粉红	3		1	3			
1		红	1			1			
1		紫				1		1	
	3号坑								
3		粉红	3		1	1			
3		红				3			
1		蓝		1					
2		绿		1			1		
1		土色			1	1	1		1

a 采自 Herm *et al.*（1995），p. 679，table 2。

$$Ca_5(PO_4)_3OH \quad Cu_3(CO_3)_2(OH)_2 \quad PbCO_3 \quad HgS \quad Cu_2CO_3(OH)_2 \quad BaCuSi_2O_6 \quad Pb_3O_4$$

（i）兵马俑上的彩绘

如前文已提到过的，中国紫一个值得注意的应用出现在兵马俑上。像很多早期中国雕塑一样，塑像初始绘制时使用了明亮、逼真的色彩，这增加了其真实性，且因此而增加了其作为随葬卫士的效力。这种彩绘现已大部分变暗，风化脱落，或转化为四周的黄土。

这些武士俑最初的烧制温度在 800—1000℃ 的范围内，这种情况下陶瓷的气孔率大约为 30%，因此塑像的表面先要用两层"内层涂料"密封，再使用由有机和无机两类颜料着色的各种涂料，并以不同方式用薄漆和胶黏结[15]。

彩绘表层主色为红、绿和黑色，但在细节上使用紫、粉红、蓝和紫罗兰色颜料。虽然怀疑某些较为容易变色的颜色使用了有机颜料，但其准确的化学组成现在还不能确定。不过，分析中揭示出了很多的无机颜料（见表 122），而且赫尔姆（Herm）等通过对所用黏合剂的研究确定[16]：

> 可以假定原始样品展现出的是漆和某些其他碳水化合物黏合剂（如：淀粉或树胶）的混合物。

614

（ii）玻璃中色彩的开发和进展

我们在上文 pp.474-480 已经讲述过中国釉史中的一个重要发展，即在战国时期开始的釉砂珠的制造。珠子上面所用全部颜色的获取方式都与从最初近东进口的物件不同。白颜色不透明是由于有未熔融的石英和钠长石；红色来自过量的赤铁矿晶体（Fe_2O_3），这种晶体使釉呈现不透明的红褐色；而黄色釉由大部分处于溶解状态的氧化铁（Fe^{3+}离子）着色，且因烧制中形成钡长石而不透明[17]。蓝颜色的来源已证明是铜，且大部分以中国蓝的形式存在。对于这种有浓烈蓝色的四硅酸铜钡，还不太可能说清楚它是在烧制中形成的，还是作为预烧的陶瓷颜料引入釉配料之中的。

在组分方面，白色和蓝色釉看来是由含石英、钠长石和正长石的混合物与铅和钡的矿石结合而制成的。前面几种矿物可能由一种石英-长石岩提供。红褐色釉利用研磨粉碎的石英与铅钡矿石及约 18% 研磨粉碎的赤铁矿相混合而成，而黄釉则似乎是由易熔的含铁黏土与铅钡矿石以大约相同的比例混合而制成[18]。

这些釉代表了中国陶瓷中的若干个"最早"：它们是到目前为止所发现的最早的陶器釉；最早的一批已知的彩釉；已发现的最早的铁红釉；还是最早的一批证明以铜-钡硅酸盐着色的釉。其组分似乎是对传入的西方蜻蜓眼玻璃珠的一个完全的中国式回应，而蜻蜓眼玻璃珠则分别使用了锑酸钙白、铜红、锑酸铅黄、钴蓝和铜蓝钠钙玻璃来进行装饰。

15　Thieme *et al.*（1955），pp. 596-597。

16　同上，p. 678。

17　Wood *et al.*（1999），p. 29。

18　同上，pp. 32-33。

　　四个战国时期小容器中已有一个被做过分析，其镶嵌的装饰颜料与蜻蜓眼（见本册 pp. 480-482）有关。虽然这一不列颠博物馆收藏的无盖样品表面大部分已风化成白垩状，主要釉色已褪色为褐色和白色，但人们还是对其进行了深度的研究。在 1995 年对它进行了定性检测，结果显示出该样品曾经使用了红色、黄色和蓝色铅钡釉进行装饰，釉分别以铁和铜着色[19]。在一些残留的蓝色区域识别出了中国蓝，不过像对于蓝色珠子的釉一样，不可能说出这种矿物是烧制中产生的，还是单独制备好后再加入未经加工的釉配料中的。这只罐子被证实与釉珠关系密切（胎体除外），而这些现已风化的釉在新烧成时大概是什么样子，则可以根据釉砂珠来做个猜想。

　　虽然人们倾向于认为釉砂珠的年代多少要早于大部分中国制造的玻璃，但那些铜-钡硅酸盐颜料的真正古老程度仍需确认，而对那四个施釉陶器罐年代的判定也多少有些主观性。

（iii）釉上彩料的发展

　　玻璃和釉的工艺密切相关，在本册第五部分我们已经追述了铅釉的进化过程。中国陶瓷史中铅釉这一分支可能是从玻璃和釉珠工艺中孕育成长的，而且在汉唐两代特别繁荣昌盛。

　　在此之后的一个重要发展与施于釉上面的彩烧色料有关，它极大地丰富了装饰的宝库。单色釉是 10—12 世纪中国高温陶瓷的主旋律，它在使用中借用了热门材料的颜色，如玉石的青白色和漆的黑色或褐色，大部分是偶然得来的灵感。到 12—13 世纪，更为丰富的图案和使用更为多彩的颜料在北方越来越为人们所接受。确实，这一时期北方和南方窑系之间的重大差异之一是，北方诸窑群制作的器物倾向于品种多样化，其中很多装饰程度较高，而大多数南方窑炉致力于单一类型的陶瓷，且主要为单色釉类型，如"青白"瓷，或某些形式的绿釉或青釉器物，或者黑釉器物。很多南方窑炉陶瓷业的运作相当于农作物的单一栽培，其大量生产的器物使人看上去印象深刻，即使多少有些单调。北方的生产方式则可以比喻为"混合耕作"，在那里单独一个窑群生产的器物在多样性和品种范围上即可令人十分吃惊。河北南部的观台窑代表了这种北方方式，其制作内容尤为变化多端，制作有绿釉器、钧器、黑釉器、白地黑花器、白釉器以及彩色铅釉器，同时在此范围内还有无数亚类型（另见本册 pp. 170-175）。

　　磁州操作方式与低温釉的结合特别引人注意，这种结合是与观台窑有釉上彩装饰的器物一起出现的。在这类开创性的釉上彩工艺中，低温红色、黄色和绿色铅釉施于已烧好的、施有白色化妆土的炻器釉上，然后快速焙烧至大约 800℃以使彩料烧成，并与其下的炻瓷透明釉产生一定的黏结。颜色釉绘制的风格粗犷，且生动活泼，使人想起旧时泥釉绘制的磁州窑器。半透明的红彩用来绘制花样的构架，而黄色和绿色彩料则描绘其细节。一些制作釉上彩磁州窑的窑炉（包括观台窑群）以前曾生产过通体绿铅釉的炻器，这种器物需经最终的低温烧制而完成，而这可以认为是多色釉上彩操

19　Wood & Freestone（1995），p. 15。

表123　战国珠子的釉与金代磁州窑釉上彩色色料的比较

	SiO$_2$	Al$_2$O$_3$	TiO$_2$	Fe$_2$O$_3$	MnO	MgO	CaO	Na$_2$O	K$_2$O	BaO	PbO	P$_2$O$_5$	CuO	总计
红色珠釉 [a]	42.3	2.0	<0.1	17.8	<0.1	0.4	2.0	1.1	0.7	8.9	24.2	<0.1	<0.1	99.4
黄色珠釉	27.0	8.6	0.4	4.7	<0.1	0.7	1.5	0.8	0.7	20.1	35.0	<0.1	<0.1	99.5
蓝色玻璃基体	49.9	4.4	0.9	0.5	0.1	0.4	0.85	2.2	1.2	14.8	21.9	<0.1	2.4	99.6
绿色磁州窑釉上彩料 [b]	24.5	3.2	0.06	0.2	—	0.2	0.9	0.4	0.25	—	65.9		3.5	99.1
黄色磁州窑釉上彩料 [c]	24.0	5.25	0.1	4.6	—	0.6	2.1	0.9	0.8	—	61.5	—	0.08	99.9
红色磁州窑釉上彩料 [d]	52.0	11.5	0.1	8.0	—	0.9	3.5	0.6	2.5	—	20.0		0.04	99.1

a　战国珠子的分析结果，采自 Wood et al.（1999），p. 31, table 2。
b　Kingery & Vandiver（1986a），p. 365, table 1。
c　Vandiver et al.（1997），p. 28, table II。
d　Kingery & Vandiver（1986a），p. 365, table 1。

作方式的早期单色形式[20]。

　　釉上彩料首次出现于观台似乎是在 1148—1219 年，即金代中晚期[21]。但带有釉上装饰的彩色磁州类器物在河北、山西和山东的一批大约 20 个的窑口也都曾制作过。正如那些有年代可循的碎片所清楚显示的，它们的年代在金代中晚期。这些器物一直到明代早期都在制作，而后则消失不见，可能是市场被景德镇所取代的结果[22]。

　　虽然釉上彩工艺是 12 世纪晚期的新事物，但磁州彩料所采用的铅基颜料在中国多少应算是有些年代的东西。黄色来自少量溶解态的氧化铁（Fe^{3+}离子），红色来自釉中过饱和的且因此而主要呈悬浮状态的氧化铁，而绿色则来自溶解态的氧化铜（Cu^{2+}）。三种颜色全部以低温富铅釉为基础釉。

　　在中国低温黄色、红色和绿色釉的使用全部可以追溯到战国时代晚期，当时它们作为彩釉施加在釉砂珠上（在上文及本册 pp. 474-480 有描述）——但是其助熔的基质为铅-氧+钡，而不是简单的铅-氧助熔[23]。然而，由于绿色和黄色自公元前 3 世纪以来在铅釉生产中享有一定的连续性，因此磁州铁红相比之下更像是一种重新开发的颜料。战国时期珠子的铅-钡釉与金代釉上彩色料的比对给出了这两种中国低温彩釉传统间存在的相似性与差异（表 123）。

　　如 p. 614 中所讨论的，含铜战国釉焙烧后为蓝色而不是绿色，其颜色来自一种硅酸铜钡，即"中国蓝"（effenbergerite）。这种颜料到西汉时已从中国陶瓷釉的清单中消失，虽然在以后其作为彩绘颜料仍延续使用了一些时间。尽管战国珠子上明显由铜离子着色的半透明绿色釉也还是存在的，但到目前为止没有对此作过分析。有可能这些透明的绿色珠釉是磁州绿色釉上彩料的鼻祖。

618　　因此（到 12 世纪晚期），虽然这些釉上彩料的基本组成方式在中国大约已存在了1500 年之久，但施于高温釉上面的釉上彩，在陶瓷史中却是一个新生的概念。研究者之所以倾向于将其在中国最早的使用定在 12 世纪晚期，在很大程度上是由于有两个早期的样例带有墨写的日期，它们相当于 1201 年[24]。严格说来，在中国北方，在炻器上使用彩饰铅釉的出现得要早得多。在近东地区发现的，而且可能是晚唐巩县制作的一些出口"三彩"器物上，这种制作方法得到了确认[25]。无论如何，将某些"三彩"釉施用在"未施釉的"预烧过的炻器上，使得唐代工艺先行一步使用了这些彩饰色料[26]，但那是施在素坯上，而不是釉上彩。

20　Scott *et al.*（1995），p. 155。

21　秦大树（*1997*），第 86 页。

22　秦大树和马忠理（*1997*），第 61-63 页。

23　武德［Wood *et al.*（1999），p. 31］对红色釉和黄色釉进行过分析，但在某些战国釉珠上见到的绿色样品迄今未有分析性的研究。

24　蓑丰［Mino（1998），pp. 314-319］将这些器物分为三种类型：带有红色轮廓线，用红色、黄色和绿色填充的；没有轮廓线，使用特定的花形；以及主要以中国方块字为装饰的。蓑丰提出最早的类型是："首先用红色画出轮廓，然后填以红色、绿色和黄色彩料。三件样品，其中两件根据用墨写在底部未施釉处的年款定为 1201年，或属这一类之中最早之列。"同上，p. 315。年代定为 1201 年的样品目前在东京国立博物馆和芝加哥艺术博物馆（The Art Institute of Chicago）。

25　Rawson *et al.*（1989）。

26　"素三彩"，见本册 p. 362。

（iv）中国的釉上彩料和波斯的釉上彩料

　　波斯釉上彩料的出现似乎较中国同等彩料的出现（12 世纪晚期）多少要早一些[27]，而且在西亚给玻璃涂彩釉工艺的年代最晚可以定在公元 1 世纪[28]。在实际操作方面，近东和中国的陶瓷涂彩工艺在方式上有相当的差异：波斯的"米纳衣"（mina´i）陶瓷显示出远为细致的制作，且类似波斯细密画（miniature painting）的陶瓷翻版。波斯的陶瓷彩釉技工所用的颜色更为丰富，而且更多地利用了半失透的组分，其中包括一种铁红和一种铬黑[29]。在波斯，各种釉彩料涂绘于烧好的、锡乳浊的白色（偶尔也为蓝色）陶器釉之上。胎为熔块瓷材料且烧至陶器温度。这些白色硅土"胎骨"主要由石英外加少量黏土和玻璃制成，且可能是在 12 世纪，从对进口的中国南方瓷器的仿制开始而逐步演化出来的[30]。因此"米纳衣"釉彩的烧成温度非常接近其下的陶器釉，而很多这种"釉彩"是微熔融的颜料而不是真正的釉[31]。与此相反，中国方法显示出的彩绘风格要粗略很多，而且将高温炻器的坚实和低温铅釉的光鲜及色彩丰富的潜质结合在了一起。

619

（v）元代至清代景德镇釉上彩料

　　自元代以来，景德镇做出了很多釉上彩的技术创新。这种工艺在 14 世纪后期从磁州窑传播至中国南方，且于 15 世纪在景德镇得到了发展，原因是景德镇想通过它做出最好的瓷器[32]。在景德镇的作坊内，技工使用政府从江西国有库房分拨来的颜料全力以赴地进行试验。工部有专门的颜料局，由主管专员（"大使"）负责[33]。明代早期这段时间内，创新持续不断。例如，宣德年间（1426—1435 年）"斗彩"（釉上釉下成功配合的色彩）首先在御瓷上出现。它们构成了釉上彩装饰中一种极为精致的类型，这种装饰方式先用釉下蓝彩在瓷器胎上画出图案轮廓并烧制，随后在轮廓内涂绘釉上彩色料并再次经较低温度烧制而使之固定。在明代这种装饰方式最早出现时，它被简单地认

　　27　有一件出自卡尚（Kashan）的早期波斯釉上彩碗，其年代为伊斯兰教纪元 576 年（公元 1180 年）。见 Abd el-Ra'uf Ali Yousuf（1998），p. 20。梅森等［Mason et al.（2001）］给出了波斯米纳衣陶瓷工艺的详细说明，且认为此工艺源于对叙利亚彩色器物的试制仿造。这一艰难且罕见的制作工序："仅是短期的，其使用显然被主要局限在 12 世纪后半期，而且可能是在这一时间段内更短的一段时间。" Mason et al.（2001），pp. 207-208。

　　28　吕蒂［Rütti（1991），p.123］写道："可以假设，黎凡特（Levant）是……釉彩玻璃的发源地。可以考虑是在公元前 1 世纪末和公元 1 世纪初这一时段，有了最早的彩釉玻璃试制品，在叙利亚海岸和埃及的黎凡特的工厂将这种玻璃艺术品带入了完美的境地。"

　　29　Mason et al.（2001），p. 204。

　　30　关于伊斯兰熔块瓷工艺的考察，见 Mason & Tite（1994b）。这一专题在本册 pp. 735-739 有探讨。

　　31　梅森等［Mason et al.（2001），p. 207］对"米纳衣陶瓷的彩色和釉"的烧成温度均估计为 890—920℃。与中国样品上的高温釉相比，早期波斯釉上彩料下面的底釉较为易熔，可能会很难确定波斯器物装饰使用的颜色中哪一种确实是低温烧制的釉上彩料，而哪一种只是最初较高温度烧制的釉。奥利弗·沃森［Oliver Watson（1988），p.17］甚至这样评说早期波斯陶瓷色料："色料的颜色通常仅有红色和黑色。……在更为精致的制品上使用范围更大的颜色，但是蓝、绿和紫色往往为釉中彩而不是釉上彩，而且可能采用了贴金箔方法。"

　　32　Scott et al.（1995），pp. 156-158。

　　33　《江西省大志》卷七，第十一至十三页；《大明会典》卷一九五，第一页；Hucker（1985），p. 579。

620

表124 成化斗彩和15世纪晚期的景德镇釉上彩料[a]

	PbO	SiO₂	Al₂O₃	TiO₂	Fe₂O₃	MnO	MgO	CaO	Na₂O	K₂O	CuO	CoO	Cl	总计
绿色色料	51.8	36.7	5.4	0.0	1.1	0.1	0.3	2.6	—	0.8	1.3	—	0.0	100.1
紫色色料	60.4	30.9	3.9	0.0	1.0	0.7	0.3	1.6	0.7	0.5	0.1	0.2	0.0	100.3
低共熔混合物	61.0	31.7	7.1					（650℃熔化）						
上面器物的胎	0.2	63.0	28.0	0.07	1.00	0.1	0.7	1.0	1.5	3.7	0.01	0.0	0.2	99.5
上面器物的釉	0.05	69.6	17.5	0.1	1.4	0.1	0.8	4.8	1.5	4.2	0.0	0.0	0.0	100.1

a　Vandiver et al.（1997），p. 28，table II。

表125 15世纪下半叶的景德镇釉上彩料及其瓷釉[a]

	PbO	SiO₂	Al₂O₃	TiO₂	Fe₂O₃	MnO	MgO	CaO	Na₂O	K₂O	CuO	CoO	Cl	总计
绿色	50.9	34.2	5.1	0.0	0.4	0.04	0.5	1.1	1.3	2.2	1.6	0.0	2.7	100.0
黄色	54.8	31.6	3.9	0.0	2.3	0.0	0.35	0.6	1.6	1.8	0.05	0.0	3.1	100.1
红色	43.3	30.1	6.1	0.1	13.9	0.04	0.6	2.5	1.7	1.6	0.03	0.0	0.0	100.0
瓷釉	0.01	71.0	16.7	0.0	0.9	0.06	0.7	2.5	1.9	6.1	0.0	0.0	0.0	99.9

a　Vandiver et al.（1997），p. 28，table II。

为是"五彩"（五种或多种色彩）的另外一种形式。"斗彩"这一名称首次出现在 18 世纪的杂记《南窑笔记》（约 1730—1740 年）之中[34]。其色料组分似与中国北方磁州炻器釉上彩所使用的色料有关系，但上好的原料和非同寻常的白瓷基底使得这类釉上彩色料浸染着一种特殊的宝石一样的光泽。明代"斗彩"器物有着近乎传奇般的价值，这意味着对这些 15 世纪釉上彩色料成分极少尝试全面的定量分析，而以下则是在写作本书时仅能得到的样品（表 124）。

在这些分析结果中发现了两项重要的革新。第一项涉及釉上彩料的颜色，而第二项则与釉下的瓷胎有关。关于色料，有一项分析结果显示紫色是使用了锰-钴矿石而生成的。最初，可能是试图利用曾用于釉下彩绘的富锰钴矿石来制作低温釉上蓝色彩料，试制未能成功，产生的效果为紫色[35]。

第二项革新涉及"斗彩"碗的高铝本质，碗胎的组分更像是明代晚期至清代早期景德镇产品的典型特征，而不像是 15 世纪产品的特点。胎体的高岭土含量比迄今研究过的所有 15 世纪景德镇瓷器都更为丰富。可能是在 15 世纪为"斗彩"器物专门开发了高岭土含量很高的配方，高岭土中高含量的片状物促成了胎的精致与平滑。还有一组是对 15 世纪（非斗彩）景德镇釉上彩料及与此相连的瓷釉的分析，分析结果在同一篇文章中公布，分析对象是一个年代定为 15 世纪后半期的罐（表 125）。

在这些 15 世纪晚期的黄色和绿色彩料成分中出现了异常高水平的氧化钠和氯。虽然文章作者并未予以讨论，但这些高含量的 Na_2O+Cl 可能反映出所研究的彩料配方中使用了一些食盐（NaCl）[36]。同样值得注意的是红色彩料中氧化铁的含量从金代磁州红的 8% 上升至明代样品中的大约 14%。这种上升趋势似乎一直延续至清代，那时景德镇色料中的氧化铁达到了大约 23%[37]。

范黛华等提出金代磁州样品上使用的黄色和绿色彩料与 15 世纪景德镇瓷片上使用的黄色和绿色彩料均为熔块（即预先熔化，而后磨碎）。红色应该不是熔块，因为烧结可能使过多的氧化铁溶解而损毁其颜色。范黛华等还提出，在中国，对某些用于唐代和金代铅釉陶器上的铅釉就已使用过熔块[38]。烧结对釉上彩料是有益的，且这一工艺在西方已在广泛使用。熔块彩料组分更为均匀，而且比未经烧结的彩料在炉内可以更为迅速地烧成。

621

622

34　《南窑笔记》（第 319 页）第五页；见刘新园（1993），第 36-37，75-79 页。

35　Wood，见 Henderson et al.（1989b），p. 322。

36　虽然在红色彩料中氧化钠的水平与在黄色和绿色彩料中发现的差不多一样高，但红色彩料中完全没有氯。但是，氯的挥发性可能使其在色料烧制过程中从薄且半熔融的红色彩料中流失。正如范黛华等［Vandiver et al.（1997），p. 33］所写："红彩是不透明的、多孔的（约 20 vol.%），且熔结质量粗糙……"，对于挥发跑掉来说，是一个理想的结构。

37　Kingery & Vandiver（1986a），p. 370，table 11。

38　范黛华等［Vandiver et al.（1997），p. 29］写了金代的色料："极有可能黄色和绿色釉上彩料是各自单独配制的，加热直至玻璃态形成，然后冷却、粉碎、碾磨——这一过程称为烧结或熔块处理——而后在适当的溶剂之中作为液体颜料使用。"在（对金代和 15 世纪景德镇色料两者进行讨论的）总结中他们写道："对于黄色和绿色，每一种颜料都是单独进行烧结。"同上，p. 32。

623

表 126　15世纪下半叶的景德镇釉上黄彩及黄瓷釉[a]

	PbO	SiO$_2$	Al$_2$O$_3$	TiO$_2$	Fe$_2$O$_3$	MnO	MgO	CaO	Na$_2$O	K$_2$O	CuO	Cl	总计
宣德单黄色	65.7	27.6	1.3	0.0	4.1	0.0	0.1	0.3	0.5	0.3	0.01	0.0	99.9
1882年的单黄色	73.5	21.4	1.5	—	3.1	—	痕量	0.1	0.2	0.2	—	—	100.0

a Vandiver et al. (1997), p.28, table II；Vogt (1900), p.600（此分析结果作了归一化）。

表 127　宣德孔雀蓝色釉上彩料及其下彩釉与福格特所分析的钾助熔剂孔雀蓝釉的比较[a]

	PbO	SiO$_2$	Al$_2$O$_3$	TiO$_2$	Fe$_2$O$_3$	MnO	MgO	CaO	Na$_2$O	K$_2$O	CuO	CoO	Cl	SnO$_2$	总计
孔雀蓝彩料	0.3	76.9	2.8	0.0	1.2	0.02	0.25	0.3	1.6	11.0	5.7	0.0	0.0	1.3	101.4
瓷釉	0.02	74.1	13.6	0.0	0.9	0.1	0.6	3.5	1.8	5.4	0.0	0.0	0.0	0.0	100.0
1882年的孔雀蓝釉	—	61.3	2.3*	—	—	—	0.3	0.3	0.4	26.3	9.0	—	—	—	97.6
1882年同上样品的胎**	—	76.1	18.0	—	1.0	—	0.2	0.4	0.4	4.1	—	—	—	—	100.0

（"—"=没有分析；"0.0"=搜寻过但并未发现。*Al$_2$O$_3$与Fe$_2$O$_3$加在了一起。**对已发表的数据进行了归一化。

a Vandiver et al. (1997), p. 28, table 2；Vogt (1900), pp. 598, 560。

如果早期景德镇釉上彩料采用过熔块的方式，那么这一做法似乎到 18 世纪早期就消逝了，殷弘绪曾描述过，康熙时期的色料，制作时只是将铅白、石英和着色氧化物简单地混合在一起[39]。在 19 世纪晚期，乔治·福格特描述了景德镇制作某些铅助熔单色釉时所用的类似的未经加工的铅和硅石混合物，其根据是对师克勤 1882 年 11 月在景德镇收集的配方和样品的研究结果。福格特评论道：

> 中国人制备其准备煅烧熔化的色料的方法之简单实在值得注意；他们仅仅将初级原料相混合，没有将它们预先玻璃化就用来装饰瓷器。

福格特分析过的光绪时期一例低温黄釉，可以说与范黛华等的论文中所研究的宣德时期单色黄釉样品（表 126）相差无几。

为了验证师克勤所提供的配方，乔治·福格特对 19 世纪晚期样品上的釉做了描述，这是一份"半高温"釉，原料未经预烧结，而是简单地依以下比例混合：75%铅白、5%红色赭石和20%石英砂。这一配方与殷弘绪给出的典型的釉上彩料配方较为相近，殷弘绪给出的一份釉上黄彩是由 74.7%铅白、24.6%石英和 0.6%氧化铁制成，依旧是全部未经烧结[40]。

使用未经烧结状态下的铅助熔釉相对简单。原料是不溶于水的，而烧制时间只需简单地延长一下，就可以使色料成分进行相互作用并平滑地融为一体[41]。可能更值得注意的事是福格特的发现，即景德镇陶工还能制作真正的低温碱釉，由微溶于水的原料硝石（硝酸钾，KNO_3）助熔，这种釉完全能够在未经烧结的状态下使用[42]：

> 其成分中没有什么需要经过熔化或烧结，唯一需要的制备工作是将适当比例的硝石、石英和铜屑一起研磨粉碎，然后就可以在瓷瓶上使用了。

（vi）景德镇孔雀蓝碱釉

在 19 世纪晚期福格特分析这些样品时，低温孔雀蓝釉在景德镇的生产已经是超过 500 年了。这种釉长期的延续性十分明显地表现在对一份宣德时期低温铜孔雀蓝的分析中，也同样表现在范黛华等 1997 年的论文中，该论文中的分析结果在表 127 中给出。在中国北方元代的瓦上[43]，以及在 14 世纪中期景德镇的官窑器物上，都使用了低温孔雀蓝釉[44]。在中国陶瓷历史这一更大的范围内，早如公元 7 世纪，这种釉就出现在某些唐"三彩"器物之上，而且出现在一个河南汉代罐上，这是很独特的一例（见本册 pp.

624

39　Tichane（1983），p. 81，殷弘绪 1712 年书信件的译文；其中描写了景德镇用煅烧石灰粉与铅白 2∶1 的混合物作为康熙釉上彩的基础料。

40　Tichane（1983），p. 122，殷弘绪 1712 年书信的译文。

41　作者之一（武德）的个人经验。

42　Vogt，译文见 Tichane（1983），p. 293。

43　例如，巨大的守护神瓦塑的图片，见柴泽俊（1991），图版 42；亦见本册图 139。

44　Liu Xinyuan（1993），p. 34，pl. 2。元代孔雀绿釉有时以描金来增值，可能是在模仿近东地区的孔雀绿银虹彩器物，这种银虹彩带有金光色调，见本册 p. 704。

464—466）[45]。在玻璃工艺中，钾-硅酸盐工艺可能出现得还要早些，因为在中国西汉和东汉墓中发现了很多高钾玻璃。可能这些钾玻璃是在"中国南方和南亚大陆之间的某处"制作的，而不是在中国本土[46]。

宣德孔雀蓝被施于一种极白的瓷釉之上，这种白釉属早期景德镇永乐"甜白"器物所用的那一类。福格特所分析的孔雀蓝釉与此不同，它是直接被施于硬瓷素烧胎上的。这件 19 世纪后期的"孔雀蓝胎"，经福格特分析，是由单一的高岭土化的石英-云母岩制成的，与较早期的景德镇"青白"瓷"一元配方"类型相近。对于高膨胀的孔雀蓝釉，这种高硅瓷原料会有助于改善胎-釉的匹配程度。值得注意的是宣德白釉的硅含量也是异乎寻常地高，或许这又是为了膨胀匹配这一原因。

虽然宣德釉和 1882 年的釉在细节上存在差异，如在氧化钾和氧化铜的含量上，但它们的构成方式是共同的。两者均为简单的钾-铝硅酸盐，以铜着色。福格特确定这一份釉既未经预熔，也未经烧结，而且确定其含有 40.83% 的天然硝石（主要为硝酸钾）、8.56% 的铜末和 49.18% 的石英[47]。

（vii）中国的钾助熔玻璃和釉

上面所描述的明代早期和清代晚期景德镇创制的孔雀绿釉，其硅含量显著高于本章在此之前所描述过的其他任何铅助熔釉。这似乎是因为适合在硅-铝-钾体系内运作的低共熔混合物本质上是高硅的。这些高硅混合物具有烧制后不会再溶解的优点，这是稳定态的釉或玻璃需满足的基本条件。事实上，这些含钾的高硅玻璃态低共熔混合物的氧化物配比，与钠-铝-硅氧化物体系中的某些适用的低共熔混合物非常相近。正如本册 p. 84 中所提到的，这样的混合物是世界上最早的釉的构成基础，那些釉曾施于公元前第 5 千纪—前第 4 千纪的近东炻器质胎上（表 128）。

表 128　硅-铝-钾体系和硅-铝-钠体系中的低共熔混合物 [a]

助熔	熔点	SiO$_2$	Al$_2$O$_3$	K$_2$O	Na$_2$O
钾助熔	880℃	82.5		17.5	
	870℃	77.5	5.2	17.3	
钠助熔	860℃	81.6			18.4
	800℃	77.1	5.1		17.8

a　Singer & German（1974），p. 87，appendix 5。

625　　尽管这两类低共熔混合物的基本组分是等同的，但中国制釉工将其碱釉建立在了硅-钾混合物，而不是硅-钠混合物的基础上，这一事实使人想到中国碱釉工艺是在没

45　Wood（1999），p. 214。
46　Glover & Henderson（1995），p. 160。
47　Vogt（1900），p. 598，译文见 Tichane（1983），pp. 292-293。

表 129　一些汉墓出土的高钾玻璃与印度阿里卡梅杜（本地冶里）玻璃[a]

玻璃物品	地点和时代	SiO$_2$	Al$_2$O$_3$	Fe$_2$O$_3$	CaO	MgO	K$_2$O	Na$_2$O	CuO	MnO$_2$	CoO	总计
GH-20 绿色杯子	广西，东汉	74.9	4.2	0.6	0.03	0.15	16.0	0.2	1.2	0.01	—	97.3
GH-15 深蓝色珠子	广西，西汉	74.7	3.0	1.35	0.6	0.3	15.5	0.2	—	1.7	0.06	97.4
GH-24 红色珠子	广西，东汉	65.9	4.1	1.1	2.15	2.8	16.0	2.5	2.4	0.22	0.0	97.2
公元 1 世纪的阿里卡梅杜玻璃[b]	阿里卡梅杜	73.8	1.8	2.3	1.15	0.3	16.5	0.3	0.03	3.0	0.07	99.3

a　Shi Meiguang *et al.*（1987），pp. 17-18，tables 1 and 2。
b　Brill（1999），p. 337，table XIIIE（阿里卡梅杜蓝色碎玻璃残片）。

有任何西亚工艺影响的情况下独立发展起来的。它们更像是由印度或东南亚的操作方式派生而来的。这意味着虽然某些中国碱釉的确是从进口近东器物的特性和颜色中获得了一定的启发，但其釉料的实际矿物组分，以及由此得出的釉料基本化学构成，则代表了一种非常不同的碱釉制作方式。

高钾成分的釉砂珠（费昂斯）在中国首次出现是在西周早期，在陕西宝鸡和扶风县，明显地发生在中国首次生产低温釉之前[48]。在本册 p. 474 曾讨论过这些粘有高钾玻璃的富含石英的珠子。如那部分文字所提到的，关于这些珠子的来源仍存在一些疑问。自那以后一千多年，高钾玻璃再次出现在中国，这次是在汉代，而且主要是出现在中国南方墓内的出土文物之中。正如张福康所说明的[49]：

> 有很多 K_2O-SiO_2 玻璃遗物自广西、广东、云南、河南、甘肃和江苏的汉墓中出土。它们包括小珠子、蜻蜓眼、吊坠和杯子。所有这些在化学成分上都十分相近，K_2O 的含量为 14%—17%，SiO_2 的含量为 71%—81%，而 Al_2O_3 的含量为 2%—5%。一般的 Na_2O 和 CaO 的含量都很低……天然硝石被认为是中国古代制造玻璃所用钾碱最可能的来源。

对这些汉墓中的高钾玻璃进行研究和分析的结果在 1987 年发表的一篇论文中给出（表 129）[50]。

627　　这篇论文中写道，物件中有很多是以中国风格制作的，如玻璃耳坠和带钩等，而人们已经知道的那一时期在中国以外地区制造的玻璃的成分，与这些富钾材料的差别很大。但论文提醒人们注意，还不能认为"这些玻璃最初的原料源自中国"是确定无疑的事实[51]：

> 作者注意到，根据历史记载，"琉璃"（一种像玻璃的材料）是在西汉"武帝"时期（公元前 156—前 87 年）自东南亚引入中国的。

当然，玻璃在这方面与陶瓷不同：它可以很容易循环使用，并且古代世界的很多玻璃贸易采用了碎玻璃或玻璃锭的形式，而这种贸易经常是跨国的和远距离的[52]。因此，即使这些彩色玻璃物件是中国制造的，也并不意味着最初的玻璃材料是这个国家生产的。这与中国硅酸盐技术的发展有些相关性，因为如果这些高钾玻璃是在中国国内混料、制造成型的，它们就代表着世界上玻璃技术的一种新方法。除此之外，还会能够提供实例，证明已知最早的钴玻璃是中国原料制成的，以及最早为人所知的铜红效果

48　Brill *et al.*（1989）；Brill *et al.*（1991）；Shi Meiguang（1987），p. 11。

49　Zhang Fukang（1991），pp. 160-161。

50　Shi Meiguang *et al.*（1987），pp. 15-20。

51　Shi Meiguang *et al.*（1987），p. 20。

52　一个很好的实例是产自英格兰贾罗（Jarrow）的萨克森玻璃（Saxon glass）。它是用在以色列的一个罗马人建立的玻璃工厂生产的碎玻璃制成的。与伊恩·弗里斯通的私人通信。

是在中国使用的。然而，依现状看来，这些可能性只能记在心中，有待证明[53]。

　　在某些较为精致的唐"三彩"上曾出现过鲜有使用的低温孔雀绿釉，但仅用在很小的区域中，这暗示此种颜色可能曾经十分昂贵。到目前为止还没有对唐代样品进行过分析，因此对于这种孔雀绿釉是否用了中国原料，以及其基料是玻璃还是釉，我们均无线索可循。在唐代的尝试以后，直至金代早期（12世纪）以前，似乎很少有这种低温孔雀绿颜色在中国使用的迹象。在金代早期，某些珍稀的北方瓶子上通体使用了孔雀绿釉，这种釉还曾用来在某些金代磁州窑铅釉枕上描绘局部细节。在12世纪晚期和13世纪，此种颜色较为多见，当时它可以作为真正的孔雀绿彩料，在有彩绘和已上釉的磁州炻器上全面使用。从14世纪到现在，低温高碱釉在中国陶瓷制造业中代表的不是主旋律，但十分常见。它们经常用于屋瓦和其他建筑陶瓷，而且这种釉通常使用的是Cu^{2+}着色的孔雀绿类型。

628

　　中国使用低温碱釉的众多器物之中，最突出与新颖的可能是起源于中国北方的"珐华"器（见本册 p. 512）。"珐华"陶瓷与任何一种近东陶瓷的风格都不相同，它们使用凸起的泥釉沥粉形成的轮廓线将各种碱釉颜料分开（见本册 p. 501）。"珐华"器似乎是北方陶瓷的最后一项重大创新，其上面主要是墨蓝色、茄皮紫和孔雀绿色釉。这种风格不久即传播至中国南方，在那里将碱釉直接施于高温烧制的素瓷胎上，无须使用白色化妆土，而北方炻器浅褐色和浅黄色的胎则需用化妆土来掩盖。北方和南方"珐华"器内壁均经常施有绿色或黄色铅釉，而且这些釉也可以用来描绘外部的细节，它们相对于色调较冷的碱性颜料起次要作用。15世纪晚期和16世纪早期，"珐华"器在中国的声望达到顶峰，当时制作的容器尺寸与复杂性均十分引人注目。

　　对早期中国碱釉（包括孔雀蓝釉）的全面定量的分析结果，来自两项研究工作，即1989年在牛津的一次分析活动和1997年在卢浮宫博物馆（the Musée de Louvre）的工作[54]。第一篇论文检测了14—18世纪制作的八个容器和一个塑像上的中国南方和北方碱釉，一起的还有两个样本取自一个16世纪"景泰蓝"香炉上的玻璃体珐琅。十个研究对象中有六个样本属"珐华"器。1997年的论文中检测了一份宣德时期的孔雀蓝单色釉（上文讨论过），还有一个14世纪或15世纪北方风格的香炉。由于这些数据得自中国北方和南方的很多窑址（大多数不知其名），而且跨越了大约500年的各种不同生产方式，所以分析结果中出现了大量微妙的差别。全面的讨论，要耗费大量的篇幅来解释说明，所以，为了节省篇幅，在此以一个表格呈现完整的全套数据，后面再对这些种类繁多且相互独立的传统中看似共同的特点加以注释（表130）。

　　53　布里尔［Brill（1991），pp. 2-3］倾向于这些钾硅酸盐玻璃源自中国："在这些缺少铅矿石的地区（如广东和广西），玻璃为$K_2O\text{-}SiO_2$类型（含有15%K_2O，仅极少量Na_2O和CaO）。相信后面的这一玻璃体系是中国所独有的，因为在其他国家都没有发现。"然而，安家瑶［An Jiayao（1996），p.131］考虑到了关于武帝派人至"南海"购买玻璃的历史文献："以我们现有的知识水平，我们不知道哪里是'南海'以及买的玻璃是否为钾玻璃。我们确实知道的是阿里卡梅杜［印度，本地治里（Pondicherry）］在大约公元前3—公元3世纪是玻璃珠制造中心。……非常可能在中国南方发现的玻璃是从印度或东南亚交易而来的珠子，但这在对印度洋—太平洋地区的玻璃珠和其他工艺品进行分析之前，仅是一个推测。"然而，阿里卡梅杜玻璃曾被分析过（见表66），而且确实是高钾、低镁类型，与中国发现的物品非常相近（见表67）。不过，这又会有一个问题：用阿里卡梅杜玻璃制作玻璃工艺品之处是否就是玻璃产地。

　　54　Wood *et al.*（1989），pp. 172-182；Vandiver *et al.*（1997），pp. 25-34。

表 130　元代晚期至清代中国北方和南方的钾基碱釉 [a]

编号	颜色	PbO	SiO_2	Al_2O_3	Fe_2O_3	TiO_2	CaO	MgO	K_2O	Na_2O	CuO	CoO	MnO	SnO_2	总计
1a	蓝黑	11.2	64.1	1.6	0.7	0.1	0.6	1.2	13.1	1.9	0.4	0.15	4.4	0.0	99.5
1b	蓝黑	14.8	61.7	1.8	0.7	0.1	1.2	1.2	10.7	1.8	0.5	0.2	4.9	0.2	99.8
1c	墨绿	11.6	66.3	0.5	0.5	0.0	1.2	1.0	9.4	3.3	4.9	0.0	0.1	0.3	99.1
2a	孔雀绿	16.2	63.5	0.6	0.3	0.0	0.6	1.3	7.2	5.7	4.5	0.0	0.0	0.2	100.1
2b	茄皮紫	17.1	58.9	1.6	0.9	0.0	0.5	0.4	8.4	6.9	0.7	0.1	3.4	0.0	98.9
3a	墨绿	43.4	43.9	0.2	0.5	0.0	1.3	0.6	3.7	1.5	5.1	0.0	0.1	0.4	100.7
3b	孔雀蓝	17.5	60.4	0.9	0.5	0.0	0.9	0.8	13.0	3.4	1.5	0.0	2.0	0.1	101.1
3c	孔雀绿	13.6	62.9	5.8	0.6	0.1	0.5	0.5	11.8	0.8	3.4	0.0	0.0	0.1	100.1
4a	透明孔雀绿	32.5	51.1	0.9	0.2	0.0	5.0	0.3	7.4	1.0	2.2	0.0	0.0	0.0	100.6
4b	透明	30.0	54.1	0.7	0.2	0.0	6.1	0.0	8.4	0.9	0.0	0.0	0.1	0.0	100.5
4c	淡紫	30.1	54.1	0.7	0.1	0.0	6.5	0.0	8.5	0.9	0.0	0.0	0.0	0.0	100.9
4d	半透明	36.2	48.2	1.6	2.5	0.0	3.1	0.0	6.2	1.5	0.0	0.0	0.0	1.8	101.1
5a	透明彩料	29.5	47.5	0.3	0.3	0.1	6.0	—	12.7	0.6	—	—	—	—	97.0
5b	孔雀绿彩料	29.0	49.0	0.3	0.2	—	6.0	—	12.6	1.0	2.6	—	—	0.1	100.8
6a	蓝紫	0.7	73.2	3.1	0.7	—	0.7	—	12.3	1.5	2.4	0.6	5.7	0.4	101.3
6b	孔雀蓝	1.1	76.3	1.0	0.4	—	0.9	0.2	13.2	2.7	4.0	—	—	0.5	100.3
7a	蓝紫	15.3	59.7	1.4	0.4	—	0.3	0.3	11.1	3.3	4.8	0.5	3.4	0.5	101.0
8a	蓝紫	1.0	65.2	3.2	1.1	—	0.3	—	18.8	3.6	3.8	0.4	3.3	0.3	101.0
8b	孔雀绿透明	0.7	68.9	4.9	0.5	—	3.1	0.1	11.8	4.0	4.6	—	0.1	0.4	99.1
9	孔雀绿	0.3	76.9	2.8	1.2	0.0	0.3	0.25	11.0	1.6	5.7	—	0.02	1.3	101.4
10a	清釉	15.3	76.6	1.1	0.02	0.0	1.4	1.1	2.8	1.0	0.3	—	—	—	99.6
10b	紫	12.4	58.7	2.35	1.2	0.2	0.95	0.9	13.9	2.1	0.2	0.17	6.3	—	99.4
10d	孔雀绿	16.5	60.4	1.9	0.3	0.0	1.6	1.5	11.7	1.9	3.9	—	0.0	2.0	99.9

a 测量对象 1-8，见 Wood et al.（1989），p. 174, table 1；测量对象 9-10，见 Vandiver et al.（1997），p. 28, table II。

　　容器 1：15 世纪的磁州风格罐子，蓝黑色，孔雀蓝和琥珀色釉下面有釉下彩绘。

　　容器 2：16 世纪的北方"珐华"花瓶。

　　容器 3：15 或 16 世纪的北方"珐华"碗。

　　容器 4：15 或 16 世纪的北方"珐华"罐。

　　容器 5：15 或 16 世纪的香炉上的"珐琅"色料。

　　容器 6：16 世纪瓷"梅瓶"，可能是景德镇的产品。

　　容器 7：晚清景德镇"珐华梅瓶"。

　　容器 8：15 或 16 世纪的北方釉塑。

　　容器 9：15 世纪宣德时期的景德镇孔雀绿釉盘。

　　容器 10：14 或 15 世纪的中国北方碱釉三足香炉。

从这些数字中浮现出许多明显的走向，而这些走向与碱性的基釉以及釉所使用的各种着色剂均有关联： 630

釉 的 类 型

● 在所有这些分析结果中，氧化钾都是主要的碱性釉助熔剂（7.2%—18.8%K_2O）。氧化钠（当其存在时）通常只以低含量出现（0.6%—4%），也确有例外存在，如 2a 和 2b，虽然仍以钾为主，但其钠含量也值得重视。

● 元代晚期和明代早期中国北方的碱釉可能含有大量氧化铅，有时作为主要助熔剂，有时作为辅助助熔剂。但是釉中大量氧化钾的存在保证了其对着色离子的响应为典型的"碱性"特征。

● 大多数（施于瓷器上的）南方碱釉铅含量很低，且主要由氧化钾和二氧化硅的混合物组成。然而，独有一例晚清景德镇釉显示出使用了某些相当精妙的铅-碱彩料，而在一组对北方碱性釉塑（8）的分析中，铅含量也极低。

● 一组北方碱釉（取自容器 4，一个 15—16 世纪的北方"珐华"罐）含有作为附加稳定剂的氧化钙。这些釉与某些当时的中国金属景泰蓝珐琅料（容器 5）相近。然而，一般情况下，中国景泰蓝色料和中国"珐华"釉所具有的组分基础与珐琅色料有相当的不同。

● 容器 10，一个用铅-碱釉彩绘装饰的 14 世纪香炉，底釉自身几乎不含碱，本质上为高温铅釉，硅含量异常高。到此为止没有发现中国陶瓷还有其他样品具有这类与众不同的釉。

釉 着 色 剂

● 茄皮紫和深蓝黑色是中国碱釉中常见的颜色，两种颜色均得自锰-钴混合物。事实上，在这些组分之中只要有钴出现，总是有大量的锰伴生在一起。很多这类样品的判定年代为 14 世纪晚期和 15 世纪早期，当时铁-钴矿石是较精致的中国瓷器所使用的主要颜料。但此时的一些景德镇民窑瓷器装饰使用的锰-钴矿石可能是产自中国的；明代早期碱釉使用的富钴颜料似乎属于这一相同的高锰类型（见本册 pp. 680-684）。

● 铜用作釉着色剂时总是与锡相伴，最大可能是加入釉中的是已经氧化的青铜。

631
● 将铜与钴-锰颜料相结合，可能生成带有黑莓或黑醋栗色调的多种紫色。类似的釉还出现在后来景德镇的单色釉中。

● 有一份"珐华"样品（有玻璃景泰蓝类成分的罐）显示出其黄釉中有锡存在。在某些早期景泰蓝珐琅料中出现过锡酸铅黄色（15 世纪），因此这可能是又一个与景泰蓝色料工艺的相似之处，但纯属个别现象。

（viii）中国碱釉中硝石的使用

对于任何有关中国碱釉的讨论，硝石都是中心议题，而且在文献中出现过很多关于在中国陶瓷中使用硝石的一手材料。西方的观察资料包括了 1712 年殷弘绪的报告[55]、1900 年福格特（经由师克勤注释）的报告[56]，以及 1956 年叶夫列莫夫的报告[57]。中国涉及使用硝石制釉的参考资料中包括《陶说》（1774 年），书中提到[58]：

孔雀绿色颜料是由古青铜、水和硝石加在一起混合产生的铜绿制成的。

〈翠色，用炼成古铜水硝石合成。〉

《江西省大志》（1597 年）将"翠绿"釉描述为由"古铜"、水和硝石（硝酸钾，KNO_3）制成[59]。然而两份中文说明都略去了构成玻璃体的基本氧化物——硅石。

因此硝石似乎是 16 世纪以来为中国碱釉提供氧化钾的首选材料。但是，当我们考虑在中国发现的更早的高钾硅酸盐样例时——如汉墓中尚存疑问的那些玻璃物件——或许就应该考虑另外的一个氧化钾来源，那就是草木灰洗液中的二次结晶体，即苛性钾或未加工的碳酸钾[60]。直接使用草木灰本身（淘洗过或未经淘洗的）是根本不可能的，因为这些玻璃和釉中的 MgO 含量很低。如罗伯特·布里尔在讨论公元 7—14 世纪一些较晚期的中国高钾玻璃时所解释的[61]：

632
我们对草木灰自身所作的大量分析结果中相应的 MgO 含量全部很高，量级为 3%—5%，或甚至更多。……重新结晶从草木灰中移除了镁、钙和铝。中国玻璃看来更像是用硝石制作的，无论有没有重新结晶，它的 MgO 都会很低。

55　提查恩［Tichane（1983），pp. 81，86］引用了殷弘绪 1712 年的书信。

56　Vogt（1900），p. 598。

57　Efremov（1956），p. 493。

58　《陶说》卷三，第七页。

59　《江西省大志》卷七，第二十六页。现代的诠释由李全庆和刘建业［（1987），第 20 页］给出。由此资料得来的其他配方包括：古黄色，黑铅粉与 Fe_2O_3 一起研磨；紫色，石墨、钴（"石子青"）和砂粉（硅石，SiO_2）。颜料配方单见《景德镇陶录》卷三，第九至十页。关于成分列表（例如铅白），见同上文献，第十页；Sawyer（1951），pp. 25-26。

60　还有一个问题，即名词本身有歧义："在所有中古时期的文化中，都分不清硝酸盐和碳酸盐。"Needham et al.（1962），p. 110，note e。不过，李约瑟等［Needham et al.（1986），p.96］还说："在中国，硝酸钾从未像在西方那样被与碳酸钠混淆，但中国人分不清硫酸钠和硫酸镁。"

61　Brill（1991），pp. 38，40。

如上文第 380 页表 65 所示，对含苛性钾草木灰的淘洗能使大部分氧化钾溶入液体，而留下的其他氧化物大体上处于非溶解态。从这种液体中结晶会产生令人满意的纯碳酸钾[62]。对汉代炻器釉的分析结果（见本册 p. 467）就说明在洗灰过程中氧化钾已被移除。目前仍不知道一直以来在这一过程中苛性钾是否曾被再次启用过。

　　碳酸钾非常易溶解（甚至可以说是潮解），而且需要与硅石一起烧结后才能够用于釉中。即便如此，在中国早期玻璃和釉中碳酸钾的使用不能完全被排除，虽然硝石（硝酸钾）可能是更为适合的选材，尤其是因为此原料不必烧结后再使用。

（ix）硝石的特性和生成

　　硝石在某种程度上溶于水，但当水变冷时其溶解度显著下降。例如 1 升水在 18℃ 可溶解 30 克硝酸钾，但在 5℃ 时只可溶解 17 克[63]。硝石的溶解还会通过吸热作用降低水本身的温度，这就进一步限制了这种盐的溶解度[64]。当有机含氮物质，无论是动物的还是植物的，暴露于大气影响之中时，在有强碱存在的情况下，此材料会自然生成；它还可以被"种植"在专门的"硝石床"上，这是通过将有机残留物掩埋于富含石灰质的土壤中并定期浇水而实现的。在这两种情况下，硝石存在的形态均如白色花朵。硝酸钾最常用的中国名字是"硝石"（"消石"），这是指其易熔的性质，而另一个中国名字"地霜"（地上的霜），则描述了其天然的外形，在河南，还有四川和山西，硝酸钾都有丰富的含量[65]。

　　硝石在中国的使用和出现过程已被比较详细地研究过（尤其是在本丛书的有关卷册中），最为关注的是其"助熔和增溶"性质及其在火药中的使用。李约瑟等注意到了早在公元前 4 世纪的文献中就有一处提到"硝石"（虽然没有关于其本质和用途的细节），而在公元 1 世纪和 2 世纪，则出现了更为具体的关于硝石纯净化的资料。关于稍后一些时期，李约瑟指出："唐代所有的炼丹著作都不约而同地提到'消石'（硝石）。"[66]炼丹家昇玄子从理论角度提到硝石在陶瓷中的关键作用是作为硅石的溶解物，1150 年的一份资料中曾引用了其早期的著作："如果你加热一片白石英，然后放上少量硝石，石英就会向下凹陷。"[67]然而，这更像是对一个现象的描述，而不是对一种应用技术基本原理的说明。

633

　　在对硝石进行总结时，我们注意到中国曾于公元前 4 世纪使用过此原料的通用名称（"硝石"），而中国文字中提到硝石的精炼的时间为公元 1 世纪和 2 世纪。到唐代，有大批资料涉及硝石。较早时期，硝石在中国的用途主要是作为助熔剂，还作为一种可以使不能溶解之物溶解的材料。由此看来，有可能从中国碱玻璃和釉生产刚刚

62　美国签发的最早的专利涉及从草木灰中制取苛性钾。制取 1 吨苛性钾需要 360—450 吨木柴，其收益率约为 0.4%。

63　Anon.（1877），p. 692。

64　关于对此效应的全面讨论，见 Needham et al.（1976），p. 225，note d。

65　见 Needham et al.（1986），p. 96，note c。

66　同上，pp. 96-98。

67　Needham et al.（1980），p. 188。

开始时起，硝石就一直在其中起主要助熔剂的作用，但是这一点到现在还未能得到证明。

634

（2）18世纪"洋彩"技术的发展

（i）稍后期景德镇釉上彩料

从殷弘绪1722年的书信中我们得知，在康熙时代景德镇的单色釉上彩料中，硝石是重要成分，这些单色彩料与众多景德镇釉上彩的效果相近，是透明的，由溶解状态的金属离子着色。在1723年殷弘绪离开江西去北京前后，半透明与不透明的釉上彩颜料经过在北京的一些初步实验后，被引入景德镇。这最终导致景德镇釉上彩绘的外观从"水彩"风格转向一种不透明的，有时甚至是浓抹的更为接近油画的彩绘风格。欧洲人将此过程称为从"草绿色系"（*famille verte*）向"玫瑰色系"（*famille rose*）风格的转变，这是一种从以绿色为主的色系到以宝石红和粉红色为主的转变[68]。

实质上，这一发展涉及了釉上彩三种新颜色的引入：半透明的宝石红色、不透明的白色与不透明的黄色。康熙时期的釉上蓝彩用得也较为普遍。宝石红色料由胶体金着色，因此在技术上与更早的铜红有渊源关系。不透明的白色来自色釉中产生的砷酸铅（$PbAs_2O_4$）微晶，而不透明的黄色则利用了锡酸铅（$PbSnO_3$），此颜料在西方常被称为"铅锡黄"。当半透明的宝石红色彩料薄薄地施加在不透明的砷白色彩料上或两者混合使用时，釉上彩会呈现出明亮的粉红色，因此而被形容为"玫瑰色系"。

中国学者为这些新彩取了很多名字。唐英的《陶成纪事》（见上文 p. 27）中关于1734年的一个条目，提到了使用"洋彩"和"珐琅彩"的装饰。而后，"洋彩"这一名称逐渐盖过了"珐琅"，后者渐被废弃，而"洋彩"的称谓则贯穿了整个乾隆时期。"玫瑰色系"的另一名称是"粉彩"，但这一名称在19世纪前并未流行，而且可能直到清末或民国时期才出现。在《陶雅》（1910年）与《饮流斋说瓷》（约1912—1925年）中，"粉彩"是一个常用的名称，后一书中还用了"硬彩"（即"草绿色系"）、"软彩"（"玫瑰色系"的又一名称）和"粉彩"的名称对装饰进行描述[69]。

635

虽然这三种"软彩"颜色（外加釉上蓝彩）改变了中国瓷器的外观，但18世纪20年代以后，这些颜色在硅酸盐烧制技术上的应用却并非创新。例如，在罗马时期的玻璃中已利用了金-宝石红的效果，而且通过公元4世纪罗马笼形杯（cage-glass）中的重要作品吕枯耳戈斯杯（Lycurgus cup），对这种效果进行了仔细研究。此杯有明显的二色性，其现象为反射光呈豆绿色，而透射光为深红宝石色。此玻璃自身为典型的地中海型钠-钙成分，而其颜色则源于其中含有浓度分别为0.004%与0.03%的胶体金和胶体银[70]。这种颜色由玻璃中的还原剂（铁和锑）及玻璃制成后的热处理（即"显色"）所

68　这些名称最初是由雅克马尔［Jacquemart（1873）］采用的。

69　蔡和璧（*1992*），第6-8，17-19页。

70　Barber & Freestone（1990），pp. 33-45。

增强[71]。布里尔指出，他得到的结果表明[72]：

> 用金和银作为玻璃的着色剂差不多有着连续的历史，这可以上溯十二个世纪以上，直至伊斯兰时期玻璃工匠对它们的应用。现在……这一历史更是向上延伸到了罗马时代晚期。

汉斯·伍尔夫也写过伊斯兰世界对金红玻璃的应用[73]：

> 比鲁尼（al-Birūnī；卒于 1048 年）描述了在制备著名的宝石红玻璃与宝石红釉配料中黄金的使用，并表示在 50 000 份料中加 1 份金会呈深红宝石色，100 000 份中加 1 份会呈鲜红色。

伍尔夫所提到的金的用量（0.002% 和 0.001%Au）似与罗马玻璃制造的实际情况相近，但远比景德镇自 18 世纪 20 年代后期以来的釉上彩料中所发现的用量（0.1%—0.3%Au）为低。后面这一结果 1985 年在麻省理工学院（the Massachusetts Institute of Technology）得到确认[74]。在罗马与波斯的样品中，金的极低用量比较有代表性的是在玻璃中，而不是在釉中。这可能是着色剂的浓度在（相对较厚的）玻璃中，往往比施加在明亮基底上的薄釉层中低很多的缘故，如釉上彩的色料就是薄薄地涂在非常白的瓷釉上的。金格里和范黛华研究了三件在 1730—1750 年生产的中国金红色彩料样品，并给出了结果（表 131）。

表 131　含金的中国金红彩料[a]

器物	PbO	SiO$_2$	Al$_2$O$_3$	FeO	CaO	MgO	K$_2$O	Na$_2$O	CuO	CoO	MnO$_2$	SnO$_2$	Au	总计
瓶	47.3	45.1	0.6	0.1	0.3	0.1	2.1	2.75	0.03	0.0	0.02	0.19—0.26	0—0.12	98.4
碗	47.4	41.85	0.6	0.1	0.1	0.05	8.4	0.6	0.04	0.0	0.0	0.00	0.00—0.31	99.14
盘												0.0—0.29	0.0—0.29	

a　Kingery & Vandiver（1985），pp. 374。

值得注意的是，在这三件中国金红色料样品中有一件没有锡的成分。这一点很重要，因为关于中国粉彩色系，很多人倾向于其采用了欧洲发现的"金锡紫"（purple of Cassius）技术[75]。例如，加纳（Harry Garner）于 1969 年在《东方陶瓷学会会刊》（*Transactions of the Oriental Ceramic Society*）中写道[76]：

> "洋彩"这一名称表示此技术自西方流入，而且我们都早已熟知了这样一个事　　636

71　Brill（1965），pp. 223.4，223.11。

72　同上，p. 223.11。

73　Wulff（1966），p. 147。

74　Kingery & Vandiver（1985），pp. 363-381。

75　以老安德烈亚斯·卡西乌斯（Andreas Cassius the elder；卒于 1673 年）的名字命名。关于其发现过程及早期在欧洲应用的说明，见 Needham & Lu（1974），pp. 268-270。

76　Garner（1970），p. 1。

实，即这种技术，或许还有制备所用的一些原材料是以某种方式从欧洲引进的。

加纳是数学家和飞艇工程师，也是知识丰富的中国艺术品收藏家，他是通过对欧洲铜胎珐琅，尤其是对 17 世纪法国与德国南部产品的检测进行研究的。这些艺术品所使用的粉色珐琅是以胶体金为基础制备的，而胶体金则是通过所谓的"金锡紫"技术制取的。这种技术是一种生成胶体金的方法：先使金在王水中溶解而生成氯化金，继而将氯化金还原为金属金，这通常由加入锡的化合物而实现[77]。这一过程也不总是用锡，用氧化镁或氧化铝也可以使胶体金沉淀出来[78]。

由于这一技术对胶体金的制备十分有效，且胶体金在熔融状态的玻璃中很容易溶解并扩散，因此常常会设想中国金红色料的制备者们会需要利用这一技术，以便成功地制备以金为基础的宝石红釉上彩料。上面的论断是有缺陷的，因为金红玻璃在古代已应用于罗马以及近东的玻璃技术中[79]；但是仍有人坚持上面的推理过程，假定中国人对金红彩料及玻璃的所有认知均来自欧洲。然而，金格里和范黛华却对在 18 世纪中国的宝石红彩料中曾采用金锡紫技术表示怀疑，理由如下[80]：

> 637

> 我们分析了法国生产的一例万塞讷–塞夫尔（Vincennes-Sèvres）玫瑰红色料与一例梅讷西（Mennecy）玫瑰红色料……。分析给出，其锡含量比在中国含金颜料中发现的为高。另外发现胶体金颗粒与一些晶态物质的团块结合，其结构与中国颜料十分不一致，在中国颜料中金颗粒在玻璃中呈悬浮态，没有"金锡紫"沉淀过程中那些生成物的环绕……。我们的结论是，虽然粉彩色系中将胶体金用作着色剂，但它并非通过欧洲"金锡紫"的沉淀工序来实现的。证据表明，玫瑰色颜料是通过制造宝石红玻璃来制备的，这在当时是玻璃工匠与色料生产者都熟知的。

如金格里和范黛华所推论，在中国金红色料中不存在锡，并非必然会将欧洲对中国技术的影响排除在外，因为欧洲也存在不用锡生产金红玻璃的先例。如在贝内文托·切利尼（Benevento Cellini）1560 年左右的专著中，及在安东尼奥·内里（Antonio Neri）1611 年的《论玻璃技艺》（*De Arte Vitraria*）中，都出现过没有锡的欧洲金红玻璃先

77　Anon.（1877），p. 110，文中给出了制备金锡紫的一种方法："将 20 克金溶于用 20 份硝酸加入 80 份商品盐酸制成的 100 份王水，将溶液放入水盆中使王水挥发至干。将残留物溶于水中，然后过滤，再用 0.7 或 0.8 升的水稀释，并使之与锡屑接触；这必然会发生强烈的反应，几分钟内水变为褐色并有紫色沉淀物产生，此沉淀物需用水洗并加微热而使其干燥。这种紫色具有如下成分：锡酸 32.7、氧化锡 14.6、金的氧化物 44.8、水 7.8。"由此给出的材料中锡与金的重量近乎相等，但关于金处于氧化状态的假设似乎是靠不住的。

78　海因巴赫［Hainbach（1907），pp. 170-173］，给出了从三氯化金制备胶体金的 9 个传统流程，其中 7 个用了以某种形式存在的锡，2 个没有用。

79　巴伯和弗里斯通［Barber & Freestone（1990），p. 44］指出："金属金虽然也可能直接溶于熔化的玻璃中，但是由于金属的偏析作用，生产均匀的宝石红玻璃会需要重复粉碎、研磨并重新熔化的过程。这样一个过程即便可能实现，在后中古时期的实际应用中也会被认为是不经济的。不过，这样的考虑不太可能限制住罗马时代豪华玻璃的生产。"

80　Kingery & Vandiver（1985），p. 378。

例[81]。还可以再增加这样一点，即西亚的金红玻璃制造技术可能完好地保存了下来，因而，这种中国技术源自欧洲以外地区的可能性也是不能被忽视的。

虽然金格里和范黛华曾指出，在他们所检测的中国金红色彩料中锡的组分远比在欧洲同类产品中为低，但是在他们所研究的中国色料样品中，还是有两个所给出的锡含量与金含量近乎相等。这两个 18 世纪中国宝石红–粉红色料中的锡–金比，至少与一种制备金锡紫的方法特征相同（见 p. 636 脚注 78）。

米尔斯（Mills）与柯玫瑰对这一课题进行了进一步的探究，他们用无损的非真空能量色散 X 射线荧光光谱分析方法研究了中国与欧洲的浅玫红色料[82]。由于前人能够用来测量粉彩色料的样品很少，无论是与中国施彩物件有关的样品，还是将范围扩大至可用以对比的欧洲样品，都是如此，这次则在较大范围内测量了 48 件样品。它们包括 21 件确定在 1730—1750 年生产的中国瓷器样品[83]、8 件 19 世纪的中国瓷器样品、2 件玻璃碗、4 件广州金属胎珐琅器，及 13 件欧洲陶瓷样品。

从根本上讲，这些测量结果有强烈的吸引力，但无法得出确定性结论：18 世纪中国的金粉色料中有一例含有锡，而其他的则没有。早期的迈森金粉色料中有一例含有锡，而另一例则没有。在两件切尔西（Chelsea）金粉色料中，一件同时使用了金与锡，另一件只用了金。一件法国梅讷西杯（Mennecy cup；约 1750—1760 年）的粉红色料中既含有金又含有锡，与金格里和范黛华在他们自己的梅讷西样品中所发现的相同[84]。不过，还是可以得出一些概括性的结论。在已经分析的 18 世纪的器物中，与中国瓷器颜料成分关系最为密切的是广州景泰蓝彩料，由此确认了金属胎画珐琅与瓷胎釉上彩技术之间的联系。此外，虽然 18 世纪中国色料以宝石红玻璃为基础料，但似乎它们在成分上与当时的玻璃器皿并无相似之处。最后，所有 19 世纪的宝石红都含有锡，这暗示在清代晚期可能发生了技术上的转变[85]。

638

（ii）中国的金红色彩料

关于这一研究问题我们能够接着说些什么？在最直接的意义上我们可以说，以黄金为基础的"软彩"粉红色料曾是中国陶瓷、玻璃和金属胎珐琅工艺中的一种新颜料。这一技术在中国之外有悠长的历史，首先见于罗马和近东玻璃，然后见于文艺复兴时期的金属胎珐琅工艺，再以后是见于 17 世纪晚期的欧洲陶瓷彩料。这种精美的金

81　Neri（1611）；英文版，1662 年。Kingery & Vandiver（1985），pp. 378-381，notes 27，28。在 17 世纪的英译本中关于内里的方法这样写道："一种透明的红色。黄金多次经王水处理焙烧后，再在上面浇 5—6 遍清水，然后将这些金的粉末放入陶器盘子，在炉中焙烧，直至变为红色粉末，这需要很多天；然后这些粉末将被一点一点地加入到水晶般的上等玻璃中直至够量为止，玻璃经过淬冷，结果会产生出一块有透明红色的红宝石，与实际中所找到的红宝石相同。"英文编者按（令人不解地）推测黄金到红宝石的转变可能是分解过程："在发现金的地方常常存在红宝石，因此说金变性为这种宝石是比较合适的。"同上，p. 351。

82　Mills & Kerr（1999）。

83　人们认为中国器物上用珐琅装饰的技术虽然不过才 20 年，但已十分成熟。

84　Mills & Kerr（1999），p. 261，table 3。另见 Kerr（2000）。

85　Kingery & Vandiver（1985），p. 378，其中记录了在两例 18 世纪的中国粉红色中含有锡，但其含量较在欧洲粉红色中发现的为低。

红颜料在欧洲的生产是由金锡紫技术的发现（约 1640 年）推动的，17 世纪人们为制作欧洲陶瓷彩料就采用了这种技术方法。必须指出，无论过去和现在，不用这种黄金的酸溶液技术就可以成功制造金红玻璃，而且即使"金锡紫"方法本身也并不总是使用锡的化合物。

　　在 18 世纪早期的某个时段，中国接受了一种金红玻璃技术并用来制作陶瓷和金属胎珐琅色料。这些中国金红色料中有一些同时含有金和锡，而其余的则仅含有金。尚不清楚这一技术是怎样被引入中国的，虽然关于围绕其采用过程而发生的某些情况，欧洲和中国均有一些可以利用的文献证据。

　　在进一步研究之前，能够提出的可能性有三种。第一种可能性是，金属胎与瓷器的彩料均源自玻璃制造厂成果的影响，而玻璃制造厂本身，则得益于清代早期从欧洲到中国的彩色碎玻璃贸易[86]。一些中国文字资料似乎支持这一假设，但是少量已经分析的制品并不支持这一假设。1695 年，康熙皇帝委任来自德国巴伐利亚（Bavaria）的耶稣会士纪理安（Kilian Stumpf）在北京建立玻璃制造厂，这可以证明欧洲对中国玻璃制造技术进步的影响。随之而来的是中国为了彩料装饰给了欧洲许多彩色碎玻璃的订单。埃米莉·伯恩·柯蒂斯（Emily Byrne Curtis）认为，很多这种原料来自威尼斯的玻璃工厂[87]。如威尼斯玻璃工乔瓦尼·达尔杜因（Giovanni Darduin，1585—1654 年）的配方手册所记录，威尼斯在 17 世纪已经在制作金红玻璃，手册中包括了三种金红玻璃的配方[88]。如上文脚注所记，佛罗伦萨的（Florentine）玻璃工安东尼奥·内里（1576—1614 年）的著作《论玻璃技艺》中也包含了一个金红玻璃的配方，在这一例中没有使用锡[89]。

　　第二种意见是，某几种颜色的彩料，尤其是粉红色，是直接从欧洲引进的。欧洲的文献资料支持这一方向的研究结果，但是科学分析的结果显示，可能直到 19 世纪以前，还不能感觉到西方的影响。第三种推测声称，为景泰蓝使用所开发的珐琅料与陶瓷上某些新颜料的发现有联系[90]。广州珐琅和"粉彩"成分上的相近之处，为金属胎珐琅和瓷器色料工艺技术有内在关联这一意见增加了分量。此外，在北京的宫内作坊中，玻璃制造与金属胎、玻璃胎和瓷胎上的各项彩料技术的发展之间存在联系，我们在此将对其历史进行探讨。

86　Curtis（1997），pp. 97-98。柯蒂斯［Curtis（2001）］描述了在紫禁城旁法国耶稣会教堂附近的一块地上，在耶稣会士的照管下建立玻璃工厂的过程。玻璃工厂利用了山东博山工匠的知识，见朱家溍（*1982*），第 67 页，及张维用（*2000*）。

87　Curtis（1994），pp. 97-98；Curtis（1997），p. 98。

88　Horn（1998），p. 156。

89　Neri（1611）。该书的英文版于 1662 年在伦敦出版，其中第 6 册（pp. 145-157）写到了这一内容："第六册。其中给出了制作所有与金相关的彩料的方法，以及可能做到的准确、严谨和最清楚的示例，对由金产生颜色的彩料，给出了制作规程、原料的颜色，以及需要的火候。"

90　关于金属胎珐琅和釉之间的联系的研究，见 Wood, Henderson & Tregear（1989），以及 Henderson, Wood & Tregear（1990）。

（iii）瓷器、玻璃和金属所用新色料开发的历史背景

康熙急切地希望复制西洋色料并在自己的工场中生产。为取悦皇帝，在 1716 年的九月，广东省地方长官将名为潘淳和杨士章的两名珐琅工匠送至京城，还提交了由潘淳配制的、利用黄金制取的桃红色珐琅[91]。潘淳的成功可能得益于与外国人的接触，从外国人那里他学到了从胶体金中制得粉红色的秘密。据法国学者说，所谓的"金锡紫"颜料早在 1683 年就被带到了广州。虽然这一年代的早晚还不能完全确定，但是此技术引入中国南方的年代早于北方是极为可能的[92]。

新系列彩料开发的推动力，首先出自康熙和雍正皇帝，他们都是受到了外国那些珐琅珍品的不断刺激，这些珍品是西方大使送给他们的礼品。对于康熙来说，对彩料技术的兴趣是其诸多创新举措的一部分。在 1681 年重组御窑以后，他渴望吸引来工艺品专家，尤其是外国专家。帝国上下的政府官员得到指令，要求保持对辖区内西方传教士密切注视，这样，能够减少皈依基督教的人数，还能将所有具有独特技艺的传教士送至宫廷[93]。宫内珐琅作就是这样于 1716 年开始运作的，马国贤（Matteo Ripa）1716 年的一封信中提到了它的状况[94]：

> 皇帝陛下对我们欧洲的珐琅和绘制珐琅的新方法已入了迷，用尽所有可能的方式进行试验，以便将绘制珐琅的新方法引进他为此而在宫内建立的御用作坊中。有了在那里用颜料绘制瓷器的经验，有了从欧洲带来的几大块珐琅料，是可能做成一些事情的。同样，为了能有欧洲的画师，他命令郎世宁（Castiglione）和我用珐琅绘画，但是我们两个考虑到这必须从早到晚留在充满污浊人群的宫中作坊内，经受这种无法忍受的苦役折磨，便为自己找借口说我们从来没有学习过这门技艺。尽管如此，迫于皇帝的命令，我们服从了，而且在那个月的 31 日去了。由于两人都没有学习过这门技艺，而且下决心绝不去学，我们画得是如此之糟，以至于皇帝在看到我们所画的以后立刻说："够了！"这样我们发现自己从苦役状况中解脱了出来。

西洋珐琅颜料是从欧洲引入的，用来装饰具有最受欢迎的西方风格的金属和陶瓷器物。这些珐琅料是如此之珍贵，因此装饰的器物要专门挑选。例如，在康熙年间和雍正年间早期，装饰的对象经常是明代陶瓷，而在乾隆年间则用这类颜料对雍正器物加以装饰[95]。在康熙时期，也曾在宜兴紫砂茶壶表面彩绘珐琅，而且这些器物全部具有"康熙御制"的款识，标志着统治者一方直接的、督导式的关注[96]。1716 年的另一事件也证明了皇帝对这种手工艺优品的亲力亲为。皇帝赏给广西地方长官陈垣龙一套彩

---

91 吕坚（*1981*），第 93-94 页。

92 Jenyns & Watson（*1963*），pp. 220，223；Garner（*1970*），pp. 2-4；Needham & Lu（*1974*），pp. 268-271。

93 蔡和璧（*1992*），第 1，11 页。

94 M. Ripa, *MS. Diary*, 1716, *AAH-A* 262。转引自 Loehr（*1964*），p. 55。

95 Kerr（*1994*），pp. 486，489。

96 关于台北故宫博物院收藏的带珐琅装饰并有"御制"款的精致宜兴紫砂的插图，见 K. S. Lo（*1986*），pls. XL-XLIV，pp. 133-135。

绘红玻璃鼻烟壶、墨盒、水盂及熏香盒。在谢皇赏的奏折中，陈垣龙写道[97]：

641

> 依宫中人士所言，此四件物品系经广泛探索正确方法后确定式样并烧制成功的，而且是在皇帝的监督之下进行的。

耶稣会传教士们追随中国习俗，在其初次觐见时及皇帝寿诞之日都会送上欧洲的物品作为礼物。洪若翰（Jean de Fontaney）在 1687 年 8 月 25 日从宁波发至巴黎（Paris）的信中曾提到，这些礼品中就有珐琅。洪若翰曾索要画珐琅制品和施有珐琅的器物以作为礼物送上[98]。可能 1715 年郎世宁带来的这类珐琅器皿曾受到康熙皇帝的高度赞赏[99]。

在内务府的指导下，珐琅彩技术的研究在位于养心殿（见本册 pp. 27，196）内的御用作坊（珐琅作）中进行。在 1718 年以后，需要的场地更大了，这证明这一技艺的重要性在增长[100]。虽然仍存问题，但工艺在逐步改进。台北"故宫博物院"内现存的器皿（来自过去皇家的收藏）能够显示出珐琅器皿中的缺陷，如因烧制温度过高而产生的爆裂气泡等[101]。不过，1719 年的六月，在广东官员将一名懂画珐琅技术的法国耶稣会士送至宫廷时，这位牧师发现中国工匠在珐琅烧制上已经具有了一定的技能[102]。

皇宫方面乐于炫耀其成就。1721 年，有两位使节从欧洲来华，第一位受教皇克雷芒十一世（Pope Clement XI）派遣，在 1 月 2 日到达。人们给教皇的使节看了很多画珐琅瓷器的御用案头摆件，而后皇帝便亲切地将中国画珐琅器物，包括一个鼻烟壶、一个盒子和十个花瓶，作为礼物相赠。第二位使者受彼得大帝（Peter the Great）派遣，于 2 月 10 日到达，被送回家时带走一套御用作坊制作的画珐琅金杯和画珐琅鼻烟壶[103]。

雍正皇帝在研究和制造彩料方面继续加以发展，在其在位时期制成了顶级的器物。雍正皇帝即位的第一年（1723 年），作坊所用的工人和管理人员数目为整个清代之最，而 1728 年和 1732 年的御批则显示出他对作坊标准、装饰内容以及画匠个人成就的浓烈兴趣[104]。在那一时期，内廷工匠、西方画家和广东与江西派来的手艺人的诸种技艺结合在一起，作出了集体的贡献。

642

宫内进行彩绘工作的作坊还包括"如意馆"，画工在那里操作，馆内使用小型隔焰窑（见本册 pp. 207-208）。还有一些后续工作在圆明园内的作坊中进行[105]。1731 年在那里建立了一座隔焰窑，作坊内还配有家具。在排放整齐的各种东西中有六个大桌子、

97　《宫中档康熙朝奏折》第六辑，第 602-606 页。

98　Loehr（1964），p. 52。

99　Beurdeley（1971），p. 26。

100　蔡和璧（*1992*），第 1，12 页。

101　张临生（*1983*），第 25-38 页，注释 14-16。

102　Jenyns（1963），pp. 225-226。

103　Loehr（1964），pp. 56-57。

104　蔡和璧（*1992*），第 2，12 页。

105　朱家溍（*1982*），第 67-76 页；Hucker（1985），pp. 273，596；宋伯胤（*1997*），第 65-84 页。

一个立柜、六个凳子、两个水缸和一面防火屏[106]。所有彩绘工作的总管是怡亲王（一等世袭王爷，胤祥），他是雍正皇帝最喜欢的弟弟。内务府的设计师海望和内务府副总管画师沈嵛，也是重要人物。唐英也已开始工作[107]。御用的标准是严苛的，而 1724 年和 1726 年呈送的记录说明焙烧过程仍不能完全控制，因此导致了一些破损。对此，有人给出的评论是，彩料过于粗糙且今后制作必须更为精细[108]。

1726 年的四月，西方外交官赠送给朝廷十四种珐琅彩料[109]。另一位来访者斯特凡诺·西尼奥里尼（Stefano Signorini）在 1727 年 11 月 6 日发自北京的信中有些着急地写道，由于有谣言正在传开，说近期抵达宫廷的他或他的一名随从，是珐琅匠。雍正皇帝和十三王爷（即怡亲王）起了很大疑心，因为这两个欧洲人都否认对珐琅技术有了解[110]：

> ……由于他们对这样一种技艺具有迫切的需要，这种技艺虽然在北京已在实践，但产品还是相当粗糙，而且工人们对皇帝前些时候所要的一些东西无法圆满制成。

宫廷档案记载，西方人说过将粉末状玻璃态料混合来烧制珐琅颜料时曾使用了 "多尔们油"（doermendina oil），于是在武英殿[111]进行了探求，以获得这种原料[112]。在 1728 年的七月，找到了 30 余斤这一类的油（约 18 公斤），包括葡萄牙特使麦德乐（Alexandre Mettello de Sousa Menezes）所赠送的四瓶半[113]。在 1729 年的三月，广东代理地方长官送来四玻璃瓶葡萄牙樟脑油，随之有诏书传下，要将它们用于烧制彩料[114]。这些举措为解决中国工匠试验配制并焙烧西方风格的彩料时遭遇到的这类问题带来了一线光明。中国传统的铅助熔色料是用胶混合后使用的。新的色料含有硼的硅酸盐，而在 18 世纪早期宫内似乎相信那种油可制成更好的调和剂。

1728 年的二月，一道圣旨通知彩料工匠宋七格去制造釉上彩料。在同一个月，沈嵛和唐英（于 1728 年的八月被派至景德镇助理御瓷生产，见本册 p. 196）向怡亲王递交了一份文件，记录了用中国釉彩原料绘饰的几件器物的试烧情况，这些中国釉彩原料是从宫中玻璃作坊获得的，而不是进口的。至七月，怡亲王已给了宋七格九种颜色的西方珐琅原料，外加九种新制成的颜料，命其在宫中玻璃厂每种制造 300 斤。烧制获得了成功[115]。

643

106 朱家溍（1982），第 68 页。
107 同上，第 67-76 页。
108 《年羹尧奏折专辑》上册，第 133 页。年羹尧是政府高级官员，也是御窑厂督陶官年希尧的弟弟，参见 Hummel（1970），pp. 587-590。蔡和璧（1992），第 2，13 页。
109 《广东通志》卷五十八，第二十页，转引自张临生（1983），注释 28。
110 Loehr（1964），pp. 58-59。
111 武英殿，皇家书局所在的宫廷建筑，参见 Hucker（1985），p. 574。
112 朱家溍（1982），第 67 页；Anon.（1987a），第 111，125 页，图版 19。"多尔们油" 是一种进口油的音译，可能是甲苯（甲基苯 $C_6H_5CH_3$）。
113 Anon.（1987a），第 111，125 页。
114 Anon.（1987a），第 111，125-126 页，图版 20。
115 蔡和璧（1992），第 3-4，14 页。朱家溍（1982），第 67 页。

　　1728 年秋，宫中将玻璃厂创制的釉上彩料派发给当时的景德镇御窑厂总管年希尧，作为交换，年希尧将一名熟练的吹釉技工派去宫中。1729 年，年希尧亲自监督烧造的 460 件素白瓷器运至北京进行釉上彩装饰，同年，四名熟练绘瓷匠（他们已具备了使用釉上彩的技能）被派至北京的作坊[116]。年希尧对外来技术和装饰感兴趣，且与耶稣会士郎世宁合作翻译并改写了一本关于西方绘画艺术中投影和透视的书[117]。从此以后，年希尧和他的继任者唐英均经常向宫中上缴精致素白瓷以进行釉上彩绘。

　　然而，1729 年 9 月 23 日，北京的耶稣会神父仍在要求从欧洲派来一位熟练技工，"特别是能够恰到好处地烘干珐琅料的，这件事情中国人不知该怎样去做"[118]。对于中国人釉上彩技术熟练程度的评判，欧洲人与中国人之间存在差异，加纳用相当偏激的观点将欧洲观点概括为："甚至晚至 1730 年，（中国人还是）不能制成达到当时欧洲标准的珐琅料。"[119]与此相反，中国的档案则表明，在 1730 年，雍正皇帝对一对装饰有花鸟的鼻烟壶非常满意，对画师谭荣和料料烧制工匠邓八格均赏银二十两。宫廷的工匠逐渐开发了制作釉上彩器物的专门技术，记录的数目是有 428 件完美器物烧成[120]。
644　有几件仍在故宫博物院收藏的异常精美的瓷器与 1723 年、1725 年、1731 年和 1732 年皇家文档明确提到的相符[121]。

（iv）雍正王朝以后的釉上彩技术

　　1730 年怡亲王去世，失去其有力的监督则导致了宫中珐琅作坊的逐渐衰落。乾隆年间，瓷用彩料的生产移至景德镇御窑厂，但金属胎画珐琅仍留在宫内，一直持续到1789 年的十月[122]。雍正年间，大量宫廷画工被分派绘制釉上彩，这确保了上乘的质量，但乾隆年间很多这类工匠被升职至其他岗位，于是出现了熟练画工的短缺。很多釉上彩画工还是在乾隆初年新上岗的，这也是将厂移至景德镇的另一个诱因[123]。

　　无论怎样，乾隆年间早期，大约 1736—1750 年，景德镇御窑在唐英的主持下制造了大量顶级的釉上彩器物。唐英将"洋彩"描述为"五彩"在制作"仿西洋"风格器物中出现的变种。所雇用的技艺精纯的画工还要再经过长时间的培训。颜料要先在素瓷薄片上进行画烧试验。所用颜料与景泰蓝上所使用的相同，混合颜料所用的是三种不同的调和剂：芳香植物油（如松节油）、液体树胶和清水。油基颜料适于底图勾

　　116　蔡和璧（*1992*），第 4-5，15 页。

　　117　这本书的中文名为《视学》，且为朴蜀（Andrea Pozzo）的专著《绘画与建筑透视》（*Perspectiva Pictorum et Architectorum*）的改写本，在以前的北京北堂图书馆中有原书的两个版本，空白处有手写的注释。《视学》在 1729 年和 1735 年出了两版，第二版包含了增补的对透视法则进行说明的插图。参见 Hummel（1944），p. 590；Scott（1993b），pp. 250-251。

　　118　Loehr（1964），p. 57。

　　119　Garner（1970），p. 5。

　　120　朱家溍（*1982*），第 68 页；王健华（*1993*），第 52 页。

　　121　蔡和璧（*1992*），第 5-6，16-17 页。

　　122　杨伯达（*1981*），第 20 页；杨伯达提到了少量的 18 世纪末和 19 世纪初的官制珐琅器；张临生（*1983*），第 35 页。

　　123　蔡和璧（*1992*），第 9-10，20 页。

图 149 一对带有乾隆年款和御制诗的花瓶（1）

图 150 一对带有乾隆年款和御制诗的花瓶（2）

线，胶基颜料适用于稀薄渲染，而清水基颜料则可使彩料堆砌，彩绘呈现凸起感[124]。

一些主要任务被记录在案。如唐英在 1737 年的五月曾奉命制作各样花瓶，而且被告知允许工匠根据自己的意愿绘出不同的图案，而在十一月则奉命制作"洋彩"碗，在下一个月制成。1742 年的八月，命制的是各种锦缎花样和山水图样的"洋彩"盘碗。1742 年的十月，唐英在回九江的途中于鄱阳见一族亲，此时收到皇帝几首用于装饰瓷器的诗，于是在二十九日又返回景德镇，并指派其助手催老格和其他熟练工匠制作所要的器物。至十一月十七日，六对题诗花瓶制成并被急送宫中，它们得到了认可和赞赏。1743 年的八月，唐英收到几首用来题到花瓶上的御制诗，并在九月制成四对花瓶。

1744 年的二月，唐英呈送了一份奏折，内容涉及他个人在制作一批鼻烟壶时尽心竭力的情况，尽管当时黏土冻结，而且他没有工人和热窑炉可用。通常在冬季其他窑炉均已停火时烧制鼻烟壶，因为这样就可以用草和灌木将鼻烟壶在小型隔焰窑中焙烧。1744 年的三月，唐英通过一位宫中官员送上 40 个鼻烟壶，此外还有 26 个碗碟，而他被告知每年仅需 40 个鼻烟壶，不要多做。五月，他再次送上各式"洋彩"碗 10 个和鼻烟壶 40 个。1745 年的一月，唐英督造了带有"珐琅彩"盖子的"梅瓶"，并于三月接到上命，要制作更多的同样器物。1754 年的十一月，唐英选送了一个"洋彩"转心瓶[125]。

当时的中国文字资料记述了那些颜料的制造。《陶说》（1774 年）记载，瓷器装饰所用颜料需研磨与混合得极为彻底，如果粗糙，则会出现深色斑点。颜料配方凭经验获得，也是极为详细而精确。每一研钵内放十两原料并由专门工匠研磨一整月。这是低价劳动，经常由老人和童工，残疾人和体弱者来做。一些工人拼命地要多挣一些，同时操作两个杵槌，或者工作至半夜以求双倍的工钱[126]。

《景德镇陶录》（1815 年）记录了在景德镇御窑厂的顶级技工是如何完成釉上装饰的，也记载了大量的小作坊是如何制作釉上彩的。他们的运作方式是这样的：购买各种质量的素白瓷，自行彩绘，然后在小型隔焰烤花炉中进行二次烧制。这样成本相对低廉，而且在小家族企业可掌控的范围之内。出售这些器物的商店称为"红店"，它们排列在景德镇的街道上，最为集中的是在"瓷器街"上[127]。

1768 年以后，由于御窑监督管理的重组（见本册 pp. 196-197 和 pp. 771-772），也由于渎职与腐败行为的蔓延，釉上彩器物的标准下滑。欧洲制备彩料的技术（见本册 p. 639）可能是在 19 世纪时试用的，而一系列的新颜料则可能是在 20 世纪早期随同景德镇的很多其他变化一起引入的。1910 年前后，先是从法国，后来从日本，进口了新的、亮丽的、易于使用的颜料。纸样、贴花和印花等工艺大约在同一时间传入[128]。

124　唐英陶冶图说第 17 则，见《陶说》卷一，第十页。另见《景德镇陶录》卷一，第六页。

125　傅振伦和甄励（1982），第 25-26，36-44，52，57，60-65 页；张发颖和刁云展（1991），主册，第 932-933，936-937 页。

126　《陶说》卷一，第七页。另见《景德镇陶录》卷一，第四页。

127　《景德镇陶录》卷四，第七页。

128　Anon.（1959a），第 286 页。

表132　中国景泰蓝彩料和18世纪景德镇釉上白彩及釉上黄彩的比较

年代	PbO	SiO₂	Al₂O₃	Fe₂O₃	TiO₂	CaO	MgO	K₂O	Na₂O	CuO	CoO	MnO	SnO₂	Sb₂O₅	F	As₂O₅	总计
黄色　金属胎珐琅																	
15世纪　景泰蓝 [a]	57.8	35.8	0.2	0.2	—	0.03	—	6.2	0.6	0.02	0.0	0.0	0.4	—	—	—	101.3
15世纪　景泰蓝 [b]	48.3	36.2	0.5	1.2	0.0	0.75	0.4	5.45	1.8	0.2	0.02	0.02	3.2	0.0	0.2	0.14	98.4
15世纪　景泰蓝 [c]	52.4	35.8	0.2	0.4	0.04	0.6	0.6	4.95	0.2	0.1	0.0	0.01	2.4	0.05	0.0	1.0	98.8
17世纪　景泰蓝 [d]	47.3	31.0	0.8	1.1	0.05	2.6	0.1	5.7	6.0	0.0	0.0	0.0	2.3	0.0	n.s	0.0	97.0
黄色　陶瓷釉上彩																	
16世纪　"珐华" [e]	36.2	48.2	1.6	2.5	0.0	3.1	0.0	6.2	1.5	0.2	0.0	0.0	1.8	0.0	—	0.0	101.3
18世纪　瓷器 [f]	57.5	35.2	0.3	0.4	—	0.8	0.1	2.75	1.4	0.2	0.0	0.01	0.9—2.8	0.0	—	0.0	98.7
白色　金属胎珐琅																	
17世纪　景泰蓝 [g]	40.5	42.8	0.4	0.1	0.0	1.8	0.1	9.0	1.1	0.0	0.0	0.0	0.0	0.0	—	3.2	99.0
18世纪　瓷器 [h]	43.2	43.3	1.0	0.1	—	0.1	0.1	5.7	2.55	0.1	0.0	0.03	0.1	0.0	—	4.3	100.6

a　Twilley (1995), p. 169, table 1。
b　Biron & Quette (1997), p. 39。
c　同上。
d　Henderson et al. (1989b), p. 328。
e　Wood et al. (1989), p. 180。
f　Kingery & Vandiver (1985), p. 375。
g　Henderson et al. (1989b), p. 329。
h　Kingery & Vandiver (1985), p. 375。

（v）其他"粉彩"彩料

如上面这些记事所显示的，18世纪20年代后期以来，在中国采用半透明和不透明彩料的历史中（无论是用在瓷器上，还是用在玻璃或金属上），涉及了相当可观的欧洲专家与中国工匠间的相互交流。金红彩料的确不是中国的成果，它先是用在地中海地区和西亚的玻璃生产中，然后是用在晚些时候的北欧陶瓷和玻璃制造业中，有着悠长的历史。这种釉上彩颜料最大的可能是通过欧洲引入中国的，但是考虑到这一加工工艺的古老性，对于认为其源头为近东，或甚至是印度的意见，仍不能不予重视。不过三种新釉上彩色料中只有一种被康熙晚期瓷器所采用，即金红-粉红色彩料，另外两种是铅砷白（又名砷白）和锡酸铅黄（又名铅锡黄）。

在中国新的釉上彩颜料中，不透明的黄色和不透明白色与半透明粉红色间的关联，导致了很多作者以为整个"粉彩"色系是从西方引入的[129]。然而，有很好的证据表明，在18世纪中国将铅锡黄和不透明砷白用于瓷器之前，它们已经作为玻璃料着色剂被用在中国的金属景泰蓝色料中。铅锡黄在中国景泰蓝上的使用可以追溯到15世纪[130]，而砷白则是在1626—1650年[131]。砷白色料中有氟存在，而且其化学构成与传统中国景泰蓝类一致，这全都暗示着最初的玻璃态釉彩是中国所造[132]。另有在15世纪的中国黄色玻璃态景泰蓝彩釉中，砷和铅锡黄联合使用的证据，虽然在那种情况中，砷有多大可能是故意加入的还很难判定[133]。经金格里和范黛华分析，那些景泰蓝彩料的成分与18世纪中国瓷器釉上彩色料的成分相近（表132）[134]。

649　　这个表格十分令人关注，不仅是因为它给出了18世纪早期以前中国在景泰蓝技术中使用锡酸铅和砷酸铅的明显的实例，还因为它显示了中国金属胎珐琅料和中国的瓷器彩料之间成分上的全面的相似性。后者即为景德镇所使用的新"粉彩"彩料系列。

（vi）清代景德镇单色釉中的砷乳浊作用

中国景泰蓝玻璃态彩料与后来的清代釉上彩成分之间的全面相似性，在雍正年间以来景德镇瓷器的一些低温单色釉中也可以见到。一个特别好的例子是"炉钧釉"，在西方它以"知更鸟蛋壳"的效果而著称，这一名称意译回中文是"知更鸟蛋釉"。这种釉似乎最初是作为宋代钧窑的低温变种而开发的，清代最初使用这种工艺的那些产品常常具有御瓷的质量。对于这些宋代钧器的低温版，金粉色料似乎是施加在了砷乳浊

129　例如，金格里和范黛华［Kingery & Vandiver（1985），p. 380］写道："砷白、铅锡黄和金红的制备及使用方法表明，基础工艺［对于中国"粉彩"色系而言］出自欧洲玻璃的颜色装饰或是金属珐琅，但后来发展成为一种富有创造性的中国技术体系，与当时用于装饰瓷器的欧洲工艺已有相当大的区别。"

130　关于一例15世纪早期的中国景泰蓝色料，特维利［Twilley（1995），p. 168］写道："我们的衍射数据清楚地显示'不透明'的黄色是由铅锡黄发色的，然而必须指出，其中存在的锡相对较少。"

131　Henderson *et al.*（1989b），p. 142，137，table 1。

132　Henderson *et al.*（1989b），p. 336。

133　Biron & Quette（1997），p. 39。

134　Kingery & Vandiver（1985），p. 375，table V。

图 151　雍正知更鸟蛋釉蒜头瓶与雍正窑变红釉蒜头瓶

的孔雀绿-孔雀蓝釉彩的基底上。

　　多例样品在蓝绿的底色上产生有细小的红色条纹，但在某些情况下，因烧制中两种釉的相互作用，在孔雀绿色背底上产生了数百万玫瑰红色的小圆环。后一种结果可能是意料之外的，而且似乎是由烧制中釉内气泡爆裂而引起的。但是这种效果不久就被景德镇用来装饰小而复杂的瓷制物件，而当初对宋钧效果的追求则弃之不顾了。不久又出现了上层为蓝釉而非红釉的类型，而且也显示出了圆环效果，此外经常由于烧制温度稍高而变为条纹。作者最近分析了后面这种类型中的一个样例，给出了表 133 中所示的结果[135]。

　　135　Wood *et al.*（2002），p. 350，table 5。对于中国来说，炉钧釉中所用的蓝色颜料中镍和铁的含量之高是罕见的。这份蓝色颜料用的是一种在欧洲［例如，在德国西里西亚（Silesia）］，或在伊朗［例如，在加姆萨尔（Qamsar）］较为常见的钴矿石，因此它可能是进口原料。

表 133　中国景泰蓝和"粉彩"类色料的比较

	Na₂O	Al₂O₃	SiO₂	K₂O	Fe₂O₃	CoO	CuO	As₂O₃	PbO	CaO	F	总计
蓝色"炉钧釉"（蓝色区域）	2.4	0.8	43.8	7.0	0.4	0.1	2.9	2.6	39.6	—		99.6
不透明白色景泰蓝												98.9
彩料，1626—1650 年间 [a]	1.1	0.4	42.8	9.0	0.1	0.0	0.0	3.2	40.5	1.8	存在	
"粉彩"白色料 [b]	2.5	1.0	43.3	5.7	0.1	0.0	0.07	4.3	43.2	0.1	—	100.3

　　a　Henderson *et al.*（1990），pp. 338-339，table Ⅲ。
　　b　Kingery & Vandiver（1985），p. 375，table Ⅴ。

（vii）"粉彩"的助熔剂配比

　　表 133 中的景泰蓝玻璃态彩料、釉上瓷彩和瓷器单色釉，都显示出了铅-砷的乳浊作用和助熔剂配比，这种配比本质上为铅-碱类型，而不是简单的富铅类型。传统的"硬彩"色料的组分来源于 12 世纪或 13 世纪中国北方的磁州彩料，即普通的铅硅酸盐。相比之下，"粉彩"色料本质上为中国景泰蓝类型的铅-碱硅酸盐，氧化钾含量很高。在实际生产中，这使得彩料有了更为精妙的"蜡质"品相，而且这一进化与很早以前中国炻器从石灰釉到石灰-碱釉所发生的变化有类似之处。如亨德森及其合作者所指出的，康熙年间早期，"硬彩"色系中使用的钴蓝釉上彩料就预示了这一成分上的进化，由于其非同寻常的铅-碱基组分，这种颜料自其同期产品中脱颖而出（表 134）。

651

表 134　康熙时期景德镇釉上彩色料——硬彩类型 [a]

颜色	PbO	SiO₂	Al₂O₃	Fe₂O₃	TiO₂	CaO	MgO	K₂O	Na₂O	CuO	CoO	MnO	Cl	总计
蓝色	47.8	42.15	0.4	0.3	—	0.9	0.04	6.2	0.45	0.15	0.2	—	1.6	100.2
蓝绿	62.7	31.5	1.0	1.0		0.4	0.05	0.1	0.06	3.1			0.0	99.9
深绿	58.7	32.3	1.0	0.3	0.01	0.6	0.1	0.4	0.3	6.0			0.4	100.1
橄榄绿	66.2	29.0	0.6	1.15	0.02	0.14	0.02	0.2	0.1	2.1				99.5
珊瑚红	41.4	24.0	5.0	22.8	0.0	2.4	0.1	0.25	0.3	0.13				96.4
浅灰紫色	69.5	29.0	0.8	0.05	—	0.04	0.1	0.2	0.1	0.1		0.2		100.0

　　a　Kingery & Vandiver（1985），p. 370，table Ⅱ。

（viii）康熙时期的釉上蓝彩

　　早在宣德年间，景德镇就在瓷器上使用过钴蓝铅釉，虽然十分有限[136]。明代中期以后，这种颜料似乎就从上釉工匠的常用颜料中消失了，直到 17 世纪中期才重新出

136　见刘新园（*1989*），及其中一个出土的雪花蓝釉掷骰子用碗（编号 94，第 270-271 页）。

现[137]。殷弘绪曾写过，康熙时期的"紫罗兰"（violet）彩料即金属胎珐琅所用的蓝色玻璃态彩料，而此材料有时来自广州，有时来自北京。其他康熙彩料是由原料直接制备且未经烧结即使用的，蓝色彩料与此不同，是真正的有色玻璃，在瓷钵中加水磨碎，再用水和少量动物胶混合后绘于瓷上[138]。亨德森及其合作者认为，对于18世纪20年代中国采用的其他与景泰蓝相关的颜料来说，康熙时期这种金属胎珐琅玻璃态彩料的使用或许可以看作一个先驱[139]：

> 分析的确显示，景德镇"粉彩"色系所采用的四种颜料中有三种在中国已于17世纪作为景泰蓝珐琅料在使用，因此在18世纪将其用作瓷器釉上彩时，制作的秘诀也无须从欧洲引进。还有很有利的第一手证据表明，在"粉彩"颜料出现的那段时间里，景德镇在使用金属胎珐琅所用的玻璃态彩料。

这在强烈地暗示：中国工匠有能力在很多方面从已经成熟确立的中国景泰蓝珐琅传统中汲取养分，用于其新的乳浊彩料色系的各个方面。这些半透明和不透明的颜料在雍正和乾隆年间改变了景德镇瓷器的面貌，而且中国釉上彩标准风格的这种基本取向，一直保留到了今天。 652

（3）高温颜料：铜、铁和钴 653

作为釉料的着色元素，铜和铁使用的多种方式已在第五部分中进行了探究。在此我们将考虑这些矿物作为釉内或釉下颜料的使用情况，同时还将用较长的篇幅对钴蓝矿进行探究。

（i）铁褐与铜红

A　彩绘与石灰釉器物

在新石器时代早期的生动泥釉彩绘以后，中国在很长时间内没有再出现在陶瓷上成功烧制的彩绘图案（见本册 pp. 609-610），最初，这似乎是由于新石器时代晚期灰陶和黑陶的流行而造成的。这类器物的流行会使所有表面的装饰趋于同一色调，失去了绘制图案中的反差并导致绘陶技术被弃之不用。在青铜时代，草木灰基石灰釉的产生几乎没有使这种状况得到改进，因为对于涂绘在釉上的氧化物来说，其表现很不尽如

137　基尔伯恩在插图中［Kilburn（1981），no. 158，p. 180，and colour pl. on p. 137］给出了一个年代为崇祯年间的釉上蓝彩小盘。他认为这一件可能是福建制作的，而且强调了蓝色彩料的使用不具代表性，因为这在康熙年间早期以前是罕见的。巴特勒［Butler（1985），pp. 51-52，pl. 27］在插图中给出了一个蓝彩装饰的小碟，他将其年代定为17世纪早期。巴特勒等的著作［Butler *et al.*（1990），p. 65，pl. 27］中有一个带虎形图案的蓝彩盘子，他们将其年代定为崇祯年间。

138　Tichane（1983），pp. 123-124，殷弘绪1722年书信的译文。

139　Henderson *et al.*（1989b），pp. 342-343。

人意。这些氧化物往往会在熔融的釉中扩散，显出模糊和漫散的结果。南朝早期，人们在石灰釉铁绘方面作了一些引人注目的尝试（即便还是有些模糊），但此风格未见有人跟进[140]。浙江越窑也是一样，作为其大量装饰技能中的一部分，这种声望最高且在历史上最为重要的南方石灰釉陶瓷，或许偶尔会使用釉下铁绘，但这种彩绘器物属于少数。

B 唐代：邛崃窑与长沙窑

陶瓷彩烧彩绘装饰在唐代产生了新的跨越，总共使用了三种颜料，即钴、铜和铁，在此我们将对它们进行讨论。在四川邛崃窑和湖南长沙窑，通过在标准的炻器釉中加入铜-锡混合物来提供绿色和蓝绿色，而紫褐色则由在同样的基础釉中加入铁-锰矿物来产生。两个窑口也都曾在黏土和灰釉中加入额外的氧化铁以求得暗琥珀褐色的效果。这些色彩各异的颜色釉经常以彩绘、描点和拉线的方法在普通的石灰釉之上或之下生成颇具细节的图案，即便有些模糊不清。大部分邛崃和长沙窑器物的釉在氧化至中性气氛中烧制，典型的烧制温度为 1200—1240℃[141]。

最先停用中国南方普遍使用的铁-钛灰绿色釉的可能是邛崃窑，因为自瓦窑山窑和附近的灌县金马已出土了始于隋代的带有铁褐色和铜绿色简单点状图案的碎片[142]。但是在中国北方，已经进行过在氧化烧制的炻器釉中利用铜来呈现绿色的试验。少数稀有的北齐炻器就有铜绿斑纹装饰，如自安阳范粹（卒于公元 575 年）墓出土的白釉绿彩长颈瓶（另见本册 p. 147 和图 35）。已知在这一时期，北方的随葬器物中有稻草色带有竖直绿釉条纹的陶器，因此看来有这种可能性，即这些早期在高温釉中使用铜的实验是以铅釉器物作为参照模型的[143]。铜与陶器釉自它们公元前第 6 千纪在近东出现以来就一直联系在一起，而铁则是商代以来高温釉唯一的主要着色剂，这两种主要着色剂和釉的传统最终在中国结合，时间点似乎正是在公元 6 世纪的后半期。

在唐代，邛崃窑继续制作用铁和铜的矿物颜料装饰的黄白釉器物。这些带有釉上装饰的器物经过涂化妆土、上釉，然后彩绘，在 1200℃ 烧成。釉下装饰的器物则经过涂化妆土、彩绘、上釉，且在 1250℃ 烧成。1986 年在邛崃发现了一个盖子的残片，其年代相当于公元 669 年，且带有釉下铁绘珍珠、线条和莲瓣图案装饰。另一以釉下铁褐装饰的物件，年代定为公元 746 年，且有道教的人物的装饰图像。第三件器物，年代定为公元 836 年，绘有波浪、星星等道教图案和汉字水、土、火、木。这些四川陶瓷在五个方面与长沙器物相类似：均为民窑器物，都使用了化妆土，都是率先使用了釉上与釉下两种彩绘，均使用低质量的本地原料，而且都属于最先一批使用的釉下铜红[144]。

---

140 南京博物馆藏有一个南朝（公元 5—6 世纪）的罐，见 Anon.（*1994a*），第 104-105 页。

141 Zhang Fukang（1985），pp. 31-32；Zhang Fukang（1987），pp. 83-92；Zhang Fukang（1989），pp. 60-65。

142 Chen Liqiong（1986），p. 322。

143 关于陶器形式，见杨根等［Yang Gen *et al.*（1985），p. 85，pl. 82］的著作中介绍的河南出土、现收藏于北京故宫的北齐方耳罐。

144 陈丽琼（*1992*），第 470-471 页。

654

图 152 铜绘长沙窑盘

　　唐代，涂有白色化妆土的、透明地饰铜绿釉斑点和条纹的炻器，在中国北方很多窑口成了流行的风格[145]。中国南方，不仅在长沙，也在邛崃，都曾有过在白色底釉上生动活泼地以蘸、刷和描线方法施绿釉的操作方式。这些显眼的"白釉绿彩"的色彩效果在西方市场很受欢迎，而且在美索不达米亚和埃及，当地也生产带绿点的白陶，其风格让人联想到进口的中国炻器，但使用的是氧化锡乳浊陶器釉，而不是进口器物原有的高温组分。

　　在伊拉克也发现了这种风格的中国器物，年代为公元 803 年左右，这大约正是这种风格的陶瓷首次在近东出现的时间，因此，近东陶瓷的装饰图案看来也可能曾受到中国的影响[146]。

　　长沙窑高质量的釉下装饰器物及它们的邛崃窑低质量姊妹产品的制造，标志着铜绿炻器釉已经在相当细致的装饰中得到了使用。使用富铜釉进行精致的釉绘，以及用细小的铜绿点组建细致的图案，这在两个窑厂均是成熟的技艺，而这些南方器皿则展示出了自新石器时代以来彩烧彩绘装饰在中国最为成功的使用。

　　长沙窑擅长于制作釉下有漂亮花鸟图案和像蜡染布一样的散点图案的壶。普遍有

655

　　145　例如，山东淄博，Hughes-Stanton & Kerr（1980），pl. 431；河北观台，Wood（1996），p. 60；山西交城 Feng Xianming（1985），p. 45；陕西耀州，Anon.（*1992a*）（黄堡窑），未标页数；以及河南辉县附近的阎村，McElney（1993），p. 78。

　　146　Fleming *et al.*（1992），p. 217。另见本册 pp. 732-735。

题字，一些题字带有诗意，还有一些则包括有年代，这有助于确定器物的时代。对于年代来说，最早的一例是一个用来制作罐耳模的范具，上有"元和三年"（公元 808 年）的年款，而最晚的是一个带有"贞明六年"（公元 920 年）年款的长方枕。将废品堆中所发现的长沙窑物品与年代确定的墓中发现的长沙窑物品进行对比，得到的总体观察资料表明，有釉下装饰的典型器物的生产始于唐代早期并于五代时期终结（表 135）[147]。

表 135　晚唐至五代的长沙釉和邛崃釉的分析

	SiO_2	Al_2O_3	TiO_2	Fe_2O_3	CaO	MgO	K_2O	Na_2O	MnO	P_2O_5	CuO	SnO_2	PbO	总计
"长沙釉" [a]														
透明 黄白色	62.1	12.3	0.9	1.4	14.9	2.25	2.0	0.1	0.5	1.3	—	—	—	97.8
不透明 黄白色	59.9	9.2	0.8	0.85	16.95	3.4	2.1	0.2	0.8	3.0	—	—	—	97.2
彩绘颜色： 不透明绿色	57.4	8.7	0.65	0.9	18.5	2.6	1.8	0.25	0.7	2.3	3.0	0.6	0.15	97.6
彩绘颜色： 褐色	57.0	12.0	0.9	5.15	15.7	2.4	1.7	0.2	3.3	—	0.04			98.4
彩绘颜色： 深褐色	58.8	11.25	—	10.7	11.75	2.4	2.4	0.2	0.3					97.8
"邛崃釉" [b]														
不透明 青绿色	57.4	9.1	0.7	2.6	17.6	4.0	2.0	0.7	0.35	2.3	3.4			100.1
透明 黄色	59.9	10.8	0.7	3.0	16.5	4.5	1.4	0.4	0.4	2.3	0.1			100
绿褐色	59.9	10.1	0.7	2.6	17.5	4.3	1.5	0.3	0.5	1.9	1.5			100.8

　a　Zhang Fukang（1987），p. 90，table 2。
　b　Zhang Fukang（1989），p. 64，table 2。

在此，我们应该简要地提及另一种使用铁颜料的装饰工艺，即直接使用过饱和的铁颜料点染低铁青釉器物的方法。这种简单的装饰方式，公元 4—5 世纪时在浙江青釉器物上被使用过，而且它只是 12—13 世纪时才再次出现在浙江龙泉窑和广东西村窑[148]。

C　钧釉上的铜颜料

钧釉上所用的铜颜料似始终含有高量氧化锡，因此可能是由氧化的青铜制成[149]，这种颜料给出红色或紫色流纹，产生与淡紫-蓝色底釉的反衬效果。铜是刷在干燥后的

147　Timothy See-Yiu Lam（1990），p. 37。

148　Vainker（1991），p. 55。

149　关于钧瓷分析结果中铜和锡之间的相互关系，见 Yang Wenxian & Wang Yuxi（1986），p. 205，table 1。

釉料之上的，与底釉一起烧至足够的温度。

在一些实例中，厚度不同、窑内气氛的一些变化，均会导致铜颜料的色调发生变 657
化。变化范围从黑色到绿色，再到紫色，然后到红色，显现出的几乎是全套可能来自
铜及其氧化物的颜色。涂刷部分较为常见的是红-紫色，极为可能是由铜红融入玻璃
态乳光蓝色中所致。从某些方面讲，应用于钧窑器物的模糊铜红涂绘，其灵动性和微
妙的布局代表了某种装饰方式的继续，这种方式最早曾用于唐代饰有彩斑的黑釉
器物。

D 容县的铜颜料

在宋代，容县陶工有时将氧化铜加入其"青白"釉中经氧化烧制来生产耀州炻器
的绿色变种，耀州炻器是在容县北方大约 2400 公里处的陕西省制作的。在容县窑址发
现有北宋耀州青釉器原物的碎片和当地产的、与此相当的物品，这表明，对北方器物
的仔细而谨慎的仿制曾使用过广西的制瓷原料。

在还原烧制的容县铜红釉中使用的氧化铜含量很低（表 136），这可视为容县陶工
独创性的进一步证据。这点非常重要，因为好的铜红颜料在其配方中需要的铜远比氧
化烧制的铜绿釉要低[150]。这一细小的技术要点显然被容县陶工所领会，而这一要领在
此窑址的采用说明，北宋时期的"容县红"可能是经过充分考虑的结果，而不是偶然
产生的效果，或许还是在中国瓷器上最早有意施加的铜红釉。

表 136 容县"青白"、铜绿和铜红釉[a]

	SiO$_2$	Al$_2$O$_3$	TiO$_2$	Fe$_2$O$_3$	CaO	MgO	K$_2$O	Na$_2$O	MnO	P$_2$O$_5$	CuO	总计
釉												
容县"青白"	63.3	14.3	0.05	1.0	15.3	1.45	3.5	0.07	0.3	1.05	—	100.3
容县绿	58.7	14.1	0.07	1.3	15.4	1.9	3.6	0.2	0.55	1.2	2.9	99.9
容县红	64.0	14.3	0.1	1.2	12.2	2.0	3.7	0.4	0.1	0.5	0.7	99.2
胎												
容县"青白"	70.1	22.2	0.03	1.2	0.5	0.7	5.05	0.12	0.14	0.07		100.1
容县绿	70.0	23.7	0.02	1.1	0.1	0.6	4.9	0.12	0.14	0.05		100.7

a Zhang Fukang *et al.* (1992a)，p.376，table 1 及张贴论文。

E 景德镇的铜颜料

658

一份单独的元代釉里红颜料（取自一个有突起"串珠纹"、施晚期"青白"类釉的
方形小瓷瓶）已被用非真空 X 射线荧光的无损分析方法分析过，结果证明其为铜和铁

---

150 关于对能够损坏美好铜红色的效应的讨论，见 Tichane（1985），pp. 77-85 ["Things That Go Wrong"（可
能的失误）]。

的混合物，铁的含量相当高[151]。14 世纪晚期，景德镇釉下铜红颜料往往是铜-砷混合物，并可能是由铜-砷的硫化物矿石而制得的[152]。清代早期景德镇釉里红颜料中似乎加入过碳酸钙[153]，而且 1882 年福格特还发现景德镇所用的釉里红颜料为铜-石灰混合物[154]。加入这种碳酸盐的原因应该是使铜红颜料在所涂绘的狭小区域中更为易熔（因此看上去更加明亮），而使用黏度较高的（氧化钙较低的）瓷釉则防止了铜过多地扩散到周围的釉中[155]。

（ii）钴　　蓝

A　中国陶瓷中的钴

通过在釉与玻璃中加入少量氧化钴就可能产生出浓烈的蓝色。从战国时期到 14 世纪早期，作为一种非主要方式，中国陶工和玻璃工断断续续地在使用这种颜色。在 14 世纪早期，景德镇制瓷工匠将钴矿石作为釉下蓝彩。结果证明这种工艺效果极佳，以至于精致的御用器皿、大而精的出口盘罐，以及大量较为便宜的为内销与出口所制的"民窑"瓷器，均采用了这种工艺[156]。14 世纪前半叶，从釉下钴蓝彩绘中获得的经验，为规模巨大且极具影响力的青花制造产业打下了基础，这一产业在景德镇发展壮大，至今仍生机勃勃。

除了在中国南方作为瓷器装饰的釉下蓝彩这一主要用途以外，氧化钴还用在中国的铅釉、铅钡釉和铅钾助熔陶器釉[157]，釉上瓷彩[158]，景泰蓝珐琅料[159]之中，后来的中国彩色玻璃中也有使用[160]。作为一种硅酸盐着色剂，氧化钴在玻璃和釉制作工匠的全部颜料库中是最具效力的，它在含量低如 0.005% 时就能在玻璃中呈现明显的蓝色[161]。由于釉往往会比玻璃薄很多，所以要获得差不多的色调就需要较多的钴，釉中典型的 CoO 含量为 0.1%—0.5%。但是在中国陶瓷釉中偶尔能发现有高至 1.0% 的 CoO 含量，如在某些唐"三彩"器物所使用的深蓝和暗蓝铅釉中[162]。

659

151　Wood（1993），p. 52。

152　Tichane（1985），p. 50；Wood（1993），p. 53。

153　Wood（1993），pp. 56-57。

154　Vogt（1900），pp. 594-596。

155　Wood（1999），p. 182。赫尔曼·塞格曾于 19 世纪晚期在柏林使用了类似的方法，见 Seger（1902d），p. 745。

156　见 Shih Ching-fei（2001），pp. 60-98。例如，与那些发现于已发掘窑址的器物相似的元代器物，已在东南亚大量出土，见 Liu Xinyuan（1992），p. 29。

157　Brill *et al.*（1991a）；Li Zhiyan & Zhang Fukang（1986）；Li Guozhen *et al.*（1986）；Wood *et al.*（1989）。

158　Kingery & Vandiver（1985）；Henderson *et al.*（1989b）。

159　Henderson *et al.*（1989b）；Twilley（1995）；Biron & Quette（1997）。

160　Shi Meiguang & Zhou Fuzheng（1999），pp. 102-105。

161　"钴具有令人惊讶的高着色能力。少至五十万分之一，就能产生出可以识别的色彩，而五千分之一，则产生出对于大多数器物来说足够浓烈的蓝色。"Scholes（1946），p. 184。

162　Li Zhiyan & Zhang Fukang（1986），p. 69，table 1；Li Guozhen *et al.*（1986），p. 78，table 2。

在自然形态中，钴矿石往往含有大量额外的过渡族元素如铁、铜、镍和锰，也有不稳定的非着色剂如砷、硫，还有水[163]。在还原气氛下烧制的高温釉中，这些着色剂"杂质"使纯氧化钴原有的粗糙性得到了改变，因而能够产生出精美的蓝色。氧化烧制时，以及在高铅釉中，同样的与着色相关的这些元素会减弱或破坏钴蓝效果，根据不同情况，分别呈现褐色、灰色和黑色。这意味着铅釉和氧化高温釉需要相对纯净的钴源，而含杂质较多的钴矿石作为釉下蓝彩时，还原烧制的效果很好。在最为纯净的状态下，氧化钴一般对烧制气氛不敏感，在所有条件下及在绝大部分类型的古代釉和玻璃内，均呈现浓烈的蓝色[164]。

迄今为止，有文字记载的、关于氧化钴用于中国陶瓷最早的实例，出现在公元前4—前1世纪的施釉料珠中（"费昂斯"珠）[165]。在公元8世纪，这种颜色再次出现，并以一种受限的方式用于诸如巩县和黄堡窑群的"三彩"釉中[166]。随着晚唐"三彩"器物的衰落，钴矿石曾作为高温釉下蓝色颜料在一些罕见的北方白炻器上使用，这些白炻器可能是在河南巩县附近的窑场制作的[167]。宋代有过零星的使用钴的情况出现，但此工艺最为重要的复兴则发生在14世纪20年代后期，出现在中国南方离江西景德镇不远的窑场中[168]。以釉下蓝彩装饰的景德镇瓷器实际上从一开始就有出口，而且很快变为中国陶瓷业的主要产品。

不过，尽管氧化钴在中国陶瓷史后期有着极大的重要性，但无论以中国陶瓷自身的历史为背景，还是从世界陶瓷业和玻璃业这个更大的背景来考虑，氧化钴在中国的应用都应属于相对晚近的现象。钴蓝玻璃已被追溯至公元前21世纪的伊拉克[169]，而且自第十八王朝中期到第二十王朝期间，钴就出现在埃及无釉陶器所用的一些蓝色颜料中了[170]。因此可以说，氧化钴首次在硅酸盐热工艺中的出现，是在美索不达米亚的钠钙玻璃之中，这差不多比它被用于中国珠釉早18个世纪。这就将中国釉中氧化钴与氧

660

163　已被记述的钴矿物或矿石多于70种。关于实用性的综述，见 Andrews（1962），pp. 6-12。

164　玻璃基体或基釉富含氧化锰或氧化锌，可能使通常来自氧化钴的蓝色分别变为粉色和绿色，但这些成分在过去的玻璃或釉中并未出现。关于钴在熔融态硅酸盐中行为的全面说明，见 Weyl（1959），pp. 171-199，而关于钴在玻璃中光吸收特性的说明，见 Bamford（1977），p. 42-44。

165　Brill *et al.*（1991a），pp. 49-53，table 1。

166　Li Zhiyan & Zhang Fukang（1986），p. 69，table 1；Li Guozhen *et al.*（1986），p. 78，table 2。

167　Zhang Zhigang *et al.*（1985）；Luo Zongzhen *et al.*（1986）；Chen Yaocheng *et al.*（1995）。

168　Liu Xinyuan（1992），pp. 37-39。因带有釉下钴蓝装饰而知名的那几件宋代物件的名录，见 Harrison-Hall（2001），pp. 53-54。

169　"最早有完整文字记载的钴的应用，应该是在一块伊拉克的蓝色玻璃中，此玻璃在一件埃利都（Eridu）的工件上，年代为公元前21世纪。"Kaczmarczyk（1986），p. 373。穆里［Moorey（1994），p. 191］将此描述为："可能是最为著名的美索不达米亚单件原玻璃……"而且指出，考虑到其发现地的周围环境，可以将其年代定为阿卡德（Akkad）王朝或乌尔三世（Ur Ⅲ）时代早期。（阿卡德时期为公元前2350—前2100年，乌尔三世为公元前2100—前2000年。）关于后来氧化钴用于玻璃着色剂的评述，另见 Henderson（1985），pp. 278-281。

170　Spencer（1997），p. 65，fig. 4（第十八王朝为公元前1570—前1293年；第二十王朝为公元前1212—前1070年）。另见 Riederer（1974），pp. 104-106，和 Noll（1981），其中冷色蓝颜料被确认为一种钴尖晶石，即钴的铝酸盐。由此引发了一个问题，即钴矿物的颜色（其有时是，但不总是蓝色）与古代硅酸盐玻璃和釉中溶解的钴离子产生的颜色存在差别。在公元前第2千纪，埃及曾用铝酸钴作为器物上的高温颜料使用，在此情况下蓝色明显为冷色调，而同样的原料溶入埃及玻璃或釉则会成为"暖的"品蓝色，其颜色中有较高的红色成分。

化铜的使用置于大约同一时间段上，氧化钴或稍晚一些。氧化铜是中国的另一种主要"非外来的"釉着色氧化物。

这就使得中国釉中着色剂使用的时间顺序与火成岩中金属富含程度相互呼应，火成岩中金属富含程度为：Fe 500、Ti 44、Mn 10、Cu 0.7 及 Co 0.4[171]。从发生顺序上看，在商代炻器釉所用的黏土和灰中，天然地存在上述统计中的铁、钛和锰的氧化物，而铜和钴最早是在战国珠釉中被使用的。这种模式与西亚所确立的模式十分不同，在西亚，玻璃和釉中实际上自最初时期起，就已出现铜、钴、锑和锡的氧化物。氧化铁，是中国陶瓷釉的主要着色剂，但在近东的玻璃和釉颜料中只起了微不足道的作用。

中国最早的一例出土钴颜料样品似为外来的玻璃，如河南王族陵墓中发现的带有蓝色和白色的蜻蜓眼（表 137），其年代为春秋时期（公元前 770—前 476 年）[172]。这一有蓝色和白色"眼睛"的孔雀绿色珠子被证明为钠-钙类型，且不含铅和钡的氧化物。钴着色剂是高铁低锰类，而且玻璃体的白色区域既含有砷又含有锑。所有这些组分要素暗示此珠子是从近东或中亚输入到中国的，后来中国使用本土极具特色的富含铅和钡的玻璃料对这种风格进行了仿制[173]。

表 137　河南春秋时期王族墓出土的蜻蜓眼玻璃珠[a]

	SiO$_2$	TiO$_2$	Al$_2$O$_3$	Fe$_2$O$_3$	CaO	MgO	K$_2$O	Na$_2$O	CoO	Sb	As	总计
蜻蜓眼玻璃珠	—	—	—	0.65	9.42	0.4	0.52	10.94	探测到	探测到	探测到	21.85

　　a　Zhang Fukang *et al.*（1986），p. 94，table 3，p. 97。

B　古代近东玻璃中的氧化钴着色剂

661

　　常有人提出，中国陶瓷曾用过来自西亚的钴，因此近东的钴资源便与现在讨论的主题有了某些关系。对于近东钴矿石，已提出来的有两个独立的原产地：一个是古埃及湖泊蒸发岩中的含钴明矾，另一个来源至今仍未得到确认，但最大可能是在伊朗。第一类的使用范围似乎只限于新王国时期（the New Kingdom period；公元前 1570—前 1070 年）的埃及陶瓷和玻璃，以及当时克里特岛（Crete）的某些蓝色迈锡尼（Mycenae）玻璃。所有其他的近东玻璃和陶瓷看来使用的都是第二类钴矿石，此类钴矿石在特征上与中国所发现的蓝白珠子相符合。卡奇马尔奇克研究了第一种资源并将

　　171　Kaye & Laby（1957），p. 110（表示为 10^{4}克/克）。

　　172　Zhang Fukang *et al.*（1986），pp. 92-93 and fig. B11-1，Plate Ⅳ。纳塔列·文茨洛娃［Natalie Venclová（1983），p.14］指出："已发现公元前 6—前 4 世纪的带有分层蓝-白眼睛的黄色或孔雀绿色珠子。……这些发现物的发现地涵盖了从地中海向北至萨克森和波兰的广阔区域。在西方远如不列颠的地方也有发现；在东方已知在黑海北部地区也有。"

　　173　Wood *et al.*（1999），p. 29，note 33；p. 174，note 48，tables 1 and 2。

其使用与生成作了如下解释[174]：

> 对公元前第 2 千纪埃及蓝颜料的化学分析确定，那些含钴颜料不同程度地含有高度聚集的铝、镁、锰、铁、镍和锌……当古湖蒸发时，明矾沉积下来……如果将明矾溶于水而且溶液呈弱碱性（加天然碳酸钠、植物灰烬或氨），那些过渡族金属就会以氢氧化物和氧化物的形式沉淀而将硫酸盐留在溶液中。将沉淀物干燥并加热就产生出由铝酸盐和氧化物组成的蓝色混合物，其中的颜料含量高了很多。

卡奇马尔奇克计算得出，典型的精炼含钴明矾会给出含有大约 5%CoO 的颜料，同时还有大量的铝、锰、铁、镍和锌[175]。不过，他提出[176]：

> 尽管达赫拉（Dakhla）绿洲和哈里杰（Kharga）绿洲是新王国时期（公元前16—前 11 世纪）埃及所用钴最有可能的来源，但在公元前 7 世纪以后，伊朗肯定提供了更为纯净的使用颜料……许多世纪中，伊朗一直由于其无锰硫化砷矿石而著称，在波斯青花陶瓷中始终使用这种矿石，直至进入 20 世纪。

卡奇马尔奇克关于埃及钴来源于明矾的观点（尤其是来自哈里杰绿洲）已被安德鲁·肖特兰（Andrew Shortland）不久前在牛津的研究工作所支持，肖特兰发现[177]： 662

> ……在玻璃材料和玻璃器［产自埃及阿马尔纳（Amarna）］中使用的钴与哈里杰绿洲的含钴明矾之间的化学成分上，……有很强的类同之处。考虑到此绿洲在古代确曾被开采，有理由假设：某些明矾中的粉红颜色引起了一些矿工的注意，由此而导致了这种明矾作为钴着色剂用在了阿马尔纳的玻璃材料中。

C　波斯的钴料 663

　　第二个主要的钴颜料来源在西亚，即卡奇马尔奇克所指的波斯钴料，克莱因曼（Kleinmann）在对伊拉克萨迈拉（Samarra）蓝色彩绘锡釉陶瓷（公元 9 世纪）和对波斯本土釉下蓝彩装饰的费昂斯的研究中，对这类钴进行过描述。克莱因曼在两个器物上的钴彩绘中均发现了蓝色尖晶石着色剂，并指出[178]：

> 毫无疑问，颜料中的 Co-NiFe 尖晶石来自 Co-Ni 矿物，可能是众多的 Co-Ni 类型中的某一些，也许是 Co-、Ni-或 Co-Ni-砷化物、硫化物或砷-硫化物。其 Co-

　　174　Kaczmarczyk（1986），pp. 369-373。然而肖特兰［Shortland（2000），p. 83］相信，这样的处理可能并非必要，因为："当前工作的结果……似乎表明，不需要以任何方式浓缩明矾，就可以给出玻璃中所见到的着色剂水准。"卡奇马尔奇克［Kaczmarczyk（1986），p. 374］指出，这种异常类型的钴在迈锡尼（属克里特岛）的玻璃制品中也曾出现，但是在更多的数据出现之前，他暂不对这种蓝色是否可能源于埃及做出判断。

　　175　同上，p. 373。

　　176　同上。

　　177　Shortland（2000），p. 49。

　　178　Kleinmann（1991），p. 334。

图 153　钴蓝装饰的波斯盘子，16—17 世纪

　　Ni-Fe 含量的变化范围与在尖晶石中不相上下。

克莱因曼提出，在美索不达米亚和波斯陶瓷中所使用的钴料可能来自属于加姆萨尔（Khamsar）的一个小村庄，村庄在伊朗中部的卡尚西南 35 公里处，那里的沉积物包括[179]：

　　　　1—10 米厚、插入白云灰岩的磁铁矿脉，它含有某种含 Cu 矿石，有 Cu 和 Co 的次生矿物，如钴华（$Co_3(AsO_4)_2 \cdot 8H_2O$）、钴矾（$CoSO_4 \cdot 7H_2O$）还有钴土矿

179　同上。

（一种 MnO_2 和水钴矿 CoOOH 的共生矿物），此外还有 Ni-硫化物的、可能也是硫钴矿一族［尖晶石，$(Co,Ni,Fe)_3S_4$］中的成员……磁铁矿内的硫钴矿与阿布·卡西姆（Abu'l Qasim）的描述相符……他还提到"这种石头外表面上有一种东西，红色且具有致命毒性"（=钴华或钴矾）。

阿布·卡西姆的描述是在一部关于釉面砖和其他陶瓷的专著中的，写于伊斯兰教纪元 700 年（公元 1301 年）。阿布·卡西姆是卡尚一个优秀陶工家族的成员，还是大不里士（Tabriz）的一位蒙古宫廷历史学家[180]。他的著述对 13 世纪波斯陶瓷的成形、彩绘和烧制过程提供了非常完整的描述。关于钴，书中写道[181]：

"天青"（lajvard）石，工匠们称其为"苏莱曼尼"（sulaimani），其来源是卡尚周围山中加姆萨尔的村庄，那里的人们声称这种石头是由先知者苏莱曼（Sulaiman）所发现的。它好像是白银在又黑又硬的石头外壳上闪闪发光。因此而有了"天青"色这一名称呼，"天青"色釉也是如此。

为将原生矿石制备为陶瓷所用材料，克莱因曼提出了一个复杂的烘烤和煅烧的操作方法。他认为这是必需的，因为[182]：

像硫化物和砷化物这样的钴矿石，如果直接置于釉中加热，就会停留在未溶解状态，仅能给出影影绰绰的一片浅蓝色。

这最后一个观点曾遭到质疑，被质疑的基本点是：釉的烧成过程本身就可以起到令尖晶石形成的作用，与粗矿中尖晶石形成的机制类似，但是最初的烘烤可能对达到另一个目的有益，即可以将砷与硫从未处理的原料中驱出[183]。同样重要的是要注意，在大多数通过涂绘钴颜料而产生的蓝色中，会含有矿石形态（此为晶态）和溶解形态（即钴离子）两种形态的钴。后一种情况下，钴在釉中溶解并扩散，而且通常是钴在釉中的主要状态。

但是在加姆萨尔，与钴有关的地质状况复杂，因此将古陶瓷和玻璃所用的那种特定的钴颜料归属于卡尚附近的矿山，还远非那样简单。加姆萨尔沉积物包含有高铁、高镍、高铜和高锰等类型的钴矿。这实质上是历史上陶瓷所用钴的四种主要类型，但埃及新王国时期的钴和迈锡尼钴的特殊情况除外，它们含锌。事实上世界范围内很多钴沉积物都与高铁钴矿和高锰钴矿有关联。这一论点是由屈志仁（James Watt）在其1979 年出版的重要研究著作中提出的，其研究对象是中国陶瓷中的钴。在写到对中国陶瓷中钴来源的早期研究时，屈志仁指出[184]：

664

180　Watson（1985），pp. 31-32。

181　波斯语中 "sang-i lajvard" 的意思是天青石，但是此处这一名词必定是针对钴料所使用的。在制造仿天青石的假宝石时，钴曾被用作成分之一。关于这段文字的说明和翻译，见 Allan（1973），pp. 112，116，120。

182　Kleinmann（1991），p. 336。

183　与佩因特（Sarah Paynter）的私人通信，牛津大学考古学与艺术史研究实验室。烘烤是后来在制备萨克森砷-钴的一个标准工序。关于完整的说明，见 Taylor（1977），pp. 8-13。

184　Watt（1979），pp. 64-65。

对这些实验结果的讨论到目前为止都是基于这一假设，即所有中国本土钴矿都含有锰杂质，反而推之，使用的钴矿石如无锰，则表示此矿石是输入的。

屈志仁论证了此假设的不可靠性并列举了大量的中国低锰钴矿源。

D　长沙的含钴玻璃

回到中国所发现的含钴制品这一问题上，在湖南、广东和广西都有多例稍晚一些的暗蓝色含钴玻璃珠出土，年代通常在西汉时期。这些珠子的氧化锰含量有所提高，而氧化钾的含量则约为 15%[185]。其组分与同一时期印度阿里卡梅杜玻璃有很好的对应关系，这种印度玻璃也显示出与痕量的钴一起，有大量的铁和锰，还有高含量的氧化钾。看来有可能这些蓝色玻璃是从印度进口到中国的，或者从东南亚其他地方进口的，但是仍不知道玻璃工使用的钴料来自何处[186]。另一例从长沙出土的玻璃珠在钴+锰着色剂之外还含铜，因而生成的玻璃呈淡绿色。这是一种独特的组合，基料使用高钾，尤其是无铅的硅酸盐，以铁、钴、锰和铜着色，这种组合在 16 世纪南方的"珐华"釉以前从未在中国制造的陶瓷中出现过（表 138，及见本册 pp. 628-631）[187]。

公元前 4—前 1 世纪的含钴高钾玻璃一般发现于中国南方各省。虽然明显是输入的，但一些样品曾在中国本土重制，因为它们呈现出的是典型的中国器形[188]。然而，在中国也发现了另一类玻璃，年代为公元前 4—前 1 世纪，含有氧化钴着色剂，而且其组分与"主流的"中国玻璃十分接近，含有大量的铅和钡氧化物[189]。这类玻璃中有少数可以归类为釉，因为它们出现在有"费昂斯"胎的蜻蜓眼上面，其组分显示为典型的类玻璃配比（见本册 pp. 474-480 和 pp. 614-615）。

E　钴着色的中国铅钡玻璃

这些含钴玻璃的成分似乎为两种类型：（一种是）显然为蓝色的玻璃，而第二种则显示为极深的蓝颜色，看上去接近黑色，这类玻璃中的钴是伴随着大量的氧化铁（1.5%—5.0%Fe_2O_3）而出现的。后一种效果有时用于珠釉。两类间主要成分上的差异也是明显的。蓝色玻璃在基本化学组成上往往与近东的钠-钙类型较为接近，而较为高铁的玻璃和釉在其铅-钡构成这方面则更具中国特色。下面，将表 139 中所分析的古制

185　Shi Meiguang *et al.*（1987），p. 18，table 2；Zhang Fukang（1986），pp. 93-94，tables 2 and 3。

186　关于这些高钾玻璃格洛弗（Glover）和亨德森写道："在公元前第 1 千纪中期，印度南方的玻璃珠经贸易广泛进入东南亚，而且在此后不久到达中国南方和朝鲜，但是正在变得明显的是，大约在同一时间，中国南方和东南亚大陆之间某处正在制造一类与此有别的钾玻璃，而且一些由这种材料制作的珠子经商路运向北方，远至朝鲜。"Glover & Henderson（1995），p. 160。

187　Wood *et al.*（1989），p. 29。

188　Shi Meiguang *et al.*（1987），pp. 19-20。

189　Brill *et al.*（1991），pp. 34-37。

表 138　中国南方汉代遗址出土含钴玻璃与印度阿里卡梅杜蓝玻璃的比较，
以及一份 16 世纪中国 "珐华" 釉的分析 [a]

	SiO_2	Al_2O_3	Fe_2O_3	CaO	MgO	K_2O	Na_2O	MnO	CoO	PbO	CuO	SnO_2	总计
GH-13 深蓝珠 西汉，广州	72.0	3.4	1.65	1.4	1.3	15.3	1.5	1.5	0.05	—	0.1	—	98.2
GH-14 深蓝珠 西汉，广州	71.7	4.8	1.6	0.7	0.4	16.4	0.35	1.4	0.03	—	—	—	97.4
GH-15 深蓝珠 西汉，广西	74.7	3.0	1.35	0.6	0.3	15.5	0.2	1.7	0.06	—	—	—	97.4
蓝玻璃珠 长沙出土	—	—	2.0	1.9	0.4	15.3	2.9	1.3	0.07	0.4	0.04	—	24.3
蓝绿玻璃珠 长沙出土	—	—	1.4	0.6	0.2	15.1	0.8	1.4	0.04	0.6	0.3	—	20.4
深蓝彩绘玻璃管 阿里卡梅杜出土 [b]	77.0	2.1	1.9	2.2	0.4	13.3	0.6	1.7	0.15	0.06	0.04	0.01	99.5
深蓝平板玻璃碎片 阿里卡梅杜出土 [c]	73.8	1.8	2.3	1.15	0.3	16.5	0.34	3.0	0.07	0.02	0.03	0.006	99.3
中国 "珐华" 瓷 "梅瓶" 的釉，16 世纪，中国南方	73.2	3.1	0.7	0.7	—	12.3	1.5	5.7	0.6	0.7	2.4	0.4	101.3

　　a　汇编自 Zhang Fukang *et al.*（1986），pp. 93-94，tables 2 and 3；Shi Meiguang *et al.*（1987），p. 18 table 2；Brill（1999），p. 141，and table XIII E. p. 337（Arikamedu），及 Wood *et al.*（1989），p. 174，table 1。
　　b　Brill（1999），p.141，and table XIII E. p. 337（Arikamedu）。
　　c　同上，这两例蓝色玻璃为 "公元 1 世纪或稍晚"。

品的出处列出如下：

　　1. 公元前 4—前 1 世纪的珠釉，编号 94。蜻蜓眼：胎为易碎赤陶，表面施黑釉。ROM 933 x 84.5[190]。

　　2.（汉代？）黑色珠釉，编号 69。类玻璃料胎，带有淡蓝色混浊镶嵌。剑桥贝克（Beck）藏品，"CGS，E，B/2455，sp.gr 3.1"[191]。

　　3. 公元前 2 世纪（前 175—前 128 年）。深蓝玻璃，编号 WHG-4。出自江苏北部徐州的一个楚王墓葬[192]。

　　4. 公元前 4—前 3 世纪。深蓝蜻蜓眼玻璃珠，编号 54。深色透明玻璃带有不透明白色（？）和黄色（？）镶嵌。中等程度风化[193]。

190　同上，p. 45 and pp. 50-51，table 1。
191　同上，p. 44 and p. 53，table 1。
192　Shi Meiguang *et al.*（1992），p. 25，table 1。
193　CMG 671.1。Brill *et al.*（1991），p. 43 and p. 53，table 1。

667

表 139 中国发现的公元前 4—前 1 世纪的含钴玻璃和釉

样品	SiO$_2$	Al$_2$O$_3$	Fe$_2$O$_3$	CaO	MgO	K$_2$O	Na$_2$O	MnO	CoO	CuO	PbO	SnO$_2$	BaO	总计
黑色珠釉，前 4 至前 1 世纪	1.	41.7	1.9	5.0	2.9	0.5	0.6	2.0	0.04	0.05	0.35	34.5	0.02	10.1	99.7
黑色珠釉，前 4 至前 1 世纪	2.	46.9	1.9	4.6	2.7	0.7	0.7	3.0	0.02	0.08	0.5	35.2	0.2	3.1	99.6
蓝色玻璃，前 2 世纪，徐州	3.	41.6	1.6	1.5	2.0	0.8	0.15	4.2	0.07	0.08	—	25.6	—	19.5	97.1
蓝色蜻蜓眼玻璃珠，前 5 至前 3 世纪	4.	38.8	2.3	0.3	0.6	0.1	0.2	1.75	0.004	0.04	0.05	33.9	—	20.0	98.0
蓝色玻璃，前 4 至前 3 世纪	5.	66.2	2.3	1.3	4.5	2.1	7.4	10.6	0.03	0.04	0.4	3.4	0.7	0.7	99.7
深蓝色玻璃，前 4 至前 3 世纪	6.	55	2.1	0.6	2.95	1.3	4.0	7.5	0.01	0.02	0.3	15.0	1.0	9.7	99.5
巴比伦钠钙玻璃	7.	65.4	1.5	1.5	6.1	5.5	2.5	13.55	—	—	1.5	—	—	—	97.6
埃及钠钙玻璃	8.	64.1	1.3	0.5	7.0	3.8	2.8	19.3	—	—	0.2	—	—	—	99.0

5. 河南战国墓中大型蜻蜓眼上的蓝色玻璃[194]。

6. 公元前 4—前 3 世纪。深蓝色珠子，编号 50。蜻蜓眼碎片，深蓝透明玻璃。可能出自洛阳附近的金村[195]。

7. 巴比伦的（Babylonian）青绿色玻璃[196]。

8. 埃及青绿色玻璃[197]。

以上所列中，样品 3（WHG-4）的年代最为可靠，因为它出自一个葬于公元前 175 和前 128 年之间的楚王的陵墓。此墓于江苏北部的徐州郊区发现，其出土物包括十六个玻璃杯，一个碎了的玻璃动物（半个猪），以及三个装饰有蜻蜓眼类花样的蓝色平板玻璃小碎片[198]。对于钴蓝碎片，有作者这样写道[199]：

> 我们不知道它们是什么，可能是原来打算用来装饰其他古器物的。碎片大约长 1.6 厘米，宽 6—12 毫米且厚 2.5 毫米。

玻璃 5 和 6（两者均来自蜻蜓眼）不是那么明显地具有典型的中国铅钡成分。事实上，玻璃 5 在其本质上与公元前第 1 千纪西方的（就中国以西这一意义而言）钠钙玻璃（见玻璃 7 和 8）要更接近很多[200]。这使人想到它可能是混有少量中国铅钡金属的输入的钴蓝玻璃。玻璃 6 同样可能是混合物，但在这一例中它含有的中国玻璃多于输入的玻璃。如果这些假设是正确的，那么这两例蓝珠所用的玻璃（5 和 6）对中国早期玻璃制造的工艺方法和中国早期钴的来源，提供了令人关注的解释。

黑色"釉"（1 和 2），以及蓝色玻璃 4，钠和钙的含量比其他蓝色玻璃低很多，但钴含量相当高。这表示在这些样品中，钴可能并非是以钠钙玻璃的形式加入的，而是作为浓缩的钴颜料引入的。虽然至今仍不知道后一类样品所使用的钴着色剂的来源，但其似乎属于高铁类型。

中国将钴料作为着色剂用于陶器低温釉似乎是始于公元 6 世纪中期的中国北方，上面所叙述的是在此之前钴在中国境内应用的背景资料[201]。钴着色高铅釉在唐代变为北方诸窑的重要产品，用来制作随葬所用的彩釉陶器。突出的是在巩县和黄堡的"三彩"窑[202]。以氧化钴着色的蓝色铅釉，加入到铜绿、铁黄，还有淡黄色的典型"三彩"颜料之中，虽然钴蓝的使用较少。不过，在详细讨论唐代钴颜料之前，应简要提及此领域研究者所使用的分析技术，因为这关系到以何种方式对所公布的数据作出合理的解释。使用的分析方法可大致分为有损的和无损的两类。

194　Zhang Fukang（1986），p. 25 and p. 27 table 1。

195　CMG 51.6.549B。Brill *et al.*（1991），p. 43，and p. 53，table 1。

196　由水常雄（*1989*），第 87 页，表 4。

197　同上，第 87 页，表 3。

198　Shi Meiguang *et al.*（1992），p. 23。

199　同上。

200　近东、中亚和俄罗斯南部制造过这种类型的玻璃，因此可以大胆假设此输入的玻璃是近东的产品。

201　贺利［Li He（1996），p. 144］所引用的样例。

202　Li Zhiyan & Zhang Fukang（1986），p. 69，table 1；Li Guozhen *et al.*（1986），p. 78，table 2。

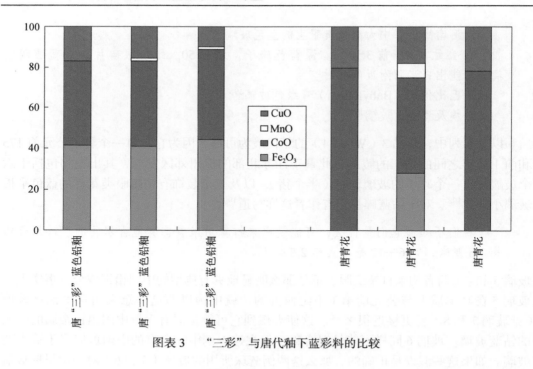

图表 3　　"三彩"与唐代釉下蓝彩料的比较

F　钴颜料的有损分析

　　有损分析是研究钴颜料的首选方法，因为这种方法经常可以用来对陶瓷的胎和釉的钴颜料着色区域分别进行分析，而且如果颜料属于釉上或釉下类型，那么未着色的釉本身也可以分析。对钴的使用非常彻底且全面的研究工作以完备的有损分析为特点，中国自 20 世纪 70 年代后期以来一直在进行这一工作，支撑这项工作的是大量的出土残片，往往来自知名窑址。上海硅酸盐研究所的陈尧成自 20 世纪 70 年代后期以来一直是这项工作的领军人物[203]。

　　对于钴颜料来说，如果将镍、砷、铜和硫加入通常的元素检测系列也会有所帮助。这几种元素能够帮助识别所用钴颜料的类型，虽然在实际操作中这样完备的分析是奢侈的事情。按照惯例，这种类型的分析工作所产生的数据中往往包括了实际重量比的计算，即分别计算了取自颜料区域的氧化钴对氧化铁、氧化钴对氧化锰，以及某些时候，氧化钴对氧化铜的实际重量比。这些数值往往用 Co/Fe、Co/Mn 和 Co/Cu 的比值来表示，且经常用于对颜料的讨论，也用于颜料之间的比较。这样的计算中还应该将钴、铁、锰和铜在普通且未着色的釉中的背底水平扣除，以便对颜料组分提供最实际的评估。在这里用柱状图给出所用着色剂的百分比，比通常用数字比率表示要好，因为这样更容易使人领会颜料间的差异。

　　203　特别见陈尧成等（1978）；陈尧成等（1980）；Chen Yaocheng et al.（1985）；Chen Yaocheng（1986）；以及 Chen Yaocheng et al.（1995a，1995b）。

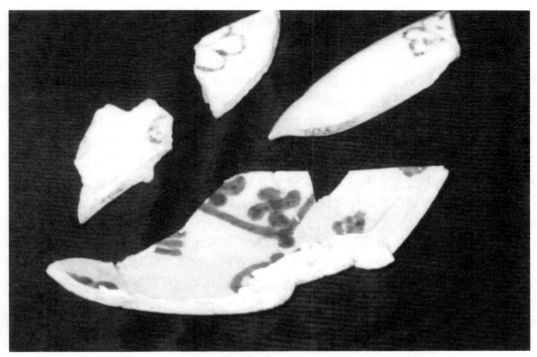

图 154　扬州出土的唐代北方巩县钴蓝装饰白炻器碎片的正面

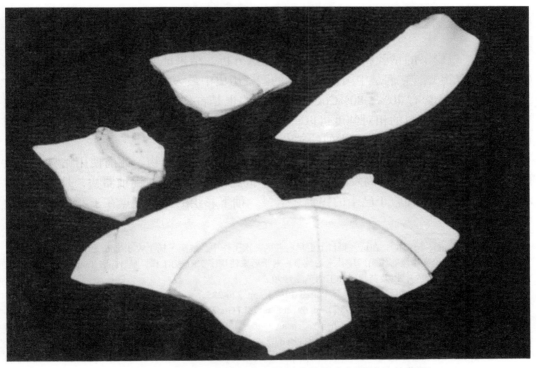

图 155　扬州出土的唐代北方巩县钴蓝装饰白炻器碎片的背面

G 无损分析

671

这一课题研究的其他重要部分需使用无损非真空能量色散 X 射线荧光光谱分析（airpath EDXRF），这是 1956 年始于西方的一种研究方式（见本册 p. xlviii）[204]。重元素适合使用非真空能量色散 X 射线荧光光谱分析方法，当聚焦后的 X 射线束与被研究对象发生相互作用以后，铁、锰、铜和钴会在所产生的谱线的 K-alpha 区域显示出清晰的峰。在测量所得到的谱线中，峰的高度值往往直接用来推得 Co∶Mn 的比值，有时还有 Co∶Fe 的比值，以供随后的讨论，通常在此之前要考虑修正本底谱线弯曲的影响。然而，锰和铁在素白釉中的背底含量在这类工作中往往不予考虑，而且很少公布。还有对颜料区域的铁也只是偶尔进行分析，因为大多数研究仅单一地处理 Co/Mn 的比率。

应该提到，从有损和无损两类分析中得到的元素比率不可直接比较，因为当样品被 X 射线轰击时，前一种分析结果与样品中存在的氧化物的真实重量有关，而另一种则与上述元素的 K-alpha 峰有关。这两种测量方法的结果间存在多方面的联系，但并非完全一致[205]。到目前为止，人们对唐、宋、元和明早期的钴颜料往往是作有损分析，而无损工作主要用于 15 世纪至今这段时间的样品。将来，现代的无损分析技术，如 PIXE（质子激发 X 射线发射）可能会实现对釉、胎和钴颜料全面的定量分析，这就将两种方法的优点结合到了一起。

H 唐和辽代钴颜料的特性和来源

对唐"三彩"的钴颜料曾做过全面的定量分析，结果证明其主要是铁-铜-钴，或铜-钴的混合物[206]。它们是中国较早时期的陶瓷历史中最为纯净的钴颜料（即氧化钴含量最高），一般含有 40%—80%CoO。它们大约也是古代世界上所用的最纯净的钴颜料。这些精炼后矿料的相对纯度可以将高铅釉着为浓烈的蓝色，而且在巩县氧化烧制的白炻器上，也有可能使用了类似的矿石作为釉下的蓝颜料[207]。

672

这些巩县器物似乎是世界陶瓷中最早的釉下钴蓝装饰器物。此前使用钴料在白色陶瓷上彩绘的，如萨迈拉岛发现的公元 8—9 世纪美索不达米亚锡釉器物，是在烧制前将钴矿料或钴着色釉施于已干的锡釉之上[208]。釉下彩绘的主要优点在于颜料稳固。这

---

204 Stuart Young（1956）。在这一科目上更早一些的一次工作中，威廉·扬［W. J. Young（1949）］也使用了"谱线"分析，但在论文中没有给出所用技术的细节。对于后来使用了 XRF 的工作，见 Yap & Tang（1984）；K. N. Yu & Miao Jianmin（1996）；以及苗建民和王丽英（1999）。

205 关于 XRF 原理的很好的介绍，见 Potts（1987），pp. 226-285。

206 Li Zhiyan & Zhang Fukang（1986），p. 69，table 1；Li Guozhen et al.（1986），p. 78，table 2。

207 Zhang Zhigang et al.（1985）；Chen Yaocheng et al.（1995b）。虽然它们经常被描述为瓷器，但即使是唐青花中最好的样品（如江苏的扬州陶瓷学院所拥有的那些）也似乎与白炻器更为接近。在陈尧成及其合作者（1995）的论文中分析的那两块碎片，本册作者 1989 年在扬州就可以查看。钴颜料明显为釉下，而其略为黄色的炻器胎上有白色化妆土覆盖。

208 Tamari（1995），pp. 139-140。在使用钴釉（而不是钴颜料）之处，蓝色彩绘似乎有些像浅浮雕。

种稳固性的获得，部分是由于颜料与其下面胎土在某种程度上的结合，但也是由于在最高温度时受釉流动的牵连较少，而这种流动经常对釉面上的彩绘有影响。用釉下方法还可能将细节画得较好，因为（胎）表面容易进行彩绘，而且图案画在哪里就留在哪里。不过从广义上说，远在中国器物之前，这种利用一种高浓度氧化物进行细致釉下彩绘的方法就已被采用，因为埃及在新王国时期就曾以这种方式用锰颜料装饰某些"费昂斯"器物。

在分析过的样品中，唐"三彩"蓝颜料和稍后用于晚唐釉下蓝绘的钴矿石样品之间，在成分上存在部分一致性（见图表3）。这使人想到这些钴料可能有共同的来源，虽然这个来源可能是何处的问题仍未得到解决。

扬州发现的一例唐代青花是以近东格调装饰的，而且此物出现在扬州，会使人想到这可能原定是要出口到伊斯兰世界的。扬州靠近大运河和长江交汇处，这一战略地位使其在唐代十分显要，当时认为它是重要的内陆港口，有来自中国北部和中部两方的水运贸易。公元755年安禄山兵变以后，与遭受过洗劫的北方相反，扬州的经济由于自其他城市迁移而来的生意人和外国商人的促进而繁荣发展。扬州已经发掘出一处波斯人居住的独立飞地遗址，而日本商人的数量之大，可以从唐代末期战乱中遇难的人数超过1000人这一点估计得出。扬州已出土几十万件唐代瓷片，这是国内消费量和出口损失这两个方面的反映[209]。这个城市中已发现的近东铜孔雀绿釉陶瓷，可能是城中波斯社区所使用的[210]。这暗示着，在唐代青花制作的时期，与近东的双向陶瓷贸易正在进行，虽然中国器物的出口偏重。因此，从西亚进口的钴矿石似乎是唐代颜料可能的来源之一。

但是分析结果表明，唐代的钴矿石与当时用于美索不达米亚陶瓷的钴蓝颜料，如伊拉克的萨迈拉所出土的，可能是巴士拉旧城（Old Basra）所制造的那些，几乎没有什么关系[211]。唐代钴颜料和早期美索不达米亚蓝色玻璃所用颜料之间也存在差异（见图表4）。唐代颜料经常含有大量的铜（10%—20%CuO），而且无镍，美索不达米亚蓝釉颜料中铜含量极少超过2%，而氧化镍水平却能够高达40%[212]。美索不达米亚蓝色玻璃中的颜料配比与唐代蓝着色剂较为接近，但离真正的匹配还相距很远，而且前者制造得也更早。

唐代蓝色铅釉中的氧化钴和碳酸钠的水平也极低。这一结论性的细节显示出铅釉所用的钴原料不可能是以进口钠钙玻璃的形式引入的（另一种可能的"西方"来源），因此必定是以富钴矿石的形式购入的。

对一例唐代釉下蓝颜料的仔细的分析研究已于1995年在中国完成并见诸报道[213]。陈尧成及其合作者发现颜料中含有浓度约为0.14%的硫。他们认为最初的矿石可能是钴的硫化物。在列出了十一种含硫的钴矿以后，他们把选择圈定在了硫钴矿（Co_3S_4）

673

209　参见王勤金和李久海（1991），第91页。

210　Zhang Fukang *et al.*（1985），p. 111（论文摘要）。

211　Mason & Tite（1997），p. 49。

212　Kleinmann（1991），p. 333，table 1。

213　Chen Yaocheng *et al.*（1995b），p. 208。

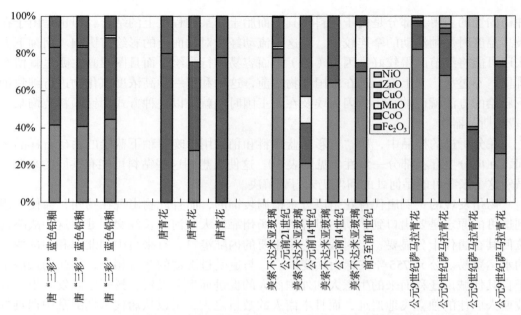

图表4 唐"三彩"和唐代釉下钴蓝颜料与用于美索不达米亚玻璃及美索不达米亚青花陶瓷的钴蓝
着色剂之比较

674 和方硫钴矿（CoS_2）之中，并指出外国的硫钴矿和方硫钴矿矿源是在非洲的扎伊尔（Zaire）和津巴布韦（Zimbabwe），以及中亚的赛延-土瓦（Saiyan-Tuwa）。近期的探查还判定出中国甘肃省金昌市附近，以及在"河北某处"一个地点，也有钴硫化物的沉积物[214]。应该注意的是，这些仅代表了对富钴矿体相对近期的定位，而并非断言它们是该元素古代矿源的所在地。陈尧成及其合作者，由于小组内的一位成员所进行的前期研究，而对唐代器物中使用波斯钴料持怀疑态度。这位成员就是张福康，他在经他检测过的所有波斯蓝颜料（13—18世纪）中均发现有砷。在1995年报道的唐代中国颜料中并没有见到砷。因为现已确定硫钴矿是卡尚附近加姆萨尔矿山中的一个组成部分，而该矿山与钴有关的地质状况很复杂[215]，所以唐代钴矿石从西亚进口似仍有可能性。然而，前面所提到公元8—9世纪近东钴颜料含有砷，而分析研究过的唐代样品中缺砷，两者之间存在的这一极明显的差异，仍然是这种观点的障碍。

关于辽代中国釉中使用氧化钴也有为数不多的证据。例如，对辽代"三彩"铅釉所用的极不纯净的中国北方镍-钴矿石就曾有过报道。这一发现值得注意，因为辽代蓝色铅釉极为稀少[216]。它暗示，辽代的陶工可能已无法获得唐代中国北方陶瓷业所用的传统类型的钴矿石了[217]。

214 同上，pp. 208-209。
215 Kleinmann（1991），p. 334。
216 Anon.（1988b），p. 127，table 7-5。
217 Chen Yaocheng *et al.*（1995b），p. 208。

I　中国南方：浙江和云南，及景德镇

　　与北方相反，在中国南方，具有很高地位的南方釉下蓝彩传统在 10 世纪初见端倪。迄今为止最早的发现物出自浙江南部，在那里发现过一例早期白瓷样品上的釉下蓝彩绘[218]。这例蓝彩绘出现在一个碗的某些残片上，发现于龙泉县金沙塔塔基内，同时发现的还有一些公元 977 年的物件[219]。这些样品所用的钴颜料仅含氧化锰和氧化钴，分别为大约 1.06% 和 0.1%。这种微弱的钴颜料给出的彩绘为暗淡的蓝色，这告诉研究者，当时钴矿石的选料和制备仍不能过关[220]。陈尧成及其研究团队认为，从这只碗胎的原料看，其产地应位于龙泉区域内某处，而钴颜料则为浙江当地的钴矿石。此矿石与后来景德镇瓷业使用的浙江钴土矿相近，但纯度较差。由此看来，在浙江南部曾一度存在小规模的省内青花瓷生产，时间在龙泉青釉器物制造业大规模发展之前。 675

　　另一份有关中国南方早期青花瓷生产的考古报告是关于江西吉州窑区的，1975 年那里发现有中期（即 10—11 世纪）前后的一个青花小茶碟。对此实例样本还没有任何分析结果，所以此碟钴颜料的特性尚属未知[221]。

　　在极为劣质的胎上使用本地钴土矿的这种模式，也可能会被追踪到中国西南地区的云南玉溪窑，那里自 14 世纪后期开始制作釉下蓝彩器物[222]。在玉溪往往使用富灰石灰釉，而这经常引发钴颜料在釉内的扩散，使绘制的图案变得模糊。

　　以上所提到的零星青花产品似乎并没有在中国南方建立起大规模的制造业，而且在 14 世纪早期景德镇采用釉下钴蓝彩绘之前，这些零星产品也没有真正显露头角。青花瓷在景德镇的发展是具有重要意义的事件，它成就了一种陶瓷史中出口范围最大和最具影响力的器物。青花瓷产生于"青白"瓷的生产已经形成巨大规模和高效产能的窑群。因此在引入使用钴矿石的釉下彩绘时，那里高水平的手工艺技能和工场管理都已经很到位了，甚至一些最早的青花制品看上去也是高水平制成的[223]。釉介于"青白"类型透明石灰釉和稍有不透明的低钙"卵白"釉之间，是元代早期开发的。这成为新的釉下蓝彩器物的标准配置，釉配方中含有 8%—14% 的"釉灰"（碳酸钙）[224]。 676

　　218　虽然南宋青花碗的胎含 1.62%Fe$_2$O$_3$，这对于瓷器来说已在最高范围，但其 TiO$_2$ 含量仅为 0.01%。这表示此碗胎由真正的瓷石制成，但为低等瓷石。见陈尧成等［（1980），第 548 页］的论文表 2 中对胎的分析结果。

　　219　陈尧成等（1980），第 544 页。

　　220　同上，第 547 页。

　　221　参见唐昌朴（1980），第 4 页。

　　222　Chen Yaocheng et al.（1986），p. 128；Chen Yaocheng et al.（1989b），p. 200。

　　223　正如刘新园［Liu Xinyuan（1992），p. 47］写到的："景德镇生产'青白'瓷的宋代窑址散落在 30 个左右的村庄中，在大约 136 个山丘上，延绵近 100 里。"刘新园引用了冯先铭在评估中的专家意见，即在遍及全国（约为大陆面积的 2/3）所发现的"青白"瓷器中，大多数产自景德镇。虽然少数省份也生产自己的"青白"瓷，但没有其他宋代窑场在市场份额上能够达到景德镇的水平，即使是接近也不可能。

　　224　陈尧成等（1985），第 318 页，表 15-14。

J　元代景德镇使用的含钴颜料

　　到目前为止，所有检测过的元代景德镇釉下蓝颜料都具有相同的构成，即为锰含量最低的高铁钴料（见图表 5）。分析中搜寻过砷，有时能找到[225]。在将周围无色瓷釉中的铁含量从颜料区域的铁含量中减去后，大多数样例所对应的氧化铁∶氧化钴比值大约为 4∶1（按重量百分比计算）[226]。这使得元代景德镇所使用的釉下蓝颜料，与诸如浙江龙泉及云南玉溪等窑口所使用的有相当的差异，因为后者使用的是当地的富锰矿石[227]。看来景德镇主要的青花窑群，即湖田和落马桥，在元代也都使用富铁原料。湖田经常为宫廷制作器物，而落马桥则集中于民窑青花。

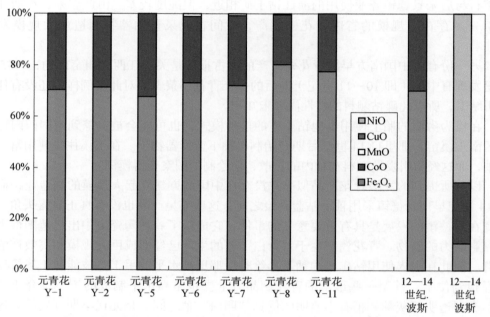

图表 5　中国元代景德镇釉下蓝色钴颜料和波斯釉下蓝色钴颜料（12—14 世纪）的比较

　　传统的观点是，元代景德镇青花瓷是用产自加姆萨尔矿山的钴矿石装饰的，此处靠近波斯境内的卡尚，此矿山的操作方式在阿布·卡西姆的著述中有所描述。现存有对两例来自卡尚的波斯釉下蓝色器物的分析结果，因此可以将波斯所使用的钴颜料与景德镇元代所使用的进行比较[228]。

　　225　Wood（1999），p. 62。

　　226　这一方法的有效性已被确认：在生烧的景德镇元青花样品上，用微探针方法分析未经化学反应的铁-钴颜料颗粒，得到了相近的 Co∶Fe 比值。见陈尧成［Chen Yaocheng *et al.*（1986），pp. 126-127］对样品 Y-11 的研究。

　　227　Chen Yaocheng *et al.*（1986），pp. 122-128。作者相信他们检测的元代玉溪青花样品系由云南当地钴土矿所装饰，这是一种高锰钴矿，也含有少量氧化铁。

　　228　图表是根据陈尧成等论文中［(*1985*)，第 305 页，表 15-5］和克莱因曼著作中［Kleinmann（1990），p. 333，table 1］的内容制成的。

图表 5 显示出，在相当于中国元代的时间段内，波斯陶工曾在其釉下蓝彩器物中 677
使用过十分不同的两类钴颜料。第一种为高铁钴料，与景德镇所用十分相像，而第二
种为高镍矿石，仅有大约 10% 的氧化铁。所有样品（中国的和波斯的同种物品）氧化
钴含量不相上下，即在颜料的活性着色剂中约占 20%—25%。

在元代景德镇器物上尚未发现有高镍钴的样品。这说明，倘若它们的颜料是从波
斯进口的，景德镇陶工会事先指定要高铁类型而不是高镍类型。如果情况确实如此，
则还意味着加姆萨尔的矿工或者商人能够在这两类矿石间进行区分。虽然未被风化的
矿石样品很难通过肉眼观察而分类，但矿体上经常存在的含水"外皮"可能标示出其
下的矿石是富镍还是富铁。也许还要通过试烧来支持这种设想[229]。

因此，比起上面所讨论的唐代钴颜料，元代景德镇釉下蓝料显示出与波斯所用钴 678
颜料更为匹配。刘新园确定地认为加姆萨尔是元代钴料的来源，而且提出名词
"*sulaimani*"，这一加姆萨尔钴的名称，可能就是中文"苏麻泥"一词的来源[230]。由于
景德镇一些早期青花瓷的御用特性，刘新园提出，将这些原料进口至景德镇可能使用
了官方渠道[231]：

　　根据珠山出土的元代御用器物，笔者认为，伊斯兰颜料、装饰风格及伊斯兰
工艺可能通过皇家将作院下属的诸路金玉人匠总管府打开了通向浮梁瓷局之路[232]。

元代中国北方和南方是统一的，而且鼓励跨越整个大蒙古帝国的经商[233]，这一事
实意味着国与国之间的交往可以是便利和高效的。这些因素也会将元代存在钴料贸易
的可能性扩大。尤为重要的是，阿布·卡西姆在其 1301 年的著述中确认，在他那个时
代波斯陶瓷使用的钴料有两个来源：加姆萨尔和"另外一类为灰色且较软，来自法兰
吉斯坦（Farangistan）"[234]。法兰吉斯坦是欧洲在波斯语中的名称。

关于中国含砷钴料的来源，屈志仁查询了一部 20 世纪 50 年代的矿物资源著作后
指出[235]：

　　有人找到了几种被提到的存在于中国的含砷钴矿石：浙江金华和诸暨的钴
华；湖南和云南的钴毒砂（$FeAsS$ 或 FeS_2FeAs_2，其中部分铁被钴所取代）；还有
砷钴矿（smaltite 或 smaltine，$CoAs_2$），它被作为一种重要的钴矿石来介绍，这种

229　与克里斯·多尔蒂的私人通信，牛津。
230　刘新园（*1989*），第 74 页。屈志仁［James Watt（1979），p. 67］也视"*sulaimani*"为一种进口钴矿石的
中国名称即"苏麻离"的来源："在中国有一个始终存在的传说，即在 15 世纪初（永乐和宣德时期）陶工们使用
一种叫做"苏麻离"青的钴矿石。很少有人不相信这一在过去的五十年间使评论者们困惑的名称——'苏麻离'，
是'Sulaimani'众多的中文译名之一。"
231　Liu Xinyuan（1992），p. 49。
232　我们已介绍过瓷局，见本册 p. 186。它是诸路金玉人匠总管府的一个下属局，诸路金玉人匠总管府的顶
头上司是皇家将作院职官。
233　元代中国商贸由"斡耳朵"（Ortoy；即商贸协会）掌管，主要由穆斯林和维吾尔族人组成，见 Endicott-
West（1989），pp. 137-154。在 1284 和 1322 年之间，私人商贸受到限制，随后则是 1323—1368 年的繁荣时期，
见 Shih Ching-fei（2001），pp. 170-172。
234　Allan（1973），p. 112。
235　Watt（1979），p. 65。

679

表 140　中国钴土矿的成分[a]

	SiO$_2$	Al$_2$O$_3$	TiO$_2$	CuO	BaO	NiO	MgO	CaO	K$_2$O	Na$_2$O	Fe$_2$O$_3$	MnO	CoO	As$_2$O$_3$	损失	总计
云南钴土矿	28.8	36.4	0.12	0.7	—	—	0.8	0.65	0.09	0.45	3.2	20.6	2.8	—	4.5	99.1
云南钴土矿	28.7	35.5	0.35	0.8	—	—	0.4	0.4	0.05	0.3	2.8	22.85	6.1	—	2.02	100.3
云南钴土矿	29.4	33.3	0.4	0.6	痕量	0.05	痕量	0.7	0.4	0.2	6.7	19.6	4.5	—	4.4	100.3
云南钴土矿	24.8	29.3	—	—	—	0.1	0.3	0.04	—	—	7.2	26.8	5.4	0.09	—	94.0
云南钴土矿	0.9	26.5	—	—	—	0.15	0.02	0.06	—	—	1.2	49.5	11.2	0.04	—	89.6
浙江钴土矿	21.15	22.0	1.8	0.1	2.1	0.4	0.2	0.2	—	—	8.0	34.8	2.1	—	6.65	99.5
浙江钴土矿	42.5	23.7	—	—	—	0.2	0.3	0.07	—	0.02	5.3	24.0	2.2	0.06	—	98.4
浙江钴土矿	6.0	27.2	—	—	—	1.2	0.09	0.03	—	<0.05	1.5	48.9	6.9	0.05	—	91.9
浙江钴土矿	22.5	19.1	—	—	—	0.4	—	—	—	—	16.9	35.0	6.1	—	—	100.0
江西钴土矿	42.5	20.95	—	0.2	1.2	0.2	0.5	0.4	1.2	0.1	5.2	22.5	1.4	—	4.2	100.6
江西钴土矿	25.6	21.3	—	—	—	0.4	0.2	0.06	—	0.01	6.51	36.1	5.0	0.05	—	95.2

a　陈尧成等（1985），第321页，表15-15。

矿石存在于云南很多地区的红土沉积层中。

再次将话题转移至中国之外，另一个出现富砷铁-钴硫化物的地点在印度拉杰普塔纳（Rajputana）的凯德里（Khetri）矿区，在威廉·扬（William J. Young）1949年关于景德镇釉下颜料的文章中曾提到过[236]。简而言之，通常所认为的元代景德镇的钴颜料来源，即波斯的加姆萨尔，在组分和历史背景两方面均有优势。但是，波斯远不是发现这种石料的唯一国家。

680

K　明代洪武年间的釉下蓝彩

无论其来源如何，元代景德镇所用的高铁钴料似乎在明代第一个皇帝，即洪武帝在位时期行将告罄。大多数波斯和阿拉伯商人在元代末期离开了中国，而洪武帝禁止海上通商活动（见本册 pp. 717-718）[237]。这也许可以解释为什么洪武时期更为著名的是其釉下铜红器皿，而不是那些少量的釉下钴蓝器物。在这一时期，景德镇高质量和低质量青花瓷间的明显区别开始表现在陶工对颜料的选用上（见图表6）。最好的瓷器使用高铁矿石，比元代矿石含钴量稍差，而来自民间窑炉的"民窑"器皿则使用含铁量低的高锰钴料[238]。

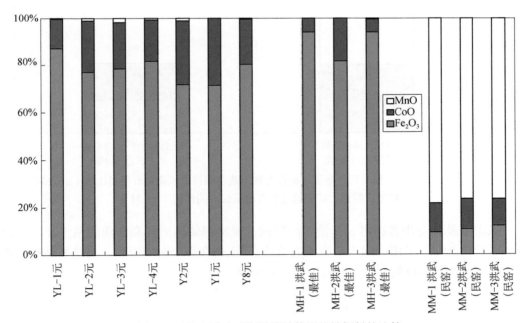

图表6　元代和洪武时期景德镇使用的钴颜料的比较

236　见 Young（1949），p. 23，论文引用了 Mallet（1881）。
237　Bailey（1996），p. 8。
238　由张志刚等[（*1999*），第242页]的论文表1推得。14世纪晚期的一个中国普通金属小塑像上的高铁钴彩绘颜料揭示出了一种引人注意的使用方式，这表示在金属制品的冷装饰中也可以见到钴的使用，考埃尔等（Cowell *et al.*）在会议论文"后期中国金属制品的研究"（即将发表）中对此有描述。

　　事实上在整个明代三百年间景德镇青花的生产中，都可以找到低等洪武青花所用的那种高锰类钴矿石的踪迹。这一事实在 1985 年北京中国古代陶瓷科学技术第二届国际讨论会上一篇未发表的论文中得到了确认[239]。文中数据综合了对取自云南、浙江和江西三个省份当地产钴土矿的分析结果，已知这三个省份都曾在明、清两代向景德镇供应过钴矿石（表 140）[240]。

　　将 13 例明代釉下彩样品中蓝色着色剂取平均值，然后与表 140 中 11 例钴土矿的着色剂样品平均值相比较，此时可以清晰地看到，景德镇民窑釉下青花蓝彩中的着色剂百分比和中国本土钴土矿的着色剂百分比相当接近（见图表 7）。

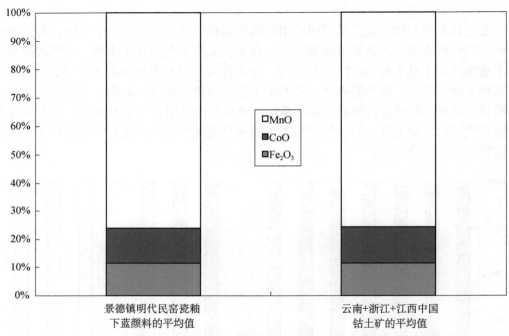

图表 7　洪武时期至崇祯时期景德镇民窑瓷器釉下蓝色颜料中氧化物着色剂比例（ $n=13$ ）
与典型中国钴土矿中氧化物着色剂比例的比较（ $n=11$ ）

　　张志刚及其合作者提出，弘治年间以前，民窑都使用浙江和江西的钴土矿。弘治年间以后，浙江和云南的钴土矿则成为首选："正是在那个时期以后，将这些钴矿石作为颜料，人们就可以制作出非常好的民窑青花瓷了。"[241]

681

　　239　*Zhang Zhigang et al.*（1985）（张贴论文）。此文中的数据也见于 1985 年上海出版的论中国青花的一章中。陈尧成等（*1985*），第 307-308 页，表 15-7。此处采用了这些内容，使用了本节柱状图所用的减去"背底铁"的方法。

　　240　同上，第 321 页，表 15-15。

　　241　*Zhang Zhigang et al.*（1985），p. 40。

L "珐华" 釉

自明代早期至清代早期，在低温氧化烧制的中国"珐华"釉所使用的钴着色剂中，也可以见到与中国本土钴土矿成分的类似的关联（见本册 pp. 512-514）。这些着色剂也使用了高锰钴矿石，但这是为了产生三种差异相当大的效果：有时这种矿石将碱釉着为墨黑色；有时钴的浓度较低，在此情况下，则充分利用矿石中的高锰含量而呈现出茄皮紫色；而有时它们又会产生出紫蓝类颜色。最后一类颜色是由铜-锡颜料与锰-钴颜料混合而获得的，因而在钴的墨黑色调中加有铜着色的孔雀绿成分[242]。 682

分析指出，整个明代北方和南方的"珐华"釉均使用低等级的钴土矿（即含锰较高而含钴较低）。至今，这些颜料的来源仍未知晓，但可能曾有过多方面的来源，因为"珐华"与其他碱釉器物在北方和南方的多处窑炉都已生产了好几百年。

M 15 世纪的釉下蓝彩

永乐与宣德时期景德镇民窑制作的青花瓷，遵循了用中国高锰钴土矿石作为主要颜料的操作方式[243]。但是在 15 世纪早期这一时段内，最重要的青花器物仍继续使用高铁钴料。不过此时的钴料含有少量但值得注意的锰，正是这一特征将 15 世纪早期的青花瓷与其 14 世纪的同类物品区分开来[244]。在永乐和宣德年间有一种传统，即陶工将进口钴矿石与少量本土类型钴矿混合起来使用，为的是改进其釉下蓝色彩绘的品相。分析结果似乎支持这一观点，分析数据表明，对于最好的釉下蓝色彩绘，大约用的是 9∶1 的高铁和高锰原料混合物。 683

永乐和宣德年间所用的高铁类钴料在烧制的最高温度往往会在釉中扩散，在釉的表面生长出深色磁铁矿（Fe_3O_4）微晶。这就产生了著名的"铁锈斑"效果，后来的鉴赏家对此非常之欣赏[245]。这种效果虽然在清代有时也会被煞费苦心地仿制，在上釉之前用锰钴矿石在钴料彩绘上面点上种种的深蓝色小点，但这其实不是一个与高锰钴矿石相关的效应[246]。 684

15 世纪晚期的景德镇细瓷中出现了一个更为复杂的钴料使用形式，一位鉴赏家对此记述道[247]：

> 在后来港口封闭不再进口钴料的时期，永乐—宣德时期进口的钴料仍在继续使用。……成化年间（1465—1487 年），大多数御用器物仍用进口钴料来装饰，但不包括最好的物件，或者"斗彩"器皿，可能是因为要迎合皇帝的品味而有意使用中国钴料来制造出柔和优雅的效果。

242　Wood *et al.*（1989），p. 179。

243　Zhang Zhigang *et al.*（1985），p. 40；Li He（1996），p. 211。

244　Zhang Zhigang *et al.*（1985），p. 40；Zhang Zhigang *et al.*（1989），pp. 280-283。

245　Chen Yaocheng *et al.*（1990），pp. 113-131；Ho & Bronson（1990），pp. 119-121。

246　所举的例子见 Wood（1999），p. 66。现今在景德镇，在钴颜料中加入少量氧化铬来仿造和模拟这种"铁锈斑"效果。

247　Li He（1996），p. 211。

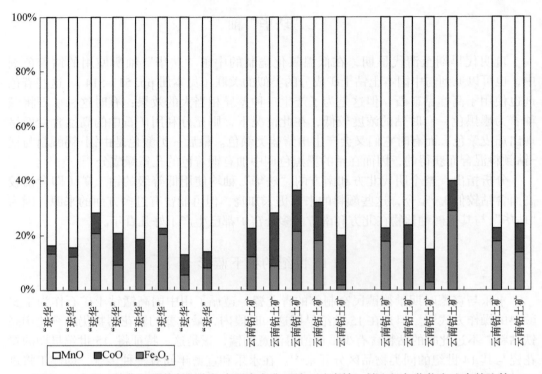

图表 8 中国"珐华"釉着色剂中与中国南方典型钴土矿中铁、钴和锰氧化物之比率的比较

在嘉靖时期的精细青花器物和某些最重要的万历时期的瓷器中，可以寻找到回归至较为富铁的（氧化钴本身的含量同样也很高）钴源的迹象（见图表 9）。

这种原料就是所谓的"回"（伊斯兰教的）青，其深蓝紫颜色主要归因于高钴含量，对其来源有多种说法：云南省、中亚的花剌子模（Khwarism）[248]，或者"古阿拉伯半岛"（ancient Arabia）。然而，如屈志仁所指出的，这些各种各样的说法并不一定相互排斥[249]：

> 有这种可能性，即回青……不仅仅是赋予……进口钴矿石的一个商品名称，但后来也被用在了在云南找到的，具有完全相同或非常相近性质的钴矿石上。

N 中国钴料的名称与描述

尽管高铁和高锰钴矿石之间存在明显的成分差异，但它们在还原气氛中给出的颜色却并无太大不同。氧化亚铁在钴蓝色中补入了灰色成分，而锰补入的是灰褐色。高铝钴土矿也有可能产生少量钴的铝酸盐矿物，由此在某种程度上将锰的颜色变冷。

---

248 同上。

249 Watt（1979），pp. 72-73。引人注意的是，安德鲁斯［Andrews（1962），pp. 167-168］描述了 20 世纪 20 年代在缅甸（仰光以北约 700 公里处）钴矿的发现，那时在暴露出的铅-锌矿石上看到了钴华。15 世纪来自云南的中国矿工曾经在此地区经营类似的铅-银-锌矿，而且矿址上仍留有采矿活动中的铅矿渣堆。这件事提高了某些富钴原料会是经云南从缅甸进口的可能性。

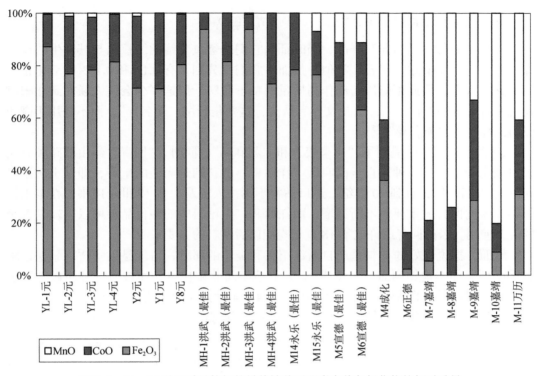

图表9　14—16世纪质量较好的景德镇釉下蓝彩中着色氧化物的相对重量

　　虽然中国省与省之间钴土矿成分看起来有很多相同之处，但在传统的文字记录中对这些矿石的称呼却有很多种。例如，《天工开物》（1637年）中谈到一种叫做"无名异"的矿石[250]：　　685

　　　"无名异"是绘瓷所用的蓝色颜料。这种矿物发现于接近地表最深不足三尺之处，且在很多省份出现，存在上、中、下各种等级。使用之前先在红热的炉中烘烤（即煅烧），因而上等原料变为孔雀蓝色，中等为浅蓝色而下等为土褐状的暗色。每斤未经处理的矿石仅产生七两上等"无名异"，而中等和下等的产出相应地更小一些。上等原料用来绘制高质量细瓷及御用器物上的龙凤图案……饶州用的着色蓝料为产自省内山中的"浙江料"，因为那是最上等的……原料在烘烤后用杵和钵研磨为细粉，然后加水混合供彩绘使用。颜料在研磨和悬浮于水中时为黑色，但烧制出来为蓝色。

　　　〈凡画碗青料，总一味无名异。此物不生深土，浮生地面，深者掘下三尺即止，各省直皆有之。亦辨认上料、中料、下料。用时先将炭火丛红煅过。上者出火成翠毛色，中者微青，下者近土褐。上者每斤煅出只得七两，中下者以次缩减。如上品细料器及御器龙凤等，皆以上料画成，……凡饶镇所用，以衢、信两郡山中者为上料，名曰浙料。……凡使料煅过之后，以乳钵

250　《天工开物》卷七，第七页、第八页；Sun & Sun（1966），pp. 154-155。

极研，然后调画水。调研时色如皂，入火则成青碧色。〉

最近分析了两份"无名异"样品，当时证明它们是氢氧化锰的结核及与其伴生的铁，即本质上与典型的钴土矿石相类似。然而，它们仅分别含有 0.1% 和 0.18% 的氧化钴。这一含量太低，因此不能用于制作高质量的釉下蓝彩，但这多少会使人联想到北宋时期龙泉青花所用的钴矿石。有论文作者认为，这些是药用"无名异"，而不是用于陶瓷颜料的那一类"无名异"[251]。

16 世纪，文献中提到了"速来蛮"和"苏麻离"，同时，"回青"经由陆路和海路进口到了中国。另一种产自云南叫做"洋回青"的料则是当地的矿产，即钴土矿。自 16 世纪末期以后，直到 20 世纪，进口钴料不再被人提及。自 17 世纪以来，在本土钴料中，云南回青的重要性不断递增，而江西和广东钴料中的廉价品种可以与较高等级的混合使用。云南回青或许成了 18 世纪晚期以后钴料的主要来源[252]。

然而，据说最好的蓝料是产自浙江绍兴和金华的那种，可能是钴华[253]。景德镇附近乐平埋藏的本地钴叫做"陂塘青"。到嘉靖年间此矿耗尽，而被另一种叫做"石子青"（或"石青"）的钴所取代。后者产于江西鄱阳湖西北的瑞州辖区内[254]。

686

《陶说》（1774 年）总结了大多数人的共识，并阐述了钴矿石的取制过程[255]：

> 深蓝单色釉和青花使用的钴均产自浙江，是在绍兴与金华两县的山上发现的。采料者出外搜集并在溪水中将所附的泥土洗掉。色为暗黄，且大而圆者为最佳。带回窑场后，在炉下地内储存三日，然后取出，仔细洗过而出售。产自江西和广东山上的钴色薄且不好烧制，因此只用于低等民窑器物。

> 〈瓷器青花、霁青大釉，悉借青料。出浙江绍兴、金华二府所属诸山。采者入山得料，于溪流漂去浮土。其色黑黄，大而圆者为上青，名顶圆子。携至镇，埋窑地三日，取出，重淘洗之，始出售。其江西、广东诸山产者，色薄不耐火，止可画粗器。〉

钴矿石被送进工厂时，仍混有周围的泥土，需经仔细挑选以备用。据说所发现的上品的矿石带有连在一起的白色黏土，次之的带有红土，而最下的与沙土在一起。原料淘洗后在小窑内烘烤 24 小时，然后研磨过筛将矿石与土分离[256]。所有的钴料都有一定的价值，而进口料和质量上乘的矿石则非常珍贵。有数篇文字描述了分类与使用钴料

251　Chen Yaocheng *et al.*（1995a），p. 293。然而，屈志仁提出在《天工开物》中"无名异"和"无名子"之间可能有所混淆：分析显示，在不同情况下"无名异"为铁矿石、软锰矿或一种锰-铁矿石，而"无名子"，"一直是一种块状软物的诸多名称之一，这是一种经常有钴（及铁和铜）杂质的锰矿石，当其钴含量足够高时名字叫做石青，在其为钴土矿或钴土 $CoMn_2O_5 \cdot 4H_2O$ 时，名字甚至可能是回青"。Watt（1979），p. 78。

252　周仁等（*1958*），第 72-74 页。

253　Medley（1993），p. 70。关于中国钴蓝各种名称的来源的讨论，以及对古文资料的讨论，见 Watt（1979）。

254　《江西省大志》（1597 年版）卷七，第十六至十七页；《南窑笔记》（第 323-325 页）；《江西通志》（1880 年版）卷九十三，第十六至十七页。

255　《陶说》卷一，第六页。

256　《南窑笔记》第十一页（第 332 页）。

中操作的仔细程度。工匠中有专门一组只负责挑选蓝料，为的是确保一定得到上好的颜色。经最初的处理之后，进口颜料放入臼中用力锤打，其中大约 1/5 选为上等料和次等料，再经进一步的研磨之后，又有 1/20 可用[257]。装饰工匠技艺纯熟，最好的技工要接受技艺与节约用料两方面的考核。例如，会给三个工匠每人一"斤"钴料，看谁用它做出的产品最多，成绩最佳者获得奖赏。包括钴料在内的所有颜料的分派，始终被精心掌控，要依照待饰器物的尺寸进行分配。每一位画工还要对成品颜色的质量负责[258]。钴料是如此之珍贵，因此作画的工匠们还要按照技艺的高低，分别描绘图案的不同部分。一组工匠画简单的圆环，还要把壶在转轮上抛光修整。描绘轮廓的工人仅学过这一种技艺，下一道填色工序的那些人也同样如此。为确保生产的成百上千产品的一致性，轮廓画工与填彩者在同一作坊内工作。印章、标记和款识则是书法高手的工作[259]。景德镇陶工曾唱过的一首流行歌曲使这些装饰工人的工作情况流传于世[260]：

687

　　有浓有淡的青花（线条）出自笔下
　　在宽平的瓷坯表面绘出图画
　　卫地的民歌仍旧萦绕耳边
　　于是我们明白了上釉的原理都是一样啊

　　〈青花浓淡出毫端
　　画上磁坯面面宽
　　识得卫风歌尚䌹
　　乃知罩釉理同看〉

高质量钴料的价格和短缺，意味着自清代一开始全白器皿就是大众所欢迎的，因为它们最便宜[261]。乾隆年间以后，钴料的主要来源为云南[262]，而关于近现代时期，一项对 20 世纪钴料在中国陶瓷中使用的详细研究表明，在与第二次世界大战相应的时段内存在一个清晰的突变。在这一时间以前，一般使用高锰钴矿石，而在 20 世纪 40 年代后期以后，常用的类型为低锰颜料[263]。

O　中国釉上彩料和玻璃中的钴

　　钴矿石，传统上在中国南方用于釉下彩绘，天然地含有大量的氧化铁和/或氧化

257　《陶说》卷一，第七页，引用自《事物绀珠》。

258　《江西省大志》（1597 年版）卷七，第十六至十七页。

259　唐英陶冶图说第 11 则，见《陶说》卷一，第八页。

260　《景德镇陶歌》（1824 年）中"青花"章的第九首，见杨静荣（1994）。

261　《浮梁县志》（1682 年版）卷四，第四十六页。

262　Watt（1979），p. 81，83。

263　叶俊德和邓尚文［Yap & Tang（1984），p. 78］记录了所研究的 50 件样品："大战前的每一件中 Mn/Co 比都是 2.5 或更高，而战后每件中的 Mn/Co 比则小于 0.7，其中比值高于 0.2 的仅占大约 27%。"

锰杂质。这些杂质对于瓷器的釉下彩绘来说是很理想的，因为这使得浓缩状态的纯氧化钴产生的刺眼蓝色得到了改善。此外，与纯氧化钴相比，铁和锰的着色力要弱得多，作为"稀释剂"在绘制过程中使用较容易调节颜色的浓淡。与这些优点相反的是，这种釉下蓝彩矿物颜料不适于作富铅釉和玻璃的着色剂。这些材料使用的钴因而需要比瓷绘所用的纯净很多。由于在加工处理过程中从"釉下"钴矿石中除去铁和锰是不切合实际的，所以为了使高铅组分呈现为适宜的蓝色，必须去发现纯度高很多的氧化钴源[264]。

688　　10—13 世纪，这一事实似乎制约了钴蓝颜料在中国低温铅釉中的使用。对于 14 世纪北方的铅–碱釉来说，此问题并不十分严重，因为富钾的结构对存在于钴颜料中的铁、锰杂质较为宽容[265]。

宣德年间使用过少量的低温钴蓝单色釉，但由于某种原因这种颜色未纳入流行的釉上彩色系之中。这种类型的颜料转而被釉下蓝彩的手法所利用，尤其是用于"斗彩"器物。此外，成化年间"斗彩"器物所引入的茄皮紫彩料，可能恰当地利用了锰–铁–钴矿石。同样，首次在成化年间出现于景德镇的，在釉之上、彩料之下的黑色颜料也是以钴矿石为基础的。从那以后，景德镇的彩下黑色轮廓线和景德镇茄皮紫彩料，往往均利用类似的锰–钴矿石。曾有人提出，这些 15 世纪的创新可能分别代表了制作彩下蓝色颜料和制作富铅釉上蓝彩时未能成功的尝试。不过，尝试所产生的黑色和茄皮紫效果被采用，而且成了景德镇釉上彩料制作者看家本领中公认的组成部分[266]。

真正的铅助熔釉上蓝彩在嘉庆年间成为可能，当时景德镇使用的一些钴矿石异常纯净。在这段时间内，铅助熔钴着色釉作为低温单色釉，也作为真正的釉上蓝色彩料使用。嘉庆年间以后，高锰钴矿石逐渐回归景德镇，大部分真正的釉上铅助熔钴着色彩料又一次从景德镇制瓷业中消失，或许 17 世纪中期在某些稀有的过渡性釉上彩器物中又重新出现过[267]。然而，此期间瓷器釉上蓝彩技术在日本的使用却远为成功，那里所需的高档钴矿石显然是从波斯进口的[268]。中国清代，钴料还需要从不同的矿源进口，而且跨越的距离相当可观。伯纳德·沃特尼（Bernard Watney）引用 1778 年和 1795 年的记录，报道说在 18 世纪后期有大量钴料从欧洲出口至中国。后一份记录这样陈述："由于东印度公司（the East India Company）不断将其出口至中国，因而很难获

264　钴矿石可通过将其融于钾–硅酸盐玻璃中的高难度过程进行精炼。于是砷"表现为与铁、铜或镍结合而下沉在熔炉底部，在上部留下几乎不含杂质的钴玻璃"。16 世纪以来，在萨克森一直使用这种程序生产"大青"（smalt）。Halse（1924），p. 11。另见 Taylor（1977），pp. 7-8，作者明确地区分了钴熔砂（一种煅烧过的钴矿石与砂石的未加工混合物）与真正的"大青"，即精制的富钴玻璃。然而，也可能这种处理过程对钴土不适合，因为其高铝和高硅含量会使钾–硅酸盐玻璃硬化。

265　Wood（1999），pp. 237-238。

266　Henderson et al.（1989b），p. 322。

267　Kilburn（1981），p. 180，no. 158，and colour pl. on p. 137。Butler（1985），pp. 51-52，pl. 27。Butler et al.（1990），p. 65，pl. 27。然而，对于这些特殊的物件是在景德镇，还是在德化制造的，还存在一些疑问。

268　Jenyns（1965），p. 124。

得纯净的深蓝颜料。"[269]

P　与金属胎珐琅的关系

我们已经探究过陶瓷"粉彩"色系的彩料与金属珐琅之间的关联，特别是研究了那种用磨碎的蓝色玻璃制备的釉上蓝彩料的研发过程（见本册 pp. 651-652）。在康熙年间进行这一研发活动以前，中国陶瓷彩料与金属珐琅被视为是类似的，但一般是各自独立发展的事物。例如，金属珐琅使用铅-碱硅酸盐基，而不是景德镇所用的简单铅-硅酸盐基。中国金属珐琅料中还拥有一系列未被景德镇瓷器彩料制作工匠所利用的颜色和品相[270]。在所用的景泰蓝彩料中，钴的来源似乎也是不断变化的。迄今为止所研究过的最早的中国景泰蓝彩料（自 15 世纪宣德年间始），可以表明使用过非常纯净的钴着色剂（表 141）。这种着色剂经常伴有氧化锡和砷，但也偶有样例使用更为熟知的锰-钴矿石，特别是对于蓝紫色。宣德时期的金属珐琅还显示了关于氟化物乳浊的证据。自唐代以来，氟乳浊是中国玻璃的特点，但迄今尚未在中国陶瓷釉上彩中观测到[271]。

因此，15 世纪中国景泰蓝彩料显示出其源头是在传统的中国玻璃技术之中，是通过将非常典型的汉代以后的玻璃建构特征，如铅-钾助熔基质，与作为乳浊剂使用的氟化钙共同作用来实现的。

一些 15 世纪景泰蓝彩料以铁-钴颜料着色，在纯度上钴的百分含量事实上高于铁的含量。高氧化锡水平也是这些特殊蓝色玻璃料最不寻常的特征，它所含有的氧化锡似乎与氧化钴+氧化铁的含量正相关。在景泰蓝彩料所用的钴属于高锰类型时，其中锡的水平远远为低，这再一次表明，氧化锡是与那种特殊的纯净铁-钴原料相关联的。已知的天然铁、钴和锡的混合物并不存在，这就暗示氧化锡可能是在钴制备期间引入的，这可能表明这种不寻常的纯净颜料源于西亚[272]。

17 世纪景泰蓝加彩所用的蓝色珐琅料，与 15 世纪所用的实质上是相似的，但此时钴源中似乎不再有锡和砷。新的康熙时期的瓷器釉上蓝彩属于这种"景泰蓝"式铅-碱类型，这似乎支持了殷弘绪的观测结论，即景德镇蓝色彩料是由金属珐琅所用的研磨成粉的蓝色玻璃制成的，而不是由普通的铅白与石英的机械混合料制成的（表 142）。我们可以推测，之所以采用这种原料，是因为其蓝颜色所独具的纯正性。

269　Watney（1973），p. 1.

270　中国金属景泰蓝有时利用氟化物和砷乳浊，而不透明的黄色则是由锡酸铅产生的，不透明的红色由赤铜矿析晶产生，见 Henderson et al.（1989a），pp. 141-144。这一系列的效果中，只有砷酸铅白和锡酸铅黄出现在景德镇瓷器彩料色系内，这个彩料色系似乎是 18 世纪 20 年代早期开发的。

271　Werner & Bimson（1963），p. 303。乳浊化本身（通常是产生于二硅酸钡晶体）自战国时期最早的中国玻璃一出现就在使用。

272　有趣的是，天蓝色彩绘颜料（Cerulean blue，或 bleu céleste）可以这样获取："通过将钴硫酸盐和明矾一起加热，有时再添加硫酸锌、氧化锡和沉积过的硅土或白垩。"Halse（1924），p. 12。这些煅烧过的混合物还会生成 4:2 尖晶石 $Co(SnCo)O_4$，以及其他稳定的尖晶石类成分。见 Singer & Singer（1963），p. 231。

690

表 141　15 世纪的中国钴蓝景泰蓝色料[a]

	SiO$_2$	Al$_2$O$_3$	Fe$_2$O$_3$	CaO	MgO	K$_2$O	Na$_2$O	MnO	CoO	CuO	PbO	SnO$_2$	F	As$_2$O$_5$	BaO	总计
宣德蓝色	46.1	0.2	0.6	1.4	—	13.8	0.2	0.0	0.86	0.03	35.9	0.7	—	—	—	99.8
宣德蓝色	44.9	0.1	0.65	1.4	—	13.8	0.2	0.0	0.9	0.04	36.25	1.3	—	—	—	99.5
15 世纪蓝色	41.6	0.5	1.8	3.6	0.5	5.6	0.3	0.06	0.55	0.3	38.0	2.6	1.8	0.9	0.1	98.2
15 世纪蓝色	37.0	1.2	1.3	2.0	0.4	11.6	0.3	1.5	0.1	0.1	41.5	0.2	1.3	0.0	0.0	98.5
15 世纪蓝紫色	41.0	1.4	1.5	3.1	1.8	5.6	0.5	1.0	0.05	0.3	40.0	0.2	0.5	0.0	0.0	97.0

a 采自 Twilley (1995), p. 169, table II; Biron & Quette (1997), p. 38, main table。

表 142　15 世纪和 17 世纪的蓝色景泰蓝彩料与康熙时期景德镇瓷器釉上蓝彩的比较

	SiO$_2$	Al$_2$O$_3$	Fe$_2$O$_3$	CaO	MgO	K$_2$O	Na$_2$O	MnO	CoO	CuO	PbO	SnO$_2$	F	As$_2$O$_5$	Cl	总计
15 世纪景泰蓝彩[a]	41.6	0.5	1.8	3.6	0.5	5.6	0.3	0.06	0.55	0.3	38.0	2.63	1.8	0.9	1.5	99.7
17 世纪景泰蓝彩[b]	40.3	0.6	0.1	3.4	0.1	6.4	6.1	0.1	0.7	0.0	40.1	0.0	—	0.0	1.1	99.0
康熙瓷器蓝彩[c]	42.1	0.4	0.3	0.9	0.04	6.2	0.45	0.0	0.2	0.15	47.8	0.0	—	—	1.6	100.1

a Biron & Quette (1997), p. 38, main table。
b Henderson *et al.* (1989a), p. 137, table 1。
c Kingery & Vandiver (1985), p. 370, table 2。

表 143　中国陶瓷釉、釉下彩料和景泰蓝彩料所用的钴料类型（显示主要着色成分）

器物类型	Fe	Cu	Mn	Sn	Ni	Co
战国釉珠（中国北方）[a]	√					√
汉代玻璃（中国南方）[b]	√		√			√
唐"三彩"釉[c]	√	√				√
唐代釉下蓝料[d]	√	√				√
唐代釉下蓝料[e]		√				√
元代釉下蓝料（景德镇）[f]	√					√
洪武时期釉下蓝彩（景德镇，上好）[g]	√					√
洪武时期釉下蓝彩（景德镇，民窑）[h]			√			√
明代和清代釉下蓝颜料[i]			√			√
明代中国北方和南方"珐华"釉[j]			√			√
15 世纪景泰蓝彩料[k]	√			√		√
清代釉上彩色料[l]	√					√
清代金属珐琅[m]						√
"龙泉"釉[n]	√				√	√

a　Brill *et al.*（1991），pp. 50-51，table 1。
b　Zhang Fukang *et al.*（1986），pp. 93-94，tables 2 and 3。
c　Li Guozhen *et al.*（1986），p. 78，table 2。Li Zhiyan & Zhang Fukang（1986）p. 69，table 1。
d　Chen Yaozheng *et al.*（1995b），p. 205，table 15-5。
e　同上。
f　Chen Yaocheng *et al.*（1986）。
g　张志刚等（*1999*），第 242 页，表 1。
h　同上。
i　Chen Yaocheng *et al.*（1985），pp. 307-308，table 15.7。
j　Wood *et al.*（1989），p. 174，table 1。
k　Twilley（1995），p. 169，table Ⅱ。
l　Kingery & Vandiver（1986），p. 370，table 2。
m　Henderson *et al.*（1989），p. 137，table 1。
n　改自 Wood *et al.*（2002），p. 351，table 6。

康熙时期瓷器釉上蓝彩的一个为人所熟知的特征是烧制中往往会围绕蓝颜色形成　691
彩虹晕环。这是因为色料中的氯在烧制中促使铅从彩料玻璃中蒸发而出，凝结在蓝色
彩料周围，如同一层彩虹薄膜[273]。在 15 世纪和 17 世纪蓝色景泰蓝色料中均可见到水
平相近的氯[274]，在康熙釉上蓝彩中也同样可以见到[275]。早如战国时期，中国玻璃中就

273　Wood（1999），p. 241。
274　比龙和凯特（Biron & Quette）发现在全部 36 件年代为 15 世纪和 16 世纪的玻璃态景泰蓝珐琅料样品中
氯的含量在 0.8%—2.2%。Biron & Quette（1997），pp. 38-39，table。
275　Kingery & Vandiver（1985），p. 370，table 2。

有高含量的氯出现，这可能是由于最初的玻璃配料中使用了岩盐[276]。

692　　　与那些中国景泰蓝器物上所用的相似的不透明玻璃料，也曾用来制作一些清代的景德镇单色瓷釉，特别是 18 世纪 20 年代以后景德镇制作的"炉钧"（知更鸟蛋）釉。这类釉中有一件样品，其总体组分证明了它与 17 世纪中国景泰蓝器物所用的那种砷乳浊珐琅料接近，不过其中的钴颜料看来是高镍和高铁的——这是一个颇为异常的结果（见本册 pp. 649-650）[277]。这个结果会使人想到这种钴颜料是从欧洲或者波斯进口的。

从某些方面讲，清代在制作瓷器的钴蓝釉上彩和低温单色釉时，采用了景泰蓝类玻璃蓝料，这就把中国钴料采用的历程绕进了一个圈子，因为中国最早的含钴釉也是得自当时的玻璃技术。

至于中国所用钴料的类型，我们现在可以看到，在所有世界陶瓷传统中它们居于最为多样化的行列之中。分析结果已表明，在中国陶瓷史中的不同时期，高铜、高铁、高锰、高镍，以及高锡的钴料都曾得到过使用（表 143）。

即便如此，目前还是只能尴尬地承认，对于传统的中国陶瓷所用钴矿石的最初来源我们仅确认出了一种，就是那种本土的高锰类型，这在地质和实际应用两方面均有十分精确的文字记载。

就应用而言，中国将钴作为瓷器釉下颜料的用法，可能代表了其在世界陶瓷业原材料利用方面所做的最大贡献。中国青花瓷成为世界历史中最为广泛的交易物品，而且刺激了如波斯、意大利、叙利亚、土耳其、英格兰、萨克森、丹麦、越南、朝鲜和日本等各个国家的青花生产。景德镇青花还是整个中国陶瓷器形和装饰的富饶宝库，其中记录了设计史上所出现的东西方最为复杂的文化互动。中国的影响在这些领域中所带来的后果，我们将在本册第七部分中予以更充分的探究。

693　　　## （4）饰　　金

（i）使用金属提升陶瓷档次

使用黄金美化陶瓷外观的想法，就是要以一种方式来装饰出令人惊叹的古物。这种工艺曾出现在一些引人注目的新石器时代陶器上，出自公元前第 5 千纪保加利亚的瓦尔纳（Varna）遗址的盘和罐上被撒有沙金粉末，然后再被打磨抛光固着[278]。在美索不达米亚的乌尔和高拉土丘（Tepe Gawra），一种类似的方法曾被使用过，同样是使用金粉，那里的一些饰金陶器的年代也在公元前第 5 千纪[279]。这些工艺比使用片状黄金美化古器物表面要早 1000 年以上[280]。

276　Zhang Fukang（1986a），p. 26。
277　Wood *et al.*（2002），pp. 349-351。
278　Eluère & Rab（1991）。
279　Pernicka（1990）。
280　Oddy（1993）。

　　论述使用黄金以提升古代器物价值的作者们，会将金箔与金叶区分开来。前者较厚，无须其他支撑物，而且常用细铆钉铆在器物上，或几片叠在一起固定在被装饰物上的凹槽中。金叶与此相反，是一种薄而脆的材料，往往会打卷，还会由于静电引力而引起自身粘连。它可能薄至 0.1—0.2 微米[281]，通常要使用黏合剂将其粘牢在非金属的底坯上，对金属则无须黏合剂，可直接使用。金箔出现在埃及古王国时期（公元前3100—前 2400 年）的工艺品上，但真金箔的最早的鉴定证书目前是在一张公元前 14世纪的埃及莎草纸上[282]。

　　与近东相比，中国古代黄金的使用远为有限，而且近东有包含大量黄金的考古发现，如 1922 年发掘的图坦卡蒙（Tutankhamen）墓内，有大约为当时埃及皇家银行（the Royal Bank of Egypt）两倍量的黄金[283]，在中国并未有类似的发现。金箔和饰金的例子在中国早期考古记录中均很少，且分布地点相距很远，仅仅在二里头时期（约公元前 1600 年）的一只青铜爵上见到一处早期使用黄金的细部装饰[284]：薄金片用红漆粘贴在围绕爵身装饰的螺纹带上[285]。在中国南方四川省搜集到的神秘蜀国（约公元前12—前 10 世纪）的 54 个青铜头像中，有两个部分地贴有金箔，还有一个是木芯上的完整金面罩。罗伯特·巴格利记录了更多的有黄金装饰的商代青铜器样品，但他指出[286]：

　　　　东周和汉代的绘画、饰金和镶嵌青铜器在商代几乎没有先例……只有几个例外值得一提。安特生检测了一例未知产地的商代斧头，似乎原物曾经过汞镀金，还有一个保存在哥本哈根（Copenhagen）的簋，利思（Leith）将其描述为部分饰金。

694

这一段中提到的汞镀金，引出了关于镀金在什么时间得到使用这一问题，因为人们相信这一技术在中国以及在世界，均始于公元前 3 世纪[287]。汞镀金有时被称为"火镀金"，利用的是金与汞可以制成互不相融的糊状合金（汞齐）这种特性[288]。安霍伊泽在牛津成功再现了这种工艺，而且仔细研究了其历史，他曾对这种 Hg-Au 汞齐进行了总结[289]：

　　　　汞齐镀金，也称火镀金或汞镀金……以两种不同的方式进行：将金汞齐和汞

281　1 微米是 1 米的百万分之一。

282　这是在纪念"薄金的主要制造者"的手稿上恰好发现的。见 Alexander（1965），pp. 48-52。作者感谢安霍伊泽（Kilian Anheuser）的博士论文提供了这四份早期在装饰中使用黄金的参考资料。

283　图坦卡蒙墓的年代为公元前 1350 年。

284　现藏于英国巴斯东亚艺术博物馆（the Museum of East Asian Art，Bath），见 McElney（1993），p. 27。

285　图及说明见 Yang Xiaoneng（1999），pp. 211-214，226-227。

286　Bagley（1987），p. 41。

287　Oddy（1991）。然而，李约瑟和鲁桂珍［Needham & Lu Gwei-Djen（1974），p. 248］推测这种工艺可能会稍早一些："在中国最为可能的是发生在战国时期，可能在公元前 4 世纪邹衍时代以前的某一时间，那是最早发现汞特性的时间。"

288　典型的为 80% 以上的汞。此糊状物含有扩散于汞中的伽马汞齐（Au_2Hg）颗粒。

289　安霍伊泽［Anheuser（1996），p.9］写道，汞盐溶液（如硝酸汞）也可以使用，因为它"在与基础金属的电化学反应中释放金属态汞"。

的糊状物涂在彻底清洗过的基础金属表面（铜、铜合金或银），或者先在基础金属上涂一薄层纯汞，将金叶置于其上，在原位形成汞齐。

这两种方式都是利用加热将汞驱出，然后暗淡多孔的金就可以被磨平抛光。安霍伊泽的工作对涉及工序中加热阶段的两个长期以来的臆断提出了质疑。第一个是有可能完全无须加热而让汞自然蒸发。第二个是必须加热至汞的沸点（357℃），而一般也是这样操作的。安霍伊泽的实验显示加热至250℃和350℃之间是必须且有效的；当低于这一温度范围时，金中有太多的汞残留，当温度高于350℃时则会使所镀的金损坏并褪色[290]。

在汞齐中有时以银代金，为了"镀银"能够圆满完成，糊状物必须涂在先期制备好的金涂层上。安霍伊泽检测了八件东周晚期和西汉时期的中国镀银样品，他发现："所有情况无一例外，都是银汞齐涂在火镀金的薄层之上。"[291]在古代中国，银与金同样珍稀，而且是那时的时尚材料，当时青铜器的器形和装饰正在变化，从商代和西周礼器以威权与令人生畏为特色，演化为东周时期更具装饰性和奢华的风格。

695 在极少数的情况下，战国时期富丽堂皇的镀银青铜器被陶瓷器物仿制。其代表作是湖南的一组三个外包锡箔的战国无釉陶器，艾萨克·牛顿在1958年对此进行了描述和分析[292]。三个器皿全都是用铸造青铜器的风格制作的，一个为球形敦，另外两个则仿制了截面为圆形和方形的壶。表面的锡箔之下发现有黑色和褐色的材料，分析的结果是这些材料像是树脂，而对一件受过腐蚀的锡箔样品的显微分析，则显示出了经捶打或碾压变薄的材料所具有的特征颗粒结构，在此例中材料薄至0.05毫米。锡箔贴加在器皿外部，然后经搓或轻磨以除皱。在器皿敦这一实例中，锡表面曾用硫化物清洗剂处理，以便造出青铜或黄金的感觉，而施于大型酒器上的锡薄层曾被抛光，为的是看上去像是银器。即便如此，湖南发现的这些"镀银"随葬陶瓷可能在中国物品的层次结构中级别较低，与现代戏剧小道具所起的作用十分相似，与中国北方发现的西汉时期普通漆衣随葬陶器不相上下[293]。

由于测试的样品很小，对湖南器皿上的锡材料的分析有一定难度，但还是记录下了95%的锡和1%的锑这一不完备的结果。可是，这并非一种新的加工方法：这种方法在公元前14—前13世纪时希腊已先行使用过，那时偶尔会利用锡箔来提升无釉陶器的档次，使用树脂或某些类似的有机胶作为黏合剂[294]。

（ii）金属器形与陶瓷

有这样一种贯穿大部中国陶瓷史的倾向，即用陶瓷仿制最初是用金属制造的器

290 同上，p. 82。

291 同上，p. 74。这肯定了奥迪等 [Oddy et al.（1979）]、拉尼斯 [La Niece（1990）] 及邦克 [Bunker et al.（1993）] 等早些时候的研究结果。

292 Newton（1958），pp. 9-12 and figs. 4-6。另见 Newton（1951），pp. 56-69。

293 Wang Zhongshu（1982），figs. 183-185（图未标页码）。

294 Gillis（1994），pp. 57-61。

皿，湖南锡涂陶器就是这种倾向的一个极端样本。随着在中国（及中国以外）出土的金属器皿数量的增长，再将世界各地收藏的陶瓷与之进行对比，中国陶工从金属制品中所借用的内容变得越加明显。通过这种对比，现在人们认为中国陶瓷与古希腊以及早期伊斯兰世界陶瓷一样，至少在器形上受到了金属原型的强烈影响[295]。

虽然对于某些在山东发现的新石器时代器物，是否可能受到了金属器形的影响还存在争议，但金属器物对陶器样式的影响在中国的青铜时代变得十分明显。当时，有釉和无釉陶瓷均制作为同时期铸造青铜器皿的风格[296]。从最直接的外观形式上看，这种铸造青铜器对陶瓷的影响至少延续到公元3世纪；而就其古意盎然的器形而言，其影响则自大约12世纪始，直至现今。特别是商代青铜器，它投下了长长的身影，向前延伸至中国的整个实用艺术品领域——不仅影响了陶瓷，而且在所采用的器形上影响了用硬石料、软石料、景泰蓝、漆和玻璃等制作的器皿。

在公元5世纪和6世纪期间，从西方进口的、用银箔或金箔制作的器皿开始影响中国金属加工技术，而且最终这些器形和装饰方式在中国陶瓷中得到重新诠释[297]。在宋元时期，金属器形经常被用于陶瓷，因为陶瓷可以起到较为廉价的替代材料的作用，或是因为这些陶瓷器皿所起到的是传统上由青铜器或贵金属所起的作用（如放于祭坛之上）[298]。到14—16世纪，很多景德镇瓷器以近东的锻打或铸造器皿作为原型，而且至今在中国的陶瓷之中，仍保留有许多这种中古时期伊斯兰风格的器形。

（iii）镶金边装饰

公元6—10世纪的很多中国银器上出现了稍厚的金边装饰，这些装饰对器物进行了美化且加固了器形。尤其是在法门寺地宫所发现的顶级镀银器皿上出现了这一特征，这些器皿在公元874年的清单中即被列入，在1984年地宫上面的宝塔倒塌时才被发现。很多同一时期的中国金属器皿也有饰金的口沿和底足，而且似乎是这种金属的样板引发了在中国陶瓷口沿（有时是足圈）使用厚金属镶边的做法。在顶尖部位镶金的装饰方式甚至也用在了某些玉制精致器皿之上。

这种风格于公元9—10世纪完全形成，在一座浙江吴越国统治者墓中所发现的那个时段的陶瓷上这种风格有所表现。在此遗址发现了品质相当特殊的北方白釉器物和南方青釉器物，其中一些完全模仿了银器的器形。很多件的足部和口部都包有金银，而且一些带有"官"或"新官"的款识[299]。11—14世纪在中国，人们持续使用了这种在陶瓷器皿口沿（有时还有底足）包金属边的操作方式，那时中国北方和南方均经常

295　关于金属对世界很多陶瓷传统影响的调查，见 Vickers（1986）。

296　尤其见 Yuba（2001），pp. 52-55。

297　"这样的外国进口物品不仅刺激了人们选用金银作为精致饮食容器制作材料的兴趣，而且还使一系列外来器形在中国立足，包括高脚杯、侧面带把的杯子、海棠形碗及细长水罐，还有一系列的外来装饰纹样，其中中央动物图案最为引人注意。" Rawson（1986），p. 34。关于中国银器及其对瓷器发展之影响的讨论，另见 Rawson（1989）。

298　Kerr（1990），pp. 39-41。

299　Rawson（1986），p. 39。

利用厚金属口边加固高质量炻器和瓷器并提升其外观品质[300]。

697

（iv）烧固型金彩

　　虽然用一般的金属加工方法使用金属箔对口沿和足部包边并不难掌控，但是精细的金彩花样，以及引起强烈反响的黄金镶嵌或者局部镀金，对陶瓷制作者（或美化者）提出了极大的挑战。例如，在日常使用中金叶就会在短时间内被从瓷器和炻器的硬釉上磨去。经彩烧的黄金比简单的饰金稳固，但此技术有一些工艺上的难题，千百年来，在很多陶瓷文化与传统中，对这些问题的解决方案一直考量着陶工们的创造能力。

　　在实际操作中可行的是，在陶瓷上加金叶、金箔或金粉并烧到足够高的温度，使黄金熔合在陶瓷基底上。1907 年，海因巴赫（Hainbach）描述了这样一种获得亚光金的技术[301]：

> 　　通过施用金银混合物，不加任何助熔剂，并烧至高温，或和着松节油熟练地研磨已磨细的纯金叶，用毛笔施涂混合物后烧至高温，都可生产出亚光金，即烧后未经打磨抛光的金。

　　此处的困难是得到正确的温度，这在很大程度上依赖于金下面釉的软化温度。例如，用于釉上彩的金可能被烧到低至 600℃，而对于瓷釉则可高于 800℃[302]。如果窑炉温度过低，金在烧后会一擦即掉，而如果过烧，金往往会因为超过了熔点而形成细小的金豆，而且所贴金箔的轮廓会受到损害。大多数使用釉上金彩的陶瓷传统，都利用试绘来判定什么时候金与陶瓷基底充分粘连，基底可以是釉上彩色料、釉或高温瓷器。

　　当使用金粉来绘饰陶瓷时，金粉的细度和其在绘画调和剂中散布均匀是成功的先决条件。如海因巴赫所强调的[303]：

> 　　用于瓷器上面的贵金属必须始终处于很细的分散状态，细到如此程度，实际上只有用化学方法才能实现。

　　但是也确实会出现这种情况，即无须化学方法和沉淀，技艺高超的机械研磨有时也会将金叶磨至这种状态。肯尼思·肖（Kenneth Shaw）描述了从金叶到"贴贝金"或"贝壳金"的转变过程。贴贝金是金的一种形态，用于手稿彩饰及陶器装饰，其取名源于制备好的材料曾放在贴贝壳内出售[304]：

698

> 　　关于贴贝金，我们获悉，一个熟练的工匠一天只能制备 60 克，……仅用来装饰昂贵的瓷器。在其制备过程中，金叶和蜂蜜、糖（或植物胶）和海盐在平板玻

300　蔡玫芬［Ts'ai Mei-Fen（1996）］讨论了定窑器物的金属镶边。

301　Hainbach（1907），p. 198。然而，富本宪吉制作描金装饰经常用的方法是将金粉和浓胶液混合，并烧至金不会被擦掉的温度（从试绘中得知的）。这种金彩烧制后要抛光。见 Sanders（1967），p. 233。

302　Sanders（1967），p. 223；Shaw（1962），p. 71。

303　Hainbach（1907），p. 189。

304　Shaw（1962），p. 62。

璃上反复摩擦，直至得到适宜的细碎状态。然后整个混合体浸入热水中淘洗。显然此工作需要极高的技术且难度很高。

这可以与殷弘绪对景德镇制备瓷器装饰用金所作的说明相比较[305]：

> 当有人想要施用金彩的时候，就在一瓷质器皿底部将金料磨碎并加水进行调和，直至能够见到在水下面有一小片云状黄金为止。使其干燥，然后与足量的胶水混合而使用。将三十份金混入三份铅白，然后施于瓷器上，恰如颜色釉一般。

在殷弘绪的第二封信中，提到了在描金所用的金悬浮液的制备中专用的金叶，而且再一次注意到附加碳酸铅助熔剂的使用。他还记录了银叶曾以类似的方法处理，但在烧制中[306]：

> 饰银物件应先于饰金物件被移出，否则在金达到发亮的状态之前，银就已经消散掉了。

日本陶艺师富本宪吉，战后在日本以新式金襕手风格进行制作[307]，他也强调过烧制釉上银彩和金彩间的重要区别。这一区别肯定是反映了银和金各自熔点的差别（Ag 960.8℃而 Au 1063℃）[308]，同时还反映出银在窑炉中多少有些挥发的趋势[309]。

殷弘绪在其信中曾一度谈及中国人不知道强无机酸，如盐酸和硝酸[310]，李约瑟也指出过这一点[311]。这类酸长时间以来在西方炼丹术和化学中都很重要，它们在黄金精炼过程中，在制备细微金粉时，以及后来在制备如"金锡紫"（见本册 p. 636）等材料时都起到了至关重要的作用。18 世纪早期以来，西方的大多数为陶瓷装饰制备黄金材

699

305　Tichane（1983），p. 84，殷弘绪 1712 年书信的译文。殷弘绪随后将景德镇引入描金的时间定为在他 1722 年书信之前大约二十年："他们说，自发现使用'翠色'或紫罗兰色绘瓷和瓷器饰金的秘诀以来，不过才经过了二十年左右。"同上，p. 117。景德镇釉上蓝彩 17 世纪的复兴当然早于 1700 年，见 Kilburn（1981），no. 158，p. 180，及 p. 137 的彩色图版；Butler（1985），pp. 51-52，pl. 27；及 Butler et al.（1990），p. 65，pl. 27。景德镇首次正式成功使用描金的年代问题引出了更多的问题（见下文 pp. 703-707）。

306　Tichane（1983），p. 124，殷弘绪 1712 年书信的译文。对于清代景德镇瓷器（尤其是出口器物）所用白银的分析与统计研究，见 Mueller（2001）。米勒［Mueller（2001）］使用扫描电子显微镜（SEM）内置的能量色散 X 射线化学微量分析（EDS），发现了在清代茶碟的白银装饰中有相对白银为 16% 的铅。米勒［（2002），p. 46］还提出，瓷器在欧洲曾被再次加银彩以提升其外观，同样，出口（饰金）器物也被再次加金彩（见下文 p. 706）。

307　"金襕手"的意思是"金色的锦缎"。

308　Kaye & Laby（1957），pp. 109-110。

309　Sanders（1967），pp. 222-225。富本宪吉发现在银中添加金和铂，则可允许金和银两者在同一温度烧成，附带的好处是银-金-铂混合物往往不会失去光泽。

310　在讨论铜和银的精炼时，殷弘绪写道："我认为如果使用硝酸去溶解铜，铜粉会更适宜制作我所说的红色（即高温铜红釉）。但中国人不知道硝酸和'王水'（盐酸-硝酸混合物，用来溶解黄金）的秘密，这些发明其实极为简单。"Tichane（1983），p. 119，殷弘绪 1712 年书信的译文。

311　李约瑟和鲁桂珍［Needham & Lu Gwei-Djen（1974），p. 38］写道："……可能任何古代或中古时期的人们尚不知道使用硝酸（硝镪水；aqua fortis）或硝酸和盐酸的混合物（王水；aqua regia），因为直到 13 世纪末，欧洲才发现强无机酸。"在两份公元 6 世纪中国的"原始化学"配方的描述中，"溶解"的黄金被说成是碘的络合物，是金与天然碘酸盐和硫酸亚铁发生化学反应后生成的。见 Butler et al.（1987）。安霍伊泽相信"没有迹象表明此溶液曾用于金属制品饰金"。Anheuser（1996），p. 10。

料所使用的技术，都在工序的某些阶段使用这些强酸[312]。最初这是为了制备精细而纯净的金粉，但 19 世纪后期以来，这些强酸卷入到了由金盐、硫黄-松节油香液以及芳香油组成的，差不多是炼金术混合物的开发中，这种混合物在今天被称为"液体亮金"。这是现代西方装饰陶器和瓷器常用的配料，在陶器和瓷器上可烧为亮面而无须抛光[313]。"液体亮金"在传统的中国陶瓷操作方法中没有对应物，但当前在中国近代陶瓷工业中却已广为使用。

转回到传统的中国饰金方法上来，汞镀金（鎏金）用于对陶瓷的装饰时，看来并没有在其正常的操作温度 250—350℃下进行过。这种工艺在某种程度上要依赖于 Hg-Au 汞齐与其下面的铜、青铜或黄铜之间的反应，因此即便是对于铁和钢这种工艺似乎也很难派上用场。但是在烧制釉上金彩所用的较高温度（约 700—1060℃）下，汞镀金可能在陶瓷饰金中起到一定的作用，因为在 1877 年的化学百科全书中曾描述了这类方法中的一种。条目中写道："与水银和助熔剂配制在一起的金，备好待用时看上去像黑色粉末。"与这一说明相接的是一条对于"观察"（试绘）的说明，适用于[314]：

700

　　　确定加热的程度，在此温度时，金会附于陶瓷之上，而整体色调不变，即炉中其他彩料颜色没有改变。

后一条说明表示，一旦汞被驱除了，这个与釉上金彩相关的典型焙烧温度也就可以用于汞镀金。虽然汞镀金方法会有益于初始时期金的扩散，但对烧成后的金必须要彻底抛光，以便整治所产生的暗淡且多孔的薄层。

以上全部内容告诉我们，在已经有的中国黄金加工处理方法的基础上，在中国大约使用过七种不同的方法来为陶瓷饰金。这些方法大体分为未经彩烧的和经过彩烧的两类：

312　对于某些早期日本瓷器釉上装饰的金彩，曾尝试过辨识是技工研磨还是化学沉淀，前提条件是假设沉淀所得的金要精细得多。所用技术为 PIXE 和 SEM 微探针分析。然而，结果并不明晰，即在装饰的同一区域成片的金和超精细的金颗粒（500—1000 纳米）均可以被观测到，两种工艺的形貌特点均有所显示。还显示出大量铅的存在。Jarjis *et al.*（1995），p. 147。

313　Hainbach（1907），p. 193，注意到了近期欧洲陶瓷业对"亮金"的引入并做了解释："其含金比例约为 12%，还有按所含金重量计约 1%的铑。后面这一种金属是使金烧固后无须抛光即变为明亮的原因……金和铑的合金以化合物硫化萜烯金（auroterpene sulphide）形式存在，易溶于精油。"然而俄国杜廖沃颜料厂（Dulevo Colour Works）的图马诺夫（S. G. Tumanov）仔细研究了这些有机金化合物，认为其化学内容有很多尚不清楚："布德尼科夫（Budnikov）认为 $C_{10}H_{16}S$ 与氯化金一起给出了 $C_{10}H_{16}S \cdot AuCl_3$ 类型的双官能团化合物，它在加热中分解为 $C_{10}H_{16}Cl_2$ 和硫化金。随着进一步加热，硫化金转变为 Au 和 SO_3。开姆尼齐乌斯（Chemnizius）假定树脂酸金是胶体 Au_2S_3 及一层有未知成分的硫黄香脂保护膜。特罗伊茨基（Troitskii）通过用丙酮处理树脂酸金，将其相应于 $C_{10}H_{16}S_2Au_2$ 的部分分离出来。……特别是，以他的意见，形成树脂酸金的反应应认为是硫黄松脂中的硫与黄金之间的反应，反应能够完成是由于硫有自由价。"Tumanov，译文见 Shaw（1962），p. 71。图马诺夫给出了陶器釉上液体亮金的烧固温度，如：在硬瓷釉上为 790—830℃，陶器釉上为 760—790℃，钠钙玻璃上为 540—600℃，而水晶铅玻璃上则为 450℃（同上，pp. 73-74）。因此，下面釉或玻璃的软化温度似乎是成功烧成"液体亮金"的关键条件。

314　Anon.（1877a），pp. 720-721。

图 156　公元 8 世纪早期的唐代随葬俑

702

图 157 显示长袍上彩绘画和表面金饰的细部

A　未经彩烧的

- 金叶，或许在釉与金叶之间使用某种黏合剂（如漆）[315]。
- 金粉，施用时加胶或漆等调和剂。

未经彩烧的陶瓷饰金并不普遍，仅仅用于唐代最为昂贵的彩绘随葬器物之上。

B　一般温度烧固型釉上金彩（600—800℃）

- 金粉加陶瓷助熔剂。
- 汞镀金加陶瓷助熔剂。

C　"高"温烧固型釉上金彩（800—1060℃）

- 汞镀金，无助熔剂。
- 金叶，无助熔剂。
- 金粉，无助熔剂。

所有七种工艺在最后阶段都需要抛光，通常使用像玛瑙这样的平滑石块来完成。

任何对中国陶瓷饰金工艺的研究都必须要记住这七种可能的方法。另外，还有一件非常重要的事情需要考虑：金料中若含有银以外的元素（如铜和铁，这是天然金中常见的污染物或掺杂物），就只能使用不经彩烧的饰金方法。正如海因巴赫所指出的[316]：

> 基本要点是（对釉上金彩）应该使用化学纯度的金，因为即使是微小痕量异质金属的存在，也会妨碍真正金色的形成，色调会因氧化而破坏，引起改变。

（v）对中国陶瓷上金彩装饰的研究

金彩装饰和银彩装饰均曾在一些定窑器物上使用过，特别是在那些有漆黑色和漆褐色釉的较为稀有的类型上，这些器物即所谓的"黑定"和"红定"。已在一例红定上确认使用了金叶，而且可能也是经过彩烧的，而有所存疑的是此例中黄金装饰和碗是否为同代物，如罗伯特·莫里（Robert Mowry）所说[317]：

> 安徽合肥搜集到一有饰金痕迹的定窑赤褐（酱色）釉瓶，年代推定为宋代前后，此瓶证实了这类器物为古代旧物。另外，宋代晚期学者周密（1232—1298年）在其《志雅堂杂钞》中谈及，"（对）金彩定窑碗，曾使用蒜汁制备金彩（然

703

315　除金属制品和陶瓷之外，黄金常常用于雕塑品表面装饰。例如，宋金两代，在高岭红土和朱砂彩绘之上使用金叶或金彩绘，而明代在红土和石膏之上使用精致的流体涂金，见 Larson & Kerr（1985），pp. 60-64，71-72。

316　Hainbach（1907），p. 190。

317　Mowry（1996），pp. 108-110。

后将其绘上）；此后碗被置于窑内并再次烧制；（金）会永不脱落"（"金花定碗，用大蒜汁调金描画，然后再入窑烧，永不复脱"）。

在这一时期，施釉的波斯熔块瓷器可能也曾利用黄金和胶饰金彩，并经烧固，以提升器物的档次。1301年阿布·卡西姆描写了这种工艺[318]：

> 这些器物（被装饰的物件）中的每一件都置于一个陶皿中，放入特别为此目的制作的饰金炉，从早到晚小火焙烧。烧好时将火再减小并用黏土将火匣密封。所有饰金物件，如写金字的器物等等，都用此方法制作。

在转回讨论定窑之时，顺便提一下，18世纪在塞夫尔曾经用过大蒜油作上色的调和剂，此事令人关注[319]。就红定碗来说，可能金叶薄层在刻制成装饰图案之前是多层叠放的。单层金叶在烧后给出的效果过于淡薄，而多片金叶会由于静电作用粘在一起，并且很容易通过用力摩擦而紧密结合成一体。也可能是另一种情况，制作中使用了一种较为接近箔的材料[320]。

除在定窑器物上这样使用之外，在14世纪龙泉青器上预留的未施釉部分也曾施加金彩，景德镇14世纪的瓷器也这样装饰过。在本册第二部分 p. 202 曾提到过元代禁止奢侈浪费而控制金彩使用的律条。这一时期金彩器物的样例中有多件是保存在窖藏中的。河北"保定窖藏"中发现的元代单色蓝釉瓷质金属器形的器皿，就曾在瓷地预留的空白之处加额外的黄金装饰[321]。还有两座窖藏，一座在江西高安，另一座在浙江杭州，里面也有带黄金纹饰的奢华器物[322]。除窖藏中保留的物件以外，某些稀有的元代孔雀绿釉器皿也加有金彩，或许是在仿制近东的银色虹彩器，这种银器具有类似黄金的色调。这类孔雀绿实例曾存在于景德镇御窑遗址的元代地层中[323]。此外，发掘中找到的珍贵的元代白瓷高脚杯则使用了釉上彩和金彩两种装饰[324]。

15世纪早期，明代的单色釉曾利用加金彩增值，所加的金彩往往已被磨掉。不过，台北"故宫博物院"收藏的一个永乐时期釉下蓝彩碗还可以显示出其上的金彩图案[325]。景德镇御窑窑址出土的成化年间的发现物中包括了几件物品，其蓝色地上留有白龙，其中白釉描的龙上最初是施有金彩的，这是一个新开发的品种[326]。

318　Allan（1973），p. 115。

319　安托万·达尔比（Antoine d'Albis）与武德的私人通信（1998年）。

320　富本宪吉在20世纪60年代为其釉上的"金襕手"效果使用了五层金叶。见 Sanders（1967），p. 223。关于红定碗装饰中使用的金叶，有两条线索：①观察结果，在图案上某一点可以看出纹饰本身稍有回卷；②三幅黄金花朵是同样的。见 Mowry（1996），p. 110。文中提出，这种相似性可能是通过某种印刷的形式获得的。但是，在一叠金叶上刻制这样的图形，然后将这叠金叶分为三份，可以是对观察到的这些相似性的另一种解释。

321　赵巨川和何直刚（1965）。一个容器，爵，汪庆正 [（2000），图版244] 的书中有漂亮的插图。

322　汪庆正 [（2000），图版248] 的书中展示了一个高安的金彩龙纹白瓷瓶。关于高安，另见刘御黑和熊琳（1982）。

323　Liu Xinyuan（1993），pp. 33-35；Liu Xinyuan（1992），p. 49。

324　有一只这样的高足杯为私人藏品，另一只为内蒙古出土，目前在上海博物馆展出。两只均有图片，见汪庆正（2000），图版245，246。

325　Valenstein（1989），p. 168；刘新园（1993），第44，84页。

326　刘新园（1993），第44，84页，图19a。

图 158　一对嘉靖年间的"金襕手"装饰瓷碗

　　最为精细的、以金来美化的瓷器实例中有一些是嘉靖年间景德镇所制作的。最引人注目的物件使用了密集的黄金图案，通常以合适的花样，绘于有对比色的地上。地经常为红彩，但有时就是普通白釉。这些奢华的饰金瓷器在西亚很受赏识，在日本也是如此，那里采用的名称是"金襕手"。在嘉靖时期"金襕手"瓷器中常有金彩部分明显多于底釉露出部分的情况，曾经有人假设有黄金装饰的一整片区域是先整体饰金，然后用针尖小心地剔金成花并露出背底。事实上，对一件嘉靖样品的显微镜检测揭示了一种相当不同的技术，正如内藤匡（Naitō Tadashi）所判定的[327]：

　　　　将小片金箔刻为与图案中呈金色的部分严格一致的形状。然后将这些刻片用黏合剂在器皿表面粘牢。此工作完成得如此精准，以至于用肉眼无法看出各片间的接合点……偶尔能见到两部分被微小间隔所分离，或稍稍重叠……检测也显露出了斩切而形成的图案轮廓，这与笔触所取得的效果完全不同。

内藤匡不能确定所用的是何种黏合剂，但提议考虑中国漆，"这种黏合剂可保留其效力达数百年之久。仅直接曝于阳光才会使其变弱"。内藤匡自己的显微照片揭示出，一些细节似乎是使用了针尖将金划开至下面的地而完成的[328]。日本仿制时，"金襕手"工艺更为经常地运用描金，以 20 世纪的陶工富本宪吉的作品为代表，其大师级的"金襕手"风格瓷器制于 20 世纪 50 年代和 60 年代[329]。

327　Naitō（1951），pp. 6-8。

328　同上，p. 8，fig. 2。

329　见 Sanders（1967），p. 40，pl. 42。

图 159　带有通体饰金残迹的残缺大钵，出土于景德镇御窑永乐地层

706　　　真正的通体饰金彩会给人以金器的错觉，早在永乐年间，景德镇御窑就以实验方式首次对此进行了尝试。1994 年那里出土了一个残缺的大钵。

　　这一份样品的结果显然不能令人满意，这使人们清楚地看到那次金彩烧制实验是失败的，而且在此后大约 300 年间，一直到康熙晚期之前，都没能再次见到这种工艺（成功）。康熙晚期，这种装饰方式曾用于某些珍稀的景德镇御瓷。但这些器皿及其后器皿表面经黄金装饰后的奢华品相似乎更像是冷饰金而不是经烧固的饰金，尤其是因为有一件样品上磨损的金片下面的底坯显示出暗淡的珊瑚色调，与金漆十分相近，而不是康熙釉上彩中熟悉的颜色[330]。

　　欧洲进口的中国瓷器经常会再次加金彩，为的是呈现更为富丽、厚重的效果。完成的方法是：将制好的金属黄金粉末与低温助熔剂——常为氧化铋相混合，然后将此混合物烧至大约 700℃以生成褐色。打磨则可以使这种软金属延展开来，成为连续的光亮薄层[331]。

707　　　　　（vi）第六部分"颜料、釉上彩料和饰金"的小结

　　新石器时代中国泥釉彩绘的器物代表了一种风格，但在新石器时代后期灰陶和黑陶器物流行以及青铜时代灰釉发展时，没有保留这种彩绘装饰方式。然而自战国时期

　　330　见 Anon.（1989c），第 90-91 页，图版 73-74；Li He（1996），p. 282，pl. 554，及 p. 317。红地经常配金叶以增强其颜色的暖度，因为金叶在光透过时稍呈绿色。雕刻行业领悟到这一操作方式是在木质雕像的红漆颜料上饰金来仿制饰金青铜器的时候。见 Larson & Kerr（1985），fig. 5；Larson & Kerr（1991），p. 29。

　　331　Kingery & Vandiver（1986a），p. 275。

开始，中国北方对玻璃和釉珠工艺的实验促成了新合成颜料的使用，特别是中国蓝和中国紫。与此同时，铅釉技术开始发展，直至汉唐两代，那个时期使用闪耀发光的高铅釉装饰随葬器物。然后，在 12 世纪晚期，人们将传统的北方铅釉进行改进，制作了低温红色、绿色和黄色釉上彩料，施于涂有白色化妆土的磁州风格炻器上。以低温富铅釉为基础的中国釉上彩料在 14 世纪传播到中国南方，用于少数珍贵的景德镇瓷器。经初期的实验之后，在 15 世纪，随着为皇室制作釉上彩细瓷，景德镇彩料的生产技艺被带到了一个很高的水平。在 18 世纪早期，一系列不透明和半透明的釉上彩料被引入景德镇作为对传统透明彩料的补充，而后不久其就在很大程度上取代了传统的透明彩料。这些新的半透明和不透明颜料在西方被称为"玫瑰色系"，而在中国则被称为"珐琅彩"、"洋彩"、"粉彩"和"软彩"。

过渡族元素铁、铜和钴的氧化物既可以用作釉着色剂，也可以用作彩料中的颜料。钴蓝在中国的历史尤为复杂，因为在不同时期所用的含钴矿石不同，有高铜、高铁、高锰、高镍和高锡等各个种类。将钴作为瓷器釉下蓝彩，用来制作"青花"，"青花"代表了中国在原料的使用方面对世界陶瓷最为重大的贡献。

使用黄金装饰陶瓷可能源自金属制品的镀金、镶金和包金箔。后来，在宋代定窑器物上使用了经彩烧的饰金装饰。超过 800℃的"高"温釉上金彩是缓慢完善的，而通体饰金在经历了明代初期的失败实验以后，直至 18 世纪才得以实现。即便如此，中国瓷器上的饰金在西方人眼中似乎是暗淡无光的，因此出口的物件经常在到达欧洲后被重新加金彩。

第七部分　对外传播

（1）中国技术向世界的传播以及中国陶瓷在世界陶瓷技术发展进程中的重要作用（上）

（i）中国对世界陶瓷的影响

毫无疑问，中国是影响世界陶瓷历史进程的最重要的力量。中国的影响与中国坚固的高温烧制陶瓷的出口，例如炻器和瓷器，以及这类高温器物所获得的成功密不可分，总的来说这要归因于中国陶瓷原料的优异品质、中国陶瓷作坊和工厂高效的组织管理以及中国窑炉总体的高效能。这些特点在中国南方尤其明显，绝大多数的出口陶瓷就是在那里制造的。向世界市场的渗透则是通过内部对贸易的管理，以及由中国人和其他代理商所维护的海外复杂纵深的营销网络来实现的。中国陶瓷胎和釉的突出优点使其成为贸易中的垄断商品，因此刺激了世界各地的陶瓷业者用当地资源去仿制这些器物。

尽管存在着众多的模仿尝试，但中国陶瓷器在数百年间一直是世界最先进的陶瓷产品，中国陶瓷作为奢侈华贵品受到追捧，而此时其他国家模仿它们的那些做法还处于初级的能力欠缺阶段。朝鲜是最早迈向成功的，早在公元9世纪就生产出了白瓷，到12世纪生产出了在中国广受推崇的青瓷。在日本，烧制炻器的传统做法到公元8世纪已属先进，但直到1620年第一件瓷器还没有生产出来[1]。到15世纪，越南和泰国的陶瓷技术发展到了可以在亚洲市场挑战中国进口陶瓷的水平。缅甸和柬埔寨发展出了自己的陶瓷制造传统，其设计受到来自印度和中国的影响。然而在所有上述国家中，与本土制造并行的，是中国陶瓷仍然在源源不断地进口[2]。

可以将南亚、西亚和非洲的国家划分为两类，一类是并不急需将本土化的制陶业作进一步发展的国家和地区（斯里兰卡、印度、阿拉伯半岛、东非），另一类是积极寻求模仿中国进口陶瓷，开发自身制陶传统的国家和地区（波斯、伊拉克、叙利亚、埃及、土耳其）。对于后者，有两点可以观察到。第一（在东亚和东南亚国家中很普遍），仿制品最初是为了更好满足当地需求而制造出来的，但后来证明作为出口商品它们更具附加的宝贵价值。第二，在模仿中国陶瓷胎和釉的过程中，陶工们所使用的是当地的原材料，因此往往会开发出与中国做法十分不同的制造工艺来。

在欧洲，中国陶瓷技术霸主的地位迟至1709年以前仍未受到挑战，在那一年真正

1　Impey（1996），p. 84。

2　20世纪前印度尼西亚和菲律宾没有形成自己国内的制陶工业，至今中国陶瓷仍是那里重要的商品。

的硬质瓷（hard-paste porcelains）终于在萨克森的迈森制造出来，采用的是当地的高岭土并以煅烧过的雪花石膏为助熔剂[3]。

（ii）技 术 传 播

在介绍中国对世界陶瓷历史进程影响的规模与多样性时，无论是直接影响还是间接影响，将中国陶瓷技术向其本土之外的传播分成三大类别可能是有益的。这三大类分别为"本区域的"、"遥远的"和"再造的"，可以概述如下。

● 本区域的技术传播　有赖于对地质资源的开发，这些资源与支撑建立中国自己的陶瓷工业的地质资源相类似。这类传播时常是在中国陶工移民的帮助下实现的，他们带来了中国的样式、制造方法和窑炉结构。本区域的传播可以在朝鲜、日本、越南、缅甸、柬埔寨、泰国和老挝等国见到，那里使用的原材料往往与中国作坊中使用的非常接近。

● 遥远的传播　是由与一些距离中国心脏地带遥远的国家中存在着中国陶瓷交易而激发出的，涉及南亚、西亚，欧洲南部和北部、斯堪的纳维亚和俄罗斯，以及南北美洲的一些国家和地区。这种传播更像是通过外表重塑而进行的某种模仿，这是企图开发出在材料组成上与中国原型完全不同而表面看起来往往非常相像的陶瓷的过程。中国陶瓷制造过程的目击资料，而不是化学分析，时常被用于这类研究中。总的来说，这些中国陶瓷的仿制品比起进口原型在技术工艺上往往处于劣势，尽管在一些实例中，尤其是在欧洲大陆的硬质瓷器和欧洲红炻器上，陶工们所实现的工艺质量已经超越了中国原件。

● 再造的传播　采用科学分析结合实践的方式。这种类型的工作是19—21世纪在欧洲由一些工艺学家完成的，像柏林的赫尔曼·塞格、塞夫尔的乔治·福格特、英国特伦特河畔斯托克的伯纳德·穆尔（Bernard Moore）和梅勒（J. W. Mellor）等。这种类型的传播还包含一些现代陶艺家的工作，这些人从基本原理上对中国黏土和釉料的特性进行了研究，然后采用可以获得的原料重新制作它们。

严格意义上讲，只有第一类和最后一类情况才可以说出现了真正的技术传播。然而，第二类过程也同样是重要的，因为它导致了世界陶瓷史中众多有影响器物的出现。这些器物代表了中国进口陶瓷对当地制陶业者的影响，而且，除了提到的施锡釉的熔块瓷器外，这一过程还激发出了像英国滑石瓷和英国骨质瓷这类对中国做法的相当富有成果的误判。后两种材料在18世纪的开发原本都是为了对应中国瓷器，而包含约50%动物骨灰的骨质瓷，则最终作为英国重要的具有半透明感的白"瓷"制品流传下来。

711

3　Impey（1996），p. 2；Schulle & Ullrich（1982）；Kingery（1986）。

（iii）对材料的认识

初看起来这像是在对显而易见的观点进行论述，但正确认识一种技术是如何及何时得到传播的，确实在相当程度上要依赖对它所涉及的材料和处理方法的正确认识。由中国传播而出的许多实用艺术品和技术，例如，丝绸、印刷术和火药等，其所涉及的过程和原理在本质上是完全明晰的。但对于陶瓷来说，其原始材料的真正性质可以说远没有搞清，有点自相矛盾的是，对中国高温烧制的陶瓷的真实特性的误判，太多地体现在海外对中国瓷器的模仿中，直到现代在有关这一课题的一些科学研究中也仍然存在这样的误判。这里的困难在于，即便是最彻底的定量分析，也无法揭示出作为研究对象的陶瓷器皿其制造材料最初在矿物学上是些什么东西，因而对中国陶工所用原料真正性质所作出的那些推断也就远非直截了当了。

这个问题在高温陶瓷的情况中尤为突出，因为这些器物在窑炉中经过了根本性的改变。也许正是出于这一原因，自18世纪末至进入20世纪，基于对中国瓷器的化学分析所作的解释一直摆脱不掉严重的误解。例如，西方在1982年前一直未能正确认识中国早期一种重要的瓷器——"青白"瓷；直到那一年，在西方学者的头脑中才终于建立起针对中国北方和南方白瓷差异的有效认识[4]。

由于当初的误解，一直以来中国白瓷和高温釉总是被当作"长石质"一类，同时
712 另一种不正确的看法在西方的文献中也很普遍，就是认为被称为高岭土的白色富黏土原料在中国瓷器的制造中是一种必不可少的东西。实际上，正如本册第二部分和第五部分（"黏土"和"釉"）所述，中国的釉料没有多少是基于长石的。中国瓷器大多数都是云母性的，含有细小的再生云母，既作为制造时的成型助剂，又作为烧制时的胎体助熔剂。在西方的瓷器中，这两种作用分别由高岭石和长石来完成。同样，如今我们已经了解，作为一种单独原料的高岭土，在东亚瓷的胎体中往往只是"可选性的"，而不像在西方，它是制瓷工艺中的非常基本的东西。上述错误之所以出现，之后又能在文献中扎根，反映了这样一个事实，就是科学重点关心的是测量，而这些测量结果究竟能表明什么，所作的解释也许就像基于模棱两可的课本或模糊不清的考古地层所作出的判断一样，难免主观并且易于出错。

最终，对所研究窑址附近的原材料尽量做出全面的矿物学分析，被证明是正确理解中国陶瓷技术的关键，在这个过程中同等重要的，就是要对某些总体地质构成的类别做出确认，正是在这种地质构成中才可以见到中国瓷窑的运行。也许正是这种"宏观地质学"的方法在理顺中国陶瓷上堆积的大量数据时发挥了最重要的作用，尤其是在20世纪最后25年。

---

4 认为中国"青白"瓷是长石质瓷器（完全基于微观定量分析）出现在松迪乌斯和塞格［Sundius & Seger（1963），pp. 414-415，485］的著作中。西方第一次提出"青白"瓷云母特性的是武德［Wood（1978），pp. 121-122］的著作，书中（pp. 261-264）有进一步的说明。1986年的论文出自1982年召开的第一届中国古代陶瓷科学技术国际讨论会。也是在这次会上，中国南、北方瓷器之间重要的和一直存在的差异对于西方学者来说才变得清晰。

（iv）北方与南方

　　正如第二部分开头所作的介绍，中国陶瓷材料在构成上存在着相当明显的地域性变化，现在看来这也许就是华北和华南地块原始面貌的某种反映，可以用一条虚构的分界在它们"合拢"并且最终融为一体的路线上将两者区分开来[5]，总体上说这是一条东西走向的斜线，穿过西部的南山区域，穿越秦岭山脉然后向东穿过淮河北部。这两个山系都是在华南和华北地块碰撞时隆起的，这条融合线将中国主要的大陆地块分为了大致相等的两片区域（见本册第41页，图8）[6]。

　　靠近这一分界的东端，在江苏和山东的沿海地区，南北分界线出现了醒目的上扬，华南地块向东北方向移进了数百公里，这是郯城-庐江扭捩断层系统所导致的[7]。这一重要特征绵延大约3600公里，从长江北岸直到俄罗斯的东北部。有时它被比作是北美圣安德烈斯断层（North America's San Andreas fault），尽管郯城-庐江扭捩断层系统要长得多[8]。华南地块中从南部的主要地块向东北方向突出的这一部分，延伸大约700公里，这导致了朝鲜南部的地质学特征几乎与中国南部表现出的完全相同（图160）。不过，朝鲜北部看起来仍像是华北地块的延续，朝鲜自己的南北分界线多少是

713

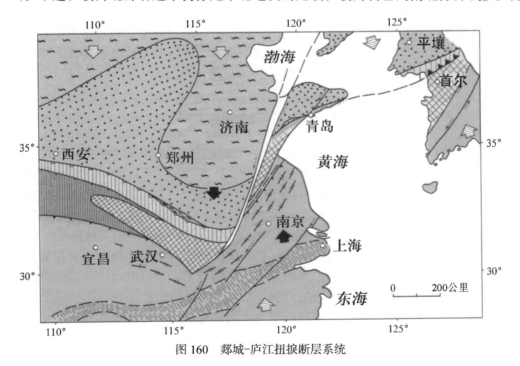

图160　郯城-庐江扭捩断层系统

5　Wood（2000b），pp. 15-24。

6　Piper（1987）；Ren Jiashun *et al.*（1987）；Xu Guirong & Yang Weiping（1994）。

7　徐嘉炜［Xu Jiawei（1993）］编辑的著作中包含有论述这一系统的18篇论文。

8　缩写为"郯-庐断层"，"郯-庐"指的是处于郯城-庐江扭捩断层系统两端的山东郯城县和安徽庐江县。郯-庐断层长度3600公里，圣安德烈斯断层长度为1100公里，关于全面的对比，见 Xu Jiawei（1993），p. 52，table 3.1。

按照现在的非军事区伸展的。这一构造现象曾对朝鲜的陶瓷发展史产生过极为重要的影响。对陶瓷原材料（本质上与中国南方的类似）的开发利用出现在如今韩国的西海岸，但通常针对的是旧时首都平壤的消费，它处于如今的朝鲜[9]。

714　　在中国大陆最南端的云南省，另一个被称为印支地块（Indo-China block）的古老地块与形成较晚的中国大陆相撞。这一事件有助于对云南南部，以及越南、泰国和缅甸所使用的原材料作出说明[10]。这一区域的原材料总体上说偏于硅土性，与中国南部的一样，但这里似乎缺少最纯粹的瓷石，而在中国南部它们却是得天独厚地丰富。

（ⅴ）出口与仿制

由此看来，原材料的可得性（或不可得性）有助于确定当地对中国所产瓷器模仿水平的好坏。然而，整个过程的起步还在于中国瓷器向其他地方的出口。通过对国外仿制中国瓷器时各种做法的追溯，中国对世界陶瓷史的很多影响就变得十分清晰了，并且中国陶瓷工匠对世界陶瓷技术的贡献也可以放置到更大的关联中加以看待。

对中国风格的高温烧制的施釉瓷器有了感受之后，很多国家着手发展本土的陶瓷产业以满足当地需求，抑制进口花费。中国原型被改造成适合当地的品味和用途，在器型、表面和纹饰上采用了大胆和适宜的设计方案[11]。在新产品的成功推出中有三个因素发挥着重要作用。第一，是当地黏土的特质；第二，器形、釉面和装饰类型，即受到影响后的设计；第三，是适合生产这些器物的窑炉布置。

（ⅵ）贸易的经济效益

汉代之前对高温烧制的施釉陶瓷的开发，以及公元 600 年左右瓷器的制造，使中国在贸易中处于非常有利的地位。与丝绸、黄金、漆器等商品一起，陶瓷成为贵重的贸易品[12]。陶器和瓷器自汉代以来一直在出口。整个唐代不断增加的收入源自亚洲、非洲、近东和中东国家，贸易在宋代和元代达到高峰。14 世纪，少量珍贵的中国陶瓷样品进入欧洲人的收藏中，自 16 世纪起，欧洲商人建立了通往中国的贸易路线。

尽管陶瓷出口有着潜在的财政上的好处，中国政府对贸易的控制态度在某些时期仍很严厉。有推测说，跨越北部边界的游牧民族的袭击以及沿海地区海盗的袭击，曾促使中国朝廷坚决主张对一切类型的外贸和对外关系采取管控措施。这些限定措施导

715　致平常留给私人商贩去发挥的许多功能改为由国家接手，并将措施本身体现在朝贡制

9　关于朝鲜陶瓷原材料的讨论，尤其可见 Park Jong Hoon 等（*1973*）及 Koh Choo（1992）。

10　后一碰撞发生的时间仍有争论。相关的讨论，见 Yin Hongfu（1989），p. 329。

11　何翠媚［Ho Chui-mei（1995）］强调，将品味和工艺的传播仅看成是中国对其他地区间的一种单向过程是危险的。她指出了中国的海外移民社团作为出口陶瓷用户所发挥的重要作用，还强调了原有的本土品味和专业技术在海外陶瓷传统发展上的作用。

12　见 Chaudhuri（1985），map，pp. 186-187，其中提到中国在公元 1000 多年后的出口，据测算有：黄金（5%），丝绸、生丝、瓷器、漆（30%），茶叶、糖、大黄、铜币、粗锌（65%）。

度（tribute system）中[13]。对贸易的限制在不同的时期松紧不同。例如，在唐代，尽管像香料这类贵重货物必须通过皇家的海关管制，但国际的商业往来相对来说还是畅通无阻的。在宋代（尤其是南宋时期）贸易上的往来对于维持中国南方的经济是至关重要的[14]。元代前半期严厉的国家控制是其特征，而在 14 世纪早期，这种控制松动了[15]。接下来的明代，在绝大多数时期非官方的贸易都属于违法。中国政府阶段性地表现出的这种严格的贸易管制，可能主要是出于下列三个原因。第一，中国内部市场已够大够强，对外销售并不重要，在特定的时期内政府完全可以从国内资源中汲取到收入[16]。第二，存在着不同程度的官吏不作为和默许，而使非法海上运输大量涌现。第三，朝贡制度本身并不完全出于增加朝廷收入的目的，尽管因此而得到的物品可以用于国内的犒赏酬劳[17]。在明末清初的那段时期（1620—1680 年），政府管控的崩溃和内战，对贸易的影响是负面的。但在那之后，以及整个 18 世纪和 19 世纪前半期，数量巨大的瓷器又出口到了从东南亚远至北美洲的各个目的地中。

（vii）中国出口贸易的组织

自汉代开始，中国陶瓷作为整个大贸易中相对不太重要的分支，一直在海外寻求着出路[18]。但到了唐代，情况不再是这样，一个意义重大的陶瓷出口市场被开发出来。公元 7 世纪早期，蓬勃兴起的造船业建造出数以千计的可远洋航行的平底帆船[19]。其中很多被用来向南亚和东南亚国家运送陶瓷器皿，这些陶瓷又从那里被运到更远的地方。令人有些不解的是，尽管从技术上说中国船只有能力完成长距离的远航，但商人们却宁愿将直达行程限定在一个相对有限的范围内。中国商品被转手出售给东南亚、印度、波斯和阿拉伯的商人[20]，他们再将这些商品转运到东南亚、斯里兰卡、印度、阿拉伯半岛和非洲的各港口销售[21]。中国的海关设在明州（现在的宁波）和广州[22]。主要的口岸也是这两个城市外加扬州（见本册 p. 672）。唐代出口的主要陶瓷器有邢窑和定窑的白瓷、北方的白釉绿彩器（"三彩"的一种）、浙江的青瓷（主要是越窑器物）、广

716

13　Chaudhuri（1985），p. 13。

14　Kwan & Martin（1985a），pp. 49-50。

15　Shih Ching-fei（2001），pp. 170-172。

16　参见 Ray Huang（1969），p. 103；Chaudhuri（1985），p. 15。

17　Ray Huang（1969），pp. 103，110。

18　石泽良昭［Ishizawa（1995）］基于中国文献编辑了中国从公元 1—5 世纪的出口年表。关于汉及汉以前的情况，见 Needham et al.（1971），pp. 442-448。

19　《新唐书》卷一〇〇，第 3941 页，其中提到公元 627—649 年仅杭州就造出 500 只大型海船。叶文程和罗立华（1991），第 109 页。关于中国航海发展的全面介绍，见 Needham et al.（1971），pp. 379-486。

20　宋以后，犹太商人成为重要的中间人。

21　Lovell（1964），p. ix，Chaudhuri（1985），pp. 15，50-51。报告中提到大规模陶瓷贸易由名为苏莱曼（Sulayman；公元 851 年）和伊本·胡尔达兹比（Ibn Khordadebeh；公元 864 年）的两个阿拉伯商人在进行，见 Dillon（1976），p. 185。

22　叶文程（1988），第 128 页。

东的陶瓷以及各种各样的长沙窑和其他湖南窑的产品[23]。

宋元时期，陶瓷出口市场兴旺起来，陶瓷被列入了官方进出口目录中。陶瓷运出中国既走陆路也走海路。《宋史》（1345 年）告诉我们，1084 年一个办事机构在兰州设立了，这里是穿越大陆的丝绸之路的大门，中国与"蕃人"的贸易开放了[24]。宋代初年（公元 971 年），海路贸易的海关机构在广州设立，同样的机构于公元 989 年在明州设立，又于 1087 年在泉州设立，同一时期厦门成了另一个重要港口[25]。北宋时期广州是中国南方最重要的港口，1127 年后，更靠近都城杭州的泉州的重要性变得可与之抗衡。到元朝，泉州已发展成了中国主要的沿海口岸之一，外来商人使那里的人口剧增，很多人在这座城市安了家[26]。虽然厦门的情况没见详细记载，但在泉州、福州、明州、漳州和广州等地，记载中私人建造的巨型远洋船可达到 600 吨之巨[27]。南宋时期，中国北半部遭受蹂躏后，这些海港以及海外贸易收入的重要性不断增大[28]。政府对钱币的强烈渴求以及陶瓷在贸易中的作用在 1219 年的一篇记载中揭示出来[29]：

> 令人不安的是官员们经常使用黄金和白银来支付对外贸易，致使宝贵的硬通货流失。作为一种替代，强烈要求交易时使用丝织品、瓷器、漆器和其他商品来完成。

> 〈（嘉定十二年，）臣僚言以金银博买，泄之远夷为可惜，乃命有司止以绢帛、锦绮、瓷漆之属博易。〉

中国元代蒙古族的统治者们对宋王朝经营海外贸易所带来的好处甚为艳羡，他们进一步制定了许多政策以增强国家的商业活动。1284 年官方开始出资用于船只建造，同时对海外销售予以资助，利润分成方案是 70%归政府，30%归销售商个人。1323 年之后商人们出海航行是自由的，尽管元朝政府要向他们征税，而且将派遣正规贸易商船出海的权力保留在自己手中[30]。

明代，官方批准的贸易和赏赐物品的运输继续处于增长中。例如，1383 年，超过 57 000 件瓷器作为皇家礼物运送到泰国、爪哇（Java）及其他东南亚国家，而 1377 年还有更远的馈赠[31]。新开发的一些被看好的目的港中包括冲绳（Okinawa；即琉球群

717

23　三上次男［Mikami（1990）］在写到中国陶瓷在东南亚的情况时，罗列了这些陶瓷种类，同时还提到只在印尼发现了出自河南的黑釉洒白花陶瓷。

24　《中国历代食货志正编》第二册，第 462 页。

25　同上，第 139 页。Clark（1991），pp. 376，作者也讨论了该贸易管理机构（"市舶司"）在宋代早期的职能作用（pp. 377-378）。

26　见 Anon.（1982b）；Kwan & Martin（1985a），及 Anon.（1985c）。

27　Kwan & Martin（1985a），pp. 49, 52，引自《宋会要》和《宋史》。

28　Guy（1980），p. 19。

29　《中国历代食货志正编》第二册，第 466，469 页。

30　《元史》卷九十四（食货二），第二十五至二十六页；卷二〇五（列传第九十二），第十一页，"卢世荣传"。参见喻常森（1994），第 90-98，106-116 页；相关讨论，见陈阶晋（1996）。

31　《明史》卷三二四，第三、十三、十六页。

岛），它被当作一个货物集散中转地为拓展中的日本市场服务[32]。

然而，正如前面提到的，在明代的大多数时期非官府的对外贸易都被定为非法。明代第一位皇帝洪武帝强化了严厉的禁令，1370 年在宁波、泉州和广州设立了称为市舶司的衙门，该机构从属于户部，掌管海外贸易、收取进口关税、防止违禁品走私[33]。

15 世纪初有一小段时期，永乐皇帝有意对涉外交往采取垄断，在 1405—1433 年间，七次派出由宦官郑和率领的远洋船队出海。这些远征具有多重目的，其中包括拓展涉外贸易[34]。中国的穆斯林地理学家、郑和统帅团队中的翻译马欢在他的著述《瀛涯胜览》（1451 年）中提到了送往锡兰（Ceylon）和占婆（Champa；越南中部）成批的青釉器物，以及正在兴起的青花瓷和其他瓷器的贸易，目标指向爪哇及阿拉伯半岛的佐法尔（Dhofar）和麦加（Mecca）[35]。船队中另一位官员费信，在他的著作《星槎胜览》（1436 年）中描述了以青花为主的瓷器如何向东卖到台湾和冲绳岛，向南卖到菲律宾、帝汶岛（Timor）、泰国、苏门答腊岛（Sumatra）和马来西亚，向西卖到斯里兰卡、西南印度、孟加拉、马尔代夫群岛（Maldive Islands）和拉克代夫群岛（Laccadive Islands）、波斯湾（阿拉伯海），以及东非[36]。

718

然而，郑和的远航并不能缓解因贸易禁令而导致的陶瓷贸易的减少，14 世纪晚期至 15 世纪中期似乎是外部对瓷器的需求没能得到满足的时期[37]。即便如此，私人商贩们设法带到国外的陶瓷数量还是相当可观的，既有官方许可的也有未经官方许可的。贸易规模可以从扬州运河码头的出土文物上作出估算，在明代货栈附近，发掘出了洪武至弘治时期（1368—1505 年）的瓷器 30 000 件[38]。由中国贸易禁令导致的短缺引发了 15—17 世纪来自泰国和越南的竞争性陶瓷产品[39]。

整个 16 世纪，大量的陶瓷非法贸易仍在继续，即便是在 1567 年部分解除海禁，国际贸易可以通过福建海澄港来进行之后，情况依然如此[40]。一部描述 16 世纪贸易的

32　在琉球曾发现过一些年代为宋元时期的中国陶瓷，在 1372 年其附属国的关系确立后，贸易得到了扩展。1374 年，有 69 500 件陶瓷销到那里，1385 年有 19 000 件，在 1376 年和 1404 年还有众多未详细说明的数量。见《明史》卷三二三（外国四），第一页，"琉球传"；Dillon（1976），p. 186。1404 年，琉球的一位外交使节曾亲自到浙江的龙泉地区购采陶瓷。见《明史》卷三二三，第三页，"琉球传"；及《明太宗实录》卷三十一，第一页。高良仓吉［Kurayoshi（1991）］曾对 14—16 世纪琉球王国及其作为贸易基地的作用进行过讨论。施静菲［Shih Ching-fei（2001），p. 219］指出了在冲绳的所见所闻与日本本土的不同。

33　海上贸易监管人员受宫里太监的辖制，导致后来与日本和欧洲商人间出现大量麻烦。1474 年泉州分支移到福州，1522 年除了广州办事处外全部关闭，见 Kerr（1982），p. 11；Hucker（1985），p. 429。

34　在李约瑟等［Needham et al.（1971），pp. 486-535］的著作中，有关于这些远航的详细描述。对李约瑟关于这一远航历史原因所作解释的批评，见 Finlay（2000）。

35　《瀛涯胜览》，第三十七页，第六、十五、五十四、七十二页；Mills（1970），pp. 129，85，97，153，178；Needham et al.（1971），pp. 558-559。

36　Mills & Ptak（1996），pp. 90，97，87，44，52，55，60，64，67，69，77，103，71，99，100，105，102，104。

37　有关所谓"明代空白期"的讨论，见 Brown（1997）。

38　来自钱伟鹏的私人通信，信中谈到那里的发掘情况。

39　对东南亚众多窑址的描述，见 Pulau Tioman，Kwan & Martin（1985b），p. 78；以及 Banten Girang，Dupoizat（1992），p. 57。盖伊［Guy（1987）］提供了关于东南亚窑址的比较完整的概述，并附有地图。

40　Ray Huang（1969），p. 99；Ho Chui-Mei（1994a），p. 66，note 6。

研究著述《东西洋考》(1618 年),提到了中国瓷器是如何丰富了婆罗洲人民的生活的,这些人以前使用植物叶子作为盛放食物的器皿。他们还珍惜带有龙纹饰的瓷瓮,将逝者的遗体放置其中,而不是将遗体直接掩埋[41]。

很多遗址提供的证据表明,陶瓷出口贸易持续不断,贯穿于整个明代,并进入清代。在明清交替的动荡时期,中国陶瓷产业出现了衰退,这引来了 17 世纪来自日本的竞争[42]。不过,19 世纪和 20 世纪,大量移居东南亚的中国人群使新的市场不断出现,中国仍然持续向国外销售着它的陶瓷产品。

(2)本区域的技术传播:中国陶瓷在东亚和东南亚的影响

(i)朝鲜半岛

最早受中国原型影响从事陶瓷产品开发的就是朝鲜和日本。有记载表明中国商人曾是朝鲜港口的频繁造访者[43]。北宋时期高丽瓷是受推崇的进口物品,这点从 1123 年中国派驻高丽的外交使节对它们的赞美中即可知晓(见本册 p. 537)。朝鲜半岛南部从根本上讲是南部中国地质上的延续,这使得中国式的灰釉炻器的生产简单直接。至少自公元 3 世纪起小型的"阶级窑"就开始在朝鲜使用,这种窑可能是伴随着该国被入侵和占领而从中国引进来的[44]。在朝鲜,这些窑最初用来烧制那种用拍打印纹方式成型的无釉灰色土陶。真正无釉炻器制品似乎是经过了长时期的演进直到公元 6 世纪才完成的[45],公元 9 世纪初中国式淡绿色的灰釉炻器开始生产,采用的是与中国基本相似的瓷土,但已比中国晚了两千多年[46]。然而,11 世纪初,当朝鲜南部制陶工匠在他们的青瓷釉的配方中,用瓷石代替作坯所用的瓷土后,一种非常具有朝鲜特色的对中国南方素陶瓷传统手法的改进出现了[47]。这种低氧化钛材料使高丽时期的青瓷以其翡色釉而著称于世,徐兢对它们曾赞不绝口。高丽时期另一项重要的陶瓷技艺就是在灰白色炻胎上采用了黑、白色化妆土镶嵌的工艺,在 12 世纪这一工艺已变得成熟[48]。镶嵌工艺可以在流动性强的含钙釉下产生出强烈的细节对比。在高丽时期,带有侧面开口的龙窑是标准类型的窑炉,用于烧制青釉炻器[49]。出土材料显示,10 世纪后半叶至 12 世纪

41　《东西洋考》卷四,第十八页。参见 Hirth(1888),pp. 51-55;夏德(Hirth)认为这种习俗是与瓷器一起从福建商人那里流传过来的,在福建也用瓷瓮来保存遗体。

42　Earle(1986),pp. 74-82;Ho Chui-Mei(1994a)。

43　Clark(1991),p. 381。

44　Barnes(1993),p. 217。

45　Tite *et al.*(1992),pp. 64-69。

46　Koh Choo *et al.*(1999),p. 53 and pp. 56-59,tables 1 and 2。

47　Wood(1994),pp. 52-53。

48　早在 10 世纪,对比镶嵌就已经在朝鲜陶瓷上有所采用,但第一次得到恰当的开发使用是在 12 世纪中期。Hughes *et al.*(1999),p. 287。

49　Wood(1994),pp. 52-56,58-61。

这类窑炉为单窑室隧道式结构，长 10—30 米，坡度 12°—15°。

　　近年在南部芳山洞窑址发现的公元 9 世纪初的某些朝鲜半岛白瓷表明，在采用石英云母岩生产白瓷这一制瓷工艺的重大进步方面，现在看来朝鲜半岛的制陶工匠们很有可能走在了中国之前[50]。尽管这并不意味着朝鲜是世界上最早的瓷器制造者[51]，但好像确实可以将朝鲜列入石英云母类瓷器制造的先驱。这种材料成为标准的原材料，对它的采用跨越了中国南部、朝鲜南部，同样也出现在九州岛有田（Arita）的日本重要制瓷中心区[52]。高丽时期（11 世纪），白瓷一直在生产，它们的矿物学特征与产自江西景德镇地区的瓷器相似[53]。

　　进一步证明朝鲜半岛陶工有资格担当陶瓷方面重要创新者的证据，可以在忠孝洞（Ch'unghyodong）西南的陶瓷窑 15 世纪生产的素白釉瓷器上找到，制胎时他们彻底采用了高岭土[54]。然而，某些朝鲜瓷器材料难于处理的特性往往会导致产品的失败。很多经过鉴定的收藏至今的物件都是变形的，并且时常破裂严重。1466 年后，像在中国一样，朝鲜朝廷保持着自己的中央窑场，窑场坐落在朝鲜广州（首尔的东南）。它们是阶梯式的、窑室相隔爬升的类型（见本册 pp. 360-364），至 17 世纪，细白瓷土一直从较远的地方运抵这里。与中国的情况不同，据记载，18 世纪后半叶广州地区的官窑场每十年就要转移，以便靠近新的上好木柴的供应地[55]。

　　在其他方面，朝鲜的先进程度与中国存有差距：即便是最细的高丽青瓷和白瓷，瓷釉通常仍是草木灰助熔型，而中国所采用的那种以石灰石作釉料助熔剂的做法似乎并没有流传到朝鲜的作坊中。不过，朝鲜高温陶瓷的艺术性应该说还是相当罕见的。从这点来讲（与东亚其他许多地方的陶瓷传统一样），虽然中国曾是显而易见的影响者，但中国陶瓷的风格和技艺曾被后来者们个人的想象力所更新、再造，并且往往有所超越。

（ii）日　　本

　　日本在公元 5 世纪跟随中国进入了高温陶瓷的烧制行列，比中国大陆晚了约 2000 年[56]。自公元 5 世纪晚期起，日本的炻器开始在单室隧道窑内烧制[57]。这是种简单的窑炉，在山坡挖出一条隧道或挖一条深渠顶部加盖就建成了。这种设计很可能是从朝鲜而不是中国引入的，尽管其最初原型应该是中国的。到公元 8 世纪中期，该国很多地

720

721

　　50　Koh Kyong-Shin（2001）。

　　51　世界上第一批瓷于公元 6 世纪末 7 世纪初在中国北方生产，用高温烧结的沉积高岭土制成，见本册 pp. 146-155。

　　52　吉田道次郎和福永二郎（*1962*）。

　　53　武德为剑桥菲茨威廉博物馆（Fitzwilliam Museum, Cambridge）目录所写的文字说明（2004，印刷中）。另见 Koh Kyong-Shin（2001）。

　　54　Koh Choo *et al.*（2002, in press）。

　　55　尹龙二（Yun Yŏng-I）为剑桥菲茨威廉博物馆目录所写的文字说明（2003，印刷中）。另见 Gompertz（1968），pp. 16-22，45-7，54-63。

　　56　Harris（1997），pp. 80-81。

　　57　Faulkner & Impey（1981），pp. 16-17。

方都生产的"须惠器"（Sue wares）已施以灰釉。本州（Honshu）中部东海（Tokai）地区更加专业的"白瓷窑"（Shirashi wares）陶瓷是模仿中国进口陶瓷，尤其是越窑陶瓷，而生产的。

从出土和流传下来的器物上看，来自中国的陶瓷受到了极大推崇，福建建盏类型的黑釉茶具变得非常流行[58]。它们是在 12 世纪开始仿制的，这一期间像本州中部的濑户（Seto）等窑场也将传统的日本灰釉炻器进一步改造成带乡土味的仿制中国"青白"瓷和越窑瓷的产品。这类本土仿制品在一些地方大量存在，那里的人们一直对中国出口过来的瓷器非常艳羡，但发现它们很难见到，且价格过于昂贵[59]。于是美学上较为粗糙的当地陶瓷很快就起而抗衡，甚至胜过了那类规模化生产出的进口货的吸引力。

中国对日本出口贸易的规模和特征可以从所谓"新安（Sinan）沉船"（名称源自朝鲜海岸上的一个地名）的一次个别发现估计出来。1323 年夏一艘满载的货船从中国东部沿海的宁波启程，装载了一批运往日本的陶瓷。其后不到一个月，船在朝鲜的东南海岸外沉没。韩国的考古学者对其进行了仔细发掘，共收获 6000 多件的陶瓷器，多数尚属完整。这些陶瓷出自浙江的龙泉窑、江西的景德镇和吉州窑，还有少量北方陶瓷和许多福建和广东瓷[60]。总的来说，瓷器的质量比发往大多数东南亚地区的要高，这表明了兴旺的日本市场的品位特征。

值得一提的是，新安沉船中没有找到一件青花瓷器，这也确证了青花瓷在景德镇开始生产的时间约为 1330 年。自 14 世纪后期始，白釉和带有纹饰的瓷器构成了中国对日本的贵重出口品。在替代品的制造上，日本的制陶业者一直受到当地的原材料困扰，直到 17 世纪早期，九州岛最南端的陶瓷工匠们才在泉山发现了制瓷用的石英云母瓷石[61]。这种瓷石是单独使用的，似乎可塑性较低，收缩性也相对较低[62]。这一区域处于包含中国南部和朝鲜南部的那一地质系统的最边缘，因此日本瓷器也可以说是同一工艺传承的一部分。在这一时期，类似的石英云母火山岩也在有田附近得到开采，用于对中国龙泉青瓷进行高仿。近 17 世纪末，在不远处的天草诸岛（Amakusa island）发现了更为出色的瓷石，用来制造最细的白瓷。与朝鲜的情况相同，日本的瓷釉材料基本上是瓷石与草木灰的混合物，而不像中国采用的是瓷石加石灰石。

公元 1500 年左右，一种与明早期景德镇"马蹄"窑相当近似的更完美的窑炉被开发了出来。这种日本大窑（ōgama kiln）建在山坡上，带有柱子支撑的穹顶和有火焰分流柱的改进的火膛，它使得烧制更均匀，效率更高。

16 世纪在九州岛北部的唐津（Karatsu），一种阶级窑投入使用，窑室较原始，是那种分隔墙基部带有透孔的类型，这一设计很像是由移民过来的朝鲜制陶工匠传授的。在有田，日本瓷器是在"改进的"龙窑即分室窑中烧制的。这种窑炉类别与"鸡笼"窑和后来的"阶梯窑"没什么不同，它们是 13 世纪晚期最先在福建用起来的，这

722

723

58　见 Anon.（*1994c*）及 Anon.（*1994d*）。

59　Earle（1986），p. 32。

60　关于船及其装载货物的描述，见 Munhwa Kongbu Munhwajae Kwalliguk（1985）。

61　吉田道次郎和福永二郎（*1962*），第 36-41 页；Impey（1996），pp. 33-34。

62　Impey（1996），pp. 33-36。

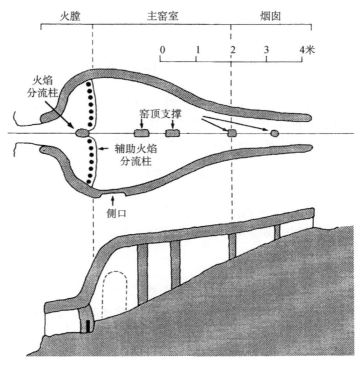

图 161　日本的大窑

类窑炉经过不断改进和完善一直使用到现代（见本册 pp. 360-364）。17 世纪前半叶，它带有穹顶向上爬升的窑室在那时可以多达 26 个，使整个窑炉的长度可以达到 62 米[63]。

　　从石英云母瓷石和富含草木灰的瓷釉这一点来看，这种独特技艺的影响也许应该属于朝鲜式影响，而釉下钴蓝彩绘以及 17 世纪中期出现的釉上彩这类工艺则基本是中国式的[64]。日本瓷器上先期成功使用的釉上蓝彩，则是那个时代日本釉上彩传承与景德镇的区别。这种细腻的釉上蓝，好像靠的是进口到日本的特别纯的一种波斯钴蓝[65]。

　　当然这种简单的观察，重心是在中国和日本陶瓷之间的相近上，而不是研究它们的差别。从日本自己这一方来说，他们的陶瓷工匠对于长石釉料[66]（在中国则几乎见不到）有着更为令人赞叹的使用，这使得他们的瓷器在图案和细节上渗透着圆润、诗意

63　同上，pp. 23-24，33-34，40-41。这本书中论述"材料与工艺"的整章内容都是有价值的信息。对窑炉的设备、耐火黏土衬和隔焰窑等也进行了讨论。

64　福尔克尔 [Volker（1954），p. 27] 详细介绍了荷兰人记录的 1654—1682 年"彩绘瓷"从厦门输入到日本的情况。相传，日本瓷器釉上彩的起始与 1647 年在长崎的一位"中国官员"提供的信息有关。详细的论述，见 Jenyns（1965），pp. 109-117。

65　17 世纪在荷兰的记载中同样提到了所谓"阿拉伯红泥"或"波斯红泥"以及可能是砷化钴的钴华矿。在日本的釉上蓝彩瓷上第一次使用它们的年代有时被认定为 1658 年。见杰宁斯 [Jenyns（1965），p. 124] 引用的加纳爵士的信函。

66　Faulkner & Impey（1981），p. 2。作者确信将长石质釉料引进到日本是桃山时代（1573—1615 年）美浓（Mino）的制陶工匠完成的，主要是为了改进釉下铁绘："……通过减少釉料中草木灰的成分，美浓的陶工纠正了这一错误 [即图案模糊]，这样就出现了几乎纯粹的长石质釉料。"关于对 16 世纪晚期美浓器物长石质釉料的分析，另见 Vandiver（1992），pp. 224-225，table 1。

和非对称之感，与中国大陆制造的韵味"较为直白"的陶瓷大为不同。

（iii）中国陶瓷在东南亚

赵汝适的《诸蕃志》（1225 年）提到了对中国的前哨海南岛的贸易和对朝鲜（新罗）的贸易，指出后者也在生产自己的陶瓷。这部值得注意的记载有关中国与外部世界接触的著作，还列出了其他一些接受陶瓷产品的国家和地区[67]：

- 占城（越南中部和北部沿海地区的一个王国）。
- 真腊〔柬埔寨〕。
- 三佛齐（Srivijaya，室利佛逝；苏门答腊）。
- 单马令、凌牙斯加、佛啰安（全部在马来半岛），在那里交货的瓷器包括碗、盆和类似的、普通的大件物品。
- 蓝无里、细兰（锡兰）。
- 阇婆（爪哇），包括专门定制的青瓷和白瓷。
- 南毗〔马拉巴尔海岸（Malabar coast）〕，他们将产品运到离中国较近的港口，在那里用这些产品交换回瓷器。
- 层拔〔桑给巴尔（Zanzibar）〕。
- 渤尼〔婆罗洲（Borneo）〕，包括专门定制的青瓷和白瓷。
- 麻逸（菲律宾）。

这一宋代文献所描述的出口陶瓷与新安海难中发现的陶瓷的种类相同，即大部分是青瓷和白瓷。在 1349 年，元代作者汪大渊记录了种类更多的出口瓷器，包括龙泉窑的青瓷，处州窑（浙江）的青白瓷以及青白华瓷（即青花瓷）。汪大渊的《岛夷志略》（1349 年），记录了 1330 年和 1337—1339 年穿过东南亚和印度洋直到非洲东部的两次远航观察所得。他列出了 99 个不同国家，其中一半以上从中国进口陶瓷[68]。

近 20 年来，从菲律宾到印度尼西亚南部，跨越东南亚的考古活动已经证实了中国南部三省：浙江、福建和广东的中国窑在出口贸易中的重要作用。浙江自汉代以来一直向国内和出口市场提供货源，而产自福建和广东的出口产品在宋元时代不断增加。林业强对广东瓷窑的研究显示，在北宋时期出口最令人瞩目的那段时期与广州成为出海口岸而兴盛的时期相吻合（见本册 p. 716）[69]。从 13 世纪开始，当泉州成为首屈一指的海港后，福建窑的作用变得更加突出。福建的南宋窑和元代窑制造出了数量庞大的普通水平的陶瓷器。这些大规模化生产的陶瓷在中国国内并未大量发现，因为它们是为世界市场生产的。粗糙的青瓷、青白瓷和细致一些的黑釉茶具在数千座小瓷窑中

---

67 《诸蕃志》第三、四、七、八、十、十二、十五、二十四、三十四、三十五、三十六、五十七、三十九页；Hirth & Rockhill（1911），pp. 49，53，61，67，73，78，88，126，156，158，160，177，168。赵汝适曾担任福建市舶司的主管。见 Shih Ching-fei（2001），p. 165，及本册 pp. 716-717。

68 比米什〔Beamish（1995）〕以《岛夷志略》为主要依据，讨论了青花瓷的出口。

69 Peter Y. K. Lam（1985），pp. 1，9。

数以百万计地生产着。大多数的出口交易都是各种青瓷，要想对它们的生产规模形成概念，就应该记住仅在泉州地区考古学者就已经发掘出了 140 多座宋元时期的窑址[70]。

明清两代，浙江的青瓷和福建广东结实的盛储用器皿在出口贸易中占有重要席位。但最大的出口陶瓷供应者还是景德镇。青花瓷被大量运往海外，同时伴有少量但更昂贵的釉上彩瓷器。伴随着东南亚大陆窑址考古研究扎实地展开，以及越来越多的对沉船货物冒险的，但是收益颇丰的打捞，人们对出口货物的了解得以步步加深[71]。

（iv）越　　南

在东南亚，越南是与中国关系最为紧密的国家。公元前 111—公元 939 年的绝大部分时期该国的北部都曾是中国的属地（以中国的视角看）。在汉代，越南社会中中国化的因素使中国的丧葬习俗得到采纳，并且着手使用当地结构细密的，经窑烧后为灰白色的黏土制造一些适宜的陶瓷器。红河谷地和三角洲拥有良好的炻器黏土的沉积。大量中国陶瓷的器形和烧制工艺得到了借鉴和发展，包括乐于采用较厚的洒釉去强化稀薄补丁釉的装饰法。一些公元 1—3 世纪的越南陶瓷胎体的白度可以说达到了令人吃惊的地步，但其氧化钛含量高，碱性成分低，严格地说还不能算是瓷器（或瓷器的先驱）。这些陶瓷是在类似于中国当时横焰窑的窑中用相对高一些的温度烧制的[72]。在技术上，越南陶瓷与中国陶瓷的关系仍然属于正在研究的领域，但近期的工作认为，源自印度南部的玻璃料倒可能与之有着某种关联，因为如今越南和印度在传统上都将它作为一种釉料使用（见本册 pp. 466-468）。事实上，在公元第 1 千纪中，影响东南亚文化的重要力量是印度而不是中国，那个时期印度的器型和当地的器型都是该地区的主流。

目前还没有掌握多少证据，能够对公元第 1 千纪后半期所出产的陶瓷器进行确认，尽管在公元 9 世纪，风格上与中国南方产品相同的当地陶器已投入生产[73]。1009年之后，颇具特色的施釉陶瓷在河内地区制造，包括参照北宋时期那种带有花瓣纹饰的白釉炻器[74]。11—12 世纪，伴随着中国出口陶瓷的到来，当地对中国南方浙江、福建和广东诸省陶瓷的仿制品大量涌现。中国移民随着出口贸易的展开来到东南亚各港口，中国的制陶工匠也会处于这些移居者之中。当地原材料品质造成的局限看起来曾是这一地区恒久的难题，但后来在 15—16 世纪，模仿并发展了中国青花瓷的器形和装饰的越南陶瓷取得了相当高水平的成就。

从 13 世纪起，釉下铁绘炻器已经有了供出口的生产，但青花瓷的生产则是 1407—

725

726

70　唐文基（*1995*），第 258-259 页。

71　卡斯韦尔［Carswell（2000），p. 183］公布了一份暂定的沉船列表，它对了解中国陶瓷史很有意义，时间涉及 1500—1752 年。菲律宾的一次沉船装载货物中包括了亚洲区内贸易中典型的陶瓷器，有关此批货物的详情，见 Goddio，Pierson & Crick（2000）。

72　Morimoto（1997），p. 85，fig. 1。

73　Guy（1989），pp. 42-44；Guy（1997），p. 12。

74　同上，pp. 46-47 及 pp. 18-19。可能在唐朝占领越南北部时期，该地区已生产出了模仿中国类型的陶瓷，不过考古发掘和分析目前尚不能完全确认。

1428 年明朝的入侵和占领所刺激的结果[75]。虽然与中国 14 世纪的青花瓷表面上看起来非常相似，14—16 世纪的越南青花瓷其胎体所用的材料往往颜色更发灰并且没有透明感。然而这些瓷器常常韵味十足，并且由于洪武和宣德年间中国对瓷器出口的限制，它们便成了颇为有效的替代品。至今我们仍不知越南所用的钴颜料到底是一种锰钴矿（与云南用的一样），还是当时景德镇制作更细瓷器时所使用的那种铁钴类颜料。尽管还需更多的数据资料来佐证，但能看到印支地块地质历史上的独立性对东南亚陶瓷的工艺品质所产生的制约作用仍然是很诱人的，在东南亚陶瓷中几乎从不包含白色有透明感的瓷器。

有限的考古研究对河内附近红河沿岸和三角洲地区的朱豆（Chu Dau）、瓦窑（Ngoi）、合礼（Hop Le）和美舍（My Xa）等地窑场遗址的情况进行了揭示[76]。15—16 世纪这些窑场高质量大规模的出口通过一起特殊的海难而展现出来。1995—1997 年，在一艘沉没在越南中部海岸外的船里，总共有超过 15 万件完整的陶瓷器被找到并打捞出来。据估计，原始货物可能超过 25 万件，最主要的货物包括高档的越南青花以及相当数量的饰金釉上彩以及颜色釉的越南瓷器[77]。这一发现展示了在 15—17 世纪的出口市场中，越南陶瓷可与中国展开竞争的程度。

在红河窑址中展现出两类窑炉，一种较短的类型称为"炉蛤"（lò cóc；蛤蟆窑），一种长一些的称为"炉蠬"（lò rông；龙窑）。后者有时也相当短，尽管与中国的龙窑有关联但与它们不属同一类型。后来又出现了"炉㰘"（lò dàn），即阶梯窑。所有这些窑都是烧柴窑[78]。对河内地区 18—19 世纪窑址的发掘，发现了带有分隔火膛的小型龙窑和大一些的连室阶级窑。这两种窑都用来烧制青花瓷器[79]。

727

（v）泰国和柬埔寨

在泰国，考古学更有机会展示和追溯在北部中心区域，特别是西沙差那莱（Sisatchanalai）地区瓷窑的发展过程。从 10 世纪前后开始，在河岸或斜坡地上挖掘的简单的、伸入地下的横焰窑已在使用[80]。之后，15—16 世纪，青瓷和釉下铁绘陶瓷在西沙差那莱投入生产供出口所用，这些制品在海外的竞争中相当成功。泰国出口的陶瓷都是炻器而不是瓷器，因为泰国分享不到中国南部那种瓷石沉积丰厚的地质条件。但是，泰国出口的陶瓷都是高温烧制的。某些窑炉实际上内部已经熔化，产生了厚达

75　Brown（1988），pp. 23-29。史蒂文森［Stevenson（1997），p. 38］对这种简单的解释提出了异议，认为明朝对私人贸易的禁令，尤其是 1436—1465 年的禁令，让市场为越南人的开发经营打开了大门。

76　Guy（1989），p. 48；Guy（2000），p. 128。

77　所发现的物品在盖伊［Guy（2000）］的著作中给出了描述和图示，他同时介绍并绘出了所用船只的类型。

78　Morimoto（1997），pp. 89-90。

79　Tran Khanh Chuong（1987），pp. 100-105。该书中介绍了河北（Ha Bac）省的一种龙窑有 3.5 米长，钵场村（Bat Trang；河内）的一种 10 室窑长 12 米、高 2.6 米、宽 4 米，还介绍了另一种 6 室的窑。他估计后一种窑烧一个轮次要用 8 天，使用煤和木柴两种燃料。

80　Hein（1990），p. 205。

50 厘米的熔渣层，这说明其使用温度很高并且使用时期很长[81]。无论在西沙差那莱还是不远处的素可泰（Sukothai），自 14 世纪后期以来主要的窑炉形式都是用烧制砖砌成的位于地上的横焰式蜂巢型窑炉。它的轮廓呈尖顶形，火膛是凹进的，有一个单独的爬升窑室，后面有一个高高的圆形烟囱[82]。除了对进口产品的某些元素存在着模仿欲望之外，在陶瓷工艺的开发上，其地理位置、地质和历史的状况都会令泰国无法接纳众多来自中国的直接影响。不过，那些圆顶的、横焰式窑炉的产生倒是颇值得玩味的。

在柬埔寨历史的伟大的吴哥时期（公元 9—15 世纪），陶瓷传统发展起来了。印度风格反映在其陶瓷中，但其技术和工艺很可能 10 世纪后一直在借鉴中国。中国的影响作用有限，因为直到 11 世纪中期，高棉制陶工匠似乎仍在延续那种灵感源自印度的本土的传承[83]。一系列属于炻器范围的陶瓷类制品被生产出来，有些施有淡绿色釉，有些施黑褐色釉。釉面往往带有细小裂纹，与胎体的结合不是很好。除器皿外大量建筑陶瓷也在生产。随着高棉国家的衰落，高棉施釉陶瓷的生产也随之衰落，自 12 世纪起，进口自中国的陶瓷越来越多。在柬埔寨范围内对窑址的全面发掘工作还未完成，因此关于高棉窑的信息大多出自泰国东北部的窑场。在那里对 80 多处窑场的发掘揭示，厚黏土壁横焰窑炉的典型尺寸是长 15 米、宽 1.5 米，沿着长度方向立有黏土支撑柱[84]。窑炉技术与当地的条件和需要相适应，可以推断并未受到中国的直接影响。

（3）遥远的传播：中国陶瓷在南亚、西亚和非洲的影响　728

（i）中国陶瓷在南亚和西亚

由于重量和易碎等原因，大批量的陶瓷运往西方靠的是"海上丝绸之路"。沿中南半岛海岸（the coast of Indo-China）南下航行的船只，或者将它们的货物运到克拉地峡（Isthmus of Kra）而跨过马来半岛，或者穿过马六甲（Malacca）海峡驶入印度洋。随后各种贸易商船横跨孟加拉湾到达斯里兰卡和印度，再自印度西海岸一路前行直到波斯湾、红海和非洲东海岸的各目的港。有少部分货物由陆路运输穿越中亚，这条线路在一些地方分叉可以向南通往印度，向北通往哈萨克斯坦（Kazakhstan），线路在里海（Caspian Sea）南部分叉为细枝末节之前，穿透了西亚的重要商业中心。中国陶瓷的交易发生在上述所有目的地中，陶瓷残件的发掘出现在数不清的地方。在这里我们只大略介绍其中的一小部分，分析一下它们所能包含的意义。

斯里兰卡（锡兰）是各式各样残瓷的宝库，自唐代起直到 20 世纪，各个年代的都有。西北部的曼泰（Mantai）遗址，公元 1000 年前一直是锡兰的主要海港，并且是东西航线上最重要的贸易站点之一，在这里发现了大量中国的、当地的和伊斯兰的陶瓷。早在公元 5 世纪与中国有贸易往来的波斯商人就在那里设立了一家工厂，尽管在

81　同上，p. 215。
82　Guy（1989），pp. 27-32，pl.II；Hein（1990），pp. 209-217。
83　Brown（1988），p. 42；Guy（1998）。
84　Guy（1998）。

这一地区发现的中国陶瓷碎片其年代都不早于公元 8 世纪。它们包括长沙窑彩绘炻器、白釉陶瓷、越窑陶瓷和广东陶瓷，年代全都处于公元 8—10 世纪。在其他的遗址，像北部的阿莱皮蒂（Allaippidy），年代上则更具体一些。那个地方有一艘北宋时代的货船在 1100 年沉没，遗留下一批来自浙江、福建和广东各窑场的出口陶瓷[85]。

从公元前 2 世纪起，中国就与印度互通贸易，印度商人，尤其是南方各邦的商人，业务上非常活跃[86]。在次大陆的有限发掘，发现了公元 9—10 世纪的白瓷、青瓷、长沙窑彩绘陶瓷以及单独类别的宋代出口陶瓷。不过 14 世纪之前，陶瓷器在贸易中似乎只扮演了相对次要的角色，那时的蒙古帝国在两块陆地上都采取了控制措施。到 16 世纪，在穆斯林莫卧儿（Mughal）皇帝们的统治时期情况有所改变，那个时期欧洲人开始在亚洲海域取得贸易的主导权，订购专门按照印度品味生产的中国陶瓷成为常见之事[87]。印度从来没有模仿中国出口陶瓷的意图，因为确实他们的陶瓷业技术水平并未达到高超的地步，不像精细复杂的纺织、金属加工和珠宝行业。这里面也许还与宗教上的制约有关，尽管穆斯林使用瓷器，但大多数印度教徒都对陶瓷器采取避而远之的态度[88]。

自公元 5 世纪起，波斯和阿拉伯的商人即展开了对西亚的贸易，之后犹太商人加入其中。公元 1000 年之前，商人们通往中国的旅程是从他们的母港出发一条路走到底，后来这个航程分成两到三个阶段，贸易货物沿着这条航线历经转口[89]。在公元 8 世纪末，常规出口到近东的中国陶瓷才第一次出现，并于公元 9—10 世纪在那里得到强劲发展，萨迈拉成了该贸易状况的一个缩影，这是离巴格达不远的一个城市，在公元 9 世纪和 10 世纪非常繁荣。这里的市民将他们的部分财富花费到像中国陶瓷这样的进口奢侈品上，这些陶瓷是自波斯湾的巴士拉和尸罗夫（Siraf）港沿底格里斯河北上运到的。公元 762 年在巴格达奠基时，据说曼苏尔（al-Mansur）曾这样强调[90]：

> 我们有底格里斯河让我们得以接触遥远得像中国这样的国家，它将我们带到辽阔的大海上还能使我们收到产自美索不达米亚和亚美尼亚（Armenia）的食物。

来自西方的奢侈品在中国有很大的需求。赵汝适列出了某些令人羡慕的进口自 "大食国"（阿拉伯）的物品：真珠、象牙、犀角、乳香、龙涎、木香、丁香、肉豆蔻、安息香、芦荟、没药、血碣、阿魏、硼砂、琉璃、玻璃、硨磲、珊瑚树、猫儿睛、栀子花、蔷薇水、没石子、黄蜡、织金、软锦、驼毛、布兜、罗绵、异缎等[91]。普通一些的货物作为压舱物装运，包括椰枣、食糖、建材、木料等，而从中国返航时陶瓷器则成

85　Carswell（1985a），pp. 116-118；Carswell（1985b），pp. 30-47。

86　见 Ray（1995）。

87　这一证据是由格林斯特德和哈迪［Greensted & Hardie（1982）］总结得出的。

88　印度教关于宗教污染的观念提出，陶器的多孔渗透性，使它无法绝对纯净，因此用后必须丢弃。这种要求延伸到瓷器上，导致它们的使用成本过高，虔诚的印度教徒拒绝使用任何陶瓷器具，用植物叶子代替盘子和金属器皿。Finlay（1998），p. 158。

89　Chaudhuri（1985），p. 50，maps 8 and 9。

90　Needham & Wang（1954），p. 216，note d，引自 Hitti（1949），p. 393。

91　《诸蕃志》卷上，第二十二页；Hirth & Rockhill（1911），p. 116。

为主要的压舱物[92]。在很多地方都发现过这类陶瓷的遗存物品[93]。近年的考古发掘和调查记录下了在海湾地区、红海边的也门以及印度洋沿岸的各个地点所见到的中国物品[94]。

730

　　接下来，我们应关注被集中到一起的一批瓷器，它们标志着中国贸易陶瓷在亚洲西部到达的最远点。它们所处的地理位置、出现的年代，同样也向人们揭示出通往欧洲贸易一个重要交接点的所在。这就是奥斯曼苏丹们（Ottoman Sultans）在伊斯坦布尔的托普卡珀宫（Topkapi Palace）中收集到的那批瓷器。获取这些东西的下游区域是广阔的，正如约翰·艾尔斯（John Ayers）表明的那样，奥斯曼帝国[95]：

　　　　拓展得大大超越中东及周边，达到其顶峰时，几乎是从里海直到丹吉尔（Tangier）再到维也纳的大门口；只是在 19 世纪才从北非和欧洲退缩了回来。

从 15 世纪直到 20 世纪早期的这些年代里，共有超过 10 000 件的中国瓷器被搜集到一起供皇宫使用，其中相当部分是通过对土耳其、波斯、叙利亚、伊拉克、埃及、塞浦路斯（Cyprus）和希腊居民私人财产的充公或没收而取得的。托普卡珀宫里的中国瓷器都是为洗涤、礼仪、餐桌和皇家厨房的使用而准备的[96]。占大多数的是适合奥斯曼帝国宴会和烹饪需要的大型的、醒目的器物。从许多方面看，它们与中国出口到亚洲和非洲的其他大多数陶瓷相当不一样。

（ii）中国陶瓷在非洲

　　对北非一些城市的贸易很早就开始了。埃及的富斯塔特（Fustat；开罗旧城）自公元 642 年至 1450 年一直很活跃。来到这里的陶瓷器是从红海沿岸各港口经陆路运达的。这个地方有着相当的重要性，这里的考古发掘进行得非常彻底，以至于也许能将富斯塔特看作中国、西亚和非洲之间文化和商业联系的一个范例[97]。数以千计的陶瓷残

92　Chaudhuri（1985），p. 53。

93　关于遗址的调查和文献，见 Insoll（1999），p. 155。

94　仅举一个例子，在海湾（阿曼）的苏哈尔堡（Qal'at al-Suhâar）遗址见到了年代为公元 9—20 世纪的残片 649 件。其中 25% 以上的年代为公元 9—12 世纪，包括越窑瓷、白瓷和青白瓷。为数众多的是各个时代的储物罐，还有数量相当但很少见到的 14—17 世纪的出口陶瓷，主要是龙泉窑和青花瓷。残片中 50% 以上的年代为 19—20 世纪，显示了"餐厨陶瓷"向东南亚，进一步转向阿拉伯半岛甚至非洲的兴旺的出口状况。Pirazzoli-t'Serstevens（1985），pp. 318-320。关于也门（Yemen）器皿的调查，见 Hardy-Guilbert & Rougelle（1995），（1997）。

95　Ayers（1984），p. 77。

96　现存的收藏包括：超过 1300 件的 14—15 世纪的青瓷，绝大多数出自龙泉窑；53 000 多件 14—18 世纪的青花瓷，其中有几件被奥斯曼帝国装饰上了宝石；超过 700 件 15—18 世纪的单色釉瓷器，有些带宝石装饰；2500 多件 16—18 世纪的彩绘制品；148 件"汕头"陶瓷；14 件德化瓷；少量 15—16 世纪的越南陶瓷；294 件 19 世纪末至 20 世纪的器物；还有一些各色各样混杂的器物。有关带图示的详细说明，见 Krahl & Ayers（1986），尤其是 vol. 1，p. 17 的列表，另见 Raby & Yücel（1986），及 Yücel（1986）。

97　Mikami（1982），p. 68。

731

图 162　托普卡珀宫博物馆（Topkapi Saray Museum）中的中国元代青花瓷瓶，带土耳其银接口

件已被发掘出土[98]。唐代和五代的器物有"三彩"、白瓷、越窑瓷器和长沙窑瓷器，还　732
可见到与之相伴的埃及当地的陶瓷器皿。自宋代开始有了越窑、龙泉窑和福建各窑场
的青瓷，景德镇和福建的白瓷与青白瓷，外加福建和广东的褐釉陶瓷。元代和明代早
期的类别包括白瓷、青花瓷以及各色各样的其他器物[99]。

需要提到的是赵汝适（1225 年）曾记录下了与桑给巴尔瓷器贸易的情况[100]。考古
发掘和偶然的发现已经证实，自晚唐以来陶瓷出口到了非洲东海岸的一些地方[101]。靠
近吉布提（Djibouti）、基斯马尤（Kismayu）以及位于索马里（Somalia）境内有一些遗
址集中地；拉穆（Lamu）、马林迪（Malindi）以及沿肯尼亚（Kenya）海岸南下有一些
分散的遗址；奔巴岛（Pemba Island）、桑给巴尔以及坦桑尼亚（Tanzania）沿海也有一
些地点，所有这些地方都有陶瓷残片被找到[102]。唐和五代的一般是白瓷、越窑瓷器，
及湖南长沙窑和四川邛窑的彩饰瓷。宋元时代的陶瓷一般出自浙江、福建和广东，而
整个明清时代不断运到这里的有青瓷、德化瓷、青花和彩釉"餐厨"器皿等[103]。可以
发现，出口到东非阿拉伯领地的这些商品与出口到东南亚和西亚各地的商品，从很多
方面来讲是非常相像的。

（iii）中国出口陶瓷启发下的西亚陶瓷

东亚和东南亚（尤其是朝鲜、日本、越南）出产的陶瓷可以归为本区域的模仿那
一类，在那些地方高温（耐火）黏土的得天独厚、横焰窑炉的使用、草木灰作为釉料
的开发，都有助于技术传播得以快速落实。西亚早期陶瓷面对的局面却与此存在巨大
反差，这些产品也受到了中国出口陶瓷的启发，但其产出地点却远在 5000 英里之外。
在这个环境中不存在大的地质相似性来对工匠们予以支持，也没有本地的高温烧制传
统去仰仗。这里似乎很少或者说根本没有与中国的陶工发生过接触，无法让改进
加快。

公元 8—10 世纪是中国与西亚交往的初期阶段。这一时期从中国进口的陶瓷包括
中国北方的富黏土白釉瓷器和炻器；按照近东品味生产的中国北方的"三彩"器物；
以及南方一系列窑场出产的为数众多的青釉器、长沙窑陶瓷和青白瓷。公元 8 世纪晚
期至 9 世纪初期，在伊拉克有过一些尝试，力图通过对氧化锡乳浊釉的开发来产生出　733
中国进口陶瓷的那些特征，尤其是白瓷、白釉炻器和长沙窑彩绘器的那些特征（见图
47）[104]。

98　例如，日本考古学者即将出版的著述中将罗列出 8000 件残片，弓场纪知（Yuba Tadanori；私人通信，
2001 年 2 月）。除了在埃及保存的之外，还有些可以在外国的收藏中找到，包括不列颠博物馆及维多利亚和艾伯
特博物馆。

99　Mikami（1982），pp. 68-69。

100　《诸蕃志》卷上，第二十四页。

101　有关中国与非洲关系的介绍，见 Needham *et al.*（1971），pp. 494-503。

102　马文宽和孟凡人（*1987*），第 7-29 页。

103　同上，第 37-55 页。

104　Allan（1991），p. 6。

　　所有这些近东仿制品的胎体，采用的仅仅是该地区的易熔性钙质黏土，这种土用来制作陶瓷器已有四千多年历史[105]。这种黏土显示出的天然碳酸钙含量从大约25%至55%。它们大约在1100℃开始变形，到1200℃时将会熔化为呈绿色的玻璃状物质，其根本的构成能让人想起中国的那种含铁的灰釉[106]。埃及北部的富斯塔特也制造过类似的中国陶瓷仿品，采用的是氧化钙含量要低一些，但仍然可烧熔的当地黏土。因为它们的易破碎和低温烧制的特性，这一期间生产的伊斯兰陶瓷没有几件完整保存下来。形成对照的是，在中国的博物馆中有着大量这一期间生产的坚实的高度莫来石化的中国陶瓷的完整样品，今天看起来它们牢固的釉面与一千多年前刚从窑炉中取出时没什么两样。

　　有两项研究想通过化学分析的方式对近东地区陶瓷与中国陶瓷进行比较，以便从成分构成上给出证据，对光学检测已熟知的那些差异作出解释。在第一项研究中，锡兰的曼泰、埃及的富斯塔特和伊拉克的萨迈拉出土的中国"三彩"陶瓷碎片被作了分析，然后与萨迈拉出土的伊斯兰版本的"三彩"陶瓷进行比较[107]。两个分析的结果清楚地表明，双方在胎体成分上存在明显差异。中国的"三彩"，可能出自河南巩县及另一个不能确定的产地，其黏土具有典型的中国北方地质属性，含有高的氧化铝和相对低的铁。伊斯兰陶瓷的碎片则为石灰性黏土，铁和镁成分较高，是幼发拉底河（Euphrates）、底格里斯河以及尼罗河（Nile river）盆地中冲击形成的典型材料。它们的釉料也不相同。中国"三彩"含有典型的高铅、相当数量的氧化铝，而几乎不含碱性物质，并且以铜和铁着色（见本册 pp. 500-503）。伊斯兰"三彩"则具有中等量的铅、高碱性和石灰，以及相当数量的乳浊性锡，靠铜和微量的钴着色[108]。在仅基于萨迈拉出土的残片进行的第二项研究中，中国"三彩"与伊斯兰剔花泼彩陶瓷的比较结果也证实了第一项研究的结论。其后完成的一项更全面的对比性分析，所涉及的是中国湖南长沙窑陶瓷与伊斯兰釉陶的比对。长沙窑的器件基本是非石灰质的，铁和镁含量相对低，但含有相当可观的微细石英，以及少量的火山岩玻璃和长石。同样，伊斯兰陶瓷仍然有明显的不同，它们是石灰质的，并且铁和镁的含量很高[109]。

734　　在这一时期出现的一项重要技术成果就是锡釉陶的普及推广，这种技术最终传遍整个近东地区，然后传到西班牙，再后传到欧洲其余地区、斯堪的纳维亚（Scandinavia），以及新大陆。锡釉工艺的传播，以及众多锡釉器皿对中国进口瓷器一贯风格的复制，构成了旧大陆陶瓷历史中的一个重大主题。

　　105　Al-rawi *et al.*（1969）；Matson（1985），p. 65，table II；Freestone（1991）；Fleming *et al.*（1992），p. 215，table 1；Zhang Fukang（1992），p. 384，table 1；Simpson（1997b），p. 54。

　　106　例如，关于浙江德清含钙黑釉陶瓷，见 Wood（1999），p. 139，table 51。这些东西在成分上与美索不达米亚的陶黏土非常相似。

　　107　Rawson *et al.*（1989），pp.39-61。

　　108　同上，pp. 49-51。

　　109　弗莱明等［Fleming *et al.*（1992），pp. 211-222］的著作，对萨迈拉遗址情况进行了讨论，提供了带有表格的全面分析的结果。

（iv）乳浊锡釉的起源

通过添加约 6%—12%的氧化锡（SnO$_2$）来形成白色不透明陶器釉的做法，看起来是公元 8 世纪晚期美索不达米亚人的发明[110]。最初锡釉在伊拉克可能是想要达到四种不同目的。两种与中国陶瓷有关，两种与美索不达米亚人的创新有关。第一类情况中涉及当地对进口中国白瓷的仿制，那些进口白瓷产自中国北方的瓷窑和炻器窑；再就是涉及对产自中国南方的长沙加彩炻器的仿制，特别是那些在白釉底上再施以绿色、黑褐色和紫褐色灰釉彩绘的炻器。在伊拉克本土制品方面，早期锡釉突出的用途就是当作虹彩陶瓷的底釉，还有就是作为底釉供钴蓝釉料和颜料在上面彩绘[111]。一般认为巴士拉旧城是这类更具多样性的陶瓷的主要出产地，而巴格达则以生产素白锡釉陶瓷为主[112]。虹彩产品最终成了近东地区主导的陶瓷品，而这一工艺在中国并不存在，也是前所未有的。

很可能，锡釉中的大部分 SnO$_2$ 在釉料熔融时发生了溶解，然后析出为近似胶体的微粒[113]。这也许有助于解释上好的锡釉所具有的那种乳浊的、柔润细腻的釉面特征。这种效果大大优于采用悬浮或者晶化材料产生乳浊所形成的那种表面干涩灰暗的效果，而后一种材料正是此前在西亚制作乳"白"釉的标准方法。从这一点上来看，锡釉和长沙窑的"胶体白"炻器釉在工艺技术上存在着类似之处，这些最早的锡釉模仿了长沙窑的白釉，因为它们同样在开发"亮白"这一质感[114]。

（v）熔块瓷及软质瓷的胎体

11—12 世纪，对进口中国宋代瓷器的白度和半透明感的模仿中，有一项重要的创新应运而生。钙质黏土是完全没有透明感的，而当时中国陶瓷在更深层次上的影响，是引起了人们对更白、更具透明感瓷胎的追求，这些瓷胎主要出自中国南方的窑场。近东那些传统的制陶工匠们面对着中国南方瓷器的挑战，虽然对其原料真正的特性一

735

110　Mason & Tite（1997），pp. 48-52。巴士拉旧城（现巴士拉西 10 公里）有一处似乎是在陶瓷上使用氧化锡不透明釉料的主要的窑场，往往认为公元 800 年是该技术在这一地区发展成熟的年代。Mason & Tite（1994a），p.34。关于近东地区和欧洲锡釉成分的情况，见 Tite et al.（1998），p.244，table 2。关于这种釉料中氧化锡的用量，本德雷利等［Vendrell et al.（2000），p. 325］指出："古代陶瓷中氧化锡含量从 3%—4%（伊拉克，公元 8 世纪）直至 20%—25%（意大利，13 世纪），但一般含量在 5%—10%就能达到不透明状况。"

111　塔迈里［Tamari（1995），p. 140］指出："两种应用方式被采用……其一就是简单地用……颜料将图案绘在不透明白釉之上，另一种是钴蓝与铅/锡釉料相混，在釉面上形成较厚一层，制造出浅浮雕效果的图案。"比较克莱因曼［Kleinmann（1991）］与陈尧成等［Chen Yaocheng et al.（1995b）］的解说。

112　Mason & Tite（1997），p. 49。

113　Tite et al.（1998），p. 56；Vendrell et al.（2000），p. 326。

114　Zhang Fukang（1987）；Zhang Fukang（1989）。何翠媚和班臣［Ho & Bronson（1987），pp. 75-77］认为，长沙多彩绘陶瓷在中国最先是公元 800 年左右制造的，他们同时指出，关于长沙窑："其抽象绘饰陶瓷对中东的陶瓷制造产生的影响尤其重要……"弗莱明等［Fleming et al.（1992），p. 217］对于近东发现的多彩长沙陶瓷给定的年代更早，即公元 803 年，它们是在海湾的伊朗海岸尸罗夫大清真寺（Great Mosque）地板下面发现的。这使得近东锡釉的起始年代非常接近于中国陶瓷最初向该地区实质出口的年代。

无所知，还是很可能一眼就看出其中采用的是普通的胎坯制作方法。这些方法包括拉坯和修削或模压造型，所有这些都说明，一种黏土类的材料是必不可少的。他们很可能也觉得瓷器不寻常的透明感与玻璃存在着密切关联。在南方瓷器的碎片上高石英成分相当明显，尤其那种较粗糙的青白瓷，也许还能看到石英颗粒的存在[115]。

有了这些可以看得到的线索，对中国进口陶瓷，尤其是瓷器，进行表面相像的仿制时，采用石英、玻璃粉和轻质耐火黏土相混合的流行方式就不足为奇了。起先在埃及，之后在波斯、叙利亚、伊拉克和土耳其，制陶工匠们逐步完善了一种工艺，其源头可追溯至公元前 4000 年埃及彩釉陶费昂斯的制作。其中有一种重要成分，无论在胎体还是釉料中它都是构成之一，就是一种碱性玻璃料。制取这种材料先要燃烧沙漠植物，其提供的主要成分有碱，也还有一些苛性钾，以及石灰和氧化镁［见表 64，本册 p. 459（灰分分析）］，之后这些草木灰与大约占总量 50% 的石英粉熔融，烧成的玻璃料要通过研磨或在熔融状态时倒入冷水中而成为粉末状。这种玻璃料（它们约占胎体材料的 10%）与主料组分即一种纯石英细粉相混合，而这种石英细粉仍然是由卵石磨成的。占 10%—20% 的非常细腻的白黏土是第三种配料，它可令胎体有足够的塑性便于

736　成型。这种石英-玻璃料-黏土制成的陶瓷在伊斯兰世界的陶工们眼里就等于是瓷器[116]。在欧洲一般将这样的器物称为"软质瓷器"（soft-pastes），"软"在制陶业者那里指的是"低温烧制"。对于伊斯兰陶瓷，如今更爱使用直接从波斯语翻译过来的"熔块瓷"（stone-paste）一词来称呼[117]。伊斯兰世界的这种材料比欧洲类似材料的出现要早，20 世纪 90 年代初，牛津的罗伯特·梅森（Robert Mason）和迈克尔·泰特（Michael Tite）对其起源进行了揭示[118]。

梅森和泰特提出，伊斯兰熔块瓷材料可能是 10—11 世纪在埃及由来自伊拉克的移民陶工们开发完成的，在此之前的公元 9 世纪，伊拉克曾出现过在黏土胎体中添加玻璃粉的一些初始实验。这一方式最初的埃及版本是用在更精细的虹彩瓷的制作上，当时这项技艺刚从伊拉克传到埃及不久。那些改进了的胎体是由钙黏土和石英砂、玻璃粉联合制成的，"……也许能达到与进口的炻器鱼目混珠的水平"[119]。

不过，在"原始熔块瓷"的配方中，黏土仍然是主导成分，其经窑烧后不是白色而是焦黄色（buff-firing）。向真正熔块瓷的转变，发生在黏土少一些而石英多一些令胎体变得更白之后，用这种胎体制出的中国进口陶瓷仿品达到了可以接受的水平，另外就是可以将它作为最细致的虹彩陶瓷的坯体使用。初步认定，上述转变发生在 1025—1075 年。梅森和泰特认为，在富斯塔特流传下来的以石英为主料的玻璃珠工艺，可能

115　即便是最仔细的肉眼观察，有些东西也是很难发现的，这就是在高温陶瓷中常常会生成的簇拥的针状莫来石晶体，正是它们使得炻器和瓷器能有令人印象深刻的强度。莫来石大体上是含铝矿物高温分解时的产物，例如黏土和钾云母矿等，尤其是在超过 1150℃时。有些玻璃质也是由云母提供的，黏土中存在的长石熔化时可进一步提供出玻璃质。主要是这种黏滞玻璃体与莫来石的结合造成了炻器和瓷器烧成后的强度，是否生成粗大莫来石，是低温陶瓷和高温陶瓷的显著差别。

116　Kingery & Vandiver（1986a），pp. 9-12，19，37，112-116。

117　Hamer & Hamer（1997），p. 322；Mason & Tite（1994a），pp. 34-35。

118　Mason & Tite（1994b）。

119　Mason & Tite（1994b），p. 88。

对胎体材料由富黏土改变为富石英这一关键步骤起到了推动作用，但"……熔块瓷的工艺基础及逻辑源还是原始熔块瓷"[120]。

这种玻璃熔结的陶瓷是脆性的，因为其基本上还是属于白陶类型。同时它们的抗热冲击性也很差。提高玻璃含量来增加其强度和透明性，则很难避免烧成时变形发生，因为钠钙玻璃的黏度较低。在这类材料中很少或根本没有莫来石生成（对于伊斯兰陶瓷来说，其典型的烧成温度在 1000—1050℃），而且与它们一起使用的釉料都归于软陶类型。即便如此，从 11 世纪起直至 18 世纪早期，无论是在伊斯兰世界还是在欧洲，这种做法一直是仿制中国瓷器时采用的主要方法。

11 世纪晚期，这种新型洁白的熔块瓷胎体从埃及向东传入伊朗和叙利亚，那里的人们用它们去仿制像青白瓷这类硅质的中国南方瓷器被证明是有效的。有时为取得额外的透明感会设法在胎体上打孔然后再填充釉料。类似的胎体也用在了最初的伊斯兰釉下蓝彩陶瓷上，例如 12 世纪在叙利亚的拉卡（Raqqah）和大马士革（Damascus）生产的那些陶瓷，还用在了虹彩陶瓷和剔花陶瓷上。后者往往也是模仿中国进口的样品，例如青白瓷和南方青瓷[121]。

（vi）伊斯兰熔块瓷的配方、成型与烧成工艺

和中国一样，伊斯兰世界的文献中也不乏陶瓷配方与成型及烧制工艺的记载。最为人们熟知的是卡尚地区主要陶瓷制作家族的成员阿布·卡西姆的著述（见本册 p. 663 和 p. 678）。在 1301 年，他描述了熔块瓷的成分，即十份石英粉、一份黏土和一份钠钙玻璃，这样的配置适宜制作"……陶瓷摆件和碟子、盆、罐一类器皿，以及建筑瓷砖"[122]。

伊斯兰熔块瓷器（fritware）的成型方式与中国瓷器制造方式的差距并不像人们想象的那样大[123]：

> ［陶泥］像面团那样充分揉制，然后放置一夜待其熟化。早上用手充分拍打后由工匠师傅在陶轮上制成精细的器皿坯；后将其放置至半干状态，再放置在转轮上刮修并修出底足。

烧制这类陶瓷的窑炉是直焰窑，其为半圆顶的结构，燃烧炉室处于下面，有时会低于地面，上方是容纳待烧器皿的窑室。炉火中的热量通过孔洞进入上面的窑室，循环后穿过顶部的众多透孔而散去。有时会用耐火黏土匣钵，作为一个个烧制辅具。它是长筒形的，用耐火黏土制成，成排放入窑内。在很多窑址都有陶瓷支钉发现，常常有少

737

738

120　同上，p. 90。

121　梅森和泰特［Mason & Tite（1994a），pp. 35-36］指出："与拉卡不同，在遭到蒙古人洗劫后那里的生产就似乎终止了，而大马士革在此后许多世纪仍一直处于伊斯兰陶瓷生产的前列。"

122　正如阿拉伯-阿里·谢尔韦［Arab-ali Sherveh（1994），p. 10］所指出的："……波斯语中城市名称'Kashan'与'Kashi'一词意思相同，都是瓷砖瓦的意思。"

123　阿布·卡西姆的书已由艾伦［Allan（1973）］翻译，这里的引文见 Allan（1973），pp. 113-114。该段文字被引用于 Watson（1985），pp. 32-33。

图 163 带有虹彩装饰和松石釉的熔块瓷的瓷砖组合，产自伊朗（卡尚），13—14 世纪

量釉料粘在上面。然而，器皿和支钉在窑内确切的排布方式仍是需要讨论的问题[124]。伊斯兰世界的窑炉采用氧化焰以便达到较高的烧成率，正如阿布·卡西姆清楚描述的[125]：

> 器皿放置在（陶瓷支钉）上面，在高温下稳定烧制十二小时，按规矩不冒烟后才可添加木柴，因此烟雾不会损坏和熏黑坯品。在卡尚人们用软木柴作燃料（例如牛膝草和胡桃木），在巴格达、大不里士和其他一些地方用剥掉树皮的柳木，这样可以无烟。一周后待器皿冷却下来再将其从窑内取出。

124　一种推测的窑炉复原图，见 Porter（1995），p. 12；该书（p. 10）中还同时配有一张发掘出土窑炉的清晰照片，窑壁上可见许多支钉孔。

125　Allan（1973），p. 114；也被引用于 Porter（1995），pp. 11-12。

（vii）中国与近东地区装饰技艺上的关联

　　另一项源自埃及的技术是公元 8 世纪出现的虹彩装饰玻璃法。到公元 9 世纪，对它的应用扩展到陶瓷的虹彩釉上，其后发展成为近东主要的陶瓷工艺技术。虹彩是一种釉上彩技术，它使用银化合物和铜化合物混合构成的颜料，这些化合物以黏土作为载体精细研磨混合。将这些颜料绘在预烧过的瓷釉上，然后在低温下再次烧制，使下层的釉面软化但不会完全熔化，这样作为载体的黏土就不会与它黏合在一起。弱还原烧制使得窑内的一氧化碳气体吸收银和铜化合物释放的氧元素。在烧制的最初阶段那些金属化合物曾转变为氧化物（有关还原焰烧制见本册 p. 296），其工艺过程也许得益于虹彩颜料中使用了硫化物、有机物，某些情况下也采用了汞化合物。金属化合物析出为薄层结合到釉表面，擦去载体黏土之后就会有极薄的一层虹彩显露出来，厚度约为 1 微米。薄薄的虹彩层，加上白色不透明的锡釉底的衬托，产生出令人赞叹不已的多姿多彩的彩虹色调[126]。一般认为，中国的制陶工匠们忽略了虹彩釉，但中国考古学家对景德镇元代官窑瓷器所做的仔细检验让他们相信，在那里曾有过仿制虹彩陶瓷的一些尝试，虽然采用的是完全不同的技艺[127]。元代是中国对来自大蒙古帝国其他地区的影响持开放态度的时期。正是那个时期，北方磁州窑系的某些窑场着手仿制在西亚也是刚刚出现的孔雀绿釉，而南方的景德镇第一次采用了该釉。

　　15 世纪末 16 世纪初，熔块瓷工艺在土耳其著名的伊兹尼克（Isnik）陶瓷上得到应用和改进。在土耳其的胎用玻璃中首次使用了氧化铅，石英则研磨得非常细腻，也使用了一种更为细腻的硅质化妆土料[128]。伊兹尼克陶瓷的胎体和釉料中同时使用了氧化铅，这促进了坯与釉更好的适应性，而高纯细小的石英进一步改进了坯体的白度。16 世纪，这种非常成功的土耳其熔块瓷材料用在了对中国出口的釉下蓝彩的仿制上，纹饰图案往往借用 14 世纪以来景德镇的一些元素。基于氧化物和化妆土而形成的强烈的釉下色彩，还被伊兹尼克的制陶工匠们拓展到熔块瓷的多彩装饰上，其色彩范围甚至比中国的釉上彩瓷器更为丰富[129]。就材料的细腻和洁白程度而言，伊兹尼克陶瓷可以看作是从熔块瓷向软质瓷过渡的代表，并为 17 世纪末 18 世纪初波斯那种半透明感很强的冈布龙陶瓷（Gombroon wares）的出现铺平了道路，这种冈布龙陶瓷可以看作是伊斯兰熔块瓷发展的顶峰[130]。

739

　　126　关于虹彩釉工艺的更全面的介绍，见 Watson（1985），pp. 31-32；Kingery & Vandiver（1986a），pp. 11-12，111-121。阿布·卡西姆描述了 1310 年虹彩瓷器的生产情况，见 Allan（1973），p. 114。

　　127　Scott（1992），pp. 47-48。不过有一点应该指出，在瓷器上烧制单层金叶的做法也可能会出现虹彩式的效果。

　　128　Tite（1989），pp. 120-125。Henderson & Raby（1989），pp. 121-122；含铅玻璃料胎体在土耳其瓷砖上的第一次使用被认定在 15 世纪。

　　129　Tite（1989），pp. 125-128。

　　130　"冈布龙（Gombroon）是阿巴斯港（Bandar Abbas）的旧称。荷兰东印度公司（Dutch East India Company）在那里建有一个贸易站点，从冈布龙有大量波斯软质瓷器被运往欧洲。"Alan（1991），p. 64。

740

（4）中国技术向世界的传播及中国陶瓷
在世界陶瓷技术发展进程中的重要作用（下）
——遥远的传播：中国陶瓷在欧洲的影响

（i）16 世纪和 17 世纪欧洲对中国及对陶瓷的了解

　　16 世纪和 17 世纪欧洲的海上扩张是与宗教传道和商业贸易紧密联系在一起的。在牧师们热情推动传教活动的同时，官员和商人们竭尽全力急切地拓展着贸易。欧洲关于中国的许多记载都是由传教士完成的，例如多明我会的修道士加斯帕·达克鲁斯在 1569 年写下了《论中国和霍尔木兹的事物》（*Tratado em que se Contam muito por Estenso as Cousas da China com as Suas Particularidades e assi do Reyno de Ormuz*）[131]。这一介绍文字很快便在葡萄牙之外得到广泛传播，虽然也有其他作者就同样内容作过说明和反复介绍，例如西班牙的传教士门多萨（Juan González de Mendoza）[132]。从这点上看，早期西方人在介绍中国时的某些表述与当代中国问题学者撰写知识手册时存在着大体的相似性。后来者们在编辑书籍时随意借用，经常逐字整段地引用，并且将前作者的论述作为自己观点的支撑[133]。

　　另一位葡萄牙传教修道士曾德昭（Alvarez Semedo；亦名谢务禄、鲁德照）神父的著作也曾广泛传播。1638 年，他针对中国所作的拉丁文介绍，很快就在 1655 年被翻译成英文[134]。曾德昭神父的介绍无论如何不算是关于中国的最早记载，但它是最早一批传达给讲英语的听众的著述。无论是达克鲁斯还是曾德昭，他们能对中国产生认识，都要归因于葡萄牙对远洋航行这一重要技术的掌握：沿非洲大西洋海岸而下；绕过风

741 暴角（Cape of Torments 或 Tempestuous Cape）[后来国王曼努埃尔一世（King Manuel I）将其改名为好望角（Cape of Good Hope）]；穿越印度洋，在阿拉伯领航员的指引下于 1498 年第一次到达印度；继而到达锡兰；穿过主要港口在 1511 年被占据的马六甲海峡；最终跨越了中国海，于 1513 年到达了中国南方的港口[135]。这个以寻求贸易的水手和商人为先锋的马拉松式的航程，为宗教教义向中国的传播，以及随之而来的使团派遣创造了条件。

　　131　Pinto de Matos（1999），pp. 95，111，124。该著述在 1999 年 11 月里斯本（Lisbon）"澳门遗产"研讨会上被与会者们讨论过，研讨会的论文后来发表在《东方艺术》（*Oriental Art*）卷 XLVI，no.3（2000）。见 Carvalho（2000），Pinto de Matos（2000），和 Loureiro（2000）。

　　132　Loureiro（2000），p. 63。

　　133　Clunas（1991），pp. 9-10，引自 Gulik（1958）。

　　134　该英译文是应约翰·克鲁克（John Crook）的要求完成的，为的是在其店中出售，该店铺设在伦敦圣保罗大教堂墓地（St Paul's Church-yard）的轮船标志处（the Sign of the Ship）。译文采用 17 世纪英语《钦定本圣经》（*King James Bible*）风格，优美而婉转。

　　135　事实上早期葡萄牙旅行者到达中国乘坐的是印度或中国的船，1521 年前并没有葡萄牙的船只到达中国，Sebes（1993），pp. 35-40。

16 世纪之前，只有数量很少的瓷器到达欧洲，每一件都受到高度赞赏。已知来到欧洲第一件有文件证明的物件是所谓的方特希尔瓶（Fonthill Vase），这是一件元代的青白瓷器，是末代蒙古皇帝的朝廷于 1338 年通过使者送给阿维尼翁（Avignon）的第三位教皇本笃十二世（Benedict Ⅻ）的礼物。这件瓶子后来经过了改造，加装了欧式的镀银装置，配上了珐琅彩饰，上面有匈牙利国王伟大的路易（Louis the Great of Hungary；1326—1382 年）的盾徽，整体样式改造成了一件盛水执瓶。一幅 1713 年细致的水彩画 [目前藏于巴黎法国国家图书馆（the Bibliothèque National in Paris）] 描绘了这件瓶子和它的附属加装，这是存留下来的关于中国瓷器经过早期欧式加装后的最宝贵的图画[136]。西方所收藏的具有历史意义的其他瓷器还包括：1363 年诺曼底公爵（Duke of Normandy）、1416 年贝里公爵（Duc de Berry）以及 1447 年法国查理七世（Charles Ⅶ）所记录下的那些藏品。在德国卡塞尔州立博物馆（the Landesmuseum，Kassel）保存着一只 1434—1453 年为卡岑埃尔恩博根的菲利普公爵（Duke Philip von Catzenellebogen）加装了哥特式基座的青瓷碗[137]。1416 年，威尼斯的帕斯夸莱·马利皮耶罗总督（Doge Pasquale Malipiero）收到的埃及苏丹送来的 20 件瓷器[138]。1487 年，威尼斯"华贵者"（il Magnifico）洛伦佐·美第奇（Lorenzo de Medici）收到的来自埃及的瓷器[139]。一件 16 世纪早期放置在具有文艺复兴风格底座上的中国瓷碗，据说是由大主教渥兰（Archbishop Warham；1504—1532 年在位）在 1530 年左右赠送给牛津新学院（New College，Oxford）的[140]。

这些瓷器之所以能激起学者和收藏家的兴趣，主要就是搞不懂它们到底是什么东西制成的。曾有过各种各样的说法，例如，说它们的材料是某种贵重的宝石；再如，是在地下凝结的"特定的浆液"；还有，是蛋壳和贝壳粉碎后和水做成的。16 世纪中期的两位意大利学者卡丹（Cardan，也译作卡尔达诺）和斯卡利杰尔（Scaliger），接受了 16 世纪第二个十年葡萄牙海外使团的一位成员杜阿尔特·巴尔博扎（Duarte Barbosa）所介绍的这一类看法[141]。其中贝壳说法得到大众认可的时间较长，一直到 1646 年，诺里奇（Norwich）的一位英国医生托马斯·布朗（Thomas Browne）仍然在提出这种说法[142]。

在众多稀奇古怪的解释中，让人好奇的是，不管认为是何种"魔力混合材料"制成，人们都强调这些器皿是在地下经历了长时期的埋藏；有些权威的看法说是要埋 100 年，另一些认为只有 40—50 年。例如，英国学者弗朗西斯·培根（Francis Bacon）在

742

136　见 Lane（1961），pl. 3。

137　Anon.（1990），*Parzellan aus China und Japan*，pp. 216-218。

138　Cronaca Sanuda，Biblioteca Naz. Marciana，Cod. It. Ⅶ 125 [=7460]，c.319r。对于本参考条目，作者要感谢罗伯特·芬利（Robert Finlay）。

139　Sargent（1994），p. 2。

140　Scheurleer（1974），pp. 42-43。

141　Lightbown（1969），pp. 230-231。杜阿尔特·巴尔博扎和同样到过亚洲的同伴——公务员比利（Tomé Pires）———起，在 1515—1516 年拟就了两篇面向世界的著述，以满足人们对该地区的浓厚兴趣；它们的名字是《东方诸国志》（Suma Oriente）和《东方纪事》（Livro das coisas do Oriente），后来定稿的作品于 1517 年发表，保存在里斯本葡萄牙国家图书馆（National Library in Lisbon；BNL，Secção de Reservados，cod. 11008，fl. 63），其中包括瓷器成分的参考内容。见 Pinto de Matos（2000），pp. 66，75。

142　Keynes（1928-1931），vol. 2，pp. 154-155。

他 1620 年的著作《新工具》（*Novum Organum*）中引证，中国是靠将土陶器埋在地下 40 或 50 年的方式来制成瓷器的[143]。一想到这种看法是受到了中国陶瓷实际制作过程介绍的影响，无论多么离谱，还是会发人深省。在中国使用深坑或大缸贮藏经过初步处理后的黏土，这样可令它们发酵和腐化，变成高质量的坯泥（见本册 p. 440）[144]。然而黏土的贮藏大约只是几个月的时间而不是数年。还有一种做法，就是个体陶工们常将优质陶土藏到专门的深坑中供子孙继承。这在中国的一些窑场中似乎已成为惯例[145]，而在当代的日本则是一项仍在执行的制度[146]。

（ii）传教士们关于中国和中国瓷器的介绍

尽管我们发现西方对中国瓷器本质的认识相当混乱，但中国瓷器制作的某些正确的信息还是很有可能早在 16—17 世纪就已传到了欧洲[147]。因为早在诺里奇的托马斯·布朗医生提出他的壳粉理论之前，传教士们就提出过相当准确的有关中国瓷器制造方面的报告。加斯帕·达克鲁斯仅到过广州，在他笔下却能对瓷器制造的过程以及瓷器的产地作出描述[148]：

> 还有一个称作 "Quiansi"［江西］的省份……所有细瓷器都是那个地方生产的，出自 "Sulljo"［景德镇］……其他地方一件也不生产……那些从没到过中国的葡萄牙人对瓷器产地和制作材料有着各种各样的见解和说法，有人说是用贝壳制作的，另一些人认为是使用了经长期熟化的肥料，这都是因为他们对真实情况根本不了解，在我看来，说瓷器是用一种白色的软石制作的应该是恰当的……

743

在信息收集方面的另一项重要事件，就是罗明坚（Michele Ruggieri）神父所担负的地图绘制工作，他是 1581 年踏足中国的第一位耶稣会士。罗明坚与利玛窦（Matteo Ricci）一起组织了在中国最早期的传教活动，他们 1585—1588 年在广东肇庆共同度过了几年。尽管和达克鲁斯一样，罗明坚也从没有跨出过中国这个南部省份，但他却有机会收集到足够的关于中国其他地区的信息，汇编出下列各地的地图[149]：

> 海南岛、广东省、福建省、浙江省、北京地区、陕西省、山西省、山东省、云南省、四川省、贵州省、河南省、南京地区、江西省。

自然，罗明坚的地图在精确性和细节上会存在误差，但在江西省的地图上他标出了省府南昌以及离景德镇不远的大城市饶州的位置，这基本上还是准确的。他还画出了一大块水域，我们可以认定它就是指鄱阳湖。然而，他确实没有将瓷都景德镇标示出来。

143　Bray（1857），vol. 4，p. 237。

144　Li Dejin（1994），p. 88。

145　例如，在德化，根据德化文物管理委员会主任陈建中的介绍。

146　关于黏土继承的信息是由乐氏家族现在的领袖十五代乐吉左卫门提供的，记录在鲁珀特·福克纳（Rupert Faulkner）2000 年 12 月 5 日向伦敦东方陶瓷学会（the Oriental Ceramic Society in London）提供的稿件中。

147　有关此课题的研究发表在柯玫瑰［Kerr（2001）］的著作中。

148　引文被翻译并包含于 Pinto de Matos（1999），p. 111，及（2000），p. 66。

149　《罗明坚中国地图集》（*Atlante Della Cina di Michele Ruggieri S. I.*）中配有这些地图并附注释。

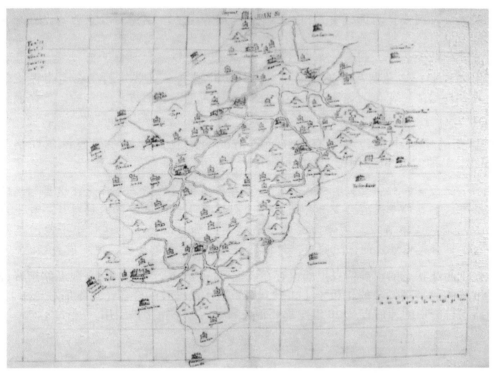

图 164　江西地图，采自《罗明坚中国地图集》，基于 1585—1588 年在中国收集的资料，1606 年出版

前面提到的门多萨的介绍文章最初在 1585 年出版，1588 年被翻译成英文，其中介绍了在中国商铺中可以买到的各种各样便宜的陶瓷器皿。门多萨对瓷器制作的描写是很细致的，与较早前达克鲁斯所作的介绍相呼应[150]：

> ……他们用非常结实的土制作这些东西，那些土被完全破碎并且磨细后放入用石灰和石块砌成的水池子中，然后在水中充分搅拌淘制这些土料，形成膏状物后其最上层用来制作最好的器物。越往下层材料越粗糙。他们器皿的样式和风格和我们这里做的一样，然后他们在上面镀上光亮，着上他们喜欢的色彩，这些颜色永不会退去。之后这些器皿被放入他们的窑炉中进行烧制。这些都是笔者亲眼所见，绝对真实，不像杜阿尔特·巴尔博扎在一本意大利语的著作中说的那样，他们在用玉黍螺的贝壳制作瓷器，这些贝壳被磨碎，经过地下 100 年的埋藏而成精华……如果真是那样做的话，就不会出现该帝国如此巨大数量瓷器产出这样的事实。……

曾德昭神父在 1638 年记下了类似的内容[151]：

> ……江西省……因为瓷制碟盘……而更著名（确实这类制品在世界上绝无仅有），这些东西只在它的一个城镇中生产。因此所有在这个国家使用的这类东西，

150　Gonzales de Mendoza（1588），ch. 10，pp. 22-23。

151　Semedo（1655），pp. 12。

以及散布到全世界的这类东西，都是出自这个地方。制造这些东西的泥土来自其他地方，这里唯一独特的就是水质，使用这种水后瓷器达到了尽善尽美，要是用了其他地方的水，制品就不会这样光彩熠熠。无论是在材料、器型上，还是在制作方法上，这种制品并不像某些人写的那样神秘。这些东西完全是用泥土制作的，只是纯正优质的泥土。它们是在同一时间用同样的方法制作的，就像我们的土陶器皿，只不过他们制作时更仔细更精心。

745　一些早期的手稿中也包含着有关江西省情况的记载，例如在德曼德尔斯洛（de Mandelslo）神父 1639 年用德文写的材料中[152]：

> 江西省的独特之处，就是人们在世界各地见到的瓷器全都是在这里制造的。所有这些器物都是在浮梁镇附近的一个村庄里生产的；所用的材料是一种土或黏土，是从江南省或称为南京省的滑石镇运到那里的……［这种土］像粉笔那样白，但有类似沙砾的微透明感，他们要对它进行数天的处理，使之成为坯泥……

这类处于萌芽状态的正确信息里面也存在着混乱。"滑石"一词，后来殷弘绪解释说是一种细腻的、富高岭土的化妆土（slip），用于制作最细致的瓷器（见本册 p. 228）。关于瓷器出自南京的神话直至 20 世纪都还曾在数种西方书籍中被引用。

（iii）中国瓷器向欧洲的出口

因而可以断定，到了 16 世纪后半叶，在欧洲已经有了对瓷器制造原料精确介绍的文献和介绍瓷器主要产地的地图及说明。报道揭开了瓷器神秘的面纱，这一点越来越得到认可，这是因为在整个 17 世纪，先是葡萄牙人，接着是荷兰人，他们将越来越多的瓷器带到了西方。1615 年荷兰商船运来了大约 24 000 件的青花瓷器，1616 年约 42 000 件，到 1638 年，估计共有超过 300 万件的瓷器由荷兰人运送到了欧洲[153]。在 17 世纪的上半叶这些器物主要来自中国，但随着明朝的垮台及之后的内部动荡，自 1657 年到大约 1683 年，交易转向了日本[154]。这些贸易瓷器都是针对欧洲人的日常使用而制作的，最精细的那些用于摆设展示，而作为家庭餐桌器皿的成套器物则越来越多。

到 17 世纪结束时，很多欧洲国家都在积极寻求与中国的贸易。最坚决和最有闯劲的国家中包括英国，1708 年之前，还没有英国的"荣誉东印度公司"（Honourable East India Company）这样的命名，尽管其起源可以追溯至早在 1600 年就开始营运的一家垄断公司。到 18 世纪 30 年代英国的公司在与中国的贸易中取得了霸主地位，它们运回了成千上万件中国瓷器在伦敦市场上销售[155]。

152　De Wicquefort（1666），pp. 476-477。

153　Impey（1977），p. 92。

154　Jörg（1982），pp. 91-92。

155　Howard（1994），pp. 13, 15, 21。在官方货物之外必须加带大量的私人订货，这些都是船长、官员和公司船队的押运员受托办理的。需要指出的是，尽管瓷器运送数量巨大，但在公司总体贸易中并不具有重要价值或份额。曾达到的最高份额是总数的 20%，正常情况下从未超过 12%，见 Chaudhuri（1978），p. 407。数量巨大的中国瓷器不断涌入，使它们在英国的小康家庭中成为常见之物。整套的餐具使贵族的餐桌更显优雅，茶杯和小碟用到了刚刚变得时髦的饮茶习俗中，花瓶和广口瓶等饰品在房屋的布置上发挥着装饰作用，见 Somers Cocks（1989），pp. 195-215。

图165　打捞自"海尔德马尔森号"的中国青花瓷器，出售前码放在佳士得拍卖行的库房中

　　1984年打捞起的一艘荷兰东印度（Dutch East Indiaman）商船"海尔德马尔森号"　746
（Geldermalsen），为欧洲陶瓷贸易的规模提供了生动翔实的证据。1752年1月初它在由
广州驶往巴达维亚（Batavia；今雅加达）的途中沉没了。船上装载着相当数量的黄金、
茶叶、钱币、香料，还有140 000件中国瓷器[156]。基于荷兰东印度公司的档案资料，约
尔格（Cristiaan Jörg）在研究中指出："海尔德马尔森号"对瓷器的装载情况，应该是反
映了所有活跃的欧洲东印度公司在18世纪中期自中国返回时装船的典型做法[157]。　　747
　　到18世纪晚期，欧洲陶瓷工厂对中国产品仿制的成功，致使贸易规模减小。例如
在英国，国内陶瓷产业的成功加之其他一些因素的影响，如英国对中国印象的转变等

156　Sheaf & Kilburn（1988）。
157　Jörg（1982）；Jörg（1986）。另见 Sheaf & Kilburn（1988），p. 97。

等[158]，大约在 1780 年后大规模进口的中国陶瓷出现了滞销。1791 年，英国东印度公司（English East India Company）主动终止了瓷器贸易[159]。到 1820 年，尽管中国继续向北美供应陶瓷制品，欧洲家庭所使用的餐桌器皿都已经是欧洲自己工厂的产品了。

（iv）欧洲对中国瓷器的初期模仿

欧洲后来能在瓷器制造上取得成功，其起始可能要上溯到 16 世纪，也就是在 15 世纪后期人们对进口的中国瓷器越来越欣赏之后。例如，当时被称为"华贵者"的洛伦佐·美第奇（1449—1492 年）就是一位收藏上的知名人士，他所收藏的瓷器在其死后两年被瓜分掉。实际上，1575—1587 年在佛罗伦萨的一家作坊里，曾出现过欧洲对中国瓷器仿制上的第一次短暂成功的尝试，这是在洛伦佐的曾孙，美第奇家族的弗朗切斯科一世大公（the Grand Duke Francesco I de Medici；1541—1587 年）的保护和资助下进行的。

15—16 世纪，意大利、北非和西亚之间的贸易处于繁荣时期。那些进口物品之中包含着中国瓷器和波斯的熔块瓷，美第奇的实验就是想对这两种东西一起仿制。佛罗伦萨人的软质瓷与熔块瓷的传统做法有一些小的差异：总体上可塑性材料的比例要高一些，用氧化钾作胎体助熔剂，而不是熔块瓷传统中使用的钠和钙的氧化物。但从本质上讲它们与伊斯兰熔块瓷是极为相似的，传说它的开发与一位"黎凡特人"（Levantine）有关[160]。美第奇瓷的胎体是以细砂、15%—20% 的白黏土以及生产釉料所用的烧结料为材料的[161]。据奇普里亚诺·皮科尔帕索（Cipriano Piccolpasso）在 1577 年的记载[162]，这种"烧结料"是当时的意大利锡釉中流行的一种成分。釉料中包含的是煅烧过的酒糟、砂子、PbO 和盐类。至今所能估计到的是其胎体要素烧至 1100℃ 左右达到半透明状态[163]，再使用锰和钴蓝绘制上图案，然后用一种柔和的铅碱化合物给器件施釉，在 900—950℃ 烧成。

美第奇软质瓷所取得的成就被归功于布翁塔伦蒂（Bernardo Buontalenti；1536—1608 年）和马约利卡陶器（majolica）工匠弗拉米诺·丰塔纳（Flamino Fontana；年代不详）的共同努力[164]。尽管东西看起来不错，但制作费用昂贵，烧制时几乎总要发生变形，存留下来的美第奇瓷器不足 60 件。虽然如此，弗朗切斯科大公认为这东西很是

158　Dawson（1967），被引用于 Pearce（1989），pp. 30-31。

159　同上，pp. 26。参见 Chaudhuri（1978）。

160　艾伦［Allan（1991），p. 74］写道："1575 年佛罗伦萨驻威尼斯大使写道，公爵'……已经使其［瓷器的］质量提升到可以与人匹敌的程度——在透明性、结实程度、轻盈程度和微妙程度等方面，为揭开这个秘密他已经耗费了十年光阴，是一位黎凡特人为他指明了成功之路'。"

161　即玻璃熔块（marzacotta），它是由沙砾、食盐和煅烧酒糟组成的。煅烧酒糟提供的主要是碳酸钾盐，以及石灰、硅土和少量镁。

162　奇普里亚诺·皮科尔帕索在他 1557 年的著作《陶艺三书》（The Three Books of the Potter's Art）中介绍了 16 世纪意大利的陶瓷技术，英译本见 Lightbown & Caiger-Smith，（1980）。

163　这一温度大大超过了传统窑炉的 950—1000℃。

164　Rondot（1999），p. 19。

图166　美第奇青花细颈瓶，约1575—1587年

成功的，足以馈赠给同为统治者的好友们，一件绘制着西班牙国王腓力二世（Philip Ⅱ of Spain）盾形纹章的美第奇软质瓷细颈方瓶就是在1582年送给那位波旁国王（Bourbon King）的礼品[165]。1587年大公死后，这种瓷器的生产似乎也随之结束了。

（ⅴ）法国的软质瓷

佛罗伦萨的这些早期尝试以后，存在着一个大约90年的空白期，之后类似的玻璃基瓷器的仿制品才再次在欧洲出现，这一次是在法国。他们采用的工艺方法没有大的改变，但却是源于完全独立的研究，目标是要制作出欧洲第一件具有商业价值的瓷器来与中国瓷器展开竞争。这就是所谓的软质瓷（soft-paste porcelain），早在1677年它就已经发明出来了，自1695年它们开始在法国的圣克卢（St Cloud）投入生产，同时也在鲁昂（Rouen）投产。分析发现，从胎体上看，其成分构成以西亚的石英-玻璃料-黏土瓷和欧洲的费昂斯彩陶两者结合作为基础。它由烧结后的碱性石英玻璃、16.5%的白色石灰石，以及8.3%的产自阿让特伊（Argenteuil）的细腻的灰质泥灰岩黏土共同构成。整个处理过程是将材料弄湿，充分混合然后移入其他容器，部分晾干，放入木桶

749

165　这一赏瓶目前藏于法国塞夫尔国家陶瓷博物馆（Museé National de Céramique，Sèvres）。

中保存数月。然后可以套模成型，但要想采用拉坯轮修成型，则还需要添加一种黑皂溶液和羊皮纸胶（parchment glue）来增加强度[166]。尽管灵感源自景德镇的青花和德化的"中国白"瓷器，但其所使用的原材料和加工过程还是与东亚瓷器的做法大不相同。这种产品赏心悦目，它的成功开发激发了其他地方对软质瓷器的研究和制造，其中的一些还获得了商业上的成功[167]。不过虽然它们有着华丽的品质，但使用起来还是不够结实，容易破碎，成型和烧制都非常困难，在陶瓷历史中属于烧制失败率最高的那一类[168]。法国软质瓷在整个18世纪得到不断完善和改进，但最终在欧洲瓷器的研发上它们留下的仍只是工艺技术上的死胡同[169]。

（vi）迈森瓷器

18世纪头二十年在萨克森的德累斯顿（Dresden），终于出现了与中国瓷器不相上下并且在很多方面有所超越的对应的欧洲产品。此时距这类瓷器第一次在中国北方出现已经过了一千多年。埃伦弗里德·瓦尔特·冯·奇恩豪斯（Ehrenfried Walther von Tschirnhaus；1651—1708年），这位数学家和物理学家在17世纪末期的研究工作对该产品的开发起到了关键性作用。

冯·奇恩豪斯于1668—1669年在莱顿大学（University of Leiden）从事哲学、数学和医学的研究。就在同一时期，他也在着手瓷器方面的研究工作，17世纪70年代，在英国、法国、荷兰和意大利的旅行让他积累了欧洲有关科学方面的丰富知识，无论是纯理论的还是实用的。冯·奇恩豪斯有一个雄心，就是在萨克森建立起一个所谓的科学社会，它以新兴产业作为支撑，这些新兴产业都是建立在最现代知识的基础之上。为达到这一目的，他研究了玻璃和镜子的制作，并制造出一系列很成功的镜片研磨机器。早在1677年他的兴趣就扩大到了制瓷工程上，通过建造和使用大型反光燃烧镜，他对岩石和矿物的烧熔性展开了检测，既有单质又有化合物，这对制瓷工程的研究起到了辅助支撑作用[170]。这一杰出的实验背景使得冯·奇恩豪斯成了一名理想的导师，他可以对德累斯顿曾经的炼金术士约翰·弗里德里希·伯特格尔（Johann Friedrich

750

166　信息来自 Kingery & Vandiver（1986a），pp. 179-194。

167　例如，在英国，1745年后在切尔西、德比（Derby）、朗顿庄园（Longton Hall）和西潘斯（West Pans）都生产软质瓷或"玻璃瓷"。其成分与法国产品多少有些不同，它含有石英砂、黏土、燧石、石灰碱玻璃和含铅石灰。Tite & Bimson（1991），pp. 3，24。

168　有关早期法国软质瓷及其制造难题的详细技术介绍，见 Kingery & Smith（1985），pp. 173-192，和 d'Albis（1999），pp. 35-42。

169　萨克森瓷器先驱艾伦弗里德·冯·奇恩豪斯在1710年访问过设在圣克卢的工厂，但他提到，他所买下的那些东西到后来"自己就碎了"。见 Cassidy-Geiger（1999），p. 97。后续开裂（"出现裂缝"）是由于烧制时张力的聚集，这可能是胎体在试制中表现出的主要麻烦。例如，1776年5月乔赛亚·韦奇伍德写给在伦敦开办陈列室的合作伙伴托马斯·本特利（Thomas Bentley）的信中提到，他早期碧玉炻器的瓷砖有些可能会"……顺着路线开裂，并且我敢说，在你的橱窗中也会开裂"。Reilly（1994），p. 83。

170　霍夫曼［Hoffmann（1985），p. 210］的书中有两幅奇恩豪斯镜的示图，其中一个的直径为158厘米。冯·奇恩豪斯可能是在17世纪70年代后期会见了米兰的牧师曼弗雷多·塞塔拉（Manfred Settala）之后受到了很好的启发，从而采用凹面镜来从事瓷器的研究。在那个时代，塞塔拉正在使用"凸透镜"来做自己的瓷器实验。Weiss（1971），pp. 72-73。

Böttger；1682—1719 年）在瓷器研究上给予足够的指导。同时，冯·奇恩豪斯曾在萨克森寻找过宝石，这是受到萨克森选帝侯奥古斯特二世（Augustus the Strong；1670—1733 年）的委派，奥古斯特二世是想以此来解决财政上的难题。那次的调查和寻找工作肯定加深了这位科学家对萨克森原材料的认识。最初在 1701 年，伯特格尔也被奥古斯特二世招募至名下，这是在伯特格尔没能兑现其宣称的可用水银制造出黄金，而从柏林逃跑之后。伯特格尔的第一项任务是协助奥古斯图的采矿主管奥海因（Gottfried Pabst von Ohain）开展工作，但在 1705 年他的任务转变为对瓷器的研究[171]。

　　冯·奇恩豪斯与伯特格尔合作的首批成果之一是一种硬红炻器，其设计风格有点像中国的宜兴紫砂，可以在加工宝石的转轮上完成制作，生产它的一家工厂于 1707 年在德累斯顿的维纳斯堡垒（Venusbastion）开张。由于维纳斯堡垒的项目取得了出乎意料的进展，从 1710 年开始其运作逐步转移到靠近迈森的阿尔布雷希特城堡（Albrechtsburg）。新的地点在空间和安全可靠性上俱佳，即便在这里干活的实际上主要都是囚犯。

（vii）最初的萨克森瓷器

　　有一份作坊记录，大意是说白瓷第一次制造成功的时间是在 1708 年 1 月 15 日，尽管到 1708 年 10 月冯·奇恩豪斯去世时这种新东西并没有全面投产，同时他那个科学社会的梦想也仍然处于虚幻中[172]。1709 年 3 月 28 日，约翰·伯特格尔在向国王的报告中宣称，他可以制造出"完美的白瓷"，与此同时，一些素釉的迈森瓷器的试制品也在 1710 年莱比锡复活节博览会（Leipzig Easter Fair）上展示出来。萨克森瓷器是在瓷土中加入了少量煅烧过的雪花石膏和石英，并且烧制温度需要超过 1350℃以便达到半透明状[173]。从工艺上讲，伯特格尔的瓷器甚至比同时代康熙年间的瓷器更为结实，烧制温度更高，并且抗热冲击性更强，而那个时代康熙瓷的质量是最为突出的。萨克森的瓷器在接下来的几年里不断改进，在这期间，釉下蓝彩装饰和釉上彩都被增添到了工厂的产品目录中。

　　早期迈森瓷器的抗热冲击性非常强，伯特格尔时代一位到工厂参观的人士曾记述：亲眼所见一个白炽的瓷茶壶从窑中取出后直接扔入凉水中而丝毫没有破碎[174]。伯特格尔瓷器的低膨胀特性主要是因为在烧制材料中游离石英的成分非常低。从烧成瓷器的角度来说（相对于原始矿物特性），这标志着在萨克森瓷器中延续着那种趋向，即让莫来石的含量更高，石英的含量更低。这种趋向曾明显地体现在 10 世纪以来景德镇的瓷器胎体上（见图表 10）。然而在中国，这一趋向在清代晚期发生了逆转[175]。

751

752

　　171　Kingery（1986），p. 152。

　　172　这份记录为拉丁文并且是伯特格尔手书，在霍夫曼［Hoffmann（1985），p. 380］的书中有其图片。其记录时间被确定为 1708 年 1 月 15 日下午 5 点。

　　173　早期伯特格尔瓷器的一个配方是由 4 份施诺尔（Schnorr）的高岭土、2 份科尔迪茨高岭土（Colditz kaolin）、1.5 份白硅土和 1.5 份雪花石膏组成的。Raffo（1982），p. 84。

　　174　该做法曾在麻省理工学院的一次传闻测试的实验中取得成功，见 Kingery & Vandiver（1986a），p. 173。迈森瓷器游离石英的低含量使它具有极强的抗热冲击性。

　　175　见 Wood（1999），p. 60，chart 1。

图 167 迈森白瓷茶壶，模仿德化瓷，约 1716—1725 年

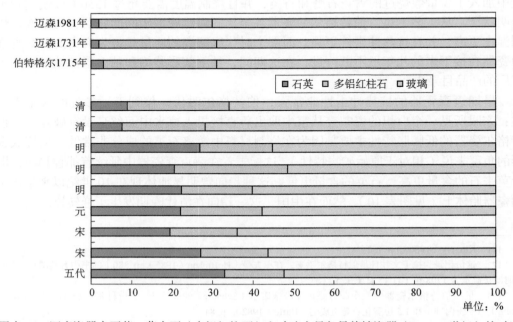

图表 10 迈森瓷器中石英、莫来石（多铝红柱石）和玻璃含量与景德镇瓷器（10—18 世纪）的对比

对于像迈森这样的低膨胀胎体材料，开发出不致开裂的釉料成了试验者面对的重大难题，令人关注的是，有一种最早的迈森釉料中包含100份的硅土、10份的科尔迪茨黏土（Colditz clay）和20份的粗硼砂[176]。硅土和硼砂都能使釉料具有较低的热膨胀性，这一配方进一步证明了迈森制品的深奥。硼砂中的氧化硼后来被氧化钙取代，氧化钙是另一种低膨胀性的氧化物。

伴随着他的迈森瓷器的成功，奥古斯特二世变成了狂热的瓷器收藏者，大量的中国和日本瓷器成为其藏品。从某些方面讲，他的这类强迫症是在否定自己瓷器材料开发的成功性。事实上，冯·奇恩豪斯研究瓷器制造的动机之一，可能就是出于他对大量硬通货花费在东亚瓷器上的警惕，他曾比喻说中国像是"盛着萨克森血的瓷碗"[177]。奥古斯特二世收藏品中的很多物件，成了迈森仿制时的参照原型，其中包括一些日本细瓷瓶和瓷碟，带有柿右卫门风格的彩饰，这是那个时代所有东亚陶瓷中最受追捧的产品[178]。

迈森瓷器的釉和胎同时高温烧成，与东亚的方式一致，这与软质瓷实行的那种高温素胎、低温釉的原则完全不同。1719年，伯特格尔因酗酒和劳累过度在37岁时就较早去世，其后瓷器胎体的配方发生了一些改变，成为瓷土、长石和少量石英的混合物，取消了煅烧过的雪花石膏（见表144）。不过，最初的那种石灰质的配方已经流传到维也纳，之后在威尼斯、宁芬堡和塞夫尔的瓷器工厂中得到成功使用[179]。

表144　伯特格尔瓷器和后期迈森长石质瓷器与康熙景德镇瓷器的比较

	年代	SiO_2	Al_2O_3	TiO_2	Fe_2O_3	CaO	MgO	K_2O	Na_2O	MnO	其余	总量
伯特格尔瓷器	1715年	61.0	33.0	—	—	4.8	—	0.1	0.2	—	0.9	100.0
迈森瓷器	1731年	59.0	35.0	—	—	0.3	—	4.0	0.8	—	0.9	100.0
康熙瓷器	18世纪	66.7	26.25	—	0.9	1.25	0.33	2.65	2.15	—		100.2
康熙瓷器	18世纪	65.0	26.7	0.13	1.1	1.6	0.1	3.1	2.6	0.07		100.4

176　Raffo（1982），p. 84。

177　Honey（1934），p. 25。霍尼（Honey）写到了冯·奇恩豪斯的信念，即"……从海外购入如此大量的以中国瓷器为代表的货物是必须要扭转的国家损失，这种损失应全力避免"，出处同上，p. 25。在埃娃·施特勒伯[Eva Ströber（2001）]的书中披露了奥古斯特二世所收藏的中国和日本瓷器的原件及其收藏经历，书中展示有挑选出的藏品的图片。

178　在艾尔斯等的著作中[Ayers *et al.*（1990）]，马利特（Mallet）写道："迈森复制的日本柿右卫门风格的器件其质量和精度相当可观——从阿姆斯特丹（Amsterdam）荷兰国家博物馆（Rijksmuseum）的藏品中即可见到这点，那里日本的原件与迈森的仿制品在一起展示。这种质量主要源于迈森工厂对釉上彩技术的可靠控制。"正如安托万·达尔比[Antoine d'Albis（1999），p. 35]所指出的："……1725—1735年，萨克森人学会了如何使用约50种的色彩去装饰他们的瓷器，其干净、明亮、生动与准确就像一个非常协调的乐器所发出的音符。"

179　瓷器技术在欧洲传播的另一个关键人物就是林格勒（Joseph Jakob Ringler；1730—1804年），他来自1719年成立的维也纳工厂。维也纳是继迈森后第一个建立生产硬质瓷工厂的地方，它采用了迈森的专门技术、萨克森黏土、迈森工匠和迈森式窑炉。有关由林格勒参与建设的21个欧洲大陆瓷厂的详细情况，见Weiss（1971），p. 83。

（viii）长　　石

同样，新的长石质胎体的秘密也很快就从奥古斯特二世的堡垒工厂中泄露了出去。后来欧洲、斯堪的纳维亚和俄罗斯的制瓷工匠们都更愿意接受这种可靠性更高的以长石作助熔剂的配方，尤其是在柏林、哥本哈根和圣彼得堡的新工厂中。伯特格尔之后的这种以长石作助熔剂的瓷器，如今在绝大多数欧洲大陆的瓷器工厂中仍然是标准的硬质瓷配方，同时，它们通常超过 1350℃ 的高烧制温度，自迈森实验以来也依然保持不变。不过使用纯高岭土并以长石为坯体助熔剂这样的做法，可以说早在公元 6—7 世纪，在中国河北内丘县早期的邢窑瓷器中就已经存在了（见本册 pp. 155-157）[180]。

（ix）迈森瓷的意义

事后来看，我们可以发现，冯·奇恩豪斯和伯特格尔之所以能够避开 11 世纪以来制约"西方"对东亚瓷器复制试验取得成功的那种采用玻璃、沙砾和黏土相混合的做法，是因为他们将新瓷器的基础建立在窑烧后为白色的耐火黏土之上[181]。采取这样的做法很可能就是冯·奇恩豪斯用他的太阳炉熔化原始材料时所进行的那些基础性工作所引发的。正如戴维·金格里（David Kingery）所强调的，这些试验所达到的温度在那个时代的欧洲同样是难以想象的，而迈森对烧瓷窑炉的开发在整个项目成功上所起的作用应该说与瓷胎本身的开发一样重要[182]。该窑炉为横焰窑，内部长度约 3 米，可能是源自萨克森的盐釉烧造（salt-glaze manufacture），但它有三个火膛，与一个火膛的普通情况不同[183]。早期的迈森瓷器及其旁支维也纳瓷器，它们的高黏土性、它们的高烧制温度以及它们的钙质助熔性，令其构成与中国北方早已停产的瓷器非常接近（例如定窑器物），而与 18 世纪早期的景德镇瓷器倒不怎么相近，尽管它们与早已失传的北方陶瓷的相似性其实纯属巧合（表 145）。

（x）欧洲大陆的软质瓷

尽管硬质瓷在 18 世纪得到广泛传播，在欧洲大陆还是有一些优质的软质瓷在继续生产。例如塞夫尔软质瓷（*pâté tendre*）的生产就贯穿了整个 18 世纪晚期，直到 1805 年

180　Chen Yaocheng *et al.*（1989a），pp. 221-228。

181　对于欧洲细陶瓷业来说，烧白并耐火的高岭石黏土并不是新东西。16 世纪它们曾被贝尔纳·帕利西（Bernard Palissy）使用过，还被制造出法国 16 世纪精细的圣波谢尔（Sainte-Porchaire）陶器的工匠们使用过，那些陶器装饰着用不同色彩的黏土镶嵌成的复杂图案。不过在上述两种情况中，很可能所用的素烧温度是 1000—1100℃，釉烧温度接近 1000℃，见 Tite（1996），pp. 103-104。

182　Kingery（1986），pp. 168-170。

183　在维也纳很快也建造了那种初始样式的迈森窑炉，在布隆尼亚尔（Brongniart）1844 年的陶瓷论文集的图集中展示出了维也纳窑炉的一种样式（fig. 3, pl. XL）。可以将它与霍夫曼 [Hoffmann（1985），p. 407] 所提供的实际运行的迈森窑炉的草图进行对比。

表 145　定窑胎和伯特格尔及维也纳瓷的分析　　　单位：%

	SiO_2	Al_2O_3	TiO_2	Fe_2O_3	CaO	MgO	K_2O	Na_2O	MnO	总计
定窑胎 1， 唐代 [a]	59.8	34.5	0.4	0.7	1.1	0.9	1.25	0.7	0.03	99.4
定窑胎 2， 五代时期	61.2	32.9	0.6	0.6	3.4	0.9	1.25	0.1	0.02	101.0
定窑胎 3， 北宋	62.0	31.0	0.5	0.9	2.2	1.1	1.0	0.75	0.04	99.5
定窑胎 4， 清代	59.25	32.7	0.75	0.7	0.8	1.1	1.7	0.3	0.01	97.3
伯特格尔瓷器 +1712 [b]	61.0	33.0	—	—	4.8	—	0.1	0.2（其余： 0.90）		98.9
维也纳瓷， 19 世纪 [c]	61.5	31.6	—	0.8	1.8	1.4	2.2	（其余：0.7））		99.3

　　a　定窑器物分析，Li Guozhen & Guo Yanyi（1986），p. 136，table 1。

　　b　Schulle & Ullrich（1982），p. 45，table 4。

　　c　Brongniart（1844），vol. 2，p. 386。

之后才最终放弃。另一种重要的软质瓷是 1743 年在意大利的卡波迪蒙特（Capodimonte）制瓷厂开发的，这座工厂坐落在王宫领地，在一个俯瞰那不勒斯城（Naples）的小山上。卡波迪蒙特瓷器采用的是高硅胎，与精制的伊斯兰熔块瓷近于同一类型，并配以碱釉。那不勒斯工厂的主要产品是作为摆设的雕像和赏瓶，这可能是因为其抗热冲击性能很差，胎体不适宜制成餐桌器皿。这种非常纯正的暖色调的东西最引人入胜的一次应用就是 1757—1759 年，在附近的王宫里用这种瓷面板镶装出了一处完整的"瓷房子"，约三千块相互嵌合的瓷面板营造出辉煌的、带有强烈中国艺术韵味的洛可可式设计。卡波迪蒙特胎的配方与多恰（Doccia）、科齐（Cozzi）和莱诺韦（Le Nove）工厂所采用的类似，似乎曾经是意大利所特有的种类[184]。

　　1759 年，波旁皇族的那不勒斯国王查理三世（Charles Ⅲ）成为西班牙国王之后，卡波迪蒙特工厂（模具、材料、人工）搬迁到了马德里（Madrid）。在这里出产的瓷器以附近王宫后面的布恩雷蒂罗（Buen Retiro）而著名，王宫里的另一处"瓷房子"也最终建造成功。马德里的工厂在半岛战争期间成了法军要塞，后于 1808 年被威灵顿公爵（Duke of Wellington）炸毁。

（xi）英国瓷器

　　在 18 世纪的欧洲大陆，瓷器的制作总是与城邦国、强大的公侯国和皇家作坊密切

　　184　弗里斯通［Freestone（2000），p. 21］提到了一些未公开的不列颠博物馆的分析。

756　相关，这说明大量的财富花费在了显示身份物品的制造上，而且往往不惜工本[185]。这些大陆工厂还有一个特征，它们倾向于要么制造石英基的软质瓷，要么制造黏土基的硬质瓷。与此形成对照的是，在代表英国制瓷先驱事迹的那类工厂中，往往会出现一系列适度的（常常是短暂的）私下的尝试，以及各种令人不解的胎体配方。这类瓷胎中有一些使用了铅、钡和磷等元素的氧化物，类似情况在欧洲大陆的制瓷实践和东亚瓷器的原型中均无先例可循。然而，除了这些怪异的事情之外，英国瓷器制造的历程中也包含着一些西方制造出的最接近真正景德镇材料的东西，尤其是富勒姆（Fulham）的约翰·德怀特（John Dwight）工厂和普利茅斯（Plymouth）的威廉·库克沃西（William Cookworthy）工厂所制作的那些东西。

（xii）约翰·德怀特的瓷器

　　20世纪70年代在伦敦富勒姆陶瓷厂遗址发掘出的大量盐釉炻器之中，有不少器物碎片和试验残件，有一些带有钴蓝绘饰，这些东西与17世纪晚期的一位学者兼炼金术士，同时还是制瓷工匠的约翰·德怀特（1637—1703年）在富勒姆进行的瓷器试验有关。其涉及德怀特自己在1672年的一项专利特许，该专利描述了："……透明陶器的制造，透明陶器就是通常所说的瓷器（Porcelane）或是中国和波斯器。"德怀特的白色胎体（测年认为起自17世纪70年代初）是由某种混合材料构成的，看来其中是包括了产自多塞特的窑烧后为浅色的耐火球土、粉状石英砂以及一种含有硝石和酒石（不纯正状态的酒石氢酸钾）的钾玻璃料。其釉面则是薄薄一层结实的富钾材料，它的烧成温度与胎体相同[186]。

图168　中国德化出口瓷杯和约翰·德怀特的一对"侈口杯"，1680—1695年

185　魏斯［Weiss（1971），p. 79］列出了18世纪和19世纪早期欧洲45位在瓷器方面的王室赞助人，其中21人最终建立了工厂。魏斯引述了卡尔·欧根公爵（Duke Carl Eugen）1758年4月在路德维希堡（Ludwigsburg）工厂奠基时的讲话，他对瓷器的描述是"……对于杰出和富丽来说它们是不可或缺的陪伴物"。Weiss（1971），p. 77。

186　关于德怀特试验的全面介绍，见Tite *et al.*（1986），以及Green（1999），pp. 64-108。

这些残片有三个特征突出表明了它们与广泛采用的玻璃-黏土-石英组合不同，采用这种玻璃-黏土-石英组合材料是以往五个世纪以来近东与欧洲复制东亚瓷器时的普遍做法。这些特征是：富勒姆瓷器的烧成温度（有超过 1250℃的情况）、与胎体同时烧成的牢固釉面，以及与真正的较高硅质的东亚瓷器相近的成分构成。这些突出特征的取得大概是因为在配方中富硅石和富黏土成分相对于玻璃类成分都有所提升。这就使其材料构成进入到东亚的那种石英-云母类瓷器的范畴，只不过还没有真正利用云母或长石作为胎体助熔剂。那些牢固的含钾釉面，估计也许是有意采用了挥发性釉料（就像盐釉），也许不过是一种自然效果，就是在变干期间可溶性钾盐从胎体中部分析出所导致。不过，设计合适釉料方面的麻烦，以及烧成这种材料所需高温所产生的花费和难度，导致德怀特的白瓷最后无疾而终。形成对照的是德怀特仿制的莱茵盐釉炻器却获得了相当的成功，而且他那种使用红色斯塔福德郡黏土制造的先锋版的红胎宜兴紫砂（I-hsing red stonewares），在 17 世纪最后十年也得到了进一步的成功开发，这是由埃勒斯（Elers）兄弟在特伦特河畔斯托克附近的布拉德韦尔树林（Bradwell Wood）完成的[187]。从德怀特"瓷"对球土的使用这一点上看，似乎它们还不能算作中国瓷器的真正模仿品，球土中二氧化钛的比例导致其烧成后的东西有些发灰并且不透明[188]。即便如此，在 17 世纪 70 年代初期企图制造出透明感白色瓷器的那些不成功的试验，确实对 17 世纪 90 年代在富勒姆工厂开发产生出细腻的近乎白色的盐釉瓷胎起到了积极作用。 757

（xiii）瓷　　土

缺乏合适的瓷土似乎一直制约着英国早期绝大多数的瓷器试制，尽管某些工厂靠着从北美殖民地的切罗基人（Cherokee）领地进口到细高岭土而巧妙地对这一问题有所解决，尤其是进口自北卡罗来纳州（North Carolina）蓝岭（Blue Ridge）沉积层的高岭土。这种美洲黏土在 1745 年鲍（Bow）的第一项专利中曾提及，当时是用"昂内克"（unaker）一词称呼它们的，很可能它们还被用在了 18 世纪 40 年代后期出现的神秘的"A 标"瓷器上。使用这种黏土的瓷胎曾被描述为"富黏土玻璃质软料"胎，代表了黏土-石英-玻璃三位一体材料中独特的英国版本[189]。 758

187　以前阿姆斯特丹的银匠制作红炻器时使用的那些方法，例如用金属模具制细小部件、旋床刮削、浇铸等，在后来的斯塔福德郡产业改造中发挥了作用。最晚自 1691—1700 年这些银匠破产，以后他们开始在斯塔福德郡工作。见 Elliot（1998），pp. 18-21, 38。宜兴炻器黏土与北斯塔福德郡的"伊特鲁里亚泥灰岩"（Etruria Marl）成分上的近似，已被武德［Wood（1999），p. 148, table 57］注意到。不过德怀特和埃勒斯兄弟所采用的旋床刮削磨光成型与宜兴制陶时的薄泥片成型适当磨光的方式大不相同（见本册 pp. 450-453）。

188　次生黏土中的铁-钛混合物通常以金红石的形式出现，"……是夹在高岭石中间的一个沉积薄层，陶瓷器色调发暗通常就是它们造成的"。Lawrence & West（1982），p. 39。

189　Freestone（1996），pp. 80-82；Freestone（1999），p. 7。

（xiv）库克沃西瓷器

回过头来我们可以发现，康沃尔郡和德文郡应该比北卡罗来纳拥有与景德镇瓷土更近似和品质更佳的瓷土资源，因为在这些郡中有着一些世界上最细腻的瓷土沉积层。但在普利茅斯贵格会信徒药剂师威廉·库克沃西（1705—1780 年）的试验进行之前，人们对此并不知晓，18 世纪 40 年代库克沃西对出自圣奥斯特尔（St Austell）附近的岩石和黏土进行了测试，这才揭示出了它们在瓷器制造上的潜在价值。库克沃西的工作受到了殷弘绪书信的启发，这些书信发表在杜赫德的《中华帝国志》（Description Geographique de l'Empire de la Chine）这部著作中，该书出版于 1735—1741 年[190]。他对制瓷材料的探究可能还因为 1734 年一位不知名的来访者的激励，有人认为这位来访者就是美国的制陶匠安德鲁·杜谢（Andrew Duché）。对于那一次来访会面，库克沃西作出如下记录[191]：

> 1745 年 5 月 30 日，普利茅斯。
>
> 最近我与一位发现了中国式瓷土的人会了面。他带来了几件瓷器样品，我认为它们与亚洲的东西没什么两样。这是他探矿时在弗吉尼亚（Virginia）后方发现的；读过杜赫德的书籍后，他发觉找到了白不子和高岭土。他想将它们作为矿产运出；从印第安人那里他买下了出产它们的整个村落。他们可以以每吨 13 英镑的价格进口过来，靠这种办法他们的这种瓷器就可以承受与普通炻器一样的便宜价格；但他们想要在公司内持股占到约 30%。

实际上欧洲瓷器制造的进程可以方便地划分为前殷弘绪时期和后殷弘绪时期，也就是说大多数欧洲大陆的瓷器配方先于他的那些信件，而大多数英国瓷器的开发则是在信件发表之后。这一事实可以对英国瓷器中绝大多数类型的成分构成作出解释，说不定还可以对其构成中的某些特异性作出解释。

尽管库克沃西利用英国西南部岩石进行的最初试验可能在二十多年前就开始了，但他获得这类材料应用特许专利的日期是在 1768 年，当时"新发明的普利茅斯瓷器公司"（The New Invented Plymouth Porcelain Company）成立了。库克沃西工作的重要意义在于他采用的那种方式，就是他先正确地验证出景德镇瓷石与圣奥斯特尔附近瓷土的密切关联，然后再对这些材料进行加工和烧制，造出真正东亚类型的硬质瓷器，并

759

190　包含这些书信的法文第一版在 1735 年出版；英文版在 1736 年出版；另一版在 1738 年（卷 1）和 1741 年（卷 2）出版。见 Du Halde（1735），vol. 2，pp. 171-204；Du Halde（1736），vol. 2，pp. 309-355。

191　欧文［Owen（1873），pp. 7 ff.］首次引述。据推断，所谓"公司"是指东印度公司。人们相信安德鲁·杜谢早在 1742 年就在美国制出了真正的硬质瓷器，尽管并没有他的工厂的无异议的样品留存下来。后来他的职业看来更像是一位"商人和富有的土地拥有者"，而不是制陶业者，他于 1778 年在费城逝世。有关杜谢生平和影响的全面介绍，见 Mackenna（1946）。不过，对这一段的说法仍然存在争议。例如，沃特尼［Watney（1973），p. 16］争辩说，所描述的瓷器可能是在英国用美国材料制作的，而不是在美洲殖民地制造的。

图 169　库克沃西瓷杯，日期为 1768 年 3 月 14 日

且绝大多数都装饰有釉下钴蓝彩绘[192]。

　　库克沃西的工作有一个被低估的地方，那就是他第一次系统地在英国采用了还原烧制法来制造施釉瓷器，这种方法所用的是一种以木柴作燃料的升焰窑，造就出的还原气氛可能是所采用的那种釉下钴颜料所必需的[193]。库克沃西的釉料是按照殷弘绪所介绍的景德镇的做法制出的，尽管他的草木灰与石灰的比例比景德镇所使用的要高一些。对库克沃西制出的瓷器所作的不多的分析显示，他的瓷器材料似乎更加接近 16 世纪景德镇瓷器的，而不是殷弘绪所介绍的那种 18 世纪早期的材料（表 146）。不过，这些瓷器仍然与景德镇瓷器的主流非常相似。

760

　　192　库克沃西从事钴蓝颜料的买卖，这些钴蓝是他从西里西亚（在今德国）搞到的，可能是出自著名的施内山（Schneeberg）矿。西里西亚钴颜料是以深蓝玻璃颗粒——按德国方式精炼的色彩浓郁的钾硅酸玻璃——的形式出售的（见本册 p. 687）。库克沃西将这些钴颜料出售给布里斯托尔的蓝色玻璃行业。Weedon（1984），p. 23。图 169 展示了单独一件早期库克沃西钴蓝彩绘的试验性瓷杯，表现出那种德国钴颜料铁-钴-镍混合的典型特征［迈克·考埃尔（Mike Cowell）的私人通信，2002 年］。但对于完美装饰的硬质瓷器来说，深蓝玻璃颗粒可能是助熔性过强的材料，所以，很可能库克沃西后来使用了能够从特鲁罗（Truro）的矿山中获得的当地的钴矿石，这是弗朗西斯·比彻姆（Francis Beauchamp）发现的，他因此在 1775 年得到了艺术协会 50 英镑的奖励。

　　193　普利茅斯主要瓷窑详细的比例图由理查德·钱皮恩（Richard Champion）在 1770 年绘制，后来他买下了库克沃西的专利，并且自 1772—1783 年在布里斯托尔继续从事英国硬质瓷器的生产［见 Owen（1873），p 19，pl. ii］。普利茅斯窑是高高的、圆形截面的升焰设计，火膛深入内部有 6 英尺，高度达 7 英尺，并带有第二个窑室，显然是为了素烧物件使用的，建在高温窑室的上面。

表 146　16 世纪康熙瓷与库克沃西瓷（普利茅斯瓷和布里斯托尔瓷）的比较[a]

	世纪	SiO_2	Al_2O_3	TiO_2	Fe_2O_3	CaO	MgO	K_2O	Na_2O	MnO	合计
景德镇（胎）	16	68.4	24.6	0.1	1.1	0.8	0.2	3.6	1.1	0.07	100.0
景德镇（胎）	16	69.5	22.9	0.1	1.1	0.4	0.2	3.9	1.1	0.08	99.3
康熙（胎）（C14）	18	66.7	26.25	—	0.9	1.25	0.33	2.65	2.15	—	100.2
康熙（胎）（C17）	18	65.0	26.7	0.13	1.1	1.6	0.1	3.1	2.6	0.07	100.4
康熙釉（C14）	18	70.8	14.9	—	1.0	5.5	0.75	3.2	2.6	0.13	98.9
康熙釉（C17）	18	67.9	15.7	—	1.2	7.1	1.1	4.0	2.1	—	99.2
普利茅斯（胎）	18	72.3	23.1	—	0.4	0.3	0.3	3.0	0.7	—	100.1
布里斯托尔（胎）	18	70.8	24.0	—	0.5	0.5	0.5	3.0	0.7	—	100.0
普利茅斯（釉）	18	78.1	11.8	—	0.6	2.7	1.8	4.0	1.0	—	100.0
布里斯托尔（釉）	18	71.1	16.8	—	0.5	3.6	2.3	4.2	1.5	—	100.0
圣奥斯特尔瓷土岩（烧后）[b]		73.7	22.8	0.1	0.07	0.3	0.1	2.8	0.1		99.9

a　未公开的分析数据出自牛津大学考古学和艺术史研究实验室。Tite *et al.*（1991）pp. 8-9。table 1 and 2.

b　出自 Exley（1959），p. 218，table Ⅶ。

　　库克沃西瓷器中氧化钾的含量大大超过了氧化钠，这说明其胎体或者是由绢云母化的硬白类型（the sericitised Hard White type）的康沃尔石与提纯过的高岭土的混合物构成，或者完全由瓷土岩经破碎加工后制成[194]。库克沃西在他未注明日期的制瓷实践

761 总结（也许是 1768 年他完成第一个专利时所写）中，既提到过单一材料的坯体配方，也提到过两种材料的配方，因此两种方式都存在可能。事实上，使用加工后的瓷土岩而得到的那种材料，可以令细小的次级钾云母含量明显要高而长石含量要低。这使得库克沃西的某些瓷器就不仅是真正的硬质瓷一类的东西，而且是地道的东亚类型的石英-水云母类瓷器（见表 146 和图表 11）[195]。关于他所用的釉料，库克沃西写道[196]：

　　　　我所试过的最好的，就是人们所说的中国人使用的那些东西，即石灰和草木灰，制备方法如下。石灰放入水中熟化、过筛。一份这种东西，根据估量，与数量两倍于它的蕨类植物的草木灰相混合，然后一起在铁罐中煅烧；要一直加热到整个东西烧得发红。不能让它熔化；因此要不停地搅动。当它在罐内下陷并显现出一种浅灰色后，操作就完成了。然后必须在陶磨中将它磨细至细腻柔滑。可以按照一比十（釉石）的比例使用它，也可以根据情况的需要一比十五或二十地加入釉石。

194　根据康沃尔郡圣奥斯特尔［惠尔普罗斯珀大矿场（Great Wheal Prosper Quarry）］的贡维恩和罗斯托拉克瓷土有限公司（Goonvean & Rostowrack China Clay Co. Ltd.）所作的硬白石的矿物学分析，得出：石英 30%、钠长石 13%、钾长石 15%、白云母 20%、高岭石 10%（1991 年提供给武德）。可以与 19 世纪 80 年代景德镇官窑所用的瓷石进行对比：石英 42.4%、长石（主要是钠长石）31.6%、云母 26%。采自 Vogt（1900），p. 551。

195　Wood & Cowell（2002），p. 329，table 1。

196　见 Harrison & Compton（1854），p. 204，附录。

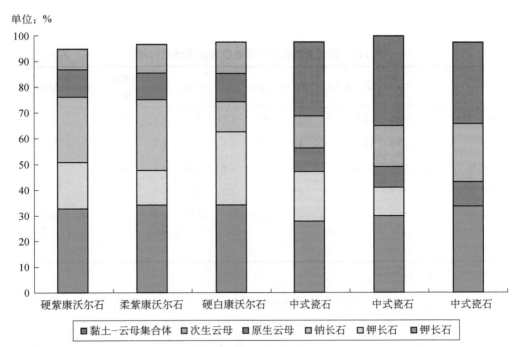

图表11　矿物学上的渐变：从硬紫康沃尔石到完全变成瓷土岩

库克沃西施釉时使用过"出自特里戈尼山的（Tregonnin）……带有绿色斑点的……石头"。这表明他想按照殷弘绪的说明从事另一项尝试，那位耶稣会士在说明中写道[197]：

　　　　尽管这种制造白不子的石头也可以用来制作"亮油"［即釉］，不过要挑那种更白一些的，其斑点要深绿的。

762

不过，库克沃西在釉料助熔剂制备上的作为，体现了他对景德镇方法所作的某种轻微改动。在景德镇，最初石灰石在高温下烧制成生石灰（CaO），这些生石灰很快便与水反应变成氢氧化钙［$Ca(OH)_2$］。在较低的温度下的继续烧制，使这种材料转化为碳酸钙（$CaCO_3$）[198]。库克沃西的方法最终是否也能产生碳酸钙还很难说，但在最终的"釉灰"中，很可能草木灰较石灰的比例要大大高于景德镇原来的水平。蕨草木灰的这种高比例也许能对普利茅斯釉料中氧化镁成分较高作出部分说明，因为蕨类植物的草木灰中含有相当数量的氧化镁（见表147）。不过氧化镁可能还有另外的来源，这个来源很可能就是库克沃西在最初的专利中作为釉料而提及的水合碳酸镁（magnesia-alba）[199]。库克沃西釉料中的助熔剂总量相对低，这就要求普利茅斯瓷器所采用的烧造温度要超过1300℃。事实上，库克沃西的釉料组成对于它们所匹配的瓷器胎体来说显得过于结实坚硬，这也许就是生产这些瓷器的工厂往往失败率很高的部分原因（见表

197　D'Entrecolles，见 Du Halde（1736），p. 316。

198　Vogt（1900），p. 566。

199　库克沃西1768年的专利在马肯纳［Mackenna（1946），pp. 34-36］的著作中被完整复原。"Magnesia-alba"（即"白镁"）是水合碳酸镁的旧称。

147 中 R_2O+RO 项 ）。

表 147　普利茅斯瓷器和景德镇瓷器所使用的釉料　　　　　单位：%

	世纪	SiO_2	Al_2O_3	TiO_2	FeO	CaO	MgO	K_2O	Na_2O	（R_2O+ RO）	P_2O_5	MnO	总计
康熙釉	18	70.8	14.9	—	1.0	5.5	0.75	3.2	2.6	（13.05）		0.13	98.9
康熙釉	18	67.9	15.7	—	1.2	7.1	1.1	4.1	2.1	（15.6）		—	99.2
普利茅斯釉	18	78.1	11.8	—	0.6	2.7	1.8	4.0	1.0	（10.1）			100.0
布里斯托尔釉	18	71.1	16.8	—	0.5	3.6	2.3	4.2	1.5	（12.1）			100.0
蕨类草木灰（完全水洗过）[a]		40.4	12.0	未测试	0.7	20.6	10.9	2.35	未测试		4.4	未测试	91.35

　　a　Leach（1940），p. 162。

库克沃西有时按照景德镇的方式将他的釉施于生瓷器上，他发现一旦施釉的生坯变干，就很难辨别出釉料的厚度了，因为釉料与瓷土非常相近[200]：

> 大型器皿可以在烧制前浸蘸釉料，据说中国人就这样做。但采用这种方法时，釉面的恰当厚度不像针对烧好的东西时那样容易掌握，……两者的界限可能很难确认，如果是素烧过的硬坯，事情就非常好办了。

也许是因为普利茅斯缺少熟练的制陶工匠，1770 年，库克沃西的工厂迁到了布里斯托尔，在那里由他的一位最初的支持者理查德·钱皮恩经营。1773 年，钱皮恩买下了库克沃西的专利特许，但业务上总是遇到麻烦。1775 年，一群斯塔福德郡的制陶业者（领头的是乔赛亚·韦奇伍德）成功地对钱皮恩硬质瓷专利的到期延展请求进行了挑战，赢得了在他们自己的不透明陶瓷中使用康沃尔石和康沃尔瓷土的权利[201]。1781 年，钱皮恩逐步恶化的财政状况（外加诉讼费用）迫使他将自己的专利权彻底出售给八位北斯塔福德郡的制陶业者，使他们可以自由地将英国西南部的那些细致材料，用在半透明白瓷器和真正的硬质瓷器上[202]。于是在特伦特河畔斯托克，这些康沃尔材料用在了白陶胎体的改造上，用在了真正库克沃西类型的硬质瓷器的制作上，并且用在了高级的骨质瓷配方的开发上。然而在北斯塔福德，硬质瓷的制造时间并不长，例如在纽霍尔（New Hall）工厂，随着改进过的骨质瓷胎体的引入，在 19 世纪第二个十年中，这种硬质瓷的生产衰落下去。

　　200　Appendix V in Harrison and Compton（1854），p. 204。

　　201　斯托克（Stoke）的人们决心要赢得康沃尔材料的使用权，致使库克沃西在 1775 年写道："可怜的理查德（Richard）就像一只面对狮子的羔羊。我恳请我主能够给予他坚持下去的勇气。"引自 Penderill-Church（1972），p. 75。

　　202　第二次向钱皮恩专利进行冲击的八个人之中没有乔赛亚·韦奇伍德。他已经在库克沃西领地旁边找到了自己的康沃尔石和瓷土的供应地。

（xv）骨　质　瓷

对殷弘绪信件的英语解释并不都像库克沃西那样精确和令人信服，在磷酸盐瓷器或骨质瓷器这样怪异例子中所见到的情况就是证明。殷弘绪在他 1712 年的信中记录了中国人对瓷器"骨和肉"的描述（分别指中国的高岭土和瓷石，见本册 p. 220）[203]。是否这种完全是比喻性的说明引发了在英国将烧过的动物骨头（磷酸钙）当作潜在的瓷器材料成分进行试验，是值得探讨的事情，尽管并不能完全这样说，但还是能看出英国的很多瓷器研究带有相当的随意性和炼金术的特征。不管是受到何种驱使，骨灰作为陶瓷的原材料效果却出奇地好。在一些 18 世纪中期的瓷器中，它们既发挥了钙质胎体助熔剂的作用又发挥了增白剂的作用。骨灰有助于瓷器外观纯净度的改善，在使用球土的情况下，没有它们的胎体往往烧制后过于灰暗。

骨灰瓷是由煅烧过的骨头、玻璃料和黏土混合构成的。因此在骨灰瓷及其后来的亲缘骨质瓷中，"肉"这个成分是由煅烧过的动物骨头提供的[204]。最早进行这种材料试验的英国制瓷工厂之一是位于埃塞克斯郡（Essex）斯特拉特福勒鲍（Stratford-le-Bow）的瓷器厂，时间在 1749 年，按照同年托马斯·弗赖伊（Thomas Frye）专利的详细介绍，那时"纯洁白土"（骨灰）几乎占到胎体配方中的一半[205]。

早期的骨灰瓷器［例如切尔西瓷、洛斯托夫特（Lowestoft）瓷、德比瓷和艾尔沃思（Isleworth）瓷］全都离不开骨灰对纯度不佳黏土的增白作用[206]。在钱皮恩的专利转手到北斯塔福德郡后，康沃尔瓷石和康沃尔瓷土被允许用在"第二代"骨质瓷的胎体中。特别是，1794 年乔赛亚·斯波德第一（Josiah Spode I）和 1800 年乔赛亚·斯波德第二（Josiah Spode II）的配方，因采用这种材料而受益匪浅，于是细致的骨质瓷很快就成了特伦特河畔斯托克的半透明白瓷的主导产品[207]。

如今的骨质瓷仍在扮演着这一角色，典型的现代配方中包含有 50% 的骨灰、25% 的高岭土、25% 白硬的康沃尔石[208]。现在的骨质瓷先在约 1250℃ 下进行第一次烧制，盘子一类的扁平的器皿在窑内处于完全支起状态，而釉面的烧制一般是在 1060℃ 左右完成，采用的是一种无铅的硼硅酸釉，尽管从 18 世纪中期到 20 世纪 80 年代，一直在

764

203　"一位富有的商人告诉我，几年前一些欧洲人购买到一批白瓷墩土，将它们运回自己的国家用来制造瓷器，但他们没带回高岭土，结果他们的努力失败了（正如他们自己后来所承认的）。就此，中国商人笑着对我说：'他们是想得到一个没有骨头支撑肉的身体'。"Tichane（1983），p. 67，殷弘绪 1712 年书信的译文。

204　鲍氏（Bow）是英国第一家制造骨质瓷的工厂，活跃于 1747—1774 年。早期鲍氏的产品包含 25% 的骨灰（重量），参见 Adams & Redstone（1991），p. 1。18 世纪末，瓷土和瓷石可以自由获取后，它们与石英砂和骨灰一起被用来制作所谓的骨质瓷，Tite & Bimson（1991），pp. 3-4，24。

205　"纯洁白土"一词，被沃特尼追溯至 18 世纪中期的化学课本，除其他意义外，它是指煅烧过的，经研磨和清洗的动物骨头。Watney（1973），pp. 12，125。

206　Freestone（2000），pp. 24-25。

207　斯波德的基本配方是六份骨灰，四份康沃尔石，三份半瓷土。不过正如弗里斯通指出的，骨质瓷与早期的骨灰瓷是相当不同的东西，"都含有磷酸盐，但骨灰瓷建立在骨灰、球土和玻璃料上，而 1800 年后出现的骨质瓷包含的是骨灰、瓷土和瓷石"。Freestone（1999），p. 6。

208　Singer & Singer（1963），p. 109。关于骨质瓷工艺特性的详细讨论，另见 Singer & Singer（1963），pp. 457-464。

765

图 170　模仿中国粉彩的鲍氏瓷瓶，约 1750 年

使用高铅釉施釉。在两个烧制阶段中严格的氧化氛围都是必需的，这样才能保证器物的暖色调，这种色调所显示出的暖意融融的白色及透明感比最好的硬质瓷器更诱人，尽管缺点是釉料略软。

（xvi）滑　石　瓷

另一种不寻常的 18 世纪的瓷器，可能也是因为对早期传教士所作瓷器说明的误解才出现的。这就是滑石瓷，它是用生产滑石粉（水合硅酸镁）的石料制成的，例如块状滑石。

在英国这种矿物被称为皂石，其中康沃尔郡利泽德半岛（Lizard peninsula）提供的这种石料被添入到石英砂、燧石和碱-石灰玻璃中后，制成的产品极受欢迎[209]。滑石瓷的釉料与骨灰瓷一样，都属于铅-碱类型[210]。

这类瓷器胎体的出现可能也是殷弘绪的书信（见本册 p. 228）引发的，在那些书信中提到一种称为 "hoa che" 或 "滑石" 的矿物，那是景德镇一种细瓷的成分[211]。现在我们已经知道，西方早期资料中所谓的 "hoa che"（"滑石"）实际就是一种富含云母的高岭土，但 18 世纪中期在英国试验的却是那种 "滑溜的" 滑石一样的石料。有人认为是威廉·库克沃西将这种材料推荐为潜在的制瓷原料的，在他关于瓷器制造的论文集里，有一封自己写的信函中引用了殷弘绪提到的 "滑石或肥皂那样滑腻的石头"（*Wha She or Soapy Rock*）[212]。歪打正着，皂石在瓷器胎体上的表现却非常成功，18 世纪末在布里斯托尔、伍斯特、考利（Caughley）、沃克斯霍尔、斯旺西（Swansea）和利物浦（Liverpool）的那些工厂中，都有成功的滑石瓷器制造出来。然而进入 19 世纪后这些新奇的配方未能长久存续，乔赛亚·斯波德开发的经过改进的骨质瓷配方逐步取代了它们。

（xvii）韦奇伍德碧玉炻器

在所有英国 18 世纪的瓷器中，最引人注目的那一种很可能并没有怎么借鉴东亚的原型。这就是碧玉炻器（Jasper ware），系由伟大的斯塔福德制陶工匠乔赛亚·韦奇伍德（1730—1795 年）在 18 世纪 70 年代设计开发的。乔赛亚·韦奇伍德是托马斯·韦奇伍德的第十三个儿子，14 岁时开始在他父亲在伯斯勒姆（Burslem）的教堂作坊中正式投入制陶工作。北斯塔福德这个乡村作坊的运营正处于该项技艺向工业化转化的前夜，它采纳了盐釉、细浮雕贴饰、轮修、注浆成型这类革新。后三种加工方法显然是

766

209　滑石瓷最初是 1750 年在布里斯托尔制造出来的，接着又在伍斯特（Worcester）、沃克斯霍尔（Vauxhall）、德比和利物浦生产，Tite & Bimson（1991），pp. 4，24。

210　同上，pp. 24-25。

211　我们已看到，在另一位传教士德曼德尔斯洛的记述中提及一个被称作 "滑石"（*hua che*）的镇子，见上文 p. 745。

212　见 Harrison & Compton（1854），p. 199。

埃勒斯兄弟在 17 世纪末期带到该地区的（见本册 p. 757）[213]。

　　1759 年在博斯勒姆，韦奇伍德靠着自己的努力确立了其作为制陶业者的地位，并且是一位在新的胎体、釉料和制作方法上不知疲倦的探索者[214]。同时他还根据陶瓷"标样"的收缩情况，研究出测量高温的方法，由于该项业绩，1783 年他成为皇家学会的一名特别会员[215]。韦奇伍德还是让运河运输和蒸汽动力为制陶业服务的先驱，并在突破钱皮恩专利许可方面起到了领导作用。既是为了斯塔福德产业的改进，也为了他自己研究工作的进一步拓展，韦奇伍德非常需要康沃尔高岭土和瓷石的使用权。

　　对陶瓷的材料和加工过程，韦奇伍德有着广泛的兴趣，其中包括对中国的瓷器。他阅读过杜赫德及法国旅行家和地理学家福雅·圣丰（Faujas de St Fond）的著述。1773 年，韦奇伍德采用博物学者约翰·布拉德利·布莱克（John Bradley Blake）在中国收集的制瓷原料进行了试验，并一直与他保持通信联系，直到 1773 年布莱克去世，韦奇伍德才终止了这一项目[216]。然而，尽管韦奇伍德放弃了对中国瓷器的研究，他可

767　能还是很好地借鉴了殷弘绪关于景德镇作坊组织方法的介绍，在他的伊特鲁里亚（Etruria）工厂中引入了工种划分管理[217]。但归根到底，可以发现韦奇伍德的真正兴趣是在新古典主义而不是东方主义，而他对英国瓷器制造方面最突出的贡献，就是在 18 世纪 70 年代设计出了色彩强烈的瓷胎，他称之为碧玉炻器。

　　韦奇伍德碧玉炻器的基础是之前不久才发现的钡元素，钡以硫酸钡的形式加入到胎体配方中。这种"重晶石"是在距离特伦特河畔斯托克不远的德比郡（Derbyshire）的马特洛克（Matlock）和米德尔顿（Middleton）之间的矿山中发现的，就在特伦特河畔斯托克东面约 55 公里。韦奇伍德秘密地将这种材料先运到利物浦或伦敦，然后再公开地运回他的制陶工厂，以此来迷惑他的竞争对手[218]。这种无釉的碧玉炻器的本色多种多样，随着所含氧化物为钴、锰、铬和铁等的不同，器物本色分别显示出蓝、粉红、绿和黄等色彩。这些东西通常被制成具有新古典主义风格的摆件和饰板，往往要采用白色浮雕贴进行装饰，那些浮雕贴是用那种无染色的碧玉材料制成的。这是自从战国时代"中国蓝"和"中国紫"颜料及釉料出现以后（见本册 pp. 610-614），在世界陶瓷中对钡首次具有意义的应用。即便是在中国，韦奇伍德的碧玉炻器也引起过某些兴趣，18 世纪末景德镇的御窑烧出过一些类似版本，但使用的是普通的制瓷原材料（见图 171）。

　　213　Elliot（1998），pp. 17-21。

　　214　韦奇伍德曾提到过用陶瓷材料当作他的"熔补料"（Tinkerings）所进行的这类系统而广泛的实验。Reilly（1994），p. 82。

　　215　Wedgwood（1782）。另见 Rostoker & Rostoker（1989）。

　　216　Reilly（1994），p. 72。

　　217　在乔塞亚·韦奇伍德一生的头 50 年里，北斯塔福德郡陶瓷业的产出值增长了 5 倍，韦奇伍德对该行业的增长做出了突出贡献。正如洛德（Lord）所指出的："在很长一段时期内，他将雇主、商人和领班的作用集于一身，他代表了居于工匠师傅和纯资本家之间的中间阶段，即所谓父式雇主（paternal employer）阶段。"Lord（1923），p. 143。

　　218　Reilly（1994），pp. 78，90。

图 171　18 世纪晚期一对模仿韦奇伍德瓷器的中国瓷瓶

根据对其原件基础材料的研究结果，而不是根据简单的观察和推测，碧玉炻器也许应该划归为早期的迈森瓷器和冯·奇恩豪斯 17 世纪末所试验的那一类瓷器。在乔赛亚·韦奇伍德有权在他的碧玉炻器胎体中使用康沃尔石和康沃尔瓷土之前，他曾从北卡罗来纳进口过少量（约 5 吨）瓷土，甚至在 1789 年从新南威尔士（New South Wales）海运过一些瓷土[219]。韦奇伍德最终从康沃尔郡的卡洛加斯（Carloggas）获得了自己的瓷石和瓷土的供给[220]。

（xviii）英国窑炉

有关英国制瓷窑炉设计样式的资料是有限的，但就我们所知，那些瓷窑中没有一

219　韦奇伍德在 1777 年 12 月 15 日写给托马斯·本特利的信中说，他曾考虑过在批量销售时采用"切罗基黏土"（Cherokee clay）来制作他的碧玉炻器，然而正如其他一些评论家指出的，韦奇伍德 1768 年进口的唯一那批北卡罗来纳瓷土（约 5 吨）恐怕坚持不了太久，即便能出现在 1777 年的碧玉炻器胎体中，数量也一定很少。见 Reilly（1994），pp. 89-90。

220　Watney（1973），pp. 129-130。

768　座与中国的龙窑或蛋形瓷窑在外形和功能上是相似的（见本册 pp. 347-372）[221]。所有属于瓷器类的陶瓷其成功的烧制是需要大量燃料的[222]。与景德镇的情况不同，这里的一些工厂既使用木柴又使用煤，因此将工厂建在有利于获取廉价煤的地方便是顺理成章的。不过英国第一批真正的硬质瓷是由威廉·库克沃西在普利茅斯和布里斯托尔按照中国方法制作和烧制出来的，烧制必须使用木柴，因为煤中的硫黄会对物件产生污斑[223]。库克沃西在未注明日期的论文集里就瓷器制造问题写道[224]：

769　　　　我们所用过的多少还算成功的唯一的炉子或瓷窑，就是生产褐石料（brown stone）的那些陶工们所用的窑炉，被称为 36 孔窑，使用木柴作燃料。他们在窑炉的前下方点燃木柴块，那里有一个带有 36 个贯通孔洞的炉子或拱室，火焰通过这些孔洞升入窑室，窑室内放置待烧物，然后再通过顶部同样数量和大小的孔洞散去……

库克沃西强调了这种设计大大优于"英国北部"所使用的那种侧烧煤炭的窑炉。法国旅行者加布里埃尔·雅尔（Gabriel Jars）在 1765 年描述了特伦特河畔斯托克附近的那些窑炉，当时在纽卡斯尔安德莱姆（Newcastle-under-Lyme）附近用它们来烧制白色的盐釉炻器。这种窑炉的顶部有 30 个孔洞，8 个烧煤的火膛凹进窑的侧壁。烧制 44 小时以后，要花 4—5 小时将一勺勺的盐撒入白炽的窑内为器物施以气化釉料[225]。不过，由于康沃尔郡缺乏煤炭，需要燃烧木柴，从而令普利茅斯瓷器的制作成本大大增加。

（xix）对当代瓷器和白釉陶器的审视

如今，韦奇伍德工厂的碧玉炻器不再含有钡，滑石瓷在英国也已经绝迹。长石质瓷器在斯堪的纳维亚、俄罗斯和欧洲大陆持续作为主导的瓷器类型，而英国依旧基于动物骨灰来制作它最好的半透明瓷器。不过，与骨质瓷结伴而行的，还有一种"细瓷"制品目前在特伦特河畔斯托克生产，这就是低温釉的真正长石质瓷器。从根本上讲，它所采用的方式就是美洲解决半透明白色餐具制造难题的那种成熟方式，在硬瓷器制造中结合了陶器制造工艺。

所有这些种类繁多、各不相同的配方，它们都源自 17 世纪末、18 世纪初仿制中国瓷器的尝试，这些表面模仿的进程使"遥远的传播"的原则得到了具体体现。至于这一过程早期出现的那些实例中（带有乳浊锡釉的石灰质陶器和熔块瓷胎体等），锡釉陶

221　希拉里·扬［Young（1999b）］展示了伍斯特所使用的多烟道直焰匣钵窑，素烧窑、釉烧窑和烤花窑的图片；以及威廉·库克沃西所使用的窑炉的插图；还有在德比所使用的窑炉的一些草图。这些似乎是英国 18 世纪—19 世纪初唯一现存的、有关那个时代窑炉的示图，尽管扬在文章中还记录了当时有关窑炉的一些口头描述，但考古学对此并没有进一步的重要揭示。18 世纪英国窑炉所留下的记载资料竟比公元前 3 世纪中国窑炉留下的还少，真是不可思议。

222　在 18 世纪 90 年代，伍斯特瓷的烧制需要数次穿过八个窑室，整个过程要持续近 200 小时。烧成 1 吨瓷器纽霍尔需要 10—12 吨燃料。Young（1999b），p. 1。

223　Young（1999b），pp. 2-7。

224　Harrison & Compton（1854），p. 206。

225　Celoria（1976），pp. 27-28。

器仍然在欧洲、近东、美洲和北非生产着，而熔块瓷胎也仍然是伊斯兰世界中常见的东西。需要指出的是，青瓷，作为"瓷器的兄弟"，一直没能很好地传播过来，更进一步，对宜兴红炻器（紫砂）仿制的兴趣虽然在 17 世纪末 18 世纪初涌现过，并且在 19 世纪又有过某些复活，但之后在欧洲不再时髦。这样就只有半透明的白瓷成了中国陶瓷发挥影响的重要品种。

　　这一节中所介绍的那些意大利、法国、西班牙、德国和英国的制造商们，他们制造出瓷器的方式显然与中国先行者大不相同。就像在世界其他地区所发生的一样，造成方式不同的部分原因是可获得的原材料本质上的不同。另一个原因就是高温窑炉开发的滞后，例如现在欧洲的陶瓷行业，仍然是以马约利卡陶器、彩釉陶器和其他种类陶器作为基础来展开生产。最后一个原因，人们还应该考虑经济与社会因素的作用，那些因素首先导致了中国瓷器进入西方，然后又酿成了这种稀少的装饰性物品市场的出现，最后引起了对仿制办法的探寻。18 世纪后，虽然生产制造并未停息，但经济和社会状况发生了改变，结果导致东西方在力量平衡上出现了逆转。

（xx）中国陶瓷业在 19 世纪晚期和 20 世纪的衰落

　　欧洲的工业革命促进了制造产出的巨大进步，其中包括陶瓷产业的工业化。正如我们所看到的，英国因此找到了新颖的方案，解决了硬质胎体和结实表面配制上的难题。有些配方，例如德怀特和库克沃西的那些配方，已经能与景德镇出产的中国瓷相当接近。另一些，如骨质瓷、滑石瓷和碧玉炻器等，则拥有与东亚或欧洲大陆制造的任何瓷器都不相同的独特构成。

　　相反，在中国，创新与生产都在衰退。这也是中国政治经济衰落的一种反映[226]。明朝和清朝早期的传统政策一直是通过约束和掌控对其他国家的交往，即通过限制贸易，来保持帝国的稳定（见本册 pp. 714-718）。但这些禁令在中国南方沿海各省往往更难于彻底贯彻，到了 18 世纪晚期，中国所面临的欧洲商业冒险的冲击和侵略性扩张，主要都是通过广州港体现的。各式各样的东印度公司虽然是私人贸易组织，但都有国家力量在背后支持。例如，像英国东印度公司的那种情况，它们与中国贸易所获得的好处不仅令本国市场更加繁荣，而且对英帝国在印度的存在还起到了支撑作用。这里的麻烦在于，英国所生产出的东西几乎没有什么是中国想要购买的[227]，仅使用金银锭进行采购的方式不可能长久维持下去。于是自 18 世纪初起，英国东印度公司的船队便开始从东南亚各港口向中国运送孟加拉鸦片，到了 19 世纪初，鸦片烟瘾问题已经成为中国的内忧。鸦片取代金银锭成为英国的主要交易支付品，其向中国的输入已是毫不

　　226　很多作者用图表展示了 19 世纪和 20 世纪早期中国在政治、社会和经济方面的衰落。关于对此全面细致的了解，见 Fairbank & Reischauer（1973）及其参考书目。

　　227　直到 18 世纪中期也没有一艘英国商船能卖掉他们一成以上的存货：英国木器，作为一种主要的家用产品，尤其不成功。1699 年东印度公司中国管理会（the East India Council for China）从广州写信给伦敦的董事部说："我们无法建议阁下们该如何处理这些东西，当地人似乎只对白银和铅情有独钟，也许将你们剩下的货物扔到甲板外的大海里，返航时所装载的东西就不会这样少了。"见 Morse（1926），p. 114。

留情。中国官员的腐败和秘密社团（"兄弟会"）有组织的走私活动对毒品在各地的销售起到了推波助澜的作用。因为中国政府力图查禁这种非法贸易而引发了 1839—1842 年的第一次鸦片战争。其后签订的条约给了西方人在中国的特权，并且导致在中国主权领土内建立起了欧洲人控制的领地，中国遭到了屈辱性的失败。

中国军事力量的相对虚弱是与其政治体制、经济体制和哲学思想体系的现代化进程迟钝缓慢相伴而行的，在所有这些方面它已经被西方世界以及（19 世纪后期的）日本的发展所超越。其中差距最明显的地方就体现在科学和技术方面。

（xxi）中国陶瓷产业状况

中国整体经济的衰退，以及相伴随的科学技术现代化进展上的缺位，也对陶瓷行业产生了影响。由于许多西方国家自己的工厂壮大起来，陶瓷的出口贸易受到影响，而创新的缺乏令中国没有足够的能力推出独特的款式和新颖的产品。国内市场也由于经济衰退和内战频发而遭受剧烈打击。因此在清代晚期和民国时期，许多曾经因高品质的产品而闻名于世的窑场，退化到只能纯粹针对国内市场去生产一些低级的家用产品[228]。

在南方的景德镇，生产受到了上述一系列问题的困扰，同时内部的劳工问题也在处处掣肘。朝廷和政府对御窑厂管理的逐步缺失，以及限制性的制造规定两者都在发挥着影响。但最主要的原因可能还是，到了 19 世纪，各种精细的手艺间的鸿沟以及机械化改进的迟缓，决定了它们无法与其他地区产品和进口产品展开竞争[229]。与此同时，陶瓷业主被要求必须是某一行业公会的成员（在本册 pp. 212-213 中提及），或是与某位公会成员结成合伙关系。一个新业者在投产之前必须要得到行业公会的许可，行业公会事先划定出可以生产陶瓷的种类，只允许生产经过许可的产品[230]。会费是事先设定好的，并且条款非常严格。直到 1949 年传统的行业公会一直对景德镇的生产制造发挥着影响，它们的巨大权力导致某些令人遗憾的副作用产生。其一是秘密社团的形成，表面上它们是在保护工人的利益，但实际上却引发了一系列令人厌恶的甚至是犯罪的活动。其二是生产制造的过细分工，这使景德镇无论是在本土还是海外都丧失了竞争力。在 1928 年，这里的制瓷业仍然是"圆器"和"琢器"分开生产，在这两大类的产品中又罗列出不少于 23 种的器物类型，要由不同的作坊分别制作[231]。20 世纪三四十年代日本对中国的侵略造成了衰退的进一步加剧，因此在 20 世纪中期，景德镇的陶瓷产业处于大衰退之中，在接下来的 20 年里也并没有复苏。

19 世纪中期有过一个特殊时段，尽管那时景德镇的陶瓷产业已处于衰退中，西方

228　这一趋势在中国北方尤其明显。例如山东，在宋代和明代早期，那里有许多生产细瓷的窑厂，到了清末和民国时期，它们变成了烧制供农村使用的低温陶器的地方。本书的一位作者（柯玫瑰）在 1982 年赴济南研究考察时曾对这些东西进行过细致研究。

229　Dillon（1976），p. 11。

230　Wright（1920），pp. 191-192。

231　Anon.（*1959a*），第 288-294，298-299 页。其中（第 298 页）有一个表格，列出了各种不同类型产品的行业和团体名称。

对它产品的兴趣却达到了一个新高度。这个兴趣体现在西方想通过科学研究的手段对瓷器的本质和特性进行揭示。对原始材料的分析和其后的试制，构成了技术传播中的又一种新形式。

（5）通过化学分析展开的再造传播

773

尽管在欧洲有过无数次的试验，其中某些还取得了不小的成功，但直到19世纪中期对中国瓷器原材料进行正规分析的工作几乎没有开展过，当时，主要是通过创新出大量可用的西方瓷器配方来缓解商业上要求搞清中国材料的迫切性。然而在1844年，一位中国籍的李（P. J. Ly）神父从景德镇向巴黎附近的塞夫尔工厂寄送了高岭土、瓷石和釉料的样品，该工厂正承担着全面定量分析的研究任务。负责这些原材料研究和解析工作的是埃贝尔芒（生于1814年）和萨尔韦塔（生于1820年），他们分别是塞夫尔国家制瓷厂的主管和总化学师（见本册 p. 38）。他们的研究成果发表于1851年，大多数仍在流行的关于中国瓷器的错误理解其实都可以归结到这篇1851年的论文[232]。

埃贝尔芒和萨尔韦塔都相信，他们已经证明了中国瓷石和高岭土与当时塞夫尔使用的结晶花岗岩和瓷土非常相近，尽管中国的石料颗粒看起来要细得多。按照他们的看法，中国瓷器（与欧洲瓷器一样）基本上是长石质的，虽然中国的胎体烧制温度要远低于欧洲的硬质瓷器，大多数欧洲瓷的烧制温度根据迈森系的配方要在1350—1450℃。

这种认为中国瓷器本质上属于某种长石类制品的看法直到1900年才受到挑战，那一年，关于景德镇材料和制造技艺方面有史以来最全面的研究成果由塞夫尔国家制瓷厂当时的技术主管乔治·福格特发表出来（见本册 pp. 216-219）。福格特的研究是根据师克勤所收集到的原始材料、制备好的胎体和釉料，以及按照已知配方制出的瓷器样品来展开的。为配合自己所收集的种类繁多的样品并对其作出诠释，师克勤同时还提供了关于胎体和釉料配方的详细说明，以及景德镇窑炉的草图。

福格特的主要功绩在于发现了中国瓷器云母质的本质，云母既在造型时发挥可塑材料的作用，又在烧制时起到胎体助熔作用。这种云母极为细小，以至于他的那些在塞夫尔的前辈们都没能注意到，因此而假定中国的材料是长石质的。福格特在景德镇材料中所见到的大多数的长石都被证明是钠长石类，它们在瓷器的胎体和釉料中起到次要的助熔剂的作用。福格特确认19世纪晚期景德镇瓷器的烧制温度大约为1290℃，他采用自己的分析设计出了一种新的长石质瓷器："新塞夫尔"［Modern Sèvres；代号 774 PN，即"*pâté nouveau*"（新料）的缩写］，作为老的高温烧制的塞夫尔硬质瓷器的补充[233]。

福格特 PN 瓷器的设计目的，是要再造那种景德镇19世纪晚期典型瓷胎所用的氧化物，尽管它还是按欧洲的方式使用了碳酸钾长石作为它的胎体主要助熔剂。不过福

232　Ebelman & Salvetat（1851）。

233　Vogt（1900），p. 604。该配方是：高岭土 42、碳酸钾长石 38.7、石英砂 26。

格特在塞夫尔也以钾云母为基础开发出了一系列的胎体和釉料的配方[234]。与 PN 配方不同，它们并没有投入生产，但可能标志着欧洲瓷器研究中第一次意识到钾云母的作用。尽管如此，很可能福格特并不十分赞同中国瓷石和高岭土所包含的主要是再生云母（"水云母"）而不是初级的钾云母，因为其结构较为粗糙，本身水含量较少。尽管有这种疏漏，福格特仍然是名副其实的分析专家和科学家，他曾注意到中国瓷石中云母颗粒的含水量"……总的来说比它原本应有的含水量要稍高一些"，但他宁愿在它们真正水含量"直接测量的困难面前缩手……"，因为在那个温度下化学结构所结合的水分会有所流失[235]。

乔治·福格特还成功仿制了种类繁多的 19 世纪景德镇的高温和低温釉，其重要性不亚于对景德镇瓷胎工艺复原这项工作，尤其是中国的高温含铜红釉，在欧洲这种釉料在 19 世纪晚期的釉料研究领域已成为像圣杯（Holy Grail）一样的寻求目标。在 19 世纪 80 年代某个时期赫尔曼·塞格在柏林也曾成功仿制出了中国的单色铜红釉。塞格还设计出了自己版本的东亚瓷器，但这一次依据的是对日本 19 世纪陶瓷的分析，这些东西比中国产品的硅含量要高一些。塞格所称的"软质瓷"也是使用长石作为胎体助熔剂，与福格特的 PN 胎体一样。尽管这种东西绝对是低温烧制，但对比当时德国的硬质瓷还是不占优势（正如塞格所指出的）[236]。

（i）彼得里克瓷器

福格特和塞格各自在塞夫尔和柏林从事开发工作，他们都是对欧洲瓷器的研究做出了重要贡献的人，但他们对东亚瓷器"再造"的版本，从某种意义上说要落后于匈牙利人彼得里克（L. Petrik）19 世纪 80 年代的成果。彼得里克用匈牙利的原材料设计出了一种真正含云母的瓷器，目的是要使其成为"类似于东方的东西"[237]。其胎体含有：46%的伊利石（次级钾云母）、15%的流纹岩（50%的长石、50%的石英）以及39%的石英。烧制温度为 8 号锥（1250℃）。彼得里克的原件已经丢失，但据描述，它们"……非常漂亮……耐烧制不软化并且非常洁白透亮"[238]。其出色的品质很大程度上应归功于所使用的科罗姆山（Koromhegy）伊利石，因为这样制出胎体的氧化铁（Fe_2O_3）含量仅为 0.1%，比最精细的德化瓷还要纯净[239]。

775

234　同上，pp. 603-612。

235　同上，p. 550。

236　Seger（1902d），p. 725。"塞格瓷器"的百分比配方是石英 45%、长石 30%、黏土物质 25%。这是多种原始材料导致的最终结果。塞格给出的烧制温度是 1300℃。

237　Petrik（1889），pp. 1-10。

238　Mattyasovszky-Zsolnay（1946），p. 258。

239　同上；根据郭演仪和李国桢［Guo Yanyi & Li Guozhen（1986），p. 143，table 1］论文中的记载，传统德化瓷胎体 Fe_2O_3 的最低含量在某些明代器物中是 0.2%。

（ii）后期的英国硬质瓷器

为西方工业市场再造中国式瓷器的努力一直持续到 20 世纪，其中与中国材料非常近似的瓷器曾在特伦特河畔斯托克制作出来，这是政府资助项目的一部分，即要使用英国原材料制作出真正的硬瓷。该项工作起始于 1917 年春季，由陶瓷制造商伯纳德·穆尔和陶瓷科学家梅勒共同承担。1930 年关于该工作的情况介绍发表[240]。新瓷器的关键材料就是干白康沃尔石，很可能这种石料曾被库克沃西用在了众多普利茅斯和布里斯托尔硬质陶瓷上。基于这种干白石，穆尔和梅勒设计了一系列成功的配方，其烧成温度大约在 1250℃，特伦特河畔斯托克的制陶工匠们对这一温度并不陌生，他们在制作骨质瓷素烧胎时通常采用的就是这一温度[241]。但斯塔福德郡的制陶行业并未接纳这种瓷器，原因很独特，因为它需要还原烧成，而当时斯托克窑炉所用的高铁耐火土匣钵在还原气氛中很容易毁坏。如今基于康沃尔材料唯一的英国硬质陶瓷是由"高地炻器公司"（Highland Stoneware）生产的，它位于苏格兰的洛欣弗（Lochinver），采用主要由硬白瓷石组成的配方，该配方是由本书作者之一（武德）在 1990 年开发的。

（iii）陶　艺　家

在 18 世纪和 19 世纪，中国带给西方陶瓷工业的主要影响就是那些通常带着釉下蓝彩和釉上彩绘装饰的半透明白瓷。此外宜兴紫砂器和单色釉瓷器，例如中国红釉瓷器，也是模仿对象，启发着西方自身非主流的传统。但是随着 20 世纪早期在中国考古发掘的增多，再加上北方道路和铁路的建设，中国陶瓷历史的全貌开始展现在欧洲面前。其遗产中包含有丰富的中古时期的炻器和早期的瓷器。这些东西特别能引起西方陶艺家们的共鸣，其中伯纳德·豪厄尔·利奇（Bernard Howell Leach；1887—1979年）也许是最突出的一位，他将对东亚美学的深刻领会和对中国、朝鲜及日本陶瓷技艺的独特洞察完美地结合到了一起。

利奇对东亚原材料和制作方式的详细了解源于他的实践，作为一位旅行者兼陶艺家，20 世纪的最初 20 年里他是在中国和日本度过的。这个背景使他能够对大量宋代及之前釉料的配制方式，器物的制作、装饰和烧制方法等，作出颇有根据的判断。这些信息记载在他 1940 年的手册《陶艺家手册》（A Potter's Book）中，该书目前已出版至第九版。除了其他方面的剖析，这部重要的著作还包括了：

- 第一次对东亚釉料中草木灰的使用进行了全面的西方式的描述；
- 继中国陶瓷的化学分析确认了早期中国南方炻器釉料的典型的配方以后（60%硅质黏土、40%草木灰），他准确详细介绍了具体配制方法，即如何使硅黏土与普通草

776

240　Moore & Mellor（1930）。

241　一种格外成功的配方是：干康沃尔石 55%、研磨白砂 12%、球土 5% 和瓷土 28%。Moore & Mellor（1930），p. 260，作者指出："……它更像是中国的，而不是日本或法国的东西……特别结实，非常适合制作水罐、茶壶、花盆和大花瓶……用长石作助熔剂产品就不太好了；胎体大多呈现玻璃性状结构，类似旧的日本瓷或所谓的塞格瓷。这样的东西非常脆，磕碰后很容易碎掉。"

图 172　青瓷釉刻花茶壶和果酱盖杯，圣艾夫斯利奇制瓷厂 1949 年制造

木灰相混，合在一起构成该配方；

- 早期中国黑釉为非长石类型；
- 制作青白釉的配方，其烧制结果与宋代瓷器化学组成一致；
- 朝鲜青瓷的配方，也与真正的高丽釉不相上下；
- 磁州窑彩绘用的黑色化妆土泥釉是基于磁性氧化铁，近期已经确认这种材料是磁州窑釉下黑彩的基础；
- 清晰阐述了日本和中国透明和不透明釉上彩料的属性；
- 一种在白胎料中加入红黏土的青瓷胎料配方法，目前了解到这曾是龙泉窑的标准做法。

上述最后一种原料，曾是 20 世纪 40 年代利奇的制瓷厂拉坯制作细瓷餐具时的基本原料，该厂设在康沃尔的圣艾夫斯（St Ives）。这也是在西方最早展示青瓷原料有可能用来制造出细瓷餐具的例证之一。

在《陶艺家手册》中，伯纳德·利奇还给出了东方柴烧窑、拉坯轮的平面图，并对修坯、耐火黏土模具、黏土板和壶嘴模具的使用方法作出许多实用性的描述，所有这些资料都是第一手的，直接源自中国和日本的作坊。同时该书还以陶瓷为例，对东亚美学进行了生动有力的捍卫。这部分内容对当时陶工的影响力并不亚于书中所介绍的那些工艺和配方。

利奇远非一位化学家，他工作所依据的是观察、经验、直觉和顿悟，并不是直接的化学分析。这种工作可以算作是"本区域传播"的一个特殊案例，虽然这个传播线路是从中国和日本传向具有火成地貌的英国康沃尔郡，在那个地区的圣艾夫斯，利奇于 20 世纪 20 年代从日本返回以后创建了一家陶瓷工厂。圣艾夫斯陶瓷厂所使用的窑炉是由日本窑炉专家松林鹤之助（Matsubayashi Tsurunosuke）设计和部分参与建造的多室阶级柴窑。　777

利奇影响的全盛时期出现在 20 世纪 60—70 年代，那个时期拉坯还原焰烧制炻器在西方陶艺家中成了极为流行的东西，尤其是在英国和北美。这一状况可以看作是中国陶瓷在西方陶瓷传统进程中发挥影响的最后高潮，虽然在许多时候，利奇重新制作的那些拥有东亚陶瓷风格和技艺的产品的影响力，并不亚于那些他所赞赏的原始对象。

（iv）通过化学分析获取知识　778

在 20 世纪最后 25 年里，以中国陶瓷科技为课题的学者们，可以利用数以百计的在中国和西方完成的中国陶瓷器物的化学分析，作为再造传播时更可靠的指南。在参考文献 B 和参考文献 C 中详细列出了蒂查恩、金格里、范黛华、武德、李家治、张福康及其他许多东西方学者出版的相关著述。通过科学分析去认识传统陶瓷是上海硅酸盐研究所领先采用的方法，这项工作与他们的主要的研究方向——新材料的开发相伴而行。这两个领域的研究代表了 20 世纪后期和 21 世纪在陶瓷材料方面所展开的典型的工作内容。

（6）20—21 世纪中国陶瓷对世界陶瓷技术发展的作用　779

（i）工艺技术的发展

本册通篇对中国陶瓷技术令人瞩目的早期发展以及取得的成功做了重点介绍。同时也概述了其他国家对这些杰出产品的着迷，例如通过直接的、远程的或再造式的传播，尽力对这些产品进行模仿。不过到了晚清时期，中国似乎耗尽了其创新能力。她仍然在向东南亚、中东和非洲的一些地方出口质量较低的器物，但失去了日本、欧洲和北美关键的高端市场。相比起来这些国家倒是发展出了重要的技术性产业，包括陶瓷的大规模生产。这一点在"传统的"陶瓷产品（餐具和洁具）上很容易见到，但其更重大的意义则体现在新的高技术领域产品的开发进程上[242]。

1949 年新中国成立后，共产党领导的国家将科学技术放到了优先发展的地位上。各地重要的科学研究机构合并为一个整体，即中国科学院（CAS）。在 20 世纪 50 年代，一系列内部重组展开，使中国科学院与苏联科学院（Soviet Union's All-Union Academy of Science）相一致起来，该模式构成了它组建的基础[243]。尽管中国政府积极动员在国外接受教育的中国科学家回国[244]，但在 20 世纪 50 年代中国科研的主要援助力量仍然来自苏联[245]。这一点反映在中国的第一个五年计划中，在苏联的协助组织下，确立了 12 个优先研究项目，其中有一些项目涉及正在与陶瓷材料有关的研究机构中工作的科研人员[246]。20 世纪 50 年代初期的研究优先项目反映出当时的流行观念，科学的第一要务就是为工业、农业和国防建设服务。随着"大跃进"（1958—1960 年）的失败，以及 1960 年后中苏的反目，工作重心转向了具有突出影响的经济目标，并被调整为以应对眼前的实际需要为主[247]。20 世纪 60 年代初，许多原来的优先研究项目遭到放弃，工作转入到能够反映出中国的能力和关切点的领域，即所谓生命科学和国防领域[248]。1960—1965 年出现的"经济调整和恢复"时期被接下来的十年"文化大革命"（1966—1976 年）彻底打乱，造成了科学、技术和工业的严重挫折[249]。1977 年后，科研工作和国际交往才逐渐得到恢复。

（ii）20—21 世纪陶瓷制造和应用上的新发展

为了清楚 1949 年以后，尤其是最近十年，中国科技工作者们在陶瓷材料的研究上

---

242 中国早在 1876 年就出版了自己的第一种科学刊物，但发行量非常有限，见 Wu & Sheeks（1970），p. 388。

243 1949 年之前，中国的民间科学事务由一个称为中国科学社（Science Society of China）的团体代表，该团体成立于 1914 年，由一些留美学生发起，1949 年前其成员人数从未超过 1500 人。出处同上。1950 年前的中央研究院总部设在南京。它与在北京的国立北平研究院合并后成为一个实体，共包括 20 个专业研究所。到 20 世纪 60 年代中期，它成了一个巨大的研究机构，拥有约 120 个研究所。Suttmeier（1980），p. 31。

244 1950 年 5 月，约有 20%来自中国的自然科学工作者仍然留在国外，其中大多数是在美国留学的，剩下的基本是留学日本和欧洲。到 1952 年末，有超过 1500 名留学生回到中国，但到 1958 年估计约有 10 000 名仍留在美国、英国、法国和日本。见 Lindbeck（1960），pp. 6-9。

245 到 1958 年底，共有 6572 名学生被送到苏联参加本科或研究生的学习培训。此外还有数以百计的科学工作者、进修生和技术人员，通过在苏联的阶段性的研究实习来提高自己的资质。苏联的科学家被派往中国，推动和组织各种研究项目："1957 年 11 月仅在北京就有超过 100 位的苏联专家在从事工作。"出处同上，pp. 19-22。

246 优先的项目包括：原子能、无线电电子、喷射推进、自动化与遥控、石油与稀有矿物开发、冶金学、燃料技术、发电设备、重型机械、长江黄河开发利用、化肥与农业机械化、公共卫生和基础科学。Suttmeier（1980），p. 32。

247 Wu & Sheeks（1970），pp. 44，390-396。

248 Suttmeier（1980），p. 33。

249 西方当时对此混乱时期造成的影响理解有限。1970 年美国的一项"事实真相"研究郑重地报道说："无产阶级文化大革命，就我们所知，对中国的研究和开发工作并没有明显的不利影响，尽管它打断了教育的正常秩序。"Wu & Sheeks（1970），pp. 390-391。

都开展了哪些工作，有必要指出在 20 世纪下半叶，陶瓷这一词汇在国际科学界究竟具有了哪些新含义。

在对传统陶瓷工艺进行提升完善的同时，这个时代让一些出乎预料的进步展现在眼前。它们被划归为"新材料革命"的一部分，在金属、陶瓷、聚合物及合成物中，人们见到了独具特性的东西被创造出来。研究和制造上的进步在许多国家发生，因此有理由将精细的陶瓷科技描述为真正在全球发生的现象。一些国家，如日本、韩国和北美国家，比其他国家进步得更快。不过，很有可能，在 21 世纪的环太平洋经济扩张中，中国会脱颖而出，因为在 20 世纪 90 年代，中国的大学、研究机构及工业公司全部都参与到创新和开发先进陶瓷材料的竞争之中[250]。　781

提起现代材料，"陶瓷"一词有着广泛的定义。正如我们已经看到，最普通和常用的定义是硅酸盐矿物材料即陶土、高岭土、高铝土、耐火土、瓷石、长石、石英和硅砂[251]。20 世纪下半叶之前，对陶瓷概念宽泛一些的定义还涉及陶器、瓷器、玻璃器、黏土制作的建材产品，金属铸造和窑炉建造时使用的耐火材料，以及耐火黏土、珐琅[252]、波特兰水泥（portland cement）[253]和研磨材料[254]等等。

最近 60 年，人们见证了陶瓷发展历程中许多更具意义的重大突破。第一个例子就是氧化铝（Al_2O_3）陶瓷的成功制备。第二次世界大战时德国科学家对实验室制备的氧化铝粉末采用高温烧结的方式，试制出机械、化学和电气性能极为高超的陶瓷[255]。这种新的、化学成分非常纯净的陶瓷，应用于飞机发动机高性能的火花塞绝缘器件，它们的成功制备为一系列"先进陶瓷"的出现铺平了道路。20 世纪 50 年代，科学家发现，不仅是 Al_2O_3，其他很多人工制备的无机非金属化合物，如碳化物、氮化物、硼化　782

250　例如，1994 年 6—7 月在佛罗伦萨召开的世界陶瓷大会上，参加新材料论坛的代表来自众多研究机构，根据自己的登记，他们是：电子工业部广州研究所、湖南大学、清华大学（北京）、武汉工业大学、西安交通大学、吉林大学、太原工业大学、山东建材研究所、哈尔滨工业大学、中国科学技术大学（安徽合肥）、中山大学（广州）、北京理化分析测试中心、北京材料工艺研究所、南京大学（与九龙香港浸会学院合作）、华中科技大学（武汉）、中国科学院上海光学精密机械研究所、中国医学科学院天津研究所、新疆乌鲁木齐西域医院、成功大学（台南）、台湾交通大学（新竹）、逢甲大学（台中）、台湾大学（台北）以及台湾中山大学（高雄）。从论坛报道的研究项目看，似乎绝大多数中国的研究人员都在从事材料开发和制造的细节工作。在中国之外，第一、二、三代的中国科技人员也都是世界上各个国家更加前沿的科技力量中的一员。

251　见 Anon.（*1994b*）；Encyclopaedia Britanica CD TM。

252　这是作为陶瓷装饰介质而开发出来的一种技艺，其工艺基本上与"广东"金属珐琅相同。铸铁和钢板上施以珐琅彩是 19 世纪末在德国开发出来的，这一技术不久被引入到其他许多国家。现代的金属珐琅工艺往往采用将氟化物乳浊化的做法，这一加工方法最先出现在唐代的玻璃上，后来在明代早期被移植到了景泰蓝式珐琅玻璃器物上。

253　水凝水泥原型可追溯至古典希腊和罗马。波特兰水泥最初是在 1756 年由英国工程师约翰·斯米顿（John Smeaton）开发的。从 1875 年起该行业在美国发展起来，很快它就散布到全世界各个国家，以便满足在筑路和建房上对这种材料的巨大需求。

254　研磨材料的使用可以追溯到原始时期，人们用一块石头将另一块石头磨制成武器和工具。古埃及的绘画显示研磨材料用在了抛光珠宝和玻璃花瓶上。在新石器时代的中国，玉器是用天然研磨材料抛光的。19 世纪的最后时期，一种在电炉中生产制造氧化铝和碳化硅研磨材料的加工方法开发了出来。1955 年金刚石研磨材料首次出现。

255　这种突破性产品是因为德国科学家们力图突破盟国的封锁，为稀缺材料找到替代品而开发出来的，参见 Kingery & Vandiver（1986a），p. 4。

物和卤化物，也都可以通过烧结转变成具有特殊性质的陶瓷，这些特性在硅酸盐陶瓷和其他已知材料中是没有的[256]。

新型陶瓷尽管在某些方面与传统陶瓷相似，但在许多方面还是大不相同的。为了将前者与后者区分开，不同的国家采用了各种不同的新名称。有"工业陶瓷""功能陶瓷""特殊陶瓷""精细陶瓷""高性能陶瓷""新型无机非金属材料""先进陶瓷"及其他种种称谓。如今，后两种称呼似乎得到了绝大多数人的采用。与此同时，还必须对传统的陶瓷定义进行修正，这样才能涵盖最近 60 年所开发出的众多新型陶瓷。美国陶瓷学会（American Ceramic Society）所使用的定义包含了所有在制造和使用中涉及高温的非金属无机类材料，因此除了前面列出的八个主要类别外，它还包括合成晶体、非晶材料、陶瓷涂层和陶瓷合成物[257]。看起来可以肯定的是，今后还将会有更多类别的先进陶瓷被添加到列表之中。

（iii）先进陶瓷的组成

这些新的人工制造的陶瓷可以用黏土之外的种类繁多的原材料制成，有些在自然界中无法找到但可以在实验室中人工制备合成[258]。传统陶瓷最基本的原材料是硅酸盐，它包含在沙砾、黏土和岩石中，它们普遍存在，因此相对便宜[259]。这些材料在本册第二部分中进行过讨论。但先进陶瓷并不直接用沙砾、黏土和岩石制成，而是用极为纯净的细微粉末制成，这些细微粉末需经过多种化学处理，因此价格昂贵。这些粉末经高温固化，生成具有优异机械、化学、电气、电子和磁特性的致密坚硬的结构，以满足"新材料革命"的各种要求，以及 20 世纪下半叶所发明的那些高技术产品的特殊而又苛刻的需求。

先进陶瓷的新品种在不断地研制之中，但为人熟知的，以及已经通过实验室阶段而投入生产的那些先进陶瓷，包括了硅酸盐陶瓷、氧化物陶瓷、非氧化物陶瓷和复合陶瓷材料。硅酸盐陶瓷材料中包括块滑石（主要由滑石组成），用以制作像电气绝缘件这类形状复杂的小型部件。硅酸盐矿物中的叶蜡石用于瓷砖和耐火材料的制造，而钙硅石则用在介电陶瓷和墙地砖上[260]。简单二元氧化物陶瓷包括诸如氧化铝、氧化镁和氧化锆这样的材料。氧化铝陶瓷具有极高强度、硬度、耐磨性和抗化学冲击性，在高温时表现良好。由一种碱土氧化物合成的氧化镁陶瓷，熔点很高，化学稳定性强，因而是一种重要的耐火材料[261]。氧化锆陶瓷强度、硬度和韧度都极高，有超常耐磨性，

783

256 有关的讨论和陶瓷材料的列表，见 McNamara & Dulberg（1958）；Cahn *et al.*（1994）；师昌绪（*1994*）。

257 Brook（1991）。P. 488。

258 早在战国时期，中国就已经在利用这一原理制造人工颜料，如中国蓝、中国紫等，见本册 pp. 610-612。

259 因为地壳中最丰富的材料是氧（47%）和硅（27%），因此最常见的地质矿产就是硅酸盐，见本册 pp. 42-44，76，以及 Kingery & Vandiver（1986a），p. 26；Weidmann *et al.*（1994），p. 175；Brook（1991），p. 419。

260 Norton（1974），pp. 48-49。这可能是世界上最古老的釉面陶瓷材料，在公元前 5000 年首次使用。

261 Brook（1991），p. 1。

热膨胀率低。它们的化学特性都很稳定，抗压和抗高温性也都很强[262]。像钛酸钡、钛酸锶、锆酸钙等三元氧化物陶瓷用作电子材料。更复杂的氧化物系陶瓷的制备则为满足特殊要求。

非氧化物陶瓷包括由氮化物、碳化物、硼化物、硅化物和卤化物制成的陶瓷[263]。这类材料的例子有碳化硅（金刚砂）和氮化硅，它们不仅表现出很高的硬度、强度、耐磨性和耐腐蚀性，而且具有杰出的抗热冲击性及在高温下保持强度不变的性能。碳化硅可以抗高温和腐蚀，用在热交换器、燃烧器部件和火箭点火器上。氮化硅的韧性更好，曾用作汽车涡轮发电机的转子，也用于其他高温器件和滚珠轴承。

氧化物陶瓷和非氧化物陶瓷材料也可以巧妙地合为一体，生成谱系广泛的复合陶瓷系列材料。其中广为人们熟知的一类即是赛隆陶瓷（sialon ceramics），这是最初在 20 世纪 70 年代由人工合成的一组材料，由氮化硅与氧化铝及其他氧化物复合而成，在高温发动机部件应用上很具潜力[264]。

（iv）成型工艺

先进陶瓷成型和烧结所采用的方法往往与传统陶瓷的方法（本册第一和第四部分已作了介绍）完全不同[265]。造成这种不同有三大主要原因。首先是原材料不同。传统的以黏土为基础的陶瓷材料，和水后塑性很好，可以通过纯手工捏制，转轮拉坯修坯、模印和注浆等方式成型（见第四部分）[266]。相比起来，先进陶瓷的原材料往往在本性上不具有可塑性，所以传统的成型方法不适用，因此很多新的工艺开发了出来[267]。第二个不同是由烧结温度不同导致的。先进陶瓷的烧成温度往往要大大高于传统陶瓷。为了制造出准确烧结的先进陶瓷，各种各样带有灵敏控制装置的超高温炉，以及其他许多高技术的烧结设施和处理方式被开发了出来，普通的窑炉被彻底取代。

784

262　最近的一次材料正确使用的实例是赫尔大学（University of Hull）和当地一家公司合作的一个研究项目。他们用氧化锆制作了一台高压水泵，它可以在肮脏的海水中使用，见 Shelley（1994）。大多数近海钻探使用的高压泵都必须在干净的水中使用，海水是位列第二的最强的天然腐蚀剂，仅次于人体分泌物。时至今日这一状况仍令近海钻探成为非常昂贵的作业。氧化锆还在塑料和造纸工业中被当作切屑工具的材料使用。

263　Brook（1991），p. 1。

264　同上，p. 415。

265　烧结是传统窑炉烧成工序中的最初阶段，在本册第一部分 pp. 57-58 中有介绍。当陶瓷材料被烧结时，它们黏合为一体，但并不熔化，烧结既是一种固态反应，又是一种液相过程，金格里和科布尔（Coble）对此作出了完美的数学描述。关于"干式"烧结的详细说明，见 Singer & Singer（1963），pp. 171-173。"湿式"烧结过程（带有反应性液体的烧结）在金格里［Kingery（1960），p. 386-389］的书中有介绍，他在其中（p. 386）指出："在烧结温度下，固相显示出在液体中具有某种有限的溶解性，我们所指的就是这种系统状态；烧结过程的关键部分就是固体的溶解和再析出，这样可得到更大的颗粒和密度。"与传统的陶瓷制造方式不同，先进陶瓷材料的烧结加工可达到极高的温度，产生出强度极高的材料来。

266　很早以来，除了黏土基的陶瓷，中国还是最先使用非黏土陶瓷的国家，在战国时期就有玻璃体的珠子制造出来（见本册 pp. 474-478）。之后，非黏土的器皿也有生产，例如龙泉窑器物，其胎体成分中往往有约 50% 的石英、50% 的云母（见本册 pp. 254-258），Wood（2002），pp. 21-23。

267　在概念上具有某种关键超越的新的成型方案，源自商代制陶工匠的经验，那些人在当时就设计出了复杂精细的模具制作工艺和材料（见本册 pp. 102-104，396-405）。

第三个原因是最终产品的性质不同。先进陶瓷由于其特殊的机械、化学、电气、电子、磁及其他物理特性，而在"新材料革命"中扮演着重要角色。为开发出符合某种特定性质要求，或某种组合性质要求的先进陶瓷，制造时往往要对其化学构成和微观结构进行非常精密的控制。这样的要求导致了众多成型和烧结方式的产生，每一种都有其优点，也有其缺点。选择哪种方式最合适要看最终产品要达到的特性如何，还要考虑制造成本和其他一些因素的影响。

通常，成型与烧结是分别完成的，然而近年一些技术也将成型和烧结合并为一步工序。普通的成型工艺包括干压法、胶模成型、挤出成型、注浆和注射成型等。在传统的模具成型中（无论使用干压还是胶套），易碎的固体陶瓷粉颗粒要与有机黏合材料混合以增加粉料的流动性，以便在每平方厘米 200—2000 千克压力下成型时能够减小其开裂和破碎的危险。这些低成本的方法用在耐火材料、瓷砖、电子陶瓷和核燃料球的制造上[268]。挤压模成型适用于下水管道、空心瓷砖以及汽车尾气净化所用的蜂巢陶瓷的制作上。在传统的注浆成型中，粉末与水和悬浮剂混合，而在注射成型中，粉末与蜡混合，这样可以生产出形状复杂的产品，但生产周期较长，因为脱蜡存在着困难（蜡要占成型产品的 15%—25%）。

新的成型方法包括：胶态成型，即让分散相的纳米级至亚微米级的粉末在液态媒质中固化为一个实体。离心浇注法，它结合了胶粉成型与高效致密化两者的优点。功能性陶瓷纤维和薄膜甚至可以采用无粉末的方式制备，即采用溶胶-凝胶方式来加工[269]。蒸发沉积法已用于纤维与涂层的制备。

先进陶瓷成型后会采用各种各样的烧结工艺。标准压力烧结（或热压式烧结）方式是最常见的，用来生产瓷器、耐火材料，也用于新型陶瓷，例如氧化铝陶瓷。热压过程中，粉末被放置在模具内在高压下烧结，生产出像氮化硅、碳化硅和氧化铝这类陶瓷；这种加工方法成本很高，所以在有限范围内采用。未来很有潜力的一种工艺就是热等静压（HIP），它可以制造出超高强度的材料，热压时通过气体来施压因此可以保证压力均衡。超高压烧结可以制造出像金刚石这样的材料，而反应烧结方式则是通过化学反应来影响制备过程。自 20 世纪 70 年代中期以来，采用低温化学方式（800—1200℃范围）生产高级非氧化物陶瓷的工作不断发展，例如碳化硅和氮化硅陶瓷的生产。1978 年首次报道了陶瓷的微波烧结，尽管这样可以改进氧化铝、氧化锆和氮化硅这类陶瓷的密度，但作为一种工艺方法，至今还未得到很好掌握。另一些新的工艺包括通过爆炸在加热或不加热的情况下对陶瓷粉末进行动力压缩、火花等离子烧结、自蔓延高温合成，以及简单的火焰喷涂，即让细微的陶瓷颗粒在氧乙炔焰中熔化，接着喷涂到其他物质上形成包裹外壳。

268　见郭景坤（1997）。

269　19 世纪以来，化学溶胶-凝胶方法被用在了无机化合物粉体的制造上；20 世纪 70 年代初期以来，该方法的商业重要性越来越大。Brook（1991），p. 176。

（v）显微镜的采用

20世纪后期，对物理和生物物质结构理论认识的进步，以及试验技术和加工工艺的改进，意味着制造者可以先确定需求目标，然后尽力通过量体裁衣的方式开发出满足这些需求的材料[270]。显微镜法在新型陶瓷材料工艺试验方面的贡献非常关键。多年的实验室研究揭示，先进陶瓷的独特性质与其成分、制造工艺和最终产品的微观结构密切相关。因而，用以对产品的目标特性进行操控的先进的分析和检测设备及相关的技术得到开发。其中格外受到重视的就是显微镜法。近些年科学家们拓展了电子显微镜的应用范围，如今扫描隧道显微镜（STM）也派上了用场。后一种设备可以在非常高倍的放大之下对材料进行观察（高达数万倍），因而可以在原子水平上对结构进行核查。某些试验性材料可以说是一个一个原子建造起来的。STM可以在材料表面观察到单个原子，并且还可以让这些原子受到操纵。陶瓷科学家不再是闭着眼靠着假设进行工作；对于当代的进步，显微镜法在发挥着关键性作用。在微观结构设计和化学设计中的各种创新成果，令陶瓷研究者们合成出了全新类型的具有独特性质的材料。其中一个有力的证据就是通信系统所使用的硅基光学纤维的成功开发[271]。

786

（vi）应　　用

总的来说，用上述方法生产出先进陶瓷并不是最终产品，而是要用它们去组装成部件，这些部件对于一些大型复杂系统的表现和运行的成功是非常关键的，例如，在计算机、飞机、宇宙飞船、电子设施和汽车上等。先进陶瓷所发挥的最成功的作用体现在机械应用上，以及作为小型的电气、电子和光子等设备的功能元件。

先进陶瓷最早的应用，正如我们见到的，是作为电气绝缘件使用。20世纪40年代以来工业的蓬勃兴起导致了多种多样的电气和电子陶瓷的出现，从材料上讲它们基本上属于两大类别。基于铁氧磁学原理的磁性材料，以及由电介质现象，例如铁电现象和压电现象所撑起的另外一片发展空间[272]。先进陶瓷在电气和电子领域的应用确保了它们成为计算机、视频设备和高速机械电路开发中不可或缺的一员。

机械上的应用可以分为常温使用和高温使用两大类型[273]。常温下的使用包括：作为耐磨件应用在医疗工程（外科整形和植牙等）、过程设施（泵组件、阀面、管衬等）和机械工程（轴承和阀门）中。在这些地方使用时，陶瓷表现出的固有脆性是其致命缺陷（见下文），它可能导致一个部件突然性彻底损毁。高温下的机械应用是开发的一个重点，例如在高速机械和热发动机中的应用。陶瓷核燃料及放射性核废料封固是另一个成长很快的领域。

787

下面将专门介绍采用先进陶瓷为材料的三大类产品，它们分别是：耐火材料产

270　Clark & Flemings（1986），p. 43。合成材料的目标并非总能成功实现。

271　Bowen（1986），p. 149。

272　Brook（1991），p. 1。

273　同上。

品、半导体材料产品和超导材料产品。

（vii）耐火材料产品

传统的在铸模制造、窑炉衬里和窑炉辅件上使用的耐火材料都是就地选用的合适的耐火黏土（见本册第三部分）。在 20 世纪，热绝缘器件的材料组成不断精炼，其中就包括用前面介绍过的制备方法提纯的那些材料，为的是配合火花塞芯、热核反应堆、工业电炉电极、航天发动机等高温和超高温方面的应用。所使用的材料中包括：纯氧化物耐火材料（氧化铝、氧化铍、氧化镁、二氧化硅、氧化锆、锆石、莫来石、锡氧化物）；非氧化物耐火物体（硼化物，尤其是那些采用了钛和氧化锆的）；碳化物，尤其是硅、钨、钛和硼的碳化物；人造碳和石墨；以及氮化物，尤其是用硅和硼构成的氮化物[274]。

（viii）半导体材料产品

半导体材料在低温或纯净状态下不导电，但在高温或不够纯净时它是导电的。固体物理学研究的一个重要动力，就是要为电子行业提升半导体技术。半导体陶瓷已经在集成电路、注入式激光器和微波装置的制造中得到了应用。在中国，这类材料的研究在数个地方展开，其中处于最前沿的就是中国科学院半导体研究所（中国科学院在北京的一个下属机构），同时中国科学院物理研究所、中国科学院光学精密机械研究所及北京大学也在进行着注入式激光器的研究。很多大学不仅仅投入到集成电路的研究中，而且在校园里拥有生产线，主要目的是培训具有操作技能的技术人员以及增加经济收益。例如北京的清华大学和上海的复旦大学都建有完整的集成电路生产线[275]。

（ix）超导材料产品

自 20 世纪初开始，没有任何微小能量损失、百分百效率的电流传导方式已成为科学研究的一个目标。不同于流行的用带有绝缘外皮的铜线缆传导供电，采用具有超导性的氧化陶瓷导线有可能使这一目标得以实现，并可以让很多项目发展起来，例如：远离人居的核电站及太阳能发电站；大功率高效轻型的磁铁和电机；时速达数百英里的磁悬浮子弹列车；以及长期能量存储系统等[276]。超导现象仅出现在极端低温的条件下，在 20 世纪 60—80 年代，使用铌和锡，或铌和钛为材料制造出的超强电磁铁这类成功的商业应用装置，必须被冷却到接近 0 开氏度（绝对零度，或−273℃）的范围内。它们被用在磁共振（NMR）机这样的医疗成像设备上，用它可拍摄出类似 X 射线

788

274　Norton（1970），pp. 433-436；Norton（1974），pp. 254-257。有关中国耐火材料的发展，见 Zhong Xiangchong（1998），pp. 50-55。

275　Bloembergen（1980），p. 98。

276　Hazen（1988），p. xix。

那样的体内照片；还用在了粒子加速器和高灵敏场检测系统中的中继装置上。1986年，两位瑞士科学家发表了一篇论文，引起了发明相对高温超导部件的竞赛。竞赛的领先者中包括了得克萨斯州休斯敦大学（University of Houston，Texas）由美籍华人朱经武（Paul Chu）领导的研究小组，小组中有数位来自中国的学者，还包括了中国科学院物理研究所的一个研究小组[277]。不过自 20 世纪 80 年代后期以来，相对高温超导的实际应用少得可怜，因为材料问题仍然是科学和技术发展的重要障碍。进展仅限于理论模型的提升，以及原型的建立和测试。直到 20 世纪 90 年代后期，高温超导体还只是口头上的而不是商业上的材料。

（x）家 用 产 品

除了工业应用外，先进陶瓷产品在家用领域也取得了不少进展。包括在电话线路、电话机、电视机、录像机、摄录机、控制装置、过热过载保护装置、手表和照相机中使用的各种部件。同样在珠宝制作、陶瓷面高尔夫球杆制造、圆珠笔陶瓷珠的制造、韧化刃口刀剪的制作等方面，它们也受到宠爱。如今先进材料的应用，包括先进陶瓷，集中在了拥有资金投入的研究和开发领域，也就是航天、电子和工程领域。往往在新材料的发明和它们的商业化之间难免会有很长时间的滞后，这是因为将新材料投入到大规模生产时，其间的成本过高而难于承受[278]。

（xi）各种成本因素

789

前面已经提到，原则上讲原始材料的成本并不算高。然而，生产那些陶瓷部件的成本一直是高居不下的，这是因为制作高纯度原料粉末的花费昂贵，事实上，众多的生产单位一直是处于试运行阶段因而生产规模很小。另外，烧制时出现的收缩，使误差要求非常严格的部件必须在制成的最后阶段精细研磨，由于材料非常坚硬往往要采用金刚石研磨工艺，合格率通常不高。较高的费用和收缩性代表了陶瓷加工中的"瓶颈"，也就是先进陶瓷商业化的"瓶颈"，尤其是在作为结构使用的那类情况中，机械缺陷左右着部件的可靠性。因为工程产品中的陶瓷部件必须能经受住很高的压力和应力，废品率势必很高。所有新型材料在应用时对精度等级都会有所要求，这就意味着必须要配合以严格的检测程序。先进材料在整个生产过程中必须在微观水平上进行控制，传统产品则不然，在控制质量和一致性时可以采用抽样检验的方式。像明代景德镇的御器厂，制作和烧制过程中会有很多样品被抽取出来。尽管这样做，损耗率会很

277　同上，pp. xxiv，32，40，81，192。

278　将实验室的想法转化为实际产品，这一开发过程大大滞后的典型实例与微芯片制造有关。早在 20 世纪50 年代初，美国科学家罗伯特·诺伊斯（Robert Noyce）和杰克·基尔比（Jack Kilby）就提出了将整个电路蚀刻到一块镀银硅片上，而不是用电线将很多硅导体连接起来，这样可以减少成本。然而直到阿波罗航天计划和五角大楼对硅片的订货急剧增加以后，商业压力才迫使制造商们去寻找大规模生产它们的办法。大规模生产保证了价格的直线下降，这反过来又导致便宜的计算机电路的出现，并最终使 20 世纪 80 年代的家庭有能力去购买他们自己的家用计算机。参见 Hazen（1988），p. xix。

大，许多产品由于存在缺陷出窑后直接就被毁掉[279]。

（xii）采用先进陶瓷的原因

采用新型材料的主要原因就是先进陶瓷具有传统材料所不具备的良好的实用品质。那些独特的电学和磁学性能是它们成功的主因，在一系列的电子装置中这些性能的作用是关键性的。

在应用上处于第二位的就是结构陶瓷，被用来解决像航天发动机的制造、人工肢骨部件的制造或核废料封装这类现代工业的难题。由于其原子水平上的结构特性，它们超乎寻常地坚实，可以耐热、耐磨、耐腐蚀和化学冲击。然而，它们仍然会显脆性，我们可以想一想瓷盘，它能够承重不变形，但难免开裂和破碎。科学家正努力在原子水平上寻找克服这种脆性的办法，试着在烧结过程中或用额外的氧原子或通过对材料粉碎/压紧来填补原子间的空白，以便产生无气孔的微观结构。另一种克服脆性的方法是采用复合材料，是通过将纤维、晶须，或其他金属或聚合材料弥散于陶瓷基体，使陶瓷基体得到强化形成的。经过碳纤维强化过的陶瓷就是一种受欢迎的复合材料，这种材料强度高重量轻，用作航天飞行器和超音速飞机的外壳罩面非常理想[280]。这类材料中得到大力宣传的那种，就是用在航天飞机的防护涂层上的碳纤维强化玻璃复合材料和碳纤维强化碳复合材料。尽管用液塑材料填充纤维制造聚合物复合材料的方法相对容易，但要用陶瓷和纤维来制造类似的结构则要困难和昂贵许多。因为通常的粉末压制和烧结工艺无法实现致密化，并会导致裂纹产生[281]。先进陶瓷的另一个新的应用领域涉及高级的特种玻璃，例如光学玻璃纤维和电子玻璃。在分子水平上将无机成分与有机成分混合而成的材料（聚合陶瓷）可具有特殊的光学性质。

第三个体现新材料比传统材料更具优势的地方，涉及第一世界所关心的环境污染、能源安全、经济增长的持续性及资产的构成等问题。有人提出，除了满足需求外，材料科学与工程还为化解社会难题提供了新思路[282]。确实，在先进材料的研究和制造过程中有许多新的机遇开创出来，它们所带来的好处如今在发达国家中最为明显，在电子、航天和国防、通信、交通、建筑、医疗卫生及核能这样的工业领域里，先进陶瓷在这些国家发挥着主要的作用[283]。不过，尽管新材料具有控制污染，支撑新产业的潜在益处，但越来越多对先进材料的消费并不意味着全都是好事。从环境的角度上举例来说，制造陶瓷粉末和有机树脂所产生的排放与传统矿业处理过程的大量排放在性质上没有什么不同。尽管先进材料替代了稀有矿物（例如，在通信上用光学纤

279　刘新园（*1993*），第 41，83 页。

280　日本在这类工作上面投入了大量的研究时间，这是由通商产业省（MITI）实验室和名古屋传统陶瓷领域的一些公司承担的。

281　一种简单廉价的替代方案就是采用石墨包裹碳化硅粉薄片形成层间弱结合面，这种弱结合使复合材料中的裂纹扩展发生偏转，从而提高其韧性。然后将材料压实，在无压条件下烧结，由此获得的材料具有极大强度、韧度和耐热性。见 Clegg et al.（1990）；Cahn（1990），p. 423。

282　Clark & Flemings（1986），p. 44。

283　Spriggs（1991），p. 8。

维替代铜线），但这件事本身可能由于取代了对原材料的需求，而加剧第三世界难于解决的经济和环境问题[284]。困境的另一种表现，就是在非洲为争夺像钽这类元素的控制和销售权而引发了战争。

（xiii）材料的演进与竞争

从某一方面说，新材料的演进是传统陶瓷漫长发展的一面镜子，反映了满足用户的需求。因此在中国，制瓷工匠们开发新产品为的就是迎合买家的期望。一旦一种陶瓷品种达到令人满意的地步，保守的品味能令它在数百年间几乎一成不变地持续生产。然而，品味和时尚的变化有时也可能会相对快一些。例如，在11世纪的变迁中，浙江北部越窑的亚光绿灰釉陶瓷不再流行，它们被省内更靠南部窑场的高温烧制的产品所取代。制陶工匠们开始南下，不久便参与到龙泉窑陶瓷的制造中，这种陶瓷大受欢迎，一直持续到15世纪。

20世纪，新材料的开发时段和采用周期更为缩短。主要的原因在两个方面：首先，正如已经提到的，有能力创造出不依赖于现有原始材料的全新的材料来满足特殊要求；其次，材料科学上的技术进步所开创的新材料范围极其广泛，结果在特定时段、特定应用和特定成本下选取某一种材料时，这种充分的选择余地能够确保数种不同材料之间展开相互竞争。例如，一位发动机设计者不是不假思索就去选用陶瓷部件，挑选时他要考虑这样一些情况：材料必须能抗腐蚀、要耐高温、成本要适宜等。摆在他面前供选择的可能会是两种、三种甚至四种材料。

材料的竞争不完全是近期出现的现象。很多技术突破的出发点都是因为有了某种特殊材料的成功开发：施釉炻器对于液体盛放容器、硅材料对于计算机技术、光学纤维对于光电子技术、陶瓷对于高温工程等。20—21世纪最大的不同就是，在以往的年代往往是单一的材料垄断着某一项应用，例如用黏土烧制砖块，用铁制造武器、农具和锅等。

许多最令人感兴趣的陶瓷工艺的发展，发生在其他领域技术扩张或转变的时候。在中国，一种工艺性突破出现在早期的升焰窑向横焰窑转化之时，当时只是一种简单的权宜做法，将窑室设计变更到侧旁（见本册第三部分）。这样的改变却为更高烧制温度和更大烧制容量提供了必不可少的条件。对于先进陶瓷来说，如果日常餐具也可以利用到新技术的高超成就，它就一定会结出迷人的成果。

近年来，日本已成为世界产品开发的领跑者，这是由于它那种研究、开发和工业产出密切结合的方式，能使实验室的想法快速落实到生产车间[285]。在21世纪，人们希望能在家庭生活中见到世界范围内发展的实在成果。设想一下，一个茶杯，所用的材料能像瓷器那样洁白、透明，光滑的表面上可以做出漂亮的装饰；它能够隔绝滚烫的液体，热不会传递到手上，并且非常结实，足以抗住洗碗机数千次的冲刷而表面毫发

791

792

284　出售石油、铜、镍、钴、铬和锰这类原料，往往是加蓬、南非、扎伊尔、赞比亚、津巴布韦、巴西、智利、秘鲁和巴布亚新几内亚这些国家的经济支撑。

285　见 Lastres（1994）。

无损，掉在坚硬的地面上也不会有开裂和破碎的危险。

远古社会早期的技术进步是最艰难的，因而要经过非常漫长的时期才可以取得，这已成为一种公认的看法。因此在中国，坛坛罐罐与烧制它们的火焰分置两处经历了数千年。即便如此，简单的升焰窑和快速转轮还是很早就开发出来了，那是在新石器时代。到了青铜时代，技术进步的步伐有所加快，包括生产出世界上第一批带高温釉的陶瓷。瓷器最初于公元 575 年左右在中国北方烧成。在中国南方，一种窑炉开发出来，在其后 2000 多年的时间内，它对于陶瓷发展所具有的深远影响不仅限于中国，同时也包括日本和朝鲜。沿山坡爬升的龙窑使用周边的木柴和灌木作燃料来烧制大批量产品是颇为有效的。

放眼现代和未来，可以肯定中国将会在国际陶瓷技术发展中发挥出重要作用。与国防和核计划的密切关系会令其将重要的研究力量集中到这一领域。一个萌芽的制造业市场，同时处在人员工资水平较低、教育水平不差的环境中，这就意味着像电子工业这样的产业会兴旺发达起来。中国还是蓬勃发展的环太平洋国家中的一员，这是很多评论家多次强调的。

在 20—21 世纪，陶瓷生产中需要指出的一个重要方面就是，在工业上高技术的开发与旧式的自我认知型手工艺制造之间存在着明显的分道扬镳。这种情况在世界上所有的发达国家中都可以见到，在那里对老式材料和加工方法的怀旧情结似乎仍然对艺术陶瓷发挥着影响。在中国至少可以见到三种水平的生产：

- 粉压和烧结，用于先进材料的制备；
- 注浆成型和微波干燥，这类技术在大型工厂生产仿古制品和餐具等工序中替代了拉坯这类加工方法，例如在景德镇和禹县；
- 为高价陶瓷器增添价值的逐个手工成型和烧制的做法，例如宜兴紫砂壶，主要是为海外富有的收藏家制作。

因此，为国防涉及的项目，例如"星球大战"项目，而开发出的高技术陶瓷向大众技术的转移绝不会是自然而然的。需要的是，首先，设计出可以便宜地加工和成型新材料的设备，这样在新材料与传统材料的比较时就变得具有成本效率。其次，小规模的陶瓷生产者要养成习惯，在使用熟悉的材料的同时也使用新型材料，要学会因需而定。最后，要鼓起个体艺术家和手工艺人掌握高技术材料的信心，要鼓励利用它们特殊的品质去实现创新性的艺术和设计理念。

793

（xiv）对中国"反向技术传播"的时期

20 世纪，中国仍在使用一成不变的，同时往往是过时的加工方式来制造传统陶瓷器。某些技术，例如成功制出新的高温釉下彩的工艺等，则是从西欧和日本引入的。在先进陶瓷工艺开发方面中国也不得不将目光投向国外。我们介绍过 20 世纪 50 年代苏联所扮演的重要角色。然而 50 多年来，中国主要还是在依靠西方和日本在这些领域的工作成果。帮助推动中国先进陶瓷开发的关键人物都是在海外受过教育的[286]。因而，无论是从新加工方法的引入上讲，还是从专门人才的培养上讲，20 世纪都可以说是反向技术传播运作的一段代表时期，即从西方向东方传播的时期。

1977 年后这一过程减缓下来，如今在很多著名大学和研究所里，深一步的研究、开发和生产正在兴起。例如，在古陶瓷科学技术领域里，第一届国际会议在 1982 年举行，并在此后形成了惯例[287]。这一研究领域的开创者是上海硅酸盐研究所，它也是在中国先进陶瓷开发中发挥出重要作用的一家机构。这家研究所是中国科学院下属众多研究机构中的一个。本章将用一些篇幅对其工作进行介绍，将其作为 20—21 世纪中国从事技术性陶瓷和功能性陶瓷开发的范例[288]。还有许多研究单位、工业单位和商业单位也承担了这一领域的工作，但他们中没有几个想在自己主要业务活动展开的同时，积极投入到古代陶瓷的研究中。

研究工作的展开，最初在上海是由一家被称为"冶金陶瓷研究所"的机构承担的。1959 年该机构被拆分为两家研究所，即"冶金研究所"和"硅酸盐化学与工学研究所"。如今的上海硅酸盐研究所是 1984 年冠名的。截至 1998 年，该研究所拥有约 800 名员工，其中一半是科技研究人员。研究所现有十个研究实验室、两个开放实验室、一个无机材料分析检测中心、一家研发中心，包括高技术公司（SICCAS）[289]、试验工厂和机加工车间。上海硅酸盐研究所的主要研究领域是无机非金属材料及材料科学。它造就了数位知名的科学家，其中就有首任所长周仁，他的专业为传统陶瓷和技术陶瓷架设了联系桥梁；名誉所长严东生教授，他精通高温结构陶瓷，同时也在历史陶瓷研究方面发表了多篇论文；还有学会主席殷之文教授，他的领域是功能陶瓷；前任所长郭景坤，主要从事高温结构陶瓷工作；以及丁传贤教授，在陶瓷涂层方面有着杰出的贡献。

自 20 世纪中期开始，上海硅酸盐研究所主要通过对多种高级的、无机的、非金属的化合物的提升和精细化来推动自己研究工作向前发展。下面我们列出它的一些重点研究领域。

（xv）合成单晶体

闪烁晶体锗酸铋 $Bi_4Ge_3O_{12}$（BGO）是一种在高能粒子照射下能发出荧光的物质。因为这一效应，该种材料在高能物理、核物理、空间物理、核医疗设备、地质勘探及其他高技术产业中有着广泛用途[290]。光电晶体铌酸锂（$LiNbO_3$）具有压电和光电相结

786　例如上海硅酸盐研究所的那些先驱们。首任所长周仁，曾在美国康奈尔大学（Cornell University）就读，而荣誉所长严东生曾就读于伊利诺伊大学（University of Illinois）。

287　关于 1982 年、1985 年、1989 年、1992 年、1995 年和 2002 年举办的大会的会议记录在本册的参考书目中有详细记载，并给出了其写作依据的原始材料。

288　本节中的资料由张福康提供。

289　是"Shanghai Institute of Ceramics，Chinese Academy of Sciences"的首字母缩写，即"中国科学院上海硅酸盐研究所"。

290　其他类型的闪烁晶体包括 BaF2、PbF2 和 CeF3 等也已开发出来。

794

合的诱人特性，在表面声波装置、光电装置和非线性光学装置上能发挥出重要作用。

- 压电晶体四硼酸锂 $Li_2B_4O_7$（LBO）

被广泛用于寻呼机、无绳电话和数据通信。一些其他种类的压电晶体，例如石英、$LiNbO_3$ 和 $LiTaO_3$ 也都得到了开发。

- 声光晶体 TeO_2 和 $PbMoO_4$

通常在调制器、变流器和可调滤波器等上面使用。

- 非线性光学晶体偏硼酸钡 BaB_2O_4（BBO）

广泛用在各种非线性光学装置上。

- 各种宝石

红宝石、蓝宝石、立方锆石、星彩红宝石、猫眼石等。

- 超硬材料

例如，人造钻石、立方 NB 等。

795

（xvi）高温结构陶瓷（高温工程陶瓷）

那些在加工制造中替代了金属的各种材料，它们被广泛用在了密封环、切屑工具、滚轮导轨、陶瓷轴承、剪刀、无磁螺丝刀、研磨介质、球磨缸筒、凸轮、喷嘴、活塞顶、活塞环、预燃室、阀帽及其他柴油发动机的结构件中，这些材料包括：

- 氧化铝陶瓷
- 碳化硅陶瓷
- 碳化硅基复合陶瓷，例如，碳化硅晶须增强的碳化硅陶瓷等
- 氮化硅陶瓷（Si_3N_4）
- 氮化硅基复合陶瓷，包括赛隆陶瓷和碳纤维、SiC 晶须及 BN 纤维增强的 Si_3N_4 陶瓷
- 多相复合陶瓷
- Y_2O_3 稳定四方氧化锆陶瓷（Y-TZP）
- Y-TZP 基复合陶瓷

（xvii）功能陶瓷（电子陶瓷）

具有压电、铁电、电子、磁性、光学、声学和热学高性能的陶瓷被定义为功能陶瓷，被广泛用在家用电器、工业和高技术产品的电子装置中。由中国开发出的功能性陶瓷有：

● 压电陶瓷（PbO-ZrO$_2$-TiO$_2$陶瓷，或称 PZT）

用于超声变换器、传感器、点火器、过滤器、水下声学传感器等。

● 铁电陶瓷（PbO-La$_2$O$_3$-ZrO$_2$-TiO$_2$陶瓷，或称 PLZT）

广泛用于变换器、传感器、电致收缩和光致收缩装置上。

● 正温度系数陶瓷（PTC）

用在传感器、温度补偿器、过热和过载保护器、彩电去磁装置、电机启动器、延迟开关和自调节加热器上。

● 快离子导体

成功应用于氧化锆分析器、铝氢分析仪、酸性传导器和燃料电池方面。

（xviii）陶 瓷 涂 层

796

热控涂层可以选择性地吸收或反射太阳的热辐射光谱，因此被应用到航天飞机和卫星上。耐磨涂层极为坚硬并且摩擦系数很低，可用于密封圈、滚筒和轴套等金属部件的保护上。生物陶瓷涂层具有良好的生物兼容性，因此在人造骨骼、牙齿和关节上能发挥重要作用。

（xix）非 晶 材 料

其中包括：

● 非晶硅，具有良好的能量转换效率，应用于太阳能电池。

● 光学纤维，在光学通信中的纤维激光器、纤维传感器、激光手术及其他用途上发挥作用。

● 玻璃陶瓷，具有卓越的抗热冲击性和良好的耐磨性，用于厨具、微波炉用具的制造等方面。

● 光色玻璃，对于阳光具有敏感性，在防护目镜制造上具有需求。

● 焊接玻璃粉。

● 人造彩色石英。

除加工制造技术外，上海硅酸盐研究所还非常重视材料科学方面的基础性研究。在相图、材料加工工艺和微观结构特性的关系、烧结和再结晶的机理、陶瓷强化和韧化的过程与机制，以及基于适当的化学成分、专门的微观结构和所需的特性对新型陶瓷材料进行"量体裁衣"式设计。20世纪后半期，针对上述罗列的课题，研究所发表了大量相关技术工艺和材料科学方面的论文。其中论及的许多材料，不仅仅是实验室中的发明，而是已经在上海硅酸盐研究所的研发中心里投产，或是通过技术转让在外面的工厂中得到生产。绝大多数创新出的材料在国内市场中得到了使用。也有少数材料，例如人工合成的单晶 BGO 和 CsI，在国际市场中具有相当强的竞争力，因其质量优异价格合理。近些年该研发中心已经成为具有国际声誉的 BGO（闪烁晶体锗酸铋）的生产和供应商。

20 世纪 90 年代以来，该研究所在纳米陶瓷和纳米陶瓷合成物上投入了巨大力量。这些新型材料使用纳米尺度的粉末制造而成，烧结后具有纳米尺度的微结构，因此这种陶瓷胎体极为细致、超强纯净。纳米材料拥有奇妙的特性，相信在 21 世纪的发展中会成为最有前途的高温结构材料。

我们已经提到，上海硅酸盐研究所中有一小部分人在从事中国古代陶瓷微观结构和加工工艺的研究工作。尽管就研究所本身来说它们被放到次要地位，但该项工作所产生的影响和启发却实实在在是国际性的。正是这些自 20 世纪 50 年代以来一直在差不多是空白的领域中辛勤耕耘的少数核心科学家，他们开发出了一套方法论和研究框架，让全球各处数以百计的研究人员得到了启发和灵感。对于《中国科学技术史》一书中本册的成功完成，他们的首创精神发挥了不小的作用。

（xx）第七部分"对外传播"的小结

中国的陶瓷传统得益于三方面的优势：首先，它的原材料外国无法与之相比；其次，其制陶工匠的技艺水平是非常杰出的；最后，它博大精深的文化造就了世界上最为成熟多样的陶瓷发展空间。本土传统在技术和美学上的成功，促成了中国陶瓷在国外的巨大需求。生产适应国外品味的产品会对中国造成反向影响，更重要的是这一局面对进口国自己陶瓷产业的进步产生了深刻作用。

从完整的编年表上看，中国对世界陶瓷史的影响大约起自 2000 年以前，最初它们发生在那些毗邻中国的国家中，例如越南和朝鲜，当时这些国家正处在和汉王朝一体化的进程中[291]，在之后的两千年里，遍布东南亚和东亚的一些国家长久地感受着这种强烈影响。在中国的引领下，这一地区的许多国家学会了利用自己的高温黏土制造出无釉和灰釉炻器，而在朝鲜和日本，纯瓷石的发现导致了石英云母瓷器的生产，这些瓷器在品质上可与中国南方的瓷器相媲美。

从公元 8 世纪一直到 18 世纪，中国出口产品直接影响到了各种不同的国家的精细陶瓷的生产，例如，美索不达米亚、埃及、波斯、土耳其、日本、萨克森和俄罗斯[292]。11—12 世纪，最初在埃及和伊朗生产出的低温白色"熔块瓷"器，往往扮演着以本地的材料来模拟中国瓷器的角色[293]。旧大陆的锡釉传统，在公元 8 世纪末起始于美索不达米亚，接着通过近东向北传播，在其后的 1000 年里跨越了欧洲和新大陆，这

291　Stevenson（1997），pp. 27；Barnes（1993），p. 217。

292　Allen（1991），pp. 6，34，50-67；Impey（1996），pp. 26-29；Kingery（1986）。

293　Mason & Tite（1994a），pp. 34-37。

一传统同样也是因为体验到了中国出口产品的品质之后才被激发出来的[294]。

欧洲、西亚和北非的细白陶瓷基本上属于"响应式"陶瓷传统（其工艺技术往往建立在当地对进口中国陶瓷的理解和再造上），其黏土组分往往更多是由人工配置的。用于模仿中国陶瓷的材料通常包含制备好的磨碎的玻璃（"玻璃料"），而其他一些原始材料很可能是从数百英里外，甚或数千英里外运送到陶瓷作坊中的。说明这一情况的一个极端的例子，就是在 18 世纪曾经将美国的黏土出口到伦敦，用来制造早期的瓷器[295]。

今天，西方工业化的白瓷生产技术，主要还是源自 18 世纪仿制中国瓷器的尝试。除此之外，近百年，日本、欧洲、美洲和斯堪的纳维亚的陶艺家们完成的很多工作也都具体体现了中国陶瓷工艺对世界陶瓷的那种后期影响[296]。

中国对世界陶瓷历史的影响力在 19 世纪到 20 世纪早期这一段时间黯然失色，但在最近 50 年里，中国的陶瓷业者和科学家们一直在力争再建新的辉煌，不仅是在传统陶瓷领域，而且也在不断拓展着的现代的高技术陶瓷领域。

294　梅森和泰特［Mason & Tite（1994b），p. 34］谈到伊拉克出土的阿拔斯王朝时期的陶器（Abbasid pottery）时宣称："我们在公元 8 世纪的釉中见到了氧化锡晶体，另一种看法认为前伊斯兰时期的不透明的碱性釉料中包含着少量的铅，到大约公元 800 年，主要由铅做助熔剂的完全的不透明锡釉已投入生产。"

295　Freestone（2000），p. 26。

296　Leach（1940）；Wood（1991），pp. 63-66。

参 考 文 献

缩略语表

A 1912 年以前的中文和日文书籍与论文

B 1912 年以后的中文、朝鲜文和日文书籍与论文

C 西文书籍与论文

说明

1. 参考文献 A，现以书名的汉语拼音为序排列。

2. 参考文献 B，现以作者姓名的汉语拼音为序排列。

3. A 和 B 收录的文献，均附有原著列出的英文译名。其中出现的汉字拼音，属本书作者所采用的拼音系统。其具体拼写方法，请参阅本书第一卷第二章（pp. 23 ff.）和第五卷第一分册及第五分册书末的拉丁拼音对照表。

4. 参考文献 C，系按原著排印。

5. 在 B 中，作者姓名后面的该作者论著发表年份，均为斜体阿拉伯数码；在 C 中，作者姓名后面的该作者论著发表年份，均为正体阿拉伯数码。

6. 在缩略语表中，对于用缩略语表示的中日文书刊等，尽可能附列其中日文原名，以供参阅。

7. 关于参考文献的详细说明，见于本书第一卷第二章（pp. 20 ff.）。

缩略语表

西文期刊

A	Archaeometry
AC	Acta Crystalographa
AA	Arts Asiatiques
AAA	Archives of Asian Art
ACASA	Archives of the Chinese Art Society of America
ACP	Annales de Chemie et Physique
ACRO	Asian Ceramics Research Organization
ACSB	American Ceramic Society Bulletin
AJ	The Antiquaries Journal
AJA	American Journal of Archaeology
AM	Asia Major
AmAn	American Antiquity
AO	Ars Orientalis
AoA	Arts of Asia
Ap	Apollo
ArC	Ars Ceramica
ARLC	Annual Reports of the Librarian of Congress
ArM	Archeomaterials
ArP	Archaeo-Physika，Bonn
AS	Applied Spectroscopy
BM	Burlington Magazine
BMFEA	Bulletin of the Museum of Far Eastern Antiquities，Stockholm
BSOAS	Bulletin of the School of Oriental and African Studies
C	Chemosphere
CB	Ceramic Bulletin
CCM	Clays and Clay Minerals
CM	Ceramics Monthly
CR	China Reconstructs
CT	Ceramics Technical
EMD	Engineering Materials and Design
FECB	Far Eastern Ceramic Bulletin
FEQ	The Far Eastern Quarterly

HJAS	*Harvard Journal of Asian Studies*
HM	*Historical Metallurgy*
I	*Iran*
ILN	*Illustrated London News*
ISIS	*Isis*
JACS	*Journal of the American Ceramic Society*
JAOS	*Journal of American Oriental Studies*
JAS	*Journal of Archaeological Science*
JCAJ	*Journal of the Ceramic Association of Japan*
JEA	*Journal of Egyptian Archaeology*
JGS	*Journal of Glass Studies*
JGT	*Journal of Glass Technology*
JMBRAS	*Journal of the Malayan Branch of the Royal Asiatic Society*
JPC	*Journal of Physical Chemistry*
JWCI	*Journal of the Warburg and Courtauld Institutes*
JWH	*Journal of World History*
MC	*Medieval Ceramics*
MI（U）	*Museum International*（UNESCO）, Paris
MM	*Mineralogical Magazine*
MRDTB	*Memoirs of the Research Department of the Tokyo Bunko*
MS	*Ming Studies*
MSB	*Mineralogical Society Bulletin*
N	*Nature*
NS	*New Scientist*
O	*Orientations*
OA	*Oriental Art*
OCSHKB	*The Oriental Ceramic Society of Hong Kong Bulletin*
OxJA	*The Oxford Journal of Archaeology*
P	*Polyhedron*
PQ	*Pottery Quarterly*
PSAS	*Proceedings of the Seminar For Arabian Studies*
QJGS	*Quarterly Journal of the Geological Society* .
QSR	*Quaternary Science Reviews*
S	*Science*
SA	*Scientific American*
SC	*Studies in Conservation*
SIK	*Stecklo I Keramika*, Moscow
ST	*Silikattechnik*, Berlin

T	*Techne*	
TACS	*Transactions of the American Ceramic Society*	
TAM	*The American Mineralogist*	
TC	*Technology and Culture*	
TECC	*Transactions of the English Ceramic Circle*	
TOCS	*Transactions of the Oriental Ceramic Society*	
TP	*T'oung Pao*	
VS	*Vietnamese Studies*	

中 文 期 刊

CKSYHHP	*Chiangsi Kuei-Suan-Yen Hsüeh Hui Pao*《江西硅酸盐学会报》	
CKTTYC	*Chung Kuo Thao Tzhu Yen Chiu*《中国陶瓷研究》	
CTCFC	*Ching-te-chen Fang Chih*《景德镇方志》	
CTCTT	*Ching-te-chen Thao Tzhu*《景德镇陶瓷》	
CTCTTHYHP	*Ching-te-chen Thao Tzhu Hsüeh Yüan Hsüeh Pao*《景德镇陶瓷学院学报》	
CWW	*Chiangsi Wen Wu*《江西文物》	
FWP	*Fukien Wen Po*《福建文博》	
HCSYC	*Hai Chiao Shih Yen Chin*《海交史研究》	
HHKK	*Hua Hsia Khao Ku*《华夏考古》	
HHWW	*Hung-Hsi Wen Wu*《鸿禧文物》	
ISH	*I Shu Hsüeh*《艺术学》	
KK	*Khao Ku*《考古》	
KKCK	*Ku-Kung Chi Khan*《故宫季刊》	
KKHP	*Khao Ku Hsüeh Pao*《考古学报》	
KKHSCK	*Ku-Kung Hsüeh Shu Chi Khan*《故宫学术季刊》	
KKPWYYK	*Ku-Kung Po Wu Yüan Yüan Khan*《故宫博物院院刊》	
KKWWYK	*Ku-Kung Wen Wu Yüeh Khan*《故宫文物月刊》	
KSYHP	*Kuei-Suan-Yen Hsüeh Pao*《硅酸盐学报》	
LSWW	*Li Shih Wen Wu*《历史文物》	
MSSYCCK	*Mei Shu Shih Yen Chiu Chi Khan*《美术史研究集刊》（台北）	
NFWW	*Nan-Fang Wen Wu*《南方文物》	
SHPWKCK	*Shanghai Po Wu Kuan Chi Khan*《上海博物馆集刊》	
TTYC	*Thao Tzhu Yen Chiu*《陶瓷研究》	
WS	*Wen Shih*《文史》	
WW	*Wen Wu*《文物》	
WWCC	*Wen Wu Chhun Chhiu*《文物春秋》	
WWPHYKKKH	*Wen Wu Pao Hu Yü Khao Ku Kho Hsüeh*《文物保护与考古科学》	
WWTKTL	*Wen Wu Tshan Khao Tzu Liao*《文物参考资料》	

中国和日本的藏书、丛书及出版机构

CHSC	*Chung Hua Shu Chü* 中华书局
CKFCTS	*Chung Kuo Fang Chih Tshung Shu*《中国方志丛书》
CKHCSCPS	*Chiangsu Kho Hsüeh Chi Shu Chhu Pan She* 江苏科学技术出版社
CKSCHP	*Chung Kuo Sheng Chih Hui Pien*《中国省志汇编》
CKSHTS	*Chung Kuo Shih Hsüeh Tshung Shu*《中国史学丛书》
CKWHCPTS	*Chung Kuo Wen Hsüeh Chen Pen Tshung Shu*《中国文学珍本丛书》
CPTCTS	*Chih Pu Tsu Chai Tshung Shu*《知不足斋丛书》
CWCPS	*Chheng Wen Chhu Pan She* 成文出版社
CYSFHC	*Chieh Yüeh Shan Fang Hui Chhao*《借月山房汇钞》
CYWYKSKCS	*Ching Yin Wen Yüan Ko Ssu Khu Chhüan Shu*《景印文渊阁四库全书》
FJMCPS	*Fukien Jen Min Chhu Pan She* 福建人民出版社
HFL	*Han Fen Lou* 涵芬楼
HHCPS	*Hsüeh Hai Chhu Pan She* 学海出版社
HHSC	*Hsin Hsing Shu Chü* 新兴书局
HMTTS	*Hsün Min Thang Tshung Shu*《逊敏堂丛书》
HWFCY	*Hsin Wen Feng Chung Yin* 新文丰重印
HWFSC	*Hsin Wen Feng Shu Chü* 新文丰书局
HYHTS	*Hsi Yin Hsüan Tshung Shu* 惜阴轩丛书
HYLTC	*Hua Yü Lou Tshung Chhao*《花雨楼丛钞》
HYTS	*Hsiao Yüan Tshung Shu*《啸园丛书》
KWSC	*Kuang Wen Shu Chü* 广文书局
MCPCTS	*Ming Chhing Pi Chi Tshung Shu*《明清笔记丛书》
MSTS	*Mei Shu Tshung Shu*《美术丛书》
PCHP	*Pi Chi Hsü Pian*《笔记续编》
PCHSTKCP	*Pi Chi Hsiao Shuo Ta Kuan Cheng Pien*《笔记小说大观》正编
PYTPC	*Pao Yen Thang Pi Chi*《宝颜堂秘笈》
SCSC	*Shih Chieh Shu Chü* 世界书局
SF	*Shuo Fu*《说郛》
SKCSCPPC	*Ssu Khu Chhüan Shu Chen Pen Pa Chi*《四库全书珍本八集》
SKCSTMTY	*Ssu Khu Chhüan Shu Tsung Mu Thi Yao*《四库全书总目提要》
SPPY	*Ssu Pu Pei Yao*《四部备要》
SPTK	*Ssu Pu Tshung Khan*《四部丛刊》
SSCCS	*Shih San Ching Chu Shu*《十三经注疏》
SWYSK	*Shang Wu Yin Shu Kuan* 商务印书馆
SWSC	*Shang Wu Shu Chü* 商务书局
TLIS	*Tsui Li I Shu*《檇李遗书》
TLKKTS	*Tshui Lang Kan Kuan Tshung Shu*《翠琅玕馆丛书》
TSCC	*Tshung Shu Chi Chheng*《丛书集成》
TT	*Tao Tsang*《道藏》

TTPL　　　*Thao Tzhu Phu Lu*《陶瓷谱录》
TTTS　　　*Thang Tai Tshung Shu*《唐代丛书》
TWSC　　　*Ting Wen Shu Chü* 鼎文书局
WCIC　　　*Wang Chien I Chi*《王谏议集》
WHST　　　*Wen Hsing Shu Tien* 文星书店
WHTP　　　*Wen Hsien Tshung Pien*《文献丛编》
WLCKTP　*Wu Lin Chang Ku Tshung Pien*《武林掌故丛编》
WMSC　　*Wen Ming Shu Chü* 文明书局
YYTTS　　*Yüeh Ya Thang Tshung Shu*《粤雅堂丛书》

A 1912 年以前的中文和日文书籍与论文

《抱朴子》

He Who Embraces Simplicity

晋，约公元 320 年

葛洪

TT/1171-1173

译本：Ware（1967）

《北史》

History of the Northern Dynasties［Nan Pei Chhao period，+386-581］

唐，约公元 670 年

李延寿

译文索引，见 Frankel（1957）

《本草纲目》

The Great Pharmacopoeia; or, The Pandects of Pharmaceutical Natural History

明，1596 年

李时珍

《本草纲目简编》，武汉大学生物系编［Anon.（*1978a*）］

《博物要览》

A General Survey of Subjects of Art

明，天启年间（1621—1627 年）

谷应泰

《博物志》

Records of the Investigations of Things

晋，约公元 265—289 年

张华

《四部备要》本

《茶赋》

Rhapsody on Tea

唐，公元 757 年

顾况

《茶经》

The Classic of Tea

唐，公元 761 年

陆羽

《茶录》

Memorandum on Tea

北宋，1049—1064 年

蔡襄

《说郛》本。Balazs & Hervouet（1978）

《茶余客话》

Remarks From a Leisurely Guest

清，乾隆时期（1736—1795 年）

阮葵生

《笔记小说大观》正编本

《茶中杂咏诗序》

Preface to the Miscellany of Odes on Tea

唐

皮日休

《敕修浙江通志》

Revised Geography and Topography of Chekiang Province

清，1736 年、1899 年

李卫等

商务书局，上海，1934 年

《楚辞》

Elegies of Chhu（State）［or，Songs of the South］

周，约公元前 300 年（附汉代作品）

屈原（以及贾谊、严忌、宋玉、淮南小山等）

部分译文：Waley（1955）；译本：Hawkes（1959）

《春秋》

Spring and Autumn Annals

周

作者不详

《（南村）辍耕录》

Talks（at South Village）while the Plough is Resting

元，1366 年

陶宗仪

《丛书集成》本

《大戴礼记》
Records of Rites〔compiled by Tai the Older〕
（参见《礼记》）
归于西汉，约公元前 70-前 50 年；但实际
　为东汉，公元 80—105 年之间
传为戴德编，实为曹褒编
见 Legge（1885）
译本：Wilhelm（1930）

《大金集礼》
Collected Rituals of the Chin〔Jurchen〕
Dynasty
金，约 1195 年
不著撰人
《四库全书珍本八集》本

《大明会典》
The Collected Statutes of the Ming Dynasty
明，1503、1510、1587、1642 年
李东阳等编纂，申时行等重修
1587 年版影印本：台北，1963 年

《大清会典》
The Collected Statutes of the Chhing Dynasty
清，1690、1733、1767、1818、1899 年
王安国等编纂
1899 年版影印本：台北，1963 年

《大元圣政国朝典章》
Compendium of Statutes and Sub-Statutes of
the Great Yuan（Mongol）State
元，1303 年
1322 年元刊本，藏于台北故宫博物院图书
　馆
元刊本影印本：台北，1908、1964、1972
　年

《大元通制条格》
Overall Legal Measures and Statutes of the
Great Yuan（Mongol）State
元，1323 年
完颜纳丹、曹伯启等
存 22 卷，国立北平图书馆影印，1930 年
明写本影印本，学海出版社，台北，1984
　年

《当涂县志》
Gazetteer of Tang-thu County

清，1750 年
张海、万槠

《岛夷志略》
An Outline History of Island-Dwelling Foreign
Peoples
元，1349 年
汪大渊
明，1548 年袁氏藏本
校释本，苏继顾，1965 年

《帝京景物略》
Brief Account of the Scenery of the Imperial
Captial〔Peking〕
明，1635—1636 年
刘侗、于奕正、周损
广文书局，台北，1969 年

《典故纪闻》
Literary Quotations From Recorded Items
明，1600 年
余继登
收于《笔记小说大观》，第 33 编第 3 册
新兴书局

《东西洋考》
Studies on the Oceans East and West
明，1618 年
张燮
《惜阴轩丛书》本

《冬官纪事》
Chronicle of the Winter Office
明，1616 年
贺仲轼
《宝颜堂秘笈》第 31 册，1922 年
商务印书馆，1935—1939 年；台北，1965
　年重印

《洞天清录集》
Records of the Pure Registers of the Cavern
Heaven〔Conspectus of Criticism of
Antiques〕
南宋，约 1230 年
赵希鹄

《尔雅》
The Literary Expositor（dictionary）
周代材料，编定于秦汉时期

郭璞于公元 300 年前后增补并注释

《引得特刊》第 18 号

《四部丛刊》本

《尔雅翼》

Assisting Notes to the *Erh Ya* Dictionary

南宋，1174 年

罗愿

《浮梁陶政志》

Monograph of Pottery Management at Fu-liang

节选自《浮梁县志》卷四《陶政》

清，1851 年

吴允嘉；黄秩模辑校

《逊敏堂丛书》本

《浮梁县志》

Gazetteer of Fu-liang County

清，1682 年

修订版，1783 年；删节版，1851 年

程廷济

《逊敏堂丛书》本

《甫田集》

Collections of Fu Thien

明，约 1530—1559 年

文征明

《负暄杂录》

Random Entries from the Sunny Spot Where One Warms One's Back in Winter

南宋，约 1200—1279 年

顾文荐

《说郛》本

《（新增）格古要论》

（Newly Augmented）Essential Criteria of Antiquities

明，1388 年、1459 年

曹昭撰，郑朴序

译本：David（1971）

《工部厂库须知》

What Should Be Known［to officials］About the Fatories，Workshops and Storehouses of the Ministry of Works

明，1615 年

何士晋

北京，1987 年影印本

《宫中档康熙朝奏折》

Secret Palace Memorials of the Khang-Hsi Reign Period，Chhing Documents at the National Palace Museum

台北故宫博物院出版，台北，1976 年

《宫中档乾隆朝奏折》

Secret Palace Memorials of the Chhien-Lung Reign Period，Chhing Documents at the National Palace Museum

台北故宫博物院出版，台北，1983 年

《姑苏志》

Interim Gazetteer of Su-chou

明，1506 年

王鏊

《景印文渊阁四库全书》本

《觚不觚录》

Notes on the Official System of the Ming Dynasty（title a quotation from the Analects）

明，1585 年

王世祯

《借月山房汇钞》本

《古今图书集成》

Imperial Encyclopaedia［or：Imperially Commissioned Compendium of Literature and Illustrations，Ancient and Modern］

清，1726 年

陈梦雷编纂

索引：Giles（1911）

鼎文书局，台北，1976 年

《古窑器考》

Critique of Ancient Kiln Wares

清，约 1800 年

梁同书

《管子》

The Writings of Master Kuan

周和西汉

传为管仲撰

译本：Rickett（1985）

《广东通志》

Geography and Topography of Kuangtung Province

清，雍正年间（1723—1735 年）

郝玉麟

《广雅》

Enlargement of the *Erh Ya*: *Literary Expositor*
（dictionary）

三国（魏），公元 230 年

张揖

《广志绎》

An Interpretation of Extensive Records of
Remarkable Things

明，1597 年

王士性

《国朝宫史》

Dynastic History of the［Chhing］Palace

清，1742 年、1770 年

于敏中等

台北，1970 年影印本

《国史补》

Historical Supplement［of the period+713-
824］

唐，约公元 824—906 年

李肇

《唐代丛书》本

《海语》

Sea Tales

明，1536 年

黄衷

收于《笔记小说大观》，第 4 编第 5 册

新兴书局

《韩非子》

The Book of Master Han Fei

周，公元前 3 世纪早期

韩非

《（前）汉书》

History of the Former Han Dynasty（-206
to+24）

东汉，约公元 100 年

班固

部分译文：Dubs（1938）；Swann（1950）

《引得》第 36 号

《汉魏名文乘》

Remnant Literary Masterpieces of the Han and
Wei Dynasty

明代晚期，17 世纪

张运泰、余元熹

《四库全书总目提要》

《后汉书》

History of the Later Han Dynasty（+25-220）

刘宋，公元 450 年

范晔

书中诸"志"为司马彪（卒于公元 305 年）
撰写，并附有刘昭（约公元 510 年）的注
释，后者首次将"志"并入该书

部分译文：de Crespigny（1989）

参见 Bielenstein（1954，1959，1967，1979）

《引得》第 41 号

中华书局，北京，1973 年

《皇朝礼器图式》

Illustrated Regulations for Ceremonial
Paraphernalia of the Chhing Dynasty

奉敕编纂

清，1759 年、1766 年

董诰等

《皇明制书》

Collected Ming Dynasty Laws and Regulations

明，1569 年

日本内阁文库影印本（1966 年）

《纪录汇编》

The Collectanea Edition of Records（Topically
Arranged）

明，万历年间（1573—1620 年）

涵芬楼本

《江西省大志》

Great Gazetteer of Chiangsi Province

明，1556 年

王宗沐纂修，7 卷

明，1597 年增修本

陆万垓增修，8 卷

《中国方志丛书》，台北，1989 年

《江西通志》

Geography and Topography of Chiangsi Province

明，1525 年

林庭㭿等

修订本：清，1683 年，谢旻等；清，1732
年，安世鼎等；清，1880—1881 年，李

文敏

《中国省志汇编》，台北，1967 年（1880—1881 年版）

《中国方志丛书》，台北，1989 年（1525、1683、1732、1880—1881 年诸版）

《金石录》

Collections of Texts on Bronze and Stone

北宋，1119—1125 年

赵明诚

Balazs & Hervouet（1978）

《金史》

History of the Chin（Jurchen）Dynasty（1115-1234）

元，约 1345 年

脱脱、欧阳玄

《引得》第 35 号

《晋江县志》

Local Gazetteer of Chin-chiang County

清，1765 年

朱升元

《晋书》

History of the Chin Dynasty（+265-420）

唐，公元 635 年

房玄龄

部分译文：Rogers（1968）

《井陉县志》

Gazetteer of Ching-hsing County

清，1730 年

钟文英

《中国方志丛书》本

《景德镇陶歌》

Potters' Songs from Ching-te-chen

清，1824 年

龚轼

部分译文：杨静荣（1994）

《景德镇陶录》

An Account of Ceramic Production at Ching-te-chen

清，1815 年，经郑廷桂大量增补并编辑

蓝浦

《美术丛书》本

译 本：Julien（1856）；Bushell（1910）；

Sayer（1951）

《旧唐书》

Old History of the Thang Dynasty

五代，公元 945 年

刘昫

中华书局，北京，1975 年

节译索引：Frankel（1957）

《居家必用事类全集》

Collection of Certain Sorts of Techniques Necessary for Households（Encyclopaedia）

明，1560 年

可能是熊宗立撰

田汝成（编）

《景印文渊阁四库全书》本

部分影印本：篠田统和田中静一（1973）

《老学庵笔记》

Notes from the Hall of Learned Old Age

南宋，约 1195—1200 年

陆游

《说郛》本。Balazs & Hervouet（1978）

《乐府杂录》

Miscellaneous Notes on Songs

唐，公元 894 年

段安节

译本：Gimm（1966）

《丛书集成》本

《礼记》

［＝《小戴礼记》］

Records of Rites［compiled by Tai the Younger］

归于西汉，约公元前 70—前 50 年，但实为东汉，在公元 80—105 年之间，尽管其中的一些最早的文章可以上溯到《论语》时代（约公元前 465-前 450 年）

传为戴圣编

实为曹褒编

译本：Legge（1885）；Wilhelm（1930）

《引得》第 27 号

《礼记注疏》

The Li Chi with Assembled Commentaries

汉和唐

郑玄（东汉）

贾公彦（唐）

《十三经注疏》本

《历代钟鼎彝器款识法帖》

Copies of Inside and Outside Inscriptions on Bells, Cups and Vessels Throughout the history of China

南宋，约 1144 年

薛尚功

Balazs & Hervouet（1978）

《梁书》

History of the Liang Dynasty［+502-556］

唐，公元 629 年

姚察、姚思廉

《柳宗元集》

Collected Writings of Liu Tsung-Yüan［contains 'Delegated Official Report on Porcelain Tribute'（代人进瓷器状），ch. 39］

唐，公元 800—819 年

柳宗元

中华书局，1979 年

《龙泉县志》

Gazetteer of Lung-chhüan County

清代修订，1762 年；重刊，1863 年

苏遇龙

《鲁班经》

见《新镌京板工师雕斫正式鲁班经匠家镜》

《论语》

Conversations and Discourses（of Confucius）

周，公元前 5 世纪晚期或前 4 世纪早期

孔子弟子编纂

《吕氏春秋》

Master Lü's Spring and Autumn Annals［compendium of natural philosphy］

周（秦），公元前 239 年

吕不韦召集学者集体编撰

译本：Wilhelm（1928）

《通检丛刊》之二

《四部丛刊》本

《毛诗注疏》

The Mao Commentary to the Shih Ching with

Assembled Commentaries

汉和唐

郑玄（东汉）

贾公彦（唐）

《十三经注疏》本

《孟子》

Writings of Mencius

周，约公元前 290 年

孟轲

译本：Legge（1861）；Lyall（1932）；Giles（1942）；Dobson（1963）；Lau（1970, 1984）等

《引得特刊》第 17 号

《闽杂记》

Miscellaneous Notes on Fukien

清，1857 年

施鸿保

福建人民出版社，福州，1985 年

《明实录》

Veritable Records of the Ming Dynasty

明，17 世纪早期编集

官方纂修

台北，1962—1967 年影印本

《明史》

History of the Ming Dynasty

清，1646 年开始编纂，1736 年完成，1739 年初刊

张廷玉等

台北，1962 年影印本

《明史纪事本末》

The Major Events of Ming History

清，1658 年

谷应泰

《明太祖御制文集》

Imperial Literary Collection of Ming Thai Tsu, First Emperor of the Ming Dynasty

明，14 世纪

朱元璋

《中国史学丛书》本

《慕陶轩古砖图录》

Illustrated Account of Ancient Bricks from Mu-thao Pavilion

清，1815 年

吴廷康

《南安县志》

Local Gazetteer of Nan-an County

清，1672 年

叶献纶

《南史》

History of the Southern Dynasties［Nan Pei Chhao period，+420 to+589］

唐，约公元 629 年

李延寿

中华书局

《南窑笔记》

Notes on Southern Kilns

清，约雍正年间至和乾隆年间早期（1730—1740 年）

作者未知

《陶瓷谱录》本

《南州异物志》

Strange Things of the South

三国（吴），公元 3 世纪或 4 世纪初

万震

《年羹尧奏折》

The Imperial Reports of Nien Keng-Yao

清，雍正年间（1723—1735 年）

《文献丛编》，台北，1964 年

《宁国府志》

Local Gazetteer of Ning-kuo

明，1536 年、1577 年

清，1815 年重刊

李默、钱照

新文丰重印，台北，1985 年

《农书》

Book on Agriculture

元，1313 年

王祯

《农书》现代排印本：北京，1956 年；台北，1965、1975 年

王毓瑚（1981）

《农政全书》

Complete Treatise on Agriculture

明，1625—1628 年编纂；1639 年刊行

徐光启

陈子龙编定

《萍州可谈》

Phing-chou Table-Talk

北宋，1119 年（记述 1086 年以后的事）

朱彧

部分译文：Hirth & Rockhill（1911）

Balazs & Hervouet（1978）

《齐民要术》

Important Arts for the People's Welfare

北魏，公元 533—544 年

贾思勰

校注本：石声汉（1957，1961，1981）

《钦定全唐诗》

Corpus of Thang Poetry, compiled by imperial order

清，1707 年

曹寅等

中华书局，1960 年标点本

《钦定四库全书总目提要》

Analytical Catalogue of the Books in the Ssu Khu Chhüan Shu Encyclopaedia, made by imperial order

清，1782 年

纪昀编

影印本：上海，1934 年；北京，1983 年

索引：杨家骆（1946）；Yu and Gillis（1934）;《引得》第 7 号

Teng & Biggerstaff（1936，1971）

《清波杂志》

Notes by One Who Lives Near the Gate of Chhing-po

南宋，1192 年

周煇

Balazs & Hervouet（1978）

《清代档案史料丛编》

An Anthology of Reprinted Material from the Chhing Dynasty Archives

中国第一历史档案馆编

第一辑，1978 年；第十二辑，1983 年

中华书局

《清代档案史料丛编》

Collected Edition of Historical Material From
　　the Chhing Dynasty Archives
"国史馆"，台北，1989 年

《清秘藏》
　　Pure and Arcane Collecting
　　明，约 1595 年
　　张应文
　　四库全书本；《翠琅玕馆丛书》本

《清史稿校注》
　　Collated and Annotated Edition of the Draft
　　　History of the Chhing Dynasty
　　"国史馆"，台北，1991 年

《清异录》
　　Accounts of Strange Matters
　　北宋，约公元 965—970 年
　　陶毂
　　《宝颜堂秘笈》本；文明书局

《泉南杂志》
　　Miscellaneous Notes on Chhüan Nan
　　明，1604 年
　　陈懋仁
　　《宝颜堂秘笈》第 40 册

《泉州府志》
　　Local Gazetteer of Chhüan-chou
　　明，1612 年
　　黄任
　　台南，1964 年影印本

《饶州府志》
　　Local Gazetteer of Jao-chou
　　明，正德年间（1506—1521 年）
　　清代修订，1684 年、1872 年
　　贺宏勋、石景芬等

《容斋随笔》
　　Notes from the Brush of Jung Chai ［i.e. Hung
　　　Mai］
　　宋，1180—1187 年
　　洪迈
　　Balazs & Hervouet（1978）

《三国志》
　　History of the Three Kingdoms ［+220-280］
　　晋，约公元 290 年
　　陈寿

《引得》第 33 号
　　节译索引：Frankel（1957）
　　参见 de Crespigny（1970）
　　《四部丛刊》本；中华书局

《三山志》
　　History of the Three Mountains ［Monograph
　　　History of Fu-chou］
　　南宋，约 1150—1187 年
　　梁克家

《山西通志》
　　Geography and Topography of Shansi Province
　　明，1564 年
　　杨宗气
　　清代重修，1734 年
　　觉罗石麟、储大文
　　《景印文渊阁四库全书》本

《陕西通志》
　　Geography and Topography of Shensi Province
　　明，1542 年
　　赵廷瑞、王邦瑞

《尚书注疏》
　　The Shu Ching with Assembled Commentaries
　　汉和唐
　　郑玄（东汉）
　　贾公彦（唐）
　　《十三经注疏》本

《（重修）绍兴府志》
　　Revised Local Gazetteer of Shao-hsing
　　清，康熙年间始修
　　清，1751 年续修
　　李亨特
　　1792 年刊本

《绍兴府志》
　　Local Gazetteer of Shao-hsing
　　明，1587 年
　　萧良干、张元忭
　　清代重修，1792 年
　　李亨特
　　《中国方志丛书》本

《诗经》
　　Books of Odes ［ancient floksongs］
　　周，约公元前 1000—约前 600 年

作者与编者不详

译 本 ：Legge（1931）；Waley（1937）；
　　Karlgren（1932，1942，1944）

《十国春秋》

The History of the Ten Kingdoms Period
（+902-979）

清，1669 年

吴任臣

校刊本，1778 年，周少霞

《史记》

Record of the Historian（down to-99）

西汉，约公元前 90 年

司马迁及其父司马谈

译 本 ：Chavannes（1895-1905）；Swann
　　（1950）；Yang & Yang（1974）等

《引得》第 40 号

中华书局，北京，1959 年、1972 年

《世说新语》

A New Account of Tales of the World

南北朝，约公元 430 年

刘义庆

译本：Mather（1976）

《四部丛刊》本

《事物绀珠》

Well-Remembered Objects

明，1591 年

黄一正

《事物纪原》

Record of the Origin of Things

北宋，约 1078—1085 年

高承

《丛书集成》本

《视学》

The Science of Seeing［on perspective］

清，1729 年，1735 年增订再版

年希尧

《书经》

Historical Classic［Book of Documents］

周，后代有增补

作者不详

《菽园杂记》

Miscellaneous Notes from the Garden of Beans
and Peas

明，约 1475 年

陆容

刊于《浙江通志》卷一百零七。中华书
局，1997 年标点排印本

《水经注》

Commentary on the *Waterways Classic*
（geographical account greatly extended of
rivers and canals）

北魏，公元 5 世纪晚期或 6 世纪早期

郦道元

《说文解字》

Analytical Dictionary of Characters［lit.
Explanations of Simple Characters and
Analysis of Composite Ones］

东汉，公元 121 年

许慎

《说苑》

A Collection of Extracts of Sayings

西汉，约公元前 50-前 6 年

刘向

《景印文渊阁四库全书》本

《四库全书简明目录》

Abridged Analytical Catalogue of the
*Complete Library of the Four Categories
（of Literature）*（made by imperial order）

清，1782 年

此书有两种版本：（a）纪昀编，其中包括
几乎所有《四库全书总目提要》中提到
的书；（b）于敏中编，只包括抄录入
《四库全书》的书的条目

中华书局，上海，1964 年标点重印本

《宋会要辑稿》

Edited Draft of Documents Pertaining to State
in the Sung Dynasty

宋

徐松（1809 年）自《永乐大典》辑出

台北影印本，世界书局。Balazs & Hervouet
（1978）

《宋史》

History of the Sung Dynasty

元，约 1345 年

脱脱、欧阳玄

《引得》第 34 号

中华书局，商务书局

《搜神记》

In Search of the Supernatural：The Written Record

晋，约公元 348 年

干宝

译本：DeWoskin & Crump（1996）

中华书局

《隋书》

History of the Sui Dynasty

唐，公元 636 年（本纪和列传）；656 年（各志和经籍志）

魏徵等

节译索引：Frankel（1957）

《太平府志》

Local Gazetteer of Thai-ping

明，1497 年

重修：1531 年；清，1673 年

黄桂修、宋骧

《中国方志丛书》本

《太平广记》

A General Record of the Writings of the Thai-Phing Reign Period

北宋，公元 978 年

李昉编纂

Balazs & Hervouet（1978）

《太平寰宇记》

Universal Geography of the Thai-Phing Reign Period（+976-983）

北宋，约公元 980 年

乐史

《景印文渊阁四库全书》本。Balazs & Hervouet（1978）

《太平御览》

Thai-Phing Reign Period Imperial Encyclopaedia

北宋，公元 983 年

李昉编纂

《引得》第 23 号

《坦斋笔衡》

Considered Writings from the Alter Study

南宋，约 1200—1279 年

叶寘

《唐本草》

Pharmacopoeia of the Thang Dynasty

唐，公元 660 年

苏恭编纂

《唐六典》

Institutes of the Thang Dynasty

唐，公元 738 或 739 年

李林甫编纂

《陶记》

Ceramic Memoir

南宋，约 1214—1234 年，或元，约 1322—1325 年

蒋祈

译本：Bushell（1896）；白焜（*1981*）；颜石麟（*1981*）

《陶说》

Description of Ceramics

清，1774 年

朱琰

《美术丛书》本

译本：Bushell（1910）

《陶雅》

Ceramic Refinements

清，1910 年

陈浏

《陶瓷谱录》本

译本：Sayer（1959）

《天工开物》

The Exploitation of the Works of Nature

明，1637 年

宋应星

清初重刊；日本翻刻本，1771 年。校订石印本，北平，1927 年；台北，1955 年影印。明代初刻影印本，北京，1959 年

译本：Sun & Sun（1966）；Li Chhiao-Phing（1980）；钟广言（*1976*）

《天水冰山录》

A Record of the Waters of Heaven Melting the Iceberg［Contains the Total Inventory of the

Property of Yen Sung, confiscated+1562〕

清，1737 年

周石林

《知不足斋丛书》本

《同安县志》

Local Gazetteer of Thung-an County

清，1713 年

叶心朝等

《僮约》

The Slave's Contract

西汉，约公元前 80-前 70 年

王褒

收于《王谏议集》

《万历野获编》

Private Gleanings of the Wan-Li reign Period

明，1606 年；续编，1619 年

沈德符

《味水轩日记》

Diary From the Sweet Water Studio

明，1609—1616 年

李日华

《啸园丛书》本

《魏书》

History of the（Northern）Wei Dynasty

北齐，公元 554 年；修订于公元 572 年

魏收

《文房四考图说》

Discussion With Illustrations of Objects in the
Scholar's Studio

清，1778 年

唐铨衡

《文选》

General Anthology of Prose and Verse

梁，公元 530 年

萧统（梁太子）编

李善注，约公元 670 年

《景印文渊阁四库全书》本

《吴越备史》

Materials for the History of the Wu-Yüeh States
〔in the Five Dynasties Period〕

北宋，约公元 995 年

钱俨

《武备志》

Records of War Preparations

明，1628 年

茅元仪

《武林旧事》

Old Affairs of Wu-lin〔Local History of Hang-
chou〕

南宋，约 1280 年

周密

《四库全书总目提要》

《武林掌故丛编》本。Balazs & Hervouet
（1978）

《物理小识》

Small Encyclopaedia of the Principles of
Things

明，1643 年

方以智

《四库全书总目提要》

《献斋考工记解》

An Exposition of *Khao Kung Chi* from the
Studio of Shared Experience

南宋，约 1250—1273 年

林希逸

《景印文渊阁四库全书》本

《啸堂集古录》

Rceords of the Collection of Antiques of the
Whistling Studio

北宋，约 1123 年

王俅

Balazs & Hervouet（1978）

《新镌京板工师雕斫正式鲁班经匠家镜》

Official Classic of Lu Pan and Artisans 'Mirror
for Carpenters and Carvers, Printed from
Newly Engraved Blocks from the Capital

明，15 世纪，以宋、元资料为基础汇编而成

现存最早版本为明万历年间（1573—1619
年）刻本

翻刻本：清，1870 年及其他不同年代

午荣、章严、周言

译本：Ruitenbeek（1993）

《新唐书》

New History of the Thang Dynasty

北宋，1060 年

欧阳修、宋祁等

部分译文：des Rotours（1950）。节译索
引：Frankel（1957）

《引得》第 16 号

中华书局，北京，1975 年。Balazs &
Hervouet（1978）

《星槎胜览》

Triumphant Visions of the Starry Raft
[account of the voyages of Cheng Ho,
whose ship, as carrying an ambassador,
was thus styled]

明，1436 年

费信

中华书局，上海，1936 年

《兴化府志》

Local Gazetteer of Hsing-hua

清，1755 年

廖心琦等

《宣德鼎彝谱》

Catalogue of Tripod Vessels of the Hsüan-Te
Reign Period

序的年代为明代，1428 年，但成书可能稍
晚

《四库全书》本。见 Pelliot（1936）；Kerr
（1990）

《宣和奉使高丽图经》

Illustrated Record of Koryŏ by an Envoy from
the Count of Hsüan Ho

宋，1124 年

徐兢

《四库全书总目提要》；Balazs & Hervouet
（1978）

《盐铁论》

Discourses on Salt and Iron（Record of the
Debate of-81 on State Control of Commerce
and Industry）

西汉，公元前 80 年

桓宽

参见 Gale（1931）

《演繁露》

Extending the *Fan Lu*[Book by Han writer

Tung Chung-Shu, *Chhun Chhiu Fan Lu*,
Commentary on the Spring and Autumn
Annals]

南宋，1150—1200 年

程大昌

《说郛》本。Balazs & Hervouet（1978）

《窑器说》

Remarks on Kiln Wares

清，1813 年

程哲

《耀州志（全）》

The Complete Gazetteer of Yao-chou

明，1557 年

乔世宁纂

清代乾隆年间（1736—1795 年）重刻

《中国方志丛书》，成文出版社，台北，
1976 年影印本

《仪礼》

西汉，有些资料采自周代晚期；现存西汉
时称为《士礼》的 17 篇“今文”为高堂
生所传；公元 175 年的熹平石经残石中
存有 79 个片段

编纂者未知

《引得》第 6 号

译本：Steele（1917）

《仪礼注疏》

The I Li with Assembled Commentaries

汉和唐

郑玄（东汉）

贾公彦（唐）

商务印书馆，上海，1934 年影印本

《夷坚志》

Records of Strange Happenings at I-chien

南宋，1166 年

洪迈

新兴书局。Balazs & Hervouet（1978）

《宜兴荆溪县新志》

New Gazetteer of Ching-his County in I-hsing

清，1882 年

英敏、周家楣等

《易经》

The Classic of Changes [Books of Changes]

周，有西汉增益

编者不详

《逸周书》（即《汲冢周书》、《周书》）

Lost History of the Chou Dynasty

初编于周代晚期，即公元前 4 世纪晚期至
前 3 世纪早期

西汉时有增补

编者不详

《饮膳正要》

Principles of Correct Diet

元，1330 年；1456 年敕令再次刊行

忽思慧

见 Lu & Needham（1965）

《营造法式》

Treatise on Architectural Methods

宋，1097 年；1103 年刊行；1145 年重刊

李诫

商务印书馆。Balazs & Hervouet（1978）

《瀛涯胜览》

Triumphant Visions of the Ocean Shores
［relative to the voyages of Cheng Ho］

明，1451 年。（始撰于 1416 年，完稿于
1435 年）

马欢

校注本：冯承钧（1934）；译本：Mills
（1970）

《永春县志》

Local Gazetteer of Yung-chhun County

明，1576 年

朱安期

《余姚县志》

Local Gazetteer of Yü-yao County

清，1899 年

周炳麟

《豫章大事记》

A Topically Arranged Account of the Important
Events of Yü-chang

明，1602 年以后

郭子章

《元典章》

参见《大元圣政国朝典章》

《元丰九域志》

Topography of the Nine Regions in the Reign
Period of Yüan-Feng（+1078-1085）

北宋，1080 年，1085 年颁行

王存

《丛书集成》本。Balazs & Hervouet（1978）

《元史》

History of the Yuan（Mongol）Dynasty

明，约 1370 年

宋濂等

《引得》第 35 号

中华书局

《阅世编》

A Survey of the Age

清，约 1693 年

叶梦珠

《明清笔记丛书》本

《在园杂志》

Jottings From the Garden

清，1715 年

刘廷玑

《造砖图说》

Illustrated Account of Brick-making

明，1534 年

张问之

仅以提要的形式存于《四库全书总目提
要》卷八十四

《彰德府志》

Local Gazetteer of Chang-te

明，1519 年

崔铣

《长物志校注》

Treatise on Superfluous Thing

明，1615—1620 年

文震亨

江苏科学技术出版社，1984 年标点校注本

《浙江通志》

Geography and Topography oh Chekiang Province

明，1561 年

薛应旂

清代修订本，1684 年、1899 年

赵士麟

《正德汝州志》

Rceord of Ju-chou in the Cheng-Te Period
　［+1506-1521］
　　明，1510 年
　　承天贵
　　新文丰书局，台北，1985 年影印本
《正定府志》
　　Local Gazetteer of Cheng-ting
　　清，1762 年
《证类本草》
　　Reorganised Pharmacopoeia
　　北宋，约 1082 年
　　唐慎微
　　元代晦明轩刻本（1249 年）影印本，北
　　　京，1956—1957 年
　　Balazs & Hervouet（1978 年）
《至正直记》
　　Annals of the Chih-Cheng Reign Period
　　（1341-1368）
　　元，1363 年
　　孔齐
　　《粤雅堂丛书》本
《志雅堂杂钞》
　　Miscellaneous Documents from the Hall of
　　　Purposive Elegance
　　北宋，约 1232—1308 年
　　周密
　　《笔记续编》，台北，1969 年
《中州杂俎》
　　Ritual Vessels From the Central Land
　　清
　　汪介人
《重修曲阳县志》
　　Revised Gazetteer of Chhü-yang County
　　清，1904 年
　　周斯亿
《重修宣和博古图录》
　　Drawings and Lists of All Antiques Known at the
　　　Hsüan-Ho Regin Period，Revised Edition
　　宋，约 1123 年
　　宋徽宗敕撰，王黼编纂
　　Balazs & Hervouet（1978 年）
《周礼》

Record of the Institutions［lit. Rites］of the
　Chou Dynasty（Descriptions of All
　Government Posts and Their Duties）
　　西汉，有些材料采自周代晚期
　　编者不详
　　译本：Biot（1851，1975）
《周礼注疏》
　　The Chou Li with Assembled Commentaries
　　汉和唐
　　郑玄（东汉）
　　贾公彦（唐）
　　《十三经注疏》本
《诸蕃志》
　　Rceords of Foreign Nations
　　南宋，1225 年
　　赵汝适
　　译本：Hirth & Rockhill（1911）
　　Balazs & Hervouet（1978）
　　校注本：冯承钧（*1956*）
《庄子》
　　The Book of Master Chuang
　　周，约公元前 290 年
　　庄周
　　译本：A. C. Graham（1981）
《资治通鉴》
　　Comprehensive Mirror for Aid in Government
　　北宋，1065 年，完稿于 1084 年
　　司马光
　　胡三省（元代，约 1250—1300 年）注
　　部分译文：de Crespigny（1989）
　　中华书局，北京，1956 年。Balazs &
　　　Hervouet（1978）
《紫桃轩杂缀》
　　Miscellanea From the Purple Peach Studio
　　明，约 1617 年
　　李日华
　　《携李遗书》本、《中国文学珍本丛书》本
《遵生八笺》
　　Eight Discourses on the Art of Living
　　明，1591 年
　　高濂
　　《美术丛书》本

B 1912 年以后的中文、朝鲜文和日文书籍与论文

Anon.（*1955*）

南京附近六朝墓葬出土文物

Excavated Artefacts from a Six Dynasties
Tomb In the Environs of Nanking

《文物参考资料》，1955，8，97-102

Anon.（*1959a*）

《景德镇陶瓷史稿》

A Draft History of the Pottery Industry at
Ching-te-chen

江西省轻工业厅陶瓷研究所（编）

三联书店，北京，1959 年

Anon.（*1959b*）

河北武安县午汲古城中的窑址

Kiln Remains in the City of Wu-chi in Wu-an,
Hopei Province

《考古》，1959，7，339-342，图版 8

Anon.（*1960a*）

山西侯马东周遗址发现大批陶范

A Large Group of Ceramic Moulds Excavated
from the Eastern Chou Strata at Hou-ma,
Shansi Province

《文物》，1960，8-9，7-9，14

Anon.（*1960b*）

1959 年侯马"牛村古城"南东周遗址发掘
简报

A Brief Report on the Excavations in 1959 of
an Eastern Chou Site, 'Niu-tshun Ku
Chheng' to the South of Hou-ma

《文物》，1960，8-9，11-14

Anon.（*1960c*）

侯马发现了春秋时期的釉陶

Glazed Earthenware of the Spring and Autumn
Period Discovered at Hou-ma

《文物》，1960，8-9，92

Anon.（*1963a*）

1961—62 年陕西长安沣东试掘简报

A Brief Report on the Excavations at Feng-

tung, Chhang-an, Shensi Province in
1961-62

《考古》，1963，8，403-412，415

Anon.（*1963b*）

陕西扶风、岐山周代遗址和墓葬调查发掘
报告

A Report on the Excavation of the Chou
Dynasty Sites and Tombs at Fu-feng and
Chhi-shan in Shensi Province

《考古》，1963，12，654-658，682

Anon.（*1965*）

河南偃师二里头遗址发掘简报

Excavations at Erh-li-thou in Yen-shih County,
Honan Province

《考古》，1965，5，215-224

Anon.（*1971*）

《年羹尧奏折专辑》

The Memorials of Nien Keng-Yao

台北故宫博物院，1971 年

Anon.（*1972a*）

元大都的勘查和发掘

Survey and Excavation of the Yuan Dynasty
Capital Ta-tu

《考古》，1972，1，19-28；图版 8，9

Anon.（*1972b*）

河南安阳北齐范粹墓发掘简报

Report on the Excavation of the Northern Chhi
Tomb of Fan Tsui at An-yang, Honan
Province

《文物》，1972，1，47-57

Anon.（*1972c*）

北京地区的古瓦井

Old Brick Wells of the Peking District

《文物》，1972，2，39-47

Anon.（*1972d*）

山西大同石家寨北魏司马金龙墓

The Tomb of Si-Ma Chin-Lung at Shih-chiachai, Ta-thung, Shansi Province

《文物》, 1972, 3, 20-33

Anon. (*1973*)

汉魏洛阳城一号房址和出土的瓦文

No.1 Dwelling Site with Excavated Inscribed
Tiles of Han and Wei Dynasty Lo-yang

《考古》, 1973, 4, 209-217

Anon. (*1974a*)

河南偃师二里头早商宫殿遗址发掘简报

Excavation of the Palace Remains of the Early
Shang an Erh-li-tuou in Yen-shih County,
Honan Province

《考古》, 1974, 4, 234-248

Anon. (*1974b*)

洛阳隋唐宫城内的烧瓦窑

The Tile-Firing Kilns in the Sui-Thang Palace
in Lo-yang

《考古》, 1974, 4, 257-262

Anon. (*1975a*)

略论秦始皇时代的艺术成就

Artistic Achievements in the Age of the First
Emperor of the Chhin, Shih-Huang-Ti

《考古》, 1975, 6, 334-339

Anon. (*1975b*)

临潼县秦俑坑试掘第一号简报

Excavation of the Chhin Dynasty Pit
Containing Pottery Figures of Warriors and
Horses at Lin-thung County

《文物》, 1975, 11, 1-18, 图版 1-10

Anon. (*1975c*)

江西清江吴城商代遗址发掘简报

Excavation of the Shang Remains at Wu-
chheng in Chhing-chiang County, Chiangsi
Province

《文物》, 1975, 7, 51-71, 图版 10

Anon. (*1976a*)

秦都咸阳第一号宫殿建筑遗址简报

Excavation of the Architectural Remains of
Palace No. 1 at the Chhin Captial Hsien-yang

《文物》, 1976, 11, 12-30, 图版 1-3

Anon. (*1976b*)

秦都咸阳瓦当

Tile Ends from the Chhin Capital at Hsien-yang

《文物》, 1976, 11, 42-44

Anon. (*1976c*)

殷墟出土的陶水管和石磬

Excavation of Ceramic Water Conduits and
Stone Chimes from Yin-hsü

《考古》, 1976, 1, 61, 16

Anon. (*1976d*)

盘龙城商代二里冈期的青铜器

The Shang Dynasty Bronzes of the Erh-li-kang
Period Unearthed at Phan-lung-chheng

《文物》, 1976, 2, 26-41

Anon. (*1977a*)

江苏宜兴晋墓的第二次发掘

The Second Excavation at the Chin Tombs at I-
hsing, Chiangsu Province

《考古》, 1977, 2, 115-122

Anon. (*1977b*)

四川西昌高枧唐代瓦窑发掘简报

A Brief Report on the Excavation of a Thang
Dynasty Tile Kiln at Kao-chien in Hsi-
chhang, Szechuan Province

《文物》, 1977, 6, 57-59

Anon. (*1977c*)

河南安阳隋代瓷窑址的试掘

Test Excavation of a Sui Dynasty Porcelain
Kiln at An-yang in Honan Province

《文物》, 1977, 2, 48-56

Anon. (*1978a*)

《本草纲目简编》

Simplified Compilation of *Pen Tshao Kang Mu*

湖北人民出版社, 武汉, 1978 年

Anon. (*1978b*)

秦始皇陵东侧第二号兵马俑坑钻探试掘简
报

Excavation of the Clay Warrior and Horse Pit
No.2 on the Eastern Side of Chhin Shih-
Huang-Ti's Mausoleum

《文物》, 1978, 5, 1-19

Anon. (*1978c*)

郑州古荥镇汉代冶铁发掘简报

Report on the Excavation of a Han Dynasty

Iron-Smelting Site at Ku-hsing-chen, Cheng-chou

《文物》，1978，2，28-43

翻译：Wagner（1985）

Anon.（*1979a*）

《辞海》

Tzhu Hai dictionary

全 3 册

上海辞书出版社，1979 年

Anon.（*1979b*）

秦始皇陵东侧第三号兵马俑坑清理简报

Excavation of the Clay Warrior and Horse Pit No.3 on the Eastern Side of Chhin Shih-Huang-Ti's Mausoleum

《文物》，1979，12，1-12

Anon.（*1979c*）

裴李岗遗址一九七八年发掘简报

Report on the 1978 Excavation of the Phei-li-kang Site

《考古》，1979，3，197-205

Anon.（*1979d*）

福建德化屈斗宫窑址发掘简报

A Brief Report on the Excavation of the Chhü-tou-kung Kiln Site at Te-hua in Fukien Province

《文物》，1979，5，51-61

Anon.（*1979e*）

浙江绍兴富盛战国窑址

The Site of Warring States Kilns at Fu-sheng, Shao-hsing, Chekiang Province

《考古》，1979，3，231-234

Anon.（*1980*）

浙江两处塔基出土宋青花瓷

Sung Blue and White Porcelain Exacavated from Pagoda Foundations at Two places in Chekiang Province

《文物》，1980，4，1-3

Anon.（*1981a*）

浙江龙泉县安福龙泉窑址发掘简报

Excavation of the Lung-chhüan Kiln Site at An-fu, Lung-chhüan County

《考古》，1981，6，504-510

Anon.（*1981b*）

湖南益阳战国两汉墓

Tombs of the Warring States and Han Periods in I-yang County, Hunan Province

《考古学报》，1981，4，519-549

Anon.（*1982a*）

《石湾窑》

Seki-Wan（Shih-Wan）Ware

《中国陶瓷全集》，第 24 卷

上海人民美术出版社、美乃美出版社，京都，1982 年

Anon.（*1982b*）

《泉州港与古代海外交通》

The Port of Chhüan-chou and Overseas Contacts in the Past

文物出版社，北京，1982 年

Anon.（*1982c*）

《西安半坡》

Neolithic Site at Pan-pho Near Sian

文物出版社，北京，1982 年

Anon.（*1984a*）

浙江衢州市三国墓

A Three Kingdoms Tomb at Chhü-chou City, Chekiang Province

《文物》，1984，8，40-42

Anon.（*1984b*）

中国饮茶风俗发展简介

An Introduction to Tea Drinking in China

茶具文物馆编《茶具文物馆·罗桂祥藏品》（上册），14-25

香港市政局，香港，1984 年

Anon.（*1985a*）

浙江慈溪西晋墓出土一组青瓷器

A Group of Greenglazed Wares Excavated from a Western Chin Tomb at Tzhu-hsi, Chekiang Province

《文物》，1985，10，81-83

Anon.（*1985b*）

崇安城村汉城探掘简报

Investigations at the Han City of Chheng-tshun in Chhung-an County

《文物》，1985，11，37-47

Anon.（*1985c*）

　《泉州伊斯兰史迹》

　Islamic Sites of Historical Interest in Chhüan-
　　chou

　福建人民出版社，福州，1985 年

Anon.（*1986a*）

　安徽马鞍山东吴朱然墓发掘简报

　Preliminary Report on the Excavation of the
　　Eastern Wu Tomb of Chu Jan at Ma-an-shan
　　in Anhui Province

　《文物》，1986，3，1-15

Anon.（*1986b*）

　福建政和松源、新口南朝墓

　Southern Dynasties Tombs at Sung-yüan and
　　Hsin-khou in Cheng-ho，Fukien Province

　《文物》，1986，5，46-60

Anon.（*1986c*）

　辽宁牛河梁红山文化"女神庙"与积石冢
　　群发掘简报

　Excavation of the Female Deity Temple and a
　　Cluster of Stone Heaped Tombs of Hung-
　　shan Culture at Niu-ho-liang，Liaoning
　　Province

　《文物》，1986，8，1-17

Anon.（*1986d*）

　辽宁绥中县"姜女坟"秦汉建筑遗址发掘
　　简报

　A Brief Report on the Chhin and Han Dynasty
　　Architectural Sites at 'Chiang-Nü-Fen' in
　　Sui-chung County，Liaoning Province

　《文物》，1986，8，25-40

Anon.（*1987a*）

　《清代广东贡品》

　Tributes from Guangdong to the Qing Court
　　[*sic*]

　香港中文大学、故宫博物院

　香港中文大学，1987 年

Anon.（*1987b*）

　河北省内丘县邢窑调查简报

　Initial Report on Hsing Ware from Nei-chhiu
　　County in Hopei

　《文物》，1987，9，1-10

Anon.（*1989a*）

　江苏金坛县方麓东吴墓

　An Eastern Wu Tomb at Fang-lu，Chin-than
　　County，Chiangsu Province

　《文物》，1989，8，69-78

Anon.（*1989b*）

　《西安半坡博物馆三十年学术论文选编》

　Collected Essays on Thirty Years of Study at
　　Pan-pho Museum

　西北大学出版社，西安，1989 年

Anon.（*1989c*）

　《故宫珍藏康雍乾瓷器图录》

　Qing Porcelains of Khangxi，Yongzheng and
　　Qianlong Periods from the Palace Museum
　　Collection [*sic*]

　紫禁城出版社、两木出版社，北京、香
　　港，1989 年

Anon.（*1990a*）

　《中国文物精华》

　Gems of China's Cultural Relics

　文物出版社，北京，1990 年

Anon.（*1990b*）

　《洛阳出土文物集粹》

　Ancient Treasures of Lo-yang

　朝华出版社，北京，1990 年

Anon.（*1990c*）

　《德化窑》

　Te-hua Wares

　文物出版社，北京，1990 年

Anon.（*1991a*）

　广东五华狮雄山汉代建筑遗址

　A Han Dynasty Architectural Site at Shih-
　　hsiung-shan，Wu-hua County，Kuangtung
　　Province

　《文物》，1991，11，27-37

Anon.（*1991b*）

　《首都博物馆藏瓷选》

　A Selection of Ceramics Housed in the Capital
　　Museum

　文物出版社，北京，1991 年

Anon.（*1992a*）

　《唐代黄堡窑址》

Excavation of Thang Kiln Sites at Huang-pao in Thung-chhüan Shensi
全 2 册
陕西省考古研究所（编）
文物出版社，北京，1992 年

Anon.（*1992b*）
《景德镇出土五代至清初瓷展》
Ceremic Finds from Jingdezhen Kilns（10th-17th Century）[*sic*]
景德镇市陶瓷考古研究所、香港大学冯平山博物馆编
香港大学冯平山博物馆，1992 年

Anon.（*1992c*）
《耀州窑》
Yao-chou Kiln
陕西旅游出版社，西安，1992 年

Anon.（*1993*）
《考古精华》
Select Archaeological Finds
中国社会科学院考古研究所（编）
科学出版社，北京，1993 年

Anon.（*1994a*）
《浙江七千年：浙江省博物馆藏品集》
7，000 Years in Chekiang：Collections of the Chekiang Provincial Museum
浙江人民美术出版社，杭州，1994 年

Anon.（*1994b*）
《硅酸盐辞典》
Dictionary of Silicates
中国硅酸盐学会（编）
中国轻工业出版社，北京，1984 年

Anon.（*1994c*）
《唐物天目——福建省建窑出土天目と日本傳世の天目》
Chinese Tenmoku：Tenmoku Excavated from Fujian's Jian Kilns and Tenmoku Handed Down in Japan
展品目录
茶道资料馆，京都，1994 年

Anon.（*1994d*）
《建盏と黒釉碗——韓国新安海底遺物》
Small Cups and Black-Galzed Bowls：Artefacts Excavated from the Seabed at Shin'an in Korea
展品目录附录
茶道资料馆，京都，1994 年

Anon.（*1995*）
《宁夏灵武窑发掘报告》
Report on the Excavations of the Ling-wu Kiln Site in Ninghsia Province
中国大百科全书出版社，北京，1995 年

Anon.（*1996a*）
《南宋官窑》
The Southern Sung Official Kiln
中国大百科全书出版社，北京，1996 年

Anon.（*1996b*）
秦汉骊山汤遗址发掘简报
Excavation*s* of the Chhin-Han Bath Pool at Li-shan
《文物》，1996，11，4-25，图版 1

Anon.（*1997a*）
汉魏洛阳城发现的东汉烧煤瓦窑遗址
An Eastern Han Tile Kiln Fuelled by Coal Discovered on the Ruins of Han and Wei Lo-yang City
《考古》，1997，2，47-51

Anon.（*1997b*）
《中国文物精华》
Gems of China's Cultural Relics
文物出版社，北京，1997 年

Anon.（*1997c*）
《漳州窑》
Chang-chou Kilns
福建人民出版社，福州，1997 年

Anon.（*1997d*）
《观台磁州窑址》
The Tzhu-chou Kiln Site at Kuan-thai
文物出版社，北京，1997 年

Anon.（*1998a*）
福建平和县南胜田坑窑址发掘报告
Excavations of Thien-kheng Kiln Sites at Nan-sheng，Phing-ho，Fukien Province
《福建文博》，1998，1，4-30

Anon.（*1998b*）

平和五寨洞口窑址的发掘

Excavation of Tung-khou Kiln Site at Wu-
chai, Phing-ho

《福建文博》，1998，2，3-31

Anon.（*1998c*）

平和官峰窑址调查报告

Survey Report of the Kuan-feng Kiln Site at
Phing-ho

《福建文博》，1998，2，32-35

Anon.（*1998d*）

垣曲宁家坡陶窑址发掘简报

A Kiln Site Excavated at Ning-chia-po, Yüan-
chhü, Shansi Province

《文物》，1998，10，28-32

Anon.（*1999a*）

汉长安城桂宫二号建筌遗址发掘简报

Excavation of the No. 2 Building Site in the
Han Dynasty Kuei-kung Palace at Chhang-
an

《考古》，1999，1，1-10，图版1-6

Anon.（*1999b*）

唐华清宫梨园、小汤遗址发掘简报

Excavation of the Living Quarters of Royal
Musicians and Bath House in the Thang
Dynasty Hua-chhing Palace

《文物》，1999，3，35-42

Anon.（*1999c*）

隋唐东都洛阳城外廓城砖瓦窑址1992年清
理简报

The 1992 Excavation of the Sui and Thang
Dynasty Kiln Site Within the Outside
Enclosure of the Eastern Captial of Lo-yang

《考古》，1999，3，16-24，图版3

Anon.（*1999d*）

河南洛阳市唐宫中路宋代大型殿址的发掘

The Excavation of a Large Palace Site of the
Sung Dynasty at Thang-kung-chung-lu in
Loyang

《考古》，1999，3，37-42，图版8

Anon.（*2000*）

汉长安城桂宫二号建筑遗址B区发掘简报

Excavation of Area B on the No.2 Building

Ruins, Kuei Palace, Han Dynasty Chhang-
an City

《考古》，2000，1，1-11，图版1-5

Anon.（*2001a*）

秦始皇陵园K9901试掘简报

Short Report on the Trial Excavation of Burial
Pit K9901 Accompanying the Mausoleum
Garden of Chhin Shih-Huang

《考古》，2001，1，59-73，图版3-8

Anon.（*2001b*）

河北邯郸市峰峰矿区北羊台遗址发掘简报

Excavation at the Pei-yang-thai Site in Feng-
feng Mine, Han-tan City, Hopei Province

《考古》，2001，2，28-44，图版3

Anon.（*2001c*）

宝丰清凉寺汝窑遗址的新发现

New Discoveries at the Ju Ware Site at Chhing-
liang-ssu at Pao-feng

《华夏考古》，2001，3，21-28

Kerr Rose（*1994*）

贸易瓷官窑：1900年以前运至欧洲的中国
粉彩瓷器的有趣实例

The Export of Official Wares: Some Interesting
Examples of Chinese 'Famille Rose' That
Reached Europe Before 1900

《中国古代贸易瓷国际学术研讨会论文
集》，485-499

台北历史博物馆，1994年

Mills, Paula & Kerr Rose（*1999*）

中国瓷器胭脂红和粉红彩料的研究：与中
国粉红色玻璃和欧洲粉红色釉上彩的比
较

A Study of Ruby-Pink Enamels on Chinese
porcelain: With a Comparison of Chinese
Pink Glass, and European Pink Enamels of
Ceramics

郭景坤主编《古陶瓷科学技术4·1999年
国际讨论会论文集》，258-266

上海科学技术文献出版社，上海，1999年

Park Jong Hoon, Chen Wall Hye, Lim Eung Keuk
（*1973*）박종훈，전월혜，임응극

요업원료특성조사（제4보）

Characteristics of Ceramic Raw Materials
（part 4）
《연구보고》，1973，23，14-38
국립공업표준시소，首尔，1973 年
Wood，Nigel，Freestone，Ian C.，Stapleton，Colleen P.（*1999*）
战国时期中国硬陶琉璃珠上的早期多彩釉
Early Pilychrome Glazes on a Chinese Ceramic Bead of the Warring States Period
郭景坤主编《古陶瓷科学技术 4·1999 年国际讨论会论文集》，29-37
上海科学技术文献出版社，上海，1999 年
爱宕松男（Otagi Matsuo）（*1987*）
宋代の瓷謂にあたつて，元代の瓷謂
Texts on Sung Dynasty Ceramics，Texts on Yuan Dynasty Ceramics
《爱宕松男东洋史学论集》第一卷《中国陶瓷产业史》，第二部分 "宋代瓷器产业史"
三一书房，东京，1987 年
安家瑶（*1984*）
中国的早期琉璃器皿
Early Glass in China
《考古学报》，1984，4，413-448
安金槐（*1960*）
谈谈郑州商代瓷器的几个问题
A Discussion of Some Questions Relating to Shang Dynasty Ceramics from Cheng-chou
《文物》，1960，8-9，68-70
安金槐（*1961*）
试论郑州商代城址——隞都
A Discussion of the Shang Dynasty Site at Cheng-chou: The Capital of Ao
《文物》，1961，4-5，73-80
白焜（*1981*）
宋·蒋祈《陶记》校注
Corrections of Chiang Chhi's 'Thao-Chi' of the Sung Dynasty
《景德镇陶瓷》，1981，《陶记》研究专刊，36-51
蔡和璧（*1989*）
《宋官窑特展》

Catalogue of the Special Exhibition of Sung Dynasty Kuan Ware
台北故宫博物院，1989 年
蔡和璧（*1992*）
《清宫中珐琅彩瓷特展》
Special Exhibition of Ch'ing Dynasty Enamelled Porcelains of the Imperial Ateliers［*sic*］
台北故宫博物院，1992 年
曹建文（*1993*）
关于《陶记》著作时代问题的几点思考
Some Thoughts on the Question Concerning the Publication Date of *Thao Chi*
《景德镇陶瓷》，1993，4，27-34
柴泽俊（编）（*1991*）
《山西琉璃》
Glazed Tilework from Shansi Province
文物出版社，北京，1991 年
長谷部楽爾（Hasebe Gakuji）（*1983*）
定窯窯址採集陶片の調査について
On the Research of Ting Sherds Collected by the Late Fujio Koyama
《定窯白磁》，88-91，160
根津美術館，东京，1983 年
陈阶晋（*1996*）
元代至正型青花瓷器之研究
Research into Blue-and-White Ware of Chih-cheng Style in the Yuan Dynasty
《艺术学》，1996，3，95-159；9，7-57
陈丽琼（*1992*）
四川唐宋时期陶瓷窑炉与装烧工艺特点
Special Features of Thang and Sung Dynasty Kilns and Firing Techniques in Szechuan Province
李家治、陈显求主编《古陶瓷科学技术 1·1989 年国际讨论会论文集》，469-473
上海科学技术文献出版社，上海，1992 年
陈明达（*1981*）
《营造法式大木作研究》
A Study of the Structural Carpentry System According to *Ying Tsao Fa Shih*
全 2 册
文物出版社，北京，1981 年

陈万里（1936）

《越器图录》

An Illustrated Catalogue of Yüeh Ware

中华书局，上海，1936 年

陈万里（1946）

《瓷器与浙江》

Porcelain and Chekiang Province

中华书局，上海，1946 年

陈万里（1954）

谈当阳峪窑

A Discussion of the Kilns at Tang-yang-yü

《文物参考资料》，1954，4，44-47

陈万里（1955）

《宋代北方民间瓷器》

Sung Dynasty Popular Wares from Northern China

文物出版社，北京，1955 年

陈万里（1972）

《中国青瓷史略》

A Brief History of Chinese Greenware

中华书局，香港，1972 年、1976 年

陈尧成、郭演仪、张志刚（1978）

历代青花瓷器和青花色料的研究

An Inverstigation of Chinese Blue-and-White Ware and its Blue Pigment

《硅酸盐学报》，1978，6（4），225-241

陈尧成、郭演仪、张志刚（1980）

宋元时期的青花瓷器

Blue-and-White Porcellaneous Ware of the Sung and Yuan Periods

《考古》，1980，6，544-548

陈尧成、张志刚、郭演仪（1985）

历代青花瓷和着色青料

Blue-and-White Porcelain and their Pigments of Successive Dynasties

李家治、陈显求、张福康、郭演仪、陈世平编《中国古代陶瓷科学技术成就》，300-332

上海科学技术出版社，上海，1985 年

陈宗懋（编）（1992）

《中国茶经》

Chinese Books on Tea

上海文化出版社，上海，1992 年

杜葆仁（1987）

耀州窑的窑炉和烧成技术

Kilns and Firing Techniques at the Yao-chou Kilns

《文物》，1987，3，32-37

杜葆仁、禚振西（1987）

耀州窑作坊和窑炉遗址发掘简报

Report on the Excavation of Workshops and Kilns at the Yao-chou Kiln Site

《考古与文物》，1987，1，15-25

杜正贤（1999）

杭州老虎洞窑址考古获重大发现

Multifarious Archaeological Discoveries from the Kiln Site of Lao-hu-tung in Hang-chou

《浙江工艺美术》，1999，1，1-2，8

冯承钧（1934）

《瀛涯胜览校注》

Notes and Commentaries on 'Ying Yai Sheng Lan'

商务印书馆，上海，1935 年；中华书局，北京，1955 年重印

冯先铭（1959）

河南巩县古窑址调查纪要

Important Points from the Investigation of the Ancient Kilns at Kung-hsien in Honan Province

《文物》，1959，3，56-58

冯先铭（1960）

从两次调查长沙铜官窑所得到的几点收获

Some Findings from Two Surveys of Chhang-sha Thung-kuan Kilns

《文物》，1960，3，71-74

冯先铭（1987）

《冯先铭中国古陶瓷论文集》

Essays on Chinese Old Ceramics

紫禁城出版社、伍兹出版公司，北京、香港，1987 年

冯先铭、安志敏、安金槐、朱伯谦、汪庆正（编）（1982）

《中国陶瓷史》

A History of Chinese Ceramics

文物出版社，北京，1982 年

傅振伦（*1993a*）

《爱瓷庐随笔》

Jottings from the Porcelain Lover's Straw Hut

《景德镇陶瓷》，1993，3，36-38

傅振伦（编）（*1993b*）

《〈景德镇陶录〉详注》

A Detailed Annotation of *Ching-te-chen Thao Lu*

书目文献出版社，北京，1993 年

傅振伦、甄励（*1982*）

唐英瓷务年谱长编

Detailed Compilation of Thang Ying's Ceramic Duties Throughout his Life

《景德镇陶瓷》，1982，2，19-66

葛李芳（*1984*）

禄丰火葬墓及其青花瓷器

Cremation Burials at Lu-feng and their Blue-and-White Porcelains

《文物》，1984，8，85-90，图版 4

贡昌（*1984*）

浙江金华铁店村瓷窑的调查

An Investigation of Kilns at Thieh-tien Village, Chin-hua, Chekiang Province

《文物》，1984，12，45-48

古运泉（*1990*）

广东新兴县南朝墓

A Southern Dynasties Tomb from Hsin-hsing County, Kuangtung Province

《文物》，1990，8，53-57

关口广次（Sekiguchi Hirotsugu）（*1983*）

小山富士夫先生採集の定窯窯址陶磁片にあたつて

On Ting Ware Sherds Collected by Koyama Fujio

《定窯白磁》，92-108，161-162

根津美术馆，东京，1983 年

关善明（Simon Kwan）（*1983*）

《关氏所藏晚清官窑瓷器》

The Imperial Porcelain of Late Qing: From the Kwan Collection

香港中文大学文物馆，1983 年

郭葆昌（*1935*）

《瓷器概说》

Summarised Remarks on Porcelain

觯斋书社，北平，1935 年

郭景坤（*1997*）

先进结构材料及其进展

Progress in Applications for Advanced Materials

空间材料专业委员会编《中国空间科学学会空间材料专业委员会'97 学术交流会论文集》，1-5

中国空间科学学会，兰州，1997 年

郭演仪、王寿英、陈尧成（*1980*）

中国历代南北方青瓷的研究

A Study on the Northern and Southern Celadons of Ancient Chinese Dynasties

《硅酸盐学报》，1980，8（3），233-243，图版 3-5

郭演仪、张志刚、陈士萍、李国桢、李德金（*1999*）

元代霍窑白瓷的研究

Study on Huo（Kiln）White Ware of the Yuan Dynasty

郭景坤主编《古陶瓷科学技术 4·1999 年国际讨论会论文集》，214-217

上海科学技术文献出版社，上海，1999 年

胡由之、朱孔军（*1999*）

窑的发展和缶、陶、瓷的进化：兼述景德镇制瓷业高度发展的诸因素

Development of Kilns and the Progress on Pottery and Porcelain: A Description of Various Factors of the High Development of Ceramic Industry in Jingdezhen

郭景坤主编《古陶瓷科学技术 4·1999 年国际讨论会论文集》，514-517

上海科学技术文献出版社，上海，1999 年

胡昭静（*1985*）

萨迦寺藏明宣德御窑青花五彩碗

Hsüan-Te Imperial Ware Blue-and-White and Polychrome Bowls at Sa-chia Temple

《文物》，1985，11，72-73，图版 8

华觉明（编）（*1999*）

《中国古代金属技术——铜和铁造就的文明》

Material Culture and the Achievements in Bronze and Iron of the Ancient Metalworking Tradition of China

大象出版社，郑州，1999 年

黄本骥（*1965*）

《历代职官表》

Tables of Official Posts from the Earliest Times to the+19th Century

中华书局，上海，1965 年

霍明志（达古斋主人）（*1919*）

《博物汇志》

Comment Évanter Les Faus? Etudes sur Quelques Antiquités Chinoises par le Proprétaire de la 'Ta Kou Tchai'

北堂遣使会印书馆，北京，1919 年

吉田道次郎、福永二郎（Yoshida Naojiro & Fukunaga Jiro）（*1962*）

泉山陶石の矿物学的研究

Mineralogical Studies of Izumiyama Pottery Stone

《日本陶瓷学会杂志》，1962，70（2），36-41

加藤瑛二（Kato Eiji）（*1999*）

中国的无窑露天烧成和陶窑发展过程

Earthenwares Baking in the Open Air and Pottery Kiln Development Processes in China

郭景坤主编《古陶瓷科学技术4·1999年国际讨论会论文集》，508-513

上海科学技术文献出版社，上海，1999 年

江思清（*1936*）

《景德镇瓷业史》

History of the Porcelain Industry in Ching-te-chen

中华书局，上海，1936 年

蒋玄诒（*1959*）

古代的琉璃

Ancient Glass and Glazes

《文物》，1959，6，8-11

蒋赞初（*1998*）

中国南方原始瓷器与早期瓷器研究的新进展

New Developments on the Research of Proto-Porcelains and Early Porcelains in Southern China

北京大学考古学系编《"迎接二十一世纪的中国考古学"国际学术讨论会论文集》，320-326

科学出版社，北京，1998 年

黎浩亭（*1937*）

《景德镇陶瓷概况》

Ching-te-chen Ceramics in General

正中书局，上海，1937 年

李刚（*1996*）

"秘色瓷"探秘

Exploring the Secrets of 'Secret-Colour Porcelain'

《越窑、秘色瓷》，12-16

上海古籍出版社，上海，1996 年

李国桢、关培英（*1979*）

耀州青瓷的研究

A Study on Yao-chou Celadon

《硅酸盐学报》，1979，7（4），360-369

李国桢、郭演仪（*1983*）

历代定窑白瓷的研究

An Investigation of Ting White Porcelain of Successive Dynasties

《硅酸盐学报》，1983，11（3），306-313

李国桢、郭演仪（编）（*1988*）

《中国名瓷工艺基础》

Technological Bases of Famous Chinese Porcelains

上海科学技术出版社，上海，1988 年

李铧（*1991*）

广西桂林窑的早期窑址及其匣钵装烧工艺

Sagger-making at Early Kiln Sites in Kuei-lin, Kuangsi Province

《文物》，1991，12，83-86

李辉柄（*1979*）

关于德化屈斗宫窑的我见

My Views on the Chhü-tou-kung Kiln at Te-hua

《文物》，1979，5，66-70

李辉柄（1981）

唐代邢窑窑址考察与初步探讨

An Examination of Thang Dynasty Hsing Ware
Kiln Sites and a Preliminary Discussion

《文物》，1981，9，44-48

李辉柄（1998）

谈南宋官窑及相关问题

On the Imperial Kiln of the Southern Sung
Dynasty and Related Problems

《文物》，1998，4，33-37

李家治（1978）

我国瓷器出现时期的研究

A Study of the Emergence of Porcelain in China

《硅酸盐学报》，1978，6（3），190-198

李家治（1998）

《中国科学技术史·陶瓷卷》

A History of Chinese Science and Technology.
Volume on Ceramics

科学出版社，北京，1998 年

李家治、陈显求、邓泽群（1979）

河姆渡遗址陶瓷的研究

A Study of the Pottery Unearthed at Ho-mu-tu

《硅酸盐学报》，1979，7（2），104-112

李家治、张志刚、陈士萍、邓泽群（1999）

杭州万松岭采集的瓷片的科学技术研究

Study on the Science and Technology of the
Sherds Collected in Hang-chou Wan-sung-
ling

郭景坤主编《古陶瓷科学技术 4·1999 年
国际讨论会论文集》，173-182

上海科学技术文献出版社，上海，1999 年

李民举（1996）

元汝官窑问题之我见

My Views on Official Ju Ware in the Yuan

《鸿禧文物》，1996，创刊号，205-213

李乔苹（1948）

中国古代之化学工艺

The Chemical Arts of Old China

*Eastern Pennsylvania Journal of Chemical
Education*，1948，66-112

李全庆、刘建业（编）（1987）

《中国古建筑琉璃技术》

Glazing Techniques in Ancient Chinese
Architecture

中国建筑工业出版社，北京，1987 年

李学勤（1992）

燕齐陶文丛论

On Pottery Inscriptions from the States of Yen
and Chhi

《上海博物馆集刊》第 6 期，170-173

上海古籍出版社，上海，1992 年

李友谋、陈旭（1979）

试论裴李岗文化

A Discussion of Phei-li-kang Culture

《考古》，1979，4，347-352

李玉林（1989）

吴城商代龙窑

A Shang Dynasty Dragon Kiln at Wu-chheng

《文物》，1989，1，79-81，58

李知宴（1979）

浙江象山唐代青瓷窑址调查

Investigation of a Thang Dynasty Greenware
Kiln Site at Hsiang-shan in Chekiang

《考古》，1979，5，435-439

梁淼泰（1991）

《明清景德镇城市经济研究》

Studies of Ching-te-chen's Urban Economy
During the Ming and Chhing Dynasties

江西人民出版社，南昌，1991 年

梁启雄（1960）

《韩子浅解》

A Primer to Han［Fei］Tzu

全 2 册

中华书局，北京，1960 年

廖宝秀（编）（1998）

《明代宣德官窑菁华特展图录》

Catalogue of the Special Exhibition of Selected
Hsüan-Te Imperial Porcelains of the Ming
Dynasty

台北故宫博物院，1998 年

林华东、展汝（1980）

宁波慈溪发现西晋纪年墓

A Dated Tomb of the Western Chin Period
Discovered at Tzhu-hsi，Ning-po

《文物》，1980，10，92-94

林业强（Peter Y. K. Lam）（编）（1983）

　　《穗港汉墓出土文物》

　　Archaeological Finds from Han Tombs at Guang-zhou and Hong Kong［sic］

　　广州博物馆、香港中文大学文物馆合办

　　香港中文大学文物馆，香港，1983年

林业强（Peter Y. K. Lam）（编）（1987）

　　《广州西村窑》

　　Xicun Wares from Guangzhou

　　广州市文物管理委员会、香港中文大学文物馆合编

　　香港中文大学，香港，1987年

林业强（Peter Y. K. Lam）（2000）

　　清内务府造办处玻璃厂杂考

　　The Glasshouse of the Qing Imperial Household Departmeng

　　许建勋、林业强编《虹影瑶辉——李景勋藏清代玻璃》，14-59

　　香港中文大学文物馆，香港，2000年

刘建国（1989）

　　东晋青瓷的分期与特色

　　The Dating and Characteristics of Eastern Chin Greenwares

　　《考古》，1989，1，82-89

刘军社（1993）

　　周砖刍议

　　Discussions on Chou Dynasty Bricks

　　《考古与文物》，1993，6，84-89

刘新园（1980）

　　景德镇湖田窑各期典型碗类的造型特征及其成因考

　　The Features of the Principal Types of Hu-thien Kiln Bowls of Various Periods and Their Origin

　　《文物》，1980，11，50-60

刘新园（1981）

　　蒋祈《陶记》著作时代考辨

　　An Examination and Debate on the Dating of Chiang Chhi's Thao Chi

　　《景德镇陶瓷》，1981，《陶记》研究专刊，5-34

刘新园（1982）

　　元青花特异纹饰和将作院所属浮梁磁局与画局

　　Singular Blue-and-White Designs of the Yuan and the Porcelain and Painting Services of Fu-liang

　　《景德镇陶瓷学院学报》，1982，10，9-19

刘新园（1983a）

　　蒋祈《陶记》著作时代考辨（上）

　　An Examination and Debate on the Dating of Chiang Chhi's Thao Chi（Part 1）

　　《文史》第18辑，111-130

　　中华书局，北京，1983年

刘新园（1983b）

　　蒋祈《陶记》著作时代考辨（下）

　　An Examination and Debate on the Dating of Chiang Chhi's Thao Chi（Part 2）

　　《文史》第19辑，97-107

　　中华书局，北京，1983年

刘新园（1989）

　　景德镇明御厂故址出土永乐、宣德官窑瓷器之研究

　　A Study of Yung-Le and Hsüan-Te Imperial Porcelains Excavated from the Ancient Site of the Ming Dynasty Imperial Factory at Ching-te-chen

　　《景德镇珠山出土永乐宣德官窑瓷器展览》，12-81

　　香港市政局，香港，1989年

刘新园（1991）

　　宋元时期的景德镇税课收入与其相关制度的考察——蒋祈《陶记》著于南宋之新证

　　An Investigation of Tax Revenue and Associated Systems at Ching-te-chen in the Sung and Yuan Periods：Fresh Evidence for the Southern Sung Authorship of Chiang Chhi's 'Thao Chi'

　　《景德镇方志》，1991，3，5-15

刘新园（1993）

　　景德镇出土明成化官窑遗迹与遗物之研究

　　A Study of the Site of the Chheng-Hua Imperial

Kiln at Ching-te-chen and Related Archaeo-logical Finds

《成窑遗珍——景德镇珠山出土成化官窑瓷器》，18-87

徐氏艺术馆，香港，1993 年

刘新园、白焜（1980）

景德镇湖田窑考察纪要

Reconnaissance of Ancient Kiln Sites at Hu-thien in Ching-te-chen

《文物》，1980，11，39-49

译文：Tichane（1983），pp. 394-416

刘新园、白焜（1982）

高岭土史考——兼论瓷石、高岭与景德镇十至十九世纪的制瓷业

An Historical Examination of Kaolin: A Discussion of Porcelain Stone, Kao-lin and the Ching-te-chen Porcelain Industry from the Tenth to Nineteenth Centuries

《中国陶瓷》，1982，7（增刊），141-170；图版 7，8

刘新园等（1998）

《景德镇出土明宣德官窑瓷器》

Hsüan-Te Imperial Porcelain Excavated at Ching-te-chen

鸿禧艺术文教基金会，台北，1998 年

刘兴（1979）

镇江地区出土的原始青瓷

Primitive Celadon Unearthed in the Chen-chiang Region

《文物》，1979，3，56-57

刘裕黑、熊琳（1982）

江西高安县发现元青花、釉里红等瓷器窖藏

A Yuan Dynasty Hoard of Underglaze Blue and Red Porcelain Found in Kao-an, Chiangsi Province

《文物》，1982，4，58-69，图版 6-7

刘子芬（1975）

《竹园陶说》

Remarks on Ceramics from the Bamboo Garden

民国，1925 年

艺文出版社，台北，1975 年

卢连成、胡智生（1988）

《宝鸡強国墓地》

The Cemetery of the State of Yü at Pao-chi

文物出版社，北京，1988 年

陆耀华、朱瑞明（1984）

浙江嘉善新港发现良渚文化木筒水井

A Tubular Wooden Well of the Liang-chu Culture Found at Hsin-kang, Chia-shan, Chekiang Province

《文物》，1984，2，94-95

罗慧琪（1997）

传世钧窑器的时代问题

A Study of the Dating of Transmitted Chün Wares

《美术史研究集刊》，1997，4，109-183

罗哲文（1990）

中国古塔

Ancient Pagodas of China

孙波、林铎主编《中国古塔》，10-16，17-26

华艺出版社，北京，1990 年

吕坚（1981）

康熙款画珐琅琐议

Discussion of Enamel Painting in the Khang-Hsi Reign

《故宫博物院院刊》，1981，3，93-94

吕振羽（1955）

《简明中国通史》

Summarised Comprehensive History of China

人民出版社，北京，1955 年，1982 年第五次重印

马文宽、孟凡人（1987）

《中国古瓷在非洲的发现》

Discoveries of Ancient Chinese Ceramics in Africa

紫禁城出版社，北京，1987 年

孟繁峰（1997）

井陉窑金代印花模子的相关问题

Some Issues Relating to Chin Dynasty Moulds from Chin-hsing Kiln

《文物春秋》，1997，增刊，140-145

孟繁峰、杜桃洛（1997）

井陉窑遗址出土金代印花模子

Chin Dynasty Moulds Excavated from the
Chin-hsing Kiln Site

《文物春秋》，1997，增刊，133-139，图版
6

苗建民、王莉英（1999）

EDXRF 对宣德官窑青花瓷器色料的无损分
析研究

A Study of EDXRF Harmless Analysis of
Pigments of Official Porcelain, Hsüan-Te
Period

《故宫博物院院刊》，1999，1，86-91

潘文锦、潘兆鸿（编）（1986）

《景德镇的颜色釉》

Ching-te-chen Coloured Glazes

江西教育出版社，南昌，1986 年

彭泽益等（1957）

《中国近代手工业史资料》

Information on the History of Chinese
Handicraft Industries in Recent Times

全 4 卷

三联书店，北京，1957 年

坪井清足（Tsuboi Kiyotari）（1993）

瓦的起源的东西方比较

The Origin of Tiles and a Comparison of
Eastern and Western Tiles

石兴邦主编《考古学研究——纪念陕西省
考古研究所成立三十周年》，477-480

三秦出版社，西安，1993 年

祁英涛（1978）

中国古代建筑的脊饰

Roof-ridge Decorations in Ancient Chinese
Architecture

《文物》，1978，3，62-70

秦大树（1997）

简论观台窑的兴衰史

Concise Discussion of the Burgeoning and
Decline of Kuan-thai Kiln

《文物春秋》，1997，增刊，81-92

秦大树、马忠理（1997）

论红绿彩瓷器

Discussion of Ceramics with Red and Green
［Overglaze］Decoration

《文物》，1997，10，48-63，图版 1

权奎山（1995）

中国古代陶瓷考古的教学和研究

Education and Research on Ancient Chinese
Ceramic Archaeology

《中国の考古学展：北京大学考古系发掘成
果》，132-139，152-154

出光美术馆，东京，1995 年

师昌绪（编）（1994）

《材料大辞典》

Dictionary of Materials

化学工业出版社，北京，1994 年

施丽姬（F. S. Scollard）（1979a）

略谈石湾美术陶

A Note on the Aesthetic of Shih-wan Art
Pottery

香港大学冯平山博物馆编《石湾陶展》，
293-307

香港大学，香港，1979 年

施丽姬（F. S. Scollard）（1979b）

石湾陶人亲属简表

Family Lineage of Shih-wan Potters

香港大学冯平山博物馆编《石湾陶展》，
317-330

香港大学，香港，1979 年

石声汉（1957）

《齐民要术今释》

A Modern Translation of *Chhi Min Yao Shu*

全 4 册

科学出版社，北京，1957 年、1961 年、
1981 年

斯波义信（Shiba Yoshinobu）（1968）

《宋代商业史研究》

Commerce and Society in Sung China

风间书房，东京，1968 年

译本：Mark Elvin（1970）

宋伯胤（1984）

饮茶、茶具与紫砂陶器

Tea Dringing, Tea Ware and Purple Clay Ware

茶具文物馆编《茶具文物馆·罗桂祥藏

品》(下册), 8-24

香港市政局, 香港, 1984 年

宋伯胤 (*1995*)

　　"瓷秘色" 再辩证

　　A Re-Examination of 'Secret-Colour Porcelain'

　　"秘色瓷学术讨论会" 未刊论文, 上海博物馆, 1995 年 1 月

宋伯胤 (*1997*)

　　"陶人" 唐英的 "知陶" 与 "业陶" ——试论唐英在中国陶瓷史上的地位与贡献

　　Thang Ying's Knowledge of Pottery and Management of the Pottery Industry: Preliminary Examination of the Importance of Thang Ying In Chinese Ceramic History

　　《故宫学术季刊》, 1997, 14 (4), 65-84

宋伯胤等 (*1995*)

　　《清瓷萃珍: 清代康雍乾官窑瓷器》

　　Chhing Imperial Porcelain of the Khang-His, Yung-Cheng and Chhien-Lung Reigns

　　香港中文大学、南京博物院

　　香港中文大学文物馆, 香港, 1995 年

苏继庼 (*1965*)

　　《岛夷志略校释》

　　Corrcetions and Explanations to the *Tao I Chih Lüeh*

　　中华书局, 北京, 1965 年

苏荣誉、华觉明、李克敏、卢本珊 (*1995*)

　　《中国上古金属技术》

　　The Metal Technology of Early Ancient China

　　山东科学技术出版社, 济南, 1995 年

谭旦冏 (*1956*)

　　《中华民间工艺图说》

　　Illustrated Accounts of Native Chinese Industries

　　中华丛书委员会, 台北, 1956 年

谭德睿 (*1999*)

　　中国青铜时代陶范铸造技术研究

　　A Study of the Techniques of Bronze Casting With Clay Moulds in Bronze Age China

　　《考古学报》, 1999, 2, 211-251

唐佰年、李昌鸿、叶龙耕 (*1992*)

　　宜兴紫砂茶具实用功能的研究

　　An Investigation of the Practical Function of Tzu-Sha Tea Ware

　　李家治、陈显求主编《古陶瓷科学技术 2·1992 年国际讨论会论文集》, 389-405

　　上海科学技术文献出版社, 上海, 1992 年

唐昌朴 (*1980*)

　　江西吉州窑发现宋元青花瓷

　　Sung and Yuan Blue and White Porcelain Discovered at the Chi-chou Kiln in Chiangsi

　　《文物》, 1980, 4, 4-5

唐文基 (编) (*1995*)

　　《福建古代经济史》

　　An Historical Economy of Fukien Province

　　福建教育出版社, 福州, 1995 年

陶人 (*1979*)

　　石湾人物陶塑欣赏

　　The Appreciation of Shih-wan Pottery Figures

　　香港大学冯平山博物馆编《石湾陶展》, 281-292

　　香港大学, 香港, 1979 年

童恩正 (*1979*)

　　《古代的巴蜀》

　　Szechuan of Ancient Times

　　四川人民出版社, 成都, 1979 年

童书业、史学通 (*1958*)

　　"唐窑" 考

　　A Examination of So-Called 'Thang Wares'

　　《中国瓷器史论丛》, 19-28

　　上海人民出版社, 上海, 1958 年

汪庆正 (*1982*)

　　中国陶瓷史研究中若干问题的探索

　　An Exploration of Certain Questions Concerning Research into Chinese Ceramic History

　　《上海博物馆集刊》第 2 期, 185-192

　　上海古籍出版社, 上海, 1982 年

汪庆正 (编) (*2000*)

　　《中国陶瓷全集·第 11 卷·元 (下)》

　　Volume 11 of the Complete Series on Chinese Ceramics, Yuan Dynasty Part 2

　　上海人民美术出版社, 上海, 2000 年

王调馨（1936）
　　《德化之瓷业》
　　The Ceramic Industry of Te-hua
　　福建文化研究会，福州，1936 年
王光尧（2001）
　　明代御器厂的建立
　　The Establishment of the Imperial Manufactory
　　　of Ceramics in the Ming Dynasty
　　《故宫博物院院刊》，2001，2，78-86
王健华（1993）
　　清代宫廷珐琅彩综述
　　A Summary of Imperial Enamels of the Chhing
　　　Dynasty
　　《故宫博物院院刊》，1993，3，52-62
王利器（1958）
　　《盐铁论校注》
　　Revisions and Commentary on *Yen Thieh Lun*
　　古典文学出版社，上海，1958 年；重印：
　　　台北，1979 年；天津，1983 年
王勤金、李久海（1991）
　　扬州出土的唐宋青瓷
　　Thang and Sung Greenwares Excavated at
　　　Yang-chou
　　《南方文物》，1991，4，91-94
王望生（1985）
　　拉萨哲蚌寺藏两件明清瓷器
　　Two Examples of Ming ang Chhing Porcelain
　　　at the Che-peng Temple in Lhasa
　　《文物》，1985，11，96
王学理（编）（1994）
　　《秦始皇陵研究》
　　The Study of the Mausoleum of Qin Shihuang
　　　［*sic*］
　　上海人民出版社，上海，1994 年
王毓瑚（校）（1981）
　　《王祯农书》
　　'Book on Agriculture' by Wang Chen
　　农业出版社，北京，1981 年
王云五（1975）
　　《四库全书珍本别辑·农书》
　　Separate Editions of Rare Books in the *Ssu Khu*
　　　Chhüan Shu Encyclopaedia：Books on

Agriculture
　　台湾商务印书馆，台北，1975 年
文化公报部文化财管理局（编）（1985）
　　《新安海底遗物》
　　Artefacts from the Seabed at Sin'an
　　同和出版公社，首尔，1985 年
闻人军（1987）
　　《考工记导读》
　　A *Khao Kung Chi* Primer
　　巴蜀书社，成都，1987 年
吴连城（1958）
　　山西介休洪山镇宋代瓷窑址介绍
　　An Introduction to the Sung Dynasty Kiln Site
　　　at Hung-shan in Shansi Province
　　《文物参考资料》，1958，10，36-37
吴瑞、邓泽群、张志刚、李家治、彭适凡、刘
诗中（2002）
　　江西万年仙人洞遗址出土陶片的科学技术
　　　研究
　　Scientific Research on the Pottery Excavated at
　　　the Hsien-jen-tung Site in Chiangsi Province
　　郭景坤主编《古陶瓷科学技术 5·2002 年
　　　国际讨论会论文集》，1-9
　　上海科学技术文献出版社，上海，2002 年
吴曾镂（1979）
　　石湾艺术陶器的款识
　　Marks on Shih-wan Art Pottery
　　香港大学冯平山博物馆编《石湾陶展》，
　　　331-425
　　香港大学，香港，1979 年
吴宗慈（1949）
　　《江西通志稿》
　　Draft Report on the *Chiangsi Thung Chih*
　　　（Geography and Topography of Chiangsi）
　　中华书局，北京，1949 年
伍跃、赵令雯（编）（1991）
　　《古瓷鉴定指南》
　　Guide to Specialist Texts on Ancient Ceramics
　　全 3 编
　　北京燕山出版社，北京，1991 年
西田宏子（Nishida Hiroko）（1983）
　　定窑研究史

The History of Research on Ting Ware

《定窑白磁》，144-150，165-166

根津美术馆，东京，1983 年

向熹（1986）

《诗经词典》

Dictionary of the Book of Songs

四川人民出版社，成都，1986 年

项元汴（1931）

《历代名瓷图谱》

Notable Porcelain of Past Dynasties

郭葆昌、福开森（J. C. Ferguson）校注

觯斋书社，北平，1931 年

篠田統和田中静一（编）（1973）

《中国食経叢书》

A Collection of Chinese Dietaty Classics

书籍文物流通会，东京，1972 年

谢明良（1998）

《中国陶瓷史论文索引（1900-1994）》

An Index of Essays on the History of Chinese
　　Ceramics 1900-1994

石头出版社，台北，1998 年

熊海堂（1995）

《东亚窑业技术发展与交流史研究》

Research into Kiln Development and Technical
　　Exchange in East Asia

南京大学出版社，南京，1995 年

熊寥（1983）

蒋祈《陶记》著于元代辨——与刘新园同
　　志商榷

Debate with Comrade Liu Hsin-Yüan,
　　Defending a Yuan Dynasty Date for Chiang
　　Chhi's *Thao Chi*

《景德镇陶瓷》，1983，4，36-52、55

徐本章（编）（1993）

《德化瓷研究文集》

Collected Research Papers on Te-hua Porcelain

华星出版社，香港，1993 年

徐艺星（编）（1993）

《德化陶瓷历史人物》

Historical Figures Connected with Te-hua
　　Ceremics

德化县地方志办公室，1993 年

徐元邦、刘随盛、梁星彭（1982）

我国新石期时代——西周陶窑综述

A Summary of Ceramic Kilns in China from the
　　Neolithic to the Western Chou

《考古与文物》，1982，1，8-24

许之衡（约 1912-1935）

《饮流斋说瓷》

Talks on Porcelain from the Yin Liu Studio

民国时期，约 1912—1925 年

《陶瓷谱录》本、《美术丛书》本

薛东星（1992）

《耀州窑史话》

Talks on the History of Yao-chou

紫禁城出版社，北京，1992 年

颜石麟（1981）

宋·蒋祈《陶记》现代汉语译文

Translation into Contemporary Chinese of
　　'Thao Chi' by Chiang Chhi of the Sung
　　Dynasty

《景德镇陶瓷》，1981，《陶记》研究专刊，
　　53-55

杨爱玲（2002）

关于安阳隋张盛墓和北齐范粹墓出土白瓷
　　产地问题的研究

Research on the Location of Production of
　　White Porcelains Excavated from the Sui
　　Dynasty Tomb of Chang Sheng and the
　　Northern Chhi Dynasty Tomb of Fan Tshui at
　　An-yang

上海博物馆编《中国古代白瓷国际学术研
　　讨会论文集》，66-75

上海博物馆，上海，2002 年

杨伯达（1981）

景泰款掐丝珐琅的真相

The Truth About Wire Inlay in Ching-Thai-
　　Marked Cloisonné Enamel

《故宫博物院院刊》，1981，2，3-21

杨伯达（1987a）

从清宫旧藏十八世纪广东贡品管窥广东工
　　艺的特点与地位——为"清代广东贡品
　　展览"而作

The Characteristics and Status of Kuangtung

Handicrafts as Seen from 18th Century Tributes from Kuangtung in the Collection of the Former Chhing Dynasty Palace

香港中文大学、北京故宫博物院编《清代广东贡品》，10-30，39-67

香港中文大学文物馆，香港，1987 年

杨伯达（编）（*1987b*）

《中国美术全集·工艺美术编 10·金银玻璃珐琅器》

Gems of Chinese Art, Crafts 10: Gold, Silver, Glass & Enamel

文物出版社，北京，1987 年

杨伯达（*1993*）

清乾隆朝画院沿革

Tracing Changes in the Chhing Dynasty Painting Academy in the Reign of Chhien-Lung

杨伯达《清代院画》，36-57

紫禁城出版社，北京，1993 年

杨长锡（*1997*）

蒋祈《陶记》写作时代考辨

Identification of the Period of Authorship of Chiang Chhi's 'Tao Chi'

《陶瓷研究》，1997，12（2），53-56

杨家骆（编）（*1946*）

《四库全书学典》

Bibliographical Index of the *Ssu Khu Chhüan Shu* Encyclopaedia

世界书局，上海，1946 年

杨静荣（*1987a*）

中国陶瓷史中文著述及其研究概况

A Research Survey of Chinese Sources on Chinese Ceramic History

《文物天地》，1987，3，46-48

杨静荣（*1987b*）

建国前中国陶瓷史要籍述略增订

A Revised and Enlarged Account of Important Books on the History of Chinese Ceramics from Before 1949

《故宫博物院院刊》，1987，3，94-96，42

杨静荣（*1994*）

《景德镇陶歌》及其历史价值

'Ching-te-chen Thao Ko'（Potters' Songs from Ching-te-chen）and its Historical Value

《故宫博物院院刊》，1994，1，33-35

杨文山（*1984*）

隋代邢窑遗址的发现和初步分析

The Discovery and Initial Analysis of the Sui Dynasty Hsing Ware Site

《文物》，1984，12，51-57

杨文山、林玉山（*1981*）

唐代邢窑遗址调查报告

Report on the Investigation of the Thang Dynasty Hsing Ware Site

《文物》，1981，9，37-43

杨啸谷（*1933*）

《古月轩瓷考》

An Investigation of 'Ancient Moon Pavilion Porcelain'

雅韵斋，北京，1933 年

姚澄清、姚连红（*1999*）

论广昌中寺民窑青花的烧造年代及纹饰的时代特征

The Age of Blue and White Porcelain Fired in a Folk Kiln at Chung-ssu, Kuang-chhang County and the Time Feature of its Decoration

郭景坤主编《古陶瓷科学技术 4·1999 年国际讨论会论文集》，429-436

上海科学技术文献出版社，上海，1999 年

叶宏明、劳法盛、李国桢、季来珍、叶国珍（*1983*）

南宋官窑青瓷的研究

Investigation of Greenwares from Southern Sung Kuan Ware Kilns

《硅酸盐学报》，1983，11（1），19-32

叶麟趾（*1934*）

《古今中外陶瓷汇编》

A Compilation of Ancient and Modern Ceramics from China and Other Countries

北平，1934 年

叶文程（*1988*）

《中国古外销瓷研究论文集》

Collection of Research Papers on Historical

Chinese Export Ceramics

紫禁城出版社，北京，1988 年

叶文程、林忠干（编）（1993）

《福建陶瓷》

Fukien Ceramics

福建人民出版社，福州，1993 年

叶文程、罗立华（1991）

中国古外销陶瓷的年代

A Chronology of Ancient Chinese Export Ceramics

《江西文物》，1991，4，109-113

叶文程、徐本章（1980）

畅销国际市场的古代德化外销瓷器

Ancient Te-hua Export Ceramics with a Ready World Market

《海交史研究》，1980，2，21-28

叶喆民（1997）

近卅年来邢定二窑研究记略

A Summary of Research in Hsing and Ting Ware Over the Last Thirty Years

《文物春秋》，1997，增刊，1-7

叶喆民、叶佩兰（2002）

《汝窑聚珍》

Collection of Porcelain Treasures of the Ju Kiln

北京出版社，北京，2002 年

殷涤非（1959）

安徽屯溪西周墓葬发掘报告

Excavation Report on Western Chou Tomb at Thun-hsi in Anhui Province

《考古学报》，1959，4，59-90

由水常雄（Yoshimizu Tsuneo）（1989）

《トンボ玉》

Dragonfly Beads［i.e. eye-beads］

平凡社，东京，1989 年

俞伟超（1963）

汉代的"亭"、"市"陶文

'Thing' and 'Shih' Ceramic Inscriptions of the Han Dynasty

《文物》，1963，2，34-38

喻常森（1994）

《元代海外贸易》

Yuan Dynasty Overseas Trade

西北大学出版社，西安，1994 年

袁仲一、程学华（1980）

秦代中央官署制陶业的陶文

Pottery Inscriptions from the Central Pottery Office in the Chhin Dynasty

《考古与文物》，1980，3，80-89

袁仲一、张占民（编）（1990）

《秦俑研究文集》

Research Articles on the Chhin Dynasty Figures

陕西人民美术出版社，西安，1990 年

袁仲一等（1989）

《秦始皇陵兵马俑博物馆论文选》

Selected Articles from the Museum of the Terracotta Army at the Necropolis of Chhin Shih-Huang

西北大学出版社，西安，1989 年

岳连建（1991）

西周瓦的发明、发展演变及其在中国建筑史上的意义

The Significance for the History of Chinese Building in the Discovery, Development and Evolution of Tiles in the Western Chou Dynasty

《考古与文物》，1991，1，98-101

曾凡（1979）

关于德化屈斗宫窑的几个问题

Some Questions Concerning the Chhü-tou-kung Kilns at Te-hua

《文物》，1979，5，62-65

曾广亿、古运泉、宋良璧（1979）

佛山石湾、阳江石湾古窑关系初探

A Study of the Connections Between the Ancient Kilns at Fo-shan Shih-wan and Yang-chiang Shih-wan

香港大学冯平山博物馆编《石湾陶展》，119-187

香港大学，香港，1979 年

张诚（1982）

青花颜料初探

An Initial Investigation into the Colouring Agents for Blue-and-White

《文物》，1982，5，65-66

张发颖、刁云展（1991）

《唐英集》

Collected Works of Thang Ying

辽沈书社，沈阳，1991 年

张福康（1985）

中国传统低温色釉和釉上彩

Chinese Traditional Low-Fired Galzes and Overglaze Colours

李家治等《中国古代陶瓷科学技术成就》，333-348

上海科学技术出版社，上海，1985 年

张福康（1986）

吉州天目的研究

A Study on Chi-chou Temmoku

《景德镇陶瓷学院学报》，1986，1，109-114，72

张福康（1999）

我国古代红绿彩瓷的研究

A Scientific Study of Chhang-chih Whiteware Painted with Red, Green and Yellow Colours

郭景坤主编《古陶瓷科学技术4·1999 年国际讨论会论文集》，190-193

上海科学技术文献出版社，上海，1999 年

张福康（2000）

《中国古陶瓷的科学》

The Science of Ancient Chinese Ceramics

上海人民美术出版社，上海，2000 年

张福康、Mike Cowell（1989）

中国古代钴蓝的来源

The Sources of Cobalt Blue Pigment in Ancient China

《文物保护与考古科学》，1983，1（1），23-27

张福康、程朱海、张志刚（1983）

中国古琉璃的研究

An Investigation of Ancient Chinese 'Liu-Li'

《硅酸盐学报》，1983，11（1），67-76

张国淦（1962）

《中国古方志考》

Guide to Pre-Ming Gazetteers

中华书局，上海，1962 年

张进、刘木镇、刘可栋（1983）

定窑工艺技术的研究与仿制

A Study of the Industrial Techniques of Ting Ware and its Imitation

《河北陶瓷》，1983，4，14-35

张俊英（1995）

邯郸市博物馆收藏的部分瓦当

Some Tiles in the Collection of the Han-tan Museum

《文物春秋》，1995，1，79-81

张临生（1983）

试论清宫画珐琅工艺发展史

Preliminary Discussion on the History of Enamel Painting at the Chhing Court

《故宫季刊》，1983，3，25-38

张临生（1988）

琉璃工艺面面观

An Examination of Every Aspect of Chinese 'Liu-Li' Skills

《故宫文物月刊》，1988，10，14-29

张龙海（1992）

临淄齐瓦的新发现

Newly Discovered Chhin Dynasty Tiles at Lin-tzu

《文物》，1992，7，55-59，图版 7

张明华（1990）

中国新石器时代水井的考古发现

Archaeological Discoveries of Water Wells from the Neolithic Period in China

《上海博物馆集刊》第 5 期，67-76

上海古籍出版社，上海，1990 年

张维用（2000）

明朝内官监、清宫造办处和博山琉璃

The Imperial Workshops of the Ming and Qing Dynasties and the Boshan Glass Works［sic］

许建勋、林业强编《虹影瑶辉——李景勋藏清代玻璃》，71-77

香港中文大学文物馆，香港，2000 年

张志刚、郭演仪、周学林、李德金（1999）

建窑影青瓷

Chien Kiln Ying-Chhing Ware

郭景坤主编《古陶瓷科学技术 4·1999 年
国际讨论会论文集》，144-151

上海科学技术文献出版社，上海，1999 年

张志刚、李家治、邓泽群（*1999*）

明洪武时期青花瓷研究

Blue and White Porcelains in the Hung-Wu
Period of the Ming

郭景坤主编《古陶瓷科学技术 4·1999 年
国际讨论会论文集》，239-245

上海科学技术文献出版社，上海，1999 年

张志刚、李家治、邓泽群、阮美玲（*1999*）

景德镇落马桥元青花瓷的科学技术研究

Scientific and Technological Study of Yuan
Blue and White Porcelain Excavated at Lo-
ma-chhiao，Ching-te-chen

郭景坤主编《古陶瓷科学技术 4·1999 年
国际讨论会论文集》，230-238

上海科学技术文献出版社，上海，1999 年

章士钊（*1971*）

《柳文指要》

A Summary of Important Writtings by Liu
［Tsung-Wen］

中华书局，北京，1971 年

赵尔巽等（*1976*）

《清史稿》

History of the Chhing Dynasty

民国，1928 年

中华书局，北京，1976 年

赵光林、刘树林（*1997*）

北京琉璃窑考辨

A Study on Lead-Glazing Kilns in Peking

《文物春秋》，1997，增刊，150-153

赵锦诚（Simon K. S. Chiu）（*1990*）

从文献、图画及传世茶器看中国饮茶风俗
发展

The History of Tea and Tea-making in China as
Recorded in Texts，Painting and Artefacts

茶具文物馆编《中国陶瓷茶具》，13-43

香港市政局，香港，1990 年

赵巨川、何直刚（*1965*）

保定市发现一批元代瓷器

A Group of Yuan Dynasty Porcelains
Discovered at Pao-ting

《文物》，1965，2，17-18，22，图版 1-3

赵康民（*1979*）

秦始皇陵北二、三、四号建筑遗迹

Building Remains in Sites 2，3 and 4 to the
North of Chhin-Shih-Huang-Ti's Tomb

《文物》，1979，12，13-16

赵连级（编）（*1993*）

《卫生瓷生产》

The Manufacture of Sanitary Ware

中国建筑工业出版社，北京，1993 年

赵青云（*1993*）

《河南陶瓷史》

A History of Ceramics in Honan Province

紫禁城出版社，北京，1993 年

赵汝珍（*1942*）

《古玩指南》

Guide to Antique Treasures

求难斋，北京，1942 年

赵文艺、宋澎（编）（*1994*）

《半坡母系社会》

Pan-pho Matriarchal Society

陕西人民美术出版社，西安，1994 年

钟广言（编）（*1976*）

《天工开物》

The Exploitation of the Works of Nature

广东人民出版社，广东，1976 年

《中国历代食货志正编》（*1970*）

Correted Edition of the Monographs on
Financial Administration Throughout
Chinese History

《中国历代食货志正编》上海 1936 年版重
印本，

学海出版社，台北，1970 年，全 2 册

《中国人名大辞典》

Chinese Bibliographical Dictionary

商务印书馆，上海，1921 年

周仁、李家治（*1960a*）

中国历代名窑陶瓷工艺的初步科学总结

An Investigation on the Technical Aspects of
Chinese Ancient Ceramics

《考古学报》，1960，1，89-104

周仁、李家治（1960b）

景德镇历代瓷器胎、釉和烧制工艺的研究

《硅酸盐学报》，1960，4（2），49-63

周仁、李家治等（1958）

钴土矿的拣炼和青花色料的配制

The Selection and Refining of Cobalt Ore and the Compounding of Blue Materials for Porcelain

周仁等《景德镇瓷器的研究》，71-81

科学出版社，北京，1958 年

周仁、张福康、郑永圃（1973）

龙泉历代青瓷烧制工艺的科学总结

Technical Studies on the Lung-chhüan Celadons of Successive Dynasties

《考古学报》，1973，1，131-156

周世荣（1978）

从湘阴古窑址的发掘看岳州窑的发展变化

The Development and Changes of Yüeh-chou Ware Kilns as Seen from the Excavation of Ancient Kiln Sites in Hsiang-yin

《文物》，1978，1，69-81

朱伯谦（1990）

《朱伯谦论文集》

The Collected Essays of Chu Po-Chhien

紫禁城出版社，北京，1990 年

朱伯谦（编）（1998）

《龙泉窑青瓷》

Celadons from Longquan Kilns［sic］

艺术家出版社，台北，1998 年

朱东润（1980）

《梅尧臣集编年校注》

Collated Work of Mei Yao-Chhen by Year（3 vols）

全 3 册

上海古籍出版社，上海，1980 年

朱鸿达（1937）

《修内司官窑图解》

Illustrated Introduction to Hsiu-nei Ssu Kuan Ware

北平，1937 年

朱家溍（1982）

清代画珐琅器制造考

An Examination of the Production of Enamels in the Chhing Dynasty

《故宫博物院院刊》，1982，3，67-76

庄稼（1979）

石湾陶塑的传神特色

The Lifelike Characteristics of Shih-wan Pottery Sculpture

香港大学冯平山博物馆编《石湾陶展》，271-279

香港大学，香港，1979 年

庄景辉（1996）

《海外交通史迹研究》

Research on Historical Sites Connected with Overseas Trade

厦门出版社，厦门，1996 年

C 西文书籍与论文

Abd el-Ra'uf Ali Yousef (1998). 'Syro-Egyptian Glass, Pottery and Wooden Vessels.' *Gilded and Enamelled Glass from the Middle East*. Rachel Ward, ed. British Museum Press, London, 1998, 20-3.

Abrosio, Luisa & Ugo, Pons Salabella (1993). *Porcellane di Capodimonte: le Real Fabbrica di Carlo di Borbone 1743-1759*. Electra, Naples, 1993.

Adams, Elizabeth & Redstone, David (1981, 1991). *Bow Porcelain*. Faber and Faber, London, 1981, 1991.

Addis, John (1983). 'Porcelain Stone and Kaolin: Late Yuan Developments at Hutian.' *TOCS, 1981-1982*. 45. London, 1983, 54-66.

Aikens, C. Melvin (1995). 'First in the World: The Jomon Pottery of Early Japan.' *The Emergence of Pottery: Technology and Innovation in Ancient Societies*. William K. Barnett & John W. Hoopes, eds. Smithsonian Institution Press, Washington DC & London, 1995, 11-21.

Alexander, Ralph E. & Johnston, Robert H. (1982). 'Xeroradiography of Ancient Objects: A New Imaging Modality.' *Archaeological Ceramics*. Jacqueline S. Olin & Alan D. Franklin, eds. Smithsonian Institution Press, Washington DC, 1982, 145-54.

Alexander, Shirley (1965). 'Notes on the Use of Gold-leaf in Egyptian Papyri.' *JEA*. 51. London, 1965, 48-52.

Allan, James Wilson (1973). 'Abu'l Qasim's Treatise on Ceramics.' *I*. 11. London, 1973, 111-20.

Allan, James Wilson (1991). *Islamic Ceramics*. Ashmolean Museum, Oxford, 1991.

Al-rawi, A. H., Jackson, M. L. & Hole, F. D. (1969). 'Mineralogy of Some Arid and Semiarid Land Soils of Iraq.' *Soil Science*. 107. New Brunswick NJ, 1969, 480-6.

Alsop, Joseph (1982). *The Rare Art Traditions: The History of Art Collecting and its Linked Phenomena Wherever These Have Appeared*. Thames and Hudson, London, 1982.

Alves, Jorge M. dos Santos (1999). 'A Demanda da Cristianizção da China 1550-c.1650: The Quest to Convert China 1550–c.1650.' *Caminhos da Porcelana, Dinastias Ming e Qing. The Porcelain Route, Ming and Qing Dynasties*. Calvão João Rodrigues, ed. Fundação Oriente, Lisbon, 1999, 69-91.

An Chin-huai (1986). 'The Shang City at Cheng-chou and Related Problems.' *Studies of Shang Archaeology: Selected Papers from the International Conference on Shang Civilisation*. Chang Kwang-chih, ed. Yale University Press, New Haven & London, 1986, 15-48.

An Jiayao (1996). 'Ancient Glass Trade in Southeast Asia.' *Ancient Trades and Cultural Contacts in Southeast Asia*. National Culture Commission, Bangkok, 1996, 127-38.

Anderson, J. L. (1982). 'Chinese Porcelain Stone and Some Equivalent Materials from New South Wales.' *Proceedings of Austceram 82*. (The Tenth Australian Ceramic Conference.) Melbourne, 1982, 46-8.

Andrews, R. W. (1962). *Cobalt*. HMSO, London, 1962.

Anheuser, Kilian (1996). 'An Investigation of Amalgam Gilding and Silvering on Metalwork.' Unpublished D.Phil. thesis. University of Oxford, 1996.

Anon. (1877a). *Chemistry, Theoretical, Practical and Analytical as Applied to the Arts and Manufacturers by Writers of Eminence*. C. W. Vincent, ed. 5. GAS to IOD. William Mackenzie, London, 1877.

Anon. (1877b). *Chemistry, Theoretical, Practical and Analytical as Applied to the Arts and Manufacturers by Writers of Eminence*. C. W. Vincent, ed. 7. OPI to SIL. William Mackenzie, London, 1877.

Anon. (1878). *A Catalogue of Blue and White Nankin Porcelain Forming the Collection of Sir Henry Thompson. Illustrated by the Autotype Process from Drawings by James Whistler, Esq. and Sir Henry Thompson*. Ellis and White, London, 1878.

Anon. (1933). Bureau of Foreign Trade, *China Industrial Handbooks. Kiangsu First Series of the Reports by the National Industrial Investigation*. Bureau of Foreign Trade, Ministry of Industry, Shanghai, 1933.

Anon. (1985). 'Making a Celadon Bowl.' *CM*. June, July and August. Columbus OH, 1985, 54.

Anon. (1988a). National Museum of Chinese History, *Exhibition of Chinese History*. Morning Glory Publishers, Peking, 1988.

Anon. (1988b). *Glasses*. Borax Consolidated Limited, London, 1988.

Anon. (1990). *Porzellan aus China und Japan. Die Porzellangalerie der Landgrafen von Hessen-Kassel*. Staatliche Kunstsammlungen Kassel. Dietrich Reimer Verlag, Berlin, 1990.

Anon. (1992a). *Yaozhou Kiln*. Preface by Chen Quanfang. Shensi Travel and Tourism Press, Sian, 1992.

Anon. (1992b). Department of Archaeology at Peking University, *Treasures from a Swallow Garden: Inaugural Exhibit of the Arthur M. Sackler Museum of Art and Archaeology at Peking University*. Cultural Relics Publishing House, Peking, 1992.

Anon. (1993). Institute of Archaeology, Chinese Academy of Social Sciences, *Select Archaeological Finds: Album to the 40th Anniversary of the Founding of the Institute of Archaeology, Chinese Academy of Social Sciences*. Science Press, Peking, 1993.

Anon. (1994). Shaanxi Historical Relics Bureau, *EQSETWH Emperor Qin Shihuang's Eternal Terra-cotta Warriors and Horses: A Mighty and Valiant Underground Army Over 2,200 Years Back*. Sian, 1994.

Anon. (1996a). Institute of Archaeology of Shanxi Province, *Art of the Houma Foundry*. Princeton University Press, Princeton NJ, 1996.

Anon. (1996b). The Shanghai Museum, *Ancient Chinese Ceramic Gallery*. Shanghai Classics Publishing House, Shang-hai, 1996.

Anon. (1998). Department of Archaeology, Peking University, *Arthur M. Sackler Museum of Art and Archaeology at Peking University: A Selection*. Science Press, Peking, 1998.

Anon. (2001). 'Ancient Kiln Discovery Rewrites History of Chinaware.' *People's Daily*, Friday 19 January, Peking, 2001.

Aoyagi, Yoji (1991). 'Trade Ceramics Discovered in Southeast Asia.' *Seminar on China and the Maritime Silk Route*. Chhuan-Chou, 1991, 1–12.

Arab-ali Sherveh (1994). 'Iranian Lustres and Enamels on Ceramics.' *Hands and Creativity* 2. Iranian Handicrafts Organization, Tehran, 1994, 10–11.

Arnold, D., Bourriau, J. E. & Beck, H. C. (1934). *Introduction to Ancient Egyptian Pottery. Notes on Glazed Stone-Part 1 Glazed Steatite. Ancient Egypt and the East*. British School of Archaeology in Egypt, London, 1934, 69–88. Reissued as:

Arnold, Dorothea & Bourriau, Janine (eds.) (1993). *An Introduction to Ancient Egyptian Pottery*. Deutsches Archäologis-ches Institut, Abteilung Kairo, Sonderschrift 17. Zabern, Mainz, 1993.

Arnold, Dean E. (1985). *Ceramic Theory and Cultural Process*. New Studies in Archaeology. Cambridge University Press, Cambridge, 1985; repr. 1988, 1989.

Au Jingqiu & Xu Zuolong (1985). 'The Fundamental Technological Features of Undecorated Jizhou Temmoku.' *The 2nd International Conference on Ancient Chinese Pottery and Porcelain: Its Scientific and Technical Insights (Abstracts)*. China Academic Publishers, Peking, 1985, 58.

Ayers, John (1980). *Far Eastern Ceramics in the Victoria and Albert Museum*. Sotheby, Parke, Bernet, London, 1980.

Ayers, John (1984). 'Chinese Porcelains of the Sultans in Istanbul.' *TOCS, 1982–1983*. 47. London, 1984, 76–102.

Ayers, John (2001). 'The "Peachbloom" Wares of the Kangxi Period (1662–1722).' *TOCS, 1999–2000*. 64. London, 2001, 31–50.

Ayers, John (2002). 'Introduction.' *Blanc de Chine: Divine Images in Porcelain*. John Ayers, ed. China Institute in America, New York, 2002, 21–35.

Ayers, John, Impey, Oliver & Mallet, John (1990). *Porcelain for Palaces: The Fashion for Japan in Europe, 1650–1750*. Oriental Ceramic Society, London, 1990.

Ayers, John, Medley, Margaret & Wood, Nigel (1988). *Iron in the Fire: The Chinese Potter's Exploration of Iron Oxide Glazes*. Oriental Ceramic Society, London, 1988.

Bagley, Robert W. (1987). *Shang Ritual Bronzes in the Arthur M. Sackler Collections*. Arthur M. Sackler Foundation, Arthur M. Sackler Museum, Harvard University. Washington DC, 1987.

Bagley, Robert W. (1990). 'Shang Ritual Bronzes: Casting Technique and Vessel Design.' *AAA*. XLIII. New York, 1990, 6–20.

Bailey, Gauvin A. (1996). 'The Stimulus: Chinese Porcelain Production and Trade with Iran.' *Tamerlane's Tableware: A New Approach to the Chinoiserie Ceramics of Fifteenth- and Sixteenth-Century Iran*. Lisa Golobeck, Robert B. Mason & Gauvin A. Bailey, eds. Mazda Publishers in association with Royal Ontario Museum, Costa Mesa CA, 1996.

Balazs, Etienne & Hervouet, Yves (1978). *A Sung Bibliography (Bibliographie des Sung)*. The Chinese University Press, Hong Kong, 1978.

Balfour-Paul, Jenny (1998). *Indigo*. British Museum Press, London, 1998.

Bamford, C. R. (1977). *Glass Science and Technology, 2: Colour Generation and Control in Glass*. Elsevier Scientific Publish-ing Company, Amsterdam, Oxford & New York, 1977.

Banks, M. S. & Merrick, J. M. (1967). 'Further Analysis of Chinese Blue-and-White.' *A*. 10. Cambridge, 1967, 101–3.

Bao Shixiang & Lao An (trans.) (1992). *The Analects of Confucius*. Shandong Friendship Press, Chi-Nan, 1992.

Barag, D. (1985). *Catalogue of Western Asiatic Glass in The British Museum. Vol. 1*. British Museum Press, London, 1985, 119–22.

Barber, D. J. & Freestone, Ian C. (1990). 'An Investigation of the Origin of the Colour of the Lycurgus Cup by Analytical Transmission Electron Microscopy.' *A*. 32 (1). Oxford, 1990, 33–45.

Barnard, Noel & Cheung Kwong-yue (1983). *Studies in Chinese Archaeology, 1980–1982: Reports on Visits to Mainland China, Taiwan, and the USA; Participation in Conferences in these Countries; and Some Notes and Impressions*. Hong Kong, Wen-Hsüeh-She, 1983.

Barnes, Gina L. (1993). *China Korea and Japan: The Rise of Civilization in East Asia*. Thames and Hudson, London, 1993.

Bayard, Donn (1986). 'A Novel Pottery-manufacturing Technique.' *Thai Pottery and Ceramics*. Collected articles from *The Journal of the Siam Society 1922–1980*. Introduction by Dawn F. Rooney. Bangkok, 1986, 261–8.

Beamish, Jane (1995). 'The Significance of Yuan Blue and White Exported to South East Asia.' *South East Asia & China: Art, Interaction & Commerce. Colloquies on Art & Archaeology in Asia No. 17*. Rosemary Scott & John Guy, eds. Percival David Foundation of Chinese Art, University of London, London, 1995, 225–51.

Beasley, W. G. & Pulleyblank, E. G. (eds.) (1961). *Historians of China and Japan*. Oxford University Press, London, 1961.

Beck, H. C. (1934). *Notes on Glazed Stone, Part One: Glazed Steatite. Ancient Egypt and the East*. British School of Archaeology in Egypt, London, 1934, 19–37.

Berke, Heinz & Wiedemann, Hans G. (2000). 'The Chemistry and Fabrication of the Anthropogenic Pigments Chinese Blue and Purple in Ancient China.' *EASTM*. 17. University of Tübingen, Germany, 2000, 94–120.

Beurdeley, Cécile & Beurdeley, Michel (1971). *Giuseppe Castiglione: A Jesuit Painter at the Court of the Chinese Emperors*. Office du Livre, Fribourg, 1971. Lund Humphries, London, 1972.

Beurdeley, Michel & Beurdeley, Cécile (1974). *Chinese Ceramics*. Trans. Katherine Watson. Thames and Hudson, London, 1974.

Bi Naihai & Zhang Zhizhong (1989). 'Xing Ware Kiln Furniture and Setting Methods During Every Dynasty.' *Proceedings of the 1989 International Symposium on Ancient Ceramics (ISAC '89)*. Li Jiazhi & Chen Xianqiu, eds. Shanghai Science and Technology Documents Press, Shanghai, 1989, 466–70.

Bielenstein, Hans (1953). *The Restoration of the Han Dynasty, with Prologomena on the Historiography of the Hou Han Shu*. 4 vols. Museum of Far Eastern Antiquities, Stockholm, 1953, 1959, 1967 & 1979.

Bimson, Mavis & Freestone, Ian C. (1985). 'Scientific Examination of Opaque Red Glass of the Second and First Millennia BC.' Appendix 3 *Catalogue of Western Asiatic Glass in The British Museum. Vol. 1*. D. Barag, ed. British Museum Press, London, 1985, 119–22.

Bimson, Mavis & Freestone, Ian C. (1987). *Early Vitreous Materials*. British Museum Occasional Paper 56. British Museum Press, London, 1987.

Biot, Edouard (1975). *Le Tcheou-li ou Rites des Tcheou*. Impremeries nationals, Paris, 1851. Reprinted Chung-wen, Taipei, 1975.

Biron, Isabelle & Quette, Béatrice (1997). 'Les premiers émaux chinois.' *T*. 6. Paris, 1997, 35–40.

Birrell, Anne (1993). *Chinese Mythology: An Introduction*. The John Hopkins University Press, Baltimore & London, 1993.

Blatt, Harvey, Middleton Gerard & Murray, Raymond (1980). *Origin of Sedimentary Rocks*. Prentice-Hall Inc., Englewood Cliffs NJ, 1980.

Bloembergen, Nicolaas (1980). 'Physics.' *Science In Contemporary China*. Leo A. Orleans & Caroline Davidson, eds. Stanford University Press, Stanford, 1980, 85–107.

Blunden, Caroline & Elvin, Mark (1983). *Cultural Atlas of China*. Phaidon, Oxford, 1983.

Bodde, Derk (1942). 'Early References to Tea Drinking in China.' *JAOS*. 62. University of Michigan, Ann Arbor, 1942, 74–6.

Bodde, Derk (1991). *Chinese Thought, Society, and Science: The Intellectual and Social Background of Science and Technology in Pre-modern China*. University of Hawaii Press, Honolulu, 1991.

Boëthius, Alex & Ward-Perkins, J. B. (1970). *Etruscan and Roman Architecture*. The Pelican History of Art. Penguin Books, Harmondsworth, 1970.

Boltz, William G. (1993a). 'Chou li.' *Early Chinese Texts: A Bibliographical Guide*. Michael Loewe, ed. The Society for the Study of Early China and The Institute of East Asian Studies. University of California, Berkeley CA, 1993, 24–32.

Boltz, William G. (1993b). 'I li'. *Early Chinese Texts; A Bibliographical Guide*. Michael Loewe ed. The Society for the Study of Early China and The Institute of East Asian Studies. University of California, Berkeley CA, 1993, 234–43.

Bourry, Emile (1911). *A Treatise on the Ceramic Industries: A Complete Manual for Pottery, Tile and Brick Manufacturers*. A revised version from the French with some critical notes from Alfred B. Searle. Scott Greenwood and Son Ltd, London, 1911.

Bouquillon, Anne, De Saizieu, B. Barthelemy & Duval, A. (1995). 'Glazed Steatite Beads from Merhgarh and Nausharo (Pakistani Balochistan).' *Materials Issues in Art and Archaeology IV. Materials Research Society Symposium Proceedings 352*. Pamela B. Vandiver, James R. Druzik, Jose Luis Galvan Madrid, Ian C. Freestone and George Segan Wheeler, eds. Materials Research Society, Pittsburgh, PA, 1995, 527–37.

Bowen, H. Kent (1986). 'Advanced Ceramics.' *SA*. 255 (4). New York, 1986, 146–54.

Bowman, Sheridan G. E., Cowell, Michael R., & Cribb, John (1989). 'Two Thousand Years of Coinage in China'. *HM*. 23. London, 1989, 25–30.

Boxer, C. R. (1980). *The Portuguese Seaborne Empire 1415–1825*. Hutchinson, London, 1969.

Brankston, Archibald D. (1938). *Early Ming Wares of Chingtechen*. Henri Vetch, Peking, 1938; repr. Vetch & Lee, Hong Kong & Lund Humphries, London, 1970.

Bräutigam, Herbert (1989). *Schatze Chinas in Museen der DDR: Kunsthandwerk und Kunst aus vier Jahrtausenden*. Staatlichen Museums für Volkerkunde, Dresden, 1989.

Bray, Francesca (1984). *Agriculture*. Vol. VI:2. *Science and Civilisation in China*. Joseph Needham, ed. Cambridge University Press, Cambridge, 1984.

Bray, William (ed.) (1857). *Diary and Correspondence of John Evelyn*. 4 vols. Henry Colburn, London, 1857.

Brears, Peter C. D. (1971). *The English Country Pottery: Its History and Techniques*. David and Charles, Newton Abbott, 1971.

Brill, Robert H. (1962). 'A Note on the Scientist's' Definition of Glass.' *JGS*. 4. The Corning Museum of Glass, Corning NY, 1962, 127–38.

Brill, Robert H. (1965). 'The Chemistry of the Lycurgus Cup.' *Proceedings of the Seventh International Congress on Glass comptes rendus.* 2, paper 223. Brussels, 1965, 1–13.

Brill, Robert H. (1999). *Chemical Analyses of Early Glasses.* 2 vols. The Corning Museum of Glass, Corning NY, 1999.

Brill, Robert H., Tong, S. S. C. & Dohrenwend, D. (1991). 'Chemical Analyses of Some Early Chinese Glasses.' *Scientific Research in Early Chinese Glass.* R. H. Brill & J. H. Martin, eds. The Corning Museum of Glass, Corning NY, 1991, 31–58.

Brill, Robert H., Tong, S. S. C. & Zhang Fukang (1989). 'The Chemical Composition of a Faience Bead from China.' *JGS.* 31. Corning Museum of Glass, Corning NY, 1989, 11–15.

Brill, Robert H., Vocke Jnr., R. D., Wang Shixiong & Zhang Fukang (1991). 'A Note on Lead Isotope Analyses of Faience Beads from China.' *JGS.* 33. The Corning Museum of Glass, Corning NY, 1991, 116–18.

Brindley, G. W. (1984). 'Quantitative X-ray Mineral Analysis of Clays.' Chapter 7 in Brindley, G. W. & Brown, G. (eds.), *Mineralogical Society Monograph No. 5. Crystal Structures of Clay Minerals and their X-Ray Identification.* Mineralogical Society, London, 1984, 411–38.

Brodrick, Anne, Wood, Nigel, Kerr, Rose & Watt, John (1992). 'The Construction, Composition and Firing Methods of Some Han Dynasty Architectural Ceramics from Tombs: The Application of Results to the Study of European Clays.' *Science and Technology of Ancient Ceramics 2.* Li Jiazhi & Chen Xianqiu, eds. Research Society of Science and Technology of Ancient Ceramics, Shanghai, 1992, 118–28.

Brongniart, Alexandre (1844). *Traité des arts céramiques ou des poteries considérées dans leur histoire, leur practique et leur théorie.* Béchet Jeune et Augustin Mathias, Paris, 1844.

Brook, R. J. (ed.) (1991). *Concise Encyclopedia of Advanced Ceramic Materials.* Pergamon Press, Oxford, 1991.

Brown, Roxanna M. (1988). *The Ceramics of South-East Asia: Their Dating and Identification.* Oxford University Press, Singapore, 1988.

Brown, Roxanna M. (1997). 'Xuande-marked Trade Wares and the "Ming Gap".' *OA.* 43 (2). London, 1997, 2–6.

Bunker, Emmy C., Chase, Tom, Northover, Peter & Salter, Chris (1993). 'Some Early Examples of Mercury Gilding and Silvering.' *Outils et ateliers d'orfèvres des temps anciens.* Antiquités Nationales Mémoire 2, Christine Eluère, St Germain-en-Laye. Musée des Antiquités Nationales, St Germain-en-Laye, 1993, 55–66.

Burbank, D. & Li Jijun (1985). 'Age and Paleoclimatic Significance of the Loess of Lanzhou, North China.' *N.* 316. London, 1985, 429–32.

Burgess, John Stewart (1928). *The Guilds of Peking.* Columbia University, New York, 1928.

Burton, William (1906). *Porcelain: Its Nature, Art and Manufacture.* Batsford, London, 1906.

Bushell, Stephen W. (1896). *Oriental Ceramic Art: Illustrated by Examples from the Collection of W. T. Walters.* D. Appleton and Co., Boston, 1896; repr. Frederick Muller Limited, London, 1981.

Bushell, Stephen W. (1899). *Oriental Ceramic Art: Collection of W. T. Walters.* Text edition to accompany the complete work. D. Appleton and Co., New York, 1899.

Bushell, Stephen W. (1910). *Description of Chinese Pottery and Porcelain. Being A Translation of the T'ao Shuo 陶說 With Introduction, Notes, and Bibliography.* The Clarendon Press, Oxford, 1910.

Bushell, Stephen W. (1977). *Chinese Pottery and Porcelain.* With an index by Lady David. Oxford University Press, London, 1977. (Index originally published in *TOCS, 1954–1955.* 29. London, 1956, 91–109.)

Butler, Anthony R., Glidewell, Christopher, Glidewell, Sheila M., Pritchard, Sharee E. & Needham, Joseph (1987). 'The Solubilization of Metallic Gold and Silver: Explanation of Two Sixth-Century Chinese Protochemical Recipes.' *P.* 6. Pergamon, Oxford, 1987, 483–8.

Butler, Sir Michael (1985). 'Chinese Porcelain at the End of the Ming.' *TOCS, 1983–1984.* 48. London, 1985, 33–62.

Butler, Sir Michael, Medley, Margaret & Little, Stephen (1990). *Seventeenth-Century Chinese Porcelain from the Butler Family Collection.* Art Services International, Alexandria, Virginia.

Cahn, Robert W. (1990). 'The Power of Paradoxes.' *N.* 347, 4 October. London, 1990, 423.

Cahn, Robert W., Haasen, P. & Kramer, E. J. (1994). *Materials Science and Technology, 11.* VCH Publishers Inc., New York, 1994.

Caley, E. R. (1962). *Analyses of Ancient Glasses.* The Corning Museum of Glass, Corning NY, 1962.

Calvão, João Rodrigues (ed.) (1999). *Caminhos da Porcelana, Dinastias Ming e Qing. The Porcelain Route, Ming and Qing Dynasties.* Fundação Oriente, Lisbon, 1999.

Cao Jianwen & Zhu Changhe (1995). 'On the Problems Concerning Rim-downwards Setting Technology of Ancient Chinese Porcelain Wares.' *Science and Technology of Ancient Ceramics 3: Proceedings of the International Symposium (ISAC '95).* Guo Jingkun, ed. Shanghai Research Society of Science and Technology of Ancient Ceramics, Shanghai, 1995, 279–85.

Capon, Edmund (1983). *Qin Shihuang: Terra-cotta Warriors and Horses.* Art Gallery of New South Wales and International Cultural Corporation of Australia Limited, Victoria, 1983.

Cardew, Michael (1969). *Pioneer Pottery.* Longmans, London & Harlow, 1969.

Carswell, John (1985a). 'China, Sri Lanka and Islam: The Export of Chinese Wares to the Western World.' *The 2nd International Conference on Ancient Chinese Pottery and Porcelain (Abstracts).* China Academic Publishers, Peking 1985, 116–18.

Carswell, John (1985b). 'Chinese Ceramics from Allaippidy in Sri Lanka.' *A Ceramic Legacy of Asia's Maritime Trade: Song Dynasty Guangdong Wares and other 11th–19th century Trade Ceramics Found on Tioman Island, Malaysia*. Southeast Asian Ceramic Society (West Malaysia Chapter). Oxford University Press, Kuala Lumpur, 1985, 30–47.

Carswell, John (1985c). *Blue and White Chinese Porcelain and its Impact on the Western World*. The David and Alfred Smart Gallery. The University of Chicago, Chicago, 1985.

Carswell, John (2000). *Blue & White: Chinese Porcelain Around the World*. British Museum Press, London, 2000.

Carvalho, Pedro Moura (2000). 'Macao as a Source for Works of Art of Far Eastern Origin.' *OA*. 46 (3). London, 2000, 13–21.

Cassidy-Geiger, Maureen (1999). 'Meissen and Saint-Cloud, Dresden and Paris: Royal and Lesser Connections and Parallels.' *Discovering the Secrets of Soft-Paste Porcelain at The Saint Cloud Manufactory ca. 1690–1766*. Bertrand Rondot, ed. The Bard Graduate Center for the Studies in the Decorative Arts, New York. Yale University Press, New Haven & London, 1999, 97–111.

Catz, Rebecca D. (ed. and trans.) (1989). *The Travels of Mendes Pinto: Fernao Mendes Pinto*. University of Chicago Press, Chicago & London, 1989.

Celoria, Francis (1976). 'Techniques of White Salt-glaze Stoneware Manufacture in North Staffordshire around 1765.' *Science and Archaeology*. No. 18. Stafford, 1976, 25–8.

Chait, Ralph M. (1957). 'The Eight Prescribed Peachbloom Shapes Bearing K'ang-hsi Marks.' *OA*. 3 (1). London, 1957, 130–7.

Chamley, Hervé (1989). *Clay Sedimentology*. Springer-Verlag, Berlin, Heidelberg & New York, 1989.

Chang Kwang-Chih (1963, 1986). *The Archaeology of Ancient China*. Yale University Press, New Haven & London, 1963; repr. 1968, 1977, 1986.

Chang Kwang-Chih (1980a). *Shang Civilisation*. Yale University Press, New Haven & London, 1980.

Chang, Kwang-Chih (1980b). 'The Chinese Bronze Age: A Modern Synthesis.' *The Great Bronze Age of China*. Wen Fong, ed. The Metropolitan Museum of Art, New York, 1980, 35–50.

Chang, Kwang-chih (ed.) (1986). *Studies of Shang Archaeology: Selected Papers from the International Conference on Shang Civilisation*. Yale University Press, New Haven & London, 1986.

Chang T'ien-Tse (1933). *Sino-Portugese Trade from 1514 to 1644: A Synthesis of Portugese and Chinese Sources*. E. J. Brill, Leyden, 1933.

Chase, William T. (1983). 'Bronze Casting in China: A Short Technical History.' *The Great Bronze Age of China: A Symposium*. George Kuwayama, ed. Los Angeles, 1983, 100–23.

Chase, William T. (1991). *Ancient Chinese Bronze Art: Casting the Precious Sacral Vessel*. With the assistance of Jung May Lee: introduction by K. C. Chang. China House Gallery, China Institute of America, New York, 1991.

Chase, William T. (1993). 'Chinese Bronzes: Casting, Finishing, Patination and Corrosion.' *Ancient and Historic Metals: Conservation and Scientific Research*. David A. Scott, Jerry Podany & Brian B. Considine, eds. The Getty Conservation Institute, Marina del Rey CA, 1993, 85–117.

Chaudhuri, K. N. (1978). *The Trading World of Asia and the English East India Company 1660–1760*. Cambridge University Press, Cambridge & New York, 1978.

Chaudhuri, K. N. (1985). *Trade and Civilisation in the Indian Ocean: An Economic History from the Rise of Islam to 1750*. Cambridge University Press, Cambridge & New York, 1985.

Chavannes, E. (1895–1905). *Les Mémoires Historiques de Se-Ma Ts'ien [Ssu-ma Chhien]*. 5 vols. Leroux, Paris, 1895–1905. (Photographically reproduced in China, without imprint and undated.)

    1895 Vol. 1 trans. *Shih Chi*, chs. 1, 2, 3, 4.

    1897 Vol. 2 trans. *Shih Chi*, chs. 5, 6, 7, 8, 9, 10, 11, 12.

    1898 Vol. 3 (i) trans. *Shih Chi*, chs. 13, 14, 15, 16, 17, 18, 19, 20, 21, 22.

           Vol. 3 (ii) trans. *Shih Chi*, chs. 23, 24, 25, 26, 27, 28, 29, 30.

    1901 Vol. 4 trans. *Shih Chi*, chs. 31, 32, 33, 34, 35, 36, 37, 38, 39, 40, 41, 42.

    1905 Vol. 5 trans. *Shih Chi*, chs. 43, 44, 45, 46, 47.

Chaves, Jonathan (1976). *Mei Yao-ch'en and the Development of Early Sung Poetry*. Columbia University Press, New York & London, 1976.

Chen Baiquan (1993). 'The Development of Song Dynasty Qingbai Wares from Jingdezhen.' *The Porcelains of Jingdezhen: Colloquies on Art and Archaeology in Asia No. 16*. Rosemary Scott, ed. Percival David Foundation of Chinese Art, University of London, London, 1993, 13–32.

Chen Liqiong (1986). 'The Qionglai Kilns.' *Scientific and Technological Insights on Ancient Chinese Pottery and Porcelain*. Shanghai Institute of Ceramics eds. Science Press, Peking, 1986, 321–4.

Chen Liqiong (1989). 'Tang and Song Kilns Excavated in Sichuan Province.' *Proceedings of the 1989 International Symposium on Ancient Ceramics (ISAC '89)*. Li Jiazhi & Chen Xianqiu, eds. Shanghai Science and Technology Press, Shanghai, 1989, 476–80.

Chen Liqiong (1992). 'The Processing Characteristics of Ceramics in Sichuan Province in Tang and Song Dynasties.' *Science and Technology of Ancient Ceramics 2: Proceedings of the International Symposium (ISAC '92)*. Li Jiazhi, Chen Xianqiu, eds. Shanghai Research Society of Science and Technology of Ancient Ceramics, Shanghai, 1992, 564–9.

Chen Qianqing & Zhou Shaohua (1992). 'Study on Southern Song Altar Guan Ware by Electron Microscopy.' *Science and Technology of Ancient Ceramics 2: Proceedings of the International Symposium (ISAC '92)*. Li Jiazhi & Chen Xianqiu, eds. Shanghai Research Society of Science and Technology of Ancient Ceramics, Shanghai, 1992, 363–73.

Chen Tai & Hu Sheng-en (1946). 'Properties of Sandstones as a Refractory Material.' *JACS*. 29. Easton PA, 1946, 193–7.

Chen Tiemei, Rapp Jr., George, Jing Zhichun & He Nu (1999a). 'Provenance Studies of the Earliest Chinese Proto-porcelain Using Instrumental Neutron Activation Analysis.' *JAS*. 26 (8). Academic Press, London, 1003–15.

Chen Tiemei, Rapp Jr., George, and Jing Zhichun (1999b). 'Neutron Activation Analysis on Proto-Porcelain Samples of Shang-Zhou Period.' *Scientific and Technical Aspects of Ancient Ceramics, 4, Proceedings of the 1999 International Symposium (ISAC '99)*. Guo Jingkun, ed. Shanghai Scientific and Technical Documents Press, Shanghai, 1999, 20–2.

Chen Xianqiu, Huang Ruifu & Chen Shiping (1985a). 'Structural Analysis of Speckle Porcelain (Tang Jun).' *The 2nd International Conference on Ancient Chinese Pottery and Porcelain (Abstracts)*. China Academic Publishers, Peking, 1985, 29.

Chen Xianqiu, Chen Shiping, Wang Kaitai & Zhong Baiqiang (1985b). 'The Microstructure and ESR Spectra of Yingqing and Shufu Wares.' *The 2nd International Conference on Ancient Chinese Pottery and Porcelain (Abstracts)*. China Academic Publishers, Peking 1985, 16–17.

Chen Xianqiu, Chen Shiping, Huang Ruifu, Zhou Xuelin & Ruan Meiling (1986a). 'A Scientific Study on Jian Temmoku Wares in the Sung Dynasty.' *Scientific and Technological Insights on Ancient Chinese Pottery and Porcelain*. Shanghai Institute of Ceramics eds. Science Press, Peking, 1986, 227–31.

Chen Xianqiu, Chen Shiping, Zhou Xuelin, Li Jiazhi, Zhu Boqian, Mou Yunkang & Wang Jiying (1986b). 'A Fundamental Research on Ceramic of Southern Song Altar Guan Ware and Longquan Ge Ware.' *Scientific and Technological Insights on Ancient Chinese Pottery and Porcelain*. Shanghai Institute of Ceramics eds. Science Press, Peking, 1986, 161–9.

Chen Xianqiu, Huang Ruifu, Jiang Lingzhang & Yu Ling (1986c). 'The Structural Nature of Jianyang Hare's Fur Temmoku Imitations.' *Scientific and Technological Insights on Ancient Chinese Pottery and Porcelain*. Shanghai Institute of Ceramics eds. Science Press, Peking, 1986, 236–40.

Chen Xianqiu, Huang Ruifu, Chen Shiping & Zhou Xuelin (1989). 'Chinese Phase Separated Glazes in Successive Dynasties: Their Chemical Composition, Immiscible Structure and Artistic Appearance.' *Proceedings of the 1989 International Symposium on Ancient Ceramics (ISAC '89)*. Li Jiazhi & Chen Xianqiu, eds. Shanghai Science and Technology Press, Shanghai, 1989, 31–7.

Chen Xianqiu, Chen Shiping, Luo Hongjie & Li Jiazhi (1992a). 'The Chemical Composition, Trace Elements and Microstructural Characteristics of Ancient Songzai Pottery.' *Science and Technology of Ancient Ceramics 2: Proceedings of the International Symposium (ISAC '92)*. Li Jiazhi & Chen Xianqiu, eds. Shanghai Research Society of Science and Technology of Ancient Ceramics, Shanghai, 1992, 26–37.

Chen Xianqiu, Huang Ruifu & Zeng Fan (1992b). 'The Study On Song Dynasty Partridge Spot Jian Temmoku For Tribute.' *Science and Technology of Ancient Ceramics 2: Proceedings of the International Symposium (ISAC '92)*. Li Jiazhi & Chen Xianqiu, eds. Shanghai Research Society of Science and Technology of Ancient Ceramics, Shanghai, 1992, 310–20.

Chen Yaocheng, Zhang Zhigang & Guo Yanyi (1985). 'The Formation of Black Specks on Xuande Blue-and-White of Ming Dynasty.' *The 2nd International Conference on Ancient Chinese Pottery and Porcelain (Abstracts)*. China Academic Publishers, Peking, 1985, 41.

Chen Yaocheng, Guo Yanyi & Zhang Zhigang (1986). 'A Study of Yuan Blue-and-White Porcelain.' *Scientific and Technological Insights on Ancient Chinese Pottery and Porcelain*. Shanghai Institute of Ceramics eds. Science Press, Peking, 1986, 122–8.

Chen Yaocheng, Guo Yanyi & Liu Lizhong (1988). 'An Investigation of Cizhou Black and Brown Decorated Porcelain of Successive Dynasties.' *OA*. 34 (1). London, 1988, 35–41.

Chen Yaocheng, Zhang Fukang, Zhang Zhizhong & Bi Nanhai (1989a). 'A Study of Xing Fine White Porcelain of Sui and Tang Dynasties.' *Proceedings of the 1989 International Symposium on Ancient Ceramics (ISAC '89)*. Li Jiazhi & Chen Xianqiu, eds. Shanghai Science and Technology Documents Press, Shanghai, 1989, 221–8.

Chen Yaocheng, Guo Yanyi & Zhao Guanglin (1989b). 'A Study of Blue-and-White Porcelain of Yuxi and Jianshui Kilns.' *Proceedings of the 1989 International Symposium on Ancient Ceramics (ISAC '89)*. Li Jiazhi and Chen Xianqiu, eds. Shanghai Science and Technology Press, Shanghai, 1989, 195–201.

Chen Yaocheng, Guo Yanyi & Zhao Guanglin (1989c). 'Boron Glaze of Beijing Liuli Ware of Liao Dynasty.' *Proceedings of the 1989 International Symposium on Ancient Ceramics (ISAC '89)*. Li Jiazhi and Chen Xianqiu, eds. Shanghai Science and Technology Press, Shanghai, 1989, 317–21.

Chen Yaocheng, Guo Yanyi & Zhang Zhigang (1990). 'Formation of Black Specks on Xuande Blue-and-White of the Ming Dynasty.' *ArM*. 4. Philadelphia PA, 1990, 123–31.

Chen Yaocheng, Guo Yanyi & Chen Hong (1994). 'Sources of Cobalt Pigment used on Yuan Blue and White Porcelain Wares.' Shanghai Institute of Ceramics, Chinese Academy of Sciences. *OA*. 60 (1). London, 1994, 14–19.

Chen Yaocheng, Guo Yanyi & Li Hua (1995a). 'Discussion on the Wumingyi.' *Science and Technology of Ancient Ceramics 3: Proceedings of the International Symposium (ISAC '95)*. Guo Jingkun, ed. Shanghai Research Society of Science and Technology of Ancient Ceramics, Shanghai, 1995, 291–4.

Chen Yaocheng, Zhang Fukang, Zhang Xiaowei, Jiang Zhongyi & Li Dejin (1995b). 'A Study on Tang Blue and White Wares and Sources of the Cobalt Pigments Used.' *Science and Technology of Ancient Ceramics 3: Proceedings of the International Symposium (ISAC '95)*. Guo Jingkun, ed. Shanghai Research Society of Science and Technology of Ancient Ceramics, Shanghai, 1995, 204–10.

Cheng, Anne (1993). 'Ch'un ch'iu, Kung yang, Ku liang and Tso chuan.' *Early Chinese Texts: A Bibliographical Guide*. Michael Loewe, ed. The Society for the Study of Early China and The Institute of East Asian Studies. University of California, Berkeley CA, 1993, 67–76.

Cheng Derun & Si Ru (1989). 'Atmospheric Environment in Xi'an and the Protection of Ancient Ceramics.' *Proceedings of the 1989 International Symposium on Ancient Ceramics (ISAC '89)*. Li Jiazhi, Chen Xianqiu, eds. Shanghai Science and Technology Documents Press, Shanghai, 1989, 496–502.

Cheng Zhuhai & Sheng Houxing (1986). 'An Investigation of the Western Zhou Dynasty Green-glazed Ware Excavated at Luoyang.' *Scientific and Technological Insights on Ancient Chinese Pottery and Porcelain*. Shanghai Institute of Ceramics eds. Science Press, Peking 1986, 35–9.

Cheng Zhuhai, Zhang Fukang, Liu Kedong & Ye Hongming (1986). 'Field Investigation of the Prehistoric Methods of Pottery Making in Yunnan.' *Scientific and Technological Insights on Ancient Chinese Pottery and Porcelain*. Shanghai Institute of Ceramics eds. Science Press, Peking, 1986, 27–34.

Cheng, Hsiao-Chieh, Pai Cheng, Hui-Chen & Thern, K. L. (trans.) (1985). *Shan Hai Ching: Legendary Geography and Wonders of Ancient China*. The Committee for Compilation and Examination of the Series of Chinese Classics. National Institute for Compilation and Translation, Taipei, 1985.

Chirnside, R. C. (1965). 'The Rothchild Lycurgus Cup: An Analytical Investigation.' *Proceedings of the Seventh International Congress on Glass comptes rendus*. 2, paper 222. Brussels, 1965, 18–23.

Chu-Tsing Li (1987). 'The Artistic Theories of the Literati.' *The Chinese Scholar's Studio: Artistic Life in the Late Ming Period*. Thames and Hudson, in association with The Asia Society Galleries, New York, 1987, 14–22.

Clark, Hugh R. (1991). 'The Politics of Trade and the Establishment of the Quanzhou Trade Superintendency.' *China and the Maritime Silk Route: Unesco Quanzhou International Seminar on China and the Maritime Routes of the Silk Roads*. Fujian People's Publishing House. Quanzhou, 1991, 375–94.

Clark, Joel P. & Flemings, Morton C. (1986). 'Advanced Materials and the Economy.' *SA*. 255 (4). New York, 1986, 43–9.

Clark, Sydney Procter (ed.) (1966). *Handbook of Physical Constants*. G SA Memoir, 97. New York, 1966, 74–96.

Clauser, H. R. (ed.) (1963). *The Encyclopaedia of Engineering Materials and Processes*. Reinhold Publishing Corporation, New York; Chapman & Hall, London, 1963.

Clegg, W. J., Kendall, N., Alford, N. Mcn., Button, T. W. & Birchall, J. D. (1990). 'A Simple Way to Make Tough Ceramics.' (letter). *N*. 347. London, 1990, p. 91.

Close, Angela E. (1995). 'Few and Far Between: Early Ceramics in North Africa.' *The Emergence of Pottery: Technology and Innovation in Ancient Societies*. William K. Barnett & John W. Hoopes, eds. Smithsonian Institution Press, Washington DC & London, 1995, 23–37.

Clunas, Craig (ed.) (1987). *Chinese Export Art and Design*. Victoria and Albert Museum, London, 1987.

Clunas, Craig (1989). 'The Cost of Ceramics and the Cost of Collecting Ceramics in the Ming Period.' *OCSHKB 1986–88*. 8. Hong Kong, 1989, 47–53.

Clunas, Craig (1991). *Superfluous Things: Material Culture and Social Status in Early Modern China*. Polity Press, Cambridge, 1991.

Clunas, Craig (1997). *Art in China*. Oxford University Press, Oxford, 1997.

Copeland, Robert (1972). *A Short History of Pottery Raw Materials and the Cheddleton Flint Mill*. Cheddleton Flint Mill Industrial Heritage Trust, Staffordshire, 1972.

Cordier, Henri (1891). *Les Voyages en Asie Au XIVe Siècle Du Bienheureux Frère Odoric de Pordenone, Religieux de Saint-François*. 2 vols. Ernest Leroux, Paris, 1891.

Cort, Louise Allison (1979). *Shigaraki, Potters' Valley*. Kodansha International, Tokyo, New York & San Francisco, 1979.

Cort, Louise & Lefferts Jnr., H. Leedom (2000). 'Khmer Earthenware in Mainland Southeast Asia: An Approach Through Production.' *Udaya: Journal of Khmer Studies*, 1. Pnom Penh, Cambodia, 2000, 48–69.

Cortesao, Armando (trans.) (1944). *The Suma Oriental of Tomé Pires: An Account of the East, From the Red Sea to Japan, Written in Malacca and India in 1512–1515*. The University Press, Glasgow, 1944.

Cotterell, Arthur (1987). *The First Emperor's Warriors*. Emperor's Warriors Exhibition Ltd, London, 1987.

Cowell, Michael, La Niece, Susan & Rawson, Jessica. 'A Study of Later Chinese Metalwork' [in press].

Crawford, Robert B. (1961). 'Eunuch Power in the Ming Dynasty.' *TP*. 49 (3). Leiden, 1961, 115–48.

Creel, Herrlee G. (1987). 'The Role of Compromise in Chinese Culture.' *Chinese Ideas about Nature and Society: Studies in Honour of Derk Bodde*. Charles Le Blanc & Susan Blader, eds. Hong Kong University Press, Hong Kong, 1987, 136–9.

Curtis, Emily Byrne (1994). 'Vitreous Art: Colour Materials for Qing Dynasty Enamels.' *AoA*. November-December. Hong Kong, 1994, 96–100.

Curtis, Emily Byrne (1997). 'European Contributions to the Chinese Glass of the Early Qing Period.' *JGS*. 39. The Corning Museum of Glass, Corning NY, 1997, 91–101.

Curtis, Emily Byrne (2001). 'A Plan of the Emperor's Glassworks.' *AA*. 56. Paris, 2001, 81–90.

Dai Cuixin, Zeng Xiangtong, Feng Shichang, Li Zhonghe, Cao Liancu, Zhang Zicheng, Wen Chunling, Li Pingsan & Yu Jiadong (1985). 'A Study on the Jizhou Temmoku Glaze Batch and Porcelain Clays Near the Jizhou Kilns.' *The 2nd International Conference on Ancient Chinese Pottery and Porcelain (Abstracts)*. China Academic Publishers, Peking, 1985, 65.

Dai Cuixin, Zeng Xiangtong, Li Zhonghu, Wu Shugao & Zhang Zicheng (1986). 'A Study of Saggers Excavated at Hutian Kiln, Jingdezhen.' *Scientific and Technological Insights on Ancient Chinese Pottery and Porcelain*. Shanghai Institute of Ceramics eds. Science Press, Peking, 1986, 287–94.

Dajnowski, Andrzej, Farrell, Eugene & Vandiver, Pamela, B. (1992). 'The Technical Examination of Some Neolithic Chinese Liangzhu Ceramics in the Harvard University Art Museums Collection.' *Materials Issues in Art and Archaeology III: Materials Research Society Symposium Proceedings 267*. Pamela B. Vandiver, James R. Druzik, George Segan Wheeler & Ian C. Freestone, eds. Materials Research Society, Pittsburgh PA, 1992, 609–20.

d'Albis, Antoine (1999). 'Methods of Manufacturing Porcelain in France in the Late Seventeenth and Early Eighteenth Centuries.' *Discovering the Secrets of Soft-Paste Porcelain at The Saint Cloud Manufactory ca. 1690–1766*. Bertrand Rondot, ed. The Bard Graduate Center for the Studies in the Decorative Arts, New York. Yale University Press, New Haven & London, 1999, 35–42.

Daniels, Christian C. (1996). *Agro Industries: Sugarcane Technology*. Vol. VI:3. *Science and Civilisation in China*. Joseph Needham, ed. Cambridge University Press, Cambridge, 1996.

David, Sir Percival, Bt. (1938). 'A Commentary on Ju Ware.' *TOCS, 1936–1937*. 14. London, 1938, 18–69.

David, Sir Percival, Bt. (trans. and ed.) (1971). *Chinese Connoisseurship: The Ko Ku Yao Lun, The Essential Criteria of Antiquities*. Faber and Faber, London, 1971.

Dawson, Raymond (1967). *The Chinese Chameleon: An Analysis of European Conceptions of Chinese Civilisation*. Oxford University Press, London, New York, Tokyo, 1967.

De Crespigny, Rafe (1970). *The Records of the Three Kingdoms: A Study in the Historiography of San-Kuo Chih*. Occasional Paper 9. Centre of Oriental Studies, The Australian National University, Canberra, 1970.

De Crespigny, Rafe (1989). *Emperor Huan and Emperor Ling: Being the Chronicle of Later Han for the Years 157 to 189 AD as Recorded in Chapters 54 to 59 of the Zizhi tongjian of Sima Guang*. Faculty of Asian Studies, N.S. No. 12. The Australian National University, Canberra, 1989.

DeBoos, Janet (1997). 'A Workshop in Yixing.' *Ceramics Art and Perception*. 27. Sydney, 1997, 90–3.

Deng Zequn & Li Jiazhi (1992). 'Studies on Chemical Composition and Technology of the Ancient Pottery and Porcelain Unearthed at the Yuanggu Shang City.' *Science and Technology of Ancient Ceramics 2: Proceedings of the International Symposium (ISAC '92)*. Li Jiazhi & Chen Xianqiu, eds. Shanghai Research Society of Science and Technology of Ancient Ceramics, Shanghai, 1992, 55–63.

d'Entrecolles, Père François Xavier (1781). 'Lettre D'Entrecolles à Jao-tcheou, 1er Septembre 1712' & 'Lettre D'Entrecolles à Kim-te-tchim, le 25 Janvier 1722.' In *Lettres édifiantes et curiouses écrites des missions étrangeres. Mémoires de la Chine etc.)*, vols. 18 and 19. J. G. Mérigot le jeune, Paris, 1781, 224–96 & 173–203. Trans. Bushell (1896), Scheurleer (1982), Tichane (1983).

Derbyshire, Edward, Kemp, R. & Meng Xinming (1995). 'Variations in Loess and Paleosol Properties as Indicators of Paleoclimatic Gradients Across the Loess Plateau of North China.' *QSR*. 4 (7–8). Pergamon, Oxford, 1995, 681–97.

Desroches, John-Paul (1989). 'Vase tripode à tête de coq, grès blanc à couverte transparente.' *Le Jardin des porcelaines*. Paris, 1989, 36–8.

De Wicquefort, A. (trans.) (1666). *Le Voyage de Jean Albert De Mandelslo aux Indes Orientales*. 2 vols. Jean du Puis, Paris, 1666.

Diessel, C. F. K. (1992). *Coal-bearing Depositional Systems*. Springer-Verlag, Berlin, Heidelberg, New York, London, Paris & Tokyo, 1992.

Dillon, Michael (1976). 'A History of the Porcelain Industry in Jingdezhen.' Unpublished D.Phil. thesis. University of Leeds, 1976.

Dillon, Michael (1978). 'Jingdezhen as a Ming Industrial Center.' *MS*. 6. Minneapolis, 1978, 38–44.

Ding Zhongli & Liu Dongsheng (1992). 'Loess-Soil Stratigraphy in China and Bearings on Climatic History in the Last 2.5 Ma.' *Advances in Geoscience*. Wang Sijing, ed. Science Press, Peking, 1992, 390–406.

Ding Z. L., Sun, J. M., Liu, T. S., Zhu, R. X., Yang, S. L. & Guo, B. (1998). 'Wind-blown Origin of the Pliocene Red Clay Formation in the Central Loess Plateau, China.' *Earth and Planetary Science Letters*. 161 (1–4). Amsterdam, 1998, 135–43.

Dobson, W. A. C. H. (1963). *Mencius: A New Translation Arranged and Annotated for the General Reader*. Oxford University Press, London, 1963.

Donnelly, P. J. (1969). *Blanc De Chine: The Porcelain of Têhua in Fukien*. Faber and Faber, London, 1969.

Du Halde, Jean-Baptiste (ed.) (1735). *Description geographique, historique, chronologique, politique, et physique de l'empire de la Chine et de la Tartarie chinoise: enrichie des cartes generales et particulieres de ces pays, de la carte générale & des cartes particulieres du Thibet, & de la Corée, & ornée d'un grand nombre de figures & de vignettes gravées en taille-douce.* P. G. Le Mercier, Paris, 1735.

Du Halde, Jean-Baptiste (ed.) (1736). *The General History of China containing A Geographical, Historical, Chronological, Political and Physical Description of the Empire of China, Chinese Tartary, Corea and Thibet.* Printed for and by John Watts, London, 1736.

Du Halde, Jean-Baptiste (ed.) (1738–1741). Description of the empire of China and Chinese Tartary, together with the kingdoms of Korea, and Tibet: containing the geography and history (natural as well as civil) of those countries. Alternate Title: *Description Géographique, historique, chronologique et physique de l'Empire de Chine et de la Tartarie chinoise.* Maps signed by Emanuel Bowen, thought to be the translator. Printed by T. Gardner for E. Cave, London, 1738–41.

Dubs, Homer H. (1928). *The Works of Hsüntze.* Probsthain's Oriental Series XVI, London, 1928.

Dubs, Homer H. (trans. with assistance of Phan Lo-Chi & Jen Thai) (1938, 1944, 1955). *History of the Former Han Dynasty, by Pan Ku: A Critical Translation with Annotations.* 3 vols. Waverley Press, Baltimore, 1938, 1944, 1955.

Dunham, Sir Kingsley Charles (1945). *Barium Minerals in England and Wales.* Geological Survey of Great Britain, London, 1945.

Dupoizat, Marie-France (1992). 'Rapport préliminaire sur la céramique importée à Banten Girang.' *AA.* 157. Paris, 1992, 57–68.

Duyvendak, J. J. L. (1938). 'The True Dates of the Chinese Maritime Expeditions in the Early Fifteenth Century.' *TP.* 37. Leiden, 1938 (34), 341–412.

Earle, Joe (ed.) (1986). *Japanese Art and Design.* Victoria and Albert Museum, London, 1986.

Ebelman, J. J. & Salvetat, L. A. (1851). 'Recherches sur la composition des matières employeés dans la fabrication et dans la décoration de la porcelain en Chine.' *ACP.* 31 (3). Paris, 1851, 257–86.

Ebrey, Patricia Buckley (1981). *Chinese Civilization and Society: A Source Book.* The Free Press, New York, 1981.

Efremov, G. L. (1956) 'Art Porcelain in the Chinese People's Republic.' *SIK.* 13 (2). Moscow, 1956, 28–30.

Elisseeff, Danielle & Elisseeff, Vadime (1983). *New Discoveries in China. Encountering History Through Archaeology.* Trans. Larry Lockwood. Chartwell Books Inc., New Jersey, 1983.

Elliot, Gordon (1998). *John and David Elers and their Contemporaries.* Jonathan Horne Publications, London, 1998.

Eluère, Christiane & Rab, Christoph J. (1991). 'Investigations on the Gold Coating Technology and the Great Dish from Varna.' *Découverte du Metal,* Milléniers Dossier 2, Jean-Paul Mohen & Christiane Eluère, eds. Paris, 1991, 13–30.

Encyclopeadia Britannica (1997). CD TM, 1997.

Endicott-West, Elizabeth (1989). 'Merchants Associations in Yuan China: The Ortogh.' *AM.* 2. London, 1989, 137–54.

Etsuzo Kato & Shigeto Kanaoka (1986). 'How to Prepare an Underglaze Blue Colour for Porcelain by a Smalt.' *Scientific and Technological Insights on Ancient Chinese Pottery and Porcelain.* Shanghai Institute of Ceramics eds. Science Press, Peking, 1986, 255–9.

Ettinghausen, Richard & Grabar, Oleg (1987). *The Art and Architecture of Islam.* The Pelican History of Art. Penguin Books, Harmondsworth, 1987.

Exley, Colin Stewart (1959). 'Magmatic Differentiation and Alteration in the St. Austell Granite.' *QJGS.* 114 (2). London, 1959, 197–225.

Fahr-Becker, Gabriele (ed.) (1999). *The Art of East Asia.* Könemann, Cologne, 1999.

Fairbank, J. K. (1941). 'Tributary Trade and China's Relations with the West.' *FEQ.* 5. Ann Arbor, Michigan, 1941, 129–49.

Fairbank, Wilma (1962). 'Piece-mould Craftsmanship and Shang Bronze Design.' *ACASA.* 16. New York, 1962, 9 15.

Fan Dongqing (1996). 'Song Dynasty Yaozhou and Jun Wares in the Freer Gallery of Art.' *OA.* 42 (3). London, 1996, 24–9.

Fan Dong-Qing & Zhou Li-Li (1991). 'The Investigation of the Ru Kiln Site at Qingliangsi, Baofeng, Henan.' *The Discovery of Ru Kiln: A Famous Song-ware Kiln of China.* The Woods Publishing Co., Hong Kong, 1991, 93–112.

Fang Fubao (1992). 'A Study of Wannian Rough Pottery of Neolithic Age.' *Science and Technology of Ancient Ceramics 2: Proceedings of the International Symposium (ISAC '92).* Li Jiazhi & Chen Xianqiu, eds. Shanghai Research Society of Science and Technology of Ancient Ceramics, Shanghai, 1992, 542–3.

Fang Jingqi & Xie Zhiren (1994). 'Deforestation in Preindustrial China: The Loess Plateau Region as an Example.' *C.* 29 (5). New York, 1994, 983–99.

Farmer, Edward L., Taylor, Romeyn, Waltner, Ann & Jiang Yonglin (1994). *Ming History. An Introductory Guide to Research.* Ming Studies Research Series No. 3. University of Minnesota, Minneapolis MN, 1994.

Farrington, Benjamin (1944). *Greek Science.* Pelican, London 1944; repr. 1949, 1953, 1961, 1963, 1966.

Faulkner, R. F. J. & Impey, O. R. (1981). *Shino and Oribe Kiln Sites.* Ashmolean Museum & Robert G. Sawers Publishing, Oxford, 1981.

Feng Shaozhu & Zhang Pusheng (1992). 'Dated Porcelain Stamping Mould Excavated in Song Rongxian Yao of Guangxi Province.' *Science and Technology of Ancient Ceramics 2: Proceedings of the International Symposium (ISAC '92).* Li Jiazhi & Chen Xianqiu, eds. Shanghai Research Society of Science and Technology of Ancient Ceramics, Shanghai, 1992, 618–22.

Feng Shaozhu, Zhang Pusheng & Yang Li (1995). 'An Investigation of Impression Moulds Excavated from the Yingqing Kilns in Guangxi.' *Science and Technology of Ancient Ceramics 3: Proceedings of the International Symposium (ISAC '95)*. Guo Jingkun, ed. Shanghai Research Society of Science and Technology of Ancient Ceramics, Shanghai, 1995, 325–8.

Feng Xianming (1985). 'Red-Glazed and Underglaze-Red Porcelain of the Yuan Dynasty.' *O.* 16 (7). Hong Kong, 1985, 44–8.

Feng Yunlong (1995). 'A Study of Jingdezhen's High Quality Ceramic Materials of Southern Song Dynasty.' *Science and Technology of Ancient Ceramics 3: Proceedings of the International Symposium (ISAC '95)*. Guo Jingkun, ed. Shanghai Research Society of Science and Technology of Ancient Ceramics, Shanghai, 1995, 295–301.

Fenn, P. M., Brill, R. H. & Shi Meiguang (1991). Addendum to Chapter 4. *Scientific Research in Early Chinese Glass*. R. H. Brill & J. H. Martin, eds. The Corning Museum of Glass, Corning NY, 1991, 59–64.

Finlay, Robert (1998). 'The Pilgrim Art: The Culture of Porcelain in World History.' *JWH.* 9 (2). Neuchatel, 1998, 141–87.

Finlay, Robert (2000). 'China, The West, and World History in Joseph Needham's *Science and Civilisation in China*.' *JWH.* 11 (2). Neuchatel, 2000, 265–303.

Fitzgerald, C. P. (1972). *The Southern Expansion of the Chinese People: 'Southern Fields and Southern Ocean'*. Barrie & Jenkins, London, 1972.

FitzHugh, E. W. & Zycherman, L. A. (1983). 'An Early Man-made Blue Pigment from China: Barium copper silicate.' *SC.* 28. London, 1983, 15–23.

FitzHugh, E. W. & Zycherman, L. A. (1992). 'A Purple Barium Copper Silicate Pigment from Early China.' *SC.* 37. London, 1992, 145–54.

Fleming, S. J., Hancock, R. G. V., Mason, R. B. & Scott, R. E. (1992). 'Tang Polychrome Wares: An Interaction with the Islamic West.' *Science and Technology of Ancient Ceramics 2: Proceedings of the International Symposium (ISAC '92)*. Li Jiazhi, Chen Xianqiu, eds. Shanghai Research Society of Science and Technology of Ancient Ceramics, Shanghai, 1992, 211–22.

Fong Chow (1950). 'Celadon and Chün Type Glazes.' *FECB.* II (4). B. M. Israël NV, Amsterdam, Robert G. Sawers, London, 1950, 90–3, plus two pages of unpaginated plates.

Fortune, R. A. (1857). *Residence among the Chinese: Inland, on the Coast, and at Sea. Being a Narrative of Scenes and Adventures During a Third Visit to China, From 1853 to 1856*. J. Murray, London, 1857.

Franck, Harry Alverson (1925). *Roving Through Southern China*. Century, New York, 1925.

Franke, Herbert (1981). *Diplomatic Missions to the Song State 960–1279*. Australian National University, Canberra, 1981.

Franke, W. (1961). 'The Veritable Records of the Ming Dynasty (1368–1644).' *Historians of China and Japan: Historical Writings on the People of Asia*. W. G. Beasley & E. G. Pulleyblank, eds. Oxford University Press, London, 1961, 60–77.

Frankel, H. H. (1957). *Catalogue of Translations from the Chinese Dynastic Histories for the Period +220 to +960*. Institute of International Studies, University of California, East Asia Studies. Chinese Dynastic Histories Translations Supplement No. 1. University of California Press, Berkeley & Los Angeles CA, 1957.

Freestone, Ian C. (1987). 'Composition and Microstructure of Early Opaque Red Glass.' *British Museum Occasional Paper 56*. Mavis Bimson & Ian Freestone, eds. British Museum Press, London, 1987.

Freestone, Ian C. (1993). 'A Technical Study of Limehouse Ware.' Chapter 7 in *Limehouse Ware Revealed*. English Ceramic Circle with the collaboration of the Museum of London. David Drakard, London 1993, 68–77.

Freestone, Ian C. (1996). 'A-marked Porcelain: Some Recent Scientific Work.' *TECC.* 16 (1). London, 1996, 76–84.

Freestone, Ian C. (1999). 'The Mineralogy and Chemistry of Early British Porcelain.' *MSB.* July. London, 1999, 3–7.

Freestone, Ian C. (2000). 'The Science of Early British Porcelain.' *The International Ceramics Fair & Seminar, 2000*. London, 19–27.

Freestone, Ian C. & Barber, David J. (1993). 'The Development of the Colour of Sacrificial Red Glaze with Special Reference to a Qing Dynasty Saucer Dish.' *Chinese Copper Red Wares*. Rosemary E. Scott, ed. Percival David Foundation of Chinese Art Monograph Series No. 3. University of London, London, 1993, 53–62.

Freestone, Ian & Gaimster, David (eds.) (1997). *Pottery in the Making: World Ceramic Traditions*. British Museum Press, London, 1997.

Freestone, Ian C., Wood, Nigel & Rawson, Jessica (1989). 'Shang Dynasty Casting Moulds from North China.' *Cross-craft and Cross-cultural Interactions in Ceramics: Ceramics and Civilization, Vol. IV*. Patrick E. McGovern, Michael D. Notis & W. David Kingery, eds. The American Ceramic Society. Inc., Westerville OH, 1989, 253–74.

Fukai, Shinji (1981). *Ceramics of Ancient Persia*. Trans. Edna B. Crawford. Weatherhill/Tankosha, New York, Tokyo, Kyoto, 1981. (Originally published in Japanese by Tankosha in 1980 under the title *Perusha no Kotōki*.)

Gaimster, David (1997). 'Stoneware Production in Medieval and Early Modern Germany.' *Pottery in the Making: World Ceramic Traditions*. Ian Freestone & David Gaimster, eds. British Museum Press, London, 1997, 122–7.

Gale, Esson M. (1931). *Discourses on Salt and Iron: A Debate of Commerce and Industry in Ancient China, Chapters 1–19*. Sinica Leidensia Editit Institutum Sinologicum Lugduno-Batavumm, II. Brill, Leiden, 1931; repr. *JAS* Taipei, 1973.

Gamble, Sidney D. (1954). *Ting Hsien: A North China Rural Community.* Stanford University Press, New York, 1954.

Gan Fuxi (1991). 'Introduction to the Symposium Papers.' *Scientific Research in Early Chinese Glass.* R. H. Brill & J. H. Martin, eds. The Corning Museum of Glass, Corning NY, 1991, 1–3.

Garner, Harry (1956). 'The Use of Imported and Native Cobalt in Chinese Blue and White.' *OA.* 2 (2). London, 1956, 48–50.

Garner, Harry (1970). 'The Origins of *Famille Rose.*' *TOCS, 1967–1969.* London, 1970, 1–16.

Garner, Harry (1975). *Chinese Export Art at Schloss Ambras.* The Oriental Ceramic Society, London, 1975.

Garnsey, Wanda & Alley, Rewi (1983). *China Ancient Kilns and Modern Ceramics: A Guide to the Potteries.* American National University Press, Canberra, Australia, London, England & Miami FL, 1983.

Garrels, Robert M. & Mackenzie, Fred T. (1971). *Evolution of Sedimentary Rocks.* W. W. Norton & Company Inc., New York, 1971.

Gaubil, R. P. (trans.) (1739). *Histoire de Gentchiscan et de Toute La Dinastie des Mongous ses Successeurs, Conquérans De La Chine.* Du Resnel, Paris, 1739.

Gernet, Jacques (1962). *Daily Life in China on the Eve of the Mongol Invasion, 1250–1276.* Stanford University Press. Stanford 1962; paperback, 1970. (Translated from the French by H. M. Wright, originally published as *La vie quotidienne en Chine à la veille de l'invasion mongole, 1250–1267.* Hachette, Paris, 1959.)

Gettens, Robert J. (1969). *The Freer Chinese Bronzes.* 2. *Technical Studies.* Smithsonian Institution, Washington DC, 1969.

Gibson, Alex & Woods, Ann (1997). *Prehistoric Pottery for the Archaeologist.* 2nd edn. Leicester University Press, London & Washington, 1997.

Giester, G. & Rieck, B. (1994). 'Effenbergerite, $BaCu(Si_4O_{10})$, a New Mineral from the Kalahari Manganese Field, South Africa: Description and Crystal Structure.' *MM.* 58. London, 1994, 663–70.

Giles, Herbert A. (1898). *A Chinese Biographical Dictionary.* Kelly & Walsh, London, Shanghai, 1898; repr. Taipei, 1972.

Giles, Lionel (1911). *An Alphabetical Index to the Chinese Encyclopaedia (Chhin Ting Ku Chin Thu Shu Chi Chheng).* British Museum, London, 1911.

Giles, Lionel (1942). *The Book of Mencius* (abridged). John Murray, London, 1942.

Gillis, Caroline (1994). 'Binding Evidence: Tin Foil and Organic Binders on Aegean Late Bronze Age Pottery.' *Opuscula Atheniensia.* 20. Lund, 1994, 57–61.

Gilluly, James, Waters, A. C. & Woodford, A. O. (1960). *Principles of Geology Second Edition.* Modern Asia Editions. W. H. Freeman & Co., San Francisco, Charles E. Tuttle Co., Tokyo, 1960.

Gilman, John C. (1967). 'The Nature of Ceramics.' *SA.* 217 (3). New York, 1967, 112–24.

Gimm, Martin (trans. and ann.) (1966). *Das Yüeh-fu tsa-lu des Tuan An-chieh: Studien auf Geschichte von Musik, Schauspiel und Tanz in der T'ang-Dynastie.* Wiesbaden, 1966.

Girel, Jean (1988). 'Fourrure de lièvre – a propos d'un bol Jian des Collections Baur.' *Collections Baur.* 47. Geneva, 1988.

Glover, Ian & Henderson, Julian (1995). 'Early Glass in South East Asia and China.' *South East Asia & China: Art, Interaction and Commerce. Colloquies on Art & Arcaheology in Asia No. 17.* Rosemary Scott and John Guy, eds. Percival David Foundation of Chinese Art, University of London, London, 1995, 141–70.

Goddio, Frank, Pierson, Stacey & Crick, Monique (2000). *Sunken Treasure: Fifteenth Century Chinese Ceramics From the Lena Cargo.* Periplus, London, 2000.

Goepper, Roger & Whitfield, Roderick (1984). *Treasures from Korea: Art Through 5000 Years.* British Museum Press, London, 1984.

Golany, Gideon S. (1992a). *Chinese Earth-Sheltered Dwellings: Indigenous Lessons for Modern Urban Design.* University of Hawaii Press, Honolulu HI, 1992.

Golany, Gideon S. (1992b). 'Yachuan Village, Gansu, and Shimadao Village, Shaanxi Subterranean Villages.' Chapter 11 in *Chinese Landscapes: The Village as Place.* Ronald G. Knapp, ed. University of Hawaii Press, Honolulu HI, 1992, 151–61.

Golas, Peter J. (1999). *Chemistry and Chemical Technology; Mining.* Vol. V:13. *Science and Civilisation in China.* Joseph Needham ed. Cambridge University Press, Cambridge, 1999.

Gompertz, G. St. G. M. (1968). *Korean Pottery and Porcelain of the Yi Period.* Faber and Faber, London, 1968.

Gonzales De Mendoza, Juan (1588). *The Historie of the great and mightie kingdome of China, and the situation thereof: Togither with the great riches, huge Citties, politike gouernement, and rare inventions in the same.* Trans. from Spanish by R. Parke. Edward White. London, 1588; repr. Theatrum Orbis Terrarum Ltd, Amsterdam, 1973.

Goodrich, L. Carrington & Chaoying Fang (eds.) (1976). *Dictionary of Ming Biography 1368–1644. (The Ming Biographical History Project of the Association for Asian Studies).* Columbia University Press, New York, 1976.

Graham, A. C. (trans.) (1981). *Chuang-tzŭ. the Seven Inner Chapters: And Other Writings from the Book 'Chuang-tzŭ.'* Allen & Unwin, London, 1981.

Green, Chistopher (1999). *John Dwight's Fulham Pottery: Excavations 1971–79.* English Heritage, London, 1999.

Greensted, Mary & Hardie, Peter (1982). *Chinese Ceramics: The Indian Connection.* City of Bristol Art Gallery, Bristol, 1982.

Grim, Ralph Early, Bray, R. H. & Bradley, W. F. (1937). 'The Mica in Argillaceous Sediments.' *TAM.* 22. Philadelphia PA, 1937, 813–29.

Guo Yanyi (1987). 'Raw Materials for Making Porcelain and the Characteristics of Porcelain Wares in North and South China in Ancient Times.' *A.* 29 (1). Oxford, 1987, 3–19.

Guo Yanyi & Li Guozhen (1986a). 'A Study of Dehua White Porcelains in Successive Dynasties.' *Scientific and Technological Insights on Ancient Chinese Pottery and Porcelain*. Shanghai Institute of Ceramics eds. Science Press, Peking, 1986, 141–7.

Guo Yanyi & Li Guozhen (1986b). 'Sung Dynasty Ru and Yaozhou Green Glazed Wares.' *Scientific and Technological Insights on Ancient Chinese Pottery and Porcelain*. Shanghai Institute of Ceramics eds. Science Press, Peking, 1986, 153–60.

Guo Yanyi & Li Guozhen (1989). 'Scientific Analysis of Ancient Jun Wares.' *Proceedings of the 1989 International Symposium on Ancient Ceramics (ISAC '89)*. Li Jiazhi and Chen Xianqiu, eds. Shanghai Science and Technology Press, Shanghai, 1989, 66–72.

Guo Yanyi & Zhou Yiru (1985). 'Longquan Celadon and Porcelain Stone of Ancient Time.' *The 2nd International Conference on Ancient Chinese Pottery and Porcelain: Its Scientific and Technical Insights (Abstracts)*. China Academic Publishers, Peking, 1985, 14.

Guo Yanyi, Zhang Zhigang, Chen Shiping & Zhuo Zhenxi (1995). 'Ancient Ceramic Moulds of Yaozhou Kiln.' *Science and Technology of Ancient Ceramics 3: Proceedings of the International Symposium (ISAC '95)*. Guo Jingkun, ed. Shanghai Research Society of Science and Technology of Ancient Ceramics, Shanghai, 1995, 320–4.

Guo Zhengyi (1993). 'Structures, Mechanism and History of the Middle Section (Yishu Belt) of the Tancheng-Lujiang Fault Zone.' Chapter 4 in Xu Jiawei (ed.) *The Tancheng-Lujiang Wrench Fault System*. John Wiley & Sons, Chichester, New York, Brisbane, Toronto & Singapore, 1993.

Gutter, Malcom (1998). *Through the Looking Glass: Viewing Böttger and Other Red Stoneware*. Malcolm D. Gutter, San Francisco, 1998.

Guy, John (1980). *Oriental Trade Ceramics in Southeast Asia 10th to 16th Century*. National Gallery of Victoria, Melbourne, 1980.

Guy, John (1982). 'Vietnamese Trade Ceramics.' *Vietnamese Ceramics*. South East Asian Ceramic Society. Oxford University Press, Singapore, 1982, 28–35.

Guy, John (1986). 'Vietnamese Ceramics and Cultural Identity: Evidence from the Ly and Tran Dynasties.' *Southeast Asia in the 9th to 14th Centuries*. D. Morr and A. Milner, eds. Institute of Southeast Asian Studies, Singapore, 1986, 255–69.

Guy, John (1989). *Ceramic Traditions of South-East Asia*. Oxford University Press, Singapore, 1989.

Guy, John (1992). 'Southeast Asian Glazed Ceramics: A Study of Sources.' *New Perspectives on the Art of Ceramics in China*. George Kuwayama, ed. University of Hawaii Press, Los Angeles, 1992, 98–114.

Guy, John (1997). 'Vietnamese Ceramics and Cultural Identity.' *Vietnamese Ceramics: A Separate Tradition*. John Stevenson & John Guy, eds. Art Media Resources & Avery Press, Chicago, 1997, 10–21.

Guy, John (1998). 'A Reassessment of Khmer Ceramics.' *TOCS, 1996-1997*. 61. London, 1998, 39–63.

Guy, John (2000). 'Vietnamese Ceramics from the Hoi An Excavation: The Chu Lao Cham Ship Cargo.' *O.* 46 (9). Hong Kong, 2000, 125–8.

Guy, John S. (1987). *Ceramic Excavation Sites in Southeast Asia: A Preliminary Gazetteer*. Research Centre For Southeast Asian Ceramics, Papers 3. Art Gallery of South Australia, University of Adelaide, Adelaide, 1987.

Guy, R. Kent (1987). *The Emperor's Four Treasures: Scholars and the State in the Late Ch'ien-Lung Era*. Harvard University Press, Cambridge MA & London, 1987.

Hainbach, Rudolf (1907). *Pottery Decorating: A Description of all the Processes for Decorating Pottery and Porcelain*. Trans. from the German by Chas. Salter. Scott Greenwood, London, 1907.

Hall, Edward T. & Pollard, A. Mark (1986). 'Analysis of Chinese Monochrome Glazes by X-Ray Fluorescence Spectrometry.' *Scientific and Technological Insights on Ancient Chinese Pottery and Porcelain*. Shanghai Institute of Ceramics eds. Science Press, Peking, 1986, 382–6.

Halse, Edward (1924). *Cobalt Ores*. Imperial Institute. Monographs on Mineral Resources with Special Reference to the British Empire. John Murray, London, 1924.

Hamer, Frank & Hamer, Janet (1997). *The Potter's Dictionary of Materials and Techniques*. A&C Black, London, 1975; repr. 1997.

Hardie, Peter (1993). Review of William Watson's book *Pre-Tang Ceramics of China*. *O*. 39 (2). Hong Kong, 1993, 66–7.

Hardy-Guilbert, Claire & Rougelle, Axelle (1993). 'Archaeological Research into the Islamic Period in Yemen: Preliminary Notes on the French Expedition, 1993.' *PSAS*. 25. London, 1995, 29–44.

Hardy-Guilbert, Claire & Rougelle, Axelle (1995). 'Al-Shihr and the Southern Coast of the Yemen: Preliminary Notes on the French Archaeological Expedition, 1995.' *PSAS*. 27. London, 1997, 129–40.

Harris, Victor (1997). 'Ash-Glazed Stoneware in Japan.' *Pottery in the Making: World Ceramic Traditions*. Ian Freestone & David Gaimster, eds. British Museum Press, London, 1997, 80–5. .

Harrison, Edward & Compton, Edward Theodore (1854). *Memoir of William Cookworthy formerly of Plymouth, Devonshire by his Grandson*. William and Frederick G. Cash, London, 1854.

Harrison-Hall, Jessica (1997). 'Ding and Other Whitewares of Northern China.' *Pottery in the Making: World Ceramic Traditions*. Ian C. Freestone & David Gaimster, eds. British Museum Press, London, 1997, 182–7.

Harrison-Hall, Jessica (2001). *Ming Ceramics in the British Museum*. British Museum Press, London, 2001.

Hatcher, Helen, Kaczmarczyk, Alexander, Scherer, Agnès & Symonds, Robin P. (1994). 'Chemical Classification and Provenance of Some Roman Glazed Ceramics.' *AJA*. 98. New York, 1994, 431–56.

Hatcher, Helen, Pollard, A. Mark, Tregear, Mary & Wood, Nigel (1985). 'Ceramic Change at Jingdezhen in the Seventeenth Century AD.' *The 2nd International Conference on Ancient Chinese Pottery and Porcelain (Abstracts)*. China Academic Publishers, Peking, 1985, 69–70.

Hawkes, David (trans.) (1959). *Chhu Tzhu: The Songs of the South. An Ancient Chinese Anthology*. Oxford, 1959 (rev. J. Needham, *NSN*, 18 July 1959).

Hazen, Robert M. (1988). *Superconductors: The Breakthrough*. Summit Books, New York, Unwin Hyman, 1988.

Hedges, Robert & Moorey, P. Roger (1975). 'Pre-Islamic Ceramic Glazes at Kish and Nineveh in Iraq.' *A.* 17. Philadelphia PA, 1975, 25–43.

Hedges, Robert (1982). 'Early Glazed Pottery and Faience in Mesopotamia.' *Early Pyrotechnology*. S. I. Press, Washington DC, 1982, 93–103.

Heimann, Robert B. (1989). 'Assessing the Technology of Ancient Pottery: The Use of Ceramic Phase Diagrams.' *ArM*. 3. Philadelphia PA, 1989, 123–48.

Hein, Donald (1990). 'Sawankhalok Export Kilns: Evolution and Development.' *Ancient Ceramic Kiln Technology in Asia*. Ho Chui-Mei, ed. Centre of Asian Studies Occasional Papers and Monographs No. 90. University of Hong Kong, Hong Kong, 1990, 205–29.

Heinemann, S. (1976). 'Xeroradiography: A New Radiological Tool.' *AmAn*. 41 (1). Washington DC, 1976, 106–11.

Henderson, Julian (1985). 'The Raw Materials of Early Glass Production.' *OxJA*. 4 (3). Oxford, 1985, 267–91.

Henderson, Julian (2000). *The Science and Archaeology of Materials: An Investigation of Inorganic Materials*. Routledge, London & New York, 2000.

Henderson, Julian & Raby, Julian (1989). 'The Technology of Fifteenth Century Turkish Tiles: An Interim Statement on the Origins of the Isnik Industry.' *World Archaeology*. 21 (1). Routledge, London, 1989, 115–32.

Henderson, Julian, Tregear, Mary & Wood, Nigel (1989a). 'The Technology of Sixteenth- and Seventeenth-century Chinese Cloisonné Enamels.' *A.* 13 (2). Oxford, 1989, 133–46.

Henderson, Julian, Wood, Nigel & Tregear, Mary (1989b). 'The Relationship Between Glass, Enamel and Glaze Technologies: Two Case Studies.' *Cross-craft and Cross-cultural Interactions in Ceramics: Ceramics and Civilization, Vol. IV*. Patrick E. McGovern, Michael D. Notis & W. David Kingery, eds. The American Ceramic Society. Inc., Westerville OH, 315–36.

Herm C., Thieme C., Emmerling E., Wu Yon Qi, Zhou Tie & Zhang Zijung (1995). 'Analysis of Paint Materials of the Polychrome Terracotta Army of the First Emperor Qin Shi Huang.' *The Ceramics Cultural Heritage*. P. Vincenzini, ed. Faenza, 1995, 675–84.

Hetherington, A. L. (1922). *The Early Ceramic Wares of China*. Benn Brothers, London, 1922.

Hildyard, Robin (1999). *European Ceramics*. Victoria & Albert Museum, London, 1999.

Hill, David V. (1995). 'Ceramic Analysis. Origins of Rice Agriculture: The Preliminary Report of the Sino-American Jiangxi (PRC) Project SAJOR.' *Publications in Anthropology No. 13*. Richard S. MacNeish & Jane G. Libby, eds. El Paso Centennial Museum. The University of Texas at El Paso, 1995, 35–45.

Hirth, F. (1888). *Ancient Porcelain: A Study in Chinese Mediaeval Industry and Trade*. Georg Hirth, Leipsig & Munich, Kelly & Walsh Ltd, Shanghai, 1888.

Hirth, Friedrich & Rockhill, W. W. (1911). *Chau Ju-kua: His Work on the Chinese and Arab Trade in the 12th and 13th Centuries*. Printing Office of the Imperial Academy of Sciences, St Petersburg, 1911.

Hitti, P. K. (1949). *History of the Arabs*. 4th edn. Macmillan, London, 1949.

Ho Chui-Mei & Bronson, Bennet (1987). 'The Ceramics of Changsha, China: Historical and Technological Background.' *ArM*. 2. Philadelphia PA, 1987, 73–81.

Ho Chui-Mei & Bronson, Bennet (1990). 'The Black Specks in Xuande Blue: A Historical Background.' *ArM*. 4. Philadelphia PA, 1990, 119–21.

Ho Chui-Mei (1994a). 'The Ceramic Trade in Asia, 1602–82.' *Japanese Industrialization and the Asian Economy*. A. J. H. Latham & H. Kawakatsu, eds. Routledge, London, 1994, 35–70.

Ho Chui-Mei (1994b). 'Yue-Type and Longquan-Type Green Glazed Wares Made Outside Zhejiang Province.' *New Light on Chinese Yue and Longquan Wares: Archaeological Ceramics Found in Eastern and Southern Asia, A.D. 800–1400*. Ho Chuimei, ed. Centre of Asian Studies. The University of Hong Kong, Hong Kong, 1994, 103–19.

Ho Chui-Mei (1995). 'Intercultural Influence Between China and South East Asia as seen in Historical Ceramics.' *South East Asia & China: Art, Interaction & Commerce*. Rosemary Scott & John Guy, eds. Colloquies on Art & Archaeology in Asia No. 17. Percival David Foundation of Chinese Art, London University, London, 1995, 118–40.

Ho Chui-Mei (ed.) (1997). 'More Excavations at the "Swatow" Kilns of Pinghe County.' *ACRO Update*. Chicago, 1997, 3–4, 1–3.

Ho Ping-Ti (1959). *Studies on the Population of China, 1368–1953*. Harvard East Asian Studies 4. Harvard University Press, Cambridge MA, 1959.

Ho Ping-Ti (1975). *The Cradle of the East: An Inquiry into the Indigenous Origins of Techniques and Ideas of Neolithic and Early Historic China, 5000–1000 B.C.* The Chinese University of Hong Kong/The University of Chicago Press, Hong Kong & Chicago, 1975.

Ho Yun-Yi (1978). 'Ideological Implications of Major Sacrifices in Early Ming.' *MS*. 6. Minneapolis, 1978, 55–73.

Hobson, R. L. (1915). *Chinese Pottery and Porcelain*. 2 vols. Cassells, London, Funk and Wagnalls, New York, 1915.

Hobson, R. L. (1923). *The Wares of the Ming Dynasty*. Benn Brothers, London, 1923; repr. 1962.

Hobson, R. L. (1934). *A Catalogue of Chinese Pottery and Porcelain in the Collection of Sir Percival David, Bt., F.S.A*. The Stourton Press, London, 1934.

Hoffman, Klaus (1985). *Johan Friedrich Böttger: vom Alchemistengold zum weissen Porzellan: Biographie*. Verlag Nues Leben, Berlin, 1985.

Holmes, Arthur (1944). *Principles of Physical Geology*. Thomas Nelson and Sons Ltd, London, Edinburgh, Paris, Melbourne, Toronto and New York, 1944.

Holmes, Lore L. & Harbottle, Garman (1991). 'Provenance Study of Cores from Chinese Bronze Vessels.' *ArM*. 5. Philadelphia PA, 1991, 165–84.

Hommel, Rudolf P. (1937). *China At Work: An Illustrated Record of the Primitive Industries of China's Masses, Whose Life is Toil, and Thus an Account of Chinese Civilization*. The John Day Company, New York, 1937; repr. The MIT Press, Cambridge MA & London, 1969.

Honey, William Bowyer (1934). *Dresden China: An Introduction to the Study of Meissen Porcelain*. A&C Black, London, 1934.

Honey, William Bowyer (1945). *The Ceramic Art of China and Other Countries of the Far East*. Faber and Faber & Hyperion Press, London, 1945.

Honey, William Bowyer (1954). *Dresden China*. (New and enlarged edition of the 1934 original.) Faber and Faber, London, 1954.

Honey, William Bowyer (1962). *English Pottery and Porcelain*. 5th edn. A&C Black, London, 1962.

Hoopes, John W. & Barnett, William K. (1995). 'The Shape of Early Pottery Studies.' *The Emergence of Pottery: Technology and Innovation in Ancient Societies*. William K. Barnett & John W. Hoopes, eds. Smithsonian Institution Press, Washington DC & London, 1995, 1–7.

Hoppus, Edward (trans.) (1735). *Andrea Palladio's Architecture in Four Books, Containing a Dissertation on the Five Orders & ye most Necessary Observations relating to all Kinds of Building*. Benjamin Cole, London, 1735.

Horn, Ingo (1998). *Entwicklung einer quasi-zerostörungfreien Probenahme- und Analysentechnik für Glas und inre Anwendung auf Rubingläser des 17. Und 18. Jahrhunderts*. Genehmigte Dissertation, Doktor der Naturwissenshaften. Berlin, 1998.

Hornby, Joan (1980). 'China.' *Objects in the Royal Danish Kunstkammer 1650–1800*. B. Dam-Mikkelsen & T. Lundbaek, eds. Ethnographic Nationalsmuseets skrifter, Etnografisk raekke. Copenhagen, 1980, 155–220.

Horton, Mark (1996). *Shanga. The Archaeology of a Muslim Trading Community on the Coast of East Africa*. The British Institute in Eastern Africa. London, 1996.

Howard, David Sanctuary (1974). *Chinese Armorial Porcelain*. Faber and Faber, London, 1974.

Howard, David Sanctuary (1994). *The Choice of the Private Trader: The Private Market in Chinese Export Porcelain illustrated from the Hodroff Collection*. The Minneapolis Institute of Art, Zwemmer, London, 1994.

Hsü Cho-Yün (1977). *Ancient China in Transition: An Analysis of Social Mobility 722–222 B.C.* Stanford University Press, Stanford, 1977.

Hsu Zai Quan (1991). 'The Relationship Between the Arab & Chinese During the Tang and Song Dynasties.' *China and the Maritime Silk Route: Unesco Quanzhou International Seminar on China and the Maritime Routes of the Silk Roads*. Fujian People's Publishing House. Quanzhou, 1991.

Hu Jing Qiong & Li Hao Ting (1997). 'The Jingdezhen Egg-Shaped Kiln.' *The Prehistory and History of Ceramic Kilns: Ceramics and Civilization, Vol. VIII*. Prudence M. Rice, ed. American Ceramic Society Inc., Westerville OH, 1997, 73–83. (Note: Li Hao-Thing died in 1960; this paper uses information from his +1937 book *Ching-Te Chen Thao-Tzhu Kai-Khuang*, see Bibliography B.)

Hu Xiaoli (1992). 'A Study on Ancient Jizhou Plain Temmoku Porcelains and Their Several Raw Materials.' *Science and Technology of Ancient Ceramics 2: Proceedings of the International Symposium (ISAC '92)*. Li Jiazhi & Chen Xianqiu, eds. Research Society of Science and Technology of Ancient Ceramics, Shanghai, 1992, 341–8.

Hu Youzhi (1995). 'Building and Firing Technique of Jingdezhen Ancient Wood Kiln.' *Science and Technology of Ancient Ceramics 3: Proceedings of the International Symposium (ISAC '95)*. Guo Jingkun, ed. Shanghai Research Society of Science and Technology of Ancient Ceramics, Shanghai, 1995, 286–90.

Hu Yueqian (1994). 'Anhui Green Glazed Wares From the Sui to the Song Dynasties: Comparisons with Zhejiang Wares.' *New Light on Chinese Yue and Longquan Wares: Archaeological Ceramics Found in Eastern and Southern Asia, A.D. 800–1400*. Ho Chuimei, ed. Centre of Asian Studies, The University of Hong Kong, Hong Kong, 1994, 129–38.

Hua Jue-ming (1983). 'The Mass Production of Iron Castings in Ancient China.' *SA*. 248 (1). New York, 1983, 107–14.

Hua Lianlun (1988). 'Archaeological News Notes.' *Newly Unearthed Treasures*. (What's New in China (30), China Reconstructs.) China Reconstructs Press, Peking, 1988, 37–42.

Huang, H. T. (2000). *Biology and Biological Technology: Fermentations and Food Science*. Vol. V:5. *Science and Civilisation in China*. Joseph Needham, ed. Cambridge University Press, Cambridge, 2000.

Huang, Ray (1969). 'Fiscal Administration During the Ming Dynasty.' *Chinese Government in Ming Times: Seven Studies*. Charles O. Hucker, ed. Columbia University Press, New York & London, 1969, 73–128.

Huang, Ray (1974). *Taxation and Governmental Finance in Sixteenth-Century Ming China*. Cambridge University Press, Cambridge, 1974.

Huang Ruifu, Chen Xianqiu, Chen Shiping & Guo Rongfa (1992). 'Study of the Tang Dynasty Tea Dust Porcelain.' *Science and Technology of Ancient Ceramics 2: Proceedings of the International Symposium (ISAC '92)*. Li Jiazhi & Chen Xianqiu, eds. Shanghai Research Society of Science and Technology of Ancient Ceramics, Shanghai, 1992, 186–97.

Huber, Louisa G. Fitzgerald (1983). 'The Relationship of the Painted Pottery and Lung-shan ultures.' *The Origins of Chinese Civilization*. D. N. Keightly, ed. University of California Press, Berkeley CA, 1983, 177–216.

Hucker, Charles O. (1958). 'Governmental Organization of the Ming Dynasty.' *HJAS*. 21. Cambridge MA, 1958, 1–66.

Hucker, Charles O. (1985). *A Dictionary of Official Titles in Imperial China*. Stanford University Press, Stanford, 1985.

Hughes, Michael J., Matthews, K. J. & Portal, Jane (1999). 'Provenance Studies of Korean Celadons of the Koryǒ Period by Neutron Activation Analysis.' *A*. 41 (2). Oxford, 1999, 287–310.

Hughes-Stanton, Penelope & Kerr, Rose (1980). *Kiln Sites of Ancient China*. Oriental Ceramic Society, London, 1980.

Hummel, Arthur W. (1928–9 & 1938). 'Pictures on Tilling and Weaving.' *ARLC*. 1928–9, 217–21. Washington DC, 1938, 285–8.

Hummel, Arthur W. (ed.) (1944). *Eminent Chinese of the Ch'ing Period*. Library of Congress, Washington DC, 1944; repr. Taipei, 1972.

Hurst, Derek & Freestone, Ian (1996). 'Lead Glazing Technique from a Medieval Kiln Site at Hanley Swan, Worcestershire.' *MC*. 20. Great Britain, 1996, 13–18.

Idema, Wilt & Haft, Lloyd. *A Guide to Chinese Literature*. Michigan Monographs in Chinese Studies, Vol. 74. Center for Chinese Studies, The University of Michigan, Ann Arbor, 1997.

Impey, Oliver (1977). *Chinoiserie: The Impact of Oriental Styles on Western Art and Decoration*. Oxford University Press, London, 1977.

Impey, Oliver (1996). *The Early Porcelain Kilns of Japan: Arita in the First Half of the Seventeenth Century*. Clarendon Press, Oxford, 1996.

Insoll, Timothy (1999). *The Archaeology of Islam*. Blackwell Publishers Ltd, Oxford, 1999.

Ishii Tsuneshi (1930a). 'Experiments on the Tenriuji Yellow Celadon Glaze.' *Transactions of the British Ceramic Society, Wedgwood Bi-centenary Memorial Number*. 1930, 352–9.

Ishii Tsuneshi (1930b). 'Experiments on the Kinuta Blue Celadon Glaze.' *Transactions of the British Ceramic Society, Wedgwood Bi-centenary Memorial Number*. 1930, 360–87.

Ishizawa, Yoshiaki (1995). 'Chinese Chronicles of 1st–5th Century AD: Funan, Southern Cambodia.' *South East Asia & China: Art, Interaction & Commerce: Colloquies on Art & Arcaheology in Asia No. 17*. Rosemary Scott and John Guy, eds. Percival David Foundation of Chinese Art, University of London, London, 11–31.

Jacquemart, Albert (1873). *Histoire de la céramique: étude descriptive et raisonée des poteries de tous les temps et de tous les peuples*. Translated by Mrs Bury Palliser as *History of the Ceramic Art: a descriptive and philosophical study of the pottery of all ages and all nations*. S. Low, Marston, Low and Searle, London, 1873.

Jacquemart, Albert & Le Blant, Edmond (1862). *Histoire Artistique, Industrielle et Commerciale de la Porcelaine*. J. Techner, Paris, 1862.

James, Jean M. (1996). *A Guide to the Tomb and Shrine Art of the Han Dynasty 206 B.C. – A.D.220*. Chinese Studies Vol. 2. The Edwin Mellen Press, Lewiston New York, Queenston Ontario & Lampeter Dyfed, 1996.

Jarjis, Raik, Northover, Peter & Finch, Irene (1995). 'Characterisation of Overglaze Painting on Japanese Porcelain using Scanning Proton and Electron Microprobes.' *Materials Issues in Art and Archaeology IV. Materials Research Society Symposium Proceedings 352*. Pamela B.Vandiver, James R. Druzik, Jose Luis Galvan Madrid, Ian C. Freestone & George Segan Wheeler, eds. Materials Research Society, Pittsburgh PA, 1995, 143–51.

Jenyns, R. Soame (1953). *Ming Pottery and Porcelain*. Faber and Faber, London, 1953.

Jenyns, R. Soame (1963). 'Painted (Canton) Enamels on Copper and Gold.' *Chinese Art. Vol. 2: The Minor Arts. Gold. Silver. Bronze. Cloisonné. Cantonese Enamel. Lacquer. Furniture. Wood*. R. Soame Jenyns & William Watson, eds. Office du Livre, Fribourg, Universe Books, New York, 1963, 220–71.

Jenyns, R. Soame (1965). *Japanese Porcelain*. Faber and Faber, London & Boston, 1965.

Jiang Zanchu & Zhang Bin (1995). 'New Developments of Research on Proto-porcelain and Early Porcelain in Southern China.' *Science and Technology of Ancient Ceramics 3: Proceedings of the International Symposium (ISAC '95)*. Guo Jingkun, ed. Shanghai Research Society of Science and Technology of Ancient Ceramics, Shanghai, 1995, 18–19.

Jiang Zanchu (1998). 'New Developments on the Research of Proto-porcelains and early Porcelains in Southern China.' *Proceedings of the International Conference on 'Chinese Archaeology Enters the Twenty-first Century'*. Department of Archaeology, Peking University eds. Science Press, Peking, 1998, 325–6.

Johnstone, Sydney J. & Johnstone, Margery G. (1961). *Minerals for the Chemical and Allied Industries*. 2nd edn. Chapman and Hall, London, 1961.

Jörg, C. J. A. (1982). *Porcelain and the Dutch China Trade*. Martinus Nijhoff, The Hague, 1982.

Jörg, C. J. A. (1986). *The Geldermalsen: History and Porcelain*. Kemper, Groningen, 1986.

Julien, Stanislas (1856). *Histoire et Fabrication de la Porcelaine Chinoise*. Mallet-Bachelier, Paris, 1856.

Kaczmarczyk, Alexander (1986). 'The Source of Cobalt in Ancient Egyptian Pigments.' *Proceedings of the 24ᵗʰ International Archaeometry Symposium.* Jacqueline S. Olin & M. James Blackman, eds. Smithsonian Institution Press, Washington DC, 1986, 369–76.

Kaczmarczyk, A. & Hedges, Robert (1983). *Ancient Egyptian Faience.* Aris and Phillips, Warminster, 1983.

Kaplan, Sidney (1950). 'Early Pottery from the Liang Chu Site Chekiang Province.' *ACASA.* 3. New York, 1950, 13–42.

Karlbeck, Orvar (1957). *Treasure Seeker in China.* The Cresset Press, London, 1957.

Karlgren, Bernhard (1929). 'The Authenticity of Ancient Chinese Texts.' *BMFEA.* 1. Stockholm, 1929, 165–83.

Karlgren, Bernhard (1931). 'The Early History of the Chou Li and Tso Chuan Texts.' *BMFEA.* 3. Stockholm, 1931, 1–59.

Karlgren, Bernhard (1932). 'Shi King Researches.' *BMFEA.* 4. Stockholm, 1932, 117–85.

Karlgren, Bernhard (1942). 'Glosses on the Kuo Feng Odes.' *BMFEA.* 14. Stockholm, 1942, 71–247.

Karlgren, Bernhard (1944). 'The Book of Odes: Kuo Feng and Siao Ya.' *BMFEA.* 16. Stockholm 1944, 171–256.

Karlgren, Bernhard (1948). 'Glosses on the Book of Documents.' *BMFEA.* 20. Stockholm 1948, 39–315.

Karlgren, Bernhard (1950). 'The Book of Documents.' *BMFEA.* 22. Stockholm, 1950, 1–81.

Kato Etsuzo & Kanaoka Shigeto (1986). 'How to Prepare an Underglaze Blue Colour for Porcelain by a Smalt.' *Scientific and Technological Insights on Ancient Chinese Pottery and Porcelain.* Shanghai Institute of Ceramics eds. Science Press, Peking, 1986, 255–9.

Kaye, G. W. C. & Laby, T. H. (1957). *Tables of Physical and Chemical Constants.* Longmans, Green and Co., London, New York & Toronto, 1957.

Keller, W. D., Hua Cheng, Johns, W.D. & Chi-Sheng Meng (1980). 'Kaolin from the Original Kualing (Gaoling) Mine Locality, Kiangsi Province, China.' *Clays and Clay Minerals.* 28 (2). The Clay Minerals Society. Pergamon Press, Long Island City NY, 1980, 97–104.

Kerr, Rose (trans.) (1982). 'The Extensive International Market for Dehua Porcelain' by Ye Wencheng & Xu Benzhang. *Oriental Ceramic Society, Chinese Translations No. 10.* Oriental Ceramic Society, London, 1982, 1–15.

Kerr, Rose (1986). *Chinese Ceramics: Porcelain of the Qing Dynasty 1644–1911.* Victoria & Albert Museum, London, 1986; repr. 1998.

Kerr, Rose (1989). 'The Chinese Porcelain at Spring Grove Dairy: Sir Joseph Banks's Manuscript.' *Ap.* CXXIX (N.S. 323). London, 1989, 30–4.

Kerr, Rose (1990). *Later Chinese Bronzes.* Bamboo Publishing & the Victoria & Albert Museum, London, 1990.

Kerr, Rose (1991). 'The William T. Walters Collection of Qing Dynasty Porcelain.' *O.* 4. Hong Kong, 1991, 57–63.

Kerr, Rose. (1992). 'Ming and Qing Ceramics: Some Recent Archaeological Perspectives.' *New Perspectives on the Art of Ceramics in China.* George Kuwayama, ed. University of Hawaii Press, Los Angeles, 1992, 54–63.

Kerr, Rose (1993). 'Jun Wares and their Qing Dynasty Imitation at Jingdezhen.' *The Porcelains of Jingdezhen. Colloquies on Art & Archaeology in Asia No. 16.* Rosemary E. Scott, ed. Percival David Foundation of Chinese Art, University of London, London, 1993, 150–64.

Kerr, Rose (1997). 'The Status of Ceramics in Early China.' *TOCS, 1995–1996.* 60. London, 1997, 1–15.

Kerr, Rose (1999). 'Celestial Creatures: Chinese Tiles in the Victoria and Albert Museum.' *Ap.* CXLIX (N.S. 445). London, 1999, 15–21.

Kerr, Rose (2000). 'What Were the Origins of Chinese *Famille Rose*?' *O.* 31 (5). New York, 2000, 53–9.

Kerr, Rose (2001). 'Missionary Reports on the Production of Porcelain in China.' *OA.* 47 (5). Singapore, 2001, 35–9.

Kerr, Rose (2002). Introduction to *Blanc De Chine. Porcelain from Dehua.* A Catalogue of the Hinckley Collection. National Heritage Board, Singapore, 2002.

Kerr, Rose, Brodrick, Anne, Watt, John & Wood, Nigel (1991). 'Investigation and Comparison of Some Han Dynasty Architectural Ceramics and Funerary Vessels.' *International Colloquium on Chinese Art History, 1991: Proceedings, Antiquities, Part 1.* National Palace Museum, Taipei, 1991, 399–414.

Kerr, Rose, Scott, Rosemary & Wood, Nigel (1995). 'The Development of Chinese Overglaze Enamels on High-Fired Wares: Part II.' *Science and Technology of Ancient Ceramics 3: Proceedings of the International Symposium (ISAC '95).* Guo Jingkun, ed. Shanghai Research Society of Science and Technology of Ancient Ceramics, Shanghai, 1995, 241–8.

Keynes, Geoffrey (ed.) (1928–31). *The Works of Sir Thomas Browne.* 6 vols. Faber and Gwyer, London, 1928–31.

Kilburn, Richard S. (1981). *Transitional Wares and Their Forerunners.* The Oriental Ceramic Society of Hong Kong, Hong Kong, 1981.

Kingery, W. David (1960). *Introduction to Ceramics.* John Wiley & Sons, Inc., New York & London, 1960.

Kingery, W. David (1986). 'The Development of European Porcelain.' *High Technology Ceramics: Past Present and Future: Ceramics and Civilization, Vol. III.* W. David Kingery, ed. American Ceramic Society Inc., Westerville OH, 1986, 153–80.

Kingery, W. David & Smith, M. (1985). 'The Development of European Soft Paste (Frit) Porcelain.' *Ancient Technology to Modern Science: Ceramics and Civilization, Vol. I.* W. David Kingery, ed. The American Ceramic Society Inc., Colombus OH, 1985, 173–192.

Kingery, W. David & Vandiver, Pamela B. (1983). 'Song Dynasty Jun (Chün) Ware Glazes.' *ACSB*. 62 (11). 1983, 1269–74, then 1279–82.

Kingery, W. David & Vandiver, Pamela B. (1985). 'The Eighteenth-century Change in Technology and Style from the *famille verte* to the *famille rose* Style.' *Technology and Style: Ceramics and Civilization, Vol. II.* W. David Kingery, ed. The American Ceramic Society Inc., Columbus OH, 1985, 363–81.

Kingery, W. David & Vandiver, Pamela B. (1986a). *Ceramic Masterpieces: Art, Structure and Technology.* The Free Press, New York & London, 1986.

Kingery, W. David & Vandiver, Pamela B. (1986b). 'Song Dynasty Jun Ware Glazes.' *Scientific and Technological Insights on Ancient Chinese Pottery and Porcelain.* Shanghai Institute of Ceramics eds. Science Press, Peking, 1986, 182–6.

Kircaldy, J. F. & Bates, D. E. B. (1988). *Field Geology: Minerals and Rocks.* New Orchards Editions, Bungay, 1988.

Kleinmann, B. (1991). 'Cobalt-Pigments in the Early Islamic Blue Glazes and the Reconstruction of the Way of their Manufacture.' *Archaeometry '90: International Symposium on Archaeometry.* Ernst Pernicka & Günther A. Wagner, eds. Birkhäuser Verlag, Basel, 1991, 327–36.

Knapp, Ronald G. (1986). *China's Traditional Rural Architecture: A Cultural Geography of the Common House.* University of Hawaii Press, Honolulu, 1986.

Knapp, Ronald G. (1989). *China's Vernacular Architecture: House Form and Culture.* University of Hawaii Press, Honolulu, 1989.

Knapp, Ronald G. (2000). *China's Old Dwellings.* University of Hawaii Press, Honolulu, 2000.

Koh Choo, C. K. (1992). 'A Preliminary Scientific Study of Traditional Korean Celadons and their Modern Developments.' *Materials Issues in Art and Archaeology III: Materials Research Society Proceedings 267.* P. B. Vandiver, J. R. Druzik, G. S. Wheeler & I. C. Kneathe, eds. Materials Research Society, Pittsburgh PA, 1993, 633–8.

Koh Choo, C. K., Choi Kun & Do Jinyoung (1993). 'A Scientific and Technical Study of Traditional Korean Celadons: Preliminary Results of Kangjin Celadons.' *Proceedings of the 10th Japan-Korea Seminar on Ceramics.* Nagasaki, 1–7.

Koh Choo, C. K., Kim, S., Kang, H. T., Do, J. Y., Lee, Y. E. & Kim, G. H. (1999). 'A Comparative Scientific Study of the Earliest Kiln Sites of Koryŏ Celadon.' *A.* 41 (1). Oxford, 1999, 51–69.

Koh Choo, C. K., Kim, K. H., Lee, Y. E. & Kim, J. S. (2002). 'A Scientific Study of Chosŏn White Ware: Early Porcelain from a Royal Kiln at Kwangju Usanni.' *A.* 44 (2). Oxford, 179–212.

Koh Kyong-sin (aka C. K. Koh Choo) (2001). 'A Scientific Study of Goryeo White Porcelain.' *The 3rd Workshop for Korean Art Curators.* Seoul, 77–83.

Kolb, Albert (1971). *China, Japan, Korea, Vietnam: Geography of a Cultural Region.* Methuen, London, 1971.

Kracek, F. C. (1930). 'The System of Sodium Oxide-Silica.' *JPC.* 34. Washington DC, 1930, 1583–98.

Krahl, Regina (1986). 'Longquan Celadon of the Yuan and Ming Dynasties.' *TOCS, 1984–1985.* 49. London, 1986, 40–57.

Krahl, Regina (1991). 'Glazed Roofs and Other Tiles.' *O.* 3. Hong Kong, 1991, 47–61.

Krahl, Regina (1993). 'The "Alexander Bowl" and the Question of Northern Guan Ware.' *O.* 24 (11). Hong Kong, 1993, 72–5.

Krahl, Regina (2000). Catalogue section in *Dawn of the Yellow Earth: Ancient Chinese Ceramics from the Meiyintang Collection.* J. May Lee Barrett, ed. China Institute Gallery, New York, 2000, 49–131.

Krahl, Regina & Ayers, John (1986). *Chinese Ceramics in the Topkapi Saray Museum Istanbul: A Complete Catalogue.* 3 vols. Philip Wilson, London, 1986.

Kuan Baozhong, Ye Shuqing, Zhong Wenyu & Lu Guiyun (1985). 'Research on Tricolor-Glazed Wares in the Liao Dynasty.' *The 2nd International Conference on Ancient Chinese Pottery and Porcelain (Abstracts).* China Academic Publishers, Peking, 1985, 38–9.

Kuang Xuecheng, Chen Xianqiu & Huang Ruifu (1995). 'Studies on Crystallization and Phase Separation of Pyroxene-type Glaze.' *Science and Technology of Ancient Ceramics 3: Proceedings of the International Symposium (ISAC '95).* Guo Jingkun, ed. Shanghai Research Society of Science and Technology of Ancient Ceramics, Shanghai, 1995, 250–5.

Kuhn, Dieter (1986). *Textile Technology: Spinning and Reeling.* Vol. VI:9. *Science and Civilisation in China.* Joseph Needham, ed. Cambridge University Press, Cambridge, 1986.

Kuo Shi-Wu (1929). 'A Ceramic Lute of the Sung Dynasty.' *China Journal.* 11 (5). Trans. John C. Ferguson. Shanghai, 1929, 218–21.

Kurayoshi, Takara (1991). 'The Historical Position of the Ryūkyū Kingdom in Oriental Overseas Trade.' *China and the Maritime Silk Route: Unesco Quanzhou International Seminar on China and the Maritime Routes of the Silk Roads.* Fujian People's Publishing House. Quanzhou, 1991, 72–4.

Kuwabara, J. (1935). 'P'u shou-keng: A General Sketch of the Trade of the Arabs in China During the T'ang and Sung Eras.' *MRDTB.* 7. Tokyo, 1935.

Kwan, K. K. & Martin, Jean (1985a). 'Canton, Pulau Tioman & Southeast Asian Maritime Trade.' *A Ceramic Legacy of Asia's Maritime Trade: Song Dynasty Guangdong Wares and other 11th–19th century Trade Ceramics found on Tioman*

Island, Malaysia. Southeast Asian Ceramic Society (West Malaysia Chapter). Oxford University Press, Kuala Lumpur, 1985, 49–61.

Kwan, K. K. & Martin, Jean (1985b). 'Introduction to the Finds from Pulau Tioman.' *A Ceramic Legacy of Asia's Maritime Trade: Song Dynasty Guangdong Wares and other 11th–19th century Trade Ceramics found on Tioman Island, Malaysia*. Southeast Asian Ceramic Society (West Malaysia Chapter). Oxford University Press, Kuala Lumpur 1985, 69–82.

La Niece, Susan (1990). 'Silver Plating on Copper, Bronze and Brass.' *AJ*. Oxford University Press, London, 1990, 102–14.

Laing, Ellen Johnston (1975). 'Chou Tan-Ch'üan is Chou Shih-Ch'en: A Report on a Ming Dynasty Potter Painter and Entrepreneur.' *OA*. 21 (3). London, 1975, 224–8.

Lalkaka, R. & Wu Mingyu (ed.) (1984). *Managing Science Policy and Technology Acquisition: Strategies for China and a Changing world*. Tycooly International Publishing Ltd & UNFSSTD, New York, 1984.

Lam, Peter Y. K. (1985). 'Northern Song Guangdong Wares.' *A Ceramic Legacy of Asia's Maritime Trade: Song Dynasty Guangdong Wares and other 11th–19th century Trade Ceramics found on Tioman Island, Malaysia*. Southeast Asian Ceramic Society (West Malaysia Chapter). Oxford University Press, Kuala Lumpur, 1985, 1–29.

Lam, Peter Y. K. (2000). 'Tang Ying (1682–1756): The Imperial Factory Superintendent at Jingdezhen.' *TOCS, 1998–1999*. 63. London, 2000, 65–82.

Lam, Timothy See-Yiu (1990). *Tang Ceramics: Changsha Kilns*. Lammett Arts, Hong Kong, 1990.

Lane, Arthur (1947). *Early Islamic Pottery*. Faber and Faber, London, 1947.

Lane, Arthur (1957). *Later Islamic Pottery: Persia, Syria, Egypt, Turkey*. Faber and Faber, London, 1957.

Lane, Arthur (1961). 'The Gaignières-Fonthill Vase: A Chinese Porcelain of about 1300.' *BM*. 53 (4). London, 1961, 124–32.

Lang, Gordon, (c. 1988). 'Blue and White.' *A Catalogue of Oriental Ceramics and Works of Art*, Solveig & Anita Gray, eds. London, c. 1988, 17–36.

Lao Fasheng, Ye Hongming & Cheng Zhuhai (1986). 'Ancient Long Kiln and Kiln Furniture in Zhejiang Province.' *Scientific and Technological Insights on Ancient Chinese Pottery and Porcelain*. Shanghai Institute of Ceramics eds. Science Press, Peking, 1986, 314–20.

Larson, John & Kerr, Rose (1985). *Guanyin: A Masterpiece Revealed*. Victoria & Albert Museum, London, 1985.

Larson, John & Kerr, Rose (1991). 'A Hero Restored: The Conservation of Guan Di.' *O. 7*. Hong Kong, 1991, 28–34.

Lastres, Helena M. M. (1994). *The Advanced Materials Revolution and the Japanese System of Innovation*. St Martin's Press, New York, The Macmillan Press Ltd, London, 1994.

Lau, Christine (1993). 'Ceremonial Monochrome Wares of the Ming Dynasty.' *The Porcelains of Jingdezhen: Colloquies on Art and Archaeology in Asia No. 16*. Rosemary E. Scott, ed. Percival David Foundation of Chinese Art, University of London, London, 1993, 83–100.

Lau, S. Y. C. (aka Christine Lau) (1994). 'Ming Dynasty Monochrome Porcelains With High-Firing Glazes From Jingdezhen.' Unpublished D.Phil. thesis. University of London, School of Oriental & African Studies, 1994.

Lau, D. C. (1970). *Mencius*. Penguin Books, Harmondsworth, 1970; bilingual revised edn, Chinese University of Hong Kong Press, Hong Kong, 1984.

Laufer, Berthold (1917). *The Beginnings of Porcelain in China*. Chicago Field Museum of Natural History, Chicago, 1917.

Lawrence, W. G. & West, R. R. (1982). *Ceramic Science for the Potter*. Chilton Book Co., Radnor PA, 1982.

Leach, Bernard H. (1940). *A Potter's Book*. Faber and Faber, London, 1940.

Lee, J. S. (1939). *The Geology of China*. Murby, London, 1939.

Legeza, Laszlo (1982). 'Decorative Roof Ceramics in Chinese Architecture.' *AoA*. May–June. Hong Kong, 1982, 105–11.

Legge, J. (trans.) (1861). *The Chinese Classics, etc.: Vol. 2. The Works of Mencius*. Legge. Hong Kong; Trübner, London, 1861. Photolitho reissue, Hong Kong University Press, Hong Kong, 1960. (With supplementary volume of concordance tables etc.)

Legge, J. (trans.) (1865). *The Chinese Classics, etc: Vol. 3, pts. 1 and 2, The Shoo-King*. Hong Kong, Trübner, London, 1865.

Legge, J. (trans.) (1885). *The Texts of Confucianism, Pt. III. The Li Kï*. 2 vols. Oxford 1885; repr. 1926.

Legge, J. (trans.) (1931). *The Book of Poetry: Chinese Text with English Translation*. The Chinese Book Company, Shanghai, 1931.

Leung, P. L., Stokes, M. J., Chen Tiemei & Qin Dashu (2001). 'Study on Chinese Ancient Porcelain Wares of Song-Yuan Dynasties from Cizhou and Ding Kilns with EDXRF.' *Archaeometry*, Oxford (forthcoming).

Levin, Ernest M., McMurdie, Howard F. & Hall, F. P. (1956). *Phase Diagrams for Ceramists*. Margie K. Reser, ed. Herbert Insley, consulting ed. The American Ceramic Society, Columbus OH, 1965.

Levine, Tim, Vandiver, Pamela B. & Mayer, James W. (1995). 'A Forward Recoil Energy Spectrometry (FRES) Test of Hydrogen Reduction as a Strategy for Firing Chinese Ceramics.' *Materials Issues in Art and Archaeology IV: Materials Research Society Symposium Proceedings 352*. Pamela B. Vandiver, James R. Druzik, Jose Luis Galvan Madrid, Ian C. Freestone and George Segan Wheeler, eds. Materials Research Society, Pittsburgh, PA, 1995, 167–86.

Li Chhiao-Phing (ed.) (1980). *T'ien-kung k'ai-wu: Exploitation of the Work of Nature. Chinese Agriculture and Technology in the XVII Century by Sung Ying-hsing*. Chinese Culture Series, 2–3. China Academy, Taipei, 1980.

Li Chi (1977). *Anyang*. University of Washington Press, Seattle WA, 1977.

Li Chi, Liang Ssu-Yung & Tung Tso-Pin (eds.) (1956). *Ch'eng-Tzu-Yai: The Black Pottery Culture at Lung-Shan-Chen in Li-Cheng-Hsien, Shantung Province*. K. Starr (trans.). Yale University Publications in Anthropology No. 52, New Haven & Oxford, 1956.

Li, Chu-Tsing & Watt, James (eds.) (1987). *The Chinese Scholar's Studio: Artistic Life from the Late Ming Period: An Exhibition from the Shanghai Museum*. Thames and Hudson in association with the Asia House Galleries, London, 1987.

Li Dejin (1994). 'Technology of Longquan Ware Manufacturing.' *New Light on Chinese Yue and Longquan Wares: Archaeological Ceramics Found in Eastern and Southern Asia, A.D. 800–1400*. Ho Chuimei, ed. Centre of Asian Studies. The University of Hong Kong, Hong Kong, 1994, 84–99.

Li Guozhen & Guo Yanyi (1986). 'An Investigation of Ding White Porcelain of Successive Dynasties.' *Scientific and Technological Insights on Ancient Chinese Pottery and Porcelain*. Shanghai Institute of Ceramics eds. Science Press, Peking 1986, 134–40.

Li Guozhen, Chen Naihong, Qiu Fengjuan & Zhang Fenqin (1986). 'A Study of Tang *sancai*.' *Scientific and Technological Insights on Ancient Chinese Pottery and Porcelain*. Shanghai Institute of Ceramics eds. Science Press, Peking, 1986, 77–81.

Li Guozhen, Gao Lingxian, Wang Yangmin & Lu Ruiqing (1989). 'Composition and Structure of Celadons from Jingdezhen in the Ming and Qing Dynasties.' *Proceedings of the 1989 International Symposium on Ancient Ceramics (ISAC '89)*. Li Jiazhi & Chen Xianqiu, eds. Shanghai Science and Technology Press, Shanghai 1989, 336–43.

Li He (1996). *Chinese Ceramics: The New Standard Guide*. Thames and Hudson, London, 1996.

Li He (1998). 'Problems in Song Ceramics: Redating Official *Guan* Ceramics in the Asian Art Museum of San Francisco.' *Ap*. CXLVII (N.S. 433). London, 1998, 10–16.

Li Huibing (1994). 'Song Guan Wares: Song Official Wares.' *TOCS*, 1992–1993. 57. London, 1994, 27–34.

Li Jiazhi (1986). 'Formation and Development of Green Glaze in Zhejiang Province.' *Scientific and Technological Insights on Ancient Chinese Pottery and Porcelain*. Shanghai Institute of Ceramics eds. Science Press, Peking, 1986, 64–8.

Li Jiazhi, Deng Zequn, Zhang Zhigang, Chen Shiping, Mou Yongkang & Mao Zhaoting (1986a). 'Studies on the Black Pottery with Clay Glaze and Proto-Porcelain in Jiangshan County, Zhejiang Province.' *Scientific and Technological Insights on Ancient Chinese Pottery and Porcelain*. Shanghai Institute of Ceramics eds. Science Press, Peking, 1986, 55–63.

Li Jiazhi, Zhang Zhigang, Deng Zequn, Chen Shiping, Zhou Xueqin, Yang Wenxian, Zhang Xiangsheng, Wang Yuxi & Chen Ji (1986b). 'A Study of Gongxian White Porcelain of the Sui-Tang Period.' *Scientific and Technological Insights on Ancient Chinese Pottery and Porcelain*. Shanghai Institute of Ceramics eds. Science Press, Peking, 1986, 129–33.

Li Jiazhi & Chen Shiping (1989). 'A Study on Yongle White Porcelain in Jingdezhen.' *Proceedings of the 1989 International Symposium on Ancient Ceramics (ISAC '89)*. Lia Jiazhi & Chen Xianqiu, eds. Shanghai Science and Technology Press, Shanghai, 1989, 344–51.

Li Jiazhi, Chen Xianqiu, Chen Shiping, Zhu Boqian & Ma Chengda (1989). 'Study on Ancient Yue Ware Body, Glaze and Firing Technique of Shanglinhu.' *Proceedings of the 1989 International Symposium on Ancient Ceramics (ISAC '89)*. Li Jiazhi & Chen Xianqiu, eds. Shanghai Science and Technology Press, Shanghai, 1989, 365–71.

Li Jiazhi, Luo Hongjie & Gao Liming (1992). 'Further Study of the Technological Evolution of the Ancient Chinese Pottery and Porcelain.' *Science and Technology of Ancient Ceramics 2: Proceedings of the International Symposium (ISAC '92)*. Li Jiazhi & Chen Xianqiu, eds. Shanghai Research Society of Science and Technology of Ancient Ceramics, Shanghai, 1992, 1–25.

Li Jiazhi, Zhang Zhigang, Deng Zequn & Liang Baoliu (1995). 'Study on Neolithic Early Pottery of China: Concurrent Discussion on its Origin.' *Science and Technology of Ancient Ceramics 3: Proceedings of the International Symposium (ISAC '95)*. Guo Jingkun, ed. Shanghai Research Society of Science and Technology of Ancient Ceramics, Shanghai, 1995, 1–7.

Li Jian'an (1995). 'Certain Questions of the Black-Glazed Tea Bowls Made in the Song and Yuan Dynasties in Fujian.' *Science and Technology of Ancient Ceramics 3: Proceedings of the International Symposium (ISAC '95)*. Guo Jingkun, ed. Shanghai Research Society of Science and Technology of Ancient Ceramics, Shanghai, 1995, 264–370.

Li Jian'an (1999). 'The Kiln Stove of Zhangzhou Kiln and its Related Problems.' *Scientific and Technical Aspects of Ancient Ceramics 4: Proceedings of the 1999 International Symposium (ISAC '99)*. Guo Jingkun, ed. Shanghai Scientific and Technical Documents Press, Shanghai, 1999, 518–22.

Li Chien-Sheng (1996). *My Home in China: Ching-te-chen*. Film documentary in NTSCT video format. Ching-te-chen, 1996. Distributed by the maker.

Li Wenchao, Wang Jian & Li Guozhen (1992). 'Mechanism on Formation of Transition Layer in Ancient Ceramics of Jun, Ru and Yaozhou Wares in the Song Dynasty.' *Science and Technology of Ancient Ceramics 2: Proceedings of the International Symposium (ISAC '92)*. Li Jiazhi & Chen Xianqiu, eds. Shanghai Research Society of Science and Technology of Ancient Ceramics, Shanghai, 1992, 280–5.

Li Zhiyan & Zhang Fukang (1986). 'On the Technical Aspects of Tang Sancai.' *Scientific and Technological Insights on Ancient Chinese Pottery and Porcelain*. Shanghai Institute of Ceramics eds. Science Press, Peking, 1986, 69–76.

Li Zhuangda (1989). 'How Did the Yixing Zisha Wares Become a Famous Chinese Pottery.' *Proceedings of the 1989 International Symposium on Ancient Ceramics (ISAC '89).* Li Jiazhi & Chen Xianqiu, eds. Shanghai Science and Technology Press, Shanghai, 1989, 424–9.

Liedl, Gerald L. (1986). 'The Science of Materials.' *SA.* 255 (4). New York, 1986, 105–12.

Lightbown, R. (1969). 'Oriental Art and the Orient in Late Rennaissance and Baroque Italy.' *JWCI.* 32. London, 1969, 228–79.

Lightbown, Ronald & Caiger-Smith, Alan (trans.) (1980). *The Three Books of the Potter's Art by Cipriano Piccolpasso.* Scolar Press, London, 1980.

Lilyquist, N., & Brill, R. (1993). *Studies in Early Egyptian Glass.* Metropolitan Museum of Art, New York, 1993.

Lindbeck, John M. H. (1960). 'Organization and Development of Science.' *Science in Communist China: A Symposium Presented at the New York Meeting of the American Association for the Advancement of Science, December 26–27, 1960.* Sidney H. Gould, ed. American Association for the Advancement of Science, Washington DC, 1961, 3–58.

Liu Kaimin (1986). 'Further Studies on Jun Glaze.' *Scientific and Technological Insights on Ancient Chinese Pottery and Porcelain.* Shanghai Institute of Ceramics eds. Science Press, Peking, 1986, 219–26.

Liu Tung Sheng (1988). *Loess in China.* 2nd edn. China Ocean Press, Peking, 1985; Springer-Verlag, Berlin, Heidelberg, New York, London, Paris & Tokyo, 1988.

Liu Xinyuan (1992). 'The Kiln Sites of Jingdezhen and their Place in the History of Chinese Ceramics.' *Ceramic Finds from Jingdezhen Kilns (10th–17th Century).* The Fung Ping Shan Museum, The University of Hong Kong, 1992, 32–54. (See also Anon. (1992b) in Bibliography B.)

Liu Xinyuan (1993). 'Yuan Dynasty Official Wares from Jingdezhen.' *The Porcelains of Jingdezhen: Colloquies on Art & Archaeology in Asia No. 16.* Rosemary E. Scott, ed. Percival David Foundation of Chinese Art, University of London, London, 1993, 33–46.

Liu Zhen, Zheng Naizhang & Hu Youzhi (1985). 'A Study on the Structural Characteristics of the Jingdezhen Kiln.' *The 2nd International Conference on Ancient Chinese Pottery and Porcelain (Abstracts).* China Academic Publishers, Peking, 1985, 106–7.

Liu Zheng & Xu Chuixu (1988). 'Preparation of the Pure Calcium Carbonate for the Classic Ash Glaze of Jingdezhen.' *Keramische Zeitschrift.* 40 (7). 1988, 532–5.

Lo Jungpang (1970). 'Chinese Shipping and East-West Trade from the Tenth to the Fourteenth Century.' In Mollat, M. *Societes et compagnie de commerce en orient et dans l'ocean indien.* SEVPEN, Paris, 1970, 479–721.

Lo, K. S. (1986). *The Stonewares of Yixing.* Sotheby's Publication, Philip Wilson, London & New York, Hong Kong University Press, Hong Kong, 1986.

Lo Sardo, Eugenio (ed.) (1993). *Atlante della Cina di Michele Ruggieri, S.I.* Istituto Poligrafico E Zecca Dello Stato, Rome, 1993.

Löbert, Horst W. (1994). 'Types of Potter's Wheels and the Spread of the Spindle Wheel in Germany.' *The Many Dimensions of Pottery.* Sander E. Van Der Leeuw & Alison C. Pritchard, eds. Amsterdam, 1984, 204–30.

Loehr, George (1964). 'Missionary-Artists at the Manchu Court.' *TOCS, 1962–1963.* 34. London, 1964, 51–67.

Loewe, Michael (ed.) (1993a). *Early Chinese Texts: A Bibliographical Guide.* Early China Special Monograph Series No. 2, The Society for the Study of Early China and The Institute of East Asian Studies. University of California, Berkeley CA, 1993.

Loewe, Michael (1993b). 'Shih ching.' *Early Chinese Text: A Bibliographical Guide.* Michael Loewe, ed. The Society for the Study of Early China and The Institute of East Asian Studies. University of California, Berkeley CA, 1993, 415–23.

Lord, John (1923). *Capital and Steam-power, 1750–1800.* P. S. King & Son Ltd, London, 1923.

Lou Zongzhen, Zhang Zhigang, Guo Yanyi & Chen Yaocheng (1986). 'Significance of the Tang Blue-and-White Porcelain Unearthed from the Ruins of an Ancient City in Yangzhou.' *Scientific and Technological Insights on Ancient Chinese Pottery and Porcelain.* Shanghai Institute of Ceramics eds. Science Press, Peking, 1986, 117–21.

Loureiro, Rui Manuel (1999). 'Portugal às Portas da China: Breve historía de uma relação exemplar. Portugal at the Gateway to China: A Brief History of an Exemplary Relationship.' *Caminhos da Porcelana, Dinastias Ming e Qing: The Porcelain Route, Ming and Qing Dynasties.* Calvão João Rodrigues, ed. Fundação Oriente, Lisbon, 1999, 27–67.

Loureiro, Rui Manuel (2000). 'News from China in 16th Century Europe: The Portugese Connection.' *OA.* 46 (3). London, 2000, 59–65.

Lovell, Hin-Cheung (1964). *Illustrated Catalogue of Ting Yao and Related White Wares in the Percival David Foundation of Chinese Art.* School of Oriental and African Studies, London, 1964.

Lovell, Hin-Cheung (trans.) (1967). *Important Finds of Ancient Chinese Ceramics Since 1949. By Feng-Hsien-Ming.* Chinese Translations No. 1. Oriental Ceramic Society, London, 1967.

Lu Gwei-Djen & Needham, Joseph (1951). 'A Contribution to the History of Chinese Dietetics.' *Isis.* Oxford, 1951, 42, 13.

Lucas, Alfred & Harris, John Richard (1962). *Ancient Egyptian Materials and Industries.* Edward Arnold, London, 1962.

Luo Hongjie (1996). *Ancient Chinese Pottery and Porcelain Database.* Sian, 1996.

Lyall, Leonard A. (1932). *Mencius.* Longmans, Green and Co., London, 1932.

Lyall, Leonard A. (1935). *The Sayings of Confucius*. Longmans, Green and Co., London 1935.

Mackenna, F. Severne (1946). *Cookworthy's Plymouth and Bristol Porcelain*. F. Lewis, Leigh-on-Sea, 1946.

Mallet, F. R. (1881). 'On Cobaltite and Danaite from the Khetri Mines, Rájputána: With Some Remarks on Jaipurite (Syepoorite).' *Geological Survey of India*. 14. Calcutta, 1881.

Marks, Lionel. S. (ed.) (1924). *Mechanical Engineers' Handbook*. McGraw-Hill Book Company Inc., New York & London, 1916; second edn, 1924.

Mason, Robert & Tite, Michael S. (1994a). 'Islamic Pottery: A Tale of Men and Migrations.' *Museum International* (UNESCO Paris). 46, 43. Oxford & Cambridge MA, 1994, 33-7.

Mason, Robert & Tite, Michael S. (1994b). 'The Beginnings of Islamic Stonepaste Technology.' *A*. 36 (1). Oxford, 1994, 77-91.

Mason, Robert & Tite, Michael S. (1997). 'The Beginnings of Tin-opacification of Pottery Glazes.' *A*. 39 (1). Oxford, 1997, 41-58.

Mason, Robert, Tite, Michael, Paynter, Sarah & Salter, Christopher (2001). 'Advances in Polychrome Ceramics in the Islamic World of the 12th Century AD.' *A*. 43 (2). Oxford, 2001, 191-209.

Mass, Jennifer L., Stone, Richard E. & Wypyski, Mark T. (1997). 'An Investigation of the Antimony-Containing Minerals Used by the Romans to Prepare Opaque Coloured Glasses.' *Materials Issues in Art and Archaeology V. Materials Research Society Symposium Proceedings 462*. Pamela B.Vandiver, James R. Druzik, John F. Merkel & John Stewart, eds. Materials Research Society, Pittsburgh PA, 1997, 193-204.

Mather, Richard B. (trans.) (1976). *Shih-shuo Hsin-yu: A New Account of Tales of the World by Liu I-ch'ing with Commentary by Liu Chun*. University of Minnesota Press, Minneapolis MN, 1976.

Matson, Frederick R. (1971). 'A Study of the Temperatures used in Firing Ancient Mesopotamian Pottery.' *Science in Archaeology*. R. H. Brill, ed. MIT Press, Cambridge MA, 1971, 65-79.

Matson, Fredrick R. (1985). 'The Brickmakers of Babylon.' *Ancient Technology to Modern Science: Ceramics and Civilization, Vol. I*. W. David Kingery, ed. The American Ceramic Society Inc., Colombus OH, 1985, 61-75.

Matson, Frederick R. (1986). 'Glazed Brick from Babylon: Historical Setting and Microprobe Analyses.' *Technology and Style: Ceramics and Civilization, Vol. II*. W. David Kingery, ed. The American Ceramic Society Inc., Columbus OH, 1986, 133-56.

Mattyasovszky-Zsolnay, L. (1946). 'Illite, Montmorollonite, Halloysite, and Volcanic Ash as Whiteware Body Ingredients.' *JACS*. 29 (9). 1946, 254-60.

Maverick, Lewis A. (1954). *Economic Dialogues in Ancient China: Selections from the Kuan-tzu*. Carbondale, Illinois, 1954.

Maynard, David C. (1980). *Ceramic Glazes*. Borax Holdings Ltd, London, 1980.

McElney, Brian Shane (1993a). *The Museum of East Asian Art Inaugural Exhibition Volume I: Chinese Ceramics*. The Museum of East Asian Art, Bath, 1993.

McElney, Brian (1993b). *The Museum of East Asian Art Inaugural Exhibition Volume II: Chinese Metalwares and Decorative Arts*. The Museum of East Asian Art, Bath, 1993.

McMeekin, Ivan (1984). 'The Bourry Box.' *Pottery in Australia*, 23 (1). Sydney, NSW, 1984, 42-5.

McNamara, Edward P. & Dulberg, Irving (1958). *Fundamentals of Ceramics*. Pennsylvania State University, Pennsylvania PA, 1958.

Medhurst, W. H. (1846). *The Shoo King or Historical Classic*. Mission Press, Shanghai, 1846.

Medley, Margaret (1960). 'The Illustrated Regulations for Ceremonial Paraphernalia of the Ch'ing Dynasty.' *TOCS, 1957-1959*. 31. London, 1960, 95-105.

Medley, Margaret (1966). 'Ching-tê Chên and the Problem of the Imperial Kilns.' *BSOAS*. 29. London, 1966, 326-38.

Medley, Margaret (1974). *Yüan Porcelain and Stoneware*. Faber and Faber, London, 1974.

Medley, Margaret (1976). *The Chinese Potter: A Practical History of Chinese Ceramics*. Phaidon, Oxford, 1976.

Medley, Margaret (1979). 'Incising, Carving and Moulding in Early Chinese Stonewares.' *Decorative Techniques and Styles in Asian Ceramics: Colloquies on Art & Archaeology in Asia No. 8*. Margaret Medley, ed. Percival David Foundation of Chinese Art, University of London, London, 1979, 1-19.

Medley, Margaret (1993). 'Organisation and Production at Jingdezhen in the Sixteenth Century.' *The Porcelains of Jingdezhen: Colloquies on Art & Archaeology in Asia No. 16*. Rosemary E. Scott, ed. Percival David Foundation of Chinese Art, University of London, London, 1993, 69-82.

Mei Chien-Ying (1955). 'City of Porcelain.' *CR*. 4. London, 1955, 14-15.

Menzies, Nicholas K. (1996). *Forestry*. Vol. VI:3. *Science and Civilisation in China*. Joseph Needham, ed. Cambridge University Press, Cambridge, 1996.

Meyers, Pieter (1986). 'Characteristics of Casting Revealed by the Study of Ancient Chinese Bronzes.' *The Beginning of the Use of Metals and Alloys: Papers from the Second International Conference on the Beginning of the Use of Metals and Alloys. Zhengzhou, China, 21-26 October 1986*. Robert Maddin, ed. MIT Press, Cambridge MA & London, 1986, 283-95.

Meyers, Pieter & Holmes, Lore L. (1983). 'Technical Studies of Ancient Chinese Bronzes: Some Observations.' *The Great Bronze Age of China*. George Kuwayama, ed. Los Angeles County Museum of Art, Los Angeles, 1983, 124-36.

Mikami, Tsugio (1982). 'China and Egypt: Fustat.' *TOCS, 1980-1981*. 45. London, 1982, 67-89.

Mikami, Tsugio (1986). 'Relation Between Ancient Chinese Ceramics and Islamic Pottery Seen from a Techno-logical Point of View.' *Scientific and Technological Insights on Ancient Chinese Pottery and Porcelain.* Shanghai Institute of Ceramics eds. Science Press, Peking, 1986, 82–5.

Mikami, Tsugio (1990). 'Chinese Ceramics in Southeast Asia in the 9th–10th Century.' *Ancient Ceramic Kiln Technology in Asia.* Ho Chui-Mei, ed. Centre of Asian Studies Occasional Papers and Monographs No. 90. University of Hong Kong, Hong Kong, 1990, 119–25.

Mills, J. V. G. (ed.) (1970). *Ying-Yai Sheng-Lan 'The Overall Survey of the Ocean's Shores' (1433).* Feng Ch'eng-Chün (trans. and ed.). The Hakluyt Society. Cambridge University Press, Cambridge, 1970.

Mills, J. V. G. & Ptak, Roderich (eds.) (1996). *Hsing-Ch'a Sheng-Lan: The Overall Survey of the Star Raft by Fei Hsin.* Harrassowitz Verlag, Wiesbaden, 1996.

Mills, Paula & Kerr, Rose (1999). 'A Study of Ruby-Pink Enamels on Chinese Porcelain: With a Comparison of Chinese Pink Glass and European Pink Enamels of Ceramics [sic].' *Scientific and Technical Aspects of Ancient Ceramics, 4: Proceedings of the 1999 International Symposium (ISAC '99).* Guo Jingkun, ed. Shanghai Scientific and Technical Documents Press, Shanghai, 1999, 258–65.

Mino, Yutaka (1980). *Freedom of Clay and Brush through Seven Centuries in Northern China: Tz'u-chou Type Wares, 960–1600 A.D.* Indiana University Press, Bloomington IN, 1980.

Mino, Yutaka (1998). 'Cizhou Type Ware: Decorated with Enamel Overglaze Painting.' *Proceedings of the International Conference on 'Chinese Archaeology Enters the Twenty-first Century'.* Department of Archaeology, Peking University. Science Press, Peking, 1998, 314–19.

Mino, Yutaka & Tsiang, Katherine R. (1986). *Ice and Green Clouds: Traditions of Chinese Celadon.* Indiana University Press, Bloomington IN, 1986.

Moeran, Brian (1987). 'Tradition: Handed Down or Handed Out.' *CM.* 35. Colombus OH, 1987, 27–33.

Moore, A. M. T. (1995). 'The Inception of Potting in Western Asia and its Impact on Economy and Society.' *The Emergence of Pottery: Technology and Innovation in Ancient Societies.* William K. Barnett & John W. Hoopes, eds. Smithsonian Institution Press, Washington DC & London, 1995, 39–53.

Moore, Bernard & Mellor, J. W. (1930). 'On the Manufacture of Feldspathic or Hard Porcelain with British Raw Materials.' *Transactions of the British Ceramic Society, Wedgwood Bicentenary Memorial Number.* 1930, 258–74.

Moore, Duane M. & Reynolds, Robert C., Jnr. (1997). *X-Ray Diffraction and the Identification and Analysis of Clay Minerals.* Second edn. Oxford University Press, Oxford and New York, 1997.

Moorey, P. Roger (1994, 1999). *Ancient Mesopotamian Materials and Industries: The Archaeological Evidence.* Clarendon Press, Oxford, 1994; repr. Eisenbrauns, Winona Lake IN, 1999.

Morgan, Brian (1982). 'A Search for the Earliest Ming Style.' *TOCS, 1980–1981.* 45. London, 1982, 36–53.

Morimoto Asako (1997). 'Kilns of Northern Vietnam.' *Vietnamese Ceramics: A Separate Tradition.* John Stevenson & John Guy, eds. Art Media Resources and Avery Press, Chicago, 1997, 84–93.

Morimoto Asako & Yamasaki Kazuo (2001). *Technical Studies on Ancient Ceramics Found in North and Central Vietnam.* Fukuoka, 2001.

Mowry, Robert D. (1996). 'Chinese Brown- and Black-Glazed Ceramics: An Overview.' *Hare's Fur, Tortoiseshell, and Partridge Feathers: Chinese Brown- and Black Glazed Ceramics, 400–1400.* Robert D. Mowry, ed. Harvard University Art Museums, Cambridge MA, 1996, 23–42.

Mueller, Shirley Maloney (2001). 'Surface Silver Decoration on Chinese Export Porcelain: A Survey.' *OA.* 47 (3). London, 2001, 56–64.

Mueller, Shirley Maloney (2002). 'Surface Silver Decoration on Chinese Export Porcelain: An Analytical Approach.' *OA.* 48 (4). London, 2002, 43–6.

Muhly, James D. (1988). 'The Beginnings of Metallurgy in the Old World.' *Papers from the Second International Conference on the Beginning of the Use of Metals and Alloys, China, 21–26 October 1986.* Robert Madden, ed. Massachusetts Institute of Technology, Cambridge MA, 1988, 2–22.

Murray, Haydn H. (1980). 'Ceramic Minerals in China.' *CB.* 59 (9). Easton PA, 1980, 920–2.

Myrdal, Jan (1951). *Report from a Chinese Village.* Pan Books Limited, London, 1975.

Naitō Tadeshi (1951). 'A Note on Ming Dynasty Gilding.' *FECB.* 3 (2). B. M. Israël, NV, Amsterdam & Robert G. Sawers, London, Amsterdam & London, 1951, 6–8.

Needham, Joseph & Wang Ling (1954). *Introductory Orientations.* Vol. 1: *Science and Civilisation in China.* Joseph Needham, ed. Cambridge University Press, Cambridge, 1954.

Needham, Joseph & Wang Ling (1959). *Mathematics and the Sciences of the Heavens and the Earth.* Vol. III: *Science and Civilisation in China.* Joseph Needham, ed. Cambridge University Press, Cambridge, 1959.

Needham, Joseph, Wang Ling & Kenneth Girdwood Robinson (1962). *Physics and Physical Technology, Part 1: Physics and Physical Technology.* Vol. IV: *Science and Civilisation in China.* Joseph Needham, ed. Cambridge University Press, Cambridge, 1962.

Needham, Joseph & Wang Ling (1965). *Physics and Physical Technology, Part 2: Mechanical Engineering.* Vol. IV: *Science and Civilisation in China.* Joseph Needham, ed. Cambridge University Press, Cambridge, 1965.

Needham, Joseph & Wang Ling & Lu Gwei-Djen (1971). *Physics and Physical Technology, Part 3: Civil Engineering and Nautics.* Vol. IV: *Science and Civilisation in China.* Joseph Needham, ed. Cambridge University Press, Cambridge, 1971.

Needham, Joseph & Lu Gwei-Djen (1974). *Chemistry and Chemical Technology, Part 2: Spagyrical Discovery and Invention: Magisteries of Gold and Immortality.* Vol. V: *Science and Civilisation in China.* Joseph Needham, ed. Cambridge University Press, Cambridge, 1974.

Needham, Joseph, Ho Ping-Yü, Lu Gwei-djen & Wang Ling (1976). *Chemistry and Chemical Technology, Part 3: Spagyrical Discovery and Invention: Historical Survey from Cinnabar Elixirs to Synthetic Insulins.* Vol. V: *Science and Civilisation in China.* Joseph Needham, ed. Cambridge University Press, Cambridge, 1976.

Needham, Joseph, Ho Ping-Yü, Lu Gwei-djen & Nathan Sivin (1980). *Chemistry and Chemical Technology, Part 4: Spagyrical Discovery and Invention: Apparatus, Theories and Gifts.* Vol. V: *Science and Civilisation in China.* Joseph Needham, ed. Cambridge University Press, Cambridge, 1980.

Needham, Joseph, Ho Ping-Yü, Lu Gwei-djen & Wang Ling (1986). *Chemistry and Chemical Technology, Part 7: Military Technology: The Gunpowder Epic.* Vol. V: *Science and Civilisation in China.* Joseph Needham, ed. Cambridge University Press, Cambridge, 1986.

Nelson, Sarah Milledge (ed.) (1995). *The Archaeology of Northeast China: Beyond the Great Wall.* Routledge, London & New York, 1995.

Neri, Antonio (1611, new editions 1659, 1686, English edition 1662). *De Arte Vitraria, Libri VII.* Original preface dated Florence, January +1611. Editions printed by Andream Frisium, Amstelodami, 1659 and by Henry Wetsenium, Amstelodami, 1686. English edition: *The Art of Glass, Wherein Are shown the wayes to make and colour Glass, Pastes, Enamels, Lakes and other Curiosities. Written in Italian by Antonio Neri, and Translated into English with Some Observations on the Author.* Printed by A. W. for Octavian Pulleyn at the Sign of the Rose in St Paul's Churchyard, 1662.

Newell, R. W. (1995). 'Some Notes on "Splashed Glazes".' *MC.* 19. 1995, 77–88.

Newton, Isaac (1951). 'Tin Foil as a Decoration on Chou Pottery.' *TOCS.* 1949–1950. 25. London, 1951, 65–9.

Newton, Isaac (1958). 'Chinese Ceramic Wares from Hunan.' *FECB.* 10 (3–4). B. M. Israël, NV, Amsterdam & Robert G. Sawers, London, 1951, 1–91.

Newton, R. G. (1970). 'Metallic Gold and Ruby Glass.' *JGS.* 12. The Corning Museum of Glass, Corning NY, 1970, 165–70.

Nicholson, Paul T. (1993). *Egyptian Faience and Glass.* Shire Publications, Princes Risborough, 1993.

Nienhauser, William H. Jr. (ed.) (1988). *The Indiana Companion to Traditional Chinese Literature.* Indiana University Press, Indianapolis, 1986; repr. Southern Materials Center Inc., Taipei, 1988.

Nienhauser, William H. Jr. (ed.) (1994). *The Grand Scribe's Records. Volume 1: The Basic Annals of Pre-Han China by Ssu-Ma Ch'ien.* Indiana University Press, Bloomington & Indianapolis, 1994.

Nikulina, L. N. & Taraeva, T. I. (1959). 'The Petrographic Features of Chinese Porcelain Stone.' *SIK.* 18 (8). Moscow, 1959, 40–4.

Noll, W. (1981). 'Mineralogy and Technology of the Painted Ceramics of Ancient Egypt.' *Scientific Studies in Ancient Ceramics.* Michael Hughes, ed. *British Museum Occasional Papers.* 19. London, 1981.

Norton, F. H. (1970). *Fine Ceramics: Technology and Applications.* McGraw-Hill Book Company, New York & London, 1970.

Norton, F. H. (1974). *Elements of Ceramics, second edition.* Addison-Wesley Publishing Company, Reading MA, 1974.

Oddy, Andrew (1991). 'Gilding: An Outline of the Technological History of the Plating of Gold onto Silver and Copper in the Old World.' *Endeavour, New Series 15.* London, 1991, 29–33.

Oddy, Andrew (1993). 'Gilding of Metals in the Old World.' *Metal Plating and Patination.* Susan La Niece & Paul Craddock, eds. Butterworth-Heinemann, Oxford, 1993, 171–81.

Oddy, Andrew, Padley, T. G. & Meeks, Nigel D. (1979). 'Some Unusual Techniques of Gilding in Antiquity.' *ArP.* 10. Cologne, Bonn, 1979, 230–40.

Olsen, Frederick L. (1970). *The Kiln Book.* Keramos Books, Bassett, CA, 1973.

Oppenheim, A. L. (ed.) (1970). *Glass and Glass Making in Ancient Mesopotamia.* The Corning Museum of Glass, Corning NY, 1970.

Orleans, L. A. & Davidson, Caroline (eds.) (1980). *Science in Contemporary China.* Stanford University Press, Stanford, 1980.

Orton, Clive, Tyyers, Paul & Vince, Alan (1993). *Pottery in Archaeology.* Cambridge University Press, Cambridge, 1993.

Owen, Hugh (1873). *Two centuries of ceramic art in Bristol: being a history of the manufacture of "the true porcelain" by Richard Champion: with a biography compiled from private correspondence, journals and family papers; containing unpublished letters of Edmund Burke, Richard and William Burke, the Duke of Portland, the Marquis of Rockingham and others, with an accound of the delft, earthenware and enamel glass works, from original sources.* Bell and Daldy, London, 1873.

Pabst, A. (1959). 'Structures of Some Tetragonal Sheet Silicates.' *AC.* 12. Cambridge University Press, Cambridge, 1959, 733–9.

Palmgren, Nils (1934). 'Kansu Mortuary Urns of the Pan Shan and Ma Chang Groups.' *Palaeontologica Sinica (1934).* series D, v.3, fasc.1. Geological Survey of China, Peking, 1934.

Palmgren, Nils, Sundius, Nils & Steger, Walter (1963). *Sung Sherds.* Almqvist and Wiksell, Stockholm, 1963.

Paludan, Ann (1981). *The Imperial Ming Tombs.* Yale University Press, New Haven & London, 1981.

Parmelee, Cullen W. (1948). *Ceramic Glazes*. Industrial Publication Inc., Chicago, 1948.

Pearce, N. J. (1989). 'Chinese Export Porcelain for the European Market: The Years of Decline, 1770–1820.' *TOCS, 1987–1988*. 52. London, 1989, 21–38.

Pelliot, Paul (1936). 'Le prétendu album de porcelaines de Hiang Yuan-pien.' *TP*. 32. Leiden, 1936, 15–58.

Penderill-Church, John (1972). *William Cookworthy, 1705–1780: A Study of the Pioneer of True Porcelain Manufacture in England*. Barton, Truro, 1972.

Pérez-Arantegui, J., Uruñuela, M. I. & Castillo, J. R. (1995). 'Roman Lead Glazed Ceramics: Classification of the Pottery Found in the Tarraconensis (Spain) 1st–2nd C AD.' *Fourth Euro Ceramics. Vol. 14: The Cultural Ceramic Heritage*. B. Fabbri, ed. Academy of Ceramics, Techna Monographs in Materials and Society. Faenza, 1995, 209–18.

Pernika, Ernst (1990). 'Gewinnung und Verbreitung der Metalle in prähistorischer zeit.' *Jahrbuch des Römisch-Germanischen Zentralmuseums Mainz*. 37. Mainz, 1990, 21–129.

Petrik, L. (1889). 'Ryolit-Kaolin of Hollohaza.' *Hungarian Geological Institute*. Budapest, 1889, 1–10.

Piccolpasso, Cipriano (1557). *I Tre Libri Dell'Arte Del Vasaio (1557). The Three Books of the Potter's Art: A Facsimile of the Manuscript in the Victoria & Albert Museum*. R. Lightbown & A. Caiger-Smith (trans. and intro.). 2 vols. Scolar Press, London, 1980.

Pierce, J. Allen & Watts, Arthur S. (1952). 'A Study of the BaO–Al_2O_3–SiO_2 Deformation Eutectic in Mixtures with Deformation-eutectic of CaO–Al_2O_3–SiO_2, MgO–Al_2O_3–SiO_2, and KNa Felspar in the Raw and Pre-fused State.' *ACSB*. 31 (11). Easton PA, 1952, 460.

Pierson, Stacey (1996). *Earth, Fire and Water: Chinese Ceramic Technology. A Handbook for Non-specialists*. Percival David Foundation of Chinese Art, London, 1996.

Pinto de Matos, Maria Antonia (1999). 'Porcelana Chinesa. De presente régio a produto comercial. Chinese Porcelain: From Royal Gifts to Commercial Products.' *Caminhos da Porcelana, Dinastias Ming e Qing. The Porcelain Route: Ming and Qing Dynasties*. Calvão João Rodrigues, ed. Fundação Oriente, Lisbon, 1999, 93–131.

Pinto de Matos, Maria Antonia (2000). 'Macao and Porcelain for the Portuguese Market.' *OA*. 46 (3). London, 2000, 66–75.

Piper, J. D. A. (1987). *Palaeomagnetism and the Continental Crust*. Milton Keynes, 1987.

Pirazzoli-t'Serstevens, Michèle (1985). 'Chinese Ceramics Excavated in Bahraîn and Oman.' *Mikami Tsugio Hakase Kiju Kinen Ronbunshú* (Festschrift to Celebrate Mikami Tsugio's 77th Birthday). Kokohen, Tokyo, 1985, 315–35.

Pirazzoli-t'Serstevens, Michèle (1988). 'La céramique chinoise de Qal'at al-Suhâr.' *AA*. XLIII. Paris, 1988, 87–105.

Pirazzoli-t'Serstevens, Michèle (2001). 'Artistic Issues in the Eighteenth Century.' *Handbook of Christianity in China, Volume 1: 635–1800*. Nicolas Standaert, ed. Brill, Leiden, Boston & Cologne, 2001, 823–39.

Pitcher, Wallace Spencer (1993). *The Nature and Origin of Granite*. Blackie Academic and Professional, London, 1993.

Plumer, James Marshall (1935). 'The Place of Origin of Chien Ware.' *ILN*. 26 October (187). London, 1935, 679–83, 718.

Pollard, A. Mark (1983). 'Description of Method and Discussion of Results.' *Trade Ceramic Studies No. 3*. Mikami Tsugio & Kamei Meitoku, eds. Japan Society for the Study of Oriental Trade Ceramics, Kanazawa City, 1983, 145–58.

Pollard, A. Mark & Wood, Nigel (1986). 'Development of Chinese Porcelain Technology in Jingdezhen.' *Proceedings of the 24th International Archaeometry Symposium*. J. S. Olin & M. J. Blackman, eds. Smithsonian Institution Press, Washington DC, 1986, 105–14.

Pool, C. A. (2000). 'Why a kiln? Firing Technology in the Sierra de los Tuxtlas, Veracruz (Mexico).' *A*. 42 (1). Oxford, 2000, 61–70.

Pope, John A. (1949). 'An Analysis of Shang White Pottery.' *FECB*. 1 (6). Amsterdam & London, 1949, 49–54

Porter, Venetia (1995). *Islamic Tiles*. British Museum Press, London, 1995.

Potts, P. J. (1987). *A Handbook of Silicate Rock Analysis*. Blackie, Glasgow, London & New York, 1987.

Pritchard, E. H. (1968). 'Traditional Chinese Historiography and Local Histories.' *The Uses of History*. Hayden V. White, ed. Wayne State University Press, Detroit, 1968, 187–220.

Proctor, Patty (1977). Translation of Zhou Ren, Zhang Fukang & Cheng Yongfu, 'Technical studies on the Longquan Celadons of Successive Dynasties.' (Originally in *Khao-ku Hsüeh-pao*, 1973, pp. 131–56, see Bibliography B.) Published as *Chinese Translations No. 7*. Oriental Ceramic Society, London, 1977.

Pye, David (1964). *The Nature of Design*. Studio Vista, London & New York, 1964.

Pye, David (1968). *The Nature and Art of Workmanship*. Cambridge University Press, Cambridge, 1968.

Pye, Kenneth (1987). *Aeolian Dust and Dust Deposits*. Academic Press, London, 1987.

Pye, Kenneth (1995). 'The Nature Origin and Accumulation of Loess.' *QSR*. 14 (7–8). Pergamon Press, Oxford, 1995, 645–51.

Qin Guangyong, Pan Xianjia & Li Shi (1989). 'Mossbauer Firing Study of Terra-Cotta Warriors and Horses of the Qin Dynasty (221 BC).' *A*. 31 (1). Oxford, 1989, 3–12.

Qu, H. J., Zheng, Z. H. & Xiao Jie Wu (1991) 'Research on the Techniques of Making Pottery Figurines of the Qin Army.' *Materials Issues in Art and Archaeology II Materials Research Society Symposium Proceedings 185*. Pamela B. Vandiver, James Druzik & George Segan Wheeler, eds. Material Research Society, Pittsburgh PA, 1991, 459–77.

Raby, Julian & Yücel, Ünsal (1986). 'Chinese Porcelain at the Ottoman Court.' *Chinese Ceramics in the Topkapi Saray Museum Istanbul: A Complete Catalogue. Vol. 1.* John Ayers, ed. Philip Wilson, London, 1986, 27–54.

Raffo, Pietro (1982). 'The Development of European Porcelain.' Chapter 6 in *The History of Porcelain.* Paul Atterbury, ed. Orbis Publishing, London, 1982, 78–138.

Rastelli, Sabrina, Wood, Nigel & Doherty, Christopher (2002). 'Technological Development at the Huangbao Kiln Site, Yaozhou, in the 9th–11th Centuries AD: Some Analytical and Microstructural Examinations.' *Ku-Thao-Tzhu Kho-Hsüeh Chi-Shu 5. 2002 Nien Kuo-Chi Thao-Lun-Hui Lun-Wen-Chi (ISAC '02).* Kuo Ching-Khun, ed. Shanghai Kho-Hsüeh Chi-Shu Wen-Hsien Chhu-Pan-She, Shanghai, 2002, 179–93. (In English with a Chinese abstract.)

Rawson, Jessica (1980). *Ancient China: Art and Archaeology.* British Museum Press, London, 1980.

Rawson, Jessica (1986). 'Tombs or Hoards: The Survival of Chinese Silver of the Tang and Song Periods, Seventh to Thirteenth Centuries A.D.' *Pots and Pans: A Colloquium on Precious Metals and Ceramics.* Michael Vickers, ed. Oxford Studies in Islamic Art III. Oxford University Press, Oxford 1986, 31–56.

Rawson, Jessica (1989). 'Chinese Silver and its Influence on Porcelain Development.' *Cross-craft and Cross-cultural Interactions in Ceramics: Ceramics and Civilization, Vol. IV.* Patrick E. McGovern, Michael D. Notis & W. David Kingery, eds. The American Ceramic Society Inc., Westerville OH, 1989, 275–99.

Rawson, Jessica (1990). *Western Zhou Ritual Bronzes from the Arthur M. Sackler Collections.* 2 vols. Harvard University Press, Cambridge MA, 1990.

Rawson, Jessica (ed.) (1992). *The British Museum Book of Chinese Art.* British Museum Press, London, 1992.

Rawson, Jessica (1998). 'Thinking in Pictures: Tomb Figures in the Chinese View of the Afterlife.' *TOCS, 1996–1997.* 16. London, 1998, 19–37.

Rawson, Jessica (1999). 'Ancient Chinese Ritual as Seen in the Material Record.' *State and Court Ritual in China.* Joseph P. McDermott, ed. Cambridge University Press, Cambridge 1999, 20–49.

Rawson, Jessica, Tite, M. & Hughes, M. J. (1989). 'The Export of Tang *Sancai* Wares: Some Recent Research.' *TOCS, 198–988.* 52. London, 1989, 39–61.

Ray, Haraprasad (1995). 'The South East Asian Connection in Sino-Indian Trade.' *South East Asia & China: Art, Interaction & Commerce: Colloquies on Art & Archaeology in Asia No.17.* Rosemary Scott and John Guy, eds. Percival David Foundation of Chinese Art, University of London, London 1995, 41–63.

Rehder, J. E. (1987). 'Natural Draft Furnaces.' *ArM.* 2 (1). Philadelphia PA, 1987, 47–58.

Reilly, Robin (1994). *Wedgwood Jasper.* Second edn. Thames and Hudson, London, 1994.

Ren Jiashun, Jiang Cunfa, Zhang Zhengkun & Qin Dehu (1987). *Geotectonic Evolution of China.* Science Press, Peking, 1987.

Ren Mie-e, Yang Renzhang & Bao Haosheng (1985). *An Outline of China's Physical Geography.* Zhang Tingquan & Hu Genkang trans. Science Press, Peking, 1985.

Rice, Prudence M. (1987). *Pottery Analysis: A Sourcebook.* The University of Chicago Press, Chicago & London, 1987.

Richards, Christine Anne (1986). 'Early Northern Whitewares of Gongxian, Xing and Ding.' *TOCS, 1984–1985.* 49. London, 1986, 58–77.

Rickett, W. Allyn (1985). *Guanzi. Political, Economic and Philosophical Essays from Early China. A Study and Translation.* Vol. 1. Princeton University Press, Princeton NJ, 1985.

Riederer, J. (1974). 'Recently Identified Egyptian Pigments.' *A.* 16. Cambridge University Press, Cambridge, 1974, 102–9.

Rinaldi, Maura (1989). *Kraak Porcelain: A Moment in the History of Trade.* Bamboo Publishing, London, 1989.

Roberts, Pau (1997). 'Mass-Production of Roman Finewares.' *Pottery in the Making: World Ceramic Traditions.* Ian Freestone & David Gaimster, eds. British Museum Press, London, 1997, 188–93.

Rogers, Mary Ann (1992). 'The Mechanics of Change: The Creation of a Song Imperial Style.' *New Perspectives on the Art of Ceramics in China.* George Kuwayama, ed. University of Hawaii Press, Los Angeles, 1992, 64–77.

Rogers, Michael C. (trans.) (1968). *The Chronical of Fu Chien: A Case Of Exemplar History.* Chinese Dynastic Histories Translations No. 10. University of California Press, Berkeley & Los Angeles, 1968.

Rondot, Betrand (1999). 'The Saint-Cloud Porcelain Manufactory: Between Innovation and Tradition.' *Discovering the Secrets of Soft-Paste Porcelain at The Saint Cloud Manufactory ca. 1690–1766.* Bertrand Rondot, ed. The Bard Graduate Center for the Studies in the Decorative Arts, New York. Yale University Press, New Haven & London, 1999, 17–34.

Rooksby, H. P. (1962). 'Opacifiers in Opal Glasses.' *G.E.C. Journal of Science and Technology.* 29 (1). London, 1962, 20–6.

Rooksby, H. P. (1964). 'A Yellow Cubic Lead Tin Oxide Opacifier in Ancient Glasses.' *Physics and Chemistry of Glasses.* 5 (1). Sheffield, 1964, 20–5.

Rooney, Dawn F. (1994). *Angkor: An Introduction to the Temples.* The Guidebook Company Limited, Hong Kong, 1994.

Rooney, Dawn F. (1995). 'Khmer Ceramics and Chinese Influence.' *South East Asia and China: Art, Interaction & Commerce. Colloquies on Art & Archaeology in Asia No. 17.* Rosemary Scott and John Guy, eds. Percival David Foundation of Chinese Art, University of London, London, 1995.

Roosevelt, A. C. (1995). 'Early Pottery in the Amazon: Twenty Years of Scholarly Obscurity.' *The Emergence of Pottery: Technology and Innovation in Ancient Societies.* William K. Barnett & John W. Hoopes, eds. Smithsonian Institution Press, Washington DC & London, 1995, 115–31.

Rosenthal, Ernst (1949). *Pottery and Ceramics: From Common Brick to Fine China.* Penguin Books, Harmondsworth, 1949.

Rostoker, William & Rostoker, David (1989). 'The Wedgwood Temperature Scale.' *ArM.* 3 (2). Philadelphia PA, 1989, 169–72.

Roth, Robert S. (1981). *Phase Diagrams for Ceramists.* 4. American Ceramic Society, Colombus OH, 1981.

Rowland, Benjamin (1953). *The Art and Architecture of India: Buddhist, Hindu, Jain.* The Pelican History of Art. Penguin Books, Harmondsworth, 1953; repr. 1967.

Ruitenbeek, Klaas (1993). *Carpentry and Building in Late Imperial China: A Study of the Fifteenth-Century Carpenter's Manual Lu Ban Jing.* Sinica Leidensia Vol. 23. E. J. Brill, Leiden, New York & Cologne, 1993.

Ruitenbeek, Klaas (1998). 'The Rebuilding of the Three Rear Palaces in 1596–1598.' *Study on Ancient Chinese Books and Records of Science and Technology: The Colloquia of 1st ISACBRST, August 17–20, 1996, Zibo, Shandong.* Su Rongyu, Dai Wusan & Gao Xuan, eds. The Elephant Press, Cheng-chou, 1998, 201–9.

Rutter N., Ding Zhongli, Evans, M. E. & Liu Tongsheng (1991). 'Baoji-type Pedostratigraphic Section, Loess Plateau, North-central China.' *QSR.* 10 (1). Pergamon Press, Oxford, 1991, 1–22.

Rütti, Beat (1991). 'Early Enamelled Glass.' *Roman Glass: Two Centuries of Art and Invention.* Society of Antiquaries Occasional Papers, New Series: Vol. 13. London, 1991, 122–36.

Rye, Owen S. (1977). 'Pottery Manufacturing Techniques: X-ray Studies.' *A.* 19 (2). Oxford, 1977, 205–11.

Rye, Owen S. & Evans, Clifford (1976). *Traditional Pottery Techniques of Pakistan: Field and Laboratory Studies.* Smithsonian Institution Press, City of Washington DC, 1976.

Said, Edward W. (1978). *Orientalism: Western Conceptions of the Orient.* Penguin Books, London, 1978.

Sanders, Herbert H. (with the collaboration of Tomimoto Kenkichi) (1967). *The World of Japanese Ceramics.* Kodansha International, Tokyo & Palo Alto CA, 1967.

Sargent, William (1994). 'Chinese and Japanese Export Ceramics for the West.' Paper Presented to a Conference *Asian Ceramics: Potters, Users, and Collectors.* The Field Museum and ACRO, Chicago, October, 1994. [unpublished]

Satō Masahiko (1981). *Chinese Ceramics: A Short History.* Weatherhill/Heibonsha, New York & Tokyo, 1981.

Sayer, Geoffrey R. (trans.) (1951). *Ching-Tê-Chên T'ao-Lu or The Potteries of China.* Routledge & Kegan Paul, London, 1951.

Sayer, Geoffrey R. (trans.) (1959). *T'ao Ya or Pottery Refinements: Being a Translation With Notes and An Introduction.* Routledge & Kegan Paul, London, 1959.

Sayre, E. V. & Smith, R. W. (1961). 'Compositional Categories of Ancient Glass.' *S.* 133. June. Cambridge MA, 1961, 1824–6.

Scherzer, Georges Francisque Fernand (1900). 'A Trip to Ching-Te-Chen.' In *Ching-Te-Chen: Views of a Porcelain City.* Trans. Robert Tichane. The New York State Institute for Glaze Research, New York 1983, 187–202. (Originally *Bulletin de la Société d'encouragement pour l'industrie nationale,* 99, Paris, 1900, 530–612.)

Scheurleer, D. F. Lunsingh (1974). *Chinese Export Porcelain: Chine de Commande.* Faber and Faber, London, 1974.

Scheurleer, D. F. Lunsingh (1982). *Brieven Van Pater d'Entrecolles En Mededelingen Over De Porseleinfabricage Uit Oude Boeken. Letters of Father d'Entrecolles and Accounts of Chinese Porcelain from Old European Publications.* Alphen aan den Rijn, Canaletto, 1982.

Schneider, G. (1988). 'Stoneware from 3rd Millenium B.C.: Investigation of a Metal-Imitating Pottery from Northern Mesopotamia.' *Proceedings of the 26th International Archaeometry Symposium.* R. M. Farquhar, R. G. V. Hancock & L. A. Pavlish, eds. University of Toronto, Toronto, 1988, 17–22.

Scholes, Samuel R. (1946). *Modern Glass Practice.* Industrial Publications Inc., Chicago, 1946.

Schönfeld, Martin (1998). 'Was There a Western Inventor of Porcelain?' *TC.* 39 (4). Chicago, 1998, 716–27.

Schreurs, J. W. H. & Brill, R. H. (1984). 'Iron and Sulphur Related Colors in Ancient Glasses.' *A.* 26 (2). Oxford, 1984, 199–209.

Schulle, Wolfgang & Ullrich Bernd (1982). 'Ergebnisse gefügeanalytischer Untersuchungen an Böttgerporzellan.' *ST.* 33 (2). Berlin, 1982, 42–7.

Scott, Rosemary E. (1989). *Imperial Taste: Chinese Ceramics from the Percival David Collection.* Suzanne Kotz, ed. Chronicle Books, San Francisco & Los Angeles County Museum of Art, San Francisco, 1989, 17–92.

Scott, Rosemary E. (1992). 'Further Discoveries from the Imperial Kiln Site at Jingdezhen.' *O.* 4. London, 1992, 46–55.

Scott, Rosemary E. (ed.) (1993a). *Chinese Copper Red Wares.* Percival David Foundation of Chinese Art Monograph Series No. 3. Percival David Foundation of Chinese Art, University of London, London, 1993.

Scott, Rosemary E. (1993b). 'Guan or Ge Ware? A Re-examination of Some Pieces in the Percival David Foundation.' *OA.* 39 (2). London, 1993, 12–23.

Scott, Rosemary (1993c). 'Jesuit Missionaries and the Porcelains of Jingdezhen.' *The Porcelains of Jingdezhen: Colloquies on Art & Archaeology in Asia No. 16.* Rosemary E. Scott, ed. Percival David Foundation of Chinese Art, University of London, London, 1993, 232–56.

Scott, Rosemary (1995). 'Southern Chinese Provincial Kilns: Their Importance and Possible Influence on South East Asian Ceramics.' *South East Asia & China: Art, Interaction & Commerce. Colloquies on Art & Archaeology in Asia No. 17.* Rosemary Scott and John Guy, eds. Percival David Foundation of Chinese Art, University of London, London, 1995, 187–202.

Scott, Rosemary E. (1997). *For The Imperial Court: Qing Porcelain from the Percival David Foundation of Chinese Art.* The American Federation of Arts, New York & Sun Tree Publishing, Singapore & London, 1997.

Scott, Rosemary E. (1998). 'Ru Ware: A Revised View in the Light of Excavated Material.' *OA.* 44 (2). London, 1998, 48–50.

Scott, Rosemary E. (2001). 'Chinese Porcelain of the Yuan Dynasty.' *Serene Pleasure: The Jinglexuan Collection of Chinese Ceramics.* Seattle Art Museum, Seattle, 2001, 19–29.

Scott, Rosemary & Kerr, Rose (1993). 'Copper Red and Kingfisher Green Porcelains. Song Dynasty Technological Innovations in Guangxi Province.' *OA.* 39 (2). London, 1993, 24–33.

Scott, Rosemary, Wood, Nigel & Kerr, Rose (1995). 'The Development of Chinese Overglaze Enamels: Part I.' *Fourth Euro Ceramics. Vol. 14: The Ceramics Cultural Ceramic Heritage.* B. Fabbri, ed. Academy of Ceramics, Techna Monographs in Materials and Society. Faenza, 1995, 153–60.

Sebes, Joseph, S. I. (1993). 'History of the Mission in China at the End of the 16th Century and the Role of Michele Ruggieri and Matteo Ricci.' *Atlante della Cina di Michele Ruggieri, S.I.* Istituto Poligrafico E Zecca Della Stato. Rome, 1993, 35–40.

Seger, Hermann A. (1902a). 'Notes on the Chemical Constitution of Clays.' *The Collected Writings of Hermann August Seger. 1.* Albert Bleininger, ed. American Ceramic Society and the Chemical Publishing Company, Easton PA, 1902, 46–62.

Seger, Hermann A. (1902b). 'Pyrometers and the Measurement of High Temperature Standard Cones.' *The Collected Writings of Hermann August Seger. 1.* Albert Bleininger, ed. American Ceramic Society and the Chemical Publishing Company, Easton PA, 1902, 224–49.

Seger, Hermann A. (1902c). 'The Composition of Some Foreign Hard Porcelain Bodies.' *The Collected Writings of Hermann August Seger. 1.* Albert Bleininger, ed. American Ceramic Society and the Chemical Publishing Company, Easton PA, 1902, 678–700.

Seger, Hermann A. (1902d). 'Japanese Porcelain: Its Decoration, and the Seger Porcelain.' *The Collected Writings of Hermann August Seger. 1.* Albert Bleininger, ed. American Ceramic Society and the Chemical Publishing Company, Easton PA, 1902, 708–58.

Seger, Herman (1902e). 'The Lower Rhine and Belgian Brick Industry.' *The Collected Writings of Hermann August Seger. 2.* Albert V. Bleininger ed. Easton PA, 1902, 762–9.

Seichi, Masuda (1969). 'Ulam material and the *li* tripod.' *A Survey of Persian Art: From Prehistoric Times to the Present.* Arthur Upham Pope & Phyllis Ackerman, eds. Oxford University Press, London, 1969, 3213–19.

Semedo, Father Alvarez (1655). *The History of That Great and Renowned Monarchy of China. Wherein all the particular provinces are accurately described: as also the Dispositions, manners, learning, lawes, Militia, Government and religion of the people. Together with the Traffic and Commodities of that Countrey.* Trans. from Italian, printed by E. Tyler for John Crook, London, 1655.

Setterwall, A., Fogelmarck, S. & Gyllensvard, B. (1974). *The Chinese Pavilion at Drottningholm.* Allhems Förlag, Malmö, 1974.

Shafizadeh, F. (1981). 'Basic Principles of Direct Combustion.' *Biomass Conversion Processes for Energy and Fuels.* S. S. Sofer & O. R. Zaborsky, eds. Plenum Publishing Corporation, New York, 1981, 103–24.

Shafizadeh, F. (1982). 'Chemistry of Pyrolosis and Combustion of Wood.' *Proceedings: 1981 International Conference on Residential Solid Fuels: Environmental Impacts and Solutions.* J. A. Copper & D. Malek, eds. Oregon Graduate Centre, Beverton OR, 1982, 746–71.

Shanghai Museum, *Shanghai Museum Ancient Chinese Ceramic Gallery.* [no date, no page numbers]

Shaughnessy, Edward L. (1993a). 'I ching.' *Early Chinese Texts: A Bibliographical Guide.* Michael Loewe, ed. The Society for the Study of Early China and The Institute of East Asian Studies. University of California, Berkeley CA, 1993, 216–28.

Shaughnessy, Edward L. (1993b). 'Shang shu (Shu ching).' *Early Chinese Texts: A Bibliographical Guide.* Michael Loewe, ed. The Society for the Study of Early China and The Institute of East Asian Studies. University of California, Berkeley CA, 1993, 376–89.

Shaw, Kenneth (1962). *Ceramic Colours and Pottery Decoration.* Maclaren and Sons, London, 1962. (Contains S. G. Tumanov's paper, 'Russian Method for Liquid Gold Preparation.' *SIK.* 6. Moscow, 1961. Translated from the Russian by the author as an appendix to Chapter 6, 69–74.)

Sheaf, Colin & Kilburn, Richard (1988). *The Hatcher Porcelain Cargoes: The Complete Record.* Phaidon Christie's, Oxford, 1988.

Shelley, Tom (1994). 'Dirty Sea Water Drives Hydraulic Pump.' *EMD.* 8. London, 1994, 14–15.

Shi Meiguang, He Ouli & Zhou Fuzheng (1987). 'Investigation on Some Chinese Potash Glasses Excavated in Han Dynasty Tombs.' *Archaeometry of Glass: Proceedings of the Archaeometry Session of the XIV International Congress On Glass 1986, New Delhi, India.* H. C. Bhardwaj, ed. Calcutta, 1987, 15–20.

Shi Meiguang, He Ouli, Wu Zongdao & Zhou Fuzheng (1991). 'Investigations of Some Ancient Chinese Lead Glasses.' *Scientific Research in Early Chinese Glass.* Ch. 3, R. H. Brill & J. H. Martin, eds. The Corning Museum of Glass, Corning NY, 1991, 27–30.

Shi Meiguang, Li Yinde & Zhou Fuzhen (1992). 'Some New Glass Finds in China.' *JGS.* 34. The Corning Museum of Glass, Corning NY, 1992, 23–6.

Shi Meiguang & Zhou Fuzheng (1999). 'Some Chinese Glasses of the Qing Dynasty.' *JGS.* 35. The Corning Museum of Glass, Corning NY, 1999, 102–5.

Shih Ching-fei (2001). 'Experiments and Innovation: Jingdezhen Blue-and-White Porcelain of the Yuan Dynasty (1279–1368).' Unpublished D. Phil. thesis. University of Oxford, 2001.

Shortland, Andrew J. (2000). 'Early Vitreous Materials at Armana: The Production of Glass and Faience in 18th Dynasty Egypt.' *British Archaeological Reports International Series.* S. 827. London, 2000.

Shortland, Andrew J. & Tite, Michael S. (2000). 'Raw Materials of Glass from Amarna and Implications for the Origins of Egyptian Glass.' *A.* 42 (1). Oxford, 2000, 141–51.

Shui Jisheng (1986). 'A Preliminary Study on Kiln Furniture and Setting Methods in Ancient Shanxi.' *Scientific and Technological Insights on Ancient Chinese Pottery and Porcelain.* Shanghai Institute of Ceramics eds. Science Press, Peking, 1986, 306–13.

Shui Jisheng (1989). 'Characteristic Firing Schedule for Coal-fired Mantou Kilns.' *Proceedings of the 1989 International Symposium on Ancient Ceramics (ISAC '89).* Li Jiazhi and Chen Xianqiu eds. Shanghai Science and Technology Press, Shanghai, 1989, 471–5.

Sillar, Bill (2000). 'Dung by Preference: The Choice of Fuel as an Example of How Andean Pottery Production is Embedded Within Wider Technical, Social, and Economic Practices.' *A.* 42 (1). Oxford, 2000, 43–60.

Silverman, Jean (1997). 'One Potter's Tour of China – part 1.' *The Studio Potter Network Newsletter.* 10 (2). Goffstown, New Hampshire. 1997, 1, 10–12, 14.

Silverman, Jean (1998). 'One Potter's Tour of China – part 2.' *The Studio Potter Network Newsletter.* 11 (1). Goffstown, New Hampshire. 1998, 1, 5–7, 12, 14–16.

Simmonds, D. (1984). 'Pottery in Nigeria.' *Earthenware in Asia and Africa: Percival David Foundation Colloquies on Art and Archaeology in Asia No.12.* John Picton, ed. School of Oriental & African Studies, University of London, 1984, 54–92.

Simpson, St John (1997a). 'Prehistoric Ceramics in Mesopotamia.' *Pottery in the Making World Ceramic Traditions.* Ian C. Freestone & David Gaimster, eds. British Museum Press, London, 1997, 38–43.

Simpson, St John (1997b). 'Early Urban Ceramic Industries in Mesopotamia.' *Pottery in the Making World Ceramic Traditions.* Ian C. Freestone & David Gaimster, eds. British Museum Press, London, 1997, 50–5.

Singer, Charles, Holmyard, E. J. & Hall, A. R. (eds.) (1954). *A History of Technology. Volume 1: From Early Times to the Fall of Ancient Empires.* Oxford University Press, Oxford, 1954.

Singer, F. & German, W. L. (1960). *Ceramic Glazes.* Borax Consolidated Ltd, London, 1960.

Singer, Felix & Singer, Sonja S. (1963). *Industrial Ceramics.* Chapman and Hall, London, 1963.

Sinopoli, Carla M. (1999). 'Levels of Complexity: Ceramic Variability at Vijayanagara.' *Pottery and People: A Dynamic Interaction.* James M. Skibo & Gary M. Feinman, eds. Salt Lake City UT, 1999, 115–36.

Skinner, G. William (ed.) (1977). *The City in Late Imperial China.* Stanford University Press, Stanford, 1977.

Smart, Ellen S. (1978). 'Fourteenth-century Chinese Porcelain from a Tughlaq Palace in Delhi.' *TOCS, 1975–1977.* 41. London, 1978, 199–230.

Smith, Cyril Stanley (1981). 'The Early History of Casting Moulds, and the Science of Solidification.' Essay 6 in *A Search for Structure: Selected Essays on Science, Art and History.* The MIT Press, Cambridge MA & London, 1981, 127–73.

Solheim II, Wilhelm G. (1986). 'Pottery Manufacture at Sting More and Ban Nong Sua Kin Ma, Thailand.' *Thai Pottery and Ceramics.* Collected articles from *The Journal of the Siam Society 1922–1980.* Introduction by Dawn F. Rooney. Bangkok, 1986, 151–61.

Somers Cocks, Anna (1989). 'The Nonfunctional Use of Ceramics in the English Country House During the Eighteenth Century.' *The Fashioning and Functioning of the British Country House: Studies in the History of Art 25.* Gervase Jackson-Stops, Gordon J. Schochet, Lena Cowen Orlin & Elisabeth Blair MacDougall, eds. National Gallery of Art, Washington DC, University Press of New England, Hanover & London, 1989, 195–215.

Sosman, R. B. (1927). *The Properties of Silica.* Chemical Catalogue Company, New York, 1927.

Speight, J. G. (1993). *Gas Processing: Environmental Aspects and Methods,* Butterworth-Heinemann, Oxford, 1993.

Spencer, A. J. (1997). 'Dynastic Egyptian Pottery.' *Pottery in the Making: World Ceramic Traditions.* Ian C. Freestone & David Gaimster, eds. British Museum Press, London, 1997, 62–7.

Spencer, A. J. & Schofield, Louise (1997). 'Faience in the Ancient Mediterranean World.' *Pottery in the Making: World Ceramic Traditions.* Ian C. Freestone & David Gaimster, eds. British Museum Press, London, 1997, 104–9.

Spriggs, R. M. (1990). 'Applications and Prospective Markets for Advanced Technical Ceramics.' *Advanced Ceramics: Proceedings of an International Symposium on Advanced Ceramics (ISAC '90).* Bhabha Atomic Research Centre, Bombay, 1990, 1 12.

Ssu Yung Liang (1930). 'New Stone Age Pottery from the Prehistoric Site at Hsi-yin tsun, Shansi, China.' *Memoirs of the American Anthropological Association.* 37. Lancaster PA, 1930, 1–79.

Stannard, David (1986). 'A Study of Chinese and Western Porcelain-Stones.' *Scientific and Technological Insights on Ancient Chinese Pottery and Porcelain.* Shanghai Institute of Ceramics eds. Science Press, Peking, 1986, 249–54.

Steele, John, trans. (1917). *The I-Li or Book of Etiquette and Ceremonial.* 2 vols. Probsthain, London, 1917.

Stevenson, John (1997). 'The Evolution of Vietnamese Ceramics.' *Vietnamese Ceramics: A Separate Tradition.* John Stevenson & John Guy, eds. Art Media Resources & Avery Press, Chicago, 1997, 22–45.

Stowell, F. P. (1963). *Limestone as a Raw Material in Industry.* Oxford University Press, London, 1963.

Ströber, Eva (2001). *'La maladie de porcelaine ...' Ostasiatisches Porzellan aus der Sammlung Augusts des Starken.* Edition Leipzig, Leipzig, 2001.

Su Bingqi (1999). 'A New Age of Chinese Archaeology.' *Exploring China's Past: New Discoveries and Studies in Archaeology and Art.* Roderick Whitfield & Wang Tao, eds. International Series in Chinese Art and Archaeology, No. 1. Saffron Books, London, 1999, 17–25.

Sun E-Tu Zen & Sun Shiou-Chuan (trans.) (1966). *T'ien-kung k'ai-wu by Sung Ying-hsing. Chinese Technology in the Seventeenth Century.* Pennsylvannia State University Press, University Park & London, 1966.

Sun Hongwei, Chen Xianqiu, Huang Ruifu, Zhou Xuelin & Gao Liming (1992). 'The Technological Bases for Reproduction of Ancient Chinese Phase Separation Glazes.' *Science and Technology of Ancient Ceramics 2: Proceedings of the International Symposium (ISAC '92).* Li Jiazhi & Chen Xianqiu, eds. Shanghai Research Society of Science and Technology of Ancient Ceramics, Shanghai, 1992, 242–54.

Sun Jing, Ruan Meiling & Gu Zejun (1986). 'Microstructure of Ancient Yixing Zisha Ware Excavated from Yangjiao Hill.' *Scientific and Technological Insights on Ancient Chinese Pottery and Porcelain.* Shanghai Institute of Ceramics eds. Science Press, Peking, 1986, 86–90.

Sun Shu, Li Jiliang, Lin Junlu, Wang Qingchen & Chen Haihong (1991). 'Indosinides in China and the Consumption of Eastern Paleotethys.' *Controversies in Modern Geology: Evolution of Geological Theories in Sedimentology, Earth History and Tectonics.* D. W. Müller, J. A. MacKenzie & H. Weissert, eds. Academic Press, London, San Diego, New York, Boston, Sydney, Tokyo & Toronto, 1991, 363–84.

Sundius, Nils (1959). 'Some Aspects of the Technical Development in the Manufacture of the Chinese Pottery Wares of Pre-Ming Age.' *BMFEA.* 33. Stockholm, 1959, 107–23.

Sundius, Nils & Steger, Walter (1963). 'The Constitution and Manufacture of Chinese Ceramics from Sung and Earlier Times.' Section Two of *Sung Sherds* by Nils Palmgren, Nils Sundius & Walter Steger. Almqvist and Wiksell, Stockholm 1963, 375–505.

Sung Po-Yin (1984). 'Tea Drinking, Tea Ware and Purple Clay Ware.' *K. S. Lo Collection in the Flagstaff House Museum of Tea Ware.* 2. Urban Council, Hong Kong, 1984, 8–24.

Suttmeier, Richard P. (1980). 'Science Policy and Organization.' *Science in Contemporary China.* Leo A. Orleans & Caroline Davidson, eds. Stanford University Press, Stanford, 1980, 31–51.

Swann, Nancy Lee (1950). *Food and Money in Ancient China: The Earliest Economic History of China to A.D. 25: Han Shu 24 with Related Texts, Han Shu 91 and Shih-Chi 129.* Princeton University Press, Princeton NJ, 1950.

Tait, Hugh (1989). 'Ormolu-Mounted "Celadon" Elephants of Early Meissen Porcelain.' *ArC.* 6. Bronx NY, 1989, 50–3.

Tamari, Vera (1995). 'Abbasid Blue-on-white Ware.' *Islamic Art in the Ashmolean Museum: Part Two.* James Allan, ed. Oxford University Press, Oxford, 1995, 117–45.

Tauber, Charles B. & Watts, Arthur S. (1952). 'A Deformation Study of Mixtures of the Deformation-eutectics of Potash-soda Feldspar, CaO-Al_2O_3-SiO_2 and MgO-Al_2O_3-SiO_2, Both in the Raw and Prefused State.' *ACSB.* 31 (11), 1952.

Taylor, J. R. (1977). 'The Origin and Use of Cobalt Compounds as Blue Pigments.' *Science and Archaeology.* 19. George Street Press, Stafford, 1977, 3–15.

Temple, Robert K. G. (1991). *The Genius of China: 3000 Years of Science Discovery and Invention.* Introduction by Joseph Needham. Prion, London, 1991.

Teng Ssu-Yu & Biggerstaff, K. (1936). *An Annotated Bibliography of Selected Chinese Reference Works.* Yenching Journal of Chinese Studies, monograph No. 12. Harvard-Yenching Institute, Peking, 1936.

Teng, Ssu-Yu (1941). 'On the Ch'ing Tributary System.' *HJAS.* 6. 1941–2.

Terpstra, Karen & Zhu Gui Hong (2001). 'Firing Methods of a Woodfired Jingdezhen Qing Dynasty Kiln.' *CT.* 12. Paddington, Australia, 2001, 25–9.

Thieme C., Emmerling E., Herm C., Wu Yon Qi, Zhou Tie & Zhang Zijung (1995). 'Research on Paint Materials, Paint Techniques and Conservation Experiments on the Polychrome Terracotta Army of the First Emperor Qin Shi Huang.' *The Ceramics Cultural Heritage.* P. Vincenzini, ed. Faenza, 1995, 591–601.

Thompson, Della (ed.) (1995). *The Concise Oxford Dictionary of Current English,* Ninth Edn. First edited by H. W. Fowler and F. G. Fowler. Clarendon Press, Oxford, 1995.

Thorp, Robert L. (1987). 'The Qin and Han Imperial Tombs and the Development of Mortuary Architecture.' *The Quest for Eternity: Chinese Ceramic Sculptures from the People's Republic of China.* Los Angeles County Museum of Art, Thames and Hudson, London 1987, 17–37.

Tichane, Robert (1978). *Those Celadon Blues*. The New York State Institute for Glaze Research, Painted Post NY, 1978.

Tichane, Robert (1983). *Ching-te-Chen: Views of a Porcelain City*. The New York State Institute for Glaze Research, Painted Post NY, 1983.

Tichane, Robert (1985). *Reds, Reds, Copper Reds*. The New York State Institute for Glaze Research, Painted Post NY, 1985.

Tichane, Robert (1986). 'Ashes and Glazes.' *Scientific and Technological Insights on Ancient Chinese Pottery and Porcelain*. Shanghai Institute of Ceramics eds. Science Press, Peking, 1986, 265–8.

Tichane, Robert (1987). *Ash Glazes*. The New York State Institute for Glaze Research, Painted Post NY, 1987.

Tiratsoo, E. N. (1967). *Natural Gas: A Study*. Scientific Press Ltd, London, 1967.

Tite, Michael S. (1988). 'Inter-Relationship Between Chinese and Islamic Ceramics from 9th to 16th Century A.D.' *Proceedings of the 26th International Archaeometry Symposium*. R. M. Farquar, R. G. V. Hancock & L. A. Pavlish, eds. University of Toronto, Toronto, 1988, 30–4.

Tite, Michael S. (1989). 'Iznik Pottery: An Investigation of the Methods of Production.' *A*. 31 (2). Oxford, 1989, 115–32.

Tite, Michael S. (1996). 'Saint-Porchaire Ceramics.' *Studies in the History of Art 52, Monograph Series II*. Daphne Barbour & Shelley Sturman, eds. National Gallery of Art, Washington. University Press of New England, Hanover NH, 1996, 99–105.

Tite, Michael S., Barnes Gina L. & Doherty, Christopher (1992). 'Stoneware Identification Among Protohistoric Potteries of South Korea.' *Science and Technology of Ancient Ceramics 2: Proceedings of the International Symposium (ISAC '92)*. Li Jiazhi & Chen Xianqiu, eds. Shanghai Research Society of Science and Technology of Ancient Ceramics, Shanghai, 1992, 64–9.

Tite, Michael S. & Bimson, Mavis (1989). 'Glazed Steatite: An Investigation of the Methods of Glazing used in Ancient Egypt.' *World Archaeology 21 (Ceramic Technology)*. Routledge & Kegan Paul, London, 1989, 87–100.

Tite, Michael S. & Bimson, Mavis (1991). 'A Technological Study of English Porcelains.' *A*. 33 (1). Oxford, 1991, 3–27.

Tite, Michael S., Bimson, Mavis & Cowell, Michael R. (1987). 'The Technology of Egyptian Blue.' *Early Vitreous Materials: British Museum Occasional Papers No. 56*. Mavis Bimson & Ian Freestone, eds. British Museum Press, London 1987.

Tite, Michael S., Bimson, Mavis & Freestone, Ian C. (1982). 'An Examination of the High-gloss Surface Finishes on Greek Attic and Roman Samian Wares.' *A*. 24 (2). Oxford, 1982, 117–26.

Tite, Michael S., Bimson, Mavis & Freestone, Ian C. (1986). 'A Technological Study of Fulham Stoneware.' *Proceedings of the 24th International Archaeometry Symposium*. J. S. Olin & M. J. Blackman, eds. Smithsonian Institution Press, Washington DC, 1986, 95–104.

Tite, Michael S., Freestone, Ian C. & Bimson, Mavis (1984). 'A Technological Study of Chinese Porcelain of the Yuan Dynasty.' *A*. 26 (2). Oxford, 1984, 139–54.

Tite, Michael S., Freestone, Ian C., Mason, Robert B., Molera, J, Vendrell-Saz, M. & Wood, Nigel (1998). 'Lead Glazes in Antiquity: Methods of Production and Reasons for Use.' *A*. 40 (2). Oxford, 1998, 241–60.

Tite, Michael S. & Mason, Robert B. (1994). 'The Beginnings of Islamic Stonepaste Technology.' *A*. 36 (1). Oxford, 1994, 77–91.

Tite, Michael, S., Shortland, Andrew, Nicholson, Paul & Jackson, Caroline (1998). 'The Use of Copper and Cobalt Colorants in Vitreous Materials in Ancient Egypt.' *La Couleur dans la pienture at l'émaillage de l'Égypte ancienne*. Sylvie Colinart & Michel Menu, eds. Edipuglia, Bari, 1998.

Tobert, Natalie (1982). 'Potters of El-Fasher: One Technique Practised by Two Ethnic Groups.' *Earthenware in Asia and Africa, Percival David Foundation Colloquies on Art & Archaeology in Asia No. 12*. John Picton, ed. School of Oriental and African Studies, University of London, London, 1982, 219–37.

Torbert, Preston M. (1977). *The Ch'ing Imperial Household Department: A Study of its Organization and Principal Functions, 1662–1796*. Harvard University Press, Cambridge MA, 1977.

Tranh Khanh Chuong (1987). 'Ceramics Kilning in Vietnam.' *VS*. 16. Hanoi, 1987, 89–114.

Travis, Norman J. & Cocks, E. John (1984). *The Tincal Trail: A History of Borax*. Harrap, London, 1984.

Tregear, Mary (1976). *Catalogue of Chinese Greenware*. Clarendon Press, Oxford, 1976.

Tregear, Thomas R. (1980). *China: A Geographical Survey*. Hodder and Stouton, London & Sydney, 1980.

Treistman, Judith M. (1972). *The Prehistory of China: An Archaeological Exploration*. David and Charles, Newton Abbot, 1972.

Ts'ai Mei-Fen (1996). 'A Discussion of Ting Ware with Unglazed Rims and Related Twelfth-Century Official Porcelain.' *Arts of the Sung and Yüan*. Maxwell K. Hearn & Judith G. Smith, eds. The Metropolitan Museum of Art, New York, 1996, 109–31.

Tsai, Shih-San Henry (1996). *The Eunuchs in the Ming Dynasty*. State University of New York Press, Albany NY, 1996.

Twilley, John (1995). 'Technical Investigations of an Early 15th century Chinese Cloisonné Offering Stand.' *The Ceramics Cultural Heritage*. P. Vincenzini, ed. Faenza 1995, 161–73.

Twitchett, Denis (1992). *The Writing of Official History Under the T'ang*. Cambridge Studies in Chinese History, Literature, and Institutions. Cambridge University Press, Cambridge 1992.

Twitchett, Denis (ed.) (1979). *The Cambridge History of China*. Volume 3. Part 1. *Sui and T'ang China 589-906*. Cambridge University Press, Cambridge 1979.

Underhill, Anne P. (2002). *Craft Production and Social Change in Northern China. Fundamental issues in Archaeology*. Kluwer Academic/Plenum Publishers, New York, London 2002.

Vainker, Shelagh J. (1991). *Chinese Pottery and Porcelain: From Prehistory to the Present*. British Museum Press, London, 1991.

Vainker, Shelagh J. (1993a). 'Ge Ware Conference Report: Symposium of Ge Ware, Shanghai Museum, October 1992.' *OA*. 39 (2). London, 1993, 4-11.

Vainker, Shelagh J. (1993b). 'New Light on Zhejiang Greenwares: A Note on Greenwares in the Ashmolean Museum.' *OA*. 39 (2). London, 1993, 34-7.

Valenstein, Suzanne G. (1989). *A Handbook of Chinese Ceramics*. The Metropolitan Museum of Art. Harry N. Abrams, New York, 1975, 2ⁿᵈ edn 1989.

Van As, Abraham & Jacobs, Loe (1991). 'The Work of the Potter in Ancient Mesopotamia During the Second Millennium B.C.' *Materials Issues in Art and Archaeology II: Materials Research Society Symposium Proceedings 185*. Pamela Vandiver, James Druzik and George Segan Wheeler, eds. Materials Research Society, Pittsburgh PA, 1991, 529-44.

Van der Leeuw, S. E. (1976). *Studies in the Technology of Ancient Pottery*. 2 vols. University of Amsterdam, Amsterdam, 1976.

Van der Pijl-Ketel, C. L., ed. (1982). *The Ceramic Load of the 'Witte Leeuw' (1613)*. Rijksmuseum, Amsterdam, 1981.

Vandiver, Pamela B. (1982). 'Mid-Second Millennium BC Soda-Lime-Silicate Technology at Nuzi (Iraq).' *Early Pyrotechnology: The Evolution of the First Fire-Using Industries*. Smithsonian Institution Press, Washington DC, 1982, 73-92.

Vandiver, Pamela B. (1983). 'Glass Technology at the Mid-second millennium BC Hurrian Site of Nuzi.' *JGS*. 25. The Corning Museum of Glass, Corning, NY, 1983, 239-247.

Vandiver, Pamela B. (1988). 'The Implications of Variation in Ceramic Technology: The Forming of Neolithic Storage Vessels in China and the Near East.' *ArM*. 2. Philadelphia PA, 1988, 139-74.

Vandiver, Pamela B. (1989). 'The Forming of Neolithic Ceramics in West Asia and Northern China.' *Proceedings of the 1989 International Symposium on Ancient Ceramics (ISAC '89)*. Li Jiazhi & Chen Xianqiu, eds. Shanghai Science and Technology Press, Shanghai, 1989, 8-14.

Vandiver, Pamela B. (1992). 'Preliminary Study of the Technology of Selected Seto and Mino Ceramics.' *Japanese Collections in the Freer Gallery of Art: Seto and Mino Ceramics*. Louise Allison Cort, ed. University of Hawaii Press, Honolulu, 1992, 243-5.

Vandiver, Pamela B. & Kingery, W. David (1985). 'Variations in the Microstructure and Microcomposition of Pre-Song, Song and Yuan Dynasty Ceramics.' *Ancient Technology to Modern Science: Ceramics and Civilization, Vol. I*. W. David Kingery, ed. The American Ceramic Society Inc., Columbus OH, 1985, 181-223.

Vandiver, Pamela B. & Kingery, W. David (1986a). 'Celadons: The Technological Basis of Their Visual appearances.' Appendix A. in *Ice and Green Clouds: Traditions of Chinese Celadon*. Yutaka Mino & Katherine R. Tsiang, eds. Indianapolis Museum of Art, Indianapolis, 1986, 217-24.

Vandiver, Pamela B. & Kingery, W. David (1986b). 'Song Dynasty Celadon Glazes from Dayao Near Longquan.' *Scientific and Technological Insights on Ancient Chinese Pottery and Porcelain*. Shanghai Institute of Ceramics eds. Science Press, Peking, 1986, 187-91.

Vandiver, Pamela B. & Kingery, W. David (1986c). 'Egyptian Faience: The First High-Tech Ceramic.' *High-Technology Ceramics Past, Present and Future: The Nature of Innovation and Change in Ceramic Technology: Ceramics and Civilization Volume III*. W. David Kingery, ed. The American Ceramic Society Inc., Columbus OH, 1986, 19-34.

Vandiver, Pamela B., Bouquillon, Anne, Kerr, Rose & Scott, Rosemary (1997). 'The Technology of Early Overglaze Enamels from the Chinese Imperial and Popular Kilns.' *T*. 6. Paris, 1997, 25-34.

Vandiver, Pamela B., Ellingson, William A., Robinson, Thomas K., Lobick, John J. & Séguin, Fredrick H. (1991). 'New Applications of X-Radiographic Imaging Technologies for Archaeological Ceramics.' *ArM*. 5 (2). Philadelphia PA, 1991, 185-207.

Vandiver, Pamela B., Fenn, Mark & Holland, T. A. (1992). 'A Third Millenium BC Glazed Quartz Bead from Tell Es-Sweyhat, Syria.' *Materials Issues in Art and Archaeology III: Materials Research Society Proceedings 267*. P. B. Vandiver, J. R. Druzik, G. S. Wheeler & I. C. Kneathe, eds. Materials Research Society, Pittsburgh PA, 1993, 519-25.

Vandiver, Pamela B., Soffer, Olga, Klima Bohuslav & Svoboda, Jiři (1989). 'The Origins of Ceramic Technology at Dolni Vestonice, Czechoslovakia.' *S*. 246 (24). Cambridge MA, 1989, 1002-8.

Vandiver, Pamela B., Soffer, Olga, Klima Bohuslav & Svoboda, Jiři (1990). 'Venuses and Wolverines: The Origins of Ceramic Technology, ca. 26,000 B.P.' *The Changing Roles of Ceramics in Society: 26,000 B.P. to the Present: Ceramics and Civilization, Vol. V*. W. David Kingery, ed. The American Ceramic Society Inc., Columbus OH, 1990, 13-81.

Vandiver, Pamela B., Underhill, Anne, Luang Fengshi, Yu Haiguang & Fang Hui (2002). 'Longshan Pottery: Its Manufacture at Liangchengzhen in Southeast Shandong Province (ca. 2600-2000 B.C.).' *Ku-Thao-Tzhu Kho-Hsüeh Chi-Shu 5. 2002 Nien Kuo-Chi Thao-Lun-Hui Lun-Wen-Chi (ISAC '02)*. Kuo Ching-Khun, ed. Shanghai Kho-Hsüeh Chi-Shu Wen-Hsien Chhu-Pan-She, Shanghai, 2002, 574-586. (In English with a Chinese abstract.)

Van Gulik, R. H. (1958). *Chinese Pictorial Art As Viewed By the Connoisseur.* Istituto Italiano Per Il Medio Ed Estremo Oriente, Rome, 1958.

Velde, Bruce (1995). *Origin and Mineralogy of Clays and the Environment.* Bruce Velde, ed. Springer-Verlag, Berlin, Heidelberg & New York, 1995.

Venclová, Natelie (1983). 'Prehistoric Eye Beads in Central Europe.' *JGS.* 25. New York, 1983, 11–17.

Vendrell, M., Molera, J. & Tite, Michael S. (2000). 'Optical Properties of Tin-opacified Glazes.' *A.* 42 (2). Oxford, 2000, 325–40.

Vermeer, E. B. (1990). *Development and Decline of Fukien Province in the 17th and 18th Centuries.* E. J. Brill, Leiden, 1990.

Vickers, Michael (ed.) (1986). *Pots and Pans: A Colloquium on Precious Metals and Ceramics.* Oxford Studies in Islamic Art III. Oxford University Press, Oxford, 1986.

Vidale, Massimo (1990). 'Stoneware Industry of the Indus Civilization: An Evolutionary Dead-end in the History of Ceramic Technology.' *The Changing Roles of Ceramics in Society: 26,000 b.p. to the Present: Ceramics and Civilization, Vol. V.* W. David Kingery, ed. The American Ceramic Society Inc., Columbus OH, 1990, 231–54.

Vogt, Georges (1900). 'Studies on Chinese Porcelain.' First published as 'Recherches sur les porcelaines Chinoises.' *Bulletin de la Société d'encouragement pour l'industrie nationale* 99. Paris 1900, 560–612. Trans. Robert Tichane for *Ching-Te-Chen: Views of a Porcelain City.* 202–313. The New York State Institute for Glaze Research. New York, 1983.

Volker, T. (1954). *Porcelain and the Dutch East India Company as recorded in the dagh-registers of Batavia castle, those of Hirado and Deshima and other contemporary papers, 1602–1682.* Mededelingen van het Rijksmuseum voor Volkenkunde, Leiden, 1954, 1971.

Wagner, Donald Blackmore (1985). *Dabieshan: Traditional Chinese Iron-production Techniques Practised in Southern Henan in the Twentieth Century.* Scandanavian Institute of Asian Studies Monograph Series No. 52. Curzon Press Ltd, London & Malmö, 1985.

Wagner, Donald Blackmore (1999). 'The Earliest Use of Iron in China.' *Metals in Antiquity.* Suzanne M. Young, A Mark Pollard, Paul Budd & Robert A. Ixer, eds. Bar International Series 792. Archaeopress, Oxford, 1999, 1–9.

Wagner, Donald Blackmore (2002 in press). 'Blast furnaces in Song-Yuan China.' (Submitted to *East Asian science, technology and medicine.*)

Wagner, Donald Blackmore (trans.) (1985). 'Excavation of a Han Iron-Smelting Site at Guxingzhen, Zhengzhou, Henan.' In *Chinese Archaeological Abstracts, 3, Eastern Zhou to Han.* Albert E. Dien, Jeffrey K. Riegel, Nancy T. Price, eds. The Institute of Archaeology, The University of California, Los Angeles, 1040–65.

Waley, Arthur (1955). *The Nine Songs: A Study of Shamanism in Ancient China* [the *Chiu Ko* attributed traditionally to Chhü Yuan]. George Allen and Unwin, London, 1955.

Waley, Arthur (trans.) (1937). *The Book of Songs.* George Allen and Unwin, London, 1937.

Waley, Arthur (trans.) (1938). *The Analects of Confucius.* George Allen and Unwin, London, 1938.

Walker, Jill (1991). 'Jade: A Special Gemstone.' *Jade.* Roger Keverne, ed. Van Nostrand Reinhold, New York, 1991, 18–48.

Walton, Marc S. (2003). 'An Investigation of the Chemistry and Fabrication of Lead Aluminosilicate Ceramic Glazes: 2nd century BC–16th century AD.' Unpublished D.Phil. thesis. University of Oxford, 2003.

Wang Changsui, Zuo Jian, Mao Zhenwei, Manabu Kasai & Satoshi Koshimizu (1995). 'Study of Coatings on Pointed [*sic*] Pottery from Bancun Ruin.' *Science and Technology of Ancient Ceramics 3: Proceedings of the International Symposium (ISAC '95).* Guo Jingkun, ed. Shanghai Research Society of Science and Technology of Ancient Ceramics, Shanghai, 1995, 8–11.

Wang Fen, Chen Shiping & Sun Hongwei. 'Research on Yaozhou Celadon in the Five Dynasties Period.' *Scientific and Technical Aspects of Ancient Ceramics 4: Proceedings of the 1999 International Symposium (ISAC '99).* Guo Jingkun, ed. Shanghai Scientific and Technical Documents Press, Shanghai, 1999, 55–62.

Wang Fen & Wang Langfang (1995). 'The Manufacture Technology of Yaozhou Porcelain Mould and its Characteristics.' *Science and Technology of Ancient Ceramics 3: Proceedings of the International Symposium (ISAC '95).* Guo Jingkun, ed. Shanghai Research Society of Science and Technology of Ancient Ceramics, Shanghai, 1995, 313–19.

Wang Kungwu (1958). 'The Nanhai Trade: A Study of the Early History of Chinese Trade in the South China Sea.' *JMBRAS.* 31. Singapore, 1958.

Wang Qingzheng (1991a). 'Ru Ware.' *TOCS, 1989–1990.* 54. London, 1991, 25–9.

Wang Qingzheng (1991b). 'The Discovery of Ru Kiln and its Related Problems.' *The Discovery of Ru Kiln: A Famous Song-ware Kiln of China.* The Woods Publishing Co., Hong Kong, 1991, 85–91.

Wang Weida & Zhou Zhising (1986). 'Thermoluminescence Dating of Chinese Pottery.' *Scientific and Technological Insights on Ancient Chinese Pottery and Porcelain.* Shanghai Institute of Ceramics eds. Science Press, Peking, 1986, 329–34.

Wang Zhongshu (1982). *Han Civilisation.* Trans. K. C. Chang & collaborators. Yale University Press, New Haven & London, 1982.

Ware, James R. (1967). *Alchemy, Medicine, Religion in the China of A.D. 320: The Nei-p'ien of Ko Hung.* Cambridge University Press, Cambridge, 1967.

Watney, Bernard (1973). *English Blue and White Porcelain of the Eighteenth Century.* Faber and Faber, London, 1973.

Watson, Burton (trans.) (1964). *Chuang Tzu, Basic Writings*. Columbia University Press, New York & London, 1964.

Watson, Oliver (1985). *Persian Lustre Ware*. Faber and Faber, London, 1985.

Watson, Oliver (1997). *Bernard Leach: Potter and Artist*. Crafts Council, London, 1997.

Watson, Oliver (1998). 'Pottery and Glass: Lustre and Enamel.' *Gilded and Enamelled Glass from the Middle East*. Rachel Ward, ed. British Museum Press, London, 1998, 15–19.

Watson, William (1960). *Archaeology in China*. Max Parrish, London and The Chinese People's Association for Cultural Relations with Foreign Countries, London, 1960.

Watson, William (1971). *Cultural Frontiers in Ancient East Asia*. Edinburgh University Press, Edinburgh, 1971.

Watson, William (1973). *The Genius of China: An Exhibition of Archaeological Finds of the People's Republic of China*. Times Newspapers Limited, London, 1973.

Watson, William (1984). *Tang and Liao Ceramics*. Thames and Hudson, London, 1984.

Watson, William (1991). *Pre-Tang Ceramics of China: Chinese Pottery from 4000 BC to 600 AD*. Faber and Faber, London & Boston, 1991.

Watt, James C. Y. (1971). *A Han Tomb in Lei Cheng Uk*. City Museum and Art Gallery Hong Kong, Hong Kong, 1971.

Watt, James C. Y. (1979). 'Notes on the Use of Cobalt in Later Chinese Ceramics.' *AO*. 11. Smithsonian Institution, Washington DC, 1979, 64–85.

Watt, James C. Y. (1987). 'The Literati Environment.' *The Chinese Scholar's Studio: Artistic Life in the Late Ming Period*. Thames and Hudson, in association with The Asia Society Galleries, New York, 1987, 1–13.

Watts, Arthur S. (1936). 'The Practical Application of Bristol Glazes Compounded on the Eutectic Basis.' *TACS*. 19. Easton PA, 1936, 301–2.

Watts, Arthur S. (1955). 'Control of the Properties of Glazes by the Aid of Eutectics.' *JACS*. 38 (10). Easton PA, 1955, 343–52.

Wedgwood, Josiah (1782). 'An Attempt to Make a Thermometer for Measuring the Higher Degrees of Heat, from a Red Heat up to the Strongest that Vessels Made of Clay Can Support.' *Philosophical Transactions of the Royal Society of London*. 72 (2). London, 1782, 305–26.

Weedon, Cyril (1984). 'Bristol Glassmakers: Their role in an Emergent Industry.' *BIAS Journal*. *17*. Bristol Industrial Archaeological Society, Bristol, 1984, 15–29.

Wei, Henry (1988). *The Authentic I-Ching*. The Borgo Press, San Bernardino CA, 1988.

Weidmann, George, Lewis, Peter & Reid, Nick (eds.) (1990). *Structural Materials*. Materials in Action Series. Butterworth-Heinemann, Oxford, 1990; repr. 1994.

Weiss, Gustav (1971). *The Book of Porcelain*. Trans. Janet Seligman. Barrie & Jenkins, London, 1971.

Weng Wan-Go & Yang Boda (1982). *The Palace Museum: Peking: Treasures of the Forbidden City*. Orbis Publishing, London, 1982.

Werner, A. E. and Bimson, Mavis (1963). 'Some Opacifying Agents in Oriental Glass.' *Proceedings of the VI International Congress on Glass: Advances in Glass Technology*. F. R. Matson & G. E. Rindone, eds. Plenum Press, New York, 1963, 303–5.

Werner, E. T. C. (1961). *A Dictionary of Chinese Mythology*. The Julian Press, New York, 1961.

Weyl, Woldemar A. (1959). *Coloured Glasses*. Dawson's of Pall Mall, London, 1959.

Whitaker, Donald P. & Shinn, Rinn-Sup (1972). *Area Handbook for the People's Republic of China*. Superintendent of Documents, US Government Printing Office, Washington DC, 1972.

Whitten, D. G. A. & Brooks, J. R. V. (1972). *A Dictionary of Geology*. Penguin Books Limited, Harmandsworth, 1972.

Wiedemann, Hans G., Boller, Adreas & Bayer, Gerhard (1988). 'Thermoanalytical Investigations on Terracotta Warriors of the Qin Dynasty.' *Materials Issues in Art and Archaeology I: Materials Research Society Proceedings 123*. Edward V. Sayre, Pamela B. Vandiver, James Druzik & Christopher Stevenson, eds. Materials Research Society, Pittsburgh PA, 1988, 129–34.

Wilhelm, Richard (trans.) (1930). *Li Gi, das Buch der Sitte des älteren und jüngeren Dai*. [i.e. both Li Chi and Ta Tai Li Chi]. Diederichs, Jena, 1930.

Wilhelm, Richard (trans.) (1928). *Frühling und Herbst des Lü Bu-We*. The Lü Shih Chhun Chhiu. Diederichs, Jena, 1928.

Wilkinson, Endymion (1973). *The History of Imperial China: A Research Guide*. Harvard East Asian Monographs, Cambridge MA, 1973.

Williams, Dyfri (1997). 'Ancient Greek Pottery.' *Pottery in the Making*. *World Ceramic Traditions*. Ian Freestone & David Gaimster, eds. British Museum Press, London, 1997, 86–91.

Williams, S. Wells (1861). *The Chinese commercial guide, containing treaties, tariffs, regulations, tables etc.: useful in the trade to China & Eastern Asia; with an appendix of sailing directions for those seas and coasts*. A. Shortrede & Co., Hong Kong, 1861.

Wilson, Ming. *Rare Marks on Chinese Ceramics* 英國大維德美術館暨維多利亞博物院藏堂名款瓷器. The School of Oriental and African Studies in association with the Victoria & Albert Museum, London, 1998.

Wilson, Verity (1993). 'China.' *5000 Years of Textiles*. 41. Jennifer Harris, ed. British Museum Press, London, 1993, 133–41.

Wintle, A. & Derbyshire, E. (1985). 'The Loess Region of China.' *N*. 318. London 1985, 29.

Wong, Grace (1994). *Urban Life in the Song: Yuan & Ming*. Empress Place Museum, Singapore, 1994.

Wood, Nigel (1978a). 'Chinese Porcelain.' *PQ*. 12 (47). Tring, 1978, 101–28.

Wood, Nigel (1978b). *Oriental Glazes: Their Chemistry Origins and Re-Creation.* Pitman Publishing, London 1978.

Wood, Nigel (1983). 'Provenance and Technical Studies of Far Eastern Ceramics.' *Trade Ceramics Studies 3.* Japan Society for the Study of Oriental Trade Ceramics, Kamakura City, 1983, 119–44.

Wood, Nigel (1986). 'Some Implications of Recent Analyses of Song *Yingqing* Ware from Jingdezhen.' *Scientific and Technological Insights on Ancient Chinese Pottery and Porcelain.* Shanghai Institute of Ceramics eds. Science Press, Peking 1986, 261–4.

Wood, Nigel (1989). 'Ceramic Puzzles from China's Bronze Age.' *NS.* 121 (1652). London, 1989, 50–3.

Wood, Nigel (1991). 'Exhibition Review: China Clay – the Asian Tradition in British Studio Pottery.' *O.* 22 (6). Hong Kong, 1991, 63–6.

Wood, Nigel (Wood 1992a). 'The Evolution of the Chinese Copper Red.' *Chinese Copper Red Wares.* Rosemary E. Scott, ed. Percival David Foundation of Chinese Art Monograph Series No. 3. University of London, London, 1993, 11–35.

Wood, Nigel (1992b). 'Recent Researches into the Technology of Chinese Ceramics.' *New Perspectives on the Art of Ceramics in China.* George Kuwayama, ed. University of Hawaii Press, Los Angeles, 1992, 142–56.

Wood, Nigel (1993). 'Investigations into Jingdezhen Copper-red Wares.' *The Porcelains of Jingdezhen: Colloquies on Art and Archaeology in Asia, No. 16.* Rosemary Scott, ed. Percival David Foundation of Chinese Art, University of London, London, 1993, 47–68.

Wood, Nigel (1994). 'Technological Parallels Between Chinese Yue Wares and Korean Celadons.' *Papers of the British Association for Korean Studies (BAKS Papers). Vol. 5: Korean Material Culture.* Gina L. Barnes, ed. British Association for Korean Studies, London, 1994, 39–64.

Wood, Nigel (1996). 'Oriental Ceramic Society Tour of China.' *TOCS, 1994–1995.* 59. London, 1996, 49–61.

Wood, Nigel (1999). *Chinese Glazes: Their Origins, Chemistry and Recreation.* A&C Black, London, 1999.

Wood, Nigel (2000). 'The Kaolin Question: Compositional Changes in Jingdezhen Porcelain Bodies in the Yuan Dynasty.' *Taoci nº 1.* Revue Annuelle de la Société française d'Etude de la Céramique orientale, Actes du colloque *Le 'Bleu et Blanc' du Proche-Orient à la Chine.* Monique Crick, ed. Paris, 2000, 25–32.

Wood, Nigel (2000). 'Plate Tectonics and Chinese Ceramics: New Insights into the Origins and Distribution of China's Ceramic Raw Materials.' *Taoci nº 1.* Revue Annuelle de la Société française d'Etude de la Céramique orientale, Actes du colloque *Le 'Bleu et Blanc' du Proche-Orient à la Chine.* Monique Crick, ed. Paris, 2000, 15–24.

Wood, Nigel (2002). 'Ceramics Without Clay.' *Ceramics in Society.* No. 49. Exeter, 2002, 21–3.

Wood, Nigel & Cowell, Mike (2002). 'William Cookworthy's Plymouth Porcelain and its Origins in Jingdezhen Practice.' *Ku-Thao-Tzhu Kho-Hsüeh Chi-Shu 5. 2002 Nien Kuo-Chi Thao-Lun-Hui Lun-Wen-Chi (ISAC '02).* Kuo Ching-Khun, ed. Shanghai Kho-Hsüeh Chi-Shu Wen-Hsien Chhu-Pan-She, Shanghai, 2002, 326–36. (In English with a Chinese abstract.)

Wood, Nigel & Freestone, Ian C. (1995). 'A Preliminary Examination of a Warring States Pottery Jar with So-called 'Glass-Paste' Decoration.' *Science and Technology of Ancient Ceramics 3: Proceedings of the International Symposium on Ancient Ceramics (ISAC '95).* Guo Jingkun, ed. Shanghai Research Society of Science and Technology of Ancient Ceramics, Shanghai, 1995, 12–17.

Wood, Nigel, Henderson, Julian & Tregear, Mary (1989). 'An Examination of Chinese Fahua Glazes.' *Proceedings of the 1989 International Symposium on Ancient Ceramics (ISAC '98).* Li Jiazhi & Chen Xianqiu, eds. Shanghai Science and Technology Press, Shanghai, 1989, 172–82.

Wood, Nigel, Kerr, Rose & Burgio, Lucia (2002). 'An Evaluation of the Composition and Production Processes of Chinese "Robin's Egg" Glazes.' *Ku-Thao-Tzhu Kho-Hsüeh Chi-Shu 5. 2002 Nien Kuo-Chi Thao-Lun-Hui Lun-Wen-Chi (ISAC '02).* Kuo Ching-Khun, ed. Shanghai Kho-Hsüeh Chi-Shu Wen-Hsien Chhu-Pan-She, Shanghai, 2002, 337–353. (In English with a Chinese abstract.)

Wood, Nigel, Watt, John, Kerr, Rose, Brodrick, Anne & Darrah, Jo (1992). 'An Examination of Some Han Dynasty Lead Glazed Wares.' *Science and Technology of Ancient Ceramics 2: Proceedings of the International Symposium (ISAC '92).* Li Jiazhi & Chen Xianqiu, eds. Shanghai Research Society of Science and Technology of Ancient Ceramics, Shanghai, 1992, 129–42.

Woods, Ann J. (1986). 'Form, Fabric and Function: Some Observations on the Cooking Pot in Antiquity.' *Technology and Style: Ceramics and Civilization, Vol. II.* W. David Kingery, ed. The American Ceramic Society Inc., Columbus OH, 1986, 157–72.

World Ceramics Congress, Eighth Cimtec. *Forum on New Materials.* (Abstracts), Florence, 1994. Referred to as: WCC 1994.

Wright, Stanley (1920). *Kiangsi Native Trade and its Taxation.* Shanghai, 1920.

Wu Lai-hsi (1936). 'Underglaze Red Porcelain: Some Facts and Fallacies.' *Tien Hsia Monthly.* March. Shanghai, 1936, 245–61.

Wu, Marshall P. S. (1998). 'Black-glazed Jian Ware and Tea Drinking in the Song Dynasty.' *O.* 4. Hong Kong, 1998, 22–31.

Wu Yuan-li & Sheeks, Robert B. (1970). *The Organization and Support of Scientific Research and Development in Mainland China.* Assisted by Lawrence J. Lau and Grace Wu, under the direction and editorial supervision of Ralph J. Watkins. Preager Special Sudies in International Economics and Development. Preager Publishers, New York, Washington, London. New York, 1970.

Wylie, A. (1922). *Notes on Chinese Literature: With Introductory Remarks on the Progressive Advancement of the Art; and a List of Translations from the Chinese into Various European Languages.* Presbyterian Mission Press, Shanghai, 1922.

Xiong Liqing & Lu Ruiqing (1985). 'A Study on the Traditional Jingdezhen Porcelain Workshop.' *The 2nd International Conference on Ancient Chinese Pottery and Porcelain (Abstracts).* China Academic Publishers, Peking, 1985, 68.

Xu Guirong & Yang Weiping (1994). 'Implications of the Paleobiogeographical Provincialization for Plate Tectonics.' *The Paleobiogeography of China.* Yin Hongfu, ed. Oxford Biogeography Series No. 8. Oxford Science Publications, Clarendon Press, Oxford, 1994, 161–8.

Xu, Jay (1996). 'Summary of Chapter 1.' *Art of the Houma Foundry.* Institute of Archaeology of Shanxi Province. Princeton University Press, Princeton, 1996, 75–85.

Xu Jiawei (ed.) (1993). *The Tancheng-Lujiang Wrench Fault System.* John Wiley & Sons, Chichester, New York, Brisbane, Toronto & Singapore, 1993.

Xu Jiawei, Ma Guofeng, Tong Weixing, Zhu Guang & Lin Shoufa (1993). 'Displacement of the Tancheng-Lujiang Wrench Fault System and its Geodynamic Setting in the Northwest Circum-Pacific.' Chapter 3: *The Tancheng-Lujiang Wrench Fault System.* Xu Jiawei, ed. John Wiley & Sons, Chichester, New York, Brispane, Toronto & Singapore, 1993, 51–74.

Yamasaki, Kazuo (1986). 'Scientific Studies on the Special Temmoku Bowls, Yohen and Oil Spot.' *Scientific and Technological Insights on Ancient Chinese Pottery and Porcelain.* Shanghai Institute of Ceramics eds. Science Press, Peking, 1986, 245–8.

Yan Dongsheng & Zhang Fukang (1986). 'The Scientific and Technological Developments in Ancient Chinese Pottery and Porcelain.' *Scientific and Technological Insights on Ancient Chinese Pottery and Porcelain.* Shanghai Institute of Ceramics eds. Science Press, Peking, 1986, 1–14.

Yang Gen, Zhang Xiqiu & Shao Wenge (1985). *The Ceramics of China. The Yangshao Culture – The Song Dynasty.* Science Press, Peking & Methuen, London, 1985.

Yang Hsien-Yi & Gladys Yang (trans.) (1974). *Records of the Historian, written by Szuma Chien.* The Commercial Press Ltd, Hong Kong, 1974.

Yang Wenxian & Wang Yuxi (1986). 'A Study of Ancient Jun Ware and Modern Copper Red Glaze from the Chemical Compositions.' *Scientific and Technological Insights on Ancient Chinese Pottery and Porcelain.* Shanghai Institute of Ceramics eds. Science Press, Peking, 1986, 204–10.

Yang Wenxian & Zhang Xiangsheng (1986), 'A Preliminary Study on the Porcelain Kiln in Ancient China.' *Scientific and Technological Insights on Ancient Chinese Pottery and Porcelain,* Shanghai Institute of Ceramics eds. Science Press, Peking 1986, 301–5.

Yang Wuhua, Xi Naiping, Mou Songlan & Xu Xia (1989). 'Study on Ancient "Golden Brick".' *Proceedings of the 1989 International Symposium on Ancient Ceramics (ISAC '89).* Li Jiazhi & Chen Xianqiu, eds. Shanghai Science and Technology Press, Shanghai, 1989, 330–5.

Yang Wuhua, Xi Naiping, Mou Songlan & Tan Xunyan (1995). 'Study on the Imitating Technology of "Golden Brick".' *Science and Technology of Ancient Ceramics 3: Proceedings of the International Symposium (ISAC '95).* Guo Jingkun, ed. Shanghai Research Society of Science and Technology of Ancient Ceramics, Shanghai, 1995, 74–8.

Yang Xiaoneng (ed.) (1999). *The Golden Age of Chinese Archaeology: Celebrated Discoveries From the People's Republic of China.* Yale University Press, New Haven and London, 1999.

Yang Zhaoxi, Yang Zhaoxiong & Zheng Zhong (1995). 'Study on Composition, Microstructure and Technology of Guang Jun.' *Science and Technology of Ancient Ceramics 3: Proceedings of the International Symposium (ISAC '95).* Guo Jingkun, ed. Shanhai Research Society of Science and Technology of Ancient Ceramics, Shanghai, 1995, 222–7.

Yang Zhaoxiong, Qin Wujun & Yang Zhaoxi (1989). 'The Study of Guang Jun.' *Proceedings of the 1989 International Symposium on Ancient Ceramics (ISAC '89).* Li Jiazhi & Chen Xianqiu, eds. Shanghai Science and Technology Documents Press, Shanghai, 1989, 372–6.

Yang Zhongtang, Li Yueqin, Wang Zhihai & Xu Peicang (1995). 'Research on the Molecular Network Structure in Glass Phases of Glaze from Ancient Yaozhou Celadon Ware and Blackware.' *Science and Technology of Ancient Ceramics 3: Proceedings of the International Symposium (ISAC '95).* Guo Jingkun, ed. Shanghai Research Society of Science and Technology of Ancient Ceramics, Shanghai, 1995, 72–7.

Yang, Lien-Sheng (1961). 'The Organisation of Chinese Official Historiography Principles and Methods of the Standard Histories from the T'ang through the Ming Dynasty.' *Historians of China and Japan: Historical Writings on the People of Asia.* W. G. Beasley & E. G. Pulleyblank, eds. Oxford University Press, London, 1961, 44–59.

Yang, Lien-Sheng (1969). 'Ming Local Administration.' *Chinese Government in Ming Times. Seven Studies.* Charles O. Hucker, ed. Columbia University Press, New York & London, 1969, 1–22.

Yap, C. T. & Tang, S. M. (1984). 'X-ray Fluorescence Analysis of Modern and Recent Chinese Porcelains.' *A.* 26 (1). Oxford, 1984, 78–81.

Yap, Choon-Teck & Younan Hua (1992). 'Raw Materials for Making Jingdezhen Porcelain from the Five Dynasties to the Qing dynasty.' *AS.* 46 (10). Baltimore MA, 1992, 1488–94.

Ye Hongming, Lao Fasheng, Li Guozhen, Ji Laizhen & Ye Guozhen (1986). 'An Investigation of Southern Song Guan Ware.' *Scientific and Technological Insights on Ancient Chinese Pottery and Porcelain.* Shanghai Institute of Ceramics eds. Science Press, Peking, 1986, 170–5.

Ye Wansong & Yu Fuwei (1990). *Ancient Treasures of Luoyang*. Science Press, Peking, 1990.

Ye Wencheng (1986). 'The Development of ancient Kilns in Fujian Province.' *Scientific and Technological Insights on Ancient Chinese Pottery and Porcelain*. Shanghai Institute of Ceramics eds. Science Press, Peking, 1986, 325–8.

Ye Zhemin (1985). 'The Technological Correlation of Xing, Ding and Cizhou Kilns.' *The 2nd International Conference on Ancient Chinese Pottery and Porcelain (Abstracts)*. China Academic Publishers, Peking, 1985.

Ye Zhemin (1986). 'Notes on Xing Wares.' *Scientific and Technological Insights on Ancient Chinese Pottery and Porcelain*. Shanghai Institute of Ceramics eds. Science Press, Peking, 1986, 269–72.

Ye Zhemin (1996). 'A Discussion of the Ding Ware Kilns.' *TOCS, 1994–1995*. 59. London, 1996, 63–9.

Yeh Wen-Chheng (1994). 'A Preliminary Discussion of Fujian Wares Made In Imitation of Zhejiang Green Glazed Wares.' *New Light on Chinese Yue and Longquan Wares: Archaeological Ceramics Found in Eastern and Southern Asia, A.D. 800–1400*. Ho Chuimei, ed. Centre of Asian Studies, The University of Hong Kong, Hong Kong, 1994, 120–8.

Yin Hongfu (1994). 'Implications of the Palaeobiogeographical Provincilialization for Plate Tectonics.' *The Paleobiogeography of China*. Yin Hongfu, ed. Oxford Biogeography Series No. 8. Oxford Science Publications, Clarendon Press, Oxford, 1994, 305–32.

You Enpu (1986). 'Kiln Furniture and Methods of Ware-Setting Used in Yaozhou Kiln and Ding Kiln.' *Scientific and Technological Insights on Ancient Chinese Pottery and Porcelain*. Shanghai Institute of Ceramics eds. Science Press, Peking 1986, 282–6.

Young, Hilary (1999a). *English Porcelain 1745–95: Its Makers, Design, Marketing and Consumption*. Victoria & Albert Museum, London, 1999.

Young, Hilary (1999b). 'Evidence for Wood and Coal Firing and the Design of Kilns in the 18th Century English Porcelain Industry.' *TECC*. 17 (1). Over Wallop, Hampshire, 1999, 1–12.

Young, Stuart (1956). 'An Analysis of Chinese Blue-and-White.' *OA*. 2 (2). London, 1956, 43–5.

Young, W. J. (1949). 'Discussion of Some Analyses of Chinese Underglaze Blue and Underglaze Red.' *FECB*. 2 (2). Amsterdam, 1949, 99–121.

Yu Ping-Yao & Gillis, I. V. (1934). *Title Index to the Ssu Khu Chhuan Shu*. French Bookstore, Peiping, 1934.

Yu, K. N. & Miao Jianmin (1996). 'Non-destructive Analyses of Jingdezhen Blue and White Porcelains.' *A*. 38 (2). Oxford, 1996, 257–62.

Yu Weichao (1999). 'New Trends in Archaeological Thought.' *Exploring China's Past: New Discoveries and Studies in Archaeology and Art*. Roderick Whitfield & Wang Tao, eds. International Series in Chinese Art and Archaeology, No. 1. Saffron Books, London, 1999, 27–32.

Yuan Bingling (2002). 'Dehua White Ceramics and Their Cultural Significance.' *Blanc de Chine: Divine Images in Porcelain*. John Ayers, ed. China Institute in America, New York, 2002, 37–48.

Yuan Tsing (1978). 'The Porcelain Industry at Ching-Te-Chen 1550–1700.' *MS*. 6. Minneapolis MN, 1978, 45–53.

Yuan Zhongyi (1984). 'Finding the First Qin Emperor's Pottery Warriors and Horses.' *Recent Discoveries in Chinese Archaeology: 28 Articles by Chinese Archaeologists Describing their Excavations*. Foreign Languages Press, Peking, 1984, 22–6.

Yuba Tadanori (2001). 'The Development of the Precursor of the Porcelain and the Rise of Celadon: A Re-examination of the Problems Concerning the Dating and Areas of the Production.' *TOCS, 1999–2000*. 63. London, 2001, 51–62.

Yücel, Ünsal (1986). 'Porcelains Acquired by *Muhallefat*.' *Chinese Ceramics in the Topkapi Saray Museum Istanbul: A Complete Catalogue. Vol. 1*. John Ayers, ed. Philip Wilson, London, 1986, 86–95.

Zeng Fan (1986). 'On the Problems Concerning Jian Kilns and Dehua Kilns.' *Scientific and Technological Insights on Ancient Chinese Pottery and Porcelain*. Shanghai Institute of Ceramics eds. Science Press, Peking, 1986. 241–4.

Zeng Fan (1997a). 'Additional Comments on the Dehua Kilns.' Trans. Suning Sun-Bailey. *TOCS, 1995–1996*. 60. London, 1997, 25–7.

Zeng Fan (1997b). 'New Archaeological Discoveries at Jian Kiln Sites.' Trans. Suning Sun-Bailey. *TOCS, 1995–1996*. 60. London, 1997, 29–33.

Zhang Fukang (1985a). 'A Discussion on the Technological Aspects of Changsha ware.' *The 2nd International Conference on Ancient Chinese Pottery and Porcelain (Abstracts)*. China Academic Publishers, Peking, 1985, 31–2.

Zhang Fukang (1985b). 'A Study of Jizhou Temmoku.' *The 2nd International Conference on Ancient Chinese Pottery and Porcelain (Abstracts)*. China Academic Publishers, Peking, 1985, 59.

Zhang Fukang (1986a). 'Origin and Development of Early Chinese Glasses.' *Archaeometry of Glass*. H. C. Bhardwaj, ed. Central Glass and Ceramic Research Institute, Calcutta, 1986, 25–8.

Zhang Fukang (1986b). 'The Origin of High-Fired Glazes in China.' *Scientific and Technological Insights on Ancient Chinese Pottery and Porcelain*. Shanghai Institute of Ceramics eds. Science Press, Peking, 1986, 40–5.

Zhang Fukang (1986c). 'The Development of Ancient Chinese Glazes and Decorative Ceramic Colors.' *Scientific and Technological Insights on Ancient Chinese Pottery and Porcelain*. Shanghai Institute of Ceramics eds. Science Press, Peking, 1986, 46–54.

Zhang Fukang (1987). 'Technical Studies of Changsha Ceramics.' *ArM*. 2. Philadelphia PA, 1987, 83–92.

Zhang Fukang (1989). 'Technical Studies on Qionglai Ware.' *Proceedings of the 1989 International Symposium on Ancient Ceramics (ISAC '89).* Li Jiazhi & Chen Xianqiu, eds. Shanghai Science and Technology Documents Press, Shanghai, 1989, 60–5.

Zhang Fukang (1991). 'Scientific Studies of Early Glasses Excavated in China.' *Scientific Research in Early Chinese Glass.* R. H. Brill & J. H. Martin, eds. The Corning Museum of Glass, Corning NY, 1991, 157–65.

Zhang Fukang (1992). 'Scientific Examination of Islamic Ceramics From 9th to 17th Century A.D.' *Science and Technology of Ancient Ceramics 2: Proceedings of the International Symposium (ISAC '92).* Li Jiazhi & Chen Xianqiu, eds. Research Society of Science and Technology of Ancient Ceramics, Shanghai, 1992, 380–8.

Zhang Fukang & Cowell, Mike (1988). 'Sources of Ancient Chinese Cobalt-blue.' *Abstracts of the 5th International Conference on the History of Science in China.* University of California, San Diego CA, 1988.

Zhang Fukang, Cheng Zhuhai & Zhang Zhigang (1986). 'An Investigation of Ancient Chinese "Liuli".' *Scientific and Technological Insights on Ancient Chinese Pottery and Porcelain.* Shanghai Institute of Ceramics eds. Science Press, Peking, 1986, 91–9.

Zhang Fukang, Feng Shaozhu, Zhang Pusheng & Zhang Zhigang (1992a). 'Technical Studies on Rongxian Ware.' *Science and Technology of Ancient Ceramics 2: Proceedings of the International Symposium (ISAC '92).* Li Jiazhi & Chen Xianqiu, eds. Shanghai Research Society of Science and Technology of Ancient Ceramics, Shanghai, 1992, 374–9.

Zhang Fukang, Feng Shaozhu, Zhang Pusheng & Zhang Zhigang (1992b). 'Technical Studies on Rongxian Ware.' Poster paper presented at the International Symposium on Science and Technology of Ancient Ceramics (ISAC '92), Shanghai, 1992, but not published.

Zhang Fukang, Zhang Pusheng & Franck, Fance (1993). 'Scientific Study of Sacrificial Red Glazes.' *Chinese Copper Red Wares.* Rosemary E. Scott, ed. Percival David Foundation of Chinese Art Monograph Series No. 3. University of London, London, 1993, 36–52.

Zhang Fukang & Zhang Pusheng (1995). 'Scientific Examination of Underglaze Red and Three Red Fish.' *Science and Technology of Ancient Ceramics 3: Proceedings of the International Symposium (ISAC '95).* Guo Jingkun, ed. Shanghai Research Society of Science and Technology of Ancient Ceramics, Shanghai, 1995, 187–92.

Zhang Fukang, Zhou Changyuan & Zhang Pusheng (1985). 'Persian Glazed Pottery Excavated at Yangzhou.' *The 2nd International Conference on Ancient Chinese Pottery and Porcelain (Abstracts).* China Academic Publishers, Peking, 1985, 111.

Zhang Pusheng (1991). 'Notes on Some Recently Discovered Glazed Tiles from the Former Ming Palace in Nanjing.' *O. 3.* Hong Kong, 1991, 62–3.

Zhang Zhigang, Guo Yanyi & Chen Yaocheng (1985). 'Blue-and-white Porcelain of Jingdezhen Folk Kilns in Ming.' *The 2nd International Conference on Ancient Chinese Pottery and Porcelain (Abstracts).* China Academic Publishers, Peking, 1985, 40.

Zhang Zhigang, Guo Yanyi, Chen Yaocheng, Zhang Pusheng & Zhu Jie (1985). 'Study and Discussion on Blue-and-White of Tang Dynasty.' Poster paper, 2nd International Conference on Ancient Chinese Pottery and Porcelain, Beijing, 1985. (N.B. this paper does not appear in the 1985 Conference *Abstracts*.)

Zhang Zhigang, Guo Yanyi & Zhang Pusheng (1989). 'Yongle Period Blue and White Porcelain.' *Proceedings of the 1989 International Symposium on Ancient Ceramics. (ISAC '89).* Li Jiazhi & Chen Xianqiu, eds. Shanghai Science and Technology Documents Press, Shanghai, 1989, 279–84.

Zhang Zhigang, Li Jiazhi & Zhuo Zhenxi (1995). 'Study on Celadon Technology of Yaozhou Kiln Sites in Successive Dynasties.' *Science and Technology of Ancient Ceramics 3: Proceedings of the International Symposium (ISAC '95).* Guo Jingkun, ed. Shanghai Research Society of Science and Technology of Ancient Ceramics, Shanghai, 1995, 60–5.

Zhang Zhongming & Zhu Changhe (1995). 'Study on the Traditional Raw Materials for Coloured Glazes of Jingdezhen Porcelain.' *Science and Technology of Ancient Ceramics 3. Proceedings of the International Symposium (ISAC '95).* Guo Jingkun, ed. Shanghai Research Society of Science and Technology of Ancient Ceramics, Shanghai, 1995, 302–8.

Zhang Zizheng, Che Yurong, Li Yinfu & Sheng Houxing (1986). 'Preliminary Study on the Ancient Chinese Architectural Pottery.' *Scientific and Technological Insights on Ancient Chinese Pottery and Porcelain.* Shanghai Institute of Ceramics eds. Science Press, Peking, 1986, 111–16.

Zhang Zizheng, Han Shuwen, Zhang Lije & Zhuo Zhenxi (1985). 'A Study of Yaozhou Whiteware of the Tang Song Period.' *The 2nd International Conference on Ancient Chinese Pottery and Porcelain (Abstracts).* China Academic Publishers, Peking, 1985, 23–4.

Zhang Juzhong, Garman Harbottle, Wang Changsui & Kong Zhaochen (1999). 'Oldest Playable Musical Instruments Found at Jiahu Early Neolithic Site in China.' *N.* 401. London, 1999, 366–8.

Zhao Dafeng, Wang Jingtian & Wang Yangmin (1986). 'Color Layer Textures in Copper Red Glazes.' *Scientific and Technological Insights on Ancient Chinese Pottery and Porcelain.* Shanghai Institute of Ceramics eds. Science Press, Peking, 1986, 200–3.

Zhao Guanglin (1985). 'The Ancient Kiln Sites Discovered During Recent Years in Beijing Area.' *The 2nd International Conference on Ancient Chinese Pottery and Porcelain (Abstracts).* China Academic Publishers, Peking, 1985, 91–2.

Zhao Qingyun (1986). 'On the Interlayer, Opalescence and Coloration of Jun Wares in Song and Yuan Dynasties.' *Scientific and Technological Insights on Ancient Chinese Pottery and Porcelain.* Shanghai Institute of Ceramics eds. Science Press, Peking, 1986, 211–18.

Zhao Songqiao (1994). *Physical Geography of China: Environment, Resources, Population and Development.* Chichester Wiley, New York, 1994.

Zhong Xiangchong (1998). 'China's Refractories Heading for the New Century.' *ACSB.* 3. Easton PA, 1998, 50–55.

Zhou Maoyuan (1986). 'Studies on the Pottery Figurines in the First King's Tomb in the Qin Dynasty.' *Scientific and Technological Insights on Ancient Chinese Pottery and Porcelain.* Shanghai Institute of Ceramics eds. Science Press, Peking, 1986, 100–6.

Zhou Shaohua & Chen Quanqing (1992). 'Study on the Raw Materials of Southern Song Altar Guan Ware Originated at Wu Gui Hill, Hangzhou.' *Science and Technology of Ancient Ceramics 2: Proceedings of the International Symposium (ISAC '92).* Li Jiazhi & Chen Xianqiu, eds. Shanghai Research Society of Science and Technology of Ancient Ceramics, Shanghai, 1992, 368–73.

Zhou Shirong (1985). 'Colour Glazing and Painting Decoration of Ancient Changsha Kilnsite.' *The 2nd International Conference on ancient Chinese Pottery and Porcelain. (Abstracts).* China Academic Publishers, Peking, 1985, 96.

Zhou Yinglin (1986). 'An Approach to the Technology of the Jian "Hare's Fur" Imitation.' *Scientific and Technological Insights on Ancient Chinese Pottery and Porcelain.* Shanghai Institute of Ceramics eds. Science Press, Peking, 1986, 260 (abstract).

Zhuo Zhenxi (1985a). 'The Origin and Application of Potter's Wheel in China.' *The 2nd International Conference on Ancient Chinese Pottery and Porcelain (Abstracts).* China Academic Publishers, Peking, 1985, 72–3.

Zhuo Zhenxi (1985b). 'The Origin and Early Use of Throwing Wheel in Manufacture of Pottery in Ancient China.' *The 2nd International Conference on Ancient Chinese Pottery and Porcelain, Beijing,* 1985. (Unpublished text for the above.)

Zhuo Zhenxi (1998). 'My Work on Yaozhou Kiln Sites.' *TOCS, 1996-1997.* 61. London, 1998, 1–8.

Zou Zongxu (1991). *The Land Within the Passes: A History of Xian.* Susan Whitfield, trans. Viking Penguin, London & New York, 1991.

Zumdahl, Stephen S. (1995). *Chemical Principles.* Second edn. D.C. Heath and Co., Lexington MA & Toronto, 1995.

索　引

说明

1. 本索引据原著索引译出，个别条目有所改动。
2. 本索引按汉语拼音字母顺序排列。第一字同音时，按四声顺序排列；同音同调时，按笔画多少和笔顺排列。
3. 各条目所列页码，均指原著页码。页码加 * 号者，表示这一条目见于该页脚注；页码为粗体者，表示这一条目见于该页表格或图表；页码为斜体者，表示这一条目见于该页插图。
4. 除外国人名和有西文论著的中国人名外，一般未附原名或相应的英译名。

A

B

C

E

F

G

J

K

M

N

O

P

W

X

Y

拉丁拼音对照表

罗宾·布里连特（Robin Brilliant）编

汉语拼音/修订的威妥玛-翟理斯式

拼音	修订的威-翟式	拼音	修订的威-翟式
a	a	chu	chhu
ai	ai	chuai	chhuai
an	an	chuan	chhuan
ang	ang	chuang	chhuang
ao	ao	chui	chhui
ba	pa	chun	chhun
bai	pai	chuo	chho
ban	pan	ci	tzhu
bang	pang	cong	tshung
bao	pao	cou	tshou
bei	pei	cu	tshu
ben	pen	cuan	tshuan
beng	peng	cui	tshui
bi	pi	cun	tshun
bian	pien	cuo	tsho
biao	piao	da	ta
bie	pieh	dai	tai
bin	pin	dan	tan
bing	ping	dang	tang
bo	po	dao	tao
bu	pu	de	te
ca	tsha	deng	teng
cai	tshai	di	ti
can	tshan	dian	tien
cang	tshang	diao	tiao
cao	tsho	die	dieh
ce	tshe	ding	ting
cen	tshen	diu	tiu
ceng	tsheng	dong	tung
cha	chha	dou	tou
chai	chhai	du	tu
chan	chhan	duan	tuan
chang	chhang	dui	tui
chao	chhao	dun	tun
che	chhe	duo	to
chen	chhen	e	o
cheng	chheng	en	en
chi	chhih	eng	eng
chong	chhung	er	erh
chou	chhou	fa	fa

拼音	修订的威-翟式	拼音	修订的威-翟式
fan	fan	jin	chin
fang	fang	jing	ching
fei	fei	jiong	chiung
fen	fen	jiu	chiu
feng	feng	ju	chü
fo	fo	juan	chüan
fou	fou	jue	chüeh
fu	fu	jun	chün
gai	kai	ka	kha
gan	kan	kai	khai
gang	kang	kan	khan
gao	kao	kang	khang
ge	ko	kao	khao
gei	kei	ke	kho
gen	ken	kei	khei
geng	keng	ken	khen
gong	kung	keng	kheng
gou	kou	kong	khung
gu	ku	kou	khou
gua	kua	ku	khu
guai	kuai	kua	khua
guan	kuan	kuai	khuai
guang	kuang	kuan	khuan
gui	kuei	kuang	khuang
gun	kun	kui	khuei
ha	ha	kun	khun
hai	hai	kuo	khuo
han	han	la	la
hang	hang	lai	lai
hao	hao	lan	lan
he	ho	lang	lang
hei	hei	lao	lao
hen	hen	le	le
heng	heng	lei	lei
hong	hung	leng	leng
hou	hou	li	li
hu	hu	lia	lia
hua	hua	lian	lien
huai	huai	liang	liang
huan	huan	liao	liao
huang	huang	lie	lieh
hui	hui	lin	lin
hun	hun	ling	ling
huo	huo	liu	liu
ji	chi	long	lung
jia	chia	lou	lou
jian	chien	lu	lu
jiang	chiang	lü	lü
jiao	chiao	luan	luan
jie	chieh	lüe	lüeh

拼音	修订的威-翟式	拼音	修订的威-翟式
lun	lun	pen	phen
luo	lo	peng	pheng
ma	ma	pi	phi
mai	mai	pian	phien
man	man	piao	phiao
mang	mang	pie	phieh
mao	mao	pin	phin
mei	mei	ping	phing
men	men	po	pho
meng	meng	pou	phou
mi	mi	pu	phu
mian	mien	qi	chhi
miao	miao	qia	chhia
mie	mieh	qian	chhien
min	min	qiang	chhiang
ming	ming	qiao	chhiao
miu	miu	qie	chhieh
mo	mo	qin	chhin
mou	mou	qing	chhing
mu	mu	qiong	chhiung
na	na	qiu	chhiu
nai	nai	qu	chhü
nan	nan	quan	chhüan
nang	nang	que	chhüeh
nao	nao	qun	chhün
nei	nei	ran	jan
nen	nen	rang	jang
neng	neng	rao	jao
ni	ni	re	je
nian	nien	ren	jen
niang	niang	reng	jeng
niao	niao	ri	jih
nie	nieh	rong	jung
nin	nin	rou	jou
ning	ning	ru	ju
niu	niu	rua	jua
nong	nung	ruan	juan
nou	nou	rui	jui
nu	nu	run	jun
nü	nü	ruo	jo
nuan	nuan	sa	sa
nüe	nüeh	sai	sai
nuo	no	san	san
ou	ou	sang	sang
pa	pha	sao	sao
pai	phai	se	se
pan	phan	sen	sen
pang	phang	seng	seng
pao	phao	sha	sha
pei	phei	shai	shai

拼音	修订的威-翟式	拼音	修订的威-翟式
shan	shan	weng	weng
shang	shang	wo	wo
shao	shao	wu	wu
she	she	xi	hsi
shei	shei	xia	hsia
shen	shen	xian	hsien
sheng	sheng	xiang	hsiang
shi	shih	xiao	hsiao
shou	shou	xie	hsieh
shu	shu	xin	hsin
shua	shua	xing	hsing
shuai	shuai	xiong	hsiung
shuan	shuan	xiu	hsiu
shuang	shuang	xu	hsü
shui	shui	xuan	hsüan
shun	shun	xue	hsüeh
shuo	shuo	xun	hsün
si	ssu	ya	ya
song	sung	yan	yen
sou	sou	yang	yang
su	su	yao	yao
suan	suan	ye	yeh
sui	sui	yi	i
sun	sun	yin	yin
suo	so	ying	ying
ta	tha	yong	yung
tai	thai	you	yu
tan	than	yu	yü
tang	thang	yuan	yüan
tao	thao	yue	yüeh
te	the	yun	yün
teng	theng	za	tsa
ti	thi	zai	tsai
tian	thien	zan	tsan
tiao	thiao	zang	tsang
tie	thieh	zao	tsao
ting	thing	ze	tse
tong	thung	zei	tsei
tou	thou	zen	tsen
tu	thu	zeng	tseng
tuan	thuan	zha	cha
tui	thui	zhai	chai
tun	thun	zhan	chan
tuo	tho	zhang	chang
wa	wa	zhao	chao
wai	wai	zhe	che
wan	wan	zhei	chei
wang	wang	zhen	chen
wei	wei	zheng	cheng
wen	wen	zhi	chih

拼音	修订的威-翟式	拼音	修订的威-翟式
zhong	chung	zhuo	cho
zhou	chou	zi	tzu
zhu	chu	zong	tsung
zhua	chua	zou	tsou
zhuai	chuai	zu	tsu
zhuan	chuan	zuan	tsuan
zhuang	chuang	zui	tsui
zhui	chui	zun	tsun
zhun	chun	zuo	tso

修订的威妥玛-翟理斯式/汉语拼音

修订的威-翟式	拼音	修订的威-翟式	拼音
a	a	chhing	qing
ai	ai	chhiu	qiu
an	an	chhiung	qiong
ang	ang	chho	chuo
ao	ao	chhou	chou
cha	zha	chhu	chu
chai	zhai	chhuai	chuai
chan	zhan	chhuan	chuan
chang	zhang	chhuang	chuang
chao	zhao	chhui	chui
che	zhe	chhun	chun
chei	zhei	chhung	chong
chen	zhen	chhü	qu
cheng	zheng	chhüan	quan
chha	cha	chhüeh	que
chhai	chai	chhün	qun
chhan	chan	chi	ji
chhang	chang	chia	jia
chhao	chao	chiang	jiang
chhe	che	chiao	jiao
chhen	chen	chieh	jie
chheng	cheng	chien	jian
chhi	qi	chih	zhi
chhia	qia	chin	jin
chhiang	qiang	ching	jing
chhiao	qiao	chiu	jiu
chhieh	qie	chiung	jiong
chhien	qian	cho	zhuo
chhih	chi	chou	zhou
chhin	qin	chu	zhu

修订的威–翟式	拼音	修订的威–翟式	拼音
chua	zhua	huang	huang
chuai	zhuai	hui	hui
chuan	zhuan	hun	hun
chuang	zhuang	hung	hong
chui	zhui	huo	huo
chun	zhun	i	yi
chung	zhong	jan	ran
chü	ju	jang	rang
chüan	juan	jao	rao
chüeh	jue	je	re
chün	jun	jen	ren
en	en	jeng	reng
eng	eng	jih	ri
erh	er	jo	ruo
fa	fa	jou	rou
fan	fan	ju	ru
fang	fang	jua	rua
fei	fei	juan	ruan
fen	fen	jui	rui
feng	feng	jun	run
fo	fo	jung	rong
fou	fou	kai	gai
fu	fu	kan	gan
ha	ha	kang	gang
hai	hai	kao	gao
han	han	kei	gei
hang	hang	ken	gen
hao	hao	keng	geng
hen	hen	kha	ka
heng	heng	khai	kai
ho	he	khan	kan
hou	hou	khang	kang
hsi	xi	khao	kao
hsia	xia	khei	kei
hsiang	xiang	khen	ken
hsiao	xiao	kheng	keng
hsieh	xie	kho	ke
hsien	xian	khou	kou
hsin	xin	khu	ku
hsing	xing	khua	kua
hsiu	xiu	khuai	kuai
hsiung	xiong	khuan	kuan
hsü	xu	khuang	kuang
hsüan	xuan	khuei	kui
hsüeh	xue	khun	kun
hsün	xun	khung	kong
hu	hu	khuo	kuo
hua	hua	ko	ge
huai	huai	kou	gou
huan	huan	ku	gu

修订的威-翟式	拼音	修订的威-翟式	拼音
kua	gua	mu	mu
kuai	guai	na	na
kuan	guan	nai	nai
kuang	guang	nan	nan
kuei	gui	nang	nang
kun	gun	nao	nao
kung	gong	nei	nei
kuo	guo	nen	nen
la	la	neng	neng
lai	lai	ni	ni
lan	lan	niang	niang
lang	lang	niao	niao
lao	lao	nieh	nie
le	le	nien	nian
lei	lei	nin	nin
leng	leng	ning	ning
li	li	niu	niu
lia	lia	no	nuo
liang	liang	nou	nou
liao	liao	nu	nu
lieh	lie	nuan	nuan
lien	lian	nung	nong
lin	lin	nü	nü
ling	ling	nüeh	nüe
liu	liu	o	e
lo	luo	ong	weng
lou	lou	ou	ou
lu	lu	pa	ba
luan	luan	pai	bai
lun	lun	pan	ban
lung	long	pang	bang
lü	lü	pao	bao
lüch	lüe	pei	bei
ma	ma	pen	ben
mai	mai	peng	beng
man	man	pha	pa
mang	mang	phai	pai
mao	mao	phan	pan
mei	mei	phang	pang
men	men	phao	pao
meng	meng	phei	pei
mi	mi	phen	pen
miao	miao	pheng	peng
mieh	mie	phi	pi
mien	mian	phiao	piao
min	min	phieh	pie
ming	ming	phien	pian
miu	miu	phin	pin
mo	mo	phing	ping
mou	mou	pho	po

修订的威-翟式	拼音	修订的威-翟式	拼音
phou	pou	te	de
phu	pu	teng	deng
pi	bi	tha	ta
piao	biao	thai	tai
pieh	bie	than	tan
pien	bian	thang	tang
pin	bin	thao	tao
ping	bing	the	te
po	bo	theng	teng
pu	bu	thi	ti
sa	sa	thiao	tiao
sai	sai	thieh	tie
san	san	thein	tian
sang	sang	thing	ting
sao	sao	tho	tuo
se	se	thou	tou
sen	sen	thu	tu
seng	seng	thuan	tuan
sha	sha	thui	tui
shai	shai	thun	tun
shan	shan	thung	tong
shang	shang	ti	di
shao	shao	tiao	diao
she	she	tieh	die
shei	shei	tien	dian
shen	shen	ting	ding
sheng	sheng	tiu	diu
shih	shi	to	duo
shou	shou	tou	dou
shu	shu	tsa	za
shua	shua	tsai	zai
shuai	shuai	tsan	zan
shuan	shuan	tsang	zang
shuang	shuang	tsao	zao
shui	shui	tse	ze
shun	shun	tsei	zei
shuo	shuo	tsen	zen
so	suo	tseng	zeng
sou	sou	tsha	ca
ssu	si	tshai	cai
su	su	tshan	can
suan	suan	tshang	cang
sui	sui	tshao	cao
sun	sun	tshe	ce
sung	song	tshen	cen
ta	da	tsheng	ceng
tai	dai	tsho	cuo
tan	dan	tshou	cou
tang	dang	tshu	cu
tao	dao	tshuan	cuan

修订的威－翟式	拼音	修订的威－翟式	拼音
tshui	cui	wan	wan
tshun	cun	wang	wang
tshung	cong	wei	wei
tso	zuo	wen	wen
tsou	zou	wo	wo
tsu	zu	wu	wu
tsuan	zuan	ya	ya
tsui	zui	yang	yang
tsun	zun	yao	yao
tsung	zong	yeh	ye
tu	du	yen	yan
tuan	duan	yin	yin
tui	dui	ying	ying
tun	dun	yu	you
tung	dong	yung	yong
tzhu	ci	yü	yu
tzu	zi	yüan	yuan
wa	wa	yüeh	yue
wai	wai	yün	yun

译 后 记

本册的译稿由杨百瑞联系陈铁梅、王芬、杨百朋、李宝平合作翻译完成。译稿的具体完成情况为：

序言		杨百朋译	杨百瑞校
第一部分	拉开帷幕	陈铁梅译	杨百瑞校
第二部分	黏土	陈铁梅译	杨百瑞校
第三部分	窑炉	王芬译	陈铁梅校
第四部分	制造方法和工艺	王芬译	杨百瑞校
第五部分	釉	杨百瑞译	陈铁梅校
第六部分	颜料、釉上彩料和饰金	杨百瑞译	杨百朋、王芬校
第七部分	对外传播	杨百朋译	王芬校
参考文献 A、B 及索引		杨百瑞译	魏毅校

李宝平承担了第一至第七部分译稿的统校工作。

全书译稿由胡维佳复校并审读定稿。

译稿的体例加工和古籍原文查核工作由魏毅和施梦琦分别承担和完成；译名审定由胡维佳负责。

中国科学院自然科学史研究所为本册译稿出版提供了资助，中国科学院大学人文学院学科建设经费对译稿校审工作给予了支持，原著作者武德（Nigel Wood）为翻译工作提供了原作的电子文本，景德镇陶瓷大学冯青对译校亦多有帮助，谨此一并致谢！

李约瑟《中国科学技术史》
翻译出版委员会办公室
2021 年 12 月 23 日